Handbook of Catalysts

催化剂手册

朱洪法 主编

石油工业出版社

内 容 提 要

本书是一本介绍催化剂研发、生产、应用的实用工具书,分上、中、下三篇。上篇主要介绍催化材料,包括可用作催化剂的化工产品和可用于制造催化剂的原材料,约750种,每种催化材料均按名称、化学式、结构式、性质、质量规格、用途、简要制法等项目进行介绍;中篇主要介绍催化剂制备,包括固体催化剂的各种制备方法、成型工艺、催化剂还原及硫化等相关知识;下篇主要介绍各种工业催化反应过程的专用催化剂产品,共收集炼油、化工及石油化工、化肥、环保催化剂及催化剂载体五大类600余个牌号,每种催化剂均按名称、工业牌号、主要组成、产品规格及工艺条件、用途、简要制法、生产厂等项目进行介绍。为便于检索,书末附有词目汉字拼音索引及英文索引。

本书可供炼油、化工、化肥、环保、生物化工、轻工、制药等行业的科研机构及生产企业中从事催化剂研究、开发及使用的广大工程技术人员查阅,也可供大专院校相关专业师生阅读,还可供从事各类化工产品开发、生产的技术人员、营销人员参考。

图书在版编目(CIP)数据

催化剂手册 / 朱洪法主编. —北京:石油工业出版社,2020.1
ISBN 978-7-5183-2560-3

Ⅰ. ①催… Ⅱ. ①朱… Ⅲ. ①催化剂-手册
Ⅳ. ①O643.36-62

中国版本图书馆 CIP 数据核字(2018)第 072129 号

出版发行:石油工业出版社
  (北京安定门外安华里 2 区 1 号 100011)
  网   址:www.petropub.com
  编辑部:(010)64523546 图书营销中心:(010)64523633
经   销:全国新华书店
印   刷:北京中石油彩色印刷有限责任公司

2020 年 1 月第 1 版 2020 年 1 月第 1 次印刷
850 毫米×1168 毫米 开本:1/32 印张:38
字数:1294 千字

定价:190.00 元
(如出现印装质量问题,我社图书营销中心负责调换)
版权所有,翻印必究

前 言

催化剂是一种能改变化学反应速率而自身不被消耗的物质。随着催化理论的不断创新和新型催化剂不断问世，催化剂的品种越来越丰富。催化剂渗透到生产、生活的各个领域，在国计民生中发挥着巨大作用。首先，催化剂可以大大增加化学工业中原料物质的利用价值，加快化学反应速率，降低反应温度，进而降低生产成本，减少废弃物排放，极大地推动了炼油、石油化工和化学工业的发展；其次，在治理环境污染，改善人们生活空间和生存条件，增加废弃物的回收利用等方面，发挥着越来越重要的作用，特别是用于汽车尾气的净化和"三废"的治理；最后，生物体广泛地进行着氧化、还原、水解等化学反应，生物催化剂以其特有的催化功能普遍用于食品、医药、生物化工、轻工等行业以及农业，对于人民身体健康和生活质量的提高发挥着特殊的作用。

虽然催化理论有了长足的进步，新型催化剂不断涌现，但由于种种原因，催化理论的发展仍落后于新型催化剂及催化过程开发的实践，而新型催化剂的出现又落后于飞速发展的社会需求。

由于研制一种高效新型催化剂需要花费大量的人力、物力和财力，更由于催化剂的特殊性和专用性，致使许多催化剂商品的配方及详细制备过程仍属于商业机密，国内出版的有关催化剂的书籍也大多是介绍各种催化过程反应机理及各类催化剂一般制备过程,很少见到适用于多相、均相等各类催化剂研制、生产的综合性手册。本书的出版可为从事催化剂研制、开发、生产及教学的各类人员提供多方面有参考价值的资料。

  本书分上、中、下三篇。上篇主要介绍催化材料,包括一些可用作催化剂的化工产品(如盐酸、硫酸)及可用于制造催化剂的原料。每种催化材料均按名称、化学式、结构式、化学物理性质、物性指标或质量规格、用途、简要制法等项目加以介绍。中篇主要介绍催化剂制备,包括固体催化剂的各种制备方法及成型工艺、催化剂还原及硫化等相关知识。下篇为工业专用催化剂产品,主要介绍各种工业催化反应过程的专用商品催化剂,共分炼油催化剂、化工及石油化工催化剂、化肥催化剂、环保催化剂及催化剂载体五大类。各种商品催化剂均按名称、工业牌号、主要组成、产品规格、用途、简要制法、生产厂等项目进行介绍。但不包括目前国内许多引进装置或其他工业装置上仍然使用的各种进口催化剂产品,也不包括许多大专院校、研究机构及工厂所开发的仍处于实验室及中间试验阶段的催化剂品种。

  工业催化剂的牌号很多,而且更新换代很快。如仅合成氨催化剂的定型产品就有十多种牌号。用户在选用某种牌号的催化剂时,要根据所采用的工况条件、反应器结构及催化剂性能进行综合评价,并详尽了解该牌号催化剂的工艺操作参数、使用寿命、再生情况等。有条件的话,最好能了解该牌号产品在其他厂家的实际使用情况,以达到优化选择的目的。

  在上篇所列催化材料中,多数属普通用化工产品及非保密性催化用原材料,故不列出生产单位,而对专用性很强的催化剂商品则列出生产单位。

近年来，随着我国经济的迅速发展和经济体制改革的推进，许多催化剂研究机构及生产企业已经或正在改制、重组，企业或机构名称变化很大。"生产厂"一栏中，虽然一些企业的名称做了核准，但仍可能存在准确性不够的问题，因此一些企业的名称仅供参考。

为便于读者查阅，书后附有词目汉字拼音索引及英文索引。

由于催化剂的专用性及保密性，有些科研成果及工业应用情况未见公开报道。因此，本书所收集的催化剂产品，无论是产品品种，还是更新换代状况都存在很大的局限性，也是本书编辑过程的困难所在。在本书编辑过程中，要感谢国内一些催化剂科研机构及生产企业，他们寄来的催化剂产品说明资料，丰富了本书的内容。

参加本书编写的还有刘丽芝、孙亚楠、朱玉霞、朱剑青、王翠红、茅胜缓、朱双霞、张治芬、王捷、王克扑、应志豪、刘畅、刘天驰等。

催化剂是一门前沿学科，涵盖面广，涉及的领域很多，本书在内容上很难概而全之，不足之处在所难免，敬请读者批评指正。

编辑说明

一、正文分为上、中、下三篇。上篇为催化材料，其中一至九按化学元素分类；十至十四分别为配位化合物、工业矿物原料、离子交换树脂、酶及酶制剂、催化剂及载体成型用助剂。中篇为催化剂制备。下篇为工业专用催化剂产品。

二、词目汉字拼音索引，按第一个汉字的汉字拼音字母顺序排列。拼音相同时，按四声的顺序排列。第一个汉字相同时，按第二个汉字的顺序排列，以此类推。词首、词中间含有的阿拉伯数字不参加排序。

三、词目英文索引，按英文第一个字母的顺序排列。第一个字母相同时，按第二个字母顺序排列，以此类推。英文字母前的数字、希文字母及用斜体表示的英文字母（如 o-、m-、p-、sec-及 N-、N'-等）均不作词首排列。

四、除特殊注明外，正文中液体和固体密度的计量单位均采用"g/cm^3"，文中单位从略；气体密度一般用"g/L"表示（指在标准状况下）；液体和固体的相对密度一般是指与4℃条件下水的密度之比；折射率系指20℃时用钠D-线测定的数据；爆炸极限一般用可燃气体或蒸气在混合物中的体积分数（%）表示；闪点分为开杯和闭杯，未注明者为开杯。

总目录

分类目录 ………………………………… *1~40*
上篇　催化材料 ………………………… 1~645
中篇　催化剂制备 ……………………… 646~881
下篇　工业专用催化剂产品 …………… 882~1129
参考文献 ………………………………… 1130
中文索引 ………………………………… 1131~1146
英文索引 ………………………………… 1147~1164
元素周期表 ……………………………… 1165

分类目录

上篇 催化材料

一、碱金属及其化合物 ……………………………………… (3)
(一) 锂及其化合物 ……………………………………… (6)
1. 金属锂 ……………………………………………… (6)
2. 氢化锂 ……………………………………………… (8)
3. 氢化铝锂 …………………………………………… (9)
4. 单水氢氧化锂 ……………………………………… (10)
5. 氢氧化锂 …………………………………………… (11)
6. 钼酸锂 ……………………………………………… (12)
7. 碳酸锂 ……………………………………………… (12)
8. 磷酸锂 ……………………………………………… (13)
9. 正丁基锂 …………………………………………… (14)

(二) 钠及其化合物 ……………………………………… (14)
1. 金属钠 ……………………………………………… (14)
2. 氢化钠 ……………………………………………… (16)
3. 氢氧化钠 …………………………………………… (17)
4. 亚硫酸钠 …………………………………………… (20)
5. 碳酸钠 ……………………………………………… (21)
6. 钨酸钠 ……………………………………………… (22)
7. 亚硝酸钠 …………………………………………… (23)
8. 铝酸钠 ……………………………………………… (24)
9. 过硫酸钠 …………………………………………… (25)
10. 磷酸三钠 ………………………………………… (26)
11. 氰化钠 …………………………………………… (27)
12. 乙酸钠 …………………………………………… (28)

13. 甲醇钠 ·································· (29)
14. 乙醇钠 ·································· (30)
15. 氨基钠 ·································· (31)
(三) 钾及其化合物 ························ (32)
1. 金属钾 ·································· (32)
2. 氧化钾 ·································· (33)
3. 氢氧化钾 ······························· (33)
4. 碳酸钾 ·································· (34)
5. 过硫酸钾 ······························· (35)
6. 高氯酸钾 ······························· (36)
7. 氟化钾 ·································· (38)
8. 氯化钾 ·································· (38)
9. 溴化钾 ·································· (39)
10. 碘化钾 ································· (40)
11. 氰化钾 ································· (40)
12. 氟化氢钾 ······························ (41)
13. 氟钛酸钾 ······························ (42)
14. 硝酸钾 ································· (43)
15. 乙酸钾 ································· (44)
16. 油酸钾 ································· (45)
17. 辛酸钾 ································· (45)
18. 高锰酸钾 ······························ (46)
(四) 铷及其化合物 ························ (47)
1. 金属铷 ·································· (47)
2. 碳酸铷 ·································· (48)
(五) 铯及其化合物 ························ (48)
1. 金属铯 ·································· (48)
2. 氯化铯 ·································· (49)
3. 氢氧化铯 ······························· (50)
(六) 氢气 ··································· (51)
二、碱土金属及其化合物 ····················· (54)
(一) 铍及其化合物 ························ (55)
1. 金属铍 ·································· (55)

2. 氧化铍 …………………………………………………… (56)
3. 氯化铍 …………………………………………………… (57)
(二) 镁及其化合物 ………………………………………… (57)
 1. 金属镁 …………………………………………………… (57)
 2. 氧化镁 …………………………………………………… (58)
 3. 氯化镁 …………………………………………………… (60)
 4. 氢氧化镁 ………………………………………………… (61)
 5. 碱式碳酸镁 ……………………………………………… (62)
 6. 硝酸镁 …………………………………………………… (63)
 7. 硫酸镁 …………………………………………………… (63)
 8. 乙醇镁 …………………………………………………… (65)
(三) 钙及其化合物 ………………………………………… (65)
 1. 金属钙 …………………………………………………… (65)
 2. 氧化钙 …………………………………………………… (67)
 3. 氢氧化钙 ………………………………………………… (68)
 4. 氯化钙 …………………………………………………… (69)
 5. 碳酸钙 …………………………………………………… (70)
 6. 磷酸二氢钙 ……………………………………………… (72)
(四) 钡的化合物 …………………………………………… (72)
 1. 氧化钡 …………………………………………………… (72)
 2. 氢氧化钡 ………………………………………………… (73)

三、硼族元素及其化合物 …………………………………… (75)
(一) 硼及其化合物 ………………………………………… (76)
 1. 硼 ………………………………………………………… (76)
 2. 氧化硼 …………………………………………………… (77)
 3. 三氟化硼 ………………………………………………… (78)
 4. 三氯化硼 ………………………………………………… (79)
 5. 三溴化硼 ………………………………………………… (80)
 6. 硼酸 ……………………………………………………… (81)
 7. 氟硼酸 …………………………………………………… (82)
 8. 乙硼烷 …………………………………………………… (83)
 9. 三甲基硼 ………………………………………………… (84)
 10. 三乙基硼 ………………………………………………… (84)

11. 硼酸三甲酯 (85)
12. 磷酸硼 (85)
(二)铝的化合物 (86)
1. 氢氧化铝 (86)
2. 催化剂用氢氧化铝 (87)
3. 氧化铝 (88)
4. 活性氧化铝 (90)
5. 无水氯化铝 (91)
6. 结晶氯化铝 (93)
7. 氟化铝 (93)
8. 无水溴化铝 (94)
9. 碘化铝 (95)
10. 硅酸铝 (95)
11. 三甲基铝 (98)
12. 三乙基铝 (99)
13. 三正丁基铝 (100)
14. 三异丁基铝 (100)
15. 甲基铝氧烷 (101)
16. 氯化二乙基铝 (101)
(三)镓的化合物 (102)
1. 三乙基镓 (102)
2. 三苯基镓 (103)

四、碳族元素及其化合物 (104)
(一)碳及其化合物 (105)
1. 活性炭 (105)
2. 脱硫用活性炭 (108)
3. 活性炭纤维 (110)
4. 炭分子筛 (111)
5. 中间相炭微球 (112)
6. 富勒烯 (113)
(二)硅的化合物 (114)
1. 碳化硅 (114)
2. 氮化硅 (115)

3. 硅酸 (116)
4. 硅酸钠 (117)
5. 硅酸钾 (119)
6. 硅胶 (120)
7. 块状粗孔硅胶 (121)
8. 块状细孔硅胶 (122)
9. 球形粗孔硅胶 (123)
10. 球形细孔硅胶 (123)
11. 白炭黑 (124)
12. 气相白炭黑 (125)
13. 二氧化硅气凝胶 (126)
14. 硅溶胶 (127)
15. 硅大球 (129)
16. 分子筛 (129)
17. 3A 分子筛 (132)
18. 4A 分子筛 (134)
19. 5A 分子筛 (134)
20. 10X 分子筛 (136)
21. 13X 分子筛 (137)
22. Ag-X 分子筛 (138)
23. Cu-X 分子筛 (138)
24. Ca-Y 分子筛 (139)
25. Na-Y 分子筛 (140)
26. Re-Y 分子筛 (140)
27. KBaY 分子筛 (141)
28. 超稳稀土 Y 型分子筛 (142)
29. ZSM-5 分子筛 (143)
30. SAPO 分子筛 (144)
31. β-分子筛 (145)
32. 介孔分子筛 (146)
33. 活性白土 (146)
34. 颗粒活性白土 (147)

(三) 锗及其化合物 (148)
1. 金属锗 (148)

2. 二氧化锗 …………………………………………………… （149）
3. 四氯化锗 …………………………………………………… （150）
4. 四乙基锗 …………………………………………………… （151）
5. 四苯基锗 …………………………………………………… （151）
（四）锡及其化合物 ………………………………………… （151）
1. 金属锡 ……………………………………………………… （151）
2. 氧化亚锡 …………………………………………………… （152）
3. 二氧化锡 …………………………………………………… （153）
4. 硫化锡 ……………………………………………………… （154）
5. 硫化亚锡 …………………………………………………… （154）
6. 二氯化锡 …………………………………………………… （155）
7. 四氯化锡 …………………………………………………… （156）
8. 二(十二烷基硫)二丁基锡 ………………………………… （157）
9. 二丁基氧化锡 ……………………………………………… （157）
10. 四甲基锡 ………………………………………………… （158）
11. 四乙基锡 ………………………………………………… （158）
12. 四丁基锡 ………………………………………………… （158）
13. 四苯基锡 ………………………………………………… （159）
14. 六苯基二锡 ……………………………………………… （159）
15. 辛酸亚锡 ………………………………………………… （160）
16. 二乙酸二丁基锡 ………………………………………… （161）
17. 二月桂酸二丁基锡 ……………………………………… （161）
18. 马来酸二丁基锡 ………………………………………… （162）
（五）铅及其化合物 ………………………………………… （163）
1. 金属铅 ……………………………………………………… （163）
2. 一氧化铅 …………………………………………………… （164）
3. 二氧化铅 …………………………………………………… （165）
4. 四氧化三铅 ………………………………………………… （166）
5. 二氯化铅 …………………………………………………… （167）
6. 硫化铅 ……………………………………………………… （167）
7. 硝酸铅 ……………………………………………………… （168）
8. 硫酸铅 ……………………………………………………… （169）
9. 乙酸铅 ……………………………………………………… （170）
10. 2-乙基己酸铅 …………………………………………… （170）

11. 四甲基铅 …………………………………………… (171)
12. 四乙基铅 …………………………………………… (171)
13. 四乙酸铅 …………………………………………… (172)
14. 四苯基铅 …………………………………………… (173)

五、氮族元素及其化合物 ………………………………… (174)
（一）氮及其化合物 ……………………………………… (175)
1. 氮气 …………………………………………………… (175)
2. 氨 ……………………………………………………… (176)
3. 液氨 …………………………………………………… (177)
4. 氨水 …………………………………………………… (178)
5. 三甲胺 ………………………………………………… (179)
6. 三乙胺 ………………………………………………… (180)
7. 丙胺 …………………………………………………… (181)
8. 二丙胺 ………………………………………………… (182)
9. 三丙胺 ………………………………………………… (183)
10. 乙二胺 ……………………………………………… (183)
11. 异丙胺 ……………………………………………… (184)
12. 丁胺 ………………………………………………… (185)
13. N-甲基二环己胺 ………………………………… (186)
14. N-甲基咪唑 ……………………………………… (186)
15. N,N-二甲基(十六烷基)胺 ……………………… (186)
16. N,N-二甲基环己胺 ……………………………… (187)
17. N,N-二甲基苄胺 ………………………………… (188)
18. 二甲氨基乙氧基乙醇 ……………………………… (188)
19. 2,4,6-三(二甲氨基甲基)苯酚 …………………… (189)
20. 1,3,5-三(二甲氨基丙基)六氢三嗪 ……………… (189)
21. 四甲基乙二胺 ……………………………………… (190)
22. 四甲基丙二胺 ……………………………………… (190)
23. 四甲基己二胺 ……………………………………… (191)
24. 四甲基亚氨基二丙胺 ……………………………… (191)
25. 五甲基二亚丙基三胺 ……………………………… (192)
26. 五甲基二亚乙基三胺 ……………………………… (192)
27. 三亚乙基二胺 ……………………………………… (193)
28. 双(二甲氨基乙基)醚 ……………………………… (194)

29. 环己胺 ………………………………………………………… (194)
30. 二乙醇胺 ……………………………………………………… (195)
31. 三乙醇胺 ……………………………………………………… (196)
32. 三异丙醇胺 …………………………………………………… (197)
33. N-甲基二乙醇胺 …………………………………………… (197)
34. 二甲基乙醇胺 ………………………………………………… (198)
35. 三甲基羟乙基乙二胺 ………………………………………… (199)
36. 三甲基羟乙基丙二胺 ………………………………………… (199)
37. N,N-双(二甲氨基丙基)-N-异丙醇胺 ………………… (200)
38. 吗啉 …………………………………………………………… (200)
39. N-甲基吗啉 ………………………………………………… (201)
40. N-乙基吗啉 ………………………………………………… (202)
41. 二吗琳二乙基醚 ……………………………………………… (202)
42. N-甲基-2-吡咯烷酮 ………………………………………… (203)
43. 聚乙烯吡咯烷酮 ……………………………………………… (204)
44. 1,8-二氮杂二环(5,4,0)-7-十一烯 ………………………… (205)
45. 1,4-二甲基哌嗪 ……………………………………………… (206)
46. 十六烷基三甲基氯化铵 ……………………………………… (206)
47. 十二烷基二甲基苄基氯化铵 ………………………………… (207)
48. 十六烷基三甲基溴化铵 ……………………………………… (208)
49. 十八烷基三甲基氯化铵 ……………………………………… (209)
50. 十八烷基三甲基溴化铵 ……………………………………… (210)
51. 三甲基苄基氯化铵 …………………………………………… (210)
52. 三甲基苄基氢氧化铵 ………………………………………… (211)
53. 三($C_{8\sim10}$烷基)甲基氯化铵 …………………………… (212)
54. 三($C_{9\sim11}$烷基)甲基氯化铵 …………………………… (212)
55. 三辛基甲基氯化铵 …………………………………………… (213)
56. 四丁基氯化铵 ………………………………………………… (214)
57. 四丁基溴化铵 ………………………………………………… (214)
58. 双十八烷基二甲基氯化铵 …………………………………… (215)
59. 对硝基苄基二乙基羟乙基溴化铵 …………………………… (215)
60. 苄基三乙基氯化铵 …………………………………………… (216)
61. 苄基三丁基氯化铵 …………………………………………… (216)
62. 偶氮二异丁腈 ………………………………………………… (217)

63. 偶氮二异庚腈 ………………………………………… (218)
64. 硝酸 …………………………………………………… (219)
65. 发烟硝酸 ……………………………………………… (220)
66. 硝酸盐 ………………………………………………… (221)
(二)磷及其化合物 ………………………………………… (222)
1. 磷 ……………………………………………………… (222)
2. 磷酸 …………………………………………………… (224)
3. 偏磷酸 ………………………………………………… (226)
4. 焦磷酸 ………………………………………………… (226)
5. 亚磷酸 ………………………………………………… (227)
6. 次磷酸 ………………………………………………… (228)
7. 一氟磷酸 ……………………………………………… (229)
8. 六氟磷酸 ……………………………………………… (229)
9. 多磷酸 ………………………………………………… (229)
10. 次磷酸铵 ……………………………………………… (230)
11. 三硫化四磷 …………………………………………… (231)
12. 三氯化磷 ……………………………………………… (231)
13. 三氯氧磷 ……………………………………………… (232)
14. 五氯化磷 ……………………………………………… (233)
15. 五氧化二磷 …………………………………………… (234)
16. 三苯(基)磷 …………………………………………… (235)
17. 磷酸三乙酯 …………………………………………… (235)
18. 亚磷酸三甲酯 ………………………………………… (236)
19. 六甲基磷酰三胺 ……………………………………… (237)
(三)砷及其化合物 ………………………………………… (238)
1. 砷 ……………………………………………………… (238)
2. 砷化氢 ………………………………………………… (239)
3. 三氧化二砷 …………………………………………… (240)
4. 五氧化二砷 …………………………………………… (241)
(四)锑及其化合物 ………………………………………… (242)
1. 金属锑 ………………………………………………… (242)
2. 锑化氢 ………………………………………………… (243)
3. 三氧化二锑 …………………………………………… (243)

4. 四氧化二锑 ··· (244)

5. 五氧化二锑 ··· (244)

6. 三氯化锑 ··· (245)

7. 五氯化锑 ··· (246)

8. 三溴化锑 ··· (247)

9. 三甲基睇 ··· (247)

10. 三乙基睇 ·· (248)

11. 三丁基睇 ·· (248)

12. 三苯基睇 ·· (249)

（五）铋及其化合物 ······································ (249)

1. 金属铋 ··· (249)

2. 三氧化二铋 ··· (250)

3. 三氯化铋 ··· (251)

4. 碱式碳酸铋 ··· (251)

5. 钨酸铋 ··· (252)

6. 钼酸铋 ··· (252)

7. 硝酸铋 ··· (253)

8. 磷酸铋 ··· (253)

9. 三乙基铋 ··· (254)

10. 三苯基铋 ·· (254)

六、氧族元素及其化合物 ································· (255)

（一）氧及其化合物 ······································ (256)

1. 氧气 ··· (256)

2. 臭氧 ··· (257)

3. 过氧化氢 ··· (258)

4. 冠醚 ··· (259)

5. 过氧化二乙酰 ······································· (261)

6. 过氧化二丙酰 ······································· (261)

7. 过氧化（二）丁二酸 ································· (262)

8. 过氧化（二）正辛酰 ································· (262)

9. 过氧化（二）异丁酰 ································· (262)

10. 过氧化（二）异壬酰 ································ (263)

11. 过氧化（二）癸酰 ·································· (263)

12. 过氧化二(4-氯苯甲酰) …………………………………（264）
13. 过氧化二异丙苯 …………………………………………（264）
14. 过氧化二苯甲酰 …………………………………………（265）
15. 过氧化二叔丁基 …………………………………………（266）
16. 过氧化十二酰 ……………………………………………（267）
17. 过氧化-3,5,5-三甲基己酸叔丁酯 ………………………（268）
18. 过氧化甲乙酮 ……………………………………………（269）
19. 过氧化环己酮 ……………………………………………（269）
20. 过氧化乙酰磺酰环己烷 …………………………………（270）
21. 过氧化乙酸叔丁酯 ………………………………………（271）
22. 过氧化二碳酸二(2-乙基己基)酯 ………………………（271）
23. 过氧化二碳酸二异丙酯 …………………………………（272）
24. 过氧化二碳酸二环己酯 …………………………………（273）
25. 过氧化二碳酸二(十四烷基)酯 …………………………（274）
26. 过氧化二碳酸二正丁酯 …………………………………（274）
27. 过氧化二碳酸二正丙酯 …………………………………（274）
28. 过氧化二碳酸二仲丁酯 …………………………………（275）
29. 过氧化二碳酸双十六烷基酯 ……………………………（275）
30. 过氧化二碳酸双(2-苯基乙氧基)酯 ……………………（276）
31. 过氧化异丙基碳酸叔丁酯 ………………………………（277）
32. 过氧化苯甲酸叔丁酯 ……………………………………（277）
33. 过氧化新戊酸叔丁酯 ……………………………………（278）
34. 过氧化新戊酸叔戊酯 ……………………………………（279）
35. 过氧化新癸酸异丙基苯酯 ………………………………（279）
36. 过氧化新癸酸叔丁酯 ……………………………………（280）
37. 过氧化马来酸叔丁酯 ……………………………………（280）
38. 过氧化氢二异丙苯 ………………………………………（281）
39. 过氧化氢(对)蓋烷 ………………………………………（282）
40. 过氧化氢异丙苯 …………………………………………（282）
41. 过氧化氢叔丁基 …………………………………………（283）
42. 过氧化氢蒎烷 ……………………………………………（283）
43. 草酸 ………………………………………………………（284）
44. 戊二酸 ……………………………………………………（285）

45. 乙二胺四乙酸 ………………………………… (286)
46. 乙醇酸 ………………………………………… (287)
47. 壬基酚 ………………………………………… (288)
(二) 硫及其化合物 …………………………………… (289)
1. 硫 ……………………………………………… (289)
2. 二氧化硫 ……………………………………… (290)
3. 三氧化硫 ……………………………………… (291)
4. 硫酸 …………………………………………… (292)
5. 发烟硫酸 ……………………………………… (294)
6. 亚硫酸 ………………………………………… (295)
7. 硫化氢 ………………………………………… (295)
8. 过硫酸铵 ……………………………………… (296)
9. 甲烷磺酸 ……………………………………… (297)
10. 对甲苯磺酸 …………………………………… (298)
11. 苯磺酸 ………………………………………… (299)
12. 氨基磺酸 ……………………………………… (299)
13. 巯基乙酸 ……………………………………… (300)
14. 二甲基硫醚 …………………………………… (301)
15. 二甲基二硫 …………………………………… (302)
16. 二硫化碳 ……………………………………… (302)
(三) 硒及其化合物 …………………………………… (304)
1. 硒 ……………………………………………… (304)
2. 二氧化硒 ……………………………………… (305)
3. 硒酸 …………………………………………… (306)
4. 亚硒酸 ………………………………………… (306)
(四) 碲及其化合物 …………………………………… (307)
1. 碲 ……………………………………………… (307)
2. 二氧化碲 ……………………………………… (308)
3. 碲酸 …………………………………………… (308)

七、卤素及其化合物 …………………………………… (310)
(一) 氟及其化合物 …………………………………… (311)
1. 氟气 …………………………………………… (311)
2. 氟化氢 ………………………………………… (312)

3. 氢氟酸 (313)
4. 氟化氢铵 (314)
5. 氟磺酸 (315)
6. 氟铁酸 (316)
7. 氟化铵 (316)
8. 三氟乙酸 (317)
(二)氯及其化合物 (318)
1. 氯气 (318)
2. 氯化氢 (319)
3. 盐酸 (319)
4. 氯酸 (320)
5. 高氯酸 (321)
6. 高氯酸铵 (322)
7. 氯磺酸 (323)
8. 氯甲烷 (324)
9. 甲烷磺酰氯 (325)
(三)溴及其化合物 (325)
1. 溴 (325)
2. 溴化氢 (327)
3. 氢溴酸 (327)
4. 溴甲烷 (328)
(四)碘及其化合物 (329)
1. 碘 (329)
2. 碘化氢 (330)
3. 一氯化碘 (330)
4. 一溴化碘 (331)
5. 氢碘酸 (331)
6. 碘甲烷 (332)
7. 碘乙烷 (333)
8. 高碘酸 (334)
9. 碘化铵 (335)

八、过渡元素及其化合物 (336)
(一)钛及其化合物 (339)

1. 金属钛 ………………………………………………… (339)
2. 二氧化钛 ……………………………………………… (340)
3. 纳米二氧化钛 ………………………………………… (342)
4. 偏钛酸 ………………………………………………… (342)
5. 硫酸氧钛 ……………………………………………… (343)
6. 二氯化钛 ……………………………………………… (343)
7. 三氯化钛 ……………………………………………… (344)
8. 四氯化钛 ……………………………………………… (345)
9. 氯化铝钛 ……………………………………………… (346)
10. 钛酸四乙酯 …………………………………………… (346)
11. 钛酸四正丙酯 ………………………………………… (347)
12. 钛酸四丁酯 …………………………………………… (348)
13. 钛酸四异丙酯 ………………………………………… (348)
(二)钒及其化合物 ……………………………………… (349)
1. 金属钒 ………………………………………………… (349)
2. 二氧化钒 ……………………………………………… (350)
3. 三氧化二钒 …………………………………………… (350)
4. 五氧化二钒 …………………………………………… (351)
5. 二氯化钒 ……………………………………………… (352)
6. 三氯化钒 ……………………………………………… (352)
7. 四氯化钒 ……………………………………………… (353)
8. 三氯氧钒 ……………………………………………… (353)
9. 硫酸氧钒 ……………………………………………… (354)
10. 偏钒酸钠 ……………………………………………… (354)
11. 偏钒酸钾 ……………………………………………… (355)
12. 偏钒酸铵 ……………………………………………… (356)
(三)铬及其化合物 ……………………………………… (356)
1. 金属铬 ………………………………………………… (356)
2. 二氧化铬 ……………………………………………… (357)
3. 铬酸酐 ………………………………………………… (357)
4. 三氧化二铬 …………………………………………… (359)
5. 氧氯化铬 ……………………………………………… (360)
6. 氢氧化铬 ……………………………………………… (360)
7. 硝酸铬 ………………………………………………… (361)

8. 硫酸铬 …………………………………………………… (361)
9. 磷酸铬 …………………………………………………… (362)
10. 铬酸钾 …………………………………………………… (363)
11. 铬酸钠 …………………………………………………… (363)
12. 铬酸铵 …………………………………………………… (364)
13. 重铬酸铵 ………………………………………………… (365)
14. 重铬酸钾 ………………………………………………… (365)
15. 重铬酸钠 ………………………………………………… (366)
16. 碱式碳酸铬 ……………………………………………… (367)
17. 乙酸铬 …………………………………………………… (368)

(四)锰及其化合物 ………………………………………… (368)
1. 金属锰 …………………………………………………… (368)
2. 一氧化锰 ………………………………………………… (370)
3. 二氧化锰 ………………………………………………… (371)
4. 氯化锰 …………………………………………………… (372)
5. 碳酸锰 …………………………………………………… (372)
6. 硝酸锰 …………………………………………………… (373)
7. 硫酸锰 …………………………………………………… (374)
8. 乙酸锰 …………………………………………………… (375)
9. 硬脂酸锰 ………………………………………………… (376)
10. 环烷酸锰 ………………………………………………… (376)

(五)铁及其化合物 ………………………………………… (377)
1. 金属铁 …………………………………………………… (377)
2. 氧化铁 …………………………………………………… (378)
3. 氧化亚铁 ………………………………………………… (379)
4. 四氧化三铁 ……………………………………………… (379)
5. 氯化铁 …………………………………………………… (380)
6. 氯化亚铁 ………………………………………………… (381)
7. 三氯化铁 ………………………………………………… (381)
8. 硫酸亚铁 ………………………………………………… (383)
9. 硫酸亚铁铵 ……………………………………………… (384)
10. 硝酸铁 …………………………………………………… (384)

(六)钴及其化合物 ………………………………………… (385)

1. 金属钴 ……………………………………………………………… (385)
2. 氧化钴 ……………………………………………………………… (386)
3. 氧化高钴 …………………………………………………………… (386)
4. 四氧化三钴 ………………………………………………………… (387)
5. 氢氧化钴 …………………………………………………………… (388)
6. 氢氧化高钴 ………………………………………………………… (388)
7. 氯化钴 ……………………………………………………………… (389)
8. 硝酸钴 ……………………………………………………………… (390)
9. 硫酸钴 ……………………………………………………………… (391)
10. 碳酸钴 …………………………………………………………… (391)
11. 碱式碳酸钴 ……………………………………………………… (392)
12. 甲酸钴 …………………………………………………………… (393)
13. 乙酸钴 …………………………………………………………… (393)
14. 草酸钴 …………………………………………………………… (394)
15. 环烷酸钴 ………………………………………………………… (395)
16. 硬脂酸钴 ………………………………………………………… (396)
17. 2-乙基己酸钴 …………………………………………………… (396)

(七) 镍及其化合物 ……………………………………………………… (397)

1. 金属镍 ……………………………………………………………… (397)
2. 一氧化镍 …………………………………………………………… (398)
3. 三氧化二镍 ………………………………………………………… (399)
4. 氟化镍 ……………………………………………………………… (399)
5. 氯化镍 ……………………………………………………………… (400)
6. 溴化镍 ……………………………………………………………… (401)
7. 碘化镍 ……………………………………………………………… (402)
8. 氢氧化镍 …………………………………………………………… (402)
9. 硫化镍 ……………………………………………………………… (403)
10. 硝酸镍 …………………………………………………………… (404)
11. 硫酸镍 …………………………………………………………… (404)
12. 碱式碳酸镍 ……………………………………………………… (406)
13. 碳酸镍 …………………………………………………………… (406)
14. 甲酸镍 …………………………………………………………… (407)
15. 乙酸镍 …………………………………………………………… (407)
16. 草酸镍 …………………………………………………………… (408)

17. 环烷酸镍 …………………………………………… (409)
18. 硬脂酸镍 …………………………………………… (409)
19. 骨架镍 ……………………………………………… (410)
(八)铜及其化合物 ……………………………………… (411)
1. 金属铜 ……………………………………………… (411)
2. 氧化亚铜 …………………………………………… (412)
3. 氧化铜 ……………………………………………… (413)
4. 氯化亚铜 …………………………………………… (413)
5. 氯化铜 ……………………………………………… (414)
6. 溴化铜 ……………………………………………… (415)
7. 氢氧化铜 …………………………………………… (416)
8. 硝酸铜 ……………………………………………… (416)
9. 硫酸铜 ……………………………………………… (417)
10. 酒石酸铜 …………………………………………… (418)
(九)锌及其化合物 ……………………………………… (419)
1. 金属锌 ……………………………………………… (419)
2. 氧化锌 ……………………………………………… (420)
3. 纳米氧化锌 ………………………………………… (421)
4. 氯化锌 ……………………………………………… (422)
5. 硫化锌 ……………………………………………… (423)
6. 氟化锌 ……………………………………………… (424)
7. 氟硅酸锌 …………………………………………… (424)
8. 溴化锌 ……………………………………………… (425)
9. 碘化锌 ……………………………………………… (426)
10. 碲化锌 ……………………………………………… (426)
11. 氢氧化锌 …………………………………………… (427)
12. 铬酸锌 ……………………………………………… (427)
13. 硝酸锌 ……………………………………………… (428)
14. 硫酸锌 ……………………………………………… (428)
15. 碱式碳酸锌 ………………………………………… (429)
16. 碳酸锌 ……………………………………………… (430)
17. 硒化锌 ……………………………………………… (431)
18. 乙酸锌 ……………………………………………… (431)
19. 2-乙基己酸锌 ……………………………………… (432)

20. 二乙基锌 …………………………………………………… (433)
21. 草酸锌 ……………………………………………………… (433)
22. 苯甲酸锌 …………………………………………………… (434)
(十)锆及其化合物 …………………………………………… (434)
1. 金属锆 ……………………………………………………… (434)
2. 二氧化锆 …………………………………………………… (435)
3. 四氯化锆 …………………………………………………… (435)
4. 氯氧化锆 …………………………………………………… (436)
5. 氢氧化锆 …………………………………………………… (437)
6. 硫酸锆 ……………………………………………………… (437)
7. 磷酸锆 ……………………………………………………… (438)
8. 硝酸氧锆 …………………………………………………… (438)
9. 碱式碳酸锆 ………………………………………………… (439)
10. 四丁氧基锆 ………………………………………………… (440)
(十一)铌及其化合物 ………………………………………… (440)
1. 金属铌 ……………………………………………………… (440)
2. 五氧化二铌 ………………………………………………… (441)
3. 五氧化二铌溶胶 …………………………………………… (441)
4. 五氯化铌 …………………………………………………… (442)
5. 三氯氧铌 …………………………………………………… (443)
(十二)钼及其化合物 ………………………………………… (443)
1. 金属钼 ……………………………………………………… (443)
2. 二氧化钼 …………………………………………………… (444)
3. 三氧化钼 …………………………………………………… (445)
4. 二硫化钼 …………………………………………………… (445)
5. 三硫化钼 …………………………………………………… (446)
6. 五氯化钼 …………………………………………………… (447)
7. 三溴化钼 …………………………………………………… (447)
8. 钼酸 ………………………………………………………… (447)
9. 钼酸钠 ……………………………………………………… (448)
10. 钼酸铵 ……………………………………………………… (449)
11. 杂多酸 ……………………………………………………… (450)
12. 磷钼酸 ……………………………………………………… (451)

13. 磷钼酸铵 …………………………………………………… (452)
(十三) 钌及其化合物 ………………………………………… (452)
1. 金属钌 …………………………………………………… (452)
2. 二氧化钌 ………………………………………………… (453)
3. 四氧化钌 ………………………………………………… (453)
4. 三氯化钌 ………………………………………………… (454)
5. 氢氧化钌 ………………………………………………… (455)
6. 钌酸钾 …………………………………………………… (455)
(十四) 铑及其化合物 ………………………………………… (455)
1. 金属铑 …………………………………………………… (455)
2. 铑粉 ……………………………………………………… (457)
3. 三氧化二铑 ……………………………………………… (458)
4. 三氯化铑 ………………………………………………… (458)
5. 胶体铑 …………………………………………………… (459)
6. 氢氧化铑 ………………………………………………… (459)
7. 氯铑酸 …………………………………………………… (459)
8. 氯铑酸钠 ………………………………………………… (460)
9. 氯铑酸铵 ………………………………………………… (460)
(十五) 钯及其化合物 ………………………………………… (460)
1. 金属钯 …………………………………………………… (460)
2. 氧化钯 …………………………………………………… (462)
3. 氯化钯 …………………………………………………… (463)
4. 硝酸钯 …………………………………………………… (464)
5. 氢氧化钯 ………………………………………………… (464)
6. 氯亚钯酸铵 ……………………………………………… (465)
7. 胶体钯 …………………………………………………… (465)
8. 氯钯酸铵 ………………………………………………… (465)
(十六) 银及其化合物 ………………………………………… (466)
1. 金属银 …………………………………………………… (466)
2. 超细银粉 ………………………………………………… (467)
3. 氧化银 …………………………………………………… (468)
4. 碘化银 …………………………………………………… (468)
5. 硝酸银 …………………………………………………… (469)

6. 碳酸银 (470)

(十七)镉及其化合物 (471)

1. 金属镉 (471)
2. 氧化镉 (472)
3. 氟化镉 (472)
4. 氯化镉 (473)
5. 溴化镉 (474)
6. 碘化镉 (474)
7. 硫化镉 (475)
8. 硒化镉 (476)
9. 碲化镉 (476)
10. 硝酸镉 (477)
11. 硫酸镉 (478)
12. 碳酸镉 (478)
13. 磷酸镉 (479)
14. 乙酸镉 (479)
15. 二甲基镉 (480)
16. 二乙基镉 (481)

(十八)钨及其化合物 (481)

1. 金属钨 (481)
2. 三氧化钨 (482)
3. 二硫化钨 (483)
4. 四氯化钨 (483)
5. 五氯化钨 (484)
6. 六氯化钨 (484)
7. 二氯二氧钨 (485)
8. 钨酸 (485)
9. 偏钨酸铵 (486)
10. 仲钨酸铵 (486)
11. 磷钨酸 (487)
12. 硅钨酸 (488)

(十九)铼及其化合物 (489)

1. 金属铼 (489)

2. 二氧化铼 ………………………………………………… (489)
3. 三氧化铼 ………………………………………………… (490)
4. 七氧化二铼 ……………………………………………… (491)
5. 二硫化铼 ………………………………………………… (491)
6. 七硫化二铼 ……………………………………………… (492)
7. 一氯三氧铼 ……………………………………………… (492)
8. 四氯氧铼 ………………………………………………… (492)
9. 高铼酸 …………………………………………………… (493)
10. 高铼酸钾 ……………………………………………… (493)
11. 高铼酸铵 ……………………………………………… (494)
(二十)锇及其化合物 ……………………………………… (494)
1. 金属锇 …………………………………………………… (494)
2. 二氧化锇 ………………………………………………… (495)
3. 四氧化锇 ………………………………………………… (495)
4. 三氯化锇 ………………………………………………… (496)
5. 高锇酸钾 ………………………………………………… (496)
6. 胶体锇 …………………………………………………… (496)
7. 锇黑 ……………………………………………………… (497)
(二十一)铱及其化合物 …………………………………… (497)
1. 金属铱 …………………………………………………… (497)
2. 二氧化铱 ………………………………………………… (498)
3. 三氯化铱 ………………………………………………… (498)
4. 氯铱酸 …………………………………………………… (499)
5. 氯铱酸铵 ………………………………………………… (499)
6. 胶体铱 …………………………………………………… (500)
(二十二)铂及其化合物 …………………………………… (500)
1. 金属铂 …………………………………………………… (500)
2. 二氧化铂 ………………………………………………… (501)
3. 二氯化铂 ………………………………………………… (502)
4. 四氯化铂 ………………………………………………… (503)
5. 二硫化铂 ………………………………………………… (503)
6. 氯铂酸 …………………………………………………… (504)
7. 氯铂酸钾 ………………………………………………… (504)

8. 氯铂酸铵 …………………………………………… (505)

9. 氯铂酸钠 …………………………………………… (505)

10. 胶体铂 …………………………………………… (506)

11. 铂黑 ……………………………………………… (506)

（二十三）金及其化合物 ……………………………… (507)

1. 金属金 …………………………………………… (507)

2. 氯化金 …………………………………………… (508)

3. 氯化亚金 ………………………………………… (509)

4. 硫化金 …………………………………………… (509)

5. 氯金酸 …………………………………………… (509)

6. 超细金粉 ………………………………………… (510)

（二十四）汞及其化合物 ……………………………… (511)

1. 汞 ………………………………………………… (511)

2. 氧化汞 …………………………………………… (512)

3. 氯化汞 …………………………………………… (513)

4. 氟化汞 …………………………………………… (514)

5. 硫酸汞 …………………………………………… (514)

6. 硝酸汞 …………………………………………… (515)

7. 磷酸汞 …………………………………………… (516)

8. 乙酸汞 …………………………………………… (516)

9. 乙酸苯汞 ………………………………………… (517)

10. 二乙基汞 ………………………………………… (517)

11. 二苯基汞 ………………………………………… (518)

（二十五）非晶态合金 ………………………………… (519)

九、稀土元素及其化合物 ……………………………… (521)

1. 金属钪 …………………………………………… (524)

2. 氧化钪 …………………………………………… (525)

3. 氧化钇 …………………………………………… (526)

4. 氧化镧 …………………………………………… (527)

5. 氯化镧 …………………………………………… (528)

6. 硝酸镧 …………………………………………… (528)

7. 金属铈 …………………………………………… (529)

8. 氧化铈 …………………………………………… (530)

9. 氯化铈⋯⋯⋯⋯⋯⋯⋯⋯⋯⋯⋯⋯⋯⋯⋯⋯⋯⋯⋯⋯⋯⋯（531）
10. 氢氧化铈⋯⋯⋯⋯⋯⋯⋯⋯⋯⋯⋯⋯⋯⋯⋯⋯⋯⋯⋯⋯（531）
11. 硝酸铈⋯⋯⋯⋯⋯⋯⋯⋯⋯⋯⋯⋯⋯⋯⋯⋯⋯⋯⋯⋯⋯（532）
12. 碳酸铈⋯⋯⋯⋯⋯⋯⋯⋯⋯⋯⋯⋯⋯⋯⋯⋯⋯⋯⋯⋯⋯（533）
13. 氧化镨⋯⋯⋯⋯⋯⋯⋯⋯⋯⋯⋯⋯⋯⋯⋯⋯⋯⋯⋯⋯⋯（533）
14. 氧化钕⋯⋯⋯⋯⋯⋯⋯⋯⋯⋯⋯⋯⋯⋯⋯⋯⋯⋯⋯⋯⋯（534）
15. 氧化钐⋯⋯⋯⋯⋯⋯⋯⋯⋯⋯⋯⋯⋯⋯⋯⋯⋯⋯⋯⋯⋯（535）
16. 氧化钆⋯⋯⋯⋯⋯⋯⋯⋯⋯⋯⋯⋯⋯⋯⋯⋯⋯⋯⋯⋯⋯（536）
17. 氧化铽⋯⋯⋯⋯⋯⋯⋯⋯⋯⋯⋯⋯⋯⋯⋯⋯⋯⋯⋯⋯⋯（537）
18. 氧化镝⋯⋯⋯⋯⋯⋯⋯⋯⋯⋯⋯⋯⋯⋯⋯⋯⋯⋯⋯⋯⋯（538）
19. 氧化铒⋯⋯⋯⋯⋯⋯⋯⋯⋯⋯⋯⋯⋯⋯⋯⋯⋯⋯⋯⋯⋯（539）
20. 氧化铥⋯⋯⋯⋯⋯⋯⋯⋯⋯⋯⋯⋯⋯⋯⋯⋯⋯⋯⋯⋯⋯（539）
21. 氧化镱⋯⋯⋯⋯⋯⋯⋯⋯⋯⋯⋯⋯⋯⋯⋯⋯⋯⋯⋯⋯⋯（540）
22. 氧化镥⋯⋯⋯⋯⋯⋯⋯⋯⋯⋯⋯⋯⋯⋯⋯⋯⋯⋯⋯⋯⋯（541）

十、配位化合物⋯⋯⋯⋯⋯⋯⋯⋯⋯⋯⋯⋯⋯⋯⋯⋯⋯⋯（542）

1. 三氟化硼—乙醚配合物⋯⋯⋯⋯⋯⋯⋯⋯⋯⋯⋯⋯⋯⋯（544）
2. 三氟化硼—丁醚配合物⋯⋯⋯⋯⋯⋯⋯⋯⋯⋯⋯⋯⋯⋯（544）
3. 三氟化硼—乙酸配合物⋯⋯⋯⋯⋯⋯⋯⋯⋯⋯⋯⋯⋯⋯（545）
4. 三氟化硼哌啶⋯⋯⋯⋯⋯⋯⋯⋯⋯⋯⋯⋯⋯⋯⋯⋯⋯⋯（546）
5. 二茂基二苯基钛⋯⋯⋯⋯⋯⋯⋯⋯⋯⋯⋯⋯⋯⋯⋯⋯⋯（546）
6. 二茂基二氯化钛⋯⋯⋯⋯⋯⋯⋯⋯⋯⋯⋯⋯⋯⋯⋯⋯⋯（547）
7. 二茂基二氯化钒⋯⋯⋯⋯⋯⋯⋯⋯⋯⋯⋯⋯⋯⋯⋯⋯⋯（548）
8. 二茂基二氯化锆⋯⋯⋯⋯⋯⋯⋯⋯⋯⋯⋯⋯⋯⋯⋯⋯⋯（548）
9. 二茂基二甲基钛⋯⋯⋯⋯⋯⋯⋯⋯⋯⋯⋯⋯⋯⋯⋯⋯⋯（549）
10. 二茂镍⋯⋯⋯⋯⋯⋯⋯⋯⋯⋯⋯⋯⋯⋯⋯⋯⋯⋯⋯⋯⋯（549）
11. 二茂钴⋯⋯⋯⋯⋯⋯⋯⋯⋯⋯⋯⋯⋯⋯⋯⋯⋯⋯⋯⋯⋯（550）
12. 二茂钒⋯⋯⋯⋯⋯⋯⋯⋯⋯⋯⋯⋯⋯⋯⋯⋯⋯⋯⋯⋯⋯（551）
13. 二茂锰⋯⋯⋯⋯⋯⋯⋯⋯⋯⋯⋯⋯⋯⋯⋯⋯⋯⋯⋯⋯⋯（551）
14. 二茂铁⋯⋯⋯⋯⋯⋯⋯⋯⋯⋯⋯⋯⋯⋯⋯⋯⋯⋯⋯⋯⋯（552）
15. 二苯合钒⋯⋯⋯⋯⋯⋯⋯⋯⋯⋯⋯⋯⋯⋯⋯⋯⋯⋯⋯⋯（552）
16. 二苯合铬⋯⋯⋯⋯⋯⋯⋯⋯⋯⋯⋯⋯⋯⋯⋯⋯⋯⋯⋯⋯（553）
17. 四(三苯基膦)合钯⋯⋯⋯⋯⋯⋯⋯⋯⋯⋯⋯⋯⋯⋯⋯⋯（554）
18. 四(三苯基膦)合镍⋯⋯⋯⋯⋯⋯⋯⋯⋯⋯⋯⋯⋯⋯⋯⋯（554）
19. 四(三苯基膦)合铂⋯⋯⋯⋯⋯⋯⋯⋯⋯⋯⋯⋯⋯⋯⋯⋯（554）

20. 三苯基膦·二(丙烯腈)合镍 ……………………………………… (555)
21. 二羰基双(三苯基膦)合镍 ……………………………………… (555)
22. 二羰基双(亚磷酸三苯酯)合镍 ………………………………… (556)
23. 三羰基三苯基膦合镍 …………………………………………… (556)
24. 三羰基双(三苯基膦)合铁 ……………………………………… (556)
25. 三羰基茂基锰 …………………………………………………… (557)
26. 四羰基镍 ………………………………………………………… (557)
27. 五羰基铁 ………………………………………………………… (558)
28. 六羰基钼 ………………………………………………………… (559)
29. 六羰基铬 ………………………………………………………… (559)
30. 六羰基钨 ………………………………………………………… (560)
31. 八羰基二钴 ……………………………………………………… (560)
32. 十二羰基三铁 …………………………………………………… (561)
33. 十二羰基四钴 …………………………………………………… (561)
34. 十二羰基四铱 …………………………………………………… (562)
35. 羰基茂基镍二聚物 ……………………………………………… (562)
36. 乙酰丙酮钴(Ⅱ) ………………………………………………… (563)
37. 乙酰丙酮钴(Ⅲ) ………………………………………………… (563)
38. 乙酰丙酮镍 ……………………………………………………… (564)
39. 乙酰丙酮铝 ……………………………………………………… (564)
40. 二氯四羰基二铑 ………………………………………………… (565)
41. 二(丙烯腈)合镍 ………………………………………………… (565)
42. 四(三氯化磷)合镍 ……………………………………………… (566)
43. 四(亚磷酸三乙酯)合镍 ………………………………………… (566)

十一、工业矿物原料 …………………………………………………… (568)
1. 石墨 ……………………………………………………………… (568)
2. 钙钛矿石 ………………………………………………………… (569)
3. 白钨矿石 ………………………………………………………… (570)
4. 软锰矿石 ………………………………………………………… (571)
5. 菱锰矿石 ………………………………………………………… (571)
6. 硅藻土 …………………………………………………………… (571)
7. 天然沸石 ………………………………………………………… (573)
8. 丝光沸石 ………………………………………………………… (575)
9. 斜发沸石 ………………………………………………………… (576)

10. 菱沸石 …………………………………………………………（576）
11. 镁碱沸石 ………………………………………………………（577）
12. 氟碳铈矿石 ……………………………………………………（578）
13. 堇青石 …………………………………………………………（579）
14. 海泡石 …………………………………………………………（580）
15. 坡缕石 …………………………………………………………（580）
16. 莫来石 …………………………………………………………（581）
17. 金红石 …………………………………………………………（582）
18. 锐钛矿石 ………………………………………………………（583）
19. 尖晶石 …………………………………………………………（584）
20. 蒙脱石 …………………………………………………………（585）
21. 膨润土 …………………………………………………………（585）
22. 交联黏土 ………………………………………………………（587）

十二、离子交换树脂 …………………………………………………（589）

1. 凝胶型强酸性苯乙烯系阳离子交换树脂 ……………………（591）
2. 大孔强酸性苯乙烯系阳离子交换树脂 ………………………（593）
3. 凝胶型强碱性Ⅰ型苯乙烯系阴离子交换树脂 ………………（594）
4. 大孔强碱性Ⅰ型苯乙烯系阴离子交换树脂 …………………（596）
5. 大孔强碱性Ⅱ型苯乙烯系阴离子交换树脂 …………………（597）
6. 大孔弱碱性苯乙烯系阴离子交换树脂 ………………………（598）
7. 全氟磺酸树脂 …………………………………………………（599）
8. 吸附树脂 ………………………………………………………（600）

十三、酶及酶制剂 ……………………………………………………（602）

1. 淀粉酶 …………………………………………………………（606）
2. 蛋白酶 …………………………………………………………（608）
3. 脂肪酶 …………………………………………………………（609）
4. 纤维素酶 ………………………………………………………（610）
5. 脱氢酶 …………………………………………………………（610）
6. 醛缩酶 …………………………………………………………（611）
7. 转氨酶 …………………………………………………………（612）
8. 卤化酶 …………………………………………………………（612）
9. 脱卤酶 …………………………………………………………（613）
10. 环氧化物水解酶 ………………………………………………（613）
11. 模拟酶 …………………………………………………………（614）

12. 抗体酶 …………………………………………………………… (614)
13. 印迹酶 …………………………………………………………… (615)

十四、催化剂及载体成型用助剂 ………………………………………… (617)
（一）黏合剂 ……………………………………………………………… (617)
（二）润滑剂 ……………………………………………………………… (618)
（三）孔结构改性剂 ……………………………………………………… (618)
  1. 二甲基硅油 ………………………………………………………… (619)
  2. 石蜡 ………………………………………………………………… (620)
  3. 淀粉 ………………………………………………………………… (621)
  4. 糊精 ………………………………………………………………… (622)
  5. 石墨粉 ……………………………………………………………… (623)
  6. 滑石粉 ……………………………………………………………… (624)
  7. 硬脂酸 ……………………………………………………………… (625)
  8. 甘油 ………………………………………………………………… (626)
  9. 田菁胶 ……………………………………………………………… (628)
  10. 炭黑 ……………………………………………………………… (628)
  11. 聚乙二醇 ………………………………………………………… (630)
  12. 聚乙烯醇 ………………………………………………………… (631)
  13. 聚丙烯酰胺 ……………………………………………………… (632)
  14. 聚氧化乙烯 ……………………………………………………… (634)
  15. 甲基纤维素 ……………………………………………………… (634)
  16. 马来松香 ………………………………………………………… (636)
  17. 甲酸 ……………………………………………………………… (637)
  18. 乙酸 ……………………………………………………………… (638)
  19. 丙二酸 …………………………………………………………… (639)
  20. 柠檬酸 …………………………………………………………… (640)
  21. 酒石酸 …………………………………………………………… (641)
  22. 三氯乙酸 ………………………………………………………… (642)
  23. 乳酸 ……………………………………………………………… (643)
  24. 尿素 ……………………………………………………………… (644)

中篇　催化剂制备

十五、催化剂的相关知识 ……………………………………………… (649)

（一）催化剂的基本特征 ……………………… (649)
（二）催化剂的分类 …………………………… (650)
 1. 按催化反应的物相体系分类 ……………… (651)
 2. 按催化剂的作用机理分类 ………………… (653)
 3. 按活性组分的化学物种分类 ……………… (654)
 4. 按催化单元反应的类型分类 ……………… (654)
 5. 按催化剂工业应用分类 …………………… (655)
（三）催化剂的组成 …………………………… (655)
 1. 固体催化剂 ………………………………… (655)
 2. 液体催化剂 ………………………………… (663)
（四）催化剂的宏观物性 ……………………… (664)
 1. 几何形状 …………………………………… (664)
 2. 粒度、粒径及粒径分布 …………………… (665)
 3. 密度 ………………………………………… (666)
 4. 孔结构 ……………………………………… (667)
 5. 比表面积 …………………………………… (670)
 6. 机械强度 …………………………………… (671)
（五）催化剂的基本性能要求 ………………… (672)
 1. 活性 ………………………………………… (673)
 2. 选择性 ……………………………………… (675)
 3. 稳定性 ……………………………………… (676)
 4. 使用寿命 …………………………………… (677)
 5. 再生性 ……………………………………… (678)

十六、工业催化剂制备的一般特点及质量控制 … (679)
（一）工业催化剂制备的一般特点 …………… (679)
（二）原料的选择及使用 ……………………… (681)
 1. 原料的采购及科学管理 …………………… (681)
 2. 贵金属资源 ………………………………… (681)
 3. 稀土元素及其化合物 ……………………… (682)
 4. 大宗化学品 ………………………………… (683)
（三）催化剂生产中的质量控制 ……………… (683)
 1. 化工原料的入厂检验 ……………………… (683)
 2. 化学组成分析 ……………………………… (684)

3. 相组成分析……………………………………………………(685)
4. 物化性质分析……………………………………………………(686)
5. 活性评价…………………………………………………………(686)

十七、固体催化剂制备方法 ……………………………………(687)
（一）沉淀法制备催化剂 ………………………………………(689)
1. 沉淀法制备催化剂的基本原理…………………………………(689)
2. 沉淀剂的选择……………………………………………………(691)
3. 沉淀法的类型……………………………………………………(692)
4. 沉淀法制备催化剂的工艺过程…………………………………(694)
5. 沉淀条件对催化剂性能的影响…………………………………(694)
6. 沉淀法制备活性氧化铝…………………………………………(700)

（二）浸渍法制备催化剂 ………………………………………(701)
1. 浸渍法制备催化剂的一般过程…………………………………(701)
2. 浸渍法的基本原理………………………………………………(703)
3. 活性组分的不均匀分布…………………………………………(704)
4. 浸渍法制备催化剂的影响因素…………………………………(705)
5. 浸渍法常用制备工艺……………………………………………(714)
6. 浸渍法制备催化剂示例…………………………………………(719)

（三）滚涂法及喷涂法制备催化剂 ……………………………(720)

（四）溶胶凝胶法制备催化剂 …………………………………(722)
1. 溶胶、凝胶及胶溶作用…………………………………………(722)
2. 溶胶凝胶法的基本原理…………………………………………(723)
3. 溶胶凝胶法制备催化剂的主要操作控制………………………(725)
4. 溶胶凝胶法制备催化材料的主要优缺点………………………(730)
5. 溶胶凝胶法制备二氧化钛………………………………………(731)

（五）离子交换法制备催化剂 …………………………………(732)
1. 离子交换剂………………………………………………………(732)
2. 离子交换树脂……………………………………………………(736)
3. 离子交换树脂催化剂……………………………………………(743)
4. 离子交换法制造分子筛…………………………………………(744)
5. 甲苯歧化丝光沸石催化剂的制备………………………………(747)

（六）水热法与溶剂热法制备催化剂 …………………………(749)
1. 水热法……………………………………………………………(749)

2. 溶剂热法……………………………………………………(751)
3. 水热合成与溶剂热合成的特点……………………………(752)
4. 水热与溶剂热合的一般合成程序…………………………(752)
5. 水热与溶剂热合成装置……………………………………(753)
6. 水热及溶剂热法合成沸石分子筛…………………………(753)
(七)微波法制备催化剂…………………………………………(758)
1. 微波法的特点………………………………………………(758)
2. 微波加热机理………………………………………………(759)
3. 微波合成机理………………………………………………(759)
4. 微波合成装置………………………………………………(760)
5. 微波法制备催化剂…………………………………………(761)
(八)混合法制备催化剂…………………………………………(763)
1. 干混法………………………………………………………(764)
2. 湿混法………………………………………………………(765)
(九)沥滤法制备催化剂…………………………………………(766)
1. 骨架催化剂…………………………………………………(766)
2. 合金的制备…………………………………………………(768)
3. 合金的粉碎…………………………………………………(769)
4. 合金的溶解…………………………………………………(769)
5. 骨架催化剂的储存…………………………………………(769)
6. 苯加氢制环己烷用骨架镍催化剂制法……………………(770)
(十)熔融法制备催化剂…………………………………………(771)
1. 原材料精制…………………………………………………(772)
2. 原材料的配比与混合………………………………………(772)
3. 物料的熔融…………………………………………………(773)
4. 熔料的排出和冷却…………………………………………(773)
5. 筛分…………………………………………………………(773)
6. 还原(制备预还原催化剂)…………………………………(774)
(十一)冷冻干燥法制备催化剂…………………………………(775)
1. 冷冻干燥原理………………………………………………(775)
2. 冷冻干燥法制备催化剂的主要步骤………………………(777)
3. 冷冻干燥法的优缺点………………………………………(778)
(十二)微乳液法制备催化剂……………………………………(779)

1. 微乳液的基本特性……………………………………………(779)
　　2. 微乳液形成机理………………………………………………(780)
　　3. 微乳液法制备催化剂…………………………………………(781)
　(十三)膜催化剂的制法……………………………………………(782)
　　1. 膜催化的特点…………………………………………………(782)
　　2. 膜催化剂的类型………………………………………………(783)
　　3. 膜催化剂的制备………………………………………………(786)
十八、固体催化剂及载体成型…………………………………………(787)
　(一)固体催化剂的形状分类………………………………………(787)
　　1. 固定床反应器…………………………………………………(787)
　　2. 流化床反应器…………………………………………………(787)
　　3. 移动床反应器…………………………………………………(788)
　　4. 悬浮床反应器…………………………………………………(788)
　(二)催化剂成型目的及成型方法…………………………………(789)
　(三)催化剂或载体成型用助剂……………………………………(791)
　　1. 黏合剂…………………………………………………………(791)
　　2. 润滑剂…………………………………………………………(795)
　　3. 孔结构改性剂…………………………………………………(797)
　(四)粉体的混合及捏合操作………………………………………(798)
　　1. 粉体混合机理…………………………………………………(798)
　　2. 常用混合机……………………………………………………(799)
　　3. 粉体的捏合……………………………………………………(801)
　(五)压缩成型法制备催化剂………………………………………(804)
　　1. 压缩成型法制备催化剂的工作原理…………………………(804)
　　2. 常用压缩成型机械……………………………………………(805)
　　3. 压缩成型法的主要特点………………………………………(808)
　　4. 压缩成型的影响因素…………………………………………(809)
　　5. 压缩成型条件对催化剂性能的影响…………………………(809)
　(六)挤出成型法制备催化剂………………………………………(811)
　　1. 挤出成型过程…………………………………………………(812)
　　2. 挤出成型技术的特点…………………………………………(813)
　　3. 螺杆挤条机……………………………………………………(813)
　　4. 柱塞式挤条机…………………………………………………(815)

5. 其他类型挤条机……………………………………………(815)
6. 影响挤出成型的因素………………………………………(816)
（七）转动成型法制备催化剂……………………………………(822)
1. 常用转动成型机械…………………………………………(823)
2. 转动成型机理………………………………………………(828)
3. 影响转动成型产品质量的主要因素………………………(829)
4. 球形整粒法…………………………………………………(831)
5. 干法制粒机…………………………………………………(833)
（八）喷雾干燥法制备微球形催化剂……………………………(834)
1. 喷雾干燥成型基本原理……………………………………(834)
2. 喷雾干燥成型的主要优缺点………………………………(835)
3. 喷雾干燥成型的分类………………………………………(836)
4. 喷雾干燥法制备微球硅胶…………………………………(839)
（九）油中成型法制备球形催化剂载体…………………………(841)
1. 烃—氨柱成型法……………………………………………(841)
2. 油柱成型法…………………………………………………(843)
3. 油中成型法制备高纯氧化铝小球…………………………(844)
（十）喷动（床）成型法……………………………………………(845)
1. 溶液在晶种颗粒喷动床中的成球过程……………………(845)
2. 在惰性颗粒喷动床中的成型过程…………………………(846)
3. 喷动成型法制备球形钒催化剂……………………………(846)
（十一）熔融喷洒成型法…………………………………………(848)
（十二）特殊形状催化剂或载体的成型…………………………(848)
1. 蜂窝形催化剂或载体的成型………………………………(848)
2. 纤维催化剂的制法…………………………………………(850)
3. 齿球形载体的成型…………………………………………(853)
十九、催化剂及载体的干燥………………………………………(855)
（一）干燥方式……………………………………………………(855)
（二）干燥设备……………………………………………………(856)
1. 厢式干燥器…………………………………………………(857)
2. 带式干燥器…………………………………………………(857)
3. 转筒干燥器…………………………………………………(858)
4. 振动流化床干燥器…………………………………………(859)

5. 气流干燥器 ……………………………………………………………… (860)
6. 喷雾干燥器 ……………………………………………………………… (860)
7. 红外线干燥器 …………………………………………………………… (861)
(三)干燥条件对催化剂或载体性能的影响 ………………………………… (862)
1. 干燥对多孔性物料孔结构的影响 ……………………………………… (862)
2. 干燥方式对活性组分分布的影响 ……………………………………… (862)

二十、催化剂及载体焙烧 …………………………………………………… (864)
(一)常用焙烧设备 ……………………………………………………………… (864)
1. 立式焙烧窑 ……………………………………………………………… (864)
2. 厢式焙烧炉 ……………………………………………………………… (865)
3. 连续回转式焙烧窑 ……………………………………………………… (865)
4. 间接加热式回转窑 ……………………………………………………… (865)
5. 立式管式焙烧炉 ………………………………………………………… (866)
6. 网带窑 …………………………………………………………………… (866)
7. 隧道窑 …………………………………………………………………… (867)
8. 辊道窑 …………………………………………………………………… (867)
(二)催化剂在焙烧过程中的物理化学变化 ………………………………… (868)
1. 热分解 …………………………………………………………………… (868)
2. 固相反应 ………………………………………………………………… (869)
3. 晶相变化 ………………………………………………………………… (870)
4. 再结晶 …………………………………………………………………… (871)
5. 烧结 ……………………………………………………………………… (871)
6. 活性组分的再分配 ……………………………………………………… (872)
(三)焙烧温度的控制 ………………………………………………………… (872)

二十一、催化剂还原及硫化 ………………………………………………… (874)
(一)催化剂还原 ……………………………………………………………… (874)
1. 催化剂预还原目的 ……………………………………………………… (874)
2. 还原过程中的化学反应 ………………………………………………… (875)
3. 还原条件对催化剂性能的影响 ………………………………………… (875)
(二)催化剂硫化 ……………………………………………………………… (878)
1. 催化剂预硫化目的 ……………………………………………………… (878)
2. 常用硫化剂及硫化方法 ………………………………………………… (879)
3. 器内流化法 ……………………………………………………………… (879)

4. 器外硫化法 ……………………………………………… (881)

下篇　工业专用催化剂产品

二十二、炼油催化剂 ……………………………………… (885)
 1. 无定形硅铝催化裂化催化剂 ……………………… (887)
 2. 高铝催化裂化催化剂 ………………………………… (888)
 3. 低铝分子筛催化裂化催化剂 ……………………… (888)
 4. 高铝分子筛催化裂化催化剂 ……………………… (889)
 5. 超稳 Y 型分子筛催化裂化催化剂 ………………… (890)
 6. 半合成分子筛催化裂化催化剂 …………………… (891)
 7. 催化裂化催化剂 ……………………………………… (892)
 8. 重油催化裂化催化剂(一) …………………………… (893)
 9. 重油催化裂化催化剂(二) …………………………… (895)
 10. 重油催化裂化催化剂(三) ………………………… (896)
 11. 重油催化裂化催化剂(四) ………………………… (897)
 12. 重油催化裂化催化剂(五) ………………………… (898)
 13. 重油催化裂化催化剂(六) ………………………… (899)
 14. 重油催化裂化催化剂(七) ………………………… (900)
 15. 重油催化裂化催化剂(八) ………………………… (901)
 16. 重油催化裂化催化剂(九) ………………………… (902)
 17. 重油催化裂化催化剂(十) ………………………… (903)
 18. 重油催化裂化催化剂(十一) ……………………… (904)
 19. 重油催化裂化催化剂(ZC 系列) ………………… (905)
 20. 抗钒重油催化裂化催化剂 ………………………… (906)
 21. 渣油催化裂化催化剂 ……………………………… (907)
 22. 中堆比催化裂化催化剂(一) ……………………… (907)
 23. 中堆比催化裂化催化剂(二) ……………………… (909)
 24. 高辛烷值催化裂化催化剂 ………………………… (910)
 25. 高辛烷值重油催化裂化催化剂 …………………… (911)
 26. 多产柴油催化裂化催化剂 ………………………… (912)
 27. 抗碱氮催化裂化催化剂 …………………………… (913)
 28. 降低汽油烯烃含量的催化裂化催化剂 …………… (914)
 29. 大庆全减压渣油裂化催化剂 ……………………… (915)

30. 大庆全减压渣油裂化催化剂(改进型) ……………………… (916)
31. 汽油辛烷值增进剂 ……………………………………………… (917)
32. 多产液化气催化裂化助剂(CA 系列) ………………………… (919)
33. 一氧化碳助燃剂 ………………………………………………… (919)
34. 金属钝化剂 ……………………………………………………… (921)
35. 硫转移剂 ………………………………………………………… (922)
36. 加氢裂化催化剂 ………………………………………………… (923)
37. 催化重整催化剂 ………………………………………………… (931)
38. 加氢保护(催化)剂(一) ……………………………………… (935)
39. 加氢保护(催化)剂(二) ……………………………………… (936)
40. 加氢保护(催化)剂(三) ……………………………………… (937)
41. 加氢保护(催化)剂(四) ……………………………………… (938)
42. 加氢保护(催化)剂(五) ……………………………………… (939)
43. 加氢精制催化剂 ………………………………………………… (940)
44. 加氢精制催化剂(481 系列) ………………………………… (941)
45. 加氢精制催化剂(CH 系列 1) ………………………………… (942)
46. 加氢精制催化剂(CH 系列 2) ………………………………… (943)
47. 加氢精制催化剂(RN 系列) ………………………………… (945)
48. 铁钼加氢精制催化剂 …………………………………………… (946)
49. 轻质馏分油加氢精制催化剂 …………………………………… (946)
50. 重质馏分油加氢精制催化剂 …………………………………… (947)
51. 加氢裂化预精制催化剂(一) ………………………………… (948)
52. 加氢裂化预精制催化剂(二) ………………………………… (948)
53. 加氢裂化后精制催化剂 ………………………………………… (949)
54. 柴油加氢精制催化剂(一) …………………………………… (949)
55. 柴油加氢精制催化剂(二) …………………………………… (950)
56. 柴油深度加氢脱硫催化剂 ……………………………………… (951)
57. 二次加工汽柴油加氢精制催化剂 ……………………………… (951)
58. 溶剂油深度加氢催化剂 ………………………………………… (952)
59. 石蜡加氢精制催化剂 …………………………………………… (953)
60. 加氢脱砷催化剂 ………………………………………………… (953)
61. 抽余油加氢精制催化剂 ………………………………………… (954)
62. 加氢脱铁催化剂 ………………………………………………… (955)
63. 催化裂化原料加氢处理催化剂 ………………………………… (956)

64. 有机硫加氢转化催化剂 …………………………………… (957)
65. 润滑油加氢脱蜡催化剂 …………………………………… (957)
66. 柴油降凝催化剂 …………………………………………… (958)
67. 柴油临氢降凝催化剂 ……………………………………… (959)
68. 临氢异构降凝催化剂 ……………………………………… (961)
69. 劣质汽柴油加氢精制催化剂 ……………………………… (961)
70. 重整保护催化剂 …………………………………………… (962)
71. 重整油脱硫剂 ……………………………………………… (963)
72. 重整原料油脱硫剂 ………………………………………… (963)
73. 重整生成油后加氢精制催化剂 …………………………… (964)
74. 油品脱砷剂 ………………………………………………… (965)
75. 裂解催化剂 ………………………………………………… (966)
76. 裂解汽油一段加氢催化剂 ………………………………… (967)
77. 裂解汽油一段加氢低钯壳层催化剂 ……………………… (968)
78. 裂解汽油二段加氢催化剂 ………………………………… (969)
79. 活性支撑剂 ………………………………………………… (970)
80. 惰性支撑剂 ………………………………………………… (970)
81. 脱硫活性支撑剂 …………………………………………… (971)
82. 固体硫化剂 ………………………………………………… (971)
83. 烯烃加氢饱和催化剂 ……………………………………… (972)
84. 航煤脱硫剂 ………………………………………………… (973)
85. 汽油精制剂 ………………………………………………… (973)
86. 活性瓷球 …………………………………………………… (974)
87. 多孔瓷球 …………………………………………………… (975)

二十三、化工及石油化工催化剂 ………………………………… (976)

1. 苯加氢制环己烷催化剂 …………………………………… (977)
2. 苯酚加氢制环己醇催化剂 ………………………………… (978)
3. 硝基苯加氢制苯胺催化剂 ………………………………… (979)
4. 脂肪酸加氢制脂肪醇催化剂 ……………………………… (980)
5. 丁炔二醇加氢制 1,4-丁二醇催化剂 ……………………… (980)
6. 邻硝基甲苯加氢制邻甲基苯胺催化剂 …………………… (981)
7. 碳二馏分选择加氢催化剂 ………………………………… (982)
8. 碳三馏分选择加氢催化剂 ………………………………… (983)
9. 碳四馏分选择加氢催化剂 ………………………………… (984)

10. 前脱丙烷前加氢催化剂 …………………………………… （985）
11. 乙苯脱氢制苯乙烯催化剂 …………………………………… （986）
12. 异丙苯催化脱氢催化剂 ……………………………………… （987）
13. 环己醇脱氢催化剂 …………………………………………… （988）
14. 甲醇脱氢制甲酸甲酯催化剂 ………………………………… （989）
15. 乙烯气相氧化制乙酸乙烯酯催化剂 ………………………… （989）
16. 乙烯氧化制环氧乙烷银催化剂 ……………………………… （990）
17. 丁烯氧化脱氢钼铋催化剂 …………………………………… （991）
18. 丁烯氧化脱氢制丁二烯催化剂 ……………………………… （992）
19. 正丁烷氧化制顺酐催化剂 …………………………………… （993）
20. 丙烯氧化制丙烯醛催化剂 …………………………………… （994）
21. 丙烯氧化制丙烯酸催化剂 …………………………………… （995）
22. 丙烯醛氧化制丙烯酸催化剂 ………………………………… （996）
23. 苯氧化制顺酐催化剂 ………………………………………… （997）
24. 邻二甲苯氧化制苯酐催化剂 ………………………………… （998）
25. 萘氧化制苯酐催化剂 ………………………………………… （999）
26. 丙烯氨氧化制丙烯腈催化剂 ………………………………… （1000）
27. 间二甲苯氨氧化制间苯二(甲)腈催化剂 …………………… （1001）
28. 乙烯氧氯化制1,2-二氯乙烷催化剂 ………………………… （1001）
29. 氯化氢中乙炔加氢催化剂 …………………………………… （1003）
30. 甲苯歧化与烷基转移催化剂 ………………………………… （1004）
31. 丙烯和苯烷基化制异丙苯催化剂 …………………………… （1005）
32. 苯烷基化催化剂 ……………………………………………… （1006）
33. 间甲酚烷基化制2,3,6-三甲基苯酚催化剂 ………………… （1006）
34. 芳烃脱烷基制苯催化剂 ……………………………………… （1007）
35. 甲醇气相氨化制甲胺催化剂 ………………………………… （1008）
36. 乙炔与甲醛缩合制1,4-丁炔二醇催化剂 …………………… （1009）
37. 二甲苯异构化催化剂 ………………………………………… （1010）
38. 乙烯水合制乙醇催化剂 ……………………………………… （1011）
39. 丙烯水合制异丙醇催化剂 …………………………………… （1012）
40. 甲醇脱水制二甲醚催化剂 …………………………………… （1012）
41. 乙醇脱水制乙烯催化剂 ……………………………………… （1013）

42. 己二醇脱水制己二烯催化剂…………………………………（1014）
43. 烯烃叠合催化剂…………………………………………………（1015）
44. 丙烯羰基合成催化剂……………………………………………（1016）
45. 甲基叔丁基醚裂解制异丁烯催化剂……………………………（1017）
46. 氯甲烷合成催化剂………………………………………………（1018）
47. 烷基吡嗪合成催化剂……………………………………………（1018）
48. 固体磷酸催化剂…………………………………………………（1019）
49. 骨架镍催化剂……………………………………………………（1020）
50. 高密度聚乙烯 BCH 催化剂……………………………………（1021）
51. 全密度聚乙烯 BCG 催化剂……………………………………（1022）
52. 聚乙烯催化剂（一）………………………………………………（1022）
53. 聚乙烯催化剂（二）………………………………………………（1023）
54. 聚乙烯催化剂（三）………………………………………………（1024）
55. 聚乙烯催化剂（四）………………………………………………（1024）
56. 聚乙烯催化剂（五）………………………………………………（1026）
57. 丙烯聚合络合Ⅱ型催化剂………………………………………（1026）
58. 丙烯聚合 N 催化剂……………………………………………（1027）
59. 丙烯聚合 DQ 催化剂…………………………………………（1028）
60. 丙烯聚合 DQC 系列催化剂……………………………………（1029）
61. 丙烯聚合催化剂（一）……………………………………………（1030）
62. 丙烯聚合催化剂（二）……………………………………………（1031）
63. 丙烯聚合催化剂（三）……………………………………………（1032）
64. 丙烯脱砷（催化）剂………………………………………………（1032）
65. 负载型贵金属钯催化剂…………………………………………（1033）
66. 合成吗啉催化剂…………………………………………………（1034）
67. 乙醇气相胺化制乙胺催化剂……………………………………（1034）
68. 异丙胺合成催化剂………………………………………………（1035）
69. 苯胺加氢催化剂…………………………………………………（1036）
70. 气相醛加氢催化剂………………………………………………（1036）
71. 硅烷加氢催化剂…………………………………………………（1037）
72. 糠醛气相加氢制 2-甲基呋喃催化剂……………………………（1037）
73. 乙炔法合成氯乙烯催化剂………………………………………（1038）

74. 糠醛液相加氢制糠醇催化剂 …………………………………………（1039）
75. 异丁烷脱氢催化剂 ……………………………………………………（1040）

二十四、化肥催化剂 ……………………………………………………（1041）
1. 加氢脱硫催化剂 ………………………………………………………（1041）
2. 羰基硫水解催化剂 ……………………………………………………（1043）
3. 脱砷剂 …………………………………………………………………（1045）
4. 氧化锌脱硫剂（高温型） ………………………………………………（1046）
5. 氧化锌脱硫剂（中、低温型） …………………………………………（1048）
6. 氧化锌脱硫剂 …………………………………………………………（1049）
7. 氧化铁脱硫剂 …………………………………………………………（1050）
8. 铁锰脱硫剂 ……………………………………………………………（1052）
9. 活性炭脱硫剂 …………………………………………………………（1053）
10. 脱氯剂（一） …………………………………………………………（1055）
11. 脱氯剂（二） …………………………………………………………（1057）
12. 脱氢催化剂 ……………………………………………………………（1057）
13. 脱氧剂（一） …………………………………………………………（1058）
14. 脱氧剂（二） …………………………………………………………（1060）
15. 脱氧催化剂 ……………………………………………………………（1060）
16. 天然气一段蒸汽转化催化剂 …………………………………………（1061）
17. 轻油蒸汽转化催化剂 …………………………………………………（1063）
18. 烃类二段蒸汽转化催化剂 ……………………………………………（1064）
19. 一氧化碳中/高温变换催化剂 …………………………………………（1065）
20. 一氧化碳低温变换催化剂 ……………………………………………（1067）
21. 一氧化碳宽温（耐硫）变换催化剂 ……………………………………（1068）
22. 甲烷化催化剂 …………………………………………………………（1070）
23. 氨合成催化剂 …………………………………………………………（1073）
24. 低压合成甲醇催化剂 …………………………………………………（1075）
25. 联醇催化剂 ……………………………………………………………（1076）
26. 二氧化硫氧化催化剂 …………………………………………………（1078）
27. 氨氧化制硝酸催化剂 …………………………………………………（1080）
28. 石脑油蒸汽裂解制民用煤气催化剂 …………………………………（1082）

二十五、环保催化剂 ……………………………………………………（1083）

1. 贵金属型汽车尾气净化催化剂 …………………………………… (1085)
2. 部分贵金属型汽车尾气净化催化剂 ………………………………… (1087)
3. 非贵金属型汽车尾气净化催化剂 …………………………………… (1088)
4. 活性氧化铝脱硫催化剂 ……………………………………………… (1089)
5. 硫回收催化剂 ………………………………………………………… (1091)
6. 有机硫水解硫黄回收催化剂 ………………………………………… (1092)
7. 硫黄回收尾气加氢催化剂 …………………………………………… (1092)
8. 含硫废气净化催化剂 ………………………………………………… (1093)
9. 丙烯精脱硫剂 ………………………………………………………… (1093)
10. 液化气脱硫剂 ………………………………………………………… (1094)
11. 丙烯脱砷剂 …………………………………………………………… (1095)
12. 氨精制脱硫剂 ………………………………………………………… (1096)
13. 脱臭催化剂 …………………………………………………………… (1097)
14. 汽油无碱脱臭催化剂 ………………………………………………… (1097)
15. 中高温气体精脱硫剂 ………………………………………………… (1098)
16. 氨气脱硫剂 …………………………………………………………… (1098)
17. 乙炔加氢催化剂 ……………………………………………………… (1099)
18. 乙烯加氢催化剂 ……………………………………………………… (1100)
19. 氨燃烧制氮催化剂 …………………………………………………… (1101)
20. 乙烯脱一氧化碳催化剂 ……………………………………………… (1102)
21. 硝酸尾气净化催化剂 ………………………………………………… (1102)
22. 含苯或含硫有机废气净化催化剂 …………………………………… (1103)
23. 烃类有机废气处理催化剂 …………………………………………… (1104)
24. 焦炉煤气净化分解催化剂 …………………………………………… (1105)
25. 活性氧化铝脱水干燥剂 ……………………………………………… (1106)
26. 分子筛脱水干燥剂 …………………………………………………… (1107)
27. 霍加拉特催化剂 ……………………………………………………… (1109)
28. 脱汞剂 ………………………………………………………………… (1109)

二十六、催化剂载体 ……………………………………………………… (1111)
1. 氧化铝载体 …………………………………………………………… (1112)
2. 硅胶载体 ……………………………………………………………… (1122)
3. 活性炭载体 …………………………………………………………… (1123)

4. 硅铝及分子筛载体 …………………………………………… (1124)
5. 二氧化钛复合载体 …………………………………………… (1125)
6. 氧化镁载体 …………………………………………………… (1126)
7. 硅藻土载体 …………………………………………………… (1126)
8. 规整式载体 …………………………………………………… (1127)

参考文献 ……………………………………………………………… (1130)
中文索引 ……………………………………………………………… (1131)
英文索引 ……………………………………………………………… (1147)
元素周期表 …………………………………………………………… (1165)

上篇 催化材料

一、碱金属及其化合物

碱金属包括锂(Li)、钠(Na)、钾(K)、铷(Rb)、铯(Cs)、钫(Fr)六种金属元素。因它们的氧化物溶于水,呈强碱性,所以被称为碱金属。其中锂、铷、铯是稀有金属,钫是放射性元素。碱金属元素原子最外层只有一个电子,次外层是类似于稀有气体的稳定结构。它们的原子半径在同周期元素中(稀有气体除外)是最大的,而核电荷在同周期元素中是最小的,由于最外层的一个电子离核较远,容易失去,所以碱金属元素的主要化合价为+1。碱金属的原子结构和化合价见表1-1。

表1-1 碱金属的原子结构和化合价

元素名称	核电荷数	各电子层的电子数						化合价
		K	L	M	N	O	P	
锂(Li)	3	2	1					+1
钠(Na)	11	2	8	1				+1
钾(K)	19	2	8	8	1			+1
铷(Rb)	37	2	8	18	8	1		+1
铯(Cs)	55	2	8	18	18	8	1	+1

碱金属具有金属的一切性质,如有金属光泽、导电、导热、有延展性,与其他金属相比则有较小的密度及硬度等。碱金属元素的原子半径较大,所以,在它们的晶体中,质点间的作用力较小,致使它们都具有较低的熔点、沸点及硬度,并随Li、Na、K、Rb、Cs的顺序依次降低,尤以Cs的熔点最低,人体温度即可使其熔化。碱金属的物理性质见表1-2。

表1-2 碱金属的物理性质

性质	锂(Li)	钠(Na)	钾(K)	铷(Rb)	铯(Cs)
相对密度	0.534	0.9674	0.86	1.53	1.88
熔点,℃	180.54	97.81	63.65	39	28.5
沸点,℃	1347	882.9	774	688	705
硬度(金刚石为10)	0.6	0.4	0.5	0.3	0.2
价层电子构型	$2s^1$	$3s^1$	$4s^1$	$5s^1$	$6s^1$
金属原子半径,10^{-12} m	155	190	235	248	267
电负性 χ	1.0	0.9	0.8	0.8	0.7
电离能,kJ/mol	520	496	419	403	376
电子亲和能 E,kJ/mol	60	53	48	47	46

碱金属原子极易失去最外层的电子而趋于稳定,故碱金属都是很活泼的金属元素,表现为强碱金属性。而其最外层和次外层电子数均相同(Li为2个电子),决定了它们有相似的化学性质,但它们的原子半径不同,故在性质上又存在一定差异。从锂至铯,电子层数依次增多,原子半径随之增大,原子核对外层电子的吸引力逐渐减弱,失电子能力依次增强,故金属活泼性依次增强。碱金属的化学性质见表1-3。

表1-3 碱金属的化学性质

反应物质	锂(Li)	钠(Na)	钾(K)	铷(Rb)	铯(Cs)
氧	活性低,100℃以下不反应	活性高	活性高	空气中自燃	空气中自燃

续表

反应物质	锂(Li)	钠(Na)	钾(K)	铷(Rb)	铯(Cs)
氮	反应(用氩、氦作保护气体)	不反应	不反应	不反应	不反应
氢	180℃时活性高	300℃以上活性高	300℃以上活性高	600℃以上活性高	600℃时缓慢反应
碳	高温下反应,生成Li_2C_2	800~900℃反应生成Na_2C_2	不生成碳化物	不生成碳化物	不生成碳化物
氨	缓慢反应生成$LiNH_2$	反应生成$NaNH_2$	反应生成KNH_2	反应生成$RbNH_2$	反应生成$CsNH_2$
水	缓慢反应	反应剧烈	反应很剧烈	反应很剧烈	反应最剧烈
CO	不生成羰基物	除在液氨中外不生成羰基物	生成有爆炸性的羰基化合物	在剧烈反应下生成羰基化合物	在常温下吸收一氧化碳
CO_2	高温下反应	反应	反应	强反应	最强反应
卤素	遇光剧烈反应	与F_2、Cl_2反应剧烈,与Br_2缓慢反应,与I_2不反应	与F_2、Cl_2剧烈反应,与Br_2、I_2爆发式反应	剧烈反应	反应最剧烈

碱金属能与大多数非金属(如O、C、NH_3、CO、CO_2等)、水、酸反应,许多反应在常温下就能进行,甚至发生爆炸。碱金属的氧化物,与水反应均生成氢氧化物。与水反应的程度,从氧化锂到氧化铯依次增强,氧化锂与水反应缓慢,氧化铷、氧化铯与水反应时会发生燃烧,甚至爆炸。这些元素的氢氧化物在水中的溶解度相当大,其水溶液呈碱性,且从氢氧

化锂到氢氧化铯碱性依次增强。它们的热稳定性很高，加热至熔融也不分解。而碱金属的盐类大多数易溶于水，并有较高的熔点和热稳定性，高温下挥发或熔融，但一般难分解。

在催化领域中，碱金属及其化合物的催化作用也是人们所熟知的。氢氧化钠对酯水解的催化作用就是典型的例子，它们还用作醇醛缩合、聚合、酯化、异构化等多种有机合成的催化剂。起催化作用的主要是由碱生成的氢氧根离子。碱金属的有机金属化合物（如正丁基锂）、碱金属醇化物（如甲醇钠）等是有机合成反应中广泛使用的催化剂。此外，在合成氨、费—托合成反应和高级醇合成反应中，碱金属及盐类也是十分重要的助催化剂。在碱金属中，Li、Na、K 的密度小、熔点低，用作催化剂时容易成形，也容易以分散在液体中或蒸发到固体表面上的形式加以使用。它们的催化活性主要基于原子的电子结构，其最外层电子轨道上的 s 电子很容易给予其他原子而形成离子，从而使它们能活化其他化合物的阴性基团，生成阴离子。而在碱金属化合物中，碱金属原子与其他原子的键多属离子型。碱金属阳离子吸引反应物的阴性基团，促进反应物的极化，从而导致反应进行。碱金属的助催化作用则是通过削弱主催化剂的酸性或增强其碱性，从而影响反应中间体的稳定性，借此有选择地引导反应向要求的方向进行。

（一）锂及其化合物

1. 金属锂　Metallic Lithium

元素符号　Li

相对原子质量　6.94

性质　为银灰色软金属。相对密度 0.534，是密度最小的金属。熔点 180.54℃，沸点 1347℃。化合价+1。体心立方晶格。化学活性较其他碱金属差，但亦属活泼金属。置于空气中表面迅速变暗，与水及酸反应较慢，并放出氢气。易溶于液氨生成氨基锂，高温下与碳反应生成 Li_2C_2。有光时易与氢、氧、氮、硫及卤素等化合生成相应的化合物。锂与氧反应剧烈燃烧后，只能生成氧化锂，不能生成过氧化锂。锂的化合物类型既有与非金属形成的二元化合物，又有含氧酸盐、无氧酸盐、氧化物及氢氧化物等。锂的电化学当量为 3.86A·h/g，标准氧化电势为 3.045V。产品有带状、条状及粒状等。

质量规格

产品牌号	Li含量 %	杂质含量,%										
		K	Na	Ca	Fe	Si	Al	Ni	Cu	Mg	Cl⁻	N	Pb
Li-1	≥99.99	≤0.0005	≤0.001	≤0.0005	≤0.0005	≤0.0005	≤0.0005	≤0.0005	≤0.0005	≤0.0005	≤0.001	≤0.001	≤0.0005
Li-2	≥99.95	≤0.001	≤0.010	≤0.010	≤0.002	≤0.004	≤0.005	≤0.003	≤0.001	≤0.005	≤0.005	≤0.010	≤0.0010
Li-3	≥99.90	≤0.005	≤0.020	≤0.020	≤0.005	≤0.008	≤0.005	≤0.003	≤0.004	≤0.010	≤0.006	≤0.020	≤0.0030
Li-4	≥99.00	—	≤0.20	≤0.040	≤0.010	≤0.040	≤0.020	—	≤0.010	—	—	—	≤0.0050
Li-5	≥98.50	—	≤0.80	≤0.10	≤0.010	≤0.040	—	—	—	—	—	—	≤0.0050
Li-6	≥96.50		≤3.00	≤0.10	≤0.010	≤0.040							≤0.0050

注:① 锂含量(质量分数)为100%减去表中杂质实测总和后的余量。
② 表中数据摘自GB/T 4369—2015。

用途 用于制造高分子共聚催化剂(如异戊二烯聚合用催化剂)轻质合金、特种玻璃,是重要的电池材料及可控核聚变反应材料;冶金工业中用作脱氧剂及脱氯剂等。在惰性溶剂中使有机卤化物与金属锂反应制得的正丁基锂(n-C_4H_9Li)是优良的烯烃聚合催化剂。用锂催化聚合反应时,比用钠和其他碱金属催化聚合反应的速度慢、活化能大。用锂作催化剂时,最好与钠一样,以锂分散体的形式使用。除锂以外,钠及其他碱金属由于离子半径大,因而难以取得单体的顺式配位。锂电池是高能电池的重要品种,广泛用作通信、计算机、电子器件及照相机等的电源。

安全事项 金属锂遇水易燃,应贮存于煤油或惰性气体(氩、氦)中。因为锂与氮反应生成氮化锂,所以在操作处理金属锂时不能用氮作隔绝空气的保护气体,而必须用氩或氦等。由于锂会与甲醇激烈反应,使用甲醇清洗容器是十分危险的,最好用异丙醇或丁醇处理。操作处理金属锂不慎失火时不要使用一般的灭火剂,而应用干燥氯化钠粉末、干燥石墨粉末等扑灭锂焰。

简要制法 可由熔融氯化锂电解制得。需制得高纯锂时,可由金属锂经真空蒸馏而得。

2. 氢化锂 Lithium Hydride

化学式 LiH

相对分子质量 7.94

性质 为无色透明玻璃状立方结晶或粉末,光照下颜色会迅速变暗而变成灰色,在离子结晶中氢以阴离子形态存在。相对密度(25℃)0.78,熔点688.7℃,晶格常数 α 不大于 0.4085nm,生成热 90.4kJ/mol。高于700℃时分解成锂和氢。溶于乙醚,不溶于苯、甲苯。产品呈块状时稳定,粉状物在湿空气中有自燃可能,遇水即分解成氢气和氢氧化锂。常温下不和氯、氧、氯化氢等反应,高温下则和氯气、氧气反应并生成相应的氯化物及氧化物。在乙醚中和氯化铝反应生成氢化铝锂,是强还原剂之一。

质量规格

产品性状	指标
氢化锂(LiH),%	≥99.8

用途 用作烯烃聚合催化剂、有机合成反应(如酯、胺、腈等)的选择性还原剂,也用于制造氢化铝锂。在高纯硅烷生产中用作氢气气源、缩合

剂、干燥剂等。氢化锂也用于灵便的"储氢器",每千克氢化锂遇水立即反应放出 2800L 氢气。

安全事项　在湿空气中有可能自燃。受热或与酸类接触即放出热量及氢气,并可引起着火或爆炸。遇强氧化剂也会剧烈反应而发生爆炸。其粉尘在空气中会形成云雾,呈强碱性,对眼睛、呼吸道及皮肤有刺激作用,遇热或接触氧化剂会发生爆炸。其他参见"氢化钠"条目。

简要制法　由金属锂与氢气反应制得。

3. 氢化铝锂　Lithium Aluminium Hydride

别名　氢化锂铝、四氢化铝锂
化学式　$LiAlH_4$
相对分子质量　37.95
性质　为白色至灰色单斜晶系结晶或粉末。相对密度 0.917。熔点大于 120℃。125℃时分解,生成铝、氢及氢化锂。在干燥空气中及常温下稳定,在潮湿空气及含质子溶剂中会迅速分解而放出氢气,研磨时会燃烧。易溶于无水乙醚、四氢呋喃,并有缔合作用。微溶于正丁醇。极难溶于烃类及二噁烷。还原性极强,几乎能将所有的含氧不饱和基团还原成相应的醇,也能将脂肪族含氮的不饱和基团还原成相应的胺。还可以将卤代烷还原为碳氢化合物,将二硫化合物和磺酰氯还原为硫醇,将炔键还原为烯键等。但不能还原烯烃,无论是孤立的烯烃还是共轭烯烃。氢化铝锂易与水反应放出氢气,长期存放会自发分解,颜色由白变灰,并且纯度降低。

质量规格

产品性状	指　标
氢化铝锂($LiAlH_4$),%	5%(溶于四氢呋喃中)
氢化铝锂($LiAlH_4$),%	10%(溶于四氢呋喃中)
氢化铝锂($LiAlH_4$),%	15%(溶于四氢呋喃/二甲苯中)
氢化铝锂($LiAlH_4$),%	20%(溶于乙醚中)

用途　用作丁二烯、异戊二烯等烯烃聚合催化剂。也广泛用作有机合成的强还原剂。如将卤代烃还原成烃,将羧基还原成羟基或伯醇,将酰胺还原成胺,将醌还原成氢醌,将腈还原成伯胺,将硝基还原成氨基等。也用作火箭燃料添加剂,以及用于制造氢化物、硼烷、硅烷等。化学分析中用作测定羰基的试剂。

安全事项 参见"氢化钠"条目。

简要制法 由氢化锂与氯化铝反应制得。

4. 单水氢氧化锂 Lithium Hydroxide Monohydrate

别名 氢氧化锂一水合物

化学式 $LiOH \cdot H_2O$

相对分子质量 41.96

性质 为无色单斜结晶或粉末,有辣味。相对密度(20℃)1.51。熔点450℃,沸点(分解)924℃。溶于水,20℃、40℃、60℃、80℃及100℃时在100mL水中的溶解度分别为21.6g、22g、23.1g、25.6g及29.6g。100℃以上时失去结晶水。它是碱金属氢氧化物在水中溶解度最低的物质。水溶液呈强碱性。微溶于醇,能吸收空气中的二氧化碳,有潮解性。

质量规格

牌号	化学成分,%				
	LiOH 含量	杂质含量			
		Na	K	Fe	Ca
$LiOH \cdot H_2O$-T1	≥56.5	≤0.002	≤0.001	≤0.0008	≤0.015
$LiOH \cdot H_2O$-T2	≥56.5	≤0.008	≤0.002	≤0.0008	≤0.020
$LiOH \cdot H_2O$-1	≥56.5	≤0.02		≤0.0015	≤0.025
$LiOH \cdot H_2O$-2	≥56.5	≤0.05		≤0.0020	≤0.025

牌号	化学成分,%				
	杂质含量				
	CO_3^{2-}	SO_4^{2-}	Cl^-	盐酸不溶物	水不溶物
$LiOH \cdot H_2O$-T1	≤0.50	≤0.010	≤0.002	≤0.002	≤0.003
$LiOH \cdot H_2O$-T2	≤0.55	≤0.015	≤0.005	≤0.003	≤0.005
$LiOH \cdot H_2O$-1	≤0.70	≤0.020	≤0.015	≤0.005	≤0.010
$LiOH \cdot H_2O$-2	≤0.70	≤0.030	≤0.030	≤0.005	≤0.010

注:表中数据摘自 GB/T 8766—2013。

用途 用作聚合、缩合及水解催化剂,也用作照相显影剂、滴定有机酸。也用于制造无水氢氧化锂、锂盐、碱性铁镍蓄电池等,还用于原子能、航天、陶瓷、玻璃及冶金等行业。

安全事项 腐蚀性与氢氧化钠相似,能灼烧眼睛、呼吸道及口腔黏膜,对皮肤有严重腐蚀性及刺激性。

简要制法 以锂辉石及石灰石为主要原料,经烧结、浸出、过滤、浓缩、结晶、干燥等过程制得。

5. 氢氧化锂 Lithium Hydroxide

别名 无水氢氧化锂

化学式 LiOH

相对分子质量 23.95

性质 为白色四方晶系的结晶性粉末。相对密度1.45。熔点471.1℃,沸点(分解)924℃。微溶于醇,溶于水,0℃、25℃、40℃、60℃、80℃及100℃时在100mL水中的溶解度分别为12.7g、12.9g、13g、13.8g、15.3g及17.5g。属强碱,能吸收空气中的二氧化碳,有潮解性。

质量规格

产品性状	指标	
	分析纯	化学纯
氢氧化锂,%	≥95	≥93
氯化物(Cl^-),%	≤0.005	≤0.01
硫酸盐(SO_4^{2-}),%	≤0.02	≤0.05
钠(Na),%	≤0.05	
镁(Mg),%	≤0.01	≤0.02
钾(K),%	≤0.05	
钙(Ca),%	≤0.01	≤0.03
铁(Fe),%	≤0.002	≤0.003
盐酸不溶物,%	≤0.005	≤0.01
Li_2CO_3,%	≤2	≤2

用途 用于制造聚合、缩合及水解催化剂。用作润滑脂添加剂可提高耐热性、耐水性及稳定性。加入碱性蓄电池中可使电容量增加12%~

15%，使用寿命延长2~3倍。焙烧后的固体产品，由于具有多孔结构，能迅速吸收二氧化碳，1g无水氢氧化锂可吸收450mL二氧化碳。也用作宇宙飞船、潜艇等的乘务人员的二氧化碳吸收剂。也用于制造锂盐、锂皂及陶瓷等。

安全事项 参见"单水氢氧化锂"条目。

简要制法 用氢氧化钙处理碳酸锂而得。也可由金属锂与水直接反应制得。

6. 钼酸锂　Lithium Molybdate

化学式 $Li_xMo_2O_4(x=0.3~2.0)$

性质 为白色结晶，具有硅铍石结构（C/Ca=1.153）。相对密度2.66，熔点705℃，具有强吸湿性。易溶于水（25℃，44.8g/100mL水）。

用途 用作石油裂化催化剂。也用于制造金属陶瓷、电阻器，以及用作非溶剂型锂电池的阴极材料。

简要制法 由钼酸钠、二氧化钼及金属钠按一定比例混合，于700℃下焙烧制得 $Na_{1.3}Mo_2O_4$，再与碘化锂混合，在真空中于300℃下经焙烧制得。

7. 碳酸锂　Lithium Carbonate

化学式 Li_2CO_3

相对分子质量 73.89

性质 为无色单斜晶系结晶或白色粉末。相对密度2.11。熔点723℃。1310℃时分解成氧化锂及二氧化碳。微溶于水，其溶解度随温度升高而降低。0℃、25℃、50℃、75℃及100℃时在100mL水中的溶解度分别为1.53g、1.27g、1.01g、0.85g及0.75g。水溶液呈碱性。不溶于液氨、乙醇及丙酮，溶于酸。在空气中稳定，不潮解，在真空中加热至600℃不分解，有比其他碱金属碳酸盐更高的蒸气压。在其浆液中通入二氧化碳可使其转变成碳酸氢锂溶液，溶液加热后放出二氧化碳，进而产生碳酸锂沉淀。与盐酸反应可制得氯化锂，与氢溴酸反应可制得溴化锂，与氢氟酸盐反应可制得氟化锂，与氢氧化钙反应可制得氢氧化锂，与硫酸亚铁反应可制得金属锂等。

质量规格

产品牌号	Li_2CO_3 含量	化学成分,%						
		杂质含量						
		Na	Fe	Ca	SO_4^{2-}	Cl^-	盐酸不溶物
Li_2CO_3-0	≥99.2	≤0.08	≤0.0020	≤0.025	≤0.20	≤0.010	≤0.005
Li_2CO_3-1	≥99.0	≤0.15	≤0.0035	≤0.040	≤0.35	≤0.020	≤0.015
Li_2CO_3-2	≥98.5	≤0.20	≤0.0070	≤0.070	≤0.50	≤0.030	≤0.050

注：表中数据摘自 GB/T 11075—2013。

用途　用于制造催化剂、金属锂、可溶性锂盐、荧光粉等。也用作制造显像管及耐热玻璃的添加剂，以及用于制造锂电池、光学单晶及搪瓷等。医药上用作抗躁狂药。

安全事项　吸入其蒸气或粉尘对胃肠道、肾脏及中枢神经系统有损害。

简要制法　由硫酸锂溶液与碳酸钠经复分解反应制得，或从井盐卤制氯化钡后含锂的母液中提取而得。

8. 磷酸锂　Lithium Phosphate

化学式　Li_3PO_4

相对分子质量　115.79

性质　为无色或白色斜方晶系结晶。相对密度(17.5℃)2.537。熔点1205℃。溶于稀酸、氨水，不溶于丙酮，微溶于冷水，0℃时在100mL水中的溶解度为0.022g。商品是含结晶水的半水合物$\left(Li_3PO_4 \cdot \frac{1}{2}H_2O\right)$，相对密度2.537，熔点837℃。将磷酸锂加热至赤热温度时，不熔融，也不分解，具有很强的耐热性。

质量规格

产品牌号	Li_3PO_4 含量	化学成分,%					
		杂质含量					
		Ca	Fe	Cu	Pb	Ni	Cl^-
$PCLi_3PO_4$-03	≥99.9	≤0.003	≤0.001	≤0.0001	≤0.0001	≤0.0001	≤0.08
$PCLi_3PO_4$-1	≥95.0	≤0.0035	≤0.001	≤0.0001	≤0.0001	≤0.0001	≤0.5

用途 用于制造催化剂(如合成丙烯醛)、彩色荧光粉、陶瓷、玻璃等,也用作电池固体电解质。

安全事项 对皮肤、黏膜有显著刺激作用,吸入其粉尘对胃肠道及中枢神经系统有损害。

简要制法 由一水氢氧化锂或碳酸锂与磷酸反应制得。

9. 正丁基锂　n-Butyllithium

别名 丁基锂
化学式 C_4H_9Li
相对分子质量 64.06
结构式 $CH_3CH_2CH_2CH_2Li$

性质 为无色晶状固体。由于其高活性及高溶解性,常呈黏液状态。相对密度(25℃)0.765,熔点-76℃,沸点(0.0133Pa)80~90℃。偶极矩$3.24×10^{-30}C·m$。易溶于戊烷、己烷、苯等多数有机溶剂。在晶体状态或乙醚溶液中以四聚体形式存在,在烃类溶液中呈六聚体。约在100℃时缓慢分解,150℃时快速分解,主要产物为丁烷、丁烯、氢化锂。与醚类、胺类、硫化物反应生成配合物。在空气中易自燃,遇水分解生成丁烷及氢氧化锂,因此通常在烃类溶剂中或低温保存。市售品常为C_5~C_7烃的溶液,如己烷、庚烷、苯等的溶液。

用途 用作链烯烃聚合催化剂和丁二烯、异戊二烯及苯乙烯等的聚合引发剂。在有机化学中用于羰基化合物加成反应和对活泼氢进行置换反应。

安全事项 有毒!暴露于空气或二氧化碳中会着火。与酸类、卤素类、醇类和胺类接触会发生剧烈反应,并释放出易燃气体。其闪点随所使用的溶剂而定。着火时用水泥、干沙、硅藻土等灭火,禁止用水、泡沫灭火剂或卤化物灭火剂。接触皮肤时用大量水冲洗掉。

简要制法 由氯代丁烷或溴代丁烷与金属锂在己烷或乙醚中的分散体系经低温反应制得。

(二)钠及其化合物

1. 金属钠　Metallic Sodium

元素符号 Na

相对原子质量 22.98

性质 为轻软而有延展性的银白色金属,无臭,属立方晶系,呈顺磁性。常温时呈蜡状,易用刀切开;低温时变脆。相对密度 0.9674,熔点 97.81℃,沸点 882.9℃。化学价+1。溶于液氨得到蓝色溶液,溶于汞形成汞齐。钠容易失去电子,化学性质十分活泼,空气中急剧氧化,燃烧时呈黄色火焰,遇水则发生剧烈反应,所产生的热量足以熔化钠,并使生成的氢气燃烧而导致爆炸。能与卤素、磷直接化合,与氧猛烈反应,在 200℃ 以上与氢反应生成氢化钠。还能与金属或非金属直接化合,如与铅生成铅钠合金,与卤素、氢、硫、磷、碳等直接反应生成离子化合物。也能与许多有机物及无机物反应。

质量规格

产品性状	指标		
	优等品	一级品	合格品
金属钠(以 Na 计),%	99.7	99.5	99.2
钾(K),%	0.04	0.10	—
钙(Ca),%	0.04	0.07	0.10
铁(Fe),%	0.001		
重金属(以 Pb 计),%	0.005		
氯化物(以 Cl 计),%	0.005		

注:表中数据摘自 GB/T 22379—2008。

用途 用作硝基苯催化加氢制对氨基苯酚等有机合成的催化剂、橡胶合成催化剂、还原剂、脱水剂、石油脱硫剂,原子能工业中的冷却剂。也用于制造四乙基铅、过氧化钠、氨基钠及其他无机或有机钠化合物。用作催化剂时,很少直接使用金属钠的定型制品,一般是压制成丝状使用,或制成钠分散体,以悬浊液形态使用。所谓钠分散体,是金属钠在惰性溶剂中分散形成的稳定悬浊液,钠的粒径在 $100\mu m$ 以下,通常为 $1\sim20\mu m$。由于分散粒子为球状,其比表面积比块状钠要大得多。催化效率显著提高。熔融态的金属钠在白油、煤油等中高速搅拌时,极易分散成粒径为 $100\mu m$

以下的球形粒子,冷却后保持原有的分散形态(加入适量脂肪酸、高级醇等稳定剂)。它比块状钠的比表面积要大得多,用作催化剂或反应物质时,更能加速反应进行。

安全事项 金属钠属一级遇水燃烧物品,使用时必须排除一切与水接触的可能,也不能在湿度大的场所进行处理。操作用的容器需经干燥处理方可使用,并预先准备好经脱水处理过的煤油或烃类溶剂,以便将钠保存于煤油或液状石蜡中。洗涤盛过钠的容器时,最好采用甲苯、二甲苯或含10%~20%异丙醇的煤油溶液。与皮肤接触会引起灼伤,操作时应佩戴防护眼镜及胶皮手套。一旦发生着火,不能使用水、泡沫、二氧化碳及四氯化碳等灭火剂,而应使用干沙、干燥氯化钠粉或碳酸钙粉等灭火。

简要制法 可由电解熔融氯化钠或烧碱制得。

2. 氢化钠 Sodium Hydride

化学式 NaH

相对分子质量 23.99

性质 纯品为无色立方晶系结晶,属氯化钠型结构。在离子结晶中氢以阴离子形态存在,晶格常数 $a=0.488$nm,生成热 69.5kJ/mol。商品用微细粉末状氢化钠拌和矿物油制成浆状出售。氢化钠暴露在空气中表面变暗,为灰白色,遇湿空气自燃。相对密度 1.396。230℃以上时易燃烧生成氧化钠,加热至 425℃分解为氢气及金属钠。不溶于有机溶剂及液氨,溶于熔融氢氧化钠、钾钠合金。高温下可与卤素、二氧化硫及二氧化碳等反应。还原性极强,可从金属氧化物、氯化物中将金属游离出来。在干燥空气中稳定,在潮湿空气中易分解并和水发生激烈反应,反应后生成氢和氢氧化钠。

质量规格

产品性状	指标	产品性状	指标
氢化钠(NaH),%	65.5±5(液体石蜡中)、60(油中)	视密度,g/cm^3	0.4

用途 用作有机合成的还原剂,如醚的合成,酯、羧酸等有机物的烷基化及胺的烷基化、酰化。也用作烯烃的聚合催化剂及用于羧酸缩合、合成医药中间体、制造金属氢化物等。作还原剂时常悬浮于油中使用。氢化钠还可用作金属表面除锈剂、干燥剂等。

安全事项 在230℃的干燥氧气中是稳定的,在潮湿空气中能自燃,有痕量钠存在时,即使在低温下也可起火。遇低级醇剧烈分解。加热、接触水或酸类能发生放热反应,并可引起着火。也能与氧化剂剧烈反应。高浓度粉尘遇热或与氧化剂接触会引起爆炸。粉尘具强碱性,对皮肤、黏膜、眼睛均有刺激及腐蚀作用。应使用干燥石墨粉、水泥、白云石粉等灭火,不可用水、二氧化碳、泡沫、干粉等灭火。但当氢化钠量极少时,可用大量水扑救。

简要制法 在惰性溶剂中由金属钠与氢气反应而得。

3. 氢氧化钠　Sodium Hydroxide

别名 苛性钠、烧碱、火碱

化学式 NaOH

相对分子质量 40.01

性质 纯品为无色透明斜方晶系结晶。市售品有固体及液体两种。固体烧碱呈白色,有块状、粒状、棒状、片状等。纯度在95%以上。液体烧碱为无色透明体,纯度为30%~45%。纯品的相对密度2.130,熔点318.4℃,沸点1390℃。易溶于水,溶解时放高热。溶液呈强碱性,有滑腻感及苦味。也溶于乙醇、甲醇及甘油。不溶于乙醚、丙酮。吸湿性强,在潮湿空气中易吸收二氧化碳及水分而逐渐变成碳酸钠。化学性质活泼,可与许多单质、氧化物、无机盐及有机化合物反应。与酸相遇则起中和反应而生成盐与水。也有皂化油脂的能力而生成皂与甘油。与皮肤接触会导致灼伤。能使各种动物纤维完全溶解。工业烧碱中常含有少量氯化钠、碳酸钠及硅酸钠等杂质。它是重要的化工基本原料,也用作沉淀法制备催化剂的常用沉淀剂。

质量规格

固体 NaOH

产品性状	IT						DT						CT		
	I			II			I			II			I		
	优等品	一等品	合格品	优等品	一等品	合格品	优等品	一等品	合格品	优等品	一等品	合格品	优等品	一等品	合格品
氢氧化钠（以 NaOH 计）含量,%	≥99.0	≥98.5	≥98.0	72.0±2.0			≥96.0	≥95.0		72.0±2.0			≥97.0		≥94.0
碳酸钠（以 Na_2CO_3 计）含量,%	≤0.5	≤0.8	≤1.0	≤0.3	≤0.5	≤0.8	≤1.2	≤1.3	≤1.6	≤0.4	≤0.8	≤1.0	≤1.5	≤1.7	≤2.5
氯化钠（以 NaCl 计）含量,%	≤0.03	≤0.05	≤0.08	≤0.02	≤0.05	≤0.08	≤2.5	≤2.7	≤3.0	≤2.0	≤2.5	≤2.8	≤1.1	≤1.2	≤3.5
三氧化二铁（以 Fe_2O_3 计）含量,%	≤0.005	≤0.008	≤0.01	≤0.005	≤0.008	≤0.01	≤0.008	≤0.01	≤0.02	≤0.008	≤0.01	≤0.02	≤0.008	≤0.01	≤0.01

液体 NaOH

产品性状	型号规格																	
	IT						DT						CT					
	I			II			I			II			I			II		
	优等品	一等品	合格品	优等品	一等品	合格品	优等品	一等品	合格品	优等品	一等品	合格品	优等品	一等品	合格品	优等品	一等品	合格品
氢氧化钠（以 NaOH 计）含量,%	≥45.0	≥45.0	≥45.0	≥30.0	≥30.0	≥30.0	≥42.0	≥42.0	≥42.0	≥30.0	≥30.0	≥30.0	≥45.0	≥45.0	≥45.0	≥42.0	≥42.0	≥42.0
碳酸钠（以 Na_2CO_3 计）含量,%	≤0.02	≤0.03	≤0.05	≤0.1	≤0.2	≤0.4	≤0.3	≤0.4	≤0.6		≤0.3	≤0.5		≤1.0	≤1.2			≤1.6
氯化钠（以 NaCl 计）含量,%	≤0.005	≤0.03	≤0.05	≤0.008	≤0.008	≤0.01	≤1.6	≤1.8	≤2.0		≤4.6	≤5.0		≤0.7	≤0.8			≤1.0
三氧化二铁（以 Fe_2O_3 计）含量,%	≤0.002	≤0.003	≤0.005	≤0.0006	≤0.0008	≤0.001	≤0.003	≤0.006	≤0.01		≤0.005	≤0.008		≤0.01	≤0.02			≤0.03

注：① CT——通常指苛化法生产的氢氧化钠，但不限于此工艺；IT——通常指离子交换膜法生产的氢氧化钠，但不限于此工艺；DT——通常指隔膜法生产的氢氧化钠，但不限于此工艺。

② 表中数据摘自 GB 209—2006。

用途 用作碱催化剂，可催化水解、酯化、缩合、硝化、卤化、异构化等反应。如甲醛与乙醛缩合制肉桂醛、氯苯水解制苯酚以及酯化、醇解等反应的催化剂。浓度大于 30% 的液碱对酚醛加成反应有较强的催化效应，适于作制水溶性酚醛树脂及无水酚醛树脂的催化剂。也用作脱色剂、脱臭剂、中和剂、沉淀剂、皂化剂等。广泛用于医药、染料、制革、玻璃、农药等领域。还用于生产氧化铝载体、分子筛等。化学分析中用于配制碱标准溶液。

安全事项 属一级无机碱性腐蚀品，腐蚀性极强。对皮肤、黏膜、角膜等有极强的腐蚀作用，吸入粉尘或烟雾能使呼吸道腐蚀。本品不燃，但遇水能放出大量热，使可燃物着火。遇潮时对铝、锌及锡等有腐蚀性。

简要制法 由电解食盐浓溶液，或由纯碱与石灰乳反应制得，电解法可分为隔膜电解法、水银电解法及离子交换膜法。

4. 亚硫酸钠　Sodium Sulfite

别名　硫氧

化学式　Na_2SO_3

相对分子质量　126.04

性质　无水亚硫酸钠为白色六方棱柱形结晶或粉末，具有清凉咸味。相对密度(15℃)2.633。加热至红热即分解。有强还原性，能夺去其他物质中的氧。在空气中缓慢氧化转变成硫酸钠。溶于水及甘油，微溶于醇，不溶于液氨。水溶液呈碱性。1% 溶液的 pH 值为 8.4~9.4。与硫反应生成硫代硫酸钠。与强酸反应生成相应的盐，并放出二氧化硫。亚硫酸钠也存在于七水合物($Na_2SO_3 \cdot 7H_2O$)中，为无色单斜结晶或粉末，相对密度(15℃)1.539。加热至 50℃ 时溶于结晶水中，同时析出无水物；150℃ 时失去结晶水，并分解生成硫化钠及硫酸钠。

质量规格

产品性状	指标		
	优等品	一等品	合格品
外观	白色结晶粉末		
Na_2SO_3,%	≥97.0	≥93.0	≥90.0
Fe,%	≤0.003	≤0.005	≤0.02

续表

产品性状	指标		
	优等品	一等品	合格品
水不溶物,%	≤0.02	≤0.03	≤0.05
游离碱(以 Na_2CO_3 计),%	≤0.10	≤0.40	≤0.80
硫酸钠(Na_2SO_4),%	≤2.5	—	—
氯化物(以 NaCl 计),%	≤0.10	—	—

注：表中数据摘自 HG/T 2967—2010。

用途 用作脲醛树脂合成催化剂，也用作中和剂、织物漂白剂、锅炉水及油田注水的脱氧剂、黏胶纤维稳定剂、还原剂、显影剂、防腐剂，以及用于制造硫代硫酸钠等。

简要制法 由纯碱溶液吸收过量 SO_2 后再与液碱中和，并在隔离空气下浓缩、结晶制得。

5. 碳酸钠　Sodium Carbonate

别名　纯碱、苏打、碱灰
化学式　Na_2CO_3
相对分子质量　106.0
性质　有无水碳酸钠、一水碳酸钠及十水碳酸钠(又称冰碱或结晶碳酸钠)等。外观为白色粉末或细粒结晶，味涩。相对密度(25℃)2.532，熔点851℃。熔融潜热 3.16J/g。溶于水及甘油，水溶液呈强碱性。不溶于乙醇、乙醚。暴露于湿空气中能吸收空气中的水分和二氧化碳而生成碳酸氢钠，并结成硬块。一水碳酸钠为无色正交结晶或白色结晶粉末，无臭，有碱味。相对密度2.25。溶于水，不溶于乙醇、乙醚。常温时比无水物稳定，在饱和碳酸钠溶液中加热到109℃时转变成无水物。十水碳酸钠为无色单斜透明晶体。相对密度(15℃)1.44，熔点34℃。易溶于水、甘油，不溶于醇。水溶液对石蕊呈强碱性，置于空气中易风化成一水碳酸钠，33.5℃时脱去一分子水。碳酸钠能与酸进行中和反应生成相应的盐并放出二氧化碳。高温下可分解生成二氧化碳和氧化钠。与重金属盐(如硫酸钙)等相互作用，生成碳酸盐沉淀。根据这一性质，可将其用作软水剂。

质量规格

产品性状	指标			
	I 类	II 类		
	优级品	优级品	一级品	合格品
总碱量(以干基的 Na_2CO_3 计),%	≥99.4	≥99.2	≥98.8	≥98.0
总碱量(以酸基的 Na_2CO_3 计),%	≥98.1	≥97.9	≥97.5	≥96.7
氯化物(以干基的 NaCl 计),%	≤0.30	≤0.70	≤0.90	≤1.20
铁(Fe),%	≤0.003	≤0.0035	≤0.006	≤0.010
硫酸盐(以 SO_4^{2-} 计),%	≤0.03	≤0.03	—	—
水不溶物,%	≤0.02	≤0.03	≤0.10	≤0.15
堆积密度, g/mL	≥0.85	≥0.90	≥0.90	≥0.90
粒度 180μm 筛余物,%	≥75.0	≥70.0	≥65.0	≥60.0
粒度 1.18mm 筛余物,%	≤2.0	—	—	—

注:① I 类为特种工业用重质碳酸钠,用于制造显像管玻壳、浮法玻璃及光学玻璃等。
② II 类为一般工业盐及以天然碱为原料生产的工业用碳酸钠,包括轻质碳酸钠和重质碳酸钠。
③ 表中数据摘自 GB 210.1—2004。

用途 为基本化工原料之一,用途极广,几乎用于各种工业。在化学工业中用作缩合、水解、酯化、脱羧及异构化等的催化剂,如用于氯苯催化水解成苯酚,催化酯与醇的酯交换反应或醇解反应,在沉淀法制备催化剂时用作沉淀剂等;在冶炼工业中用作助熔剂、浮选剂、脱硫剂;在印染工业中用作织物煮炼剂、洗涤剂、助染剂、固色剂;在制革工业中用作脱脂剂、鞣革剂等。用于制药,造纸,制造玻璃,合成洗涤剂、肥皂等。也用作软水剂、中和剂等。

安全事项 粉尘对人体皮肤、呼吸道及眼睛有刺激性,其浓溶液可引起皮肤灼伤、坏死等。

简要制法 以天然碱为原料,用天然碱法及合成法制得。合成法又有氨碱法、路布兰法、联合法及变换气制碱法等。

6. 钨酸钠 Sodium Tungstate

化学式 $Na_2WO_4 \cdot 2H_2O$

相对分子质量 329.86

性质 为无色或白色斜方晶系结晶,有闪亮光泽。相对密度3.245,熔点(无水物)698℃。在空气中加热到100℃或在硫酸中干燥,脱去二分子结晶水而成无水物。无水物有δ、γ、β三种结晶形式,从δ向γ的转变温度约为570℃,从γ向β的转变温度约为585℃。无水物相对密度4.179。溶于水呈微碱性,微溶于液氨,不溶于乙醇、二硫化碳。遇强酸分解成不溶于水的钨酸。毒性较其他钨化物大。

质量规格

产品性状	指标	产品性状	指标
钨酸钠($Na_2WO_4 \cdot 2H_2O$),%	≥99.0	硫酸盐(SO_4^{2-}),%	≤0.02
硝酸盐(NO_3^-),%	≤0.01	水不溶物,%	≤0.01
氯化物(Cl^-),%	≤0.03	钼(Mo),%	≤0.03
铁(Fe),%	≤0.002	重金属(以Pb计),%	≤0.02
砷(As),%	≤0.002		

用途 用作环己胺氧化制环己酮肟、乙醇与硫化氢反应制硫醇等有机合成催化剂。也用作过氧化氢(15~55℃在酸性溶液中)分解的催化剂。也用于制造含钨催化剂、钨酸、钨酸盐、金属钨及颜料等。也用作阻燃剂、媒染剂等。

简要制法 由黑钨矿石用纯碱或烧碱分解后经蒸发结晶而得。温度高于6℃时,从水溶液中结晶出二水合物;在低温时,存在稳定的水合物($Na_2WO_4 \cdot 10H_2O$)。无水钨酸钠可由计量的三氧化钨与碳酸钠共熔制得;也可由三氧化钨与液碱加热,经浓缩结晶后再经干燥脱去结晶水制得。

7. 亚硝酸钠 Sodium Nitrite

别名 亚钠

化学式 $NaNO_2$

相对分子质量 69.00

性质 纯品为无色或白色斜方晶体,通常为微黄色粒状物或粉末,无臭而微有咸味。相对密度2.168,熔点271℃。有潮解性,易溶于水,水溶液呈弱碱性,也溶于吡啶、液氨,微溶于乙醇、甲醇、乙醚。露置于空气中即被氧化成硝酸钠。加热到320℃以上分解,并放出氧气、氧化氮,最终生成氧化钠。遇酸则分解而失去其效能。亚硝酸钠是温和的氧化剂,当遇强氧化剂高锰酸钾时,也能被高锰酸钾氧化。

质量规格

产品性状	指标(工业级)		
	优等品	一等品	合格品
外观	白色或微带黄色结晶		
亚硝酸钠(以 $NaNO_2$,以干基计),%	≥99.0	≥98.5	≥98.0
硝酸钠($NaNO_3$)(以干基计),%	≤0.80	≤1.00	≤1.90
氯化物($NaCl$)(以干基计),%	≤0.10	≤0.17	—
水分,%	≤1.40	≤2.0	≤2.5
水不溶物(以干基计),%	≤0.05	≤0.06	≤0.10

注:表中所列数据摘自 GB/T 2367—2006。

用途 用作硫酸铁制聚合硫酸铁{通式为 $[Fe_2(OH)_n(SO_4)_{3-\frac{n}{2}}]_m$, $(n=0.5\sim1, m>10)$}的催化剂(硫化氧化法)。也用作贵金属铑精炼或提纯的配合剂。亚硝酸钠与贵金属配合,可生成稳定的可溶性亚硝酸钠配合物,从而可除去或提取铑液中的其他贵金属(如 Pd、Pt 等)。亚硝酸钠也用于制造硝基化合物、染料、药品、农药及硫化促进剂等。还可用作阻聚剂、缓蚀剂、抗冻剂及防腐剂等。

安全事项 毒性很大,有致癌性。皮肤触及超过 1.5% 浓度的溶液会引起皮炎,出现斑疹。与有机物接触时能引起燃烧或爆炸。应避免与有机物、氧化物、易燃物、酸类及硫黄等共贮混运。

简要制法 将氨氧化生产硝酸时排出的 NO、NO_2 尾气,用碳酸钠(或液碱)水溶液吸收、精制而得。

8. 铝酸钠 Sodium Aluminate

别名 偏铝酸钠
化学式 $NaAlO_2$
相对分子质量 81.97

性质 为白色无定形结晶粉末,易潮解。相对密度 1.58。熔点 1800℃。工业品 $Na_2O:Al_2O_3$ 为 $1.05\sim1.50$。易溶于水,水溶液呈碱性,pH 值 12.3。不溶于醇。铝酸钠溶液(Al_2O_3, 267g/L; Na_2O, 238g/L)的沸点为 110.5℃。铝酸钠水溶液久置,能逐渐吸收水分而形成氢氧化铝,若加入碱或带氢氧根较多的有机物则较稳定。与硝酸、盐酸及硫酸等反应生成氢氧化铝沉淀。

质量规格

产品性状	指标	产品性状	指标
三氧化二铝(Al_2O_3),%	34~38.5	水不溶物,%	≤0.5
碳酸钠(Na_2CO_3),%	≤12		

用途 用作石油烃转化的催化剂及载体,也用作制造各种晶型氧化铝的原料和制造分子筛及稳定硅胶溶液的原料。在工业水处理中用于水的净化,能降低水的硬度和加快悬浮固体的沉降。在搪瓷生产中用作耐酸搪瓷釉浆的絮凝剂,提高注浆的稳定性。也用作中性纸施胶剂、水泥混合剂、土壤硬化剂、钢表面处理的保护剂。

安全事项 铝酸钠为不燃物,受潮时对铝、锌及锡有腐蚀性,对皮肤、黏膜及眼睛有刺激性及腐蚀性。接触皮肤时需用大量水冲洗掉。

简要制法 可由铝矾土与苛性钠溶液经高温压煮制得(拜耳法),或由铝矾土与纯碱、石灰石经高温烧结而得(烧结法)。催化领域制造各种晶型氧化铝时常用氢氧化铝碱解法制得。

9. 过硫酸钠 Sodium Persulfate

别名 过氧二硫酸钠、高硫酸钠

化学式 $Na_2S_2O_8$

相对分子质量 238.12

结构式
$$\mathrm{NaO-\overset{\overset{O}{\|}}{\underset{\underset{O}{\|}}{S}}-O-O-\overset{\overset{O}{\|}}{\underset{\underset{O}{\|}}{S}}-ONa}$$

性质 为白色晶体或结晶性粉末,无臭、无味。常温下会缓慢分解,加热或在乙醇中会加速分解,分解后放出氧气并生成焦硫酸钠。在200℃时急剧分解而放出过氧化氢。久贮时含量降低,有湿气或有Fe^{2+}、Cu^{2+}、Ni^{2+}、Ag^+、Pt^{2+}等金属离子存在时促使其分解。为强氧化剂,可将Mn^{2+}、Cr^{3+}等离子氧化成相应的高氧化态化合物。

质量规格

产品性状	指标	产品性状	指标
过硫酸钠,%	≥95.0	锰(Mn),%	≤0.0005

续表

产品性状	指标	产品性状	指标
水不溶物,%	≤0.02	铁(Fe),%	≤0.002
氯化物(以 Cl^- 计),%	≤0.01	重金属(以 Pb 计),%	≤0.005
铵盐(以 NH_4^+ 计),%	≤0.1		

用途 可替代过硫酸钾用作乙酸乙烯酯、丙烯酸酯、苯乙烯、氯乙烯等单体乳液聚合的引发剂。也用作织物及油脂漂白剂、金属表面处理剂、电池去极剂等。

安全事项 参见"过硫酸钾"条目。

简要制法 由过硫酸铵与氢氧化钠经复分解反应制得。

10. 磷酸三钠　Trisodium Phosphate

别名 磷酸钠、正磷酸钠、磷酸钠十二水合物

化学式 $Na_3PO_4 \cdot 12H_2O$

相对分子质量 379.94

性质 为无色六方晶系针状结晶,无臭,有吸湿性。相对密度1.62,熔点23.4℃。溶于水,溶解度随温度升高而增大。0℃、20℃、40℃、80℃及100℃在水中的溶解度分别为1.5%、11%、31%、81%及108%。水溶液呈强碱性,0.12N(当量浓度)溶液的pH值为12.15。不溶于乙醇、二硫化碳。加热至55~65℃时脱水形成十水合物,65~100℃可获得六水合物,100~120℃脱水得到半水合物,212℃以上变成无水物(Na_3PO_4)。无水物为白色结晶性颗粒或粉末,无臭,相对密度(17.5℃)2.537,熔点1340℃。溶于水,水溶液呈碱性,易吸收空气中的水分及二氧化碳,分别生成磷酸氢二钠及碳酸氢钠。

质量规格

产品性状	指　标
磷酸三钠(以 $Na_3PO_4 \cdot 12H_2O$ 计),%	≥98.0
硫酸盐(以 SO_4^{2-} 计),%	≤0.5
氯化物(以 Cl^- 计),%	≤0.4
砷(As),%	≤0.005
铁(Fe),%	≤0.01

续表

产品性状	指标
不溶物,%	≤0.1
pH 值(10g/L 溶液)	11.5~12.5

注：表中数据摘自 HG/T 2517—2009。

用途 用作脱水催化剂、硬水软化剂、助熔剂、金属防锈剂、照相显影剂、染料中固体干燥剂、牙科黏合剂、橡胶乳汁凝固剂、织物丝光增强剂、生皮去脂剂、糖汁净化剂、洗涤助剂等。化学分析中用作沉淀剂、配合剂等。

安全事项 对皮肤有一定的侵蚀性。

简要制法 先用磷酸与碳酸钠反应生成磷酸氢二钠，再用烧碱处理可得。

11. 氰化钠　Sodium Cyanide

别名 山奈

化学式 NaCN

相对分子质量 49.02

性质 为无色立方晶系结晶，工业品为白色或微灰色颗粒或粉末。有微弱苦杏仁味。剧毒！无水物相对密度 1.596，熔点 563.7℃，沸点 1496℃，折射率 1.452。熔化热 15.4kJ/mol，汽化热 1510J/mol，蒸气压(800℃)0.1013kPa。溶于水、液氨，微溶于乙醇。在水中的溶解度随温度升高而增加。0℃、20℃及 30℃时在 100mL 水中的溶解度分别为 40.8g、58.g 及 71.2g，水溶液因氰根水解而呈强碱性。在 34.7℃以下，从水溶液中结晶的氰化钠为二水合物（$NaCN \cdot 2H_2O$）。在 34.7℃以上或在硫酸(干燥剂)中减压干燥，可转变为无水物。易与酸反应放出剧毒的氰化氢气体。铁、铜、锌、钴、镍、银等金属均溶于氰化钠溶液，生成相应的氰化物。在氧气存在下氰化钠水溶液可溶解金、银等贵金属而生成络合盐。在空气中缓慢水解，放出氨气。在空气中遇二氧化碳会分解而产生氰化氢。与氯酸盐或亚硝酸钠混合能发生爆炸。

质量规格

产品性状	指标		
	优级品	一级品	合格品
氰化钠(NaCN),%	≥97.0	≥94.0	≥86.0

续表

产品性状	指标		
	优级品	一级品	合格品
氢氧化钠(NaOH),%	≤0.5	≤1.0	≤1.5
碳酸钠(Na$_2$CO$_3$),%	≤1.0	≤3.0	≤4.0
水分,%	≤1.0	≤2.0	—
水不溶物,%	≤0.05	≤0.10	≤0.20

用途 用作催化剂、还原剂、媒染剂、钢铁淬火剂等。也用于制造氰化物、氢氰酸、染料、医药中间体、丁腈橡胶等。利用其能溶解金和银而形成可溶性氰基配合物的特点，用于选矿中提取金、银及有色金属。在搪瓷生产中用作钢坯酸洗后的中和剂。还用于电镀及制造玻璃等。

安全事项 为剧毒品。大鼠经口半数致死量(LD$_{50}$)为6.44mg/kg。CN$^-$能迅速与体内高铁血红蛋白结合而致毒。口服、吸入粉尘或从伤口渗入均会引起中毒。

简要制法 由丙烯氨氧化制丙烯腈的副产物氧化氢经氢氧化钠吸收而得。

12. 乙酸钠 Sodium Acetate

别名 醋酸钠

化学式 C$_2$H$_3$O$_2$Na, C$_2$H$_3$NaO$_2$·3H$_2$O

相对分子质量 82.03

结构式 CH$_3$COONa, CH$_3$COONa·3H$_2$O

性质 有无水乙酸钠及乙酸钠三水合物两种。无水乙酸钠为白色结晶性粉末，具吸湿性。相对密度1.53，熔点324℃，折射率1.464。三水合物(C$_2$H$_3$NaO$_2$·3H$_2$O)为透明结晶体，熔点58℃，燃点607℃，相对密度1.45。于123℃时脱水成无水物。溶于水，微溶于乙醇。在热空气中易风化。

质量规格

产品性状	指标		
	优级纯	分析纯	化学纯
乙酸钠,%	99.5	99.0	98.0
澄清度试验,%	合格	合格	合格

续表

产品性状	指标		
	优级纯	分析纯	化学纯
水不溶物,%	0.002	0.002	0.005
氯化物(Cl^-),%	0.0003	0.001	0.003
硫酸盐(SO_4^{2-}),%	0.002	0.005	0.005
磷酸盐(PO_4^{3-}),%	0.0002	0.0002	0.0005
镁(Mg),%	0.0002	0.0002	0.0005
铝(Al),%	0.0005	0.0005	0.001
钾(K),%	0.002	—	—
钙(Ca),%	0.001	0.002	0.005
铁(Fe),%	0.0002	0.0002	0.0005
铜(Cu),%	0.0005	0.0005	0.001
铅(Pb),%	0.0005	0.0005	0.001
还原高锰酸钾物质,%	0.005	0.01	0.02

注：① 表中所列数据为乙酸钠的三水合物。

② 表中所列数据摘自 GB/T 693—1996。

用途 用作缩合、酯化、水解、氧化等有机合成的催化剂。也用于制造乙酸酯类、乙酐、氯乙酸、肉桂酸等化工产品。还用作印染媒染剂、食品调味剂的缓冲剂、肉类防腐剂等。在化学分析中用于配制缓冲溶液等。

安全事项 无毒。

简要制法 由乙酸钙与纯碱经复分解反应制得，或从合成冰乙酸废液及糠醛副产品中回收制得。

13. 甲醇钠 Sodium Methylate

别名 甲氧基钠

化学式 CH_3NaO

相对分子质量 54.05

结构式 $H_3C-O-Na$

性质 为白色无定形微细粉末，具吸湿性，熔点127℃（分解）。易与氧反应，遇水分解成氢氧化钠和甲醇。溶于甲醇、乙醇，不溶于苯、甲苯及己烷等有机溶剂。水溶液呈碱性，pH值为12.4。工业品常为甲醇钠的甲醇溶液(含23%)。

质量规格

产品性状	指标(化学纯)	产品性状	指标(化学纯)
甲醇钠,%	≥98.5	重金属(Pb),%	≤0.003
氯化物(Cl$^-$),%	≤0.02	铁(Fe),%	≤0.003
硫酸盐(SO$_4^{2-}$),%	≤0.01		

用途 用作有机合成催化剂、缩合剂及甲氧基化剂。用作强碱性催化剂,可催化乙腈和甲醇的加成反应,也可催化尿素和二氯乙酸反应生成尿囊素。用作油脂的酯交换反应催化剂,通过酯交换可改善油脂保型性、延展性等。也用作克莱森缩合、环状化合物开环及重金属原酸酯合成等的催化剂,用于制造药物、染料、农药等。

安全事项 置于潮湿空气中或遇水能引起着火,燃烧时其烟雾有毒。着火时应用沙土、水泥、二氧化碳等灭火,严禁用水扑救,以免发生激烈反应。市售甲醇钠甲醇溶液是溶解于甲醇的甲醇钠,常为50%甲醇溶液,是一种易燃液体,闪点约10℃。蒸气能与空气形成爆炸性混合物。遇高热、明火、氧化剂都有引起燃烧的危险,遇水发生激烈反应。

简要制法 由金属钠与甲醇反应制得。

14. 乙醇钠　Sodium Ethylate

别名 乙氧基钠
化学式 C_2H_5NaO
相对分子质量 68.05
结构式 CH_3CH_2ONa

性质 为白色或微黄色吸湿性粉末,熔点大于300℃,储存中会变黑,在空气中易分解,遇水迅速分解成氢氧化钠及乙醇,贮存中会变黑。溶于无水乙醇而不分解,不溶于苯。商品常为乙醇钠的乙醇溶液,为淡黄色或浅棕色液体,相对密度约0.868。

质量规格

产品性状	指标	产品性状	指标
外观	淡黄色或浅棕色液体	苯,%	≤3
乙醇钠,%	16.5~21	游离碱,%	≤0.10

用途 有机合成中用作强碱性催化剂、乙氧基化剂及还原剂等，用于克莱森缩合、酯交换、环状化合物的开环反应等。也用作分析试剂及用于制造药物、农药等。

安全事项 是一种强有机碱，受潮时对铝、锌等金属有腐蚀性。接触皮肤或眼睛会产生刺激性及强腐蚀性。遇热源或火种易着火。乙醇钠的乙醇溶液，其闪点为12℃，蒸气与空气能形成爆炸性混合物。遇水发生激烈反应，遇氧化剂及明火会引起燃烧。着火时应使用干粉、沙土等无水灭火剂进行灭火。

简要制法 由溶于乙醇及纯苯溶液中的固体氢氧化钠经加热回流、连续反应脱水，使总碱量及游离碱达到要求而制得乙醇钠的乙醇溶液。

15. 氨基钠 Sodium Amide

别名 氨钠

化学式 $NaNH_2$

相对分子质量 39.01

性质 为白色单斜结晶或螺旋状碎片，有氨的气味。相对密度1.39，熔点210℃，沸点400℃。400℃时开始分解，500~600℃时迅速分解。与水激烈反应，分解成氢氧化钠和氨。微溶于液氨(溶解度为$0.17g/100g\ NH_3$)，并离解为Na^+及NH_2^-。生成热$-118.8kJ/mol$。有潮解性，在空气中易氧化，在空气中加热氧化生成氢氧化钠。在真空中加热至300~330℃分解为氮、钠、氢及氨气。受潮、接触明火或与强氧化剂混合时会发生爆炸。

质量规格

产品性状	指标	产品性状	指标
外观	灰白色固体	火花试验	合格
氨基钠($NaNH_2$),%	≥98		

用途 用作有机合成的缩合催化剂、还原剂、烷基化剂、脱卤剂、氨解反应剂、乙烯基化合物的阴离子聚合引发剂等。也用作干燥剂、脱水剂，以及用于制造叠氮化合物、联氨、靛蓝、维生素A等。

安全事项 属一级易燃固体。遇水分解发热，并释出易燃的氢气，遇明火会引起着火、爆炸。接触或吸入粉尘能造成腐蚀性灼伤，严重刺激眼睛、黏膜及呼吸系统。应密闭防潮贮存。着火时应用沙土和干粉灭火器扑救。

简要制法 由熔融金属钠与氨反应而得。

(三)钾及其化合物

1. 金属钾 Metallic Potassium

元素符号 K

相对分子质量 39.09

性质 为银白色柔软金属，金属晶体。相对密度0.86，熔点63.65℃，沸点774℃，熔化热0.598J/g，热导率(200℃)44.77W/(m·K)，气化热2.075J/g。化合价+1。溶于液氨、苯胺及汞、钠等金属中，和汞反应生成汞齐。化学性质十分活泼。空气中易氧化燃烧。燃烧时呈紫色火焰，先生成不稳定的KO_2，接着迅速与过剩的钾化合生成K_2O。遇水剧烈反应，生成氢气和氢氧化钾，同时燃烧起火。与酸、卤素及氧都能剧烈反应，和硫混合研磨时能引起爆炸。也可与含活性基团的有机化合物反应，与碳反应生成组成不稳定的物质。也可与许多非金属元素反应形成离子化合物。作为还原剂，可将标准电极势比它大得多的金属元素从它们的化合物中置换出来，但却不能从盐溶液或水溶液中将其他金属置换出来。钾和钠等碱金属互熔可得熔点极低的合金，如76%K与24%Na制得的合金，其熔点为−12.6℃。

质量规格

产品性状	指标	产品性状	指标
K,%	≥98	杂质(Na+Ca),%	<2
熔点,℃	>56	外观	断面无明显夹杂物

用途 有机合成中用作催化剂、还原剂、助催化剂等，如用作二烯烃聚合催化剂、氧化催化剂、合成氨的助催化剂等。用作催化剂时，制成与钠分散体类似的钾分散体，可提高催化反应效率。金属钾也用于制造过氧化钾、钾钠合金及其他钾化合物。低熔点的钾钠合金具有高热导率及低蒸气压。在高温化学反应及原子反应堆中用作导热剂，高温电炉中用作电极冷却剂，也是惰性气体的纯化剂。

安全事项 钾属一级遇水燃烧物品。安全注意事项与金属钠相同。应贮存于煤油中或贮存于充满惰性气体的密闭容器中。

简要制法 由金属钠与氯化钾在830℃下熔融反应制得。或由氟化钾与碳化钙在高温下反应制得。

2. 氧化钾　Potassium Oxide

化学式　K_2O

相对分子质量　94.2

性质　为灰色立方晶系晶体。相对密度2.35。溶于水放出大量热生成氢氧化钾。350℃开始分解为钾和K_2O_2，红热时熔融，更高温度时挥发。与CO_2、SO_2等酸性氧化物或HCl等酸反应生成碳酸钾、硫酸钾或氯化钾等相应的盐。与氧反应生成超氧化钾(KO_2)。KO_2为黄色立方晶系晶体，相对密度2.14。熔点380℃，450~500℃充分熔融时为金黄色固体粉末。吸湿性极强，是强氧化剂。其许多性质类似于第Ⅰ族金属过氧化物。

用途　用作合成氨的助催化剂。它能中和主催化剂(铁)的酸性，降低催化剂的逸出功，使在催化剂表面上生成的NH基或NH_2基的稳定性减弱，促进新生成的氨的脱离，从而提高催化剂的比活性。氧化钾也可用作酸性气体吸收剂或干燥剂。

简要制法　将钾经空气氧化后，在真空中蒸去多余的钾制得。或由硝酸钾高温加热分解而得。

3. 氢氧化钾　Potassium Hydroxide

别名　苛性钾

化学式　KOH

相对分子质量　56.11

性质　为白色半透明斜方晶系结晶。工业品有片状、粒状、条状及块状等。除固体外，也有紫蓝色液体。固体的相对密度2.044，熔点360℃(无水物380℃)，沸点1320℃。熔化热6.736kJ/mol，生成热429.69kJ/mol，气化热196.02kJ/mol。易溶于水，溶解时放高热，溶液呈强碱性，有滑腻的触感。也溶于乙醇、甲醇及甘油，微溶于乙醚、液氨。在潮湿空气中吸收二氧化碳转化成碳酸钾。有极强吸水性及腐蚀性，与皮肤接触可致灼伤，并能使各种动物纤维溶解。其他性质与氢氧化钠相近。

质量规格

产品性状	指标					
	固体				液体	
	Ⅰ类		Ⅱ类		一等品	合格品
	优等品	一等品	一等品	合格品		
外观	固体产品为灰白、蓝绿或淡紫色的片状或块状，液体产品为淡黄色或蓝紫色液体					
氢氧化钾含量,%	≥95.0	≥90.0	≥90.0	≥88.0	≥48.0	≥45.0
碳酸钾(K_2CO_3),%	≤1.0	≤1.4	≤2.5	≤3.0	≤1.2	≤1.5
氯化物(以Cl^-计),%	≤0.01	≤0.02	≤1.0	≤1.4	≤0.5	≤0.7
铁(Fe),%	≤0.001	≤0.0002	≤0.05	≤0.07	—	—
硫酸盐(以SO_4^{2-}计),%	≤0.05	≤0.05	—	—	—	—
氯酸钾($KClO_3$),%	≤0.1	—	—	—	—	—
硝酸盐及亚硝酸盐(以N计),%	≤0.001	≤0.002	—	—	—	—
钠(Na),%	≤1.0	≤1.0	≤2.0	≤2.0	≤1.5	≤1.5

注：表中数据摘自 GB/T 1919—2000。

用途 用作二烯烃聚合、醇醛缩合、酯水解、醇解等的催化剂及二氧化碳吸收剂，高效吸湿剂等。也用于制造钾盐、钾皂、香料、药物、颜料。还用于印染、造纸、纺织及日用化学品等行业。

安全事项 不燃，但吸湿性比氢氧化钠强，遇水或受潮会放出大量热，使可燃物着火。与酸类反应剧烈，与铵盐反应并放出氨气。腐蚀性极强，接触皮肤或黏膜可致化学性灼伤。

简要制法 电解浓氯化钾溶液而得，或由碳酸钾与石灰反应制得。

4. 碳酸钾　Potassium Carbonate

别名 钾碱，不纯物俗称草碱、珠灰

化学式 K_2CO_3

相对分子质量 138.20

性质 为无色或白色单斜晶系结晶，或白色粉末。相对密度(19℃)2.428，熔点为891℃。加热至熔点以上分解。易溶于水，水溶液呈碱性。

不溶于乙醇及乙醚。有强吸湿性，易结块。易吸收空气中的二氧化碳而转变成碳酸氢钾，碳酸钾的水合物有一水盐、二水盐及三水盐等。冷却其饱和水溶液时，会析出玻璃状单斜晶体水合物（$2K_2CO_3 \cdot 3H_2O$）。其相对密度2.043，不吸湿。100℃时失去结晶水，灼热时则分解为氧化物并释出CO_2。碳酸钾与氯反应生成氯化钾，与二氧化硫反应生成焦硫酸钾，高温下与碳和氮反应生成KCN。

质量规格

产品性状		指标（工业级）		
		优等品	一等品	合格品
外观		白色颗粒状		
重质碳酸钾（K_2CO_3）（灼烧后），%		≥99.0	≥99.0	≥98.5
氯化物（以KCl计），%		≤0.01	≤0.03	≤0.20
硫化合物（以K_2SO_4计），%		≤0.01	≤0.04	≤0.15
铁（Fe），%		≤0.001	≤0.002	≤0.004
水不溶物，%		≤0.02	≤0.03	≤0.05
灼烧失量，%		≤0.60	≤0.80	≤1.00
粒度	1.40mm筛余物，%	≤1.0	≤1.0	≤1.0
	180μm筛余物，%	≥90.0	≤85.0	≥85.0
堆积密度，g/mL		≥1.3	≥1.2	≥1.2

注：表中数据摘自HG/T 2522—2009。

用途 用作有机合成反应，如酯化、异构化、缩合、硝化及水解等的催化剂，氨合成、费—托合成及合成醇等反应的助催化剂。在氮肥工业中用作脱硫剂；也用作硫化氢及二氧化碳清除剂，橡胶生产的防老剂。用于生产钾玻璃及光学玻璃，可提高玻璃透明度、强度及折射率。还用于油墨、炸药、搪瓷、电镀、制革及医药等领域，以及制造含钾化合物、钾肥、电焊条及酸性电解质燃料电池等。

简要制法 由氯化钾电解制得氢氧化钾，经二氧化碳碳化，再经煅烧而得。也可用阳离子交换树脂与氯化钾交换，再经碳化、煅烧制得。

5. 过硫酸钾　Potassium Persulfate

别名 过氧二硫酸钾、高硫酸钾

化学式 $K_2S_2O_8$

相对分子质量 270.32

结构式
$$KO-\underset{\underset{O}{\|}}{\overset{\overset{O}{\|}}{S}}-O-O-\underset{\underset{O}{\|}}{\overset{\overset{O}{\|}}{S}}-OK$$

性质 为无色或白色三斜晶系片状结晶或粉末。相对密度2.477,折射率(20℃)1.461。溶于水,20℃时的溶解度为5.3g/100mL水,水溶液呈酸性。不溶于乙醇。水溶液在常温下会缓慢分解而生成过氧化氢,在潮湿空气中也会分解。温度及pH值对分解速度有影响,温度越高,pH值对分解速度影响越小。乳化剂及硫醇能加速其分解。100℃时完全分解,放出氧变成焦硫酸钾。在碱性溶液中,能使Ni^{2+}、Pb^{2+}、Co^{2+}等金属离子形成黑色氧化物沉淀。

质量规格

产品性状	指标		
	优等品	一等品	合格品
外观	白色结晶粉末		
过硫酸钾($K_2S_2O_8$),%	≥98.5	≥98.0	≥98.0
游离酸(以H_2SO_4计),%	≤0.10	≤0.20	≤0.30
氯化物(以Cl^-计),%	≤0.005	≤0.010	≤0.015
铵盐(以NH_4^+计),%	≤0.5	≤0.7	≤0.9
铁(Fe),%	≤0.003	≤0.004	≤0.015
水分,%	≤0.30	≤0.30	≤0.30

注:表中所列数据摘自HG/T 2155—2006。

用途 用作乙酸乙烯酯、丙烯酸酯、苯乙烯、丙烯腈、氯乙烯等单体乳液聚合引发剂(使用温度60~80℃),以及合成树脂聚合促进剂,也用作制造炸药、染料的氧化剂、肥皂及油脂漂白剂和医用消毒剂等。

安全事项 有强氧化性,与有机物、易燃物混合易引起燃烧或爆炸。粉尘对眼睛、皮肤及黏膜等有刺激性。

简要制法 由过硫酸铵与硫酸钾经复分解反应制得。

6. 高氯酸钾 Potassium Perchlorate

别名 过氯酸钾

化学式 $KClO_4$

相对分子质量 138.55

性质 为无色晶体或白色结晶粉末。相对密度(11℃)2.524,折射率1.4717。存在两种晶型,α-型为无色透明立方晶系结晶,β-型为无色或白色斜方晶系晶体。约300℃时β-型转变为α-型。加热至540~570℃时缓慢分解。在600~610℃时迅速分解,生成氯化钾,并放出氧气。稍溶于冷水,易溶于沸水,微溶于乙醇、甲酮、丙酮。常温下稳定,有Fe_2C_3及MnO_2等催化剂存在时可降低分解温度。为强氧化剂,性质比氯酸钾稳定。

质量规格

产品性状	指标		
	优级品	一级品	合格品
高氯酸钾($KClO_4$),%	≥99.2	≥99.0	≥99.0
氯化物(以Cl^-计),%	≤0.02	≤0.03	≤0.03
氯酸盐(以Cl^-计),%	≤0.02	≤0.03	≤0.03
次氯酸盐	无	无	无
筛余物(150μm筛),%	≤0.1	≤0.5	≤1.0
水分,%	≤0.02	≤0.03	≤0.04
水不溶物,%	≤0.02	≤0.03	≤0.04
pH值	5.5~8.5	5.5~8.5	5.5~8.5
钠(以$NaClO_4$计),%	≤0.20	—	—
溴酸盐(以$KBrO_3$计),%	≤0.20		
钙、镁盐(以氧化物计),%	≤0.20		

用途 用作助催化剂、氧化剂、引发剂、发烟剂、火箭推进剂、发光信号剂、化学分析试剂。用于制造炸药、焰火、鞭炮等。医药上用作利尿剂及解热镇痛剂。

安全事项 属一级无机氧化物,遇热分解。与可燃物、有机物、还原剂和金属粉末等组成爆炸性混合物,遇摩擦、撞击易引起着火或爆炸。着火时可用水灭火。粉尘对皮肤、黏膜及眼睛等有刺激性。

简要制法 先用氯酸钠电解制得高氯酸钠,再与氯化钾进行复分解反应制得。

7. 氟化钾 Potassium Fluoride

化学式 KF

相对分子质量 58.10

性质 为无色立方晶体。味咸。相对密度2.48,熔点858℃,沸点1505℃。折射率1.345,蒸气压(885℃)133.3Pa。易溶于水,溶于氢氟酸及液氨,微溶于乙醇、丙酮。水溶液呈碱性。能腐蚀玻璃及瓷器。加热至升华温度时有少许分解。与过氧化氢反应可生成加成物$KF \cdot H_2O_2$。氟化钾可生成两种水合物,即二水合物($KF \cdot 2H_2O$)及四水合物($KF \cdot 4H_2O$)。其中二水合物为单斜晶系结晶。相对密度2.454,是氟化钾水溶液在低于40.2℃时产生的结晶,高于41℃时可自溶于结晶水中。有毒!遇酸类会分解散发出刺激性和腐蚀性的气体。

质量规格

产品性状	指标	产品性状	指标
氟化钾(KF),%	≥95	游离碱(以K_2CO_3计),%	≤0.1
游离酸(以HF计),%	≤0.1		

用途 用作有机合成的催化剂、氟化剂、玻璃蚀刻剂、焊接助熔剂、配合物形成剂、杀虫剂等。

简要制法 由HF与KOH或K_2CO_3反应制得。

8. 氯化钾 Potassium Chloride

化学式 KCl

相对分子质量 74.56

性质 为无色立方晶系结晶或粉末。无臭,味极咸。相对密度1.984,熔点770℃,沸点(升华)1500℃。折射率1.490。易溶于水,微溶于乙醇,稍溶于甘油。不溶于浓盐酸、乙醚、无水乙醇及丙酮。在水中的溶解度随温度升高而迅速增加。与钠盐常起复分解反应而生成新的钠盐。有吸湿性,易结块。

质量规格

参数	指标		
	优等品	一等品	二等品
外观	白色或暗白色结晶性粉末		
氯化钾,%	≥93.0	≥90.0	≥88.0
氯化钠,%	≤1.75	≤2.60	≤3.60
钙、镁离子总量,%	≤0.27	≤0.38	≤0.45
硫酸根,%	≤0.20	≤0.35	≤0.65
水不溶物,%	≤0.05	≤0.10	≤0.15
水分,%	≤4.73	≤6.57	≤7.15

注：表中数据摘自 GB/T 7118—2008。

用途 用作卤素气相氧化二氧化硫反应催化剂、脱卤化氢的催化剂、有机化合物氟化剂。也用于制造钾盐及染料。医药上用作利尿剂、补钾剂。食品工业用作营养增补剂、代盐剂等。

简要制法 从含钾湖盐及光卤石、苦卤等提取而得。或由氢氧化钾与氢氟酸反应制得。

9. 溴化钾 Potassium Bromide

化学式　KBr

相对分子质量　119.01

性质　为无色立方形结晶或白色粉末，无臭。味咸略苦。稍具潮解性，见光易变黄。相对密度(25℃)2.749，熔点730℃，沸点1435℃，折射率1.559。溶于水及甘油，微溶于乙醇、乙醚。水溶液呈中性。其溴离子可被氟、氯取代。与硫酸反应生成溴化氢，溴化氢与硫酸继续反应，生成溴素并放出二氧化硫气体，与硝酸银反应生成黄色溴化银沉淀。

质量规格

产品性状	指标	产品性状	指标
溴化钾(KBr),%	≥99.0	溴酸盐、钡盐	均通过检验
氯化物,%	≤0.2	重金属	
干燥失重,%	≤0.50	砷盐	
碘化物、硫酸盐	符合检验	碱度	

用途 用作卤素氧化二氧化硫反应的催化剂,也用于制造感光胶片、显影剂、调色剂、底片加厚剂等。医药上用作神经镇静剂。还用于制造特种肥皂。

安全事项 粉末对眼睛、皮肤有刺激性。

简要制法 由尿素还原溴酸盐溶液制得。或由溴化铁与碳酸钾反应而得。

10. 碘化钾 Potassium Iodide

化学式 KI

相对分子质量 166.00

性质 为无色或白色立方晶系结晶。无臭。味咸而苦。相对密度 3.13,熔点 681℃,沸点 1330℃。易溶于水(20℃,144.5g/100mL 水),溶于乙醇、甲醇、丙酮及液氨,微溶于乙醚。水溶液呈微碱性或中性,长期放置时因氧化而变为黄色,并析出碘。呈酸性时更易变为黄色,加碱可阻止其变黄。湿空气中易潮解,露于空气中也因氧化而逐渐泛黄。受光加速其分解。有还原性,可被三价铁离子、次氯酸根离子氧化,并游离出碘。

质量规格

产品性状	指标	产品性状	指标
碘化钾(KI),%	≥99.0	氯化物(以 Cl^- 计),%	≤0.50
硫酸盐(以 SO_4^{2-} 计),%	≤0.04	干燥失重,%	≤1.0
重金属(以 Pb 计),%	≤0.001	碱度	符合规定
砷盐(以 As 计),%	≤0.0002	碘酸盐和钡盐	符合规定

用途 用作卤素氧化二氧化硫的催化剂,也用作聚合催化剂、助熔剂、媒染剂、饲料添加剂等,也用于制造碘化物、药品、感光乳剂。

简要制法 由铁屑与碘反应生成碘化三铁,再与碳酸钾反应而得。或由碘酸钾用甲酸还原制得。

11. 氰化钾 Potassium Cyanide

化学式 KCN

相对分子质量 65.11

性质 为无色或白色立方晶系结晶,易潮解。颗粒状粉末或片状物。

有氰化氢样的气味。晶格常数 $a = 0.424\text{nm}$，$b = 0.5170\text{nm}$，$c = 0.616\text{nm}$。相对密度1.52，熔点634.5℃，沸点1496℃。熔化热1470J/mol，溶解热11700J/mol。溶于水、甘油、甲醇，微溶于乙醇。水溶液呈碱性，可溶解许多金属，并生成氰基配位化合物。在常温下，水溶液分解较慢，在高温、光照及有氧化剂存在时会发生氧化。在空气中会吸收水分及二氧化碳并分解，放出有苦杏仁气味的氰化氢。赤热时与二氧化碳反应生成一氧化碳及氰酸钾，与镁、铝等金属反应生成氮化物，与酸反应放出氰化氢。在摩擦或撞击时与氧化剂接触，可发生爆炸。熔融物可腐蚀石英及玻璃。

质量规格

产品性状	指标	
	一级品	二级品
氰化钾(KCN),%	≥97.0	≥93.0
碳酸钾(K_2CO_3),%	≤1.8	≤2.8
苛性钾(KOH),%	≤0.8	≤1.8
水不溶物,%	≤0.2	≤0.2
水分,%	≤4.5	≤5.0

用途 用作催化剂(如醛及酮缩合催化剂、合成氨催化剂等)、杀虫剂、照相定影剂、烟熏剂等。也用于提取金和银，制造丙烯腈、有机玻璃、医药中间体、有机氰化物。电镀过程中具有高电导性，并可使镀层精细。还用于蚀刻及石印等。化学分析中用作掩蔽剂、配合剂。

安全事项 为剧毒品，毒性与氢氰酸类似。沾于皮肤受伤处或经口进入体内，会导致死亡。大鼠经口半数致死量(LD_{50})10mg/kg。本品不燃，大火时可用沙土扑救，但禁用酸碱灭火剂或泡沫灭火剂灭火。

简要制法 由氢氧化钾吸收氰化钠与硫酸反应生成的氢氰酸气体制得，或直接由氢氰酸与氢氧化钾溶液反应而得。

12. 氟化氢钾 Potassium Hydrogen Fluoride

化学式 KHF_2

相对分子质量 78.11

性质 为氟化钾的酸式盐。无色四方晶系结晶。软如石蜡，略带酸臭味。相对密度2.37，熔点238.7℃。为双晶化合物，转型温度为195℃，低于195℃时为 α 型,高于195℃时为 β 型,加热至310℃以上分解并逸出氟化氢。易溶于水,溶于乙酸钾,不溶于乙醇。水溶液呈酸性。在干燥空气中稳定,在潮湿空气中则吸收水分而放出氟化氢。熔融时活性比氟化钾大。对许多金属和玻璃、瓷器有腐蚀性。

质量规格

产品性状	指标	产品性状	指标
化合酸(HF),%	25~26	铁(Fe^{2+}),%	≤0.005
氟硅酸盐(K_2SiF_6),%	≤0.6	重金属(以 Pb 计),%	≤0.003
氯化物(以 Cl^- 计),%	≤0.05	水分,%	≤0.1
硫酸盐(以 SO_4^{2-} 计),%	≤0.05		

用途 用作苯烷基化催化剂,也用作掩蔽剂、焊接助熔剂、木材防腐剂、玻璃蚀刻剂,也用于制造氟及其他氟化物。

安全事项 有毒!

简要制法 先用氢氟酸与氢氧化钾中和制得氟化钾,然后经氢氟酸酸化制得。

13. 氟钛酸钾　Potassium Fluorotitanate

化学式 K_2TiF_6

相对分子质量 240.09

性质 为白色气状结晶。相对密度3.012,熔点780℃。溶于热水,微溶于冷水、无机酸,不溶于醇、醚、苯。

质量规格

产品性状		指标	产品性状	指标
粒度	20目,%	5	挥发物,%	≤0.01
	60目,%	75		
	80目,%	5		
氟钛酸钾(K_2TiF_6)含量,%		≥97.5		

用途 用作聚丙烯合成催化剂组分,也用于制造金属钛和钛酸。

安全事项 有毒!

一、碱金属及其化合物

简要制法 先用氢氟酸与偏钛酸反应制得氟钛酸,再与氧化钾反应而得。

14. 硝酸钾 Potassium Nitrate

别名 硝石、钾硝、火硝

化学式 KNO_3

相对分子质量 101.10

性质 常温下为无色透明斜方晶系结晶,或白色粉末。相对密度(16℃)2.109。折射率1.335。熔点334℃,熔化热-11.89kJ/mol,生成热-494.6kJ/mol。400℃时分解成亚硝酸钾,并放出氧气。继续加热则生成氧化钾,并放出氮氧化物气体。易溶于水,溶解度随温度升高而增加。0℃、20℃、40℃、80℃及100℃时在100mL水中的溶解度分别为13.3g、31.1g、63.9g、169g及246g。也溶于甘油、液氨、硝酸及尿素溶液,不溶于无水乙醇及乙醚。10%水溶液的pH值为7.0。空气中稳定,不潮解。129℃时由斜方晶系转变为三方晶系晶体。本品为强氧化剂。

质量规格

参数	指标		
	优等品	一等品	合格品
硝酸钾(KNO_3),%	≥99.7	≥99.4	≥99.0
水分,%	≤0.10	≤0.20	≤0.30
碳酸盐(以K_2CO_3计),%	≤0.01	≤0.01	—
硫酸盐(以SO_4^{2-}计),%	≤0.005	≤0.01	
氯化物(以Cl^-计),%	≤0.01	≤0.02	≤0.10
水不溶物,%	≤0.01	≤0.02	≤0.05
吸湿率,%	≤0.25	≤0.30	
铁(Fe),%	≤0.003	—	—

注:表中数据摘自 GB 1918—2011。

用途 用于制造含钾催化剂、钾盐、焰火、火药、火柴、玻璃、陶瓷等。也用作助催化剂、氧化剂、助熔剂、选矿药剂、玻璃澄清剂等。农业上用作化肥,医药上用作利尿剂、发汗剂及清凉剂等。食品级硝酸钾用作肉制品的发色剂、防腐剂等。

安全事项 属一级无机氧化剂。与可燃物接触能助长火势,与还原剂、炭粉、钛、锌、硫及金属粉末接触会引起着火或爆炸。燃烧时火焰呈紫色,并产生有毒的氮氧化物气体。着火时可用水、沙土及各种灭火器扑救。粉尘对皮肤、呼吸器官及鼻黏膜有刺激作用。

简要制法 由硝酸钠或硝酸铵与氯化钾经复分解反应制得。

15. 乙酸钾 Potassium Acetate

别名 醋酸钾
化学式 $KC_2H_3O_2$
相对分子质量 98.14
结构式 CH_3COOK

性质 为白色结晶或粉末。有咸味。相对密度1.57。熔点292℃。易溶于水(25℃,269g/100mL 水),溶于液氨、乙醇、甲醇,不溶于乙醚、丙酮。水溶液对石蕊呈碱性,对酚酞不呈碱性。除无水物外,还存在半水合物($KC_2H_3O_2 \cdot \frac{1}{2}H_2O$)及 $1\frac{1}{2}$ 水合物($KC_2H_3O_2 \cdot 1\frac{1}{2}H_2O$)。低毒!可燃。易潮解。

质量规格

产品性状	指标	
	分析纯	化学纯
乙酸钾,%	≥92.0	≥85.0
澄清度试验	合格	合格
水不溶物,%	≤0.005	≤0.01
pH 值(5%水溶液)	7~9	7~9
氯化物(Cl^-),%	≤0.002	≤0.005
磷酸盐(PO_4^{3+}),%	≤0.002	≤0.005
硫酸盐(SO_4^{2-}),%	≤0.002	≤0.005
钙(Ca),%	≤0.005	≤0.005
铁(Fe),%	≤0.0005	≤0.001
镁(Mg),%	≤0.0005	≤0.001
钠(Na),%	≤0.02	≤0.10
重金属(以 Pb 计),%	≤0.0005	≤0.001
还原高锰酸钾物质	合格	合格

用途 用作醛及酮的缩合催化剂、聚氨酯催化剂。是一种对异氰酸酯三聚形成聚异氰尿酸酯反应有催化效力的催化剂。与其他催化剂并用,能满足各种硬泡浇注和喷涂工艺。也用作干燥剂、脱水剂、分析试剂、纤维处理剂等。还用于制造药物、透明玻璃及其他化工产品。

简要制法 由冰乙酸与氢氧化钾直接反应制得。

16. 油酸钾 Potassium Oleate

别名 9-十八烯酸钾
化学式 $C_{18}H_{33}KO_2$
相对分子质量 320.6
结构式 $CH_3(CH_2)_7CH=CH(CH_2)_7COOK$
性质 为浅黄色至棕黄色固体或油状液体。有特殊味道。易溶于水,溶于热醇。水溶液呈碱性。相对密度1.13~1.23。在空气中会缓慢氧化而使双键断裂,生成有腐臭味的物质。

质量规格

产品性状	指标(化学纯)	产品性状	指标(化学纯)
灼烧残渣,%	25~29	乙醇溶解试验	合格
游离碱(KOH),%	≤1.5	重金属(以Pb计),%	≤0.002

用途 用作聚氨酯泡沫塑料成型催化剂。也用作聚氨酯泡沫塑料成型催化剂的油酸钾,常为含油酸钾35%~40%的一缩二乙二醇(或一缩二丙二醇)透明溶液。专用于催化异氰尿酸反应,可替代有机锡及其他叔胺类、醇胺类化合物。也与其他聚氨酯催化剂并用,用于硬泡浇注及喷涂工艺,具有活性高、发泡快、凝胶快、成本低等特点。也用作乳化剂、清洗剂等。还可与氧乙烯高级脂肪醇一起用作水果、蔬菜等的被膜剂。

简要制法 可由油酸与氢氧化钾或碳酸钾反应而得。

17. 辛酸钾 Potassium Octonate

别名 2-乙基己酸钾、异辛酸钾
化学式 $C_8H_{15}O_2K$
相对分子质量 182.3
结构式 $CH_3(CH_2)_3CH(C_2H_5)COOK$

性质 纯品为白色粉末,纯度≥97%,水分≤2%。溶于水,水溶液pH值7~9.5。商品常为无色或微黄色透明液体,相对密度1.09~1.19。

质量规格

产品性状	指标	产品性状	指标
辛酸钾含量,%	49~51	黏度,mPa·s	320~430
相对密度(25℃)	1.124~1.185		

用途 用作聚氨酯硬泡的三聚催化剂,尤适用于高黏度多元醇配方,具有活性高、成本低的特点。也可用作聚合物的稳定剂、交联剂以及燃料油节能添加剂等。

简要制法 由辛醇与氢氧化钾反应而得。

18. 高锰酸钾 Potassium Permanganate

别名 灰锰氧

化学式 $KMnO_4$

相对分子质量 158.03

性质 为深紫色斜方晶系柱状结晶。有金属闪光,味甜而涩。相对密度2.703。240℃时分解并放出氧气。稍溶于水,溶解度随温度升高而增大。0℃、15℃、25℃、40℃及60℃时,高锰酸钾在水中的溶解度分别为2.75%、4.95%、7.0%、11.09%及20.02%。浓溶液呈紫红色,稀溶液为带紫色的浅红色,有异味。水溶液不稳定,会缓慢分解生成二氧化锰沉淀。微溶于甲醇、丙酮和硫酸。遇乙醇、过氧化氢则分解,为强氧化剂,在酸性介质中被还原成Mn^{2+},在碱性介质中则生成MnO_2。不论在中性、酸性或碱性溶液中,当有还原剂或有机物存在时,都会放出活性氧。与有机物(如甘油、乙醇)接触时会引起燃烧,与浓硫酸、磷等接触易发生爆炸。

质量规格

产品性状	指标(工业级)	
	优级品	一级品
高锰酸钾($KMnO_4$),%	≥99.3	≥99.1
氯化物及氯酸盐(以Cl^-计),%	≤0.01	≤0.02
硫酸盐(SO_4^{2-}),%	≤0.05	≤0.01
水不溶物,%	≤0.15	≤0.20

注:表中所列数据引自GB 1608—2008。

用途 用作催化剂、助催化剂、硫化氢气体脱除剂、防毒面具用吸附剂、油脂及树脂等的漂白剂、无机盐产品提纯的氧化剂、木材及铜的着色剂、水及空气净化剂、消毒剂、解毒剂、除臭氧剂、鞣革剂、稻谷浸种剂、化学分析试剂等。由五羰基铁分解所得铁粉经烧结加工制成的粒状载体上涂渍高锰酸钾溶液,经干燥后制得的高锰酸钾催化剂可用于火箭发动机中液体推进剂过氧化氢的催化分解,以产生大量气体。

安全事项 为强氧化剂,遇硫酸、铵盐或过氧化氢能发生爆炸。与还原剂、易燃物等强烈反应并能引起燃烧,对可燃物燃烧能助长火势。粉尘刺激眼睛及皮肤,稀溶液有刺激性,浓溶液有腐蚀性,破坏皮肤及黏膜。误服会中毒。

简要制法 先用氢氧化钾将软锰矿粉氧化成锰酸钾,再经电解氧化成高锰酸钾。

(四) 铷及其化合物

1. 金属铷　Metallic Rubidium

元素符号　Rb
相对原子质量　85.46

性质　为白色金属,质软而轻,犹如蜡状,有可塑性。相对密度1.53,熔点39℃,沸点688℃。化合价+1。体心立方晶格。传热导电性好,光电效应特别强,在光的作用下易放出电子。也很容易液化,常温下易自燃,并放出紫色光焰。为强碱性金属,不溶于碱,易溶于酸。化学性质十分活泼,遇氧剧烈反应。即使放入冷水中也反应激烈,会燃烧并发出爆炸声,放出氢气而生成氢氧化铷。与多种有氧酸反应,生成含氧酸盐并放出氢气。作为强还原剂,能将锂、铯、钾以外的几乎所有金属从它们的氧化物或卤化物中置换出来。而使自己变成铷盐。铷的氧化物为强碱性,与水化合生成可溶性强碱氢氧化物。

铷为亲氧元素,自然界中无单质存在,也无独立矿床,它以化合物形式共生在富含氧的锂云母、红云母、光卤石、铯榴石和岩盐等矿物中,也分散存在于咸水湖和矿泉水里。我国铷金属的储量居世界第一位。

用途　用于制造聚合、缩合、水解等催化剂及助催化剂,如用于异戊二烯有选择地以顺式-1,4加成的方式进行聚合;利用铷良好的光电效应,可制造光电管、光电池、光度计,用于机器人的眼睛、自动报警器、电影机及天文仪器;铷的氧化物(如过氧化铷、超氧化铷)具有既能储存氧气,又能释放氧气,还能吸收 CO_2 的功能,可使密闭环境中的空气得到调节和再生,很适合航天飞机、宇宙飞船及水下潜艇使用。还可用于制造脱氢剂、铷汞剂等。

安全事项 本品比金属钠更易燃烧,处理时需特别小心。参见"金属钠"条目。

简要制法 在高温下,用钠与无水氯化铷反应可制得单质铷,将氯化铷、氰化铷的熔盐电解也可制得铷。

2. 碳酸铷 Rubidium Carbonate

化学式 Rb_2CO_3

相对分子质量 230.97

性质 为无色单斜晶系(α 型)或六方晶系(β 型)晶体。熔点 837℃。溶于水,不溶于醇。水溶液呈碱性。在空气中易潮解。

质量规格

产品性状	指标(化学纯)	产品性状	指标(化学纯)
碳酸铷(Rb_2CO_3),%	≥98.0	铁(Fe),%	≤0.0005
氯化物(Cl^-),%	≤0.003	重金属(以 Pb 计),%	≤0.0005
氮化合物(以 N 计),%	≤0.004	水溶解试验	合格
硫酸盐(SO_4^{2-}),%	≤0.02		

用途 用作高级醇及脱氢反应等的助催化剂,可减弱主催化剂的酸性或增加其碱性,提高选择性并减少副反应发生。也用于制造其他铷盐及用作通用化学试剂。

(五)铯及其化合物

1. 金属铯 Metallic Cesium

元素符号 Cs

一、碱金属及其化合物

相对原子质量 132.90

性质 为银灰色金属。含杂质的铯略带金黄色。体心立方晶格。相对密度1.88。熔点28.5℃，沸点705℃，化合价+1。是最软的金属，比石蜡还软，放在手里就可变成液态，有传热、导电性，对光特别敏感，一经光照立刻激发出电子，光照越强，激发出的电子越多。化学性质十分活泼，常温下暴露于空气中会自燃，生成超氧化铯，与氧反应剧烈，燃烧后依次生成氧化铯、过氧化铯及超氧化铯，遇水会燃烧并发出爆炸声，同时放出氢气。不溶于碱，与酸反应置换出氢气。铯的氧化物为强碱性，与水化合生成氢氧化铯。铯属于亲氧元素，自然界中无单质存在，以化合物形式蕴藏在富含氧的铯榴石及氟硼钾石中，也分散共生于绿柱石、光卤石、金云母及矿泉水、海水中。我国拥有高品位的铯榴石矿，含铯可达25%～30%。铯矿储量居世界第一位。常见的铯化合物有氯化铯、氢化铯、氟化铯、硫酸铯、碳酸铯、铝酸铯及氢氧化铯等。

用途 用于制造聚合、缩合、水解等催化剂及助催化剂，如用作丁二烯聚合催化剂。铯的用途与铷相近，但较铷普遍。因其化学活泼性更强，光敏效应的临界阈值更大，电子脱出功更小，广泛用于光电管、摄谱仪、天文仪器、火灾报警器、机器人眼睛等领域；用铯可制造最精确的计时仪器——原子钟，其精度在300年内总误差小于5s；利用铯离子50km/s的喷射速度，给火箭以强大的推动力，单位质量产生的推力可比当前使用的液体或固体燃料高出百倍。

安全事项 极易着火，处理时需特别小心。密闭的包装应贮存于阴凉、干燥、通风处，远离热源、火种。着火时不可用水、碳酸氢钠、卤代烃等作为灭火剂。不可使用石墨干粉及干沙灭火，有效灭火剂为干燥氯化钠粉末、碳酸钙干粉等。

简要制法 在高温和高真空下，可将叠氮铯热解出铯。也可在高温下，用钠从无水氯化铯中置换出铯，还可由氯化铯熔融电解制得。

2. 氯化铯　　Cesium Chloride

化学式 CsCl

相对分子质量 168.35

性质 为无色立方结晶或白色结晶性粉末，在空气中吸湿潮解。相对密度3.988，熔点645℃，沸点1245℃，闪点168.36℃。极易溶于水，易溶于乙醇、甲醇，不溶于丙酮。

质量规格

产品性状	指标	
	化学纯	分析纯
CsCl 含量,%	≥99.0	≥99.5
硫酸盐(SO_4^{2-}),%	≤0.05	≤0.01
硝酸盐(NO_3^-),%	≤0.02	≤0.004
NH_4^+,%	≤0.02	≤0.004
Na^+,%	≤0.10	≤0.02
Mg,%	≤0.02	≤0.01
Al,%	≤0.02	≤0.05
Ca,%	≤0.03	≤0.01
Fe,%	≤0.002	≤0.0002
重金属(以 Pb 计),%	≤0.005	≤0.001
水溶液反应	合格	合格
澄清度试验	合格	合格
甲醇溶解试验	合格	合格

用途 用作烯烃聚合的助催化剂,也用于制造金属铯、铯盐、铯单晶。很稀的氯化铯能提高乙酰胆碱酶的活性。也用作气相色谱固定液及分析试剂。

安全事项 有毒!吸入、咽下或皮肤吸收会危害健康,大鼠腹腔注射LD_{50}1.5 g/kg。

简要制法 将碳酸铯水溶液中加入盐酸,加热煮沸至溶液呈中性后,再经过滤、浓缩、干燥可制得氯化铯,将铯榴石与氧化钙、氯化钙一起煅烧可制得氯化铯粗品。

3. 氢氧化铯 Cesium Hydroxide

化学式 CsOH
相对分子质量 149.91
性质 为白色或淡黄色熔晶或块状物。相对密度 3.68,熔点 342 ℃。易吸湿潮解。溶于水并释出大量热,溶于醇。与酸反应生成相应的铯盐。在氧气(10.1 MPa)中加热至 375 ℃时生成 CsO_2。在氢气流中与 Ca、Mg 热至红热即得到金属铯。350 ℃时吸收一氧化碳生成甲酸铯。与铵盐反应放出氢气。

质量规格

产品性状	指标（化学纯）	产品性状	指标（化学纯）
氢氧化铯，%	≥80	硅酸盐（SiO_3^{2-}），%	0.02
氯化物（Cl^-），%	0.005	钾、钠（K+Na），%	0.1
氮化合物（以N计），%	0.35	铁（Fe），%	0.003
二氧化碳（CO_2），%	1.5	重金属（以Pb计），%	0.005

用途 用于制造烯烃聚合催化剂、金属铯、蓄电池电解液等。

安全事项 氢氧化铯本身不燃，但遇水能放出大量热，使可燃物着火，受潮时对有些金属会发生反应，放出易燃易爆的氢气。有强烈腐蚀性，能造成严重灼伤。吸入其粉尘、烟雾能引起呼吸道、黏膜损伤，皮肤接触会造成损伤。

简要制法 由电解CsCl水溶液制得。

（六）氢气　Hydrogen

化学式 H_2

相对分子质量 2.015

性质 为无色、无臭、无味、无毒气体。气体相对密度（0 ℃）0.08987、液体相对密度（-252.89 ℃）0.070、固体相对密度（-262 ℃）-0.0807。熔点-259.14C，沸点-252.77 ℃。临界温度-239.9 ℃，临界压力13.2MPa，临界密度30.1g/L。氢原子是最轻的元素，核外只有一个电子，失去一个电子形成H^+，氢原子通过共价键形成氢分子。常温时较不活泼。这是因为氢原子无内层电子，共有电子对直接与核作用，所形成的σ键相当牢固。所以，常温下氢气的反应性较差，许多有氢气参加的反应，常要在高温或催化剂存在下才能进行。氢的电负性为2.2，处于中间状态，与电负性高的非金属有形成极性共价键的趋势。例如：

$$2H_2 + S_2 =\!=\!= 2H_2S$$

反应中氢起还原剂作用，本身被氧化。如氢气与电负性低的活泼金属反应，则生成含有氢负离子H^-的离子型化合物。例如：

$$H_2 + Ca =\!=\!= CaH_2$$

反应中，氢作为氧化剂，它的氧化态从0变到-1。氢气与周期表中d区和

f区金属反应,常生成有金属外貌和传导性的物质(金属型氢化物)。过渡金属吸收氢后往往发生晶格膨胀,使氢化物的密度小于原来金属的密度。而且其组成可变,能形成非整比化合物,如 $PdH_{0.8}$、$LaH_{2.76}$ 等。这类被金属吸附的氢,在减压加热时又可释出。因而可根据需要加氢(贮氢)和析氢(放氢)。这也是过渡金属及其合金可用作贮氢材料的原因。氢气在各种液体中溶解甚微,在水中溶解度(10 ℃)为 $2.14cm^3/100mL$ 水。常温下与氧化合极缓和,在800℃以上或点火时则爆炸生成水,同时产生强热。

质量规格

产品性状	指标		
	纯氢	高纯氢	超纯氢
氢气(H_2)纯度(体积分数),%	≥99.99	≥99.999	≥99.9999
氧(O_2)含量,μL/L	≤5	≤1	≤0.2
氩(Ar)含量,μL/L	供需商定	供需商定	
氮(N_2)含量 μL/L	≤60	≤5	≤0.4
一氧化碳(CO)含量,μL/L	≤5	≤1	≤0.1
二氧化碳(CO_2)含量,μL/L	≤5	≤1	≤0.1
甲烷(CH_4)含量,μL/L	≤10	≤1	≤0.2
水分(H_2O)含量,μL/L	≤10	≤3	≤0.5
杂质总含量,μL/L	—	≤10	≤1

注:表中数据摘自 GB/T 3634.2—2011。

用途 广泛用于石油炼制、石油化工各种工艺。在有机合成中,氢气与有机化合物中含有碳—碳双键或三键的化合物,在催化剂存在下进行加氢反应可制得各种相关产品。也用作乙烯、丙烯及乙丙橡胶聚合的相对分子质量调节剂,可与增长链发生链转移反应:使链增长终止,导致聚合物相对分子质量降低。也用作合成氨、聚氯乙烯、油脂氢化、过氧化氢等产品的原料。氢气是一种清洁能源,它无臭、无味、无毒,燃烧后只生成水,而且热值高,燃烧1kg氢气放出的热量相当于3kg汽油或4.5kg焦炭所放出的热量。氢气还广泛用于金属切割及电子材料、半导体、电真空器件等的生产。

安全事项 极易燃,能与空气形成爆炸性混合物,爆炸极限4.1%~74.2%。自燃点550℃。燃烧时呈蓝色火焰,极易扩散和渗透。液氢与皮肤接触会引起严重冻伤或烧伤。

简要制法 在自然界，氢是地壳中丰度最高的元素。按原子组成计，占15.4%；按质量组成计，则仅占1%。它主要以化合态存在于水和有机物中。工业上大规模制氢主要有电解水法、水蒸气—烃法及水煤气法等。

二、碱土金属及其化合物

碱土金属包括铍(Be)、镁(Mg)、钙(Ca)、锶(Sr)、钡(Ba)、镭(Ra)六种金属元素。其中铍是稀有金属,镭是放射性元素。碱土金属元素原子的最外层电子数为2,次外层电子数为8(铍为2),与碱金属元素是相同的。在化学反应中,它们也容易失去最外层的2个电子,形成+2价阳离子。它们也都是较活泼的金属元素,并且金属性依 Be、Mg、Ca、Sr、Ba 的顺序逐渐增强。在碱土金属原子中,作用于最外层 s 电子的有效核电荷比相邻的碱金属大,致使原子半径较相邻的碱金属小。碱土金属原子失去1个电子比相邻的碱金属困难,所以它们的活泼性也就比碱金属差。它们的电离能和电负性都大于相应的碱金属。碱土金属的离子半径较小,又带有2个电荷,因此它们的极化力较强,致使它们有较大的水合热。表2-1列出了碱土金属的一些物理性质。

表2-1 碱土金属的物理性质

性质	铍(Be)	镁(Mg)	钙(Ca)	锶(Sr)	钡(Ba)
密度,g/cm^3	1.86	1.74	1.54	2.60	3.74
熔点,℃	1285	649	845	757	717
沸点,℃	2970	1100	1484	1366	1696
硬度(金刚石为10)	4	2.5	2	1.8	—
价层电子构型	$2s^2$	$3s^2$	$4s^2$	$5s^2$	$6s^2$
金属原子半径,pm	112	160	197	215	222
电负性 χ	1.5	1.2	1.0	1.0	0.9
电离能,kJ/mol	900	738	590	549	502
电子亲合能 E,kJ/mol	-240	-230	-156	—	-52
化合价	+2	+2	+2	+2	+2

碱土金属与碱金属一样,都能与氧形成三种类型的氧化物,即正常氧化

物、过氧化物及超氧化物。它们分别含有 O^{2-}、O_2^{2-} 及 O_2^- 离子。过氧化物(如 BaO_2)中的负离子是过氧离子 O_2^{2-},其结构式为 $\left[:\ddot{O}:\ddot{O}:\right]^{2-}$ 或 $[-O-O-]^{2-}$;超氧化物中,如 $Ba(O_2)_2$ 的负离子是超氧离子 O_2^-,其结构式为 $\left[:\overset{..}{O}\overset{...}{=}\overset{..}{O}:\right]_2^-$。

碱土金属的氢氧化物比碱金属的氢氧化物碱性弱得多,其递变顺序:$Be(OH)_2$(两性)—$Mg(OH)_2$(中强碱)—$Ca(OH)_2$(强碱)—$Sr(OH)_2$(强碱)—$Ba(OH)_2$(强碱)。除 $Be(OH)_2$ 外,它们受热到一定温度均可脱水生成相应的氧化物。

碱土金属的盐类除硝酸盐、氯化物、硫酸镁、硫酸铍易溶于水外,其余的硫酸盐、碳酸盐、磷酸盐等都难溶于水。硝酸盐、碳酸盐在一定温度下也能分解成相应的氧化物。

碱土金属都是较活泼的金属元素,因而不能以单质形式存在于自然界中,而是以化合状态存在。钙在自然界中分布较广,主要以碳酸盐及硫酸盐形式存在,如石灰石、大理石、方解石、白垩及石膏等;典型的镁矿是光卤石、菱镁矿等;钡的存在量比锶多而比钙少,主要矿物是重晶石及毒重石;铍的矿藏是分散的,有经济价值的是绿柱石;锶矿比较稀少,主要是天青石及碳酸锶矿。

在催化领域中,碱土金属用作催化剂的数量不是太大。采用碱土金属及其化合物作催化剂的反应主要有重油部分氧化、水煤气反应、烃类脱氢、费—托反应、醇脱水等。使用的催化剂多为镁和钙的氧化物,其他的使用不多。

(一) 铍及其化合物

1. 金属铍 Metallic Beryllium

元素符号 Be

相对原子质量 9.0

性质 为浅灰色有光泽金属。六方晶格。相对密度 1.86,熔点 1285℃,沸点 2970℃,化合价+2。有延展性,传热能力是钢的 3 倍。传声能力极强,每秒可传播 12500m。能反射放射性射线,但对 X 射线有很好的通透性,被称为金属玻璃。铍为两性元素,既溶于硫酸、盐酸,又溶于液碱,并释放出氢气。不溶于冷水,微溶于热水。化学性质不活泼,在空气中,常温下只能缓慢氧化,加热时能燃烧,生成白色粉状氧化铍,但不能生成过氧化铍。氧化物为两性,其水合物为铍酸,也是唯一能形成酸的金属,可形成有氧酸及无氧酸。常见的化合物有氧化铍、氯化铍、氟化铍、氢氧化铍、碳酸铍、硝酸铍及硫酸铍等。

铍为亲氧元素,自然界中无单质存在,它以化合物形态主要存在于富含氧的硅酸盐、铝酸盐及磷酸盐中。我国铍的储量居世界第二位。

用途 用于制造铍化合物及脱氢催化剂。在核反应堆中用作中子减速剂和反射剂。在核试验时作快速中子源,每秒钟能产生几十万个中子。还可用于火箭燃料。也用于制造高强度耐热合金。

安全事项 毒性极强,即使少量也易引起皮肤伤害、黏膜炎症及呼吸道疾病。职业场所最高允许浓度为 0.002mg/m^3。

简要制法 可用金属镁还原氟化铍,或电解无水熔融的铍盐制得。

2. 氧化铍 Beryllium Oxide

化学式 BeO

相对分子质量 25.01

性质 为无色六方晶系六角形结晶或无定形粉末。无臭、无味。相对密度3.01,熔点2530℃,沸点4120℃,折射率1.719。生成热 -609.4kJ/mol,熔化热 85kJ/mol。微溶于水(20℃,2.1g/L水),溶于浓酸或熔融碱液,易溶于氢氟酸。高温下稳定,耐热性高,耐腐蚀性强,难被还原。热导率比氧化铝约高7倍,介电常数约为氧化铝的1/2,莫氏硬度9。高温下能与水蒸气反应生成铍化物。呈两性。

质量规格

产品性状	指标	产品性状	指标
氧化铍(BeO),%	≥99.0	铝(Al),%	≤0.15
水溶解物,%	≤0.20	硫酸盐(SO_4^{2-}),%	≤0.02
氯化物(Cl^-),%	≤0.02	二氧化硅(SiO_2),%	≤0.10
铁(Fe),%	≤0.10		

用途 用作有机合成催化剂及助催化剂,如用于甲醇制乙醛、乙醇分解及脱氢等反应。其具有良好的热稳定性,用作助催化剂,可提高催化剂的耐热性。也用于制造铍合金、耐火材料、荧光灯、火箭燃烧室的内衬材料等。

安全事项 有毒!误服或吸入粉尘会产生呼吸困难、发绀等中毒症状。

简要制法 先由绿柱石抽提出氢氧化铍,再经热分解制得。或由工业氢氧化铍溶于硫酸生成硫酸铍溶液，再经过滤、沉淀、焙烧而得。

3. 氯化铍　Beryllium Chloride

化学式　$BaCl_2$

相对分子质量　79.92

性质　为白色至微黄色结晶或结晶性粉末，相对密度1.899。熔点405℃、沸点520℃。真空下于300℃升华。极易溶于水，并与水反应，放热并放出氯化氢气体，水溶液呈强酸性。溶于乙醇、乙醚、吡啶、二硫化碳，不溶于丙酮，微溶于氯仿，受高热分解生成氧化铍，并释出氯化氢气体。本品属共价型化合物，而非离子型化合物。极毒！氯化铍也存在四水化合物（$BeCl_2 \cdot 4H_2O$），为单斜晶系无色片状晶体，易溶于水—乙醇，加热至100℃时即分解，并放出氯化氢气体。

用途　无水氯化铍用作有机合成催化剂，其作用与三氯化铝相似。也是核反应堆的优良中子慢化剂，也用于中子倍增材料和反射层材料。还用于制造金属铍及铍的有机化合物。

简要制法　由氧化铍与盐酸或氯气反应制得；四水氯化铍可由碱式碳酸铍与稀盐酸反应制得。

（二）镁及其化合物

1. 金属镁　Metallic Magnesium

元素符号　Mg

相对原子质量　24.305

性质　为银白色金属，有延展性，中等硬度，六方晶格。它是碱土金属中最轻的金属。相对密度1.74，熔点649℃，沸点1090~1107℃。化合价+2。在干燥空气中稳定，在湿空气中易被氧化而使色泽变暗。化学性质活泼。能与沸水、酸反应而放出氢气。容易燃烧，并放出含紫外线的白光，并生成氧化镁。在化学反应中容易失去电子。能与氮、硫、磷及卤素等直接化合，生成相应的化合物。高温下，可夺取元素周期表d区金属和p区金属氧化物中的氧，及其卤化物中的卤素，使它们还原为单质，而自身被氧化成氧化镁或卤化镁。在乙醚中可直接与溴（或碘）的有机物（RBr、RI）反应而生成格利雅试剂RMgBr（或I）。镁也有生成配位化合物的倾向，它可作为中心原子与配位原子按照一定的空间结构通过配位桥联而形成杂多酸催化材料。镁不与碱反应,能与碳酸、盐酸、稀硫酸等非氧化性酸反应,生成相应的镁盐。镁在自然界中分布广泛,但无单质存在;在地壳中的含量约 2.5%。含镁的主要矿石有光卤石、蛇纹石、橄榄石、白云石、菱镁矿等。也以硫酸镁及氯化镁的形式分散在海水和咸水湖里。海水中镁的含量约占 0.13%。

质量规格

产品性状	指标	产品性状	指标
镁,%	≥99.0	重金属(以 Pb 计),%	≥0.01
盐酸溶解试验	合格	锌(Zn),%	≤0.1
铁(Fe),%	≤0.05		

用途 用于制造催化剂、脱硫剂、焰火、闪光粉、轻金属合金、球墨铸铁、脱氢剂、格氏试剂及用作还原剂等。如用作乙烯及 CO_2 反应制乙烯酮的催化剂,提取稀土元素的还原剂及酒精脱水剂等。

安全事项 吸入镁粉粉尘可导致呼吸困难、胸痛、咳嗽等。

简要制法 由熔融氯化镁电解制得。或先由白云石加热分解生成氧化镁,再经硅铁还原而得。

2. 氧化镁 Magnesium Oxide

别名 苦土

化学式 MgO

相对分子质量 40.30

性质 为典型的碱土金属氧化物,立方晶系结晶,具有 NaCl 型晶体结构,晶格常数 $a=0.4203$nm。根据制法不同,商品氧化镁分为蓬松的轻质氧化镁和致密的重质氧化镁两种。轻质氧化镁外观为白色无定形粉末,孔体积为 5mL/g 以上。无臭、无味。相对密度 3.58,熔点 2852℃,沸点 3600℃。难溶于水及有机溶剂,溶于酸或铵盐溶液。经 1000℃ 以上灼烧可转变成晶体,1500℃ 以上成为烧结氧化镁。重质氧化镁为白色或米黄色粉末,相对密度 3.26~3.43,其体积约为轻质氧化镁的 1/3。不溶于水及醇,溶于酸和铵盐溶液,与氯化镁溶液混合易胶凝硬化。两种氧化镁均无毒。露置于空气中,易吸收空气中的二氧化碳和水分而生成碱式碳酸镁并变硬。有优异的耐火绝热性能。

质量规格

轻质氧化镁性状

产品性状	指标		
	优级品	一级品	合格品
外观	白色松散粉末		
氧化镁(MgO),%	≥95.0	≥93.0	≥92.0
氧化钙(CaO),%	≤1.0	≤1.5	≤2.0
堆密度,g/mL	≤0.45	≤0.45	≤0.50
盐酸不溶物,%	≤0.10	≤0.15	≤0.20
铁(Fe),%	≤0.05	≤0.06	≤0.10
硫酸盐(以 SO_4^{2-} 计),%	≤0.20	—	—
灼烧失量,%	≤3.5	≤5.0	≤5.5
氯化物(以 Cl^- 计),%	≤0.035	≤0.100	≤0.15
锰(Mn),%	≤0.003	≤0.10	—
粒度(150μm 筛余物),%	≤0.03	≤0.05	≤0.20

重质氧化镁性状

产品性状	指标	
	一级品	二级品
氧化镁(MgO),%	≥94.0	≥92.0
相对密度	3.25~3.32	3.25~3.32
水,%	≤1.5	≤1.5
灼烧失量,%	≤5.0	≤5.0
粒度(100目筛余物),%	≤1.5	≤1.5

用途 用作有机合成催化剂,如重油部分氧化催化剂、酚醛树脂合成用催化剂、醇类脱水催化剂及甲醇脱氢制乙醛催化剂等。也是石脑油制合成煤气用镍—氧化铝催化剂的有效促进剂。在氧化、加氢、脱氢等反应中,MgO 也常用作多种催化剂的助催化剂。氧化镁还是常用的催化剂载体,用作载体时常使用热稳定性好的 β-MgO。由于氧化镁活性较低,与其他活性金属(如镍、铜、铬等)组合可制得性能优良的催化剂,常用于丁烯制丁二烯、乙苯制苯乙烯、辛烯制芳烃等反应。氧化镁还可用作脱氯剂、脱硫剂及催化剂造粒助剂。轻质氧化镁还广泛用于橡胶、玻璃、搪瓷、建材、水泥、造纸及塑料等行业,用作硫化活性剂,或填充剂,或增强剂、

锅炉燃料添加剂等。重质氧化镁可用于制造耐火及绝热保温材料,及用作橡胶、塑料的填料等。

简要制法 先将白云石煅烧、消化、碳化制得碱式碳酸镁,再经热分解可制得轻质碳酸镁。将盐卤加水稀释后与纯碱反应可生成重质碳酸镁,经分离后于700~800℃煅烧可制得轻质氧化镁。将菱苦土经过水选除杂后沉淀成镁泥浆,再经消化、烘干、煅烧可制得重质碳酸镁。比表面积较大的氧化镁载体可由氢氧化镁在500℃左右焙烧而得。

3. 氯化镁 Magnesium Chloride

别名 无水氯化镁
化学式 $MgCl_2$
相对分子质量 95.21
性质 为无色六方晶系结晶。相对密度(25℃)2.316~2.33,熔点714℃,沸点1412℃,折射率1.675,蒸气压(930℃)1.33kPa。溶于水、乙醇。氯化镁溶于低级醇时可形成带醇的加合物结晶。在密闭容器中氯化镁可与气态氨结合形成相应的加合物。熔融状态的无水氯化镁在电流作用下可发生电解反应生成 Mg 及 Cl_2。氯化镁存在多种水合物,如 $MgCl_2 \cdot 12H_2O$、$MgCl_2 \cdot 8H_2O$、$MgCl_2 \cdot 6H_2O$、$MgCl_2 \cdot 4H_2O$、$MgCl_2 \cdot 2H_2O$ 及 $MgCl_2 \cdot H_2O$ 等。在常温常压下,较稳定的是六水氯化镁($MgCl_2 \cdot 6H_2O$)。六水氯化镁又名水氯石,为白色单斜晶系结晶,相对密度1.56~1.59,味苦。易溶于水及乙醇。在117℃时失去结晶水,185℃时转化成一水氯化镁($MgCl_2 \cdot H_2O$)及碱式氯化镁 $Mg(OH)Cl$,同时放出氯化氢。在空气中极易潮解。

质量规格

产品性状	白色氯化镁	普通氯化镁
氯化镁(以 $MgCl_2$ 计),%	≥46.00	≥44.50
钙离子(以 Ca^{2+} 计),%	≤0.15	—
硫酸根(以 SO_4^{2-} 计),%	≤1.00	≤2.80
碱金属氯化物(以 Cl^- 计),%	≤0.50	≤0.90
水不溶物,%	≤0.10	—
色度(度)	≤50	—

注:① 1mg 铂在 1L 水中所具有的色度为 1 度。
② 表中数据摘自 QB/T 2605—2003。

用途 用作芳烃烷基化催化剂、低压聚乙烯高效催化剂及聚丙烯高效催化剂的载体。因其与三氯化钛的结晶相似,可提高催化剂的活性。例如,将 $TiCl_4$ 振磨负载在 $MgCl_2$ 载体上,使用时再用烷基铝活化,使 Ti^{4+} 变为 Ti^{3+},可制得低压聚乙烯催化剂。氯化镁还可与氧化镁一起用作催化剂成型时的黏合剂。氯化镁也用于制造金属镁、灭火剂,以及用于陶瓷、造纸等行业。

简要制法 由制溴废液,经除溴、蒸发、冷却、分离,或用硼镁泥加盐酸反应均可制得六水氯化镁。无水氯化镁先由六水氯化镁逐步脱水生成二水氯化镁,再通入氯化氢气体使二水氯化镁脱水制得。

4. 氢氧化镁 Magnesium Hydroxide

化学式 $Mg(OH)_2$

相对分子质量 58.32

性质 为六方晶系白色片状结晶或粉末。相对密度 2.36。熔点 280℃(真空分解)。340℃ 开始吸热脱水分解生成氧化镁,430℃ 到达顶峰,490℃ 分解完毕。折射率 1.580。莫氏硬度 2.5。标准生成热为 $-924.7kJ/mol$。几乎不溶于水,在水中呈微碱性,水浆 pH 值 9.5~10.5。不溶于醇,能溶于稀酸及铵盐溶液。当有水存在时,能吸收二氧化碳。

质量规格

产品性状	指标	
	一级品	二级品
氢氧化镁[$Mg(OH_2)$],%	≥90	≥90
氧化钙(CaO),%	≤2.5	≤2.5
氯离子(Cl^-),%	≤0.3	≤1.0
粒度(通过 250μm 标准筛),%	100	≤100
比表面积,m^2/g	≤20	≤25

用途 用于制造催化剂载体氧化镁,也用于制造镁盐、药品、精细陶瓷、保温材料及砂糖精制等。如将氢氧化镁于 500℃ 焙烧可制得比表面积大的 MgO 载体;而在 1000~1300℃ 高温煅烧时得到的方镁石(β-MgO)是热稳定性很好的催化剂载体。还用作烟道气脱硫剂、油品防腐添加剂、含酸废水中和剂、塑料及橡胶制品阻燃剂等。

安全事项 氢氧化镁无毒,但其粉尘对黏膜及眼结膜有轻度刺激作用。

简要制法 由精制卤水与石灰乳反应生成氢氧化镁沉淀,经过滤、干燥而制得;或先将氯化镁溶于水,再加入氢氧化钠或氢氧化铵溶液进行反应,将沉淀物过滤、洗涤、干燥后制得。

5. 碱式碳酸镁　Basic Magnesium Carbonate

别名　轻质碳酸镁、碳酸镁
化学式　$3MgCO_3 \cdot Mg(OH)_2 \cdot 3H_2O$
相对分子质量　365.31

性质　为白色单斜结晶或无定形疏松粉末。无毒、无味。不溶于水和乙醇,易溶于酸和铵盐溶液。遇稀酸即发生泡沸分解并放出二氧化碳。加热至300℃以上即分解,生成氧化镁、水及二氧化碳。自然界中碳酸镁(即天然碳酸镁)分为晶体矿及无定形矿两种。未经煅烧即直接利用的天然碳酸镁的数量不多,一般先在高于550℃条件下煅烧,转变成各种性质的MgO后再加以利用。

质量规格

产品性状	指标	
	优级品	一级品
外观	白色松散粉末	
水分,%	≤2.0	≤3.0
盐酸不溶物,%	≤0.10	≤0.15
氧化钙(CaO),%	≤20	≤0.70
氧化镁(MgO),%	40.0~43.5	40.0~43.5
灼烧减量,%	54~58	54~58
氯化物(以Cl^-计),%	≤0.10	≤0.10
铁(Fe),%	≤0.01	≤0.02
锰(Mn),%	≤0.004	≤0.004
硫酸盐(以SO_4^{2-}计),%	≤0.10	≤0.15

注:表中数据摘自 HG/T 2959—2010。

用途　用于制造含镁催化剂、镁盐、陶瓷、玻璃及耐火保温材料。采用不同的煅烧温度及气氛可得具有不同比表面、堆密度的氧化镁载体。也用作干燥剂、橡胶制品的填充剂及补强剂,医药上用作解酸剂。

简要制法 由白云石与煤粉经高温煅烧后精制而得;或先用石灰石与煤煅烧,然后与卤水作用生成氢氧化镁沉淀,再经碳化、热解、水洗、干燥、粉碎而得。

6. 硝酸镁 Magnesium Nitrate

化学式 $Mg(NO_3)_2 \cdot 6H_2O$

相对分子质量 256.41

性质 有1、2、3、6、9五种水合物。常温以六水合物最稳定。商品多为六水合物,为无色单斜晶系结晶。相对密度(25℃)1.6363,熔点89℃。95℃开始分解,并脱水生成 $Mg(NO_3)_2 \cdot 4Mg(OH)_2$ 等碱式盐。400℃时完全分解成氧化镁,并放出氧化氮气体。生成热−2613.2kJ/mol,熔化热159.8J/g。易溶于水(20℃,73.3g/100mL 水),溶于甲醇、液氨,微溶于乙醇。与乙醇反应可生成 $Mg(NO_3)_2 \cdot 3C_2H_5OH$。有强氧化作用,与有机物混合会发热自燃,并有着火及爆炸危险。

质量规格

产品性状	指标	产品性状	指标
硝酸镁[$Mg(NO_3)_2 \cdot 6H_2O$],%	≥98.0	重金属(以 Pb 计),%	≤0.002
水不溶物,%	≤0.05	水溶液 pH 值	>4.0
铁(Fe),%	≤0.001		

用途 用于制造含镁催化剂、其他镁盐及硝酸盐、炸药、焰火、分析试剂等。也用作浓硝酸脱水剂、小麦灰化剂、氧化剂等。

安全事项 与有机物、硫、磷等混合有发生着火、爆炸的危险。与 N,N-二甲基甲酰胺接触会发生猛烈反应。高温时会分解并释出氮氧化物等有毒气体。经口摄入可引起眩晕、呕吐、全身痉挛等症状。

简要制法 由氧化镁或氢氧化镁与硝酸反应制得。或由菱镁矿粉与硝酸反应而得。

7. 硫酸镁 Magnesium Sulfate

别名 泻盐、苦盐、硫苦

化学式 $MgSO_4 \cdot 7H_2O$

相对分子质量 246.47

性质 有1、2、4、5、6、7、12 七种水合物,但二水、四水、五水、六水合物均不稳定。工业品只有一水、七水合物及无水物三种。七水合物为无色或白色斜方晶系针状或棱柱状结晶。无臭。有清凉苦咸味。相对密度 1.68,硬度 2~3。在低于48℃的湿空气中稳定,在干燥空气中易风化。加热至70℃时失去4分子水,加热至100℃时失去5分子水,加热至120℃时失去6分子水而成一水合物,而在200℃时失去全部结晶水而成无水物。无水硫酸镁为白色或灰白色粉状固体,相对密度 2.66。熔点 1124℃(分解),折射率 1.4554。加热至450℃时成为碱式硫酸镁;与炭共热至750℃左右,释出 CO、SO_2,生成 MgO;加热至熔点时分解为 MgO、SO_2、O_2 及 SO_3。无水硫酸镁有潮解性,在湿空气中会吸湿而生成多水合物。溶于水、甘油,微溶于乙醇,水溶液呈中性。

质量规格

产品性状	Ⅰ类($MgSO_4 \cdot 7H_2O$)			Ⅱ类($MgSO_4 \cdot H_2O$)	
	优等品	一等品	合格品	一等品	合格品
外观	白色或无色结晶颗粒或粉末			白色或灰白色固体颗粒或粉末	
硫酸镁(以 $MgSO_4 \cdot 7H_2O$ 计),%	≥99.5	≥99.0	≥98.0	—	—
硫酸镁(以 Mg^{2+} 计),%				≥16.5	≥15.7
氯化物(以 Cl^- 计),%	≤0.10	≤0.20	≤0.30	≤0.50	≤1.50
铁(Fe),%	≤0.002	≤0.003	≤0.005	≤0.01	≤0.02
水不溶物,%	≤0.02	≤0.05	≤0.10	≤0.10	—
水分,%	—	—	—	—	≤6.0

注:表中数据摘自 HG/T 2680—2009。

用途 用作聚合催化剂、燃料气脱硫催化剂、油漆催干剂、鞣革剂等。也用于制造含镁催化剂及载体。医药上用作泻药及解毒剂,也用作酶的活化剂。食品工业上用作营养强化剂、食糖精制剂等。

简要制法 由硫酸与氧化镁或氢氧化镁反应制得。或由含氧化镁85%以上的菱苦土与硫酸反应而得。

8. 乙醇镁　Magnesium Ethylate

别名　乙氧基镁、二乙氧基镁
化学式　$C_4H_{10}MgO_2$
相对分子质量　114.43
结构式　$Mg\begin{matrix}OC_2H_5\\OC_2H_5\end{matrix}$

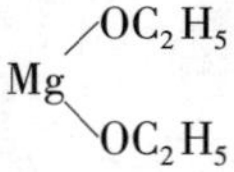

性质　为白色可燃性粉末，熔点270℃（分解）。闪点33.9℃，暴露于空气中缓慢水解，略溶于乙醇，难溶于乙醚及烃类溶剂。

用途　用作齐格勒—纳塔催化剂载体。用于丙烯、乙烯聚合，制造聚丙烯、高密度聚乙烯、低密度聚乙烯等，也用于制作精细陶瓷。

制要制法　可以氯化汞或碘化汞为催化剂，由金属镁与乙醇反应制得。

（三）钙及其化合物

1. 金属钙　Metallic Calcium

元素符号　Ca
相对原子质量　40.078

性质　为银白色柔软轻金属，质比钠硬，比铝及镁软。富延展性，常温时，钙晶体呈面心立方体。相对密度1.54，熔点842~848℃，沸点1484℃，布氏硬度17，熔化热9.204kJ/mol，蒸发热189.09kJ/mol，磁化率$1.08×10^{-6}$，晶格常数$a=0.5565nm$。化合价+2。易溶于液氨，微溶于乙醇，不溶于苯。在盐酸、硫酸及硝酸中则强烈反应而溶解并放出氢气。暴露于空气中时，因表面形成氧化物膜而变暗。纯度越高，表面变暗越慢。在空气中遇强热时，燃烧生成氧化钙和氮化钙。在氢气中强遇热则生成氢化钙。化学性质活泼，但较其他碱土金属要弱，需保存在不含氧的液体中。常温下与水反应缓和，生成氢氧化钙保护膜。加热时与水激烈反应并放出氢气。易与卤素、硫等化合生成相应的化合物。自然界中，钙的化合物分布极广，如石灰石、石膏、磷灰石、白垩、大理石等。

质量规格

牌号	Ca含量 %	活性钙 %	杂质元素含量,%									
			Cl	N	Mg	Cu	Ni	Mn	Si	Fe	Al
Ca99.99	≥99.99	≥99.0	≤0.005	≤0.0015	≤0.0005	≤0.0005	≤0.0005	≤0.0005	≤0.0005	≤0.0005	≤0.0005
Ca99.90	≥99.9	≥98.5	≤0.07	≤0.01	≤0.02	≤0.005	≤0.001	≤0.001	≤0.001	≤0.001	≤0.001
Ca99.50	≥99.5	≥98.0	≤0.20	≤0.05	≤0.10	≤0.03	≤0.003	≤0.008	≤0.008	≤0.02	≤0.008
Ca99.00	≥99.0	≥97.5	≤0.35	≤0.10	≤0.30	≤0.08	≤0.004	≤0.02	≤0.01	≤0.04	≤0.01

注：① 钙含量为100%减去表列杂质元素含量总和之差。
② 表中数据摘自 GB 2864—2008。

用途 用作脱氧剂、还原剂、脱硫剂、脱碳剂及油类脱水剂等,也用于制造氢化钙、合金电极、蓄电池及维生素 A 等。

安全事项 易燃,在常温下微细粉末遇潮湿空气能自燃。与酸类发生剧烈反应并放出氢气。在有碳酸盐或碱性氧化物存在时可引起爆炸。燃烧时放出的烟雾会刺激眼睛及皮肤。着火时应用干沙、水泥、食盐等灭火,不可用水或二氧化碳灭火。

简要制法 由电解熔融氯化钙制得。

2. 氧化钙 Calcium Oxide

化学式 CaO

相对分子质量 56.08

性质 为石灰的主要成分,白色立方晶系结晶或粉末。工业品常因含氧化铝、氧化镁或三氧化二锑等杂质而呈暗灰色、浅黄色或淡褐色。相对密度 3.25~3.35,熔点 2580~2614℃,沸点 2850℃,莫氏硬度 3,折射率 1.838,生成热 -627.6kJ/mol。难溶于水,但遇水化合成氢氧化钙,并放出大量的热。溶于酸、甘油及糖溶液。不溶于乙醇。易吸收空气中的二氧化碳而形成碳酸钙,并使表面发硬。难熔融,强热时产生"石灰光"。能与酸反应生成相应的钙盐。常温下能与甲醇反应。灼热时可与硫、砷反应。1600℃以上能与碳反应生成 CaC_2。1000~1200℃时易被铝还原,红热时能被镁还原。

质量规格

产品性状	指标	
	分析纯	化学纯
氧化钙(灼烧后),%	≥98.0	≥97.0
澄清度试验	合格	合格
乙酸不溶物,%	≤0.05	≤0.1
灼烧失量,%	≤2	≤5
氯化物(Cl^-),%	≤0.003	≤0.01
硝酸盐(NO_3^-),%	≤0.004	≤0.01
硫酸盐(SO_4^{2-}),%	≤0.1	≤0.25
铁(Fe),%	≤0.015	≤0.03
碱金属和镁(MgO),%	≤0.5	≤1.0
氨水沉淀物,%	≤0.2	≤0.4

注:表中所列数据摘自 GB 1262—1977。

用途 在催化领域，氧化钙可用作催化剂、助催化剂及催化剂载体。也用作脱氯剂、脱硫剂。能促进重油的部分氧化反应。可用作一氧化碳加氢制烯烃的催化剂，烃类脱氢的助催化剂及载体。氧化钙混合于重油或煤粉中可用作燃烧促进剂。也用作荧光粉的助熔剂、植物油脱色剂、二氧化碳吸收剂、醇类脱水剂，以及用于制造电石、烧碱、钙化合物及建筑材料等。

安全事项 属无机碱腐蚀性物品，有刺激和腐蚀作用。对呼吸道有强烈刺激性，吸入本品粉尘可致化学性肺炎。对眼睛和皮肤有强烈刺激性，可致灼伤。口服刺激和灼伤消化道。长期接触本品可致手掌皮肤角化、皲裂、指甲变形（匙甲）。

简要制法 由石灰石高温煅烧而得，或由碳酸钙灼烧制得。

3. 氢化钙 Calcium Hydride

化学式 CaH_2

相对分子质量 42.09

性质 为无色斜方晶系结晶，工业品为灰色块状。相对密度1.902，熔点1000℃。600℃开始分解。常温下不与干燥的氧、氮、氯反应，但在高温下可反应，分别生成CaO、Ca_3N_2、$CaCl_2$。在潮湿空气中易生成氢氧化钙，易被水、羧酸及低碳醇分解并放出氢气。1g氢化钙在水中可释放出1L氢气，故可作便携式氢源。加热至600～1000℃时，可将铬、铌、铀等氧化物还原，制得这些金属的粉末。对金属氧化物的还原作用比氢化钠或氢化锂更为强烈。

质量规格

产品性状	指标	
	分析纯	化学纯
放氢量,%	≥97	≥97
盐酸不溶物,%	≤0.01	≤0.03
氯化物(Cl^-),%	≤0.005	≤0.01
铁(Fe),%	≤0.01	≤0.03
镁和碱金属(硫酸盐),%	≤1.50	≤2.0
重金属(以Pb计),%	≤0.005	≤0.01

用途 用作有机化合物的脱水剂及加氢缩合剂、金属氧化物还原剂、氢气发生剂。当用作干燥剂时,其干燥效果比 P_2O_5 强。

安全事项 为遇湿易燃物品,遇潮气、水或酸类物质发生反应,并放出氢气而有可燃性。遇氧化剂及金属氧化物剧烈反应,粉尘对皮肤、黏膜、眼睛及呼吸道等有强刺激性。

简要制法 由金属钙与氢气反应制得。

4. 氯化钙 Calcium Chloride

化学式 $CaCl_2 \cdot 6H_2O$、$CaCl_2 \cdot 2H_2O$、$CaCl_2$

相对分子质量 219.08

性质 为有无水物、二水合物及六水合物等。六水合物为无色六方晶系结晶。无臭,有苦咸味及潮解性。相对密度(25℃)1.71,熔点29.92℃。易溶于水,溶于乙醇、丙酮。在30℃时分解生成四水氯化钙,45℃时生成二水氯化钙。二水合物又称冰钙、雪种。白色立方晶系结晶,无臭,有苦咸味及吸湿性。相对密度1.835。易溶于水及乙醇。加热至175℃时失水成一水合物,200~300℃时失水成吸湿性极强的无水氯化钙。无水物为白色立方晶系结晶或粉末,干燥剂用无水氯化钙为多孔性颗粒。无臭,有苦咸味。相对密度(15℃)2.152,熔点782℃,沸点高于1600℃,生成热(18℃)-7190kJ/kg,熔化热(775℃)256kJ/kg。易溶于水而放出大量的热,也溶于乙醇、丙酮、乙酸及吡啶等。水溶液呈微酸性,冰点较低,32% $CaCl_2$溶液的冰点为-28.61℃。与氨和乙醇反应分别生成 $CaCl_2 \cdot 8NH_3$ 和 $CaCl_2 \cdot 4C_2H_5OH$ 络合物。

质量规格

产品性状	指标				液体氯化钙
	无水氯化钙		二水氯化钙		
	Ⅰ型	Ⅱ型	Ⅰ型	Ⅱ型	
氯化钙(CaCl)含量,%	≥94.0	≥90.0	≥77.0	≥74.0	12~40
碱度[以 $Ca(OH)_2$ 计],%	≤0.25		≤0.20		≤0.20
总碱金属氯化物(以 NaCl 计),%	≤0.50		≤5.0		≤11.0
水不溶物,%	≤0.25		≤0.15		—
铁(Fe),%	≤0.006		≤0.006		

续表

产品性状	指标				液体氯化钙
	无水氯化钙		二水氯化钙		
	Ⅰ型	Ⅱ型	Ⅰ型	Ⅱ型	
pH 值	7.5~11.0				
总镁(以 $MgCl_2$ 计),%	≤0.5				
硫酸盐(以 $CaSO_4$ 计),%	≤0.05				

注：表中数据摘自 GB/T 26520—2011。

用途 无水氯化钙用作气体干燥剂，生产醇、醚、酯的脱水剂，建筑防冻剂，织物阻燃剂，港口消雾剂，融雪剂及制造金属钙的原料等；二水氯化钙用作冷冻剂、灭火剂、汽车防冻液、木材防腐剂、钙质强化剂等；六水氯化钙用作制冷载体、防冻剂及织物阻燃剂等。

简要制法 由碳酸钙与盐酸反应制得六水合物，加热至45℃生成二水合物，再加热至200~300℃脱水制成无水物。

5. 碳酸钙 Calcium Carbonate

化学式 $CaCO_3$

相对分子质量 100.09

性质 分为轻质碳酸钙及重质碳酸钙两种。轻质碳酸钙又称沉淀碳酸钙，是由石灰石先经高温分解成生石灰及二氧化碳，再经消化、碳化、干燥、粉碎而制得。重质碳酸钙是用干法粉碎天然石灰石经分级得到。轻质碳酸钙为白色粉末，无臭无味，有无定形和结晶形两种形态。结晶形中又可分为斜方晶系及六方晶系，呈菱形或柱状。相对密度2.7~2.95，折射率1.65，硬度3。难溶于水和醇。溶于酸并放出二氧化碳，呈放热反应。微溶于含铵盐和二氧化碳的水溶液。800℃开始分解为氧化钙和二氧化碳。重质碳酸钙为粒状不规则的白色粉末。相对密度2.71，熔点1339℃。加热至825℃开始分解为氧化钙和二氧化碳。在空气中有轻微吸湿性。遇稀盐酸、稀乙酸及稀硝酸时发生泡沸，溶解并放出二氧化碳。碳酸钙在自然界中分布广泛，存在于石灰石、大理石、方解石、白垩土等矿石中，也存在于牡蛎、文蛤等贝壳中。

质量规格

产品性状		指标					
		橡胶和塑料用		涂料用		造纸用	
		优等品	一等品	优等品	一等品	优等品	一等品
碳酸钙($CaCO_3$),%		≥98.0	≥97.0	≥98.0	≥97.0	≥98.0	≥97.0
pH 值(10%悬浮物)		9.0~10.0	9.0~10.5	9.0~10.0	9.0~10.5	9.0~10.0	9.0~10.5
105℃挥发物,%		≤0.4	≤0.5	≤0.4	≤0.6	≤1.0	
盐酸不溶物,%		≤0.10	≤0.20	≤0.10	≤0.20	≤0.10	≤0.20
沉降体积,mL/g		≥2.8	≥2.4	≥2.8	≥2.6	≥2.8	≥2.6
锰(Mn),%		≤0.005	≤0.008	≤0.006	≤0.008	≤0.006	≤0.008
铁(Fe),%		≤0.05	≤0.08	≤0.05	≤0.05	≤0.05	≤0.08
细度(筛余物),%	125μm	全通过	≤0.005	全通过	≤0.005	全通过	≤0.005
	45μm	≤0.2	≤0.4	≤0.2	≤0.4	≤0.2	≤0.4
白度,度		≥94.0	≥92.0	≥95.0	≥93.0	≥94.0	≥92.0
吸油值,g/100g		≤80	≤100	—	—	—	—
黑点,个/g		≤5					
铅[①](Pb),%		≤0.0010					
铬[①](Cr),%		≤0.0005					
汞[①](Hg),%		≤0.0002					
镉(Cd),%		≤0.0002					
砷[①](As),%		≤0.0003					

注：表中数据摘自 HG/T 2226—2010。

①使用在食品包装纸、儿童玩具和电子产品填料生产上时需控制这些指标。

用途 用作催化剂及催化剂载体，如用于乙烯醚加氢、氨基酸衍生物氢化、环己醇脱氢制环己酮、油脂氢化等反应是脱氯剂的主要活性组分，其对氯的理论净化度高于 $Ca(OH)_2$ 及 ZnO。广泛用于塑料、橡胶、造纸、涂料、油墨、玻璃及建筑等行业，作填充剂或白色填料。还用作中和剂、脱酸剂、钙质强化剂等。

安全事项 长时间吸入碳酸钙粉尘会引发支气管炎、肺气肿等。

简要制法 轻质碳酸钙以石灰石及煤为原料，采用碳化法制得。重质碳酸钙用干法或湿法将石灰石粉碎制得。

6. 磷酸二氢钙　Calcium Dihydrogen Phosphate

别名　酸性磷酸钙、磷酸一钙
化学式　$Ca(H_2PO_4)_2 \cdot H_2O$
相对分子质量　252.07
性质　为无色三斜晶系结晶或粉末,易潮解。相对密度(18℃)2.22。部分溶于水,溶于稀盐酸、硝酸、乙酸,不溶于乙醇。水溶液呈酸性。加热至100℃时失去结晶水,加热至200℃时分解成偏磷酸钙。热水中分解成磷酸、磷酸氢钙及磷酸钙。

质量规格

产品性状	指标(化学纯)	产品性状	指标(化学纯)
磷酸二氢钙,%	≥90.0	镁(Mg),%	≤0.05
游离酸(以H_3PO_4计),%	≤9.8	砷(As),%	≤0.002
氯化物(以Cl^-计),%	≤0.01	重金属(以Pb计),%	≤0.002
硫酸盐(SO_4^{2-}),%	≤0.05	盐酸不溶物,%	≤0.03

用途　用作制造异戊二烯等有机合成的酸性催化剂。也用作制造化肥、玻璃及塑料的热稳定剂等。
简要制法　由磷酸与氢氧化钙反应制得,或由磷酸氢钙溶于磷酸后结晶制得。

(四)钡的化合物

1. 氧化钡　Barium Oxide

别名　一氧化钡、重土
化学式　BaO
相对分子质量　153.34
性质　为无色立方或六角形结晶。相对密度:立方形为5.72,六角形为5.32。熔点1923℃,沸点2000℃,工业品为白色或灰色粉末,并含有少量硅酸钡、碳酸钡、碳和有机物等杂质。溶于酸,不溶于丙酮、氨水,易溶于碱金属的氯化物或硫酸盐的熔融液中,与水反应生成氢氧化钡。露置于空气中,与水和CO_2剧烈反应生成氢氧化钡和碳酸钡,同时释出大量热,使温度升高直至赤热。在500℃时与氧化合生成BaO_2,600℃时还原成BaO。可溶于乙醇、甲醇而生成钡的醇化物,呈强碱性。有毒!口服或大量吸入会引起中毒。

质量规格

产品性状	指标	产品性状	指标
氧化钡(BaO),%	≥95.0	碳酸钡($BaCO_3$),%	≤4.0

用途 为一种固体碱,用作助催化剂及催化剂的碱性载体,也用作气体干燥剂、脱水剂、助熔剂、高级润滑油添加剂、高温瓷釉添加剂等。还用于制造过氧化钡、钡盐等。

简要制法 由高纯硝酸钡在1000~1050℃下煅烧而得,或由碳酸钡与焦炭在1200℃下反应制得。

2. 氢氧化钡 Barium Hydroxide

化学式 $Ba(OH)_2 \cdot 8H_2O$

相对分子质量 315.47

性质 为无色单斜晶系结晶或白色粉末。相对密度(16℃)2.188,熔点78℃,沸点103℃,折射率1.471。易溶于氯化铵溶液,溶于水,微溶于乙醇,不溶于乙醚、丙酮。呈强碱性,与盐酸、硝酸作用生成相应的钡盐。在空气中易吸收CO_2生成碳酸钡。置于空气中能失去结晶水而成为一水氢氧化钡$Ba(OH)_2 \cdot H_2O$。一水氢氧化钡为白色粉末,相对密度3.743。溶于稀酸。加热至780℃时失去全部结晶水而成无水氢氧化钡$Ba(OH)_2$。无水氢氧化钡为白色无定形粉末。相对密度4.5,熔点408℃。溶于水,不溶于乙醚。

质量规格

产品性状	指标			产品性状	指标		
	优级品	一级品	合格品		优级品	一级品	合格品
氢氧化钡[$Ba(OH)_2 \cdot 8H_2O$],%	≥98.0	≥96.0	≥95.0	铁(Fe),%	≤0.006	≤0.01	0.01
				盐酸不溶物,%	≤0.05	—	—
碳酸钡($BaCO_3$),%	≤1.0	≤1.5	≤2.0	外观	白色结晶或结晶性粉末		
氯化物(以Cl^-计),%	≤0.05	≤0.20	≤0.30				

用途 用作酚醛树脂缩聚反应催化剂,具有缩聚反应容易控制、固化速度快、催化剂易除去的特点。也用作改性苯酚—甲醛胶黏剂的催化剂。还用作石油添加剂、锅炉软水剂、人造丝处理剂,以及用于制造钡盐、钡脂、玻璃等。

安全事项 有毒!

简要制法 由氢氧化钠与氯化钡或硫化钡、硝酸钡溶液反应制得。

三、硼族元素及其化合物

元素周期表硼族包括硼(B)、铝(Al)、镓(Ga)、铟(In)和铊(Tl)五种元素。硼是非金属性占优势的元素。硼族中除硼以外的其他元素为金属。元素的金属性随原子序数的增加而增强。表 3-1 列出了硼族元素的基本性质。

表 3-1　硼族元素的基本性质

性质	硼(B)	铝(Al)	镓(Ga)	铟(In)	铊(Tl)
原子序数	5	13	31	49	81
晶体结构	原子晶体	金属晶体			
密度，g/cm^3	2.30	2.7	5.9	7.3	11.9
熔点，℃	2075	660	30	156	304
沸点，℃	2927	2447	2237	2047	1470
价层电子构型	$2s^22p^1$	$3s^23p^1$	$4s^24p^1$	$5s^25p^1$	$6s^26p^1$
原子半径，10^{-12} m	82	118	126	144	148
电负性 χ	2.0	1.5	1.6	1.7	1.8
电离能，kJ/mol	801	578	579	558	589
电子亲合能 E，kJ/mol	23	44	36	34	50
主要化合价	+3	+3	+3、+1	+3、+1	+1、+3
配位数	3，4	3，4，6	3，6	3，6	3，6

硼族元素原子半径随原子序数增大而增大，而元素的电离能则趋于减小。这种变化趋势和碱金属、碱土金属类似，但硼的电离能比铝大得多，从铝到铊电离能递减缓慢，不如碱金属和碱土金属那样递变明显。从硼到铝由非金属过渡到金属，显示较大的突跃，这和硼的原子半径小、电离能大很有关系。

在硼族元素中，最重要的是硼和铝。硼族元素的原子最外层有 3 个电子，其构型为 ns^2np^1，而硼的电子排布式为 $2s^22p^1$，铝为 $3s^23p^1$。它们的主要化合价为+3。成键时显示以下特点：

①原子的价电子层显示缺电子特征。硼和铝都有四个价电子轨道，但仅有3个价电子，价电子数少于价键轨道数。这种元素的原子称为"缺电子原子"，具有缺电子原子的化合物，称为"缺电子化合物"。当它们以共价键形成化合物时，原子的最外层形成了三个共用电子对，还剩一个空轨道。所以，缺电子化合物具有较强的接受电子对的能力，可以通过配位键形成新的化合物。如 BF_3 是缺电子化合物，它能和氢氟酸配位结合为酸性较强的氟硼酸（HBF_4）；又如 $AlCl_3$ 分子中的铝原子是缺电子原子，因此 $AlCl_3$ 表现出强烈的加合作用倾向，使两个 $AlCl_3$ 分子聚合成二聚分子 Al_2Cl_6。

②具有强烈形成共价键的倾向。硼的原子半径较小、电负性较大、电离能高，所以易形成共价化合物。铝的电负性较小，原子半径较大，较易失去价电子形成 Al^{3+} 离子。又由于离子电荷较多，它和不同阴离子构成的化合物性质也不尽相同。除氟化铝，其他卤化铝已不是离子化合物，而是具有共价化合物的性质。

在硼族元素中，硼的化合物（如氧化硼、三氟化硼）都是有机合成重要的催化剂。铝在地壳中的含量仅次于氧和硅，其丰度居第三位，而在金属元素中铝居首位。铝的氧化物 Al_2O_3 是典型的两性氧化物。由于其晶型的多变性，经活化处理的 Al_2O_3，具有很大的比表面积及孔体积，是催化领域中使用量最大的催化剂载体。铝的卤化物 $AlCl_3$ 是石油化工中常用的一种催化剂。

（一）硼及其化合物

1. 硼　Boron

元素符号　B

相对原子质量　10.81

性质　为硼单质的同素异形体有晶体硼及无定形硼两种。晶体硼为黑色或银灰色晶体，属于原子晶体。是十分硬而脆的固体，硬度仅次于金刚石。相对密度2.30。在常温及加热时都很稳定，遇强氧化剂会缓慢发生反应。无定形硼为深棕色到黑色的粉末。相对密度2.30，熔点2075℃，沸点3660℃，升华热577.8kJ/mol。不溶于水、乙醇、乙醚和盐酸，溶于冷的浓碱溶液并分解放出氢气。能被浓硫酸和浓硝酸氧化成硼酸。化学性质比晶体硼活泼，在空气中甚至在常温下就缓慢氧化。高温下能和水蒸气作用生成硼酸和氢,也能同卤素、氮和金属作用分别生成卤化硼、氮化硼和金属硼化合物。硼与氢可形成一系列共价化合物——硼烷。由于硼的原子半径小、电负性较大、电离能高,虽然硼有四个价电子轨道,但仅有 3 个价电子,所形成的共价化合物常是缺电子化合物,具有较强的接受电子对的能力,可以通过配位键形成新的化合物,如常用作催化剂的 BF_3 就是一种缺电子化合物。硼为亲氧元素,自然界中无游离硼存在,而是以化合物形式存在于富含氧的硼酸、硼砂、硅硼钙石、硼镁石等硼酸盐及矿物中。

质量规格

产品性状	指标	
	晶体硼	无定形硼
硼(B),%	≥80	≥90

用途 无定形硼用于制造含硼催化剂、硼烷、金属硼化物、硼纤维、P 型半导体、硼钢、玻璃等,也用作炼钢去气剂。晶体硼用于制造滤光器、热敏电阻等。

简要制法 无定形硼可由氧化硼与镁粉或铝粉加热还原制得;晶体硼可由卤化硼在 1500℃ 以上还原而得。

2. 氧化硼 Boron Oxide

别名 三氧化二硼、硼酐、无水硼酸

化学式 B_2O_3

相对分子质量 69.62

性质 为无色玻璃状或六方晶系结晶,质硬而脆,无臭无味。相对密度 1.84(玻璃状)、2.46(六方晶系结晶),熔点 460℃,沸点约 1860℃,折射率(14.4℃)1.463,气化热 411.7kJ/mol,熔化热 22.2kJ/mol。溶于酸、乙醇,微溶于冷水,溶于热水并生成硼酸。10℃、40℃、60℃ 及 100℃ 时,在 100mL 水中的溶解度分别为 1.5g、4g、6.2g 及 15.7g。有吸湿性,在空气中能迅速吸收水生成硼酸。热稳定性好,白热时也不被碳还原,高温时易被碱金属或 Mg、Al 等还原为单体硼。能与碱金属、铜、银、铅、砷、铋、锑等元素的氧化物完全混溶。与碱金属氧化物或某些低价金属氧化物反应,能生成有各种特征颜色的偏硼酸盐,常用于制造含硼的有色玻璃。自水溶液结晶得到的 $B_2O_3 \cdot 3H_2O$,经高温脱水时形成无色玻璃状,其相

对密度为 1.8~1.85。

质量规格

产品性状	指标	产品性状	指标
氧化硼(B_2O_3),%	≥98.8	结晶水,%	≤0.73
氧化硅(SiO_2),%	≤0.3	Na_2O,%	≤0.1
氧化铝(Al_2O_3),%	≤0.2		

用途 用作有机合成催化剂,对烷基化、烯烃异构化、芳烃的烷基转位、烯烃二聚及脱水等反应均具催化活性。氧化硼也可作为固体酸催化剂的一个组分,与其他氧化物(如 Al_2C_3、TiO_2、MgO 或 BeO 等)混合而用作裂化催化剂。氧化铝—氧化硼催化剂对烷基化、脱水、烯烃异构化、芳族化合物的烷基转位、异构化、歧化烯烃的二聚等反应也都有催化活性。将 Pt 等负载于 Al_2O_3—B_2O_3 所制得的催化剂,可用于加氢、异构化及重整等反应。氧化硼也是制造各种硼化合物、硼酸及氮化硼的原料,还用作冶金助熔剂、涂料阻燃剂,用于制造特种玻璃等。

简要制法 由硼酸加热脱水制得,或由五硼酸铵加热分解制得。

3. 三氟化硼 Boron Trifluoride

别名 氟化硼

化学式 BF_3

相对分子质量 67.81

性质 为无色不燃也不助燃的气体,有窒息性。气体相对密度(标准状态)2.99,液体相对密度(-100.41℃)1.57,固体相对密度(-130℃)1.87。熔点 -128℃,沸点 -101℃。临界温度 -12.25℃,临界压力 4.985MPa。气体 BF_3 分子为具有 120°原子键角的正三角形平面结构,F 原子位于三个顶端,B 原子居于中心,B—F 键距为 0.131nm。原子间的三个键都是等值而无极性的。遇潮湿空气则生成浓密的白烟。溶于冷水及苯、三氯甲烷、浓硫酸、煤油、二硫化碳等。溶于水后稍有水解,生成氟硼酸及硼酸。三氟化硼化学性质活泼,一方面,它是一种电子供给体,能与含 O、N、S 原子的分子结合而形成配位化合物;另一方面,由于原子间配置紧密、体积小,因此可在立体障碍很少的情况下以共价键方式与各类有机或无机化合物相结合。如与乙醚形成稳定的配位化合物 $BF_3 \cdot (C_2H_5)_2O$;与硼、铝、硅、钛、碱土类氧化物、硼酸盐、硝酸盐、硅酸盐等在高温下反应，生成$(BOF)_3$；与烷基金属化合物及芳基格利雅试剂反应时，除生成烷基氟化硼(RBF_2)及芳基氟化硼(R_2BF)外，还生成氟硼酯$BF(OR)_2$。高温下与氢反应生成硼。300~500℃时在铝、钠等作用下与氢反应生成乙硼烷。

质量规格

产品性状	指标	产品性状	指标
三氟化硼(BF_3),%	≥99.99	四氟化硅(SiF_4),%	≤0.002
N_2+O_2,%	≤0.002	硫酸盐(SO_4^{2-}),%	≤0.0008
二氧化硫(SO_2),%	≤0.001		

用途 以路易斯酸的形式用作有机合成催化剂，具有促进反应、抑制副反应的特点。用于烷基化、聚合、共聚、酰化、异构化、硝化、磺化、环化及一氧化碳加成等反应，有"万能催化剂"之称。在有水的情况下三氟化硼常用作催化剂，无水状态时会对某些反应不显活性。在无水 HF 存在下它也常对烷基化、异构化及聚合反应呈现很高催化活性。除单独作催化剂外，BF_3还以各种配位化合物的状态用于催化反应。如$BF_3 \cdot$脲、$BF_3 \cdot$三乙醇胺、$BF_3 \cdot$哌啶及$BF_3 \cdot C_2H_5NH_2$等都可用于某些类型的聚合反应，但在烷基化、酰化反应中由于过于稳定，则无催化活性。BF_3还以各种配位化合物的形态用于催化反应，如BF_3与含氮或含氧化合物组成的配位化合物用于某些聚合反应。三氟化硼也是制备元素硼、卤化硼、硼烷及其他硼化物的重要原料。还用作环氧树脂固化剂。

安全事项 三氟化硼受热或与湿空气接触会分解，产生高毒性氟化氢气体，对呼吸道、黏膜、眼睛等有强刺激作用，大量吸入会引起肺气肿、肺炎，严重者甚至死亡。

简要制法 先将氟硼酸钾与硼酐研磨均匀，再与浓硫酸反应而得。或先由硼砂与氢氟酸反应，再与发烟硫酸反应而得。

4. 三氯化硼 Boron Trichloride

化学式 BCl_3

相对分子质量 117.17

性质 低温下为无色发烟液体，有强烈臭味。相对密度(12℃)1.35，(0℃)1.434。熔点-107℃，沸点12.5℃，折射率1.4195。熔化热2.11kJ/mol，气化热18.76kJ/mol。蒸气压(12.7℃)101.3kPa，蒸气相对密度4.03。溶

于乙醚、丙酮。在水中水解生成氯化氢和硼酸，并放出大量热。在湿空气中水解生成烟雾。在-107.3℃时会结晶成六方晶格的 BCl_3 晶体，反应力较强，是强电子对受体，与各种给电子基团形成配位化合物。如与金属氯化物、非金属氯化物及氢化物都能形成配位化合物，并能同许多有机物反应生成各种有机硼化物。在无水乙醇中稳定。液体的电导率极小，如用作溶剂，不能使盐与强酸产生离子作用。具有较高的热力学稳定性，但在放电作用下会分解，形成低价的氯化硼。在空气中加热，与玻璃、陶瓷都能起作用。

质量规格

产品性状	指标（化学纯）	产品性状	指标（化学纯）
三氯化硼(BCl_3,%)	≥99	砷(As),%	≤0.0005
二氧化硅(SiO_2),%	≤0.005	铝(Al),%	≤0.005
铁(Fe),%	≤0.005		

用途 用作有机合成催化剂、硅酸盐助熔剂、钢铁硼化剂等。也用于制造高纯硼、氮化硼、硼烷，也用于从合金中除去氧化物及氮化物等。

安全事项 属一级无机酸性腐蚀物品，应低温保存。与金属、有机物等可发生激烈反应，遇潮气时对大多数金属有强腐蚀性。虽是非易燃液体，但遇水会发生爆炸性分解。着火时不可用水、泡沫灭火，应用干燥沙土或干燥水泥灭火。三氯化硼可由呼吸道或透过皮肤进入体内，对黏膜、眼睛、皮肤都有强腐蚀性和刺激性

简要制法 由氯硼与硼高温反应制得，或由氟硼酸钾(KBF_4)与三氯化铝经复分解反应制得。

5. 三溴化硼　Boron Tribromide

别名 溴化硼

化学式 BBr_3

相对分子质量 250.54

性质 常温下为无色透明或稍带黄色的发烟液体，具有强烈刺激性臭味。相对密度(18.4℃)2.6431，熔点-46℃，沸点91.05~91.55℃，折射率1.5312，临界温度300℃，熔化热(18.81℃)2.93kJ/mol，蒸气压(1.5℃)2.67kPa。溶于四氯化碳。遇水、醇分解。受热会爆炸，见光或受热易分解，有强吸水性，接触空气冒白烟。是一种强路易斯酸，能与碱反

应形成络合物和加成物,与氨反应剧烈。

质量规格

产品性状	指标	产品性状	指标
三溴化硼(BBr_3),%	≥99.998	钛(Ti),%	≤3×10^{-6}
铁(Fe),%	≤2×10^{-5}	锰(Mn)、镍(Ni)、钼(Mo)、银(Ag)、铋(Bi)、锡(Sn)、镓(Ga)、金(Au)等,%	≤3×10^{-6}
镁(Mg),%	≤10^{-5}		
铝(Al),%	≤4×10^{-5}		
铜(Cu),%	≤10^{-6}		

用途 用作有机合成催化剂、硅酸盐助熔剂、溴化剂,也用于制造高纯硼、氮化硼、硼烷化合物,也用作半导体掺杂材料。

安全事项 蒸气有剧毒,腐蚀性较强。遇水及水蒸气时分解产生的溴化氢气体,对皮肤、黏膜及眼睛均有强刺激性。失火时不能用水扑救,可用干燥沙土、干粉、干燥水泥或二氧化碳灭火。

简要制法 由溴与硼在高温下反应制得。或由三氟化硼与溴化铝反应制得。

6. 硼酸 Boric Acid

别名 正硼酸、原硼酸

化学式 H_3BO_3

相对分子质量 61.83

性质 硼酸实质上是氧化硼的水合物($B_2O_3 \cdot 3H_2O$),为无色微带珍珠光泽的鳞片状三斜晶体或白色粉末。无臭,手感滑腻,微酸而带甜味。相对密度(15℃)1.435。熔点170℃(分解)。加热依次脱水,107℃时失水成偏硼酸,140~160℃时生成焦硼酸,300℃时成硼酸酐。溶于水、甘油、乙醇、醚类及香精油。在水中的溶解度随温度升高而增大,在无机酸中的溶解度要比在水中的溶解度小。微溶于丙酮。在有盐酸、柠檬酸或酒石酸存在的条件下,可增大硼酸在水中的溶解度。硼酸的酸性很弱,1:50 的水溶液用石蕊试纸检测,呈弱酸性反应。硼酸的酸性可因加入甘露醇或甘油而大为增高,硼酸也是典型的路易斯酸,与多元醇反应,可在顺式位上生成具有两个羟基的酯型配位离子,而呈强酸性,可用此法定量检出硼酸。与甲醇反应生成有挥发性的硼酸三甲酯。硼酸水溶液有弱的杀菌作用。

质量规格

产品性状	指标		
	优等品	一等品	合格品
外观	白色粉末状结晶或三斜轴面的鳞片状带光泽结晶		
硼酸(H_3BO_3),%	99.6~100.8	99.4~100.8	≥99.0
水不溶物,%	≤0.010	≤0.040	≤0.060
硫酸盐(以SO_4^{2-}计),%	≤0.10	≤0.20	≤0.30
氯化物(以Cl^-计),%	≤0.010	≤0.050	≤0.10
铁(Fe),%	≤0.0010	≤0.0015	≤0.0020
氨(NH_3),%	≤0.30	≤0.50	≤0.70
重金属(以Pb计),%	≤0.0010	—	—

注：表中所列数据摘自 GB/T 538—2006。

用途 用作催化剂（如石蜡氧化的催化剂）、木材防腐剂、防霉剂、消毒剂、收敛剂、淀粉胶的增黏剂、助熔剂等，也用于制革、照相、搪瓷、化肥等行业，大量用于玻璃工业，是生产硼化物及硼酸盐的基本原料。

安全事项 硼酸对人体有毒，少量内服时呈现出和缓的生理作用，大量服用可引起休克并影响神经中枢及肝脏等，严重时可导致死亡。

简要制法 可用硫酸分解硼镁矿粉，经精制而得。或由硼砂与硫酸反应制得。

7. 氟硼酸 Fluoroboric Acid

化学式 HBF_4

相对分子质量 87.83

性质 为无色透明液体。相对密度1.84，沸点130℃（分解）。折射率(20%)1.3284。无游离的纯氟硼酸存在。商品中氟硼酸含量≥40%，常温下稳定，受热时生成氟氧硼酸（HBF_3OH）或分解成三氟化硼。能与强酸、水及醇混溶。是一种强无机酸，能与金属元素和氨反应生成相应的盐类。

质量规格

产品性状	指标	产品性状	指标
氟硼酸(HBF_4),%	≥49.5	氯(Cl^-),%	≤0.03
游离硼酸(H_3BO_3),%	≤2.5	硫酸盐(SO_4^{2-}),%	≤0.03
铁(Fe),%	≤0.01		

用途 有机合成中用作烷基化、乙醛合成及聚合反应等的催化剂。也用作电镀铝光亮剂、金属表面清洗剂、铝及铝合金等的助熔剂、化学分析试剂,以及用于制造氟硼酸盐等。

安全事项 属腐蚀品及有毒品,对皮肤、黏膜、眼睛及呼吸系统有强腐蚀性及刺激性,失火时应用干燥的沙土、水泥灭火,或用二氧化碳灭火。

简要制法 由硼酸与氢氟酸反应制得,或在硫酸介质中,由硼酸与萤石粉反应而得。

8. 乙硼烷 Boroethane

别名 二硼烷、六氢化二硼
化学式 B_2H_6
相对分子质量 27.67

结构式

$$\begin{matrix} H & & H \\ & \diagdown \diagup & \\ H-B & & B-H \\ & \diagup \diagdown & \\ H & & H \end{matrix}$$

性质 为无色气体,有恶臭,味甜。相对密度(-112℃,液体)0.447,(-183℃,固体)0.577。熔点-165.5℃,沸点-92.5℃,临界温度16.7℃,临界压力0.4MPa,蒸气压(-122℃)29.9kPa,蒸气相对密度0.95,自燃点37.8~51.5℃。化学性质活泼,易燃易爆。空气中闪点145~150℃。气体能与空气形成爆炸性混合物,爆炸极限0.9%~98%。蒸发潜热(沸点)518.8kJ/kg。溶于氨水、乙醚及二硫化碳,微溶于冷水。遇热水迅速分解生成硼酸及氢气。纯乙硼烷在常温下对氧及空气是稳定的,受热超过110℃时则缓慢氧化,高于300℃时迅速分解成硼和氢。在常温下会缓慢分解成不同组分的硼氢化物并释出氢气。乙硼烷分子由两个对称的三中心BHB氢桥键(即三中心二电键)所构成。在B—B键间,外侧的HBH平面与中央的BHBH平面互相垂直。硼原子对氧、氮、氟、磷等电负性元素有很大亲和力,通过B—H键、BHB键断裂而生成B—O、B—N、B—F、B—P等键,从而可进行加成、取代、还原等反应。如与烃或有机硼化合物反应,生成金属硼氢化物;与烷基金属化合物反应,生成金属硼氢化物;与氨反应生成乙硼烷二氨合物;与能给出强电子对的物质反应生成硼加合物。乙硼烷的还原性很强,可使重金属盐还原为金属。与醇类反应,产生氢气,同时转变成酯。

质量规格

纯度，N	杂质，10^{-6}	
	O_2+N_2	总烃
4.0	≤20	≤80

用途 用作链烯烃聚合催化剂、还原剂、橡胶硫化剂、火箭推进剂中的火焰促进剂。也用于制备烷基芳烃衍生物的有机金属化合物。作为离子注入的元素硼，用作制备 P 型半导体材料的掺杂剂。

安全事项 剧毒！易燃，遇明火、氧化剂有着火、爆炸危险。与水或水蒸气反应会释出易燃的氢气，并会腐蚀某些橡胶及塑料。蒸气对皮肤、黏膜有刺激性并可致其坏死。急性中毒可导致呼吸困难、缺氧、肺水肿，甚至死亡。

简要制法 由氢化钠还原三氟化硼乙醚络合物而得。或由硼氢化钾与磷酸反应制得。

9. 三甲基硼 Trimethyl Borane

化学式 C_3H_9B

相对分子质量 55.91

结构式 $(CH_3)_3B$

性质 为无色气体，有难闻的气味。相对密度（气体）1.9108、（-100℃）0.625。熔点 -161.5℃，沸点 -20.2℃。极微溶于水，溶于乙醇、乙醚。在空气中自燃，火焰为绿色，常温下对水稳定。易被氨水及氢氧化钾溶液吸收，与氨生成加合物 $(CH_3)_3BNH_3$。

用途 用作有机合成催化剂、助催化剂、有机合成中间体等。

安全事项 有毒！遇空气、氧气会引起燃烧及爆炸。遇氧化剂、明火有着火及爆炸危险。失火时，应使用二氧化碳、干粉或水泥灭火。严禁用水、泡沫及卤化物灭火。

简要制法 由甲基锌蒸气与三氯化硼气体反应制得。

10. 三乙基硼 Triethyl Borane

化学式 $C_6H_{15}B$

相对分子质量 97.97

结构式 $(C_2H_5)_3B$

性质 为无色发烟透明状液体。相对密度(23℃)0.70,熔点-92.5℃,沸点95℃,闪点-35.6℃,折射率(20℃)1.4485。不溶于水,溶于乙醇、乙醚、苯等多数有机溶剂。在空气中能自燃。

用途 用作烯烃聚合催化剂、有机合成中间体、火箭推进剂、喷气发动机引燃剂、燃料油添加剂等。

安全事项 剧毒!对眼睛、黏膜有强刺激性,遇空气、氧气或氧化剂均能引起燃烧。遇水或高温均能分解,并释出有毒易燃气体。失火时严禁用水、泡沫灭火剂灭火,应使用二氧化碳、干燥水泥、干粉等灭火。

简要制法 由三乙基铝与卤化硼反应制得。或由乙硼烷与乙烯反应而得。

11. 硼酸三甲酯 Trimethyl Borate

别名 三甲氧基硼烷、三甲基硼酸酯
化学式 $C_3H_9BO_3$
相对分子质量 103.92
结构式 $(CH_3O)_3B$
性质 为无色至微白色液体。相对密度0.915,熔点-29.3℃,沸点67~69℃,闪点<1℃,折射率(25℃)1.3548。与甲醇、乙醚、四氢呋喃、异丙胺、己烷等有机溶剂混溶。在空气中发烟。对湿气敏感。遇水水解,与甲醇可形成共沸物。中等毒性,易燃。遇明火、高热或氧化剂均有着火及爆炸危险。

质量规格

产品性状	指标(化学纯)	产品性状	指标(化学纯)
硼酸三甲酯,%	≥95.0	镍(Ni),%	≤0.00004
镓(Ga),%	≤0.00004	重金属(以Pb计),%	≤0.0001
铁(Fe),%	≤0.0001		

用途 用作有机合成催化剂、焊接助熔剂、脱水剂、胶凝剂、阻燃剂、杀虫剂、硬化剂等。

简要制法 由硼酸或硼酸酐与甲醇反应制得。

12. 磷酸硼 Boron Phosphate

化学式 BPO_4
相对分子质量 105.78
性质 为白色四方结晶或微细状粉末。相对密度2.802,熔点

>1200℃，不溶于水、乙醇、丙酮、苯及稀酸，溶于苛性碱金属溶液。还存在含 1、3、4、5、6 个结晶水的水合物。无水磷酸硼稳定而无吸湿性。含 1 分子结晶水的磷酸硼为白色结晶，可溶于水，加热至 400℃ 以上时脱水成 BPO_4。无水磷酸硼不易与氨生成加成物，而其六水合物溶于液氨时会形成 $BPO_4 \cdot 6H_2O \cdot NH_3$ 的加成物。

质量规格

产品性状	指标	产品性状	指标
三氧化二硼(B_2O_3),%	33.48	P_2O_5/B_2O_3，摩尔比	0.96
五氧化二磷(P_2O_5),%	66.01	水吸附容量，cm^3/g	0.21

用途 用作脱水、烯烃异构化、甲醇胺化等有机合成催化剂，如负载于硅胶、硅藻土或氧化铝载体的磷酸硼催化剂可催化异丁烯和甲醛合成异戊二烯。也用作酸性气体净化剂、石油添加剂、防腐剂、热稳定性颜料等。

简要制法 由磷酸及硼酸于 80~100℃ 反应制得。

(二) 铝的化合物

1. 氢氧化铝 Aluminium Hydroxide

别名 水合氧化铝、含水氧化铝、氧化铝水合物

化学式 $Al_2O_3 \cdot nH_2O$

性质 纯品为白色结晶或粉末。通常按所含结晶水数目不同，分为三水氧化铝及一水氧化铝两类。

工业用氢氧化铝的主要成分是以单斜晶系存在的三水铝石。无定形粉末以氧化铝水凝胶的形式存在。加热时失水，分解成氧化铝。不溶于水、乙醇，溶于热盐酸、强碱和硫酸。它是一种既能与酸反应，又能与强碱反应的两性化合物。

质量规格

产品性状	指标		
	一级 $Al(OH)_3$-1	二级 $Al(OH)_3$-2	三级 $Al(OH)_3$-3
氧化铝(Al_2O_3),%	≥64	≥64	≥63.5
二氧化硅(SiO_2),%	≤0.03	≤0.05	≤0.10

续表

产品性状	指标		
	一级 Al(OH)₃-1	二级 Al(OH)₃-2	三级 Al(OH)₃-3
三氧化二铁(Fe_2O_3),%	≤0.03	≤0.03	≤0.05
氧化钠(Na_2O),%	≤0.45	≤0.45	≤0.50
灼烧减量	≤35	≤35	≤35

用途 用于制备各种晶型氧化铝催化剂及载体。如工业氢氧化铝粉与液碱反应制得偏铝酸钠，偏铝酸钠与硝酸（或硫酸）经中和成胶、过滤、干燥、焙烧，可制得活性氧化铝载体。也作制备分子筛的常用起始原料。也用作塑料阻燃剂、纸张及油墨填充剂、牙膏摩擦剂、搪瓷展色剂、净水剂，用于制造各种铝盐。

简要制法 ①先将硫酸与铝灰或铝粉反应生成硫酸铝，再与碳酸氢铵经复分解反应制得。②由明矾与烧碱反应制得。③拜耳法。加压条件下用烧碱处理铝土矿，生成铝酸钠溶液，在溶液中加入三水铝石晶种，经结晶析出氢氧化铝。④将回收的三氯化铝用水溶解，经滤除杂质，再与碳酸钠反应可制得氢氧化铝。

2. 催化剂用氢氧化铝
Aluminium Hydroxide for Catalyst

化学式 $Al(OH)_3$

相对分子质量 78.0

性质 白色无定形粉末，纯度高、杂质含量少。晶型可以是三水铝石或一水软铝石。相对密度 2.42。不溶于水，溶于酸、碱。控制不同中和成胶工艺条件及焙烧温度，可获得具有不同孔结构的氧化铝载体，在 400℃ 下焙烧可制得 $\gamma\text{-}Al_2O_3$，更高温度焙烧，可制得 $\delta\text{-}Al_2O_3$，高于 1000℃ 焙烧，制得 $\alpha\text{-}Al_2O_3$。制得的 $\gamma\text{-}Al_2O_3$ 载体，比表面积 150~280 m^2/g，孔体积 0.3~0.7 mL/g。

质量规格

产品性状	指标	产品性状	指标
氧化铝(Al_2O_3),%	≥73	三氧化二铁(Fe_2O_3),%	≤0.005
灼烧失量,%	≤26	氧化钠(Na_2O),%	≤0.004
二氧化硅(SiO_2),%	≤0.008	硫(S),%	≤0.005

用途 由于杂质量低，适用于制造氧化铝催化剂及各种晶型的氧化铝

载体。也可与二氧化硅、二氧化钛等制成复合载体，以及用于载体成型的黏合剂。还可用作纸张、油墨等的填充剂。

简要制法 ①由工业用氢氧化铝粉与烧碱反应制得偏铝酸钠，偏铝酸钠与硝酸（硫酸或盐酸等）经中和成胶、过滤、干燥、粉碎而制得氢氧化铝粉。②在齐格勒法生产直链醇的过程中，将生成的中间产品醇化铝水解，即可得直链醇和氢氧化铝。③由硫酸铝溶液与氨水反应制得。

生产厂 江苏姜堰区化工助剂厂、南化集团公司永大实业公司化工三厂、天津化工研究设计院等。

3. 氧化铝　Alumina

别名　铝氧

化学式　Al_2O_3

相对分子质量　101.96

性质　氧化铝是氢氧化铝的脱水产物，是冶炼金属铝的主要原料，也是用量很大的化学品。就化学式 Al_2O_3 而言，它似乎是一种很简单的氧化物，但当考虑晶体结构及空间因素时，发现它是一种形态复杂的两性化合物，对于已知的9种晶型（χ-、β-、γ-、δ-、κ-、θ-、ρ-、η-、α-Al_2O_3），不仅不同的晶型之间，即使是同一种晶型，它的宏观及微观结构性质（如密度、孔体积、比表面积、孔径分布等）也可依制备方法不同而有很大的差异。各种 Al_2O_3 的晶型是由它们各自特有的X射线衍射图样来鉴别的。在9种氧化铝变体中，按照它们生成的温度可分成低温氧化铝和高温氧化铝两类：

①低温氧化铝。化学组成为 $Al_2O_3 \cdot nH_2O$，式中 $0<n<0.6$，是各种氢氧化铝在温度不超过600℃下的脱水产物，属于这一类的有 ρ-Al_2O_3、χ-Al_2O_3、η-Al_2O_3 及 γ-Al_2O_3 等。

②高温氧化铝。它几乎是无水的 Al_2O_3，是在温度900~1000℃下生成的，属于这一类的有 κ-Al_2O_3、δ-Al_2O_3 及 θ-Al_2O_3。当加热温度超过1000℃时，无论是哪种氢氧化铝都会转变成同一种稳定的最终产物。真正的无水氧化铝，称为 α-Al_2O_3。所以其他晶型的氧化铝，也可看作是 α-Al_2O_3 的中间过渡形态。

氧化铝除具有丰富的孔结构外，还具有许多表面性质。例如，即使是很纯的氧化铝，总含有百分之几的微量水分，这些吸附水或以 H_2O 的形式，或以 OH^- 的形式存在于氧化铝表面。甚至在800~1000℃的真空条件下焙烧，仍会留有千分之几的水分。红外光谱测定表明，氧化铝表面既存在B酸中心，也存在L酸中心，而这种表面酸性往往与氧化铝的制备条件有关。氧化铝有良好的耐热性和耐水性，是多相催化中使用最广的一种催化材料。

8种氧化铝(无β型)的晶型与性质见下表。

8种氧化铝的晶型与性质

晶型		α	κ	θ	δ	χ	η	γ	ρ
组成		Al_2O_3	接近Al_2O_3	几乎不含水	几乎不含水	含微量水 $Al_2O_3 \cdot nH_2O(0<n<0.6)$			
晶系		六方	六方	单斜	四方	六方	立方	四方	接近无定形
空间群		D_{3a}^6		C_{2h}^3			O_h^7		
晶胞中分子数		2	28	4			10		
晶胞常数,nm	a	0.4758	0.971	1.124	0.794	0.556	0.782	0.562	
	b			0.572	0.794			0.780	
	c	1.2991	1.786	1.174	2.35	1.344			
相对密度		3.98	3.1~3.3	3.4~3.9	~3.2	~3.0	2.5~3.6	~3.2	
折射率	ε	1.760	1.67~1.69	1.602~1.67		1.63 1.65	1.59~1.65		
	ω	1.768							

用途 用作催化剂、催化剂载体、吸附剂、干燥剂、研磨剂、黏合剂、抛光剂等。有一类含有氧化铝的催化剂,有的是直接使用氧化铝(如用作脱水、异构化、脱卤、脱氨、羰基硫水解、硫黄回收等的催化剂),但多数是用氧化铝作载体,承载各种活性组分制备成催化剂;还有一类是由氧化铝和其他氧化物合成制备成多氧化物催化剂。用作催化剂载体的氧化铝,大致可分为低比表面积氧化铝及高比表面积氧化铝两大类。低比表面积氧化铝载体实际上是非孔性物质。它由单独的小颗粒组成,也有的制成孔径较大的粗孔结构。如用α-Al_2O_3作载体的环氧乙烷载银催化剂,乙二醇制乙二醛等反应用的钒、银或铜催化剂等。高比表面积Al_2O_3是指比表面积高于$50m^2/g$的Al_2O_3,有些活性组分需要用高比表面积的氧化铝作催化剂载体,如一些贵金属Pd、Pt、Ru等活性组分所用的载体,烯烃加氢所用的Ni、Co催化剂载体等。

简要制法 ①酸法。酸法有硫酸法、盐酸法和硝酸法。用各种无机酸溶出含铝材料时,得到含铁的铝酸盐酸性水溶液,经净化后,通过不同方法得到铝盐水合物结晶或氢氧化铝结晶,再经煅烧制得氧化铝。②碱法。用碱(NaOH或Na_2CO_3)处理铝矿石,制得铝酸钠溶液,经分解析出氢氧化铝,再经分离、洗涤、煅烧制得。③醇铝法。由异丙醇铝的异丙醇溶液加水均相分解,经活化而得。④活化法。由优质铝土矿加热脱水活化制得,或由工业用氢氧化铝粉加热脱水制得。

生产厂　江苏姜堰区化工助剂厂、天津化工研究设计院、温州化工总厂等。

4. 活性氧化铝　Activated Alumina

化学式　Al_2O_3

相对分子质量　101.96

性质　用作催化剂、催化剂载体及吸附剂的多孔性 Al_2O_3,一般被称为活性氧化铝。它是一种多孔、有高分散度的固体物料。有很高的比表面积,其微孔结构具有催化作用所要求的特性,如吸附性能、表面酸性及热稳定性等。外观为白色或微红色粉末或颗粒。微溶于酸或碱,不溶于水。熔点2045℃,沸点2980℃。易吸收空气中水分,但不潮解。化学性质较稳定,其水合物有一水氧化铝及三水氧化铝,将水合物在温度200~600℃下加热可生成不同晶型的氧化铝。在催化领域中所指的"活性氧化铝"通常有两个含义:一个是指活性 $\gamma\text{-}Al_2O_3$;另一个则是泛指 $\chi\text{-}Al_2O_3$、$\eta\text{-}Al_2O_3$ 及 $\gamma\text{-}Al_2O_3$ 的混合物。$\gamma\text{-}Al_2O_3$、$\chi\text{-}Al_2O_3$、$\eta\text{-}Al_2O_3$ 是氧化铝载体中最常见的晶型。$\gamma\text{-}Al_2O_3$ 在催化领域中使用最多,控制其制备条件,可制得比表面积及孔体积都很大的产品,并可制得多种型号的产品。$\eta\text{-}Al_2O_3$ 在催化反应中也使用较多,限制其应用范围的因素是孔结构的多分散性(小孔太多)和热稳定性。它主要用作重整催化剂的载体,并要求有较高的纯度和大的比表面积。$\chi\text{-}Al_2O_3$ 的比表面积可大至 350~400m^2/g,活性也较高,适用于气相催化反应需要大比表面积的催化剂。

质量规格

产品性状	指标	产品性状	指标
外观	白色圆球,条状或齿球状	总硫量,%	≤0.1
直径,mm	$\phi(2\sim5)$	晶型	$\gamma\text{-}Al_2O_3$ 或 $\gamma\text{-}Al_2O_3$
Al_2O_3,%	≥95		$\eta\text{-}Al_2O_3$
SiO_2,%	≤0.2	比表面积,m^2/g	100~400
Fe_2O_3,%	≤0.1	孔体积,mL/g	0.3~0.8
Na_2O,%	≤0.1	压缩强度,N/粒	≥20

用途 在石油化工及化学工业中广泛用作各种反应的催化剂载体,也用作醇脱水催化剂、烯烃双键转移反应催化剂、卤代烷烃脱卤化氢催化剂等。还用于多种气体和液体的干燥,如空气、氧气、氢气、甲烷、氨、氯化氢、硫化氢及天然气等的干燥。在轻油裂解制乙烯中以深冷法分离裂解气时,可用活性氧化铝作吸附剂将其露点达到-70℃或更低。

简要制法 用酸法、碱法及醇铝法等方法制得。参见"氧化铝"条目。

生产厂 江苏姜堰区化工助剂厂、姜堰区天平化工公司等。

5. 无水氯化铝 Anhydrous Aluminium Chloride

别名 氯化铝、三氯化铝

化学式 $AlCl_3$

相对分子质量 133.34

性质 为无色或白色立方晶系结晶或粉末。晶格常数:$a=0.501$nm,$b=1.024$nm,$c=0.616$nm。工业品因含有铁、游离氯等杂质而呈黄、灰、绿或棕色。固体相对密度(25℃)2.44。熔融物相对密度1.33、蒸气相对密度4.6。熔点(0.533MPa)186~190℃。沸点(41kPa)170.4℃,常压下升华温度180.6℃,临界温度356.4℃,临界压力3.0MPa。熔融热82.06kJ/mol,固体生成热1.35kJ/mol。氯化铝结晶熔融时,体积大致减少一半,电导率几乎降为0。440℃以下时,蒸气为缔合的二聚体(Al_2Cl_6),在440~800℃时,Al_2Cl_6与$AlCl_3$共存;800℃以上仅存在单体$AlCl_3$,1000℃以上发生分解。易溶于水,水溶液呈酸性,并生成六水合物($AlCl_3 \cdot 6H_2O$)。同时放出大量反应热,使水合物受热分解,生成碱式盐,并放出氯化氢气体。也溶于乙醇、乙醚、氯仿及四氯化碳。微溶于苯。极易潮解,易吸收空气中水分并水解生成氯化氢。氯化铝为共价型化合物,易与许多无机及有机化合物形成络合物,如$AlCl_3 \cdot NH_3$;与NaCl、KCl等盐形成低共熔混合物;与NO_2、SO_2、H_2S及PH_3等化合物起加合反应。但这些产物都易分解。

质量规格

产品性状	指标(工业级)		
	优等品	一等品	合格品
外观	白色、黄色或微带灰色的颗粒或粉末,不应有大于10mm的块状物		

续表

产品性状	指标(工业级)		
	优等品	一等品	合格品
氯化铝($AlCl_3$),%	≥99.2	≥98.8	≥98.5
铁(以 $FeCl_3$ 计),%	≤0.04	≤0.05	≤0.08
水不溶物,%	≤0.05	≤0.10	≤0.30
重金属(以 Pb 计),%	≤0.006	≤0.02	≤0.04
游离铝,%	≤0.010	—	—

注：表中所列数据摘自 GB/T 3959—2008。

用途　用作石油裂解、烃类异构化、烷基化、加氢、脱氢、酰化及弗里德尔—克拉夫茨(Friedel-Crafts)反应的催化剂。作为强路易斯酸的氯化铝，其催化反应大致可分为两类。一类催化反应是催化剂加成于某一反应物(含卤素、O、N、S 等具有非共享电子对的物质)而生成正碳离子(或生成强极性分子)，进而与不饱和碳原子(烯烃、炔烃及芳烃)反应。在无水状态下该反应可在无助催化剂存在下进行。当所得加成物分子中不含 N、O、S 等的烯烃或乙炔时，由于氯化铝作为电子接收体的能力较低，就需添加助催化剂，以促进反应进行。另一类催化反应是催化剂从饱和碳原子解吸氢负离子(H^-)的反应(包括饱和烃异构化、烷烃烷基化等反应)，由于路易斯酸不能解离 H^- 离子，故需使用助催化剂，借质子或正碳离子来解离 H^- 离子。$AlCl_3$ 与叔胺形成的络合物 $R_3N·AlCl_3$、与芳烃或杂环叔胺形成的络合物[如 $C_6H_5N(CH_3)_2·AlCl_3$、吡啶·$AlCl_3$]等，也是烷基化有效的催化剂。氯化铝所用助催化剂可分为两类：一类为放出质子的物质，即所有含 OH^- 的化合物(水、醇)及质子酸 HCl、H_2SO_4、有机酸等；另一类是除质子外，还生成阳离子的物质，包括氯代烷烃、酰氯以及其他含 O、S、N、卤素等元素的电子供给体物质。氯化铝也用作脱水剂、合成树脂交联剂、木材防腐剂等，还用于制造合成洗涤剂、香料、农药、染料等。$AlCl_3$ 用作催化剂时，常将 $AlCl_3$ 分散于 $AlCl_3$ 与烃的络合物，以游浆形式使用。

安全事项　遇水发生剧烈反应并产生大量热，还释出腐蚀性氯化氢气体。对眼睛、皮肤及黏膜等有强刺激性。着火时用干沙及干燥水泥灭火。

简要制法　由金属铝直接氯化或由氯化氢与氧化铝反应制得。

6. 结晶氯化铝 Crystalline Aluminium Chloride

别名 六水氯化铝、结晶三氯化铝
化学式 $AlCl_3 \cdot 6H_2O$
相对分子质量 241.43
性质 为无色斜方晶系结晶,有轻微盐酸样气味。工业品为淡黄色或深黄色。相对密度2.398,熔融物相对密度1.33。熔点100℃(分解),折射率1.6。吸湿性很强,易潮解,在湿空气中水解生成氯化氢白色烟雾。加热时分解并释出氯化氢。

$$2AlCl_3 \cdot 6H_2O \xrightarrow{加热} Al_2O_3 + 6HCl + 3H_2O$$

溶于水、盐酸及多数有机化合物,特别易溶于硝基化合物及氯化物。水溶液呈酸性。

质量规格

产品性状	指标		
	优等品	一等品	合格品
结晶氯化铝($AlCl_3 \cdot 6H_2O$),%	≥97.5	≥95.5	≥93.0
氧化铝(Al_2O_3),%	≥20.5	≥20.0	≥19.6
铁(Fe),%	≤0.002	≤0.010	≤0.050
水不溶物,%	≤0.025	≤0.10	≤0.10

注:表中所列数据摘自化工行业标准 HG/T 3251—2010。

用途 用于制造加氢裂化催化剂单体、氢氧化铝溶胶,也用作精密铸造硬化剂、造纸施胶沉淀剂、酒精防变色剂、水处理剂、木材防腐剂等。

安全事项 参见"无水氯化铝"条目。

简要制法 由氢氧化铝与盐酸反应制得。或由煤矸石粉煅烧后再与盐酸反应制得。

7. 氟化铝 Aluminium Fluoride

别名 无水氟化铝、三氟化铝
化学式 AlF_3
相对分子质量 83.98
性质 为白色立方晶系结晶或粉末。相对密度(25℃)2.882,熔点

1040℃，1272℃升华，蒸气压(1238℃)133.3Pa。稍溶于水，难溶于酸及碱溶液，不溶于大多数有机溶剂。性质十分稳定。与液氨、浓硫酸加热至发烟仍不起反应，也不被氢气还原，加热不分解但升华。与氢氧化钾共熔不发生变化。但在 300~400℃下，可被过热水蒸气部分水解为氟化氢和氧化铝。氟化铝还存在半水合物($AlF_3 \cdot 1/2H_2O$)、一水合物($AlF_3 \cdot H_2O$)、三水合物($AlF_3 \cdot 3H_2O$)及九水合物($AlF_3 \cdot 9H_2O$)等形态。工业生产中一般得到的是三水合物，100℃时失去两个分子水，250℃时变为无水物。

质量规格

牌号	化学成分，%								物理性能
	F	Al	Na	SiO_2	Fe_2O_3	SO_4^{2-}	P_2O_5	烧减量	松装密度 g/cm^3
AF-0	≥61.0	≥31.5	≤0.30	≤0.10	≤0.06	≤0.10	≤0.03	≤0.5	≥1.5
AF-1	≥60.0	≥31.0	≤0.40	≤0.32	≤0.10	≤0.60	≤0.04	≤1.0	≥1.3
AF-2	≥60.0	≥31.0	≤0.60	≤0.35	≤0.10	≤0.60	≤0.04	≤2.5	≥0.7

注：表中所列数据摘自 GB 4292—2017。

用途 用作有机合成催化剂、非铁金属熔剂、陶瓷釉助熔剂、乙醇发酵的副发酵抑制剂等，也用于合成冰晶石及制造光学玻璃等。

简要制法 由无水氟硅酸与氢氧化铝反应而得。

安全事项 有毒！

8. 无水溴化铝　Anhydrous Aluminium Bromide

别名 无水三溴化铝

化学式 $AlBr_3$

相对分子质量 266.69

性质 为无色至浅黄、红色斜方晶系结晶。在空气中易吸潮产生烟雾。相对密度(25℃)3.01，熔点97.5℃，沸点(99.72kPa)263.3℃，蒸气压(81.3℃)133.3Pa。易溶于乙醇、乙醚、丙酮及二硫化碳等有机溶剂。溶于水并剧烈反应，放出热量，生成六水合物。无水溴化铝是一种共价键化合物，其分子结构及物化性质与无水氯化铝类似，但溶解性更强，有强的路易斯酸性质。六水合物($AlBr_3 \cdot 6H_2O$)为粉红色结晶。相对密度2.54，熔点93℃。沸点135℃，同时分解为氧化铝、溴化氢及水。

三、硼族元素及其化合物

质量规格

产品性状	指标	产品性状	指标
三溴化铝($AlBr_3$),%	98.0	铁(Fe),%	0.005
氯化物(以 Cl^- 计),%	0.3	重金属(以 Pb 计),%	0.002
硫酸盐(以 SO_4^{2-} 计),%	0.01	碱和碱土金属(硫酸盐),%	0.2

用途 用作有机合成催化剂。可以单独或与助催化剂共用,用作弗里德尔—克拉夫茨反应的催化剂,聚合催化剂等。由于路易斯酸不能解离 H^- 离子,因此常使用助催化剂,通过质子或正碳离子来解离 H^- 离子。也用作溴化剂、润滑油处理剂等。

安全事项 属一级酸性无机腐蚀性物品。遇水剧烈反应,并释出刺激性及腐蚀性气体。经口或吸入会中毒。与钾、钠的混合物经撞击能引起爆炸。失火时用干燥的沙土、水泥灭火,或用二氧化碳灭火,不可用水扑救。

简要制法 由脱脂铝屑在惰性气体中与溴反应制得。

9. 碘化铝 Aluminium Iodide

化学式 AlI_3

相对分子质量 407.70

性质 纯品为白色小叶片状结晶。工业品为浅棕色至黑棕色块团状物。相对密度(25℃)3.908,熔点191℃,沸点360℃。在潮湿空气中冒烟。遇水发生强烈放热反应。溶于乙醇、乙醚、二硫化碳及液氨。空气中加热分解生成氧化铝和碘。碘化铝还存在六水合物($AlI_3 \cdot 6H_2O$),为淡黄色结晶状粉末。有潮解性,溶于水、乙醇、乙醚。

用途 用作有机合成催化剂及通用试剂。

简要制法 由铝屑与碘直接反应制得或将氢氧化铝溶于氢碘酸中制得。

10. 硅酸铝 Aluminium Silicate

别名 硅铝凝胶、硅铝胶

化学式 $SiO_2 \cdot Al_2O_3$ 或 $mAl_2O_3 \cdot nSiO_2$

性质 为一种由 SiO_2 与 Al_2O_3 结合而成的复合硅铝氧化物,透明或半透明的颗粒。其中含有少量结构水。组成中 Al_2O_3 和 SiO_2 的比例不恒定。其中 $m:n=1:1$ 的硅酸铝,其化学式为 $Al_2O_3 \cdot SiO_2$,相对密度 3.247,熔点 1545℃(并转变成 $Al_2O_3 \cdot 2SiO_2$),相应的矿石为红柱石、蓝晶石;$m:n=3:2$ 的硅酸铝,其化学式为 $3Al_2O_3 \cdot 2SiO_2$,相对密度 3.156,熔点 1920℃,相应的矿石为莫来石。

单纯的 SiO_2 凝胶和 Al_2O_3 凝胶对裂化反应的活性很差,但将 SiO_2 和 Al_2O_3 结合后的硅铝凝胶则对裂化反应有很好的催化活性,见下表。

SiO_2 凝胶与 Al_2O_3 凝胶的混合凝胶的裂化活性

用作催化剂的凝胶类型	$SiO_2:Al_2O_3$(摩尔比)	表观密度 g/mL	裂化转化率 %
干燥硅胶(A)	—	0.4	2
干燥硅胶(B)	—	0.75	16
A-B 混合硅胶	15:1	0.4	12
A-B 混合硅胶	10:1	0.4	16.2
A-B 混合硅胶	7.5:1	0.4	15
A-B 混合硅胶	5:1	0.4	15
A-B 混合硅胶	2.5:1	0.4	16
SiO_2 水凝胶+灼烧 Al_2O_3	5:1	0.43	7
SiO_2 水凝胶+干燥三水氧化铝	5:1	0.43	13.5
SiO_2 水凝胶+活性 Al_2O_3	5:1	0.43	27.5
SiO_2 水凝胶+B	5:1	0.5	49.5
SiO_2 水凝胶+Al_2O_3 水凝胶	10:1	0.55	52
SiO_2 水凝胶+Al_2O_3 水凝胶	7.5:1	0.55	47.5
SiO_2 水凝胶+Al_2O_3 水凝胶	5:1	0.55	44
SiO_2 水凝胶+Al_2O_3 水凝胶	2.5:1	0.55	42
Al_2O_3 水凝胶+A	5:1	0.41	20

合成硅酸铝是一种无定形固体,而不是晶体。工业上常用的合成硅酸铝有含 Al_2O_3 约13%(低铝硅酸铝)及含 Al_2O_3 约25%(高铝硅酸铝)两种,在硅酸铝中,Si^{4+} 和 Al^{3+} 都是四面体结构,Si^{4+} 在 $SiO_2 \cdot Al_2O_3$ 中处于四个氧配位的晶格中,以保持电中性。但外层电子半径差不多的 Al^{3+} 取代 Si^{4+} 后,比正常的 SiO_2 晶格缺一个正电荷:

```
    |       |       |
 —Si—O—Si—O—Si—
    |       |       |
    O     3|3      O
          —4 4—
    |       |       |
 —Si—O—Al—O—Si—
    |       |       |
    O     3|3      O
          —4 4—
            O
    |       |       |
 —Si—O—Si—O—Si—
    |       |       |
```

Al^{3+}是三价，而 Al 原子连接了四根价线，每一条线同 Al^{3+} 连接表明是 3/4 价单位。而 Si^{4+} 连接的每条线都是 1 个价单位，同 Al^{3+} 连接的是 3/4 个价单位，所以造成每一个 O^{2-} 要求的 2 个价单位缺 1/4 个价单位，在 Al^{3+} 四面体中有 4 个 O^{2-}，这样就缺 $4\times 1/4 = 1$ 个价单位。由于 O^{2-} 是负价，这就多余一个负价单位而形成负电场。为了保持电中性，在 Al^{3+} 四面体结构中就需要缔合一个质子 H^+ 或阳离子来中和 O^{2-} 过剩的负价。这种 H^+ 就形成硅酸铝的 B 酸中心：

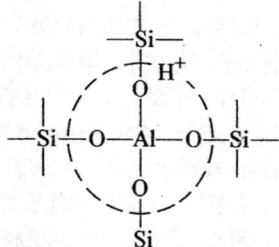

实际上，B 酸中心也可以转变为 L 酸中心。在高温下焙烧，将硅酸铝进一步脱水就变成 L 酸结构。硅酸铝表面存在的 B 酸和 L 酸两种酸中心，使得硅酸铝成为很好的催化裂化催化剂。由于无定形硅酸铝的热稳定性比分子筛要差，在催化裂化装置中，分子筛已逐渐取代硅酸铝催化剂，但它仍是分子筛催化剂的良好载体。

质量规格

产品性状	指标	
	低铝硅酸铝	高铝硅酸铝
Al_2O_3，%	~13	~25
SiO_2，%	87	75

续表

产品性状	指标	
	低铝硅酸铝	高铝硅酸铝
CaO,%	0.01	0.01
Fe_2O_3,%	0.05	0.05
Na_2O+K_2O,%	0.02	0.02
SiO_3^{2-}(115℃),%	0.4	0.4

用途 用作催化剂及催化剂载体。工业上常用作催化裂化用分子筛催化剂的载体。硅酸铝用作分子筛催化剂载体具有以下作用：①对分子筛具有稀释及分散作用，可减少分子筛用量；②可以容纳分子筛在离子交换时未除去的 Na^+，提高分子筛的稳定性；③在再生及裂化反应时，硅酸铝可作为吸热体，起着热量贮存和传递作用；④可提高分子筛催化剂的耐磨强度。也可用作催化剂成型用黏合剂。普通硅酸铝也是生产颜料、油漆、橡胶及塑料的填料，还用于生产陶瓷、耐火材料及耐火纤维制品等。

简要制法 用作催化剂及催化剂载体的硅酸铝主要采用共沉淀及分步沉淀法制取。共沉淀法是先将水玻璃与酸化硫酸铝经中和成胶，使硅胶和铝胶同时反应生成硅铝溶胶，再经洗涤、干燥、成型及焙烧制得。分步沉淀法是先使水玻璃与硫酸反应生成 SiO_2 水凝胶，再加入铝盐溶液及沉淀剂，使氢氧化铝沉淀在 SiO_2 水凝胶上而制得硅酸铝水凝胶，然后经洗涤、干燥、成型及焙烧制得。要提高硅铝凝胶的孔隙率，在制备时应注意以下几点：①增加 SiO_2 水凝胶的老化时间和提高老化温度；②提高 SiO_2 水凝胶生成时的 SiO_2 浓度（浓度范围3%~7%）；③提高老化时的pH值（pH值范围5.5~7.5）。

生产厂 中国石化石油化工科学研究院、抚顺石油三厂、长岭炼油化工总厂催化剂厂等。

11. 三甲基铝 Trimethyl Aluminium

化学式 $[(CH_3)_3Al]_2$

相对分子质量 144.17

结构式

$$\begin{array}{c} H_3C \quad\quad CH_3 \\ \diagdown \quad\quad \diagup \\ H_3C—Al\cdot Al—CH_3 \\ \diagup \quad\quad \diagdown \\ H_3C \quad\quad CH_3 \end{array}$$

性质 为无色液体或固体。70℃时以二聚体存在。相对密度(25℃)0.748，熔点15.4℃，沸点130℃，折射率(12℃)1.432。溶于乙醚、饱和烃等有机溶剂。在苯中呈二聚体。与空气接触立即燃烧。遇水爆炸，生成氢氧化铝、甲烷。与醇、卤素、酸、胺反应强烈。与三氯化铝作用生成复合物$(CH_3)_3Al \cdot AlCl_3$。与三溴化铝作用生成复合物$(CH_3)Al \cdot AlBr_3$。与乙醚作用可形成加合物。有毒！

用途 用作烯烃聚合催化剂的组分和有机合成的甲基化试剂，也用于制造甲基硅氧烷，以及用作引火燃料等。

简要制法 由二甲基氯化铝与钠反应制得。或在封管中由二甲基汞与过量铝粉反应而得。

12. 三乙基铝 Triethyl Aluminium

化学式 $C_6H_{15}Al$

相对分子质量 114.17

结构式 $(C_2H_5)_3Al$

性质 常温下以二聚体$[(C_2H_5)_3Al]_2$的形态存在。无色液体。相对密度0.835，熔点-52.5~-46℃，沸点194~197℃，闪点-52℃，折射率1.48。在空气中会自燃。遇水发生爆炸，生成氢氧化铝及乙烷。与酸、醇、卤素及胺反应剧烈。与苯、二甲苯、汽油及饱和烃混溶。热稳定性差，120~125℃时分解。对潮气及微量氧敏感，易引起爆炸。可与乙醚形成加合物，与三氯化铝形成复合物。

质量规格

产品性状	指标	产品性状	指标
外观	无色清晰液体	三正丁基铝,%	≤0.2
铝,%	≥22.8	三异丁基铝,%	≤0.2
三乙基铝,%	≥92.0	氢化物(AlH_3),%	≤1.8

用途 与四氯化钛共同使用，用作乙烯低压聚合催化剂，可控制聚合物立体有规度。也用作制仲醇、叔醇的催化剂，乙丙橡胶聚合用助催化剂。有机合成中用作乙基化剂，也用于镀铝及用作引火燃料。

安全事项 极毒！对皮肤、眼有灼烧感。易燃，要用压力容器包装，氮气正压保护，贮存温度不超过30℃，注意防晒、防高温、防水、防碰撞。

简要制法 由乙烯、氢和金属铝在压热器中反应制得。或在封管中由二乙基汞与过量铝粉反应而得。

13. 三正丁基铝　Tributyl Aluminium

别名　三丁基铝

化学式　$C_{12}H_{27}Al$

相对分子质量　198.33

结构式　$Al(CH_2CH_2CH_2CH_3)_3$

性质　室温下以二聚体$[Al(CH_2CH_2CH_2CH_3)_3]_2$存在。无色液体。相对密度0.823，熔点$-27℃$，沸点(0.27kPa)$120℃$。溶于乙醚、苯、甲苯、己烷等有机溶剂，在空气中自燃，遇水会爆炸。与乙醚形成加合物$C_{16}H_{37}AlO$。在苯中二聚体解离。与酸、卤素、醇、胺类会发生剧烈反应，并释出易燃性气体。

用途　用作齐格勒—纳塔烯烃聚合催化剂组分和不对称烷基化合成试剂等。

简要制法　由丁烯、铝粉及氢气反应制得。

14. 三异丁基铝　Triisobutyl Aluminium

化学式　$C_{12}H_{27}Al$

相对分子质量　198.33

结构式　$[(CH_3)_2CHCH_2]_3Al$

性质　为无色透明液体。相对密度0.7876，熔点$-5.6℃$，沸点$212℃$，闪点$<0℃$，自燃点$3.9℃$，折射率1.4494，蒸气压$(47℃)0.133kPa$，性质十分活泼，遇空气自燃，遇水、酸、卤素、氨、醇等发生强烈反应。易燃烧和爆炸。遇高温急剧分解。

质量规格

产品性状	指标	产品性状	指标
外观	无色或微黄色透明液体，无悬浮铝	活性铝含量,%	≥85
		$AlHR_2$含量,%	≤15

用途　用于烯烃聚合、顺丁橡胶、乙丙橡胶、异戊二烯橡胶等聚合催化剂，是齐格勒—纳塔烯烃聚合催化剂的常用助催化剂，也用作还原剂、

高能燃料及有机金属化合物中间体。

安全事项　高毒！对皮肤有灼伤作用及腐蚀性。蒸气对呼吸道及眼睛有刺激性。为易燃、易爆物，需用溶剂稀释到安全浓度（一般为 20g/L）使用。贮存三异丁基铝的设备应保持干燥、隔绝空气，并用氮气保护。设备装料量为容积的 70%～75%。

简要制法　由异丁烯、铝粉及氢气直接反应制得。

生产厂　北京燕山石化公司、齐鲁石化公司（淄博）、锦州石油化工公司、上海高桥石油化工公司等。

15. 甲基铝氧烷　Methyl Aluminium Oxane

别名　MAO

结构式　$(CH_3)_2Al\text{-}[OAl]_n\text{-}OAl(CH_3)_2$ 其中 OAl 带有 CH_3 支链　（$n=6\sim20$）

性质　为一种低相对分子质量低聚物，具有线性或环状结构。组成 MAO 的主要结构单元为 $[Al_4O_3Me_6]$（Me 表示甲基），即由 4 个铝原子、3 个氧原子和 6 个甲基组成。在这种结构单元中，铝原子配位不饱和，从而使每 4 个铝原子组成单元，相互结合，形成相对分子质量为 1200～1600 的笼状簇合物或网状结构。其中铝原子均为四配位，氧原子均为三配位。常温常压下，MAO 是白色无定形粉末。溶于苯、甲苯、二甲苯等芳烃溶剂，稍溶于戊烷、己烷、庚烷等烷烃溶剂。对空气及水分十分敏感。

用途　用作茂金属催化剂的最重要的活化剂和共催化剂，是对聚烯烃开发有突破性进展的均相齐格勒—纳塔烯烃聚合催化剂的重要组成部分。它可以活化茂金属二卤化物，使其催化烯烃聚合。MAO 在茂金属催化剂中的作用：使茂金属化合物烷基化；与茂金属化合物相互作用，产生阳离子活性中心，并使阳离子活性中心稳定化；清除催化剂毒物。但 MAO 的聚合度 n 和结构对茂金属催化剂的催化活性影响很大。

简要制法　由三甲基铝与水在铝/水分子比不少于 1/3 的条件下，通过脱甲烷化反应制得。如铝/水分子比低于 1/3，则甲基全部水解，从而不呈催化活性。原料用水可采用乳化剂分散于有机溶剂中引入，用超声波将水分散于有机溶剂中引入，或用机械乳化法将水分散于有机溶剂中引入等。

16. 氯化二乙基铝　Diethylaluminium Chloride

别名　一氯二乙基铝、二乙基氯化铝

化学式　$C_4H_{10}AlCl$

相对分子质量　120.51

结构式　
$$\begin{array}{c} H_5C_2 \\ \diagdown \\ Al-Cl \\ \diagup \\ H_5C_2 \end{array}$$

性质　为无色透明液体。相对密度 0.958，熔点 -50℃，沸点 208℃，(7.99kPa)125~126℃，闪点 -22℃。溶于汽油、芳烃等有机溶剂。遇空气会自燃。遇水爆炸。

质量规格

产品性状	指标	产品性状	指标
外观	无色透明液体	相对密度	0.958
氯化二乙基铝含量,%	≥99.0		

用途　用于合成橡胶、芳烃加氢以及制造避孕药的中间体。也用作有机合成、丁基橡胶、乙丙橡胶聚合催化剂，丙烯聚合助催化剂等。

安全事项　为强氧化剂，遇酸类、卤素、醇类、胺类剧烈反应。燃烧时产生有毒气体。与皮肤接触会引起化学灼伤，对呼吸道有刺激性。应在干燥氮气中保存，不得与水及空气接触。用己烷或汽油配制成 15%~20% 溶液时使用较为安全，失火时严禁用水扑救，应用干粉、干燥水泥或干沙灭火。

简要制法　先由氯乙烷与铝粉在活化剂碘存在下反应，生成倍半乙基氯化铝，再与金属钠或氯化钠作用而得。

(三) 镓的化合物

1. 三乙基镓　Triethyl Gallium

化学式　$C_6H_{15}Ga$

相对分子质量　156.91

结构式　$(C_2H_5)_3Ga$

性质　为无色液体，有特殊臭味。相对密度(30℃)1.0586，熔点 -82.3℃，沸点 142.6℃。在蒸气中或烃的溶液中呈单体状态，在苯中为二聚体 $[(C_2H_5)_3Ga]_2$。在空气中会燃烧，产生猛烈的火焰。溶于乙醚、苯、氯仿等有机溶剂。遇冷水快速分解，生成二乙基氢氧化镓和乙烷。

用途　用作烯烃聚合催化剂。

简要制法 由金属镓与二乙基汞在约160℃下共热制得。或由三溴化镓与三乙基铝反应制得。

2. 三苯基镓　Triphenyl Gallium

化学式　$C_{18}H_{15}Ga$

相对分子质量　301.04

结构式　$(C_6H_5)_3Ga$

性质　为白色晶体(在氯仿中析出)。熔点166℃。在溶液中为二聚体$[(C_6H_5)_3Ga]_2$。在晶体中，Ga与苯环上的C相互作用，连接成链状结构。在潮湿空气中会缓慢水解，遇稀酸则完全分解。与苯甲酰氯反应生成二苯酮和三氯化镓。与苄基氯作用生成大量焦油及少量二苯基甲烷。

用途　用作烯烃聚合催化剂。

简要制法　由金属镓与二苯基汞在130℃条件下反应制得。

四、碳族元素及其化合物

在元素周期表中,碳族包括碳(C)、硅(Si)、锗(Ge)、锡(Sn)和铅(Pb)五种元素。在地壳中,硅的丰度仅次于氧,居第二位。除碳、硅外,碳族中的其他元素比较稀少,但因锡和铅的矿藏富集,易提炼,并有广泛应用,因而也是比较熟悉的元素。表4-1列出了碳族元素的一些基本性质。

表 4-1 碳族元素的基本性质

性质	碳(C)	硅(Si)	锗(Ge)	锡(Sn)	铅(Pb)
原子序数	6	14	32	50	82
晶体结构	原子晶体(金刚石)、层状晶体(石墨)	原子晶体	原子晶体	原子晶体(灰锡)、金属晶体(白锡)	金属晶体
熔点,℃	3550	1410	937.4	232	327.5
沸点,℃	4329	2355	2830	2507	1740
价层电子构型	$2s^12p^2$	$2s^23p^2$	$4s^24p^2$	$5s^25p^2$	$6s^26p^2$
原子半径,pm	77	117	122	140	154
电负性 χ	2.5	1.8	1.8	1.8	1.8
电离能,kJ/mol	1086	787	762	709	716
电子亲合能 E,kJ/mol	122	120	116	121	100
主要化合价	-4、+4、+2	+2、+4	+2、+4	+2、+4	+2、+4
配位数	3,4	4	4	4,6	12

碳族元素原子半径随着原子序数的增大而增大,但电离能基本随原子序数的增长而减小。其变化趋势与硼族元素相似,从碳到铅,非金属性向金属性递变的趋势比硼族元素缓慢。碳是非金属,硅虽然也呈现较弱的金

属性(晶体硅能导电、有金属光泽),但以非金属性为主,又称为半金属;锗的金属性强于非金属性,也是重要的半导体材料,锡和铅则是以金属性为主的元素。

碳族元素的价层电子构型为ns^2np^2,因此它们能生成氧化态为+4和+2的化合物。当它们和电负性大的元素化合时,若全部用ns^2np^2价电子成键则形成+4价的共价化合物。如仅用np^2价电子成键,则形成+2价的化合物。

金刚石和石墨是碳在自然界中以单质状态存在的两种同素异形体。金刚石是原子晶体,具有高硬度及高熔点;石墨是层状晶体,质软而具金属光泽,可导电。由金刚石转变为石墨的反应需在1000℃的高温下才能进行。而由石墨合成金刚石则需在高温(2000℃)、高压(5000MPa)及催化剂存在的条件下才能实现。

硅与硼在元素周期表中是处于对角线位置上的两个元素。在化学性质上有许多相似之处,如硅和硼的氢化物都很活泼,与水反应则放出氢气。硅和硼都能生成玻璃态的氧化物并显酸性,都能与金属氧化物反应分别生成硅酸盐及硼酸盐。它们的卤化物水解后都生成相应的弱酸——硅酸及硼酸。

在碳族元素中,常用作催化剂的是碳、硅及它们的化合物。活性炭的主要成分是碳。以它作为催化剂或催化剂载体的应用范围十分广泛,如用于卤化、脱卤化、氧化还原、聚合、异构化等反应。尤其是在合成乙烯乙酸酯中,负载活性组分乙酸锌的活性炭更有其特殊的催化功能。

在硅及其化合物中,硅胶、硅酸铝、分子筛等都是化学工业及炼油工业十分常用的催化剂及催化剂载体。

(一)碳及其化合物

1. 活性炭 Activated Carbon

元素符号 C

相对原子质量 12.01

性质 为元素碳的一种存在形式。通常是指以木材、煤、椰子壳等为原料,通过物理或化学方法,经炭化、活化而制得的多孔性物质。主要成分是碳,还含有少量氢、氧、氮、硫及灰分。无臭、无味。相对密度1.9~2.1,表观密度0.08~0.5g/mL,比表面积500~1500m^2/g,孔体积0.6~0.8mL/g。不溶于水及一般有机溶剂。

活性炭的微晶结构有点像石墨晶粒,属于不规则聚集的结果。每个碳原子与相邻的三个碳原子结合起来形成一个层状分子,但活性炭的结构不像石墨那样完全规则地排列。活性炭的微晶由碳原子的平行层片所组成,碳原子呈六角形排列,层数为 5~15,各层不规则地互相重叠,一层对另一层的角位移是紊乱的,基本微晶的大小则主要取决于炭化温度。

活性炭主要由 80%~90% 的碳元素组成,还含少量化学结合官能团形式的氧和氢,如羰基、羧基、酚类、醌类、内酯及醚类等。活性炭中的灰分主要是碱金属和碱土金属的盐类,如碳酸盐、磷酸盐等。

活性炭具有发达的细孔结构,它可分为微孔、过渡孔及大孔三类。其中,微孔的有效孔径 1.8~2nm,其大小数量级相当于分子;过渡孔或中孔的孔隙直径在 1~50nm;大孔的孔隙直径大于 50nm。对于不同的活性炭,微孔孔体积为 0.15~0.90mL/g,但它们的比表面积可能占总比表面积的 95%。由于这些细孔提供巨大的表面积而使得活性炭具有特殊的吸附及催化性能,活性炭的吸附特性:①容易吸附临界温度及沸点较高的物质;②容易吸附分子链较长的物质;③有利于低温下进行吸附;④蒸气压较大的物质容易被吸附。

活性炭用作催化剂及催化剂载体的主要作用:①由于具有很高的比表面积,可为活性组分的高度分散提供场所;②为催化反应提供适宜的孔结构;③与活性组分产生协同催化作用;④表面所含羧基、酚羟基等基团而呈固体酸碱催化作用;⑤通过用特殊原料及加工方法制得的微孔炭能起到与分子筛作用类似的择形催化作用;⑥用作均相催化剂的负载化载体。

活性炭可由多种原料制取,制备条件也互不相同。其种类较多:按形状不同,活性炭分为粉状炭和颗粒炭。颗粒炭又分为定型颗粒炭和不定型颗粒炭。定型颗粒炭是先将原料粉碎并加入黏合剂拌和后,通过成形炭化及活化而制得;不定型颗粒炭是原料炭经活化后,再经破碎、筛分而得。按制得及所用活化剂不同,活性炭可分为化学炭和物理炭。用化学品(如氯化锌、磷酸等)作活化剂制得的活性炭称为化学炭;用高温水蒸气、CO_2 及空气等作活化剂制得的活性炭称为物理炭。按用途不同,活性炭可分为糖用炭、药用炭、味精炭、黄金炭及催化剂载体用炭等。

质量规格

产品性状		指标	
		椰壳炭	杏核炭
粒度,%	>0.7mm	≤0.5	≤0.5
	0.589~0.351mm	≥82	≥82
	<0.295mm	≤3	≤3

续表

产品性状	指标	
	椰壳炭	杏核炭
平均粒径，mm	0.44~0.49	0.44~0.49
强度(球磨法)，%	≥70	≥70
充填密度，g/cm³	0.4~0.47	0.37~0.43
最小流动化速度，cm/s	9~12.5	9~12.5
着火点，℃	≥450	≥450
乙酸吸附量，mg/g	≥500	≥500
乙酸锌吸附量，g/100mL	≥7	≥6
干燥减量，%	≤3	≤3
pH值	5~7.5	5~7.5

用途 广泛用作石油化工各种反应（如卤化、脱卤、氧化、还原、水合、脱氢、聚合及加氢裂化等）的催化剂或催化剂载体，也用作吸附剂、干燥剂、除臭剂、脱硫剂、脱色剂及水净化剂等。

简要制法 ①气体活化法。将木材、果核、煤等含碳原料经干燥、炭化后，先用气体活化剂（水蒸气、CO_2等）活化，再经干燥、粉碎而制得。此法因活化时不用无机化学药品，故又称物理法。

②药品活化法。先将含碳原料用活化剂（氯化锌、磷酸、硫酸等）浸渍，再经煅烧活化、洗净、干燥、粉碎而制得。活化法经化学品浸渍，故也称化学法。

对于有特殊要求的高比表面积活性炭及催化剂载体炭，也可采用药品活化法与气体活化法并用的方法来制得。

活性炭的吸附特性取决于其物理结构和表面化学性质，它们分别决定了活性炭的物理吸附及化学吸附能力。为此，可通过对活性炭进行物理结构改性及表面化学改性处理以提高活性炭的吸附选择性。

2. 脱硫用活性炭 Active Carbon for Crude Desulfurization

别名　活性炭脱硫剂
元素符号　C
相对原子质量　12.01

性质　工业原料中的微量硫化物会使多种催化剂、吸附剂中毒,并腐蚀设备和管道。工业生产中产生的 H_2S 及一些有机硫化合物排入大气或水体,会产生环境污染。使用活性炭脱硫,则是利用活性炭表面活性基团的催化作用,使气体中的 H_2S 和 O_2 反应:

$$O_2+2H_2S \longrightarrow 2S+2H_2O \quad \Delta H=-434.3kJ/mol$$

首先是活性炭表面吸附氧,形成活性中心的表面氧化物,然后气体中的 H_2S 分子与化学吸附的氧发生反应,生成的硫则沉积在活性炭的微孔中。因此,活性炭脱硫仅限于有氧的情况,无氧时其脱硫性能很差。根据脱硫效率不同,脱硫用活性炭可分为用于粗脱硫的普通活性炭和用于精脱硫的改性活性炭两类。粗脱硫用活性炭主要利用活性炭的吸附能力来脱除 H_2S,对噻吩、CS_2 也有效。硫容一般在20%左右,使用时装填量大、空速低、再生频繁;精脱硫用活性炭是将成型活性炭用活性金属(如 Cu、Cr、Fe 等)盐浸渍后,经干燥、焙烧和过筛后制得。能将有机硫催化转化成 H_2S 后再经吸附除去,可单独使用也可与氧化锌脱硫剂串联使用以达到精脱硫的目的。

质量规格

普通粗脱硫用活性炭的参考规格

指标＼型号 产品性状	RS-4	TA-1	TA-2	BRS-1	BRS-2	防净2#
尺寸规格,mm	$\phi 3$	2.5~5.5	2.5~5.5	$\phi 2$~$\phi 6$	$\phi 2$~$\phi 6$	0.8~2.4
堆密度,kg/L	—	0.55	0.50	0.60	0.50	0.22
比表面积,m^2/g	—	>250	—	300	900	1300
总孔容,mL/g	0.85	0.3~0.6	0.6~0.75	0.3~0.75	0.6~0.75	1.02
中孔容,mL/g	0.40	—	—	—	—	—
微孔容,mL/g	0.30	—	—	—	—	0.45

续表

指标 型号 产品性状	RS-4	TA-1	TA-2	BRS-1	BRS-2	防净2#
水容量,%	≥70	>50	>65	≥45	≥65	—
硫容, mL/g	1100	>600	>800	>600	>850	—
工作硫容,%		20				
H$_2$S 脱除率,%	—	>90	>95	>90	>95	98
HCl 脱除率,%						90

精脱硫用活性炭参考规格

指标 型号 产品性状	KC-1	KT-3/2	EAC-4	EAC-6	F2X	SN-3	T-101
外观	黑色,无定形	黑色,无定形					
尺寸规格, mm	φ3~φ6	φ3×(2.4~4.7)	φ3.5×(5~15)	φ3.5×(5~15)	φ3.5×(5~15)	φ4×(3~10)	φ3×(5~15)
堆密度, kg/L	0.5~0.6	0.5~0.6	0.5~0.7	0.5~0.6	0.5~0.7	0.6	0.6~0.8
比表面积, m^2/g	900~1000	700~800	>600	>800	>800	>500	
孔体积, mL/g	0.5~0.6	0.5~0.6	0.55~0.65	0.55~0.70	0.55~0.65	0.3~0.4	
磨耗率,%	<3	<3	—	—	<3		
侧压强度, N/cm^2	—	—	>50	≥50	50	—	
使用压力, MPa	不限	0.1~2				0.1~4	0.1~8
使用温度,℃	20~50	30~60		60	5~60		
空速, h^{-1}	1000~2000	500~1000				150~400	1000~2000
高径比	>3	>4				>3	1~3

续表

指标 型号 产品性状	KC-1	KT-3/2	EAC-4	EAC-6	F2X	SN-3	T-101
水气,%	饱和	干气	—	—	—	0.3~0.4	饱和
入口硫浓度,μg/g	1~200	7~70	—	—	—	2~70(cos)	
出口硫浓度,μg/g	≤0.1	≤0.1	—	—	0.03	3(cos)	≤0.03
穿透硫容,%	≥30	6~8	—	—	RSH≥8 RSSR≥4	CS>2.5 COS>2 H_2S>12	2	≥19

用途 用于中小型合成氨厂、尿素厂、联醇生产厂等用干法脱除原料气中的 H_2S 及部分有机硫。具有价格较低、操作温度低,并可再生使用及可回收硫黄等特点。粗脱硫用活性炭可以处理较高含量的硫,但出口气体中仍会含有 20~40μg/g 的硫。使用空速低、装填量大、再生频繁。精脱硫用活性炭的硫容为粗脱硫用活性炭的 4~6 倍,也可脱除噻吩、硫醇等部分有机硫,可在 60~80℃下使用。在脱硫用活性炭中,通过浸渍法引入铜、碱金属及碱土金属等活性金属,可提高其催化脱硫性能。

简要制法 粗脱硫用活性炭以煤为原料,以焦油为黏合剂,经挤条成型、水蒸气活化、筛分后制得。精脱硫用活性炭选用已成型的活性炭,经用活性金属盐溶液浸渍、干燥、焙烧及筛分制得。

3. 活性炭纤维 Active Carbon Fiber

别名 纤维状活性炭
相对原子质量 12.01
化学成分 C
性质 为一种炭纤维经物理活化、化学活化或两者兼有的活化反应所制得的功能性炭纤维。具有非晶态的无定形碳结构,碳原子以乱层堆叠的类石墨微晶片层形式存在。具有很高的比表面积,可达 1500~3000 m^2/g。其中,1nm 的微孔结构丰富,微孔体积占总孔体积的 90% 以上。孔径 2~50nm 的很少,大于 50nm 的几乎没有。活性炭纤维表面存在着多种含氧基团，如羟基、羧基、酯基等。表面基团随活化处理方法的不同呈现出不同的结构特征。同活性炭一样，本品也是一种炭质吸附材料，具有吸附量大、吸附速度快、对低浓度吸附物质的吸附能力强等特点。此外，还具有耐酸、耐碱、耐高温及导电、导热等性能。通过对活性炭纤维表面进行化学改性（如进行氧化、氨化、氢化及碱化等处理），可改变炭纤维表面含氧、含氮基团数量及亲疏水性，从而提高其吸附性能及脱硫性能。

质量规格

产品性状 \ 标准型号	A-10	A-15	A-20
比表面积，m^2/g	1000	1500	2000
纤维直径，μm	14	12	11
拉伸强度，kg/mm	25	15	8
拉伸模量，kg/mm	711	543	331
伸长率，%	3.51	3.03	2.56

用途 用作催化剂、催化剂载体、脱硫剂、吸附剂、除臭剂、除湿剂等。在活性炭纤维本体或表面掺杂不同的金属粒子（如银），可使其具有抗菌及除臭功能，制成无机抗菌材料。也可根据需要制成纤维、毡、布、网及纸等多种材料，分别用于气体净制及分离、有机废水处理、水净化、有机溶剂及化合物回收、空气净化等领域。

简要制法 以沥青、黏胶纤维、酚醛等为原料，经熔纺、交联、碳化、活化等过程制得。

4. 炭分子筛 Carbon Molecular Sieve

别名 CMS 分子筛、碳分子筛

化学成分 C

相对原子质量 12.01

性质 为灰黑色球形或条状颗粒，孔体积 $0.6\sim0.66mL/g$，比表面积 $260\sim280m^2/g$，微孔孔径 $0.4\sim0.6nm$。炭分子筛与活性炭相似，是一种非极性的多孔性材料。但活性炭的孔径一般为 $1\sim3nm$，而且孔径大小的范围较宽，不能显示出 1nm 以下分子筛的作用。而炭分子筛的制备原料与活性炭相近，也有像活性炭一样的疏水性，但具有 1nm 以下的发达微孔，孔径大小一致、分布狭窄，能显示出分子筛的特殊作用。从微观结构来看，炭分子筛是由很小的类石墨微晶所组成。微晶本身呈交联状，其中的碳原子呈三角形键接。其微孔则是由微晶中碳层面堆积的无序性造成的。

质量规格

产品性状	指标	产品性状	指标
堆密度，g/mL	600~680	比表面积，m^2/g	260~280
孔体积，mL/g	0.6~0.66	微孔直径，nm	0.4~0.6

用途 用作催化剂载体及乙苯氧化脱氢制苯乙烯的催化剂、吸附剂，炭分子筛用作催化剂载体具有耐温性好、耐酸碱腐蚀、可制成多种几何形状且孔径可以调节等特点，不但能调整其亲水性或疏水性，还具有离子交换性能。炭分子筛负载金属钼催化剂可用作煤气甲烷化的高活性催化剂。将炭分子筛的筛分性能与无机金属氧化物的表面性能相结合制得的改性炭分子筛，是一种具有特种性能的择形催化材料。利用其择形性可直接由合成气（CO 及 H_2）合成出链长符合汽油要求的烃类化合物。也用于氮气制造、热处理、果蔬保鲜等。

简要制法 将烟煤研磨至 70μm 的细度，加入适量煤焦油或黏合剂，制成一定尺寸的圆柱体，经预热、高温（600~900℃）炭化、溶剂浸渍、均孔处理、高温活化制得。

生产厂 浙江长兴县中泰炭分子筛公司、上海精细化工研究所、大连理工大学等。

5. 中间相炭微球　Masocarbon Microbeads

化学成分 C

相对原子质量 12.01

性质 对沥青类物质进行热处理时，会因热缩聚反应生成具有各向异性的中间相小球体，将这种中间相小球从沥青母体中分离出来形成的微米（μm）级炭材料称为中间相炭微球。中间相炭微球含有碳、氢、硫等元素。而主要成分为碳（含量大于90%），其次为氢。微球粒径一般为 1~100μm。小球内部由许多缩聚芳香族的扁平大分子堆砌而成，各层片沿"赤道"平面大体取向排列，具有片层结构，表面为孔径 2~50nm 的中孔结构。具有良好的化学稳定性、热稳定性及导电导热性能。具疏水性，经表面改性处理可提高其亲水性。

用途 用作催化剂载体。以中间相炭微球作为 Pt 或 Pt-Ru 催化剂的载体，用于甲醇燃料电池电极，使电极具有良好的性能。也用作锂离子电池负极材料、高性能吸附材料、高性能液相色谱柱填料等。也用于制造高密度高强度 C/C 复合材料等。

简要制法 将原料沥青在惰性气体中热缩聚，制得含有中间相小球的沥青，再经溶剂分离而得。

生产厂 北京化工大学。

6. 富勒烯 Fullerene

别名 球碳、巴基球

性质 富勒烯是笼状碳原子簇的总称，包括 C_{28}、C_{32}、C_{50}、C_{60}、C_{70}、C_{76}、…、C_{240}、C_{540} 等。是除金刚石、石墨以外的碳的第三种同素异形体，也是一类新型全碳分子。每个分子都有 $2\times(10+M)$（M 是六元环的个数）个碳原子，每个碳原子以 sp^2 杂化轨道和相邻三个碳原子相连，相应构成 12 个五元环和 M 个六元环。其中，最具代表性及最稳定的富勒烯分子是 C_{60}。球碳 C_{60} 分子呈足球形，60 个碳原子组成 12 个五元环面、20 个六元环面、60 个顶点及 90 条棱边，其直径为 1nm。其中，C—C 键长在六元环和六元环共用的边（6/6）为 139.1pm，六元环和五元环共用的边（6/5）平均为 145.5pm。富勒烯固态晶体呈棕黑色，相对密度 1.72，熔点 1180℃，升华温度 434℃，热导率 0.4W/(m·K)，电导率 1.7×10^{-7} S/cm，溶于有机溶剂。C_{60} 是由全碳组成的分子，有 30 个 6/6 双键及 60 个 6/5 单键。它是一种负电子性质分子，容易被还原而不容易被氧化。可以和自由基、各种亲核试剂及碳烯进行加成反应，能与许多过渡金属形成配合物。在一定条件下，C_{60} 能与 F_2、Cl_2、Br_2 反应生成多卤代衍生物，也能进行卤化、烷基化、加成及光化学反应。

用途 C_{60} 及其衍生物可作为催化剂组成部分用于催化聚合反应。富勒烯碳分子由于其独特的结构及性能，在超导、微电子、光电子学等领域有广阔的应用前景。在催化领域中，可用作催化剂载体。

简要制法 制备富勒烯的方法有激光蒸发石墨法、高频加热蒸发石墨法、石墨电弧放电法，苯在氩气及氧气混合气氛中不完全燃烧法及萘热裂解法等。用上述方法制得的产物一般为含有 C_{60}/C_{70} 及其他富勒烯混合物的烟灰，经苯或甲苯等溶剂萃取或经升华方法可制得 C_{60}/C_{70} 结晶物，再经液相色谱法或重结晶法分离可制得 C_{60}。

(二)硅的化合物

1. 碳化硅 Silicon Carbide

化学式 SiC

相对分子质量 40.10

性质 为一种典型的共价键结合的化合物,自然界中几乎不存在。是在合成金刚石时,在碳中加硅作为催化剂,偶尔发现了碳化硅的存在。它主要有两种结晶形态,即六方晶系的 α-SiC 及立方晶系的 β-SiC。β-SiC 型为低温稳定型,当加热至 2100℃ 时,开始向 α 型转变;在 2400℃ 时则迅速转变为 α 型。碳化硅晶格的基本结构单元是相互穿透的 SiC_4 及 CSi_4 四面体。由于四面体堆积次序的不同可形成不同的结构,至今已发现几百种变体。这些变体的晶格常数虽有所不同,但它们体内的物质无明显变化。如 α-SiC 型至今已确认有近 250 种变体。但各类变体的密度基本相同,即 $3.217g/cm^3$,硬度 9.5~9.75。碳化硅纯品为无色透明晶体,一般因含有杂质而呈蓝黑色。熔点 >2700℃,沸点 3500℃。在氧化焰中,一般碳化硅工业制品 1000℃ 以上即开始分解。但在还原气氛中,加热到 2200~2500℃ 才开始分解,到 2700℃ 分解现象急剧明显。不溶于水、酸,但溶于熔融碱。在高温下,空气与水蒸气的混合物对其有剧烈的分解作用。在高温下,氯气、碱金属及碱土金属氧化物、硅酸钠、氧化铜等,都对碳化硅有强烈侵蚀作用。碳化硅的硬度很高,俗称金刚砂,是一种很好的磨料。碳化硅晶体还具有半导体性能。

商品碳化硅中有一种泡沫碳化硅,它是一种含有少量游离硅和游离碳的自胶结泡沫型材料。其表面结构疏松,密度 $0.25~0.60g/cm^3$,气孔率 80%~90%,热导率 $0.87~2.02W/(m·K)$,最高工作温度 1650℃(氧化气氛)及 2200℃(还原气氛)。在 2200℃ 以上分解,但并未熔化。这种碳化硅很适用于热气体过滤及腐蚀性物质湿过滤,也用作催化剂载体。

质量规格

产品性状	指标	产品性状	指标
碳化硅(SiC),%	98	铁(Fe),%	0.02
氧(O_2),%	1.0~2.0	平均粒径,μm	1~4
碳(C),%	0.2~0.4	比表面积,m^2/g	5

用途 碳化硅可用作需要低比表面积的催化剂载体(比表面积范围为

0.01~5m²/g，孔体积 0.15~0.40mL/g，平均孔径 0.03~90μm)，并可根据反应需要制成球形、圆柱形、环形及片形等几何形状。碳化硅也用于制造耐高温纤维、耐火材料、炉管材料、耐热膜、热交换器部件、机械密封材料等。它也是广泛使用的磨料，用于制造砂轮、砂布、研磨膏、抛光粉等。既可研磨玻璃、硬质合金等很硬的物质，也可研磨塑料、橡胶及木材等较软的物质。

简要制法 由石英砂、焦炭及食盐等在2200℃以上反应制得。或由二氯二甲基硅烷等金属有机化合物在真空、惰性气体或激光下热解制得。还可利用碳弧放电，使元素硅与碳直接反应而得。

2. 氮化硅 Silicon Nitride

化学式 Si_3N_4

相对分子质量 140.28

性质 存在两种晶体及一种无定形化合物。晶体有两种晶型：$\alpha\text{-}Si_3N_4$ 型是低温型颗粒状结晶，$\beta\text{-}Si_3N_4$ 型是高温型针状结晶。两者均属六方晶系，都是由 $[Si_3N_4]^{6-}$ 四面体共用顶角构成的三维空间网络。在1200℃下加热超过4h，粉状 Si_3N_4 就形成 $\alpha\text{-}Si_3N_4$ 型，而在1450℃加热2h，则形成 $\beta\text{-}Si_3N_4$ 型。纯品为无色，商品因含微量杂质，常呈灰色或灰褐色。相对密度3.44，硬度9~9.5。熔点(加压)1900℃。常压下，1850~1900℃分解为氮及硅。不溶于水、稀酸、碱，在浓强酸中可水解，生成铵盐和 SiO_2。溶于氢氟酸。浓强碱对本品有缓慢腐蚀性，熔融强碱可使本品转变成硅酸盐和氨。600℃以上能与氧化铅、氧化锌、二氧化锡及过渡金属氧化物反应，并放出 NO 及 NO_2。是一种键强高的共价化合物，化学稳定性好，热膨胀系数小，并具有优良的抗氧化性。与碳化硅相比，本品耐热性稍低，但韧性比碳化硅稍高。一般使用温度为1200~1300℃。

质量规格

产品性状	指标	
	高纯 $\alpha\text{-}Si_3N_4$	高纯 $\beta\text{-}Si_3N_4$
氮化硅(Si_3N_4),%	95	95
氧(O),%	1.51	0.8
氮(N),%	38.24	38
总硅(Si),%	58.46	—
游离硅(Si),%	0.15	0.5
碳(C),%	0.1	0.1

续表

产品性状	指标	
	高纯 α-Si_3N_4	高纯 β-Si_3N_4
铁(Fe),%	0.07	0.3
平均粒径,μm	1	10~50
比表面积,m^2/g	2~12	—

用途 用作耐高温及耐磨催化剂载体,也用于制造高温陶瓷、坩埚、轴承、密封耐磨件、喷嘴、柴油机部件等。

简要制法 由纯硅粉在 1200~1450℃ 高温下用氮气或氨气直接氮化制得,或由高纯 SiO_2 在氮气流中用碳还原而得。还可由高纯硅烷(SiH_4)气体和氨气在激光引发下反应制得。

3. 硅酸 Silicic Acid

别名 偏硅酸

化学式 H_2SiO_3

相对分子质量 78.10

性质 为成分复杂的白色固体。其组成随形成条件而异,常以 $xSiO_2 \cdot yH_2O$ 来表示。各种硅酸中以偏硅酸($x=y=1$)的组成最简单,并以 H_2SiO_3 来表示反应中产生的硅酸,是一种二元弱酸。相对密度 2.1~2.3。易溶于氢氟酸,溶于氢氧化钠或氢氧化钾溶液,不溶于水及其他无机酸。与氢氟酸激烈反应并分解,加热到 150℃ 分解为 SiO_2。二氧化硅可构成多种硅酸。可溶性的硅酸盐,加任何弱酸都可得到硅酸。游离出来的单分子硅酸不稳定,只能在 pH 值 3.2 的水溶液中短时间存在。久置则在溶液中逐渐缔合为二聚硅酸($H_6Si_2O_7$)、三聚硅酸($H_8Si_3O_{10}$)、环三聚硅酸($H_6Si_3O_9$)、环四聚硅酸($H_8Si_4O_{12}$)等。最后形成不溶解的多分子聚合物,为胶体溶液,称为"硅酸溶胶"。如硅酸盐溶液的浓度较大,则加酸后直接形成硅酸胶冻,脱水后得硅酸凝胶。其含水量较大,软而透明,并有弹性,硅酸凝胶经缓慢脱水,经一系列处理后,则可制得白色略透明的硅胶。

质量规格

产品性状	指标	
	二级品	三级品
不挥发物,%	0.20	0.40
氯化物(以 Cl^- 计),%	≤0.005	≤0.005

续表

产品性状	指标	
	二级品	三级品
硫酸盐(以 SO_4^{2-} 计),%	≤0.020	≤0.020
重金属(以 Pb 计),%	≤0.005	≤0.005
铁(Fe),%	≤0.005	≤0.005
灼烧失量,%	≤20~28	≤20~28

用途 用于制造含硅催化剂、催化剂载体、吸附剂硅胶、硅酸盐。用作钨丝加工中的熔剂、色谱分离的吸附剂,也用于油脂、蜡等脱色。

简要制法 将细孔球形硅胶用盐酸浸泡数小时后,用去离子水洗涤,烘干后即制得。

4. 硅酸钠 Sodium Metasilicate

别名 水玻璃、泡花碱、偏硅酸钠
化学式 $Na_2O \cdot nSiO_2 \cdot xH_2O$
性质 有固体及液体两种。无水物固体为无定形,呈天蓝色或黄绿色。商品很像玻璃,又能溶于水中,故得名水玻璃。液体为无色、灰色或略带绿色的黏稠液体。固体硅酸钠易吸湿潮解,易溶于水,溶于稀氢氧化钠,不溶于醇。水溶液呈碱性。

硅酸钠按 $Na_2O \cdot nSiO_2$ 的组成比例来表示。SiO_2 和 Na_2O 的摩尔比称为模数,模数可以变化。随着模数的变化,其性质也随之变化。模数越大,其胶体组分越多,越难溶于水,但其水溶液的黏结能力越强。模数大于 3 的属"中性"水玻璃,小于 3 的属"碱性"水玻璃。国内生产的水玻璃有 $Na_2O \cdot SiO_2$,$Na_2O \cdot 2.06SiO_2$、$Na_2O \cdot 2.2SiO_2$、$Na_2O \cdot 2.4SiO_2$、$Na_2O \cdot 2.14SiO_2$ 及 $Na_2O \cdot 3.36SiO_2$ 等数种。产品一般都是液体,以固体出售的较少。液体一般以密度表示,也有以波美度(Be')表示的。如40°Be'、50°Be' 和52°Be',而以 40°Be' 的最多。SiO_2 含量越多,则碱性越低。水玻璃有水解作用,其水解方程式为

$$Na_2SiO_3 + 2H_2O \longrightarrow 2NaOH + H_2SiO_3(硅酸)$$

因此,其水溶液呈碱性。水解所分离出的硅酸在水中形成胶粒群。在加热时或在常温下,酸和一些盐(如 NH_4Cl)能使水玻璃溶液析出 SiO_2。水玻璃有良好的胶结能力和耐酸性能,在空气中会吸收 CO_2 形成无定形硅胶并逐渐干燥而硬化。一类液体和二类液体产品和固体产品的质量规格分别见下表。

质量规格

二类液体产品质量规格

产品性状	液-1			液-2			液-3			液-4		
	优等品	一等品	合格品	优等品	一等品	合格品	优等品	一等品	合格品	优等品	一等品	合格品
铁(Fe),%	≤0.02	≤0.05	—	≤0.02	≤0.05	—	≤0.02	≤0.05	—	≤0.02	≤0.05	—
水不溶物,%	≤0.10	≤0.40	≤0.50	≤0.10	≤0.40	≤0.50	≤0.20	≤0.60	≤0.80	≤0.20	≤0.80	≤1.00
密度(20℃),g/mL	1.336~1.362			1.368~1.394			1.436~1.465			1.526~1.559		
氧化钠(Na$_2$O),%	≥7.5			≥8.2			≥10.2			12.8		
二氧化硅(SiO$_2$),%	≥25.0			≥26.0			≥25.7			≥29.2		
模数	3.41~3.60			3.10~3.40			2.60~2.90			2.20~2.50		

固体产品质量规格

产品性状	固-1			固-2			固-3		
	优等品	一等品	合格品	优等品	一等品	合格品		一等品	合格品
可溶固体,%	≥99.0	≥98.0	≥95.0	≥99.0	≥98.0	≥95.0		≥98.0	≥95.0
铁(Fe),%	≤0.02	≤0.12	—	≤0.02	≤0.12	—		≤0.10	—
氧化铝,%	≤0.30	—	—	≤0.25	—	—		—	—
模数	3.41~3.60			3.10~3.40				2.20~2.50	

注:① 液-1、液-2、固-1、固-2、固-3型产品用作黏结剂,填充料和化工原料等,液-3产品主要用于建材业,液-4和固-3型产品用于铸造业中作黏结剂等。
② 表中数据摘自 GB/T 4209—2008。

用途 化学工业中用于生产硅铝催化剂，还用于生产硅胶、硅溶胶、硅酸盐、分子筛、白炭黑等。在催化剂或载体成型时可用作黏合剂。也用于重垢型洗涤剂、双氧水漂白稳定剂、瓦楞纸板及木材等胶黏剂、橡胶防水剂、纸张漂白剂、金属防腐剂、切削液防锈剂、木材阻燃剂、堵漏剂等。建材工业中用于制造水泥、耐火材料等。

安全事项 水玻璃为非危险品。但硅酸钠中有游离碱质，能与空气中的 CO_2 生成碳酸钠，析出白色固体结晶，故容器必须密闭。

简要制法 由纯碱与硅砂在 1400℃ 以上经熔融反应制得，或由硫酸钠（芒硝）、煤粉、硅砂经高温熔融反应制得，也可由硅砂与液体烧碱在压热釜中反应制得。

5. 硅酸钾　Potassium Silicate

别名 偏硅酸钾、钾水玻璃

化学式 $K_2O \cdot nSiO_2$

性质 有固体和液体两种。固体物中主要有偏硅酸钾（K_2SiO_3）和二硅酸钾（$K_2Si_2O_5$）。偏硅酸钾为无色或浅绿色斜方晶系固体，常为类似玻璃状的块状或粒状。熔点 976℃，折射率 1.520。溶于水，水溶液呈碱性。不溶于乙醇。在酸中分解。溶于水后其性质与液体硅酸钾相同。二硅酸钾也为无色斜方晶系固体。相对密度 2.456，熔点 1045℃，折射率 1.503。溶于水。

液体硅酸钾的化学组成为 $K_2O \cdot 2.5SiO_2 \sim K_2O \cdot 3.4SiO_2$，系无色或微绿色黏稠液体。易溶于水和酸，并游离出胶状硅酸。钾含量越高，越易溶于水。不溶于醇。硅酸钾的物理性质和化学性质与硅酸钠基本相似，但硅酸钾的软化温度较高，而且它的干膜暴露于潮湿空气中不易起"白霜"。工业品一般为浅灰色黏稠性液体。

质量规格

产品性状	指标	产品性状	指标
相对密度，°Be′	45	模数 M	2.4~2.8
氧化钾（K_2O），%	10.5~12.5	磷（P），%	≤0.04
二氧化硅（SiO_2），%	25~29	硫（S），%	≤0.05
氧化钠（Na_2O），%	2.5~4		

用途 用于制造硅胶、硅酸盐洗涤助剂、阻燃剂、电视荧光粉黏合剂、电焊条等,也用作肥皂填充剂。

简要制法 由硅砂与碳酸钾在熔融炉中经高温熔融反应制得,或由氢氧化钾溶液与硅砂在高压釜中通入加压蒸汽反应而得。

6. 硅胶 Silica Gel

别名 硅(酸)凝胶、氧化硅胶

化学式 $m\mathrm{SiO}_2 \cdot n\mathrm{H}_2\mathrm{O}$

性质 为一种坚硬无定形的链状和网状结构的硅酸聚合物颗粒,呈透明或乳白色。硅胶的基本结构单元是由四个氧原子围绕着一个硅原子排列的四面体,如图所示:

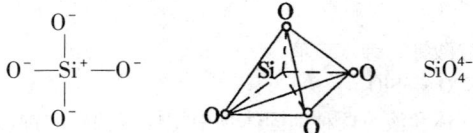

而每个氧原子又与相邻的两个 Si 原子共享。从结构上来看,SiO_2 只是所有氧原子与指定的四面体及相邻的各个四面体共享的三维空间网中的一个最小单位。在六重配位中,Si^{4+} 阳离子半径为 0.04nm,O^{2-} 阴离子半径为 0.14nm。SiO_2 的结合键属于离子型键,同时还具有明显的共价性,其键距为 0.162nm。人工合成的 SiO_2 一般都是无定形的,即由水合态硅酸脱水凝聚,胶粒互相交联而形成的固体凝胶物。这些胶粒是不透性的粗圆状细粒子,粒径约 10nm。粒子间通过搭桥或充填的形式互相联结,形成雷同的孔隙系统。这种结构网络可用比表面积、孔体积、孔径及孔分布等数值加以表征,其大小取决于基本结构粒子的大小及联结方式。

作为一种重要的脱水剂、吸附剂及催化剂载体,硅胶以其独特的结构表现出以下特点:①对水具有很高的选择吸附性;②在控制条件下,对混合组分中的一定组分可以有选择地吸附;③能快速地吸附,且在循环条件下可容易而迅速地解吸;④吸附机理是纯物理的,在吸附及解吸时不产生有害气体或液体;⑤具有耐酸性、较高耐热性(500~600℃下可长期使用)和较高的耐磨强度,特别适合于流化床反应;⑥具有较低的表面酸性,可大大降低某些反应物的结焦,也很少与催化剂的焦化形态物质发生反应;⑦表面存在 OH 基,这是硅凝胶脱水时不可能脱尽水而产生的,在真空下将硅胶加热到 200~500℃时,表面 OH 基能脱去一半,要全部脱去表面

OH 基，温度需高于 1000℃；⑧比表面积较大并具可控性，特别适用作催化剂载体；⑨再生技术简单。

产品可分为干燥剂硅胶、吸附剂硅胶、分析用硅胶、包装干燥用硅胶、催化剂载体用硅胶及特种专用硅胶等。具有化学惰性，易吸附极性物质，难吸附非极性有机物质。它吸附气体中水分的能力可达自身质量的 50%。

质量规格　参见"球形硅胶""块状硅胶"等。

用途　用于氧化、加氢、脱氢、脱水、水合、氯化、歧化及聚合等反应，如用作生产苯酐、苯胺、顺酐、丙烯腈、顺丁橡胶等化工产品的催化剂及载体；用于各种气体的干燥、石油化工产品的精制分离、有机产品的脱水精制、工厂车间及公共场所的空气湿度调节、仪器及药品等的防潮等，也用作色谱担体及固定化酶的载体等。

简要制法　先在硅酸钠溶液中加入酸及一定量电解质，在搅拌下反应生成硅酸凝胶，再经老化、洗涤、干燥及活化制得硅胶。采用不同原料配比及工艺条件可制得不同规格的产品。用作催化剂载体时，由于应具有一定机械强度，主要采用干凝胶型的硅胶。

7. 块状粗孔硅胶　Silica Gel Macro-pored Lump

化学式　$m\text{SiO}_2 \cdot n\text{H}_2\text{O}$

性质　乳白色玻璃状不规则颗粒，粒径 0.25~5.6mm。堆密度 400~500g/L。具有丰富的细孔结构，平均孔半径 4~5nm。由于平均孔半径较大，在高相对湿度条件下吸附容量增大，但吸附强度变小。在低相对湿度时，其吸附容量低于块状细孔硅胶。

质量规格

产品性状	指标			
粒度，mm	>5.6	2.8~8.0	1.4~4.0	0.25~2.0
粒度合格率,%	≥90	≥90	≥90	≥90
磨耗率,%	≤10	≤10	≤30	—
堆密度，g/L	≥400	≥400	≥400	≥400
孔体积，mL/g	≥0.76	≥0.76	≥0.76	≥0.76
150℃下失量,%	≤5	≤5	≤5	≤5

注：表中所列数据摘自 HG/T 2765.2—2005。

用途 用作氧化、脱氢、水合及聚合反应的催化剂载体，也用作干燥剂、吸附剂等。适用于空气、氧气、氢气、氯气及有机气体等的干燥，干燥性能优于氧化铝及分子筛。

简要制法 由硫酸与水玻璃反应生成硅酸凝胶后再经氨水处理制得。

8. 块状细孔硅胶　Silica Gel Fine-pored Lump

化学式　$m\mathrm{SiO}_2 \cdot n\mathrm{H}_2\mathrm{O}$

性质 为无色或微黄色透明或不透明玻璃状不规则颗粒，是具有微孔结构的凝胶状物质。粒度 0.25~5.6mm。具有丰富的细孔结构，平均孔半径为 1~1.5nm。化学性质稳定。不溶于水、有机溶剂及一般酸类。溶于强碱及氢氟酸。其微孔结构对水及多种气体、液体有很强的吸附性，且吸附、脱附性能与温度有关。在 500~600℃下可长期使用，热稳定性好。

质量规格

产品性状		指标						
		优级品				一级品		
粒度，mm		>5.6	2.8~8	1.4~4	0.25~2	>5.6	2.8~8	1.4~4	0.25~2
小于下限颗粒量,%		≤10	≤5	≤5	≤3		≤5	≤5	≤3
大于上限颗粒量,%		—	≤3	≤3	≤3	—			
粒度合格率,%		—				≥90	≥92	≥92	≥94
磨耗率,%		5	5	15	—	≤5	≤5	≤15	—
堆密度，g/L		≥670	≥670	≥670	≥670	≥670	≥670	≥670	≥670
吸附量,%	RH=20%	≥11	≥11	≥11	≥11	≥10	≥10	≥10	≥10
	RH=40%	≥22	≥22	≥22	≥22	≥20	≥20	≥20	≥20
	RH=80%	≥33	≥33	≥33	≥33	≥32	≥32	≥32	≥32
150℃下失量,%		≤6	≤6	≤6	≤6	≤6	≤6	≤6	≤6

注：RH—相对湿度。

用途 主要用作吸附剂、干燥剂及空气湿度调节剂，也用作催化剂载体。用于石油化工产品的分离精制、有机中间体及产品的脱水精制、各种工业气体的吸附干燥等。

简要制法　先由稀硫酸与稀硅酸钠溶液在一定温度及一定 pH 值下反应，再经老化、洗涤、干燥制得。

9. 球形粗孔硅胶　Macro-pored Ball Silica Gel

化学式　$m\text{SiO}_2 \cdot n\text{H}_2\text{O}$

性质　为半透明球形颗粒，堆密度 400~500g/L，粒度 2~8mm。具有丰富的细孔结构，平均孔半径 5~6nm。

质量规格

产品性状	指标					
	优级品		一级品		合格品	
粒度，mm	4~8	2~5.6	4~8	2~5.6	4~8	2~5.6
小于下限颗粒量，%	≤5	≤5	≤5	≤5	≤6	≤6
大于上限颗粒量，%	≤1	≤1	—	—	—	—
粒度合格率，%	—	—	≥94	≥94	≥90	≥90
磨耗率，%	≤4	≤6	≤6	≤8	≤8	≤10
堆密度，g/L	400~500	400~500	400~500	400~500	400~500	400~500
吸水量，%	≥85	≥85	≥75	≥75	≥75	≥75
球形颗粒合格率，%	≥78	≥78	≥75	≥75	—	—
150℃下失量，%	≤5	≤5	≤5	≤5	≤5	≤5

用途　用作催化剂载体、干燥剂及吸附剂等，对空气、氧、氢等工业气体的干燥吸附能力优于氧化铝及分子筛。

简要制法　先由稀硫酸与稀硅酸钠经中和反应生成硅溶胶，再经"空气造粒"、洗涤、干燥制得。

10. 球形细孔硅胶　Fine-pored Ball Silica Gel

化学式　$m\text{SiO}_2 \cdot n\text{H}_2\text{O}$

性质　为无色至微黄色透明或半透明球形颗粒。是一种具有丰富微孔结构的凝胶状物质。堆密度 670~750g/L，粒度 2~8mm，平均孔半径 1~

2nm。化学性质稳定。不溶于水、有机溶剂及各种酸类，溶于氢氟酸及强碱。对水和多种气体、液体有吸附性，且吸附、脱附性能与温度有关。在 500~600℃下可长期使用，热稳定性好。

质量规格

产品性状		指标					
		优级品		一级品		合格品	
粒度，mm		4~8	2~5.6	4~8	2~5.6	4~8	2~5.6
小于下限颗粒量,%		≤5	≤5	≤5	≤5	≤5	≤5
大于上限颗粒量,%		≤1	≤1	—	—	—	—
粒度合格率,%		—	—	≥94	≥94	≥90	≥90
磨耗率,%		≤2	≤4	≤2	≤4	≤5	≤5
堆密度，g/L		≥750	≥750	≥720	≥720	≥670	≥670
吸附量,%	$RH=20\%$	≥10	≥10	≥9	≥9	≥6	≥6
	$RH=40\%$	≥20	≥20	≥19	≥19	≥14	≥14

注：RH——相对湿度。

用途 用作干燥剂、吸附剂及催化剂载体等，尤适用于要求露点很低而开始水蒸气分压又较小的气体干燥、仪器仪表干燥，以及变压器油的除酸再生等。

简要制法 先由稀硫酸与稀水玻璃溶液经中和反应生成硅溶胶，再经"空气造粒"、洗涤、干燥、筛分而制得。

11. 白炭黑 White Carbon Black

别名 沉淀二氧化硅

化学式 $SiO_2 \cdot nH_2O$

性质 为白色无定形粉末，质轻而松散。无毒、无臭、无味。相对密度1.9~2.3，熔点1750℃。不溶于水及普通酸，溶于氢氧化钠及氢氟酸。吸湿后形成聚合细颗粒。耐高温、不燃烧、电绝缘性好。对其他化学品稳定。沉淀二氧化硅是由溶液中沉淀出的原始粒子聚集而成的链状二次粒子所构成，平均粒径11~110nm。原始粒子的粒径一般在10~15nm。因此聚集而成的沉淀二氧化硅有很大的内表面积。表面层的Si原子由于价键不饱和而形成表面羟基,羟基密度约为 5 个(Si—OH)/nm^2。白炭黑具有多孔性及较大的比表面积。比表面积为 35~380m^2/g,商品按比表面积大小可分为>190m^2/g、161~190m^2/g、136~160m^2/g、106~135m^2/g、71~105m^2/g 及<70m^2/g 等多种类别。

质量规格

产品性状	指标	产品性状	指标
二氧化硅(SiO$_2$),%	≥90	pH 值	5~8
颜色	优于或等于标样	总含铜量,mg/kg	30
筛余物(45μm),%	≤0.5	总含铁量,mg/kg	1000
加热减量,%	4~8	总含锰量,mg/kg	50
灼烧减量,%	≤7.0	邻苯二甲酸二丁酯吸收值,cm^3/kg	2~3.5

注:表中所列数据摘自 GB 10517—1989。

用途 主要用作橡胶制品及轮胎的补强剂,能赋予胶料以较高拉伸强度、伸长率、弹性、耐热性及撕裂强度。也用作催化剂载体、农药载体、造纸上胶剂、涂料及油墨的增稠剂、涂料中颜料的防沉淀剂及消光剂。还用作载体成型黏合剂、润滑剂,合成树脂及轻量新闻纸的填料等。

简要制法 先由稀硅酸钠溶液与稀盐酸(或硫酸)反应,沉淀出微粒硅酸凝胶,再经水洗、干燥及粉碎制得。

12. 气相白炭黑 Fumed Silica

别名 气相二氧化硅、焦性二氧化硅、轻质二氧化硅

化学式 SiO$_2$

相对分子质量 60.08

性质 SiO$_2$ 含量 99.8% 以上的白色超细粒子,一次粒子直径 7~16nm,聚集粒子直径 2~3μm。相对密度约 2.2,表观密度 0.03~0.05g/mL,折射率(20℃)1.45,比表面积达 150~380m^2/g。不溶于水及一般的酸,溶于苛性碱及氢氟酸。4% 水分散液的 pH 值为 4~6。吸湿性强,高温下不分解。在气相二氧化硅粒子表面存在的硅醇基上的—OH(2~3 个/nm^2)活性要比沉淀二氧化硅高。气相二氧化硅具有增稠性、触变性、补强性及吸附性。其性质与沉淀二氧化硅相类似,区别在于它的聚集粒子小、易分散、表面羟

基作用强。本品无毒，但因粒子极细，长期接触可引起硅肺（现用名为肺尘埃沉着病）。

质量规格

产品性状	指标				
	1号	2号	3号	4号	5号
二氧化硅(SiO_2),%	≥99.5	≥99.5	≥99.5	≥99.5	≥99.5
干燥减量(110℃，2h),%	≤3	≤3	≤3	≤3	1.5
灼烧减量(900℃，2h),%	≤5	≤5	≤5	≤5	3
比表面积(染料吸附法),m^2/g	—	75~105	—	≥150	150~200
吸油值，mL/g	<2.9	2.6~2.9	≥2.9	≥3.46	2.6~2.8
表观密度，g/mL	—	≤0.05	—	≤0.04	0.04~0.05
pH值	4~6	4~6	3.5~6	3.5~6	4~6
机械杂质，个/2g	≤30	≤20	≤30	≤15	≤20
氧化铝(Al_2O_3),%	—	—	—	≤0.03	—
氧化铁(Fe_2O_3),%	—	—	—	≤0.01	—
铵盐(以NH_3计),%	—	≤0.03	—	微量	—

用途 用作催化剂载体、橡胶补强剂、颜料防沉淀剂、涂料及油墨的增稠剂、药物赋形剂、塑料薄膜开口剂及涂料消光剂等。

简要制法 将四氯化硅气化后，与一定量氢气、氧（或空气）在1800℃左右高温下进行气相水解生成二氧化硅，冷却后经旋风分离和用氨或干空气脱酸即制得气相二氧化硅。

13. 二氧化硅气凝胶 Silica Aerogel

化学式 $mSiO_2 \cdot nH_2O$

性质 气凝胶是把气体分散于固体中形成的干凝胶，是一种新型轻质纳米级的多孔性非晶固态材料，其孔洞率可达99.8%以上，典型孔洞尺寸1~100nm，比表面积达200~1000m^2/g，密度变化范围可达3~500kg/m^3。二氧化硅气凝胶为白色流动性粉末，无毒、无臭、无味。是一种高比表面积、低密度的多孔性硅胶，也是一种接近透明而略带光散射的多孔材料，孔隙率高达90%。是一种非晶态材料，组成与玻璃相同，但强度比玻璃低得多，脆性更大。化学性质稳定，不溶于水及有机溶剂，只溶于氢氟酸及强碱。控制制备条件,可以制得不同密度及孔结构的 SiO_2 气凝胶。

质量规格

产品性状	指标	产品性状	指标
相对密度	2.1	孔体积,mL/g	>1.5
折射率	1.46	平均粒径,μm	<1
SiO_2(干基),%	≥99	挥发失量(150℃,2h),%	<3
比表面积,m^2/g	>350	灼烧减量(950℃,2h),%	<5

用途 二氧化硅气凝胶的比表面积及孔体积比一般硅胶大得多,十分适合于制备催化剂及催化剂载体。例如,用金属(Fe、Ni、V、Cu等)与二氧化硅气凝胶制备的催化剂,其催化活性与选择性要比用普通硅胶制备的催化剂高得多,而且在高温条件下不易产生烧结。也可用作涂料增稠剂及防沉淀剂、塑料薄膜开口剂、固体粉末防结块剂、金属漆消气剂等。

简要制法 ①由稀水玻璃与稀无机酸(盐酸或硫酸)经中和反应生成水凝胶,用溶剂(如乙醇)反复洗涤进行交换,使水凝胶转换成醇凝胶,再用超临界干燥技术除去溶剂,即可制得二氧化硅气凝胶。②以正硅酸甲酯(或乙酯)为原料,乙醇及水为溶剂,以盐酸或氨水为催化剂进行反应,生成醇溶胶,再经干燥即可制得二氧化硅气凝胶。

14. 硅溶胶 Silica Sol

别名 胶体二氧化硅

化学式 $m SiO_2 \cdot n H_2O$

性质 为超微细无定形二氧化硅胶体粒子分散在水中形成的乳白色胶体溶液。无毒、不燃、不爆。加热固化成硅胶。不溶于一般无机酸,溶于碱液及氢氟酸。在胶体 SiO_2 粒子表面的离子为水合型,因分子覆盖而有亲水性。与有机物相溶性不好,与用醇、酮等和水以任意比例混合成的有机溶剂有相溶性。

商品硅溶胶通常具有以下性质:①稳定性。硅溶胶是一种半永久性溶胶,稳定期一般在一年以上。影响硅溶胶稳定性的主要因素是溶胶的 pH 值。pH 值为 2~10 时,胶体粒子的 ξ 电位为负;pH 值小于 2 时,ξ 电位为正;pH 值为 2 时为"0"电位点。以 pH 值 8~10 为稳定区,pH 值为 10 以上时胶体粒子则溶解为硅酸钠,pH 值为 4 以下时为介稳区,pH 值为 2 时为最高介稳区。②微粒子性。溶胶粒子的直径一般在100nm以内，粒径越大越均匀，溶胶也越稳定。浓度低也有利于溶胶稳定，但在经济上不合理。工业上用得最多的是粒径为 10~20nm 的硅溶胶。其粒子呈球形，无色透明，浓度20%~40%。由于粒子很细，比表面积可达到 $100~400m^2/g$。③低黏度。硅溶胶具有较低的黏度，一般小于 $100mPa·s$。水能浸透的地方硅溶胶都能浸透。与其他物质混合时，渗透性及分散性均很好。④凝胶性。硅溶胶失去稳定时凝聚成凝胶，其过程是不可逆的。当pH值小于3.5时，盐类对溶胶稳定性影响小；当pH值在3.5以上时，加入盐类可加速胶凝。当硅溶胶水分蒸发后，胶体粒子会牢固地附着在物体凹部，粒子间形成硅氧结合而生成凝胶。所以它是一种很好的黏合剂。硅溶胶干燥后则形成硅胶。⑤耐高温。硅溶胶能耐高温，能在 1500~1600℃ 使用。温度是影响硅溶胶稳定性的因素之一，温度升高，胶凝速度加快。但低于0℃时，硅溶胶也会失去稳定性。

质量规格

产品性状	指标(催化剂载体用硅溶胶)	产品性状	指标(催化剂载体用硅溶胶)
外观	蓝白色半透明液体	粒径，nm	18~22
相对密度	1.28~1.29	钠离子(Na^+),%	≤0.1
pH值	9~9.5	氯离子(Cl^-),%	≤0.02
SiO_2,%	39.5~41.0	硫酸根(SO_4^{2-}),%	≤0.02
黏度，Pa·s	10^{-2}	SiO_2/NH_3	265±20

用途 硅溶胶具有较大的比表面积并存在硅羟基，因而具有很大的反应活性。采用不同粒径的硅溶胶可控制催化剂和催化剂载体的孔结构及比表面积，有利于提高催化剂的活性和选择性。如丙烯腈催化剂载体使用的是 SiO_2 浓度为40%的用氨稳定的硅溶胶。硅溶胶也用作合成树脂乳液成膜助剂、耐火材料及精密铸造的黏合剂、玻璃抗黏剂、铅酸蓄电池凝固剂、合成纤维消光及防滑处理剂等。

简要制法 有离子交换法、酸中和可溶性硅酸盐法、电渗析法、四氯硅烷水解法、硅粉溶解法及硅凝胶胶溶法等。其中，以稀硅酸钠溶液经离子交换树脂交换后，再经浓缩的方法最为常用。

15. 硅大球 Nonoxo Balls

化学式 SiO_2

相对分子质量 60.08

性质 为白色或淡灰白色圆球状颗粒。粒径为 2~6mm，堆密度约 0.6kg/L，比表面积可达 300m²/g，孔体积为 0.5mL/g。主要成分为 SiO_2，含有少量 Na_2O、Fe_2O_3 等杂质。

质量规格

产品性状	指标	产品性状	指标
外观	白色至浅白色圆球	孔体积，mL/g	0.5
粒径，mm	2~5	Na_2O，%	—
比表面积，m²/g	300	Fe_2O_3，%	—

用途 用作浸渍法制备催化剂的载体，也可用作干燥剂、吸附剂等。

简要制法 先由稀硅酸钠溶液与稀硫酸经中和反应制成无定形硅胶，再经粉碎、滚球、老化、干燥、焙烧制得。

16. 分子筛 Molecular Sieve

别名 沸石分子筛

性质 天然沸石具有分子筛的性能，但在工业应用上受到资源及质量限制。所以人们用人工合成的方法来制备具有更好性能的合成沸石。一般把自然界存在的天然沸石称为沸石，而将人工合成的沸石称为分子筛或沸石分子筛。

以 SiO_2 及 Al_2O_3 为主要成分的分子筛是具有晶体结构的铝硅酸盐。一般的化学组成实验式为

$$M_{2/n}O \cdot Al_2O_3 \cdot xSiO_2 \cdot yH_2O$$

式中 M——金属离子，人工合成时通常为 Na；

n——金属离子的价数；

x——SiO_2 的分子数，即 SiO_2/Al_2O_3 的摩尔比，称为硅铝比；

y——水的分子数。

有时也用下式来表示其化学组成：

$$M_{p/n}[(AlO_2)_p(SiO_2)_q] \cdot yH_2O$$

式中 p——Al_2O_3 的分子数；

q——SiO_2 的分子数。

分子筛分 A 型、X 型和 Y 型等种类。各种分子筛的区别，首先表现在化学组成的不同，而化学组成上最主要的区别在于硅铝比 x 的不同。如 A 型分子筛的 $x=2$，X 型分子筛的 $x=2.1\sim3.0$，Y 型分子筛的 $x=3.1\sim6.0$。x 值不同，分子筛的耐酸性、热稳定性及催化性能都会随之不同。而当金属离子 M 不同时，其微孔大小及物化性质也会存在差异。分子筛的最基本结构是由硅氧四面体（SiO_4）及铝氧四面体（AlO_4）基本结构单元所构成的，在结构中存在以下特点：

① 每个硅原子四周有 4 个氧原子，分占四面体的四个角，Si 处于四面体中心，Si—O 键长约为 160pm，O—O 键长约为 260pm，如图所示：

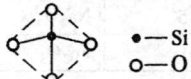

② 硅氧四面体通过共同顶点（氧原子）连接成各种形式的骨架，而不是共用四面体的棱和面。各个四面体经氧桥连接成链状、环状，并进一步构成三维空间的立体骨架。理论上可把分子筛骨架看成是由四面体构成的四、五、六、八环或更多的笼子单元，按一定方式堆积起来，并形成所谓晶穴、晶孔和孔道。

③ 硅氧四面体中的硅原子也可被铝原子置换，形成铝氧四面体。其中 Al—O 键长约为 175pm，O—O 键长约为 286pm。两个铝氧四面体一般不直接相连，其平面结构可表示为

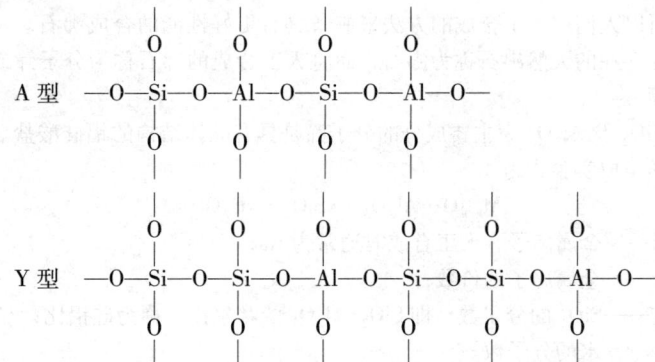

④ 骨架外的金属离子 M（如 Na^+、K^+ 等），可被其他离子（如 Ca^{2+}、Mg^{2+}、Ba^{2+}、Sr^{2+} 等）交换。交换后对骨架的结构并无多大影响，但对它的

性能则影响很大。通过离子交换，可以调节分子筛晶体内的电场、表面酸性及其他物理性质。如 4A 分子筛及 13x 分子筛的离子交换顺序如下：

4A 分子筛：$Ag^+>Cu^{2+}>Th^{4+}>Al^{3+}>H^+>Zn^{2+}>Sr^{2+}>Ba^{2+}>Co^{2+}>Au^{3+}>K^+>$ $\boxed{Na^+}>Ni^{2+}>NH_4^+>Ca^{2+}>Mg^{2+}>Li^+>Mg^+$。

13X 分子筛：$Ag^+>Ca^{2+}>H^+>Ba^{2+}>Al^{3+}>Th^{2+}>Sr^{2+}>Hg^{2+}>Ca^{2+}>Zn^{2+}>Ni^{2+}>$ $Ca^{2+}>Co^{2+}>NH_4^+>K^+>Au^{2+}>\boxed{Na^+}>Mg^{2+}>Li^+$。

⑤在硅氧骨架的孔道或孔穴中充满水分子，加热除去水分后形成具有空腔结构的分子筛。由于具有很高的比表面积，可容纳相当数量的吸附质分子。同时，内晶表面高度极化，晶穴内部存在强大的静电场，微孔分布单一均匀，并具有普通分子般大小，从而能吸附分离不同物质的分子。

分子筛有别于其他催化剂的特点是，其具有择形催化作用。即除孔径对反应分子及产物分子的大小形状有选择外，空腔对反应过渡态还有催化作用。而且分子筛的催化活性有赖于表面酸性 OH 基团（B 酸中心）及其脱水后生成的 L 酸中心。这些酸中心绝大部分位于分子筛的孔穴内。因此，分子筛属于酸性催化剂。凡是可以用酸催化的反应，分子筛均可以起催化作用。而负载适当活性金属的分子筛，则具有多功能催化作用。但作为催化材料的分子筛，往往需进行改性后才能赋予更强的催化作用。改性的方法有改变骨架硅铝比，阳离子交换，孔口和内表面修饰等。如使分子筛骨架脱铝，可提高分子筛的热稳定性及水热稳定性，增加酸强度；阳离子交换可有效地调变分子筛的孔径、酸性及催化活性，提高其热稳定性和水热稳定性；利用分子尺寸大于分子筛孔径的沉积剂（如硅烷、硼烷等）与分子筛的外表面和孔口的羟基发生作用，以精细调变分子筛的孔径，可提高分子筛的催化选择性。

用途 分子筛是催化领域十分重要的催化剂及催化剂载体，已广泛用于石油烃催化裂化、加氢裂化、炔烃选择加氢、烷烃加氢异构化、甲苯歧化、二甲苯异构化、催化重整、烃类择形加氢裂化及烃类水蒸气转化制氢等反应中。分子筛也是十分有效的干燥剂及吸附分离剂，广泛用于空气、石油裂解气、天然气及液体等的干燥；用于氮—氢混合物的分离、二甲苯异构体的分离、液体及固体石蜡的净化等。

简要制法 分子筛传统合成方法分为水热合成法及碱处理法两类。水热合成法是模拟天然沸石矿物条件的合成法，是将原料（含硅、铝化合物，碱，水等）组成一定的水凝胶在压热釜中于一定温度下自生压力晶化而成。碱处理法也称水热转化法，是在过量碱存在下，将固体铝硅酸盐水热转化成分子筛的方法。除传统合成方法外,为制备特殊的新型分子筛还有一些特殊的方法,如非水体系合成法、超临界体系合成法、蒸气相合成法、乳液合成法等。这些方法在近期也得到很大发展。

17. 3A 分子筛　Molecular Sieve 3A Type

别名　KA 型分子筛、钾 A 型分子筛

化学式　$0.4K_2O \cdot 0.6Na_2O \cdot Al_2O_3 \cdot 2SiO_2 \cdot 4.5H_2O$

性质　具有立方晶格及均一微孔结构的白色粉末或颗粒。无臭、无味、无毒。有效孔径 3.2Å(0.32nm,1Å=0.1nm,下同),粉末堆密度 0.50~0.55kg/L。成型后外形(条形或球形)尺寸为 ϕ1.5~ϕ5mm,堆密度 0.6~0.8kg/L。静态吸水率大于20%,比表面积可达 800m²/g。溶于强酸和强碱,不溶于水及有机溶剂。热稳定性好,耐热温度可达 700℃。具有均匀的微孔结构,能将直径小于分子筛孔径的分子吸附到分子筛的空穴内,起到筛分子的作用。对极性分子和饱和分子有优先吸附性。被吸附的气体和液体能解吸。能吸附 H_2O、He、Ne、O_2、N_2、H_2 等分子。分子筛具有离子交换性能,交换后骨架不变。使用后可再生而反复使用。两种条形 3A 分子筛和两种球形 3A 分子筛产品的有关质量规格分别见下表。

质量规格

两种条形 3A 分子筛的质量规格

产品性状		$d(1.5~1.7)$mm			$d(3.0~3.3)$mm		
		优等品	一等品	合格品	优等品	一等品	合格品
静态水吸附,%		≥21.0	≥20.0	≥19.0	≥21.0	≥20.0	≥19.0
磨耗率,%		≤0.25	≤0.35	≤0.50	≤0.25	≤0.35	≤0.50
堆积密度,g/mL		≥0.70	≥0.65	≥0.60	≥0.70	≥0.65	≥0.60
粒度,%[①]		≥98.0	≥95.0	≥92.0	≥98.0	≥95.0	≥92.0
抗压碎力	抗压碎力,N/颗	≥40.0		≥30.0	≥50.0		≥40.0
	抗压碎力变异系数,C	≤0.3					
动态水吸附,%		≥20.0					

续表

产品性状	$d(1.5\sim1.7)$mm			$d(3.0\sim3.3)$mm		
	优等品	一等品	合格品	优等品	一等品	合格品
包装品含水量,%	≤1.5					
静态乙烯吸附,(mg/g)	≤3.0					

注：表中数据摘自 GB/T 10504—2008。

①对于 $d(1.5\sim1.7)$mm 的产品，粒度为条长 1~10mm 试样占总量的质量分数；对于 $d(3.0\sim3.3)$mm 的产品，粒度为条长 3~12mm 试样占总量的质量分数。

两种球形 3A 分子筛的质量规格

产品性状		$d(1.6\sim2.5)$mm			$d(2.5\sim5.0)$mm		
		优等品	一等品	合格品	优等品	一等品	合格品
静态水吸附,%		≥21.0	≥20.0	≥19.0	≥21.0	≥20.0	≥19.0
磨耗率,%		≤0.25	≤0.35	≤0.50	≤0.25	≤0.35	≤0.50
堆积密度,g/mL		≥0.75	≥0.70	≥0.65	≥0.75	≥0.70	≥0.65
粒度,%		≥98.0	≥97.0	≥96.0	≥98.0	≥97.0	≥96.0
抗压碎力	抗压碎力，N/颗	≥85.0	≥70.0	≥55.0	≥100.0	≥85.0	≥60.0
	抗压碎力变异系数 C	≤0.3					
动态水吸附,%		≥20.0					
包装品含水量,%		≤1.5					
静态乙烯吸附,mg/g		≤3.0					

注：表中数据摘自 GB/T 10504—2008。

用途 用作石油炼制及有机合成反应的催化剂载体、色谱分析担体。也用于石油裂解气、炼厂气、油田气及烯烃等的干燥。对含水量低、温度高及流量大的气体和液体的干燥能力强。

简要制法 以水玻璃、偏铝酸钠、烧碱等为原料，采用水热合成法，经成胶、晶化、洗涤，先制得 Na-A 型分子筛，再用 KCl 进行离子交换制得。

18. 4A 分子筛 Molecular Sieve 4A Type

别名 NaA 型分子筛、钠 A 型分子筛
化学式 $Na_2O \cdot Al_2O_3 \cdot 2SiO_2 \cdot 4.5H_2O$
晶胞组成 $Na_{12}[(AlO_2)_{12}(SiO_2)_{12}] \cdot 27H_2O$
性质 为灰白色粉末或颗粒。有效孔径 4.2Å(0.42nm)。溶于强酸、强碱，不溶于水及有机溶剂。除能吸附 3A 分子筛所能吸附的物质外，还能吸附 Ar、Kr、Xe、CO、CO_2、NH_3、CH_4、C_2H_4、C_2H_2、C_2H_6、CH_3CN、CH_3OH、CH_3NH_2、C_2H_5OH、CS_2、CH_3Cl 及 CH_3Br 等物质。其他性质参见"3A 分子筛"条目。

质量规格

产品性状	指标	
	粉末	球状、条状
粒度	20~40 目	$\phi(2\sim4)$mm, $\phi(4\sim9)$mm
色泽	灰白	灰白
pH 值	≥10.5	≥10.5
耐磨强度, %	—	95
表观密度, kg/L	—	0.7~0.8
吸水量, mg/g	≥250	≥210
吸甲醇量, mg/g	—	—

用途 用作催化剂载体，也用于甲烷、乙烷及丙烷的分离。也用作各种气体及液体的高效干燥剂，洗涤助剂，色谱担体等。用作洗涤助剂可降低水的硬度，减少表面活性剂的用量。

简要制法 以水玻璃、偏铝酸钠及烧碱等为原料，经水热合成制得。或将高岭土、蒙脱石等天然矿物粉碎，经焙烧、碱熔、水合、洗涤干燥制得。

19. 5A 分子筛 Molecular Sieve 5A Type

别名 CaA 型分子筛、钙 A 型分子筛

化学式　$0.7CaO \cdot 0.3Na_2O \cdot Al_2O_3 \cdot 2SiO_2 \cdot 4.5H_2O$

性质　具有均一微孔结沟的白色粉末或颗粒。无臭、无味、无毒。有效孔径5Å(0.5nm)。松装堆密度大于0.60kg/L。具有高吸附能力和按分子大小选择吸附的特点。除能吸附3A、4A分子筛能吸附的分子外，还能吸附$C_3 \sim C_4$正构烷烃、$C_1 \sim C_2$卤代烷烃、$C_1 \sim C_2$胺等分子，对水有极大的亲和力。其他性能参见"3A分子筛"条目。条形分子筛和球形分子筛的有关质量规格分别见下表。

质量规格

条形5A分子筛质量规格

产品性状		$\phi(1.5\sim1.7)$mm			$\phi(3.0\sim3.3)$mm		
		优级品	一级品	合格品	优级品	一级品	合格品
磨耗率,%		≤0.20	≤0.35	≤0.50	≤0.40	≤0.55	≤0.60
松装堆密度, kg/L		≥0.64		≥0.60	≥0.64		≥0.60
静态水吸附量,%		≥20.0		≥19.0	≥20.0		≥19.0
静态正己烷吸附量,%		≥12.0		≥10.0	≥12.0		≥10.5
压缩强度	单位面积抗压碎力, N/mm²	≥22		≥20	≥17		≥15
	抗压碎力变异系数	≤0.3		≤0.4	≤0.4		≤0.5
粒度	额定长度占总量质量分数,%	≥98		≥94	≥94		≥90
	条径变异系数	≤0.3			≤0.3		
包装品含水量,%		≤1.5			≤1.5		

注：$\phi(1.5\sim1.7)$mm，为条长1~6mm样品占总量的质量分数；$\phi(3.0\sim3.3)$mm，为条长3~9mm样品占总量的质量分数。

球形5A分子筛质量规格

产品性状	$\phi(2\sim2.8)$mm			$\phi(2.8\sim4.75)$mm		
	优级品	一级品	合格品	优级品	一级品	合格品
磨耗率,%	≤0.20	≤0.35	≤0.50	≤0.20	≤0.35	≤0.50
松装堆密度, kg/L	≥0.66		≥0.62	≥0.66		≥0.62

续表

产品性状		$\phi(2\sim2.8)$ mm			$\phi(2.8\sim4.75)$ mm		
		优级品	一级品	合格品	优级品	一级品	合格品
静态吸附水量,%		≥20.0	≥20.0	≥19.0	≥20.0	≥20.0	≥19.0
静态正己烷吸附量,%		≥12.0	≥12.0	≥10.5	≥12.0	≥12.0	≥10.5
压缩强度	点接触压碎力,N/粒	≥30		≥25	≥60		≥50
	抗压碎力变异系数	≤0.3		≤0.4	≤0.3		≤0.4
粒径额定长度占总量质量分数,%		≥96		≥95	≥96		≥95
包装品含水量,%		≤1.5			≤1.5		

用途 用作催化剂及催化剂载体,色谱担体。也用于多种气体及液体的深度干燥及精制,石油和石油气脱硫,正、异构烷烃的分离,氧和氮的分离,天然气脱水及脱硫化氢等。用5A分子筛制成的分子筛泵,可以在不用油、不用机械泵的无声操作中获得真空。在液氮温度下进行二级操作,真空度可达 10^{-5} mmHg(1.35×10^{-4} Pa)。

简要制法 先用水热合成法制得NaA型分子筛,再用氯化钙进行离子交换而得。一般的5A型分子筛是将NaA型分子筛中70%以上的Na离子被Ca离子交换的产品。

20. 10X分子筛　Molecular Sieve 10X Type

别名 Ca-X型分子筛、钙X型分子筛

化学式 $0.7CaO \cdot 0.3Na_2O \cdot Al_2O_3 \cdot (2\sim3)SiO_2 \cdot 6H_2O$

性质 为灰白色粉末或颗粒。无毒、无臭、无味。有效孔径8~9Å(0.8~0.9nm)。粉末堆密度0.5~0.55kg/L,成型品堆密度0.7~0.8kg/L,孔体积约0.3mL/g,比表面积可达900~1000m²/g。除能吸附A型分子筛所能吸附的物质外,还能吸附 $CHCl_3$、$CHBr_3$、CHI_3、CBr_4、C_8H_6、N-C_3F_8、N-C_4F_{10}、N-C_7F_{16}、B_5H_9、SF_6、环己烷、仲丁醇、呋喃、萘、吡啶、甲苯、二甲苯、异构烷烃、喹啉、三丁胺等物质。热稳定性高,晶格破坏温度800~850℃。其他性质参见"3A分子筛"条目。

质量规格

产品性状	粉末状	条(或球)状	产品性状	粉末状	条(或球)状
粒度，mm	—	$\phi(2\sim4)$，$\phi(4\sim9)$	水吸附量，mg/g	≥280	≥120
吸苯量，mg/g	≥230	180	压缩强度，MPa	—	≥2.0

用途　10X 分子筛与天然八面沸石具有相同的硅(铝)氧骨架结构，催化活性很高。用作催化加氢、异构化、催化裂化及催化重整等的催化剂及催化剂载体，也用于气体的干燥及净化、汽油脱硫及吸附粒径小于 0.8nm 的各种分子。用它净化液体石蜡(气相吸附)可获得良好结果。

简要制法　将水玻璃、偏铝酸钠、液碱按一定摩尔比混合，加入导向剂，采用水热合成法在 96~98℃ 下反应并析出分子筛结晶，再经洗涤、干燥制得晶体粉末。如要制取条状或球状制品，则可加入适量黏合剂，经成型、焙烧活化制得。

21. 13X 分子筛　Molecular Sieve 13X Type

别名　Na-X 型分子筛、钠 X 型分子筛

化学式　$Na_2O \cdot Al_2O_3 \cdot (2\sim3)SiO_2 \cdot 6H_2O$

性质　为白色至灰白色或灰褐色粉末或颗粒。无毒、无臭、无味。有效孔径 9~10Å(0.9~1.0nm)。既能吸附又能脱水干燥，特别具有 CO_2 与 H_2O、H_2S 与 H_2O 的共吸附功能。其他能吸附的物质及物理性质与 10X 分子筛相近。有较好的催化活性，抗酸性稍强于 A 型分子筛。

质量规格

产品性状	粉末	条(或球)状
粒度，mm	—	$\phi(2\sim4)$，$\phi(4\sim9)$
苯吸附量，mg/g	≥230	≥180
水吸附量，mg/g	≥280	≥230
压缩强度，MPa	—	≥3.0
松堆密度，kg/L	≥0.5~0.55	0.7~0.8

用途　13X 分子筛与 10X 分子筛具有相同的硅(铝)氧骨架，两者的区别在于阳离子分布的位置不同。13X 分子筛的催化性质与 10X 相近。可用于催化加氢、异构化、催化裂化及催化重整等的催化剂及催化剂载体，也

用于固体石蜡净化、气体的干燥及净化、汽油脱硫、溶剂提纯等。

简要制法 将水玻璃、偏铝酸钠、液碱按一定摩尔比混合,加入导向剂,采用水热合成法在一定温度下生成凝胶,经晶化、洗涤、干燥制得。

22. Ag-X 分子筛　Molecular Sieve Ag-X Type

别名 银 X 型分子筛、201 脱氧净化剂

化学式 $0.7Ag_2O \cdot 0.3Na_2O \cdot Al_2O_3(2.5 \sim 3)SiO_2 \cdot (6 \sim 7)H_2O$

性质 为灰色至稍带灰色颗粒。有效孔径 9Å(0.9nm)。它是在硝酸银溶液中与 13X 型分子筛进行交换,达到银所要求的交换度后而制得的含多种阳离子的分子筛。无毒、无臭、无味,不燃,具有很强的吸附性能。其氧化态可除去稀有气体、氮气、烯烃类气体中的杂质氢;还原态可将多种气体(H_2、N_2、He 及烃类)中的微量氧脱除至百万分之一(10^{-6})以下,效果优于钯催化剂。还可利用其吸附性能同时除去气体中的 CO_2、水分、硫化物及酸性气体。

质量规格

产品性状	粒度,mm			
	$\phi(1\sim2)$	$\phi(2\sim3)$	$\phi(3\sim5)$	$\phi(5\sim8)$
外观	灰色至稍带灰色颗粒			
氧化银(Ag_2O),%	28	28	28	28
静态水吸附量,mg/g	≥170	≥170	≥170	≥170
机械磨损强度,%	≥85	≥85	≥85	≥85

用途 用作多用途脱氧净化剂及高效脱氧脱氢催化剂。与钡型分子筛复合使用,可用于海水淡化。

简要制法 将 13X 分子筛原粉加入硝酸银溶液中,经离子交换、过滤、烘干后,加入羊甘土造粒、烘干、焙烧活化制得。

23. Cu-X 分子筛　Molecular Sieve Cu-X Type

别名 203 分子筛、铜分子筛

化学式 $0.16CuO \cdot 0.84Na_2O \cdot Al_2O_3 \cdot (2.5\pm0.5)SiO_2 \cdot (6.5\pm0.5)H_2O$

性质 为绿色条状物。一种由 13X 型分子筛用氯化铜进行离子交换而制得的含多种阳离子的分子筛。无毒、无臭、无味,不燃。热稳定性高,活性稳定。

质量规格

产品性状	指标	产品性状	指标
外观	绿色条状物	铜(Cu^{2+})含量,%	1.6
粒度,mm	3~4	压缩强度,MPa	≥2.94
吸苯量,mg/mL	≥140		

用途 用作催化剂,可将石油产品中的硫醇催化氧化。主要用于航空汽油及相应馏分的煤油、液态烃、异丙醇、丙烷等产品脱硫醇,可使其硫醇含量从 $100×10^{-6}$ 降至 $5×10^{-6}$ 以下。

简要制法 先将 13X 分子筛原粉与氯化铜进行阳离子交换(交换度 16%),再经洗涤、干燥、成型、活化制得。

24. Ca-Y 分子筛 Molecular Sieve Ca-Y Type

别名 钙 Y 型分子筛、Y 型人造泡沸石

化学式 $0.7CaO \cdot 0.3Na_2O \cdot Al_2O_3 \cdot (3~6)SiO_2 \cdot (7~9)H_2O$

性质 为白色至灰白色微晶体,成型后为灰白色或微红色球状或条状物。有效孔径 9~10Å(0.9~1.0nm)。堆密度 0.7~0.8kg/L,孔体积约 0.4mL/g,比表面积可达 900~1000m^2/g,晶格破坏温度 800~950℃。在晶体结构上比 13X 分子筛具有更多的硅氧四面体和较少的金属离子。吸附、脱附及离子交换能力较强,是一种典型的酸催化剂,具有较高选择性、耐酸性、抗中毒性及催化活性。其他参见"Na-Y 分子筛"条目。

质量规格

产品性状	指标	产品性状	指标
外观	条状	吸苯量,mg/g	≥110
粒度,mm	φ(3~4)	压缩强度,MPa	≥2.94

用途 炼油工业用作催化剂及吸附分离剂,用于石油催化裂化、烷烃加氢异构化等过程,以及用于液体石蜡、航空煤油、灯油等的精制。也用作催化剂载体。

简要制法 先用水热合成法制得 Na-Y 分子筛,再用氯化钙进行离子交换,然后加入合成胶、氧化钙经捏合、成型、焙烧活化制得。

25. Na-Y 分子筛　Molecular Sieve Na-Y Type

别名　钠 Y 型分子筛

化学式　$Na_2O \cdot Al_2O_3 \cdot (3 \sim 6)SiO_2 \cdot (7 \sim 9)H_2O$

性质　为白色至灰白色或灰褐色粉末或颗粒。是硅铝比为 3~6 的 Y 型分子筛。晶体结构与天然八面沸石类似,但两者的化学组成不同。一般将硅铝比小于 3.9 的称为低硅 Y 型分子筛,而硅铝比大于 4.0 的则称为高硅 Y 型分子筛。有效孔径 9~10Å(0.9~1.0nm)。成型制品常为灰白色或微红色球状或条状物。外形尺寸 $\phi(3 \sim 5)$ mm,堆密度 0.7~0.8kg/L,孔体积约 0.4mL/g,比表面积可达 900~1000m^2/g,晶格破坏温度 890~950℃。热稳定性、耐酸性及抗中毒性能均较强。加热失水成为一种多孔强吸附剂,对于分子大小、极性、沸点及饱和程度等不同的物质具有选择吸附、分离的性能。性能基本上与 X 型分子筛相似,但催化活性、选择性、抗中毒性及热稳定性等优于 X 型分子筛。

质量规格

产品性状	指标	产品性状	指标
硅铝比(SiO_2/Al_2O_3)	≥5.0	饱和吸水量,mg/g	≥280
结晶度,%	≥92	吸苯量,mg/g	≥240
晶胞常数,nm	2.405		

用途　炼油工业用作催化剂及吸附分离剂,用于石油催化裂化、加氢异构化等过程,是 20 世纪 60 年代开始发展的一项新兴炼油技术。由于其具有催化活性高、稳定性好等特点,使整个催化裂化工业的面貌得到很大改观。活性、选择性及稳定性均高于无定形硅酸铝催化剂。

简要制法 先将水玻璃、偏铝酸钠及液碱按一定摩尔比反应制成凝胶,再经晶化、洗涤、干燥、成型及焙烧活化制得。

26. Re-Y 分子筛　Molecular Sieve Re-Y Type

别名　稀土分子筛、稀土 Y 型分子筛

四、碳族元素及其化合物

化学式　$Re_2O_3 \cdot Al_2O_3 \cdot 5SiO_2 \cdot 8H_2O$

性质　为淡黄色粉末或粒状物。有效孔径 9~10Å(0.9~1.0nm)，是从稀土离子置换晶体中的钠离子后的 Y 型分子筛。稀土含量不小于 17%。具有多微孔结构，比表面积可达 900~1000m^2/g。晶格破坏温度为 900~950℃。不溶于水及有机溶剂，溶于强酸和强碱。具有催化活性高、选择性好、焦化倾向小等特点。能使烃类裂解成汽油，并能改善辛烷值的稳定性。其他性质参见"NaY 分子筛"条目。

质量规格

产品性状	指标	产品性状	指标
硅铝比(SiO_2/Al_2O_3),%	≥5.0	结晶度,%	≥92
Re_2O_3,%	≥17	灼烧减量,%	≤3
Na_2O,%	≤2		

用途　用作石油催化裂化催化剂、加氢裂化催化剂以及甲苯歧化反应等的活性组分，也可用作助催化剂。

简要制法　先将水玻璃、偏铝酸钠、碱液按一定比例混合，用水热合成法加入硫酸及导向剂反应，再将所得结晶用稀土元素(Re)的氯化物进行离子交换，然后经水洗、干燥、焙烧制得。

27. KBaY 分子筛　Molecular Sieve KBaY Type

别名　钾钡 Y 型分子筛、KBaY 型分子筛

化学式　$(K_2O \cdot BaO) \cdot Al_2O_3 \cdot 4SiO_2 \cdot 9H_2O$

性质　为白色球形颗粒。有效孔径 10Å(1nm)，表观密度 0.58~0.62kg/L。晶体结构与八面沸石相似，是将 Ba^{2+} 与 K^+ 同时交换到 NaY 型分子筛上所得的产物。它可从对、间、邻二甲苯和乙苯的混合物中有选择性地吸附对二甲苯，从而分离出纯度很高的对二甲苯。Ba^{2+}、K^+ 的交换程度对吸附选择性有一定影响，而以 Ba^{2+} 和 K^+ 的质量比为 40∶60 左右时的分离效果最好。

质量规格

产品性状	指标	产品性状	指标
粒度,目	16~24	压缩强度,10^5Pa/粒	≥0.2

续表

产品性状	指标	产品性状	指标
粒度合格率,%	≥85	对二甲苯纯度,%	96
表观密度,g/cm³	0.62~0.85	对二甲苯收率,%	70
吸苯量,mg/g	165		

用途 用于液体物质的分离及净化,主要用于从混合二甲苯中分离及提取高纯度对二甲苯。

简要制法 先用水热合成法制得 NaY 分子筛原粉,再与硅溶胶造粒成球,经焙烧活化、钾离子交换、洗涤、钡离子交换,最后经干燥、活化制得。

28. 超稳稀土 Y 型分子筛 Ultrastable Rareearth Y-zeolite

性质 为一种经高温热处理或脱铝补硅等处理而得的稀土 Y 型分子筛。可分为 Usrey-A、Usrey-B 及 Usy 三种型号。比稀土 Y 型分子筛有更好的结构稳定性及水热稳定性。作为固体酸催化剂使用具有较高活性。

质量规格

产品性状	指标		
	Usrey-A	Usrey-B	Usy
晶胞常数,a	24.4~24.46	24.35~24.45	24.44~24.55
Na$_2$O,%	≤0.15	≤0.80	≤0.15
Re$_2$O$_3$	基准	基准	基准
二次微孔(>20Å),%	>30	>30	—
红外酸度,mg-mol/g（红外光谱）	0.4~0.8	3.5~1.0	3600cm^{-1} 及 3700cm^{-1} 处有明显羟基特征峰
相对结晶度,%	—	—	≥75（相对于 NaY 分子筛）
比表面积(900℃),m^2/g	—	—	~600

用途 用作催化裂化催化剂的基本成分。不仅用于重质油的催化裂化,也是较重馏分油的中压加氢裂化催化剂的酸性组分,也用于生产优质

柴油、航空煤油及石脑油等。

简要制法 可用水热合成法，先由水玻璃、偏铝酸钠、硫酸铝及导向剂反应制得结晶，再经稀土盐进行离子交换，然后经高温热处理制得。

29. ZSM-5 分子筛　ZSM-5 Zeolite

别名　ZHS-I 型高硅沸石

化学式　$(0.9\pm0.2)M_{2n} \cdot Al_2O_3 \cdot (5\sim100)SiO_2 \cdot (0\sim40)H_2O$（M 为 Na^+ 和有机铵离子，n 为阳离子价数）

性质　由 Zeolite Socony Mobil 英文缩写命名的 ZSM 分子筛是美国 Mobil 公司开发的一系列新型合成沸石。该类产品从 ZSM-1 开始，已生产出数十种 ZSM 型分子筛。其中，ZSM-5 分子筛是一种含有机铵阳离子的新型结晶硅铝酸盐，为斜方晶系晶体，晶格常数 $a=2.01nm$，$b=1.99nm$，$c=1.34nm$。其通道结构沿 a 轴为锯齿形，与 a 轴相交的 b 轴为直线形。主孔洞的开口由十元氧环构成，呈椭圆形，长轴为 $0.51\sim0.57nm$，短轴为 $0.54nm$。由于 ZSM-5 具有较高的硅铝比（>5，甚至达 3000 以上）和阳离子骨架密度，因而晶体结构十分稳定，耐热性、耐酸性及耐水蒸气性都很好。在 1100℃ 时焙烧，晶体结构无明显破坏。不溶于水、有机溶剂及酸，溶于碱。ZSM-5 分子筛的择形催化作用具有以下特点：①具有一个十元氧环的窗口，其大小介于细孔分子筛（如 A 型分子筛）和粗孔分子筛（如八面沸石、丝光沸石等）之间。这种孔径可容纳正构烷烃、异构烷烃、单环芳烃等分子。②具有交叉孔穴，其孔径可达 0.9nm。在这里可进行催化反应，而每个交叉孔穴可吸附两个分子正构的 $C_3\sim C_5$ 烷烃，但只能吸附一个异构烷烃分子。③在孔道走向上不存在笼，因而不易发生碳沉积现象。④在其椭圆形主孔道中，可选择性地吸附芳烃及支链烃。

质量规格

产品性状	指标	产品性状		指标
相对结晶度,%	≥95		H_2O	>6.2
SiO_2/Al_2O_3（摩尔比）	≥10	吸附能力,%	环己烷	>2.9
晶粒，μm	0.1~2		正己烷	>5.7
比表面积，m^2/g	450~560			

用途　用作催化剂。ZSM 系列分子筛对于分子重排反应，直链烷烃

碳—碳键选择断裂、碳—碳键生成及碳链增长、分子间耦合等反应具有独特的催化性能。如 ZSM-5 分子筛用于二甲苯异构化制对二甲苯，乙烯与苯或甲苯烷基化制乙苯，甲苯歧化制对二甲苯及苯，甲醇气相脱水制二甲醚，乙醇气相脱水制乙醚及柴油降凝等反应。也作吸附剂用于生物发酵制酒精。由于 ZSM-5 分子筛能吸附酒精，可使发酵液的酒精浓度下降，从而使发酵过程保持较高的反应速率。

简要制法 由水玻璃、硫酸铝溶液、溴化四丙基铵（模板剂）在一定温度下经过晶化、分离、洗涤、干燥等过程制得。也可由水玻璃、硫酸、硫酸铝及乙二胺等按一定配比经成胶、过滤、洗涤、干燥等过程制得。

30. SAPO 分子筛 SAPO Zeolite

别名 磷酸硅铝分子筛

化学式 $(0\sim0.3)R(Si_xAl_yP_z)O_2$ （x、y、z 分别代表 Si、Al、P 的摩尔分数，其中 $x=0.01\sim0.98$，$y=0.01\sim0.60$，$z=0.01\sim0.52$，$x+y+z=1$；R 代表有机胺或季铵离子）

性质 为一种晶体硅铝酸盐，是将 Si 原子引入磷酸铝骨架中而得的。其骨架由 PO_4^-、Al_4^- 及 SiO_4 的四面体组成，因而可得负电性骨架，具有可交换的阳离子，并具有质子酸性。SAPO 分子筛是一种非沸石型分子筛，被称为第三代分子筛，包括磷酸铝分子筛、杂原子磷酸盐分子筛及金属硅酸盐分子筛等。它们具有优越的热稳定性及水热稳定性。通常在 400～600℃下焙烧，可以脱除模板剂而形成有规则的空腔骨架结构，成为吸附及催化的内晶空间场所。而在加热至 1000℃，或在 20% 的水蒸气中，在 600℃下进行处理后仍可保持其晶体结构。

目前，合成出的 SAPO-n 分子筛已有十几种三维微孔的骨架结构。这些分子筛按合成条件及含 Si 量不同，分别呈现中强酸性到酸性的催化性能。其中 SAPO-16、20 是具有六元环通道最小孔径的分子筛，孔径约 0.3nm，只能吸附很小的分子（如 NH_3、H_2O）；SAPO-17、34、35、42、44 为具有八元环通道的小孔分子筛，能吸附正构烷烃，但不吸附异构烷烃；SAPO-11、41、40、31 为介孔分子筛。其中 SAPO-11、40 具有小于十二元环通道，能很快吸附环己烷；而 SAPO-40、31 则具有大于十二元环通道，吸附 2,2-二甲基丙烷，不吸附三乙胺。SAPO-5、37 则属于大孔结构，具有大于十二元环通道，与八面沸石的吸附性质相似。

质量规格

产品性状	指标(SAPO-11分子筛)	产品性状	指标(SAPO-11分子筛)
SiO_2/Al_2O_3(摩尔比)	0.06~0.4	比表面积,m^2/g	200~300
平均孔径,nm	2.5~4.2	骨架破坏温度,℃	≥1000℃
孔体积,mL/g	0.18~0.48	干基,%	≥95

用途 用作催化剂、催化剂载体及吸附剂。

简要制法 用水热合成法制取。在一定配比的活性水氧化铝、H_3PO_4及硅溶胶反应的混合物中,加入三(正)丙胺或二(正)丙胺等有机胺作模板剂,经晶化、水洗、干燥制得;也可在$SiCl_4$蒸气中处理磷酸铝($AlPO_4$)分子筛而得。

31. β-分子筛 β-Zeolite

别名 β-沸石

性质 为一种大孔高硅沸石,属于立方晶系,是在1967年由美国Mobil公司首先研制出来的。其化学式可写成$Na_n[Al_nSi_{64-n} \cdot O_{128}]$($n>7$)。一般合成产品的$SiO_2/Al_2O_3$比为30~50,是由三个互成直角的多晶体通过十二元环相互连接的三维体系。其孔道是十二元环组成的椭圆形结构,孔道0.64nm×0.76nm,介于八面沸石与丝光沸石之间。沸石中的阳离子可以被完全交换,是高硅沸石中唯一具有大孔三维结构、十二元环孔道系统的沸石。

用途 由于具有硅铝比高、热稳定性及水热稳定性好、耐酸、抗结焦性好、有特殊孔道结构以及兼具酸催化特性和结构选择性等特点,可用作加氢裂化、异构化、烷基化及烯烃水合等的催化剂及催化剂载体。例如由β-分子筛催化苯和十二烯烷基化生成苯基十二烷;β-分子筛经盐酸脱铝,负载贵金属后可作为双功能催化剂而用于烷烃脱蜡;还可由β-分子筛催化苯与丙烯烃化制异丙苯、芳烃甲基化、丙烯醚化及甲苯歧化等。

简要制法 合成β-分子筛有多溶液法、单溶液法及导向剂三种水热晶化法。多溶液法是将模板剂(如四乙基氢氧化铵)、硅源、铝源的水溶液,分别溶于水后在一定的水热条件下合成制得;单溶液法是将合成β-分子筛的各种组分分为固体和液体两部分,经混合晶化制得;导向剂是按拟合成的β-

分子筛的原料配比进行预晶化，以预晶化物代替模板剂而进行合成的方法。

32. 介孔分子筛　Mesospore Molecular Sieve

别名　中孔分子筛

性质　介孔分子筛是指孔径在 2~5nm 范围内、具有有序介孔孔道结构的多孔材料。与一般的微孔分子筛材料相比，它具有以下特点：①具有较大的孔径，并有规则的孔道结构；②孔径分布窄，且可在 1.5~10nm 之间调变；③颗粒具有规则外形，且可在微米尺度内保持高度的孔道有序性；④孔隙率高，比表面积大，比表面积可高达 $1000m^2/g$ 以上；⑤表面富含不饱和基团，并有较高的热稳定性及水热稳定性。

介孔分子筛按其结构不同可分为六方相的 MCM-41、SBA-1，立方相的 MCM-48，层状不稳定的 MCM-50，三维六方结构的 SBA-2，无序排列六方结构的 MSU-n 等。而按化学组成不同，介孔分子筛可分为硅基和非硅基组成的介孔材料两大类，后者主要包括过渡金属氧化物、磷酸盐和硫化物等。在众多结构的介孔分子筛中，尤以 MCM-41 及 MCM-48 的应用更为突出。

用途　用作催化剂，介孔分子筛用于催化烃类加氢裂化反应、催化烃类烷基化及酰基化反应、催化氧化及催化聚合反应等。如 MCM-41 分子筛催化剂较负载 Ni、Mo 的超稳 Y 分子筛具有更高的加氢脱硫及加氢脱氮功能。MCM-41 分子筛负载路易斯酸（如 $AlCl_3$、$ZnCl_2$、$FeCl_2$、$CuCl_2$ 等）后可制得各种负载型催化剂。将它们用于烷基化、苄基化及酰基化等有机合成反应时，具有很高的选择性。介孔分子筛也可直接作为酸催化剂用于烃类转化。用 TiO_2 修饰的 MCM-41 分子筛也是催化活性很高的光催化降解有机物的催化剂。在乙烯聚合中，负载金属茂的 MCM-41 具有极高的催化活性。

简要制法　合成介孔硅基分子筛的方法：先将模板剂(表面活性剂)、酸或碱加入水中配成混合溶液，然后向其中加入硅源或其他物种进行反应。反应产物经水热处理或老化后，再经洗涤、干燥、焙烧制得成品。也可用作吸附分离材料、介孔薄膜材料及光学材料等。

33. 活性白土　Activated Clay

别名　漂白土、酸处理白土

化学式 $Al_2O_3 \cdot 4SiO_2 \cdot nH_2O$

性质 为一种由天然白土(膨润土、高岭土等)经硫酸或盐酸处理的白色至米色粉末。呈分散状,有油腻感。无臭、无味、无毒。相对密度2.3~2.5,相对表观密度0.55~0.75。不溶于水、有机溶剂及各种油和脂类,易溶于热苛性钠溶液及盐酸。表面有很多不规则孔穴,分子间为层状结构,比表面积很大,比天然白土有更高的吸附能力,并具有选择吸附性及离子交换能力。能吸附有色物质、有机物质及某些矿物杂质,并具有催化性能。当加热至300℃以上时,开始失去结晶水,结构也发生变化,影响其使用性能。在空气中易吸潮,加热干燥可恢复其性能。

质量规格

产品性状	指标		
	优级品	一级品	合格品
脱色率,%	≥95.0	≥92.0	≥90.0
活性度	≥225	≥220	≥200
游离酸(以硫酸计),%	≤0.20	≤0.20	≤0.20
粒度(过200目筛),%	≥90	≥90	≥90
水分,%	≤8.0	≤8.0	≤8.0
机械杂质	无	无	无

用途 用作中温及高温聚合用催化剂、水分干燥剂、葡萄酒及果汁澄清剂,以及用于处理放射性废料,制造颗粒白土及军用消毒粉等。也用于各种油脂、汽油、煤油、柴油、石蜡、润滑油、凡士林油、高级醇、苯、白油等的脱色及净化。

简要制法 以钙基膨润土为原料,经干燥、浓硫酸活化、水洗后,再经干燥、粉碎制得。

34. 颗粒活性白土　Activated Clay Particle

别名 颗粒白土

化学式 $Al_2O_3 \cdot 4SiO_2 \cdot nH_2O$

性质 为白色至灰白色无定形颗粒。化学性质与活性白土相似,但具有粒度均匀、机械强度高、比表面积大、吸附能力强、离子交换性及催化性能好等特点。

质量规格

产品性状		指标	产品性状	指标
粒度	0.25~0.84mm,%	≥85	比表面积,m^2/g	≥250
	<0.25mm,%	≤5	游离酸(以硫酸计),%	≤0.20
堆密度,g/mL		0.65~0.80	水分,%	≤10
压缩强度,N/粒		≥0.45		

用途 用作催化剂。也用于石油化工装置中脱除微量烯烃和羰基化合物，除去喷气燃料、汽油、煤油及石蜡等中的不饱和烃、硫化物、有色物质。

简要制法 由粉状活性白土经配料、成型、干燥制得。颗粒活性白土长期使用会失活，可加热分解其所吸附的物质，使其再次暴露酸中心，恢复酸催化功能。

生产厂 浙江临安膨润土化工总厂、湖北省鄂州市化工二厂、抚顺石化公司塑料厂等。

(三) 锗及其化合物

1. 金属锗 Metallic Germanium

元素符号 Ge

相对原子质量 72.64

性质 晶体结构有金刚石型和白锡型两种类型。金刚石型锗为原子晶体，颜色灰白，又硬又脆；白锡型锗的颜色暗蓝，易碎成粉末。在室温下可塑性很小，加工性能近似玻璃，有明显的非金属性。相对密度(25℃) 5.323，熔点937.4℃，沸点2830℃，晶格常数 $a=0.5675$nm，莫氏硬度5.3。不溶于水、盐酸及稀苛性碱溶液，溶于硝酸、热浓硫酸、王水及碱金属碳酸盐溶液。化合价+2、+4。空气中稳定，600~700℃时易被氧化。细粉锗能在氯或溴中燃烧，并分别生成氯化锗或溴化锗。锗的电阻率为金属元素之最，其电阻率是第二大者铋的830多倍，比硒、砷、碲、碳、硅等非金属元素的电阻率都要大。纯锗是典型的本征半导体，在纯锗中加入微量3价或5价金属时，即成为杂质半导体。加入Sb、As(均为5价)成为

n 型半导体；加入 Ga、In(均为 3 价)，则成为 P 型半导体。锗为两性金属元素，不与稀盐酸、稀硫酸反应，也不与稀碱溶液反应。但既溶于浓硫酸生成硫酸锗，又溶于浓硝酸和氢氟酸的混合液，生成氟锗酸。还溶于强碱液生成锗酸盐。锗的高价氧化物为酸性，其水合物为锗酸。

质量规格

产品性状	指标(高纯锗)	产品性状	指标(高纯锗)
锗纯度，10^{-6}	≥8N	电阻率(23℃)，$\Omega \cdot cm$	>47

用途 用于制造合金、超导材料、光电材料、锗化合物、催化剂、磁性材料及玻璃等。也是研究半导体催化剂的半导性质与催化活性之间关系的理想材料，以及通过 Ge 的表面吸附性质来考察催化反应进行机理。

简要制法 在高温下用氢气还原高纯二氧化锗制得。

2. 二氧化锗 Germanium Dioxide

别名 氧化锗

化学式 GeO_2

相对分子质量 104.59

性质 为白色或无色结晶。有两种变体：一种为六方晶系白色结晶，相对密度 4.228，熔点 1116℃；另一种为四方晶系无色结晶，相对密度 6.229，熔点 1086℃。两者的转化温度为 1033℃，四方晶系在 1033℃ 以下不稳定，容易缓慢地转变为六方晶系结晶。微溶于水，溶于盐酸、氢氧化钠。水溶液呈酸性并生成锗酸(H_2GeO_3)，与 HF 反应生成 H_2GeF_6，与碱反应生成锗酸盐。锗酸盐的性质与硅酸盐相似，二氧化锗的性质则与二氧化硅有些相似。Ge 为六配位八面体，Ge—O 键长为 188pm。

质量规格

产品性状	指标		产品性状	指标	
	GeO_2-06	GeO_2-05		GeO_2-06	GeO_2-05
二氧化锗(GeO_2)，%	≥99.9999	≥99.999	镍(Ni)，10^{-6}	≤2.0	≤2.0
砷(As)，10^{-6}	≤1.0	5.0	铅(Pb)，10^{-6}	≤2.0	≤1.0
硅(Si)，10^{-6}	≤2.0	—	杂质总量，%	≤0.0001	≤0.001
铁(Fe)，10^{-6}	≤1.0	1.0	松密度，g/cm^3	1.3~2.0	

续表

产品性状	指标		产品性状	指标	
	GeO_2-06	GeO_2-05		GeO_2-06	GeO_2-05
铜(Cu), 10^{-6}	≤1.0	2.0	粒度(过200目筛),%	95	95
钴(Co), 10^{-6}	≤2.0	2.0	灼烧减量,%	≤0.6	—

用途 用于制造催化剂、金属锗、锗晶体、光学玻璃等，如用作 N_2O 分解催化剂。由二氧化锗制成的玻璃具有高折射率、较大的色散及膨胀性、适当的硬度、很低的熔融温度及较高的红外线辐射透射率，适用于制造显微镜物镜及红外线传输材料等。

简要制法 由锗加热氧化或由四氯化锗水解制得，也可从熔炼锌的副产品中回收制得。

3. 四氯化锗　Germanium Tetrachloride

化学式 $GeCl_4$

相对分子质量 214.40

性质 为无色油状液体，有特殊臭味，在空气中发烟。相对密度1.88，熔点-49.5℃，沸点86.55℃，折射率1.464。蒸气相对密度7.39。分子为正四面体构型，Ge—Cl 键长为211pm。遇水分解产生氯化氢并生成 GeO_2。溶于乙醇、乙醚、苯。不溶于浓盐酸及浓硫酸。

质量规格

产品性状	指标
四氯化锗($GeCl_4$),%	99.999999
Fe、Co、Ni、Cr、V、Mn 总含量, 10^{-9}	≤10

用途 用于制造半导体锗、二氧化锗，也用于制造用作助催化剂的锗有机化合物，如 $(CH_3)_4Ge$、R_4Ge(R 为烷基)、$(C_6H_5)_4Ge$ 等。还可用作光导纤维掺杂剂及通用试剂。

安全事项 干燥空气中稳定，湿空气中因水解而放出有腐蚀性的氯化氢气体。蒸气和液体对皮肤、黏膜及眼睛有刺激性。

简要制法 由二氧化锗与浓盐酸反应制得，或由金属锗与氯气反应而得。

4. 四乙基锗　Tetraethyl Germanium

化学式　$C_8H_{20}Ge$
相对分子质量　188.84
结构式　$(C_2H_5)_4Ge$
性质　为无色油状液体,有芳香气味。相对密度(25℃)0.9910,熔点-90℃,沸点165.5℃,折射率(30℃)1.438。溶于苯、乙醚等有机溶剂。遇水分解。
用途　用作烯烃聚合催化剂。使用其与过渡金属卤化物(如$TiCl_4$、$AlCl_3$等)复合制得的催化剂,比使用齐格勒催化剂能制得结晶性更好的聚烯烃。也用于制造高纯锗。
安全事项　有毒!
简要制法　可由四溴化锗与乙基溴化镁或乙基锂在乙醚中反应制得。或在110℃下由四氯化锗与三乙基铝在甲基萘中反应而得。

5. 四苯基锗　Tetraphenyl Germanium

化学式　$C_{24}H_{20}Ge$
相对分子质量　381.01
结构式　$(C_6H_5)_4Ge$
性质　为无色针状晶体(在甲苯中析出)。熔点232～238℃,沸点大于400℃。不溶于水,微溶于乙醚、丙酮、石油醚,溶于苯、甲苯、氯仿等。与热的浓硝酸及浓硫酸混合液作用,分解为氧化锗。在四氯化碳溶剂中与溴反应生成三苯某溴化锗
用途　用作烯烃聚合等有机合成催化剂。
简要制法　在甲苯或四氢呋喃中,由四氯化锗与苯基溴化镁反应制得,或由四氯化锗与苯基锂反应而得。

(四)锡及其化合物

1. 金属锡　Metallic Tin

元素符号　Sn
相对原子质量　118.71

性质 锡的晶体结构类型为金属晶体，有三种同素异形体：白锡（β型）、灰锡（α型）及脆锡（γ型）。白锡为四方晶系、灰锡为三斜晶系、脆锡为斜方晶系。常见的是白锡，为银白色软金属。相对密度7.31，熔点231.85℃，沸点2260℃，布氏硬度(20℃)3.9。化合价+2、+4。在13.2℃以上稳定，低于13.2℃则缓慢地转变成灰锡（相对密度5.77），遇剧冷变为粉末状灰锡。升温至160℃以上时转变为脆锡。白锡在常温下与空气几乎不反应，对水稳定。也能与氧、硫、卤化物等非金属化合；还可将铜、汞、银、铂、金等单质，从它们的盐溶液中置换出来。锡石（SnO_2）是其主要矿物。锡是两性元素，能和强酸、强碱反应。与冷的稀硝酸、稀盐酸、苛性碱以及热的稀硫酸反应缓慢；与浓硫酸、浓盐酸、热碱液及王水反应较快。亚硫酸、氯磺酸、焦硫酸均易与锡反应，而草酸、枸橼酸、酒石酸、纯碱及氨水与锡反应很慢。长期暴露于空气中时，表面生成二氧化锡而形成保护膜。熔铸的锡锭受高温氧化，表面呈黄色。锡粉在潮湿空气中也很易氧化。锡和无机锡化合物的毒性小于有机锡化合物。

质量规格

产品性状	指标（高纯锡）
锡（Sn），%	≥99.99
Zn(S 或 Si 或 Cu 或 Pb 或 Cd 或 Al 或 Fe 或 Ca)，%	$\leqslant 5\times 10^{-4}$
Ag(Ba 或 Co 或 Mn 或 Pt 或 Au 或 Ga 或 Bi 或 Pd 或 Ti)，%	$\leqslant 5\times 10^{-5}$
Mg(Cr 或 Ni)，%	$\leqslant 1\times 10^{-4}$

用途 在催化领域中，可与其他金属制成合金而用作催化材料。金属锡用于烟煤加氢，呈现比Ni、Fe、Zn更高的催化活性；粒状锡也是合成丙烯腈的有效催化剂；与$TiCl_4$组合可用作链烯烃聚合的催化剂。主要用于制造含锡合金、青铜、半导体材料、马口铁、无机或有机锡化合物等。也常用作焊锡及涂层材料。

简要制法 先将锡矿石在高温下用碳还原得粗制锡，再电解精炼制得金属锡。高纯锡可由四氯化锡经水解、氢气还原制得。

2. 氧化亚锡　Stannous Oxide

别名 一氧化锡
化学式 SnO
相对分子质量 134.69
性质 为棕黑色或红绿色正方晶系结晶或粉末。相对密度6.666，熔

四、碳族元素及其化合物

点(分解,8kPa)1080℃,沸点>1000℃。不溶于水、醇,溶于酸、浓氢氧化钠、氢氧化钾。在空气中不稳定。在空气中加热生成二氧化锡,在氢气中加热还原生成金属锡。

用途 用作有机合成催化剂,如用作硝基苯还原反应和交酯类聚合反应的催化剂,也用作还原剂。也用于电镀锡和制造其他锡化合物、铜—锡红宝石玻璃等。

简要制法 由碳酸钠与氯化亚锡反应制得。也可先将碱加入到氯化亚锡溶液中,产生氢氧化锡沉淀,再经加热煮沸、分离、干燥制得。

3. 二氧化锡 Stannic Oxide

别名 氧化锡、锡酐
化学式 SnO_2
相对分子质量 150.69
性质 为白色、浅灰色或浅黄色结晶或粉末。有三种变体:四方晶系、六方晶系及正交晶系。白色四方晶系结晶具有金红石结构,Sn—O键长为205pm。相对密度6.85,熔点1630℃,1800~1900℃升华。不溶于水、乙醇。缓慢溶于热的浓碱溶液。溶于浓盐酸、浓硫酸。不被一般酸和碱侵蚀。有导电性能。在空气中加热稳定。二氧化锡呈弱酸弱碱的两性,其水合物为锡的含氧酸,又分为能溶于酸、碱的 α-锡酸和不溶于酸碱的 β-锡酸。SnO_2 与碱共熔时生成可溶性锡酸盐,用硝酸溶解锡粒生成 β-锡酸(H_2SnO_3)。高温下被碳还原生成金属锡。自然界中以锡石形式存在。

质量规格

产品性状	指标 A类	指标 B类	产品性状	指标 A类	指标 B类
二氧化锡(SnO_2),%	≥98.5	98	硫(S),%	≤0.03	0.03
铁(Fe),%	≤0.04	0.06	盐酸可溶物,%	≤0.5	—
铜(Cu),%	≤0.02	0.03	亚锡	合格	—
铅(Pb),%	≤0.05	0.065	粒度(0.074mm以下),%	≥99	98
砷(As),%	≤0.01	0.02			

用途 用作有机合成催化剂。如由二氧化锡与氧化铬组成的二元催化剂,用作二氧化硫氧化催化剂具有很高的催化活性;由二氧化锡与CuO组成的催化剂,可用于乙醛氧化制乙酸;SnO_2-$Sn(VO_3)_4$ 催化剂可用于喹啉氧化制烟酸。二氧化锡也用于制造锡酸盐、颜料、陶瓷、搪瓷、气体传感

器，还用作织物媒染剂、增重剂、阻燃剂、玻璃磨光剂、硒镉红玻璃及金色玻璃添加剂等。

简要制法 由金属锡用稀硝酸氧化而得，或将金属锡在高温空气中直接氧化而得。要制取比表面积大于 $100m^2/g$ 的二氧化锡，可先用氨水与四氯化锡溶液反应生成氢氧化锡沉淀，再经洗涤、干燥、300℃ 焙烧制得。

4. 硫化锡 Stannic Sulfide

别名 二硫化锡、硫化高锡

化学式 SnS_2

相对分子质量 182.83

性质 带金属光泽的金黄色鳞片状六方晶系结晶，Sn—S 键长 255pm。相对密度 4.51。600℃ 时分解。加热时转变为 SnO_2、SO_2。不溶于硫酸、盐酸，溶于 $(NH_4)_2S$ 水溶液，难溶于水。易溶于碱性硫化物生成硫化锡酸盐：

$$SnS_2 + Na_2S \Longrightarrow Na_2SnS_3$$

含 Na_2SnS_3 的溶液经酸化又可析出 SnS_2 沉淀：

$$Na_2SnS_3 + 2HCl \Longrightarrow SnS_2 + H_2S + 2NaCl$$

根据金属超细粒子具有尺寸量子化和表面效应等独特性质，纳米 ZnS_2 材料具有热红外线透明性、荧光及磷光等特性。

用途 用作有机合成催化剂，也用于制造纸张、金属、木材等用的金色装饰颜料。

简要制法 在四氯化锡溶液中通入 H_2S 制得。

5. 硫化亚锡 Stannous Sulfide

别名 一硫化锡

化学式 SnS

相对分子质量 150.77

性质 为带光泽的灰黑色正交晶系结晶或无定形黑色粉末。具有层状结构，为八面体构型，每个 Sn 原子周围有 6 个 S 原子配位。相对密度 5.08，熔点 880℃，沸点 1210℃。不溶于水、稀酸、硫化铵溶液。溶于热的浓硫酸、浓盐酸。

用途 用作有机合成及碳氢化合物聚合用催化剂。可单独用作煤加氢的催化剂，如加入适量 NH_4Cl 或 CHI_3 则可显著提高烟煤加氢反应的转化率。也用于制造颜料。

简要制法 在氯化亚锡溶液中通入 H_2S 制得,也可由锡箔与硫黄在 900℃下高温反应制得。

6. 二氯化锡 Stannous Chloride

别名　氯化亚锡

化学式　$SnCl_2 \cdot 2H_2O$

相对分子质量　225.63

性质　无水二氯化锡为白色半透明正交晶系结晶。相对密度3.95。市售品为二水合物,无色或白色单斜晶系针状结晶。相对密度2.710,熔点37.7℃。溶解热224.68kJ/mol,气化热87.86kJ/mol,蒸气压(315℃)0.133kPa。熔点时分解为盐酸和碱式盐。加热到110℃时失去结晶水而成无水物。溶于醇、乙醚、丙酮及冰乙酸,易溶于浓盐酸。遇水则分解,并水解成白色碱式盐沉淀:

$$SnCl_2+H_2O =\!=\!= Sn(OH)Cl+HCl$$

因此,配制 $SnCl_2$ 溶液时,须在水中先加入适量盐酸,以抑制其水解。与碱作用生成水和氧化物沉淀,但碱量过剩时生成可溶性的亚锡酸盐。酸性溶液有强还原性,能将氧化铬(六价)还原为 Cr^{3+},Cu^{2+} 还原为 Cu^+,Hg^{2+} 还原为 Hg^+ 和 Hg,Ag^+ 还原为 Ag,Fe^{3+} 还原为 Fe^{2+},将硝基化合物还原为胺类。在空气中会逐渐被氧化成不溶性氯氧化物,如在配制好的溶液中投入少许锡粒可防止其被氧化。

质量规格

产品性状	指标	
	优等品	一等品
外观	无色结晶	无色结晶
二氯化锡($SnCl_2 \cdot 2H_2O$),%	≥99.0	≥98.0
硫酸盐(以 SO_4^{2-} 计),%	≤0.05	≤0.10
砷(As),%	≤0.001	≤0.005
铁(Fe),%	≤0.005	≤0.010
铅(Pb),%	≤0.02	≤0.04
铜(Cu),%	≤0.001	≤0.005

注:表中所列数据摘自化工行业标准 HG/T 2526—2007。

用途　用作烷基化、异构化、氯化、缩合等有机合成催化剂。对适合

用 $SnCl_4$ 作催化剂的各种有机合成反应,一般也可采用 $SnCl_2$ 作催化剂。还用作制造染料中间体的还原剂、印染媒染剂、橡胶制品硫化时的活化剂、食品抗氧化剂、香料稳定剂,以及用作漂白剂、脱色剂、润滑油添加剂等。

简要制法 由金属锡熔融后泼入冷水,激成锡花,再与盐酸反应制得。

7. 四氯化锡 Stannic Chloride

别名 氧化锡、无水四氯化锡、氯化高锡

化学式 $SnCl_4$

相对分子质量 260.50

性质 为无色液体,空气中发烟。气体分子为正四面体构型,Sn—Cl 键长228pm。相对密度2.234,熔点-33℃,沸点114.15℃,临界温度318.7℃,临界压力2.75MPa,蒸气压(10℃)1.333kPa,折射率(20℃)1.5070。在湿空气中会吸水生成三水合物($SnCl_4 \cdot 3H_2O$)进一步加水则会生成含5、8、9等不同数量结晶水的水合物。溶于水并放热,水溶液因水解而产生沉淀。可与苯、醇、四氯化碳、二硫化碳、石油烃等有机溶剂混溶。能与氨反应生成复盐,与碱金属反应生成锡酸盐,与醇、醚、醛、酮、不饱和烃及胺等有机化合物发生加成反应,还能与汽油中的四乙基铅反应生成$(C_2H_5)_2SnCl_2$沉淀。在低温下能吸收大量氯气,产生体积膨胀并使冰点下降。

质量规格

产品性状	指标	产品性状	指标
四氯化锡($SnCl_4$),%	≥99	铁(Fe)	微量
游离氧,%	≤0.01	不挥发物,%	≤1

用途 是一种强酸,用作一种优良的阳离子型聚合催化剂,尤适于作苯乙烯、异丁烯、α-甲基苯乙烯等的阳离子型聚合催化剂。也用于丁二烯、异戊二烯、环氧化物、三噁烷、茚、醛类等的聚合反应。还广泛用作烷基化、氯化、异构化、缩合、酯化及酰化反应等的催化剂。用高分子载体负载四氯化锡所制得的催化剂可用于酯化、醚化、缩醛、缩酮等反应。四氯化锡还用作染色的媒染剂、润滑油添加剂、还原剂、陶瓷或玻璃的表面处理剂、塑料稳定剂,用于制造有机锡化合物等。

安全事项 遇水强烈反应,放热并释出有腐蚀性的氯化氢气体,强烈刺激眼睛及皮肤。

简要制法 用干燥氯气处理锡或氯化亚锡制得。

8. 二(十二烷基硫)二丁基锡
Dibutyltin Dilaurylmercaptide

别名 二丁基锡二月桂基硫醇
化学式 $C_{32}H_{68}S_2Sn$
相对分子质量 635.71

结构式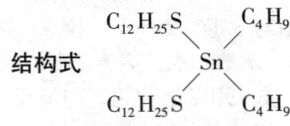

性质 为油状液体。相对密度1.02，沸点185℃，闪点(闭杯)121℃，黏度(25℃)20mPa·s，蒸气压1.3kPa。微溶于水，溶于乙醇、乙醚、苯等有机溶剂。

用途 用作聚氨酯催化剂，是一种有良好水解稳定性的强凝胶催化剂。适用于硬泡及微孔弹性体生产，也用作塑料稳定剂。

9. 二丁基氧化锡 Dibutyltin Oxide

别名 氧化二丁基锡
化学式 $C_8H_{18}OSn$
相对分子质量 248.92
结构式 $(C_4H_9)_2SnO$

性质 为白色至微黄色粉末。松密度0.5g/cm³。熔点>300℃。蒸气相对密度8.6。不溶于水及有机溶剂，溶于盐酸。加热熔融前分解，遇火焰会燃烧，遇氧化剂会剧烈反应。

质量规格

产品性状	指标(化学纯)	产品性状	指标(化学纯)
二丁基氧化锡,%	≥98.0	氯化物(Cl^-),%	≤0.005
水不溶物,%	≤0.3	盐酸溶解试验	合格

用途 用作有机合成催化剂、塑料稳定剂，也用于制造马来酸二丁基锡、月桂酸二丁基锡等。

安全事项 剧毒！

简要制法 先用四氯化锡与二氯丁基锡反应生成二氯二丁基锡，再用氢氧化钠处理而得。

10. 四甲基锡 Tetramethyl Tin

别名　四甲基锡烷
化学式　$C_4H_{12}Sn$
相对分子质量　178.83
结构式　$(CH_3)_4Sn$

性质　为无色液体,有醚样气味。相对密度(25℃)1.2905,熔点-54.8℃,沸点78℃,折射率(25℃)1.4386。不溶于水,溶于乙醚、乙醇、苯、氯仿等多数有机溶剂。与浓盐酸反应生成三甲基氯化锡,与溴反应生成三甲基溴化锡。

用途　用作烯烃聚合及有机合成催化剂、合成聚酯润滑剂的抗磨剂,也用于镀锡及用作计数管填料等。

简要制法　由四氯化锡与甲基卤化镁在乙醚或丁醚中反应制得。

11. 四乙基锡 Tetraethyl Tin

化学式　$C_8H_{20}Sn$
相对分子质量　234.94
结构式　$(C_2H_5)_4Sn$

性质　为无色液体。相对密度(23℃)1.187,熔点-136～-125℃,沸点181℃,折射率(20℃)1.4691。不溶于水,溶于乙醇、乙醚、苯、氯仿等有机溶剂。与溴反应生成三乙基溴化锡和二乙基二溴化锡,与三氯化铝反应生成二乙基二氯化锡。

用途　用作α-烯烃、丙烯腈聚合等有机合成催化剂,聚酰胺稳定剂,乙基化反应电解质等,也用于镀锡。

简要制法　在乙醚或乙醚—甲苯混合液中由四氯化锡与乙基溴化镁反应制得。

12. 四丁基锡 Tetrabutyl Tin

化学式　$C_{16}H_{36}Sn$
相对分子质量　347.15
结构式　$(CH_3CH_2CH_2CH_2)_4Sn$

性质　无色至黄色油状液体。相对密度1.0572,熔点-97℃,沸点

(1.33kPa)145℃，折射率1.4730。不溶于水，溶于乙醇、乙醚、苯、氯仿等大多数有机溶剂。加热至265℃分解。

质量规格

产品性状	指标(化学纯)	产品性状	指标(化学纯)
相对密度	1.063~1.066	乙醇溶解试验	合格
折射率	1.473~1.476	鉴定试验	合格

用途 用作聚合催化剂、聚氯乙烯稳定剂、防锈剂、汽油抗爆燃添加剂等。
安全事项 可燃。有毒！
简要制法 由四氯化锡与丁基溴化镁反应制得。

13. 四苯基锡 Tetraphenyl Tin

化学式 $C_{24}H_{20}Sn$

相对分子质量 427.11

结构式 $(C_6H_5)_4Sn$

性质 为无色晶体(由氯仿或二丙胺中结晶得到的为菱柱体，由吡啶中结晶得到的为针状体)。相对密度1.49(0℃)、1.470(6℃)，熔点225~228℃，沸点>420℃，闪点110℃。不溶于水、石油醚，微溶于乙醇、乙醚、甲苯，溶于热苯、吡啶、氯仿、四氯化碳、二硫化碳及乙酸等有机溶剂。可燃。

质量规格

产品性状	指标	产品性状	指杯
熔点范围，℃	228~231	吡啶溶解试验	合格

用途 用作烯烃、交酯聚合催化剂及煤加氢催化剂，也用作聚氯乙烯、三乙酸纤维素、有机硅等的稳定剂，燃料添加剂，润滑油防老剂和抗磨剂，木材防护剂，防虫蛀剂。也用于制造有机中间体等。
安全事项 为剧毒品，具刺激性，经口摄入或经皮肤吸收会引起中毒。
简要制法 由四氯化锡与苯基氯化镁在四氢呋喃中反应制得；也可由四氯化锡与苯基钠或二苯基锌反应而得。

14. 六苯基二锡 Hexaphenylditin

化学式 $C_{36}H_{30}Sn_2$

相对分子质量 700.01

结构式　$(C_6H_5)_3SnSn(C_6H_5)_3$

性质　为白色晶体(在石油醚中析出)。熔点229.5~232℃,高于280℃分解。不溶于水,微溶于乙醚,溶于苯、氯仿、石油醚等溶剂。在四氢呋喃中与锂或镁反应分别生成$(C_6H_5)_3SnLi$或$[(C_6H_5)_3Sn]_2Mg$。

用途　用作双烯烃聚合催化剂、人造丝稳定剂,也用于金属或玻璃纤维表面涂锡。

简要制法　由四氯化锡或六氯化二锡与苯基锂在乙醚中分别于-10℃或-78℃时反应制得。

15. 辛酸亚锡　Stannous Caprylate

别名　2-乙基己酸亚锡、异辛酸亚锡

化学式　$C_{16}H_{30}O_4Sn$

相对分子质量　405.1

结构式　$\left[\begin{array}{c}C_4H_9-CH-C-O\\ |\|\\ C_2H_5O\end{array}\right]_2 Sn$

性质　有正辛酸亚锡及异辛酸亚锡,常用的为异辛酸亚锡。外观为淡黄色油状液体。相对密度1.23~1.27,熔点-20℃,闪点142℃,折射率1.490~1.501,黏度(20℃)<500mPa·s。总锡含量28%,总锡含量中亚锡占22%以上。不溶于水、醇,溶于多元醇及大多数有机溶剂。

质量规格

产品性状	指标	产品性状	指标
外观	淡黄色油状液体或黄褐色膏状物	总锡含量,%	≥28
		亚锡含量,%	≥22

用途　用作聚氨酯泡沫塑料合成的催化剂,主要用于软质块状聚醚型聚氨酯泡沫的生产。可单独使用或与胺类催化剂并用。发泡后留存在泡沫体内并具有防老剂的作用。也用作聚氨酯弹性体、涂料及常温下硫化硅橡胶的催化剂、环氧树脂催化型固化剂、聚氨酯橡胶的引发交联剂等。

安全事项　为强烈神经性毒性,空气中最高允许浓度$0.1mg/m^3$。由于二价锡化合物易被空气中的氧及水汽氧化而分解,贮存容器必须密封并用氮气保护,远离火种,防晒、防潮。

简要制法　先由2-乙基己酸与氢氧化钠反应生成2-乙基己酸钠,再与氯化亚锡反应而得。

16. 二乙酸二丁基锡 Dibutyltin Diacetate

别名　二丁基锡二乙酸酯，DBTAC
化学式　$C_{12}H_{24}O_4Sn$
相对分子质量　351.01

结构式

$$\begin{array}{c} C_4H_9 \quad OCOCH_3 \\ \diagdown \diagup \\ Sn \\ \diagup \diagdown \\ C_4H_9 \quad OCOCH_3 \end{array}$$

性质　为无色至微黄色油状液体，有乙酸气味。锡含量 32%～33.8%。相对密度约(25℃)1.30，熔点 8～10℃，沸点(1.33kPa)142～145℃，闪点(开杯)146℃，折射率(25℃)1.46～1.47，蒸气压约173kPa，pH>5。不溶于水，溶于苯、石油醚、丙酮等有机溶剂。

质量规格

产品性状	指标	产品性状	指标
外观	无色至微黄色油状液体	熔点，℃	8～10
相对密度(25℃)	约1.30	锡含量,%	32%～33.8%

用途　为一种凝胶性催化剂，可用作常温下硫化硅橡胶的固化催化剂，尤适用于脱乙酸型有机硅制品。其特点是催化反应速率比二月桂酸二丁基锡要快。也用作聚氨酯泡沫塑料合成催化剂，可用于生产弹性体塑料、喷涂硬质泡沫塑料、硬泡高回弹模塑泡沫塑料等。还可用作含氯有机化合物的稳定剂。

安全事项　可燃。剧毒！对皮肤、呼吸道及眼睛有刺激作用。
简要制法　由氧化二丁基锡与乙酸反应制得。

17. 二月桂酸二丁基锡 Dibutyltin Dilaurate

别名　二丁基二月桂酸锡、十二酸二丁基锡，DBTDL
化学式　$C_{32}H_{64}O_4Sn$
相对分子质量　631.56

结构式

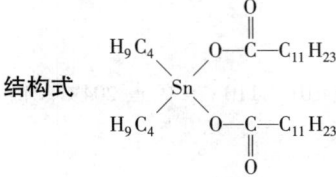

性质　为淡黄色透明液体。相对密度(20℃)1.066,熔点8℃,闪点227℃,折射率(25℃)1.468~1.475,黏度(25℃)50mPa·s。不溶于水,溶于乙醇、苯、丙酮、乙酸乙酯等通用有机溶剂及大部分增塑剂。常温下稳定,耐光、耐老化。耐热性较差,200℃以上分解。对金属有一定腐蚀性。

质量规格

产品性状	指标	产品性状	指标
外观	淡黄色透明液体	相对密度(25℃)	1.025~1.065
锡含量,%	18~19.2	色泽(碘比色),号	≤5

用途　用作聚氨酯泡沫塑料合成催化剂。是一种强凝胶性的催化剂,可用于弹性体塑料、硬泡塑料、模塑泡沫塑料以及胶黏剂、密封胶、涂料等的制造。也可与胺类催化剂并用,二者有协同效应,能加速硅氧基与空气中水分发生水解缩合而形成硅—氧键。用于快速生产高密度结构泡沫塑料、喷涂泡沫塑料及硬泡塑料板材等。还可用作常温下硫化硅橡胶合成的催化剂、软质聚氯乙烯的热稳定剂、硬质聚氯乙烯制品的润滑剂等。

安全事项　易燃。有毒,空气中最高允许浓度为 $0.1mg/m^3$。

简要制法　在镁存在下先由碘乙烷与锡粉反应生成碘代丁基锡,经烧碱处理得到氧化二丁基锡,再与月桂酸缩合制得。

18. 马来酸二丁基锡　Dibutyltin Maleate

别名　二丁基顺丁烯二酸锡、顺丁烯二酸二丁基锡

化学式　$C_{12}H_{20}O_4Sn$

相对分子质量　347.01

结构式

$$\begin{array}{c} H_9C_4 \\ \diagdown \\ Sn \\ \diagup \\ H_9C_4 \end{array} \begin{array}{c} O \\ \| \\ O-C-CH \\ | \| \\ \\ O-C-CH \\ \| \\ O \end{array}$$

性质　为白色无定形粉末。熔点101~110℃,闪点204℃。锡含量33%~34%。不溶于水,溶于苯及酯类。

安全事项　可燃。有毒!

用途 用作有机合成催化剂及聚氯乙烯热稳定剂。
简要制法 由二丁基氧化锡与马来酸经缩合反应制得。

(五)铅及其化合物

1. 金属铅 Metallic Lead

元素符号 Pb

相对原子质量 207.21

性质 为银灰色略带蓝色的重金属。表面常被氧化生成氧化铅而失去金属光泽。质柔软，易展成薄片，但延展性较弱。易熔，便于加工及铸造。相对密度11.35，熔点327.51℃，沸点1740℃，莫氏硬度1.5。化合价+2、+4。不溶于水，溶于稀硝酸，几乎不溶于稀盐酸及硫酸。能缓慢地溶于含氧有机酸，生成相应的盐类。在空气中溶有二氧化碳的水能溶解铅表面的氧化膜，生成微溶于水的$Pb(OH)_2$，并进一步生成碱式碳酸铅。铅是两性元素，其氧化物及氢氧化物都具有两性。也是一种亲疏元素，对氧有很强的亲和力。高温时，熔融铅与氧反应生成一氧化铅。加热条件下，铅能与氮、硫、磷、溴、碘等非金属直接反应生成各自相对应的化合物。除有较好的化学稳定性及耐腐蚀性外，还具有较好的抗震—抗辐射及吸声性能。矿物有方铅矿(PbS)及白铅矿($PbCO_3$)等。

质量规格

产品性状	指标	
	Pb-05	Pb-06
铅(Pb),%	≥99.999	≥99.9999
As, 10^{-6}	≤0.5	≤0.2
Fe、Sn、Ag, 10^{-6}	≤0.5	≤0.05
Mg、Al, 10^{-6}	≤0.5	≤0.1
Cu, 10^{-6}	≤0.8	≤0.05
Bi, 10^{-6}	≤1.0	≤0.1

用途 用作氨氧化、苯酚与甲醛缩合等反应的催化剂。铅因其密度大且对放射性稳定，可用作原子能工业的重要防放射线材料。还用于制造蓄电池、电工熔丝、四乙基铅、电缆护套、轴承材料、印刷铅字、弹药及铅盐等。

安全事项 铅是一种蓄积性毒物,主要对神经系统、造血系统、心血管系统、生殖系统有损害,也有致癌、致畸、致突变作用。在自然环境中铅不能被生物代谢所分解,因而成为持久性污染物。有关标准规定,生产车间空气中铅的最高允许浓度为 $0.001\mathrm{mg/m^3}$,废水中铅的最高允许浓度为 $1.0\mathrm{mg/L}$。

简要制法 先将铅矿石煅烧成氧化铅,再用碳还原制得。

2. 一氧化铅 Lead Monoxide

别名 黄丹、密陀僧、漳丹、氧化铅

化学式 PbO

相对分子质量 223.20

性质 有两种同质多晶体。黄红色正方晶系为 α-PbO,相对密度 9.53,熔点 888℃,沸点 1470℃;浅黄色至土黄色粉末斜方晶系为 β-PbO,相对密度 8.7,熔点 900℃。α-PbO 至 β-PbO 的转变温度为 475~583℃。无定形 PbO 为黄色,相对密度 9.2~9.5。一氧化铅不溶于水、乙醇,溶于丙酮、乙酸、稀硝酸及温热的碱液。在空气中能逐渐吸收二氧化碳,在 300~450℃ 的空气中可转化为 Pb_3O_4,温度更高时则又转变为 PbO。高温下有润滑性,能与甘油发生硬化反应。PbO 也有光化学反应。有 O_2 时,氧化成 PbO_2;无 O_2 时则游离出金属 Pb。易吸湿、结团。不燃。

质量规格

产品性状	指标		
	一般工业用		玻璃工业用
	一级品	二级品	
一氧化铅(PbO),%	≥99.3	≥99	≥99
金属铅(以 Pb 计),%	≤0.1	≤0.2	≤0.2
过氧化铅(以 PbO_2 计),%	≤0.05	≤0.1	≤0.2
硝酸不溶物,%	≤0.1	≤0.2	≤0.2
水分,%	≤0.2	≤0.2	≤0.2
三氧化二铁(以 Fe_2O_3 计),%	—	—	≤0.005
氧化铜(以 CuO 计),%	—	—	≤0.002
细度(100 目筛余物),%	≤0.2	≤0.5	≤0.5

用途 用作氧化、分解及酯化等反应的催化剂，聚合反应的助催化剂。如用作烷烃氧化、氨氧化及异丙醇、过氧化氢与 N_2O 等分解反应的催化剂、苯酚与甲醛缩合的催化剂、双基推进剂燃速的催化剂。一氧化铅也用作天然及合成橡胶的硫化活性剂、塑料稳定剂、油漆催干剂、冶金助熔剂。还用于制造 X 射线防护制品、玻璃、搪瓷、颜料、显像管及铅盐等。

安全事项 属无机有毒品，误服或长期吸入会引起铅中毒。早期中毒症状为龈边缘出现铅线，皮肤呈土灰色，并出现神经衰弱症状。严重时出现贫血、胃肠障碍、肝脏受损等症状。空气中最大允许浓度为 $0.01mg/m^3$。

简要制法 先将电解铅在坩埚中加热至 400℃ 左右使其熔化，并不断搅拌使之氧化，再在电炉中二次氧化生成一氧化铅，经冷却、粉碎制得成品。将硝酸铅、碳酸铅等在 250~300℃ 下分解时可制得 α-PbO，温度高于 350℃ 时则得到 β-PbO。

3. 二氧化铅 Lead Dioxide

别名 过氧化铅

化学式 PbO_2

相对分子质量 239.20

性质 为暗褐色无定形重质粉末。相对密度 9.375，熔点 290℃（分解），硬度 5.5，折射率 2.30。加热至熔点时分解，生成 Pb_2O_3 及氧；更高温度时则生成 Pb_3O_4 及氧；再继续升温时转变成 Pb 及氧。不溶于水及乙醇，溶于盐酸、硝酸及过氧化氢溶液。在乙酸或乙酸铵中缓慢溶解。不溶于碱溶液。加热时能与强碱生成高铅酸盐。与氢氧化钾热熔，则生成偏高铅酸钾（K_2PbO_3）。有强氧化性。PbO_2 中的 Pb^{4+} 离子不稳定，在酸中加热则生成 Pb^{2+} 离子的盐，并释出氧；遇氧化剂则氧化成高价离子。与盐酸加热反应，产生氯气。与浓硫酸加热反应，分子内部发生氧化还原，生成硫酸铅、水，并释出氧。与硫、赤磷等可燃物混合，摩擦时可引起燃烧。

质量规格

产品性状	指标	产品性状	指标
二氧化铅（PbO_2），%	≥90	硫酸盐（以 SO_4^{2-} 计），%	≤0.2
硝酸不溶物，%	≤0.5	重金属（铅除外），%	≤0.1
氯化物（以 Cl^- 计），%	≤0.2	硫化氢不沉淀物，%	≤1.5

用途 用作烷基苯氧化、偶氮苯顺—反转位、乙醛缩合等反应的催化剂,也用作有机合成氧化剂、橡胶硫化剂。也用于制造染料、火柴、焰火、蓄电池极板等。

安全事项 属无机有毒品。参见"一氧化铅"条目。

简要制法 由氯酸盐、次氯酸盐等强氧化剂氧化铅盐或氧化铅制得。也可由铅盐溶液电解,或由四价铅盐水解制得。

4. 四氧化三铅 Lead Tetraoxide

别名 红丹、铅丹、光明丹
化学式 Pb_3O_4 或 $2PbO \cdot PbO_2$
相对分子质量 685.60

性质 为橘黄色至橘红色鳞片状四方晶系结晶或无定形粉末。为 PbO 和 PbO_2 的混合物,实际组成是 $Pb_2(PbO_4)$。结构中存在八面体 $[Pb^{III}O_6]$(键长 213~220pm)及三角锥体 $[Pb^{II}O_3]$(键长 222~234pm)。相对密度 9.1~9.5。500~530℃时分解成一氧化铅及氧。不溶于水及乙醇。溶于热碱溶液、冰乙酸及硝酸。有氧化性。溶于盐酸时放出氯气,溶于硫酸则放出氧气。与硫化氢作用生成黑色硫化铅。暴露于空气中时,因生成碳酸铅而有变白现象。

质量规格

产品性状	指标(工业用)	
	一级品	二级品
二氧化铅(PbO_2),%	≥33.9	≥33.2
原高铅酸铅,%	≥97	≥95
三氧化二铁,%	0.005	0.005
挥发物(105℃),%	≤0.2	≤0.2
硝酸不溶物,%	≤0.1	≤0.1
筛余物(63μm),%	≤0.25	≤0.75
氧化铜,%	≤0.002	≤0.002

用途 用作氧化、酯化、分解等反应的催化剂,也用作聚合反应的助催化剂。在推进剂中用作燃速催化剂。还用作氧化剂、研磨剂、防锈漆的碱性颜料。也用于制造光学玻璃、陶瓷、搪瓷、蓄电池及压电元件等。

安全事项 有毒!

简要制法 先将金属铅熔融磨粉,经焙烧氧化成一氧化铅,再经焙烧而得。将铁粉和 PbO 共热至 400~500℃ 也可制得 Pb_3O_4。

5. 二氯化铅 Lead Dichloride

别名 氯化铅

化学式 $PbCl_2$

相对分子质量 278.11

性质 为无色丝光状正交晶系针状结晶或白色结晶性粉末。相对密度 5.85,熔点 501℃,沸点 950℃。$PbCl_2$ 中的铅为 9 配位。其中 7 个键长为 285~308pm,2 个键长为 370pm。其气态分子为单分子,呈 V 形。为超离子导体,300℃ 时的电导率为 0.0003S/cm。难溶于冷水和稀盐酸,易溶于热水、浓盐酸、氯化铵、硝酸铵及烧碱溶液,缓慢溶于甘油,不溶于醇。水溶液在 110℃ 以上生成 $Pb(OH)Cl$,溶于强碱生成 $Pb(OH)_4^{2-}$。露置于强光下表面变色,加热至 600~800℃ 时呈黄色。

质量规格

产品性状	指标	
	分析纯	化学纯
二氯化铅($PbCl_2$),%	≥99.5	≥98.0
水不溶物,%	0.05	0.1
硫酸盐(以 SO_4^{2-} 计),%	0.02	0.05
氮化合物(以 N 计),%	0.01	0.02
铁(Fe),%	0.0005	0.001
碱金属和碱土金属(硫酸盐),%	0.5	0.1

用途 用作聚合反应及异构化反应的催化剂,如用作甲氧基环戊烯的异构化催化剂,与 $Al(C_2H_5)_2Cl$ 并用作链烯烃聚合反应催化剂等。也用作焊接剂、生物碱分离剂。也用于制造铅盐、铬酸铅颜料等。

安全事项 有毒!

简要制法 由盐酸或氯化物水溶液与铅盐(如硝酸铅)反应制得。

6. 硫化铅 Lead Sulfide

化学式 PbS

相对分子质量　239.3

性质　为蓝色立方晶系结晶或黑色粉末,具有金属光泽。相对密度7.6,熔点1118℃。在860℃时即开始部分挥发,1281℃时升华。具有 NaCl 型结构。高纯硫化铅为半导体,当 S 含量多时为 P 型半导体,而 Pb 含量多时为 N 型半导体。其能带宽度为 0.4eV,电子迁移率为 $800cm^2/(V \cdot s)$,空穴迁移率为 $400cm^2/(V \cdot s)$。不溶于水、碱溶液、乙醇,溶于硝酸、浓盐酸。在空气中加热氧化后,成为二氧化硫及氧化铅。天然矿石为方铅矿石。

质量规格

产品性状	指标(化学纯)	产品性状	指标(化学纯)
硫化铅(PbS),%	≥95	铁(Fe),%	≤0.005
氯化物(以 Cl^- 计),%	≤0.0005	碱金属及碱土金属,%	≤0.2

用途　用作过氧化氢、异丙醇及 N_2O 等分解反应的催化剂,也用于制造光电池、红外线检测器及陶瓷等。

简要制法　在铅盐溶液中通入硫化氢气体或加入硫化钠反应制得。也可由碳酸铅与硫黄粉共热而得。

7. 硝酸铅　Lead Nitrate

化学式　$Pb(NO_3)_2$

相对分子质量　331.21

性质　为无色立方晶系或单斜晶系结晶。相对密度 4.53,熔点 470℃,折射率 1.782。易溶于水、液氨、联氨,微溶于乙醇,不溶于浓硝酸。在空气中稳定。与一般硝酸盐不同,它在水溶液中并不完全离解,稀溶液中含有 $PbNO_3^+$,水解度不大。往水溶液中加浓硝酸,则产生硝酸铅沉淀。干燥的硝酸铅在 205~223℃ 时分解成 PbO、NO_2 及 O_2;受潮的硝酸铅于100℃就开始分解,先形成碱式硝酸铅 $Pb(NO_3)_2 \cdot PbO$,继续加热时则变成氧化铅。易与硝酸银及碱金属硝酸盐形成络合物。是一种强氧化剂。

质量规格

产品性状	指标	产品性状	指标
外观	—	铜(Cu),%	≤0.05
硝酸铅[$Pb(NO_3)_2$],%	≥98.0	游离酸(以 HNO_3 计),%	≤0.1
铁(Fe),%	≤0.05	水不溶物,%	≤0.05

用途 用于制造含铅催化剂、其他铅盐、火柴、炸药、焰火。如 PbO 催化剂可由硝酸铅经 250~300℃下分解制得。用作玻璃和搪瓷的奶黄色素原料。也用作染料氧化剂、印染媒染剂、相片增感剂、矿石浮选剂等。

安全事项 有毒！属二级无机氧化剂。遇易氧化物猛烈反应，会引起着火、爆炸。浸透了碱式硝酸铅的纸张，干燥时会自燃。长期接触会引起慢性中毒，急性中毒时会出现恶心、呕吐、胃痉挛等症状。空气中最高允许浓度为 $0.01 mg/m^3$。

简要制法 先由金属铅与稀硝酸反应生成硝酸铅水溶液，再加浓硝酸盐析制得。

8. 硫酸铅 Lead Sulfate

别名 铅矾、红矾

化学式 $PbSO_4$

相对分子质量 303.26

性质 为白色单斜或斜方晶系结晶，晶格常数 $a:b:c=0.7852:1:1.2894$。相对密度 6.20，熔点 1170℃，硬度 2.75~3.0。不溶于冷水、醇，微溶于热水、浓硫酸，溶于氢氧化钠、铵盐、稀盐酸、硝酸。

质量规格

产品性状	指标	
	分析纯	化学纯
不溶物,%	≤0.10	≤0.20
灼烧失重,%	≤0.50	≤0.50
氯化物(以 Cl^- 计),%	≤0.003	≤0.003
硝酸盐(以 NO_3^- 计),%	合格	合格
硫化氢不沉淀物,%	≤0.10	≤0.10

用途 用作草酸生产的催化剂、纤维增重剂，也用于制造快干漆、蓄电池、白色颜料及金属铅。

安全事项 有毒！其他参见"硝酸铅"条目。

简要制法 由硝酸铅与硫酸钠反应制得。或由氧化铅与硫酸反应而得。

9. 乙酸铅 Lead Acetate

别名　醋酸铅、铅糖
化学式　$C_4H_6O_4Pb \cdot 3H_2O$
相对分子质量　379.33
结构式　$(CH_3COO)_2Pb \cdot 3H_2O$

性质　为白色单斜晶系结晶或片状粉末。相对密度(25℃)2.55。熔点75℃，熔融时失去结晶水。无水乙酸铅的相对密度(20℃)3.25，沸点280℃。在200℃时分解。溶于水，微溶于醇，易溶于甘油。在空气中风化并吸收二氧化碳，在表面形成碱式碳酸盐，工业品常为褐色或灰色的大块。乙酸铅是许多有机化合物的氧化剂，含有羟基的化合物，如醇、酚、羧酸等易与乙酸铅作用进行脱氢反应；也易活化C═O相邻碳上的氢、C═C相应的α-H，故可使酮类、环己烯、α-蒎烯等发生氧化反应，还可进行羧酸氧化脱羧、胺类及硫醇类等的氧化等。

质量规格

产品性状	指标	产品性状	指标
乙酸铅含量,%	≥99	铁(Fe^{3+}),%	≤0.001
水不溶物,%	≤0.005	铜(Cu^{2+}),%	≤0.0005
氯化物(Cl^-),%	≤0.0005	硫化氢不沉淀物(以SO_4^{2-}计),%	≤0.02

用途　用作有机合成催化剂。如用作苯乙酸、环烯烃、二羧酸等氧化催化剂、CH_4与SO_2合成CS_2的催化剂等，也用作涂料干燥剂、颜料填充剂、纤维染色剂以及用作测定三氧化铬、三氧化钼的试剂。也用于制造含铅催化剂、各种铅盐、防污涂料、水质防护剂等。

安全事项　有毒！可经呼吸道、消化道及皮肤侵入人体，损害造血、神经及消化等系统和肾脏，并有致癌性。空气中最高允许浓度0.05mg/m³。

简要制法　由氧化铅与乙酸反应而得。也可将Pb_3O_4溶于热的冰乙酸中制得。

10. 2-乙基己酸铅 Lead 2-Ethylhexanoate

别名　异辛酸铅、辛酸铅

化学式　$C_{16}H_{30}O_4Pb$

相对分子质量　493.61

结构式　$[CH_3(CH_2)_3CH(C_2H_5)COO]_2Pb$

性质　为淡黄色黏稠液体。相对密度 0.99～1.01。含铅量 37%±0.5%。常温下黏度大，100℃流动性较好。室温下易溶于乙酸乙酯、乙酸丁酯，加热能溶于甲苯、邻苯二甲酸二辛酯。商品常加入一定量增塑剂配成适当浓度的溶液以降低黏度而便于使用。有毒！

用途　用作聚氨酯树脂的室温固化催化剂，对异氰酸酯基(—NCO)与羟基(—OH)的反应有较强催化作用。可在聚氨酯塑胶跑道铺装等施工中使用。也用作各种气干型油漆催干剂。具有色泽浅、气味小、催干效率高、漆膜光泽好等特点。还用作聚氯乙烯热稳定剂，使其产品的热合性及印刷性优良。

简要制法　由乙基己酸与氢氧化铅反应制得。也可由乙基己酸钠与乙酸钠反应而得。

11. 四甲基铅　Tetramethyl Lead

化学式　$C_4H_{12}Pb$

相对分子质量　267.34

结构式　$(CH_3)_4Pb$

性质　为无色液体。相对密度 1.995。熔点 -27.5℃，沸点 110℃(略有分解)，闪点 38℃，折射率 1.5128，蒸气相对密度 6.5。不溶于水，溶于乙醚、苯、丙酮、石油醚等有机溶剂，爆炸性很强。一般添加少量芳酰胺可使其稳定。与浓盐酸缓慢作用生成三甲基氯化铅。

用途　用作有机合成催化剂、甲基化剂及航空汽油抗爆燃添加剂等。

安全事项　有毒！易燃。遇热源、明火易引起着火及爆炸。遇氧化剂会剧烈反应。吸入或经皮肤吸收可引起神经中毒。其作用与四乙基铅相似，但毒性较小。

简要制法　由四氯化铅与甲基碘化镁或甲基锂在碘甲烷存在下反应制得。

12. 四乙基铅　Tetraethyl Lead

别名　乙基液

化学式　$C_8H_{20}Pb$

相对分子质量　323.45

结构式 Pb(C$_2$H$_5$)$_4$

性质 为无色油状液体，有芳香气味。相对密度(20℃)1.6528。熔点 -136℃。沸点 198～202℃、(1.3kPa)78℃。闪点93℃。折射率(20℃) 1.5195。黏度 0.864mPa·s。表面张力 28.48mN/m。蒸气压(38.4℃) 0.133kPa。不溶于水、95%乙醇、稀酸、稀碱溶液，易溶于苯、汽油、石油醚，微溶于无水乙醇。常温时缓慢分解，加热到125℃时迅速分解，生成金属铅和自由基。能与活泼金属、卤素及氧化剂等发生电子转移或氧化还原反应，也能和某些金属或非金属卤化物、有机金属化合物进行反应。与 SO$_2$ 进行加成反应生成(C$_2$H$_5$)$_2$Pb(SO$_2$C$_2$H$_5$)$_2$。燃烧时呈橙色火焰。为常用的汽油抗爆剂。工业上称含四乙基铅的抗爆剂为乙基液，分为车用汽油使用的和航空汽油使用的两种。前者由四乙基铅、二溴乙烷和二氯乙烷三组分调制而成，并加入橙色染料；后者由四乙基铅与二溴乙烷两组分调制而成，并加天蓝色或红色染料。

质量规格

产品性状	指标
相对密度(20℃)	1.51

用途 用作有机合成催化剂及乙烯基单体引发剂，如用作甲醇氧化、丙烯腈聚合等反应用催化剂。也用作汽油抗爆添加剂以提高辛烷值。由于铅对人体有害，其用量逐渐降低。还用于制造其衍生物及制取杀菌剂。

安全事项 可燃，有毒。遇明火、高热有燃烧危险，受热分解释出有毒气体。有挥发性，易被吸入肺中，也可被皮肤吸收，严重损害中枢神经、造血机能及心血管系统。空气中最高允许浓度为(以总铅量计)0.075mg/m^3。

简要制法 在丙酮催化下，由铅钠合金与氯乙烷反应制得。也可在 Mg 存在下，由氯乙烷与二氯化铅反应制得。

13. 四乙酸铅　Lead Tetraacetate

别名 四醋酸铅、醋酸高铅

化学式 C$_8$H$_{12}$O$_8$Pb

结构式 (CH$_3$COO)$_4$Pb

性质 为无色柱状单斜晶系结晶，易变为粉红色。相对密度(17℃) 2.228，熔点175℃。易潮解。遇水分解为 CH$_3$COOH 和 PbO$_2$。溶于热的冰乙酸、苯、三氯甲烷、四氯化碳及硝基苯。具有强氧化性。

质量规格

产品性状	指标	
	分析纯	化学纯
四乙酸铅含量,%	≥90.0	≥85.0
硝酸及过氧化氢中不溶物,%	≤0.05	≤0.05
硫酸不沉淀物,%	≤0.2	≤0.2
外观	合格	合格

用途 用作有机合成催化剂，如用作环烯烃氧化、脂肪酸氧化、苯乙炔氧化等反应的催化剂。也用作氧化剂及实验室试剂。

安全事项 参见"乙酸铅"条目。

简要制法 由 Pb_3O_4 与乙酸或乙酸酐共热制得。

14. 四苯基铅 Tetraphenyl Lead

化学式 $C_{24}H_{20}Pb$

相对分子质量 515.62

结构式 $(C_6H_5)_4Pb$

性质 从二甲苯中析出的为白色针状结晶。熔点 227.7℃，沸点 (2kPa)240℃。不溶于水，溶于二正丙胺、乙硫醚，易溶于苯、氯仿及二硫化碳，微溶于乙醇、乙醚、乙酸及粗汽油。加热至 270℃ 以上分解为铅和联苯。在镍催化剂存在下，与氢气作用生成联苯。

用途 用作烯烃聚合及氯磺化反应的催化剂，也可与三氯化钛、三氯化铝等制成复合催化剂用于链烯烃、二烯烃及乙烯系化合物的聚合。还用作聚氯乙烯、硝酸纤维素及喷气燃料的热稳定剂，以及环氧树脂固化剂等。

安全事项 有毒！

简要制法 在碘代苯催化剂存在下，由四氯化铅与苯基锂（或苯基溴化镁）反应制得，也可由铅钠合金与溴苯在乙酸乙酯中反应而得。

五、氮族元素及其化合物

元素周期表中 15(VA)族包括氮(N)、磷(P)、砷(As)、锑(Sb)及铋(Bi)五种元素,称为氮族元素。表 5-1 示出了氮族元素的基本性质。

表 5-1 五种氮族元素的基本性质

性质	氮(N)	磷(P)	砷(As)	锑(Sb)	铋(Bi)
原子序数	7	15	33	51	83
晶体结构	分子晶体	分子晶体(白磷),层次晶体(黑磷)	分子晶体(黄砷),层状晶体(灰砷)	分子晶体(黑锑),层状晶体(灰锑)	层状晶体
熔点,℃	-209.86	44.1	817	630	271.4
沸点,℃	-195.8	280	610	1389	1569
价层电子结构	$2s^2 2p^3$	$3s^2 3p^3$	$4s^2 4p^3$	$5s^2 5p^3$	$6s^2 6p^3$
共价半径,pm	70	110	121	141	148
电负性 χ	3.1	2.1	2.0	1.9	1.9
第一电离能,kJ/mol	1402	1012	944	832	703.3
电子亲和能,kJ/mol	N^0-N^-(-58)(理论值)	74	77	101	100
主要化合价	-3、+1、+2、+3、+4、+5	-3、+3、+5	-3、+3、+5	+3、+5	+3、+5
配位数	3,4	3,4,5,6	3,4,(5),6	3,4,(5),6	3,6

从表 5-1 可以看出,氮族元素的原子半径随着原子序数增大而增大;但电离能和电负性的变化趋势与碳族元素相似——随原子序数的增大而减少。氮和磷是典型的非金属,砷、锑是类金属,铋是金属。因此,氮族元素性质的递变是由典型的非金属元素过渡到典型的金属元素。

氮族元素的非金属性比对应的碳族元素强,而比对应的卤素弱。当它们和电负性大的元素(如氟、氯、氧)化合时,价电子层上的 5 个价电子(即 ns^2np^3)全部成键,形成氧化态为 +5 的化合物;若仅用 3 个价电子(np^3)成键,则形成氧化态为 +3 的化合物。氮族元素所形成的化合物主要是共价型的,而且原子越小,形成共价键的趋势越大。较重元素除与氟化合形成离子键外,与其他元素多以共价键结合。在氧化态为-3的化合物中,只有金属氮化物(Li_3N)是离子型的,含有N^{3-}离子。N^{3-}只存在于固态,遇水强烈水解并放出氨气。

氮族元素氧化物的酸性随原子序数的递增而递减。五价氧化物都呈酸性,但酸性逐渐减弱。氧化态为+3的氧化物,只有N_2O_3、P_2O_3及As_2O_3是酸性的。Sb_2O_3是两性氧化物,而Bi_2O_3则是碱性氧化物。氮族元素氢化物的碱性及稳定性从N到Bi依次降低。

由于惰性电子对效应,氮族元素随着原子序数增加,氧化态为+3的稳定性增强并趋稳定。因此,亚硝酸盐、亚磷酸盐(如Na_3PO_5)是还原剂,而铋酸盐(如$NaBiO_3$)是强氧化剂。

除磷以外氮族元素在地壳中含量不高,但它们都是人们比较熟悉的元素。氮主要以游离态存在于大气中,约占空气体积的78%。氮和磷是构成动植物组织基本和必要的元素。

(一)氮及其化合物

1. 氮气 Nitrogen

元素符号 N

相对原子质量 14.00

性质 为无色无臭气体。气体相对密度(空气为1)0.967,液体相对密度(-195.8℃)0.808,固体相对密度(-252℃)1.026。熔点-209.86℃,沸点-195.8℃。临界温度-147.1℃,临界压力33.5×10^5Pa。氮分子是三键结合的,总键能很高(946kJ/mol),因而氮分子很稳定。氮气的化学性质不活泼,和大多数物质难于反应。加热时能与锂、镁、钙、钛等化合。在1200℃下,能和氧反应生成氧化氮。在催化剂存在下,高压氮气能与氢反应生成氨。氮是酸性元素,溶于碱,微溶于水、乙醇,不溶于盐酸和稀硫酸。高价氧化物为强酸性,溶于水,生成硝酸。氮的无机化合物在自然界中主要以硝酸盐形式存在,氮也是构成动植物蛋白质的重要元素。氮虽然是生物体必需的元素,但只有将大气中的氮转化为氮的化合物,才能被生物体吸收。将空气中的氮转化为氮的化合物的过程称为氮的固定。固定氮的关键是削弱氮分子中的化学键,使分子活化,为合成氨创造条件。目前,在常温常压下人工合成氨的固氮课题还未取得突破性进展。

质量规格

产品性状	指标		
	纯氮	高纯氮	超纯氮
氮气(N_2)纯度,%	≥99.99	≥99.999	≥99.9999
氧(O_2)含量,mL/m^3	≤50	≤3	≤0.1
氩(Ar)含量,mL/m^3	—	—	≤2
氢(H_2)含量,mL/m^3	≤15	≤1	≤0.1
一氧化碳(CO)含量,mL/m^3	≤5	≤1	≤0.1
二氧化碳(CO_2)含量,mL/m^3	≤10	≤1	≤0.1
甲烷(CH_4)含量,mL/m^3	≤5	≤1	≤0.1
水(H_2O)含量,mL/m^3	≤5	≤3	≤0.5

注：表中数据摘自 GB/T 8979—2008。

用途 常用来隔绝空气，保护那些暴露在空气中易被氧化的物质和挥发性易燃液体，如填充灯泡、贮藏食品、保护易燃物以及用作易燃易爆或不能接触氧气的催化反应的保护气体等。还用于制造氨、各种氮化物、硝酸、氰化物、有机胺等。也用于气相色谱仪、化学气相沉积等。

简要制法 工业氮气多半由液体空气分馏而得。

2. 氨 Ammonia

化学式 NH_3

相对分子质量 17.03

性质 为无色气体，有强烈的刺鼻臭味。相对密度(空气=1)0.5967。熔点-77.7℃，沸点-33.5℃，临界温度132.4℃，临界压力11.2MPa。常压下压缩也可使其液化成无色液体。与空气可形成爆炸性混合物，爆炸极限(体积)16%~25%。氨的晶体属立方晶系，分子呈角锥形，顶点是氮原子，底面是由三个氢原子组成的等边三角形，N—H键长101.5pm，键角(∠HNH)106.6°。氨是极性分子，极易溶于极性溶剂(如水、乙醇)。氨分子中有孤电子对，可作为电子给予体与H^+及许多金属离子进行加合反应：

$$NH_3 + H^+ \rightleftharpoons NH_4^+$$

$$4NH_3 + Cu^{2+} \rightleftharpoons Cu(NH_3)_4^{2+}$$

氨中的氮处于最低氧化态,在一定条件下可被氧化成较高氧化态氮的化合物或氮气。如氨在氧气中燃烧可生成 N_2。在催化剂作用下,氨可被氧气氧化为 NO,这是工业上制造硝酸的基本反应。氨中的氢可以被活泼金属取代,如金属钠与氨共热可制得氨基钠。氨能与大多数过渡金属离子(如 Zn^{2+}、Ca^{2+}、Hg^{2+}、Ag^+ 等)生成配位化合物。氨呈碱性,与酸作用生成盐。铵盐是含有 NH_4^+ 化合物的总称,多数都溶于水,受热极易分解。铵盐的分解反应可看作是质子转移过程,并与组成铵盐的酸根性质有关,其对应酸的酸性越弱,就越易接受质子,其盐也越不稳定。

质量规格

产品性状	指标(液氨)		
	优级品	一级品	合格品
氨(NH_3),%	≥99.9	≥99.8	≥99.6
水分,%	≤0.1	—	—
残留物,%	≤0.1(重量法)	≤0.2	≤0.4
油,mg/kg	≤5(重量法),≤2(红外光谱法)	—	—
铁(Fe),mg/kg	1	—	—

注:表中所列指标摘自 GB 536—1988。

用途 用于制造各种胺盐、胺化剂、有机胺、热固性酚醛树脂的催化剂、制冷剂、硝酸,也用于制造药物、染料、农药等。也大量用于生产化肥。

安全事项 一种具有强烈刺激性臭味的气体。氨虽有易燃性,但只在烈火情况下才显示出来。当有油脂或其他可燃物存在时,能增强燃烧危险。有毒!对皮肤、黏膜及眼睛有刺激性。贮存氨的钢瓶应远离热源、火源。

简要制法 由氮和氢在高温高压和铁催化剂存在下反应制得。

3. 液氨 Liquid Ammonia

别名 合成氨、液化氨、液体阿摩尼亚
化学式 NH_3

相对分子质量 17.03

性质 将氨加压液化而得的无色液体。相对密度(0 ℃)0.7710，熔点 -77.7℃，沸点 -33.5℃。易溶于冷水、溶于乙醇和乙醚。水溶液呈弱碱性。液氨与氨水属两种不同的物质。当压力降低时液氨化为氨气逸出，同时吸收周围大量的热。人造冰就是应用这一原理制成的。在常温常压下为无色可燃气体。吸入过多，会造成窒息。在常温下气态氨比较稳定，在高温、电火花或紫外光作用下可分解为氢和氮。

质量规格 参见"氨"。

用途 用途与氨相同。液氨可溶解钠、钾、硫、硒、磷、无机氯化物、溴化物、碘化物、氰化物、硝酸盐、亚硝酸盐、有机胺化合物、酚、醇、醛等。是一种优良溶剂。是生产各种化学纤维、塑料、农药、无机及有机化工产品等的重要原料。可直接用作化肥，也可用来生产碳酸铵、碳酸氢铵等化肥。工业上也常用作制冷剂。

安全事项 安全性与氨同。用钢瓶或槽车灌装，设备均应符合国家颁发的《气瓶安全监督规程》《压力容器安全监督规程》的要求。容器外壁应涂有黄底黑字"氨""有毒"标记，并标明容量等。贮存于阴凉干燥处，严禁烟火，防止漏气。当触及皮肤或眼睛时，应先用清水冲洗，再用硼酸水洗，然后水洗。

简要制法 由氮和氢在高温高压及铁催化剂存在下化合成氨，再经冷凝液化成液氨。

4. 氨水　Ammonia Water

别名　氢氧化铵、阿摩尼亚水、氨溶液

化学式　NH_4OH

相对分子质量　35.05

性质　为气体氨的水溶液，无色透明液体。常温常压下，1 体积的水约可溶解 700 体积的氨，反应式如下：

$$NH_3 + H_2O \rightleftharpoons NH_4OH (氢氧化铵)$$

生成的氢氧化铵很不稳定，仍能逐渐分解成水和氨，所以氨水中仅有一部分氨分子与水分子反应而成铵离子(NH_4^+)和氢氧根离子(OH^-)。市售氨水的氨含量为 25%～25%。最浓的氨水含氨 35.28%，其相对密度 0.88。水溶解氨气后，体积显著膨胀。所以含氨越多，氨水的密度越小。

氢氧化铵是一种仅存于氨水中的弱碱，能溶于水、乙醇及乙醚。煮沸

时分解为 NH_3 及 H_2O。与盐酸、硫酸等酸类接触时发生中和反应，分别生成氯化铵、硫酸铵及水，并放出热量。

质量规格

产品性状	指标		
	工业用	农业用	
外观	无色透明或微带黄色液体		
色度(Hazen)，号	≤80	≤80	—
氨(NH_3)含量,%	≥25	≥20	15
残渣含量，g/L	≤0.3	≤0.3	—

用途 用作有机合成催化剂，如用作酚醛树脂合成用催化剂。催化作用缓和，生产容易控制，不易发生交联凝胶，而且催化剂易除去。也用作乳液聚合中和剂、乙酸纤维煮炼剂、酞菁染料缓冲剂、pH 值调节剂等。也用于制造各种胺盐、胺化剂等。

安全事项 氨水属无机碱性腐蚀品。应使用密闭的塑料桶、玻璃瓶、铁桶、槽车等装运。存放于阴凉干燥处，隔绝火源。氨水对铜的腐蚀性较强。对人体皮肤、黏膜、眼睛等有强刺激性。

简要制法 由水吸收氨气得到水溶液，再经循环吸收、冷却制得。

5. 三甲胺 Trimethylamine

化学式 C_3H_9N

相对分子质量 59.11

结构式 $(CH_3)_3N$

性质 为无水物，为无色气体，有鱼腥样的氨气味。相对密度(20℃) 0.632，熔点-117.2℃，沸点2.9℃，闪点(闭杯)-6.67℃，自燃点190℃，折射率(0℃)1.363。临界温度161℃，临界压力 4.15×10^6 Pa。蒸气相对密度2.0。三甲胺气体与空气能形成爆炸性混合物，爆炸极限2%~11.6%。溶于水、乙醇、乙醚、苯、氯仿等。水溶液呈强碱性，反应性能活泼，与无机酸、有机酸、重金属、氯化物等生成盐或络盐。加热至380~400℃时发生热解，首先生成甲胺、甲烷等，其次生成大量的氮、乙烷和氢。商品三甲胺水溶液(40%, 15.5℃)的相对密度 0.827，沸点 26℃，闪点 -17.78℃。

质量规格

三甲胺质量规格

产品性状	指标(优级品)	产品性状	指标(优级品)
三甲胺含量,%	≥98.0	NH_3,%	≤0.3
一甲胺含量,%	≤0.6	H_2O,%	≤0.4
二甲胺含量,%	≤0.3		

三甲胺水溶液质量规格

产品性状	指标(30%工业三甲胺水溶液)		
	优级品	一级品	合格品
三甲胺含量,%	≥30.0	≥30.0	≥30.0
一甲胺含量,%	≤0.10	≤0.15	≤0.20
二甲胺含量,%	≤0.10	≤0.15	≤0.20
NH_3,%	≤0.02	≤0.08	≤0.12

注：表中所列数据摘自 HG/T 2974—1999。

用途 用作缩聚催化剂及相转移催化剂、燃气加臭警报剂等，也用于制造离子交换树脂、胆碱及氯化胆碱、香料、农药、橡胶助剂、杀菌剂等。

安全事项 易燃。遇明火有着火及爆炸危险。遇热分解释出有毒气体。与氧化剂接触剧烈反应。对眼睛、黏膜及皮肤有强刺激及腐蚀性。

简要制法 在活性氧化铝催化剂作用下，由甲醇与氨反应生成一甲胺、二甲胺及三甲胺的混合物。经分离、冷凝脱氨及脱水等处理可制得一甲胺、二甲胺及三甲胺的工业品。也可根据需要配制成40%浓度的水溶液出售。

6. 三乙胺 Triethylamine

别名 N,N-二乙基乙胺
化学式 $C_6H_{15}N$
相对分子质量 101.19
结构式 $(C_2H_5)_3N$
性质 为无色透明油状液体，有强烈氨的臭味。相对密度(20℃)

0.7275，熔点-114.7℃，沸点89.6℃，闪点(开杯)-6.7℃，燃点510℃，折射率1.4003。蒸气相对密度3.5，蒸气压(20℃)7.131kPa。易燃，在空气中微发烟。蒸气与空气能形成爆炸性混合物，爆炸极限(体积分数)1.2%~8.0%，在18.7℃以下时可与水混溶，高于此温度仅微溶于水。易溶于丙酮、氯仿、苯，溶于乙醇、乙醚。

质量规格

产品性状	指标	产品性状	指标
外观	无色或淡黄色液体	二乙胺,%	≤3.0
相对密度(20℃)	0.723~0.735	一乙胺,%	微量
三乙胺,%	≥96	水分,%	≤0.3

用途 用作光气法合成聚碳酸酯的催化剂、合成聚氨酯泡沫塑料及聚氨酯胶黏剂催化剂。也用作阴离子型水性聚氨酯体系的中和成盐剂、阴离子型电泳涂料的脱漆剂、橡胶硫化促进剂、四氯乙烯阻聚剂、搪瓷抗硬化剂、涂料防凝剂、高能燃料添加剂等。也用作制造医药、农药、表面活性剂、离子交换树脂等的原料。

安全事项 为腐蚀性有毒易燃品。其蒸气或液体对眼睛、皮肤及黏膜有刺激性及腐蚀性。遇高热、明火及强氧化剂有爆炸危险。

简要制法 以乙醇为原料，在Ni-Cu催化剂存在下，使气化后的乙醇与氢气、氨气进行气相反应，可制得一乙胺、二乙胺及三乙胺混合物。经冷凝、精馏分离可制得三乙胺。

7. 丙胺 Propylamine

别名 正丙胺、1-氨基丙烷
化学式 C_3H_9N
相对分子质量 59.11
结构式 $CH_3CH_2CH_2NH_2$
性质 为无色透明液体，有强烈的氨气味及鱼腥样气味。相对密度(20℃)0.7173，熔点-83℃，沸点48℃，闪点(开杯)-30℃，自燃点317.8℃，折射率1.389。临界温度223.8℃，临界压力$4.74×10^6$Pa。蒸气压(20℃)33.1kPa，蒸气相对密度2.0。蒸气能与空气形成爆炸性混合物，爆炸极限2%~10.4%。能与水混溶，易溶于乙醇、乙醚、丙酮，溶于苯及氯仿。加热时可溶解石蜡。呈强碱性，可与酸反应生成易溶于水的盐。

质量规格

产品性状	指标	产品性状	指标
外观	无色透明液体	水,%	≤0.02
丙胺含量,%	≥98	沸点,℃	40~55

用途 用于制备催化剂。也作有机合成原料，用于制备农药、染料、医药、表面活性剂、涂料等产品。也用作油品添加剂、橡胶硫化促进剂、防腐剂等。

安全事项 为一级易燃液体。遇明火会燃烧，甚至爆炸。与氧化剂接触能发生剧烈反应。毒性较强，蒸气及液体对皮肤、黏膜及眼睛有强刺激性。

简要制法 由正丙醇与氨反应制得，或由丙烯腈催化加氢而得。

8. 二丙胺　Dipropylamine

别名　N-丙基-1-丙胺

化学式　$C_6H_{15}N$

相对分子质量　101.19

结构式　$(CH_3CH_2CH_2)_2NH$

性质　为无色透明液体，有氨臭味。相对密度(20℃)0.7401，熔点 -63.6℃，沸点110℃，闪点17℃，折射率1.4045。临界温度277℃，临界压力 $3.14×10^6$ Pa。蒸气压(25℃)2.679kPa，蒸气相对密度3.5。易溶于水，溶于乙醇、乙醚等。水溶液呈碱性。

质量规格

产品性状	指标	产品性状	指标
二丙胺,%	≥98	折射率(20℃)	1.4035~1.4055
相对密度(20℃)	0.737~0.740	水分,%	≤0.3
沸程,℃	108~112(馏出95%)		

用途 用于制备分子筛催化剂。也用作有机化工原料，用于制造农药、医药、表面活性剂、消泡剂、乳化剂等。也用作发动机冷却剂、抗蚀润滑剂、除碳剂等。

安全事项 易燃。遇高热、明火及强氧化剂有着火危险，液体及蒸气对皮肤、眼睛及呼吸道等有强刺激作用。

简要制法 以丙醇为原料，经催化脱氢、氨化、脱水及加氢制得。

9. 三丙胺 Tripropylamine

别名 三正丙胺
化学式 $C_4H_{11}N$
相对分子质量 73.1
结构式 $CH_3(CH_2)_3NH_2$

性质 为无色透明液体，有刺激性氨臭味。相对密度(20℃)0.754，熔点-93.5℃，沸点156℃，闪点(开杯)40.6℃，折射率(20℃)1.4181。蒸气相对密度4.9。蒸气与空气能形成爆炸性混合物。微溶于水，易溶于乙醇，溶于乙醚。在水中，三丙胺分子能接受质子生成铵正离子，铵正离子与水分子通过形成氢键被溶剂化。

质量规格

产品性状	指标	产品性状	指标
三丙胺含量,%	≥98.0	折射率(20℃)	1.4165~1.4185
相对密度(25℃)	0.751~0.754	水分,%	≤0.2

用途 用于合成季铵分子筛催化剂、表面活性剂、农药及全氟化人造血浆等。用作有机合成中间体及溶剂。

安全事项 易燃。遇高热时分解出有毒气体。有爆炸危险。液体及蒸气对皮肤、眼睛及呼吸道有强刺激作用。

简要制法 在催化剂存在下，先由正丙醇脱氢生成丙醛，再经氨加成、脱水、加氢生成丙胺，然后经反复脱水、加氢生成二丙胺、三丙胺的混合物，最后经分离而得本品。

10. 乙二胺 Ethylene Diamine

别名 1,2-二氨基乙烷、乙烯二胺
化学式 $C_2H_8N_2$
相对分子质量 60.10
结构式 $H_2NCH_2CH_2NH_2$

性质 为无色透明黏稠性液体，有氨气味。相对密度(20℃)0.8995，熔点10.7℃，沸点117℃，闪点(闭杯)43℃，黏度(20℃)1.6mPa·s，折

射率1.4540。蒸气压(20℃)1.426kPa，蒸气相对密度2.07。蒸气能与空气形成爆炸性混合物。在空气中放置时吸湿，或吸收二氧化碳生成氨基甲酸盐（白色固体）。溶于水、乙醇、乙醚和苯。水溶液呈碱性。能溶解各种树脂、染料、纤维素及多种有机物。与无机酸反应生成溶于水的盐。有腐蚀性。

质量规格

产品性状	指标	
	优级品	一级品
乙二胺,%	≥99.1	≥98
杂质,%	≤0.9	≤2.0
氨,%	无	无

用途 用于制备分子筛催化剂。用于制造合成树脂、塑料、染料、药品、表面活性剂、离子交换树脂、杀菌剂等。用作金属螯合剂、环氧树脂固化剂、焊接助熔剂等，用作铍、铈、镧、镁、钍、镍、铀等金属的鉴定试剂。

安全事项 乙二胺为二级易燃液体。遇明火、高温或接触氧化剂有燃烧危险。与乙酸、硝酸、硫酸、盐酸及氯磺酸等反应剧烈。失火时应使用干粉、抗溶性泡沫或二氧化碳灭火。本品也是强碱性腐蚀性液体，蒸气与液体均对皮肤、黏膜及眼睛有刺激性。

简要制法 由1,2-二氯乙烷与氨反应制得。或由乙醇胺经催化氨解而得。

11. 异丙胺　Isopropylamine

别名 2-氨基丙烷、2-丙胺

化学式 C_3H_9N

相对分子质量 59.11

结构式 $(CH_3)_2CHNH_2$

性质 为无色透明液体，有氨臭味。具挥发性，可燃。相对密度(20℃)0.6886，熔点-95.2℃，沸点33℃，闪点(开杯)-37℃，折射率(15℃)1.3770。临界温度203℃，自燃点402℃。蒸气相对密度2.03。蒸气与空气能形成爆炸性混合物，爆炸极限2%~10.4%。与水、乙醇、乙醚混溶，溶于苯、氯仿及矿物油。加热时可溶解石蜡。水溶液呈强碱性，与酸反应生成易溶于水的盐。

质量规格

产品性状	指标	产品性状	指标
外观	无色透明液体	沸程(馏出95%时),℃	30~35
异丙胺含量,%	≥90	沸点,℃	30~35

用途　用于制备催化剂，也用于生产医药、农药、染料、表面活性剂等。也用作溶剂、增溶剂、橡胶硫化促进剂、洗涤剂、硬水处理剂、消泡剂及除垢剂等。

安全事项　参见"丙胺"条目。

简要制法　在催化剂存在下，由丙酮或异丙醇与氨、氢反应制得。

12. 丁胺　Butylamine

别名　正丁胺、1-氨基丁烷

化学式　$C_4H_{11}N$

相对分子质量　73.14

结构式　$CH_3(CH_2)_3NH_2$

性质　为无色透明易挥发液体，有刺激性氨臭味。可燃。相对密度(20℃)0.7392，熔点-50.5℃，沸点77℃，闪点(开杯)-14℃，自燃点312.2℃，折射率1.401。临界温度287℃，临界压力4.15×10^6Pa。蒸气压力(4.5℃)3.199kPa，蒸气相对密度2.5。空气与蒸气能形成爆炸性混合物，爆炸极限1.7%~9.8%。与水、乙醇、乙醚及脂肪族烃类相混溶，能溶于多种有机溶剂。有强碱性及腐蚀性。

质量规格

产品性状	指标	产品性状	指标
丁胺含量,%	≥98	水分,%	≤0.5

用途　用于合成ZSM-5分子筛模板剂。也用于生产医药、农药、染料等。也用作裂化汽油防胶剂、汽油抗氧化剂、橡胶阻聚剂、彩色照片显影剂、硅氧烷弹性体硫化剂、有色金属浮选剂等。也用作有机合成原料和溶剂。

安全事项　属于一级易燃液体。遇高热、明火、强氧化剂有着火危险。液体及蒸气对皮肤、眼睛及黏膜有强刺激作用。吸入高浓度蒸气能引起肺水肿，严重者会致死。

简要制法　在催化剂存在下，由丁醇与氨反应制得。或由氯丁烷、乙醇及氨反应而得。

13. N-甲基二环己胺　N-Methyldicyclohexylamine

别名　N-环己基-N-甲基环己胺
化学式　$C_{13}H_{25}N$
相对分子质量　196.12

结构式　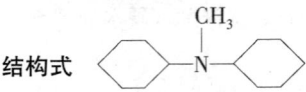

性质　为无色透明液体。相对密度 0.91，沸点 265℃，闪点 101℃，蒸气压 21℃(517Pa)。微溶于水，水溶液呈碱性。

用途　与其他催化剂并用，作聚氨酯模塑泡沫塑料及聚氨酯硬泡沫塑料的凝胶共催化剂。适用于水量较多的配方，可提高聚醚聚氨酯块泡沫塑料硬度。也可用作低密度软泡沫塑料、模塑软泡沫塑料的催化剂及硬泡沫塑料的助催化剂。也可与二甲基环己胺并用，用作高回弹模塑泡沫塑料及半硬泡沫塑料等的催化剂。

14. N-甲基咪唑　N-Methylimidazole

别名　1-甲基咪唑
化学式　$C_4H_6N_2$
相对分子质量　82.11

结构式　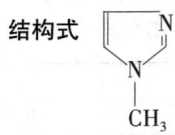

性质　为无色透明液体。相对密度 1.030，熔点 -60℃，沸点 198℃，闪点 92℃，折射率 1.4960。溶于水，水溶液呈碱性。

用途　用作聚氨酯催化剂、环氧树脂固化剂等。

简要制法　在催化剂存在下，由乙二醛、甲胺及氨经一步环合法制得。

15. N,N-二甲基(十六烷基)胺　N,N-Dimethylhexadecylamine

化学式　$C_{18}H_{39}N$

相对分子质量 269.51
结构式 $C_{16}H_{33}N(CH_3)_2$

性质 为无色至淡黄色液体。相对密度(25℃)0.79，沸点>197℃，闪点65℃，黏度(25℃)9mPa·s，蒸气压 2.34kPa。不溶于水，溶于乙醚、苯、四氯化碳等有机溶剂。

用途 用作聚氨酯催化剂，可促进聚酯型聚氨酯软块泡沫塑料的交联，改善整幅泡沫塑料表皮固化情况。也用于制造季铵盐阳离子型表面活性剂。

16. N,N-二甲基环己胺 N,N-Dimethylcyclohexylamine

别名 二甲基环己胺
化学式 $C_8H_{17}N$
相对分子质量 127.23

结构式

性质 为无色至浅黄色透明液体，有氨味及苦味。相对密度(25℃)0.85~0.87，熔点<-77℃，沸点159℃，闪点(闭杯)43.33℃，自燃点200℃，折射率1.4522。蒸气与空气形成爆炸性混合物，爆炸极限0.79%~7.0%。微溶于水，溶于醇、醚、丙酮及苯等溶剂。溶液呈强碱性。贮存过久时颜色加深，但不影响其化学活性。

质量规格

产品性状	指标	产品性状	指标
外观	无色透明液体	折射率(20℃)	1.4535~1.4540
沸程,℃	157~160	含量,%	≥98.5

用途 主要用作硬质聚氨酯泡沫塑料的发泡催化剂，是一种低黏度、中等活性的胺类催化剂。可单独使用，也可与其他催化剂并用。尤适用于双组分体系，如冰箱硬泡沫塑料、板材、喷涂、现场灌注聚氨酯硬泡沫塑料等。除用于硬泡沫塑料外，也可用作模塑软泡沫塑料及半软泡沫塑料等的辅助催化剂。

安全事项 低毒！对皮肤及黏膜有刺激作用。

简要制法 可由 N,N-二甲基苯胺催化加氢而制得。

17. N,N-二甲基苄胺 N,N-Dimethylbenzylamine

别名　N-苄基二甲胺
化学式　$C_9H_{13}N$
相对分子质量　135.23

结构式　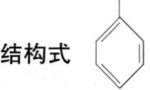

性质　为无色至浅黄色透明液体。相对密度(27℃)0.894,熔点-75℃,沸点180~182℃,折射率(25℃)1.4985~1.5011,闪点54℃,黏度(25℃)90mPa·s,蒸气压(20℃)200Pa。溶于热水,微溶于冷水,能与醇、醚等溶剂混溶。

质量规格

产品性状	指标(化学纯)	产品性状	指标(化学纯)
含量,%	≥98.0	折射率	1.500~1.502
沸程,℃	178~180	不挥发物含量,%	≤0.01
相对密度	0.896~0.902	醇中溶解试验	合格

用途　用作有机药物合成脱卤化氢催化剂。也用作聚酯型聚氨酯块状软泡沫塑料及硬泡沫塑料的催化剂,可使聚氨酯泡沫塑料具有良好的前期流动性及均匀的泡孔,泡沫体与基材间有较好的黏接力。还用作酸中和剂、环氧树脂固化剂等。用于合成季铵盐、阳离子型表面活性剂。

简要制法　由氯化苄与二甲胺反应后精制而得。

18. 二甲氨基乙氧基乙醇 Dimethylaminoethoxyethanol

化学式　$C_6H_{15}O_2N$
相对分子质量　133.21
结构式　$(CH_3)_2N\text{–}\!\diagdown\!\!\diagup\!\!\text{O}\!\!\diagdown\!\!\diagup\!\!\text{–OH}$

性质　为无色至淡黄色液体。相对密度(20℃)0.96,熔点<-40℃,沸点201~205℃,闪点(闭杯)86℃,蒸气压(21℃)<6.7Pa,黏度5mPa·s。

溶于水，水溶液呈强碱性。

用途 用作聚氨酯泡沫塑料的羟基叔胺类催化剂，为反应型催化剂。气味较小。可用于制造硬质包装用泡沫塑料、模塑软泡沫塑料及聚醚聚氨酯软块泡沫塑料等。

19. 2,4,6-三(二甲氨基甲基)苯酚
2,4,6-Tris(dimethylaminomethyl)phenol

别名 DMP-30
化学式 $C_{15}H_{27}N_3O$
相对分子质量 265.42

结构式

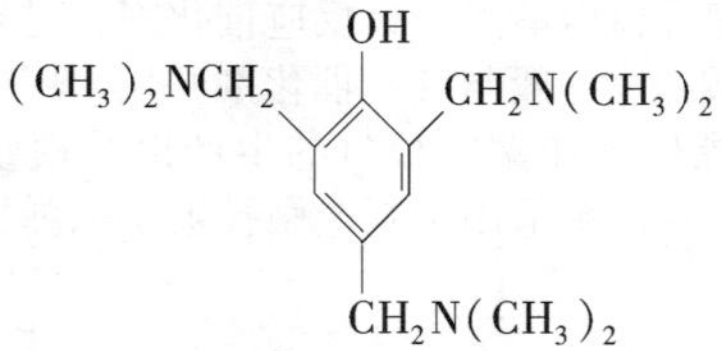

$(CH_3)_2NCH_2$—苯环—$CH_2N(CH_3)_2$，对位为$CH_2N(CH_3)_2$，1位为OH

性质 为淡黄色至淡红色黏稠状透明液体。相对密度0.974，沸点250℃，折射率1.5535，黏度(25℃)200mPa·s。溶于醇、丙酮、苯及冷水，微溶于热水。

质量规格

产品性状	指标	产品性状	指标
外观	棕色黏稠状液体	含氮量,%	≥14.95
含量,%	≥95	水分,%	≤0.1
相对密度	0.97~0.99		

用途 用作异氰酸酯三聚反应催化剂。反应缓和，所得制品耐高温性好，可用于配制组合料。也用作热固性环氧树脂的固化剂、抗氧剂、酸中和剂及热稳定剂等。

简要制法 由苯酚、二甲胺及甲醛经缩合反应制得。

20. 1,3,5-三(二甲氨基丙基)六氢三嗪
1,3,5-Tris(dimethylaminopropyl)hexahydro-s-triazine

别名 三(二甲氨基丙基)六氢三嗪、三嗪

化学式　$C_{18}H_{42}N_6$
相对分子质量　342.01
结构

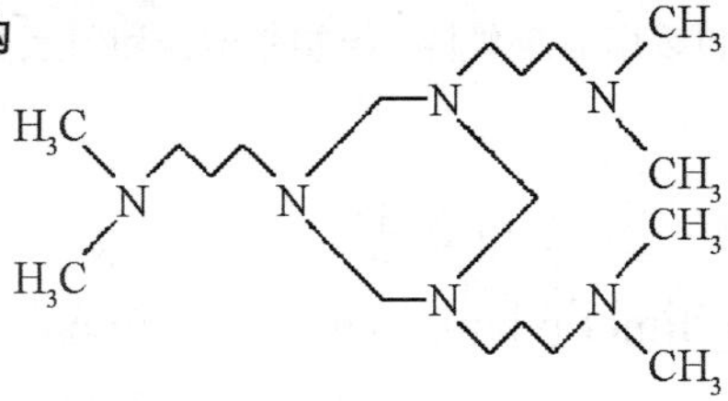

性质　为无色至淡黄色透明状液体，几乎无味。相对密度 0.92～0.95，熔点 -59℃，沸点 225℃，闪点（开杯）153℃，蒸气压（21℃）13Pa，黏度（25℃）26～33mPa·s。易溶于水，水溶液呈碱性。

用途　用作聚氨酯、聚异氰脲酸酯三聚反应催化剂，对聚氨酯反应的催化活性略高于聚异氰脲酸酯。一般与其他催化剂并用，用于聚氨酯硬泡沫层压板材、聚异氰脲酸酯硬泡沫塑料板材的生产以及模塑用硬泡沫塑料、喷涂用硬泡沫塑料的生产。也适用于制造微孔聚氨酯弹性体及高回弹泡沫塑料制品。

21. 四甲基乙二胺　Tetramethylethylenediamine

别名　N,N,N',N'-四甲基亚乙基二胺、1,2-双（二甲氨基）乙烷
化学式　$C_6H_{16}N_2$
相对分子质量　116.21

结构式　$(CH_3)_2NCH_2CH_2N(CH_3)_2$

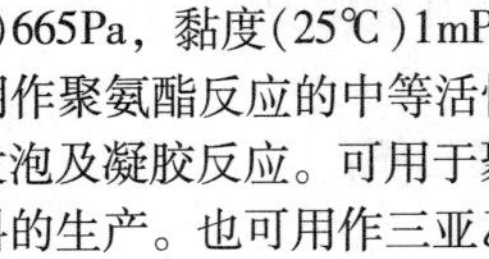

性质　为无色至淡黄色透明液体。商品纯度≥97%。相对密度（25℃）0.7765，熔点 -55.1℃，沸程 120～122℃，折射率（25℃）1.4170，闪点 16℃，蒸气压（20℃）665Pa，黏度（25℃）1mPa·s。能与水及多数有机溶剂混溶。

用途　用作聚氨酯反应的中等活性催化剂，以催化发泡反应为主，也用于平衡整体发泡及凝胶反应。可用于聚氨酯热模塑软泡沫、半硬泡沫及硬泡沫等泡沫塑料的生产。也可用作三亚乙基二胺的辅助催化剂及生化试剂。

22. 四甲基丙二胺　Tetramethylpropylenediamine

化学式　$C_7H_{18}N_2$

相对分子质量 130.21

结构式
$$(CH_3)_2NCH_2CH_2N(CH_3)_2$$

性质 为无色至浅黄色透明液体。商品中的含量≥98.0%。相对密度(25℃)0.78,沸点145℃,闪点32℃,折射率(20℃)1.4905,蒸气压(21℃)532Pa。与水、乙醇、乙醚等混溶。

用途 用作聚氨酯泡沫塑料及微孔弹性体生产的催化剂,也用作环氧树脂固化催化剂。

23. 四甲基己二胺 Tetramethylhexanediamine

化学式 $C_{10}H_{24}N_2$

相对分子质量 172.31

结构式 $(CH_3)_2N(CH_2)_6N(CH_3)_2$

性质 为无色至淡黄色透明状液体,有氨的气味。相对密度0.80,熔点-46℃,沸程198~216℃,闪点(开杯)81℃,黏度(25℃)1mPa·s。溶于水,水溶液呈碱性。

用途 用作聚氨酯泡沫塑料生产的胺类催化剂,可用于生产各种聚氨酯泡沫塑料。是一种发泡/凝胶平衡型催化剂,尤适用于生产聚氨酯硬泡沫塑料,能改善泡沫流动性。毒性较大,易燃。

24. 四甲基亚氨基二丙胺
Tetramethyliminobispropylamine

别名 双-(3-二甲基丙氨基)胺

化学式 $C_{10}H_{25}N_3$

相对分子质量 187.32

结构式 $(CH_3)_2N(CH_2)_3NH(CH_2)_3N(CH_3)_2$

性质 为无色透明液体,有鱼腥样气味。相对密度0.84,熔点-75℃,沸点220℃,闪点(闭杯)88℃,黏度3~5mPa·s,蒸气压(21℃)365Pa。溶于水,水溶液呈碱性。

用途 用作聚氨酯催化剂,是一种促进表面固化的反应型催化剂。适用于模塑软泡沫、半硬泡沫及聚醚型聚氨酯软块泡沫等泡沫塑料的生产,也用作有机中间体。

25. 五甲基二亚丙基三胺
Pentamethyldipropylenetriamine

别名 双(二甲氨基丙基)甲胺、五甲基二丙烯三胺
分子式 $C_{11}H_{27}N_3$
相对分子质量 201.41
结构式 $(CH_3)_2N(CH_2)_3N(CH_2)_3N(CH_3)_2$
$\qquad\qquad\qquad\qquad\quad |$
$\qquad\qquad\qquad\qquad CH_3$

性质 为无色至淡黄色液体,有鱼腥样气味。相对密度 0.83,沸点 227℃,闪点 98℃,蒸气压(21℃)545Pa,黏度(25℃)约 3mPa·s。溶于水,水溶液呈强碱性。

用途 用作生产聚氨酯的胺类催化剂。其催化活性与五甲基二亚乙基三胺相似,是一种低气味、发泡/凝胶平衡型催化剂。可用于聚氨酯硬泡沫、聚醚型聚氨酯软泡沫等泡沫塑料的生产,发泡速度快、泡沫开孔性较好。也可用作聚氨酯涂料及聚氨酯胶黏剂的催化剂。

26. 五甲基二亚乙基三胺
Pentamethyldiethylenetriamine

别名 N,N,N',N'',N''-五甲基二乙烯三胺
化学式 $C_9H_{23}N_3$
相对分子质量 173.31

结构式

$$\begin{array}{ccc} CH_3 & CH_3 & CH_3 \\ \backslash & | & / \\ NCH_2CH_2 & NCH_2CH_2 & N \\ / & & \backslash \\ CH_3 & & CH_3 \end{array}$$

性质 为无色至淡黄色透明液体。商品纯度一般为 98%。相对密度(20℃)0.8302~0.8306,熔点<-20℃,闪点(闭杯)72℃,沸程 196~201℃,折射率 1.4435,pH 值 11.0,蒸气压(21℃)0.29×133Pa。蒸气与空气能形成爆炸性混合物,爆炸极限 1.1%~5.6%。易溶于水。

用途 用作聚氨酯反应的高活性催化剂,以催化发泡反应为主,也用于平衡整体发泡及凝胶反应。广泛用于生产各种聚氨酯硬泡塑料,可单独使用,也可与其他催化剂并用。也可用作生产聚醚型聚氨酯软块泡沫塑料和模塑泡沫塑料的催化剂,以及用作聚氨酯硬泡沫塑料的辅助催化剂。

简要制法 由二亚乙基三胺经 N-甲基化反应制得。

27. 三亚乙基二胺 Triethylenediamine

别名 三乙烯三胺、1,4-二氮杂双环[2,2,2]辛烷
化学式 $C_6H_{12}N_2$
相对分子质量 112.17

结构式
$$\begin{array}{c} CH_2-CH_2 \\ N-CH_2-CH_2-N \\ CH_2-CH_2 \end{array}$$

性质 有无水和六结晶水两种产品，微有氨的气味。纯品为无色或白色结晶状固体，晶体的相对密度(28℃)1.14，熔点 154~159℃，沸点 174℃，闪点约60℃。蒸气压(50℃)533Pa。溶于水、丙酮、苯、乙醇、乙醚及甲乙酮等。是一种双杂环结构的笼状化合物，两个氮原子上连接三个亚乙基，N 原子上没有位阻很大的取代基。它的一对空电子易于接近，形成络合物时性质不稳定。是一种弱碱，对异氰酸酯基团及活性氢化合物的反应呈现很高的催化活性。

质量规格

产品性状	指标	产品性状	指标
外观	白色结晶	含量,%	≥99.5
相对密度(28℃)	1.14	水分,%	≤0.5

用途 主要用作聚氨酯泡沫塑料的凝胶催化剂。广泛用于生产各种聚氨酯类泡沫塑料、涂料及弹性体等。对聚氨酯与羟基的催化作用(氨酯形成反应、凝胶反应)有很高的选择性。也用作环氧树脂固化催化剂、丙烯腈聚合催化剂、乙烯聚合催化剂、六氢吡啶等农药生产的引发剂、石油添加剂及无氰电镀添加剂等。因本品在常温时是固体，直接使用不方便，用作催化剂时应先将其溶解于相应的溶剂(如乙二醇、丙二醇等)中，配制成溶液使用。使用含结晶水的三乙烯二胺时，应采用真空减压蒸馏法先脱除结晶水。

安全事项 低毒！蒸气对黏膜、眼睛等有刺激性。
简要制法 在催化剂存在下由乙二胺气相脱水杂环化而得。或由六水哌嗪与环氧乙烷反应制得。

28. 双(二甲氨基乙基)醚
Bis(2-dimethylaminoethyl)Ether

别名 二[2-(N, N-二甲氨基乙基)]醚，BDMAEE
化学式 $C_8H_{20}ON_2$
相对分子质量 160.28
结构式 $(CH_3)_2NCH_2CH_2OCH_2CH_2N(CH_3)_2$

性质 为无色至淡黄色透明液体。相对密度(25℃)0.85，熔点<-70℃，沸点189℃，闪点64~66℃，折射率1.436，蒸气压(24℃)37Pa，黏度(25℃)1.4MPa·s。可与水混溶，水溶液呈碱性。纯品活性很高，通常用二醇溶剂将其稀释成溶液使用。如将70%的双(二甲氨基乙基)醚与30%的一缩二丙二醇配制成的溶液。

质量规格

产品性状	指标	
	LCA-3	LCA-3A
外观	无色至微黄色液体	无色至微黄色液体
相对密度	0.8472~0.8492	0.9246~0.9266
折射率(25℃)	1.4282~1.4292	1.4367~1.4377
含量，%	≥98.0	69~71(含30%左右的一缩二丙二醇)
沸点(2.26kPa)，℃	77~79	—

用途 用作生产聚氨酯泡沫的胺类催化剂，对发泡反应有很高的催化活性及选择性。主要用于软质聚醚型聚氨酯泡沫塑料及包装用硬泡沫塑料生产，尤适用于生产高回弹、半硬泡沫塑料及低密度泡沫塑料。具有催化活性高、用量少，可控制发泡上升和凝胶时间，并可与有机锡催化剂并用，提高泡沫塑料生产的宽容度。

简要制法 先由二甲基乙醇胺与二甲氨基-2-氯乙烷反应，再经脱氯化氢制得。

29. 环己胺 Cyclohexylamine

别名 氨基环己烷

化学式 $C_6H_{13}N$

相对分子质量 99.18

性质 为无色透明液体,有强烈鱼腥样气味和氨气味。相对密度(25℃)0.8647。熔点-17.7℃,沸点134.5℃,闪点(开杯)32.2℃,折射率(25℃)1.4565,自燃点265℃。蒸气相对密度3.42。蒸气能与空气形成爆炸性混合物,爆炸极限1.6%~9.4%。能与水和一般有机溶剂混溶。能随水蒸气挥发,并与水形成共沸混合物。具有强有机碱性质。暴露于空气中时,能吸收空气中二氧化碳而迅速生成白色碳酸盐结晶。

质量规格

产品性状	指标	
	优级品	一级品
外观	无色油状液体,有刺激味	
环己胺,%	≥98.5	≥95.0
苯胺,%	≤0.3	≤0.5

用途 用作合成 ZSM-5 分子筛的模板剂,也用作防锈剂、乳胶凝聚剂、杀菌剂等。用于制造环己醇、环己酮、己内酰胺以及农药、表面活性剂、脱硫剂、橡胶硫化促进剂等。

安全事项 易燃。常温下可引起燃烧。蒸气比空气重,能扩散很远,遇到火源会回燃。能与氧化剂剧烈反应。液体及蒸气对眼睛、黏膜、呼吸道有强刺激作用,对中枢神经系统有抑制作用,浓度高时有麻醉作用。

简要制法 在钴催化剂存在下,由苯胺加氢制得。也可先将苯酚还原生成环己醇,再经氨化制得。

30. 二乙醇胺 Diethanolamine

别名 2,2′-二羟基二乙胺、双羟乙基胺、2,2′-亚氨基二乙醇

化学式 $C_4H_{11}NO_2$

相对分子质量 105.15

结构式 $NH(CH_2CH_2OH)_2$

性质 为无色或淡黄色黏稠状液体,微有氨气味。冷冻时为白色结晶体。相对密度(20℃)1.0919,熔点28℃,沸点269.1℃,闪点(开杯)146℃,自燃点662℃,折射率(20℃)1.4776,黏度352mPa·s。蒸气相对密度3.65,蒸气压(138℃)666.5Pa。溶于水、甲醇、乙醇、丙酮,微溶于

苯、乙醚、四氯化碳。有吸湿性，呈碱性。能吸收空气中的二氧化碳等气体，也能吸收其他气体中的酸性气体。可与多种酸反应生成酯、酰胺盐。

质量规格

产品性状	指标	产品性状	指标
外观	无悬浮物洁净液体	三乙醇胺,%	≤1.0
二乙醇胺,%	≥98.4	水分,%	≤1.0
一乙醇胺,%	≤1.0		

用途 因含仲胺 N 基团，对聚氨酯反应具有一定催化作用。用作石油气、天然气及其他气体中酸性气体(如硫化氢、二氧化碳等)的吸收剂，高回弹聚氨酯泡沫塑料的交联剂，聚醚多元醇的起始剂。二乙醇胺是合成医药、农药、染料中间体及表面活性剂的原料，在酸性条件下用作油类、蜡料的乳化剂，皮革及合成纤维的软化剂。

安全事项 可燃。遇高热、明火有燃烧危险，与氧化剂接触会剧烈反应。对铜及铝有腐蚀性。对皮肤、黏膜有一定刺激性。

简要制法 由液氨与环氧乙烷经缩合反应，生成一乙醇胺、二乙醇胺及三乙醇胺的混合液，经减压蒸馏可分别制得一乙醇胺、二乙醇胺及三乙醇胺。

31. 三乙醇胺　Triethanolamine

别名　三羟乙基胺，2, 2′, 2″-三羟基三乙胺、氨基三乙醇

化学式　$C_6H_{15}NO_3$

相对分子质量　149.19

结构式　$N(CH_2CH_2OH)_3$

性质　为无色至淡黄色透明黏稠状液体，微有氨气味。低温时成为无色至淡黄色立方晶系晶体。相对密度(20℃)1.1242，熔点 20~21℃，沸点 335.4℃，闪点 185℃，折射率(20℃)1.4852，黏度(25℃)590.5mPa·s。易溶于水、乙醇、丙酮、甘油及乙二醇等，微溶于苯、乙醚及四氯化碳等。水溶液呈碱性。具吸湿性，露置于空气中时颜色逐渐变深。能吸收硫化氢及二氧化碳等酸性气体。与二乙醇胺及一乙醇胺不同之处是，三乙醇胺与碘氢酸(HI)能生成碘氢酸盐沉淀。

质量规格

产品性状	指标	产品性状	指标
外观	黄色黏稠液体	一乙醇胺及二乙醇胺,%	≤10
三乙醇胺,%	≥85		

用途 用作聚氨酯泡沫塑料及弹性体的交联剂及辅助催化剂。也用作天然橡胶及合成橡胶的硫化活化剂,丁腈橡胶聚合活化剂,聚醚的起始剂,酸性气体吸收剂、中和剂等。也用于合成表面活性剂、洗涤剂、医药及染料等。由于分子中含 N 基团,对聚氨酯反应有一定催化作用,并可中和酸性成分,保护聚氨酯泡沫组合料中的叔胺催化剂。

安全事项 参见"二乙醇胺"条目。
简要制法 参见"二乙醇胺"条目。

32. 三异丙醇胺 Triisopropanolamine

化学式 $C_9H_{21}O_3N$
相对分子质量 191.23
结构式 $[CH_3CH(OH)CH_2]_3N$
性质 为白色至淡黄色结晶固体。相对密度(20℃)1.0,熔点45℃,凝固点52℃,沸点170~180℃,闪点(开杯)110℃。蒸气压<1.333Pa。呈弱碱性,易燃。纯品三异丙醇胺含量为97%~98%。商品三异丙醇胺含量有95%、90%~95%、85%~90%等规格,都是三异丙醇胺与水的混合物。纯度为90%~95%的产品在10℃以上时为液体,低于10℃时凝结成固体;纯度为85%~90%的产品凝固点约为0℃。溶于水、乙醇。水溶液呈碱性。能与酸反应生成酯,与酸的卤化物反应生成酰胺基化合物。

用途 用作聚氨酯反应有辅助催化剂。也用作聚氨酯交联剂、聚醚多元醇起始剂、聚合反应链终止剂、气体吸收剂、水泥早强剂、织物柔软剂、乳化剂等。

33. N-甲基二乙醇胺 N-Methyldiethanolamine

别名 甲氨基二乙醇、N,N-双(2-羟乙基)甲胺
化学式 $C_5H_{13}NO_2$
相对分子质量 119.16
结构式 $CH_3N(CH_2CH_2OH)_2$
性质 为无色至微黄色黏稠状液体。相对密度1.0377,熔点-21℃,沸点247.2℃,闪点260℃,折射率(20℃)1.4678。黏度(38℃)37mPa·s,自燃点410℃。蒸气相对密度4.0,蒸气压(20℃)<1.3Pa。蒸气与空气能形成爆炸性混合物,爆炸极限1.4%~8.8%。能与水、醇混溶,微溶于醚。

质量规格

产品性状	指标		
	优级品	一级品	合格品
N-甲基二乙醇胺,%	≥99	≥97	≥93
水分,%	≤0.3	≤0.5	≤1.0

用途 用作聚氨酯泡沫塑料的反应型催化剂、阳离子型聚氨酯乳液矿链剂、酸性气体吸收剂、乳化剂,以及用作高效低能脱硫脱碳溶剂。

安全事项 低毒!

简要制法 由环氧乙烷与甲胺反应制得。

34. 二甲基乙醇胺 Dimethylethanolamine

别名 2-二甲氨基乙醇、N,N-二甲基-2-羟基乙胺

化学式 $C_4H_{11}NO$

相对分子质量 89.14

结构式 $(CH_3)_2NCH_2CH_2OH$

性质 为无色至微黄色液体,有氨的气味。相对密度(20℃)0.8879,熔点-59℃,沸点134.6℃,闪点(开杯)40.5℃,折射率(20℃)1.4296,自燃点220℃,蒸气压(20℃)0.533kPa。蒸气与空气能形成爆炸性混合物,爆炸极限1.6%~11.9%。与水、乙醇、乙醚、丙酮及苯等混溶。

质量规格

产品性状	指标	
	优级品	一级品
外观	无色或淡黄色透明液体	
二甲基乙醇胺,%	≥99.0	≥98.5
伯、仲胺等,mmol/g	≤1	≤3

用途 用作水性环氧树脂基团反应催化剂、单组分湿固化聚氨酯热熔胶的固化催化剂、聚氨酯泡沫塑料的反应型催化剂及辅助催化剂、环氧树脂固化促进剂、水性环氧树脂乳液中和剂、石蜡乳化剂、燃料油淤浆防止剂等。也用作制造阳离子絮凝剂、阴离子交换树脂及抗组胺药等的原料。

安全事项 可燃。低毒!对皮肤及中枢神经系统有刺激作用。

简要制法 由环氧乙烷与二甲胺经氨化反应制得。

35. 三甲基羟乙基乙二胺
Trimethylhydroxyethyl Ethylenediamine

别名 N, N'-二甲基氨乙基-N'-甲基氨基乙醇
化学式 $C_7H_{18}N_2O$
相对分子质量 146.23
结构式

$$H_3C-N(CH_3)-CH_2-CH_2-N(CH_3)-CH_2CH_2OH$$

性质 为无色至淡黄色液体。相对密度(25℃)0.905，熔点<-20℃，沸点207℃，闪点88℃，蒸气压(20℃)100Pa，黏度5~7mPa·s，易溶于水、乙醇。

用途 用作生产聚氨酯型泡沫塑料的反应型发泡催化剂，可用于聚醚型聚氨酯软块泡沫、模塑泡沫、硬泡沫和半硬泡沫等泡沫塑料的生产，尤适用于生产汽车用泡沫塑料。具有雾化性低及对聚氯乙烯沾染性小等特点。

36. 三甲基羟乙基丙二胺
Trimethylhydroxyethyl Propylenediamine

别名 N-甲基-N-(二甲氨基丙基)氨基乙醇
化学式 $C_8H_{20}N_2O$
相对分子质量 160.32
结构式

$$H_3C-N(CH_3)-CH_2CH_2CH_2-N(CH_3)-CH_2CH_2OH$$

性质 为无色至淡黄色液体，有氨的气味。相对密度0.92，沸点238℃，闪点95℃，蒸气压(21℃)<800Pa，黏度12mPa·s。溶于水、乙醇，可燃。

质量规格

产品性状	指标	产品性状	指标
外观	无色至淡黄色液体	羟值，mg KOH/g	350
相对密度	0.92	黏度，mPa·s	12

安全事项 低毒!

用途 用作生产聚氨酯型泡沫塑料的反应型低烟雾平衡性叔胺催化剂。也可用于模塑泡沫塑料、包装用半硬泡沫塑料等的生产,生产时不散发胺蒸气。

37. N,N-双(二甲氨基丙基)-N-异丙醇胺
N,N-Bis(dimethylaminopropyl)-N-isopropanolamine

别名 双-(3-二甲基胺丙基)氨基-2-丙醇
化学式 $C_{13}H_{31}ON_3$
相对分子质量 245.42
结构式

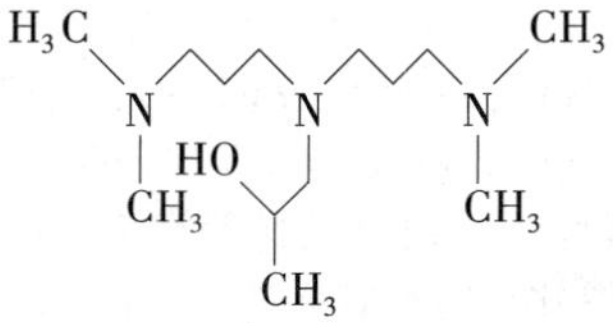

性质 为无色至淡黄色液体。相对密度(20℃)0.89,熔点-50℃,闪点141℃。溶于水、乙醇。

用途 用作聚氨酯型泡沫塑料反应型凝胶催化剂。适用于聚醚型聚氨酯软泡沫、微孔聚氨酯弹性体、反应注射成型聚氨酯硬泡沫及聚氨酯硬泡沫等泡沫塑料的生产。对凝胶反应有较强的催化作用,而且散发性低。

38. 吗啉 Morpholine

别名 四氢化-1,4-噁嗪、1,4-氧氮杂环己烷
化学式 C_4H_9NO
相对分子质量 87.12
结构式

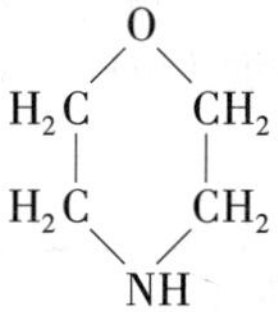

性质 为无色油状液体,有氨的气味。相对密度0.9994,熔点-4.9℃,沸点128.9℃,闪点37.8℃,自燃点310℃。蒸气相对密度3.0,蒸气压(20℃)0.93kPa。蒸气与空气能形成爆炸性混合物,爆炸极限1.8%~11.2%。有吸湿性。与水混溶,溶于甲醇、乙醇、乙醚、苯、丙酮、丙

二醇及四氯化碳等溶剂。也溶于棉籽油、松节油及松脂等。其溶解能力超过吡啶、苯、二噁烷等。为二级胺,同时具有无机酸及有机酸的性质。与脂肪酸、酸酐及酰氯反应生成酰胺;与酮反应生成烯胺;与氯反应生成 N-氯代吗啉。在高锰酸钾酸性溶液中会逐渐发生氧化。

质量规格

产品性状	指标	产品性状	指标
外观	无色油状液体	沸点,℃	126.0~130.0
吗啉,%	≥99.0		

用途 用作顺丁二烯聚合催化剂、快速固化树脂的催化剂、防焦剂、防锈剂、锅炉缓蚀剂、光学漂白剂中硫化氢气体吸收剂、pH 调节剂等,并广泛用作树脂、染料、颜料及蜡等的溶剂。也用作精细化学品生产的重要中间体,用于制造橡胶促进剂、增塑剂、抗氧剂、医药、吗啉脂肪酸盐等。

安全事项 易燃。遇明火、高热、氧化剂有引起着火的危险,受高热释出有毒的氮氧化物气体。蒸气及液体对眼睛、皮肤及黏膜有强刺激性。经口或皮肤吸收会引起中毒。

简要制法 由二乙醇胺经硫酸脱水、闭环制得。也可在镍催化剂存在下,由二甘醇与氨反应制得。

39. N-甲基吗啉 N-Methylmorpholine

化学式 $C_5H_{11}NO$

结构式 O〈 〉N—CH$_3$

性质 为无色透明液体,有氨气味。相对密度(23℃)0.9051,熔点 -66℃,沸点 115℃,闪点 23℃,折射率(20℃)1.4332。蒸气相对密度 3.5,蒸气压(20℃)2200Pa。蒸气与空气能形成爆炸性混合物,爆炸极限 2.2%~11.8%。溶于水、乙醇、乙醚。

质量规格

产品性状	指标	产品性状	指标
外观	无色透明液体	N-甲基吗啉,%	≥95

用途 用作有机合成及聚酯型聚氨酯软块泡沫塑料生产的催化剂,也用作溶剂、萃取剂、腐蚀抑制剂及杀虫剂、橡胶硫化促进剂等。

安全事项 易燃。有毒!对皮肤、黏膜有刺激作用。

简要制法 由吗啉与甲醛、甲酸反应制得。

40. N-乙基吗啉　　N-Ethylmorpholine

化学式　$C_6H_{13}NO$

相对分子质量　115.18

结构式
$$O\underset{CH_2CH_2}{\overset{CH_2CH_2}{\diagup\diagdown}}NCH_2CH_3$$

性质　为无色液体,有氨的气味。相对密度 0.916,熔点 -63℃,沸点 138℃,闪点 29℃,折射率 1.4400。蒸气相对密度 4.0,蒸气压(20℃)693kPa。与水、乙醇、乙醚混溶,溶于丙酮、苯。

质量规格

产品性状	指标	产品性状	指标
外观	无色液体	含量,%	≥95

用途　用作聚氨酯反应催化剂,尤适用于聚酯型软质聚氨酯泡沫塑料生产。也用作染料、油脂及树脂等的溶剂、橡胶硫化促进剂、表面活性剂等。也用于制造医药。

安全事项　易燃。有毒!对皮肤、黏膜有刺激作用。

简要制法　由吗啉与溴乙烷反应制得。

41. 二吗啉二乙基醚　　Dimorpholinodiethylethcr

别名　双(2,2-吗啉乙基)醚

化学式　$C_{12}H_{24}O_3N_2$

相对分子质量　244.02

结构式
$$\underset{O}{\overset{O}{\diagup\diagdown}}N\text{—}CH_2CH_2\text{—}O\text{—}CH_2CH_2\text{—}N\underset{O}{\overset{O}{\diagdown\diagup}}$$

性质　为无色至淡黄色液体。相对密度(25℃)1.06,熔点 <-28℃,沸点

>225℃,闪点(闭杯)146℃,黏度(25℃)8mPa·s。溶于水,水溶液呈碱性。

用途 用作生产聚氨酯泡沫用胺类催化剂,具有强发泡性,适合于水固化体系,主要用于单组分硬质聚氨酯泡沫塑料以及聚醚型和聚酯型聚氨酯软泡沫塑料、半硬泡沫塑料等发泡。

42. N-甲基-2-吡咯烷酮 N-Methyl-2-Pyrrolidone

化学式 C_5H_9NO

结构式

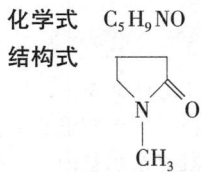

性质 为无色透明油状液体,微有氨的气味。相对密度(25℃)1.0279,熔点-24.4℃,沸点204℃,闪点95℃,自燃点346℃,折射率1.4684,临界温度445℃,临界压力4.76MPa,黏度1.65mPa·s。可与水混溶,几乎可与所有有机溶剂互溶。除低级脂肪烃以外,能溶解大多数有机及无机化合物、极性气体、天然及合成高分子化合物等。为极性溶剂,在中性溶液中稳定;而在4%的氢氧化钠溶液中,8h后有50%~70%发生水解;在浓盐酸中也逐渐水解生成4-氨基丁酸。具有沸点及闪点高、熔点低、无腐蚀性、毒性小、生物降解容易等特点。

质量规格

产品性状	指标	产品性状	指标
外观	无色透明油状液体	熔点,℃	-23
N-甲基-2-吡咯烷酮,%	≥98.0	沸点(1.33kPa),℃	81~82
相对密度(25℃)	1.0260	水分,%	≤0.20

用途 用作2402合成树脂与活性氧化镁反应的非水催化剂,也用于制造环保型氯丁橡胶黏结剂。还用于芳烃抽提、丁二烯或C_5馏分分离、天然气脱硫、乙炔提浓,以及制造聚乙烯吡咯烷酮、医药、染料等。广泛用作聚合物合成、精制,涂料、农药及油墨等的溶剂。

安全事项 毒性低。

简要制法 由γ-丁内酯与甲胺经缩合反应制得,或在催化剂存在下由丁二酸与甲胺反应而得。

43. 聚乙烯吡咯烷酮 Polyvinylpyrrolidone

别名　PVP
化学式　$(C_6H_9NO)_n$

结构式

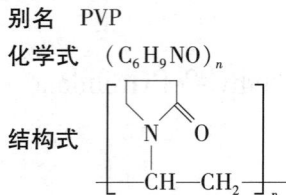

性质　商品为白色、乳白色或略带黄色的粉末。也有30%~36%水溶液产品。通常按相对分子质量大小分成若干等级，相对分子质量越大，堆密度越小。相对分子质量通常用 K 值表示。分子中既有亲水基团，又有亲油基团。既能与水互溶，又能溶解乙醇、羧酸、胺类、卤代烷等极性强的有机溶剂。微溶于苯、丙酮、已烷等极性弱的溶剂。5%水溶液的pH值3~7，10%水溶液的黏度与水基本相同。本品具有水溶性高分子的一般性质，如成膜性、黏接性、吸湿性、增溶性及絮凝性及对胶体的保护作用等，并具有优良的络合能力及生理相容性。由于分子结构中含有强极性并能接受氢键的酰胺基团，使它能结合一些极性小分子。同时，分子中的氧和氮原子是典型的配位原子，使其具有与某些金属生成络合物的能力，尤其与含羟基、羧基、氨基及其他活性氢原子的化合物能生成固态络合物，如与Fe、Mn、Co、Ni等过渡金属生成络合物。它是由聚乙烯吡咯烷酮与相应的金属羰基化合物 $[M(CO)_x]$ 反应形成的。如由聚乙烯吡咯烷酮与 $Fe(CO)_5$ 反应生成的 $Fe(C_6H_9NO)_5$，即 $Fe(CO)_5$ 中的五个羰基被五个吡咯烷酮环所取代的结果。本品在通常情况下稳定。在100℃条件下加热16h无变化；超过150℃，或在有引发剂(过硫酸铵)存在下，加热到90℃，则可能发生自交联反应，转变为不溶性的交联聚乙烯吡咯烷酮。

质量规格

产品性状		指标	产品性状	指标
乙烯基吡咯烷酮,%		≤0.2	pH值(5%水溶液)	3~7
氮,%		11.5~12.8	水分,%	≤5.0
K 值	(标明为≤15),%	85~115	灼烧残渣,%	≤0.1
	(标明为≥15),%	90~108	铅盐,10^{-6}	≤10
肼,10^{-6}		≤1	醛类,%	≤0.2

用途 用于与铑制成胶体金属催化剂,用于甲醇气相羰基化的反应,使用碳负载胶体金属铑催化剂(PVP-Rh/C)的催化活性及选择性远大于单纯的碳负载金属铑催化剂。这是由于该催化剂具有颗粒粒径分布范围窄、分散度高、比表面积大等特点。也主要用于日化、医药、食品、纺织、涂料、农业等行业,用作增稠剂、增溶剂、增黏剂、赋形剂、崩解剂、缓释剂、成膜剂、分散剂、稳定剂、胶体保护剂及防聚沉剂等。本品具有良好的生理相容性,不参与人体的新陈代谢,对皮肤、黏膜等无明显刺激性。由于具有胶体保护功能及黏性,在乳液或悬浮聚合中加入少量本品,可起到分散稳定及控制聚合物粒径的作用。此外,PVP 在金属离子萃取分离、光固树脂、膜功能材料等领域也有应用。

简要制法 在催化剂存在下,由 N-乙烯基吡咯烷酮聚合而得。选用不同的聚合方式及反应条件,可制得不同相对分子质量及适合不同用途的产品。

44. 1,8-二氮杂二环(5,4,0)-7-十一烯
1,8-Diazabicyclo(5,4,0)undec-7-ene

别名 1,8-二氮杂环十一烯,DBU
化学式 $C_9H_{16}N_2$
相对分子质量 152.22
结构式

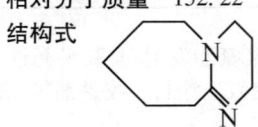

性质 为无色至淡黄色透明油状液体。相对密度 1.04~1.07,熔点 <-78℃,沸点 259℃,闪点(闭杯)>96℃,折射率(25℃)1.5219,黏度(25℃)14mPa·s,蒸气压(21℃)<173Pa,1%水溶液的 pH 值为 12~13.5。易溶于水,溶于乙醇、乙醚、苯及丙酮等有机溶剂。具吸湿性及腐蚀性。蒸气有毒!遇光易变性。具有强碱性,与酸反应生成相应的盐,露置于空气中会吸收二氧化碳而生成碳酸盐。

质量规格

产品性状	指标	产品性状	指标
含量,%	≥98.0	水分,%	≤0.3

用途 用作聚氨酯泡沫塑料的凝胶催化剂,可用于整皮泡沫塑料、硬泡沫塑料及微孔弹性体等的配方。其催化活性随温度升高而显著增强,如

70℃时对异氰酸酯—水、异氰酸酯—醇反应的催化速率常数分别是25℃时的35倍及67倍。本品与甲酸、2-乙基己酸等有机酸结合可制备延迟性催化剂。还可用作抗生素药物合成的有机碱脱酸剂、环氧树脂固化剂及防锈剂等。

简要制法 先由己内酰胺与丙烯腈反应,再经催化加氢、脱水环化制得。

45. 1,4-二甲基哌嗪 1,4-Dimethylpiperazine

别名 N,N'-二甲基哌嗪
化学式 $C_6H_{14}N_2$
相对分子质量 114.22

结构式 CH$_3$N⟨⟩NCH$_3$

性质 为无色至浅黄色液体。相对密度(20℃)0.86,熔点-1℃,沸点130~133℃,闪点(闭环)22℃,蒸气压(21℃)1.47kPa。溶于水、乙醇。水溶液呈碱性。

质量规格

产品性状	指标	产品性状	指标
1,4-二甲基哌嗪,%	≥98	水分,%	≤0.5

用途 用作聚氨酯反应催化剂,是一种聚氨酯发泡/凝胶平衡性催化剂,适用于生产硬泡沫塑料、软泡沫塑料及聚氨酯涂料、胶黏剂等。也用作医药中间体。

46. 十六烷基三甲基氯化铵
Hexadecyl Trimethyl Ammonium Chloride

别名 氯化十六烷基三甲基铵
化学式 $C_{19}H_{42}NCl$
相对分子质量 319.5
结构式 $[C_{16}H_{33}N(CH_3)_3]^+Cl^-$

性质 为无色或淡黄色的液体、膏体或固体。是一种阳离子表面活性剂,能使不溶于有机溶剂的阴离子亲核试剂变为可溶性的离子对,并转移到含有新电子试剂的有机相中。活性物含量45%以下为液体,>50%的为软膏体及固体。相对密度0.88~0.98,HLB值15.8,熔点16.1℃,闪点>100℃。易溶于热水和醇类。1%水溶液的pH值为7~8。具有优良的表面活性、抗静电性、生物降解性,并有杀菌防霉作用。耐强酸、强碱,也耐热、耐光。与其他阳离子表面活性剂及非离子、两性离子表面活性剂有良好的配伍性。

质量规格

产品性状	指标		
	一级	二级	三级
外观	白色或微黄色膏状或固体		
活性物含量,%	≥90	≥75	≥50
pH值(1%水溶液)	7~8	7~8	7~8

用途 用作相转移催化剂、催化剂载体成型造孔剂。也用作合成及天然纤维的软化剂及抗静电剂、皮革柔软剂、沥青乳化剂、工业用水杀菌剂、金属缓蚀剂等。

安全事项 对皮肤及眼睛有刺激性。

简要制法 在氢氧化钠催化剂作用下,由十六烷基二甲基叔胺与氯甲烷经季铵化反应制得。

47. 十二烷基二甲基苄基氯化铵
Dodecyl Dimethyl Benzyl Ammonium Chloride

别名 氯化十二烷基二甲基苄基铵、洁尔灭、苯扎氯铵
化学式 $C_{21}H_{37}NCl$
相对分子质量 339.96
结构式 $[C_{12}H_{25}N(CH_3)_2CH_2C_6H_5]^+Cl^-$

性质 为无色至浅黄色固体。是一种阳离子表面活性剂。熔点42℃。工业品是含44%~46%活性物的水溶液,无色至浅黄色黏稠液体,有芳香气味并带苦杏仁味。与水互溶,1%水溶液为中性。溶于乙醇、丙酮,微溶于苯,不溶于乙醚。化学稳定性好,耐热、耐光,无挥发性。具有良好的乳化、柔软、洗涤、调理及抗静电等性能。

质量规格

产品性状	指标		
	优级品	一级品	合格品
外观	无色至浅黄色黏稠液体		

续表

产品性状	指标		
	优级品	一级品	合格品
活性物,%	44~46	44~46	44~46
铵盐,%	≤1.5	≤2.5	≤4.0
色泽(Hazen),号	100	200	500
pH 值	6~8	6~8	6~8

用途 用作有机合成相转移催化剂。其相转移催化作用是促进互不相溶的离子化合物和非极性有机化合物之间的反应。在中性介质中，相转移催化剂可提供亲油性阳离子，使反应物的阴离子从水相或固相转移到油相（有机相）；在碱性介质中反应物之一在两相的界面失去质子而引发反应，相转移催化剂的作用是将在界面上产生的阴离子迅速转移进油相，使反应得以继续进行，直至完成。也常用作织物柔软剂、缓染剂、抗静电剂、黏泥剥离剂、杀菌灭藻剂等。

简要制法 由十二烷基二甲基叔胺与氯化苄经缩合反应制得。

48. 十六烷基三甲基溴化铵
Palmityl Trimethyl Ammonium Bromide

别名 溴化十六烷基三甲基铵、鲸蜡基三甲基溴化铵、1631-Br

化学式 $C_{19}H_{42}NBr$

相对分子质量 364.45

结构式 $[C_{16}H_{33}N(CH_3)_3]^+Br^-$

性质 为白色或淡黄色膏体或固体粉末，有刺激气味。是一种阳离子型表面活性剂，能使不溶于有机溶剂的阴离子亲核试剂变为可溶性的离子对，并转移到含有新电子试剂的有机相中。熔点32℃，HLB值15.8。溶于热水、乙醇、三氯甲烷，易溶于异丙醇水溶液，微溶于丙酮，不溶于醚。加热至245~252℃分解，有良好的表面活性、稳定性、生物降解性，并有良好的杀虫作用。在强酸及强碱中稳定，耐热、耐光。与非离子型及两性离子型表面活性剂有良好的配伍性，对多种油脂具有较好的乳化作用。对皮肤及黏膜刺激性小，有轻微脱脂作用。

质量规格

产品性状	指标	产品性状	指标
外观	白色至淡黄色	pH 值(1%水溶液)	≤6.5
活性物含量,%	≥60		

用途 用作相转移催化剂。由于本品具有润湿、增溶、去污、抗静电及杀菌等作用，还可用作纤维高效抗静电剂、水处理用杀菌灭藻剂、沥青乳化剂、硬表面清洗剂及皮革加脂剂等。

简要制法 在红磷催化剂作用下，先由十六醇与溴素反应生成溴代十六烷，再与三甲胺反应而得。

49. 十八烷基三甲基氯化铵
Octadecyl Trimethyl Ammonium Chloride

别名 氯化十八烷基三甲基铵
化学式 $C_{21}H_{46}ClN$
相对分子质量 348.06
结构式 $[C_{18}H_{37}N(CH_3)_3]^+Cl^-$

性质 为白色至淡黄色液体或固体。是一种阳离子型表面活性剂。活性物含量有33%~37%、50%、68%、70%、80%等多种，其余为乙醇和水。相对密度0.88~0.90，HLB值15.7。易溶于水、乙醇。振荡时会产生大量气泡。具有优良的渗透、乳化、分散、柔软、抗静电及杀菌等性能。化学稳定性好，耐强酸及强碱，也耐热、耐光，并可生物降解。

质量规格

产品性状	指标		
	醇溶液	水溶液	固状物
外观	白色或微黄色液体	白色或微黄色液体	白色或淡黄色固体
活性物含量,%	39~41	29~31	>68
pH 值(1%水溶液)	7~8	7~8	6.5~8.5
氯化钠含量,%	≤3	≤3	—

用途 用作有机合成相转移催化剂、油脂乳化剂、塑料及纤维抗静电

剂、污水处理絮凝剂、皮革加脂剂、工业用水杀菌剂等。也用作蒙脱土改性剂。其作用是通过与黏土矿物晶片层间进行阳离子交换反应，使表面活性剂离子进入黏土矿物晶片层间，制得可用作催化材料的有机化蒙脱土。

安全事项　对皮肤及眼睛有刺激性。

简要制法　在氢氧化钠催化剂作用下，由十八烷基二甲胺与氯甲烷反应制得。

50. 十八烷基三甲基溴化铵
Octadecyl Trimethyl Ammonium Bromide

别名　溴化十八烷基三甲铵

化学式　$C_{21}H_{46}BrN$

相对分子质量　392.51

结构式　$C_{18}H_{37}-\underset{\underset{CH_3}{|}}{\overset{\overset{CH_3}{|}}{N^+}}-CH_3 \cdot Br^-$

性质　为一种阳离子型表面活性剂。白色结晶。溶于热水、乙醇、异丙醇、丙酮。具有良好的乳化、柔软、杀菌及抗静电等性能。

用途　用作有机合成相转移催化剂、水溶液胶束催化剂、催化剂载体成型造孔剂，也用作沥青乳化剂、纤维柔软剂及抗静电剂、护发素主剂等。

简要制法　由溴代十八烷与三甲胺经季铵化反应制得。

51. 三甲基苄基氯化铵
Trimethylbenzyl Ammonium Chloride

别名　苄基三甲基氯化铵

化学式　$C_{10}H_{16}ClN$

相对分子质量　185.71

结构式　$C_6H_5-CH_2-\underset{\underset{CH_3}{|}}{\overset{\overset{CH_3}{|}}{N^+}}-CH_3 \cdot Cl^-$

性质　为无色结晶。易潮解。是一种阳离子型表面活性剂。低于135℃时稳定，135℃以上分解为三甲胺及氯化苄。易溶于水、乙醇、异丙醇，微溶于磷酸三丁酯及苯二甲酸二丁酯，不溶于乙醚。商品常为60%的水溶液，相对密度1.07。具有良好的渗透、增溶及乳化等性能。

质量规格

产品性状	指标(化学纯)	产品性状	指标(化学纯)
三甲基苄基氯化铵,%	≥98.0	灼烧残渣(硫酸盐)	≤0.05
重金属(以 Pb 计),%	≤0.001	水溶解试验	合格
钾、钠(K、Na),%	≤0.01		

用途 用作相转移催化剂、阻聚剂、乳化剂、纤维素溶剂等。

简要制法 由氯苄与三甲胺在甲苯中回流制得。

52. 三甲基苄基氢氧化铵
Trimethylbenzyl Ammonium Hydroxide

别名 苄基三甲基氢氧化铵、TritonB
化学式 $C_{10}H_{17}NO$
相对分子质量 167.25

结构式
$$\text{C}_6\text{H}_5-\text{CH}_2-\overset{\overset{\text{CH}_3}{|}}{\underset{\underset{\text{CH}_3}{|}}{\text{N}^+}}-\text{CH}_3 \cdot \text{OH}^-$$

性质 为无色至红棕色液体。是一种阳离子型表面活性剂。相对密度0.924~0.949(甲醇溶液)和1.06(水溶液)，闪点(甲醇溶液)15℃。溶于水、甲醇、乙醇。具有强碱性。

质量规格

产品性状	指标	产品性状	指标
活性物,%	≥40	重金属(以 Pb 计),%	≤0.002
卤化物(以 Cl⁻计),%	≤0.1	灼烧残渣	≤0.1
钾、钠,%	≤0.01		

用途 用作相转移催化剂，极谱分析试剂等。

安全事项 对皮肤及黏膜有强刺激性。

53. 三($C_{8\sim10}$烷基)甲基氯化铵

Methyl Tri($C_{8\sim10}$alkyl)ammonium Chloride

别名　三辛/癸烷基甲基氯化铵

结构式
$$\left[\begin{array}{c} C_{8\sim10}H_{17\sim21}\quad C_{8\sim10}H_{17\sim21} \\ N \\ C_{8\sim10}H_{17\sim21}\quad CH_3 \end{array}\right]^{+} Cl^{-}$$

性质　为黄色透明液体。是一种阳离子型表面活性剂。活性物含量有 50%及75%两种。溶于水、乙醇及异丙醇水溶液。10%水溶液的pH值为 5~9，具有良好的渗透、润湿、乳化等性能。

质量规格

产品性状	指标	产品性状	指标
外观	黄色透明液体	灰分,%	0.5
活性物,%	50±2、75±2	pH值(5%异丙醇溶液或10%水溶液)	5~9
游离胺,%	2		

用途　用作相转移催化剂、金属萃取剂、分散剂、杀菌剂等。

安全事项　对皮肤及黏膜有一定刺激性。

简要制法　由三辛/癸烷基胺与氯甲烷经季铵化反应制得。

54. 三($C_{9\sim11}$烷基)甲基氯化铵

Methyl Tri($C_{9\sim11}$alkyl)ammonium Chloride

别名　甲基三($C_{9\sim11}$烷基)氯化铵

结构式
$$\left[\begin{array}{c} C_{9\sim11}H_{19\sim23}\quad C_{9\sim11}H_{19\sim23} \\ N \\ C_{9\sim11}H_{19\sim23}\quad CH_3 \end{array}\right]^{+} Cl^{-}$$

性质　为棕黄色蜡状物。是一种阳离子型表面活性剂。熔点>35℃。 易溶于水、乙醇、异丙醇。具有良好的渗透、杀菌及抗静电等性能。

质量规格

产品性状	指标	
	一级品	二级品
活性物,%	≥97	≥97
季铵氮,%	2.7~3.0	≥2.4
外观	棕黄色蜡状物	蜡状物

用途 用作相转移催化剂、杀菌剂。在碱性介质中是铀的优良萃取剂,在其他介质中可用作钍、钚、铼、金、锆、钼、钒、钴等的萃取剂。

安全事项 对皮肤有一定刺激性。

简要制法 由三(C_{9-11}烷基)胺与氯甲烷经季铵化反应制得。

55. 三辛基甲基氯化铵
Trioctyl Methyl Ammonium Chloride

化学式 $C_{25}H_{54}ClN$

结构式 $\left[\begin{array}{c} C_8H_{17} \quad CH_3 \\ N \\ C_8H_{17} \quad C_8H_{17} \end{array}\right]^+ Cl^-$

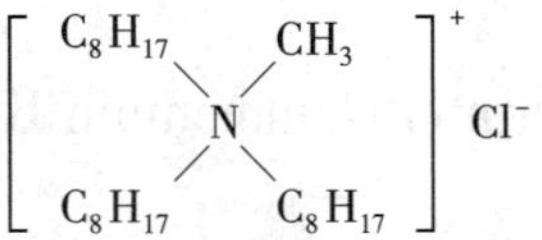

性质 为黄色透明液体。是一种阳离子型表面活性剂。活性物含量有50%及75%两种。溶于水、乙醇及异丙醇。10%水溶液的pH值5~9。具有良好的渗透、润湿、增溶等性能。

质量规格

产品性状	指标	产品性状	指标
活性物,%	50±2/75±2	pH值(5%异丙醇溶液或10%水溶液)	5~9
游离胺,%	2		
灰分,%	0.5		

用途 用作相转移催化剂、金属萃取剂及杀菌剂等。

安全事项 对皮肤及眼睛有一定刺激性。

简要制法 由二辛基甲胺与氯化辛烷经季铵化反应制得。

56. 四丁基氯化铵　Tetrabutylammonium Chloride

别名　氯化四丁基铵
化学式　$C_{16}H_{36}ClN$
相对分子质量　277.92
结构式　$[CH_3(CH_2)_3]_4NCl$
性质　为白色或淡黄色结晶。是一种阳离子型表面活性剂。熔点50℃。易溶于水、乙醇、丙酮、氯仿，微溶于乙醚、苯。有潮解性及腐蚀性。

质量规格

产品性状	指标（化学纯）	产品性状	指标（化学纯）
四丁基氯化铵,%	≥50	钠,%	≤0.003
钾,%	≤0.02	灼烧残渣,%	≤0.05
重金属（以 Pb 计）,%	≤0.003		

用途　用作相转移催化剂、极谱分析试剂等。

57. 四丁基溴化铵　Tetrabutylammonium Bromide

别名　溴化四丁基铵
化学式　$C_{16}H_{36}BrN$
相对分子质量　322.37
结构式　$[CH_3(CH_2)_3]_4NBr$
性质　为白色结晶。是一种阳离子型表面活性剂。熔点118℃。易溶于水、乙醇、异丙醇、乙醚、丙酮，微溶于苯。有潮解性及腐蚀性。

质量规格

产品性状	指标	产品性状	指标
活性物,%	≥98.5	灼烧残渣（以 SO_4^{2-} 计）,%	≤0.1
钾、钠,%	≤0.01		
重金属（以 Pb 计）,%	≤0.0005	水溶解试验	合格

用途　用作相转移催化剂、极谱分析试剂。

58. 双十八烷基二甲基氯化铵
Di-octadecyl Dimethyl Ammonium Chloride

别名 氯化双十八烷基二甲基铵、氯化二甲基双十八烷基铵、二硬脂基二甲基氯化铵

化学式 $C_{38}H_{80}NCl$

结构式 $[(C_{18}H_{37})_2N(CH_3)_2]^+Cl^-$

性质 为白色或微黄色膏状物或固体。相对密度 0.85~0.87。活性物含量为 50%~90%，其余为异丙醇及水。HLB 值为 9.7。微溶于水，加热可溶解，也能分散于水中；溶于异丙醇，易溶于极性溶剂。与两性离子型及非离子型表面活性剂有良好的配伍性。也有较好的渗透、分散、乳化、抗静电及防腐蚀性能。

质量规格

产品性状	指标		
	一级	二级	三级
外观	白色或微黄色膏状体或固体		
活性物含量,%	≥90	≥83	≥75
pH 值	4~6.5	4~6.5	4~6.5
未反应胺,%	≤2	≤2	≤2

用途 用作有机合成相转移催化剂、制备有机化蒙脱土及膨润土催化材料的改性剂。也用作沥青乳化剂、工业用水杀菌剂、矿物浮选剂、香波调理剂、织物柔软剂及抗静电剂等。

安全事项 对皮肤及眼睛有刺激性。

简要制法 由双十八烷基仲胺与氯甲烷经季铵化反应制得。

59. 对硝基苄基二乙基羟乙基溴化铵
p-Nitrobenzyldiethylhydroethyl Ammonium Bromide

化学式 $C_{13}H_{21}O_3BrN_2$

结构式
$$\left[O_2N\text{-}C_6H_4\text{-}CH_2\text{-}\underset{\underset{C_2H_5}{|}}{\overset{\overset{C_2H_5}{|}}{N}}\text{-}CH_2CH_2OH \right]^+ Br^-$$

性质 为白色固体。是一种季铵盐阳离子型表面活性剂。熔点149～151℃。溶于水、乙醇。具有良好的渗透、杀菌性能,并具有生物活性,对植物生长有促进作用。

质量规格

产品性状	指标	产品性状	指标
外观	白色固体	熔点,℃	149～151

用途 可用作相转移催化剂、植物生长调节剂及杀菌剂等。

简要制法 由二乙氨基乙醇与对硝基苄基溴在无水丙酮中反应而得。

60. 苄基三乙基氯化铵
Benzyl Triethyl Ammonium Chloride

别名 三乙基苄基氯化铵
化学式 $C_{13}H_{22}NCl$
相对分子质量 227.50

结构式 $\left[C_6H_5-CH_2-N^+(C_2H_5)_3\right]Cl^-$

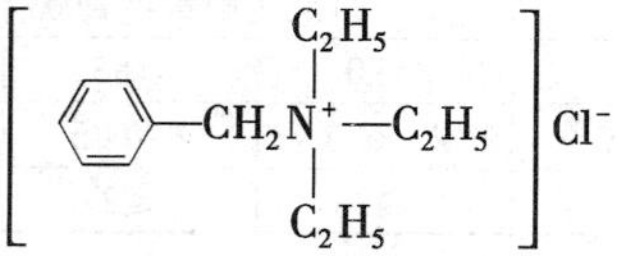

性质 为白色结晶。是一种阳离子型表面活性剂。熔点180～191℃。易溶于水、乙醇。呈碱性。有良好的抗静电性能。

用途 利用其阳离子的亲油性及阴离子与有机化合物的离子交换能力,在有机合成中用作相转移催化剂,用于烷基化反应、氧烷基化反应、氮烷基化反应、置换反应、缩合反应、加成反应、环化反应及羰基化反应等,也用作医药杀菌剂、纺织润湿剂、抗静电剂、消毒剂及去乳化剂等。

简要制法 在乙酸乙酯催化剂作用下,由三乙胺与氯化苄反应制得。

61. 苄基三丁基氯化铵
Benzyl Tributyl Ammonium Chloride

化学式 $C_{19}H_{34}NCl$
相对分子质量 311.91

结构式
$$\left[C_6H_5-CH_2-\overset{C_4H_9}{\underset{C_4H_9}{N^+}}-C_4H_9 \right] Cl^-$$

性质 为白色结晶。是一种阳离子型表面活性剂。易溶于水、乙醇，呈碱性。

用途 有机合成中用作相转移催化剂，可促进互不相溶的离子化合物和非极性有机化合物之间进行反应。也用作阳离子染料、纺织润湿剂、抗静电剂等。

简要制法 由三丁基胺与氯化苄反应制得。

62. 偶氮二异丁腈　Azobisisobutyronitrile

别名　2,2′-二氰基-2,2′-偶氮丙烷、2,2′-偶氮双(2-甲基丙腈)
化学式　$C_8H_{12}N_4$
相对分子质量　164.22

结构式
$$H_3C-\overset{CH_3}{\underset{CN}{C}}-N=N-\overset{CH_3}{\underset{CN}{C}}-CH_3$$

性质　为白色针状晶体或结晶性粉末。相对密度1.10，熔点107℃。加热至70℃时会放出氮和含—$(CH_3)_2CCN$基的氰化物。加热至100~107℃熔融时急剧分解，放出氮及有毒的有机腈化合物，同时可能引起燃烧、爆炸。不溶于水，溶于甲醇，略溶于乙醇，易溶于热乙醇。溶于丙酮时会爆炸。

质量规格

产品性状	指标(工业级)	产品性状	指标(工业级)
外观	白色结晶粉末	挥发物,%	≤0.1
偶氮二异丁腈,%	≥98.0	色点，个/10g	≤10
熔点,℃	99~103	色调	≥90
甲醇不溶物,%	≤0.01		

用途　用于有机合成的催化剂、引发剂。也用作氯乙烯、丙烯腈、乙酸乙烯酯、甲基丙烯酸甲酯及离子交换树脂等的聚合引发剂，也用作合成

橡胶及天然橡胶、环氧树脂及聚乙烯等的发泡剂。此外，还用作有机合成及农药的中间体。

安全事项 易燃。遇火种、高温或与氧化剂混合有引起着火、爆炸危险。有毒！在动物的血、肝、脑等组织内代谢成氢氰酸。

简要制法 先由水合肼与丙酮反应生成二亚异丙基连氮，再与氰化氢反应制得二异丁腈肼，然后用液氯氧化脱氢制得。

63. 偶氮二异庚腈 Azobisisoheptonitrile

别名 2,2'-偶氮二(2,4-二甲基)戊腈
化学式 $C_{14}H_{24}N_4$
相对分子质量 248.03
结构式 $(CH_3)_2CHCH_2\underset{CN}{\overset{CH_3}{C}}-N=N-\underset{CN}{\overset{CH_3}{C}}CH_2CH(CH_3)_2$

性质 为白色菱形片状结晶。有顺式、反式两种异构体，其熔点分别为 55~57℃ 和 74~76℃。商品中顺、反两种异构体的混合比例为 45∶55。遇热或光则产生分解，并放出氮气和含氰自由基的化合物。不溶于水，溶于醇、醚及二甲基甲酰胺等有机溶剂。分解温度 52℃，在 30℃ 温度下贮存 15 天则会分解失效。

质量规格

产品性状	指标	
	一级品	二级品
偶氮二异庚腈，%	≥99.0	≥99.0
色度(Pt-Co)，号	≤45	≤120
相对密度(20℃)	0.991~0.997	0.991~0.997
酸值，mg KOH/g	≤0.10	≤0.20
加热减量，%	≤0.30	≤0.50

用途 用作氯乙烯、甲基丙烯酸甲酯、丙烯腈及乙酸乙烯酯等单体聚合引发剂。也用作天然橡胶、合成橡胶及塑料发泡剂。

安全事项 易燃，其蒸气与空气能形成爆炸性混合物。与碱或酸接触

引起分解并释出有毒气体。

简要制法　先由水合肼与甲基异丁基酮反应生成己酮连氮,再与氰反应制得二异庚腈肼,然后用氯气氧化制得。

64. 硝酸　Nitric Acid

别名　硝镪水
化学式　HNO_3
相对分子质量　63.01

性质　为五价氮的含氧酸。纯硝酸是无色透明发烟液体,具有特殊的臭味。熔点-42℃,沸点(无水)83℃,相对密度(25℃)1.5027。68.4%硝酸为恒沸混合物,具有最高沸点(121.9℃)。在-41℃(冰点)为白色雪状晶体。硝酸与水可任意互溶,也可溶于乙醚,溶解时放热。市售稀硝酸中硝酸含量为48%,呈微黄色。硝酸能导电,是一价强酸。它很不稳定,受热或受光照若干时间即分解而放出氧气。越浓的硝酸越易分解。浓硝酸分解时生成二氧化氮(NO_2),硝酸分子中的+5价氮被还原为+4价。稀硝酸分解时,生成一氧化氮(NO),硝酸分子中的+5价氮被还原为+2价。可见,浓硝酸与稀硝酸均具氧化性。浓硝酸是强氧化剂,除金、铂、铑、钽、铱外,几乎可将所有金属氧化,能使铝钝化,1体积硝酸与3体积盐酸组成的混合溶液称为王水,它可以溶解金和铂。一般认为,王水中含有氧化能力很强的氯化亚硝酰(NOCl)和原子氯,它们在溶解不活泼贵金属的过程中起重要作用。而高浓度的氯离子与金属离子的结合,也有利于向金属溶解方向进行。硝酸也能将C、S、P、I等非金属单质氧化成相应的含氧酸,本身则被还原为NO_2或NO。

质量规格

产品性状	指标(浓硝酸)	
	98 酸	97 酸
外观	淡黄色透明液体	
硝酸(HNO_3),%	≥98.2	≥97.2
亚硝酸(HNO_2),%	≤0.50	≤0.50
硫酸(H_2SO_4),%	≤0.08	≤0.10
灼烧残渣,%	≤0.02	≤0.04

注：表中数据摘自 GB 337.1—2014。

用途　由硝酸与各种金属制得的硝酸盐(如硝酸镍、硝酸钴等)用作生产加氢、脱氢等固体催化剂的重要原料。硝酸是化学工业中重要的"三酸"

之一,是制造塑料、化肥、炸药、医药、硝基化合物、涂料、染料和其他化工产品的重要原料。硝酸能与有机化合物进行硝基化、酯化反应,也可用作强氧化剂,氧化苯胺、醇等化学品。在冶金工业中用于提纯稀土金属和分离贵金属。也是用硝酸法生产活性氧化铝载体的原料。此外,利用其对有机物的特殊作用,常用作鉴别含有蛋白质的物质(如羊毛、羽毛等)。

安全事项 是强氧化剂及一级酸性腐蚀品。与乙醇、硫化氢、电石反应能引起爆炸;与木屑、棉花、有机物接触能引起燃烧,并释出有毒棕色烟雾。浓硝酸腐蚀性极强,溅于皮肤能引起烧伤。皮肤触及时,应立即用大量清水冲洗掉。蒸气对眼睛、呼吸道及黏膜有强刺激性。

简要制法 工业上稀硝酸采用氨氧化法制得,可将氨用空气(或氧气)催化氧化成二氧化氮,溶于水可得含量为60%左右的硝酸。含量90%~100%的浓硝酸可将稀硝酸脱水制得,或由硫酸与硝酸钠(硝石)反应制得。

65. 发烟硝酸 Fuming Nitric Acid

化学式 $HNO_3 + N_2O_4$(或NO_2)

性质 在含硝酸80%~97.5%的浓硝酸中,溶有适量二氧化氮(6%~15%)的红棕色溶液。在常温时二氧化氮与四氧化二氮处于平衡状态($2NO_2 \rightleftharpoons N_2O_4$)而混合存在,高温时为二氧化氮;温度下降至$-11.2℃$成无色四氧化二氮固体。发烟硝酸随硝酸中溶解二氧化氮的增加,颜色由微黄到褐棕色,其密度也随之增大。在空气中,挥发出二氧化氮、四氧化二氮的红棕色烟,具有窒息性。能和水混合,具有硝酸的性质。但其腐蚀性、氧化性更强,是强氧化剂及硝化剂。

质量规格

产品性状	分析纯指标
外观	淡黄色或红褐色透明液体
HNO_3,%	≥95.0
不挥发物,%	≤0.003
氯化物,%	≤0.0001
硫酸盐,%	≤0.001
铁(Fe),%	≤0.0001

续表

产品性状	分析纯指标
砷(As),%	≤0.000003
重金属(以 Pb 计),%	≤0.0003

注：表中所列数据摘自 HG/T 3447—2003。

用途 用作加氢、脱氢等固体催化剂的重要原料。也用于制造硝酸、硝基化合物及炸药等，也用作氧化剂、硝化剂及通用试剂。

安全事项 参见"硝酸"条目。

简要制法 参见"硝酸"条目。

66. 硝酸盐 Nitrate

性质 为含有 NO_3^- 的化合物，NO_3^- 的构型是等边三角形，N—O 键长约为 120×10^{-12} m。硝酸盐都是离子化合物，多数硝酸盐是无色晶体，极易溶于水，硝酸根离子无色，硝酸盐的颜色决定于正离子的颜色。碱金属、钡、银的盐不含结晶水，其他盐都有 4、6 或 9 个结晶水。硝酸分子不甚稳定，所生成的盐的稳定性虽有增加，但受热时仍能分解。其热分解产物与成盐金属的活泼性有关，大致可分为以下三种类型：

①在金属活动顺序表(电化序)中，排列在 Mg 以前活泼金属所生成的硝酸盐，受热分解放出氧气，并生成亚硝酸盐：

$$2NaNO_3 \xrightleftharpoons{\triangle} 2NaNO_2 + O_2$$

②电化序位于 Mg~Cu 之间的金属硝酸盐，受热分解放出氧气，生成的亚硝酸盐不稳定，继续分解为 NO_2 和金属氧化物：

$$2Pb(NO_3)_2 \xrightleftharpoons{\triangle} 2PbO + 4NO_2 + O_2$$

③电化序位于 Cu 以后的金属硝酸盐，受热分解生成金属单质，并放出 NO_2 及 O_2：

$$2AgNO_3 \xrightleftharpoons{\triangle} 2Ag + 2NO_2 + O_2$$

但也有例外情况，如 Li^+、Sn^{2+}、Fe^{2+} 的硝酸盐受热分解时，产物为 NO_2、O_2 和相应的金属氧化物 Li_2O、SnO_2、Fe_2O_3。

用途 许多硝酸盐(如硝酸镍、硝酸钴、销酸铈、硝酸铜等)用于制造各种固体催化剂。也广泛用于制造炸药、化肥、焰火、医药、染料等，也是常用的化学试剂。

安全事项 受热都能分解放出氧气,与可燃物混合时会引起燃烧,并产生大量气体,引起体积膨胀。在高温时是强氧化剂,使用时需当心。

(二)磷及其化合物

1. 磷 Phosphorus

元素符号 P

相对原子质量 30.97

性质 是自然界中比较丰富而集中的元素,约占地壳总质量的0.11%。游离态的磷在自然界中不存在,而存在于磷灰石、磷酸钙中,也存在于动物骨骼、蛋白质及血液中。

磷有白磷(也称黄磷)、红磷(也称赤磷)及黑磷三种同素异形体,常见的是白磷和红磷,两者的物理性质和化学活泼性见下表。

白磷和红磷的性质比较

性质	白磷	红磷
颜色状态	白色蜡状固体(光、热作用下变黄)	紫红色粉末,有金属光泽
气味	有蒜臭样气味	无臭
相对密度	1.82	2.34
熔点,℃	44.1	590(4.3569MPa)
沸点,℃	280	416(升华)
燃点,℃	40	240
溶解性	不溶于水,微溶于醇,溶于苯、CS_2及液碱	不溶于水、CS_2、乙醚、氨,溶于液碱
活泼性	在空气中常温下迅速被氧化而自燃	在空气中难被氧化
发光性	在暗处发光	不发光
毒性	剧毒! 0.1g致死	无毒

续表

性质	白磷	红磷
保存方式	应隔绝空气，浸于水中	置于空气中，瓶装保存
相互转变	白磷 $\xrightleftharpoons[\text{加热至416℃以上，迅速冷却其蒸气}]{\text{加热到>260℃}}$ 红磷+16.8kJ	

白磷是由 P_4 分子构成的分子晶体（如图所示），是一种正四面体结构，4 个 P 原子分别位于四面体顶点，P 原子之间以共价单键结合，∠PPP 键角为 60°，P—P 键长 221×10^{-12} m。因键轴偏离了 p 轨道的对称轴（互成90°），所以 P_4 是有张力的分子，其结构比 N_2 结构的稳定性低。此外，白磷分子的 P—P 键能为 201kJ/mol，比氮分子的键能（945kJ/mol）低得多。故在常温下白磷的化学性质比氮气要活泼得多。

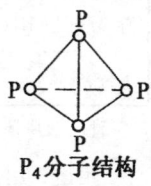

P_4 分子结构

单质磷除能和氧反应外，还能和硫、卤素等非金属反应生成氧化值为 +3、+5 的化合物；能和金属反应生成金属磷化物；与过渡金属离子能形成配位化合物。无论是白磷还是红磷，经充分氧化的产物都是五氧化二磷。白磷在高压下加热还原，可生成黑磷，为正交晶系晶体，具有类似石墨样的层状网络结构。其相对密度 2.69～2.70，不溶于有机溶剂。在各种同素异形体中，其化学活泼性最差。

质量规格

白磷质量规格

产品性状		指标	
		一级品	二级品
外观		石蜡状，淡黄色至微黄绿色	石蜡状，黄绿色至棕绿色
含量,%	在苯中	≥99.90	≥99.50
	在二硫化碳中	≥99.90	—
不溶物,%	在苯中	≤0.10	≤0.50
	在二硫化碳中	≤0.10	—

红磷质量规格

产品性状	指标		
	优等品	一等品	合格品
外观	暗红色粉末,部分具有金属光泽		
红磷(P_4),%	≥99.0	≥98.5	≥97.5
黄磷(P_4),%	≤0.005	≤0.005	≤0.01
游离酸(以H_3PO_4计),%	≤0.30	≤0.50	≤0.80
水分,%	≤0.20	≤0.25	≤0.30

注:表中所列数据摘自 GB 4947—2003。

用途 用作有机合成催化剂。用于制造肥料、磷酸、农药、火药、有机及无机磷化合物、阻燃剂、烟雾剂、医药、焰火等。

安全事项 白磷属一级自燃物品,在空气中能自燃,必须浸没于水中贮存。贮存时应与易燃品、氧化剂、卤素、强酸及氧气隔绝,远离热源。极毒!防止与皮肤接触。成人误服 50mg/kg 可致死。蒸气对眼睛、鼻、黏膜及肺有强刺激性。红磷属一级易燃固体。贮存时也应远离热源,与氧化剂、酸类隔离存放。本身毒性不大,但因红磷中都含有少量白磷,故有一定刺激性,吸入粉尘或误服会中毒。磷失火时可用水、沙土及各种灭火器扑救。

简要制法 在高温下将磷矿石用碳还原生成磷蒸气,经冷凝后可制得白磷。在隔绝空气下将白磷加热至稍低于420℃,保温数小时可转化为红磷。

2. 磷酸 Phosphoric Acid

别名 正磷酸

化学式 H_3PO_4

相对分子质量 97.99

性质 纯净的磷酸是无色晶体,熔点 42.35℃,是一种非挥发性酸。市售磷酸是一种黏稠状液体,含 H_3PO_4 83%~98%。含量为85%的磷酸相对密度(18.2℃)1.834,沸点158℃,黏度 0.047Pa·s。磷酸晶体加热至沸点(213℃)时,失去1/2个分子水,转变成焦磷酸;加热至300℃时变成偏磷酸。易潮解,易溶于水,溶于乙醇。属中强三元酸,酸性介于强酸和弱酸之间。其酸性较硫酸、盐酸及硝酸等强酸弱，而较乙酸、硼酸等弱酸强。结晶状磷酸和其水合物的结构是由氢键相连接的 PO_4 四面体所组成的，P—O 键长为 150×10^{-12} m，P—OH 键长为 155×10^{-12} m，键角 $\angle OP(OH)$ 为 $108°\sim115°$，$\angle(OH)P(OH)$ 为 $104°\sim110°$。在浓溶液中仍保持这些氢键，因而表现黏性。在较稀溶液（54% H_3PO_4）中磷酸根离子则与水结成氢键。磷酸的氧化性很弱，不能作氧化剂。但具酸的通性，能与碱、碱性氧化物、无机盐反应。常温下稳定，加热脱水缩合可转变成有直链、支链和环状结构的多聚磷酸。

质量规格

产品性状	指标					
	85%			75%		
	优等品	一等品	合格品	优等品	一等品	合格品
外观	无色透明或略带浅色黏稠状液体					
色度，号	≤20	≤30	≤40	≤20	≤30	≤40
磷酸（H_3PO_4），%	≥85.0	≥85.0	≥85.0	≥75.0	≥75.0	≥75.0
氯化物（以 Cl^- 计），%	≤0.0005	≤0.0005	≤0.001	≤0.0005	≤0.0005	≤0.001
硫酸盐（以 SO_4^{2-} 计），%	≤0.003	≤0.005	≤0.01	≤0.003	≤0.005	≤0.01
铁（Fe），%	≤0.002	≤0.002	≤0.005	≤0.002	≤0.002	≤0.005
砷（As），%	≤0.0001	≤0.005	≤0.01	≤0.0001	≤0.005	≤0.01
重金属（以 Pb 计），%	≤0.001	≤0.001	≤0.005	≤0.001	≤0.001	≤0.005

注：表中所列数据摘自 GB/T 2091—2008。

用途 为一种无机酸催化剂，用作乙烯水合、丙烯水合、烯烃叠合、烷基化等工业催化剂的主要活性组分，如用作乙烯水合制乙醇等有机合成催化剂。使用时大致有以下三种方式：第一种是以液体形态直接用作催化剂；第二种是涂于石英等表面，以薄膜形态使用；第三种是将其浸渍在硅藻土等多孔载体上，以负载化形态使用。在实际中以第三种方式使用更为普遍。还可用作氧化铝载体的扩孔剂。磷酸是重要化工原料，用于制造磷肥、有机及无机磷酸盐或酯、医药、涂料、防锈剂、阻燃剂等。也用作洗涤剂助剂、pH 值调节剂、乳胶凝固剂、食品用螯合剂及抗氧化增效剂等。

安全事项 磷酸不燃。与金属反应释放出氢气。蒸气与空气能形成爆炸性混合物。

安全事项 与皮肤接触能引起腐蚀性灼伤。其蒸气或烟雾对眼睛、黏膜及呼吸器官均有刺激作用。

简要制法 工业生产有湿法及热法两种。湿法是用无机强酸（硫酸、盐酸、硝酸）分解磷矿石而得。热法是以白磷为原料，经氧化、吸收而得。

3. 偏磷酸　Meta-phosphoric Acid

别名 冰磷酸、二缩原磷酸

化学式 $(HPO_3)_n$。

性质 为无色透明玻璃状固体或质软的丝光物。相对密度（25℃）2.25。溶于乙醇。缓慢溶于冷水，并慢慢变成正磷酸，加热时转变加快。易吸湿潮解。

质量规格

产品性状	指标（化学纯）	产品性状	指标（化学纯）
HPO_3,%	≥35.0	氯化物（以 Cl^- 计）,%	0.001
铁(Fe),%	0.015	硫酸盐（以 SO_4^{2-} 计）,%	0.005
砷(As),%	0.0002	硝酸盐（以 NO_3^- 计）,%	0.01
重金属（以 Pb 计）,%	0.002	澄清度试验	合格

用途 用作有机合成催化剂、磷酰化剂、脱水剂、净水剂、蛋白质沉淀剂、牙科黏合剂。用于制造偏磷酸盐或酯。

简要制法 由正磷酸或焦磷酸加热至 300℃ 以上后速冷而得。或由 P_2O_5 在 0℃ 以下进行水化反应制得。

4. 焦磷酸　Pyrophosphoric Acid

化学式 $H_4P_2O_7$

相对分子质量 177.99

结构式

$$HO-\overset{\overset{O}{\|}}{\underset{OH}{P}}-O-\overset{\overset{O}{\|}}{\underset{OH}{P}}-OH$$

性质 为无色针状结晶或黄色黏稠液体。熔点61℃。在常温下长期放置会固化。溶于乙醇、乙醚及冷水,溶于热水后很快转变为正磷酸。能形成正盐(如 $Na_4P_2O_7$)及二氢盐(如 $Na_2H_2P_2O_7$)。

质量规格

产品性状	指标(化学纯)	产品性状	指标(化学纯)
焦磷酸,%	45.0	偏磷酸	合格
氯化物(从 Cl^- 计),%	0.002	硫酸盐	合格
铁(Fe),%	0.02		

用途 用作有机合成催化剂、隐蔽剂、通用试剂。在固体磷酸催化剂中的活性组分是焦磷酸。用于制造焦硫酸盐和酯。

简要制法 由正磷酸在200~300℃下长时间加热而得。或由氯氧化磷和过量磷酸反应而得。

5. 亚磷酸 Phosphorous Acid

化学式 H_3PO_3

相对分子质量 82.000

结构式

$$H-\overset{\overset{O}{\|}}{\underset{OH}{P}}-OH$$

性质 为无色至淡黄色冰状结晶,有蒜样臭味。相对密度(21.2℃)1.651,熔点73.6℃,沸点200℃(分解)。易溶于水、乙醇,是磷与氢直接键合的二元酸,分子是四面体构型。露置于空气中会缓慢氧化成正磷酸。加热至180℃时分解成正磷酸及剧毒的磷化氢(PH_3)。酸性比磷酸稍强。是强还原剂,易将 Ag 离子还原成金属银,将硫酸还原成 SO_2。亚磷酸能被浓硝酸、卤素氧化为磷酸。有强吸湿性及潮解性,有腐蚀性。

质量规格

产品性状	指标		产品性状	指标	
	一级品	合格品		一级品	合格品
外观	白色结晶		磷酸盐（以 PO_4^{2-} 计），%	≤0.2	≤0.6
亚磷酸（H_3PO_3），%	≥98.0	≥97.0			
氯化物（以 Cl^- 计），%	≤0.01	≤0.02	硫酸盐（以 SO_4^{2-} 计），%	≤0.008	≤0.01
铁（Fe），%	≤0.001	≤0.005			

注：表中所列数据为化工行业标准 HG/T 2520—2006。

用途 用作有机合成催化剂、还原剂、聚碳酸酯稳定剂。用于生产亚硫酸盐、工业水处理剂、有机磷农药等。

安全事项 属二级无机酸性腐蚀品。加热分解会产生易燃物及有毒气体。粉尘对黏膜有刺激性。

简要制法 由三氯化磷经水解、精制、结晶而制得。

6. 次磷酸 Hypophosphorous Acid

别名 次亚磷酸
化学式 H_3PO_2
相对分子质量 65.97

性质 为无色油状液体或片状、棱柱状易潮解结晶。有酸味。相对密度（19℃）1.493，熔点 26.5℃。100℃以上缓慢分解，130℃以上快速分解。灼烧时分解为磷酸及磷化氢有毒气体。溶于水、乙醇、乙醚。为强还原剂。商品为浓度10%～50%的溶液。水溶液呈酸性。在常温下在空气中会逐渐氧化。

质量规格

产品性状	指标		
	Ⅰ	Ⅱ	Ⅲ
次磷酸（H_3PO_2），%	50	30～32	10
相对密度	1.247	—	1.04
砷（As），%	0.0001	0.00015	—
重金属（以 Pb 计），%	—	0.002	—
钡（Ba）	—	通过试验	—
草酸盐	—	通过试验	—

用途 用作有机合成催化剂,也用作强还原剂,测定砷、碲和分离钽、铌等的试剂。也用于制药及生产合成树脂稳定剂。

安全事项 遇氧化剂会激烈反应而燃烧,受高热分解出剧毒的磷化氢气体,甚至爆炸。有腐蚀性。

简要制法 由黄磷与氢氧化钡或氢氧化钙反应而得。也可由磷化氢与碘、水反应制得。

7. 一氟磷酸 Fluorophosphoric Acid

化学式 H_2PO_3F

相对分子质量 99.93

性质 为黏稠性液体。相对密度(20℃)1.818,熔点-78℃。极易溶于水,并发生轻微水解。对玻璃、硅质材料及多数金属材料有腐蚀性。

用途 用作有机合成催化剂、金属表面防腐剂、金属去污剂及化学上光剂等。

安全事项 有毒!

简要制法 由五氧化二磷与无水氢氟酸反应制得。或由正磷酸与氢氧酸反应而得。

8. 六氟磷酸 Hexafluorophosphoric Acid

化学式 HPF_6

相对分子质量 145.97

性质 为无色透明液体。相对密度(45%)1.651,熔点31℃。溶于水。在中性或碱性溶液中十分稳定。其六水合物($HPF_6 \cdot 6H_2O$)为硬而较粗的立方结晶。对玻璃及其他硅质材料、大多数金属有腐蚀性。

用途 用作有机合成催化剂、化学上光剂、金属去污剂,也用于制造光敏涂料等。

安全事项 有毒!

简要制法 由五氧化二磷及无水氢氟酸在密闭系统中反应制得。或由氟化钙、三氧化硫及磷酸在高温下反应而得。

9. 多磷酸 Polyphosphoric Acid

别名 多聚磷酸、缩合磷酸、过磷酸

结构式
$$H-(O-P)_n-OH \quad (n=1, 2, 3, 4)$$
$$\underset{O}{\overset{OH}{|}}$$

性质 多磷酸多数为线状结构，少数为环状结构。$n=2$ 为焦磷酸，$n=3$ 为三聚磷酸，$n=4$ 为四聚磷酸。多磷酸一般为混合酸，随聚合工艺条件及聚合程度不同而含正、偏、焦、聚等多种磷酸。含 $P_2O_5>76\%$。其黏度及凝固点较低。不结晶。腐蚀性较小，可用衬胶钢容器贮运。含 P_2O_5 80%的多磷酸为无色透明黏稠液体。相对密度约2.1。易潮解。与水混溶并水解成磷酸。

质量规格

产品性状	指标	产品性状	指标
五氧化二磷(P_2O_5),%	≥80	铁(Fe),%	≤0.001
氯化物(以Cl^-计),%	≤0.001	重金属(以Pb计),%	≤0.01
硫酸盐(以SO_4^{2-}计),%	≤0.02	相对密度(20℃)	2.1

用途 用作有机合成催化剂、酰化剂、环化剂、络合剂及螯合剂、溶剂等，如用于制备丙烯低聚的固体磷酸催化剂。也用于制造高浓度肥料。

简要制法 可由磷酸与五氧化二磷加热聚合制得。

10. 次磷酸铵 Ammonium Hypophosphite

别名 次亚磷酸铵

化学式 $NH_4H_2PO_2$

相对分子质量 83.03

性质 为白色结晶或粉末。相对密度1.634，熔点200℃。易溶于水、沸醇，微溶于醇，几乎不溶于丙酮。水溶液呈中性。有潮解性。受热时分解并释出有毒的磷化氢气体。

质量规格

产品性状	指标(化学纯)	产品性状	指标(化学纯)
次磷酸铵,%	≥95.0	硫酸盐(以SO_4^{2-}计)	≤0.1
砷(As),%	≤0.001	亚磷酸盐,%	≤1.5
钙(Ca),%	≤0.1	水不溶物,%	≤0.01

用途 用于制造聚酰胺催化剂等，也用作通用试剂。

简要制法 可由黄磷与氨水反应后经浓缩而得。

11. 三硫化四磷 Tetraphosphorus Trisulfide

化学式 P_4S_3

相对分子质量 220.08

性质 为黄色至棕黄色脆而硬的斜方晶系结晶,含杂质时一般为黑色。相对密度(17℃)2.03,熔点174℃,沸点408℃。三硫化四磷是各种硫化磷中稳定性最好的化合物,它是一个空间七面体,其中 P_1—P_1 键长为 $224(217)\times 10^{-12}$ m,P_1—S $=$ P_2—S,键长为 $211(208)\times 10^{-12}$ m;键角 $\angle P_1P_1P_1$ 为60°,键角 $\angle P_1SP_2$ 为102°,键角 $\angle SP_1P_1$ 为103°,键角 $\angle SP_2S$ 为100°。溶于苯、三氯化磷、二硫化碳。当溶于苯或二硫化碳时,在空气中很快变混浊并缓慢析出黄色的大块沉淀。不溶于冷水、盐酸、硫酸。遇热水则分解。溶于碱液及硝酸并分解。在隔绝氧及湿气条件下,加热至700℃以上仍稳定。在空气中快速加热即燃烧。放置于空气中即吸水变黏并放出硫化氢。在空气中贮存将缓慢氧化。

质量规格

产品性状	指标	产品性状	指标
磷(P_4),%	56~57	硫(S),%	43~44

用途 用作有机合成催化剂、脱色剂,也用于制造火柴、焰火及火柴的摩擦面。

安全事项 极易燃。自燃点约100℃。与多数氧化剂(如氯酸盐、硝酸盐、高氯酸盐等)能形成敏感度极高的爆炸性混合物。与黄磷混合时有着火危险。失火时用水泥、二氯化碳灭火,或用氯化钠为主的干粉灭火剂灭火,忌用水灭火。其毒性比白磷要小得多。

简要制法 在惰性气体中,由硫与白磷直接反应制得。

12. 三氯化磷 Phosphorus Trichloride

化学式 PCl_3

相对分子质量 137.33

性质 为无色澄清液体,有强烈刺激性臭味。含微量黄磷时颜色泛黄而混浊。在潮湿空气中迅速分解,生成亚磷酸及氯化氢,产生白烟。相对密度(21℃)1.574,熔点-112℃,沸点76℃,折射率(15.4℃)1.520,蒸气压(21℃)1.33×10^{4}Pa,蒸气相对密度4.75。临界温度285.5℃。分子呈三角形,磷在顶点,P—Cl键长为204×10^{-12}m,键角∠ClPCl为100.3°。溶于苯、氯仿、四氯化碳、乙醚及二硫化碳等。遇水及乙醇发生分解反应。与有机物接触能燃烧。化学性质活泼。易与氯、硫、氧等发生加成反应分别生成氯化碳、三氯硫磷及三氯氧磷等。

质量规格

产品性状	指标		
	优级品	一级品	合格品
外观	无色透明或微黄色液体		
三氯化磷(PCl_3),%	≥99.0	≥98.5	≥98.0
游离磷(P),%	≤0.0005	≤0.002	≤0.008
沸程(74.5~77.5℃),%,体积分数	≥97.0	≥96.0	≥95.0
正磷酸(以 PO_4^{3-} 计),%	≤0.2	—	—

注:表中所列数据摘自化工行业标准 HG/T 2970—2009。

用途 用作有机合成催化剂、生产香料的氯化剂、溶剂、缩合剂,也用于制造三氯氧磷、亚磷酸及其酯类、烷基磷酸酯、有机磷农药、药物、染料中间体、阻燃剂、增塑剂及表面活性剂等。

安全事项 有毒!对眼睛、黏膜及皮肤有强刺激性及腐蚀性。属一级无机酸性腐蚀品。与有机物、水及硝酸(及乙酸)接触易发生着火和爆炸。失火时用沙土、干粉或二氧化碳灭火器扑救,但不可用水扑救。

简要制法 可将干燥氯气通入熔融白磷中,经蒸馏冷凝而得。

13. 三氯氧磷 Phosphorus Oxychloride

别名 磷酰氯、氯氧化磷、氧氯化磷
化学式 $POCl_3$
相对分子质量 153.33
性质 纯品为无色透明强发烟液体。有强烈刺激性及特殊臭味。工业品因溶有氯或五氧化二磷而呈红黄色,相对密度1.675,熔点2℃,沸点105.3C,折射率(25℃)1.460,黏度1.065mPa·s。临界温度329℃,蒸气相对密度5.3,蒸气压(27.3℃)0.533kPa。分子结构为以磷为中心的四面

体，P—O键长为$158×10^{-12}$m，P—Cl键长为$208×10^{-12}$m，键角$\angle ClPO$为$106°$。与潮湿空气接触时迅速水解，生成磷酸及氯化氢。遇水及醇分解并放出大量热及氯化氢。也易被酸分解。与溶于非水溶剂的某些金属氯化物（如$TiCl_4$、$SnCl_4$）等可生成配合物。

质量规格

产品性状	指标	产品性状	指标
外观	无色透明液体	三氯化磷(PCl_3),%	≤0.2
三氯氧磷($POCl_3$),%	≥99	沸程(105~109℃),%	≥97

用途 用作有机合成催化剂、氯化剂、螯合剂、半导体硅的掺杂剂。也用于制造有机磷酸酯、有机磷农药、染料中间体、表面活性剂、增塑剂、阻燃剂等。

安全事项 属一级无机酸性腐蚀物。遇潮时对大多数金属有强腐蚀性。在潮湿空气中发白烟，散发出的气体有毒，对皮肤、眼及黏膜有强刺激性及腐蚀性。空气中最高允许浓度为$0.05mg/m^3$。失火时不可用水扑救，应用干沙、干燥水泥或干粉灭火。

简要制法 先用三氯化磷滴水通氯反应，再经蒸馏而得。或用干燥氧气与三氯化磷反应制得。

14. 五氯化磷 Phosphorus Pentachloride

化学式 PCl_5

相对分子质量 208.24

性质 为白色至淡黄色四方晶系结晶或结晶性粉末。相对密度2.12，熔点(112.5kPa)166.8℃，未达熔点时，约160℃开始升华。临界温度372℃，蒸气压(55.5℃)133.3Pa。加热至300℃开始分解为氯和三氯化磷，1100℃时完全分解，在潮湿空气中发生不稳定水解生成磷酸和氯化氢，并产生白烟和刺激性臭味。遇水时水解成磷酸及氯化氢。溶于二硫化碳、四氯化碳、苯及酰氯等。与醇反应生成相应的氯代烷。在液氨中能生成具磷氮键(P—N)的化合物。

质量规格

产品性状	指标	产品性状	指标
总磷,%	14.5~14.9	三氯化磷(PCl_3),%	≤0.05
总氯,%	84.4~85.1		

用途 用作有机合成催化剂、氯化剂、脱水剂及制造铝硅合金的添加剂等，也用于制造磷酰氯、氯化磷腈及医药中间体、染料、农药、表面活性剂及阻燃剂等。

安全事项 属于一级无机酸性腐蚀物品。遇潮时对多数金属有强腐蚀性。与有机物、棉花等接触时会燃烧。毒性比三氯化磷强。蒸气及烟雾对呼吸道、眼睛有强刺激性及腐蚀性。失火时不可用水扑救，而应用黄沙、干粉灭火器或二氧化碳灭火器扑救。

简要制法 由氯气与三氯化磷反应制得，或在惰性气体中，由氯气直接与氯化黄磷反应而得。

15. 五氧化二磷　Phosphorus Pentoxide

别名　磷酸酐、磷酐

化学式　P_2O_5

相对分子质量　141.94

性质　为白色结晶状固体。根据对五氧化二磷蒸气密度的测定，其分子式为 P_4O_{10}，通常用的 P_2O_5 是其最简化学式。有 H、O、T 型三种同素异形体。H 型为六方晶系结晶，相对密度 2.3，熔点 420℃，沸点 340℃，升华温度 360℃；O 型为斜方晶系结晶，相对密度 2.72，熔点 562℃，沸点 605℃；T 型为四方晶系结晶，相对密度 2.89，熔点 580℃，沸点 605℃。将 H 型放在封闭管中，于 400℃ 下加热 2h 转变成 O 型；而于 450℃ 下加热 24h 则转变成 T 型。市售品多数为 H 型。三种晶型的五氧化二磷均易与水化合成为磷酸，同时放出大量热。根据溶解时的温度及加合水分子数不同，可以生成正磷酸，或焦磷酸及偏磷酸等。溶于硫酸，不溶于丙酮和氨。易聚合。空气中易潮解。有很强的吸水性，是吸水性最强的化学干燥剂，它甚至能从其他物质中夺取化合态的水。

质量规格

产品性状	指标	产品性状	指标
五氧化二磷(P_2O_5),%	95~97	硝酸盐,%	≤0.01
铁(Fe),%	≤0.002	磷酸盐,%	≤0.20

用途　用作缩合反应等有机合成催化剂、脱水剂、气体及液体的干燥剂、合成纤维的抗静电剂等，也用于制造磷酸、磷酸盐或酯、五氧化二磷溶胶、有机磷农药、医药、表面活性剂、光学玻璃等。

安全事项　属一级无机酸性腐蚀品。遇潮时对多数金属有轻微腐蚀性。蒸气及粉尘对眼、皮肤及呼吸系统有腐蚀性及刺激性。本身不燃，但遇水、有机物会发生剧烈反应，并可引起燃烧。失火时用干沙、水泥、干粉灭火，禁用水扑救。

简要制法 将白磷熔融后经氧化燃烧而得。

16. 三苯(基)磷 Triphenyl Phosphine

化学式 $C_{18}H_{15}P$

相对分子质量 262.30

结构式

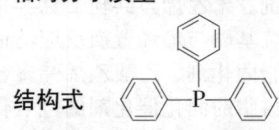

性质 为白色至浅黄色单斜晶系片状或棱柱状结晶，无臭。相对密度(25℃)1.194，熔点80.5℃，沸点>360℃，闪点180℃(开杯)，折射率(80℃)1.6358，蒸气相对密度9.0。不溶于水，微溶于乙醇，溶于苯、丙酮、四氯化碳，易溶于乙醚。能摩擦发光。有毒！为有机磷的典型化合物，无P—O键，而有P—C键。与羰基化合物作用可以生成烯烃。

质量规格

产品性状	指标(化学纯)	产品性状	指标(化学纯)
熔点,℃	79~81	苯溶解试验	合格

用途 用作羰基化反应制醛、酮的加氢、环氧树脂固化等反应催化剂以及生产辛醇的加氢催化剂、聚合引发剂等。用于合成磷酸盐及其他磷化合物，也用于制备维提希(Wittig)试剂。也常用作许多过渡金属的配位体。

简要制法 由苯基溴化镁或苯基氯化镁与三氯化磷反应制得。或先用金属钠与氯苯反应生成酚钠，再与三氯化磷反应而得。

17. 磷酸三乙酯 Triethyl Phosphate

化学式 $C_6H_{15}O_4P$

相对分子质量 182.16

结构式 $(C_2H_5O)_3P=O$

性质 为无色透明液体，微带水果样香气。相对密度1.068，熔点-56.4℃，沸点216℃，闪点117℃，折射率1.4055，蒸气压(39.6℃)

0.133kPa。溶于水，加热时缓慢水解，生成磷酸二乙酯。与乙醇、乙醚、丙酮等常用溶剂混溶。不溶于石油醚。常温下稳定。受热时分解，并产生有毒的磷氧化物。遇氯化氢时，生成氯代乙烷、磷酸二乙酯等。

质量规格

产品性状	指标	产品性状	指标
外观	无色透明液体	酸度(以磷酸计),%	≤0.01
相对密度	1.008~1.072	水分	合格
折射率	1.403~1.406	水中溶解度	合格

用途 用作乙酸高温脱水制乙烯酮催化剂、苯乙烯与共轭二烯类化合物聚合用催化剂、二甲苯异构化催化剂、三烷基硼与烯烃置换反应的催化剂等，也用作氯乙烯柔软剂、二甲酚甲醛树脂固化剂、乙酸乙烯酯聚合物增塑剂、酚醛树脂稳定剂、聚酯树脂及环氧树脂的固化催化剂的过氧化物溶剂及稀释剂、硝酸纤维素及乙酸纤维素的溶剂等。还可用作消泡剂、润滑油极压添加剂等。

安全事项 难燃。对皮肤有轻度刺激性，高浓度时有麻醉作用。

简要制法 由无水乙醇与三氯氧磷反应制得。

18. 亚磷酸三甲酯 Trimethyl Phosphite

化学式 $C_3H_9O_3P$

相对分子质量 124.10

结构式 $(CH_3O)_3P$

性质 为无色透明液体。有刺激性气味。相对密度1.054，熔点<−75℃，沸点112℃，闪点(开杯)37.8℃，折射率1.4076，蒸气相对密度4.3，黏度0.58 mPa·s。不溶于水，与水发生反应。溶于乙醇、乙醚、丙酮、苯、己烷、煤油等。

质量规格

产品性状	指标		
	优级品	一级品	二级品
外观	无色透明液体		
相对密度	1.044~1.064		
亚磷酸三甲酯,%	≥99.0	≥98.0	≥97.0
亚磷酸二甲酯,%	≤0.3	≤0.4	≤0.5
pH 值	6~8	6~8	6~8

用途 用作聚合催化剂、阻燃剂、纺织用油剂等。也用于合成敌敌畏、磷胺、久效磷、杀虫畏等农药,也用于制造离子薄膜、药物。

安全事项 有毒!易燃。遇高热、明火有着火的危险。受热分解释出有毒的氧化磷烟雾。能经口和皮肤吸收。对皮肤及眼睛有刺激性。

简要制法 由三氯化磷与甲醇反应制得。也可在甲醇钠存在下,由亚磷酸三苯酯与甲醇反应而得。

19. 六甲基磷酰三胺 Hexamethyl Phosphoric Triamide

别名 六磷胺
化学式 $C_6H_{18}N_3OP$
相对分子质量 179.20

结构式
$$(CH_3)_2N-\underset{\underset{N(CH_3)_2}{|}}{\overset{\overset{O}{\|}}{P}}-N(CH_3)_2$$

性质 为无色透明液体,微有氨的气味。相对密度 1.0253,熔点 7.2℃,沸点 233℃,闪点 105℃,折射率 1.4582,蒸气压(30℃)0.009kPa。溶于醇、醚、酮、酯、卤代烃、苯等多种极性及非极性溶剂。与水混溶。为强碱性非质子极性溶剂,能溶解碱金属、碱土金属以及聚氯乙烯、聚丙烯腈、聚醚、聚乙烯醇等多种高分子化合物。对阳离子也有很强的溶剂化作用。在碱性溶液中稳定,在酸性条件下易发生水解。

质量规格

产品性状	指标	产品性状	指标
外观	无色至淡黄色透明液体	折射率(20℃)	1.4560
六甲基磷酰三胺,%	≥92.0	pH 值	6.5~8.0

用途 用作丙烯本体聚合助催化剂。与含二乙烯苯的聚乙烯树脂键合可制成三相催化剂,用于加速水/有机两相体系的反应。本品也是聚氯乙烯的耐候性溶剂及优良的极性溶剂,也用作聚氯乙烯、聚酰胺等的光稳定剂、火箭燃料降冰点添加剂等。

安全事项 易燃,低毒!

简要制法 由二甲胺、三氯氧磷及氨反应制得。

(三) 砷及其化合物

1. 砷 Arsenic

元素符号 As

相对原子质量 74.92

性质 俗称砒,以灰、黄、黑三种同素异形体存在。①灰色砷。也称金属砷,是具有金属光泽的斜方晶系结晶,具有金属性,是准金属。在干燥空气中和常温下稳定。质脆而硬,导电性差。相对密度(25℃)5.727,熔点(约3.6MPa)817℃,沸点610℃,蒸气压(372℃)133.3Pa,游离砷是十分活泼的元素,在空气中加热至约200℃时,呈现出磷光,更高温度下(400℃)以一种带蓝色的火焰燃烧并形成白色氧化砷烟雾。易与氟和氯结合,加热时可与大多数金属和非金属化合。不溶于水,溶于强碱形成金属砷酸盐。被硫酸或稀硝酸氧化成砷酸。②黄色砷。为黄色透明的软蜡状等轴结晶,有蒜样气味。能随水蒸气挥发。相对密度1.97,熔点(加压)815℃。微溶于二硫化碳,不溶于水。还原性强,常温下不稳定,稍稍受热或光照下就转变成灰色砷。③黑色砷。硬如玻璃的黑色无定形块状物,性脆。性质介于灰色砷与黄色砷之间。不溶于水、二硫化碳,溶于硝酸、王水及热碱溶液。

砷是加氢、脱氢催化剂的致毒物质。这些毒物的化合物中心元素都有孤对电子,它易和Ⅷ族的金属相结合,形成强吸附键,毒化活性中心,使催化剂中毒。

质量规格

产品性状	指标
外观	呈银灰色块状金属,无外来杂质,粒径不小于2mm
砷(As),%	≥99.0
锑(Sb),%	≤0.4
铋(Bi),%	≤0.1
硫(S),%	≤0.3
杂质总量,%	≤1.0

用途 用作贵金属催化剂。也用于制造合金、砷的金属化合物及氢化物、药物、媒染剂、半导体化合物等。

安全事项 剧毒！人误服或吸入粉尘均会中毒。经口摄入金属砷可出现腹痛、呕吐、血尿、休克等症状。

简要制法 纯品砷可用碳还原三氧化二砷制得，也可由三氯化砷与氢气反应而得。

2. 砷化氢 Arsenic Hydride

别名 砷化三氢、氢化砷、三氢化砷

化学式 AsH_3

相对分子质量 77.94

性质 为无色有蒜样气味的气体。分子为三角锥形，键角$\angle A—As—H$为$92°$，$As—H$键长为$152.3\times10^{-12}m$。相对密度3.42，熔点$-116℃$，沸点$-62.5℃$。临界温度$99.9℃$。生成热66.4kJ/mol。易溶于水，微溶于碱及乙醇。潮湿的砷化氢遇光即沉淀出发光的黑色胂。是一种很强的还原剂，除能与一般常见氧化剂反应外，还能与Ag^+反应析出银：

$$AsH_3 + 6Ag^+ + 3H_2O == H_3AsO_3 + 6Ag + 6H^+$$

根据该反应，可用$AgNO_3$溶液除去有毒的AsH_3气体。与氯、溴等卤族元素反应分别生成三氯化砷和三溴化砷。加热至$230℃$生成氢和砷，点火即产生白烟生成亚砷酸和水。

质量规格

产品性状	指标	产品性状	指标
砷化氢(AsH_3), %	≥99.99	CO/CO_2, 10^{-6}	<2
AsH_3+PH_3, 10^{-6}	<30	总烃(以CH_4计), 10^{-6}	<5
氧(O_2), 10^{-6}	<2	水(H_2O), 10^{-6}	<3
氮(N), 10^{-6}	<10		

用途 用作半导体工业的气体扩散、外延、离子注入等各种硅掺杂工艺的砷源。砷化氢对加氢、脱氢、重整等金属催化剂有毒化作用。它引起金属活性组分失活的原因与砷化氢中的孤对电子向催化剂中的d轨道填充有关。

安全事项 剧毒！吸入250×10^{-6}砷化氢气体立即致死。渗入皮肤会引起中毒，砷化氢溶血性很强。由于剧烈溶血可使红细胞迅速减少，中毒症

状常为头痛、恶心、呕吐、尿色深带血。在空气中本身不自燃,但在某些情况下砷化氢分解而释出氢气,氢气易燃。

简要制法　由砷化锌(Zn_3As_2)与稀硫酸反应制得。或由砷化钠(Na_3As)与溴化铵反应而得。

3. 三氧化二砷　Arsenic Trioxide

别名　亚砷酸酐、砒霜、白砒
化学式　As_2O_3
相对分子质量　1197.34
性质　为白色无定形玻璃状团块或结晶状粉末。无臭。有无色立方晶型、无色单斜晶型和无定型三种变体。无色立方晶型:相对密度(25℃) 3.865,熔点 275℃,193℃升华,沸点 465℃。无色单斜晶型:相对密度 4.15,熔点 315℃,沸点 465℃。无定型:相对密度 3.738,加热时易升华,熔点 315℃。800℃以上的气相为 As_4O_6 形态,1800℃以上为 As_2O_3 形态。一般工业品以八面体状的立方晶型为主,或者为三者混合物,有时亦为无定型玻璃状物。因所含杂质不同,略呈现红色、灰色或黄色。溶于水,生成亚砷酸。水溶液略带甜味。呈两性,以酸性为主。立方晶型及单斜晶型,溶于乙醇、酸类和碱类;无定型,溶于酸类和碱类,但不溶于乙醇,常温下稳定,不易被氧化,在碱性溶液中易被氧化。易被还原剂还原成元素砷,也易被氧化剂氧化成砷酸。

质量规格

产品性状	指标		
	一级品	二级品	合格品
三氧化二砷(As_2O_3),%	≥99.0	≥97.0	≥93.0
白度,(°)	≥70	≥55	≥30
细度(通过率≥98%),目	60	40	40

用途　用于制造金属砷、砷化物、玻璃、搪瓷、颜料等,也用作气体脱硫剂、有机合成催化剂及助催化剂。如采用 $K_4P_2O_7-FeSO_4$ 催化剂进行丁烯—苯乙烯聚合时,加入少量 As_2O_3 可改变单体转化率的比值。在玻璃工业中用作澄清剂及脱色剂。还用作杀虫剂、除草剂及织物媒染剂等。三氧化二砷对一些金属催化剂(如 Pt、V_2O_5 等)具有较强的致毒作用。

安全事项　剧毒!误服即出现口渴、流涎、呕吐、四肢痉挛等症状。

成人致死量为 60~180mg。有致癌性。遇火会产生剧毒气体，对皮肤、黏膜有强刺激性。接触其粉尘会引起过敏性皮炎。空气中最高允许浓度为 0.3mg/m³。

简要制法 由含砷矿石氧化焙烧而得。

4. 五氧化二砷　Arsenic Pentoxide

别名 砷酐、砷酸酐、无水砷酸
化学式 As_2O_5
相对分子质量 229.84
性质 为白色无定形结晶粉末，熔融后呈玻璃状。相对密度 4.086。具吸湿性，在空气中潮解并形成砷酸，在蒸气中完全分解为氧气和三氧化二砷。受热后不稳定，在 315℃ 时分解成三氧化二砷和氧气。在 800~1000℃ 时的分子结构为 As_6O_{11}。易溶于水及醇，在冷水中缓慢分解，在热水中急速分解。不溶于液体 SO_3。常压下遇氨时被还原成 As_2O_3，最终被还原成元素砷，也能被硫、碳及碱还原。遇铅、锌及碱金属则被还原成砷或形成砷化物。可使 HCl 氧化分解释出氯气，与液氨接触则形成白色产物 $As_2O_5 \cdot 3NH_3$。具有催化作用，能加速 SO_2 及铁等的氧化。对 Pt、V 等催化剂有毒化作用。

质量规格

产品性状	指标(化学纯)	产品性状	指标(化学纯)
五氧化二砷,%	≥97.0	重金属(Pb),%	≤0.02
氯化物(Cl^-),%	≤0.01	铁(Fe),%	≤0.02
硫酸盐(SO_4^{2-}),%	≤0.05	硝酸盐(NO_3^-),%	≤0.05
硫化氢不沉淀物,%	≤0.3	水不溶物,%	≤0.05
砷(As_2O_3),%	≤0.2		

用途 用作有机合成催化剂、氧化剂、金属焊接剂、环氧树脂添加剂，也用于合成含砷有机药物及农药。

安全事项 剧毒！误服或吸入会中毒。受高热会放出剧毒气体。局部刺激性比三氧化二砷稍弱。

简要制法 由三氧化二砷用硝酸或过氧化氢氧化而得。或由砷酸水合物经加热脱水制得。

(四)锑及其化合物

1. 金属锑　Metallic Antimony

元素符号　Sb

相对原子质量　121.75

性质　有两种同素异形体,一种是稳定的金属体,另一种是黄色 α-变体。后者只在-90℃以下稳定,前者是银白色金属,性脆而硬,有冷胀性。相对密度6.684,熔点630.5℃,沸点1635~1750℃。有复杂的晶体结构。化合价+3、+5。金属锑溶于硝酸、热的浓硫酸及王水。与强碱形成亚锑酸盐。不被空气氧化。在空气中加热到熔点以上生成 Sb_2O_3。与氯、溴、氟强烈化合,生成相成锑的卤化物。在空气中能被盐酸侵蚀,主要矿物为辉锑矿(Sb_2S_3)、硫锑铅矿等。我国锑的储藏量居世界第一位。

质量规格

产品性状	指标		产品性状	指标	
	牌号 Sb-05	牌号 Sb-06		牌号 Sb-05	牌号 Sb-06
外观	银白色块状或粒状,表面清洁,无氧化色斑		镁(Mg),mg/kg	≤0.2	≤0.05
			镍(Ni),mg/kg	≤0.2	≤0.05
高纯锑(Sb),%	≥99.999	≥99.9999	铅(Pb),mg/kg	≤0.5	≤0.03
银(Ag),mg/kg	≤0.05	≤0.01	锌(Zn),mg/kg	≤0.5	≤0.05
金(Au),mg/kg	≤0.1	≤0.03	锰(Mn),mg/kg	≤0.05	≤0.01
镉(Cd),mg/kg	≤0.5	≤0.01	砷(As),mg/kg	≤1.5	≤0.3
铜(Cu),mg/kg	≤0.05	≤0.01	硫(S),mg/kg	≤0.5	≤0.1
铁(Fe),kg/kg	≤0.5	≤0.05	硅(Si),mg/kg	≤1.0	≤0.1
铋(Bi),mg/kg	≤0.2	≤0.02			

注:表中所列指标摘自 GB 10117—2009。

用途　用于制造含锑催化剂、阻燃剂、锑盐、颜料、印刷合金、轴承合金及半导体材料等。锑的单质和氢化物都是氢还原反应用贵金属铂等催化剂的有效毒物。因此,锑可用作反应催化剂的助催化剂,使某些活性中心中毒,以提高这些催化剂对所需产品的选择性。

简要制法　由辉锑矿石与铁屑共热置换出锑。或先将辉锑矿石煅烧成氧化物,再用碳还原而得。

2. 锑化氢　Antimony Hydride

别名　氢化锑
化学式　SbH_3
相对分子质量　124.77
性质　为无色可燃性气体，有恶臭气味。三角锥形分子，Sb—H 键长为 170×10^{-12} m，∠HSbH 键角为 91.6°。相对密度 4.344。15℃液体相对密度 2.204，熔点 -88 ℃，沸点 -17.1℃。极不稳定，在常温下会缓慢分解，200℃时迅速分解成锑和氢。微溶于水，溶于乙醇、二硫化碳、苯、乙醚。它是一种共价型氢化物，属于间充式金属氢化物。遇氧化剂、臭氧、氨等剧烈反应。具有还原性，可将铁由三价还原为二价。氯、溴、碘可使其分解，生成三卤化锑和卤化氢。
用途　用于制造有机锑化物、半导体材料，用作半导体材料硅的掺杂剂。对加氢反应用 Pt 催化剂有毒化作用。
安全事项　剧毒！有轻度溶血作用，对中枢神经有毒害作用。易燃，与空气能形成爆炸性混合物。
简要制法　由锑的化合物在盐酸溶液中用锌还原制得。或由锑化锌（Zn_3Sb_2）与盐酸作用而得。

3. 三氧化二锑　Antimony Trioxide

别名　氧化亚锑、锑白、锑华、亚锑酸酐
化学式　Sb_2O_3
相对分子质量　291.50
性质　分子组成为 Sb_4O_6。有立方及斜方两种晶体。无色立方晶体的相对密度(25℃)5.19，572℃转变为斜方晶体。斜方晶体为白色至灰白色粉末。相对密度 5.67。熔点 656℃，沸点 1425℃。在 400℃ 的高真空中可升华。折射率 2.087~2.35。加热变黄色，冷却后又变为白色。为两性化合物。碱性比三氧化二砷强。不溶于水，难溶于乙醇、稀硫酸、稀硝酸，溶于浓硫酸、盐酸、浓硝酸、浓碱及草酸、酒石酸、硫化钠溶液等。空气中加热变为 Sb_3O_4。在加热条件下能被 CO、H_2 还原成金属锑。

质量规格

产品性状	指标		
	零级(Sb_2O_3-0)	一级(Sb_2O_3-1)	二级(Sb_2O_3-2)
三氧化二锑(Sb_2O_3),%	≥99.5	≥99.0	≥88.0
氧化铅(PbO),%	≤0.12	≤0.2	≤0.3
三氧化二砷(As_2O_3),%	≤0.06	≤0.12	≤0.2
硫(S),%	—	—	≤0.15
杂质总量,%	≤0.50	≤1.0	—
颜色	灰白	白色	白色微带红色
40μm筛余物,%	≤0.1	≤0.5	—

用途 用于重整脱氢异构化反应、缩聚反应及氧化反应等的催化剂。也用作添加型阻燃剂、媒染剂、脱色剂、乳白剂等。也用于制造锑盐、药物、搪瓷、玻璃等。

安全事项 有毒!粉末对呼吸道、消化道及皮肤有刺激作用。空气中最高允许浓度 0.5mg/m³。

简要制法 由辉锑矿石在焦炭存在下煅烧氧化而得。也可以由三氯化锑或其他锑盐水解制得。催化剂用三氧化二锑可以 Sb_2O_3、盐酸、氨水为原料经水解法制得。或以优质锑为原料,采用高频等离子工艺制得。

4. 四氧化二锑 Antimony Tetroxide

化学式 Sb_2O_4

相对分子质量 307.51

性质 有 α-Sb_2O_4 及 β-Sb_2O_4 两种变体。α-Sb_2O_4 为无色正交晶系结晶,相对密度4.07。β-Sb_2O_4 为单斜晶系结晶,相对密度5.82。加热至930℃时失去氧。不溶于水,溶于盐酸及碱液。具有明显的两性,但偏酸性。

用途 用作有机合成氧化催化剂及合成树脂阻燃剂。

简要制法 α-Sb_2O_4 可由三氧化二锑在 460~540℃ 下于空气中加热制得。其中,一半为三价锑,另一半为四价锑。β-Sb_2O_4 可由三氧化二锑在 1130℃ 下于干燥空气中加热制得。其中,一半为三价锑,一半为四价锑。

5. 五氧化二锑 Antimony Pentoxide

别名 锑酐

化学式 Sb_2O_5

相对分子质量 323.51

性质 为白色或浅黄色粉末。相对密度 3.78。380℃时失去一个氧原子转变成 Sb_2O_4，约 900℃时生成 Sb_2O_3。微溶于水，缓慢地溶于热的强碱及浓盐酸。溶于氢氧化钾生成锑酸盐。具有明显的两性，但偏酸性。

质量规格

产品性状	指标	
	分析纯	化学纯
Sb_2O_5,%	≥90.0	≥87.0
铁(Fe),%	≤0.005	≤0.008
重金属(以 Pb 计),%	合格	合格
砷(As),%	≤0.02	≤0.05
硫化氢不沉淀物,%	≤0.2	≤0.3

用途 用于制造含锑催化剂、锑酸盐、含锑化合物。也用作阻燃协效剂，阻燃效果优于三氧化二锑。

简要制法 由浓硝酸与金属锑粉反应制得。或由五氯化锑水解后经干燥而得。

6. 三氯化锑 Antimony Trichloride

化学式 $SbCl_3$

相对分子质量 228.11

性质 为无色斜方晶系结晶，或无色透明油状液体。液体状态俗称锑油。结晶有 α、β、γ 三种形态。分子为三角锥形，Sb—Cl 键长 $235×10^{-12}$ m，键角(∠ClSbCl)为 95.7°、91°。晶体相对密度(25℃)3.140，熔点 73.4℃，沸点 283℃。溶于水，并分解生成氧氯化锑，常温下溶于无水乙醇而不分解，加热时与乙醇反应生成碱式盐。溶于浓盐酸、酒石酸、液体硫化氢，也溶于苯、氯仿、乙醚、丙酮等有机溶剂。与热浓硫酸反应生成硫酸锑及氯化氢。与碱金属和碱土金属的氯化物反应生成络合物。能被浓硝酸氧化成锑酸。与芳烃和生物碱呈显色反应。能抑制强酸对铁、钴、镍的腐蚀，加速锌、锡、铬、镉等的溶解。在浓盐酸中对铁有保护作用。潮解性强，在空气中微发烟。当三氯化锑溶于 Na、Ca、Mg 及铵的氯化物饱和溶液时，呈清亮无色的液体；但当溶解于氯化钾、氯化钡的饱和溶液时，则会出现混浊现象。

质量规格

产品性状	指标		产品性状	指标	
	分析纯	化学纯		分析纯	化学纯
三氯化锑($SbCl_3$),%	≥99.0	≥98.0	硫化氢不沉淀物(以硫酸盐计),%	≤0.2	≤0.4
盐酸不溶物,%	≤0.005	≤0.005			
铁(Fe),%	≤0.002	≤0.005	澄清度试验	合格	合格
砷(As),%	≤0.005	≤0.03	无水乙醇溶解度试验	合格	合格

用途 用作有机合成催化剂、氯化剂、织物阻燃剂、媒染剂。化学分析中用作铷、铯的分离试剂,维生素 A、D 的比色试剂。还用于制造色淀(沉淀色料)、药物及锑盐等。

安全事项 蒸气和烟雾对皮肤、黏膜及眼睛有强刺激性,与皮肤接触会引起灼伤。误食会中毒。遇潮时对多数金属有腐蚀性。

简要制法 由金属锑与氯气反应制得,或由三氧化二锑与盐酸反应制得。

7. 五氯化锑　Antimony Pentachloride

化学式　$SbCl_5$

相对分子质量　299.02

性质 为白色至淡黄色油状液体或单斜晶系结晶。带有恶臭气味。液体相对密度(16℃)2.358。熔点3.2℃,沸点140℃并分解为 $SbCl_3$。与水反应生成锑酸和氯化氢。溶于苯、醇、氯仿、酒石酸等有机溶剂,也溶于浓盐酸、液体二氧化硫。吸湿性很强,露置于空气中发烟。与有机化合物反应生成加成化合物,与非金属元素作用生成复盐,与金属氯化物反应也可生成相应的复盐。

质量规格

产品性状	指标	产品性状	指标
硫酸盐,%	≤0.005	硫化氢不沉淀物,%	≤0.01
铁(Fe),%	≤0.001	重金属	符合检验
砷(As),%	≤0.001		

用途 用作有机合成氯化催化剂、氟氯烃生产催化剂,也用于制造高纯锑和染料中间体等。

安全事项 参见"三氯化锑"条目。

简要制法 可由氯气与锑粉反应制得。或由三氯化锑与氯气反应制得。

8. 三溴化锑 Antimony Tribromide

别名 溴化亚锑
化学式 $SbBr_3$
相对分子质量 361.46
性质 无色至黄色结晶。相对密度(23℃)4.143,熔点96℃,沸点(99.8kPa)288℃,折射率1.74,蒸气压(94℃)133.3Pa。遇水及醇分解。溶于稀盐酸、丙酮、苯、氯仿、三硫化碳及氢溴酸。

质量规格

产品性状	指标(化学纯)	产品性状	指标(化学纯)
三溴化锑,%	≥98.0	硫化氢不沉淀物(以硫酸盐计),%	≤0.1
铁(Fe),%	≤0.005		
砷(As),%	≤0.03	二硫化碳溶解试验	合格
重金属(以Pb计)	合格		

用途 用作有机合成催化剂、通用试剂,也用于制造锑盐、阻燃剂等。

安全事项 有毒!有腐蚀性。触及皮肤易诱发皮疹。

简要制法 由溴与锑粉反应制得。

9. 三甲基䏲 Trimethyl Stibine

别名 三甲基锑
化学式 C_3H_9Sb
相对分子质量 166.85
结构式 $(CH_3)_3Sb$
性质 为无色液体。相对密度(15℃)1.523,熔点-87.5℃,沸点

80.6℃，折射率为(150℃)1.420。不溶于水及乙醇，溶于乙醚、二硫化碳，在空气中易氧化，并可能着火。与氧、硫、卤素化合分别生成氧化物、硫化物及卤化物。在乙醚溶液中缓慢氧化生成三甲基锑氧化物$(CH_3)_3SbO$。在封管内与浓盐酸加热反应，生成三甲基二氯化锑和氢。与溴或碘甲烷反应分别生成三甲基二溴化锑或四甲基碘化锑。

用途 用作乙烯基单体聚合催化剂、内燃机燃料添加剂、分析试剂等。

简要制法 由三氯化锑与甲基碘化镁在乙醚溶液中在-20℃下反应制得。

10. 三乙基睇 Triethyl Stibine

别名 三乙基锑

化学式 $C_6H_{15}Sb$

相对分子质量 208.93

结构式 $(C_2H_5)_3Sb$

性质 为无色液体。相对密度(16℃)1.324，熔点-29℃以下，沸点159.5℃。不溶于水，溶于乙醇、乙醚、苯等有机溶剂。在空气中会自燃，在水中会爆炸。与金属作用生成配合物。与溴作用生成三乙基二溴化睇。与硫或硒在乙醇中回流加热分别生成三乙基睇硫化物或三乙基睇硒化物。

用途 用作乙烯基单体聚合催化剂及有机合成催化剂。

安全事项 自燃物。遇氧气、水、卤代烃、氧化物等都有着火或爆炸危险。遇高温易引起着火。有高毒性及腐蚀性。贮存于温度低于30℃、相对湿度低于75%的干燥阴凉处。失火时严禁用水、泡沫灭火，应用干粉、干燥水泥等灭火。

简要制法 在乙醚中，由三氯化锑与乙基溴化镁或乙基碘化镁反应制得。或在二氯甲烷中由三氯化锑与乙基铝倍半氯化物$(C_2H_5)_3Al_2Cl_5$反应制得。

11. 三丁基睇 Tributyl Stibine

别名 三丁基锑

化学式 $C_{12}H_{27}Sb$

相对分子质量 293.10

结构式 $(C_4H_9)_3Sb$

性质 为无色液体。沸点(1.86kPa)133~134℃。不溶于水,溶于乙醚、丙酮、苯等多数有机溶剂。在苯中与硫或硒回流加热分别生成$(C_4H_9)_3SbS$或$(C_4H_9)_3SbSe$。

用途 用作对苯二酸酯及间苯二酸酯的酯基转移作用催化剂。

简要制法 在乙醚溶液或异辛烷溶剂中由三氯化锑与丁基溴化镁反应制得。

12. 三苯基䏲 Triphenyl Stibine

别名 三苯基锑

化学式 $(C_6H_5)_3Sb$

相对分子质量 353.07

结构式 $(C_6H_5)_3Sb$

性质 为无色菱形晶体(在石油醚中析出)。相对密度(25℃)1.4343,熔点50~53℃,沸点377℃,220℃(1.3kPa)。不溶于水,微溶于乙醇,溶于乙醚、苯等多数有机溶剂。与无水三氯化铁在氯仿中反应生成三苯基二氯化䏲与氯化亚铁。在紫外线照射下与碘苯反应生成三苯基二碘化䏲。与混酸(H_2SO_4-HNO_3)反应生成三硝基衍生物。

用途 用作烷基化、聚合、共轭三烯烃转化为芳烃等有机合成催化剂。也用作抗氧化剂、润滑油添加剂。也用于合成阻燃剂二溴三苯基䏲等。

简要制法 在四氢呋喃中由三氯化锑与苯基溴化镁反应制得,或在乙醚中由三氯化锑与苯基锂或苯基钠反应而得。

(五)铋及其化合物

1. 金属铋 Metallic Bismuth

元素符号 Bi

相对原子质量 208.98

性质 为灰白或粉红色金属。质软。三方晶系结晶。相对密度9.80,熔点271.4℃,沸点1559℃。不溶于水、稀硫酸、稀盐酸,溶于硝酸、热浓硫酸及王水。常温下稳定,湿空气中也不易氧化。红热时燃烧生成黄色

Bi_2O_3。熔融金属铋凝固时体积增大。与镁在氢气流中加热可制得铋镁合金。与硫、硒、碲及卤素等可直接化合。但不与磷或氮直接化合。是一种抗磁性最强的金属。铋蒸气是双原子分子和单质分子处于平衡状态,电阻率很大,导电性则随温度起伏而变化,在常温下随温度的升高而降低,到达熔点时则突然增高,不久又随温度的升高而降低。

质量规格

产品性状	指标(高纯铋)
铋(Bi)含量,%	≥99.999
Ag、Al、As、Au、Ca、Cr、Cu、Fe、Mg、Ni、Pb、Zn等总含量,10^{-6}	≤10

用途 用于制造含铋催化剂、铋盐、铋汞齐及低熔点合金、半导体化合物等。利用金属铋熔点与沸点温差大的特点,也可用作核反应堆冷却剂。

简要制法 先将辉铋矿石锻烧成 Bi_2O_3,再用碳还原而得。

2. 三氧化二铋　Dibismuth Trioxide

别名 氧化铋、铋黄

化学式 Bi_2O_3

相对分子质量 465.96

性质 有三种变体。第一种为黄色斜方晶系结晶,相对密度8.9,熔点820℃,沸点1890℃;第二种为灰黑色立方晶系结晶,相对密度8.2,在704℃时转变为斜方晶系结晶;第三种为亮黄色四方晶系结晶,相对密度8.55,熔点860℃。不溶于水,溶于强酸,也溶于含甘油的浓碱液。在碱性溶液中的溶解度随碱液浓度升高而增加。能与无机酸反应生成铋盐。在氢气或氨中加热时能还原成金属铋。与CaO、BaO、SrO及PbO等熔融时,能形成不同组分的复合物。熔融物对各种氧化物及金属钠有侵蚀性。

质量规格

产品性状	指标(高纯级)
三氧化二铋(Bi_2O_3)含量,%	≥99.999
Ag、Al、Ca、Co、Cr、Cu、Fe、Mg、Mn、Ni、Pb等总含量,10^{-6}	≤10

用途 用作氧化及氧化脱氢反应催化剂、聚烯烃及聚氯乙烯等塑料的阻燃剂,也用于制造含铋催化剂、铋化合物、药物、玻璃、陶瓷等。高纯

Bi_2O_3 是制造锗酸铋及硅酸铋晶体的重要原料。

简要制法　由硝酸铋或碱式碳酸铋灼烧制得,或由熔融金属铋高温氧化而得。

3. 三氯化铋　Bismuth Trichloride

别名　氯化铋

化学式　$BiCl_3$

相对分子质量　315.37

性质　为白色至黄色立方晶系结晶。有氯化氢气味。气体分子为三角锥形,Bi—Cl 键长为 250×10^{-12} m,键角 ∠ClBiCl 为 100°。相对密度 4.75,熔点 230℃,沸点 447℃。约在 430℃升华。溶于盐酸、硝酸、乙醇、丙酮。遇水或遇含水乙醇时分解成氯氧化铋和游离盐酸。易潮解,光照时会逐渐变为褐色。

质量规格

产品性状	指标	产品性状	指标
三氯化铋($BiCl_3$),%	≥99.9、99.99	粒径(目)	≥60、60

用途　用作 Friedel-Craft 缩合加成反应催化剂及其他有机合成催化剂,也用于制造铋盐及用作还原剂等。

简要制法　由金属铋与氯气反应制得。

4. 碱式碳酸铋　Bismuth Subcarbonate

别名　次碳酸铋、碳酸氧铋

化学式　$(BiO)_2CO_2 \cdot 1/2H_2O$

相对分子质量　503.00

性质　为白色至微黄色粉末。无臭、无味。见光逐渐变成褐色。相对密度 6.86。加热至 100℃时开始失去结晶水,308℃开始分解成 Bi_2O_3 及 CO_2。不溶于水及其他有机溶剂,微溶于碱金属碳酸盐溶液,溶于氯化铵溶液,易溶于硝酸、盐酸及冰乙酸。在水中比在乙醇中易于悬浮。应避光密闭保存。

质量规格

产品性状	指标(工业级)	产品性状	指标(工业级)
碱式碳酸铋(以 Bi 计),%	80~82.5	银盐(Ag),%	≤0.002
碱金属与碱土金属盐,%	≤0.6	铅盐(Pb),%	≤0.005
硝酸盐(NO_3^-),%	≤0.6	硫酸盐(SO_4^{2-}),%	≤0.02
氯化物(Cl^-),%	≤0.15	砷盐(As),%	≤0.0002
铜盐(Cu),%	≤0.005	干燥失重,%	≤1.5

用途 用于制造含铋催化剂、铋化合物、搪瓷、玻璃。医药上用作收敛剂,也用作珠光塑料添加剂。

简要制法 由硝酸铋与碳酸钠经复分解反应制得。

5. 钨酸铋　Bismuth Tungstate

化学式 $Bi_2(WO_4)_3$

相对分子质量 1161.47

性质 为白色至淡绿色结晶。相对密度8.24,熔点832℃。易溶于水并分解。加热分解成氧化铋及钨的氧化物。

质量规格

产品性状	指标	产品性状	指标
钨酸铋[$Bi_2(WO_4)_3$],%	99.9	粒径,目	200

用途 用作烃类氧化及脱氢催化剂,也用于制造搪瓷、颜料。

简要制法 先将三氧化二铋与三氧化钨按化学式计量充分混合研磨,再经加热熔融制得。

6. 钼酸铋　Bismuth Molybdate

化学式 $Bi_2(MoO_4)_3$

相对分子质量 897.77

性质 为白色至淡黄绿色单斜晶系结晶。相对密度5.95,熔点643℃。微溶于水,水溶液呈柠檬黄色。易溶于硝酸、盐酸。灼烧时分解,并生成氧化铋及氧化钼。

质量规格

产品性状	指标	产品性状	指标
钼酸铋[$Bi_2(MoO_4)_3$],%	≥95	水分,%	≤0.5

用途 用于制造丙烯氧化制丙烯酸的钼铋铁催化剂、丙烯氨氧化制丙烯腈的磷钼铋铈催化剂及磷钼铋三元催化剂等，也用于制备颜料。与钒酸铋并用，可制得色泽明亮、遮盖性好的黄色汽车外用漆。

简要制法 由硝酸铋与钼酸铵反应制得。或先将三氧化二铋与三氧化钼混合均匀，再经650℃焙烧而得。

7. 硝酸铋 Bismuth Nitrate

化学式 $Bi(NO_3)_3 \cdot 5H_2O$

相对分子质量 485.10

性质 为无色透明三斜晶系结晶。有硝酸气味。相对密度2.83，熔点30℃。75℃时失水成无水硝酸铋。590℃以上转变成 Bi_2O_3 溶于水，并水解生成碱式盐 $BiO(NO_3)$。溶于丙酮、盐酸、硫酸，不溶于乙醇。有潮解性，空气中易风化。

质量规格

产品性状	指标(化学纯)	产品性状	指标(化学纯)
硝酸铋,%	≥99.0	砷(As),%	≥0.001
氯化物(以Cl^-计),%	≤0.005	银(Ag),%	≤0.003
硫酸盐(以SO_4^{2-}计),%	≤0.01	铅(Pb),%	≤0.05
铁(Fe),%	≤0.001	硝酸不溶物,%	≤0.005
铜(Cu),%	≤0.003	澄清度试验	合格

用途 用于制造含铋催化剂、铋盐。医药上用作杀菌剂、收敛剂。

安全事项 遇易氧化物能猛烈反应，引起着火或爆炸。毒性与铅、砷化合物相似。

简要制法 由铋粉与硝酸反应制得。

8. 磷酸铋 Bismuth Phosphate

化学式 $BiPO_4$

相对分子质量 303.98

性质 为无色单斜晶系结晶或白色粉末。相对密度6.323。不溶于水、乙醇、乙酸和稀硝酸,溶于盐酸、硝酸。加热分解成氧化铋及磷的氧化物。

用途 用作氧化脱氢催化剂,也用于制造含铋催化剂、光学玻璃、药物等。在原子能工业中用于钚的分离。

简要制法 由 Bi_2O_3 或 $Bi(OH)_3$ 与磷酸作用而得,或先将硝酸铋、磷酸氢二钠溶于少量水中,再加入浓硝酸反应制得。

9. 三乙基铋 Triethyl Bismuth

化学式 $C_6H_{15}Bi$

相对分子质量 296.17

结构式 $(C_2H_5)_3Bi$

性质 为无色液体。有令人厌恶的气味。相对密度1.82,沸点107℃(10.5kPa)、96℃(6.7kPa)。不溶于水,溶于乙醇、乙醚、苯等有机溶剂。空气中会燃烧,加热至150℃时会发生爆炸。与溴作用生成二乙基溴化铋。

用途 用作氯乙烯聚合反应的共催化剂。

安全事项 有毒!

简要制法 由三氯化铋与乙基溴化镁反应制得。

10. 三苯基铋 Triphenyl Bismuth

化学式 $C_{18}H_{15}Bi$

相对分子质量 440.30

结构式 $(C_6H_5)_3Bi$

性质 为褐色晶体(在乙醇中析出)。相对密度1.585,熔点78.5℃。不溶于水,微溶于乙醇,溶于乙醚、丙酮,易溶于氯仿。易被氯、溴氧化为三苯基二氯化铋或三苯基二溴化铋。与氯化汞或三氯化铋反应时,分别生成二苯基氯化铋和苯基氯化汞或二苯基氯化铋和二氯化铋。

用途 用作甲醛聚合反应催化剂及乙炔聚合生成环辛四烯催化剂,也用作异佛尔酮二异氰酸酯固化的固体推进剂的固化催化剂,含硝酸酯增塑的聚醚推进剂的固化催化剂。也用作合成树脂固化剂。

简要制法 由三溴化铋与苯基氯化镁在甲苯中反应制得。或由三溴化铋与苯基锂在乙醚中反应而得。

六、氧族元素及其化合物

元素周期表中 16(ⅥA)族包括氧(O)、硫(S)、硒(Se)、碲(Te)和钋(Po)五种元素,统称为氧族元素。随着原子序数增加,元素的金属性逐渐增强,而非金属性依次减弱。氧和硫是典型的非金属元素,硒、碲也属非金属,但具有部分金属性,而钋则是金属。钋是放射性元素。氧族元素的基本性质见表 6-1。

表 6-1 氧族元素的基本性质

性 质	氧(O)	硫(S)	硒(Se)	碲(Te)	钋(Po)
原子序数	8	16	34	52	84
晶体结构	分子晶体	分子晶体	分子晶体(红硒) 链状晶体(灰硒)	链状晶体	金属晶体
熔点,℃	-218.4	119.6	221	449.5	254
沸点,℃	-183	445	684.8	989.9	962
价层电子结构	$2s^22p^4$	$3s^23p^4$	$4s^24p^4$	$5s^25p^4$	$6s^26p^4$
电负性 χ	3.5	2.5	2.4	2.1	2.0
共价半径,10^{-12} m	66	104	117	137	146
第一电离能,kJ/mol	1314	1000	941	869	818
电子亲合能,kJ/mol ($E^0 \rightarrow E^-$)	141	200	195	190	
主要化合价	-2(-1)	-2、+2、+4、+6	-2、+2、+4、+6	-2、+4、+6	+4、+6
配位数	1, 2	2, 4, 6	2, 4, 6	6, 8	—

从表 6-1 可以看出,氧是本族中原子半径最小、第一电离能及电负性最大的元素。由于氧的电负性仅次于氟,只有当它与氟化合时其氧化态为正值,在一般化合物中氧的氧化态为负值。氧族其他元素还可以形成氧

化态为 +2、+4、+6 的化合物。

本族元素的价电子构型为 ns^2np^4，有获得 2 个电子达到稀有气体的稳定电子层结构的趋势，表现出较强的非金属性。它们的主要化合价为 -2，但氧族元素的非金属性较相应的卤族元素弱。氧能和大多数金属形成离子化合物，而硫只能和一些电负性小的元素（如碱金属等）形成离子化合物。而硒、碲的离子化合物更少。

氧族元素与非金属化合时均形成共价化合物，其热稳定性和氧族元素的活泼性有关。氧与氢化合较易进行，生成物也最稳定；硫和氢在高温时才能化合，且反应可逆；硒和氢的反应条件与硫相似，但反应不彻底；碲通常难与氢直接化合，生成物也最不稳定。所以，H_2O、H_2S、H_2Se、H_2Te 的热稳定性依次减弱，而相应的还原性依次增强。由此可见，氧族元素单质的化学活泼性按 O > S > Se > Te 顺序降低，其中 O_2 和 S 是比较活泼的。和其他各族元素类似，第一个元素的性质总有些特殊。硫、硒和碲的性质较为接近，而和氧相差较大。

（一）氧及其化合物

1. 氧气　Oxygen

化学式　O_2

相对分子质量　31.99

性质　为无色无臭气体。相对密度 1.10535（空气为 1.0）。冷却至 -183℃时变成蓝色透明而易于流动的液体，其相对密度 1.149。将液态氧继续冷却至 -218.4℃就形成淡蓝色固态结晶，其相对密度 1.426。熔点 -218.4℃，沸点 -183℃，临界温度 -118.95℃，临界压力 $5.08 \times 10^6 Pa$。熔化热 444.6J/mol，汽化热 6698J/mol。在氧分子中，两个氧原子通过一个 σ 键和两个三电子 π 键结合起来。由于分子中有两个单电子，使氧表现出顺磁性。在液态氧中有缔合分子 O_4 存在。能助燃，但不自燃。不易溶于水，微溶于乙醇及其他有机溶剂。氧是化学性质活泼的气体，它能和绝大多数金属及非金属化合，形成各种氧化物。但由于氧分子的键能（481kJ/mol）较高，所以，常温时反应速度较慢，加热或高温下能与许多金属和非金属剧烈反应，并放出大量的热。常温下，在溶液中氧也显示氧化性，酸性溶液氧化性较强，碱性溶液氧化性弱。与可燃性气体混合能发生燃烧或爆炸。和乙炔气混合燃烧时的火焰温度高达3500℃,与油脂接触也可发生燃烧。与氢按一定比例混合形成爆炸性混合物。氧也是地壳中分布最广的元素,广泛分布在大气和海洋中。空气中氧的体积分数约为21%,海洋中氧的质量分数约为80%。此外还存在于硅酸盐、氧化物及各种含氧阴离子中。

质量规格

产品性状	指标		
	I类	II类	
		一级	二级
氧,%	≥99.5	≥99.5	≥99.2
水分(游离水),mL/瓶	—	≤100	—
露点,℃	≤ -43	—	—

用途 广泛用于冶炼工业及石油化学工业,参与各种氧化反应,用作烃类催化氧化反应的氧源。也用于金属焊接和切割。液态氧用作液氧炸药及火箭推进剂燃剂。

简要制法 由分离空气制取氧气,或由电解水制得。

2. 臭氧 Ozone

化学式 O_3

相对分子质量 47.99

性质 为氧的同素异形体,一种浅蓝色反磁性气体,有特殊气味。在 -112℃时凝聚成深蓝色液体。在 -250℃时聚结成黑紫色固体。气体相对密度(0℃)2.144,液体相对密度(-195.4℃)1.614。临界温度 -12.1℃,临界压力 5.45×10^6 Pa。臭氧分子的构型呈V形,二等边 O—O 键长 127×10^{-12} m,顶角117°。中心氧原子以 SP^2 杂化轨道中的两个轨道分别与另两个氧原子的 SP^2 杂化轨道形成两个 σ 键,中心氧原子 SP^2 杂化轨道中的另一个则保留一个孤对电子。此外,中心氧原子在未参与杂化的p轨道上有一对电子,而两旁的氧原子在未参与杂化的p轨道上各有一个电子,这些未参与杂化的p轨道互相平行,形成了三中心四电子大 π 键 Π_3^4。臭氧在常温下分解缓慢,在高温下迅速分解,生成氧气。在受到撞击、摩擦时发生爆炸而分解。在冷水中溶解度比氧气约大10倍。溶于碱溶液和油类中,不稳定。液体臭氧容易爆炸,含臭氧的溶液加热会爆炸。臭氧分子的键能(200kJ/mol)比

臭氧分子结构

氧分子低得多，所以化学活泼性很强。其氧化能力比氧强得多，许多常温下几乎和氧不发生反应的物质遇到臭氧均能迅速反应。如银在臭氧中可被氧化为过氧化银(Ag_2O_2)。烯烃易与臭氧反应生成臭氧化合物。有水存在时臭氧为一种强力漂白剂，作用比过氧化氢、氯气或SO_2还强。空气中含微量的臭氧(低于1×10^{-6})。臭氧对人的健康有益，因为臭氧既能消毒杀菌，又能刺激中枢神经并加速血液循环。

用途 用作烃类氧化催化剂、漂白剂、脱臭剂、消毒剂、净化剂等。利用臭氧的强氧化作用，也可部分替代通常的催化氧化和高温氧化工艺，并能代替氰化钠将金矿石溶解在盐酸中，简化生产工艺。

简要制法 工业上是将氧气或空气通入高压放电装置而得。

3. 过氧化氢　Hydrogen Peroxide

别名　双氧水

化学式　H_2O_2

相对分子质量　34.01

性质　纯品为无色透明黏稠液体，有苦味。相对密度(25℃)1.4422。熔点-89℃。凝固时为白色四方晶系晶体。沸点150.2℃。市售品双氧水的浓度为3%~90%，多数为30%。其相对密度1.196，沸点106.2℃。溶于水、乙醇、乙醚，与水可任意混溶。不溶于甲苯、汽油、石油醚。过氧化氢的分子构型像一本半开的书，分子中有一过氧键(—O—O—)，每个氧原子各连接一个氢原子，O—O键长为149×10^{-12}m，O—H键长为97×10^{-12}m，键角(∠HOO)为97°，二面角为94°。由于氢键的存在，H_2O_2的缔合度较水更大，所以密度比水大。是一种极件分子，极性比水大。在H_2O_2分子中，氧的氧化态为-1，介于0与-2之间。所以，它既有氧化性，又有还原性，而以氧化性为主。由于过氧键的键能较小，结合不牢固，容易分解成水并放出新生态氧。重金属离子、碱性介质、加热或曝光都能加快H_2O_2分解。在水溶液中，H_2O_2可微弱地解离出H^+，故显弱酸性。能与碱发生中和反应，生成过氧化物。在一般情况下，显强氧化性，能氧化许多无机或有机化合物，也能还原氯、高锰酸钾等强氧化剂。高浓度(>65%)的过氧化氢与易燃物或有机物接触会引起燃烧，浓溶液会烧伤皮肤。浓度>90%时，贮存中会分解成水和氧，可加入少量*N*-乙酰苯胺作稳定剂。

质量规格

产品性状	指标					
	27.5%		35%	50%	60%	70%
	优等品	合格品				
过氧化氢(H_2O_2),%	≥27.5	≥27.5	≥35.0	≥50.0	≥60.0	≥70.0
游离酸(以 H_2SO_4 计),%	≤0.040	≤0.050	≤0.040	≤0.040	≤0.040	≤0.050
不挥发物,%	≤0.06	≤0.10	≤0.08	≤0.08	≤0.06	≤0.06
稳定度 s,%	≥97.0	≥90.0	≥97.0	≥97.0	≥97.0	≥97.0
总碳(以 C 计),%	≤0.030	≤0.040	≤0.025	≤0.035	≤0.045	≤0.050
硝酸盐(以 NO_3^- 计),%	≤0.020	≤0.020	≤0.020	≤0.025	≤0.028	≤0.030

注：表中数据摘自 GB/T 1616—2014。

用途 用作聚合反应催化剂、氧化剂、消毒剂、漂白剂、除氯剂等。广泛用于制造无机和有机过氧化物及环氧化合物。也用作维生素、酒石酸生产的氧化剂。也用于铀的提取、金属分离、污水处理。高浓度过氧化氢可用作火箭燃料及氧源。

安全事项 属爆炸性强氧化剂。本身不燃，但能与可燃物反应并产生足够的热量而引起着火。在 pH 值为 4±0.5 时最稳定，在碱性浓液中极易分解，在强光下也易分解。140℃ 时迅速分解并爆炸，爆炸极限 26%~100%。由于它具有活性氧化作用，对黏膜、皮肤及眼睛等会造成化学灼伤，经常接触易患皮炎及支气管疾病。

简要制法 先将 2-乙基蒽醌在钯催化下氢化再经氧化制得，或由电解硫酸氢铵水溶液而得。

4. 冠醚 Crown Ether

别名 大环醚

结构式 $\mathrm{-\!\!\!-\!\!\!-[CH_2\!-\!CH_2\!-\!O]_n\!\!\!-\!\!\!-}$

性质 一类含有多个氧原子的大环化合物，因其结构形状似外国王冠，故称冠醚。冠醚的命名可用通式"X-冠-Y"表示。其中 X 表示组成环的

总原子数，Y 代表环上的氧原子数。当环上连有烃基时，则烃基的名称和数目作为词头，如

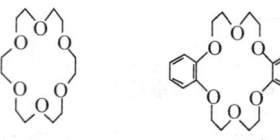

    18-冠-6   二苯并-18-冠-6

冠醚中的氧原子可以被硫或氮原子所取代，生成硫杂冠醚或氮杂冠醚。

  冠醚是一类螯合配体，能和金属离子形成稳定的配位化合物。不同的冠醚以其不同的孔穴大小和电荷分布适合于分离不同大小的球形金属离子。几种重要的冠醚的孔穴直径和适合组装分离的碱金属离子如下表所列。

冠醚的孔穴直径和适合组装分离的离子

冠　　醚	孔穴直径，10^{-12} m	适合组装分离的离子
12-冠-4	120～150	Li^+
15-冠-5	170～220	Na^+
18-冠-6	260-320	K^+、Rb^+
21-冠-7	340～430	Cs^+
24-冠-8	＞400	—

  用途 用作有机合成相转移催化剂。由于冠醚环上氧原子的未共用电子对向着环的内侧，当适合于环的大小的金属阳离子进环内时（如 K^+ 的半径为 $133×10^{-12}$ m，可进入18-冠-6的空穴），则氧原子与金属离子通过静电吸引形成配合物。而疏水性（亲油性）的亚甲基则排列在环的外侧，它溶于有机溶剂，因此，原来试剂中的负离子则形成了"裸负离子"而具有较高的活性。它能与反应物迅速反应。在这种反应过程中，冠醚将不溶于有机溶剂的试剂带入有机溶剂中，冠醚即成为相转移剂或相转移催化剂。此外，冠醚还具有使无机盐有可能溶于有机溶剂的作用，可用作三相催化剂及离子选择性电极等。

  简要制法 通常采用威廉森（Williamson）法合成，由卤代烷与醇钠（钾反应），可制得对称的或不对称的冠醚。

5. 过氧化二乙酰 Diacetyl Peroxide

别名　二酰基过氧化物
化学式　$C_4H_6O_4$
相对分子质量　118.12
性质　为无色结晶或液体,有刺激性恶臭气味。熔点30℃,沸点(3.066kPa)65℃。半衰期10h的分解温度为69℃。易溶于水,同时发生分解而生成乙酸及过氧化氢乙酰。遇光也发生分解。商品一般为浓度25%的邻苯二甲酸二甲酯溶液。具强氧化性。理论活性氧含量13.35%。
用途　用作链烯烃、氯乙烯、二氯乙烯等单体聚合的引发剂或催化剂。
安全事项　易燃。纯品在温度超过32℃时会爆炸,自催化分解温度49℃。搅拌、摩擦、震动或自一容器倾注于另一容器时均可引起爆炸。商品一般用邻苯二甲酸二甲酯稀释,以降低其受震敏感性。蒸气对眼睛、皮肤、黏膜等有刺激性及腐蚀性。
简要制法　由乙酰氯与过氧化钠反应制得。

6. 过氧化二丙酰 Dipropionyl Peroxide

化学式　$C_6H_{10}O_4$
相对分子质量　146.13
结构式　
$$C_2H_5-\overset{O}{\underset{\|}{C}}-O-O-\overset{O}{\underset{\|}{C}}-C_2H_5$$

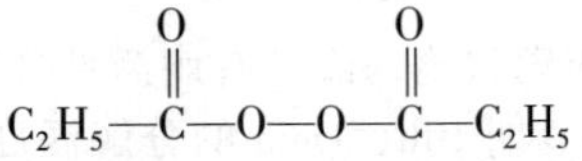

性质　为无色液体。理论活性氧含量10.97%。当半衰期10h、1min时,其分解温度分别为65℃、115℃。不溶于水,溶于有机溶剂。有强氧化性。与有机物、还原剂、易燃物、酸及胺类等混合时会剧烈反应,并有着火及爆炸危险。
用途　用作链烯烃聚合引发剂。
安全事项　易燃。对冲击、摩擦的敏感性强,易发生爆炸。一般以25%的溶液出售,以提高其安定性。蒸气对黏膜、眼睛及皮肤有强刺激性。

7. 过氧化(二)丁二酸 Disuccinic Acid Peroxide

别名　过氧化丁二酸、过氧化(二)琥珀酸
化学式　$C_8H_{10}O_8$
相对分子质量　234.21
结构式　$HOOC(CH_2)_2COOOCO(CH_2)_2COOH$
性质　为白色结晶或粉末。有酸味。熔点125℃(分解)。理论活性氧含量6.83%。半衰期6.9h、1.6h、0.4h的分解温度分别为70℃、85℃、100℃。在丙酮中半衰期为1min、10h时的分解温度分别为144℃、66℃。微溶于水,溶于有机溶剂。遇光或受热易分解。与还原剂、有机物、易燃物、酸及胺类混合时剧烈反应,并有着火及爆炸危险。蒸气有毒。商品常含过氧化(二)丁二酸95%、72%(其余为水)。
用途　用作聚合引发剂及不饱和聚酯固化剂。
安全事项　易燃,蒸气有毒。对摩擦及撞击敏感,易着火或爆炸。蒸气对皮肤及黏膜有强刺激性。

8. 过氧化(二)正辛酰 Di-*n*-octanoyl Peroxide

别名　过氧化二辛酰
化学式　$C_{16}H_{30}O_4$
相对分子质量　286.21
结构式　$C_7H_{15}\underset{}{-}\overset{O}{\underset{\|}{C}}-O-O-\overset{O}{\underset{\|}{C}}-C_7H_{15}$
性质　为白色结晶、薄片或糊状物,或带有刺激性气味的棕黄色液体。理论活性氧含量5.6%。半衰期10h、1min的分解温度分别为62℃、120℃。不溶于水,溶于有机溶剂。有强氧化性。与还原剂、有机物及易燃剂等接触时会剧烈反应,并有着火、爆炸危险。
用途　用作聚合引发剂及不饱和聚酯固化剂。
安全事项　易燃。对摩擦、冲击敏感。蒸气对眼睛、黏膜及皮肤有刺激性。

9. 过氧化(二)异丁酰 Diisobutyryl Peroxide

化学式　$C_8H_{14}O_4$

相对分子质量 174.12

结构式 $(CH_3)_2CH-\overset{O}{\underset{\|}{C}}-O-O-\overset{O}{\underset{\|}{C}}-CH(CH_3)_2$

性质 为无色液体。理论活性氧含量9.18%。半衰期10h、1min的分解温度分别为35℃、90℃。不溶于水，溶于有机溶剂。有强氧化性。商品一般为含本品50%的溶液。常温下快速分解。与还原剂、有机物、易燃物、酸及胺类混合时会剧烈反应，有着火及爆炸危险。

用途 用作氯乙烯等单体聚合引发剂。

安全事项 易燃。受冲击、摩擦有发生爆炸危险。商品是以溶剂稀释的溶液，以提高其安全性。蒸气对眼睛、皮肤及黏膜有强刺激性。

10. 过氧化(二)异壬酰 Isononanoyl Peroxide

别名 过氧化二(3,5,5-三甲基己酰)

化学式 $C_{18}H_{34}O_4$

相对分子质量 314.51

结构式

$(CH_3)_3CCH_2CH(CH_3)CH_2-\overset{O}{\underset{\|}{C}}-O-O-\overset{O}{\underset{\|}{C}}CH_2(CH_3)CHCH_3C(CH_3)_3$

性质 为无色液体，有刺激性气味。理论活性氧含量3.8%。半衰期10h、1min的分解温度分别为59℃、115℃。不溶于水，溶于有机溶剂。常温下迅速分解，光照能加速分解。有强氧化性。与还原剂、有机物、易燃物、酸及胺类等物品混合时会剧烈反应，并有着火及爆炸危险。

用途 用作聚合引发剂及不饱和树脂固化剂。

安全事项 易燃。纯品受冲击或摩擦有爆炸危险，商品一般用水或溶剂稀释至52%浓度以下，以提高其安全性。蒸气对皮肤、黏膜及眼睛有刺激性。

11. 过氧化(二)癸酰 Didecanonyl Peroxide

化学式 $C_{20}H_{38}O_4$

相对分子质量 342.52

结构式 $\quad C_9H_{19}-\overset{O}{\underset{\|}{C}}-O-\overset{O}{\underset{\|}{C}}-C_9H_{19}$

性质 为白色粉末或片状物。理论活性含量4.67%。半衰期10h、1min的分解温度分别为62℃、120℃。受光照能加速分解。不溶于水，溶于有机溶剂。有强氧化性。与有机物、还原剂、易燃物、酸类及胺类混合时会剧烈反应，并有着火及爆炸危险。

用途 用作聚合引发剂及不饱和聚酯固化剂。

安全事项 易燃。受冲击、摩擦时有着火及爆炸危险。蒸气对皮肤、黏膜及眼睛等有刺激性。

12. 过氧化二(4-氯苯甲酰)
Di-4-chlorobenzol Peroxide

别名 对氯过氧化苯甲酰
化学式 $C_{14}H_8O_4Cl_2$
相对分子质量 311.41

结构式 $\quad Cl-\!\!\bigcirc\!\!-\overset{O}{\underset{\|}{C}}-O-\overset{O}{\underset{\|}{C}}-\!\!\bigcirc\!\!-Cl$

性质 为白色粉末或糊状物。半衰期10h的分解温度为75℃。理论活性氧含量5.2%。不溶于水，有强氧化性。商品一般为含本品70%（其余为水）的白色潮湿粉末，或含本品50%的糊状物。与有机物、可燃物、还原剂等混合会剧烈反应，并有着火、爆炸危险。

用途 用作乙烯、乙酸乙烯酯及丙烯酸酯等单体聚合引发剂，不饱和聚酯固化剂及硅橡胶交联剂等。

安全事项 易燃。纯品对冲击、摩擦的敏感性较大，高温及遇火焰时会爆炸。蒸气对皮肤、黏膜及眼睛等有刺激性。

13. 过氧化二异丙苯 Dicumyl Peroxide

别名 二异丙苯过氧化物
化学式 $C_{18}H_{22}O_2$
相对分子质量 270.42

六、氧族元素及其化合物

结构式

$$\text{C}_6\text{H}_5-\underset{\underset{\text{CH}_3}{|}}{\overset{\overset{\text{CH}_3}{|}}{\text{C}}}-\text{O}-\text{O}-\underset{\underset{\text{CH}_3}{|}}{\overset{\overset{\text{CH}_3}{|}}{\text{C}}}-\text{C}_6\text{H}_5$$

性质 为白色至微粉红色结晶性粉末,遇光颜色加深。相对密度(20℃)1.082,熔点 39～41℃,闪点 133℃,自燃点 218℃,分解温度 120～125℃(迅速分解),升华温度(26.7Pa)100℃。理论活性氧含量 5.92%。半衰期 10h、1h 及 1min 的分解温度分别为 117℃、135℃、172℃。不溶于水,易溶于苯、甲苯、异丙苯,微溶于冷乙醇。为强氧化剂。遇还原剂、有机物、可燃物时会激烈反应,有着火危险。与浓硫酸及高氯酸相遇则分解。

质量规格

产品性状	指标		产品性状	指标	
	一级品	二级品		一级品	二级品
外观	无色或白色菱形结晶	白色或略带粉红色结晶	熔点,℃	≥38.5	≥37.5
过氧化二异丙苯含量,%	≥97.0	≥96.0	挥发物总含量,%	≤0.30	≤0.50

用途 用作聚合反应的引发剂,可用于白色、透明及要求压缩变形性低及耐热的制品。也用作天然及合成橡胶(不适用于丁基橡胶)、聚乙烯树脂的硫化剂,不饱和聚酯、聚烯烃、硅橡胶的高温交联反应的交联固化剂等。

安全事项 易燃,遇火燃烧时缓慢而温和,对震动及摩擦不敏感。是有机过氧化物中使用最安全的一类。对皮肤有弱刺激性。

简要制法 由氢过氧化异丙苯与苯基二甲基甲醇在高氯酸作用下反应而得。

14. 过氧化二苯甲酰　Benzoyl Peroxide

别名 过氧化苯甲酰、过氧化苯酰、苯甲酰过氧化物
化学式 $C_{14}H_{10}O_4$

相对分子质量 242.23

结构式 $C_6H_5COOOCOC_6H_5$

性质 为白色斜晶系结晶或结晶性粉末，稍有苯甲醛的气味，有苦杏仁气味。理论活性氧含量 6.62%。相对密度(25℃)1.3440，熔点 103~106℃(分解并可引起爆炸)，闪点(开杯)125℃。半衰期10h、1h、8min 时的分解温度分别为 72℃、90℃、110℃。极微溶于水，微溶于甲醇、异丙醇，稍溶于乙醇，溶于乙醚、丙酮、氯仿、苯、乙酸乙酯等。在碱性溶液中缓慢分解。常温下稳定，干燥状态下因撞击、摩擦或加热会发生爆炸。加入硫酸可燃烧，为强氧化剂。可加入磷酸钙、碳酸钙、硫酸钙等不溶性盐类将其稀释至20%贮存；或以水作稳定剂，含水量为30%左右。

质量规格

产品性状	指标		产品性状	指标	
	一级品	二级品		一级品	二级品
外观	白色结晶粉末		水中溶解试验	合格	合格
过氧化二苯甲酰,%	≥99.0	≥95.0	酸碱性	合格	合格
熔点,℃	102~106	102~106	磷化物,%	≤0.005	—
水分,%	30	30			

用途 用作乙烯系、丙烯酸系、苯乙烯系、乙酸乙烯酯系、氯乙烯系等单体聚合的催化剂或引发剂。除单独用作引发剂外，还可与二烷基苯胺形成氧化还原体系用于常温或低温下聚合。也用作不饱和聚酯、丙烯酸酯及硅橡胶等的交联剂、油脂精炼漂白剂、纤维脱色剂等。

安全事项 干燥的过氧化二苯甲酰非常易燃，遇热、摩擦、震动能引起爆炸分解。长期接触，对皮肤、黏膜及眼睛有刺激性。

简要制法 先用30%过氧化氢与30%氢氧化钠溶液反应生成 Na_2O_2，再在0℃下与苯甲酰氯反应制得。

15. 过氧化二叔丁基 Di-*tert*-butyl Peroxide

别名 二叔丁基过氧化物、过氧化二特丁基、双(1,1-二甲基乙基)过氧化物

化学式 $C_8H_{18}O_2$

相对分子质量 146.22

结构式 $(CH_3)_3COOC(CH_3)_3$

性质 为无色至微黄色透明液体。相对密度(20℃)0.794，熔点 -40℃，沸点 50~52℃(0.675Pa)、109~110℃(5.7Pa)分解，燃点182℃，闪点9℃，折射率(20℃)1.389。蒸气相对密度 5.03，蒸气压(20℃)2600Pa。理论活性氧含量10.94%。不溶于水，溶于乙醇、丙酮、苯乙烯，与苯及石油醚混溶。半衰期20h、34h时的分解温度分别为120℃、115℃。为强氧化剂。在常温下稳定，对撞击不敏感，对钢和铝无腐蚀作用。气态时在140~180℃分解。

质量规格

产品性状	指 标	产品性状	指 标
过氧化二叔丁基,%	≥95.0	叔丁基过氧化氢,%	≤0.2
相对密度(20℃)	0.793~0.803	铁(Fe),%	≤0.0005
折射率(20℃)	1.385~1.392		

用途 用作乙烯、苯乙烯高温聚合和乳液聚合的催化剂或引发剂，不饱和聚酯的中温、高温交联剂，天然橡胶、乙丙橡胶、硅橡胶、聚乙烯等的交联剂，烯烃的环氧化剂等。也用作桐油、蓖麻油、亚麻籽油等干性油添加剂，以改善其干燥性能。

安全事项 易燃。其蒸气与空气能形成爆炸性混合物。遇热或明火有着火或爆炸危险。对眼睛、皮肤有刺激性。

简要制法 由叔丁基过氧化氢与叔丁醇反应制得。或先由叔丁醇与硫酸反应生成硫酸氢叔丁酯，再与过氧化氢反应而得。

16. 过氧化十二酰 Lauroyl Peroxide

别名 过氧化月桂酰、过氧化双十二酰、过氧化双月桂酰
化学式 $C_{24}H_{46}O_4$
相对分子质量 398.62
结构式 $CH_3(CH_2)_{10}COOOOC(CH_2)_{10}CH_3$

性质 为白色粗糙结晶或粒状固体。有微弱刺激性气味。熔点53~55℃，分解温度70~80℃，理论活性氧含量4.02%。不溶于水，溶于丙酮、氯仿等有机溶剂。常温下稳定。半衰期13h、3.4h、0.5h时的分解温

度分别为 60℃、70℃、85℃。有氧化作用,与还原剂、有机物、易燃物、胺类等混合时会发生剧烈反应,引起燃烧或爆炸。

质量规格

产品性状	指标		
	优级品	一级品	合格品
外观	白色油脂性粉末		
过氧化十二酰,%	≥97.0	≥96.0	≥95.0
活性氧,%	≥3.93	≥3.85	≥3.82
熔点,℃	53~55	53~55	52~55
二甲苯溶液外观	合格	合格	合格

用途 用作高压聚乙烯、聚氯乙烯等聚合引发剂及不饱和聚酯联剂。也用作发泡剂、油脂漂白剂等。

安全事项 易燃。本品较其他大部分有机过氧化物的敏感度小,但受热后对震动敏感。干品遇有机物或受热时会爆炸。贮存时需用水覆盖。粉尘对皮肤及黏膜有弱刺激性。

简要制法 可在烧碱作用下由月桂酰氯与过氧化氢反应制得。

17. 过氧化-3,5,5-三甲基己酸叔丁酯
tert-Butyl Peroxy-3,5,5-Trimethyl Hexanoate

别名 叔丁基过氧化-3,5,5-三甲基己酸酯、过氧化异戊酸叔丁酯

化学式 $C_{12}H_{24}O_3$

相对分子质量 216.32

结构式 $(CH_3)_3COOC(=O)-CH_2-CH(CH_3)-C(CH_3)_3$

性质 为无色液体,稍有气味。理论活性氧含量 6.87%。半衰期 10h、1min 时的分解温度分别为 100℃、160℃。不溶于水,溶于有机溶剂。与还原剂、有机物、易燃物、强酸等混合时剧烈反应,并有着火及爆炸危险。商品为含本品 97% 的无色液体,活性氧含量 6.77%。

用途 用作聚合引发剂及不饱和聚酯的交联剂。

安全事项 易燃。受热或受震动易爆炸。蒸气对皮肤、黏膜及眼睛有刺激性。

18. 过氧化甲乙酮 Methyl Ethyl Ketone Peroxide

别名 过氧化-2-丁酮、甲基乙基酮过氧化物
化学式 $C_8H_{16}O_4$
相对分子质量 176.22
结构式 $[C_2H_5CO(CH_3)]_2O_2$

性质 为无色透明液体,具有宜人气味。相对密度1.091,闪点50℃。理论活性氧含量18.2%。在水中溶解度约10%,能溶于苯、醇、酯及醚等。在130℃时分解。可燃。受热或受光会引起分解,遇氧化物、有机物、易燃物会剧烈反应,并引起着火或爆炸。

质量规格

产品性状	指 标		
	Ⅰ型	Ⅱ型	Ⅲ型
外观	无色透明液体		
透明度	≤15℃时无结晶析出,不发生浑浊		
活性氧含量,%	11~12	9.5~12.5	9~9.5

用途 常温下用作不饱和聚酯树脂的固化引发剂、丙烯酸酯胶黏剂引发剂、丙烯酸酯类涂料催干剂、玻纤增强树脂的硬化剂等。

安全事项 在常温下稳定,当温度高于100℃时即发生爆炸。实际使用的是含过氧化甲乙酮为50%~60%的邻苯二甲酸二甲酯溶液。蒸气对眼睛、呼吸系统有严重刺激及腐蚀性。

简要制法 在硫酸或催化剂存在下,由丁酮与过氧化氢反应制得。

19. 过氧化环己酮 Peroxycyclohexanone

化学式 $C_{12}H_{22}O_5$
相对分子质量 246.31
结构式 HOO—C—O—O—C—OH (环己基)

性质 白色至浅黄色结晶性粉末。熔点76~78℃,理论活性氧含量12.99%。不溶于水,溶于乙醇、苯、丙酮等有机溶剂。化学性质十分活

泼。易燃、易爆。干燥状态下极易分解。常温下与过渡金属化合物接触时即可着火。半衰期10h及1min时的分解温度分别为97℃及174℃。

质量规格

产品性状	指　　标	产品性状	指　　标
外观	白色糊状物	半衰期10h,℃	97
活性氧含量,%	≥6.0	半衰期1min,℃	174
分解温度,℃			

用途　用作橡胶及合成树脂的聚合引发剂及不饱和聚酯的交联剂。

安全事项　为二级有机氧化剂。对摩擦、冲击敏感,易发生爆炸。使用时常加水或惰性有机溶剂作稳定剂,或使用过氧化环己酮浆(糊状物),避免使用高纯度产品。对皮肤及黏膜有强刺激作用。

简要制法　在盐酸催化剂存在下,由环己酮与过氧化氢在低于30℃下反应制得。

20. 过氧化乙酰磺酰环己烷
Acetyl Cyclohexane Sulfonyl Peroxide

别名　乙酰基过氧化环己烷磺酰

化学式　$C_8H_{14}O_5S$

相对分子质量　222.23

结构式
$$CH_3-\underset{\underset{O}{\|}}{\overset{\overset{O}{\|}}{C}}-O-O-\underset{\underset{O}{\|}}{\overset{\overset{O}{\|}}{S}}-C_6H_{11}$$

性质　为白色粉末,稍有刺激性气味。理论活性氧含量7.2%。半衰期1min、10h时的分解温度分别为80℃、31℃。不溶于水,溶于苯、醚、酯。易燃。常温下会分解。与有机物、可燃物、还原剂、酸类及胺类等混合会剧烈反应,并引起燃烧及爆炸。商品有粉状及液状。前者是活性物含量为60%的白色的过氧化乙酰磺酰环己烷粗粉末,加水及加苯二甲酸酯作减敏剂;后者是活性物含量为28%的过氧化乙酰磺酰环己烷与20%的苯二甲酸酯制成的混合液。两种商品均有刺激性气味,有效氧含量分别为2.0%及1.44%。

用途　用作苯乙烯、氯乙烯等单体聚合的高效引发剂。

安全事项 有着火、爆炸危险。对摩擦、撞击敏感。对皮肤、黏膜及眼睛等有刺激性。

21. 过氧化乙酸叔丁酯 tert-Butyl Peroxyacetate

别名 过氧化叔丁基乙酸酯
化学式 $C_6H_{12}O_3$
相对分子质量 132.23
结构式

$$H_3C-\underset{\underset{CH_3}{|}}{\overset{\overset{CH_3}{|}}{C}}-O-O-\overset{\overset{O}{\|}}{C}-CH_3$$

性质 为无色透明液体,有令人愉快的气味。闪点因所用溶剂不同,为26~64℃。自催化分解温度为93℃。理论活性氧含量12.11%。半衰期10h、1min 的分解温度分别为102℃、106℃。不溶于水,溶于苯、醇、醚及酯等有机溶剂。蒸气与空气能形成爆炸性混合物,与有机物、易燃物、强酸混合时剧烈反应,有着火及爆炸危险。

用途 用作聚合催化剂及不饱和聚酯交联剂。

安全事项 易燃。受热或受震动易发生爆炸。商品常为含活性物75%或50%的苯溶液。蒸气有毒,对皮肤有刺激及腐蚀性。

22. 过氧化二碳酸二(2-乙基己基)酯
Di(2-ethylhexyl)Peroxydicarbonate

别名 过氧化二碳酸双-2-乙基己酯、过氧重碳酸二(2-乙基己基)酯、二(2-乙基己基)过二碳酸酯
化学式 $C_{18}H_{34}O_6$
相对分子质量 346.52
结构式

$$C_4H_9CH(C_2H_5)CH_2-O-\overset{\overset{O}{\|}}{C}-O-O-\overset{\overset{O}{\|}}{C}-O-CH_2(C_2H_5)CHC_4H_9$$

性质 为无色透明液体,有特殊气味。纯品相对密度0.964,分解温度49℃。呈中性。不溶于水,溶于乙醇及直链烃。理论活性氧含量4.62%。含46%活性物的溶液在半衰期10.33h及1.5h时的分解温度分别为40℃及

50℃。受热或光照下易分解成相应的自由基。气体接触空气时会自燃。与有机物、易燃物、还原剂、酸类接触时会强烈反应，能引起着火或爆炸。

质量规格

产品性状	指　标	产品性状	指　标
外观	微黄色透明液体	活性氧,%	≥2.70
过氧化二碳酸二(2-乙基己基)酯,%	≥60	NaCl,%	≤0.20

用途　用作氯乙烯单体聚合或单体悬浮聚合的引发剂或催化剂，也用作乙烯、丙烯酸酯、丙烯酸及丙烯腈、偏氯乙烯等聚合的引发剂。也用作自由基型引发剂。

安全事项　易燃。对受热或震动敏感性强。商品有工业纯无色液体，用脂肪烃稀释的75%液体(有效氧量4.5%)，以冰冻形式稳定地分散在水中的40%乳化液(有效氧量1.8%)等。对皮肤、黏膜及眼睛等有刺激性。

简要制法　由氯甲酸-2-乙基己酯与过氧化钠反应制得。

23. 过氧化二碳酸二异丙酯
Diisopropyl Peroxydicarbonate

别名　过氧化二异丙基碳酸酯、过二碳酸异丙酯

化学式　$C_8H_{14}O_6$

相对分子质量　206.22

结构式　$(CH_3)_2CHOOCOOCOOCH(CH_3)_2$

性质　低温下为白色粉状晶体，常温下为无色液体。相对密度(15℃)1.080℃，熔点8～10℃，折射率(20℃)1.4034。理论活性氧含量7.78%。分解温度47℃，常温下会逐渐自行分解。自催化分解温度12℃。微溶于水，水中溶解度(25℃)0.04%。溶于脂肪烃、芳香烃、氧代烃、酯、醚等溶剂。易燃。有强氧化性。对温度、撞击及酸、碱等化学药品特别敏感，极易分解而发生爆炸。

质量规格

产品性状	指　标
外观	无色液体
过氧化二碳酸二异丙酯含量,%	55～65

用途 为自由基型引发剂，用作烯类单体或其他单体聚合或共聚的低温引发剂或催化剂。

安全事项 对受热及震动敏感性强，会产生爆炸。对眼睛及皮肤有刺激性。商品有含本品95%固体，还有活性氧含量为7.37%的本品用30%~65%苯二甲酸酯稀释的溶液。

简要制法 由过氧化钠与氯甲酸异丙酯经过氧化反应而制得。

24. 过氧化二碳酸二环己酯
Dicyclohexyl Peroxydicarbonate

别名 过氧化二环己基二碳酸酯、过氧重碳酸二环己酯
化学式 $C_{14}H_{22}O_6$
相对分子质量 286.32
结构式

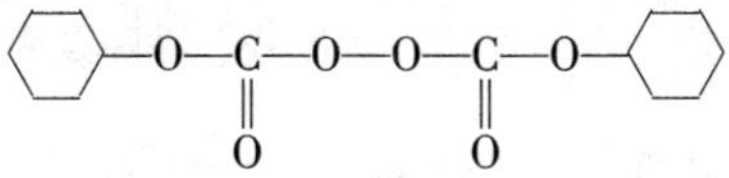

性质 为白色固体粉末。熔点（含量>97%）44~46℃，分解温度42℃。理论活性氧含量5.6%。半衰期75h、4.2h及0.27h时的分解温度分别为30℃、50℃及70℃。不溶于水，微溶于乙醇及脂肪烃，溶于酯、酮类溶剂，易溶于氯代烃、芳烃溶剂。在常温下及与Fe、Cu等金属及催化剂接触时能加速分解。

质量规格

产品性状	指标	产品性状	指标
外观	白色粒状固体	pH值	7~8
过氧化二碳酸二环己酯,%	≥85	水分,%	≤1.5

用途 用作乙烯、氯乙烯、丙烯酸酯类及乙酸乙烯酯-氯乙烯单体聚合或共聚的高效引发剂或催化剂。

安全事项 易燃。对摩擦或撞击的敏感性较其他过氧化二碳酸酯低。为防止分解，应在低于5℃下贮存。毒性与一般有机过氧化物相似，能引起眼睛及皮肤灼伤。

简要制法 由氯甲酸环己酯与过氧化钠反应制得。

25. 过氧化二碳酸二(十四烷基)酯
Dimyristyl Peroxydicarbonate

别名 过氧化二(十四烷基)二碳酸酯、过氧化二(肉豆蔻基)二碳酸酯
化学式 $C_{30}H_{58}O_6$
相对分子质量 514.79

结构式 $C_{14}H_{29}-O-\underset{\underset{O}{\|}}{C}-O-O-\underset{\underset{O}{\|}}{C}-O-C_{14}H_{29}$

性质 为片状白色结晶。理论活性氧含量 3.11%。半衰期 10h、1min 时的分解温度分别为 41℃、90℃。不溶于水，溶于有机溶剂。与有机物、还原剂、易燃物及强酸等混合时剧烈反应，并有着火及爆炸危险。

用途 用作聚合引发剂或催化剂。

安全事项 易燃。对热、震动敏感。对皮肤、黏膜及眼睛有刺激性。

26. 过氧化二碳酸二正丁酯
Di-n-butyl Peroxydicarbonate

化学式 $C_{10}H_{18}O_6$
相对分子质量 234.31

结构式 $CH_3(CH_2)_3O-\underset{\underset{O}{\|}}{C}-O-O-\underset{\underset{O}{\|}}{C}-O(CH_2)_3CH_3$

性质 为无色液体。理论活性氧含量 6.83%。半衰期 1min 时的分解温度为 90℃。不溶于水，溶于有机溶剂。易燃。有强氧化性。常温下会剧烈分解，与有机物、易燃物、还原剂、酸类等混合时会剧烈反应，并引起燃烧及爆炸。

用途 用作聚合引发剂及不饱和聚酯固化剂等。

安全事项 有燃烧和爆炸危险。对皮肤、黏膜及眼睛有刺激性。

27. 过氧化二碳酸二正丙酯
Di-n-propyl Peroxydicarbonate

别名 过氧化二正丙基碳酸酯

化学式　$C_8H_{14}O_6$
相对分子质量　206.12

结构式　$C_3H_7-O-\overset{O}{\underset{\|}{C}}-O-O-\overset{O}{\underset{\|}{C}}-O-C_3H_7$

性质　为无色液体。理论活性氧含量 7.76%。半衰期 10h 时的分解温度 40.5℃。不溶于水，溶于有机溶剂。有强氧化性。易燃。纯品在常温下会迅速分解。对震动及受热敏感。与有机物、还原剂、易燃物及酸类混合时会剧烈反应，并引起燃烧或爆炸。

用途　用作聚合引发剂及不饱和聚酯固化剂。

安全事项　有着火和爆炸危险。对皮肤、黏膜及眼睛有刺激性。

28. 过氧化二碳酸二仲丁酯
Di-*sec*-butyl Peroxydicarbonate

别名　过氧化二仲丁基二碳酸酯
化学式　$C_{10}H_{18}O_6$
相对分子质量　234.31
结构式

$CH_3CH_2CH(CH_3)-O-\overset{O}{\underset{\|}{C}}-O-O-\overset{O}{\underset{\|}{C}}-O-(CH_3)CHCH_2CH_3$

性质　为无色液体。理论活性氧含量 6.83%。半衰期 1min 时的分解温度为 90℃。不溶于水，溶于有机溶剂。有强氧化性。易燃，纯品在常温下会剧烈分解。与有机物、易燃物、还原剂及酸类混合时会剧烈反应，并引起着火及爆炸。

用途　用作聚合引发剂及不饱和聚酯固化剂。

安全事项　对受热和震动敏感，有着火和爆炸危险。对皮肤、眼睛及黏膜有刺激性。

29. 过氧化二碳酸双十六烷基酯
Biscetylperoxydicarbonate

别名　过氧化双十六烷基二碳酸酯、过氧重碳酸双十六烷基酯
化学式　$C_{34}H_{66}O_6$

相对分子质量 570.72

结构式 $CH_3(CH_2)_{15}OCOOCO(CH_2)_{15}CH_3$（两个C=O）

性质 为白色片状结晶或粉末。熔点54℃。活性氧含量2.8%。不溶于水，微溶于醇，溶于丙酮、酯及芳烃。有氧化性。易燃。受热或震动有着火或爆炸危险。与还原剂、有机物、易燃物会剧烈反应并燃烧。

质量规格

产品性状	指标	产品性状	指标
外观	白色结晶粉末	十六烷醇,%	≤10.5
过氧化二碳酸双十六烷基酯,%	≥85.0	氯化钠,%	≤0.5
氯甲酸酯,%	≤4.0	熔点,℃	46~50

用途 用作悬浮法制聚乙烯的聚合引发剂或催化剂，也用作烯类单体聚合催化剂。

安全事项 有着火和爆炸危险。对皮肤、黏膜及眼睛等有刺激性。

简要制法 由氯甲酸十六烷酯与过氧化钠反应制得。

30. 过氧化二碳酸双(2-苯基乙氧基)酯
Bis(2-phenyl ethoxy)peroxydicarbonate

别名 过氧化双(2-苯基乙氧基)二碳酸酯、过氧重碳酸二(2-苯氧基乙基)酯

化学式 $C_{18}H_{18}O_8$

相对分子质量 362.11

结构式 苯基-$OCH_2CH_2OCOOCOCH_2CH_2O$-苯基（两个C=O）

性质 为白色至微黄色结晶性颗粒。熔点97~100℃，92~93℃开始分解。理论活性氧含量4.4%。半衰期(甲苯溶液)7h、1.5h时的分解温度分别为50℃及70℃。不溶于水，微溶于苯、甲苯、二甲苯、乙醚等溶剂，易溶于二氯甲烷、三氯甲烷。易燃。高温或遇明火会着火、爆炸。对碰撞及摩擦敏感。有氧化性。

质量规格

产品性状	指标	产品性状	指标
过氧化二碳酸双(2-苯基乙氧基)酯,%	≥85.0	总醇量(以乙醇计),%	≤2.0
		氯化钠,%	≤1.0
氯甲酸-2-苯氧乙基酯,%	≤5.0	水分(自然干燥),%	≤6.0

用途 用作乙烯、丙烯、丙烯酸酯、氯乙烯、丙烯腈及不饱和树脂的高效引发剂或催化剂,也用作氯乙烯—乙酸乙烯酯共聚引发剂及橡胶硫化促进剂。

安全事项 应避免与铁、铜等金属接触。有着火和爆炸危险。对皮肤、黏膜及眼睛有刺激作用。

简要制法 由氯甲酸-2-苯氧乙基酯与过氧化钠反应制得。

31. 过氧化异丙基碳酸叔丁酯
tert-Butyl Peroxy Isopropyl Carbonate

别名 叔丁基过氧化异丙基碳酸酯
化学式 $C_8H_{16}O_4$
相对分子质量 176.21

结构式
$$(CH_3)_3COC(=O)-O-O-CH(CH_3)_2$$

性质 为无色液体。理论活性氧含量9.08%。半衰期10h、1min时的分解温度分别为97℃、160℃。不溶于水,溶于有机溶剂。有强氧化性。易燃。受热或受震动有着火及爆炸危险。与还原剂、有机物、易燃物及酸类混合时会剧烈反应,并引起燃烧及爆炸。商品有含本品95%、75%等规格。

用途 用作聚合引发剂、不饱和聚酯交联剂及聚合物交联剂等。

安全事项 有着火和爆炸危险。对皮肤、黏膜及眼睛有刺激性。

32. 过氧化苯甲酸叔丁酯　*tert*-Butyl Peroxybenzoate

别名 叔丁基过氧化苯甲酸酯、过氧化叔丁基苯甲酸酯、过氧化苯甲酸特丁酯

化学式　$C_{11}H_{14}O_3$

相对分子质量　194.31

结构式　$(CH_3)_3COOC(=O)C_6H_5$

性质　为无色至淡黄色透明液体，略带芳香气味。相对密度 1.036~1.045，熔点 8.5℃，沸点 112℃（分解），闪点（开杯）65℃，燃点 171℃，折射率（25℃）1.495~1.499，蒸气压（50℃）44Pa。理论活性氧含量 8.24%。半衰期 1.8h、2.8h、5.1h 及 8.9h 时的分解温度分别为 120℃、115℃、110℃ 及 105℃。不溶于水，溶于醇、酮、醚、酯及烃类等大多数有机溶剂。常温下稳定，对钢、铝等金属无腐蚀性。有氧化性。易燃。自催化分解温度 64℃。其蒸气能与空气形成爆炸性混合物，燃烧力强。与还原剂、有机物、酸类等混合能引起着火。

质量规格

产品性状	指标	产品性状	指标
外观	淡黄色透明液体	相对密度(25℃)	1.035~1.045
过氧化苯甲酸叔丁酯,%	≥95.0	折射率(25℃)	1.495~1.500
叔丁基过氧化氢,%	≤1.0	铁(Fe),%	≤0.0005

用途　用作乙烯、丙烯、苯乙烯等单体聚合的引发剂或催化剂，也用作橡胶硫化剂、油漆催干剂、橡胶型胶黏剂的交联剂等。

安全事项　有着火和爆炸危险。但受震敏感性比其他有机过氧化物低。蒸气对眼睛、皮肤及呼吸道有刺激性。

简要制法　由叔丁基过氧化氢与苯甲酰氯反应制得。

33. 过氧化新戊酸叔丁酯　tert-Butyl Peroxypivalate

别名　过氧化叔丁基新戊酸酯、叔丁基过氧化新戊酸酯

化学式　$C_9H_{18}O_3$

相对分子质量　174.23

结构式　$(CH_3)_3CC(=O)OOC(CH_3)_3$

性质　为无色液体，具有酯的香味。相对密度（25℃）0.854，熔点

< -19℃，闪点68~71℃，折射率(25℃)1.410，分解温度(苯溶液)55℃。半衰期20h、1min时的分解温度分别为50℃、110℃。不溶于水及乙二醇，溶于多数有机溶剂。易燃。自催化分解温度29.4℃。蒸气与空气能形成爆炸性混合物。与还原剂、可燃物、酸类接触时反应剧烈，并能引起燃烧。商品为含本品70%的己烷溶液，其有效氧含量为6.3%。

质量规格

产品性状	指标	产品性状	指标
外观	无色液体	过氧化新戊酸叔丁酯,%	≥70

用途 用作氯乙烯单体的悬浮聚合引发剂或催化剂。也用作乙烯、丙烯、苯乙烯、氯乙烯及乙酸乙烯酯等单体的自由聚合引发剂等。

安全事项 有着火和爆炸危险，对震动和受热敏感。

简要制法 由新戊酰氯与叔丁基过氧化氢反应制得。

安全事项 蒸气对眼睛、皮肤及黏膜有刺激性。

34. 过氧化新戊酸叔戊酯　*tert*-Amyl Peroxypivalate

别名 过氧化叔戊基新戊酸酯

化学式 $C_{10}H_{20}O_3$

相对分子质量 188.21

结构式 $(CH_3)_3CC(=O)-O-O-C(CH_3)_2C_2H_5$

性质 为无色液体。商品为含本品75%的脂肪烃溶液混合物，有效氧含量6.3%，半衰期10h、1min时的分解温度分别为53℃、110℃。不溶于水，溶于多数有机溶剂。易燃。其蒸气与空气能形成爆炸性混合物。与可燃物、有机物、还原剂等混合时剧烈反应，并引起燃烧或爆炸。

用途 用作氯乙烯、苯乙烯及乙烯等单体聚合引发剂。

安全事项 有着火和爆炸的危险，对震动及受热敏感。对皮肤、眼睛及黏膜等有刺激性。

35. 过氧化新癸酸异丙基苯酯
Cumyl Peroxyneodecanoate

别名 过氧化异丙苯基新癸酸酯、过氧化新癸酸枯基酯

化学式　$C_{19}H_{30}O_3$
相对分子质量　306.41
结构式

$$C_6H_5C(CH_3)_2-O-O-\overset{O}{\underset{\|}{C}}-C(R_1,R_2)CH_3 \quad (R_1+R_2=C_7H_{16})$$

性质　为无色液体。理论活性氧含量5.22%。半衰期10h、1min时的分解温度分别为38℃、90℃。不溶于水,溶于多数有机溶剂。易燃。蒸气与空气能形成爆炸性混合物。常温下会分解,与可燃物、还原剂、有机物及酸类混合时会剧烈反应,并引起燃烧及爆炸。商品通常为含本品75%、70%的用脂肪烃稀释的无色液体(有效氧含量分别为3.9%及3.65%)。

用途　用作乙烯基单体聚合引发剂。

安全事项　对受热及震动敏感。有着火和爆炸危险。对皮肤、黏膜及眼睛等有刺激作用。

36. 过氧化新癸酸叔丁酯
tert-Butyl Peroxyneodecanoate

别名　过氧化叔丁基新癸酸酯

结构式　$$(CH_3)_3C-O-O-\overset{O}{\underset{\|}{C}}-C(R_1,R_2)CH_3 \quad (R_1+R_2=C_7H_{16})$$

性质　为无色液体。理论活性氧含量6.55%。半衰期10h、1min时的分解温度分别为53℃、110℃。不溶于水,溶于多数有机溶剂。易燃。蒸气与空气能形成爆炸性混合物。常温下会快速分解。与还原剂、易燃物、酸类等混合时会剧烈反应,并可能引起燃烧及爆炸。商品为含本品98.5%的工业纯(有效氧量6.5%)及含本品50%的用脂肪烃稀释的溶液(有效氧量4.9%)。

用途　用作乙烯基单体聚合引发剂。

安全事项　能引起着火和爆炸,对受热和震动敏感。对皮肤、黏膜及眼睛等有刺激性。

37. 过氧化马来酸叔丁酯
tert-Butyl Monoperoxy Maleate

别名　过氧化顺丁烯二酸叔丁酯、单过氧马来酸叔丁酯

化学式 $C_8H_{14}O_5$

相对分子质量 190.21

结构式 $(CH_3)_3C-O-O-\overset{\overset{O}{\|}}{C}-CH_2CH_2COOH$

性质 纯品为白色结晶性粉末。理论活性氧含量8.24%。半衰期10h、1min时的分解温度分别为82℃、150℃。不溶于水,溶于多数有机溶剂。有强氧化性。易燃。受热或震动易引起爆炸。与有机物、还原剂、易燃物及强酸等混合剧烈反应,并可能引起燃烧及爆炸。

用途 用作丙烯酸酯、甲基丙烯酸酯等单体聚合引发剂。

安全事项 有着火和爆炸的危险,对受热和震动敏感。对眼睛、皮肤、黏膜等有刺激作用。商品有含本品97%的工业纯白色结晶性粉末、含本品50%的用溶剂稀释的无色混合液和含本品50%的用苯二甲酸酯稀释的白色黏性糊状物。

38. 过氧化氢二异丙苯
Diisopropylbenzene Hydroperoxide

别名 2-(4-异丙苯基)丙基过氧氢

化学式 $C_{12}H_{18}O_2$

相对分子质量 194.12

结构式 $(CH_3)_2CH-\bigcirc-C(CH_3)_2OOH$

性质 为无色至淡黄色透明液体。相对密度0.935~0.960,折射率1.4880~1.5100,pH值4。理论活性氧含量8.24%。不溶于水,溶于烃类、丙酮。对位结构为30%时,其熔点为30℃。有氧化性。易燃。遇酸、碱及受热易分解。

质量规格

产品性状	指标	产品性状	指标
外观	淡黄色液体	过氧化氢二异丙苯含量,%	50~60
相对密度	0.935~0.960	折射率(25℃)	1.488~1.510

用途 用作自由基悬浮聚合催化剂或引发剂,可与还原剂亚铁盐组成

氧化还原引发剂。尤适合作丁苯橡胶低温聚合用引发剂，其引发速度比过氧化氢异丙苯快30%~50%，但比过氧化氢叔丁基异丙苯及过氧化氢三异丙苯要慢。也用作不饱和聚酯固化剂。

安全事项 遇强热、光照、明火、猛烈撞击及接触硫酸时会有燃烧及爆炸危险。对皮肤、眼睛及黏膜等有刺激性。与皮肤接触时会引起灼伤。

简要制法 在磷酸催化剂存在下，先用丙烯与苯反应制得二异丙基苯，再经空气氧化而得。

39. 过氧化氢（对）蓋烷　*p*-Menthyl Hydroperoxide

别名　对蓋基过氧化氢
化学式　$C_{10}H_{20}O_2$
相对分子质量　172.31

结构式　$CH_3C_6H_{10}\!-\!\underset{\underset{CH_3}{|}}{\overset{\overset{CH_3}{|}}{C}}\!-\!OOH$

性质　为无色至淡黄色液体。相对密度（15.5℃）0.910~0.925。闪点71.1℃。理论活性氧含量9.29%，半衰期10h、1min 时的分解温度分别为133℃、216℃。不溶于水，溶于有机溶剂。与有机物、还原剂、硫、磷等混合时会剧烈反应，并有着火及爆炸危险。商品中一般加入对蓋烷作稳定剂，为浅黄色液体，相对密度 0.920~0.950，有效氧量 4.84%，pH 值 4~7。

用途　用作 ABS 树脂、合成橡胶聚合引发剂，不饱和聚酯交联剂等。

安全事项　易燃。受热或猛烈撞击有着火及爆炸危险。对皮肤、黏膜及眼睛等有刺激性。

40. 过氧化氢异丙苯　Cumyl Hydroperoxide

别名　异丙苯基过氧化氢、枯基过氧化氢
化学式　$C_9H_{12}O_2$
相对分子质量　152.21

结构式

$\require{mhchem}$
苯环—C(CH₃)₂—O—O—H 结构,即 $C_6H_5C(CH_3)_2OOH$

性质 为无色至淡黄色液体,有特殊臭味。相对密度 1.5242,熔点 -37℃,沸点(13.3Pa)53℃,闪点 56℃,折射率 1.5210。理论活性氧含量 7.66%。微溶于水,易溶于乙醇、乙醚、丙酮。有强氧化性。与有机物、易燃物、还原剂混合能引起燃烧及爆炸。

用途 用作聚合引发剂、不饱和聚酯固化剂、天然胶乳硫化剂等。

安全事项 易燃。受热会爆炸。有毒!吸入、误服或经皮肤吸收均会引起中毒。对眼睛、黏膜、呼吸道等有腐蚀及刺激性。

41. 过氧化氢叔丁基 tert-Butyl Hydroperoxide

别名 叔丁基过氧化氢
化学式 $C_4H_{10}O_2$
相对分子质量 90.12
结构式 $(CH_3)_3C—OOH$

性质 为淡黄色液体。相对密度 0.896,熔点 -5 ~ -4℃,沸点 111℃,折射率 1.4013。理论活性氧含量 17.78%,自催化分解温度 88 ~ 93℃。半衰期 10h、1min 时的分解温度分别为 172℃、264℃。微溶于水,易溶于多种有机溶剂。有强氧化性。易燃。蒸气与空气能形成爆炸性混合物。与还原剂、有机物或易燃物混合能引起燃烧或爆炸。

用途 用作聚合引发剂、不饱和聚酯交联剂、橡胶硫化剂、三聚氰胺树脂涂料的催干剂等。

安全事项 受热或燃烧会发生爆炸。对皮肤、黏膜及眼睛有刺激性及腐蚀性,能经皮肤吸收而引起中毒。

42. 过氧化氢蒎烷 Pinanyl Hydroperoxide

别名 蒎烷基过氧化氢、氢过氧化蒎烷
化学式 $C_{10}H_{18}O_2$
相对分子质量 170.12

结构式 $C_6H_8CH_3-\underset{CH_3}{\overset{CH_3}{C}}-OOH$

性质 为无色液体。相对密度1.019。理论活性氧含量9.41%。半衰期10h、1min时的分解温度分别为141℃、229℃。不溶于水。有强氧化性。与还原剂、有机物、易燃物、硫、磷等混合时能引起燃烧或爆炸。

用途 用作聚合引发剂、不饱和树脂交联剂等。

安全事项 易燃。对震动及受热敏感,有着火及爆炸危险。不加稳定剂的商品更危险。商品一般加入不挥发性溶剂作稳定剂。对皮肤、眼睛及黏膜有刺激性。

43. 草酸 Oxalic Acid

别名 乙二酸、二羧酸

化学式 $C_2H_2O_4$

相对分子质量 90.04

结构式 HOOCCOOH

性质 为最简单的二元羧酸,无色透明结晶或白色粉末。味酸,常含两个分子结晶水。无水草酸为无色透明结晶,有两种结晶形态,即 α 型(菱形)和 β 型(单斜晶系)。相对密度: α 型(17℃)1.90; β 型(17℃)1.895。熔点: α 型为189.5℃; β 型为182℃。草酸二水合物($C_2H_2O_4 \cdot 2H_2O$)的相对密度(20℃)1.653,熔点101.5℃。加热至100℃失去结晶水而成无水物。加热至165℃时,另一部分升华,一部分分解成甲酸及 CO_2,或成甲酸的分解物。溶于水、乙醇,微溶于乙醚,不溶于苯、氯仿、石油醚。是二元羧酸中最强的酸,除具有一般羧酸的性质外,还具有强还原性,与浓硫酸相遇时失去水分,分解成 CO_2 及 CO。可将三价铁还原为二价铁。也能与许多金属反应生成草酸盐。

质量规格

产品性状	指标					
	Ⅰ型①			Ⅱ型②		
	优等品	一等品	合格品	优等品	一等品	合格品
草酸含量(以 $H_2C_2O_4 \cdot 2H_2O$ 计),%	≥99.6	≥99.0	≥96.0	≥99.6	≥99.0	≥96.0

续表

产品性状	指标					
	Ⅰ型①			Ⅱ型②		
	优等品	一等品	合格品	优等品	一等品	合格品
硫酸根(以SO_4^{2-}计),%	≤0.07	≤0.10	≤0.20	≤0.10	≤0.20	≤0.40
灼烧残渣,%	≤0.01	≤0.08	≤0.20	≤0.03	≤0.08	≤0.15
重金属(以Pb^{2+}计),%	≤0.0005	≤0.001	≤0.02	≤0.00005	≤0.0002	≤0.0005
铁(Fe),%	≤0.0005	≤0.0015	≤0.01	≤0.0005	≤0.001	≤0.005
氯化物(以Cl^-计),%	≤0.0005	≤0.002	≤0.01	≤0.002	≤0.004	≤0.01
钙(以Ca^{2+}计),%	0.0005	—	—	≤0.0005	≤0.001	

注：表中数据摘自 GB/T 1626—2008。
① 适用于合成法生产的草酸。
② 适用于氧化法生产的草酸。

用途 用作脲醛树脂合成催化剂、固化剂，用作金属离子螯合剂、厌氧胶及丙烯酯快固胶的阻聚剂、机加工除锈剂、电镀络合剂、鞣革剂等，还用作衣物除锈剂。也用于生产各种草酸盐、草酸酯、草酰胺等。

安全事项 有毒！对皮肤、黏膜有刺激及腐蚀作用。

简要制法 先由甲酸钠加热脱氢生成草酸钠，再经硫酸酸化、精制而得。

44. 戊二酸　Glutaric Acid

别名　胶酸、1,3-丙烷二羧酸
化学式　$C_5H_8O_4$
相对分子质量　132.14
结构式　$HOOC(CH_2)_3COOH$
性质　为单斜柱状结晶或针状结晶(苯中)，通常含1个分子结晶水。相对密度1.424。无水物熔点97.5~98℃，沸点(101kPa)303℃，折射率1.4188。极易溶于水、无水乙醇和醚，能溶于苯、氯仿，微溶于石油醚。

质量规格

产品性状	指标(化学纯)	产品性状	指标(化学纯)
戊二酸含量,%	≥99.0	水不溶物,%	≤0.01
熔点,℃	96~99	灼烧残渣,%	≤0.1
碘值,$gI_2/100g$	≤1.0		

用途 用作合成树脂、合成橡胶的聚合引发剂。也用于制备戊二酸二甲酯及戊二酸二乙酯等。也用作制造戊二酸酐的原料。

安全事项 有毒!

简要制法 用环己酮经硝酸氧化生产己二酸时,可得副产品戊二酸。也可由环戊酮液相氧化制得。

45. 乙二胺四乙酸 Ethylenediamine Tetraacetic Acid

别名 乙底酸、亚乙基二次氮基四乙酸、依地酸、EDTA

化学式 $C_{10}H_{16}N_2O_8$

相对分子质量 292.24

结构式 $(HOOCCH_2)_2NCH_2CH_2N(CH_2COOH)_2$

性质 为无色结晶性粉末,无臭、无味。熔点240℃(分解)。微溶于水,25℃时1L水溶解0.15g。不溶于乙醇及普通有机溶剂,溶于极性溶剂二甲基甲酰胺和浓度超过5%的无机酸,也溶于氢氧化钠、碳酸钠和氨溶液。能与碱金属、稀土元素和过渡金属形成十分稳定的水溶性配合物。与碱金属氢氧化物中和时,生成溶于水的盐类(如乙二胺四乙酸二钠)。本品不如其金属盐稳定,加热到150℃易发生脱羧。在水溶液中贮存和煮沸时稳定。

质量规格

产品性状	指标		产品性状	指标	
	化学纯	工业品		化学纯	工业品
EDTA,%	≥98.5	≥90	硫酸盐(以SO_4^{2-}计),%	≤0.1	—
碳酸钠溶液溶解试验	合格	合格	铁(Fe),%	≤0.001	0.001
灼烧残渣,%	≤0.1	≤0.15	重金属(以Pb^{2+}计),%	≤0.001	0.001
氯化物(以Cl^-计),%	≤0.1	—	配合力	—	合格

用途 用作合成橡胶聚合引发剂、有机合成催化剂。广泛用作螯合剂，能和碱金属、过渡金属、稀土元素等形成极稳定的水溶性配合物。也用于制造乙二胺四乙酸二钠、乙二胺四乙酸四钠盐，以及钙、镁、铜、锰、锌、钴、铝等金属盐。还用作水处理剂、纤维处理剂、染色助剂等。

简要制法 先将氯乙酸、乙二胺及碳酸钠在90℃下缩合，再在硫酸中脱盐制得。或先由乙二胺、甲醛、氰化钠反应制成乙二胺四乙酸四钠盐，再在硫酸中脱盐制得。

46. 乙醇酸　Glycolic Acid

别名 羟基乙酸、甘醇酸。
化学式 $C_2H_4O_3$
相对分子质量 76.05
结构式 $HOCH_2COOH$

性质 为最简单的醇酸。纯品为无色针状或片状结晶。有吸湿性及潮解性。相对密度(25℃)1.49，熔点80℃，沸点100℃(分解)，闪点300℃。溶于水、甲醇、乙醇、乙酸及丙酮，微溶于乙醚，不溶于烃类。浓度为10%水溶液的pH值1.73。工业品为浓度70%水溶液，系淡黄色液体，具有类似烧焦糖的气味。是一种较强的酸。本品含有一个羟基和一个羧基，能生成盐、酯、酰胺、醚和缩醛。在蒸气中略能蒸发，但不能蒸馏，因很易失水发生自酯化而生成聚羟基乙酸。与浓硝酸在100℃下反应生成草酸，在催化剂作用下也能还原为乙酸。

质量规格

产品性状	指标	产品性状	指标
总酸(以乙醇酸计),%	70～72	铜(Cu),10^{-6}	≤5
游离酸(以乙醇酸计),%	62.4	氯化物(以Cl^-计),10^{-6}	≤10
甲酸,%	≤0.45	悬浮物(以体积计),10^{-6}	≤0.015
灰分,%	≤0.35	色泽(Gardner)分数	≤5
铁(Fe),10^{-6}	≤10		

用途 用作含羧基纤维织物的交联催化剂、交联耦合剂。也用作化工原料，用于制造乙二醇、乙醇酸薄荷酯及乙醇酸奎宁酯等。也用于制

造染发剂、皮革及纤维染色剂、金属螯合剂、胶黏剂、金属表面处理剂等。

安全事项 有轻微毒性。对皮肤、黏膜有刺激性。

简要制法 由氯乙酸与氢氧化钠反应制得。或由甲醛、一氧化碳及水在高温高压及催化剂存在下反应制得。

47. 壬基酚　Nonyl Phenol

别名 壬基苯酚

化学式 $C_{15}H_{24}O$

相对分子质量 220.35

结构式 $HO-C_6H_4-C(CH_3)_2-CH_2-C(CH_3)_2-CH_2CH_3$

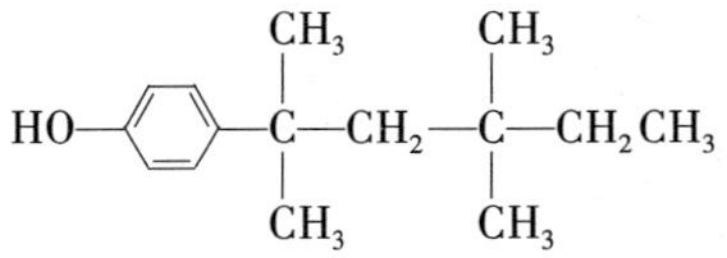

性质 为淡黄色黏稠性液体，略有苯酚的气味。商品是多种异构体的混合物。相对密度0.953，熔点1℃，沸点293～297℃，闪点148.9℃，折射率(27℃)1.5110。低温下形成透明玻璃状体，但不析出结晶。不溶于水及冷碱液，微溶于低沸点烷烃、石油醚，溶于乙醇、乙醚、丙酮、氯仿等有机溶剂。对金属有腐蚀性。暴露于空气中因氧化而颜色变深。具有酚类化学性质。与环氧乙烷缩合生成壬基酚聚氧乙烯醚；与硫酸或磷酸反应，分别生成硫酸酯或磷酸酯。

质量规格

产品性状	指标	产品性状	指标
壬基酚,%	≥98.0	水分,%	≤0.05
二壬基酚,%	≤1.0	羟值，mg KOH/g	245～255
苯酚,%	≤0.10	色度(Pt-Co)，号	≤20

用途 用作多异氰酸酯胶黏剂的助催化剂，还可催化环氧树脂的固化反应。也用于制造非离子表面活性剂、增塑剂、树脂改性剂、乳化剂、防腐剂等。

安全事项 可燃。有毒！蒸气对眼睛及皮肤有刺激性。

简要制法　先由丙烯聚合生成壬烯,再与苯酚经缩合反应制得。

(二)硫及其化合物

1. 硫　Sulfur

别名　硫黄
元素符号　S
相对原子质量　32.06

性质　为黄色固体。分结晶型硫和无定形硫两类。结晶型硫又有许多同素异形体,主要为斜方硫(或称 α-硫,是由 S_8 环状分子结晶而成)及单斜硫(或称 β-硫,也由 S_8 环状分子组成)。在一定温度下,斜方硫与单斜硫可相互转换: $\alpha\text{-硫} \underset{<95.5℃}{\overset{\geq 95.5℃}{\rightleftharpoons}} \beta\text{-硫}$。无定形硫主要为弹性硫(又称 γ-硫)。它由熔融硫迅速倒入冷水中制得。不稳定,很快转变为 α-硫。自然条件下只有 α-硫稳定,通称自然硫,属斜方晶系,晶体呈菱形双锥状或厚板状。集合体为粒状、块状或粉末状。常态下呈黄色,含杂质时呈棕黄、红、灰或黑色。有金属光泽,断口呈油脂光泽。相对密度2.07,熔点112.8℃,沸点444.67℃,折射率1.957。β-硫的相对密度1.96,熔点119.25℃,沸点444.67℃。结晶硫易溶于二硫化碳、苯、煤油、松节油、四氯化碳及三氯甲烷。微溶于醇及醚,不溶于水。硫是两性元素,既能与浓硝酸反应,生成硫酸和一氧化氮,也能与浓氢氧化钠碱溶液反应,生成硫化钠、亚硫酸钠和水;既能形成多种含氧酸,也能形成多种无氧酸。高价氧化物为强酸性,溶于水立即生成硫酸。硫的化学性质较活泼,能和除金、铂以外的各种金属直接化合,生成金属硫化物并放出热量。水银洒落后,残留部分常用硫粉覆盖并不断研磨,使其化合成 HgS,以免造成汞蒸气污染。硫也能和许多非金属反应。硫和电负性小的金属或氢化合时,是氧化剂,生成的化合物中其氧化态为 -2 价;硫与电负性大的非金属共价结合时,常生成氧化态为 $+4$ 价或 $+6$ 价的化合物。硫和氯类似,也能和碱性溶液发生歧化反应:

$$3S + 6NaOH \xrightarrow{\triangle} 2Na_2S + Na_2SO_3 + 3H_2O$$

在上述反应中,硫既是氧化剂又是还原剂。硫也能与蛋白质强烈反应生成硫化氢气体。

质量规格

产品性状		指　标		
		优等品	一等品	合格品
硫(S),%		≥99.90	≥99.50	≥99.00
水分,%	固体硫黄	≤2.0	≤2.0	≤2.0
	液体硫黄	≤0.10	≤0.50	≤0.1
灰分,%		≤0.03	≤0.10	≤0.20
酸度(以 H_2SO_4 计),%		≤0.003	≤0.005	≤0.02
有机物,%		≤0.03	≤0.30	≤0.80
砷(As),%		≤0.0001	≤0.01	≤0.05
铁(Fe),%		≤0.003	≤0.005	—
筛余物（粉状硫黄）,%	孔径150μm	无	无	≤3.0
	孔径75μm	≤0.5	≤1.0	≤4.0

注：表中数据摘自 GB/T 2449—2006。

用途　硫及硫化物能使铂重整催化剂及加氢还原反应铁催化剂中毒。用于制造硫酸、硫酸盐、二硫化碳及硫化物等，也用于制造火柴、杀虫剂、焰火、染料、药物及橡胶制品。

安全事项　粉尘或蒸气与空气或氧化剂混合会形成爆炸性混合物。易燃，闪点207℃，自燃点232℃。空气中含量达$35g/m^3$以上时即具燃烧性。本身无毒，与皮肤接触可出现湿疹或红斑。

简要制法　纯净硫可取自天然硫或加热黄铁矿石而得。硫的另一重要来源是天然气及各种工业废气中的硫化氢。

2. 二氧化硫　Sulfur Dioxide

别名　亚硫酸酐、无水亚硫酸
化学式　SO_2
相对分子质量　64.06
性质　为无色有窒息性气体。气体分子呈三角形结构，键角∠OSO 为119.5°，O—S 键长为$143.2×10^{-12}$m，相对密度2.927。于常压、-10℃下或常温、0.405MPa 下，二氧化硫即可液化成无色液体。液态二氧化硫相对密度 1.5，熔点 -72℃，沸点 -10℃。溶于水部分变成亚硫酸。也溶于乙醇、乙醚、氯仿及乙酸等。在 SO_2 分子中，硫的氧化态为 +4 价，介于硫的最低氧化态 -2 价和最高氧化态 +6 价之间，故 SO_2 既显还原性也显氧化性，但以还原性为主。它能使高锰酸钾溶液褪色；在催化剂作用下，能被空气氧化为三氧化硫。遇到强还原剂时，本身被还原为硫单质。SO_2 能漂白某些有色物质，但漂白原理与氯不同。它不能氧化和分解某些色素，而是在水存在下和色素结合成为无色的不稳定化合物。这种化合物易分解，日久后又会逐渐恢复原先的颜色。SO_2 不燃，加热至 2000℃ 不分解，也不与空气形成爆炸性混合物。

质量规格

产品性状	指　　标		
	优等品	一等品	二等品
二氧化硫(SO_2),%	≥99.97	≥99.90	≥99.60
残渣,%	≤0.010	≤0.040	≤0.20
水分,%	≤0.020	≤0.060	≤0.20

注：表中所列数据摘自 GB/T 3637—2011。

用途　用作缩聚反应及均相缩合加成反应的催化剂。如用作亚麻仁油等聚合反应的催化剂，其作用是使游离的碳—碳双键变为共轭双键。也可与氯化铝制成复合物用作链烯烃低温高聚反应的催化剂。食品工业中用作漂白剂、防腐剂、杀菌剂等。SO_2 能使合成气制烃类的铁催化剂中毒。也用于制造三氧化硫、硫酸、亚硫酸盐、保险粉及洗涤剂等。

安全事项　刺激性气体，对皮肤、眼睛、呼吸道有刺激性及腐蚀性。蒸气能造成支气管炎及窒息。SO_2 是造成大气环境污染的重要污染物，对环境危害极大，是造成酸雨的祸首。酸雨危害人类健康、破坏生态平衡、腐蚀建筑物及设备。

简要制法　由焙烧黄铁矿石或硫黄矿石而得。

3. 三氧化硫　Sulfur Trioxide

别名　硫酸酐
化学式　SO_3
相对分子质量　80.06

性质 常温下为无色液体或固体。在潮湿空气中挥发呈雾状。气相 SO_3 为单分子，分子构型为平面三角形。S 原子在三角形中心，S—O 键长为 143×10^{-12} m，键角 $\angle OSO$ 为 $120°$。固体存在 α、β、γ 三种同素异形体。α-SO_3 的晶体与冰的结构相似，SO_3 为三聚分子，熔点 $62℃$，蒸气压 $(25℃)9731Pa$。能与水发生爆炸剧烈反应而成硫酸。易溶于浓硫酸。β-SO_3 为石棉状针状结晶，SO_3 原子团互相连接成长链。熔点 $32.5℃$，蒸气压 $(25℃)4.59 \times 10^4 Pa$。与水反应生成硫酸并放出大量的热。易溶于浓硫酸。γ-SO_3 为正交晶系结晶或液体，由三聚体 $(SO_3)_3$ 形成环状结构，由三个 SO_4 四面体通过共用氧而形成环。相对密度 2.75，液体相对密度 1.97 $(20℃油状液体)$，熔点 $16.8℃$，沸点 $44.8℃$，蒸气压 $(25℃)5.77 \times 10^4 Pa$。易溶于浓硫酸。自然条件下的三氧化硫一般为三种异形体不同比例的混合体，熔点不恒定，容易升华。溶于水成硫酸，溶于浓硫酸而成发烟硫酸。与氯化氢进行氯磺化反应生成氯磺酸。为强氧化剂。与水及氧气、氟、磷、四氟烯等剧烈反应。可将磷氧化成 P_4O_{10}。

质量规格

产品性状	指 标	
	优级品	一级品
三氧化硫(SO_3),%	≥99.5	≥99.0
残渣,%	≤0.4	—
铁(Fe),%	≤0.03	—
色泽	无色透明	无色透明至微棕色

用途 用作缩聚反应催化剂、磺化剂及氧化剂等。也用于制造硫酸、氯磺酸、合成洗涤剂、阳离子交换树脂、染料及药物等。

安全事项 与有机物(如木材、棉花)接触会着火。吸湿性极强，在空气中产生有毒白烟。对皮肤、眼睛及黏膜等有强刺激性及腐蚀性。失火时用干沙、二氧化碳灭火，禁止用水。

简要制法 在钒催化剂存在下，由 SO_2 氧化而得。

4. 硫酸 Sulfuric Acid

别名 磺镪水、硫镪水
化学式 H_2SO_4

相对分子质量 98.08

性质 纯净硫酸为无色无臭的油状液体。它的结晶为正交晶系,分子结构为以硫原子为中心的四面体。S—O 键长为 143×10^{-12} m,S—O(H)键长为 153×10^{-12} m,键角 $\angle$ OSO 为 $118°$,键角 $\angle$ O(H)SO(H)为 $104°$。相对密度 1.84,熔点(100%)10.36℃,沸点(98.3%)338℃,蒸气压(145.8℃)133.3Pa。340℃ 左右分解为 SO_3 和水。市售硫酸按纯度不同,颜色自无色、黄色至红棕色。能与水任意混合成各种不同浓度的溶液。与水混合时,放出大量的热。浓硫酸有强烈的吸水性,暴露于空气中,体积和重量会迅速增加。它能从碳水化合物中分离出 H、O 元素,蔗糖、纸、布等纤维遇浓硫酸时,均能使其炭化而变为黑色的焦炭。浓硫酸有强氧化性,几乎能与所有金属及其氧化物、氢氧化物反应生成硫酸盐。起氧化作用的是成酸元素中氧化态为 +6 价的硫。反应后 +6 价的硫被还原成氧化态为 +4 价、0 价,甚至 -2 价的含硫物质,不生成氢气。浓硫酸在加热下与较活泼的金属反应时,本身被还原为 SO_2、S,甚至 H_2S。也能在加热条件下氧化一些非金属,如热的浓硫酸能将碳氧化成 CO_2,本身被还原为亚硫酐。在冷的浓硫酸中铝、铁、铬等金属钝化。稀硫酸是强酸,具有酸的通性。它可以和碱性物质发生中和作用,也可将金属活动顺序表中位于氢以前的金属(如 Mg、Zn、Fe 等)氧化,而放出氢气,故铁不能抵抗稀硫酸的作用。和浓硫酸的氧化作用不同,稀硫酸中的 SO_4^{2-} 不同于 H_2SO_4 分子,它很稳定,一般没有氧化性,起氧化作用的是酸中的 H^+ 离子。

质量规格

产品性状	浓硫酸		指标
	优等品	一等品	合格品
硫酸(H_2SO_4),%	≥92.5 或 ≥98.0	≥92.5 或 ≥98.0	≥92.5 或 ≥98.0
灰分,%	≤0.02	≤0.03	≤0.10
铁(Fe),%	≤0.005	≤0.010	—
砷(As),%	≤0.0001	≤0.001	<0.01
铅(Pb),%	≤0.05	≤0.02	
汞(Hg),%	≤0.001	≤0.01	
透明度,mm	≥80	≥50	
色度,mL	不深于标准色度	不深于标准色度	

注:表中数据摘自 GB/T 534—2014。

用途 常用作液体酸催化剂,如用作烷基化、烃化、酯化等反应的催化剂。有机合成中也常用于酸化、磺化、脱水、催化等方面,以生产多种有机化工产品及染料等。将硫酸浸渍在硅藻土、硅胶等上可制成负载型固体酸催化剂。还用于生产氧化铝及二氧化钛载体。也用于制造化肥、磷酸、硼酸、氢氟酸等无机酸及硫酸盐。

安全事项 属于一级无机酸性腐蚀物品,对呼吸道、黏膜有刺激作用及灼烧作用。皮肤触及时必须先用大量冷水冲洗,然后用2%苏打溶液冲洗。浓硫酸常用铁罐贮存和运输。贮存时不得与氧化剂、金属粉末、油脂及爆炸物等混放。在稀释硫酸时,只能将硫酸慢慢倾入冷水中,绝对不能把水注入硫酸中,以防酸液表面局部过热,大量热能一时无处发散而产生爆沸,发生喷酸或爆炸事故。平时盛器必须盖严,与空气隔离。失火时可用黄沙、雾状水及 CO_2 灭火器扑救。硫酸气溶胶比 SO_2 更有明显的毒性作用。硫酸雾的最高允许浓度为 $1mg/m^3$。

简要制法 工业生产硫酸的方法主要有接触法及塔式法(硝化法)。用塔式法所得为粗制稀硫酸,浓度为95%左右。接触法可得98.3%的纯浓硫酸。目前我国工业生产全部采用接触法。将氧气通过以 V_2O_5 为主的催化剂把 SO_2 氧化成 SO_3,再经酸吸收制得硫酸成品。

5. 发烟硫酸 Fuming Sulfuric Acid

化学式 $H_2SO_4 \cdot xSO_3$

性质 为无色或棕色油状稠厚的发烟液体。由 SO_3 溶解在100%的硫酸中制成,一般含 SO_3 5%~20%,最高达80%。其密度、熔点、沸点等都随 SO_3 含量的不同而不同。常用的有20%发烟硫酸(104.5%硫酸),也有40%、60%及66%等品种。20%发烟硫酸的相对密度1.9,熔点 -11℃,沸点166.6℃。在 $H_2SO_4:SO_3$ 为1:1左右时,便凝成焦硫酸晶体($H_2S_2O_7$)。在加热或减压时发烟硫酸逸出 SO_3,遇潮湿空气形成烟雾,故得名。吸水性强,与水相混时,SO_3 与水结合变成硫酸。具有强腐蚀性,是强氧化剂、磺化剂、硫酸化剂。

质量规格

产品性状	浓硫酸		指 标
	优等品	一等品	合格品
游离三氧化硫(SO_3),%	≥20.0 或≥25.0	≥20.0 或≥25.0	≥20.0 或≥25.0 或≥65.0
灰分,%	≤0.02	≤0.03	≤0.10

六、氧族元素及其化合物

续表

产品性状	浓硫酸		指 标
	优等品	一等品	合格品
铁(Fe),%	≤0.002	≤0.010	≤0.030
砷(As),%	≤0.0001	≤0.0001	—
铅(Pb),%	≤0.005	—	—

注：表中数据摘自 GB/T 534—2014。

用途 有机合成中用作磺化剂、硫酸化剂、氧化剂等。与硝酸配合使用可作硝化脱水剂。广泛用于制造硝化纤维、染料、合成洗涤剂、塑料等。也用于油脂精炼及石油精制等。与水相混时，具有硫酸在催化剂等方面的用途。

安全事项 发烟硫酸的吸水性、氧化性及腐蚀性比浓硫酸还强，危险性大于普通硫酸。能严重灼伤眼睛、皮肤，造成化学灼伤。进入眼中有失明危险。

简要制法 参见"硫酸"条目。

6. 亚硫酸　Sulfurous Acid

化学式　H_2SO_3

相对分子质量　82.08

性质 为约含6% SO_2 的水溶液。其中一部分与水化合生成亚硫酸。但迄今没有得到游离态的 H_2SO_3，它的盐是存在的。是二元弱酸，为硫的含氧酸。无色液体，有窒息性二氧化硫气味。相对密度约1.06。其中硫为正四价，仅存在于水溶液中。不稳定，易分解逸出 SO_2，加热时更甚，在空气中逐渐氧化成硫酸。在18℃时其二级酸电离常数为 $K_1 = 1.54 \times 10^{-2}$，$K_2 = 1.02 \times 10^{-7}$。可形成正盐和酸式盐。具氧化性和还原性。一般在需用时配制。

用途 有机合成中用作还原剂、氧化剂。也用作漂白剂，用于漂白纸浆、羊毛、蚕丝等。

简要制法 将 SO_2 通入水中制得。

7. 硫化氢　Hydrogen Sulfide

化学式　H_2S

相对分子质量　34.076

性质　无色、有臭鸡蛋样气味。在空气中易燃烧，自燃点260℃，能与空气形成爆炸性混合物，爆炸极限4%~44%。燃烧时呈蓝色火焰。分子呈三角形，为极性分子。S—H键长135×10^{-12} m，键角∠HSH 92°28′。相对密度1.1895，熔点-85.5℃，沸点-59.55℃。临界温度100.5℃，临界压力9.0×10^5 Pa。溶于水、甘油和二硫化碳。水溶液为氢硫酸。氢硫酸呈弱酸性，第一电离常数$K_1 = 0.9 \times 10^{-7}$，第二电离常数$K_2 = 0.12 \times 10^{-14}$。在空气中逐渐被氧化析出硫，并出现混浊。硫化氢具有还原性，是较强的还原剂，它能被卤素、浓硫酸、硝酸、铁盐、SO_2等各种氧化剂氧化为硫单质或氧化态更高的含硫化合物。所以，利用工厂的含SO_2尾气和含H_2S废气相互作用，既能回收硫，又可避免这两种气体污染环境。石油加工的烃类原料中，常含有一定量的H_2S，如不予以去除，则会腐蚀设备及管线，还会导致后续催化剂中毒。

用途　硫化氢对加氢反应用Pt、Ni催化剂及还原反应用Fe催化剂等有毒化作用。在分析化学中作为沉淀剂，用来分离和鉴定某些金属离子。也用来除去盐酸、硫酸中的重金属，以及用于制取硫等。有机合成中用作还原剂。

安全事项　易燃，遇高热、明火、撞击有着火危险。具有与氰化氢相似的毒性，空气中含H_2S 0.1%时，使人感到头痛、头晕和恶心，长时间吸入会昏迷甚至窒息死亡。空气中最高允许浓度为0.01mg/L。

简要制法　由稀硫酸与硫化铁反应或由硫与氢直接反应制得。

8. 过硫酸铵　Ammonium Persulfate

别名　过二硫酸铵、高硫酸铵

化学式　$(NH_4)_2S_2O_8$

相对分子质量　228.19

结构式　
$$NH_4-O-\underset{\underset{O}{\|}}{\overset{\overset{O}{\|}}{S}}-O-O-\underset{\underset{O}{\|}}{\overset{\overset{O}{\|}}{S}}-O-NH_4$$

性质　为无色单斜晶系结晶或白色结晶粉末。分子由SO_4四面体连接而成。S—O键长143×10^{-12} m，S—O_2键长164×10^{-12} m，过氧键(—O—O—)键长150×10^{-12} m。相对密度1.982。120℃时分解并放出氧气而形成

焦硫酸铵。干燥的成品有良好稳定性。潮湿空气中易受潮结块。易溶于水，25℃时溶解度77g/100mL水。水溶液呈酸性反应。常温时缓慢分解放出氧并形成硫酸氢铵（NH_4HSO_4），温度较高时分解加速（40～50℃时，一昼夜分解2.2%）。在其溶液中加入硫酸后，减压蒸馏可制得双氧水。有强氧化性，与有机物、金属及盐类接触时产生分解，与还原性强的有机物混合时可产生燃烧或爆炸。

质量规格

产品性状	指标		
	优等品	一等品	合格品
外观	无色单斜结晶或白色粉末状结晶		
$(NH_4)_2S_2O_8$,%	≥98.5	≥98.3	≥98.0
pH值（50g/L溶液）	3～5	3～5	3～5
Fe,%	≤0.0005	≤0.0008	≤0.001
氯化物（以Cl^-计）,%	≤0.001	≤0.0015	≤0.002
水分,%	≤0.15	≤0.20	≤0.25
Mn,%	≤0.0001	≤0.00015	≤0.0002
重金属（以Pb计）,%	≤0.001	≤0.0015	≤0.002
灼烧残渣,%	≤0.05	—	—
水不溶物,%	≤0.005	—	—

注：表中数据摘自 GB/T 23939—2009。

用途 用作乙酸乙烯酯、苯乙烯、丙烯腈、氯乙烯及丙烯酸酯类单体聚合或共聚的催化剂或引发剂。多用于乳液聚合及悬浮聚合，也用作亚氯酸钠漂白活化剂、硫化蓝染料氧化剂、油类脱色及脱臭剂、印刷电路板蚀刻剂。用于制造过硫酸盐、双氧水等。

安全事项 属二级无机氧化剂，有强氧化性及腐蚀性。粉尘对眼睛、皮肤及呼吸道有刺激性。

简要制法 由硫酸铵溶液加硫酸电解制得。

9. 甲烷磺酸　Methane Sulfonic Acid

别名　甲基磺酸
化学式　CH_4O_3S
相对分子质量　96.10

结构式 CH_3SO_3H

性质 为白色至微黄色油状液体,低温下为固体。熔点20℃。相对密度(18℃)1.4812,沸点(0.133kPa)167℃,折射率(16℃)1.4317。溶于水、醇、醚,微溶于苯、甲苯,不溶于烷烃。遇沸水、热碱液不分解。对铁、铜、钢及铅等金属有强腐蚀作用。可燃。受热分解为有毒的甲醛及二氧化硫。与氧化剂接触时会激烈反应。

质量规格

产品性状	指标(化学纯)	产品性状	指标(化学纯)
甲烷磺酸,%	≥98	凝固点,℃	≥15
相对密度	1.480~1.486	灼烧残渣,%	≤0.05

用途 用作酯化催化剂、烷化剂,也用作丙烯、丁烯、异丁烯、α-甲基苯乙烯生产相应低聚物的聚合催化剂,生产多环芳烃的环化促进剂。还可用作溶剂、脱水剂、涂料固化促进剂、纤维处理剂、电镀添加剂等。

安全事项 对皮肤、黏膜有强刺激性。

简要制法 由硫氰酸甲酯经硝酸氧化制得。或由甲烷磺酰氯经水解制得。

10. 对甲苯磺酸 *p*-Toluene Sulfonic Acid

别名 4-甲基苯磺酸

化学式 $C_7H_8O_3S$

相对分子质量 172.2

结构式 H_3C--SO_3H

性质 为无色叶片状或棱柱状结晶。有吸湿性,分子中有时可含1~4个结晶水。熔点:106~107℃(无水物)、104~105℃(一水合物)、93℃(三水合物)。沸点(2.67kPa)140℃。真空中加热至56℃时,失去结晶水,并变为紫色。易溶于水、乙醇、乙醚,难溶于苯、甲苯。

质量规格

产品性状	指标	产品性状	指标
外观	白色或灰白色结晶	灼烧残渣,%	≤0.2
对甲苯磺酸,%	≥99.0	水溶解试验	合格
熔点,℃	103~105℃	醇溶解试验	合格
硫酸盐(SO_4^{2-}),%	≤0.01		

用途 用作邻苯二甲酸二甘醇 C_{5-9} 酯等增塑剂的合成催化剂、丙烯酸酯乳液交联催化剂。用于制造对甲酚、甲苯磺酰胺、对甲苯磺酰氯及医药、农药、色基等。

安全事项 可燃。有毒！蒸气对眼睛、黏膜及皮肤等有刺激性。

简要制法 由甲苯与硫酸反应制得，或由三氧化硫经磺化反应制得。

11. 苯磺酸　Benzene Sulfonic Acid

化学式　$C_6H_6O_3S$

相对分子质量　158.16

结构式　⟨⚪⟩—SO_3H

性质　为无色针状或叶片状结晶。无水物熔点 50～51℃，分子中含有 1.5 个结晶水的熔点为 43～44℃。沸点 137℃（分解）。属强酸。易潮解，易溶于水、乙醇，微溶于苯，不溶于乙醚、二硫化碳。

质量规格

产品性状	指　　标	产品性状	指　　标
外观	无色结晶	游离硫酸,%	≤0.5
苯磺酸,%	≥86.0		

用途　用作酯化及脱水等有机合成催化剂，也用于制造苯酚、间苯二酚及染料、农药、医药等的中间体。

安全事项　对皮肤、眼睛及黏膜等有刺激性及腐蚀性。因难于贮存，常制成盐类（如苯磺酸钠）。

简要制法　由苯经发烟硫酸磺化制得。

12. 氨基磺酸　Aminosulfonic Acid

化学式　H_3NO_3S

相对分子质量　97.09

结构式　NH_2SO_3H

性质　为无色或白色斜方晶系结晶。无臭、无味，相对密度 2.126，熔点 205℃（分解），折射率 1.5530。溶于水、吡啶、甲酰胺。易溶于热水、液氨。微溶于丙酮，难溶于甲醇、乙醇。是一种强酸，1% 水溶液的

pH值1.18。能与许多碱性化合物及金属氧化物起反应。常温下稳定，不挥发、不吸湿，加热至260℃以上时分解成SO_2、SO_3、N_2、H_2O等。

质量规格

产品性状	指　　标		
	优级品	一级品	合格品
外观	无色或白色结晶		白色粉末
氨基磺酸,%	≥99.0		
硫酸盐(SO_4^{2-}),%	≤0.4	≤1.0	—
铁(Fe),%	≤0.01	≤0.01	—
水不溶物,%	≤0.02		
干燥失重,%	≤0.2		

用途 用作有机合成催化剂、磺化剂，也用作丙醛树脂固化剂、漂白稳定剂、阻燃剂、杀菌剂、金属表面处理酸洗剂。也用于制造甜味剂、表面活性剂、除草剂等。

安全事项 粉尘及溶液对皮肤、黏膜有刺激性。

简要制法 先由尿素与发烟硫酸进行反应，再经磺化反应制得。

13. 巯基乙酸　Mercaptoacetic Acid

别名 硫代乙醇酸、硫代甘醇酸

化学式 $C_2H_4O_2S$

相对分子质量 92.12

结构式 $HSCH_2COOH$

性质 为最简单的巯基脂肪酸。无色透明液体，工业品为无色至微黄色。纯品有类似乙酸气味。长期贮存的巯基乙酸，由于其中存在痕量的二硫二乙酸，会水解生成硫化氢而有强烈刺激性气味。相对密度1.3253，熔点-16.5℃，沸点(1.33kPa)79.5℃，折射率1.5030。能与水、乙醇、甲醇、乙醚、苯等混溶，暴露在空气中会迅速氧化。低浓度(<70%)水溶液较稳定，高浓度时可自动酯化。因含有羧基和巯基，能进行成盐、酯化、酰胺化等反应。对多数金属有腐蚀性，可燃。

质量规格

产品性状	指标	产品性状	指标
外观	无色或微黄色	水溶解试验	合格
巯基乙酸,%	64~95	灼烧残渣,%	≤0.5
透明度	澄清透明,无浑浊现象	铁(Fe),%	≤0.005

用途 用作有机合成催化剂,涂料及纤维改性剂、橡胶处理剂。也用作冷烫精中常用的头发冷烫还原剂。巯基乙酸是有机合成原料,也用于制造巯基乙酸酯、巯基乙酸盐、巯基乙酰胺等。

安全事项 可燃。

简要制法 由氯乙酸与硫氢化钠反应制得,或先由氯乙酸与硫代硫酸钠反应,生成硫代硫酰乙酸钠,再经硫酸水解及用锌还原制得。

14. 二甲基硫醚 Dimethyl Sulfide

别名 二甲硫醚、甲硫醚

化学式 C_2H_6S

相对分子质量 62.14

结构式 $(CH_3)_2S$

性质 为无色透明液体。有难闻的气味。相对密度 0.845,熔点 -83℃,沸点 37.5℃,闪点 -17.8℃,折射率 1.4438,蒸气压(40℃) 104kPa。不溶于水,溶于乙醇、乙醚。热分解温度 250℃。易挥发。易燃,自燃点 206℃。蒸气与空气形成爆炸性混合物,爆炸极限 3.9%~21.8%。

质量规格

产品性状	指标	产品性状	指标
二甲基硫醚,%	≥99.0	硫化氢,%	≤0.1
硫醇,%	≤0.3	其他杂质,%	≤0.4
甲醇,%	≤0.2		

用途 用作加氢精制及加氢裂化催化剂的预硫化剂。催化剂经硫化后,加氢活性金属组分由氧化态转化为硫化态,可提高催化剂的加氢活性及活性稳定性。也用作有机合成及聚合反应的溶剂、城市煤气赋臭剂、涂

料脱模剂。也用作生产二甲基亚砜的中间体等。

安全事项 遇酸产生有毒气体。高毒。

简要制法 由甲醇与二硫化碳反应制得。或由甲醇与硫化氢反应而得。

15. 二甲基二硫 Dimethyl Disulfide

别名 二甲基二硫醚、二硫化二甲基

化学式 $C_2H_6S_2$

相对分子质量 94.20

结构式 $(CH_3)_2S_2$

性质 为无色至淡黄色液体。有恶臭气味。相对密度1.063,熔点 $-84.7℃$,沸点109.6℃,闪点24℃,折射率1.25,蒸气压(40℃)4kPa。热分解温度200℃。不溶于水,与乙醇、乙醚混溶。

质量规格

产品性状	指标	产品性状	指标
二甲基二硫,%	≥99	水,%	≤0.1
相对密度	1.062~1.065	化学结合硫($H_2S \cdot CH_3SH$),%	≤0.05

用途 用作加氢精制及加氢裂化催化剂的预硫化剂。催化剂经硫化后,活性金属组分(如Mo、W、Ni等)由氧化态转化为硫化态,可提高催化剂加氢活性及活性稳定性。也用作工业溶剂、结炭抑制剂,以及用于制造农药、香料等。

安全事项 易燃。有毒!液体与蒸气对眼睛、皮肤等有刺激性。

简要制法 由硫酸二甲酯与二硫化钠反应制得。

16. 二硫化碳 Carbon Disulfide

化学式 CS_2

相对分子质量 76.14

结构式 $S{=\!=}C{=\!=}S$

性质 为无色至微黄色透明液体。纯品有甜味及乙醚气味,含杂质时

有恶臭气味。易燃。相对密度 1.3506，熔点 -111.6℃，沸点 46.2℃，闪点(闭杯) -30℃，燃点 100℃，热分解温度 175℃。临界温度 279℃，临界压力 7.9MPa。蒸气与空气形成爆炸性混合物，爆炸极限 1.3%~50%。微溶于水，能与乙醇、乙醚、苯、氯仿及四氯化碳等有机溶剂混溶。也能溶解油脂、蜡、沥青、橡胶、树脂及硫、磷、碘等。在空气中会逐渐氧化而显黄色，并产生臭味，受日光作用会发生分解。低温时与水反应生成为 $2CS_2 \cdot H_2O$ 的晶体。常温下与浓硫酸、浓硝酸不发生作用，但对碱不稳定，与氢氧化钾作用生成硫酸钾及碳酸钾。

质量规格

产品性状	指标		
	优等品	一等品	合格品
外观	无色透明液体		
馏出率(45.6~46.6℃，101.3kPa),%	≥97.5	≥97.0	≥96.0
相对密度(20℃)	1.262~1.265	1.262~1.265	1.262~1.267
不挥发物,%	≤0.005	≤0.007	≤0.01
碘还原物(以 H_2S 计),%	≤0.0002	≤0.0005	≤0.0008
硫酸盐	通过检验		
游离酸	通过检验		
硫及其他硫化物	通过检验		

注：表中数据摘自 GB 1615—2008。

用途 用作加氢精制及加氢裂化催化剂常用硫化剂。具有分解温度低、含硫量高及价格低等特点。其缺点是沸点低、挥发性大、易燃，在安全及环保方面要有相应的措施。二硫化碳也用作溶剂、去脂剂、脱漆剂、农用杀虫剂。用于制造黏胶纤维、四氯化碳等。

安全事项 受热分解释出有毒的氧化硫烟雾。蒸气有麻醉性，损害神经和血管。对眼睛、皮肤有强烈刺激作用。

简要制法 由木炭与硫黄反应而得，或以天然气为原料与气相硫反应制得。

(三)硒及其化合物

1. 硒 Selenium

元素符号 Se

相对原子质量 78.96

性质 根据制备方法不同,可得到无定形、单斜晶体、六方晶体及玻璃体四种结构。无定形结构的为红色,相对密度 4.26~4.28,熔点 180~190℃(转变为六方晶体),沸点 685℃;单斜晶体又称 β-体,为暗红色,相对密度 4.46,熔点 170~180℃(转变为六方晶体);六方晶体又称 α-体,为灰色,相对密度 4.28,熔点 221℃,沸点 684.8℃;玻璃体结构的为黑色,相对密度 4.28,熔点 180~190℃(转变为六方晶体)。六方晶体结构的最稳定,是带金属光泽的准金属,性脆。不溶于水、盐酸、稀硫酸,溶于浓硫酸、硝酸、王水、苯、亚硫酸钠、喹啉及二硫化碳(α-体不溶)。与强碱反应生成硒酸盐。与氢、卤素直接反应,与金属能直接化合生成硒化物。在空气中加热生成二氧化硒。能导电,其导电性能随光照强度不同而急剧变化。高价氧化物呈强酸性,其水合物为硒酸。硒的化合物类型有硒化物、硒酸盐和硒的非金属化合物等。硒是一种稀散元素,自然界中无单质存在,广泛存在于铜、铅、砷等的硫化物矿石中。我国湖北省恩施市拥有世界上唯一的独立大型硒矿床,远景储量 50 多亿吨,享有"中国硒都"之称。

质量规格

产品性状	指标(高纯硒)
外观	灰黑色粉末或结晶
硒含量,%	≥99.999
Ag、Al、Bi、Cd、Cu、Fe、Ga、Hg、In、Mg、Ni、Pb、Sb、Te、Tl 等杂质元素总量	$\leqslant 10 \times 10^{-6}$

用途 用作有机合成烃类异构化催化剂、润滑油耐酸添加剂、饲料添加剂、半导体材料的掺杂剂。硒在光照下的导电性可提高近千倍,故可用

于制造硒整流管、光电管、太阳能电池、光敏电阻等，也用作复印机硒鼓及搪瓷材料等。硒虽有毒，仍是人体的必需元素，缺少硒易得高血压、克山病、心脏病等。

安全事项 有毒。

简要制法 先用二氧化硒溶于水制得亚硒酸溶液，再用二氧化硫还原亚硒酸溶液制得。也可直接从电解铜的电解泥中提取。

2. 二氧化硒 Selenium Dioxide

别名 亚硒酸酐

化学式 SeO_2

相对分子质量 110.96

性质 为白色至淡黄色四方晶系或单斜晶系结晶。分子结构是以 SeO_3 为单位的三角锥形（见图），底边两个氧原子由相邻的三角锥共用形成无限长链。相对密度(15℃)3.95，熔点340~350℃。蒸气压(70℃)1.666kPa。315℃开始升华。有挥发性及吸湿性，吸湿生成 H_2SeO_3。溶于水、乙醇、丙酮、苯及乙酸等。在空气中稳定。有氧化性。能将 I^- 氧化为 I_2。可被 HCl、HBr、HF、HI 吸附形成相应的氧卤化硒，也可被 H_2、H_2S、SO_2 还原成硒。

质量规格

产品性状	指标	产品性状	指标
二氧化硒(SeO_2),%	≥99.8	硒(以硒计),%	70.99

用途 用作氧化、脱氢、卤化、加成、聚合等有机合成的催化剂，也用于制造高纯硒、硒化合物、含硒催化剂等。用作选择性氧化剂，能氧化醛、酮的 α-亚甲基或甲基成为羰基，生成邻二羰基化合物。当用以氧化烯、炔键的 α-亚甲基或甲基成为羰基时，碳—碳重键不受影响，生成 α-、β-不饱和羰基化合物。

安全事项 其蒸气呈黄绿色，带辛辣味，有高毒！二氧化硒粉严重刺激眼睛、皮肤及呼吸系统，吸入高浓度二氧化硒可出现头痛、发烧、支气管痉挛及窒息症状。水溶液接触皮肤会引起剧烈疼痛。

简要制法 由硒粉在空气中燃烧而得。或由粗硒粉与硝酸反应制得。

3. 硒酸　Selenic Acid

化学式　H_2SeO_4

相对分子质量　144.98

性质　为无色正交晶系针状结晶。SeO_4 四面体由强氢键连接在一起。相对密度 2.95(15℃)，熔点 58℃，沸点 260℃。沸点以上分解为 SeO_2。由于过冷现象常温下它仍为液体。极易潮解。易溶于水，溶于硫酸，不溶于氨，在醇中分解。存在四种水合物：$H_2SeO_4 \cdot nH_2O$(n=1，2，4，6)。与硫酸相似，是二价强酸，具强氧化性及脱水功能。可溶解金、银、铜，热硒酸与浓盐酸的混合液像王水，能溶解惰性最强的金属铂。易被氢溴酸、硫化氢、草酸、甲酸及某些金属还原成硒。

质量规格

产品性状	指标(化学纯)	产品性状	指标(化学纯)
硒酸,%	≥80.0	铁(Fe),%	≤0.05
氯化物(以 Cl^- 计),%	≤0.005	重金属(以 Pb 计),%	≤0.02
硫酸盐(以 SO_4^{2-} 计),%	≤0.1	灼烧残渣,%	≤0.1
亚硒酸盐(SeO_3^{2-})	≤1.0		

用途　用作缩合反应催化剂以及用于制造含硒催化剂、硒盐、药物，也用作分析试剂等。

安全事项　误食会中毒。对皮肤有强腐蚀及刺激性，接触皮肤会引起灼伤。

简要制法　用过氧化氢氧化亚硒酸或电解亚硒酸溶液制得。

4. 亚硒酸　Selenious Acid

化学式　H_2SeO_3

相对分子质量　128.97

性质　为白色或无色六方晶系柱状结晶。有潮解性。相对密度 3.004，熔点 70℃(分解)。易溶于水、乙醇，不溶于氨。在 100℃ 时失去一个分子水而生成 SeO_2。能升华。为二元弱酸，中等强度的氧化剂。能被强氧化剂(如过氧化氢、臭氧等)氧化成硒酸，也能被亚硫酸、氢碘酸、羟胺盐类等还原成硒。

质量规格

产品性状	指标(化学纯)	产品性状	指标(化学纯)
亚硒酸,%	≥95.0	铁(Fe),%	≤0.005
氯化物(以 Cl^- 计),%	≤0.005	重金属(以 Pb 计),%	≤0.06
硫酸盐(以 SO_4^{2-} 计),%	≤0.1	水不溶物,%	≤0.01
总 N 量,%	≤0.05	灼烧残渣,%	≤0.2

用途 用于制造含硒催化剂、硒酸、亚硒酸盐,也用作氧化剂、生物碱试剂、化学试剂等。

安全事项 有毒!对皮肤及眼睛有刺激性。

简要制法 将 SeO_2 溶于热水后经蒸发结晶而得。

(四)碲及其化合物

1. 碲 Tellurium

元素符号 Te

相对原子质量 127.60

性质 有两种同素异形体:一种为棕色的无定形碲,相对密度 6.0,熔点 449.5℃,沸点 989.9℃;另一种为银灰色金属状碲,相对密度 6.25,熔点 452℃,沸点 1396℃。另有八种稳定同位素。碲能传热、导电。电导率随光强度增大而增加。不溶于水、盐酸、苯、二硫化碳,溶于浓硝酸、浓硫酸、王水、氢氧化钾和氰化钾溶液。碲的高价氧化物为弱酸性,其水合物为碲酸,而碲化氢的水溶液为氢碲酸。在空气中燃烧生成 TeO_2。易与金属形成碲化物,也能和卤素直接反应生成卤化物。是能与金化合的少数元素之一。碲是地球上的稀散元素之一,自然界中很难找到游离的单质,主要分散在金、银、铋、铅、汞等的硫化物矿石中。我国的碲储量居世界第一位,富矿主要分布在江西、广东及甘肃。

质量规格

产品性状	指标(高纯碲)
碲含量,%	≥99.999
Ag、Al、Ca、Cd、Cu、Fe、Mg、Ni、Pb、Se、Sn 等杂质元素总含量	$\leq 10 \times 10^{-6}$

用途 用作石油裂化催化剂、橡胶硫化剂、电镀液中的光亮剂、陶瓷及玻璃着色剂，也用于制造半导体材料。

安全事项 有毒！

简要制法 由炼金副产物制得。或电解亚碲酸钠溶液而得。

2. 二氧化碲　Tellurium Dioxide

别名 亚碲酐

化学式 TeO_2

相对分子质量 159.60

性质 为白色晶体，有两种晶形：一种是正交晶系晶体，相对密度 5.67(15℃)；另一种是菱形晶体，相对密度 5.91，熔点 733℃，沸点 1245℃。不溶于水、氨水，溶于盐酸、硝酸、强碱。加热时变成黄色。熔化时开始蒸发，凝固时形成菱形针状结晶。350℃得到的为正交晶系晶体。为两性氧化物，与氢氧化钠反应可生成亚碲酸盐 Na_2TeO_3。

质量规格

产品性状	指标（高纯物）
二氧化碲(TeO_2)含量，%	≥99.999
Al、Ca、Cu、Fe、Pb 等杂质元素总含量，10^{-6}	≤10

用途 用作有机合成氧化催化剂，也用作防腐材料和测定疫苗中细菌的试剂。也用于制造二氧化碲单晶、电子元件。

安全事项 有毒！

简要制法 先将碲溶于冷的浓硝酸，再加热至 400～430℃ 形成 $2TeO_2 \cdot HNO_3$，然后经热分解制得。

3. 碲酸　Telluric Acid

化学式 $H_2TeO_4 \cdot 2H_2O$ 或 H_6TeO_6

相对分子质量 229.66

性质 为白色晶体。有单斜、立方及四方三种晶型。在稀酸溶液或水中析出的结晶为单斜晶体。碲酸中的碲原子四周有六个氧原子配位，呈八面体构型(TeO_6)。O—Te 平均键长为 190.9×10^{-12} m。相对密度 3.07，熔点 136℃。加热至 130℃时失去结晶水。是一种很弱的二元酸。微溶于冷水，不溶于乙醇，难溶于浓硝酸。氧化性与硒酸相似，是强氧化剂。加热状态下可将 Cl^- 氧化成 Cl_2。

质量规格

产品性状	指标(化学纯)	产品性状	指标(化学纯)
碲酸,%	≥99.0	铁(Fe),%	≤0.002
氯化物(以 Cl^- 计),%	≤0.005	硒(Se)	合格
氮化物(以 N 计),%	≤0.02	水不溶物	合格
硫酸盐(以 SO_4^{2-} 计),%	≤0.03		

用途 用于制造含碲催化剂，也用于溴化物、氯化物的分离，也用作分析试剂。

安全事项 有毒！

简要制法 可由碲用强氧化剂氧化而得。

七、卤素及其化合物

元素周期表中17（ⅦA）族元素氟（F）、氯（Cl）、溴（Br）、碘（I）、砹（At）统称为卤素。其中砹是人工制造的放射性元素，寿命极短。它们都是非金属元素，其中氟在所有元素中非金属性最强，碘具有微弱的金属性。氟、氯、溴、碘四种元素的基本性质见表7-1。

表7-1 卤素的基本性质

性　　质	氟（F）	氯（Cl）	溴（Br）	碘（I）
原子序数	9	17	35	53
晶体结构	分子晶体	分子晶体	分子晶体	分子晶体
熔点,℃	-220	-101	-7.3	113
沸点,℃	-188	-34.5	59	183
价层电子结构	$2s^2 2p^5$	$3s^2 3p^5$	$4s^2 4p^5$	$5s^2 5p^5$
电负性χ	4.0	3.2	3.0	2.7
共价半径,10^{-12}m	64	99	114	133
第一电离能，kJ/mol	1681	1251	1140	1008
电子亲合能，kJ/mol	328	349	325	295
主要化合价	-1	-1、+1、+3、+5、+7	-1、+1、+3、+5、+7	-1、+1、+3、+5、+7
配位数	1	1, 2, 3, 4	1, 2, 3, 5	1, 2, 3, 4, 5, 6, 7

卤素是元素周期表中原子半径最小、电负性最大的元素。它们的非金属性是同周期元素中最强的，其大多数性质随原子序数增加而呈较规则的递变。卤素单质是双原子的非极性分子，在固态时属分子晶体，以较弱的色散力结合，所以熔点、沸点都不高。它们的熔点、沸点从F_2至I_2顺序增高。这是由于它们的相对分子质量和分子间的色散力都依次增大的缘

故。卤素原子的价层电子构型为 ns^2np^5，得到一个电子即可达到稳定的八电子构型。它们的单质具有强的得电子能力，是强的氧化剂。氧化能力按 $F_2 > Cl_2 > Br_2 > I_2$ 的顺序递减。F_2 在水溶液中也是最强的氧化剂。卤素是很活泼的元素，能与大多数元素直接化合。其中氟是卤素中原子半径最小、电负性最大的元素。与其他卤素相比，氟与氢反应最激烈，生成的氟化氢也最稳定。当卤素参与反应时，会涉及分子的离解，而氟分子的键能较小，有利于反应进行。氟和氯气几乎能与所有金属直接化合，而溴和碘则只能与活泼金属化合。

卤素能取代碳氢化合物中的氢：
$$Cl_2 + CH_4 \longrightarrow CH_3Cl + HCl$$
卤素与不饱和烃能起加成反应：
$$Cl_2 + 2CH_2\!=\!\!=\!CH_2 \longrightarrow ClH_2C\!-\!CH_2Cl$$

由于卤素的化学性质活泼，故在自然界中不能以单质的形式存在。又由于正氧化态的卤素化合物大多不稳定，故卤素大多以卤化物的形式存在。卤素中氟和氯在地壳中的含量较多，而溴和碘则很少。氟主要以萤石(CaF_2)、冰晶石(Na_3AlF_6)等矿物形式存在。氯、溴、碘主要以钠、钾、钙、镁的无机盐形式存在于海水中，又以氯化钠含量最高。碘还存在于海藻体内。

（一）氟及其化合物

1. 氟气 Fluorine

化学式 F_2

相对分子质量 37.99

性质 为浅黄色气体，有特殊臭味。相对密度(0℃)1.695，熔点-219.62℃，沸点-188.14℃，折射率1.00019，临界温度-129.2℃，临界压力5.57MPa。氟是自然界中最活泼的非金属元素。氟与金属反应很强烈。如氯只能将Co氧化成Co^{2+}，而氟能将Co氧化成Co^{3+}。常温时，氟与金属反应生成的氟化物大多难挥发、难溶解，从而覆盖在金属表面使反应变缓和，故常温下Fe、Ni、Pb、Cu等金属对氟较稳定，但高温下氟和金属剧烈反应而燃烧。常温下，氟和非金属剧烈反应，由于生成的氟化物易挥发，故难以阻缓非金属与氟剧烈反应。S、P、Si、C、B等遇氟立即燃烧，甚至爆炸。氟和水剧烈反应，生成HF、OF_2、H_2O_2、O_2、O_3。氟和氢在低温暗处相遇，就能发生剧烈反应而爆炸。氟与乙醇、松竹油等接触时剧烈燃烧，和玻璃、石棉等接触会迅速反应并产生白烟。除氮、氖、氩外，氟能直接与所有元素化合。氟为酸性元素，只溶于普通碱，不与强碱反应，也不与盐酸和稀硫酸反应。由于氟太活泼，在自然界中均以化合物形式存在，主要是氟化物、含氟酸及其盐类。

质量规格

产品性状	指 标	产品性状	指 标
氟气(F_2),%	≥98.0	氟化氢(HF),%	≤0.5

用途 用于制造金属氟化物催化剂、有机氟化物、含氟塑料、含氟橡胶、卤化氟等，也用于制造浓缩铀、火箭燃料，还用于金属焊接和切割。也用作氧化剂等。

安全事项 为强氧化剂，可与几乎大多数物质发生剧烈反应而燃烧。是高毒性和强反应性元素，对一切生物体有致命毒性。与皮肤接触可引起凝固性坏死，即使低浓度气体也能引起腐蚀性灼伤。空气中最高允许浓度为 $0.15\sim0.2\text{mg/m}^3$。生产和使用氟必须在有特殊安全措施的条件下进行。

简要制法 由电解熔融的氟化钾和氟化氢混合物制得。

2. 氟化氢 Hydrogen Fluoride

别名 无水氢氟酸

化学式 HF

相对分子质量 20.01

性质 为无色发烟气体，在 19.54℃ 以下为无色液体。气体相对密度(34℃，空气为1)1.27，液体相对密度(14℃)0.988。熔点 -83.1℃，沸点 19.54℃。蒸气压(25℃)5.33×10^4Pa。临界温度 230.2℃。易溶于水、醇，溶于苯、甲苯，微溶于乙醚。氟化氢分子间由于氢键的存在发生缔合，固态分子呈链状结构(见图)，气态中有 HF、$(HF)_2$、$(HF)_3$、$(HF)_6$ 等缔合状态，使其熔点、沸点反常(比同族其他卤素氢化物都高)。当温度高于 90℃ 时，只有单分子 HF 存在。无水氟化氢是强酸性物质之一，能与碱金属、碱土金属以及 Hg、Pb、Zn、Fe 等的氧化物或氢氧化物反应生成氟化物。也可溶解一些无机氟化物(如氟化钠、三氟化硼等)及许多有机化合物(烃类及含氧、氮、硫的

$d(H—F)=92pm$
$d(H…F)=157pm$
$\angle(FFF)=12°$
晶体中的HF

化合物)。还可置换含卤有机化合物中的卤素成为有机氟化物。能腐蚀玻璃和破坏其他含硅物质,需用铝制或塑料容器盛放。

质量规格

产品性状	指　　标			
	I 类[①]	I 类[②]		
		优等品	一等品	合格品
氟化氢,%	≥99.98	≥99.96	≥99.92	≥99.8
水分,%	≤0.005	≤0.02	≤0.04	≤0.06
氟硅酸,%	≤0.005	≤0.008	≤0.015	≤0.050
二氧化硫,%	≤0.003	≤0.005	≤0.010	≤0.030
不挥发酸(以 H_2SO_4 计),%	≤0.005	≤0.005	≤0.010	≤0.050

注:表中数据摘自 GB/T 7746—2011。
① 用于生产电子级氢氟酸的原料;
② 主要用于制取氟化物、氟卤烃和试剂氢氟酸及其他含氟产品。

用途 用作芳烃、脂肪族化合物烷基化制高辛烷值汽油的催化剂、聚合催化剂等。也作氟化剂用于生产含氟树脂、有机氟化物、无机氟化物、制冷剂"氟里昂"以及配制氢氟酸,还用作雕刻玻璃及陶瓷的蚀刻剂等。

安全事项 高毒!对人体有强腐蚀性及刺激性,吸入大量氟化氢可引起肺水肿。本身不燃,但能与多数金属反应,生成氢气而易引起爆炸。

简要制法 由硫酸分解萤石(CaF_2)制得。

3. 氢氟酸　Hydrofluoric Acid

别名 氟化氢溶液
化学式 HF
相对分子质量 20.01
性质 为无色发烟易流动液体,有刺激性气味。相对密度(25℃)0.9576,熔点 -83.1℃,沸点 19.54℃,折射率(25℃)1.1574。减压或高温下易气化。市售的氢氟酸含 HF 约40%。其中 HF 分子以氢键而缔合成$(HF)_x$,为弱酸,酸离解常数 $K = 3.53 \times 10^{-4}$。而其他氢卤酸均属强酸,它不能被氧化剂氧化。在氢氟酸溶液中因为有负离子 HF_2^- 存在,故氢氟酸可以生成酸式盐(如 KHF_2 等)。易溶于水、醇,不溶于有机溶剂。能与

SiO_2 反应，生成 SiF_4 及水。可溶解除金、铂以外的大多数金属，侵蚀银、铜。与金属盐类、氧化物、氢氧化物反应生成氟化物。

质量规格

产品性状	指　　标					
	Ⅰ类			Ⅱ类		
	HF-Ⅰ-40	HF-Ⅰ-55	HF-Ⅰ-70	HF-Ⅱ-30	HF-Ⅱ-40	HF-Ⅱ-50	HF-Ⅱ-55
外观	无色透明溶液					
氟化氢(HF),%	≥40.0	≥55.5	≥70.0	≥30.0	≥40.0	≥50.0	≥55.0
氟硅酸(H_2SiF_6),%		≤0.05		≤2.5	≤5.0	≤8.0	≤10.0
不挥发酸(H_2SO_4),%	≤0.05	≤0.08	≤0.08	≤1.0	≤1.0	≤2.0	≤2.0
灼烧残渣,%		≤0.05					

注：表中数据摘自 GB 7744—2008。

用途　用作烷基化、聚合、缩合、异构化等有机合成的催化剂，也用于制造无机及有机氟化物、含氟树脂、阻燃剂、染料等。也用于金属酸洗和抛光、蚀刻玻璃和瓷器。也用作处理半导体材料硅、锗等的清洗剂。

安全事项　具有强腐蚀性。蒸气极毒，对人体有强腐蚀性及刺激性。溅入眼睛内可致盲，吸入蒸气后重者可导致肺水肿。本身不燃，但与金属反应会生成可燃性氢气。空气中最高允许浓度为 $1mg/m^3$。

简要制法　由硫酸分解萤石制得。少量氢氟酸可由分离磷酸或磷肥工业副产物而得。

4. 氟化氢铵　Ammonium Hydrogen Fluoride

化学式　NH_4HF_2

相对分子质量　57.04

性质　为无色或白色透明正交晶系结晶，商品呈片状，略带酸味。分子结构与 CsCl 相似，F—H 键长 227.5×10^{-12} m。相对密度 1.50，熔点 125.6℃，沸点 240℃，折射率 1.390。易溶于冷水，微溶于乙醇。在热水中分解，水溶液呈强酸性。在较高温度下能升华。可腐蚀玻璃及硅质制品。

质量规格

产品性状	指标	产品性状	指标
氟化氢铵(NH_4HF_2),%	≥96.0	硫酸盐(以SO_4^{2-}计),%	≤0.1
氟硅酸盐[$(NH_4)_2SiF_6$],%	≤3.0	灼烧残渣,%	≤0.2

用途 用作烷基化、异构化等的有机合成催化剂、铝制品光亮剂、玻璃蚀刻剂、槽罐清洗剂、防腐剂、消毒剂，也用于制造镁合金、陶瓷等。

安全事项 有毒！

简要制法 可由无水氢氟酸与液氨反应制得。

5. 氟磺酸 Fluorosulfonic Acid

化学式 HSO_3F

相对分子质量 100.07

性质 为无色至黄色发烟液体。在湿空气中会产生白色烟雾状强刺激性气体氟化氢。相对密度1.726，熔点-88.98℃，沸点162.7℃。加热至900℃时仍稳定。溶于乙酸、乙酸乙烯酯、硝基苯，不溶于CS_2及氯仿。与水发生爆炸性剧烈反应，并生成氟化氢；与醚反应产生大量热并起泡沫；与苯及氯仿反应释出氟化氢。许多无机及有机化合物可溶于氟磺酸。是一种强酸，具有与硫酸及氢氟酸同样的腐蚀性，能很快地破坏橡胶、软木及火漆等。

质量规格

产品性状	指标	产品性状	指标
氟磺酸(HSO_3F),%	≥98	SO_3+SO_2	微量
硫酸(H_2SO_4),%	≤1		

用途 用作烷基化、酰化、异构化、聚合等催化剂、氟化剂，也用于制造含氟化合物。氟磺酸与路易斯酸五氟化锑混合会产生"魔酸"。也用作超强的质子给予体。

安全事项 有强腐蚀性。对眼睛、皮肤及黏膜有强刺激性。失火时用水泥、干沙及 CO_2 灭火，禁止用水。

简要制法 可在铂制反应器中由无水氟化氢与三氧化硫反应制得。

6. 氟铁酸 Fluorotitanic Acid

别名 六氟钛酸

化学式 H_2TiF_6

相对分子质量 163.89

性质 一种弱酸，在酸性介质中为稳定的八面体结晶。当 pH 值大于 4 时，氟钛酸溶液水解成二氧化钛。

用途 用于制造含钛催化剂、表面活性剂及用于铝表面处理。

简要制法 由四氟化钛与无水氟化氢反应制得，或由偏钛酸与氢氟酸反应而得。

7. 氟化铵 Ammonium Fluoride

化学式 NH_4F

相对分子质量 37.04

性质 为无色透明针状结晶。易升华，升华时得六菱柱状结晶。相对密度（25℃）1.009。溶于水、微溶于醇，不溶于丙酮和液氨。在热水中分解为氨及氟化氢铵。加热分解成氟化氢及氨。水溶液呈酸性反应。将其水溶液蒸发时放出氨气，故不能得到氟化铵产品。对玻璃及瓷器有腐蚀性。

质量规格

产品性状	指标（化学纯）	产品性状	指标（化学纯）
氟化铵（NH_4F），%	≥95.0	铁（Fe），%	≤0.001
氯化物（Cl^-），%	0.01	重金属（以 Pb 计），%	≤0.001
硫酸盐（SO_4^{2-}），%	0.01	灼烧残渣，%	≤0.05
氟硅酸盐（以 SiO_2 计），%	0.30	游离酸（以 NH_4HF_2 计），%	1.0

用途 用作烃油精制改质催化剂、木材防腐剂、玻璃蚀刻剂、纤维媒染剂、消毒剂，也用于提取稀有元素。化学分析中用作离子检测的掩蔽剂。

安全事项　有毒！对皮肤、黏膜及眼睛有刺激性。
简要制法　由液氨与氢氟酸反应制得。

8. 三氟乙酸　Trifluoroacetic Acid

别名　三氟醋酸
化学式　$C_2F_3HO_2$
相对分子质量　114.03
结构式　CF_3COOH

性质　为无色发烟液体。有刺激性气味及挥发性。相对密度 1.4890，熔点 -15.3℃，沸点 72.4℃，折射率 1.489。临界温度 246℃，临界压力 4.05MPa。蒸气压(25℃)14.4kPa。与水、甲醇、乙酚、乙醚、苯、氯代烷烃等混溶。能溶解多种脂肪酸、聚酯及蛋白质等。对热稳定，加热至 400℃ 不分解。在水中发生离子化而呈强酸性。不被酸及碱水解。为非氧化性强酸，酸性比乙酸强 5 倍。能形成稳定的金属盐类及酯类。不燃。有毒！

质量规格

产品性状	指标		
	优等品	一等品	合格品
氟(体积分数),%	≥99.8	≥99.6	≥99.6
水分,%	≤0.01	≤0.03	≤0.04
三氯化氮,%	≤0.002	≤0.004	≤0.004
蒸发残渣,%	≤0.015	≤0.10	

注：表中数据摘自 GB 5138—2006。

安全事项　蒸气对眼及皮肤有强刺激性。
用途　用作酯化、缩合及贝克曼重排等的有机合成催化剂，也用作合成含氟有机化合物的重要中间体及含氟高分子材料的重要原料。还用作甲苯磺化、硝化及烃类卤化等的溶剂。也用于制造医药、农药、染料及合成多肽等。
简要制法　由乙酸乙酯电解氟化制得，或由 2,3-二氯六氟-2-丁烯在高锰酸钾存在下氧化而得。

（二）氯及其化合物

1. 氯气　Chlorine

化学式　Cl_2

相对分子质量　70.90

性质　为黄绿色有强刺激性臭味的气体。比空气密度大，对空气的相对密度为2.5。能溶于水，不溶于酸，溶于碱溶液生成盐酸盐或次氯酸盐。易溶于四氯化碳、二硫化碳等有机溶剂。常温下，1体积水能溶解2.5体积的氯气。氯气的水溶液称为氯水。饱和氯水呈淡黄绿色，具有氯气的刺激性气味。氯气溶于水后，一部分和水反应生成次氯酸和盐酸，同时次氯酸和盐酸又能再转化为氯气和水。氯气易液化，工业上称为"液氯"。常压下，冷冻至 -34.6℃，变为黄绿色油状液体；25℃时，在 $7.964 \times 10^5 Pa$ 压力下也可液化为液体。液氯的相对密度为(0℃)1.4685，熔点 -102℃，沸点 -34.6℃。蒸气压(20℃)$6.40 \times 10^5 Pa$。氯气的化学性质活泼，次于氟而强于溴，氧化性极强。易和金属直接化合，加热时，许多金属还能在氯气中燃烧。氯气也能和许多非金属化合。常温下，氯气与氢气化合很慢。当强光直射或点燃时，氯和氢迅速化合，甚至发生爆炸，生成氯化氢。常温下氯气能与碱反应生成次氯酸盐及金属氯化物。氯也能与有机物进行取代及加成反应。氯元素在自然界中无单质存在，全是以化合物状态存在。氯的化合物种类主要是氯化物、氯的氧化物、多种含氯酸及氯酸盐等。

质量规格

产品性状	指标(液氯，工业级)	产品性状	指标(液氯，工业级)
氯气(Cl_2),%	≥99.6	水分,%	≤0.05

用途　用作重整催化剂的酸性组分，其作用是促进重整催化剂的异构化和裂解性能。也用于生产次氯酸钠、漂白粉、三氯化铁、氯乙酸、环氧氯丙烷、氯苯等无机及有机氯化物，以及用于制造氯丁橡胶、塑料、农药、合成洗涤剂等。也用作臭氧、氧化氮分解催化剂，饮用水消毒剂，织物及纸张漂白剂等。

安全事项　在空气中不燃，但一般可燃物都能在氯气中燃烧。能与许多化学品(如乙炔、氨、乙醚、氢气、金属粉末、松节油等)猛烈反应发生爆炸或生成爆炸性物质。对眼睛、黏膜及呼吸道有强刺激及腐蚀性。高浓度氯气中毒可引起死亡。空气中最高允许浓度为 $1mg/m^3$。

简要制法 工业上用电解饱和食盐水溶液制得。

2. 氯化氢 Hydrogen Chloride

化学式 HCl

相对分子质量 36.46

性质 无色有刺激性气味的气体。在潮湿空气中与水蒸气形成盐酸液滴而呈现白雾。相对密度(0℃)1.6392,熔点 -114.18℃,沸点 -84.9℃。蒸气相对密度1.27,蒸气压(17.8℃)$4.05×10^5$。临界温度51.4℃,临界压力 $8.37×10^5$ Pa。极易溶于水而成盐酸。常温下1体积水能溶解450体积的氯化氢。也溶于乙酸、乙醚、苯。与各种有机物容易进行反应。氯化氢中的 Cl^- 具有还原性,但HCl较难被氧化。干燥的氯化氢不与锌、铁反应。

质量规格

产品性状	指　　标	产品性状	指　　标
氯化氢(HCl),%	≥99.7	惰性气体	微量
水分(H_2O),%	≤0.02		

用途 用作淀粉的衍生反应、不饱和烃溴化等有机反应的催化剂,用于制造盐酸、聚氯乙烯、氯丁橡胶、无机及有机氯化物等。

安全事项 无水氯化氢无腐蚀性,但遇水有强腐蚀性。氯化氢气体对眼睛、呼吸道有强刺激性,高浓度时可引起喉痉挛及肺水肿。氯化氢在 -85℃时液化成无色液体。皮肤接触液态氯化氢会造成灼伤。

简要制法 由电解食盐水所产生的氢气和氯气直接合成而得。

3. 盐酸 Hydrochloric Acid

别名 氢氯酸、盐镪水

化学式 HCl

相对分子质量 36.46

性质 纯净的盐酸是无色而有氯化氢气味的液体。工业盐酸因含铁、氯等杂质而呈微黄色。试剂盐酸含 HCl 38%，相对密度 1.19。商品盐酸有含 HCl 31%、33% 及 36% 三种。相对密度 1.12～1.19。凝固点 -62～-17℃。是挥发性酸。属无机强酸。极易溶解于水，也易溶解于乙醇、乙醚。能与许多金属、金属氧化物、碱类及盐类起化学反应，与金属反应生成金属氯化物，并释出氯气；与金属氧化物反应生成盐和水；与碱发生中和反应生成盐和水；与盐类发生复分解反应生成新的盐和酸。盐酸有还原性，遇强氧化剂时生成氯气。浓盐酸(36%)在空气中发烟，蒸气呈白色云雾。将稀盐酸或浓盐酸溶液蒸馏，可得恒沸点为 (1.01325×10^5 Pa) 108.58℃ 的共沸物，内含氯化氢 20.222%。

质量规格

产品性状	指标(工业级)		
	优等品	一等品	合格品
外观	无色或淡黄色透明液体		
氯化氢(HCl)含量,%	≥31.0	≥31.0	≥31.0
铁(Fe)含量,%	≤0.002	≤0.008	≤0.01
硫酸盐(以 SO_4^{2-} 计),%	≤0.005	≤0.03	
砷(As)含量,%	≤0.0001	≤0.0001	≤0.0001
灼烧残渣,%	≤0.05	≤0.10	≤0.15

注：①砷指标强制。
②表中数据摘自 GB 320—2006。

用途 用于制造催化剂用金属盐。也用作重要的化工原料及化学试剂，广泛用于化工、精细化工、轻工、染料、医药、食品、皮革等领域。也用于制造各种无机及有机氯化物、氧化铝载体、活性炭、白炭黑等。有机合成反应中用作酯化催化剂及萃取剂。也用于离子交换树脂再生等。

安全事项 对大多数金属有腐蚀性。浓盐酸对眼睛及呼吸道有强烈刺激作用，能引起鼻中隔溃疡。与皮肤接触能引起腐蚀性灼伤。

简要制法 先用电解食盐水得到的氢气和氯气合成为氯化氢，再通入水中而得。

4. 氯酸　Chloric Acid

化学式 $HClO_3$

相对分子质量 84.46

性质 为氯的含氧酸，其中氯为 +5 价。仅存在于溶液中，浓度为 20% 的水溶液为无色透明液体，相对密度(18℃)1.1273。最高浓度的水溶液含 $HClO_3$ 40%，相当于 $HClO_3 \cdot 7H_2O$，为有刺激性气味的浅黄色液体，相对密度 1.282。加热至 40℃ 即分解成绿色液体，并会发生爆炸。减压下蒸发浓缩则分解，放出氯和氧并生成高氯酸。水溶液呈强酸性，有强氧化性，与有机物接触发生爆炸性反应。

质量规格

产品性状	指 标	
	分析纯	化学纯
氯酸($HClO_3$),%	≥20.0	≥20.0
硫酸盐(SO_4^{2-}),%	≤0.01	≤0.05
铁(Fe),%	≤0.002	≤0.005
钡(Ba),%	≤0.001	≤0.003
灼烧残渣,%	≤0.02	≤0.05

用途 用于制造丙烯腈聚合催化剂，也用作强氧化剂。氧化性弱于次氯酸。因其稳定性差，一般用它的盐。

安全事项 对多数金属有强腐蚀性。蒸气或液体对皮肤、眼睛及黏膜有强刺激性及腐蚀性。遇有机物会剧烈反应并着火燃烧。不稳定，应低温避光保存。

简要制法 由氯酸钡和稀硫酸反应，滤去硫酸钡沉淀即得。

5. 高氯酸 Perchloric Acid

别名 过氯酸
化学式 $HClO_4$
相对分子质量 100.46
性质 为氯的含氧酸，其中氯为 +7 价。无色透明发烟液体。极易吸湿。相对密度(22℃)1.768，熔点 -112℃，沸点(2.4kPa)16℃。一水物为针状结晶，相对密度 1.88，熔点 50℃，沸点 110℃(爆炸)。三水合物为透明液体，相对密度(25℃)1.5967，熔点 -18℃，沸点 200℃。高氯酸是一种强酸，反应性很强。不稳定，受热分解产生氧、二氧化氯及水蒸气。常压下 90℃ 时可爆炸。接触炭、纸屑、有机物质时亦能引起爆炸。在常压下不能制得，一般只能制得水合物。溶于水、乙醇、氯仿。一般水溶液含本品 60%~70%。水溶液无色、无臭。在低温下稳定，冷时无氧化性，在

160℃以上可用作氧化剂。浓度为37%水溶液的离解度最大,在有机溶剂中也易离解。是良好的质子供给体,可使具有二价以上的金属原子成为更高的氧化态而生成盐。与 Fe、Cu、Zn 等剧烈反应生成氧化物;与 P_2O_5 反应生成 Cl_2O_7;也能将元素 P 和 S 分别氧化成磷酸和硫酸。

质量规格

产品性状	指标(工业级)	产品性状	指标(工业级)
外观	无色透明液体	高氯酸($HClO_4$)含量,%	56~58

用途 用作有机合成催化剂、强氧化剂、电池电解液、金属表面处理剂及丙烯腈聚合用溶剂。也用于生产高氯酸盐类、酯类、烟花、炸药、电影胶片、医药等,也用于人造金刚石提纯。高氯酸与钾离子生成微溶性的高氯酸钾,故可用于钾的测定。

安全事项 浓度70%~72%的商品高氯酸溶液能与有机物形成灵敏度高的爆炸性混合物。是一种强脱水剂,但遇到更强的脱水剂(如 P_2O_5、浓硫酸等),能生成无水高氯酸。遇有机物会发生爆炸。无水高氯酸配好后如不及时使用,10min 左右会变黑爆炸。蒸气及液体对皮肤、黏膜有强刺激性。

简要制法 用盐酸从高氯酸钠中取代出高氯酸而得。

6. 高氯酸铵 Ammonium Perchlorate

别名 过氯酸铵

化学式 NH_4ClO_4

相对分子质量 117.52

性质 为白色或无色结晶。相对密度(25℃)1.952。加热至200℃开始分解,350℃以上分解出氮的氧化物。有潮解性。易溶于水,微溶于乙醇、丙酮,不溶于乙醚。为强氧化剂。

质量规格

产品性状	指标	产品性状	指标
外观	白色结晶	氯化物(以 Cl^- 计),%	≤0.20
高氯酸铵(NH_4ClO_4),%	≥99.5	溴酸根(以 BrO_3^- 计),%	≤0.04
相对密度	≥1.90	水不溶物,%	≤0.10
氯酸钠($NaClO_3$),%	≤0.15	水分,%	≤0.05
重金属(以 Pb 计),%	≤0.04	灰分,%	≤0.25
硫酸盐(以 SO_4^{2-} 计),%	≤0.20	pH 值	5.5~7.0

用途 用作有机合成催化剂、氧化剂、镂刻剂及分析试剂等。用于制造炸药、焰火、火箭推进剂、人造防冰雹药剂等。

安全事项 与有机物粉末混合能形成高猛炸药。与还原剂或强酸接触有着火、爆炸危险。

简要制法 由高氯酸钠与氯化铵或碳酸氢铵经复分解反应制得。

7. 氯磺酸 Chlorosulfonic Acid

化学式 HSO_3Cl

相对分子质量 116.52

性质 为无色或淡黄色油状液体。有刺激性臭味。相对密度1.753。熔点 $-81 \sim -80℃$,沸点$151 \sim 152℃$(分解)。175℃以上分解为硫酸和硫酰氯(SO_2Cl_2)。遇水及湿气剧烈反应,分解成氯化氢和硫酸。液体滴入水中时,发生爆炸并水解。溶于四氯乙烷、氯仿、二氯乙烷、乙酸及三氯乙酸等,不溶于二硫化碳和四氯化碳。能与无水硫酸及发烟硫酸相混合。是含有相当弱的 S—Cl 键的强酸。与烃、醇、酚、胺反应,生成各自相应的氯化物和有机衍生物。与强脱水剂(如 P_2O_5、SO_3 等)接触时,脱水生成焦硫酰氯。与铜、铝、锡等金属反应生成氯化物及硫酸。加热时生成硫酰氯、氯及二氧化硫。是强氧化剂,与浓硫酸相似,有极强的脱水力。触及皮肤、衣物、木材等立即起吸水作用,使之破坏而炭化。在空气里,对普通金属具有极强的腐蚀性。

质量规格

产品性状	指 标		
	优等品	一等品	合格品
外观	无明显混浊的液体	允许轻微混浊的液体	允许有混浊的液体
氯磺酸(HSO_3Cl),%	≥98.0	≥97.0	≥95.0
硫酸(H_2SO_4),%	≤2.0	≤2.5	≤4.0
灰分,%	≤0.03	—	—
铁(Fe),%	≤0.01	≤0.01	—
铜(Cu),%	≤0.005	≤0.003	—
色度,mL	≤10		

注:表中数据摘自 GB 13549—2008。

用途 用作有机合成催化剂、磺化剂、氯化剂、缩合剂，也用于制造糖精、磺胺类药物、染料中间体、农药、橡胶、塑料及洗涤剂等。也用作防黏剂、凝聚剂、通用试剂。军事上用作烟幕剂。

安全事项 强酸性腐蚀品，能使生物组织严重灼伤。遇水分解生成盐酸和硫酸。对皮肤、黏膜及眼睛等有强刺激性及腐蚀性。遇可燃物能燃烧，在潮湿空气中能腐蚀金属并释出氢气。

简要制法 由三氧化硫与氯化氢直接反应而得。

8. 氯甲烷　Chloromethane

别名　甲基氯、一氯甲烷
化学式　CH_3Cl
相对分子质量　50.49

性质　常温常压下为无色气体，有乙醚的气味。易液化。气体相对密度 1.74，液体相对密度 0.920。熔点 -97.7℃，沸点 -23.73℃，闪点低于 0℃，自燃点 632℃。蒸气压（22℃）506.6kPa。临界温度 143.1℃，临界压力 6.59MPa。与空气形成爆炸性混合物，爆炸极限 8.1%~17.2%。微溶于水，溶于乙醇、苯、四氯化碳、环己烷等有机溶剂。在干燥状态下，即使与金属接触加热至 400℃ 也几乎不分解。在有水存在时，60℃ 以下分解生成甲醇和氯化氢。燃烧时生成二氧化碳和氯化氢。与氨反应可生成甲胺、二甲胺、三甲胺等。与氯反应生成二氯甲烷、氯仿、四氯化碳。与溴反应生成氯溴甲烷、溴甲烷、溴仿等。与镁反应生成格氏试剂。与钠反应生成乙烷。与酚钠或醇钠反应可生成醚。在催化剂存在下，与芳烃反应，可使芳烃甲基化。

质量规格

指标名称	指标	指标名称	指标
氯甲烷(CH_3Cl),%	≥99.0	相对密度(20℃)	0.92
水分,%	≤0.4	沸点,℃	> -23

用途　用作有机合成催化剂、甲基化剂、制冷剂、发泡剂、合成树脂及橡胶的溶剂。医药上用作局部麻醉剂。也用于制造甲基纤维素、甲硫醇、二氯甲烷、氯仿、甲基氯硅烷等。

安全事项　易燃。遇明火及高热有爆炸危险。与铝及铝合金接触能生成自燃性铝化合物。吸入蒸气会发生慢性或亚急性中毒。由于本品具有香气，作用缓慢，即使中毒也不易察觉，故以慢性中毒居多。空气中最高允许浓度为 80mg/m³。

简要制法 由甲烷高温氯化制得。或由甲醇与盐酸反应而得。

9. 甲烷磺酰氯　Methane Sulfonyl Chloride

别名 甲基磺酰氯、氯化硫酰甲烷
化学式 CH_3ClO_2S
相对分子质量 114.55
结构式 CH_3SO_2Cl

性质 为无色或淡黄色油状液体，有刺鼻的臭味。相对密度(18℃)1.4805，熔点-32℃，沸点164℃，闪点110℃，折射率1.4573。蒸气压(53℃)1.6kPa，蒸气相对密度4.0。溶于多数有机溶剂。不溶于冷水，在冷水中缓慢水解，在热水中迅速分解。可燃。遇高热、明火有燃烧危险。与碱、氨剧烈反应。

质量规格

产品性状	指标(化学纯)	产品性状	指标(化学纯)
甲烷磺酰氯含量,%	≥98.0	灼烧残渣,%	≤0.02
相对密度	1.471~1.475	乙醇溶解试验	合格

用途 用作酯化、聚合等有机合成催化剂，也用作干性油墨快速固化剂、聚酯染色改良剂、彩色照片或色调节剂、液体硫铵稳定剂、羊毛助染剂。也用于合成医药、农药等。

安全事项 高毒！对皮肤及黏膜有腐蚀性。

简要制法 由甲硫醇经湿法氯化制得。或由二甲基二硫与氯气反应而得。也可由硫酸二甲酯与硫代硫酸钠经相转移催化氯化而得。

(三)溴及其化合物

1. 溴　Bromine

别名 溴素
化学式 Br_2

相对分子质量 159.81

性质 常温下为棕色发烟液体,带有强刺激性气味。常温时蒸发很快,生成有窒息性气味的红棕色蒸气。相对密度 3.119,熔点 $-7.5℃$,沸点 58.78℃,折射率 1.647。临界温度 315℃,临界压力 10335.15kPa。蒸气压(21℃)2.33×10^4Pa,蒸气相对密度 5.5。低温($-20℃$)时为带金属光泽的暗红色针状结晶。微溶于水,易溶于乙醇、乙醚、苯、氯仿、二硫化碳及煤油等,溶于盐酸、氢溴酸及溴化物溶液。化学性质与氯相近但稍弱,溴化物中的溴可被游离氯逐出。几乎能与所有元素起反应生成相应的化合物。与碳氢化合物反应可取代氢,生成氢溴酸;与未饱和的有机物可直接加成。为强氧化剂,有水时可将二氧化硫氧化成硫酸,并生成溴化氢;在碱性介质中能氧化氨、尿素等氮化物,并产生氮气。溴的氧化电位大于碘而小于氯、氟,故能将碘化物氧化,而溴化物则被氯、氟氧化。和氯相比,溴与氢反应比较缓和,加热至 300℃ 时,两者才缓慢地化合。在加热下也能和磷反应生成三溴化磷。溴和碱在常温下发生歧化反应,生成溴化物和次溴素盐。溴在自然界中无单质存在,约有 99% 以溴化镁、溴化碘和溴化钠的形式溶解在海水里,只有约 1% 分布在岩盐、井盐、池盐和咸水湖中。

质量规格

参 数	指 标		
	优级	一级	二级
外观	赤褐色液体		
溴(Br_2),%	≥99.7	≥99.0	≥98.5
氯含量(Cl_2),%	≤0.05	≤0.15	≤0.25
不挥发物,%	≤0.05	≤0.10	≤0.15

注:表中数据摘自 QB/T 2021—1994。

用途 用作氮氧化物分解、氧化等有机合成催化剂、氧化剂、漂白剂,也用于生产无机及有机溴化物、阻燃剂、制冷剂、汽油抗爆剂、杀虫剂、熏蒸剂及水处理剂等。

安全事项 不易燃。易和许多物质反应,其反应热能使可燃物燃烧。能腐蚀多数金属及有机物。有毒!溴的急性中毒症状与氯相似。液体会灼烧皮肤。

简要制法 由海水、海盐提取而得。实验室常以溴化钾或溴化钠等溴化物与浓硫酸混合后，再与强氧化剂二氧化锰反应制得。

2. 溴化氢　Hydrogen Bromide

化学式　HBr
相对分子质量　80.91
性质　为无色有刺激性气体，有窒息性臭味。相对密度(0℃)2.16，熔点-86.86℃，沸点-66.72℃。临界温度90℃，临界压力8.51×10^5Pa。蒸气相对密度3.6。液化时成淡黄色液体，液体相对密度(-67℃)2.77。纯品在空气中较稳定，但遇光及热易被氧化而游离出溴。遇潮湿空气可产生有腐蚀性的烟雾。遇臭氧能发生爆炸性反应。易溶于水，1体积水可溶解600体积溴化氢。水溶液称氢溴酸，为强酸。也易溶于乙醇、丙酮。
用途　用作烷基化反应催化剂、还原剂，也用于制造无机及有机溴化物、医药中间体等。
安全事项　不燃，但能与一般金属反应释出可燃性氢气。遇水时有强腐蚀性。气体或蒸气对眼睛及呼吸系统有强刺激性及腐蚀性。
简要制法　将氢气与溴蒸气混合通过铂网化合而得。

3. 氢溴酸　Hydrobromic Acid

化学式　HBr
相对分子质量　80.91
性质　为溴化氢的水溶液，无色或淡黄色液体，是强酸之一。微发烟，暴露在空气中或在光的作用下因溴游离而变成棕色，具刺激性。能与水、乙酸及乙醇混溶。0℃时饱和水溶液含溴化氢68.85%。0.1MPa压力下氢溴酸恒沸。混合物的沸点为126℃，含溴化氢47.5%，相对密度1.481。具强还原性，除金、铂、钽等金属外，对其他金属均有腐蚀作用。
质量规格

产品性状	指标	产品性状	指标
氢溴酸(HBr),%	≥50.0	游离溴(Br_2),%	≤0.50

用途　用作芳香化合物烷基化、共轭烯烃异构化等的催化剂，烷氧基和苯氧基化合物的分离剂。用于制造无机及有机溴化物、香料、染料等。

安全事项 蒸气强烈刺激呼吸器官。对皮肤有刺激性及腐蚀性。
简要制法 将溴化氢溶于水即得。

4. 溴甲烷 Bromomethane

别名 甲基溴、溴代甲烷
化学式 CH_3Br
相对分子质量 94.95

性质 常温常压下为无色无臭气体。高浓度时有类似氯仿气味。气体相对密度3.27，液体相对密度（0℃）1.730。熔点 -93℃，沸点4.6℃，燃点537.2℃。临界温度194℃，临界压力 8.45×10^6 Pa。蒸气压（20℃）189.3 kPa。与空气形成爆炸性混合物，爆炸极限13.5%~14.5%。微溶于水，在低于4℃的冷水中生成结晶性水合物（$CH_3Br \cdot 20H_2O$）。易溶于乙醇、乙醚、氯仿、苯、四氯化碳。液体溴甲烷能与醇、醚、酮等混溶。化学性质活泼，能进行水解、氨化、氰化、酯化等反应。空气中不燃，纯氧中可燃。毒性比氯甲烷强。干燥气体对多数金属不腐蚀，但能腐蚀铝和镁。

质量规格

产品性状	指　　标
外观	常温下为无色无臭气体。钢瓶中为无色或微黄色液体
溴甲烷（CH_3Br），%	≥99.0
游离酸（以HBr计），%	≤0.1
不挥发物（35℃），%	≤0.3

用途 用作有机合成催化剂、助催化剂、甲基化剂、低沸点溶剂、制冷剂、杀虫剂、阻燃剂等。

安全事项 易燃。遇明火、高温、铝粉、二甲基亚砜等有着火、爆炸危险。人吸入的最低中毒浓度为 35×10^{-6}，并影响中枢神经系统。液体会灼伤皮肤。

简要制法 由甲醇、硫酸和溴化钠反应制得，或由甲醇与氢溴酸直接反应而得。

(四) 碘及其化合物

1. 碘 Iodine

化学式 I_2

相对分子质量 253.80

性质 常温下为固体,是固体单质中唯一的双原子分子。块状碘为紫黑色,硬度不大。常见的升华碘为黑紫色斜方晶系结晶。有光泽,易升华。性脆。蒸气呈紫色。具有刺激性臭味。相对密度(20℃)4.93,熔点113.5℃,沸点184.35℃。蒸气相对密度(空气为1)6.75。微溶于水。溶解度随温度升高而增加,但不形成水合物。水溶液因水解产生不稳定的次碘酸,使棕黄色水溶液呈酸性。易溶于乙醇、甘油、乙醚、苯等有机溶剂。其酒精溶液称为碘酊或碘酒。液碘是一种良好溶剂,可溶解硫、硒、铵和碱金属的碘化物。碘在溶液中是中等强度氧化剂,也可以被氧化。向含碘的碱性溶液中通入氯气,可将碘氧化成高碘酸盐。除贵金属外,碘可与所有金属化合,生成碘化物。碘与电负性比它小的非金属化合,生成共价型碘化物;而与电负性比它大的卤素化合时,则生成碘呈正氧化态的碘化物(如IBr、ICl、IF_3 等卤素互化物)。碘也可与烃类反应形成烷基碘化物。碘单质能和淀粉反应生成蓝色物质。这一特征反应常用来检验溶液中是否有游离碘存在。

质量规格

产品性状	指标	产品性状	指标
碘(I_2),%	≥99.5	硫酸盐(以 SO_4^{2-} 计),%	≤0.030
氯化物与溴化物(以 Cl^- 计),%	≤0.014	不挥发物,%	≤0.05

用途 用作卤代、异构化等有机合成催化剂、硫化及磺化反应的引发剂,如乙酸在碘催化剂存在下经氯化可得二氯乙酸。也用于制造无机及有机碘化物、碘制剂、感光材料、合成染料、摄影胶片感光剂,以及用作杀菌剂、消毒剂、防腐剂、放射物质解毒剂等。

安全事项 有毒!

简要制法 以海藻为原料用浸出法提取,或从卤水中用离子交换法制得。

2. 碘化氢　Hydrogen Iodide

化学式　HI
相对分子质量　127.92
性质　为无色不燃性气体,有特殊刺激性。在潮湿空气中形成烟雾,遇光分解。比氯化氢及溴化氢更易液化。液体相对密度(-4.7℃)2.85,熔点-50.77℃,沸点-35.55℃,临界温度150℃,临界压力8.3MPa。蒸气相对密度5.66。易溶于水及有机溶剂。水溶液称氢碘酸,为强酸,能溶解金属、金属氧化物、碘酸盐和其他非氧化性弱酸而形成碘化物。

质量规格

产品性状	指　　标
碘化氢(气体),%	≥99.0

用途　用作氧化催化剂,也用于制造无机及有机碘化物、医药、香料等。
安全事项　与盐酸相似,有酸的强烈刺激性,对皮肤、眼睛及呼吸系统有强刺激性及腐蚀性。
简要制法　以铂石棉为催化剂,由碘蒸气与氢气在500℃下反应而得。

3. 一氯化碘　Iodine Monochloride

别名　氯化碘
化学式　ICl
相对分子质量　162.40
性质　为黑色结晶或红棕色油状液体。有氯及碘的气味。有 α 和 β 两种形态:α 型为黑色针状结晶,性质稳定,光照下呈宝石红色。相对密度(0℃)3.182,熔点27.2℃。β 型为黑色片状结晶,不稳定,光照下为红棕色。相对密度(29℃)3.10,熔点13.9℃。液体相对密度(34℃)3.24,沸点97.4℃(分解)。与水剧烈反应,放出烟雾状刺激性气体。溶于醇、醚、二硫化碳及乙酸。不吸湿,但接触空气时形成五氧化二碘。是一种极性溶剂,可溶解氯化钠、氯化铵形成导电溶液。

质量规格

产品性状	指标		产品性状	指标	
	分析纯	化学纯		分析纯	化学纯
一氯化碘(ICl),%	≥99.0	≥98.0	灼烧残渣,%	≤0.05	0.1

用途 用作有机合成催化剂、强氧化剂,也用于碘的测定。

安全事项 有强氧化性,与有机物、可燃物接触会着火。遇潮时对多数金属有强腐蚀性。对皮肤、黏膜及眼睛等有刺激性及腐蚀性。误服会中毒。

简要制法 由碘与液氯反应制得。

4. 一溴化碘 Iodine Monobromide

别名 溴化碘

化学式 IBr

相对分子质量 206.81

性质 为淡棕黑色至紫黑色正交晶系结晶或块状物。相对密度(6℃)4.416,熔点42℃,沸点116℃(分解)。有强烈刺激性气味。有升华性。溶于水并发生反应。溶于乙醇、乙醚、氯仿及冰乙酸等有机溶剂。有氧化性及腐蚀性。

质量规格

产品性状	指标(化学纯)	产品性状	指标(化学纯)
一溴化碘(IBr),%	≥98	沸点,℃	116
熔点,℃	42	灼烧残渣,%	≤0.2

用途 用作有机合成催化剂、卤化剂及通用试剂等。

简要制法 由碘与溴直接反应制得。

5. 氢碘酸 Hydriodic Acid

别名 碘氢酸

化学式 HI

相对分子质量 127.92

性质 为碘化氢的水溶液。新制得的溶液为无色。无氧状态时稳定,暴露于空气中,特别是在光的作用下,易被氧化而游离出碘。溶液转变为棕至褐色。有微量杂质存在时会加速其水溶液分解。相对密度 1.70(含量 57%)、1.5(含量 47%)、1.1(含量 10%)。其中含 57%氢碘酸的水溶液为水的共沸混合物,恒沸点为 127℃。氢碘酸是一种强酸,具有强还原性和腐蚀性。能和许多金属形成碘化物。能与水、乙醇混溶。遇氧化性物质,即使是弱的氧化剂,也足以使碘游离。故在有些商品中加入 1.5%次磷酸(H_3PO_2)作稳定剂。

质量规格

产品性状	指标(化学纯)	产品性状	指标(化学纯)
氢碘酸(HI),%	≥45.0	磷酸盐(PO_4^{3-}),%	≤0.005
氯化物及溴化物(以Cl^-计),%	≤0.005	铁(Fe),%	≤0.0002
游离碘(I),%	≤0.3	重金属(以 Pb 计),%	≤0.0002
硫酸盐(SO_4^{2-}),%	≤0.005	不挥发物,%	≤0.03

用途 用作有机合成催化剂、还原剂、乙醇改性剂、集成电路蚀刻剂,也用于制造医药、农药、染料及香料等。

安全事项 不燃,与钾、硝酸、氯酸钾及氟等会剧烈反应。对多数金属有强腐蚀性。气体与蒸气对眼睛、呼吸道有强刺激性及腐蚀性。液体能灼烧皮肤。

简要制法 将碘化氢直接通入精制水中而得。

6. 碘甲烷 Iodomethane

别名 甲基碘、碘代甲烷

化学式 CH_3I

相对分子质量 141.94

性质 为无色透明液体。有特殊气味。相对密度(17℃)2.2863,熔点 -63.8℃,沸点 42.5℃,分解温度 270℃,折射率 1.5380。蒸气相对密度 4.89,蒸气压(25.3℃)53.3Pa。微溶于水,与乙醇、乙醚及四氯化碳等混溶。遇光或暴露于空气中,因分解游离出碘而变为褐色。在碱溶液中水解,生成甲醇和碘。与氨反应生成甲基胺衍生物。与硝酸银反应生成硝基甲烷。与乙炔钠反应生成甲基乙炔。与甲醇形成共沸混合物。

七、卤素及其化合物

质量规格

产品性状	指　标	
	分析纯	化学纯
碘甲烷(CH_3I)含量,%	≥98.0	95.0
沸点范围,℃	41.5~43.5	41.5~43.5
相对密度范围	2.276~2.286	2.276~2.286
石油酸溶解试验	合格	合格
酸度(HI)	合格	合格

用途　用作有机合成催化剂、助催化剂、甲基化剂、灭火剂等,也用于制造医药、农药中间体。也用作测定羟基和鉴别叔胺的试剂。

安全事项　遇高热分解,释出有毒的碘化物烟雾。吸入其蒸气可引起肺、肝及神经中枢障碍,蒸气及液体对眼睛、黏膜及皮肤有强刺激性。误服会中毒!

简要制法　由硫酸二甲酯与碘化钾反应制得。也可在红磷存在下,由碘和甲醇反应而得。

7. 碘乙烷　Iodoethane

别名　乙基碘

化学式　C_2H_5I

相对分子质量　155.97

性质　为无色至淡黄色重质液体。相对密度(15℃)1.9471。熔点-110℃,沸点72.3℃,折射率1.5130。蒸气相对密度5.38,蒸气压(18℃)13.3kPa。微溶于水,混溶于乙醇、乙醚、丙酮等多数有机溶剂。遇明火能燃烧。遇氧化剂能剧烈反应。高热下分解,释出有毒的碘化物烟气。遇水或蒸气会分解产生腐蚀性气体。暴露于光及空气中,会释出碘而变红。应置于冷暗处,密闭保存。

质量规格

产品性状	指　标	产品性状	指　标
碘乙烷(C_2H_5I),%	≥98.5	酸度与氧化物	符合试验
沸程(馏出量94%),℃	71~72.5	水分	符合试验
挥发残渣,%	0.01		

用途 用作氮氧化物分解催化剂、医用助渗剂、植物生长激素、甲状腺治疗药物等。

安全事项 有毒！

简要制法 由乙烯与氢碘酸，或乙醇与三碘化磷反应而得。

8. 高碘酸 Periodic Acid

别名 正高碘酸、仲高碘酸、过碘酸

化学式 $HIO_4 \cdot 2H_2O$

相对分子质量 227.96

性质 为无色单斜晶系结晶。分子结构中 IO_6^- 是以 I 为中心的正八面体。有 5 个 I—O 键长为 188×10^{-12} m，另一个键长稍短些。键角 $\angle OIO$ 为 $87° \sim 95°$。有吸湿性，熔点 122℃。暴露于空气中则变成淡黄色。140℃ 时分解为 I_2O_5、水及氧。易溶于水，溶于乙醇，微溶于乙醚。在常温下水溶液挥发后有 H_5IO_6 结晶析出。在真空中失去水分生成 HIO_4，在 80℃ 时生成 $H_4I_2O_9$，加热至 100℃ 时升华。为弱酸，具强氧化性。可被亚硝酸、亚硫酸等还原成碘酸。

质量规格

产品性状	指 标	
	分析纯	化学纯
高碘酸,%	≥99.0	≥98.0
碘化物(以 I^- 计),%	≤0.001	≤0.005
其他卤素(以 Cl^- 计),%	≤0.01	≤0.02
灼烧残渣(以硫酸盐计),%	≤0.05	≤0.10
水不溶物,%	≤0.01	≤0.02
澄清度试验	合格	合格

用途 用作有机合成催化剂、氧化剂、色层分析试剂及测定碘的试剂等。

安全事项 与可燃物、有机物混合能引起着火或爆炸。蒸气对皮肤、眼睛及黏膜有强刺激性。

简要制法 由电解浓碘酸盐溶液制得，或先由碘酸钡煅烧成高碘酸

钡，再用硫酸分解而得。

9. 碘化铵　Ammonium Iodide

化学式　NH_4I

相对分子质量　144.94

性质　为无色立方晶系结晶或白色粉末。无臭、味咸。相对密度(25℃)2.514，熔点551℃(分解)。溶于水，溶解度大于氯化铵及溴化铵。也溶于乙醇、丙酮、乙酸、氨水，微溶于乙醚。有潮解性及感光性。加热时部分升华。遇光及空气能析出游离碘而呈黄色或褐色。水溶液更容易被氧化而呈黄色。

质量规格

产品性状	指标		产品性状	指标	
	分析纯	化学纯		分析纯	化学纯
碘化铵(NH_4I),%	≥99.0	≥98.0	铁(Fe),%	≤0.0001	≤0.0003
氯化物(以Cl^-计),%	≤0.01	≤0.02	水不溶物,%	≤0.005	≤0.01
碘酸盐及碘(以IO_3^-计),%	≤0.003	≤0.01	灼烧残渣,%	≤0.005	≤0.02
			澄清度试验	合格	合格

用途　用作烃油改质反应催化剂、照相胶卷感光乳剂，也用于制造无机碘化物。

简要制法　由氢碘酸与氨反应而得。

八、过渡元素及其化合物

元素周期表中的第四、五、六周期,从3(ⅢB)族开始经过8~10(Ⅷ)到11(ⅠB)族、12(ⅡB)族为止,共10个纵行30多种元素(不包括镧、锕以外的镧系和锕系元素),统称为过渡元素(表8-1)。它们都是金属元素,故又称过渡金属。根据它们在元素周期表所处的周期不同,又可分为3个过渡系列:

第一过渡系:从Sc(21)到Zn(30);
第二过渡系:从Y(39)到Cd(48);
第三过渡系:从La(71)到Hg(80)。

表8-1 过渡元素

ⅢB	ⅣB	ⅤB	ⅥB	ⅦB	Ⅷ			ⅠB	ⅡB
Sc	Ti	V	Cr	Mn	Fe	Co	Ni	Cu	Zn
Y	Zr	Nb	Mo	Tc	Ru	Rh	Pd	Ag	Cd
La	Hf	Ta	W	Re	Os	Ir	Pt	Au	Hg
Ac									

过渡元素的基本性质见表8-2。

表8-2 过渡元素的基本性质

	元素	熔点℃	沸点℃	价层电子结构	原子半径 10^{-12} m	第一电离能 kJ/mol	电负性 χ	主要化合价
第一过渡系	钪(Sc)	1539	2727	$3d^14s^2$	164	631	1.3	+3
	钛(Ti)	1725	3260	$3d^24s^2$	147	661	1.54	+2、+3、+4
	钒(V)	1900	3400	$3d^34s^2$	135	648	1.6	+2、+3、+4、+5
	铬(Cr)	1890	2672	$3d^54s^1$	130	653	1.6	+2、+3、+6
	锰(Mn)	1244	2060	$3d^54s^2$	135	716	1.5	+2、+3、+4、+6、+7
	铁(Fe)	1535	3000	$3d^64s^2$	126	762	1.8	+2、+3
	钴(Co)	1495	2900	$3d^74s^2$	125	757	1.8	+2、+3
	镍(Ni)	1453	2732	$3d^54s^2$	125	736	1.8	+2、+3
	铜(Cu)	1083	2595	$3d^{10}4s^1$	128	745	1.9	+1、+2
	锌(Zn)	419.5	907	$3d^{10}4s^2$	137	908	1.7	+2

续表

元素		熔点 ℃	沸点 ℃	价层电子结构	原子半径 10^{-12}m	第一电离能 kJ/mol	电负性 χ	主要化合价
第二过渡系	钇(Y)	1495	2927	$4d^15s^2$	178	636	1.2	+3
	锆(Zr)	1857	3578	$4d^25s^2$	160	669	1.33	+2、+3、+4
	铌(Nb)	2468	4924	$4d^45s^1$	146	653	1.6	+2、+3、+4、+5
	钼(Mo)	2622	4660	$4d^55s^1$	139	694	1.8	+2、+3、+4、+5、+6
	锝(Tc)	2200	3927	$4d^55s^2$	136	694	1.9	+2、+3、+4、+5、+6、+7
	钌(Ru)	2310	3900	$4d^15s^1$	134	724	2.2	+2、+3、+4、+5、+6、+7、+8
	铑(Rh)	1966	3700	$4d^85s^1$	134	745	2.2	+2、+3、+4、+6
	钯(Pd)	1552	3140	$4d^{10}5s^0$	137	803	2.2	+2、+3、+4
	银(Ag)	960.5	2212	$4d^{10}5s^1$	144	732	1.9	+1、+2
	镉(Cd)	321	765	$4d^{10}5s^2$	154	732	1.7	+2
第三过渡系	镧(La)	920	3470	$5d^16s^2$	188	524	1.1	+3
	铪(Hf)	2150	5400	$5d^26s^2$	160	531	1.30	+3、+4
	钽(Ta)	2996	5425	$5d^36s^2$	149	577	1.5	+2、+3、+4、+5
	钨(W)	3410	5900	$5d^46s^2$	141	770	1.7	+2、+3、+4、+5、+6
	铼(Re)	3180	5627	$5d^56s^2$	137	762	1.9	+3、+4、+5、+6、+7
	锇(Os)	3015	5000	$5d^66s^2$	135	841	2.2	+2、+3、+4、+5、+6、+8
	铱(Ir)	2410	4500	$5d^76s^2$	136	887	2.2	+2、+3、+4、+5、+6
	铂(Pt)	1772	3827	$5d^96s^1$	139	866	2.2	+2、+3、+4、+5、+6
	金(Au)	1064.18	2966	$5d^{10}6s^1$	146	891	2.4	+1、+3
	汞(Hg)	-38.87	357	$5d^{10}6s^2$	157	1010	1.9	+1、+2

过渡元素原子结构的共同特点是随着核电荷增加，价电子依次填充到$(n-1)d$轨道上，最外层电子数仅有1~2个，所以过渡元素的价层电子结构为$(n-1)d^{1\sim10}ns^{1\sim2}$。除Pd、11(ⅠB)及12(ⅡB)族外，过渡元素原子的

最外层和次外层电子都没有充满,这正是与主族元素原子结构的不同之处,因而导致过渡元素具有以下特征:

① 过渡元素都是金属元素,同周期元素又表现出许多相似性。

过渡元素的最外层电子数均不超过两个,所以它们都是金属元素,除 s 电子参加形成金属键外,次外层的 d 电子因受到相邻金属原子的有效核电荷的影响,也能参加成键,从而增大了金属键的强度。再加上原子半径小、原子堆积紧密,以致多数过渡金属都有较高的硬度、较高的熔点及沸点。由于同一周期过渡元素的最外层电子数几乎相同,原子半径变化不大,因而它们的化学活泼性也十分相似。第一过渡系元素的化学性质比第二、第三过渡系元素要活泼。例如,在第一过渡系中除 Cu 外其他金属都能从稀盐酸中置换出氢,而第二、第三过渡系金属则较难。从电离能、电负性数据来看,同一过渡元素的化学活泼性,从左向右逐渐减弱,但减弱程度不大。

② 同一元素有多种氧化态。

过渡元素大多可形成多种氧化态的化合物,即大有多种化合价。在某种条件下,这些元素的原子仅 s 电子参加成键;在另一条件下,部分或全部 d 电子也可参加成键,从而具有多种氧化态。如 Mn 常见的氧化态有 +2、+3、+4、+6、+7 等。一般来说,它们的高氧化态比它们的低氧化态的氧化性强。

③ 容易形成配位化合物。

配位化合物简称配合物,是一种含有配离子的化合物。过渡元素的原子或离子,具有 $(n-1)$d、ns、np、nd 等价电子轨道。对离子来说,ns、np、nd 轨道是空的,$(n-1)$d 轨道为部分空或全空;对原子来说具有 np、nd 空轨道及尚未充满的 $(n-1)$d 轨道。这种电子构型具有接受配位体孤电子对的条件。因此,过渡元素具有很强的形成配合物的倾向。它们易形成羰基配合物、烯烃配合物、氨配合物等。

④ 水合离子和酸根多带有颜色。

过渡元素的水合离子和酸根都带有颜色。它们与其他配位体形成的配离子也常具有颜色。这些离子吸收了可见光(波长在 730~400nm)的一部分,而把其余部分透过或散射出来,所见到的颜色就是这部分透过或散射出来的光。颜色的产生与过渡元素所具有的未成对 d 电子有关。不含成单 d 电子的离子是无色的,如 Sc^{3+}、Ti^{4+}、Zn^{2+} 等;而含有成单 d 电子的离子则一般都有颜色,如 Cu^{2+}、Co^{2+}、Ni^{2+}、Cr^{3+} 等。

⑤ 多数具有催化性能。

许多过渡元素的单质及化合物表现出催化性能。过渡金属具有能用于成键的空轨道，对加氢、脱氢、氧化等多种反应具有催化活性。例如，在硝酸制造过程中氨的氧化用铂作催化剂；接触法制造硫酸用五氧化二钒作催化剂；合成氨用铁和钼作催化剂；烯烃加氢反应常用钯作催化剂等。过渡金属与不同的分子或基团生成的过渡金属配合物可用作均相催化剂，用于氢化、烃基羰基化、氢甲酰化等反应。此外，生物体内发生的化学反应都是在酶催化作用下发生的，其中金属酶有数百种，如 Fe、Cu 是氧化还原金属酶及金属蛋白的活性中心组成部分；生物固氮酶中同时含有 Mo、Fe 等；维生素 B_{12} 辅酶中心有 Co 离子等。过渡金属氧化物既可作主催化剂，又可作助催化剂及载体，广泛用于催化氧化、加氢、脱氢、氧氯化、加成等反应。过渡元素的催化作用与它们容易形成配合物和具有多种氧化态的特性有关。由过渡元素的单质及其化合物所制成的各种催化剂，在催化领域中占有十分重要的地位。

(一) 钛及其化合物

1. 金属钛　Metallic Titanium

元素符号　Ti

相对原子质量　47.88

性质　为银白色金属。质硬而脆、延性强而强度高。有 α、β 两种同素异形体。α-Ti 为六方晶系，相对密度 4.50，为低温态；β-Ti 为体心立方晶系，相对密度 4.35，为高温态。熔点 1725℃，沸点 3260℃。化合价有 +2、+3、+4，常见为 +4。极耐腐蚀。常温下与一般无机酸不起作用，也不与热碱液反应。钛为两性元素，既能与浓盐酸、氢氟酸、浓硫酸及王水反应，生成钛盐；又能与中等浓度的碱液反应生成钛酸盐。钛与硝酸反应后表面形成一层偏钛酸，因而使钛钝化。在高温下，钛能与大多数非金属元素及卤素直接化合，生成相应的化合物。钛的高价氧化物也为两性，它形成的水合物，根据与水分子化合的多少，既可生成钛酸，又可生成偏钛酸。液体钛几乎能溶解所有金属，可与多种金属形成合金。钛的机械强度比铝高五倍，比纯铁高一倍。钛是热和电的良导体，许多钛化合物表面的立体结构可造成许多反应的立体有规，而具有特殊催化作用。钛在自然界中无单质存在,而是以化合物形式存在于钛铁矿和金红石等矿物中,我国钛的储量占世界第一位。

质量规格

产品性状	指标(高纯钛)	产品性状	指标(高纯钛)
钛(Ti),%	≥99.9	氧(O),%	≤0.045

用途 用于制造钛化合物、催化剂、硬质合金、涡轮发动机、医疗器械、金属陶瓷等。也用于生产烯烃聚合的齐格勒催化剂、烯丙基醇环氧化及酯基转移等催化剂。

简要制法 先将钛铁矿石与炭混合后加热,通氯气生成四氯化钛,再用镁还原制得。

2. 二氧化钛 Titanium Dioxide

别名 钛白粉、钛白

化学式 TiO_2

相对分子质量 79.88

性质 为白色粉末。无毒、无味。有金红石型、锐钛型及板钛型三种晶格变体。工业上用的主要是前两种。此外,还存在非晶形 TiO_2。金红石型为四方晶系,晶格常数 $a=9.05$, $c=5.8$, Ti—O 键长 199×10^{-2} m。相对密度 4.26,熔点 1830~1850℃,沸点 2500~3000℃,硬度 6~7,折射率 2.70。具有较好的耐候性、耐水性,且不易变黄,但白度稍差。锐钛型也属四方晶系,晶格常数 $a=5.27$, $c=9.37$, Ti—O 键长 195×10^{-12} m。相对密度 3.84,硬度 5~6,折射率 2.52,在 915℃ 转变为金红石型,其耐光性差,易变黄,但白度较高。板钛型属斜方晶系,相对密度 4.17,属不稳定晶型,650℃ 时即转化为金红石型。二氧化钛化学性质稳定。常温下几乎不与其他元素或化合物作用。不溶于水、弱无机酸及有机酸。微溶于碱及热硝酸。长时间煮沸能全部溶于浓硫酸和氢氟酸。高温下能与碱金属等强碱熔融生成钛酸盐熔块而溶于水。高温下可被氢、钠、钾、镁、铝、钙等还原成低价钛的化合物。在高温还原气氛下可与卤素反应生成卤化钛。有优异的颜料特征,做颜料的用量占全球颜料消耗总量的 50% 以上,占白色颜料消耗总量的 80% 以上。金红石型结构使它对紫外线有良好的屏蔽作用,可用于防紫外线材料。锐钛矿由于具有较高的比表面积及光催化活性，常用于催化材料。二氧化钛的水合物 $TiO_2 \cdot xH_2O$ [或 $Ti(OH)_4$] 称为钛酸。它具有两性，既溶于酸也溶于碱。

质量规格

产品性状	指标（载体用 TiO_2）
二氧化钛（TiO_2），%	≥99.8
比表面积，m^2/g	50~70
平均粒度，μm	0.03
晶型组成	锐钛型占85%，金红石型占15%
Al_2O_3，%	≤0.3
SiO_2，%	≤0.2
Na_2O，%	≤0.05
重金属，10^{-6}	≤5

用途 用作有机合成催化剂、光催化剂及催化剂载体。TiO_2 的催化作用主要源于它的 d 空轨道，由于 d 轨道与 s 轨道或 p 轨道杂化形成的各轨道的方向性，反应物分子的键能减弱，键变长，从而被活化。此外，在过渡金属中，钛的电离能较小，其催化作用可能比其他过渡金属化合物的催化作用更倾向于离子性。TiO_2 也是构成固体酸催化剂的重要组分，它的酸性比 SiO_2 还弱，可用作较缓和的异构化反应、脱水和水合催化剂。在较高温度下，可用作氧化或裂化催化剂。在各种合成反应中，TiO_2 和 Al、Si、V 等其他化合物一起可用作乙烯氧化制乙醛、乙烯和氨制乙腈等合成催化剂。TiO_2 是一种 N 型半导体，具有光敏导电性，它在光的激发下形成电子和空穴对，电子起还原作用，而空穴起氧化作用。在光的照射作用下，TiO_2 可以催化多种反应。如催化异丙苯的氧化或醇的氧化，催化分解甲酸及烷烃类的气相选择性氧化反应等。TiO_2 也是光解水制氢的最有前途的催化剂之一。还可广泛用作净化室内空气及水中污染物的光催化剂。由于 TiO_2 不能用于可见光，所以需要对其进行修饰。可通过负载贵金属铂、氧化镍或加入能隙较窄的硫化物、硒化物等半导体材料来提高其光催化活性。TiO_2 也可用作多种催化剂的载体，有时也将 TiO_2 分散在 SiO_2 上制成复合载体，可显著优化载体的孔结构。TiO_2 兼有铅白的掩盖性和锌白的持久性，是高级油墨的重要成分。在造纸工业中用作填充剂，人造纤维中用作消光剂，还广泛用作涂料、塑料、橡胶等的着色剂。

简要制法 生产方法有两种：硫酸法和氯化法。硫酸法：将钛铁粉与浓硫酸反应生成硫酸氧钛，经水解生成偏钛酸，再经煅烧、粉碎即得产品。此法可生产锐钛型和金红石型钛白粉。其最大缺点是消耗高，废料及副产物多，对环境污染严重。氯化法：用含钛原料，以氯化高钛渣，或天然金红石，或人造金红石等与氯气反应生成四氯化钛，经精馏提纯，再气相氧化，速冷后予以分离得产品。其最大优点是能耗低，三废少，产品质优，属先进生产工艺。其最大缺点是装置难以维修。

3. 纳米二氧化钛 Nanometer Titanium Dioxide

化学式 TiO_2

相对分子质量 79.88

性质 为直径 1~10nm 的微粒统称为纳米粒子。纳米 TiO_2 是粒径 4~30nm、具高分散性、粒度均匀的 TiO_2 微细粒子。晶型主要为锐钛型。具有较高的比表面积及较小的晶粒尺寸。表面吸光能力强，吸附 H_2O、O_2 及 OH 的能力也较强，并具有较高氧化能力。其他性能参见"二氧化钛"条目。

质量规格

产品性状	指标	产品性状	指标
晶型	以锐钛型为主	比表面积，m^2/g	45~250
粒径，nm	4~30		

用途 用作光催化剂，具有光催化效率高、化学稳定性好、无毒且原料易得等特点，纳米 TiO_2 具有合适的半导体禁带宽度(3.0eV 左右)，可以用 385nm 以下的光源激发活化，通过改性更可提高催化活性。广泛用于涂料、塑料、油墨、造纸等行业，也用于化妆品、化纤、电子、陶瓷、焊条等行业。

简要制法 由四氯化钛用醇解法制得，或以钛酸丁酯为起始原料经溶胶—凝胶法制得。也可由硫酸钛、硫酸氧钛或偏钛酸为原料，以碳酸钠为沉淀剂、硫酸锌为分散剂制得。

4. 偏钛酸 Metatitanic Acid

别名 钛酸

化学式 H_2TiO_3

相对分子质量 97.92

性质 为白色粉末，是生产钛白粉的中间产物。用硫酸法制得的偏钛酸是锐钛型晶体。加热脱水后可制得锐钛型二氧化钛。不溶于水、无机酸及碱。溶于10%硫酸与3%过氧化氢的混合液。

质量规格

产品性状	指　标
二氧化钛(TiO_2),%	≥90

用途 用于制造二氧化钛、含钛催化剂，也用作媒染剂、化纤消光剂及海水提铀的吸附剂等。

简要制法 先用硫酸钛铁矿石分解制得硫酸氧钛，再经水解制得。

5. 硫酸氧钛　Titanium Oxysulfate

化学式 $TiOSO_4$

相对分子质量 159.96

性质 为白色或微黄色粉末，是生产钛白粉的中间产物。相对密度1.47，有潮解性。溶于冷水时缓慢分解。在热水中易水解。水解时吸热，并生成$TiO(OH)_2$或$Ti(OH)_4$沉淀。

质量规格

产品性状	指　标	产品性状	指　标
硫酸氧钛($TiOSO_4$),%	46~50	硫酸(H_2SO_4),%	35~40

用途 用于制造二氧化钛、含钛催化剂，以及用于电镀行业无铬钝化工艺等。也用作纤维织物媒染剂、染料褪色剂。

简要制法 由偏钛酸与硫酸反应制得。

6. 二氯化钛　Titanium Dichloride

化学式 $TiCl_2$

相对分子质量 118.77

性质 为黑色六方晶系结晶。相对密度3.13，熔点1035℃，沸点1500℃。在氢气流中加热则升华。溶于乙醇，不溶于乙醚、氯仿、二硫化碳。在空气中和水中分解，有强还原性。空气中加热生成$TiCl_4$及TiO_2,

真空中加热至 800℃ 歧化成 Ti 和 $TiCl_4$，高温下和 HCl 反应生成 $TiCl_4$ 及 H_2。可被 Cl_2 氧化成 $TiCl_4$，被 Na、Ca、Mg 等还原成 Ti。

用途 用作烯烃聚合催化剂，也用作织物漂白后脱氯剂，用于制备有机及无机钛化合物。

安全事项 有毒！

简要制法 可由三氯化钛在氢气流中加热制得，或由三氯化钛歧化反应而得。

7. 三氯化钛　Titanium Trichloride

化学式　氯化亚钛

化学式　$TiCl_3$

相对分子质量　154.24

性质 存在两种变体。一种是紫色或褐色结晶，又有 α、γ、δ 三种晶型；另一种是棕色结晶，为 β 晶型。α-$TiCl_3$ 晶体为紫色，有层状结构，Cl 离子以六方密砌排列，Ti 离子处于 Cl 离子的八面体间隙中，每二层 Cl 重复一层 Ti，垂直于三次轴方向，属六方晶系。γ-$TiCl_3$ 晶体为紫色，有层状结构，Cl 离子以立方密堆积排列，也是二层 Cl 重复一层 Ti，属三方晶系。δ-$TiCl_3$ 晶体也为紫色，它由 α-$TiCl_3$ 晶体或 γ-$TiCl_3$ 晶体经长时间研磨而得，或在 α-$TiCl_3$ 型晶体中加入 $AlCl_3$ 研磨而得。其晶体结构是 α 型和 γ 型的混合，也具有层状结构。β-$TiCl_3$ 晶体呈褐色，有纤维状结构，晶格中的 Cl 按六方密堆积排到，属六方晶系。三氯化钛的相对密度为 2.64，沸点 450℃，在 425～440℃ 升华，500℃ 以上分解。溶于乙醇、盐酸，微溶于氯仿，不溶于乙醚、苯。遇水及空气立即分解，生成氯化氢和钛的氧化物、氢氧化物及氯氧化物等，呈浓白烟状。三氯化钛还存在四水合物（$TiCl_3 \cdot 4H_2O$）及六水合物（$TiCl_3 \cdot 6H_2O$）。前者呈绿色，在空气中不稳定；后者呈紫色，较稳定。

质量规格

产品性状	指标	产品性状		指标
总钛,%	≥24.20	甲醇不溶物,%		≤0.003
氯,%	≥71.30	粒度分布	177～74 目,%	15.0
铝,%	≤4.45		74～44 目,%	32.7
铁,%	≤0.03		小于 44 目,%	52.3
四氯化钛,%	≤0.15			

用途 用作乙烯、丙烯及 α-烯烃聚合的催化剂,为传统齐格勒-纳塔催化剂的主要组分。$TiCl_3$ 的晶格类型、比表面积、结晶度及颗粒度等对所得高聚物产品性质影响很大。其中,α-$TiCl_3$ 的定向作用好,制得聚丙烯等规度为 85%~90%;γ-$FiCl_3$ 的定向作用与 α-$TiCl_3$ 相似,制得的聚丙烯等规度可达到 90%;δ-$TiCl_3$ 的定向作用与 α-$TiCl_3$ 相同,聚合速度较大,活性较高;β-$TiCl_3$ 的定向作用差,活性较高,制得的聚丙烯等规度为 40%~50% 时的聚合速率最高。三氯化钛也用作还原剂,以及用于偶氮染料分析和比色测定 Cu、Fe、V 等。

安全事项 暴露于空气或潮气中能燃烧。遇潮时对多数金属有腐蚀性,对皮肤有灼烧。应在二氧化碳等惰性气体中贮存。失火时用干燥水泥、干粉及二氧化碳等灭火。

简要制法 $TiCl_3$ 晶体一般用 $TiCl_4$ 还原制得,采用不同的还原方法可制得不同的变体。如在高温下 $TiCl_4$ 用 H_2 还原,制得 α-$TiCl_3$;将 $TiCl_3$ 用烷基铝还原,可制得 γ-$TiCl_3$;将 $TiCl_4$ 与 Al 进行长时间研磨、还原,可制得 δ-$TiCl_3$;于 H_2 中将 $TiCl_4$ 放电还原可制得 β-$TiCl_3$。

8. 四氯化钛 Titanium Tetrachloride

化学式 $TiCl_4$

相对分子质量 189.69

性质 为无色至淡黄色透明液体。相对密度 1.726,熔点 -30℃,沸点 136.4℃,折射率(10.5℃)1.61,蒸气压(20℃)1.33kPa,临界温度 358℃,黏度(20℃)0.000826Pa·s。溶于乙醇、稀盐酸、氢氟酸等。遇水分解,生成难溶的羟基氯化物及氢氧化物。化学性质不稳定,在潮湿空气中分解成 TiO_2 及氯化氢,并冒白烟;与碱金属、碱土金属反应时被还原成钛、三氯化钛及二氧化钛等;在 300~400℃下与水蒸气反应可直接得到二氧化钛,在 900~1100℃下与氧反应可制得纯 TiO_2;遇沸水可剧烈反应生成盐酸与偏钛酸;同醇类反应生成钛酯;和三乙基铝反应生成组成可变的混合卤化物(烷基络合物),即所谓齐格勒催化剂。

质量规格

产品性状	指标	产品性状	指标
四氯化钛($TiCl_4$),%	≥99.0	四氯化硅($SiCl_4$),%	≤0.01
钒(V),%	≤0.0007	三氯化铁($FeCl_3$),%	≤0.002

用途 用于制造低压聚乙烯高效催化剂、聚丙烯高效催化剂、合成聚异戊二烯橡胶催化剂等，是第一代常规齐格勒—纳塔催化剂的主催化剂。也可用于酯化、缩醛及缩酮等反应的高分子负载四氯化钛复合物催化剂，也用于制造钛白粉、有机钛化合物。也用作烟幕剂及合成树脂、橡胶等的溶剂。

安全事项 属一级无机酸性腐蚀品，遇湿时对多数金属有腐蚀性。吸入有毒！溶液对皮肤、黏膜有强刺激性。

简要制法 先由氯气氯化金红石或高钛渣制得粗四氯化钛，再经精制而得。

9. 氯化铝钛 Titanium Aluminium Chbride

化学式 Ti_3AlCl_{12}

相对分子质量 596.13

性质 为微细粉末。与水发生反应。溶于醇、醚及稀盐酸等溶剂。

质量规格

产品性状	指 标	产品性状	指 标
总钛,%	23~25	总铁,%	≤0.05
总氯,%	70~72	四氯化钛($TiCl_4$),%	≤0.5
总铝,%	4~5		

用途 用作丙烯聚合催化剂的主活性组分。

安全事项 有毒！

简要制法 先由四氯化钛与铝反应，再经振动磨活化、气流分级、筛分制得。

10. 钛酸四乙酯 Tetraethyl Titanate

别名 钛酸乙酯、四乙氧基钛

化学式 $C_8H_{20}O_4Ti$

相对分子质量 228.13

结构式

$$\begin{array}{c} C_2H_5O \quad\quad OC_2H_5 \\ \diagdown\;\diagup \\ Ti \\ \diagup\;\diagdown \\ C_2H_5O \quad\quad OC_2H_5 \end{array}$$

性质 为无色至淡黄色油状液体。相对密度(25℃)1.107，熔点40℃，沸点(6.67kPa)133~135℃，折射率1.5082(25℃)。溶于乙醇、乙醚、苯、氯仿等有机溶剂。遇水迅速分解。

质量规格

产品性状	指标(化学纯)	产品性状	指标(化学纯)
钛酸四乙酯,%	≥98.0	折射率	1.504~1.506

用途 用作聚对苯二甲酸二丙酯合成等有机反应催化剂、交联剂、胶黏剂黏附促进剂。用于有机合成酯交换反应等。

安全事项 易燃。低毒！

简要制法 由四氯化钛、乙醇及液氨经酯化反应制得。

11. 钛酸四正丙酯 Tetra-*n*-propyl Titanate

别名 钛酸正丙酯、四丙氧基钛

化学式 $C_{12}H_{28}O_4Ti$

相对分子质量 284.25

结构式
$$\begin{array}{c} C_3H_7O \quad\quad OC_3H_7 \\ \diagdown\;\diagup \\ Ti \\ \diagup\;\diagdown \\ C_3H_7O \quad\quad OC_3H_7 \end{array}$$

性质 为淡黄色油状液体。相对密度1.033，沸点(400Pa)170℃，闪点42℃，折射率1.4986。溶于乙醇、乙醚、苯等多数有机溶剂。遇水或在空气中迅速吸潮分解。

质量规格

产品性状	指标(化学纯)	产品性状	指标(化学纯)
钛酸四正丙酯,%	≥98.0	乙醇溶解试验	合格
相对密度(25℃)	1.033~1.038		

用途 用作酯类增塑剂合成催化剂。用于酯交换反应等。

安全事项 易燃。有毒！

简要制法 由四氯化钛、丙醇及液氨经酯化反应制得。

12. 钛酸四丁酯 Tetrabutyl Titanate

别名 钛酸正丁酯、四丁氧基钛
化学式 $C_{16}H_{36}O_4Ti$
相对分子质量 340.35

结构式
$$\begin{matrix} C_4H_9O & & OC_4H_9 \\ & Ti & \\ C_4H_9O & & OC_4H_9 \end{matrix}$$

性质 为无色至淡黄色透明液体。相对密度0.966，沸点310~314℃，闪点76.7℃，折射率1.486。低于-55℃时呈玻璃状固体。不溶于水，遇水发生水解反应。溶于除酮类以外的有机溶剂。易与氨基、羟基、羧基、酰胺等极性基团反应。

质量规格

产品性状	指标	产品性状	指标
外观	淡黄色至淡红棕色透明液体	钛,%	13.8~14.0
折射率	1.4900~1.4920	丁氧基,%	84.61~85.8

用途 用作缩合反应催化剂、环氧树脂胶黏剂的偶联剂、塑料及聚酯漆改性剂、油墨热稳定剂等。也可用作氯乙酸酯化反应，如氯乙酸甲酯化、氯乙酸正丁酯化、氯乙酸辛酯化反应等的催化剂。

安全事项 易燃，与氧化剂接触或遇明火会着火。
简要制法 由四氯化钛、正丁醇及氨等反应制得。

13. 钛酸四异丙酯 Tetraisopropyl Titanate

别名 异丙氧基钛、四异丙氧基钛
化学式 $C_{12}H_{28}O_4Ti$
相对分子质量 284.24

结构式
$$\begin{matrix} C_3H_7O & & OC_3H_7 \\ & Ti & \\ C_3H_7O & & OC_3H_7 \end{matrix}$$

性质 为无色至淡黄色液体。在潮湿空气中发烟。相对密度 0.945，熔点 14.8℃，沸点 220℃，折射率 1.4602，闪点约 60℃。溶于无水乙醇、乙醚、苯、氯仿等有机溶剂。遇水迅速分解。对潮气敏感，与潮气接触会生成易燃的异丙醇及氧化钛水合物。

质量规格

产品性状	指　标	产品性状	指　标
外观	无色至淡黄色透明液体	异丙氧基,%	81.88~82.70
钛,%	16.62~16.80	折射率	1.4685
熔点,℃	18.5		

用途 用作酯交换、聚合反应催化剂，如用于聚酯及酯类增塑剂合成催化剂，非水体系交联剂，制造金属与橡胶、金属与塑料等的胶黏剂黏附促进剂。

安全事项 有毒。

简要制法 在氨存在下，由四氯化钛与异丙醇反应而得。

（二）钒及其化合物

1. 金属钒　Metallic Vanadium

元素符号 V

相对原子质量 50.94

性质 为灰白色至银白色金属，外形似铂，质硬而有延展性。相对密度 5.98，熔点 1890~1917℃，沸点 3380~3500℃。体心立方晶格。化合价 +2、+3、+4、+5，以 +5 价最稳定。常温下在空气中不氧化，加热时易氧化。高温时仍能保持其强度。耐盐酸、碱及氯盐侵蚀。钒为两性元素，既能与硝酸、氢氟酸、王水及硫酸生成钒盐，又与熔融的苛性碱作用，生成钒酸盐。加热时，能与大多数非金属反应：与氧、氟可分别生成 V_2O_5、VF_3；与氯仅能生成 VCl_4；与溴、碘则生成 VBr_3、VI_3。在高温下还能与碳、氮、硅等生成硬度、熔点都很高的间充型化合物 VC、VN、VSi_2 等。钒原子的氧化态 +5 价（d^0 构型）、价层电子构型为 $3d^34s^2$ 的钒化合物都是反磁性的，一般是无色的。而具有氧化态为 +4 价、价层电子构型为（d^1）、

+3(d^2)、+2(d^3)的钒化合物都是顺磁性的,一般呈现出颜色。钒为亲氧元素,在自然界中没有单质存在,它以化合物的形式分散存在于矿物中,很少见到钒的富矿。我国的钒储量居世界第三位,但91%是伴生,回收率较低。

用途 主要用于制造钒催化剂、合金钢。由于钒不易吸收中子,钒钢可用于制造核燃料的反应棒。钒被誉为钢铁的维生素,将不足1%的钒加入铸铁中就会增加其坚硬度、韧性、弹性和耐磨性。

简要制法 用碳、硅、铝还原V_2O_5制得。高纯钒可在惰性气体中,用钠或镁还原VCl_4而得。

2. 二氧化钒 Vanadium Dioxide

化学式 VO_2

相对分子质量 82.94

性质 为深蓝色粉末状晶体。相对密度4.339,熔点1967℃。有轻微吸潮性。不溶于水,溶于酸、碱。是两性化合物。溶于酸生成四价的钒酰离子(VO^{2+});溶于碱生成次钒酸盐($M_2V_2O_5$及$M_2V_4O_9$)。化学性质不太稳定,在空气中缓慢氧化,与硝酸作用生成V_2O_5。

用途 用作有机合成高温催化剂、陶瓷及玻璃着色剂,它的很多化合物广泛用作催化剂。

安全事项 有毒!

简要制法 由等物质的量三氧化二钒与五氧化二钒经隔绝空气氧化制得,或由五氧化二钒部分还原而得。

3. 三氧化二钒 Vanadium Trioxide

别名 三氧化钒

化学式 V_2O_3

相对分子质量 149.88

性质 为黑色六方晶系带光泽的粉末。相对密度(20℃)4.87,熔点1970℃,沸点约3000℃。不溶于水及碱,溶于酸并生成相应的盐。在空气中会缓慢地氧化,而在氯气中会迅速氧化而生成五氧化二钒及三氯氧钒。

用途 用作乙烯水合制乙醇催化剂、绿色玻璃着色剂,用于制造含钒催化剂等。

4. 五氧化二钒 Vanadium Pentoxide

安全事项 有毒！但毒性比五价钒低。
简要制法 由氢或碳还原五氧化二钒制得，或由钒酸铵高温加热而得。

别名 钒酸酐
化学式 V_2O_5
相对分子质量 181.88
性质 为橙红色至红棕色斜方晶系针状结晶。无臭、无味。晶体结构是由不定键长的 V—O 键组成。相对密度(18℃)3.357，熔点690℃，折射率1.46。700℃以上显著蒸发。700~1125℃时能可逆地失去氧，这一现象可解释 V_2O_5 的催化特性。1750℃时分解。微溶于水，水溶液中易成胶态，呈黄色并显酸性(pH值3.5~3.6)。易溶于无机酸和碱，不溶于乙醇、二硫化碳，易溶于碱而成钒酸盐。化学性质不稳定，易被还原成低价氧化物。在氢气中加热还原，经 VO_2 而变成 V_2O_3。与卤化氢、氨反应生成二氧化钒。为两性氧化物，中等强度的氧化剂。能与沸腾的浓盐酸作用产生氢气，生成蓝色的 $[VO(H_2O)_5]^{2+}$。V_2O_5 在加热情况下的一些重要反应如下：

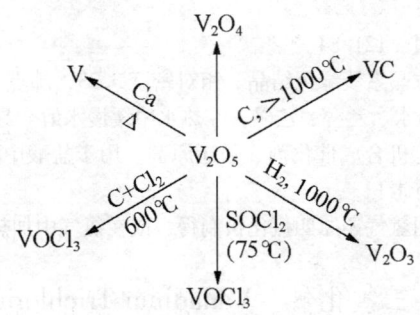

质量规格

牌号	化学成分,%							
	TV(以 V_2O_5 计)	Si	Fe	P	S	As	$Na_2O + K_2O$	V_2O_4
V_2O_5 99	≥99.0	≤0.20	≤0.20	≤0.03	≤0.01	≤0.01	≤1.0	—
V_2O_5 98	≥98.0	≤0.25	≤0.30	≤0.05	≤0.03	≤0.02	≤1.5	—
V_2O_5 97	≥97.0	≤0.25	≤0.30	≤0.05	≤0.01	≤0.02	≤1.0	≤2.5

注：表中数据摘自 YB/T 5304—2011。

用途 广泛用作接触法制硫酸、苯甲酸、邻苯二甲酸酐等多种有机合成催化剂。以 V_2O_5 为主的催化剂几乎对所有的氧化反应都有效,在 V_2O_5 中添加多种助催化剂引起催化剂活性的变化也是各不相同的。V_2O_5 催化剂常用 K_2SO_4、WO_3、MoO_3、P_2O_5 等作助催化剂。也用作烃类加氢、脱氢、加氢脱硫、烷基化、异构化、芳构化等催化剂的组分。也用于制造 V_2O_3、V_2O_4 等钒氧化物。合成氨中用作脱碳、脱硫催化剂,冶金工业中用于制造钒铁合金钢。还用作印染、陶瓷的着色剂、石化设备防腐缓蚀剂等。

安全事项 是对肌体有多种影响的有毒物质,毒性比 V_2O_3、VCl_3、钒酸及金属钒更大。粉尘能刺激呼吸系统,引起胸闷、咳嗽、眼结膜炎、急性鼻炎等。空气中最高允许烟雾浓度为 $0.1mg/m^3$,允许粉尘浓度为 $0.5mg/m^3$。

简要制法 先用钒精粉与纯碱高温焙烧生成偏钒酸钠,再经硫酸中和制得。也可由偏钒酸铵热分解而得。

5. 二氯化钒　Vanadium Dichloride

化学式　VCl_2

相对分子质量　121.84

性质　为六方晶系淡绿色结晶。相对密度3.23,沸点<1000℃(升华)。有潮解性。溶于冷水、乙醇、乙醚,在热水中缓慢水解。具强还原性。

用途　用作有机合成催化剂、强还原剂,用于盐酸中除砷。

安全事项　有毒!

简要制法　用氢气还原四氯化钒制得,或在氯气中加热三氯化钒而得。

6. 三氯化钒　Vanadium Trichloride

化学式　VCl_3

相对分子质量　157.31

性质　为红紫色六方结晶,有潮解性。相对密度(18℃)3.0,熔点425℃(分解)。溶于酸性水、乙醇、乙醚,溶于水即分解并放出白色氯化氢烟雾。遇潮时对多数金属有腐蚀性。

用途　用作有机合成催化剂,也用于制备 VCl_2 等有机钒化合物。

安全事项　有毒!皮肤接触或吸入会中毒。蒸气强烈刺激眼睛及皮肤。

简要制法 由四氯化钒热解制得。或在氯气中加热三硫化钒而得。也可由 V_2O_5 与氯化亚砜反应而得。

7. 四氯化钒 Vanadium Tetrachloride

化学式 VCl_4

相对分子质量 192.81

性质 为暗红色至褐色液体。在潮湿空气中发烟。相对密度(30℃)1.816，熔点 -30~-26℃，沸点148.5℃。63℃以下会缓慢地分解为三氯化钒和氯。溶于水并分解，溶液呈蓝色。溶于无水乙醇、乙醚、丙酮、氯仿、乙酸等有机溶剂。

质量规格

产品性状	指标	产品性状	指标
四价钒,%	≥22.5	氯(Cl),%	≥73.0
五价钒,%	≤3.0	游离氯,%	≤3.0

用途 用于制造含钒催化剂、二氯化钒、三氯化钒及医药等。

安全事项 本身不燃。遇湿气和水会发生剧烈反应，释出有腐蚀性的氯化氢气体。对金属有腐蚀性。遇光会分解，并释出有毒氯气。蒸气强烈刺激眼睛、黏膜及呼吸道。

简要制法 由金属钒与氯气反应制得，或由三氯氧钒氯化而得。

8. 三氯氧钒 Vanadium Oxytrichloride

别名 三氯氧化钒

化学式 $VOCl_3$

相对分子质量 173.29

性质 为柠檬黄色透明液体。相对密度(32℃)1.811，熔点 -78.9℃，沸点127.2℃，折射率(27℃)1.63，蒸气压(12℃)1333.2Pa。遇潮湿空气产生红烟，并分解成微粉红色钒酸和盐酸。溶于冷水并水解，溶于乙醇、乙醚、乙酸等有机溶剂。是一种非离子型溶剂，可溶解大多数非金属。易与 CCl_4、$TiCl_4$、$SnCl_4$ 等卤化物及多种碳氢化合物相混溶。能与极性较强的溶剂迅速反应而生成加合物，常温下在惰性气体中稳定。常温下可与大量白磷产生爆炸性反应。

质量规格

产品性状	指标	产品性状	指标
三氯氧钒($VOCl_3$),%	99.0	氯(Cl),%	>60.0
钒(V),%	>29.0		

用途　用作烯烃聚合催化剂及乙丙橡胶合成催化剂,也用于制造其他钒化合物。也用作多种有机物的溶剂。

安全事项　属无机腐蚀品及毒害品。遇潮时对多数金属有腐蚀性。对皮肤、黏膜及眼睛有刺激性及强腐蚀性。失火时用干燥沙土、干燥水泥、干粉及二氧化碳灭火,不可用水扑救。

简要制法　由 V_2O_5 与盐酸或氯化亚砜反应制得,或由 V_2O_5 与氯气、焦炭在高温下反应而得。

9. 硫酸氧钒　Vanadium Oxysulfate

别名　硫酸钒铁、硫酸氧化钒

化学式　$VOSO_4 \cdot 2H_2O$

相对分子质量　199.03

性质　为蓝色结晶性粉末。除二水合物外,还存在三水合物($VOSO_4 \cdot 3H_2O$)。溶于水。能和硫酸铵或碱金属硫酸盐生成复盐。有还原性。

用途　用作苯胺合成催化剂,也用作媒染剂、还原剂、陶瓷及玻璃着色剂等。

安全事项　高毒!吸入粉尘或误服会中毒,产生呕吐、流涎、腹泻、痉挛等症状。粉尘对皮肤、眼睛及呼吸道有刺激性。

简要制法　在二氧化硫溶液中,将已溶解于硫酸中的五氧化二钒用阴极还原制得。

10. 偏钒酸钠　Sodium Metavanadate

别名　钒酸钠

化学式　$NaVO_3$

相对分子质量　121.93

性质 为白色或淡黄色单斜晶系棱柱状结晶。相对密度 2.79，熔点 630℃。微溶于冷水，溶解度随温度升高而增加。易溶于热水，不溶于乙醇及乙醚。

质量规格

产品性状	指标	产品性状	指标
偏钒酸钠($NaVO_3$),%	≥98	硫酸盐(SO_4^{2-}),%	≤0.02
氯化钠(Cl^-),%	≤0.2	碳酸盐(CO_3^{2-}),%	≤0.3

用途 用作有机合成催化剂，也用作油漆催干剂、媒染剂、防蚀剂等。也用于制造含钒催化剂、钒合金。

安全事项 剧毒！吸入其粉尘或误服会中毒。粉尘对皮肤、黏膜及眼睛有强刺激性。

简要制法 先将 V_2O_5 溶于烧碱溶液，再经浓缩结晶制得。

11. 偏钒酸钾　Potassium Metavanadate

别名 钒酸钾
化学式 KVO_3
相对分子质量 138.04
性质 为无色正交晶系结晶。分子结构呈链形。每个四面体中有两个氧原子属于其中的钒原子，另外两个氧原子为其他四面体中的钒原子所共有。钾原子除与氧原子相键合外，其周围还有数个氧原子所包围。熔点 522℃。532℃时分解为五氧化二钒及氧化钾（K_2O）。易溶于水。常温下稳定。

质量规格

产品性状	指标(化学纯)	产品性状	指标(化学纯)
KVO_3,%	≥98.0	硅酸盐(SiO_3^{2-}),%	≤0.3
氯化物(Cl^-),%	≤0.05	碳酸盐(CO_3^{2-})	合格
硫酸盐(SO_4^{2-}),%	≤0.05	澄清度试验	合格

用途 用于制造钒催化剂、五氧化二钒、特殊玻璃等，也用作媒染剂、油漆催干剂。

安全事项 高毒！

简要制法 由 V_2O_5 溶于氢氧化钾制得，或由 V_2O_5 与碳酸钾反应而得。

12. 偏钒酸铵 Ammonium Metavanadate

别名 钒酸铵
化学式 NH_4VO_3
相对分子质量 116.98

性质 为无色或淡黄色斜方晶系结晶。相对密度 2.326，熔点 200℃。在真空中 135℃时开始分解，生成 V_2O_5。超过 210℃ 时形成钒的低价氧化物 V_2O_3。剧烈加热时，部分氨分子会残留于晶体中，造成分解不完全。在空气中灼烧分解成 V_2O_5。微溶于冷水，溶于热水，溶解度随温度升高而增加。溶于氨水，稍溶于热的乙醇及乙醚。

质量规格

产品性状	指标	产品性状	指标
偏钒酸铵(NH_4VO_3),%	≥99.5	硫酸盐(SO_4^{2-}),%	≤0.03
氧化铝(Al_2O_3),%	≤0.02	氯化物(Cl^-),%	≤0.01
铁(Fe),%	≤0.03	硅酸盐(SiO_2),%	≤0.1

用途 用于制造含钒催化剂、高纯 V_2O_5 及其他钒酸盐，也用作媒染剂、油墨催干剂等。

安全事项 高毒！吸入其粉尘或误服会中毒，引起呕吐、腹泻及流涎等症状。粉尘对皮肤、黏膜及眼睛有刺激性。

简要制法 先用木炭粉还原钒铁粉，经碱液浸出后再与氯化铵溶液反应制得。或先用钒渣与食盐焙烧制得偏钒酸钠，再与硝酸铵反应而得。

（三）铬及其化合物

1. 金属铬 Metallic Chromium

元素符号 Cr
相对原子质量 51.99

性质 为略带暗灰色有金属光泽的银白色金属。有 α 及 β 两种晶型：

α 型为体心立方晶系结晶，β 型为不稳定的面心立方晶系结晶。常见为 α 型。相对密度 7.22，熔点 1837~1877℃，沸点 2672℃。化合价 +2、+3、+6，常见为 +3、+6 价。铬是两性元素，不溶于水，与稀盐酸、硫酸、高氯酸反应生成二价铬盐，并放出氢气。不溶于硝酸，但可被硝酸钝化，钝化后的铬表面形成保护性氧化膜，不再与酸反应，即使在王水中也不溶解。铬能被强碱侵蚀。在加热时，能与卤素、硫、磷、硅、碳、硼及氨等反应，生成相应的化合物。有较好的耐腐蚀性，但在酸性条件下，当有卤离子存在时，其耐蚀性显著下降。虽有延展性，但有碳、氧、氢、氮存在时会变脆，是硬而难加工的金属之一。铬的高价氧化物为酸性，易与水反应生成铬酸，如过量溶于水则形成重铬酸。铬属于亲氧和亲铁元素，自然界中没有单质存在，是以化合物形式存在于富含氧的铬铁矿、铬铅矿等中。铬的化合物主要是氧化物、硫化物、含氧酸盐、无氧酸盐及铬酸盐等。

用途 用作加氢、脱氢、异构化、脱水、脱甲基、氧化、脱氧、开环、脱氢环化等反应的催化剂。也用于制造含铬催化剂、不锈钢、特种钢、电热丝及耐火材料等，也常用于电镀。

安全事项 金属铬毒性较小，但铬盐均有毒。三价铬毒性相对较小，而水溶性的六价铬对人体组织有强刺激性及毒性。不溶解的铬化物可长期留在肺内，并可引发肺癌。

2. 二氧化铬　Chromium Dioxide

化学式 CrO_2

相对分子质量 83.99

性质 为暗棕色至黑色粉末，有磁性及导电性。相对密度 4.89，熔点 300℃（分解）。不溶于水，溶于硝酸，有两种变体。顺磁性 CrO_2 有吸湿性，并发生水解；铁磁性 CrO_2 属于正方晶系。在 250~500℃ 时分解成三氧化二铬及氧。

用途 用作有机合成催化剂，也用于制造录音磁带、唱片、记忆装置及永久磁铁等，如 Cr_2O_2 催化剂用于丁烷脱氢、过氧化氢分解等反应。

安全事项 有毒！

3. 铬酸酐　Chromic Anhydride

别名 铬酐、三氧化铬

化学式 CrO_3

相对分子质量 99.99

性质 为暗红色斜方晶系结晶,商品常为紫红色片状物。相对密度(14℃)2.6929,熔点196℃,凝固点170~172℃。熔融时稍有分解。195℃时分解生成氧化铬;200~250℃时分解放出氧,生成介于 Cr_2O_3 和铬酸酐之间的中间化合物。易溶于水,溶于乙醇、乙醚和硫酸。易潮解,水溶液有导电性。铬酸酐溶于水生成铬酸(H_2CrO_4)或 $CrO_3 \cdot H_2O$,但从溶液中析出时,立即分解成铬酸酐及水。铬酸能发生脱水作用生成聚合酸、重铬酸、三铬酸及四铬酸等。为强氧化剂,遇臭氧生成过氧化铬酸;遇氯化氢生成氯氧化铬;与氨反应生成氧化铬;可使硫化氢分解;可氧化多种有机物,但不与乙酸反应。

质量规格

产品性状	指标		
	优等品	一等品	合格品
外观	紫红色片状物或颗粒物		
铬酸酐(CrO_3),%	≥99.8	≥99.6	≥99.2
水不溶物,%	≤0.01	≤0.03	≤0.05
硫酸盐(以 SO_4^{2-} 计),%	≤0.05	≤0.10	≤0.20
钠(Na),%	≤0.04	—	—
浊度,NTU	≤5	≤15	—

注:表中数据摘自 GB/T 1610—2009。

用途 用于制造铬系催化剂、铬酸盐、高纯金属铬、医药、木材防腐剂、颜料等,如用作乙炔水合、皮考啉氧化等反应的催化剂。也用作羊毛织物染色的媒染剂及电镀铬的原料。

安全事项 不燃,但有强氧化性,触及有机物(如糖、纤维、苯及乙醇等)能引起燃烧或爆炸。浓溶液在高温下能腐蚀大部分金属。稀溶液呈无腐蚀性,但能损伤织物的纤维,使皮革变硬。有毒!吸入本品气溶胶可使呼吸器官损伤,鼻中隔软骨穿孔,严重时造成肺硬化。眼睛受侵害时会引发结膜炎,重者会导致失明。

简要制法 由重铬酸钠与浓硫酸加热熔融制得。

4. 三氧化二铬 Dichromium Trioxide

别名 氧化铬、氧铬绿
化学式 Cr_2O_3
相对分子质量 151.99

性质 为深绿色六方晶系或三方晶系结晶,有金属光泽。相对密度(21℃)5.21,熔点约2435℃,沸点4000℃。莫氏硬度9,比钢、石英的硬度大,仅次于金刚石。折射率2.5。不溶于水及乙醇,微溶于酸。溶于硫酸,生成紫色硫酸铬。溶于强碱,生成深绿色亚铬酸盐。也溶于热的碱金属溴酸盐溶液。化学性质稳定。对光、湿气、高温、硫化氢及二氧化硫均极稳定。有高的遮盖力。有半导体性质,35℃以下为反铁磁性。是两性化合物。是铬的最稳定的化合物。经焙烧的 Cr_2O_3,即使在赤热下通入氢气也不被还原。和两价金属氧化物共同熔融时可生成具有尖晶石型结构的化合物或次铬酸盐。

质量规格

产品性状	指标		产品性状	指标	
	一级品	二级品		一级品	二级品
三氧化二铬(Cr_2O_3),%	≥98.0	≥97.0	水溶性盐,%	≤0.3	≤0.5
着色力,%	≥95	—	水分,%	≤0.3	≤0.5
遮盖力,g/m²	≤15	—	筛余物 (过300目),%	0.5	—
吸油量,%	25	—	筛余物 (过200目),%	—	0.5

用途 用作甲醇合成、甲醇分解、糠醛脱羰、烯烃聚合、醇类脱氢、烷烃脱氢环化、一氧化碳氧化、过氧化氢分解、乙炔加氢等反应的催化剂。氧化铬催化剂大多数是以还原态形式使用。一般用氢还原,少数也有用己烷、环己烷、苯等烃类还原。而热处理条件对各种类型催化剂的催化活性的影响很大。也用作陶瓷、玻璃、水泥及油漆等的着色剂,也用于制造金属铬、抛光剂、耐火材料及耐热耐腐涂料等。

安全事项 有毒!

简要制法 先将重铬酸钾或重铬酸钠与硫黄混合,再经还原焙烧而得。或由铬酸酐经高温煅烧制得。也可由氢氧化铬高温热分解制得。

5. 氧氯化铬　Chromium Oxychloride

别名　铬酰氯、二氯二氧化铬、氧化铬酰、次氯酸铬
化学式　CrO_2Cl_2
相对分子质量　154.91
性质　为暗红色液体。有刺鼻的霉臭气味。在空气生发烟。相对密度(25℃)1.9145，熔点-90.5℃，沸点117℃，蒸气压(20℃)2.666kPa。遇水剧烈反应。能与二硫化碳、四氯化碳、四氯乙烷等混溶。是强氧化剂。
用途　用作烯烃聚合催化剂、有机合成氧化剂、氯化剂，也用于制备染料。
安全事项　有毒！不燃。有强氧化性，遇有机物、氨、乙醇、松节油等有着火及爆炸危险。遇潮时，对大多数金属有腐蚀性。蒸气对皮肤、眼睛及呼吸道有强刺激性及腐蚀性。

6. 氢氧化铬　Chromium Hydroxide

化学式　$Cr(OH)_3$
相对分子质量　103.02
性质　为灰绿色至灰天蓝色无定形粉末。相对密度2.9。不溶于水。属两性氢氧化物，溶于碱生成亚铬酸盐，溶于无机酸生成三价铬盐。用普通方法制得的产品遇水能发生强烈水合作用，生成 $Cr(OH)_3 \cdot xH_2O$(x = 2~4)；在浓硫酸上放置后转变为二水合物[$Cr(OH)_3 \cdot 2H_2O$]，为蓝绿色胶状物。溶于酸和强碱溶液。水合物在100℃干燥时脱水成为无水氢氧化铬，进一步灼烧转变成深绿色三氯化二铬。
质量规格

产品性状	指标(二水合物)	
	分析纯	化学纯
氧化铬(Cr_2O_3),%	≥43~54	≥43~54
灼烧失重,%	—	45.3~57
盐酸不溶物,%	≤0.02	≤0.05
氯化物(Cl^-),%	≤0.005	≤0.01
硫酸盐(SO_4^{2-}),%	≤0.05	≤0.2
铁(Fe),%	≤0.002	≤0.003
碱金属及碱土金属(硫酸盐),%	≤0.2	≤0.3

用途 用于制造含铬催化剂、三价铬盐、颜料,也用作通用试剂。

简要制法 由硫酸铬与氨水反应生成氢氧化铬沉淀。或由硫黄还原铬酸钠生成氢氧化铬沉淀,再经分离、干燥制得。

7. 硝酸铬　Chromium Nitrate

化学式　$Cr(NO_3)_3 \cdot 9H_2O$

相对分子质量　400.14

性质　为红紫色单斜晶系结晶。相对密度1.80,熔点60℃,沸点125.5℃(分解)。100℃以上开始分解。易溶于水,溶解度随温度升高而增加。溶于乙醇、丙酮、乙醚、无机酸及碱溶液。水溶液加热后呈绿色,冷却后又迅速变回红紫色。有潮解性。

质量规格

产品性状	指标	产品性状	指标
硝酸铬,%	≥98.0	铁(Fe),%	≤0.01
水不溶物,%	≤0.02	钙(Ca),%	≤0.01
氯化物(以Cl^-计),%	≤0.01	钾(K),%	≤0.1
硫酸盐(以SO_4^{2-}计),%	≤0.02	钠(Na),%	≤0.1
铝(Al),%	≤0.05		

用途　用于制造含铬催化剂,也用于制造玻璃等。也用作印染媒染剂、陶瓷釉彩、腐蚀阻抑剂。

安全事项　属二级无机氧化剂。与有机物、还原剂、硫、磷及可燃物等混合有引起着火、爆炸危险。高温时分解释出有毒的氮氧化物气体,吸入或误服会中毒。

简要制法　用蔗糖还原铬酸酐及硝酸溶液制得,或将氢氧化铬或三氧化二铬溶于浓硝酸制得。

8. 硫酸铬　Chromium Sulfate

化学式　$Cr_2(SO_4)_3$

相对分子质量　392.13

性质 为桃红色粉末。相对密度3.012。不溶于水、酸,易溶于含二价铬的溶液及含还原剂的水中。硫酸铬还存在六水合物[$Cr_2(SO_4)_3 \cdot 6H_2O$]、十五水合物[$Cr_2(SO_4)_3 \cdot 15H_2O$]及十八水合物[$Cr_2(SO_4)_3 \cdot 18H_2O$]。六水合物为暗绿色片状物或粉末;十五水合物为紫色无定形物,相对密度1.867;十八水合物为紫色立方晶系八面体结晶,相对密度1.7。各种水合物均可溶于水。水溶液色泽由绿到紫不等。水合物加热时分阶段脱水,700~730℃时分解成Cr_2O_3。

用途 用于制造含铬催化剂、颜料、墨水,也用作染料中间体、鞣革及镀铬的原料。

安全事项 有毒!

简要制法 由氢氧化铬与硫酸反应制得,或由硫酸分解铬铁或铬铁矿石而得。

9. 磷酸铬 Chromium Phosphate

化学式 $CrPO_4$

相对分子质量 146.96

性质 为棕色粉末。相对密度2.94。熔点1800℃。不溶于水、盐酸、王水。仅与沸腾硫酸或强碱起反应。从水溶液结晶中获得的磷酸铬有多种水合物。磷酸铬二水合物($CrPO_4 \cdot 2H_2O$)为浅绿色无定形粉末,不溶于水、磷酸,溶于5%碱液及其他无机酸;磷酸铬四水合物($CrPO_4 \cdot 4H_2O$)相对密度2.10,溶于酸及碱;磷酸铬六水合物($CrPO_4 \cdot 6H_2O$)新制得时为绿色无定形粉末,陈化后转变为三斜晶系黑紫色结晶,相对密度2.12,熔点100℃。不溶于水,溶于强酸及强碱溶液。

质量规格

产品性状	指标(六水合物)	产品性状	指标(六水合物)
铬(Cr),%	19.5~20.5	铝(Al),%	≤0.05
氯化物(Cl^-),%	≤0.01	铁(Fe),%	≤0.02
硫酸盐(SO_4^{2-}),%	≤0.05		

用途 用作烯烃脱氢反应及烯烃聚合反应催化剂,也用作陶瓷着色剂。用于制备防锈颜料。

安全事项 有毒!

简要制法 在亚硫酸钠还原剂存在下,由磷酸与重铬酸钠反应制得。或在甲醛还原剂存在下,由铬酸酐与磷酸反应而得。

10. 铬酸钾 Potassium Chromate

化学式 K_2CrO_4

相对分子质量 194.20

性质 为柠檬黄色斜方晶系结晶。相对密度(18℃)2.732,熔点968.3℃。加热至670℃以上转变成红色。溶于水,溶解度随温度升高而增加。水溶液呈碱性。不溶于乙醇。易潮解。水溶液的相对密度会随温度升高而稍有降低。有氧化性。

质量规格

产品性状	指 标	产品性状	指 标
外观	柠檬黄色结晶	氯化物(以 Cl^- 计),%	≤0.06
铬酸钾(K_2CrO_4),%	≥99.5	硫酸盐(以 SO_4^{2-} 计),%	≤0.1

用途 用于制造含铬催化剂、铬酸盐、染料、颜料,也用作氧化剂、媒染剂、金属防腐剂等。

安全事项 对皮肤、黏膜有强腐蚀性,能引起皮炎及铬溃疡。有致癌性,空气中最高允许浓度(以 Cr 计)为 $0.05\sim0.1mg/m^3$。

简要制法 由氢氧化钾中和重铬酸钾而得。或由铬酸钠与氯化钾经复分解反应制得。

11. 铬酸钠 Sodium Chromate

化学式 Na_2CrO_4

相对分子质量 161.97

性质 为黄色正交晶系(α 体)或六方晶系(β 体)结晶。相对密度2.723,熔点794℃。铬酸钠四水合物($Na_2CrO_4 \cdot 4H_2O$)为黄色半透明单斜晶系结晶或粉末,相对密度(25℃)2.732,温度高于68℃时失去结晶水而成无水物。十水合物($Na_2CrO_4 \cdot 10H_2O$)为黄色结晶,相对密度1.483,19.9℃溶于自身的结晶水。铬酸钠易溶于水,微溶于乙醇。水溶液呈碱性。易潮解,是氧化剂。

质量规格

产品性状	指标(化学纯)	产品性状	指标(化学纯)
铬酸钠(Na_2CrO_4),%	≥98.0	游离碱,%	≤0.3
水不溶物,%	≤0.01	铝(Al),%	≤0.02
氯化物(以Cl^-计),%	≤0.02	钙(Ca),%	≤0.02
硫酸盐(以SO_4^{2-}计),%	≤0.1		

用途 用于制造含铬催化剂、铬酸盐、颜料、油漆、墨水等,也用作媒染剂、鞣革剂、金属缓蚀剂等。

安全事项 有致癌性。可经过皮肤、呼吸道及消化道接触进入体内,对器官造成灼伤,并可引起腹痛、呼吸困难及肾功能衰退等。

简要制法 用制造重铬酸钠的母液中和铬酸钠碱性溶液制得,也可先将铬铁矿石、纯碱、石灰石在空气流中灼烧,再用水浸取、结晶制得。

12. 铬酸铵　Ammonium Chromate

化学式 $(NH_4)_2CrO_4$

相对分子质量 152.08

性质 为黄色单斜晶系结晶。有氨的气味。相对密度1.886。长期放置可分解放出氨,并部分转变成重铬酸铵。185℃以上时分解析出细小的三氧化二铬。溶于冷水,在热水中分解。微溶于氨水及丙酮,不溶于乙醇。

质量规格

产品性状	指标(化学纯)	产品性状	指标(化学纯)
铬酸铵,%	≥99.0	硫酸盐(以SO_4^{2-}计),%	≤0.05
水不溶物,%	≤0.005	钙(Ca),%	0.01
氯化物(以Cl^-计),%	≤0.004	碱金属(以硫酸盐计),%	≤0.4

用途 用作有机合成催化剂、鞣革剂、照相涂层增感剂、金属防锈剂,也用于制造含铬催化剂等。

安全事项 有毒!对皮肤、黏膜有强刺激性。

简要制法 用氨水中和重铬酸铵溶液制得。或由铬酸钾与硫酸铵经复分解反应制得。常在需要使用时制取。

13. 重铬酸铵 Ammonium Bichromate

别名 红矾铵
化学式 $(NH_4)_2Cr_2O_7$
相对分子质量 252.06
性质 为橙红色单斜晶系针状或片状结晶。有金属光泽。无臭、无味。相对密度(25℃)2.155。170~180℃时分解并放出氧气，225~240℃时分解成松散状 Cr_2O_3 并放出热量。溶于水、乙醇，不溶于丙酮。为光敏性物质，曝光后能还原为三价铬。是强氧化剂，具有分子内燃烧特性。与有机物混合、接触、摩擦或撞击均能引起燃烧或爆炸。

质量规格

产品性状	指标(工业级)	产品性状	指标(工业级)
外观	橙红色单斜晶系结晶	氯化物,%	≤1.0
重铬酸铵,%	≥95.0	水不溶物,%	≤0.15

用途 用于制造含铬催化剂、陶瓷釉料、染料、焰火、摄影药剂等，也用于制造铬明矾、十二醇及十四醇的催化剂。也用作鞣革剂、媒染剂、橡胶发泡剂等。

安全事项 可燃。与强酸接触会自燃。有毒！对皮肤、黏膜有强刺激性。吸入本品气溶胶，可造成鼻中隔穿孔。

简要制法 由重铬酸钠与氯化铵复分解反应制得，或用氨水中和铬酸溶液而得。

14. 重铬酸钾 Potassium Bichromate

别名 红矾钾
化学式 $K_2Cr_2O_7$
相对分子质量 294.18
性质 为橙红色三斜晶系板状结晶。相对密度(25℃)2.676，熔点398℃，折射率1.738。有三种变体：常温下是稳定的 α 变体；269℃时转变为 γ 变体，体积增大5.2%；冷却后变成常温下稳定的 β 变体；再加热至255℃时又转变为 γ 变体，体积减小0.1%。610℃时分解，并放出氧气。

水溶液呈酸性。为强氧化剂。溶于硫酸后的混合溶液称为洗液，可有效溶解油脂。

质量规格

产品性状	指　　标		
	优级品	一级品	合格品
外观	橙红色结晶		
重铬酸钾($K_2Cr_2O_7$),%	≥99.7	≥99.5	≥99.0
氯化物(以Cl^-计),%	≤0.05	≤0.05	≤0.08
水不溶物,%	≤0.02	≤0.02	≤0.05
硫酸盐(以SO_4^{2-}计),%	≤0.02	≤0.05	—
水分,%	≤0.03	≤0.05	—

注：表中所列数据摘自化工行业标准 HG/T 2324—2005。

用途　用作有机合成催化剂、氧化剂、媒染剂、鞣革剂等，也用于制造铬酸盐、颜料、炸药、香料、瓷釉等。

安全事项　遇高温或强酸时释出氧气，促使有机物燃烧。与可燃物混合会着火或爆炸。有水时与硫化钠混合会自燃。有毒！与皮肤、黏膜接触，或吸入粉尘时能造成皮炎、湿疹，产生铬溃疡。

简要制法　由重铬酸钠与氯化钾或硫酸钾复分解而得。或先将铬铁矿石与碳酸钾混合焙烧，再经硫酸酸化而得。

15. 重铬酸钠　Sodium Bichromate

别名　红矾钠

化学式　$Na_2Cr_2O_7 \cdot 2H_2O$

相对分子质量　298.00

性质　为橙红色单斜晶系结晶。相对密度(25℃)2.348。易溶于水，不溶于醇。水溶液呈酸性。加热至86.4℃时失去结晶水成无水物。无水物为橙色单斜晶系棱柱状或针状结晶，相对密度(13℃)2.52，熔点356.7℃。400℃时分解而放出氧气，并生成铬酸钠及三氧化铬。为强氧化剂，可以氧化亚硫酸、碘化氢及硫化氢等。也可将浓盐酸中的氯离子氧化成氯气。易潮解、粉化。

质量规格

产品性状	指标		
	优等品	一等品	合格品
外观	鲜艳橙红色针状或小粒状结晶		
重铬酸钠($Na_2Cr_2O_7 \cdot 2H_2O$),%	≥99.5	≥98.3	≥98.0
硫酸盐(以 SO_4^{2-} 计),%	≤0.20	≤0.30	≤0.40
氯化物(以 Cl^- 计),%	≤0.07	≤0.10	≤0.20

注: 表中所列数据摘自 GB 1611—2003。

用途 用于制造含铬催化剂、铬酸酐、重铬酸钾、药物、颜料、木质素磺酸盐等,也用作氧化剂、媒染剂、鞣革剂、防腐剂等。

安全事项 与有机物接触、摩擦或撞击能引起燃烧。有毒!有腐蚀性。粉尘刺激鼻黏膜、皮肤及呼吸器官,严重时可致鼻中隔溃烂、穿孔。空气中最高允许浓度(以 CrO_3 计)为 $0.01mg/m^3$。

简要制法 先由铬铁矿石、纯碱及白云石混合焙烧生成铬酸钠,再经硫酸处理而得。

16. 碱式碳酸铬　Basic Chromium Carbonate

别名 碳酸铬(碱式)

化学式 $Cr_2O_3 \cdot xCO_2 \cdot yH_2O$

性质 为一种组分不定的碱式碳酸盐。外观为蓝绿色无定形粉末。含铬 50%~55%。相对密度 2.75。不溶于乙醇,微溶于含二氧化碳的水中,溶于硫酸、硝酸、盐酸等。

质量规格

产品性状	指标(化学纯)	产品性状	指标(化学纯)
碱式碳酸铬(以 Cr_2O_3 计),%	50~53	氮化合物(N),%	≤0.2
酸不溶物,%	≤0.05	铁(Fe),%	≤0.02
氯化物(以 Cl^- 计),%	≤0.01	碱和碱土金属,%	≤1.0
硫酸盐(以 SO_4^{2-} 计),%	≤0.01		

用途 用于制造含铬催化剂、铬酸盐,也用作织物媒染剂及通用试剂。

17. 乙酸铬 Chromium Acetate

别名　醋酸铬
化学式　$C_6H_9CrO_6$
相对分子质量　229.14
结构式　$(CH_3COO)_3Cr$
性质　灰绿色粉末或蓝色结晶。溶于水,不溶于乙醇、乙醚。
质量规格

产品性状	指标(化学纯)
乙酸铬,%	≥99.0
水不溶物,%	≤0.05
氯化物(以 Cl^- 计),%	≤0.01
硫酸盐(以 SO_4^{2-} 计),%	≤0.05
铁(Fe),%	≤0.01
碱金属及碱土金属(以硫酸盐计),%	≤0.3

用途　用作烯烃聚合及氧化催化剂、织物媒染剂,也用于制备铬化合物。
简要制法　可由乙酸与氧化铬反应制得。

(四)锰及其化合物

1. 金属锰 Metallic Manganese

元素符号　Mn
相对原子质量　54.94
性质　为银白色金属,外观与铁相似。有 α、β、γ、δ 四种同素异形体。其转变温度为 $\alpha \xrightarrow{700℃} \beta \xrightarrow{1079℃} \gamma \xrightarrow{1143℃} \delta$。相对密度分别为 7.44($\alpha$)、7.29($\beta$)、7.11($\gamma$)。$\alpha$ 型及 β 型质硬性脆,γ 型则软而有延展性。熔点1244℃,沸点1962~2060℃,硬度5。化合价+2、+3、+4、+6、+7价,常见为+2、+4、+6、+7价。是氧化态多样化的元素,化学性

质活泼，容易失去电子。块状的锰其表面在空气中能生成一层致密氧化物保护膜。但粉状锰在空气中能氧化。极细的锰粉能分解水，生成氢氧化锰。加热燃烧生成 Mn_3O_4。在氯气中燃烧生成 $MnCl_2$。与氟剧烈反应生成 MnF_2 和 MnF_3。也能与 S、P、N、C、B、Si 等非金属元素化合，但不能直接与氢反应。在 1200℃，能直接与氮化合生成 Mn_3N_2。和稀硫酸反应置换出氢而形成二价锰离子，和浓硝酸及浓硫酸反应分别生成 NO、SO_2 及二价锰离子。锰为亲氧元素，自然界中无单质存在，大多以化合态存在于富含氧的方锰矿、软锰矿、菱锰矿等中。

质量规格

产品性状	DJMnG	DJMnD	DJMnP
锰(Mn),%	≥99.9	≥99.8	≥99.7
碳(C),%	≤0.01	≤0.02	≤0.03
硫(S),%	≤0.04	≤0.04	≤0.05
磷(P),%	≤0.001	≤0.002	≤0.002
硅(Si),%	≤0.002	≤0.005	≤0.01
硒(Se),%	≤0.0003	≤0.06	≤0.08
铁(Fe),%	≤0.006	≤0.03	≤0.03
钾(以 K_2O 计),%	—	≤0.005	—
钠(以 Na_2O 计),%	—	≤0.005	—
钙(以 CaO 计),%	—	≤0.015	—
镁(以 MgO 计),%	—	≤0.02	—

注：表中数据摘自 YB/T 051—2015。

用途 用于制造含锰催化剂、合金钢、非铁合金、铁氧体等。锰是氧化、脱氢催化剂及脱硫剂的常用活性组分，但多数是以氧化物的形式使用。锰的有机酸盐还作为均相催化剂而用于有机化合物的液相催化氧化。也用作钢铁工业上的去氧剂及去硫剂。

安全事项 金属锰粉遇酸类发生反应放出氢气，遇明火能着火、爆炸。与过氧化氢、二氧化硫及氧化剂接触会剧烈反应。锰蒸气毒性大于粉尘，低价氧化物的毒性大于高价氧化物，有机锰化合物的毒性大于无机锰化合物。

简要制法 可用铝热法还原软锰矿石或用电解法制得。也可加热二氧化锰用铬还原制得。

2. 一氧化锰 Manganous Oxide

别名   氧化亚锰、氧化锰
化学式   MnO
相对分子质量   70.94

性质   为绿色立方晶系结晶或粉末。相对密度 5.43~5.46，熔点 1650℃。硬度 5~6。不溶于水及有机溶剂。溶于酸。在热浓氯化铵溶液中生成氯化锰及氨。空气中加热时易转变成 MnO_2、Mn_2O_3 及 Mn_3O_4 等高价氧化锰。赤热时在水蒸气中生成氢、二氧化锰及二价锰化合物。于 1200℃下也不被氢所还原。但可在 1000~1200℃下被碳还原。在惰性气体中熔融不分解。与硫共热可生成二氧化硫及硫氧化物。在铁磁性铁氧体中，是 Mn-Zn 铁氧体的主要组分。也是计算机存储器磁性铁氧体的主要组分之一。

质量规格

产品性状	指 标	产品性状	指 标
一氧化锰(MnO),%	≥80	氧化镁(MgO),%	≤0.2
锰(Mn),%	≥62	二氧化硅(SiO_2),%	≤4
二氧化锰(MnO_2),%	≤2	铅(Pb),%	≤0.1
氧化铁(Fe_2O_3),%	≤3.8	铜(Cu),%	≤0.01
氧化铝(Al_2O_3),%	≤3.0	锌(Zn),%	≤0.055
氧化钙(CaO),%	≤0.3	砷(As),%	≤0.01

用途   用作氧化、脱氢及合成戊醇催化剂、涂料催干剂、饲料添加剂、玻璃着色剂，也用于医药、焊接、冶炼、陶瓷制造等行业。一氧化锰也是考察活性吸附机理时最早使用的氧化物之一。在研究催化机理所选取的一氧化锰氧化的反应中，它能保持结构不变的前提下较大幅度改变氧的含量。基于这一特点，使它广泛应用于催化反应和催化性质的基础研究。

简要制法   在还原剂碳存在下，由软锰矿石或二氧化锰还原焙烧制得。用碳酸盐或草酸盐高温热分解也可制得一氧化锰。除人工制取外，一氧化锰也是有方锰矿(面心立方结构)形态的天然产物。

3. 二氧化锰　Manganese Dioxide

化学式　MnO_2

相对分子质量　86.94

性质　为黑色正交晶系结晶或棕黑色粉末。相对密度5.026。硬度2~2.5。加热至535℃失去一部分氧，转变为Mn_2O_3。不溶于水、硝酸，可溶于盐酸、草酸及丙酮。在热浓硫酸中放出氧而成硫酸亚锰。与苛性碱和氧化剂共熔放出二氧化碳而生成高锰酸盐。在盐酸中放出氯而成氯化亚锰。高温下遇碳还原成金属锰。在氢气中加热至200℃时，生成Mn_2O_2及MnO_2。是两性氧化物，为强氧化剂，具有较强的氧化能力及吸附性能。二氧化锰有活性的及人造的之分。活性二氧化锰是由天然二氧化锰矿石经煅烧活化处理而得，为深棕色颗粒。人造二氧化锰又分为电解法生产的及化学法生产的。二氧化锰晶体结构有α、β、γ、δ、ε型。电解法生产的二氧化锰晶体结构多为γ、ε型；而化学法生产的二氧化锰晶体结构以γ型为主。其松密度小、比表面积大，具有较好的吸附性能。人造二氧化锰的质量优于活性二氧化锰。由于原料和制备方法及热处理等条件不同所得MnO_2会有不同的结构。而且，即使结构相同，其氧含量还可变化，其催化活性又会随氧含量的变化而各不相同。这也是MnO_2催化剂在制备及应用中需要加以注意的。

质量规格

产品性状	指标(工业用化学法二氧化锰)	产品性状	指标(工业用化学法二氧化锰)
二氧化锰(MnO_2),%	≥90	水分,%	≤3
总锰(Mn),%	≥59	pH值	4~6
铁(Fe),%	≤0.15	细度(通过200目筛),%	≥95
重金属(以Pb计),%	≤0.03		

用途　活性二氧化锰可用作聚硫密封胶的氧化催化剂。也用于制备催化剂，以用作氧化、脱氢、脱羧等有机合成的催化剂。也用作电池去极化剂、一氧化碳吸收剂、玻璃脱色剂、氧化剂、助燃剂、涂料及油墨干燥剂。也用于制造医药、焰火、陶瓷及锰盐等。与一氧化锰相似，二氧化锰也是研究一氧化碳氧化时活性吸附机理的有效氧化物。

简要制法 先用硫酸分解菱锰矿粉制成硫酸锰溶液，再经精制、电解而得（电解法）。也可先将软锰矿粉用煤粉还原焙烧成一氧化锰，再与硝酸反应制得（化学法）。工业上制备活性催化剂时，常以显法制得的氢氧化锰为原料，经热分解制得。

4. 氯化锰　Manganous Chloride

别名　氯化亚锰、四水氯化锰、二氯化锰
化学式　$MnCl_2 \cdot 4H_2O$
相对分子质量　197.91
性质　为玫瑰色单斜晶系结晶。有 α、β 两种晶态：α 型为单斜晶系柱状结晶，较稳定；β 型为单斜晶系板状结晶，不稳定。相对密度 2.01，熔点 58℃。易溶于水，溶于乙醇，不溶于乙醚。有吸水性，易潮解。106℃ 时失去一个分子结晶水，198℃ 时失去全部结晶水而成为无水物（$MnCl_2$）。无水氯化锰为浅橙色立方晶系结晶。相对密度（25℃）2.977，熔点 650℃，沸点 1298℃。在空气中加热即放出氯化氢，并生成四氧化三锰。在无磁场影响下有反铁磁性。

质量规格

产品性状	指标	产品性状	指标
氯化锰（$MnCl_2 \cdot 4H_2O$），%	≥99.0	铁（Fe），%	≤0.01
硫酸盐（以 SO_4^{2-} 计），%	≤0.01	重金属（以 Pb 计），%	≤0.01
水不溶物，%	≤0.06	水溶性盐，%	≥27.5

用途　用作冰乙酸或乙酸氯化制氯乙酰氯等有机物氯化的催化剂、油漆催干剂、焊接助熔剂等，也用于制造颜料、染料、汽油抗爆燃剂、医药、干电池及化肥等。
简要制法　由菱锰矿石经盐酸分解制得。或先将软锰矿石用煤粉还原成一氧化锰，再与盐酸反应而得。

5. 碳酸锰　Manganous Carbonate

别名　锰白、碳酸亚锰
化学式　$MnCO_3$

相对分子质量 114.95

性质 为白色至淡红色三方晶系结晶或无定形粉末。相对密度 3.70（晶体）、3.125（无定形）。100℃时分解成二氧化碳和氧化亚锰（MnO），330℃以上时分解出二氧化碳及一氧化碳。空气中加热生成四氧化三锰，氧气中加热则生成三氧化二锰。不溶于水，稍溶于含二氧化碳的水中。与水共沸时水解。在沸腾的氢氧化钾中生成氢氧化锰。在干燥空气中稳定。受潮时易氧化，形成三氧化二锰而逐渐变为棕黑色。

质量规格

产品性状	指 标	产品性状	指 标
碳酸锰（$MnCO_3$），%	≥90	碱金属、碱土金属，%	≤0.25
锰（Mn），%	≥43	硝酸不溶物，%	≤0.05
硫酸锰（$MnSO_4$），%	≤0.5	重金属（以 Pb 计），%	≤0.05
氯化物（Cl^-），%	≤0.02		

用途 用作脱硫催化剂、油漆催干剂、磷化处理剂及电焊条敷料等，也用于制造含锰催化剂、磁性材料、锰盐、化肥及瓷釉颜料等。

简要制法 由碳酸氢铵与硫酸锰反应制得。也可先将软锰矿粉用煤粉还原，用硫酸浸取制得硫酸锰溶液，再用碳酸氢铵中和而得。

6. 硝酸锰 Manganous Nitrate

别名 硝酸亚锰

化学式 $Mn(NO_3)_2$

相对分子质量 178.95

性质 为无水物、四水合物及六水合物。商品多为四水合物及六水合物。无水硝酸锰为无色单斜晶系结晶，相对密度 1.536，溶于水、乙腈、四氢呋喃，加热分解生成二氧化锰及二氧化氮。四水合物[$Mn(NO_3)_2 \cdot 4H_2O$]为无色或玫瑰红色单斜晶系结晶，相对密度 1.82，熔点 25.8℃，沸点 129.4℃，具潮解性，极易溶于水，溶于乙醇，水溶液呈微酸性，160~200℃时分解二氧化锰并释出氧化氮。六水合物[$Mn(NO_3)_2 \cdot 6H_2O$]为粉红色单斜晶系结晶，相对密度 1.82，熔点 25.8℃，沸点 129.4℃，具潮解性，极易溶于水，溶于乙醇，160~200℃时分解成二氧化锰及氧化氮。工业品也有含硝酸锰 61% 及 70% 的硝酸锰溶液。

质量规格

产品性状	指标(液体硝酸锰)	产品性状	指标(液体硝酸锰)
硝酸锰[$Mn(NO_3)_2$ 计],%	≥50	铁(Fe),%	≤0.05
硫酸盐(SO_4^{2-} 计),%	≤0.05	水不溶物,%	≤0.05
氯化物(Cl^- 计),%	≤0.02		

用途 用于制造含锰催化剂、二氧化锰、铁氧体等,也用作硬化油催化剂、陶瓷着色剂、金属磷化剂等。

简要制法 由工业碳酸锰与硝酸反应制得。或先将软锰矿石与煤粉高温焙烧生成一氧化锰,再与硝酸反应而得。

7. 硫酸锰 Manganous Sulfate

别名 硫酸亚锰

化学式 $MnSO_4$

相对分子质量 151.00

性质 为无水物及1、2、3、4、5、6、7水合物。在结晶时,控制温度可制得不同的水合物。常见的为一水合物和四水合物。一水合物($MnSO_4 \cdot H_2O$)又称锰矾,为浅红色单斜晶系结晶,相对密度2.95。易溶于水、不溶于乙醇。在57~110℃时稳定,200℃以上开始失去结晶水,700℃时成为无水盐熔融物,850℃时开始分解并生成SO_3、SO_2或O_2,残留的黑色Mn_3O_4约在1150℃完全分解。四水合物($MnSO_4 \cdot 4H_2O$)为粉红色单斜晶系结晶,相对密度2.107。易溶于水,不溶于乙醇。在26~27℃时稳定,54℃时溶于结晶水中,250℃时失去结晶水成无水物。无水硫酸锰为红色单斜晶系结晶,相对密度3.25。溶于水,微溶于乙醇,不溶于乙醚。熔点700℃,850℃分解。硫酸锰水溶液与CO_3^{2-}反应能生成白色碳酸锰沉淀;在微酸性环境下遇S^{2-}则产生浅红色硫化锰沉淀;与OH^-反应则能生成白色亚锰酸。

质量规格

产品性状	指 标
硫酸锰($MnSO_4 \cdot H_2O$),%	≥98.0

产品性状	指标
硫酸锰(以 Mn 计),%	≥31.8
铁(Fe),%	≤0.004
氯化物(Cl),%	≤0.005
水不溶物,%	≤0.04
pH(100g/L 溶液)	5.0~7.0

注：表中数据摘自 HG/T 2962—2010。

用途 用作合成脂肪酸的催化剂，也用于制造含锰催化剂、电解锰、锰肥、医药、陶瓷及油漆催干剂等。

简要制法 由硫酸与碳酸锰或二氧化锰反应制得。或先将软锰矿石用炭粉还原，再用硫酸浸取而得。

8. 乙酸锰 Manganese Acetate

别名 醋酸锰
化学式 $MnC_4H_6O_4$
相对分子质量 173.02
结构式 $(CH_3COO)_2Mn$
性质 为无水物及四水合物。无水乙酸锰为淡红色结晶，相对密度1.59，熔点80℃。易溶于水、乙醇。四水合物($MnC_4H_6O_4 \cdot 4H_2O$)为淡红色单斜晶系结晶，相对密度1.589，熔点80℃。易溶于水、乙醇，溶于甲醇。

质量规格

产品性状	指标		
	优等品	一等品	合格品
乙酸锰,%	≥99.0	≥98.0	≥97.0
水不溶物,%	≤0.01	≤0.01	≤0.01
氯化物(Cl^-),%	≤0.002	≤0.01	≤0.01
硫酸盐(SO_4^{2-}),%	≤0.02	≤0.02	≤0.02
铁(Fe),%	≤0.001	≤0.002	≤0.002
铜(Cu),%	≤0.001	≤0.005	≤0.005
镍(Ni),%	≤0.008	≤0.008	≤0.008
硫化铵不沉淀物,%	≤0.30	≤0.30	≤0.30

注：表中所列数据摘自化工行业标准 HG/T 2034—1999。

用途 用作乙醛氧化制乙酸、壬二酸氧化、二甲苯高温氧化等有机合成催化剂、织物煤染剂、涂料催干剂、饲料添加剂等。

安全事项 有中等毒性！

简要制法 由金属锰与乙酸反应制得。或先由硫酸锰与氢氧化钠反应生成碳酸锰，再用乙酸酸化而得。

9. 硬脂酸锰　Manganese Stearate

别名 十八酸锰

化学式 $C_{36}H_{70}MnO_4$

相对分子质量 621.29

结构式 $[CH_3(CH_2)_{16}COO]_2Mn$

性质 为粉红色细粉。熔点 100～110℃。不溶于水，溶于乙醚、氯仿、二氯乙烷等有机溶剂。遇强酸分解，遇芳烃或脂肪族烃生成胶状物。

质量规格

产品性状	指　标	产品性状	指　标
锰,%	8～9	游离脂肪酸,%	≤1.0
熔点,℃	100～110	水分,%	≤1.5

用途 用作聚合催化剂，也用作润滑剂及橡胶制品软化剂等。

简要制法 先由硬脂酸与液碱进行皂化反应，再与硫酸锰进行复分解反应制得。

10. 环烷酸锰　Manganese Naphthenate

别名 萘酸锰、石油酸锰

化学式 $(C_{n+6}H_{2n+9}O_2)_2Mn$

结构式 $[\fbox{}\!\!\!\!>\!\!\!-(CH_2)_n=COO]_2Mn$

性质 为褐色树脂状固体。可燃。熔点 130～140℃，不溶于水，微溶于乙醇，溶于乙醚、苯、甲苯、松节油、汽油、200号溶剂油等有机溶剂。用作催干剂的市售品是棕黄色透明液体。

用途 用作丙烯液相空气氧化制环氧丙烷的催化剂，也用作含油醇酸、酚醛、环氧树脂、单组分聚氨酯等类涂料或油漆的催干剂、木材防腐剂、织物防水剂、杀虫剂及杀菌剂等。

简要制法　由环烷酸与氢氧化钠反应生成钠皂后,再与硫酸锰反应制得。

(五)铁及其化合物

1. 金属铁　Metallic Iron

元素符号　Fe
相对原子质量　55.84

性质　为银白色或钢灰色金属。延展性较强。立方晶格,有 α、β、γ、δ 四种同素异形体。室温下的纯铁为体心立方晶格,称为 α-Fe,具有铁磁性。加温至 770℃ 以上,α-Fe 发生晶变形成 β-Fe 而不再具有磁性。在 910℃ 以上继续晶变为面心立方晶格的 γ-Fe。在 1300℃ 以上晶变为体心立方晶格的 δ-Fe。α-Fe 的(Ⅲ)晶面具有吸附 N_2 分子的作用,(Ⅲ)晶面也显示对氨合成具有最高活性。相对密度 7.86,熔点 1535℃,沸点 2750~3000℃。化合价 +2、+3 价。溶于盐酸、稀硫酸及稀硝酸,并生成铁盐。浓硝酸或冷的浓硫酸能使其表面形成氧化膜而钝化。含杂质的铁在潮湿空气中逐渐生锈,当空气中含有酸雾或卤素蒸气时锈蚀加速。纯铁磁化和去磁都很快。150℃ 下不与干燥空气中的氧发生作用,灼烧至 500℃ 时可生成 Fe_3O_4,温度再高时生成 Fe_2O_3。加热时也能同硫、磷、硅、碳及卤素等反应,生成相应的化合物。是一种优良的还原剂及合成氨催化剂。通常作催化剂用的是 α-Fe。铁对氧、乙烯、乙炔、氢、一氧化碳及二氧化碳等气体都产生化学吸附。根据对铁的表面吸附性质考察所知,不同气体在铁催化剂表面的吸附状态是不同的。如氮和氢是以原子状态被吸附,一氧化碳以分子状态被吸附,氧则以离子状态被吸附。

用途　以金属铁为主要活性组分的固体催化剂(初始态为氧化铁)用于氮与氢反应转化成氨(合成氨)及 CO 和 H_2 反应转化为液态烃(合成石油)的催化剂。铁氧化物还广泛用作氧化、脱氢、水煤气变换及脱硫等反应的催化剂。

简要制法　纯铁可由纯氧化铁用氢气还原制得。工业用铁由铁矿石在高炉中冶炼而得。

2. 氧化铁　Ferric Oxide

别名　三氧化二铁、氧化高铁
化学式　Fe_2O_3
相对分子质量　159.69

性质　为红色至黑色粉末或块状物。相对密度 5.12~5.24，熔点 1560℃。不溶于水，溶于盐酸、硫酸。在高温下能被氢气或一氧化碳还原成铁。通常有 α、γ、δ 三种异变体。$α\text{-}Fe_2O_3$ 为六方晶系红色结晶，有顺磁性，且有高导磁能力，耐碱、耐光性强；$γ\text{-}Fe_2O_3$ 为立方晶系结晶，有铁磁性，在 400℃ 以上转变为，$α\text{-}Fe_2O_3$；$δ\text{-}Fe_2O_3$ 为六方晶系结晶；有铁磁性，在 110℃ 长时间加热时转变成 $α\text{-}Fe_2O_3$。天然产物有赤铁矿。

质量规格

产品性状	指　标		
	990	980	970
氧化铁(Fe_2O_3)(干品计),%	≥99.0	≥98.0	≥97.0
水分,%	≤0.40	≤0.50	≤1.0
水溶物,%	≤0.20	≤0.20	≤0.5
盐酸不溶物,%	≤0.04	≤0.10	≤0.2
氨水不沉淀物(以硫酸盐计),%	—	≤0.20	—

用途　用于制造含铁催化剂、磁性材料、电子元件材料、红色颜料及陶瓷等。氧化铁(主要化学形态为 $α\text{-}Fe_2O_3$)可用作氨合成反应、水煤气转化反应、丁烷脱氢反应、甲醇氧化、丙烯氧化及氨氧化等的主催化剂或助催化剂。也用作合成氨厂碳化气、联醇气、城市煤气等各类含硫气体的脱硫剂。

简要制法　$α\text{-}Fe_2O_3$ 先由铁盐水溶液与氨水、液碱反应生成 $Fe(OH)_3$ 凝胶状沉淀，再经老化、加热脱水制得。也可由硝酸铁、草酸铁在 200℃ 以上加热分解而得。或将 $γ\text{-}Fe_2O_3$ 在 400~700℃ 下使其发生相变制得。实际上，以铁盐、亚铁盐、氯化铁或氢氧化铁等为起始原料，经过不同的制备步骤,均可获得 α-Fe_2O_3(见下图)。

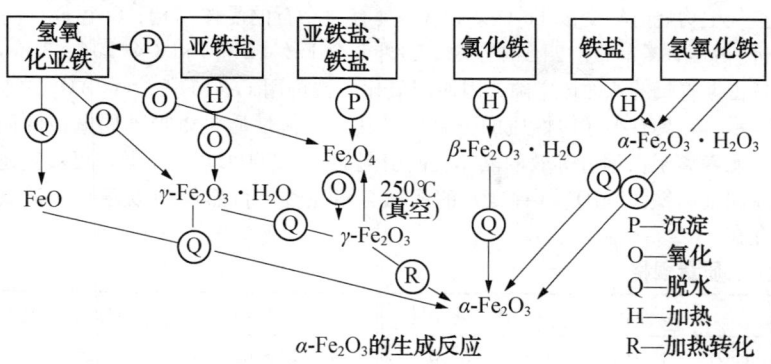

α-Fe_2O_3 的生成反应

3. 氧化亚铁　Ferrous Oxide

别名　一氧化铁
化学式　FeO
相对分子质量　71.85
性质　为黑色立方晶系结晶或粉末,可含2个或4个结晶水。通常由于含部分 Fe^{3+} 而使晶体偏离理想配比。相对密度5.7,熔点1369℃。198℃以下为反铁磁性。不溶于水、乙醇及碱溶液,溶于酸。化学性质不稳定,易被空气氧化成 Fe_2O_3 或 Fe_3O_4。有碱的性质,能吸收二氧化碳。
用途　用于制造含铁催化剂,也用作瓷坯及瓷釉着色剂,常与 Fe_2O_3 及其他矿物颜料匹配使用。
简要制法　可由草酸亚铁在隔绝空气条件下热解制得。或将铁在低分压的氧气中加热至575℃后再快速冷却制得。

4. 四氧化三铁　Ferroferric Oxide

别名　磁性氧化铁
化学式　Fe_3O_4
相对分子质量　231.54
性质　为黑色立方晶系结晶或无定形粉末。相对密度5.18,熔点

1594℃（分解）。不溶于水、乙醇和乙醚，溶于盐酸、硫酸。有强磁性。在空气中灼烧时转变成 Fe_2O_3。Fe_3O_4 具有尖晶石的晶体结构，8 个 Fe(+3 价)占据着氧晶格的四面体空隙，另外 8 个 Fe(+2 价)和 8 个 Fe(+3 价)各占据着氧的八面体空隙，因而四氧化三铁可用 $Fe^{III}(Fe^{II}、Fe^{III})O_4$ 式来表示。它具有半导体性质的强磁体，其半导体性质是由带不同电荷的同一元素离子占据着等效的晶体空间引起的。在 300℃ 以上 Fe_3O_4 可被氢还原成金属铁。Fe_3O_4 具有良好的耐碱、耐光性。自然界中以磁铁矿形式存在。

质量规格

产品性状	指标(化学纯)	产品性状	指标(化学纯)
$FeSO_4$(以 Fe 计),%	≥66.0	硫酸盐(以 SO_4^{2-} 计),%	≤0.2
FeO,%	≥10.0	氮化合物(以 N 计),%	≤0.02
盐酸不溶物,%	≤0.10	重金属(以 Pb 计),%	≤0.03
水溶物,%	≤0.20	硫化铵不沉淀物,%	≤0.2

用途 用作氨合成反应、Fischer-Tropsch 合成反应及水煤气转化反应等的催化剂，以及着色剂、抛光剂等。也用于制造磁性材料、颜料、医药。

简要制法 由氧化亚铁在空气中加热制得，或在高温下用氢气还原氧化铁制得。

5. 氮化铁　Iron Nitride

别名 氮化四铁

化学式 Fe_4N

相对分子质量 237.40

性质 为灰黑色粉末。溶于盐酸及硫酸，不溶于水、乙醇。存在 γ、ε、ζ 三种变体。γ-Fe_4N 为立方晶系结晶，居里点(或称居里温度、磁性转变点)480~500℃；ε-Fe_4N 为立方晶系结晶，居里点 275~300℃；ζ-Fe_4N 为斜方晶系结晶。

用途 用作由合成气合成烃类 Fischer-Tropsch 反应的助催化剂，具有增强并稳定铁主催化剂活性、抑制碳析出的效果。

简要制法 在 Fischer-Tropsch 合成反应中使用熔融氧化铁做催化剂时，

向还原铁上通入氨或氨—氢混合气即可制得氮化铁。

6. 氯化亚铁 Ferrous Chloride

别名 二氯化铁、无水氯化亚铁
化学式 $FeCl_2$
相对分子质量 127.0
性质 为白色至淡绿色立方晶体或鳞片状结晶。相对密度(25℃)3.162,熔点672~677℃,沸点1012~1076℃。吸湿性比三氯化铁小,暴露于空气中因氧化而呈黄绿色至红褐色。在干燥空气中加热变成三氯化铁和三氧化二铁。在氯化氢气体中加热至700℃时升华。易溶于水、乙醇和丙酮,难溶于吡啶,不溶于乙醚。其水溶液轻度水解。熔融的氯化亚铁有良好的导电性。通入氧气时生成氯气、氧化铁及三氯化铁。与碱金属氯化物能生成以下三种类型的配合物:$M[FeCl_3]$、$M_2[FeCl_4]$ 及 $M_4[FeCl_6]$。常温下能吸收氨而形成六氨配合物。在干燥的氢气中加热被还原为铁,与氯反应生成三氯化铁。氯化亚铁有1、2、4、6水合物。其中四水合物($FeCl_2 \cdot 4H_2O$)为蓝绿色单斜晶体,相对密度1.93,易潮解,在空气中易被氧化成碱式氯化铁。溶于水及乙醇,加热到76.5℃变成二水合物。

质量规格

产品性状	指标(化学纯)	产品性状	指标(化学纯)
氯化亚铁($FeCl_2 \cdot 4H_2O$),%	≥99.7	砷(As),%	≤0.0002
硫酸盐,%	≤0.04	氧化铁(以Fe计),%	≤0.02
铜(Cu),%	≤0.03	碱及碱土金属(SO_4^{2-}),%	≤0.1
锌(Zn),%	≤0.05	水溶解试验	合格

用途 用作有机合成催化剂、冶金还原剂、织物媒染剂等,也用作超高压润滑油的组分。也用于制造铁的氯化物、医药、颜料等。
安全事项 有毒!对皮肤及黏膜有刺激性。
简要制法 由金属铁与盐酸或氯气反应制得。

7. 三氯化铁 Ferric Trichloride

别名 无水三氯化铁、氯化铁、氯化高铁

化学式 $FeCl_3$

相对分子质量 162.2

性质 为黑棕色六方晶系结晶，多呈薄片状。在透射光线下呈石榴红色，反射光线下呈金属绿色。相对密度(25℃)2.898，熔点306℃，沸点315℃。在约400℃时，其蒸气中有二聚物$(FeCl_3)_2$存在，在750℃以上时离解为单分子。在高温加热或在真空中加热至200℃以上时，会部分分解为氯化亚铁和氯。易溶于水、甲醇、乙醇、丙酮、乙醚及异丙醚，溶于乙胺、苯胺、三氯氧磷及液体二氧化硫，微溶于二硫化碳及苯。水溶液呈酸性，稀释时能生成棕色絮状氢氧化铁沉淀。溶于某些溶剂中的溶液遇光被还原为$FeCl_2$，而溶剂则被氧化或氯化。系强氧化剂，与Cu、Zn等金属发生氧化还原反应，能与许多溶剂生成配合物。有腐蚀性，空气中易潮解，吸湿性强。能生成2、$2\frac{1}{2}$、$3\frac{1}{2}$及6水合物，常见为无水物及六水合物($FeCl_3 \cdot 6H_2O$)。六水三氯化铁为黄棕色结晶或块状物。有潮解性，在空气中会潮解成红棕色液体，水溶液呈强酸性。二水合物($FeCl_3 \cdot 2H_2O$)为淡暗红色结晶，熔点73.5℃。

质量规格

产品性状	指 标		
	无水氯化铁		氯化铁溶液
	一等品	合格品	
氯化铁($FeCl_3$),%	≥96.0	≥93.0	≥38.0
氯化亚铁($FeCl_2$),%	≤2.0	≤4.0	≤0.4
不溶物,%	≤1.5	≤3.0	≤0.5
游离酸(以HCl计),%	—	—	≤0.5
密度(25℃),g/cm³			≥1.4

注：表中数据摘自 GB 1621—2008。

用途 用作有机合成催化剂、氯化剂、氧化剂，如用作生产邻二氯苯的催化剂、氯乙酸酯化反应催化剂、丙酮及苯酚缩合脱水生成双酚A的催化剂等。也用作水处理剂、饲料添加剂、媒染剂、蚀刻剂、玻璃器皿热态着色剂。也用于制造墨水、医药等。

安全事项 有毒！高温时分解释放出有毒烟雾，对皮肤、眼睛及黏膜有强刺激性及腐蚀性,对多数金属有腐蚀性。

简要制法 在高温下由废铁片或铁丝与氯气反应而得。

8. 硫酸亚铁 Ferrous Sulfate

别名 铁矾、绿矾

化学式 $FeSO_4 \cdot 7H_2O$

相对分子质量 278.01

性质 为无水物、一水合物、四水合物、五水合物及七水合物等多种。市售品多为七水合物。无水硫酸亚铁为白色粉末。相对密度3.4。与水作用生成七水合物,变为蓝绿色。七水硫酸亚铁为浅蓝绿色单斜晶体或结晶性颗粒,无臭。相对密度1.898,熔点64℃。加热至56.6℃时失去3个分子结晶水,加热至60~90℃时失去6个分子结晶水,加热至300℃时失去全部结晶水,红热时分解生成Fe_2O_3并放出SO_2、SO_3。在干燥空气中风化,在潮湿空气中表面易被氧化成黄褐色硫酸铁。易溶于水,溶于甲醇及甘油,不溶于乙醇。纯品氧化后呈铁锈色。晶体的最好洁净剂及保存剂是酒精。它能溶解硫酸铁及氯化铁,并除去促进氧化作用的水分。硫酸亚铁也是具有还原能力的酸性盐,它的酸性比硫酸铝或硫酸锌要弱。

质量规格

产品性状	指标	产品性状	指标
铁(Fe),%	≥20.1	镁、锌(Mg、Zn),%	≤0.0076
锰(Mn),%	≤0.058	铬、钒(Cr、V),%	≤0.0052
钙(Ca),%	≤0.0065	铜、锡(Cu、Sn),%	≤0.0064

用途 用作聚合催化剂、煤气净化剂、媒染剂、还原剂、木材防腐剂、医用补血剂、污水混凝剂等,也用于制造含铁催化剂、磁性氧化铁、聚合硫酸铁、氧化铁红及墨水等。也可用作路易斯酸催化剂催化酯化反应;无水硫酸亚铁也可替代硫酸作为合成2,6-萘二甲酸二甲酯的催化剂。

简要制法 由硫酸与铁屑反应制得。或由硫酸分解钛铁矿石生产钛白粉时所得副产品硫酸亚铁,经结晶精制而得。

9. 硫酸亚铁铵　Ammonium Ferrous Sulfate

别名　莫尔盐、亚铁铵矾
化学式　$FeSO_4(NH_4)_2SO_4 \cdot 6H_2O$
相对分子质量　392.13
性质　浅蓝绿色透明单斜晶系结晶。相对密度(20℃)1.864。100~110℃时脱水成为无水盐。溶于水，不溶于乙醇。常温下较其他铁盐稳定，较难氧化。

质量规格

产品性状	指标(工业品)	产品性状	指标(工业品)
硫酸亚铁铵,%	≥98.0	外观	浅蓝色或带绿色透明结晶
水不溶物,%	≤0.1		

用途　用作聚合催化剂。也用于制造含铁催化剂、制药、电镀、冶金等行业。在定量分析中常用它难于氧化的性质配制标准溶液，以测定重铬酸钾、高锰酸钾等的浓度。

简要制法　由硫酸亚铁与硫酸铵、硫酸反应制得。

10. 硝酸铁　Ferric Nitrate

别名　硝酸高铁
化学式　$Fe(NO_3)_3 \cdot 9H_2O$
相对分子质量　404.02
性质　为无色至浅紫色单斜晶系结晶。相对密度1.684，熔点47.2℃，沸点125℃(分解)。易溶于水，溶于乙醇、丙酮，微溶于浓硝酸。水溶液能被紫外线分解成硝酸亚铁和氧气。有氧化性。与氨水反应生成硝酸铵及氢氧化铁。极易潮解，遇空气易呈褐色。硝酸铁也存在六水合物[$Fe(NO_3)_3 \cdot 6H_2O$]，为无色立方晶系结晶。

质量规格

产品性状	指标	产品性状	指标
硝酸铁[$Fe(NO_3)_3 \cdot 9H_2O$],%	≥98.0	铜(Cu),%	≤0.003
水不溶物,%	≤0.01	锌(Zn),%	≤0.003
氯化物(以Cl^-计),%	≤0.002	氨水不沉淀物(以硫酸盐计),%	≤0.1
硫酸盐(以SO_4^{2-}计),%	≤0.01		

用途 用于制造含铁催化剂、药物等，也用作氧化剂、媒染剂、金属表面处理剂及放射性物质吸收剂等。

安全事项 与有机物、还原剂、硫、磷等混合有着火及爆炸危险。水溶液对多数金属有轻微腐蚀性。高温时分解释放出有毒的氮氧化物气体。

(六) 钴及其化合物

1. 金属钴　Metallic Cobalt

元素符号 Co

相对原子质量 58.93

性质 为银白色金属，硬而有延性。六方晶格。相对密度 8.9，熔点 1495℃，沸点 2870~3520℃。化合价 +2、+3 价。常温时不与水及空气反应。加热时与氧、硫、氯及溴发生剧烈反应。能与一氧化碳形成羰基钴化合物。缓慢溶于稀盐酸、硫酸。易溶于硝酸。能被氢氟酸、氨水和氢氧化钠溶液侵蚀。粉末钴可在氧气中燃烧。也能与铂形成金属间化合物，可以将铂系金属从它们的氧化物或卤化物中置换出来。可磁化。能吸附许多气体，一些气体在金属钴上的吸附强度依次为 $O_2 > C_2H_2 > C_2H_6 > C_2H_4 > CO > H_2 > CO_2 > N_2$。除 N_2 外，其他气体在常温下都能吸附于钴上。其吸附特性显示钴有优良的催化特性，许多钴化合物和配合物及有机金属化合物广泛用来制备催化剂。钴属于亲硫元素，对氧和砷也有强亲和力，自然界中以单质和化合物两种形式存在。

用途 用于制造含钴催化剂、含钴化合物、磁性合金、超硬耐热合金、灯丝、瓷釉等。据不完全统计，有约 40% 的非冶金用途的钴用于催化领域，其中有 80% 消耗在三个主要方面：①用作加氢处理、加氢脱硫及加氢烷基化催化剂的活性组分；②用于高压氧化合成、芳香酸或脂肪酸制造的均相催化剂；③小部分用于羰基化、氨氧化、环化等反应，与多种其他过渡金属元素制成共催化剂。

简要制法 先将辉砷钴矿石或砷钴矿石煅烧成氧化物，再用铝还原或转化为溶液，然后经电解制得。

2. 氧化钴 Cobaltous Oxide

别名 一氧化钴
化学式 CoO
相对分子质量 74.93
性质 为灰绿色至粉红色立方晶系或六方形结晶。颜色因制法和纯度不同而有所变化。相对密度6.45，熔点1785~1805℃。不溶于水、乙醇及氨水，溶于酸和强碱溶液。加热至390~900℃时转化成Co_3O_4。易被一氧化碳或碳还原成金属钴。常温下能吸收空气中的氧，颜色逐渐加深，吸氧量多时能变成黑色，在250℃以上能与氯发生反应。

质量规格

产品性状	指标	产品性状	指标
钴(Co),%	≥72.0	碱及碱土金属,%	≤1.0
铁(Fe),%	≤0.07	铜(Cu),%	≤0.3
镍(Ni),%	≤1.0	细度(100目筛余物),%	≤1.0
硫酸根(SO_4^{2-}),%	≤0.05		

用途 用于制造含钴催化剂、钴盐、有色玻璃。也用作玻璃、搪瓷等的着色剂、油漆催干剂、饲料添加剂等。例如，将2份氧化钴与1份氧化铜加热共熔、冷却制得的粒状物，在H_2-CO_2混合气中于350℃下还原成金属后，即可制得还原钴催化剂，可用于Fischer-Tropsch合成、含氧化合物合成等反应中。

简要制法 将金属钴或回收钴废料酸溶转化成碳酸钴，再经灼烧而得。也可由硝酸钴在惰性气体中加热分解制得。

3. 氧化高钴 Cobaltic Oxide

别名 三氧化二钴
化学式 Co_2O_3
相对分子质量 165.86
性质 为黑灰色六方或正交晶系结晶。相对密度5.18，熔点895℃(分解)。不溶于水、乙醇。溶于热盐酸及热稀硫酸,并分别放出氯气和氧气。125℃时可被氢还原成 Co_3O_4;200℃时被还原成 CoO;250℃时被还原成金属钴,高温下分解成 Co_3O_4 及 O_2。

质量规格

产品性状	指标(化学纯)	产品性状	指标(化学纯)
氧化高钴(Co_2O_3),%	≥98.5	镍(Ni),%	≤0.50
硫酸盐(SO_4^{2-}),%	≤0.1	重金属(以 Cu 计),%	≤0.10
铁(Fe),%	≤0.05	碱金属及碱土金属(以硫酸盐计),%	≤1.0

用途 用于制造含钴催化剂、钴盐、金属钴、磁性材料等,也用作陶瓷及搪瓷的着色剂、氧化剂等。

简要制法 由碳酸钴或氢氧化钴在隔绝空气下灼烧制得。或先将硫钴矿石焙烧、浸取,再用氯酸钠氧化而得。

4. 四氧化三钴　Tricobalt Tetraoxide

别名　一氧化钴合三氧化二钴

化学式　Co_3O_4

相对分子质量　240.79

性质　为 CoO 和 Co_2O_3 非化学计量的混合物。灰色至黑色八面体结晶或粉末。相对密度6.07,熔点947℃(分解)。加热至900℃以上时失去氧而成 CoO。不溶于水,溶于无机酸、碱。露置于空气中吸潮,但不生成水化物。高温下,可用 C、H_2、CO 及金属钠还原,生成金属钴粉。

质量规格

产品性状	指标	产品性状	指标
四氧化三钴(以 Co 计),%	72.0~73.5	铁(Fe),%	≤0.04
硫化物(以 SO_4^{2-} 计),%	≤0.1	镍(Ni),%	≤0.2
重金属(以 Cu 计),%	≤0.08	碱及碱土金属,%	≤0.6

用途　用于制造含钴催化剂、钴盐、电子陶瓷、锂离子电池正极材料。也用作氧化剂及瓷釉材料。

简要制法 先将碳酸钴加热分解成 Co_2O_3，再吸收氧气制得。或由二价硝酸盐在空气中高温分解而得。

5. 氢氧化钴　Cobaltous Hydroxide

化学式　$Co(OH)_2$

相对分子质量　92.95

性质　为玫瑰红色或蓝绿色正交晶系结晶或粉末。由于粒度、湿度、吸附离子及其他某些原因可引起变色。相对密度(15℃)3.597，熔点1100~1200℃。受热分解，生成三氧化二钴。不溶于水及冷的碱液，溶于酸、氨水及铵盐溶液，也溶于热浓碱液。与一些有机酸反应生成相应的盐。化学性质不稳定，可被空气或氧化剂氧化成 $CoO(OH)$ 或 $Co(OH)_3$，也可被氯水、过氧化氢氧化，与 Mg、Mn 及 Zn 的氢氧化物可形成固溶体。接触大剂量时，能抑制酶的活性，影响碳水化合物代谢功能。

质量规格

产品性状	指标	产品性状	指标
氢氧化钴[$Co(OH)_2$],%	≥70.0	酸不溶物,%	≤0.05
铁(Fe),%	≤0.05	镍(Ni),%	≤0.5
锰(Mn),%	≤0.5	重金属(以 Cu 计),%	≤0.5

用途　用于制造含钴催化剂、钴盐，也用作油漆催干剂、电解法生产双氧水分解剂、搪瓷与玻璃着色剂等。

简要制法　先由金属钴或含钴废料与盐酸反应生成氯化钴，再与氢氧化钠反应制得。由 $Co(NO_3)_2 \cdot 6H_2O$ 与 KOH 反应可制得玫瑰红色 $Co(OH)_2$。

6. 氢氧化高钴　Cobaltic Hydroxide

化学式　$Co(OH)_3$

相对分子质量　109.96

性质　为深棕色至褐色粉末。干燥品有强吸水性。相对密度约4.0。不溶于水、乙醇及氨水，溶于冷浓酸。在熔融的苛性钾中变成深棕色而溶解。实际上也是一种水合物 $Co_2O_3 \cdot 3H_2O$。100℃以上时脱水。真空中加热至 148~150℃ 时变成 Co_3O_4。有氧化性，能氧化草酸、酒石酸等有机酸。与 HCl 反应生成 Co^{2+} 及 Cl_2。

质量规格

产品性状	指 标	产品性状	指 标
Co,%	≥50	酸不溶物,%	≤0.05

用途 用作氧化反应催化剂，以及用作搪瓷着色剂及糖类稳定剂等。也用于制造含钴催化剂、钴盐。

简要制法 由氢氧化钠与 Co(Ⅲ)盐反应制得，或由次氯酸钠与 Co(Ⅱ)盐反应而得。

7. 氯化钴 Cobaltous Chloride

别名 氯化亚钴、二氯化钴
化学式 $CoCl_2 \cdot 6H_2O$
相对分子质量 237.93
性质 为红色至暗红色单斜晶系结晶。相对密度(25℃)1.924，熔点 85℃，在常温下稳定，遇热变成蓝色，在潮湿空气中放冷又变为红色。在 30~35℃ 时结晶开始风化，45~50℃ 下加热 4h 大部分变成四水合物($CoCl_2 \cdot 4H_2O$)，加热至 110~120℃ 完全脱水成无水物($CoCl_2$)。无水氯化钴为蓝色六方结晶，相对密度 3.356，熔点(氯化氢气体中)724℃，沸点 1049℃。易吸收水分而成六水合物。氯化钴易溶于水，溶于乙醇、丙酮、甘油，微溶于乙醚。溶于有机溶剂时呈蓝色。在沸腾的水溶液中加入 NH_4OH，即得到 $3Co(OH)_2 \cdot CoCl_2$。水溶液加热或添加浓盐酸、氯化物或乙醇等变成蓝色。溶液遇光也呈蓝色。

质量规格

产品性状	指 标	产品性状	指 标
氯化钴($CoCl_2 \cdot 6H_2O$),%	≥98.0	铜(Cu),%	≤0.05
镍(Ni),%	≤0.10	锌(Zn),%	≤0.20
铁(Fe),%	≤0.02	碱金属及碱土金属,%	≤0.30

用途 用作有机合成催化剂、陶瓷着色剂、油漆催干剂、变色硅胶的干湿指示剂、饲料添加剂及啤酒泡沫稳定剂等,也用于制造隐显墨水试纸等。

安全事项 吸入粉尘易引起支气管哮喘。

简要制法 可由金属钴或氧化钴与盐酸反应制得。

8. 硝酸钴 Cobaltous Nitrate

别名 硝酸亚钴

化学式 $Co(NO_3)_2 \cdot 6H_2O$

相对分子质量 291.05

性质 硝酸钴有三水、六水及九水等三种水合物。常温下六水合物最稳定,为红色单斜晶系柱状结晶。相对密度(25℃)1.87,熔点55~56℃。在干燥空气中,于15~20℃下约失去3个分子水,在55~70℃下再失去1个分子水。高于74℃时分解成一氧化钴并放出氧化氮气体。分解后也不完全脱水,只有在特殊条件下才能制得无水硝酸钴。易溶于水、乙醇,溶于丙酮、乙酸甲酯,微溶于氨水。水溶液为红色,受热也不变为蓝色。具氧化性。

质量规格

产品性状	指标(工业品)	产品性状	指标(工业品)
硝酸钴,%	≥97.0	锌(Zn),%	≤0.5
水不溶物,%	≤0.01	镍(Ni),%	≤0.5
氯化物(Cl^-),%	≤0.01	重金属(以 Pb 计),%	≤0.05
硫酸盐(SO_4^{2-}),%	≤0.02	碱金属,%	≤0.5
铁(Fe),%	≤0.03		

用途 用于制造加氢、加氢精制等的含钴催化剂、脱硫催化剂、钴颜料、维生素 B_{12}、环烷酸钴等,也用作陶瓷着色剂、油漆催干剂及氰化物中毒的解毒剂等。

安全事项 与有机物、还原剂、硫、磷等混合能剧烈反应,并可引起着火或爆炸。有毒,有腐蚀性。吸入其粉尘会引起支气管哮喘等疾病。

9. 硫酸钴 Cobaltous Sulfate

别名　硫酸亚钴、钴矾、赤矾
化学式　$CoSO_4 \cdot 7H_2O$
相对分子质量　281.10
性质　为粉红色单斜晶系结晶。相对密度(25℃)1.948，熔点96.8℃，折射率1.477。常温下在空气中风化。在41.5~71℃时成六水合物，71℃时成一水合物。加热至420℃时失去全部结晶水而成无水物($CoSO_4$)。无水硫酸钴为深蓝色立方晶系结晶。相对密度25℃(3.71)，熔点735℃(分解)。溶于水，微溶于甲醇，不溶于液氨。5%水溶液的pH值约3。

质量规格

产品性状	指　标	产品性状	指　标
硫酸钴($CoSO_4 \cdot 7H_2O$),%	≥97.0	镍(Ni),%	≤0.8
铁(Fe),%	0.05	重金属(以Pb计),%	≤0.02
锌(Zn),%	0.03		

用途　用于制造含钴催化剂、蓄电池、钴颜料、搪瓷等，也用作油漆催干剂、饲料添加剂等。
简要制法　由金属钴或氧化钴与硫酸反应制得。

10. 碳酸钴 Cobaltous Carbonate

别名　碳酸亚钴
化学式　$CoCO_3$
相对分子质量　118.94
性质　为红色单斜晶系结晶或粉末。相对密度4.13，折射率1.855。不溶于水、乙醇、氨水、乙酸甲酯，溶于热无机酸并放出二氧化碳，也溶于乙醚、二硫化碳及碳酸铵溶液。不与冷的浓硝酸或浓盐酸起作用。在空气中或在弱氧化剂存在下逐渐氧化成碳酸高钴。在真空中加热至350℃或在空气中加热至400℃，生成氧化钴，并放出二氧化碳。

质量规格

产品性状	指 标	产品性状	指 标
碳酸钴(以 Co 计),%	≥47.6	酸不溶物,%	≤0.05
铁(Fe),%	≤0.005	重金属(以 Cu 计),%	≤0.01
镍(Ni),%	≤0.2		

用途 用于制造含钴催化剂、钴盐、示温剂、选矿剂、微量元素肥料,也用作玻璃及搪瓷着色剂。

简要制法 由硫酸钴与碳酸氢钠反应制得,或由硝酸钴与碳酸铵经复分解反应制得。也可由无水碳酸钠与氯化钴反应制得。

11. 碱式碳酸钴 Basic Cobalt Carbonate

化学式 $2CoCO_3 \cdot 3CO(OH)_2 \cdot H_2O$

相对分子质量 534.74

性质 为由碱金属碳酸盐与钴盐溶液反应产生的沉淀物。一般化学组成为 $xCoCO_3 \cdot yCo(OH)_2 \cdot zH_2O$,通常 $x=2$、$y=3$、$z=1$。为蓝色或红色粉末。从热溶液中沉淀出的产物为红色,从冷溶液中沉淀出的产物为蓝色。在空气中红色粉末可变成蓝色。不溶于冷水,在热水中分解。加热时分解成 CoO 及 CO_2。新制得的碱式碳酸钴溶于稀酸、氨水及碳酸氢铵、氯化铵等水溶液。

质量规格

产品性状	指 标	产品性状	指 标
钴(Co),%	45~50	镍(Ni),%	≤0.25
铁(Fe),%	≤0.025		

用途 用作有机合成催化剂、加氢催化剂、陶瓷着色剂,也用于制造钴化合物及热敏电阻。当碱式碳酸钴在水中形成悬浊液时,其表面吸附 CO_2 而成为光合反应的催化剂。

简要制法 可由碳酸钠溶液与氯化钴(或硝酸钴、硫酸钴)饱和溶液反应后,经过滤、洗涤、干燥制得。

12. 甲酸钴 Cobaltous Formate

化学式 $CoC_2H_2O_4 \cdot 2H_2O$
相对分子质量 185.01
结构式 $Co(HCO_2)_2 \cdot 2H_2O$
性质 为红色结晶状粉末。相对密度2.13。溶于水（50g/1000mL水），易溶于甲酸，不溶于乙醇。加热至140℃时失去结晶水而成无水物。将无水甲酸钴在真空或H_2中加热，分解产生H_2及CO，并可制得反应活性很强的钴催化剂，可催化苯的加氢反应。在密封管中，将5%水溶液加热至175℃，即分解产生大量H_2、CO_2及少量CO，并得到CoO及Co。
用途 用于制造含钴催化剂、氧化钴，也用作搪瓷着色剂。
简要制法 可由硝酸钴、碳酸钴或硫酸钴与甲酸反应制得。

13. 乙酸钴 Cobaltous Acetate

别名 醋酸钴
化学式 $CoC_4H_6O_4 \cdot 4H_2O$
相对分子质量 249.10
结构式 $(CH_3COO)_2Co \cdot 4H_2O$
性质 有无水物及四水合物两种。通常以四水合物形式存在。四水乙酸钴为紫红色单斜晶系结晶。相对密度1.705。溶于水、乙醇、稀酸、戊酸、乙酸乙酯、吡啶及无水联氨等。5%水溶液的pH值约3。在空气中稳定，加热至140℃时成为无水物（$CoC_4H_6O_4$）。无水乙酸钴为绿色结晶，溶于水、乙醇、吡啶，不溶于丙酮、苯。有吸湿性，易水解。可被硫酸亚铁、溴化氢等还原。

质量规格

产品性状	指标		
	优等品	一等品	合格品
乙酸钴[以$Co(CH_3COO)_2 \cdot 4H_2O$计]含量,%	≥99.3	≥98.0	≥97.0
水不溶物含量,%		≤0.02	
硫酸盐(以SO_4^{2-}计)含量,%		≤0.01	

续表

产品性状	指标		
	优等品	一等品	合格品
氯化物(以 Cl^- 计)含量,%	≤0.002	≤0.005	
硝酸盐(以 NO_3^- 计)含量,%	≤0.05	≤0.08	
铁(Fe)含量,%	≤0.001		
铜(Cu)含量,%	≤0.001	≤0.005	≤0.01
镍(Ni)含量,%	≤0.08	≤0.10	
碱金属及碱土金属含量,%	≤0.30	≤0.40	≤0.5

注：表中数据摘自 HG/T 2032—1999。

用途　用作烃类液相氧化催化剂，如作乙醛氧化制乙酸、对二甲苯氧化制对苯二甲酸、环己烷氧化制环己醇或环己酮等反应的催化剂。也用作涂料干燥剂、玻璃钢固化促进剂、织物媒染剂及麦芽酒精饮料泡沫稳定剂，也用于制造隐显墨水等。

简要制法　可由硝酸钴或硫酸钴与乙酸反应制得。

14. 草酸钴　Cobaltous Oxalate

别名　乙二酸钴、草酸亚钴

化学式　$C_2CoO_4 \cdot 2H_2O$

相对分子质量　182.98

结构式　$(COO)_2Co \cdot 2H_2O$

性质　为浅粉红色针状结晶或粉末。相对密度(25℃)3.021。不溶于水、乙二醇、草酸水溶液，微溶于酸，易溶于氨水。在氨水、碳酸铵、碱金属甲酸盐、碱金属草酸盐溶液中，生成络盐而溶解。与氢氧化钾或碳酸钠溶液一起加热则发生水解。在空气中加热至190℃时，即变成无水草酸钴，再继续加热会着火燃烧。隔绝空气加热时，生成 Co、CoO 及 CO_2。草酸钴还存在四水合物($C_2CoO_4 \cdot 4H_2O$)，为黄蔷薇色结晶状粉末。不稳定，会逐渐风化变成二水盐。在浓硫酸中或在100℃的空气中，则迅速变成二水草酸钴。

质量规格

产品性状	指标(化学纯)	产品性状	指标(化学纯)
草酸钴,%	≥98.0	锌(Zn),%	≤0.03
盐酸不溶物,%	≤0.010	铅(Pb),%	≤0.003
铁(Fe),%	≤0.010	氮化合物(以N计),%	≤0.02
镍(Ni),%	≤0.25	碱金属及碱土金属(以硫酸盐计),%	≤0.25
氯化物(Cl),%	≤0.005		
硫酸盐(SO_4^{2-}),%	≤0.020		

用途 用于制造含钴催化剂、氧化钴,也用作陶瓷着色剂及有机合成催化剂。

简要制法 由钴盐溶液与适量草酸盐溶液反应制得。

15. 环烷酸钴 Cobalt Naphthenate

别名 萘酸钴

化学式 $(C_{n+6}H_{2n+9}O_2)_2Co$

结构式
$$\left[\diagup (CH_2)_nCOO \right]_2 Co$$

性质 为紫色至深棕色无定形固体或粉末,组成不定。不溶于水,稍溶于乙醇,溶于乙醚、苯、甲苯、松节油等。

质量规格

产品性状	指标
外观	紫红色黏稠液体,澄清透明无沉淀物析出
含钴量,%	7.5~8
油溶性	与200号汽油按1:3混合后应不分层全溶
冰点试验	在-7℃下保存,24小时内不出现混浊

用途 用作邻二甲苯氧化制苯甲酸、对二甲苯氧化制对苯二酸、环己烷直接氧化制环己酮等反应催化剂,也用作不饱和聚酯固化促进剂、油墨及油漆催干剂等。

安全事项 有毒!易燃。蒸气对眼睛及皮肤有刺激性。

简要制法 可由环烷酸钠与硝酸钴(或硫酸钴)反应制得。

16. 硬脂酸钴 Cobaltous Stearate

别名 十八酸钴、硬脂酸亚钴
化学式 $C_{36}H_{70}CoO_4$
相对分子质量 625.88
结构式 $[CH_3(CH_2)_{16}COO]_2Co$
性质 为紫色或红多以粉末。熔点 73~75℃。不溶于水,溶于热乙醇、乙醚,遇强酸分解成硬脂酸及相应的钴盐。

质量规格

产品性状	指标	产品性状	指标
含量(以 Co 计),%	8.0~9.6	氯化物(Cl^-),%	0.5
游离脂肪酸,%	1.0	硫酸盐(SO_4^{2-}),%	0.3
水溶性盐,%	1.0		

用途 用作有机合成中有机物氧化的催化剂。如在硬脂酸钴催化剂存在下,将硝基乙苯在空气中氧化为对硝基苯乙酮。也用作聚氯乙烯的热稳定剂、陶瓷及油漆颜料。

安全事项 有毒!
简要制法 由硬脂酸经氢氧化钠皂化后,再与氧化钴经复分解反应制得。

17. 2-乙基己酸钴 Cobalt 2-Ethylhexanoate

别名 异辛酸钴
化学式 $C_{16}H_{30}O_4Co$
相对分子质量 345.34
结构式 $[CH_3(CH_2)_3CH(C_2H_5)COO]_2Co$
性质 为紫色黏稠液体,相对密度 0.86。不溶于水,溶于苯、甲苯、溶剂油及松节油等。商品常以 200 号汽油为溶剂调制成紫色黏稠液体。
用途 用作聚氨酯合成催化剂,可催化异氰酸酯基(NCO)与羟基(OH)的反应以及 NCO 与 H_2O 的反应。而催化异氰酸酯基和羟基的反应活性更强。也用作聚合反应器、油漆及油墨的催干剂等。

安全事项 有毒!

简要制法 由乙基己酸与氢氧化钠反应制得乙基己酸钠,再与氯化钴反应制得。

(七)镍及其化合物

1. 金属镍 Metallic Nickel

元素符号 Ni

相对原子质量 58.69

性质 为银白色金属。质硬而富延展性。有磁性。面心立方晶体。化合价 +2、+3 价。相对密度 8.908。熔点 1453℃,沸点 2730~2850℃。常温下对水及空气稳定。在氧气中加热生成氧化镍。加热时与氯、溴、硫剧烈反应,生成相应的化合物。溶于硝酸、王水。与稀盐酸及硫酸作用缓慢,耐强碱。镍及其化合物也是应用最广的催化剂之一,其催化性能与其吸附特性有关。一些气体在金属镍上的吸附强度顺序为 $O_2 > C_2H_2 > C_2H_4 > CO > H_2 > CO_2 > N_2$。除 N_2 外,其他气体在常温下都能吸附在镍上。镍在加氢选择性上虽然不如钯,但因其价廉成为优选替代品。镍的化合物有镍的非金属化合物、含氧酸盐和无氧酸盐。镍是人体必需微量元素之一,也是常见的工业环境污染物。

镍属铁系元素,它与 Fe、CO 的电子层结构相似,原子半径相近,其物理及化学性质相似。三种元素的熔点、沸点及电离能都很相近。Ni、Fe、Co 的离子具有空轨道,极易形成配离子。其中尤以 Co 形成配合物的倾向最强。

用途 用于制造不锈钢、镍铬合金、蓄电池、镍币、陶瓷。用作金属镀层等。镍及其化合物大量用作加氢、脱氢、甲烷化、羰基化及还原脱硫等反应的催化剂。用作加氢、脱氢催化剂的镍有以下几种类型:①氧化镍、碱式碳酸镍、氢氧化镍等及其负载物用氢气还原得到的还原镍催化剂;②有机镍盐热分解制得的催化剂;③骨架镍催化剂;④用还原剂处理镍盐溶液,而使还原剂成为其组分之一的镍催化剂。硫、砷、磷等毒物易引起镍催化剂中毒,在制取催化剂过程中应尽量不含这些毒物。

安全事项 镍粉尘活性极高,暴露于空气中氧化可自燃,遇明火、高热有着火或爆炸危险。吸入可引起支气管哮喘、鼻中隔穿孔、变态反应性哮喘等症状。

简要制法 先将含镍矿石(如红镍矿、针镍矿、硅镁镍矿等)煅烧生成氧化镍,再用碳还原而得。

2. 一氧化镍 Nickel Monoxide

别名 氧化亚镍

化学式 NiO

相对分子质量 74.69

性质 为绿黑色立方晶系结晶或粉末。相对密度6.67,熔点1984~1998℃,硬度5.5~6.0,受热时颜色变黄。400℃时因吸收空气中的氧而变成 Ni_2O_3。加热至600℃时还原成NiO。不溶于水,溶于硫酸、硝酸及氨水。低温下制得的NiO具有化学活性。随着制备温度升高,NiO的密度及电阻增加,而溶解度及催化活性下降。高温焙烧过的NiO变成黑色的八面体微晶,活性小。难溶于酸。一氧化镍可被 H_2、CO及碳还原成金属镍。

质量规格

牌号	Ni含量 %	杂质含量,%						
		Co	Cu	Fe	Zn	S	Ca、Mg、Na 总和	盐酸不溶物
NiO-770	≥77.0	≤0.05	≤0.01	≤0.05	≤0.005	≤0.01	≤0.5	≤0.10
NiO-765	≥76.5	≤0.15	≤0.05	≤0.10	≤0.05	≤0.03	≤1.0	≤0.20
NiO-760	≥76.0	≤0.20	≤0.10	≤0.15	≤0.10	≤0.05	≤1.30	≤0.30
NiO-750	≥75.0	≤0.50	≤0.20	≤0.20	≤0.20	≤0.15	≤1.50	≤0.40

注:表中数据摘自YS/T 277—2009。

用途 用作加氢、脱氢、氧化等有机合成催化剂,也用于制造镍盐、镍合金、磁性材料、电子元件、蓄电池及颜料等。

安全事项 为人类可疑性致癌物,可通过吸入气溶胶粉尘侵入体内,引起细胞中酶和代谢过程破坏。对眼睛及呼吸道有刺激作用,长期反复接触可引起皮肤过敏。

简要制法 可由碳酸镍、硝酸镍、氢氧化镍等煅烧分解制得。也可由 $NiCl_2$ 高温水解制得。

3. 三氧化二镍　Nickel Sesquioxide

别名　氧化高镍
化学式　Ni_2O_3
相对分子质量　165.38
性质　为带光泽的黑色块状物或粉末。相对密度4.83。加热至600℃时分解成NiO及O_2。不溶于水，难溶于冷酸。溶于氨水。溶于热盐酸时放出氯气。与浓硝酸或浓硫酸反应产生氧气，有强氧化性。

质量规格

产品性状	指标	产品性状	指标
三氧化二镍(以Ni计),%	70~75	重金属(以Cu计),%	≤0.01
盐酸不溶物,%	≤0.02	铁(Fe),%	≤0.003
氯化物(Cl^-),%	≤0.005	钴(Co),%	≤0.05
硫酸盐(SO_4^{2-}),%	≤0.05	碱金属及碱土金属,%	≤0.5
硝酸盐(NO_3^-),%	≤0.05		

用途　用作加氢、氧化等有机合成催化剂，也用作陶瓷及玻璃着色剂、钾玻璃的脱色剂等。也用于制造镍粉、磁性材料、蓄电池。

简要制法　可由硝酸镍、碳酸镍或氢氧化镍缓慢加热分解制得。或用次氯酸钠氧化二氯酸镍而得。也可先用氯氧化$Ni(OH)_2$生成$Ni(OH)_3$，再经干燥脱水制得Ni_2O_3。

4. 氟化镍　Nickel Fluoride

别名　二氟化镍
化学式　NiF_2
相对分子质量　96.69
性质　为绿色至淡黄色结晶。相对密度4.72，熔点1100℃，沸点1740℃。是氟和镍的一种稳定化合物。微溶于水，不溶于乙醇、乙醚，溶于酸、碱和氨水。氟化镍还存在四水合物($NiF_2·4H_2O$)，为淡黄或黄绿色正方晶系结晶，微溶于水，不溶于醇、醚，易溶于氢氟酸。

质量规格

产品性状	指标	
	一级品	二级品
镍(Ni),%	≥34.4	≥34.2
氟(F),%	≥22.3	≥22.1
氯化物(以 Cl^- 计),%	≤0.002	≤0.05
硫酸盐(以 SO_4^{2-} 计),%	≤0.02	≤0.10
铜(Cu),%	≤0.005	≤0.01
铁(Fe),%	≤0.004	≤0.01
锌(Zn),%	≤0.05	≤0.08

用途 用作有机合成催化剂、氟化剂，如用作合成六氟化氙的催化剂。也用于制造荧光灯、油墨及高纯氟气等。

安全事项 有毒！

简要制法 可由无水氟化氢与无水氯化镍反应制得。四水氟化镍可由碳酸镍与氢氟酸溶液反应而得。

5. 氯化镍　Nickel Chloride

化学式 $NiCl_3 \cdot 6H_2O$

相对分子质量 273.2

性质 为绿色至草绿色单斜棱柱状晶体。相对密度1.921，熔点80℃。干燥空气中易风化，潮湿空气中易潮解。加热至140℃以上时失去全部结晶水而成无水物($NiCl_3$)。无水氯化镍为黄色鳞片状晶体或粉末。相对密度3.55，973℃(升华)，熔点(封管内)1001℃。溶于水、乙二醇、乙醇及氨水，不溶于酮及酯类。粉状无水氯化镍吸收空气中水分又变成绿色六水合物。升华后的无水氯化镍较稳定，比粉状氯化镍吸收水分慢。无水氯化镍在550℃时能被水蒸气水解为氧化镍和氯化氢。加热至750℃时转化为NiO。商品氯化镍除六水合物、无水物外还有四水合物。有腐蚀性。

质量规格

产品性状	指标	产品性状	指标
氯化镍($NiCl_2 \cdot 6H_2O$),%	≥96.0	锌(Zn),%	≤0.002
铜(Cu),%	≤0.003	水不溶物,%	≤0.02
铁(Fe),%	≤0.001	硝酸盐(以NO_3^-计),%	≤0.01
铅(Pb),%	≤0.002		

用途 用作有机合成催化剂、防腐剂,也用于制造镍盐、隐显墨水、干电池。在快速镀镍中用作阳极活化剂。无水氯化镍可用作防毒面具的氨吸收剂。

简要制法 将硫酸镍、碳酸镍或氢氧化镍溶解于盐酸中制得,也可由金属镍与浓盐酸直接反应制得。较纯的无水氯化镍可由六水氯化镍与氯化亚硫酰($SOCl_2$)反应制得。

6. 溴化镍 Nickelous Bromide

别名 溴化亚镍

化学式 $NiBr_2 \cdot 3H_2O$

相对分子质量 272.56

性质 为浅黄绿色鳞片状或针状结晶。有潮解性,在真空中能升华,极易溶于水,溶于乙醇、氨水。加热至约300℃时失去全部结晶水而成无水物($NiBr_2$)。无水溴化镍为黄棕色结晶。相对密度(27℃)5.098,熔点963℃。易溶于水,溶于乙醇、丙酮、乙醚及氨水,不溶于甲苯。将无水溴化镍溶于水或将氢氧化镍溶于氢溴酸,经浓缩、结晶又可制得六水溴化镍($NiBr_2 \cdot 6H_2O$),为绿色结晶。$NiBr_2 \cdot 6H_2O$在28.5℃时转变成三水溴化镍($NiBr_2 \cdot 3H_2O$)。

质量规格

产品性状	指标(化学纯)	产品性状	指标(化学纯)
溴化镍($NiB_2 \cdot 3H_2O$),%	≥97.0	铁(Fe),%	≤0.002
水不溶物,%	≤0.01	锌(Zn),%	≤0.05
硫酸盐(以SO_4^{2-}计),%	≤0.01	钴(Co),%	≤0.1
重金属(以Pb计),%	≤0.005	碱和碱土金属,%	≤0.5

用途 用于制造烃类脱氢等含镍催化剂,也用于制药及电镀。

简要制法 可由一氧化镍与氢溴酸反应制得。

7. 碘化镍 Nickelous Iodide

别名 碘化亚镍

化学式 $NiI_2 \cdot 6H_2O$

相对分子质量 420.61

性质 为蓝绿色结晶。在空气中迅速分解而游离出碘,变成棕色。43℃以下以 $NiI_2 \cdot 6H_2O$ 的形式存在,温度更高或加热即变成无水物(NiI_2)。无水碘化镍为有光泽的黑色块状物或结晶性粉末。相对密度5.834,熔点(封管中)797℃。在空气中加热至熔点以上时分解。可溶于水、乙醇。易潮解,在潮湿空气中会吸水而变成绿色的溶液。常温下在无水乙醇中溶解较慢,加热时迅速溶解。

质量规格

产品性状	指标(化学纯)	产品性状	指标(化学纯)
碘化镍($NiI_2 \cdot 6H_2O$),%	≥96.0	锌(Zn),%	≤0.05
不溶物,%	≤0.01	钴(Co),%	≤0.2
硫酸盐(SO_4^{2-}),%	≤0.03	碱金属及碱土金属(以硫酸盐计),%	≤0.5
铁(Fe),%	≤0.01		
铜(Cu),%	≤0.005		

用途 用作有机合成催化剂,也用于制造镍化合物及陶瓷。

简要制法 先由氢氧化镍溶于氢碘酸制得六水物,再经脱水可制得无水碘化镍。也可由镍粉与碘蒸气作用而得。

8. 氢氧化镍 Nickel Hydroxide

别名 二氢氧化镍

化学式 $Ni(OH)_2 \cdot 2H_2O$

相对分子质量 128.7

性质 为亮绿色六方晶系结晶或苹果绿色粉末。相对密度4.1。在真空中放置或加热会缓慢脱水。200℃以上时分解成一氧化镍及水,但要使其完全脱水，则必须加热至红热。不溶于水，溶于稀酸、氨水及铵盐或KCN溶液。溶于氨水生成蓝色镍氨溶液。与氧化剂Cl_2、NaClO等反应生成$Ni(OH)_3$。在空气中燃烧至约400℃，吸收氧转变为黑色氧化镍。

质量规格

产品性状	指标(化学纯)	产品性状	指标(化学纯)
氢氧化镍(以Ni计),%	≥50.0	铜(Cu),%	≤0.01
盐酸不溶物,%	≤0.02	锌(Zn),%	≤0.05
氯化物(Cl^-),%	≤0.01	钴(Co),%	≤0.3
硫酸盐(SO_4^{2-}),%	≤0.05	碱金属及碱土金属(以硫酸盐计),%	≤2.0
铁(Fe),%	≤0.01		

用途 用作有机合成催化剂及制造含镍催化剂，也用于制造镍盐、镍/镉蓄电池，以及用于电镀等。

安全事项 有毒！对皮肤、黏膜及呼吸道等有强刺激性，与皮肤接触引起过敏性皮炎、湿疹等。

简要制法 由硝酸镍溶液与氢氧化钾或氢氧化钠溶液反应制得。或以NaCl溶液为电解液，镍为阳极，可在阴极得到氢氧化镍沉淀。

9. 硫化镍 Nickel Sulfide

化学式 NiS

相对分子质量 90.75

性质 有α、β、γ三种变体。α-NiS为黑色无定形粉末，属于NiAs型结构。晶格常数$a = 343.95 \times 10^{-12}$ m，$c = 535.14 \times 10^{-12}$ m。在空气中转化为羟基硫化高镍[Ni(OH)S]。β-NiS为黑色粉末，相对密度5.0~5.6，熔点810℃。347℃时转变为α-NiS。γ-NiS为黑色粉末，相对密度(30℃)5.34。396℃时转变为β-NiS。硫化镍不溶于水，溶于硝酸、王水。自然界中以针镍矿形式存在。

用途 用于制造含镍催化剂以及高镍合金，也用作含硫有机物催化分解反应及加氢反应催化剂。

简要制法 将纯硫化氢气体通入氯化镍和氯化铵混合液可制得α-NiS；由经过化学计量的Ni和S在真空石英管内加热至900℃可制得

β-NiS；在由稀硫酸酸化的硫酸镍溶液中通入纯硫化氢气体可制得 γ-NiS。

10. 硝酸镍　Nickelous Nitrate

别名　硝酸亚镍
化学式　$Ni(NO_3)_2 \cdot 6H_2O$
相对分子质量　290.79

性质　为青绿色单斜晶系片状结晶。相对密度2.05，熔点56.7℃，沸点136.7℃。硝酸镍有三水、六水及九水合物。商品常为六水合物，在56.7℃脱水成三水合物，95℃时转变成无水盐，高于110℃时分解成碱式盐，继续加热生成棕黑色三氧化二镍和绿色氧化亚镍的混合物。易溶于水，溶解度随温度升高而增加。也溶于氨水、乙醇，微溶于乙二醇、丙酮。水溶液呈酸性，pH值为4。受热时由绿色转变成绿黄色。

质量规格

产品性状	指标	产品性状	指标
硝酸镍[$Ni(NO_3)_2 \cdot 6H_2O$],%	≥98.0	氯化物(Cl^-),%	≤0.01
水不溶物,%	≤0.01	硫酸盐(SO_4^{2-}),%	≤0.01
铁(Fe),%	≤0.001	钴(Co),%	≤0.3
锌(Zn),%	≤0.02	碱土金属(以Ca+Mg计),%	≤0.05
重金属(以Pb计),%	≤0.005		

用途　用于制造含镍催化剂、镍盐、颜料、蓄电池等，也用于电镀。
安全事项　与易氧化物、有机物接触会着火或爆炸。高温时分解产生有毒的氮氧化物。有毒！长期与皮肤接触能引起湿疹、丘疹等症状。
简要制法　可由金属镍或氧化镍与硝酸反应制得。也可由氢氧化镍或碳酸镍溶解于硝酸中，再经蒸发、结晶制得。

11. 硫酸镍　Nickelous Sufate

别名　硫酸亚镍、镍矾
化学式　$NiSO_4 \cdot 6H_2O$
相对分子质量　262.84

性质 为六水合物、七水合物及无水物三种。低于 31.5℃ 的结晶物为七水合物。七水合物($NiSO_4 \cdot 7H_2O$)又称碧矾,为绿色斜方晶系结晶。相对密度 1.948,熔点 99℃。31.5℃ 以上的结晶物为六水合物。六水合物有 α 及 β 两种变体。α 型为蓝色四方晶系结晶,相对密度 2.07。53.5℃ 时 α 型转变为 β 型。商品以六水合物为主。280℃ 时失去全部结晶水变成无水物。无水物($NiSO_4$)为黄绿色立方晶系结晶,相对密度 3.68,熔点 848℃(分解)。溶于水、甲醇、乙醇及氨水。

质量规格

产品性状	指 标			
	Ⅰ类		Ⅱ类	
	优等品	一等品	二等品	三等品
镍(Ni),%	≥22.2	≥21.5	≥21.8	≥21.5
钴(Co),%	≤0.050	≤0.10	≤0.4	≤0.40
铜(Cu),%	≤0.0010	≤0.0020	≤0.0015	≤0.0015
铁(Fe),%	≤0.0010	≤0.0020	≤0.0015	≤0.0030
钠(Na),%	≤0.020	≤0.030	≤0.020	≤0.030
铅(Pb),%	≤0.0010	≤0.0020	≤0.0010	≤0.0020
锌(Zn),%	≤0.0010	≤0.0020	≤0.0010	≤0.0020
钙(Ca),%	≤0.010	≤0.020	≤0.010	≤0.020
镁(Mg),%	≤0.010	≤0.020	≤0.010	≤0.020
锰(Mn),%	≤0.0030	≤0.0050	≤0.0030	≤0.0050
镉(Cd),%	≤0.0003	≤0.0005	≤0.0003	≤0.0005
汞(Hg),%	≤0.0010	≤0.001	—	—
总铬(Cr),%	≤0.0010	≤0.001	—	—
水不溶物,%	≤0.010	≤0.020	≤0.010	≤0.020

注:① Ⅰ类主要用于镀镍及其他工业用;Ⅱ类主要用于蓄电池的生产。
② 表中数据摘自 HG/T 2824—2009。

用途 用作油脂加氢催化剂、生产维生素 C 的氧化反应催化剂及织物媒染剂，也用于其他含镍催化剂、镍盐、镍镉电池及硬质合金，以及电镀。

安全事项 有毒！

简要制法 将镍与少量硝酸溶于硫酸中反应制得，或从生产钴的含镍废液中回收而得。

12. 碱式碳酸镍　Basic Nickel Carbonate

化学式 　$2NiCO_3 \cdot 3Ni(OH)_2 \cdot 4H_2O$
　　　　　　$NiCO_3 \cdot 2Ni(OH)_2 \cdot 4H_2O$

相对分子质量 　587.59
　　　　　　　　376.17

性质 两种形态的碱式碳酸镍为立方晶系绿色结晶或浅棕色粉末。棕色粉末相对密度 2.6，折射率 1.55～1.61。无臭。不溶于水及碳酸钠溶液。与氨水和酸反应生成可溶性盐。在中温下用氢还原可形成有催化活性的金属镍，加热至 300℃ 以上时分解成氧化镍和二氧化碳。

质量规格

产品性状	指标	产品性状	指标
镍(Ni),%	≥40	铁(Fe),%	≤0.002
盐酸不溶物,%	≤0.02	钴(Co),%	≤0.3
重金属(以 Pb 计),%	≤0.01	锌(Zn),%	≤0.05
氯化物(以 Cl^- 计),%	≤0.01	硫化铵不沉淀物,%	≤0.7
硫酸盐(以 SO_4^{2-} 计),%	≤0.05		

用途 用于制造含镍催化剂、镍盐、陶瓷，也用于电镀。

简要制法 由硫酸镍溶液与碳酸钠反应制得。

13. 碳酸镍　Nickel Carbonate

别名 碳酸亚镍

化学式 $NiCO_3$

相对分子质量 118.70

性质 为浅绿色斜方晶系结晶或粉末。相对密度 4.39。加热至 300℃

以上分解成氧化镍及二氧化碳。几乎不溶于水、浓盐酸及硝酸,溶于稀酸、氨水及含二氧化碳的水中,同时产生气泡。

质量规格

产品性状	指标
镍(Ni)含量,%	46~47

用途 用于制造含镍催化剂、陶瓷、玻璃,也用于电镀。

简要制法 于碳酸钠溶液中加入硫酸镍溶液后沉淀而得。或由氯化镍与碳酸钙反应制得。

14. 甲酸镍 Nickel Formate

别名 蚁酸镍
化学式 $C_2H_2NiO_4 \cdot 2H_2O$
相对分子质量 184.76
结构式 $Ni(HCOO)_2 \cdot 2H_2O$
性质 为绿色单斜晶系结晶或粉末。相对密度2.154。缓慢加热至130~140℃时脱去结晶水而成无水物。在180~200℃时分解成Ni、CO、CO_2、H_2、H_2O及CH_4。溶于水,微溶于乙醇,不溶于浓甲酸。

质量规格

产品性状	指标(化学纯)	产品性状	指标(化学纯)
甲酸镍,%	≥99	铅(Pb)	合格
氯化物(Cl^-),%	≤0.003	锌(Zn),%	≤0.05
硫酸盐(SO_4^{2-}),%	≤0.03	稀硝酸溶解试验	合格

用途 用于制造含镍催化剂、金属镍,由甲酸镍热分解制得的镍催化剂也称作甲酸镍催化剂,可用作油脂类工业加氢催化剂。也用作通用试剂。

简要制法 由硫酸镍溶液与甲酸钠反应制得,或将氢氧化镍溶于甲酸制得。

15. 乙酸镍 Nickelous Acetate

别名 乙酸亚镍、醋酸镍
化学式 $C_4H_6NiO_4 \cdot 4H_2O$

相对分子质量 248.66

结构式 $Ni(CH_3COO)_2 \cdot 4H_2O$

性质 为绿色棱柱状结晶或粉末。微有乙酸气味。相对密度 1.744。溶于水、乙醇及氨水。受热分解。在热水中分解析出氢氧化镍。

质量规格

产品性状	指标(化学纯)	产品性状	指标(化学纯)
乙酸镍,%	≥98.0	铁(Fe),%	≤0.005
水不溶物,%	≤0.02	重金属(以 Cu 计),%	≤0.01
氯化物(Cl^-),%	≤0.005	锌(Zn),%	≤0.02
硫酸盐(SO_4^{2-}),%	≤0.01	不沉淀硫化物(以硫酸盐计),%	≤0.2
硝酸盐(NO_3^-),%	≤0.01		
钴(Co),%	≤0.05		

用途 用于制造含镍催化剂、织物媒染剂,以及镀镍等。

简要制法 在镍存在下由氢氧化镍与乙酸加热反应制得。

16. 草酸镍 Nickelous Oxalate

别名 乙二酸镍

化学式 $C_2NiO_4 \cdot 2H_2O$

相对分子质量 182.74

结构式 $Ni(COO)_2 \cdot 2H_2O$

性质 为浅绿色固体或粉末。微溶于水、草酸,溶于无机强酸,易溶于草酸的碱金属盐溶液、氨水及硝酸铵、硫酸铵溶液。在氨水溶液中,可形成 $2NiC_2O_4 \cdot NH_3 \cdot 6H_2O$ 或 $NiC_2O_4 \cdot 2NH_3 \cdot 5H_2O$。150℃时开始脱水。在真空中加热,320℃以下开始热分解,320~380℃急剧分解,生成 CO_2、CO 及 Ni。

质量规格

产品性状	指标(化学纯)	产品性状	指标(化学纯)
草酸镍(以 Ni 计),%	≥30	铜(Cu),%	≤0.03
盐酸不溶物,%	≤0.02	铁(Fe),%	≤0.02
氯化物(以 Cl^- 计),%	≤0.01	铅(Pb),%	≤0.005
硫酸盐(以 SO_4^{2-} 计),%	≤0.05	锌(Zn),%	≤0.2
硝酸盐(以 NO_3^- 计),%	≤0.05	碱及碱土金属(以硫酸盐计),%	≤1.20
钴(Co),%	≤0.3		

用途 用于制造含镍催化剂、镍粉,也用作通用试剂。

简要制法 由氢氧化镍或碳酸镍溶解于草酸制得,或由镍盐溶液与草酸或草酸钠反应而得。

17. 环烷酸镍　Nickel Naphthenate

别名　萘酸镍、石油酸镍

结构式　$[\rangle-(CH_2)_nCOO]_2Ni$

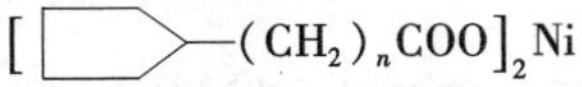

性质　为绿色黏稠透明状液体或膏状物。溶于苯、汽油,不溶于水。易发生还原及交换反应。

质量规格

产品性状	指标
外观	绿色黏稠透明液体或绿色膏状物
镍含量,%	≥7.5
含水量,%	≤0.45
汽油中不溶物	不明显

用途　主要用作丁二烯聚合制1,4-聚丁二烯催化剂,起定向作用,具有高1,4-位的定向能力。也用作有机合成催化剂及油漆催干剂。

简要制法　先由环烷酸与烧碱反应生成环烷酸皂液,再与氯化镍反应制得。

18. 硬脂酸镍　Nickel Stearate

别名　十八酸镍

化学式　$C_{36}H_{70}NiO_4$

相对分子质量　625.05

结构式　$[CH_3(CH_2)_{16}COO]_2Ni$

性质　为淡绿色粉末。不溶于水,溶于乙醚、氯仿、二氯乙烷等有机溶剂。

质量规格

产品性状	指标	产品性状	指标
镍,%	9.4~10.6	水分,%	≤1.5
游离脂肪酸,%	≤1.0		

用途 用作丁二烯聚合制 1,4-聚丁二烯反应催化剂，有较好定向作用，也用作润滑剂及软化剂。

简要制法 先由硬脂酸与液碱进行皂化反应，再与硫酸镍进行复分解反应制得。

19. 骨架镍　Skeletal Nickel

别名 雷尼镍、Raney 镍

性质 骨架镍是 Raney 于 1925 年首先用沥滤法从 Ni-Al、Ni-Si 合金制得的多孔金属。该方法是将具有催化活性的金属 Ni 与能溶于碱的金属（如 Al、Si）熔融制成合金，再粉碎成粉末，然后用碱沥滤出不需要的金属组分，即得到有骨架结构的金属，特称为骨架催化剂。以后许多骨架催化剂，如 Co、Cu、Fe、Mn、Cr、Ru 等都采用类似方法制造，而工业上应用最多的则是骨架镍催化剂，如粗己内酰胺加氢精制用雷尼镍的外观为灰黑色，比表面积为 $80\sim100m^2/g$，平均孔径为 $2.6\sim12.8nm$。骨架镍催化剂的合金组成对催化剂的活性有很大影响，如 Ni-Al 合金有 $NiAl_3$、Ni_2Al_3、Ni_2Al、$NiAl_2$ 及 NiAl 等多种金属化合物，当合金含 Ni 质量分数为 30%~50%（富含 $NiAl_3$）时，可制得活性较高的催化剂；而当 Ni 含量超过 50% 时，所得催化剂的活性反而与 Ni 含量成反比例降低；在 Ni 含量达到 65%~70% 时，即成为 NiAl 组成的稳定金属化合物，用碱处理也不发生分解，因而也就不能制得有催化活性的 Ni 催化剂。

用途 用作苯加氢、苯酚加氢、油脂加氢、腈加氢、不饱和烃加氢、杂环化合物加氢、粗己内酰胺加氢精制及脱氢、氧化、脱硫等反应的催化剂。失活后的催化剂可用去离子水多次清洗后，再在一定温度下用 NaOH 溶液浸泡、洗涤等方法而恢复催化活性。废骨架镍可回收后熔炼成金属镍或精炼成镍合金。

安全事项 骨架镍经干燥后，一旦与空气接触即会着火而失去活性。因此制备后须立即使用。当大量制备时，应密封保存在无水乙醇或其他惰性溶剂中。但其催化活性会随其保存时间加长而逐渐下降。

简要制法 一般可分为合金制取、合金粉碎及合金溶解等步骤。如制取 Ni-Al 合金时，可先将铝加热至 400~1200℃，然后加入镍粒制成合金。将所得合金冷却后粉碎至一定粒度，再用氢氧化钠溶液洗掉无催化活性的物质，即制得骨架镍。

(八) 铜及其化合物

1. 金属铜 Metallic Copper

元素符号 Cu
相对原子质量 63.54
性质 为红色带光泽金属。富延展性。是仅次于银的热和电的良导体。相对密度 8.96，熔点 1083℃，沸点 2567~2595℃。面心立方晶格。化合价 +1、+2 价。在干燥空气中稳定，在潮湿空气中易生成绿色碱式碳酸铜(俗称铜绿)。在干燥空气中加热生成黑色氧化铜。1100℃时变成氧化亚铜。常温下难与卤素反应，加热时反应剧烈。不溶于非氧化性稀酸，溶于硝酸、热浓硫酸。有氧化剂存在时，也溶于盐酸、稀硫酸等。易受碱侵蚀。铜的氧化物和氢氧化物表现出强的共价键特性，一般为非水溶性。当用水溶液反应制备时，常以沉淀形式析出。氧在室温下容易吸附在铜上，使铜表面生成氧化膜。CO 在铜上的吸附有两种类型，一种是快速进行的不可逆吸附，另一种是可逆的弱吸附。铜吸附 1% CO 后，在 0℃ 时，对乙烯的加氢反应活性会减少到原来的 1/9。

质量规格

产品性状	指标(化学纯)	产品性状	指标(化学纯)
铜(Cu),%	≥99.5	锑(Sb) + 镉(Cd),%	≤0.05
硝酸不溶物,%	≤0.02	铅(Pb),%	≤0.05
铁(Fe),%	≤0.01	银(Ag),%	≤0.005

用途 用作有机合成催化剂，也用于制造含铜催化剂。由于金属铜质软，原子容易流动，在较低温度下也易发生位错消失及重结晶现象，单组分铜容易烧结，使催化活性受到一定影响。用作催化剂时常需添加助催化剂或载体。铜是电气工业不可缺少的原材料。铜还可以与许多金属形成合金，也用于制造铜盐及电镀。铜有一定毒性，用于杀灭真菌及细菌。工业上，铜催化剂应用很广，如 Cu/SiO_2 催化剂用于硝基苯加氢制苯胺。Cu-Zn-Al 系催化剂用作甲醇合成催化剂及环己醇脱氢制环己酮催化剂，$Cu-Cr_2O_4$ 催化剂用作氨选择性还原 NO_x 的催化剂，$Cu-Al_2O_3$ 催化剂可用作脱

砷剂、脱硫剂及脱硝剂等。此外，甲醇脱氢制甲酸甲酯、乙烯脱 CO、丙烯脱 CO 等反应也可使用铜系催化剂。

简要制法 可先将铜硫化物矿石焙烧、脱硫、还原制得粗铜，再经电解法精炼而得。铜催化剂一般由硝酸铜或碳酸铜经热分解制得氧化铜，再用氢还原而得。

2. 氧化亚铜 Cuprous Oxide

别名 一氧化二铜、赤色氧化铜

化学式 Cu_2O

相对分子质量 143.09

性质 为棕红色至暗红色立方晶系结晶。相对密度 6.0，熔点 1235℃。硬度 3.5～4.0。1800℃时分解成金属铜，并放出氧气。不溶于水、乙醇，溶于盐酸、硫酸及三氯化铁、硫酸高铁溶液中成为铜盐。溶于氨和铵盐，成为铜氨配合物，微溶于硝酸。在干燥空气中稳定，在湿空气中会逐渐氧化成黑色氧化铜。易被氢、一氧化碳等还原成金属铜，红热时也能被对氧亲和力强的元素（如 Al、Zn、Fe）还原成铜。在常温下，氧化亚铜对 H_2、O_2 及 CO 等气体都有吸附作用。

质量规格

产品性状	指标	
	一级品	二级品
氧化亚铜(Cu_2O),%	≥95.0	92.0
总铜(Cu),%	≥86.0	—
总还原力(以 Cu_2O 计),%	≤97.0	
金属铜(Cu),%	≤2.0	3.0
硫酸盐(SO_4^{2-}),%	≤0.3	—
水分,%	≤0.5	
筛余物(320 目),%	≤0.5	1.0

用途 主要用作丙烯氧化制丙烯醛等的催化剂，也用作氧化、加氢、脱氢等有机合成催化剂、玻璃及陶瓷着色剂、杀菌剂等。用于制造铜锌、铜铬及铜锌铬等合金催化剂，也用于制铜盐、整流器以及用于电镀等。

简要制法 可以铜为电极电解食盐水而得，或将硫酸铜溶液与葡萄糖混合后加入氢氧化钠溶液反应制得。

3. 氧化铜 Cupric Oxide

别名 一氧化铜
化学式 CuO
相对分子质量 79.55
性质 为黑色单斜晶系结晶或无定形粉末。相对密度6.3~6.49。熔点1326℃。硬度3~4。1105℃时能分解生成氧化亚铜，并放出氧气。不溶于水、乙醇，溶于各种酸、氨水、铵盐溶液及氰化钾溶液。高温下，易被氢、一氧化碳、碳及负电性较强的金属（如Zn、Fe、Ni等）还原成金属铜。常温下对H_2、CO、O_2等有吸附作用。氧化铜催化剂的活性与铜含量及载体性质的关系很大。通常用沸石、碳化硅、多孔玻璃作载体。

质量规格

产品性状	指　标	产品性状	指　标
氧化铜(CuO),%	≥98.0	氯化物(Cl^-),%	≤0.2
盐酸不溶物,%	≤0.2	硫酸盐(SO_4^{2-}),%	≤0.2
水不溶物,%	≤0.1	细度(100目筛余物),%	≤1.0

用途 用作丙烯氧化制丙烯醛、异丁烯氧化制甲基丙烯醛、醇类脱氢等有机合成催化剂。也用作烃类脱氯剂、油类脱硫剂、氧化剂，也用于制作颜料等。

简要制法 可由铜粉在空气中高温氧化制得。

4. 氯化亚铜 Cuprous Chloride

化学式 CuCl
相对分子质量 98.99
性质 为白色立方晶系结晶或粉末。相对密度(25℃)4.14，熔点430℃，沸点1490℃。微溶于水，溶于盐酸、氨水及碱金属氯化物溶液，并生成配合物。几乎不溶于硫酸、稀硝酸及乙醇。在干燥空气中稳定，受潮后易变成蓝色至棕色。露置于空气中迅速氧化成绿色碱式盐，遇光变成褐色。在热水中因水解生成氧化铜水合物而呈红色，熔融时呈铁灰色。其浓盐酸溶液能吸收一氧化碳而成为 $CuClCO \cdot H_2O$。

质量规格

产品性状	指标
氯化亚铜（CuCl），%	≥99.0
二价铜（以 $CuCl_2$ 计），%	≤0.6
酸不溶物，%	≤0.005
铁（Fe），%	≤0.003
硫酸盐（以 SO_4^{2-} 计），%	≤0.03
砷（As），%	≤0.0010
铅（Pb），%	≤0.0015
锌（Zn），%	≤0.0015
镉（Cd），%	≤0.0010
铬（Cr），%	≤0.0010

注：表中数据摘自 HG/T 2960—2010。

用途 用作乙炔制乙烯基乙炔等有机合成催化剂、脱硫剂、脱色剂、硝化纤维的脱硝剂、缩合剂、还原剂、杀虫剂、脂肪酸凝聚剂等。在液相法乙炔与氯化氢加成制取氯乙烯工艺中，采用的是氯化亚铜与氯化铵组成的酸性溶液为催化剂。其中氯化铵的作用是促进氯化亚铜的溶解。也用于制造医药、染料、电池等。

安全事项 有毒！对皮肤有刺激性。

简要制法 由铜灰或铜丝与食盐水—盐酸反应制得，或先由硫酸铜与食盐水反应，再经亚硫酸钠还原而得。

5. 氯化铜　Cupric Chloride

别名 氯化高铜、二氯化铜

化学式 $CuCl_2 \cdot 2H_2O$

相对分子质量 170.48

性质 为蓝绿色单斜晶系结晶或粉末。相对密度2.54。在潮湿空气中易潮解,在干燥空气中易风化。易溶于水,水溶液呈弱酸性。溶于醇和氯化铵溶液,微溶于丙酮、乙酸乙酯及乙醚。100℃可溶解于结晶水,110℃时失去结晶水而成无水物($CuCl_2$)。无水物为棕黄色结晶粉末。相对密度3.054,熔点498℃,沸点993℃,并分解成氯化亚铜($CuCl$)。氯化铜水溶液重结晶时,15℃以下得四水合物,15~25.7℃得三水合物,26~42℃得二水合物,42℃以上得一水合物。对铁、铜、不锈钢等金属有腐蚀作用。

质量规格

产品性状	指标(化学纯)	产品性状	指标(化学纯)
氯化铜($CuCl_2 \cdot 2H_2O$),%	≥99.0	铁(Fe),%	≤0.005
水不溶物,%	≤0.02	砷(As),%	≤0.0005
硫酸盐(SO_4^{2-}),%	≤0.01	硫化氢不沉淀物(以硫酸盐计),%	≤0.2
硝酸盐(NO_3^-),%	≤0.03		

用途 用作乙烯液相氧化制乙醛、乙烯氧氯化制二氯乙烷及烃类脱氢等有机合成催化剂。由于氯化铜易挥发,在流化床乙烯氧氯化催化剂中,常加入氯化钾作助催化剂。也用作石油馏分脱硫剂、脱臭剂、木材防腐剂、玻璃及陶瓷着色剂、净水消毒剂、织物媒染剂及杀虫剂等。

安全事项 对皮肤有刺激作用。粉尘刺激眼睛,并引起角膜溃疡。

简要制法 可由氧化铜或碳酸铜与盐酸反应制得,或由氯气与铜粒反应而得。

6. 溴化铜 Cupric Bromide

别名 二溴化铜

化学式 $CuBr_2$

相对分子质量 223.35

性质 为黑色单斜晶系结晶或粉末。相对密度(25℃)4.77,熔点498℃,沸点900℃。易溶于水、乙醇、丙酮、液氨、吡啶,不溶于苯。易潮解。灼烧时分解为溴化亚铜及溴。

质量规格

产品性状	指标(化学纯)	产品性状	指标(化学纯)
溴化铜,%	≥97.5	铁(Fe),%	≤0.02
水不溶物,%	≤0.02	硫化氢不沉淀物(以硫酸盐计),%	≤0.20
氯化物(Cl^-),%	≤0.20		
硫酸盐(SO_4^{2-}),%	≤0.015		

用途 用作有机合成催化剂、溴化剂、木材防腐剂、湿度指示剂,也用于照相业及制造电池。

简要制法 由适量氧化铜或氢氧化铜溶于氢溴酸制得。

7. 氢氧化铜　Cupric Hydroxide

化学式　$Cu(OH)_2$

相对分子质量　97.56

性质　为浅蓝色至蓝色结晶或粉末。相对密度3.368。溶于稀酸、氨水及氰化钠溶液。稍具两性。在浓碱中可溶解并生成$Cu(OH)_4^{2-}$。受热至60~80℃时色泽变暗,80~90℃时分解为黑色Cu_2O。

质量规格

产品性状	指标(化学纯)	产品性状	指标(化学纯)
氢氧化铜[$Cu(OH)_2$],%	≥96.0	铁(Fe),%	≤0.01
盐酸不溶物,%	≤0.05	硫酸盐(SO_4^{2-}),%	≤0.1
氮化合物(以N计),%	≤0.03	硫化氢不沉淀物(以硫酸盐计),%	≤0.4

用途　用作有机合成催化剂,也用作织物媒染剂、纸张着色剂、杀菌剂。也用于制造含铜催化剂、铜盐等。

简要制法　由铜盐与碱反应制得。

8. 硝酸铜　Cupric Nitrate

化学式　$Cu(NO_3)_2 \cdot 6H_2O$

相对分子质量 295.65

性质 为淡蓝色斜方晶系结晶,相对密度 2.074,易溶于水、乙醇,具潮解性,在 26.4℃ 时失去三个分子结晶水成三水合物 $[Cu(NO_3)_2 \cdot 3H_2O]$。三水硝酸铜为深蓝色棱柱状结晶,相对密度 2.32,熔点 114.5℃,易溶于水、乙醇,水溶液呈酸性。溶于浓氨水而生成二硝酸四氨合铜配合物 $[Cu(NH_3)_4](NO_3)_2$,加热配合物即可发生爆炸。硝酸铜加热至 120℃ 时生成碱式盐 $Cu(NO_3)_2 \cdot 2Cu(OH)_2$。灼烧硝酸铜分解得到的氧化铜是一种氧化剂。

质量规格

产品性状	指标	产品性状	指标
硝酸铜[$Cu(NO_3)_2 \cdot 6H_2O$],%	≥99.0	硫酸盐(以 SO_4^{2-} 计),%	≤0.02
水不溶物,%	≤0.005	硫化氢不沉淀物,%	≤0.01
氯化物(以 Cl^- 计),%	≤0.005		

用途 用于制造含铜催化剂、铜盐、农药等,也用于镀铜等。用作有机合成催化剂、媒染剂、助燃剂、搪瓷着色剂。

安全事项 遇易氧化物能剧烈反应并引起着火。与硫黄、炭粉及其他可燃物混合时,受热、撞击能引起着火或爆炸。浸过硝酸铜、乙醇溶液的纸干燥后能自燃。有毒!对皮肤、黏膜有强刺激性。

简要制法 由金属铜或氧化铜与硝酸反应制得。

9. 硫酸铜 Cupric Sulfate

别名 胆矾、蓝矾、五水硫酸铜
化学式 $CuSO_4 \cdot 5H_2O$
相对分子质量 249.68

性质 为亮蓝色透明三斜晶系结晶。有令人不愉快的金属味。相对密度 2.286。溶于水,微溶于甲醇,不溶于乙醇。水溶液呈酸性。30℃ 时失去二个分子结晶水,110℃ 时失去四个分子结晶水,258℃ 时失去全部结晶水而成无水物($CuSO_4$)。无水硫酸铜为灰白色至白色斜方晶系结晶,相对密度 3.603,熔点 250℃(分解),加热至 650℃ 时分解成氧化铜及三氧化硫。吸湿性极强,吸湿后变为蓝色,由此可用于检验乙醇、乙醚中是否含水。溶于水、甲醇,不溶于乙醇、乙醚。与碘离子反应生成白色碘化铜。

质量规格

产品性状	指标
硫酸铜($CuSO_4 \cdot 5H_2O$)含量,%	≥98.0
砷含量,%	≤0.0025
铅含量,%	≤0.0125
镉含量,%	≤0.0025
水不溶物,%	≤0.2
酸度(以H_2SO_4计),%	≤0.2

注：表中数据摘自 GB 437—2009。

用途 用于有机合成香料及染料中间体的催化剂，也用于制造氯化亚铜、氧化亚铜等铜化合物，还用于电镀。用作媒染剂、杀虫剂、防腐剂、饲料添加剂。

安全事项 有毒！对皮肤有刺激作用。摄入能引起中毒！对中枢神经系统、肝、肾有损害。

简要制法 可由铜或氧化铜与硫酸反应制得。

10. 酒石酸铜　Cupric Tartrate

化学式　$C_4H_4CuO_6 \cdot 3H_2O$

相对分子质量　265.66

结构式
$$\begin{array}{l} HO-CH-COO \\ | \\ HO-CH-COO \end{array} \bigg\} Cu \cdot 3H_2O$$

性质 为绿色至蓝色粉末。微溶于水，易溶于酸及氢氧化钾溶液。加热至100℃时失去结晶水，继续加热时分解生成氧化铜。

质量规格

产品性状	指标(化学纯)	产品性状	指标(化学纯)
酒石酸铜,%	≥98.5	硫酸盐(SO_4^{2-}),%	≤0.005
酸不溶物,%	≤0.005	铵(NH_4^+),%	≤0.02
铁(Fe),%	≤0.005	硫化氢不沉淀物,%	≤0.6
氯化物(Cl^-),%	≤0.002		

用途 用作有机合成催化剂、通用试剂,也用于制造铜催化剂及电镀。

简要制法 由热的硫酸铜溶液与适量酒石酸钠溶液反应而得。

(九)锌及其化合物

1. 金属锌 Metallic Zinc

元素符号 Zn

相对原子质量 65.38

性质 为青白色略带蓝色金属。相对密度(25℃)7.14,熔点419.5℃,沸点907℃。化合价+2。在常温下虽然有一定的韧性,但硬度较大。在潮湿的空气中,锌与水蒸气、CO_2 化合,表面生成一层致密的碱式碳酸锌$[ZnCO_3 \cdot 3Zn(OH)_2]$保护膜。因此锌在空气中较稳定,常温下也不与水反应。实际生活中常在钢或铁表面镀锌,以增强抗腐蚀能力。加热至1000℃时燃烧,生成氧化锌,并产生明亮的蓝绿色火焰。红热状态时能被水蒸气或二氧化碳氧化。锌是两性元素,既能溶于稀酸又能溶于稀碱。与酸、强碱和氨水反应放出氢气,溶于强碱生成锌酸盐,与氨能生成配离子。也能与氧、氟、硫等活泼非金属元素直接化合。锌具有很高的还原电位,能将Fe、Cu、Ag、Au、Pt族元素及Cd、In、Tl等离子从水溶液中置换出来,也可将很稀的硝酸还原成NH_3。可与许多金属形成合金。锌为亲硫元素,自然界中没有单质存在,它以化合物状态主要存在于含硫和含氧的闪锌矿、菱锌矿、铅锌矿等矿物中。

质量规格

产品性状	指标(锌粉)	产品性状	指标(锌粉)
外观	浅灰色金属细粉	细度:120目筛余物	全部通过
锌(Zn)含量,%	≥95.0	细度:320目筛余物,%	≤7.0

用途 锌及其化合物以及它们负载于载体上制得的催化剂,广泛用作裂解、聚合、异构化、水合、酯交换、酯化等均相及非均相反应的催化剂。锌在其中常用作主催化活性金属,有时也用作助催化剂,如用于一氧化碳低温变换催化剂中。常用催化剂载体是 Al_2O_3、活性炭、浮石、沸石

等。也用作还原剂、饲料微量元素添加剂。也用于制造锌基合金、电池阴极材料、白铁皮、焰火等。

简要制法 先将锌矿粉在空气中焙烧成氧化锌,再用焦炭还原制得。

2. 氧化锌　Zinc Oxide

别名　锌白、锌氧粉
化学式　ZnO
相对分子质量　81.38

性质　为白色六方晶系结晶或白色至微黄色无定形粉末。无臭。相对密度 5.606,熔点 1975℃,1800℃ 升华,折射率 2.008。不溶于水、乙醇、氨水,溶于酸、碱及氯化铵溶液。能吸收空气中的 CO_2 及水,逐渐变成碱式碳酸锌。在 500℃ 时变为黄色,冷却后又恢复白色。为两性氧化物,与强碱及无机酸均能起反应,难被氢还原,不能透过紫外线,遇硫化氢不变黑,在水中缓慢生成 $Zn(OH)_2$,400~500℃ 时与 F_2 或 Cl_2 反应生成相应的卤化物。1000℃ 时与 $(CN)_2^{2-}$ 反应生成 $Zn(CN)_2$,与 CoO 灼烧生成钴绿 $ZnCo_2O_4$,与 BeO 灼烧生成 $BeZnO_2$。氧化锌是典型的 N 型半导体。未经活化预处理的氧化锌对氢不产生化学吸附作用,经高温活化处理(如真空中加热到 400℃,或在稍低于 400℃ 温度下与氢接触)的氧化锌可以吸附相当量的氢,也能吸附一氧化碳、乙炔及氧等气体。其吸附特性与氧化锌的半导体性质及电子状态有关。在研究吸附与催化剂表面状态的关系时,氧化锌是最理想的实验材料。

有关氧化锌吸附气体的吸附性能

吸附气体	低温状态(<150℃)		高温状态(>150℃)	
	吸附点	物性变化	吸附点	物性变化
H_2	Zn^+	需经预处理才能对 H_2 发生化学吸附。吸附不引起电导率变化,加入 Ga_2O_3 时吸附量下降。是氢对锌的吸附	晶格结点 O^{2-}	吸附导致导电率增加,加入 Ga_2O_3 时吸附量减少。是氢对 ZnO 表面上的氧的吸附。原子价控制对脱附活化能无影响
CO	Zn^+	吸附于晶格间 Zn^+ 离子上,原子价控制对吸附热无影响	晶格结点 O^{2-}	吸附于氧离子上,加入 Ga_2O_3 吸附热下降

续表

吸附气体	低温状态（<150℃）		高温状态（>150℃）	
	吸附点	物性变化	吸附点	物性变化
O_2	表面的 O	吸附导致电导率、电子自旋共振数减少，原子价控制对自旋共振有影响	O^{2-}	吸附量受原子价控制影响，但吸附热、电子自旋共振数不受原子价控制影响
CO_2	表面的 O	吸附不引起传导电子数变化	Zn^+	吸附导致传导电子数降低，原子价控制对吸附热有影响

用途 氧化锌是合成甲醇的优良催化剂，也用作水合、脱水、加氢、脱氢、氧化、聚合、脱硫等有机合成反应催化剂。以 ZnO 为主要组分的脱硫剂，对 H_2S 的净化度高。在考察吸附与催化剂表面电子状态的关系时，氧化锌也是十分理想的实验材料。也是光敏催化反应的高效催化剂。氧化锌与油类调成涂料时有较强的着色力及遮盖力。广泛用于油漆、油墨、陶瓷、橡胶、造纸等行业，用作着色剂、补强剂、填充剂及硫化活化剂等。医药上用作收敛、防腐药。

简要制法 先将金属锌锭高温熔融气化，再经空气氧化而得。用作催化剂的氧化锌多数是由氢氧化锌、硝酸锌、乙酸锌及草酸锌经高温分解制得。工业上常将 ZnO 与 Al_2O_3、Cr_2O_3、MgO 等氧化物制成混合氧化物催化剂应用。

3. 纳米氧化锌 Nanometer Zinc Oxide

化学式 ZnO

相对分子质量 81.38

性质 为白色六方晶系结晶或球形粒子。粒径小于 100nm，平均粒径 50nm。比表面积大于 $4m^2/g$。具有极高的化学活性及优异的催化性和光催化活性，并具有抗红外线、紫外线辐射及杀菌功能。流动性好。不溶于水、乙醇，溶于酸、碱。

用途 用作催化材料、光化学用半导体材料，可以催化光解有机物分子。10～5nm 的 ZnO 可用于苯酚的催化光解，也可用作 CO_2 加氢直接合成甲醇的催化剂。与普通 ZnO 相比较，可以显著提高 CO_2 转化率及甲醇回收率。用于制造有抗紫外线及抗红外线辐射功能的纤维，以及制造合成橡胶、涂料等。

简要制法 先将尿素与硝酸锌按 2.5~4.0:1 摩尔比进行水解反应，再将沉淀经分离而得。

4. 氯化锌 Zinc Chloride

化学式 $ZnCl_2$

相对分子质量 136.28

性质 为无色立方晶系结晶或粉末。有 α、β 两种晶型。相对密度 (25℃) 2.905，熔点 283℃，沸点 732℃，折射率 1.681，蒸气压 (428℃) 133.3Pa。可含 1、1.5、2.5、3、4 个结晶水。易溶于水、甲醇、乙醇、乙醚、甘油、丙酮、吡啶及苯胺等，不溶于液氨。水溶液水解生成羟基氯化锌 [Zn(OH)Cl]，呈酸性。在高温时能溶解金属氧化物，俗称焊药水。也具溶解纤维的特性。熔融氯化锌为透明的瓷状物质，具导电性。

质量规格

产品性状	指标(工业用)	
	一级品	合格品
氯化锌 ($ZnCl_2$), %	≥94.7	≥93.0
碱式盐 (以 ZnO 计), %	≤2.0	≤2.0
硫酸盐 (以 SO_4^{2-} 计), %	≤0.01	≤0.05
钡 (Ba), %	≤0.1	≤0.2
铁 (Fe), %	≤0.001	≤0.002
重金属 (以 Pb 计), %	≤0.001	≤0.002

用途 氯化锌是典型的路易斯酸。是烯烃环氧化物开环反应的重要催化剂。其催化原理为：氯化锌分子攻击烯烃环氧物分子中电子密度最高的氧原子，接受其孤对电子而形成配位化合物，从而使烯烃的环氧化合物活化。氯化锌也用作均三甲苯溴化、乙炔加成、烷基化、酯化、卤化、脱卤

等反应的催化剂,氯化锌还用作缩合剂、脱水剂、媒染剂、增重剂、阻燃剂等。用于制造干电池、颜料、医药、农药等。

安全事项 腐蚀性及毒性很强,能剧烈刺激及烧灼皮肤和黏膜。

简要制法 先用盐酸溶解锌或氧化锌,再经精制、结晶而得。

5. 硫化锌 Zinc Sulfide

别名 无水硫化锌

化学式 ZnS

相对分子质量 97.45

性质 为白色粉末,无水硫化锌有 α、β 两种晶型。α-ZnS(铅锌矿型)为无色六方晶系结晶。相对密度 4.087,熔点(15.2MPa)1850℃,沸点1185℃(升华),折射率 2.356。几乎不溶于水,不溶于碱和乙酸,易溶于无机酸。与无机酸反应产生 H_2S。α-ZnS(闪锌矿型)为无色立方晶系结晶。相对密度 4.102,折射率 2.368,不溶于水、碱及乙酸,易溶于无机酸。与无机酸反应产生 H_2S。α-ZnS 转变为 β-ZnS 的温度 1175℃。硫化锌还存在一水合物($ZnS \cdot H_2O$),为白色至浅黄色结晶粉末。置干燥空气中稳定,在潮湿空气中会逐渐氧化为硫酸锌,见光时变暗。相对密度 3.98,熔点 1049℃。溶解性与无水硫化锌相同。

质量规格

产品性状	指标(化学纯)	产品性状	指标(化学纯)
硫化锌(ZnS),%	≥95.0	铜(Cu),%	≤0.002
氯化物(Cl^-),%	≤0.03	碱土金属,%	≤0.3
硫酸盐(SO_4^{2-}),%	≤0.01	盐酸溶解试验	合格
铁(Fe),%	≤0.01		

用途 用作异戊醇脱水、异丙醇脱氢制丙酮及光催化等反应的催化剂。硫化锌也具有一定的酸性,可用作路易斯酸催化剂。也用于制造发光涂料、搪瓷、颜料、染料及塑料等。

简要制法 先用氧化锌与硫、水及氨反应,或由硫化铵与硫酸锌溶液反应制得硫化锌($ZnS \cdot H_2O$),再将硫化锌干燥物在硫化氢或氢气中加热制得 α-ZnS,将硫化锌在加压 H_2S 气流中加热制得 β-ZnS。

6. 氟化锌　Zinc Fluoride

化学式　ZnF_2

相对分子质量　103.38

性质　为无色针状结晶或白色粉末。相对密度(15℃)4.84，熔点872℃，沸点1505℃。稍有吸湿性。氟化锌还存在四水合物($ZnF_2 \cdot 4H_2O$)，为无色四方结晶或粉末。相对密度2.255。于100℃时失去全部结晶水而成无水氟化锌。微溶于水和氢氟酸，溶于盐酸、硝酸和氨水。具有明显离子化合物性质。其熔点及沸点远高于相应的其他卤化锌。500~650℃时和水反应生成ZnO、HF和H_2，加热反应生成金属锌。可使光发生偏振。

质量规格

产品性状	指标(化学纯)	产品性状	指标(化学纯)
氟化锌(ZnF),%	≥95.0	铁(Fe),%	≤0.002
氯化物(以Cl^-计),%	≤0.01	硅(Si),%	≤0.05
硫酸盐(以SO_4^{2-}计),%	≤0.1	游离酸(HF),%	≤0.06
重金属(以Pb计),%	≤0.005		

用途　用作三氧杂环己烷聚合等有机合成催化剂、氟化剂、木材防水剂、驱白蚁剂、陶瓷釉料。用于制备磷光体等。

简要制法　可由金属锌或$ZnCO_3$与HF反应制得。

7. 氟硅酸锌　Zinc Fluosilicate

别名　硅氟化锌

化学式　$ZnSiF_6 \cdot 6H_2O$

相对分子质量　315.54

性质　为无色六方晶系菱柱形结晶或粉末。相对密度2.104，折射率1.3824。加热至100℃时分解为氟化锌、四氟化硅及水。易溶于水，1%水溶液的pH值3.2。也溶于甲醇及无机酸，不溶于乙醇。

质量规格

产品性状	指标
氟硅酸锌($ZnSiF_6 \cdot 6H_2O$),%	≥98
硫酸锌($ZnSO_4 \cdot 7H_2O$),%	≤0.25
水分,%	≤0.6
水不溶物($ZnF_6 \cdot SiO_2$ 等),%	≤0.5

用途 用作聚酯纤维生产催化剂、混凝土硬化剂、织物防蛀剂、木材防腐剂、熟石膏增强剂等。

安全事项 有毒!

简要制法 由氧化锌或碳酸锌与氟硅酸反应制得。

8. 溴化锌 Zinc Bromide

化学式 $ZnBr_2$

相对分子质量 225.18

性质 为无色斜方晶系结晶或白色粉末。相对密度4.2,熔点394℃,沸点690℃(分解),折射率1.5452。易溶于水,水溶液呈酸性,溶于乙醇、乙醚及丙酮。极易潮解。在浓溶液中能生成$Zn(ZnBr_4)$复盐。加热时可被氢还原成Zn。与氧反应生成溴氧化物,与氟反应生成ZnF_2,与氨反应生成氨合物。

质量规格

产品性状	指标(化学纯)	产品性状	指标(化学纯)
溴化锌,%	≥98.0	硫酸盐(以SO_4^{2-}计),%	≤0.02
氯化物(以Cl^-计),%	≤0.5	重金属(以Cu计),%	≤0.002
铵盐(以NH_4^+计),%	≤0.006	铁(Fe),%	≤0.002
溴氧化物	合格	硫化铵不沉淀物,%	≤0.2
硝酸盐(NO_3^-)	合格	水不溶物,%	≤0.01

用途 为一种路易斯酸催化剂。用作α-甲基丙烯酸酯、丙烯酸酯及其衍生物进行基团转移聚合的催化剂。它通过与单体的配位作用使其活化而产生基团转移的催化作用。但对于控制丙烯酸酯类聚合物的相对分子质量

而言，其性能不如碘化锌及氯化锌。也用于制药及照相工业。

简要制法 可由金属锌与溴在550℃下直接反应制得。或先由过量的锌与溴化氢及溴反应，再经过滤蒸干，然后在溴化氢及氮气氛中升华制得。

9. 碘化锌 Zinc Iodide

化学式 ZnI_2

相对分子质量 319.22

性质 为白色结晶或粉末。相对密度(25℃)4.74，熔点446℃，沸点约625℃。溶于水、乙醇、乙醚、丙酮、二氧六环、氨水、酸及碳酸铵溶液。易潮解。见光或露置于空气中会析出碘而变成棕色。化学性质比其他锌卤化物活泼。常温下和 O_2、H_2O 反应生成 ZnO 及 I_2，和硫酸反应生成 SO_2 及 I_2，和 NH_3 形成氨合物。1150℃开始分解。碘化锌也可含2或4个结晶水。

质量规格

产品性状	指标(化学纯)	产品性状	指标(化学纯)
碘化锌(ZnI_2),%	≥99.0	还原碘物质,%	≤0.02
水不溶物,%	≤0.01	游离碘与碘酸盐,%	≤0.05
碱金属,%	≤0.2	铁(Fe),%	≤0.001
硫酸盐(SO_4^{2-}),%	≤0.01		

用途 用作苯甲酸钾歧化制对苯二甲酸钾、邻及间苯二甲酸钾异构化制对苯二甲酸钾以及聚合等有机合成催化剂，也用作氧化剂、防腐剂及通用试剂。

简要制法 由金属锌与 I_2 直接加热反应制得，或由 $ZnSO_4$ 与 BaI_2 经复分解反应制得。

10. 碲化锌 Zinc Telluride

化学式 ZnTe

相对分子质量 192.98

性质 为红色立方晶系结晶。相对密度(15℃)6.34，熔点1238.5℃。

在干燥空气中稳定。长时间与水或稀酸接触会发生水解,释出碲化氢及氢。

用途　用作光催化反应催化剂,也用于制造磷光体、半导体材料等。

安全事项　有毒!

简要制法　由锌与碲在真空中加热至 800~900℃ 制得。

11. 氢氧化锌　Zinc Hydroxide

化学式　$Zn(OH)_2$

相对分子质量　99.39

性质　为无色正交晶系结晶。相对密度 3.053。125℃ 时分解生成氧化锌。为两性氢氧化物。极微溶于水,溶于酸生成 Zn^{2+} 离子,溶于碱生成 $[Zn(OH)_m \cdot (H_2O)_n]^{2-m}$ 离子。

质量规格

产品性状	指标	产品性状	指标
干品总锌量[以 $Zn(OH)_2$ 计],%	≥99.0	水分,%	≤14~16

用途　用于制造含锌催化剂及氧化锌、硫酸锌、硝酸锌等锌化合物,也用于制药及橡胶。

简要制法　可由 ZnO(或可溶性 Zn^{2+} 盐)与碱反应制得,或于 1300℃ 时由水蒸气通过 ZnO 表面制得,也可由亚锌酸盐加水分解而得。

12. 铬酸锌　Zinc Chromate

化学式　$ZnCrO_4$

相对分子质量　181.37

性质　含 7 个结晶水,柠檬黄色棱柱状结晶或粉末。相对密度 3.40。不溶于冷水、丙酮,溶于酸、液氨。热水中分解,受热分解成 ZnO 及 CrO_3。

用途　用作乙炔加成反应等有机合成催化剂。也用于制造颜料、清漆、油毡等。

安全事项　有致癌性,粉尘对皮肤、眼睛、呼吸道等有刺激性。

简要制法　可由 H_2CrO_4 和 ZnO 或 $Zn(OH)_2$ 反应制得。

13. 硝酸锌　Zinc Nitrate

化学式　$Zn(NO_3)_2 \cdot 6H_2O$

相对分子质量　297.48

性质　有 1、2、3、4、6、9 等 6 种水合物。常温下六水合物最稳定，商品常为六水合物。为白色或无色四方晶系结晶。相对密度(14℃)2.063。熔点 36.4℃。100℃时失去 3 个分子结晶水，105～131℃时失去全部结晶水而成无水物。结晶温度低于 -17℃时生成九水合物。硝酸锌加热时先转化成碱式盐 $Zn(NO_3)_2 \cdot 3Zn(OH)_2$，然后转化成氧化锌，并放出氧化氮气体。有强氧化性。

质量规格

产品性状	指标		产品性状	指标	
	固体	液体		固体	液体
硝酸锌[$Zn(NO_3)_2 \cdot 6H_2O$],%	≥98.0	≥80.0	铅(Pb),%	≤0.5	≤0.4
游离酸(以 HNO_3 计),%	≤0.03	≤0.03	铁(Fe),%	≤0.01	≤0.008

用途　用于制备含锌催化剂、钢铁磷化液、媒染剂等，也用作乳胶凝结剂、物品保存剂等。

安全事项　为强氧化剂。与易氧化物接触能猛烈燃烧。遇可燃物、有机物、炭粉、硫、磷及金属硫化物等接触剧烈反应。水溶液有轻微腐蚀性。高温时会分解产生有毒的氮氧化物气体。

简要制法　由锌或氧化锌与硝酸反应制得。

14. 硫酸锌　Zinc Sulfate

别名　锌矾、皓矾

化学式　$ZnSO_4 \cdot 7H_2O$

相对分子质量　287.54

性质　为无色斜方晶系棱柱状结晶。相对密度 1.957。熔点 100℃。易溶于水，微溶于乙醇及甘油，不溶于丙酮。水溶液呈酸性，有收敛性。在空气中会风化转变成六水合物。缓慢加热时，39℃转变为六水合物；50℃溶于自身结晶水中；70～100℃转变为一水合物；280℃时失去全部结晶水而成无水物；740℃时分解成 ZnO 及 SO_3。一水合物($ZnSO_4 \cdot H_2O$)为无色结晶性粉末。相对密度3.28。溶于水，微溶于乙醇，不溶于丙酮。在空气中极易潮解。六水合物($ZnSO_4 \cdot 6H_2O$)为无色单斜晶系结晶，相对密度2.072，溶于水。无水物($ZnSO_4$)为无色斜方晶系结晶，相对密度(25℃)3.54，溶于水、甲醇，微溶于乙醇，不溶于丙酮，水溶液呈酸性。

质量规格

产品性状	I类(一水硫酸锌)			II类(七水硫酸锌)		
	优级品	一级品	合格品	优级品	一级品	合格品
主含量 以 Zn 计,%	≥35.7	≥35.34	≥34.61	≥22.51	≥22.06	≥20.92
以 $ZnSO_4$ 计,%	≥98.0	≥97.0	≥95.0	—	—	—
以 $ZnSO_4 \cdot 7H_2O$ 计,%	—	—	—	≥99.0	≥97.0	≥92.0
水不溶物,%	≤0.02	≤0.05	≤0.10	≤0.02	≤0.05	≤0.10
pH 值(50g/L 溶液)	≤4.0	≤4.0		≤3.0	≤3.0	
氯化物(以 Cl^- 计),%	≤0.20	≤0.60		≤0.20	≤0.60	
铅(Pb),%	≤0.002	≤0.007	≤0.010	≤0.001	≤0.010	≤0.010
铁(Fe),%	≤0.008	≤0.020	≤0.060	≤0.003	≤0.020	≤0.060
锰(Mn),%	≤0.01	≤0.03	≤0.05	≤0.05	≤0.10	
镉(Cd),%	≤0.002	≤0.007	≤0.010	≤0.001	≤0.010	
铜(Cu),%	≤0.001			≤0.002		

注：表中数据摘自 HG/T 2326—2005。

用途 用作酯化催化剂、化肥催化剂、媒染剂、收敛剂、防腐剂及催吐剂等，也用于制造氧化锌、锌钡白及含锌催化剂等。

简要制法 可由闪锌矿石在高温下焙烧而得，或由锌与硫酸反应制得。

15. 碱式碳酸锌 Basic Zinc Carbonate

化学式 $ZnCO_3 \cdot 2Zn(OH)_2 \cdot H_2O$

相对分子质量 342.19

性质 为无定形白色微细粉末。无臭、无味。相对密度4.42~4.45。不溶于水、乙醇、丙酮，微溶于氨水及铵盐，溶于稀酸及氢氧化钠。与

30%浓度的双氧水反应释放二氧化碳,并形成过氧化物。按不同时间加热至 250~500℃,冷至常温后可发生荧光现象。140℃开始分解,300℃时生成 ZnO。碱式碳酸锌中 ZnO 与 CO_2 的比例与制造时的溶液浓度及温度有关。通常 $ZnO/CO_2 > 3$ 时,为碱式碳酸锌。

质量规格

产品性状	指 标		
	优级品	一级品	合格品
外观	白色粉末		
纯度(以干基 Zn 计),%	≥57.5	≥57.0	≥56.5
灼烧减量,%	25.0~28.0	25.0~30.0	25.0~32.0
铅(Pb),%	≤0.03	≤0.05	≤0.05
水分,%	≤2.5	≤3.5	≤5.0
硫酸盐(以 SO_4^{2-} 计),%	≤0.60	≤0.80	—
细度(通过 75μm 筛网)(以干基计),%	≥95.0	≥94.0	≥93.0
镉(Cd),%	≤0.02	≤0.05	—

注:表中数据摘自 HG/T 2523—2007。

用途 用于制造含锌催化剂、脱硫剂、锌化合物等,也用于制造人造丝、颜料、乳胶薄膜、橡胶制品、炉甘石洗剂等。

简要制法 由硫酸锌与碳酸钠反应制得。

16. 碳酸锌 Zinc Carbonate

化学式 $ZnCO_3$

相对分子质量 125.40

性质 为无色或白色三方晶系结晶。相对密度 4.398,折射率 1.818,莫氏硬度 5。加热至 300℃时分解成 ZnO 及 CO_2。不溶于水、氨水,溶于酸、碱及铵盐溶液。与水共煮时转化成碱式盐。

用途 用于制造含锌催化剂、氧化锌等,也用于制造颜料、陶瓷、药物等。用作防火剂、橡胶活化剂、动物营养补充剂、洗涤剂。

简要制法 可由 $KHCO_3$ 与 $ZnSO_4$ 在 CO_2 气氛下反应制得。

17. 硒化锌 Zinc Selenide

化学式 ZnSe
相对分子质量 144.35
性质 为黄色立方晶系结晶。相对密度 5.65，熔点 >1100℃，折射率 2.89。可升华。对波长小于 15μm 的红外光的透过率大于 60%。见光迅速变成红色，久置空气中或遇稀硝酸易分解。不溶于水，溶于稀酸生成 H_2Se。
用途 用作异丙醇脱氢制丙酮等有机合成催化剂。掺入少量 Zn 的 Cd 的化合物即成为磷光体。也用于制造透红外线材料及红外线光学仪器。
安全事项 有毒！
简要制法 可由 H_2Se 与 $ZnSO_4$ 溶液反应制得，或用 ZnO、ZnS 与 Se 混合加热至 800℃ 反应而得。

18. 乙酸锌 Zinc Acetate

别名 醋酸锌
化学式 $ZnC_4H_6O_4 \cdot 2H_2O$
相对分子质量 219.50
结构式 $(CH_3COO)_2Zn \cdot 2H_2O$
性质 为有无水物和二水合物，常以二水合物形式存在。二水乙酸锌为白色单斜晶系结晶。具有珍珠样的光泽。微带乙酸味。对乙炔有强吸附作用。相对密度 1.735，熔点 237℃。溶于水、乙醇，在减压条件下 (19.997kPa)200℃时升华，100℃时失去 2 个结晶水而成无水物。无水乙酸锌($ZnC_4H_6O_4$)的相对密度 1.840，熔点 242℃。溶于水、乙醇。
质量规格

产品性状	指标		
	优级品	一级品	合格品
外观	白色结晶		
乙酸锌($ZnC_4H_6O_4 \cdot 2H_2O$),%	≥99.5	≥99.0	≥97.0
水不溶物,%	≤0.002	≤0.003	≤0.005

续表

产品性状	指标		
	优级品	一级品	合格品
氯化物,%	≤0.0005	≤0.001	≤0.002
硫酸盐(SO_4^{2-}),%	≤0.002	≤0.005	≤0.01
硝酸盐(NO_3^-),%	≤0.001	—	—
铁(Fe),%	≤0.0003	≤0.0005	≤0.001
砷(As),%	≤0.00002	≤0.00005	≤0.00005
铅、铋、铜	合格	合格	合格
硫化铵不沉淀物,%	≤0.05	≤0.1	≤0.2

用途 用作乙炔法制乙酸乙烯酯、乙炔加成制乙烯醚、乙酸甲酯水解及烷基化等有机合成反应的催化剂，也用作木材防腐剂、消毒剂及织物媒染剂等。

安全事项 低毒！

简要制法 可由乙酸、氧化锌及双氧水反应制得。

19. 2-乙基己酸锌　Zinc 2-Ethylhexanoate

别名 异辛酸锌、辛酸锌

化学式 $C_{16}H_{30}O_4Zn$

相对分子质量 351.81

结构式 $\left[CH_3-(CH_2)_3-\underset{\underset{C_2H_5}{|}}{CH}-COO \right]_2 Zn^{2+}$

性质 为淡黄色黏稠液体。含锌量18.6%。相对密度1.10~1.16，黏度约10Pa·s。由于纯品黏度较大，商品常为加入一定量增塑剂的溶液。

用途 用作聚氨酯弹性体及涂料的催化剂，能促进脂肪族异氰酸酯交联，缩短固化时间。具有气味小、色泽浅等特点。毒性比2-乙基己酸铅小，催化活性也比2-乙基己酸铅低。也用作聚氯乙烯热稳定剂，具有热稳定性及相容性好的特点，但润滑性稍差。也用于接触食品的制品。

简要制法 可由乙基己酸与氢氧化锌反应制得。

20. 二乙基锌　Diethyl Zinc

化学式　$C_4H_{10}Zn$

相对分子质量　123.50

结构式
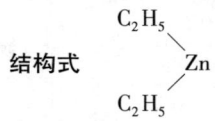

性质　为无色液体。相对密度1.2065，熔点-28C，沸点118℃，折射率1.4936。在空气中自燃发出蓝色火焰，并伴有特殊的大蒜样气味。溶于乙醚、苯、石油醚及其他烃类溶剂。遇水发生剧烈分解，生成氢氧化锌及乙烷。

用途　用作链烯烃聚合、共轭二烯聚合反应催化剂，也用作高能航空和导弹燃料。也用于制造乙基氯化汞等。

21. 草酸锌　Zinc Oxalate

别名　乙二酸锌

化学式　$C_2O_4Zn \cdot 2H_2O$

相对分子质量　189.43

结构式　$Zn(COO)_2 \cdot 2H_2O$

性质　为白色粉末。相对密度(25℃)3.28。熔点100℃(分解)。难溶于水，溶于稀酸、碱液及氨水。

质量规格

产品性状	指标(分析纯)	产品性状	指标(分析纯)
草酸锌,%	≥99.0	铁(Fe),%	≤0.003
酸不溶物,%	0.01	重金属(以Pb计),%	≤0.005
氯化物(Cl^-),%	0.001	碱金属（以硫酸盐计),%	≤0.1
硫酸盐(SO_4^{2-}),%	0.003		

用途　用于制造含锌催化剂、氧化锌，也用作通用试剂等。

简要制法　由硫酸锌与草酸钠溶液反应制得。

22. 苯甲酸锌 Zinc Benzoate

别名 安息香酸锌
化学式 $C_{14}H_{10}O_4Zn$
相对分子质量 307.61

结构式
$$\begin{matrix} C_6H_5COO & \searrow \\ & Zn \\ C_6H_5COO & \nearrow \end{matrix}$$

性质 为白色粉末。溶于4份水，60℃时溶于62份水。水溶液呈微碱性。
用途 用作柴油氧化脱硫催化剂，也用作合成纤维添加剂。
简要制法 由苯甲酸与氧化锌反应制得。

（十）锆及其化合物

1. 金属锆 Metallic Zirconium

元素符号 Zr
相对原子质量 91.22
性质 为浅灰色或银灰色金属，有金属光泽。质硬，外形如钢，有 α、β 两种晶型。α-Zr 六方晶格，β-Zr 为体心立方晶格。化合价 +2、+3 及 +4 价，常见为稳定的 +4 价。相对密度 6.49，熔点 1857℃，沸点 3577～4377℃。化学性质与钛相似。常温时因表面有一层氧化膜而处于钝态。高温时易与 N_2、O_2、C 及许多金属元素反应生成相应的化合物或固溶体，耐腐蚀性优于钛而接近于铌和钽。不溶于盐酸、硝酸、稀硫酸及碱溶液。锆为亲氧元素，自然界中无单质存在，而是以化合物形式存在于富含氧的斜锆石、锆石矿及独居石等矿物中。其常见化合物有二氧化锆、氢化锆、硅酸锆、硫酸锆及锆酸等。

用途 锆、锆的氧化物及卤化物都可用作有机合成反应的催化剂。锆化介物的中心金属存在着 d 空轨道，接受电子能力很强。常用作烃类分解、异构化及烷基化等反应的催化剂。也用于制造合金、闪光粉、耐腐蚀器械及核反应堆铀棒外套等。

简要制法 可由镁还原四氯化锆而得。

2. 二氧化锆 Zirconium Dioxide

别名 锆酸酐、氧化锆
化学式 ZrO_2
相对分子质量 123.22

性质 为白色粉末。有时略带黄色、灰色。常温下为单斜晶系，约在1175℃时转变为较紧密的四方晶系，而在2350℃时转变为立方晶系。相对密度5.85(单斜晶体)、6.10(四方晶体)、6.27(立方晶体)。熔点2715℃。沸点约5020℃。不溶于水，焙烧过的二氧化锆不溶于稀硫酸、硝酸及盐酸。未焙烧过的二氧化锆可部分溶于酸中。加热时溶于熔融的硼砂中。与碱共熔可生成相应的锆酸盐。与酸反应可生成相应的酸和盐(如硫酸盐、硝酸盐等)，这些盐又可水解成锆酰基化合物。和四氯化碳或光气在300℃以上反应可生成$ZrCl_4$。1400℃以上可被碳还原成ZrC。

质量规格

产品性状	指 标	产品性状	指 标
二氧化锆(ZrO_2),%	≥99.0	二氧化钛(TiO_2),%	≤0.04
三氧化二铁(Fe_2O_3),%	≤0.04	二氧化硅(SiO_2),%	≤0.03

用途 用作烃类热裂解、松香热分解、异丙醇脱水、链烯烃聚合等反应的催化剂，环己醇脱氢制环己酮的催化剂载体。二氧化锆常与Al_2O_3或SiO_2制成共沉淀物，用作烃类分解、异构化及烷基化等反应的催化剂。也用于制造金属锆、锆化合物、陶瓷及特种玻璃等，还可用作陶瓷色料稳定剂、瓷釉乳浊剂等。

简要制法 可由锆石用烧碱分解后，再经盐酸酸化、浓缩、结晶、焙烧而得。

3. 四氯化锆 Zirconium Tetrachloride

别名 氯化锆
化学式 $ZrCl_4$
相对分子质量 233.05

性质　为白色有光泽结晶或粉末。易吸潮。相对密度 2.083，熔点 (2.53×10^6 Pa)437℃。331℃升华。溶于乙醇、乙醚、浓盐酸，不溶于苯、四氯化碳及二硫化碳。在潮湿空气中产生盐酸酸雾，遇水强烈水解（常温时部分水解），生成稳定的氯氧化锆（$ZiOCl_2 \cdot 8H_2O$）。能与氨、酯类、卤氧化磷、五氯化磷等反应生成加合物。

质量规格

产品性状	指标(化学纯)	产品性状	指标(化学纯)
$ZrCl_4$ 含量(以 Zr 计),%	39~40	硅(SiO_2),%	≤0.05
铝(Al)	合格	锰(Mn),%	≤0.01
钙(Ca),%	≤0.08	钛(Ti),%	≤0.03
铁(Fe),%	≤0.05		

用途　为一种路易斯酸催化剂，用作异丁烯聚合、烷基氯苯基硅烷合成等有机合成反应的催化剂，也用于制造金属锆、鞣革剂、防水剂及颜料等。

简要制法　由锆、碳化锆或二氧化锆与碳混合加热，再通入氯气进行氯化反应制得。也可将氧化锆放入电炉中加热，同时通入四氯化碳饱和的氮气流，在400℃下反应而得。

4. 氯氧化锆　Zirconyl Chloride

别名　二氯氧化锆

化学式　$ZrOCl_2 \cdot 8H_2O$

相对分子质量　322.25

性质　为白色四方晶系结晶。相对密度1.91。易溶于水、乙醇、甲醇，溶于乙醚，微溶于盐酸。置于干燥空气中，在50℃下会失去部分结晶水形成 $ZrOCl_2 \cdot 3.5H_2O$，在100~110℃下则部分转化为非水溶性物质，在134~140℃下加热6h，放出大部分氯化氢及结晶水，180~220℃时释出全部结晶水成为无水物，400℃时分解成 ZrO_2 及 $ZiCl_4$。高温下与水汽反应生成 ZrO_2 及 HCl。

质量规格

产品性状	指标			
	优级品	一级品	二级品	三级品
二氧化锆(ZrO_2),%	≥35.0	≥35.0	≥35.0	35.0
水不溶物,%	≤0.05	≤0.10	≤0.15	≤0.20

续表

产品性状	指标			
	优级品	一级品	二级品	三级品
氧化铁(Fe_2O_3),%	≤0.003	≤0.005	≤0.01	≤0.02
氧化钛(TiO_2),%	≤0.03	≤0.05	≤0.10	≤0.20
二氧化硅(SiO_2),%	≤0.02	≤0.05	≤0.10	≤0.20

用途　用于制造含锆催化剂、二氧化锆及锆盐，也用作有机合成催化剂、媒染剂、防水剂、瓷器黏结剂、涂料干燥剂及橡胶添加剂等。

简要制法　可用 $ZrCl_4$ 溶于水中经水解制得。或将水合氧化锆或锆酸盐溶解于盐酸中，再经蒸发结晶制得。

5. 氢氧化锆　Zirconium Hydroxide

别名　偏锆酸
化学式　$Zr(OH)_4$
相对分子质量　159.25
性质　为白色重质无定形粉末。相对密度3.25。加热至550℃分解成氧化锆。不溶于水、碱液，溶于稀无机酸。
质量规格

产品性状	指标(化学纯)	产品性状	指标(化学纯)
氢氧化锆(以ZrO_2计),%	≥76.0	二氧化钛(TiO_2),%	≤0.005
硫酸不溶物,%	≤0.05	氧化钙(CaO),%	≤0.04
氯化物(以Cl^-计),%	≤0.01	铁(Fe),%	≤0.005

用途　用于制造含锆催化剂、锆化合物及锆盐等，也用于制药、橡胶等工业。也用作颜料除臭剂、分析试剂。

简要制法　可由碱加入可溶性锆盐溶液制得。

6. 硫酸锆　Zirconium Sulfate

化学式　$Zr(SO_4)_2 \cdot 4H_2O$

相对分子质量 355.41

性质 为无色或白色正交晶系结晶或粉末。相对密度(16℃)4.22。易溶于水，不溶于乙醇及烃类溶剂，水溶液呈酸性，溶解度随温度升高而增加，溶于水时放热。水溶液久置时产生沉淀。化学性质较活泼。随溶液的浓度下降及pH值增高，可形成碱式硫酸盐。在碱性条件下产生白色沉淀。135～150℃时失去3个分子结晶水，成为一水盐。380℃时失去全部结晶水而成无水物。

质量规格

产品性状	指标（化学纯）	产品性状	指标（化学纯）
硫酸锆$[Zr(SO_4)_2 \cdot 4H_2O]$,%	≥98.0	钛(Ti)	合格
氯化物(以Cl^-计),%	≤0.002	水溶解试验	合格

用途 用作有机合成催化剂，也用作鞣革剂、润滑剂、鱼油脱臭剂。也用于制造其他锆化合物、颜料等，以及制造催化剂载体。

简要制法 可由二氧化锆与浓硫酸反应制得。

7. 磷酸锆 Zirconium Phosphate

化学式 $ZrO(H_2PO_4)_2$

相对分子质量 301.20

性质 为白色无定形粉末。加热分解生成ZrP_2O_7及H_2O。不溶于水及有机溶剂，溶于酸，在碱性溶液中极易水解。磷酸锆是一种路易斯酸。磷酸锆在500℃左右焙烧时，可获得较高的酸度和比表面积，催化活性也较高。随着焙烧温度升高，酸度及比表面积均下降。有较强的离子交换能力。

用途 用作环氧乙烷高聚反应、乙烯高聚反应等的催化剂，也用作阳离子型净化剂、凝结剂及放射性磷的载体等。

简要制法 可由氯氧化锆与磷酸反应制得。制法不同可制得不同结构的产品。

8. 硝酸氧锆 Zirconium Oxynitrate

别名 硝酸锆酰

八、过渡元素及其化合物

化学式 $ZiO(NO_3)_2 \cdot 2H_2O$

相对分子质量 267.27

性质 为白色结晶或粉末。有强酸味。易潮解,易溶于水,溶于乙醇、稀酸。水溶液呈酸性,有氧化性。化学性质与 $ZrOCl_2$ 相似,可形成共晶。常温时稳定,加热时逐渐分解。300℃时生成 ZrO_2。

质量规格

产品性状	指标（化学纯）	产品性状	指标（化学纯）
硝酸氧锆(以 ZrO_2 计),%	≥45.0	铁(Fe),%	≤0.02
水不溶物,%	≤0.01	铝(Al)	合格
氯化物(Cl^-),%	≤0.002	钍(Th)	合格
硫酸盐(SO_4^{2-}),%	≤0.1	钛(Ti)	合格
碱和碱土金属,%	≤0.2	铈(Ce)	合格
重金属(以 Pb 计),%	≤0.001	澄清度试验	合格

用途 用作有机合成催化剂、发光剂,也用于制造含锆催化剂及用于检测钾和氟化物。

简要制法 可由 $Zr(OH)_4$ 与 HNO_3 反应制得。

9. 碱式碳酸锆　Basic Zirconium Carbonate

化学式 $Zr_2(CO_3) \cdot nH_2O$

性质 为白色粉状固体。极易溶于无机酸,易溶于有机酸形成相应的有机酸锆,溶于碳酸铵溶液,不溶于水及有机溶剂。遇高温分解成氧化锆。受热易分解,不宜长期贮存。

质量规格

产品性状	指标	产品性状	指标
碱式碳酸锆(以 ZrO_2 计),%	≥40	铁(Fe),10^{-6}	≤1

用途 用作有机合成催化剂,也用于生产汽车尾气净化催化剂、锆盐、超细二氧化锆、结构陶瓷及功能陶瓷、光贮存材料、涂料,以及用于皮革、造纸、化妆品等领域。

简要制法 先由氯氧化锆溶液和硫酸盐溶液反应生成碱式硫酸锆,再用碱转化成碱式碳酸锆。

10. 四丁氧基锆　Zirconium Butylate

化学式　$C_{16}H_{36}O_4Zr$
相对分子质量　383.68
结构式　$Zr(OC_4H_9)_4$
性质　为白色固体。溶于水并发生水解。能与醇、酸、β-二酮反应,生成被 OR 基全部或部分取代的化合物。
用途　用作缩聚及酯化反应催化剂,也用作橡胶交联剂。
简要制法　由四氯化锆与丁醇反应制得。

(十一) 铌及其化合物

1. 金属铌　Metallic Niobium

元素符号　Nb
相对原子质量　92.90
性质　为钢灰色金属。质硬而有延性。相对密度8.57,熔点2468℃,沸点4924℃。化合价+2、+3、+4、+5价。常见为+5价,低价化合物不稳定。不溶于一般无机酸,甚至不溶于王水,溶于热硫酸及氢氟酸。化学性质与钽相似,但耐腐蚀性略逊于钽。在碱性溶液中缓慢氧化。常温下在空气中稳定,200℃开始氧化,生成致密的氧化物薄膜。加热时与氧、氯等反应分别生成 Nb_2O_5 及 $NbCl_5$ 等,与氮、碳等反应分别生成氮化铌及碳化铌等。也可与许多过渡金属形成多种合金。铌是亲氧元素,自然界中无单质存在,常与钽共存于铌铁矿及钽铁矿等矿物中。我国铌的储量居世界第二位。铌的化合物主要是铌的非金属化合物、含氧酸及无氧酸盐,常见的有五氧化二铌、五氟化铌、五溴化铌、氟铌酸、五氯化铌及碳化铌等。
用途　用于制造含铌催化剂、铌化合物、超导合金、高温合金、电子管材料、电容器陶瓷等。铌的硫化物、氧化物可用作加氢、裂化等反应的催化剂,也可用作助催化剂及载体。也用作真空消气剂。

简要制法 用钠还原氟铌酸钾(K_2NbF_7)制得,或用钙、铝或氢还原 Nb_2O_5 制得。

2. 五氧化二铌 Niobium Pentoxide

别名 铌酐、氧化铌
化学式 Nb_2O_5
相对分子质量 265.81

性质 为白色斜方晶系结晶或粉末。相对密度4.47,熔点1480~1490℃。受热时变黄,冷却后又恢复白色。不溶于水及一般无机酸,溶于氢氟酸及强碱溶液。与碱金属的酸式硫酸盐、碳酸盐和氢氧化物共熔时生成铌酸盐。五氧化二铌加热至400℃以上时会生成 $\alpha\text{-}Nb_2O_5$、$\beta\text{-}Nb_2O_5$、$\gamma\text{-}Nb_2O_5$ 及 $\sigma\text{-}Nb_2O_5$ 等多种晶相。$\alpha\text{-}Nb_2O_5$ 为无定形,500~500℃时转变为 $\gamma\text{-}Nb_2O_5$,1000℃时转变为 $\beta\text{-}Nb_2O_5$,高于1100℃时则变为 $\sigma\text{-}Nb_2O_5$。五氧化二铌有感光性,与有机物共存时曝光后还原。

质量规格

产品性状	指标		
	一级	二级	三级
五氧化二铌(工业用),%	≥98.5	≥95.0	—
五氧化二铌(单晶用),%	≥99.99	≥99.95	≥99.5
五氧化二铌(玻璃用),%	≥99.95	≥99.9	≥99.5

用途 用于制造含铌催化剂、铌酸盐、铌合金、特种光学玻璃、电容器及耐火材料等。

简要制法 先将金属铌或粗五氧化二铌用硝酸和氢氟酸混合液溶解生成氟铌酸,再经灼烧制得。

3. 五氧化二铌溶胶 Niobium Pentoxide Sol

别名 胶态五氧化二铌、五氧化二铌水合物
化学式 $Nb_2O_5 \cdot nH_2O$

性质 Nb_2O_5 含量为10%。外观为蓝白色溶胶状液体。无臭、无味、无毒。相对密度1.09,pH值为4。可与其他金属氧化物溶胶混合,并可控

制固体酸性质,提高其耐热性。

质量规格

产品性状	指标	产品性状	指标
五氧化二铌(Nb_2O_5),%	10.0	草酸($H_2C_2O_4$),%	1.0
平均粒径,μm	<5	pH值	4.0

用途 用于制造含铌催化剂、光电材料、湿度敏感元件及功能陶瓷等。

安全事项 无毒!

简要制法 先在氢氧化铌的水分散液中加入盐酸、双氧水,制成Nb_2O_5水合物溶液,再加入草酸稳定剂制成溶胶,然后用氨水调节其pH值可得。

4. 五氯化铌　Niobium Pentachloride

化学式 $NbCl_5$

相对分子质量 270.17

性质 为黄色单斜晶系结晶。易潮解。晶格常数$a=1.83nm$,$b=1.796nm$,$c=0.588nm$,$\beta=90.6°$。相对密度2.78,熔点204.7℃,沸点254℃。溶于水并分解,也溶于浓盐酸、硫酸。将水溶液稀释时生成水合五氧化二铌($Nb_2O_5 \cdot nH_2O$)。可溶于无水乙醇、甲醇、氯仿、四氯化碳及乙醚等溶剂。五氯化铌加热至183℃时变为黄色,熔融时为橙红色。加热至1800℃时分解成金属Nb及Cl_2,和碱金属氯化物反应生成$MNbCl_6$(M为碱金属),易和$(C_2H_5)_2O$、$(C_2H_5)_2S$、CH_3CN、$POCl_3$等形成加合物。

质量规格

产品性状	指标
五氯化铌($NbCl_5$),%	≥99.9

用途 用于制造含铌催化剂、铌盐、金属铌等。

简要制法 可由金属铌与氯气在高温下直接反应制得,或用Nb_2O_5和氯气在高温下及碳存在下反应而得。

5. 三氯氧铌　Niobium Oxytrichloride

化学式　$NbOCl_3$

相对分子质量　215.26

性质　为白色四方晶系结晶。相对密度3.72。加热至335℃时易分解成 $NbCl_5$ 及 Nb_2O_5。约400℃时升华。不溶于冷盐酸，稍溶于热盐酸、硫酸、乙醇。遇水会水解成白色水合五氧化二铌的胶状沉淀。与金属氯化物、吡啶、喹啉等能形成配合物。

用途　用于制造含铌催化剂及铌化合物，也用于制造功能陶瓷。

简要制法　由 Nb_2O_5 在四氯化碳气流中加热至400℃反应制得，或在400~700℃下由 Nb_2O_5 与盐酸反应制得，也可在300℃下由 $NbCl_5$ 蒸气与 O_2、N_2 混合气反应而得。

(十二) 钼及其化合物

1. 金属钼　Metallic Molybdenum

元素符号　Mo

相对原子质量　95.94

性质　为银白色金属或黑色粉末。体心立方晶格。质地硬而坚韧。抗腐蚀性极强。相对密度10.28，熔点2617℃，沸点4612~4825℃，化合价+2、+3、+4、+5、+6价。常温下对氧、空气及水稳定。不溶于氢氟酸、氨水，微溶于盐酸，溶于浓热的硝酸、硫酸及王水。与硝酸反应时很快发生钝化。对碱稳定，与碱液无明显反应，除非在碱液中加入氧化剂（如氯酸钾）。常温时能与氟反应。500℃时与氧反应生成三氧化钼。钼单质能快速吸附 H_2、N_2、O_2、CH_4、C_2H_4、CO、CO_2 及 C_2H_2 等气体，属化学吸附。而覆盖率与温度密切相关。例如，在225K 和320K 两种温度下氢会在钼上形成两种吸附层，而在700~900K 时，吸附层几乎完全消失。在吸附层中含有离解的 H 原子，Mo 原子与 H 原子的比例是1:2。这种吸附原子容量迁移，通入氮气即可产生直接置换。钼是亲氧元素，又是亲硫元素，自然界中无单质存在，而是以化合物形式存在于含硫或含硫的辉钼矿、钼铅矿与钼华中。

质量规格

产品性状	指标（分析纯）	产品性状	指标（分析纯）
外观	粉状	碱及碱土金属,%	≤0.1
钼(Mo),%	≥99.0	铁(Fe),%	≤0.002
水不溶物,%	≤0.2	硝酸、盐酸溶解试验	合格
重金属(以 Pb 计),%	≤0.005		

用途 钼及其化合物广泛用于石油化工的加氢精制、加氢裂化、异构化、烃类脱氢及脱氢环化、气相氧化及加氢脱硫等反应的催化剂及助催化剂，也用于制造耐热材料、特种钢、热电偶、灯丝、电阻、发热元件、刀具及颜料等。

简要制法 先将辉钼矿石煅烧生成三氧化钼，再用氢气还原制得。

2. 二氧化钼　Molybdenum Dioxide

化学式　MoO_2

相对分子质量　127.93

性质　为紫棕色或铅灰色有光泽的结晶或粉末。有金红石型结构。晶格常数 $a = 0.56109nm$，$b = 0.48562nm$，$c = 0.56285nm$。相对密度 6.47，熔点 1100℃（分解）。不溶于水、盐酸、氢氟酸及碱，微溶于热浓硫酸。能被硝酸氧化为三氧化钼，亦能被氨性银盐溶液氧化并析出银。在高温下能被空气氧化生成三氧化钼。在氢气中加热至500℃变为金属钼。与氯气反应生成二氯二氧化钼(MoO_2Cl_2)。在惰性气体中加热至1777℃即歧化为三氧化钼蒸气和金属钼。

质量规格

产品性状	指标
二氧化钼(MoO_2)含量,%	≥99.0

用途　用作加氢、脱氢、加氢脱硫及氧化等有机合成催化剂。在 300~470℃ 下用氢还原 MoO_3，即经 Mo_2O_5 而变成 MoO_2。负载于载体后，

二氧化钼与三氧化钼的催化活性会有所不同。二氧化钼也用于制造合金钢、颜料等。

简要制法　可将红热的钼粉通入水蒸气制得，也可由三氧化钼与二硫化钼在高温下反应而得。

3. 三氧化钼　Molybdenum Trioxide

别名　钼酸酐、钼酐、无水钼酸

化学式　MoO_3

相对分子质量　143.94

性质　常温时为白色粉末，状如滑石粉，有层状晶格，受热变成黄色。相对密度4.692，熔点795℃，沸点1155℃。在空气中熔融时，部分挥发成白色蒸气，升华为白色小片。高温时或用氢还原时会变成MoO_2，在硫化氢中变成MoS_2。极微溶于水，溶于浓硝酸、浓盐酸，易溶于过量碱而成为钼酸盐。

质量规格

产品性状	指标	产品性状	指标
三氧化钼(以干基计),%	≥99.5	硫(S),%	≤0.01
倍半氧化物,%	≤0.03	砷(As),%	≤0.005
镍(Ni),%	≤0.005	氯化残渣,%	≤0.03
磷(P),%	≤0.002		

用途　用作加氢精制、加氢裂化、加氢脱硫、芳香族硝基加氢、醇类脱水、甲苯氧化、甲醇氧化等反应的催化剂及助催化剂。与碱溶液和许多金属氧化物反应生成的钼酸盐常作为催化剂和催化剂前体。也用作添加型塑料阻燃剂。用于制造医药、颜料及钼化合物等。

安全事项　有毒！吸入粉尘易引起钼中毒，引发关节病。

简要制法　由辉钼精矿粉煅烧或由硫化钼经焙烧制得。

4. 二硫化钼　Molybdenum Disulfide

化学式　MoS_2

相对分子质量　160.06

性质 为有金属光泽的灰黑色粉末。六方晶系或斜方晶系结晶。相对密度(14℃)4.80,熔点1185℃。高于1300℃时分解。不溶于水、稀酸及有机溶剂。可与热硫酸、热硝酸及王水反应。能被浓盐酸、纯氧、氟及氯侵蚀。在其他酸、碱、石油及合成润滑剂中不溶解。有半导体和光电转化性质,并有反磁性。构型与石墨相似,为六方晶系的片状结晶叠合在一起。摩擦系数小,容易沿水平方向滑动而分层。化学性质稳定,是钼的硫化物中最稳定的。在常态下,于400℃开始氧化,540℃急剧氧化成三氧化钼,在惰性气体中于450℃时升华。在强氧化剂作用下也可转化成三氧化钼。在空气中加热至350℃以上时,因发生分解而失去润滑性。

质量规格

产品性状	指 标		
	一级品	二级品	三级品
二硫化钼(MoS_2),%	≥99.5	≥98.0	≥97.0
三氧化钼(MoO_3),%	≤0.4	≤0.5	—
铁(Fe),%	≤0.3	≤0.4	—
二氧化硅(SiO_2),%	≤0.2	≤0.3	—
酸值(以 KOH mg/g 计)	≤4.0	≤4.0	—
水分,%	≤0.5	≤0.5	≤0.5
平均粒径,μm	≤1.0	≤1.5	≤2.0

用途 用作链烯烃加氢、苯加氢、加氢脱硫及异构化等有机合成反应的催化剂或助催化剂,尤用于含有硫化物的石油馏分的加氢处理,并常使用$\gamma\text{-}Al_2O_3$为催化剂载体。也大量用作汽车及机械设备的固体润滑剂,以及有色金属脱模剂、半导体材料等。

简要制法 可将辉钼精矿石用盐酸、氢氟酸处理而得,或由三硫化钼热分解制得。

5. 三硫化钼 Molybdenum Trisulfide

化学式 MoS_3

相对分子质量 192.12

性质 为深棕色粉末状结晶。不溶于水、稀盐酸、稀硫酸,溶于氨水、硫化铵、碱金属硫化物的水溶液、氢氧化钾溶液及王水。与硫化铵生成硫代钼酸铵[$(NH_4)_2MoS_4$]，酸化时重新析出三硫化钼。隔绝空气加热分解为二硫化钼和硫。在空气中加热生成三氧化钼和二氧化硫。与硫化氢共存时，在450℃下用氢还原生成 MoS_2。

用途 用作加氢、脱氢、加氢脱硫及异构化等有机合成反应的催化剂及助催化剂，用于提纯钨酸钠。

简要制法 可在酸性钼酸盐溶液中通入硫化氢而制得，也可由 MoO_3 与硫化氢在400℃高温下反应而得。

6. 五氯化钼　Molybdenum Pentachloride

化学式 $MoCl_5$

相对分子质量 273.20

性质 为绿黑色至灰黑色针状结晶。易吸湿，与湿空气接触变为氯氧化钼。相对密度(25℃)2.928，熔点194℃，沸点268℃，1300℃分解。溶于浓无机酸、氨水、无水乙醇、无水乙醚及其他有机溶剂。遇水放出大量热并水解为氯氧化钼($MoOCl_3$)。固态或液态均不导电。

用途 用作链烯烃聚合、氯化等有机合成反应的催化剂，也用于制造含钼催化剂，以及用于钼的气相沉积及制造高纯钼、有机金属钼化合物等。

简要制法 可由金属钼粉于氯气流中加热制得。或由四氯化碳与三氧化钼反应而得。

7. 三溴化钼　Molybdenum Tribromide

化学式 $MoBr_3$

相对分子质量 335.65

性质 为绿色六方晶系结晶。相对密度4.89，熔点977℃(分解)。不溶于水，溶于氢溴酸、盐酸。

用途 用作加氢、脱氢、氧化等有机合成催化剂，也用于制造钼化合物。

8. 钼酸　Molybdic Acid

化学式 $H_2MoO_4 \cdot H_2O$ 或 $MoO_3 \cdot 2H_2O$

相对分子质量 179.97

性质 为白色或略带黄色单斜晶系柱状结晶或粉末。工业品一般含有少量钼酸铵。相对密度(14℃)3.124。在硫酸中干燥或加热至65~70℃时失去结晶水成为无水物(H_2MoO_4)。灼烧变成三氧化钼。稍溶于水(24℃,0.26g/100mL水)或强酸,溶于碱溶液、氨水、碱金属碳酸盐溶液及过氧化氢溶液。在碱溶液及氨水中以钼酸盐形式存在。在强酸溶液中以钼酰基形式存在。溶液中的$(MoO_4)^{2-}$离子在酸度增加时易生成重钼酸根离子$(Mo_2O_7^{2-})_n$和同多酸根离子,如$(Mo_7O_{24})^{6-}$、$(Mo_8O_{26})^{4-}$、$(Mo_{36}O_{112})^{8-}$等。常温下稳定,用硫化氢、二氧化硫及锌等还原剂处理钼酸的悬浮液可制得深蓝色的钼蓝。

质量规格

产品性状	指 标
钼酸(以MoO_3计),%	85~90

用途 用于制造含钼催化剂、钼盐、三氧化钼、钼粉、陶瓷釉料、蓝色颜料、涂料、药物等。

简要制法 先将辉钼矿砂氧化焙烧后用氨水浸取得到钼酸铵,再用硝酸酸化制得。

9. 钼酸钠 Sodium Molybdate

化学式 $Na_2MoO_4 \cdot 2H_2O$

相对分子质量 241.96

性质 为白色结晶性粉末。有α、β、γ、δ四种晶型,各种晶型转化温度: $\alpha \xrightleftharpoons{619℃} \beta \xrightleftharpoons{587℃} \gamma \xrightleftharpoons{431℃} \delta$。100℃或长时间加热时失去全部结晶水成无水物($Na_2MoO_4$)。无水物相对密度(18℃)3.28,熔点687℃。溶于水,水溶液呈碱性。不溶于丙酮。是一种弱氧化剂,在有氧和无氧环境下均有良好的缓蚀作用。

质量规格

产品性状	指 标	
	一级品	二级品
钼酸钠($Na_2MoO_4 \cdot 2H_2O$),%	≥99.0	≥98.0

用途 用作加氢、脱氢等有机合成反应的催化剂,也用作水处理缓蚀剂、饲料添加剂。也用于制造含钼催化剂,以及用于制造磷钼酸、磷钼酸钠、颜料及染料等。

简要制法 先将钼精矿砂氧化焙烧生成三氧化钼,再经碱液浸取而得。

10. 钼酸铵 Ammonium Molybdate

别名 仲钼酸铵、七钼酸铵

化学式 $(NH_4)_6Mo_7O_{24} \cdot 4H_2O$

性质 为无色至浅黄绿色单斜晶系柱状结晶。相对密度2.498。90℃时失去一个分子结晶水,190℃分解为三氧化钼、氨及水。溶于水、酸及碱。在热水中分解。浓度5%水溶液的pH值5.0~5.6。钼酸铵溶于硝酸的溶液亦称为钼液。在空气中会风化,并放出一部分氨。遇氢或湿气会被还原,并被分解为金属钼。钼酸铵的无水物$(NH_4)_2MoO_4$,亦称正钼酸铵,只存在于含过量氨的溶液中。在结晶和干燥过程中易失去氨,而使产品中含有过量的钼酸。

质量规格

产品性状	指标	产品性状	指标
钼酸铵(以MoO_3计),%	≥84.0	磷(P),%	≤0.002
倍半氧化物($Fe_2O_3 + Al_2O_3$),%	≤0.02	砷(As),%	≤0.005
氧化铁(Fe_2O_3),%	≤0.01	碱土金属(MgO+CaO),%	≤0.008
正硅酸(SiO_2),%	≤0.03	氯化物残渣,%	≤0.15
铜(Cu),%	≤0.001	碱金属(NaCl),%	≤0.10
硫(S),%	≤0.05		

用途 用于制造加氢、脱氢、加氢脱硫、异构化及氧化等有机合成及石油化工用催化剂、助催化剂,也用于制造钼、钼化合物、陶瓷釉料、颜料等。

安全事项 有毒!

简要制法 先将钼精矿砂氧化焙烧制得三氧化钼,再与氨水反应而得。或由钼酸溶液与氢氧化铵反应制得。将废钼催化剂经600℃焙烧除去积炭和硫及有机物,再用碱液浸取除去Si、V等其他组分,于pH值2~2.5之间沉钼也可制得钼酸铵。

11. 杂多酸 Heteropoly Acid

性质 为由两种或两种以上无机含氧酸缩合而成的复杂多元酸的总称，如 $H_3[PMo_{12}O_{40}]$、$H_3[PW_{12}O_{40}]$、$H_4[PMo_{11}VO_{40}]$ 等。其相对分子质量可高达 4000，也可以看作是一种特殊的多核配位化合物。杂多酸盐是金属离子或有机胺类化合物取代杂多酸分子中的氢离子所生成的盐。而杂多酸化合物则是指杂多酸及其盐类。在杂多酸化合物中，其中心原子（或称杂原子，如 P、Si、Fe、Co 等）所形成的四面体和配位原子（或称多酸原子，如 Mo、W、V、Nb、Ta 等）所形成的八面体通过氧原子配位桥链组成具有笼形结构的大分子。它是一种十分稳定的对称型结构体。固态杂多酸化合物由杂多阴离子、阳离子（质子、金属离子或𨱏离子）以及结晶水或其他分子组成。目前研究及应用得最多的杂多酸为钼系和钨系两大类。其通式可表示为 $H_mXY_{12}O_{40} \cdot nH_2O$，式中 $m=3、4、5$，X 为中心原子，Y 为多酸原子（Mo、V 等），n 为结合水分子的个数。通常把杂多酸阴离子的结构称为一级结构，把固态杂多酸的三维结构称为二级结构。在体相中，杂多酸的大阴离子之间具有一定的空隙度，水分子、含氧有机化合物、氨及吡啶等分子都可自由地进出，从而可极大地增加反应物在杂多酸（盐）结构体相内的接触面积。杂多酸（盐）的比表面积一般不大（仅为 $8\sim9m^2/g$），但催化活性的实际反应表明可达到 $450\sim1200m^2/g$，与分子筛的比表面积相当。这是由于杂多酸（盐）表层上反应产生的活性变化，可迅速扩展到结构体相内部，有效地降低反应活化能，提高反应能力。由于表面层结构与体相结构差别很小，已具有所谓"准液相"特性。杂多酸（盐）大都易溶于水及一般有机溶剂。通常也会有大量结晶水。杂多酸是强酸，其酸性总比其组成元素相同氧化态的简单酸的酸性要强。一些杂多酸化合物（尤其是 Mo 系）是强氧化剂，并易变成更稳定的还原态。杂多酸及其盐类作催化剂的催化作用基础是其酸和氧化还原性。固体杂多酸是很强的 B 酸，而它们的盐既有 B 酸中心又具 L 酸中心，它既可作多相催化剂，又可作均相催化剂。

用途 杂多酸或杂多酸盐是一种多功能催化新材料，主要用作有机合成催化剂。其中，最重要者为 Keggin 结构 [由 12 个 MO_6（M = Mo、W）八面体围绕一个 PO_4 四面体构成] 的钼和钨的杂多酸（盐）。它们有很高的催化活性，并具有酸性及氧化还原性。稳定性好，可用于均相或多相反应，甚至可作相转移催化剂。如用作二甲苯异构化、羧酸分解、芳烃烷基化和脱烷基反应、酯化反应、脱水/化合反应、氧化还原反应及开环、缩合、加成、醚化等反应的催化剂。杂多酸组成简单、结构明确，一些催化性能可在杂多阴离子的分子水平上表征。所以，杂多酸（盐）既可用于多相催化剂基础研究，也可用于实际工艺中的催化剂设计。杂多酸可固载于活性炭、硅藻土、氧化铝、硅胶等多孔载体材料上，不仅能在液相氧化和酸催化中把催化剂从反应中分离出来，也为这类均相催化反应的多相化采用催化蒸馏工艺创造条件。此外，杂多酸也用于放射性废物处理、吸附与分离，以及用于制造药物、离子交换剂、阻燃剂、导电聚合物等。

简要制法 通常，杂多酸在溶液中通过加热及酸化制得，当中心原子是非过渡元素时，先将可溶性钼酸盐或钨酸盐与含中心原子的可溶性盐一起溶于水，再经酸化到适宜 pH 值即可制得所需的杂多酸；当中心原子是过渡金属时，可将该金属的简单盐与热的钼酸盐（或钨酸盐）在适宜的 pH 值下混合后即可制得。当中心原子要求最高氧化态时，可加入过氧化物、过硫酸盐使其氧化制得。负载型杂多酸可以克服杂多酸比表面积小、分离回收困难等缺点，提高其催化活性及降低催化剂使用成本。杂多酸的固载化一般采用浸渍法。即将活性炭、硅胶、二氧化钛等载体浸于杂多酸溶液中加热回流一段时间，再经过滤、洗涤、干燥及活化即可制得负载型杂多酸。

12. 磷钼酸　Phosphomolybdic Acid

别名　十二磷钼酸

化学式　$H_3PO_4 \cdot 12MoO_3 \cdot 30H_2O$ 或 $H_3PO_4 \cdot 12MoO_3$

相对分子质量　2365.71 或 1825.25

性质　为黄色至橘黄色菱形结晶或结晶粉末。相对密度（无水物）3.15、2.53（水合物）。熔点 70~80℃。溶于酸、乙醇、乙醚。是一种杂多酸，其酸性比原酸强，只能存在于酸性或中性溶液中，在碱性溶液中常分解为原酸离子。

质量规格

产品性状	指标	产品性状	指标
磷钼酸，%	≥95.0	铁（Fe），%	≤0.003
氯（Cl^-），%	≤0.002	重金属（以 Fe 计），%	≤0.004

用途　用作甲烷氧化制甲醛、丙烯氧化制丙烯醛、丙烯水合制异丙醇

等有机合成反应的催化剂,也用作丝及皮革的加重剂、缓蚀剂。也用于制造有机颜料等。

简要制法 可由三氧化钼的水分散液与95%的磷酸经加热反应制得。

13. 磷钼酸铵　Ammonium Phosphomolybdate

化学式 $(NH_4)_3PO_4 \cdot 12MoO_3$

相对分子质量 1876.49

性质 为黄色重质结晶性粉末,是一种半径较大的阳离子(NH_4^+)所形成的杂多酸盐,酸强度高。几乎不溶于水、硝酸,溶于碱溶液。

质量规格

产品性状	指标（化学纯）	产品性状	指标（化学纯）
磷钼酸铵(以 MoO_3 计),%	≥96.5	重金属(以 Pb 计),%	≤0.005
氯化物(以 Cl^- 计),%	≤0.01	硝酸盐(以 NO_3^- 计),%	合格
硫酸盐(以 SO_4^{2-} 计),%	≤0.01		

用途 用作固体酸催化剂,用于脱水、水合、酯化等有机合成反应,也用作测定生物碱的试剂及阴离子交换剂。

(十三) 钌及其化合物

1. 金属钌　Metallic Ruthenium

元素符号 Ru

相对原子质量 101.07

性质 为银灰色金属。质硬而脆。相对密度12.41,熔点2310℃,沸点3900~4200℃,是铂系金属中最稀少的一种。耐腐蚀性极强。化学性质不活泼,在100℃以下难溶于王水、硫酸、氢氟酸及磷酸。常温下与氯水、溴水等不发生作用。在100℃时与氰化钾、氯化汞等的水溶液有较强反应。可被熔融碱液氧化。化合价有+2、+3、+4、+5、+6、+7、+8价。钌在空气中加热至450℃时生成二氧化钌。钌粉与过氧化钠、硝酸钾、氯酸钾、氢氧化钾共熔,生成暗绿色水溶性钌酸盐。将其溶于水后呈橘红色。钌对氢、乙烯、乙炔等气体均有吸附作用。钌因具有高电子转移性、低的氧化还原势、活泼金属物种的稳定性等特性,使其在催化多种反应中有很大作为。

用途 钌及其化合物常用作加氢、氧化、异构化及重整等反应的催化剂。钌对在氨合成反应、费—托合成及芳烃、醛、酮等的加氢反应有良好活性及选择性。在液相加氢反应中,水的存在能显著促进反应。还用于制造耐磨合金、耐腐蚀合金、金属阳极涂层,以及在宝石业中用作铂的硬化剂。此外,经太阳光辐射的钌处于高能状态,能分解水而放出氢。

简要制法 可由王水处理后的铂矿残渣经熔炼加工精制而得。

2. 二氧化钌 Ruthenium Dioxide

化学式 RuO_2

相对分子质量 133.07

性质 为暗蓝色四方晶系结晶,含结晶水时呈黑色。相对密度6.97。不溶于水、酸。溶于熔融碱。在空气中稳定,强热下分解为 Ru 和 O_2。无挥发性,与氢或其他还原剂一起加热时容易还原为金属钌。

质量规格

产品性状	指 标
二氧化钌含量,%	≥99.0

用途 用作一氧化碳高压加氢制烷烃,以及乙炔、丙二烯、丁二烯等加氢反应的催化剂,也用作电极材料。

简要制法 可由钌粉或三氯化钌在氧气中加热至1000℃而得,或用氢还原四氧化钌而得。用作催化剂的二氧化钌需先将钌酸盐进行酸化处理,再对所得沉淀物进行过氧化氢处理,然后经灼烧制得,也可由氯化钌与硝酸钠加热熔融而得。

3. 四氧化钌 Ruthenium Tetroxide

化学式 RuO_4

相对分子质量 165.07

性质 为黄色单斜晶系棱柱状结晶。相对密度3.29,熔点25.5℃,沸点40℃。常温下呈介稳状态,加热至108℃会发生爆炸性分解,生成二氧化钌及氧气。微溶于水,易溶于四氯化碳。为强氧化剂,遇乙醇、乙醚等有机物即发生爆炸性反应而被还原为二氧化钌。易挥发,可据此与其他铂系元素分离(锇除外)。可和HCl反应生成较低价的钌化合物,和碱反应生成$[RuO_4]^{2-}$,和NH_3、PF_3等给电子分子反应可生成易潮解的加合物。其蒸气具有类似于臭氧的刺激性气味。

用途 用作烃类加氢催化剂,也用于制造含钌催化剂。其四氯化碳溶液可用于有机化学的特殊氧化反应中。

安全事项 易爆且有毒。

简要制法 可在钌酸钾溶液中通入氯气制得。或由金属钌和Na_2O_2共熔后将熔体溶于水,再用氯气处理而得。

4. 三氯化钌 Ruthenium Trichloride

化学式 $RuCl_3$

相对分子质量 207.43

性质 含3个或7个分子结晶水。有α型及β型两种变体。α-$RuCl_3$为黑色固体,不溶于水、乙醇;β-$RuCl_3$为深棕色六方晶系结晶,相对密度3.11,高于500℃分解,不溶于水,溶于乙醇、盐酸。β-$RuCl_3$在氯气中加热至700℃转变为α-$RuCl_3$,α-$RuCl_3$向β-$RuCl_3$转变的温度为450℃。三氯化钌在水溶液中和KI反应生成RuI_3沉淀,和碱反应生成$Ru(OH)_3$,在1000℃下和氧气反应生成RuO_2。无水三氯化钌难溶于水。在商品三氯化钌中加入少量盐酸并加热,则易溶于水中。$RuCl_3 \cdot 3H_2O$为红色晶体。水合$RuCl_3$与羧酸反应可生成配合物。

用途 用作加氢、异构化、聚合等有机合成反应的催化剂。也用于制备多相及均相钌催化剂的常用原料。还用于检验亚硫酸盐、测定钌化合物原子价等。

简要制法 由氯气和一氧化碳的混合物(3:1)在330℃时与海绵钌反应可制得β-$RuCl_3$。在氯化氢气流中加热蒸发四氧化钌的盐酸溶液可制得三氯化钌的三水合物($RuCl_3,3H_2O$)。

5. 氢氧化钌 Ruthenium Hydroxide

化学式 $Ru(OH)_3$ 或 $Ru_2O_3 \cdot 3H_2O$

相对分子质量 152.01

性质 为黑色固体。不溶于水，溶于酸及铵盐溶液。易被强氧化剂氧化，也易被氢还原。

用途 用作加氢催化剂，对芳烃加氢有很高的催化活性，也用于制造含钌催化剂。

简要制法 先用盐酸将三氯化钌水溶液稍加酸化，再加热至 85～90℃，在搅拌下加入浓度为 10% NaOH 溶液，然后将生成的黑色沉淀物洗涤、干燥，即可制得含钌约为 65% 的氢氧化钌催化剂。

6. 钌酸钾 Potassium Ruthenate

化学式 $K_2RuO_4 \cdot H_2O$

相对分子质量 261.29

性质 为带绿色光泽的四方晶系黑色晶体。易溶于冷水，水溶液呈橙色。在热水、乙醇中分解。在中性及酸性溶液中不稳定，易分解生成高钌酸钾及二氧化钌。在碱性溶液中有中等程度的稳定性。能被有机物还原，与 NH_3 反应生成 $RuO_2(NH_3)_2(OH)_2$。在其浓碱溶液中通入氯气可生成 $KRuO_4$。

用途 用作烃类加氢催化剂，也用于制造钌化合物。

简要制法 可由金属钌与氢氧化钾、硝酸钾一起熔融加热制得。

（十四）铑及其化合物

1. 金属铑 Metallic Rhodium

元素符号 Rh

相对原子质量 102.90

性质 为银白色金属。较软而有延展性。是铂系金属中产量少而又极贵重的金属。相对密度 12.43，熔点 1966℃，沸点 3627～3827℃。有 α、β 两种同素异形体，均为面心立方晶格。常温下共存，高于 1000℃ 时只存在

β型。化合价为+2、+3、+4、+6价，常见为+3、+4价。不溶于水和酸，在100℃的王水中也不溶解。溶于熔融硫酸氢钾。不与熔融的钾、钠反应，但可被铅溶解。200~600℃时与卤素、浓硫酸及氢溴酸反应。常温下在空气中保持金属光泽，加热时表面形成氧化膜。高温下形成有挥发性的二氧化铑，可使铑失重。600℃时生成Rh_2O_3，1000℃或更高温度氧化铑又分解。纯铑是极难腐蚀的金属。当需将铑制成可溶性盐时，有两种简便的制法：第一种是于100℃下将铑粉与氢溴酸在密封管中长时间加热；第二种是将氯化钠与铑粉混合在氯气流中加热至700℃，即变成水溶性的氯铑酸钠。高温加热时氯铑酸钠又分解为Rh_2O_3或Rh。铑对H_2、CO、CO_2、C_2H_2、C_2H_4、O_2等气体均有较强的吸附能力。在低于400℃时，铑对氢的吸附量随温度上升而减少；高于400℃时，吸附量则随温度升高而加大。铑对一氧化碳存在如下图所示的三种类型的吸附形式：

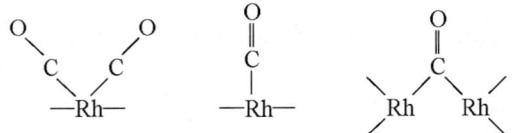

铑对乙烯产生离解吸附，吸附乙烯后立即产生乙烷。铑在自然界中虽然主要以单质形式存在，但却总与其他铂系金属共生在一起。它不是与其他金属化合在一起，而是以合金或混合物的形式存在。

质量规格　参见"铑粉"。

用途　铑对各种有机化合物，特别是芳烃化合物加氢有极高活性及选择性，故用于制造饱和烃加氢分解催化剂、甲醇羰基合成乙酸催化剂、丙烯羰基合成催化剂及机动车尾气催化净化催化剂等。也用作烯烃加氢和所有羰基化作用的优良催化剂金属。与许多膦配体形成的配合物可用作不对称氢化反应催化剂。在多相催化中，铑常与其他铂族金属一起应用。此外，在制造铂铑合金、电镀、热电偶、人造纤维喷头、测温仪表等方面有广泛应用。

简要制法　铑与铂矿共生。工业生产中铑可先用王水处理铂矿石残渣，再经熔炼加工精制而得。由于铑价格昂贵，含铑废渣是回收铑的重要来源。含铑废渣中铑的回收方法是：第一步，将含铑残渣加入PbO及熔剂进行熔炼；第二步，用硝酸溶解，Pt、Pd、Pb及Ag等进入溶液，而Rh、Ir、Os及Ru等仍留在渣中；第三步，用$KHSO_4$溶解铑，使其进入溶液；第四步，用亚硝酸铵处理溶液得到$(NH_4)_3Rh(NO_2)_6$，焙烧后即可制得粗铑。

采用一般贵金属催化剂的制造方法，可方便地制取负载在载体上的铑

八、过渡元素及其化合物

催化剂。如将铑盐的水溶液直接浸渍在氧化铝载体上,经400℃用氢气还原,即可制得 Rh/Al$_2$O$_3$ 催化剂;又如将氯化铑水溶液渗入石棉中,再用甲醛水溶液和氢氧化钠溶液还原,即可制得 Rh/石棉催化剂。

2. 铑粉 Rhodium Powder

别名 铑黑

元素符号 Rh

相对原子质量 102.90

性质 为细粉状的铑金属。相对密度12.43,熔点1966℃,沸点3627~3827℃。溶于王水、熔融的硫酸氢钾,不溶于水和酸。

质量规格

牌号		SM-Rh99.99	SM-Rh99.95	SM-Rh99.9
铑含量,%		≥99.99	≥99.95	≥99.9
杂质含量%	Pt	≤0.003	≤0.02	≤0.03
	Ru	≤0.003	≤0.02	≤0.04
	Ir	≤0.003	≤0.02	≤0.03
	Pd	≤0.001	≤0.01	≤0.02
	Au	≤0.001	≤0.02	≤0.03
	Ag	≤0.001	≤0.005	≤0.01
	Cu	≤0.001	≤0.005	≤0.01
	Fe	≤0.002	≤0.005	≤0.01
	Ni	≤0.001	≤0.005	≤0.01
	Al	≤0.003	≤0.005	≤0.01
	Pb	≤0.001	≤0.005	≤0.01
	Mn	≤0.002	≤0.005	≤0.01
	Mg	≤0.002	≤0.005	≤0.01
	Sn	≤0.001	≤0.005	≤0.01
	Si	≤0.003	≤0.005	≤0.01
	Zn	≤0.002	≤0.005	≤0.01
	Ca	—	—	—
杂质总量,%		≤0.01	≤0.05	≤0.1

注:① 本表中未规定的元素和挥发物的控制限及分析方法,由供需双方共同协商确定。

② Ca 为非必测元素。

③ 表中数据摘自 GB/T 1421—2004。

用途 参见"金属铑"条目。

简要制法 可由含铑废催化剂用氯化法或离子交换法回收铑。或由丁辛醇含铑残液回收铑。

3. 三氧化二铑　Rhodium Sesquioxide

别名 三氧化铑

化学式 Rh_2O_3

相对分子质量 253.81

性质 为灰色至灰黑色粉末。相对密度8.20。不溶于水、酸及碱。加热至1100~1150℃时分解。三氧化二铑存在五水合物($Rh_2O_3 \cdot 5H_2O$),为柠檬黄色沉淀物。不溶于冷水,溶于热水及酸。

用途 用作加氢、氧化等有机合成反应的催化剂。

简要制法 可由$RhCl_3 \cdot 3H_2O$与$NaHCO_3$反应生成黄色水合物($Rh_2O_3 \cdot 5H_2O$)沉淀,沉淀物经过滤、重结晶、干燥即制得$Rh_2O_3 \cdot 5H_2O$,再经300℃左右焙烧即可制得无水三氧化二铑。也可将$RhCl_3 \cdot 3H_2O$与硝酸钠充分混合,经460~480℃高温焙烧,洗除多余的硝酸钠,经干燥即可制得三氧化二铑。将制得的Rh_2O_3放入乙酸中,通入氢气则可还原成铑黑。

4. 三氯化铑　Rhodium Trichloride

化学式 $RhCl_3$

相对分子质量 209.26

性质 为红色结晶或粉末,其结构与$AlCl_3$相似。不溶于水、王水及酸。加热至440℃以上分解为铑及氯气。800℃升华。三氯化铑存在三水合物($RhCl_3 \cdot 3H_2O$),为红色晶体。易溶于水及乙醇。在干燥HCl气流中,将$RhCl_3 \cdot 3H_2O$加热至180℃,分解得到能溶于水的无水$RhCl_3$。高于180℃时三水合物分解得到不溶于水的无水$RhCl_3$。

用途 三氯化铑($RhCl_3 \cdot 3H_2O$)是最常见的铑化合物,用作制备其他含铑化合物及催化剂最重要的原料。其本身也用作加氢、氧化等有机合成反应的催化剂。

简要制法 先将铑粉与氯化钾按1:2(摩尔比)混合研细,并在氯气流中于550℃下加热60min,再用水浸泡红色产物,滤液中含$K_2[Rh(H_2O)Cl_5]$,然后加氢氧化钾使$Rh(OH)_3$沉淀析出,最后将沉淀物溶于盐酸中,经蒸发近干,就可制得 $RhCl_3 \cdot 3H_2O$ 晶体。无水 $RhCl_3$ 可由铑与氯气在 300℃下反应制得。

5. 胶体铑　Colloidal Rhodium

性质　为一种胶体大小的铑颗粒分散于分散介质中制得的胶体铑溶液。呈黑色,有良好的稳定性,放置数月也不产生沉淀。

用途　用作铑催化剂,也用于制备含铑催化剂。

简要制法　100mL 纯水中加入聚乙烯醇 2g,加热制成聚乙烯醇稀溶液。向其中加入 5mL 三氯化铑水溶液(含铑 50mg)。搅拌下滴入氢氧化钠溶液,三氯化铑即变成黄色氢氧化物。在水浴上加热后转变成黑色。放冷后通入氢气,即可制得黑色胶体铑。用乙酸中和保存时,放置数月其催化活性不下降。

6. 氢氧化铑　Rhodium Hydroxide

化学式　$Rh(OH)_3$、$Rh(OH)_4$

相对分子质量　153.89、170.94

性质　三氢氧化铑为黑色或黄色胶状物,微溶于盐酸,不溶于水;四氢氧化铑为绿色结晶,溶于盐酸,不溶于水。

用途　用于制造含铑催化剂及各种铑盐,也用作芳烃加氢催化剂。

简要制法　在加热的三氯化铑水溶液中,在搅拌下加入稍稍超过当量的氢氧化钠(或氢氧化锂)溶液。这时,过量的碱会将生成的氢氧化铑沉淀物重新溶解。当沉淀物完全生成而上部澄清液变为透明时,将沉淀物过滤、热水洗涤至 pH 值 7.8~8.0,再经常温下真空干燥,即可制得氢氧化铑。其中,铑含量约 57%。

7. 氯铑酸　Chlororhodic Acid

化学式　H_3RhCl_6

相对分子质量　318.65

性质　为红褐色结晶或无定形粉末。极易潮解。溶于水、乙醇,不溶于乙醚。

用途　用于制造含铑催化剂及铑盐,也用作化学试剂。

简要制法 可由铑粉与盐酸反应制得。

8. 氯铑酸钠 Sodium Chlororhodate

别名 氯化铑钠
化学式 Na_3RhCl_6
相对分子质量 384.86
性质 为紫红色结晶。溶于水。将水溶液中得到的含水盐在真空中用浓硫酸干燥，就转变成稳定的二水合物($Na_3RhCl_6 \cdot 2H_2O$)。在空气中加热至600℃时，缓慢转变成 Rh_2O_3，继续加热至1000℃或更高温度时，Rh_2O_3 会分解成 Rh 及 O_2。
用途 用于制造铑催化剂、氯铑酸铵及其他铑盐。
简要制法 将铑粉与过量氯化钠混合，在氯气流中加热至700℃，即可制得氯铑酸钠。

9. 氯铑酸铵 Ammonium Chlororhodate

别名 氯化铑铵
化学式 $(NH_4)_3 \cdot RhCl_6 \cdot 1.5H_2O$
相对分子质量 396.76
性质 为暗红色结晶。易溶于水。加热至100℃以上即分解为海绵状铑。
用途 用于制造含铑催化剂、海绵铑及其他铑盐。
简要制法 可在氯铑酸钠水溶液中加入氯化铵制得。

(十五) 钯及其化合物

1. 金属钯 Metallic Palladium

元素符号 Pd
相对原子质量 106.42
性质 为延展性的银白色金属。相对密度12.02，熔点1552℃，沸点(2963℃)3140℃。面心立方晶格。常见化合价 +2、+3、+4价。钯对

H_2、O_2、CO、C_2H_2、C_2H_4 等气体均有较强吸附作用。尤对氢具有巨大的亲和力，能比任何其他金属吸附更多的氢。海绵状或粉状钯能吸附其体积 900 倍的氢气。在一定压力下，吸附量随温度升高而降低。吸附氢后钯的体积显著增大并易碎。被氢饱和的钯具有相当的还原性。钯不溶于水、冷的硫酸及盐酸，与热酸稍有反应。溶于硝酸、王水及熔融碱液。常温下能抗氢氟酸、磷酸、盐酸及硫酸蒸气侵蚀，但易受硝酸及氟、溴、碘的潮湿气体侵蚀。钯是铂系金属中最易被氧化和最活泼的金属。将钯溶于温热酸中，生成棕色的硝酸亚钯 $Pd(NO_3)_2$；粉状钯溶于热盐酸中，生成 $PdCl_2$；钯溶于热而浓的硫酸时生成硫酸亚钯 $PdSO_4$；在赤热温度下，钯与氟及氯反应生成二卤化物；与硫一起加热生成硫化物；与磷一起加热生成磷化物，将钯在空气中加热至暗红色，生成一层紫色的氧化膜，在氧气流中将钯加热至 800~840℃，或熔融钯粉、KOH 及 KNO_3 的混合物，则生成黑绿色的 PdO。钯存在 PdO 及 PdO_2 两种氧化物，而 PdO 是唯一稳定的氧化物。通常亚钯化合物可看作是由 PdO 衍生而得，而钯化合物则是由 PdO_2 衍生而得。钯和铂的性质十分接近，钯最重要的氧化态是 II。2 价钯与 2 价铂的性质特别类似，它们都可与 CN^-、P、S、As、Se、Te、Sb 等形成稳定的配合物。钯易溶于王水而生成氯化亚钯和氯化钯的混合物，或形成配位酸 H_2PdCl_4 和 H_2PdCl_6。当蒸发至干时，后者即失去氯。残渣用水处理后，则会生成氯化亚钯或氯亚钯酸（H_2PdCl_4）溶液。在石油炼制及加氢工业中钯催化剂占有十分重要的地位，它有很多制法，其中多数都是在氢气中还原，可以方便地用于各种有机化合物的加氢反应。

质量规格

产品牌号	钯,%	杂质,%											杂质总量
		Pt	Rh	Ir	Au	Ag	Cu	Ni	Fe	Pb	Al	Si	
HPd-1	≥99.99	≤0.003	≤0.002	≤0.002	≤0.002	≤0.002	≤0.001	≤0.001	≤0.001	≤0.001	≤0.003	≤0.003	≤0.01
HPd-2	≥99.95	≤0.02	≤0.02	≤0.02	≤0.02	≤0.005	≤0.005	≤0.005	≤0.005	≤0.005	≤0.005	≤0.005	≤0.05
HPd-3	≥99.99	≤0.03	≤0.03	≤0.03	≤0.05	—	—	≤0.01	≤0.01	≤0.01	≤0.01	≤0.01	≤0.1
外观	灰色海绵状金属，应纯净、无肉眼可见的夹杂物及氧化色												

用途 钯是具有 d^{10} 电子基态的金属元素,具有独特的催化性能,广泛用作不饱和烃加氢、催化氧化、脱氢、聚合、乙烯气相催化合成乙酸乙烯酯、双氧水制造、机动车尾气催化转化等催化剂。也用于制造硝酸钯、氯化钯、合金、电器触点等,还用于印制电路、电阻及牙科材料等。

简要制法 可由铂矿石经湿法冶炼而得。从含钯废催化剂回收钯的方法是:先将废催化剂灼烧除去有机物质,再用王水溶解钯等金属,滤液用 NH_4Cl 沉淀或用水合肼还原,生成 $(NH_4)_2PdCl_6$,然后经煅烧还原制得粗钯,精炼后即制得纯钯。

2. 氧化钯 Palladium Oxide

别名 氧化亚钯、一氧化钯

化学式 PdO

相对分子质量 122.40

性质 为墨绿色块状物或黑色粉末。相对密度 8.7,熔点 870℃(分解)。不溶于水,溶于稀硝酸、氢溴酸,是唯一稳定的钯氧化物。从 820℃ 起,开始分解为钯和氧,至 870℃ 完全分解。可被氢还原为金属钯。水解 Pd(Ⅱ)的配合物,或水解金属钯与过氧化钠的熔融物时,可制得水合氧化钯($PdO \cdot nH_2O$)。制备方法不同,含水量也不同。$PdO \cdot nH_2O$ 具有从黄褐色至红褐色的一系列颜色,而且具有不同的性质及在水、酸和碱中的不同溶解度。水解金属钯和过氧化钠熔融物的产物为一水合氧化钯($PdO \cdot H_2O$),也可看作是 $Pd(OH)_2$。它能溶于酸,干燥失水后不发生老化。水解硝酸盐可得到 $PdO \cdot nH_2O(n=0.48 \sim 0.63)$。$PdO \cdot nH_2O$ 具有与 PdO 相同晶格,但晶胞体积与 PdO 晶胞有所不同,是 PdO 与水组成的固溶体。

质量规格

产品性状	指标(化学纯)
钯(Pd)含量,%	≥85.0

用途 用作氢还原醛基(—CHO)为甲基(—CH_3)的反应催化剂、异丁烯加氢催化剂等,也用作还原剂及通用试剂。

简要制法 可由硝酸钯 $Pd(NO_3)_2$ 在 120~130℃ 下缓慢灼烧而制得,或由海绵钯粉在空气中直接灼烧而得。也可由二氯化钯溶液与强碱溶液在加热条件下直接反应制得。

3. 氯化钯 Palladium Chloride

别名　二氯化钯
化学式　$PdCl_2$
相对分子质量　177.30

性质　为棕红色至红色正交晶系结晶。易潮解。分子结构为无限的平面形长链。Pd 的配位数为 4，Pd 与四个配位氯原子形成平面正方形，Pd 位于正方形中心。Pd—Cl 键长为 231×10^{-12} m。相对密度（18℃）4.08，熔点 675~680℃。不溶于水、浓硝酸，溶于盐酸、乙醇、丙酮、稀硝酸，易溶于稀盐酸生成氯亚钯酸（H_2PdCl_4）。能被氢气和一氧化碳还原为钯。其溶液遇氢气、乙烯及其他还原性气体褪色，同时析出金属钯。加热至 600℃时开始升华，并分解为钯和氯。氯化钯也存在二水合物（$PdCl_2 \cdot 2H_2O$），为棕色至黑红色棱柱状结晶，具潮解性，熔点分解，溶于水、盐酸、丙酮。工业上使用的氯化钯一般为 $PdCl_2 \cdot 2H_2O$。

质量规格

产品性状		化学纯	分析纯
氯化钯含量,%		≥99.0	≥99.5
杂质含量,%	Pt	≤0.01	≤0.005
	Au	≤0.01	≤0.005
	Rh	≤0.01	≤0.005
	Fe	≤0.01	≤0.005
	Ir	≤0.01	≤0.005
	Ni	≤0.01	≤0.005
	Pb	≤0.005	≤0.003
	NO_3^-	≤0.05	≤0.01

注：表中数据摘自 GB/T 8185—2004。

用途　常用作钯催化剂，用于加氢、脱氢、氧化、重整等反应。用作制备含钯催化剂及其他钯化合物的主要原料。也用于镀钯、钯合金、照相、瓷器等领域，在加热条件下，用乙醇或乙烯作还原剂还原 $PdCl_2$ 可制得金属钯。

简要制法 无水氯化钯($PdCl_2$)可由金属钯粉与氯气在一定条件下直接反应制得。氯化钯水合物($PdCl_2 \cdot 2H_2O$)可先由金属钯制成氯亚钯酸(H_2PdCl_4),再经加热浓缩、分解制得。制取时先将洁净的金属钯或钯粉溶于王水生成氯钯酸(H_2PdCl_6),继续反应待氯钯酸完全转化为氯亚钯酸(H_2PdCl_4)后,再将滤液加热、浓缩、冷却即可析出棕色$PdO_2 \cdot 2H_2O$晶体。

4. 硝酸钯 Palladium Nitrate

别名 硝酸亚钯、二硝酸钯

化学式 $Pd(NO_3)_2 \cdot 2H_2O$

相对分子质量 266.44

性质 为暗红色或棕色结晶。易潮解、受热易分解。溶于稀硝酸,微溶于乙醚。溶于水时产生棕色碱式盐沉淀。常温下与液态N_2O_5反应生成无水硝酸钯$Pd(NO_3)_2$。$-78℃$时用N_2O_4处理$Pd(NO_3)_2 \cdot 2H_2O$,再将混合物的温度升至常温,则得到褐色黏性液体。放置24h后,析出褐色晶体$Pd(NO_3)_4$。

质量规格

产品性状	指标	产品性状	指标
钯(Pd),%	≥39.5	稀硝酸溶解试验	合格
氯化物(Cl^-),%	≤0.01		

用途 用于制造其他含钯化合物及含钯催化剂,也用作氧化剂及通用试剂。

简要制法 先将金属钯溶于浓硝酸,再将滤液加热、浓缩、冷却制得。

5. 氢氧化钯 Palladium Hydroxide

化学式 $Pd(OH)_2$

相对分子质量 140.39

性质 棕黑色粉末。不溶于水,易溶于酸。易被氢等还原剂还原为金属钯。

用途 用作乙烯双键及硝基等的加氢反应催化剂、加氢分解及脱卤反应催化剂等，也用于制造金属钯。

简要制法 在热的氯化钯溶液中加入氢氧化钠或碳酸氢钠等碱液，可生成深棕色氢氧化钯沉淀，经过滤、洗涤、真空干燥即可制得氢氧化钯。

6. 氯亚钯酸铵　Ammonium Chloropalladate

别名 四氯亚钯酸铵
化学式 $(NH_4)_2PdCl_4$
相对分子质量 284.29
性质 为橄榄绿色四方晶系结晶。相对密度2.17。易溶于水，不溶于乙醇。将氯亚钯酸铵含氢氧化钠的水溶液与乙醇共热时，即可还原出单质钯。

用途 用于制造含钯催化剂及其他钯化合物，也用作通用试剂。

简要制法 可在氯化钯溶液中通入氨气制得。

7. 胶体钯　Colloidal Palladium

性质 在适当的保护胶体存在下，为一种胶体大小的钯颗粒分散于分散介质中制得的胶体钯溶液。呈黑色，有良好的稳定性。

用途 用作硝基和乙烯双键等加氢反应的催化剂。催化活性及选择性均较高，但对羰基的加氢活性较低。

简要制法 先在100mL纯水中加入聚乙烯醇1g，加热溶解制成浓度为1%的聚乙烯醇溶液，再向其中加入1mL氯化钯水溶液（含Pd为10mg），搅匀后滴入0.5mL浓度为4%的碳酸钠溶液，即生成胶状氢氧化钯。用水或乙酸稀释，在常温下用氢气还原，即可制得黑色胶体钯。

8. 氯钯酸铵　Ammonium Hexachloropalladate

化学式 $(NH_4)_2PdCl_6$
相对分子质量 355.20
性质 红棕色结晶。相对密度2.418。微溶于水，不溶于乙醇，溶于浓盐酸。加热分解,生成氯化钯,并释出氨气。

质量规格

产品性状	指标 (化学纯)	产品性状	指标 (化学纯)
钯含量(以 Pd 计),%	29.5~30.5	热水溶解试验	合格

用途 用于制备含钯催化剂,也用作通用试剂。

简要制法 可由钯溶于王水后,再与氯化铵反应而得。

(十六)银及其化合物

1. 金属银 Metallic Silver

元素符号 Ag

相对原子质量 107.86

性质 为银白色金属,质软而具有延展性。面心立方晶格。相对密度 10.5,熔点 960.5℃,沸点 2212℃。主要化合价为 +1、+2 价。具有良好的导热、导电性能。化学性质稳定,不与大气中的氧和水反应,但遇臭氧、硫化氢及硫时会变黑。易溶于盐酸、稀硝酸及热的浓硫酸。在有空气或有氧存在时也溶于碱金属的氢氧化物及氰化物。银与卤素作用生成相应的卤化银。银不与氢氟酸作用。但当有空气或氧化剂存在时,它能与盐酸、氢溴酸及氢碘酸反应生成相应的不溶性卤化银。银有较强的还原性,能还原 $FeCl_3$、$HgCl_2$ 等物质。银和金一样,不能从酸性水溶液中析出氢气。银的价电子构型为 $4d^{10}5s^1$,由于银的第二电离能(2074kJ/mol)比第一电离能(732kJ/mol)高得多,因此其常见化合价为 +1 价,在水溶液中只有 Ag^+ 是稳定的阳离子。在特定条件下,银还有 +2、+3 价。但 Ag(Ⅱ)及 Ag(Ⅲ)对水不稳定,只能以难溶化合物或配合物形式存在。而 +1 价的银化合物,根据银的配位数不同,其分子的几何构型可以是直线形、三角形、四面体及八面体等。金属银的熔点、沸点高,但由于质软,原子易流动,在较低温度下也易发生位错消失、烧结及重结晶等现象,因此,单组分银催化剂的耐热性差。工业用银催化剂一般都需添加适当的助催化剂及载体。

质量规格

产品性状	指标(高纯银)
银(Ag)含量,%	≥99.999
Al、Au、Bi、Cd、Cu、Fe、Mg、Ni、Pb、Sb、Sn、Zn 等杂质总量,%	≤1×10^{-6}

用途 用作有机合成催化剂及助催化剂、乙烯气相直接氧化制环氧乙烷最有效的催化剂。也用于甲醇氧化脱氢制甲醛、蒽醌法生产双氧水等反应。由于单独用银作催化剂容易发生烧结,故通常负载于载体上使用。银也是燃料电池的阴极催化材料之一,还用于制造银盐、合金、首饰、焊药、感光材料及银币等。

简要制法 先用碱金属氰化物溶浸辉银矿石,再用锌或铅置换得银。工业上使用的银催化剂常用草酸银、碳酸银或氧化银经热分解制得。

2. 超细银粉 Superfine Silver Powder

元素符号 Ag

相对原子质量 107.86

性质 为颗粒度为 $0.1\sim1\mu m$ 的球形或近似于球形的金属银粉末。依据颗粒度的不同,其外观颜色从灰色至灰黑色不等。颗粒越小,颜色越黑。超细银粉具有发达的表面积。表面原子配位不饱和度较高,因而具有比常规银材料更强的吸附性能,用作催化剂时具有更高的催化活性及选择性。

质量规格

超细银粉根据比表面积不同分为 FAgH-1、FAgH-2、FAgH-3、FAgH-4 四种牌号,其银含量均大于或等于 99.95%,杂质(Pt、Pd、Au、Rh、Ir、Cu、Ni、Fe、Pb、Al、Sb、Bi 等)总量不大于 0.05%。

产品牌号	比表面积,m^2/g	平均尺寸,μm	松堆密度,g/cm^3	振实密度,g/cm^3
FAgH-1	>2.5	<0.24	0.1~0.6	0.8~1.2
FAgH-2	1.6~2.5	0.24~0.35	0.6~1.2	1.2~2.4
FAgH-3	1.2~1.6	0.35~0.5	1.2~2.4	2.4~4.8
FAgH-4	<1.2	0.5~1.0	2.5~3.8	4.8~6.2

用途 用作二烯烃、炔烃选择加氢制单烯烃、芳烃烷基化、甲醇选择氧化制甲醛等有机合成反应的催化剂,也用于制造电子元器件。

简要制法 采用化学还原法制取。即先将白银制成硝酸银，再加入还原剂将 Ag^+ 还原成单质银粉。为控制还原速度及所需产品粒度分布，常在硝酸银中先加入浓氨水，使其形成适当的配合物 $[Ag(NH_3)_2]^+$，再加入还原剂(甲醛、水合肼、草酸等)进行反应。由于超细粉末具有极大的表面能，粉末之间易发生团聚，故在反应过程中还应加入适量保护剂(聚乙烯吡咯烷酮或聚乙烯醇等)。

3. 氧化银 Silver Oxide

化学式 Ag_2O

相对分子质量 231.74

性质 为棕黑色立方晶系结晶或重质粉末。Ag—O 键长为 205×10^{-12} m。相对密度(16.6℃)7.143，熔点 230℃。在日光照射下会逐渐分解成银和氧。250℃时分解加剧，高于 300℃ 时迅速分解为银和氧。在潮湿空气中能吸收二氧化碳。因此要制备高纯 Ag_2O 需要隔绝 CO_2 气体。难溶于水，溶于氨水、硝酸及氰化钾溶液、硫代硫酸钠溶液。在强碱性溶液中可以形成 $[Ag(OH)_2]^-$ 等配离子。其水悬浮液呈碱性。有氧化作用，与可燃性有机物或易氧化物摩擦能引起燃烧。因此，应避免与氨气和易氧化物接触。

质量规格

产品性状	指标(化学纯)	产品性状	指标(化学纯)
氧化银(Ag_2O),%	≥99.0	盐酸不沉淀物,%	≤0.10
硝酸不溶物,%	≤0.03	干燥失重,%	≤0.25
游离碱(NaOH),%	≤0.02	澄清度试验	合格
硝酸盐(NO_3^-),%	≤0.01		

用途 用作有机合成催化剂、氧化剂、玻璃着色剂、玻璃研磨剂、饮用水净化剂、防腐剂、电池极板，也用于制造其他含银化合物、药物等。

简要制法 可由硝酸银溶液与氢氧化钠溶液反应制得。

4. 碘化银 Silver Iodide

化学式 AgI

相对分子质量 234.77

性质 有 α 及 β 两种变体。α-AgI 为亮黄色六方晶系结晶,相对密度(30℃)5.863,加热至146℃转变为 β-AgI。β-AgI 为橙黄色立方晶系结晶,相对密度(14.6℃)6.010,熔点558℃,沸点1506℃。碘化银不溶于水、稀酸,难溶于氨水。与浓氨水一起加热时,因形成 $2AgI-NH_3$ 配合物结晶而变成白色。溶于氰化钾、碘化钾、硫代硫酸钠等溶液及热硝酸、甲胺。与碘化物形成$[AgI_2]^-$或$[AgI_4]^{3-}$配离子。碘化银无论是固体还是液体,都具有感光性,可感受从紫外线至 X 射线发出的光谱。在光的作用下,分解成极小颗粒的"银核",而逐渐变为带绿色的灰黑色。

质量规格

产品性状	指标(化学纯)	产品性状	指标(化学纯)
碘化银(AgI),%	≥99.5	铜(Cu)	合格
水溶物,%	≤0.025	水溶液反应	合格
氯化物(Cl^-),%	≤0.10		

用途 用作有机合成催化剂、人工降雨的冰核形成剂,也用于制造感光乳剂、热电电池、感光纸、药物等。分析化学中用作微量氯、铯的分析试剂。

简要制法 可由碘化钾或碘化钠溶液与硝酸银溶液反应制得。

5. 硝酸银 Silver Nitrate

化学式 $AgNO_3$

相对分子质量 169.86

性质 为无色透明斜方晶系片状结晶。相对密度(19℃)4.352,熔点212℃。207~209℃时熔化成明亮的淡黄色液体。444℃时分解生成金属银,并放出氧化氮气体。易溶于水、氨水。微溶于甲醇、乙醇。不溶于浓硝酸。水溶液呈弱酸性。化学性质活泼,能与硫化氢反应生成黑色的硫化银,与卤离子反应生成卤化银,与强碱作用生成氧化银,与铬酸钾反应生成红棕色的铬酸银。$AgNO_3$ 溶液中的 Ag^+ 可被金属锌或铜等置换还原,也可被亚硫酸钠或水合肼还原。纯品对光稳定。在有机物存在时,易被还原成黑色金属银。潮湿硝酸银及其溶液见光易分解,为氧化剂。

质量规格

产品性状	指标(工业级)	产品性状	指标(工业级)
硝酸银($AgNO_3$),%	≥99.5	铜(Cu)	合格
水不溶物,%	≤0.005	铋(Bi)	合格
硫酸盐(以SO_4^{2-}计),%	≤0.005	铅(Pb)	合格
铁(Fe),%	≤0.001		

用途 用于制造含银催化剂、其他银盐、镜面、热水瓶胆、电影及照相胶片、医药、染发剂等。

安全事项 对皮肤及黏膜有腐蚀及收敛作用，可使蛋白质凝固。若不慎将 $AgNO_3$ 沾到皮肤上，可用碘水($I_2 + KI$ 水溶液)或硫脲溶液将黑色银擦除。

简要制法 可由银块或银铜合金与硝酸反应制得。

6. 碳酸银 Silver Carbonate

化学式 Ag_2CO_3

相对分子质量 275.74

性质 为淡黄色粉末。相对密度 6.077，熔点 218℃(分解)。220℃时分解成 Ag_2O 及 CO_2，更高温度时分解成 Ag。微溶于水，溶于氨水、硝酸、硫酸、氰化钾溶液、浓碱金属碳酸盐溶液及硫代硫酸钠溶液等，不溶于乙醇。

质量规格

产品性状	指标	
	分析纯	化学纯
碳酸银(Ag_2CO_3),%	≥99.0	≥98.0
硝酸不溶物,%	≤0.01	≤0.05
硝酸盐(NO_3^-),%	≤0.01	≤0.05
铁(Fe),%	≤0.002	≤0.005
盐酸不沉淀物,%	≤0.1	≤0.15
澄清度试验	合格	合格

用途 用作有机合成催化剂，也用于电镀及通用试剂，也用于制造含银催化剂。

简要制法 由硝酸银溶液与碳酸钠或碳酸氢钠溶液反应制得。

（十七）镉及其化合物

1. 金属镉 Metallic Cadmium

元素符号 Cd

相对原子质量 112.41

性质 为银白色金属，质软而富延展性。相对密度8.642，熔点320.9℃，沸点765℃，硬度2.0。化合价+2价。不溶于水、强碱，缓慢溶于热盐酸、冷浓硫酸，易溶于稀硝酸、热硫酸及浓硝酸铵溶液。在潮湿空气中表面易氧化形成隔膜而失去光泽。遇湿二氧化硫及氨能被快速腐蚀。加热燃烧，火焰呈红色。与卤素、硫、磷、硒、碲等元素共热时，生成相应的镉化合物。但不能与氢、氮、碳直接反应。镉离子能与卤化物、氰化物及氨等反应生成稳定的配合物。镉的氯化物、硫化物和硫酸盐具有一定的酸性。镉的氧化物、硫化物也是N型半导体。在非水溶液或无水条件下的非均相气相反应中，镉盐作为路易斯酸而起作用，这也是镉化合物被用作催化剂的重要因素之一。镉属于亲硫元素，自然界中无单质存在，以化合物的形式主要共生在富含锌的菱锌矿、闪锌矿等矿物中。我国镉的储量居于世界前列。

质量规格

产品性状	指标（高纯镉）
镉(Cd)含量，%	≥99.999
Ag、Al、Bi、Ca、Cr、Cu、Fe、Mg、Ni、Pb、Sb、Sn、Zn等杂质元素总量	≤1×10^{-6}

用途 用作氧化、脱氢、加氢等有机合成催化剂及制造镉盐，也用于制造可充电电池、可熔合金、半导体、焊药、光电管、颜料、搪瓷及玻璃等。

安全事项 镉本身毒性很低，但镉化合物毒性很大。将镉蒸气或其氧化物烟雾吸入肺中危害极大。

简要制法 可用酸溶浸生产氧化锌的含镉废渣，再用锌置换而得。

2. 氧化镉 Cadmium Oxide

化学式 CdO

相对分子质量 128.41

性质 为棕红色至棕黑色晶体或粉末。有两种变体：一种为立方晶系结晶，相对密度 8.15，折射率 2.49，分解温度 900℃，升华温度 1559℃；另一种为无定形粉末，相对密度 6.95，900~1000℃ 分解。不溶于水和碱，溶于酸、氨水和铵盐溶液。在空气中会因吸收二氧化碳而变成碳酸镉，颜色逐渐变白。在氧气中长时间加热时呈暗红色。在 300℃ 时能被氢还原成金属镉。氧化镉是一种 N 型半导体。在其中加入少量铬、铝之类的三价金属氧化物，能使其准自由电子增多，N 型半导体性质增大。反之，如加入少量氧化锂之类一价金属的氧化物，能使其准自由电子减少，电导率降低，N 型半导体性质减弱。氧化镉对 H_2、O_2、CO 及 CO_2 等气体均有吸附能力。天然矿物为方镉矿。

质量规格

产品性状	指标	产品性状	指标
氧化镉(CdO),%	≥98.0	氧化锌(ZnO),%	≤1.0~1.5

用途 用作氧化、脱氢、乙炔加成、邻苯二甲酸钾异构化制对苯二甲酸钾等有机合成催化剂，也用作光敏化催化反应的高效催化剂，还用于制造镉盐、镉颜料、镉电解液、陶瓷釉药及蓄电池等。

安全事项 剧毒！为可疑致癌物。可通过呼吸道、消化道进入体内，对皮肤、黏膜及眼睛有刺激作用，吸入可引起化学性肺炎、肌肉疼痛及肾损害等。空气中最高允许浓度 $0.05mg/m^3$。

简要制法 可由碳酸镉或硝酸镉加热分解而得，或由海绵镉经高温氧化制得。

3. 氟化镉 Cadmium Fluoride

化学式 CdF_2

相对分子质量 150.41

性质 为白色立方晶系结晶。相对密度 6.33，熔点 1110℃，沸点

1748℃，折射率1.56，蒸气压(1112℃)133.3Pa。微溶于水，溶于酸，不溶于乙醇和液氨。与碱金属卤化物溶液生成配合物 $M[CdX_3]$、$M_2[CdX_4]$ 及 $M_4[CdX_6]$（M 为碱金属，X 为卤离子）。与钾剧烈反应。

质量规格

产品性状	指标（化学纯）	产品性状	指标（化学纯）
CdF_2，%	≥97.5	铜(Cu)，%	≤0.004
氯化物(Cl^-)，%	≤0.005	铁(Fe)，%	≤0.008
硫酸盐(SO_4^{2-})，%	≤0.01	铅(Pb)，%	≤0.01
硝酸盐(NO_3^-)，%	≤0.1	锌(Zn)，%	≤0.05
碱及碱土金属，%	≤0.5		

用途 用作有机合成及脱蜡催化剂、核反应堆中子吸收剂、氟化剂，也用于制造荧光粉、阴极射线管、激光晶体等。

安全事项 有毒！

简要制法 可由镉盐溶液和 NH_4F 反应，或用 $CdCO_3$ 和过量 HF 反应制得。

4. 氯化镉 Cadmium Chloride

化学式 $CdCl_2 \cdot 2.5H_2O$

相对分子质量 228.35

性质 为无色单斜晶系结晶。相对密度3.327。折射率1.6513。有风化性，在33.8℃时转变为二水合物。无水氯化镉为无色六方晶体。相对密度(25℃)4.047，熔点568℃，沸点960℃。易溶于水，微溶于甲醇、乙醇，不溶于乙醚。与碱金属卤化物溶液反应生成配合物 $M[CdX_3]$、$M_2[CdX_4]$ 和 $M_4[CdX_6]$（M 为碱金属，X 为卤离子）。

质量规格

产品性状	指标	产品性状	指标
氯化镉($CdCl_2 \cdot 2.5H_2O$)，%	≥98.0	锰(Mn)，%	≤0.001
铁(Fe)，%	≤0.001		

用途 是一种路易斯酸,用作异构化、歧化、烯烃聚合等有机合成反应的催化剂,以及用作特种镜子的增光剂、镀镍光亮剂及印染助剂等,也用于制造复写纸、照相纸药剂。

安全事项 剧毒!为可疑致癌物。可通过呼吸道、消化道进入人体内。空气中最高允许浓度为 0.01mg/m^3。

简要制法 可由海绵镉或氧化镉与盐酸反应制得。也可用煅烧 $CdCl_2 \cdot NH_4Cl$ 制得。

5. 溴化镉 Cadmium Bromide

化学式 $CdBr_2$

相对分子质量 272.22

性质 为白色结晶颗粒或粉末。可含 1 个或 4 个分子结晶水。晶格常数 $a = 395 \times 10^{-12}\text{m}$,$c = 1.867 \times 10^{-12}\text{m}$。相对密度 5.192,熔点 583℃,沸点 963℃。溶于水、乙醇、丙酮,微溶于乙醚。在干燥空气中风化,久置或见光逐渐变黄色。与碱金属卤化物溶液反应生成配合物 $M[CdX_3]$、$M_2[CdX_4]$ 和 $M_4[CdX_6]$(M 为碱金属,X 为卤离子)。

质量规格

产品性状	指标	产品性状	指标
溴化镉($CdBr_2$),%	≥99.0	锌(Zn),%	≤0.01
氯化物(Cl^-),%	≤0.4	水不溶物	合格
碱金属及碱土金属,%	≤0.40		

用途 用作异构化、歧化等有机合成催化剂,也用作橡胶填充剂及补强剂、照相用化学助剂,也用于石印及制造荧光灯等。

安全事项 有毒!

简要制法 可由金属镉与溴直接反应制得。或由乙酸镉与乙酰溴在冰乙酸中反应而得。也可先用氧化镉与氢溴酸反应制得四水溴化镉,再在 200℃ 以上煅烧而得。

6. 碘化镉 Cadmium Iodide

化学式 CdI_2

相对分子质量 366.25

性质 有两种晶型。α-CrI$_2$ 为无色六方晶系结晶,相对密度(30℃)5.67,熔点385℃,沸点713℃;β-CdI$_2$ 为无色三斜晶系结晶,相对密度5.305,熔点404℃。溶于水、乙醇、乙醚、丙酮,微溶于氨水、乙酸。放置于空气中会逐渐变黄。与碱金属卤化物溶液生成配合物 M[CdX$_3$]、M$_2$[CdX$_4$]及 M$_4$[CdX$_6$](M 为碱金属,X 为卤离子)。

质量规格

产品性状	指标(优级纯)	产品性状	指标(优级纯)
碘化镉(CdI$_2$),%	≥99.5	铅(Pb),%	≤0.005
水不溶物,%	≤0.015	锌(Zn),%	≤0.02
氯化物(以 Cl$^-$ 计),%	≤0.01	碱金属及碱土金属(硫酸盐),%	≤0.1
硫酸盐(SO$_4^{2-}$),%	≤0.005		

用途 用作异构化、歧化等打机合成催化剂,也用作杀线虫剂、润滑剂。用于照相、印刷等。

安全事项 有毒!

简要制法 可由碘化钾与硫酸镉反应而得,或由氧化镉与氢碘酸反应制得。

7. 硫化镉 Cadmium Sulfide

别名 镉黄

化学式 CdS

相对分子质量 144.51

性质 为淡黄至橙色立方晶系或六方晶系结晶。相对密度4.5(立方晶系)、4.82(六方晶系)。熔点1750℃,折射率2.506。在氮气中于980℃升华。受高热分解出有毒的硫化物烟气。微溶于冷水、氨水。在热水中生成胶体。溶于酸时释出硫化氢气体。高纯的硫化镉是良好的半导体,其禁带宽度为2.4eV。

质量规格

产品性状	指标(优级纯)	产品性状	指标(优级纯)
硫化镉(CdS),%	≥95.6	盐酸不溶物,%	≤0.05
氮化合物(N),%	≤0.05	硫化氢不沉淀物,%	≤1.5
干燥失重,%	≤0.5		

用途 用作光催化分解水反应的催化剂。能吸收光并将光能转化为化学能,是太阳能利用的材料。具有很好的放氢活性,但因会产生光腐蚀,其应用受到一定限制。用于制造颜料、涂料、焰火、瓷釉及发光材料等。

安全事项 有毒!有致癌性。

简要制法 在硫化氢中通入经盐酸酸化的镉盐溶液制得。

8. 硒化镉 Cadmium Selenide

化学式 CdSe

相对分子质量 191.37

性质 为无色至棕色立方晶系或六角形结晶,日光下变成红色。相对密度5.81,熔点1350℃。不溶于水,遇酸分解。化学性质不稳定,久置于空气中或酸中会分解释出有毒的 H_2Se 气体。是一种本征半导体,禁带宽度180kJ/mol。能吸收光并将光能转化为化学能。

用途 用作光催化分解水反应的催化剂、一氧化碳气相氧化生成二氧化碳反应的催化剂等。用于制造太阳能电池、光学玻璃、磷光体、整流器、发光材料、陶瓷及颜料等。

安全事项 剧毒!

简要制法 由 H_2Se 与镉盐反应制得,或由金属镉与硒经高温焙烧而得。

9. 碲化镉 Cadmium Telluride

化学式 CdTe

相对分子质量 240.01

性质 为黑褐色结晶。相对密度(15℃)6.20,熔点1041℃。是一种本征半导体,禁带宽度155kJ/mol。不溶于水、稀酸,和硝酸发生氧化反应。长期放置于潮湿空气中会氧化。

用途 用作光催化反应催化剂,在进行光解水反应时,将CdTe微粒直接悬浮于水中,细小的光半导体颗粒可看作是一个微型光电化学电池悬浮水中,像光阳极一样催化分解水的反应。也能催化一氧化碳的气相氧化反应。碲化镉用于制造激光器、太阳能电池、发光二极管、光学玻璃及颜料等。

安全事项 遇高热、明火或接触酸、酸雾、潮气会释出极毒的碲化氢气体。误服会中毒！

简要制法 可由 H_2Te 与 $CdCl_2$ 反应制得，或由金属镉与碲经高温焙烧制得。

10. 硝酸镉　Cadmium Nitrate

化学式 $Cd(NO_3)_2 \cdot 4H_2O$

相对分子质量 308.48

性质 为无色透明正交晶系柱状或针状结晶。相对密度（17℃）2.455，熔点59.4℃，沸点132℃。空气中易潮解。加热至70~80℃或置于浓硫酸干燥器中，可失去结晶水成无水物。无水硝酸镉为立方晶系结晶。熔点350℃，360℃时分解放出氧化氮而成氧化镉。易溶于水、乙醇、液氨、乙酸及丙酮等。水溶液的pH值4.5。不溶于浓硝酸。有强氧化性。

质量规格

产品性状	指　　标	
	分析纯	化学纯
硝酸镉[$Cd(NO_3)_2 \cdot 4H_2O$],%	≥99.0	≥98.5
水不溶物,%	≤0.003	≤0.01
氯化物(Cl^-),%	≤0.0005	≤0.001
硫酸盐(SO_4^{2-}),%	≤0.003	≤0.003
铁(Fe),%	≤0.0001	≤0.0005
锌(Zn),%	≤0.002	≤0.005
硫化铵不沉淀物(以硫酸盐计),%	≤0.1	≤0.5
铅(Pb),%	≤0.005	≤0.01
铜(Cu),%	≤0.001	≤0.003

用途 用于制造含镉催化剂、氧化镉、镉盐、电池、着色剂、照相乳剂等。

安全事项 为强氧化剂，遇易氧化物剧烈反应，与可燃物混合易引起着火及爆炸。有毒！经常接触或摄入低浓度粉尘能损害肺部及肾脏，使牙齿发黄等。

简要制法 由金属镉与浓度为30%~35%的稀硝酸反应而得。

11. 硫酸镉 Cadmium Sulfate

化学式 $3CdSO_4 \cdot 8H_2O$

相对分子质量 769.53

性质 为无色单斜晶系结晶。无气味。相对密度3.09。易溶于水,不溶于乙醇、乙醚及乙酸。加热到40℃以上开始脱水,80℃以上成为一水合物,160℃以上成为无水物($CdSO_4$)。无水硫酸镉相对密度(20℃)4.691,熔点1000℃。溶于水,不溶于乙醇、丙酮及氨水。

质量规格

产品性状	指标	产品性状	指标
外观	无明显析出物	镉/锌比	6.5:1~7:1
镉(Cd)含量,%	≥18.0	酸碱度	用刚果红试纸测定不变色

用途 用作对苯二甲酸酯化等有机合成催化剂,也用作聚氯乙烯防老化剂、收敛剂、防腐剂,也用于制造镉电池、镉颜料等。

安全事项 剧毒!为可疑致癌物。吸入其粉尘会引起生化性肺炎、肺水肿及肾功能损害等。

简要制法 可由金属镉或碳酸镉与硫酸反应制得。

12. 碳酸镉 Cadmium Carbonate

化学式 $CdCO_3$

相对分子质量 172.42

性质 为白色三斜晶系结晶或粉末。相对密度(4℃)4.258。332~355℃时开始分解,并释出二氧化碳;500℃时转变成氧化镉。不溶于水、有机溶剂及氨水,溶于稀酸、氰化钾溶液及浓铵盐溶液。空气中稳定,水中长时间煮沸不分解。加热至310℃时,颜色由白色转为黄色,再变为棕色。用波长300~400nm光照射,产生紫外荧光。常温下与氢作用,瞬间还原成金属镉。在200~300℃下与液体硫反应生成硫化镉,并放出SO_2及CO_2。

质量规格

产品性状	指　　标	
	粉状产品	浆状产品
碳酸镉(CdCO$_3$),%	≥96.0	40.0
硝酸盐(NO$_3^-$),%	—	无
水含量,%	≤1.0	60.0
细度(140目筛余物),%	≤0.5	—

用途　用作邻及间苯二甲酸钾异构化制对苯二甲酸钾的催化剂、甲醛开环聚合催化剂，还用作塑料热稳定剂、玻璃色素助熔剂等，也用于制造含镉催化剂、镉盐、绝缘材料等。

安全事项　有毒！

简要制法　由碱金属碳酸盐与氯化镉或硫酸镉经复分解反应制得，或由氢氧化镉吸收二氧化碳而得。

13. 磷酸镉　Cadmium Phosphate

化学式　Cd$_3$(PO$_4$)$_2$

相对分子质量　527.17

性质　为无色无定形固体，熔点1500℃。不溶于水，溶于酸及铵盐溶液。

用途　用作乙烯水合、乙炔加成、异丁烯缩合等有机合成反应的催化剂，也用于镀镉。

安全事项　有毒！

简要制法　由可溶性镉盐与Na$_2$HPO$_4$反应制得。

14. 乙酸镉　Cadmium Acetate

别名　醋酸镉

化学式　C$_4$H$_6$CdO$_4$·2H$_2$O

相对分子质量　266.52

结构式　(CH$_3$COO)$_2$Cd·2H$_2$O

性质　为无色结晶，稍有乙酸气味。相对密度2.01。加热至130℃

失去结晶水而成无水物。无水乙酸镉的相对密度2.341,熔点255℃。易溶于水,溶于乙醇,不溶于乙醚。在潮湿空气中易潮解。商品常为二水合物。

质量规格

产品性状	指标（化学纯）	产品性状	指标（化学纯）
乙酸镉($C_4H_6CdO_4 \cdot 2H_2O$),%	≥98.0	铁(Fe),%	≤0.001
水不溶物,%	≤0.005	铜(Cu),%	≤0.001
氯化物(Cl^-),%	≤0.005	锌(Zn),%	≤0.005
硫酸盐(SO_4^{2-})	≤0.01	铅(Pb),%	≤0.006
氮化合物(N),%	≤0.004	硫化物不沉淀物(以硫酸盐计),%	≤0.20
铝(Al),%	≤0.01		

用途 用作乙酸甲酯水解反应催化剂,也用于制造含镉催化剂、镀镉及制造陶瓷釉彩等。

简要制法 可由硝酸镉与乙酸酐反应制得。

15. 二甲基镉 Dimethyl Cadmium

化学式 $(CH_3)_2Cd$

相对分子质量 142.48

性质 为无色油状液体,有霉臭气味。相对密度(17.9℃)1.985,熔点-4.5℃,沸点(1.01×10^5Pa) 105.5℃,折射率(17℃)1.5488。暴露在空气中会自燃。生成爆炸性的过氧化物。溶于烃类溶剂。遇水分解并伴有连续爆鸣声。加热超过150℃时发生猛烈爆炸。液滴滴至滤纸上会立即燃烧,并产生白色烟雾及褐色氧化镉浓烟。

用途 在有氧存在时,用作乙烯基单体聚合的优良催化剂。与水、氧、醇等组成共催化体系,用作对烯烃环氧化物开环聚合有效的催化剂,可制得高聚合度的聚合物。也用作由酰氯合成甲基酮的试剂。

安全事项 有毒!

简要制法 由甲基卤化镁与无水二氯化镉反应制得。

16. 二乙基镉 Diethyl Cadmium

化学式　$(C_2H_5)_2Cd$

相对分子质量　170.53

性质　为无色油状液体,有霉臭气味。相对密度(18.1℃)1.656,熔点 -21℃,沸点(2.6kPa)64℃,折射率1.5680。易溶于乙醚。遇水分解并伴有爆鸣声。在空气中自燃,并产生白色烟雾及氧化镉浓烟。与酰氯作用生成酮和氯化镉。

用途　用作共轭二烯烃及乙酸乙烯酯、甲基丙烯酸甲酯、丙烯酸甲酯等单体的聚合催化剂,也用于由酰氯合成酮和四乙基铅的生产。

安全事项　有毒!

简要制法　由溴化镉与乙基溴化镁在乙醚中反应而得,或由乙酸镉与三乙基铝反应制得。

(十八)钨及其化合物

1. 金属钨 Metallic Tungsten

元素符号　W

相对原子质量　183.85

性质　为灰黑色金属。体心立方晶格。质硬而脆。相对密度19.35,熔点3390~3430℃,沸点5660~5900℃。化合价有+2、+3、+4、+5、+6价。化学性质稳定,常温下不受空气侵蚀。400℃以上会被空气氧化。不溶于氢氟酸及氢氧化钾溶液,微溶于硫酸、硝酸及王水,溶于氢氟酸与硝酸的混合酸,亦溶于含硝酸的氢氧化钠溶液及热盐酸。钨单质能迅速吸附 H_2、N_2、O_2、CH_4、CO、CO_2、C_2H_4、C_2H_6 等气体。高温时能与卤素及活泼的非金属反应,与C、N、B能形成间充式化合物,可与许多金属制成合金。钨属于亲氧元素,自然界无游离状态的单质存在,是以化合物形式主要蕴藏在富含氧的黑钨矿、白钨矿及钨华中。我国的钨储量居世界第一位。常见的钨化合物有三氧化钨、六氟化钨、二硫化钨、六氯化钨及钨酸等。

质量规格

产品性状	指标		产品性状	指标	
	分析纯	化学纯		分析纯	化学纯
钨(W),%	≥99.0	≥98.0	钼(Mo)	合格	合格
铁(Fe)	合格	合格			

用途 用作多重键加氢、加氢裂化、加氢脱硫、烃类脱氢、醇类脱水及异构化等反应的催化剂,也用作由双氧水进行的液相氧化催化剂、气相氧化催化反应的助催化剂。钨系催化剂与钼系催化剂有类似的催化特性,而且对这些反应的催化活性十分接近。反应一般都在高温高压下进行。与Pt、Ni 催化剂相比,它们的催化活性稍低,但硫中毒的现象较少。也用作通用试剂等,也用于制造骨架钨、灯丝、火箭喷嘴、切削用合金钢等。

简要制法 先将钨矿石熔炼得三氧化钨,再在氢气流中高温还原制得。

2. 三氧化钨 Tungsten Trioxide

别名 钨酸酐

化学式 WO_3

相对分子质量 231.85

性质 为淡黄色斜方晶系结晶。加热时变为深橙黄色,熔融时呈绿色。相对密度 7.16,熔点 1473℃。在 700~1000℃ 时易被氢、一氧化碳还原成金属钨。850℃ 开始升华,1750℃ 时挥发。常温下及空气中稳定。在加热条件下,与氯反应生成氯氧化钨($WOCl_4$)。500℃ 时通入氯化氢气流可使其完全挥发。微溶于水。溶于氨水和碱液,生成相应的可溶性钨酸盐。不溶于除氢氟酸以外的无机酸。

质量规格

产品性状	指标	产品性状	指标
三氧化钨(WO_3),%	≥99.0	钼(Mo),%	≤0.01
氧化物(R_2O_3),%	≤0.01	氧化钙(CaO),%	≤0.01
硫(S),%	≤0.01	氯化物残渣(650℃),%	≤0.05

用途 用作烃类加氢、脂肪烃脱氢、醇类脱水、甲醇气相氧化制甲醛、丙烯气相氧化制丙烯醛、丙烯醛气相氧化制丙烯酸等反应的催化剂，也用作加氢裂化及异构化反应的助催化剂，还用作陶瓷着色剂、织物阻燃剂。用于制造金属钨、硬质合金、含钨化合物等。

简要制法 由仲钨酸铵或钨酸在高温下焙烧而得，也可将金属钨在氧气中加热制得。

3. 二硫化钨 Tungsten Disulfide

化学式 WS_2

相对分子质量 247.97

性质 为黑灰色六方晶系结晶或粉末，有金属光泽。相对密度(10℃) 7.5，硬度 1.0，熔点 1250℃（分解）。不溶于水、乙醇及多数酸，溶于硝酸和氢氟酸的混合酸，溶于熔融碱，在空气中稳定，不受辐射影响。对金属表面有良好吸附性，对硫化氢有离解吸附能力。在 759~1065℃ 下能被氢气还原成金属钨。在真空中加热至 1100℃ 时分解，2000℃ 时全部分解成硫和钨。具有较低摩擦系数和较高抗压性能及抗氧化性能。

质量规格

产品性状	指标	产品性状	指标
二硫化钨(WS_2),%	≥98.0	粒径 2μm 及以下,%	≤90
铁(Fe),%	≤0.04	粒径 2~10μm,%	≤10
二氧化硅(SiO_2),%	≤0.01		

用途 用作烃类加氢、加氢脱硫、加氢裂化、醇类脱水等有机合成反应的催化剂及助催化剂。通常将其负载于氧化铝载体上以提高其选择性。也用作高温润滑剂，适用于高温、高压及高负荷下的润滑。

简要制法 先由钨酸与氨水反应生成钨酸铵，再与硫化氢反应生成四硫代钨酸铵，经煅烧制得二硫化钨。

4. 四氯化钨 Tungsten Tetrachloride

化学式 WCl_4

相对分子质量 325.65

性质 为暗褐色固体或粉末。有抗磁性。相对密度4.62。加热时不熔融、不升华，达到熔点温度时分解。400~500℃时歧化为WCl_5及WCl_2。易潮解及水解。溶于氢氧化钠和过氧化氢的混合溶液，并分解及氧化为钨酸钠或过钨酸钠。与吡啶(PY)反应可形成加合物$WCl_4 \cdot 2PY$。

用途 四氯化钨具有路易斯酸性，可用作烯烃聚合催化剂，也用于制造其他钨化物。

简要制法 可由铝或白磷还原六氯化钨制得，也可由六氯化钨与四氯乙烯反应而得。

5. 五氯化钨　Tungsten Pentachloride

化学式 WCl_5

相对分子质量 361.12

性质 为带闪烁黑光的墨绿色针状结晶。易潮解。相对密度(25℃)3.875，熔点248℃，沸点275.6℃。溶于大多数有机溶剂，在极性溶剂中会发生分解，微溶于二硫化碳等非极性溶剂。在空气中加热生成氯氧化钨($WOCl_4$)。遇水分解，并析出五氧化二钨。对湿气敏感，在空气中放置即生成绿色的表面膜。

用途 是一种路易斯酸，用作离子聚合催化剂，也用于制造其他钨化合物。

简要制法 可在氢气流中加热六氯化钨制得，或由六氯化钨与四氯乙烯反应制得。

6. 六氯化钨　Tungsten Hexachloride

化学式 WCl_6

相对分子质量 396.84

性质 为暗蓝色至蓝紫色六方晶系结晶。相对密度(25℃)3.52，熔点275℃，沸点346.7℃。易溶于二硫化碳，溶于乙醇、乙醚、苯及四氯化碳。易被热水分解，生成H_2WO_4及HCl。在空气中加热时会氧化生成氯氧化钨或氧化钨。高温下易被氢气还原而析出钨粉。六氯化钨蒸气带黄红色，冷却后为红色结晶，微热时则变为黑色。用干冰将黑色产物冷却又变为红色。

用途 用作烯烃聚合及有机合成催化剂，也用于制造含钨催化剂、单晶钨丝、气相沉积法镀钨等。

简要制法 可由金属钨粉与干燥氯气在 500~600℃ 下反应制得, 也可由三氧化钨与六氯丙烷经回流加热制得。

7. 二氯二氧钨　Tungsten Oxydichloride

化学式 WO_2Cl_2

相对分子质量 286.75

性质 为亮黄色片状结晶。熔点 266℃。不溶于乙醇, 溶于冷水, 易溶于氨水及液碱。对大气中的潮气敏感。宜保存于玻璃封管中。

用途 用作异丁基乙烯醚聚合催化剂, 也用于制造钨化合物及灯丝。

简要制法 可由氧化钨与六氯化钨反应制得。由于对湿气敏感, 反应应在干燥的惰性气体或真空中进行。

8. 钨酸　Tungstic Acid

化学式 H_2WO_4

相对分子质量 249.86

性质 为黄色斜方晶系结晶或粉末。相对密度 5.5。有两种类型, 即黄色钨酸($WO_3 \cdot H_2O$)和白色钨酸($WO_3 \cdot nH_2O$)。白色钨酸是一种组成不定的胶态沉淀物。黄色钨酸则是组成一定的化合物。白色钨酸经长时间煮沸, 可转化成黄色钨酸。白色钨酸活性较黄色钨酸大。钨酸不溶于水、硫酸、硝酸、盐酸, 溶于氢氟酸、液碱及氨水。100℃ 开始脱水, 灼烧至 500℃ 以上脱水生成三氧化钨。钨酸离子(WO_4^{2-})在加酸情况下易缩合生成同多酸离子, 如 $[H_2W_{12}O_{42}]^{10-}$、$[H_2W_{12}O_{40}]^{6-}$ 等。

质量规格

产品性状	指标	产品性状	指标
倍半氧化物($Fe_2O_3 + Al_2O_3$), %	≤0.01	磷(P), %	≤0.01
氧化钙(CaO), %	≤0.01	硫(S), %	≤0.02
钼(Mo), %	≤0.02	650℃ 时的氧化物残渣, %	≤0.1
砷(As), %	≤0.02	灼烧残渣, %	≤7~15

用途 用作烯丙醇液相氧化、顺丁烯二酸氧化制酒石酸、烯烃氧化制

乙二醇—乙醚等有机合成催化剂，以及用作陶瓷着色剂、织物媒染剂等，也用于制造含钨催化剂、钨酸盐、钨丝、硬质合金。

简要制法 先用碱液处理黑钨精矿石得到钨酸钠溶液，再与氯化钙溶液经复分解反应制得。也可由钨酸钠、钨酸钙等钨酸盐饱和水溶液与浓盐酸反应而得。

9. 偏钨酸铵 Ammonium Metatungstate

化学式 $(NH_4)_6H_2W_{12}O_{40} \cdot nH_2O$

性质 为无色至白色结晶粉末。相对密度4.0。极易溶于水，水溶液呈微酸性，不溶于无水乙醇。在200~300℃时失去结晶水，生成稳定的无水物$[(NH_4)_6H_2W_{12}O_{40}]$。温度高于300℃时则分解为三氧化钨黄色粉末。具有良好的热分解特性，高温焙烧后不残留其他金属杂质而获得高纯物。

质量规格

产品性状	指标	产品性状	指标
氧化钨(以WO_3计),%	≥82.5	硅(Si),%	≤0.002
铁(Fe),%	≤0.002	氯(Cl),%	≤0.005
钙(Ca),%	≤0.002	重金属(以Pb计),%	≤0.1
镁(Mg),%	≤0.001	水不溶物,%	≤0.2

用途 用于制造石油加氢裂化、润滑油加氢、加氢脱硫、脱氮等反应用催化剂，也用于制造高纯金属钨、钨合金及其他钨化合物。

简要制法 由仲钨酸铵与硝酸反应制得，或由钨酸与氨反应制得。

10. 仲钨酸铵 Ammonium Paratungstate

别名 钨酸铵

化学式 $(NH_4)_{10}W_{12}O_{42} \cdot 5H_2O$

相对分子质量 3132.64

性质 为单斜晶系细小透明晶体或白色晶体。相对密度2.3。溶于水，不溶于乙醇。水溶液呈弱酸性。在空气中加热，低于100℃时开始脱除部分氨分子，强热时脱去全部氨分子及结晶水，转变成三氧化钨黄色粉末。

在酸、碱溶液中分解。与过氧化氢反应生成可溶性的过氧钨酸盐。

质量规格

产品性状	指　标	产品性状	指　标
三氧化钨(WO_3),%	≥48.5	钼(Mo),%	≤0.001
伴生氧化物,%	≤0.002	磷(P),%	≤0.003
氯化残渣,%	≤0.01	砷(As),%	≤0.0005

用途　用于制造含钨催化剂、磷钨酸铵、碳化钨、金属钨及钨化合物等。

简要制法　先由黑钨矿石经碱溶后与氯化钙作用制得钨酸钙,再与氨反应而得。或由钨酸与氨水反应而得。

11. 磷钨酸　Phaspho-tungstic Acid

别名　12-磷钨酸

化学式　$H_3PW_{12}O_{40} \cdot 24H_2O$

相对分子质量　3312.42

性质　为白色至微带黄色结晶或结晶性粉末。中心结构单元是 PO_4 四面体,通过氧桥和 WO_6 八面体连接。熔点89℃。溶于冷水、乙醇、乙醚,易溶于水及含氧有机溶剂。稍有风化性。在酸溶液中稳定,与碱共沸时分解为磷酸盐及钨酸盐。具有比一般无机酸更强的酸性。是一种 Keggin 型杂多酸,无论在溶液中或在固体中都是很强的 B 酸。其生成的盐既具有 B 酸中心,又具有 L 酸中心。

质量规格

产品性状	指标(化学纯)	产品性状	指标(化学纯)
水不溶物,%	≤0.02	铵盐(NH_4^+),%	≤0.02
氯化物(Cl^-),%	≤0.03	铁(Fe),%	≤0.002
硝酸盐(NO_3^-),%	≤0.01	重金属(以 Pb 计),%	≤0.05
硫酸盐(SO_4^{2-}),%	≤0.02		

用途 用作均相催化剂,也用作多相催化剂,如用作烯烃水合、烷烃及烯烃异构化、苯与长链烯烃或氯代烷烃的烷基化、相转移催化氧化等的催化剂。也用作织物媒染剂、丝及皮革加重剂、生化及色谱分析试剂,也用于提取维生素B。

简要制法 由磷酸与偏钨酸反应后经蒸发结晶制得,或由钨酸钠与磷酸氢二钠反应而得。

12. 硅钨酸 Silicotungstic Acid

化学式 $H_4[SiW_{12}O_{40}] \cdot nH_2O$ ($n = 5, 7, 14, 29, 30, 31$)

性质 为硅钨酸有多种水合物,其中5、7水合物较为常见。是一种杂多酸。中心结构单元为SiO_4四面体,四周有12个WO_6八面体。每3个WO_6八面体共边连接一个公共点,此点即为SiO_4四面体顶点上的氧原子。存在α、β两种变体,α型为白色结晶,熔点53℃,易溶于水及乙醇等极性有机溶剂,呈强酸性;β型为微黄色结晶,不稳定,易向α型转化。

质量规格

产品性状	指标(化学纯)	产品性状	指标(化学纯)
水不溶物,%	≤0.02	硫酸盐(SO_4),%	≤0.01
灼烧失重,%	≤17.0	硝酸盐(NO_3),%	≤0.02
二氧化硅(SiO_2),%	≤1.8~2.35	重金属(以Pb计),%	0.005
氯化物(Cl),%	≤0.003	钨酸盐	合格

用途 用作乙酸异丙酯、戊二酸二异辛酯、氯乙酸酯、对羟基苯甲酸酯等酯类、醛(酮)类合成反应的催化剂,烯烃水合催化剂,苯酚与丙酮缩合催化剂等。由于硅钨酸比表面积小,不易与产品分离,实际应用中常将其负载在合适的载体上,以提高其比表面积。负载的方法有浸渍法、吸附法、溶胶-凝胶法及水热分散法等。硅钨酸也用作测定生物碱的沉淀剂、碱性苯胺染料的媒染剂等。

简要制法 由钨酸钠与硅酸钠的混合物水解制得。先将钨酸钠与硅酸钠的混合液用盐酸调至强酸性,再用乙醚萃取可制得α型硅钨酸。

(十九) 铼及其化合物

1. 金属铼　Metallic Rhenium

元素符号　Re

相对原子质量　186.20

性质　为银白色金属或灰至黑色粉末。六方晶格。相对密度21.02，熔点3180℃，沸点5627～5900℃，化合价有 +3、+4、+5、+6、+7 价。以 +7 价最稳定。铼的化学性质与其聚集态有关，粉末态较活泼。在干燥空气中稳定，在潮湿空气中能被氧化。在空气中加热时，则迅速氧化而生成氧化铼 (Re_2O_3) 并挥发。不溶于盐酸、氢氟酸，缓慢溶于硫酸，易溶于有氧化性的硝酸及王水中，成为高铼酸溶液。也溶于含过氧化氢的氨水或苛性碱中，形成高铼酸盐。能和 P、As、W、S、Cl、F 等元素化合，生成相应的化合物，能氧化成稳定但易挥发的 Re_2O_7。Re_2O_7 溶于水则成高铼酸。铼是一种稀散元素，是产量较少而又昂贵的金属，主要存在于辉钼矿中。因其质硬、质密、难熔、耐腐蚀、电阻高、机械性能好，故用途广泛。

质量规格

产品性状	指标(铼粉)
铼(Re)含量,%	≥98.0

用途　用作各种气相或液相氧化反应、加氢及脱氢反应的催化剂。在石油重整催化剂铂中加入铼，可以促进铂的分散、抑制铂晶粒的凝聚化，增强催化剂的抗毒性能。

简要制法　在氢气中加热还原高铼酸铵 (NH_4ReO_4) 制得，或由回收冶炼钼矿石的烟道尘精制而得。

2. 二氧化铼　Rhenium Dioxide

化学式　ReO_2

相对分子质量　218.21

性质 为暗棕色至黑色粉末。相对密度（25℃）11.4。有 α、β 两种形态。$\alpha\text{-ReO}_2$ 为单斜晶系结晶粉末，是在 300℃ 以下形成的。它与 MoO_2 及 WO_2 有相同结构，Re—Re 平均键长为 261×10^{-12} m，显示有 M—M 键存在；$\beta\text{-ReO}_2$ 为正交晶系结晶粉末，是在高于 300℃ 时不可逆地形成的。$\alpha\text{-ReO}_2$ 和 $\beta\text{-ReO}_2$ 都表现出金属的导电性，但前者的导电性比后者要差。ReO_2 具有微弱的顺磁性，900℃ 时分解成 Re_2O_7 及金属铼。不溶于水、稀酸，与浓的氢卤酸生成 H_2ReX_6（X 为卤离子）。在过氧化氢、硝酸、氯水及溴水中生成高铼酸，在空气中加热至 290℃ 以上可被氧化成 Re_2O_7。和稀土氧化物加热反应生成 Ln_2ReO_5 和 $Ln_5Re_3O_{12}$（Ln 为稀土元素）。二氧化铼也存在二水合物（$ReO_2\cdot 2H_2O$），为棕色无定形物质，具有白钨矿的晶体结构。

用途 用作加氢、脱氢及氧化等有机合成催化剂及助催化剂。

简要制法 用铂电极电解还原高铼酸盐，或在硫酸溶液中用 2 价铬还原高铼酸盐则可制得水合二氧化铼（$ReO_2\cdot 2H_2O$）。将水合二氧化铼在真空中加热到 250~300℃ 脱水，或由 NH_4ReO_4 在氮气中热分解，则可制得无水二氧化铼（ReO_2）。在 300℃ 时用氢气还原 Re_2O_7 也可制得无水二氧化铼。

3. 三氧化铼 Rhenium Trioxide

化学式 ReO_3

相对分子质量 234.21

性质 为红色立方晶系结晶，有金属光泽。散成薄层时，在透射光下呈绿色。晶体结构中，Re^{6+} 周围有 12 个 O^{2-} 配位，O^{2-} 周围有 4 个 Re^{6+} 配位。相对密度 6.9。400℃ 分解成 ReO_2 及 Re_2O_7。不溶于水、盐酸、硫酸，溶于过氧化氢、硝酸。是铼酸的酸酐。化学性质不活泼。有氧化性，如可将碘化钾氧化成 I_2。也具还原性，可被强氧化剂氧化成高价，如被 HNO_3 氧化成 $HReO_4$。与浓碱共沸时，可歧化为 ReO_4^- 及 ReO_2。在 400℃ 时，在真空中可歧化成金属铼及 Re_2O_7。

用途 用于制造含铼催化剂及铼化合物。

简要制法 在 300℃ 下由铼与 Re_2O_7 于封管中加热制得，或在 300℃ 下用 CO 还原 Re_2O_7 而得。

4. 七氧化二铼 Rhenium Heptoxide

别名 铼酸酐
化学式 Re_2O_7
相对分子质量 484.41
性质 为鲜黄色六方晶系结晶,是已知铼的氧化物(ReO_2、ReO_3、Re_2O_7)中最稳定的一种。相对密度6.103,熔点301.5℃,沸点362.4℃,蒸气压(250℃)1.45kPa。250℃开始升华。溶于水、乙醇、酸、碱,难溶于乙醚。加热时与氧作用生成Re_2O_8。在CO、SO_2气氛中加热可生成低价氧化铼。在氢气流中在300℃下加热可得到ReO_2,加热至800℃则得到金属铼。吸湿性很强。溶于水生成高铼酸($HReO_4$)。它是一种类似于高氯酸的强酸,但酸性比高锰酸弱。
用途 用作SO_2转化成SO_3、亚硝酸转化为硝酸的催化剂,也用于制造含铼催化剂及高铼酸。
简要制法 由金属铼粉在氧气流中加热至150℃以上制得,也可由配成酸性的高铼酸铵水溶液或由固体高铼酸铵在氧气中加热至略低于600℃制得。

5. 二硫化铼 Rhenium Disulfide

化学式 ReS_2
相对分子质量 250.33
性质 为黑色六方晶系板状结晶。相对密度7.51。具有CdI_2型的结构。晶格常数$a = 319 \times 10^{-12}$m,$c = 1216 \times 10^{-12}$m。不溶于水、乙醇、盐酸、碱及碱金属的硫化物溶液,溶于硝酸。具有还原性,可被HNO_3、$HClO$、H_2O_2等氧化成$HReO_4$及H_2SO_4。在空气中加热至275℃以上时开始燃烧,生成Re_2O_7及SO_2。在1000℃时分解成铼与硫的蒸气,并可被氢气还原为金属铼。
用途 用作顺丁烯二酸、巴豆酸、肉桂酸、丙烯醇及环己烯等加氢反应的催化剂,也用作润滑剂。
简要制法 在四氯化铼溶液中通入硫化氢后经沉淀制得。也可由单质硫和铼加热熔融制得,或在氮气中将Re_2S_7加热到750℃制得。

6. 七硫化二铼　Rhenium Heptasulfide

化学式　Re_2S_7
相对分子质量　596.83
性质　为棕黄色粉末。相对密度(25℃)4.866。不溶于水、硫酸、盐酸及碱，与硝酸、过氧化氢生成高铼酸。与碱金属硫化物生成硫化铼酸盐。易被氧化。在真空中加热至600℃分解为二硫化铼和硫，在氢气中加热至900℃生成铼和硫化氢。
用途　用作丙烯醇加氢制丙醇、丁酮和环己酮加氢制醇类、对硝基溴苯加氢制对溴苯胺及芳香烃氢化等反应的催化剂，并具有较强的抗毒性能。
简要制法　可在含有盐酸的高铼酸溶液中通入硫化氢制得，或在含有浓盐酸及硫酸铵的溶液中，由硫化钠与高铼酸钾反应制得。

7. 一氯三氧铼　Rhenium Trioxychloride

别名　氯三氧化铼
化学式　ReO_3Cl
相对分子质量　269.66
性质　为无色液体。相对密度3.867，熔点4.5℃，沸点131℃。分子参数：Re—O 键长 176.1×10^{-12} m，Re—Cl 键长 223×10^{-12} m，∠ClReO 108°20′。在潮湿空气中发烟，生成油状物，进而转化为高铼酸溶液。溶于四氯化碳。遇水反应，并立即分解为 $HReO_4$ 及 $HClO_4$。在浓盐酸中生成聚合物$(Re_2O_3Cl_2)_2$，和HI作用析出单质碘。易与有机物反应。
用途　用作加氢、脱氢等有机合成催化剂，也用于制造铼化合物。
简要制法　用$ReCl_5$的四氯化碳溶液与Cl_2O在200℃下反应制得，也可由$ReCl_5$与Re_2O_7反应制得，或由氯和氧的混合气与铼的硫化物反应制得。

8. 四氯氧铼　Rhenium Oxytetrachloride

化学式　$ReOCl_4$
相对分子质量　344.01
性质　为橘红色针状结晶。熔点29.3℃，熔化后成褐色液体。沸点

223℃，蒸气为绿褐色。溶于苯等有机溶剂。遇水或水汽发生水解并发生歧化反应，生成 $HReO_4$ 及 ReO_2。加热至300℃以上分解，在氧气流中加热转变为 ReO_3Cl。溶于冷浓盐酸，可生成六氯一氧合铼酸（$HReOCl_6$）褐色溶液。

用途 用作加氢、脱氢等有机合成催化剂，也用于制造铼化合物。

简要制法 由过量的氯化硫酰与金属铼在300℃下反应制得，也可由 $ReCl_5$ 与氧气和氢气的混合气经加热反应制得。

9. 高铼酸 Perrhenic Acid

化学式 $HReO_4$

相对分子质量 251.21

性质 仅存在于溶液中。晶体的分子式为 $Re_2O_7 \cdot 2H_2O$，呈土黄色。易吸潮，极易溶于水和有机溶剂。是一种强酸，化学性质与高氯酸相似，但比高氯酸稳定。高铼酸能溶解各种金属、某些金属的氧化物、氢氧化物或碳酸盐生成的所谓高铼酸盐。其氧化性较弱，在水溶液中可被 Sn^{2+}、Fe^{2+}、I^- 和 Ti^{3+} 等还原成 $Re(IV)$，并有中间产物 $Re(V)$。在碱性溶液中可稳定存在，并且无色（浓溶液为黄绿色）。与碱性氧化物共熔时可生成 M_5ReO_6 及 M_3ReO_5（M 为 Na^+ 等金属离子）。

用途 用于制造高铼酸钾、高铼酸钠等高铼酸盐及含铼催化剂。

简要制法 将铼酸酐（Re_2O_7）溶于水可制得无色高铼酸溶液，也可由双氧水或硝酸等氧化剂与铼化合物反应而得。

10. 高铼酸钾 Potassium Perrhenate

化学式 $KReO_4$

相对分子质量 289.3

性质 为白色结晶粉末。相对密度4.887，熔点550℃，沸点1360～1370℃，折射率1.643。溶于水，微溶于乙醇。溶解度随温度不同而有很大变化。在0℃时，每100mL水可溶解0.36g高铼酸钾；温度升至50℃时，可溶解3.3g。如加入氯化钾或其他钾盐，则溶解度变小。在强碱性溶液中稳定。与过量碱共熔被分解为铼酸钾。铼酸钾遇水溶解时发生歧化反应，形成高铼酸钾和二氧化铼。在氢气流中加热至800℃以上还原为金属铼粉和氢氧化钾。在水溶液中能被锌、钠汞齐、镁、钙及氢还原为二氧化铼或一氧化二铼的水合物。

用途 用于制造含铼催化剂、纯金属铼及其他铼化合物。

简要制法 由高铼酸溶解氢氧化钾或碳酸钾而得。

11. 高铼酸铵 Ammonium Perrhenate

化学式 NH_4ReO_4

相对分子质量 268.24

性质 为白色六方晶系片状结晶。相对密度3.53，在353℃时分解。稍溶于水，常温下1L水能溶解约60g高铼酸铵。温度升高，溶解度增大。在强碱溶液中十分稳定。加热至365℃时离解，生成易挥发的七氧化二铼和黑色残渣二氧化铼。有氧化性，其氧化能力比高锰酸钾要弱。

用途 用作环己烷脱氢、乙醇脱氢催化剂，也用于制造铼催化剂、氧化铼、铼钨丝等，也用作氧化剂及高纯试剂。

简要制法 先将Re_2O_7溶于水制成高铼酸溶液，再与用氨气饱和的2-异丙醇和乙醚的混合液反应而得。

(二十) 锇及其化合物

1. 金属锇 Metallic Osmium

元素符号 Os

相对原子质量 190.21

性质 为铂族元素的一种，外表像锌。相对密度22.57，熔点3015~3075℃，沸点4927~5127℃。化合价有+2、+3、+4、+5、+6、+8价。其性质与同族元素(特别是钌)十分相似。金属锇有块状、粉状及海绵状三种。块状锇为质硬而脆的灰蓝色六方晶系金属，是所有金属中密度最大的；粉状锇呈灰黑色；海绵状锇可由$(NH_4)_2[OsCl_6]$经热分解制得。锇在铂系元素中的熔点最高，但吸收氢气的能力却最差。它是铂系元素中最易和氧反应的金属。常温下粉状锇就可被空气中的氧气氧化成四氧化锇，块状锇则需要在400℃以上才能与氧发生反应，块状锇不溶于王水及酸；粉状锇则可被氧化性酸(如发烟硝酸、热浓硫酸等)溶解，并氧化为OsO_4；海绵状锇可与浓盐酸生成黄绿色的$OsCl_6^{3-}$及$OsCl_6^{2-}$。在空气存在下，苛性碱与锇熔融加热，可制得红色的锇酸钠(Na_2OsO_4)。在强碱性水溶液中,用Cl_2、ClO^-、过氧化物等强氧化剂可以溶解锇;用苛性碱及氧化剂(如硝酸钾、高锰酸钾等)与锇熔融,可制得锇酸盐。锇的氧化物有挥发性。锇在自然界中主要以游离状的单质存在,但却无自己单独的矿床,而是分散地共生在原铂矿、铂铱矿、铱锇矿等矿床中,与铂系其他金属形成天然合金,其中在铱锇矿里含量最高。

用途 锇及其化合物具有催化活性,用作加氢、脱氢、氧化等有机合成催化剂及助催化剂。锇催化剂包括胶体锇、锇黑和OsO_2、$OsCl_3$等负载在Al_2O_3、炭黑及石棉等载体上制得的催化剂是不对称反应的重要催化剂。也用于制造胶体锇、铱锇合金、仪器驱动轴、钢笔尖等。

安全事项 有毒,并带有刺激性。

简要制法 锇在铂矿中以锇铱合金形式存在,通常先使锇酸盐溶液中的锇以硫化物或氢氧化物形式沉淀出来,然后在氢气中还原制得。

2. 二氧化锇　Osmium Dioxide

化学式 OsO_2

相对分子质量 222.19

性质 为黑色四方晶系结晶。相对密度11.5。不溶于水,溶于盐酸、氢氟酸,暴露于空气中即氧化为四氧化锇。

用途 用于制造含锇催化剂。

简要制法 先将锇酸钠溶液用乙醇还原,再经硫酸中和,即可制得二氧化锇二水合物($OsO_2 \cdot 2H_2O$),经脱水制得无水二氧化锇。

3. 四氧化锇　Osmium Tetroxide

化学式 OsO_4

相对分子质量 254.21

性质 为白色至淡黄色单斜晶系结晶,具有四面体结构。有挥发性。相对密度4.906,熔点40.6℃,沸点130℃。稍溶于水,易溶于乙醇、乙醚及四氯化碳等。在有机溶剂的溶液中长时间放置则分解。四氧化锇的水溶液是很弱的酸,其化学式可表示为$H_2[OsO_4(OH)_2]$。具有导电性。四氧化锇可与冷碱生成$[OsO_4(OH)_2]^{2-}$。有强氧化作用,与盐酸反应生成二氯化锇并放出氯气;与CO反应可生成$Os(CO)_5$及CO_2;可被碳还

原为金属锇并释出 CO_2。四氧化锇蒸气在灼烧时与氢发生爆炸性反应而生成锇粉。

用途 用作不饱和烃氧化制二醇等有机合成催化剂，也用作氧化剂，其稀的水溶液可用作生物染色剂。也用作制取多种锇化合物的原料。

简要制法 由锇粉在空气中加热至400℃时制得。

4. 三氯化锇　Osmium Trichloride

化学式　$OsCl_3$

相对分子质量　296.55

性质 为深灰色立方晶系结晶，有顺磁性。易潮解。溶于液氯、浓矿物酸及有机溶剂。遇氢氧化钾水解。350℃升华，450℃以上分解成 $OsCl_2$。

用途 用作降冰片烯多聚催化剂，也用于制造其他锇化合物。

简要制法 将不含水分和氧气的精制氯气与金属锇粉加热反应，可制得 $OsCl_4$ 及 $OsCl_3$ 的混合物。将产物快速冷却，有利于 $OsCl_3$ 的生成。也可在氯气氛中，于470℃下将 $OsCl_4$ 热分解制得 $OsCl_3$。

5. 高锇酸钾　Potassium Perosmate

别名　二水锇酸钾

化学式　$K_2OsO_4 \cdot 2H_2O$

相对分子质量　368.41

性质 为浅紫红色至紫色结晶。易潮解。易溶于水，不溶于甲醇、乙醇、乙醚，在干燥空气中稳定。在惰性气体中加热至200℃时，失去结晶水而成无水物。如在空气中加热便发生分解，生成四氧化锇并挥发。在水中重结晶时也会发生分解。应保存于干燥容器中。

用途 用于制造含锇催化剂及胶体锇，也用于测定水中的含氮物质。

简要制法 用乙醇或亚硝酸钾还原含四氧化锇的氢氧化钾溶液而得。

6. 胶体锇　Colloidal Osmium

性质 为棕黑色透明胶体，是在保护胶体存在下，由胶体大小的锇颗粒分散于分散介质中所制得的胶体溶液。具有良好的稳定性。

八、过渡元素及其化合物

用途 用作环氧化物加氢分解制伯醇等有机合成反应的催化剂。

简要制法 先将 0.75g 海藻酸钠溶于脱离子水中,另将 1.5g 高锇酸钾($K_2OsO_4 \cdot 2H_2O$)溶于 50mL 水中制成弱碱性溶液。在搅拌下将后者加至前者溶液中。然后加入过量联氨水合物,在产生气体的同时,溶液由深红色变成深蓝色。继续搅拌约半小时,即生成棕黑色透明胶体,再加入适量联氨水合物直至颜色不发生变化为止。用渗透法将胶体分离出来,经干燥后再用 H_2 于 30~40℃ 还原即制成用作催化剂的胶体锇。

7. 锇黑 Osmium Black

性质 为黑色微细固体粉末。

用途 用于制取加氢、甲酸分解等锇黑催化剂。

简要制法 先将 1g 硼氢化钠溶于 45mL 水中,在搅拌下缓慢加入 0.1mol 的四氧化锇溶液 5mL,即可生成黑色微细状固体锇。此锇黑可用于 1-辛烯和硝基苯的加氢反应;由四氧化锇的氢氧化钠—乙醇溶液中制得锇酸钠,将其在水和乙醇的混合液中加热,再用盐酸中和后制得二氧化锇($OsO_2 \cdot H_2O$)粉末,该粉末再在氢气中加热,也可制得锇黑催化剂,并可用于甲酸分解反应。

(二十一) 铱及其化合物

1. 金属铱 Metallic Iridium

元素符号 Ir

相对原子质量 192.22

性质 为银白色金属面心立方晶格。相对密度(17℃)22.42,熔点 2410~2450℃,沸点 4130~4500℃。性硬而脆,硬度比铂高。加热时有延展性。化学性质稳定,不溶于一般的酸及王水。与过氧化钠或硝酸钾及氢氧化钾共熔后可溶于王水,稍溶于熔融碱。在空气中加热至 600~1000℃ 能缓慢地氧化,但超过此温度时又分解为单质铱。在氧中加热金属铱即生成有蓝色光泽的氧化铱。化合价有 +2、+3、+4、+5、+6 价,常见化合价为 +3、+4 价。在 360~400℃ 下,将氯通过铱金属,则有淡黄绿色六氯化铱($IrCl_6$)生成;在红热状态下,将氯通至混有 KCl 或 NaCl 的铱金属时，则会生成四氯化铱($IrCl_4$)；将 NaCl 和铱黑置于燃烧管中加热，同时通入氯气，将生成物溶解，再用 NH_4Cl 及氯气处理可制得氯高酸铵$(NH_4)_2IrCl_6$。铱不生成水合阳离子，铱(Ⅲ)能与各种酸体生成配位阳离子、配位阴离子及电中性配合物。其配位数均为 6，其中一些配合物具有相当催化活性。铱对 H_2、C_2H_2、C_2H_4、O_2、CO 等气体有化学吸附能力。铱在自然界中主要呈单质存在，以天然合金或混合物的形式与其他铂系金属共生于铱铂矿、铱锇矿等矿物中。

用途 铱及其化合物可用作硝基苯加氢、苯加氢等有机合成反应的催化剂。铱催化剂主要有胶体铱催化剂、铱黑催化剂、铱的氧化物或氯化物负载在载体上制得的催化剂。铱也是重整催化剂的组分之一。铱的配合物可用于不对称还原反应的催化剂。铱也用于制造铂铱合金、热电偶、铱石棉及铱的金属互化物等。

简要制法 自然界中铱存在于铱锇矿中。先用王水处理铂矿石残渣，再经熔炼加工精制而得。

2. 二氧化铱　Iridium Dioxide

化学式　IrO_2

相对分子质量　224.20

性质 为黑色四方晶系结晶或粉末。相对密度 11.66。难溶于水、硝酸、硫酸及碱。不溶于水及碱，但溶于盐酸及氢溴酸。1100℃分解。其二水合物($IrO_2 \cdot 2H_2O$)为蓝黑色粉末。二水二氧化铱加热至 350℃时脱水成为无水二氧化铱。

用途 用作硝基芳烃化合物加氢制羟胺等有机合成反应的催化剂，也用于制造金属铱。

简要制法 无水二氧化铱可由金属铱粉在空气或氧中加热而得。二水二氧化铱可用碱处理$[IrCl_6]^{2-}$溶液制得。

3. 三氯化铱　Iridium Trichloride

化学式　$IrCl_3$

相对分子质量　298.57

性质 有 α、β 两种变体，$\alpha\text{-}IrCl_3$ 具有类似 $AlCl_3$ 的结构，为棕色片状固体，在空气中稳定，加热至 600℃时转变为 $\beta\text{-}IrCl_3$；$\beta\text{-}IrCl_3$ 的结构与

α-$IrCl_3$ 相似,但金属原子在八面体晶格空隙中的分布方式有所不同。β-$IrCl_3$ 为深红色结晶,加热至 763℃ 时分解。三氯化铱的相对密度为 5.3。不溶于水、酸及碱。在王水中缓慢溶解形成六氯合铱配离子 $[IrCl_6]^{2-}$。三氯化铱存在三水合物($IrCl_3 \cdot 3H_2O$),为暗绿色结晶,溶于水形成暗绿色酸性水溶液。

用途 用作烃类加氢等有机合成反应的催化剂。三水三氯化铱($IrCl_3 \cdot 3H_2O$)用作制备各种配位化合物的原料。

简要制法 在氯气氛中将金属铱粉加热至 600℃ 左右可制得无水三氯化铱。在氯化氢气流中加热铱的氯氧化物 $Ir(OH)Cl_2 \cdot 3H_2O$ 则可制得三水三氯化铱($IrCl_3 \cdot 3H_2O$)。

4. 氯铱酸 Chloroiridic Acid

化学式 $H_2IrCl_6 \cdot 6H_2O$

相对分子质量 515.05

性质 为黑色或红褐色针状结晶,易吸潮。易溶于水、盐酸。加热至 90℃ 以上时失去结晶水,150~180℃ 时转化成三价铱。氯铱酸饱和溶液在 80℃ 下与氢氧化钾饱和溶液反应可生成蓝色沉淀物 $IrO_2 \cdot nH_2O$。

质量规格

产品性状	指标	产品性状	指标
铱总量,%	≥37.0	氮化合物(N),%	≤0.01
四价铱,%	≤36.0	稀盐酸溶解试验	合格

用途 用于制造含铱催化剂及铱化合物,也用作分析试剂。

简要制法 将金属铱粉与等量氢氧化钠及 3 倍量过氧化钠在 600℃ 下共熔,生成物经浓盐酸加热溶解后再通入氯气即可制得氯铱酸。

5. 氯铱酸铵 Ammonium Chloroiridate

化学式 $(NH_4)_2IrCl_6$

相对分子质量 441.01

性质 为红黑色六方晶系结晶或红色粉末。相对密度 2.856。微溶于水,不溶于乙醇,溶于盐酸。

质量规格

产品性状	指 标
铱(Ir)含量,%	≥42.5

用途　用于制造含铱催化剂及铱化合物,也用作化学试剂。

简要制法　将一定量金属铱粉与氯化钠混合研磨后置于石英管中,在通入氯气下加热至625℃。将反应物水洗过滤,在滤液中加入王水并煮沸,使滤液中的$[IrCl_6]^{3-}$转变成$[IrCl_6]^{2-}$。在滤液中加入饱和氯化铵溶液,即制得黑色沉淀物氯铱酸铵。

6. 胶体铱　Colloidal Iridium

性质　为黄色黏滞性液体。是在保护胶体存在下,由胶体大小的铱颗粒分散于分散介质中所形成的胶体溶液,具有良好的稳定性。

用途　用作硝基苯加氢制苯胺等有机合成催化剂。

简要制法　将1g海藻酸钠溶于30mL水中制成保护胶体溶液,向溶液中加入少量氢氧化钠及0.87g三氯化铱。搅匀后逐渐加入少量钠汞齐,经激烈反应即可制得黄色胶体铱。用硝酸处理后即可用于硝基苯加氢反应。

(二十二)铂及其化合物

1. 金属铂　Metallic Platinum

别名　白金

元素符号　Pt

相对原子质量　195.08

性质　铂的存在形式:普通铂、结晶铂、非结晶铂、海绵铂及胶体铂五种。普通铂为银白色金属,俗称白金。柔软而有延性。相对密度21.45,熔点1772℃,沸点3727~3927℃。结晶铂是等轴八面体或十二面体结晶;非结晶铂又称铂黑,为多孔性黑色粉状物;海绵铂呈细碎海绵状,具有很大的比表面积;胶体铂是暗棕色溶液。

铂的化学性质稳定,在潮湿空气及一般试剂中不发生化学反应。不溶于任何一种单一酸,仅溶于王水及熔融碱。它在王水中的溶解速率与其密度有关。致密状的铂在王水中溶解缓慢,直径为 1mm 的铂丝需 4~5h 才能完全溶解,而经低温灼烧制得的海绵铂则较易溶于王水中。除王水外,铂也溶于 $HCl-HClO_4$、$HCl-H_2O_2$ 的混合溶液中。有空气或氧化剂存在时,铂也会缓慢地溶于盐酸。在氧化剂(如 $KClO_3$)存在下,铂与氢氧化钠共熔时,可将铂转化为可溶性化合物。铂的价层电子构型为 $5d^96s^1$,由于 5d 和 6s 的轨道能量相近,在一定条件下,6s 电子和 5d 上的部分电子均可参加成键,故铂有 +2、+3、+4、+5、+6 多种化合价,而以 +2、+4 为主。高温时铂能与 C、S、Cl、P、F、Se 等元素反应。致密的金属铂在任何温度的空气中不被氧化,但在高温、高压下能与氧反应生成 PtO_2 或 PtO。而铂黑在加热时可吸收氧的质量分数达 2.5%。它对 H_2、O_2、C_2H_2、C_2H_4、CO 等气体均有较强化学吸附能力,在接近常态条件下具有很强的加氢活性,对一般的官能团和苯环等的加氢均有效。铂在自然界中主要呈游离态的单质存在,但常与金及所有的铂系金属共生,主要矿物有原铂矿、铂钯矿、铂铱矿及锇铱矿等。在这些矿床中,既有高度分散的小颗粒铂黑也有较大的金属块。

质量规格

产品性状	指标(铂粉)
铂(Pt)含量,%	≥99.0

用途 用作铂重整、加氢、氧化等反应的催化剂。铂还可用作燃料电池的电极催化剂。铂系手性催化剂可催化不对称加氢反应。也用于制造铂铑合金、热电偶、电极、铂坩埚及铂盐等。

简要制法 先用王水溶解铂矿石,再经分离精制而得。

2. 二氧化铂 Platinum Dioxide

别名 氧化铂
化学式 PtO_2
相对分子质量 227.08
性质 为黑色立方晶系结晶或粉末。相对密度 10.2。熔点 450℃。是最稳定的铂氧化物。不溶于水,溶于浓酸、稀碱。加热至 620℃ 分解成铂和氧气。一般不易在不发生分解的情况下制得无水 PtO_2,甚至也不易制得纯的水合物。通常制得的二氧化铂其组成可表示为 $PtO_2 \cdot nH_2O$ ($n=1$, 2, 3, 4)。其中，三水合物($PtO_2 \cdot 3H_2O$)是加氢反应的良好催化剂(实际起催化作用的是 PtO_2 被氢还原生成的铂黑)。

质量规格

产品性状	指标
二氧化铂(PtO_2)含量,%	79~83

用途 用作催化剂，通常称为亚当斯(Adams)催化剂。也用于常温常压下有机物液相催化加氢，除能使碳碳双键及三键加氢外，还能使其他不饱和功能团(羧基除外)加氢；也用于制药及化工行业，也用作通用试剂。

简要制法 先将氯铂酸 $H_2[PtCl_6]$ 与硝酸钠在 500℃ 下共熔，再将熔融物溶于水，分离除去可溶性盐类后可制得 PtO_2。如将氯铂酸溶液与过量的碳酸钠溶液共同加热，再用乙酸或硫酸中和，则可制得含结晶水的二氧化铂($PtO_2 \cdot nH_2O$)。

3. 二氯化铂　Platinum Dichloride

别名 氯化亚铂

化学式 $PtCl_2$

相对分子质量 265.99

性质 有 α、β 两种变体。α-$PtCl_2$ 为橄榄绿色六方晶系结晶。相对密度 6.05，不溶于水、乙醇、乙醚，溶于盐酸及氨水。581℃ 分解生成 Pt 及氯气。β-$PtCl_2$ 为深红色晶体，是以 Pt_6Cl_{12} 为单位的二聚体分子。不溶于水，溶于苯。在 500℃ 下加热 1~2 天可转变为 α-$PtCl_2$。溶于盐酸形成 $H_2[PtCl_4]$，溶于氢氧化钾溶液生成 $Pt(OH)_2$ 沉淀。能与多数金属氯化物反应生成亚氯铂酸盐，如与 KCl 作用生成 $K_2[PtCl_4]$。

用途 将二氯化铂在适当的有机溶剂中与链烯烃形成配合物可用作加氢催化剂。如 $PtCl_2$ 在丙酮中于 0℃ 以下吸收乙烯，则生成 $PtCl_2 \cdot (C_2H_4)_2$ 或 $(PtCl_2 \cdot C_2H_4)_2$ 配合物，可用作乙烯加氢催化剂。二氯化铂也用于制造高纯铂盐。

安全事项 有毒！

简要制法 将铂在氯气氛中加热至 500℃ 可制得 α-$PtCl_2$。将 $PtCl_4$ 加热至 350℃ 可制得 β-$PtCl_2$。

4. 四氯化铂　Platinum Tetrachloride

别名　氯化铂
化学式　$PtCl_4$
相对分子质量　336.91
性质　为红褐色或棕色结晶。相对密度(25℃)4.303。溶于水、乙醇、丙酮。溶于盐酸生成氯铂酸，微溶于乙酸、三氯甲烷。在375℃分解为二氯化铂及氯气。在空气中吸湿变成五水合物($PtCl_4 \cdot 5H_2O$)。五水合物为红色单斜晶系结晶，相对密度(25℃)2.43，100℃时失去4个分子结晶水。
质量规格

产品性状	指　标	
	分析纯	化学纯
铂(Pt)含量,%	≥57.3	≥56.6
稀盐酸溶解试验	合格	合格

用途　用作加氢、异构化等有机合成反应的催化剂，也用作测定钾、铯、钌及生物碱的试剂。
简要制法　可由铂在250~300℃下直接氯化制得，或由 $H_2PtCl_6 \cdot 6H_2O$ 与氯气经加热反应而得。

5. 二硫化铂　Platinum Disulfide

化学式　PtS_2
相对分子质量　259.21
性质　为棕黑色粉末。不溶于水、酸，溶于王水。在氧气中燃烧时生成 Pt 及 SO_2。
用途　用作有机合成催化剂，也用于制造铂催化剂。
简要制法　在90℃时，向 $H_2[PtCl_6]$ 稀溶液中通入 H_2S 即可得到暗褐色水合 PtS_2 沉淀。在烘干该沉淀物时，温度不同，可得到 $PtS_2 \cdot 5H_2O$ 及 $PtS_2 \cdot 3H_2O$ 两种硫化物。当温度超过310℃时，该硫化物分解并有金属铂生成。铂族金属硫化物的溶解度不大，因此可以通过生成铂族金属硫化物沉淀的方法回收铂族金属。

6. 氯铂酸　Chloroplatinic Acid

别名　铂氯氢酸、六氯合铂酸
化学式　$H_2PtCl_6 \cdot 6H_2O$
相对分子质量　517.93
性质　为红棕色或橙黄色结晶。吸湿性极强。相对密度2.431，熔点60℃。溶于水、乙醇及乙醚。110℃部分分解，150℃时开始生成金属铂，360℃时生成四氯化铂并释出氯化氢气体。灼烧时制得海绵铂。氯铂酸是重要的铂配合物之一，也是制备其他含铂化合物的重要起始原料。由于易潮解，制取相应晶体的难度较大。工业上常将氯铂酸制成适当的盐类，其中氯铂酸钾及氯铂酸铵是最常用的氯铂酸盐。

质量规格

产品性状	指标(分析纯)	产品性状	指标(分析纯)
铂(Pt),%	≥37.0	硝酸可溶物,%	≤0.2
硝酸盐(NO_3^-),%	≤0.04	水溶解试验	合格

用途　用于制造铂催化剂、氯铂酸盐及其他铂的化合物，也用于镀铂及生物碱的沉淀。

简要制法　用王水溶解纯铂块或铂粉(海绵铂)并适当加热，再经浓缩及滴加浓盐酸赶硝后，可制得氯铂酸溶液。如需制得晶体，可经旋转蒸发器直接浓缩结晶、真空干燥制得。

7. 氯铂酸钾　Potassium Chloroplatinate

别名　氯化铂钾、六氯铂酸钾
化学式　K_2PtCl_6
相对分子质量　486.03
性质　为橙黄色立方晶系结晶或粉末。相对密度3.50，熔点250℃(分解)。微溶于冷水，不溶于乙醇，加热分解并释出氯气。可被活泼金属还原为金属铂。氯铂酸钾溶液在加热时与KBr或KI溶液作用，生成$K_2[PtBr_6]$或$K_2[PtI_6]$。

质量规格

产品性状	指标	
	分析纯	化学纯
铂(Pt),%	40.0~40.3	39.7~40.3
干燥失重,%	0.2	0.5
氮化合物(以N计),%	0.01	0.03
盐酸溶解试验	合格	合格

用途 用于制造铂催化剂、金属铂,也用于电镀及用作分析试剂。
简要制法 由氯铂酸与氯化钾反应制得。

8. 氯铂酸铵　Ammonium Chloroplatinate

别名 氯化铂铵、六氯铂酸铵
化学式 $(NH_4)_2PtCl_6$
相对分子质量 443.89
性质 为黄色或橙黄色立方晶系结晶。相对密度3.065。微溶于水,不溶于乙醇、乙醚。在盐酸中发生水解,可被活泼金属及其他还原剂直接还原为金属铂,加热即分解为铂黑。在较低温度下分解则得到灰黑色海绵铂。$[PtCl_6]^{2-}$很稳定,与有机试剂几乎不显色,也不易被有机试剂萃取,在铂的分析化学中,凡参与显色反应的几乎都是$[PtCl_6]^{2-}$。

质量规格

产品性状	指标(化学纯)
铂(Pt)含量,%	≥43.3

用途 用于制造铂催化剂、海绵铂,也用作测定铂的试剂及用于镀铂。
安全事项 有毒!
简要制法 由氯铂酸与氯化铵反应制得。

9. 氯铂酸钠　Sodium Chloroplatinate

别名 氯化铂钠、铂氯化钠

化学式 $Na_2PtCl_6 \cdot 6H_2O$
相对分子质量 561.88

性质 为黄色或橙红色三斜晶系结晶。有潮解性。相对密度 2.50。易溶于水，溶于乙醇。100℃时失去结晶水成无水物（Na_2PtCl_6）。可被活泼金属及其他还原剂（如 HCOONa）还原为金属铂。灼烧时可制得浅灰色海绵铂。

质量规格

产品性状	指标（化学纯）
铂(Pt)含量,%	≥34.0

用途 用于制造铂催化剂及海绵铂，以及用于电镀、分析试剂，也用作锌板蚀刻剂。

简要制法 由氯铂酸与氯化钠反应制得。

10. 胶体铂 Colloidal Platinum

性质 为在保护胶体存在下，由胶体大小的铂颗粒分散于分散介质中所形成的胶体溶液，经浓缩、干燥制得的胶状物。具有丰富的孔结构及良好的吸附性能。

简要制法 在 1g 氯铂酸钾及 1g 阿拉伯胶的水溶液中加入 48.2mL 的 0.1g/L 氢氧化钠，搅拌下加热至沸，直至液体呈暗棕色为止。将生成的胶体氢氧化铂经透析法精制及真空干燥即得成品，可直接使用也可用氢气还原后使用。

用途 用作烃类加氢、异构化等有机合成反应的催化剂，其催化活性一般比二氧化铂小一些。

11. 铂黑 Platinum Black

性质 为呈黑色的金属铂细粉。表观密度 $15.8 \sim 17.6 g/cm^3$。溶于王水。能吸附大量的氢、氧等气体。

用途 用作芳环加氢、1-辛烯加氢等催化剂，也用于制造铂催化剂。

简要制法 在铂盐溶液中加锌或镁还原可制得铂黑。将氯铂酸在碱溶液中用甲醛、肼、甲酸钠等还原也可制得铂黑催化剂。如在 80mL 氯铂酸溶液中慢慢加入 150mL 50% 的氢氧化钾水溶液，温度维持在 5℃ 以下。加完氢氧化钾溶液后在30min内将温度升至55~60℃进行还原。冷却后用倾泻法除去上层清液,将沉淀物真空干燥即可制得铂黑催化剂。

(二十三)金及其化合物

1. 金属金 Metallic Gold

元素符号 Au
相对原子质量 196.96
性质 为深黄色金属,质软而重,富有光泽。面心立方晶格。相对密度19.32,熔点1064.18℃,沸点2966℃。化合价有+1、+3价。金的化学性质稳定,是唯一在高温下不与氧反应的金属。1000℃下将金置于氧气氛中40h,无失重现象。这是由于金具有很高的第一电离能,而且4f和5d电子对核电荷的屏蔽作用较弱,致使金的6s电子受到较高的有效核电荷作用,不容易失去。在高温下金也不与氢、氮、硫和碳反应。在常温下和溴可起反应,而和氟、氯、碘要在加热下才反应。单一的硝酸、硫酸或盐酸均不与金发生作用,碱对金也无显著侵蚀。金可以溶解于以下溶液中:王水、硫脲溶液、碱金属氰化物溶液、硫代硫酸盐溶液、I_2-I^-溶液、Br_2-Br^-溶液、Cl_2-Cl^-溶液、铵盐存在下的混酸、含Fe^{3+}离子的盐酸、石灰-硫黄合剂等,尤以王水溶解金的速度最快。在空气中,即使在潮湿的环境中金也不起变化。而在有强氧化剂存在时,金能溶解于硝酸、碘酸、无水硒酸等。金有形成溶胶的特性。溶胶可呈红色、蓝色、紫色,颜色视金粒的大小而定。金的延展性居金属之首,可拉成极细的丝和锤成极薄的金叶。也是热和电的良导体,性能仅次于银和铜。金在自然界中分布广而稀少,多以自然金及各种缔合物矿存在。铜、铝、铁的硫化物矿中也含有少量金。金对乙烯、乙炔有强的物理吸附作用。金的化合物的稳定性都很差,易被还原成单质状态。+3价金的化合物比较稳定,易生成配合物,配位数一般为4。

质量规格

产品性状	指标(高纯金)
金(Au)含量,%	≥99.999
Ag、Al、Bi、Co、Cu、Fe、Mn、Ni、Pb、Sb、Sn等杂质总含量	$\leq 1 \times 10^{-6}$

用途 用作催化剂,常要有适当的助催化剂或载体。如 Au/TiO$_2$、Au/Fe$_2$O$_3$ 催化剂在室温下可使 CO 快速氧化成 CO$_2$。实验室用金催化剂常以金箔、蒸发膜或粉末状态使用。也用于制造金催化剂,也用于金盐、合金、电镀金、牙科材料、装饰品及货币等。

简要制法 用氰化法或汞齐法从矿石中提取金,再经电解纯化而得。或用草酸还原氯化金溶液制得。

2. 氯化金 Gold Trichloride

别名 三氯化金

化学式 AuCl$_3$

相对分子质量 303.32

性质 为红宝石色或红褐色单斜晶系结晶。相对密度 4.7,熔点 229℃,沸点 254℃(分解)。易溶于水、稀盐酸、乙醇、乙醚。不溶于二硫化碳,溶于水形成红棕色氯金酸 H[AuCl$_4$·OH]。在盐酸中生成四氯合金酸 HAuCl$_4$·4H$_2$O。在中性水溶液中不稳定,会逐渐分解游离出金。氯化金具有双聚氯桥结构:

$$\begin{array}{c} \text{Cl} \diagdown \quad \diagup \text{Cl} \diagdown \quad \diagup \text{Cl} \\ \quad \text{Au} \quad 86° \quad \text{Au} \quad 90° \\ \text{Cl} \diagup \quad \diagdown \text{Cl} \diagup \quad \diagdown \text{Cl} \\ 223\times10^{-12}\text{m} \quad 223\times10^{-12}\text{m} \end{array}$$

因此,其在气态、液态及固态时都是共边平面双聚分子 Au$_2$Cl$_6$。Au$_2$Cl$_6$ 中的氯桥易被中性配体 L 破坏而生成[AuLCl$_3$]型配合物。对于易氧化的配体,Au$_2$Cl$_6$ 可充当氧化剂。这时 Au(Ⅲ)被还原为 Au(Ⅰ),而部分配位剂则被氯化。如 Au$_2$Cl$_6$ 与叔膦(PR$_3$)反应可生成 R$_3$PAuCl 及 PR$_3$Cl$_2$。氯化金也存在二水合物(AuCl$_3$·2H$_2$O),为橙色结晶。

质量规格

产品性状	指标
氯化金(AuCl$_3$),%	≥99.0

用途 用于制造含金催化剂、金化合物、胶体金、特种墨水、医药,也用于照相、镀金、玻璃及瓷器的着色等。

简要制法 由金粉与过量氯气在 225~250℃下加热反应制得。或先由

Na[AuCl$_4$]与亚硫酸反应沉淀出金,再与氯气反应而得。

3. 氯化亚金　Gold Chloride

化学式　AuCl
相对分子质量　232.46
性质　为亮黄色正交晶系结晶。为折线型分子(—Au—Cl—Au—Cl—),键角∠AuClAu为92°。相对密度7.6。289℃分解。易溶于冷水并部分分解,溶于热水即分解为Au和AuCl$_3$。可溶于碱金属氯化物溶液。在盐酸或氯化钾溶液中生成Au和Au^{3+}的配合物。
用途　用于制造含金催化剂、金化合物,也用于照相、镀金等。
简要制法　由氯金酸H[AuCl$_4$]在156℃下热解制得。也可在190~200℃下加热AuCl$_3$而得。

4. 硫化金　Auric Sulfide

化学式　Au$_2$S$_3$
相对分子质量　490.11
性质　为棕黑色粉末。相对密度8.754,熔点197℃(分解)。加热至熔点以上时分解生成Au及S。不溶于水、乙醇、乙醚、盐酸、硫酸及稀硝酸,溶于王水、氰化钾溶液、浓硫化钠及多硫化物溶液。与浓硝酸反应激烈。
用途　用于制造金催化剂、胶体金、金化合物,也用于照相、制药等。
简要制法　在低温无水乙醚中由H$_2$S和Au$_2$Cl$_6$反应制得,也可由氯金酸溶液与硫化氢反应制得。

5. 氯金酸　Chloroauric Acid

别名　四水合氯金酸
化学式　HAuCl$_4$·4H$_2$O
相对分子质量　411.84
性质　为黄色至金黄色单斜晶系结晶。对光敏感,见光会出现黑色斑点(胶体金)。在潮湿空气中会潮解。相对密度3.9,熔点60℃。加热至

120℃以上分解为氯化金。受强热分解为氯气、氯化氢和金。溶于冷水、乙醇、乙醚,易溶于热水,微溶于三氯甲烷。在干燥空气中长时间放置会失去一个分子结晶水。有腐蚀性,除四水物外,氯金酸还存在三水合物($HAuCl_4 \cdot 3H_2O$)。

质量规格

产品性状	指标	产品性状	指标
金(Au),%	≥47.8	醇、醚中溶解试验	合格
氯(Cl^-),%	≥32.7	硝酸盐(NO_3^-)	合格
碱金属及其他金属,%	≤0.20	总氮量(N),%	≤0.01

注:表中数据摘自 HG/T 3446—2003。

用途 用于制造金及金溶胶催化剂、胶体金及金化合物等,也用于配制镀金、镀金合金的电解液,还用于生物碱测定、照相以及制造红宝石玻璃等。

简要制法 将金溶解于王水后加入浓盐酸在水浴上蒸去硝酸而得,或将三氯化金溶于盐酸后,经蒸发浓缩析出晶体即得。

6. 超细金粉 Superfine Gold Powder

元素符号 Au

相对原子质量 196.96

性质 为深黄色至黑色微粒及球形细粉。粒度 500~800 目。颗粒越小,颜色越深。不溶于水、酸、碱,溶于王水、硫脲溶液。

用途 金催化剂常以粉末状态、蒸发膜或金箔等形式用于催化反应中。将超细金粉负载于多孔性载体上,可以制得具有特定催化性能的含金催化剂。

简要制法 由金化合物溶液经化学还原制得。常用还原剂有锌粉、铁粉、亚硫酸钠、抗坏血酸等。例如,将抗坏血酸配成饱和溶液,在搅拌下滴入氯金酸溶液,静置沉降后倾出上层清液,将所得金粉经洗涤、真空干燥即可制得不同粒度的微球形金粉。超细金粉具有很大的比表面积和表面作用能,容易发生团聚。为此需在反应体系中加入适当的分散剂,以防止颗粒之间发生团聚。

(二十四) 汞及其化合物

1. 汞 Mercury

别名 水银

元素符号 Hg

相对原子质量 200.59

性质 为银白色液态金属,具流动性,内聚力强。相对密度13.5939,熔点-38.87℃,沸点357℃,蒸气压(20℃)0.16Pa。化合价有+1、+2价。溶于硝酸、热浓硫酸。与稀盐酸、冷硫酸、碱不发生反应。常温下不被空气氧化,加热至沸腾时缓慢与氧反应生成氧化汞。汞能溶解K、Na、Ag、Au、Zn、Cd、Sn、Pb等许多金属,形成汞齐。汞齐是合金,因组成不同而呈液态或固态。汞具挥发性,在室温下,能形成单分子的蒸气。汞受热时均匀地膨胀且不润湿玻璃,可用于制造温度计。汞的密度大、蒸气压低,故用于制造压力计。所有汞的+1价氧化态的化合物,无论固态或溶液都是反磁性的。这是由于Hg原子最外层的两个6s电子很稳定,含有一个成单电子的Hg^+强烈地趋向形成二聚体。其结构式为$^+Hg:Hg^+$,简写为Hg_2^{2+},所以氯化亚汞的分子式为Hg_2Cl_2。汞的+2价氧化态化合物除硫酸盐和硝酸盐在固态时为离子型外,其余大多数化合物(如卤化物、硫化物等)均为共价化合物。在自然界中汞的主要矿物为辰砂(HgS),少量的汞呈自然态存在。

质量规格

产品性状	指标(分析纯)	产品性状	指标(分析纯)
外观	合格	铁(Fe),%	≤0.00005
澄清度试验	合格	其他重金属(以Pb计),%	≤0.00005
灼烧残渣,%	≤0.001		

用途 用作氧化、聚合、酯交换、乙炔加成等有机合成的催化剂,也用作光催化反应催化剂。汞也用于制造物理仪表、医药、汞电池、汞齐等。

安全事项 汞蒸气剧毒!室内空气中即使含有微量的汞蒸气,也对人体有害。汞的盐也有毒！与乙烯、三氯甲烷、氨等接触时引起剧烈反应。与乙炔、氨、叠氮化物反应可生成爆炸性化合物。大量吸入汞蒸气会造成汞中毒。人吸入浓度为 $1\sim3mg/m^3$ 的汞蒸气数小时即可发生化学性肺炎症状。我国规定，不同场所汞的最高允许浓度：大气中为 $0.0003mg/m^3$（居住区），$0.01mg/m^3$（车间），饮用水 $0.001mg/L$（无机汞）。

简要制法 将辰砂在空气中焙烧或与石灰共热，经蒸馏冷凝即可制得汞。

2. 氧化汞 Mercuric Oxide

别名 一氧化汞
化学式 HgO
相对分子质量 216.59

性质 为正交晶系结晶。因其粒径不同，分为黄色及红色两种。粒径小于 $5\mu m$ 的为黄色至橘黄色粉末，又称黄降汞。相对密度 11.53。遇光后变成暗黑色，加热后变为红色，冷却时恢复至黄色。粒径大于 $8\mu m$ 的为鲜红色或橙红色重质结晶粉末，又称红降汞或三仙丹。相对密度 11.14，400℃时几乎变成黑色，冷却时又变回红色。暴露于日光下分解成汞和氧。氧化汞不溶于水、乙醇、乙醚、丙酮，溶于稀盐酸、稀硝酸、碘化钾溶液、氯化镁浓溶液等。500℃时分解成汞及氧。氧化汞是一种两性氧化物，以碱性为主。可被氢还原成金属 Hg，可氧化 SO_2、As_2O_3 等。与氟反应生成 HgF_2 及 O_2，与氯反应生成 $HgCl_2$ 及 Cl_2O 或 O_2，与过氧化氢反应生成 HgO_2 等。

质量规格

产品性状	指标（红色氧化汞，化学纯）	产品性状	指标（红色氧化汞，化学纯）
氧化汞(HgO),%	≥99.0	硫酸盐,%	≤0.06
盐酸不溶物,%	≤0.06	氮化合物,%	≤0.01
灼烧残渣,%	≤0.1	铁,%	≤0.01
氯化物,%	≤0.006	其他重金属(以 Pb)计,%	≤0.004

用途 用作有机合成催化剂及光催化反应催化剂，也用作防霉剂、干

电池去极剂、氧化剂。用于制造汞盐、油漆及陶瓷颜料等。

安全事项 高毒！误服或吸入会引起中毒。有氧化性，与还原性物质接触剧烈反应，接触有机物有引起燃烧的危险。

简要制法 由硝酸亚汞先加热至熔融并脱去结晶水后，再于270℃下热分解生成黄色氧化汞，然后加热至300℃以上变成红色氧化汞。也可由可溶性汞盐与碱溶液或碳酸钾溶液反应制得黄色氧化汞。

3. 氯化汞　Mercuric Chloride

别名　二氯化汞、氯化高汞、升汞

化学式　$HgCl_2$

相对分子质量　271.50

性质　为无色斜方晶系结晶或粉末，为共价化合物。相对密度(25℃)5.44，熔点276℃，沸点302.5℃，蒸气压(136℃)133.3Pa，临界温度704℃，临界压力11.5MPa。常温下微量蒸发，300℃升华。微溶于冷水，溶于热水及乙醇、乙醚、丙酮、吡啶、苯、甘油、乙酸及乙酸乙酯等，难溶于二硫化碳。水溶液遇光或暴露于空气中分解，生成 Hg_2Cl_2、HCl 及 O_2。能与水蒸气一起挥发。与氢氧化钠反应生成氯氧化汞黄色沉淀，与氨水反应生成白色氨基氯化汞沉淀。加水分解，溶液呈酸性。如加入碱金属氯化物可抑制水解而使溶液呈中性，并由于产生配离子$[HgCl_4]^{2-}$，而明显地增加在水中的溶解度。在酸性溶液中是一种较强的氧化剂。当加入适量的 $SnCl_2$ 时，可将 $HgCl_2$ 还原为白色 Hg_2Cl_2；如加入过量的 $SnCl_2$，则析出黑色的金属汞。可由此检验 Hg^{2+} 的存在，也可借此检验 Sn^{2+} 的存在。氯化汞也可被 SO_2、Fe^{2+} 还原成 Hg_2Cl_2。

质量规格

产品性状	指标(化学纯)	产品性状	指标(化学纯)
氯化汞($HgCl_2$),%	≥99.0	铁(Fe),%	≤0.001
水不溶物,%	≤0.03	澄清度试验	合格
灼烧残渣,%	≤0.04		

注：表中所列数据摘自化工行业标准 HG 3468—2000。

用途　用作乙炔法制氯乙烯、烯烃聚合、乙炔与苯胺反应制二亚乙基替苯胺等有机合成催化剂。将氯化汞吸附于活性炭表面后，由于与炭协同作用,对该反应的催化作用有优良的活性和选择性。也用作消毒剂、防腐剂、杀虫剂、电池去极化剂、媒染剂、鞣革剂、照相乳剂的增强剂,也用于制造氯化亚汞及其他汞盐。

安全事项 氯化汞高毒! 有腐蚀性。皮肤和黏膜接触可引起溃疡。误服或吸入可中毒。口服 0.2~0.4g 可致死。汞的有效解毒剂是 1,2-二巯基丙醇,它能与 $Hg(II)$ 形成稳定的配合物而从人体中排除。

简要制法 由汞蒸气与氯气直接反应制得,或由硫酸汞与氯化钠共热制得。

4. 氟化汞 Mercuric Fluoride

化学式 HgF_2

相对分子质量 238.59

性质 为无色立方晶系结晶或白色粉末。相对密度(15℃)8.95,熔点 645℃(分解),沸点 650℃ 以上。对潮气敏感,遇水立即水解并呈黄色。长期放置于空气中也可变黄色至红色。溶于稀硝酸、氢氟酸。与过量的氢氟酸生成白色固体 $HgF_2 \cdot 2H_2O$,与 CS_2 反应生成 HgS 及 $Hg(SCF_3)_2$。

用途 用作三氧杂环己烷开环聚合等有机合成催化剂、氟化剂。

安全事项 高毒! 误服或吸入可中毒! 在潮湿空气中易反应而释出有毒气体。遇钾、钠发生剧烈反应。

简要制法 由 Hg_2Cl_2 与氟气在 270℃ 下反应制得,或由 HgO 与过量氟化氢反应而得。

5. 硫酸汞 Mercuric Sulfate

别名 硫酸高汞

化学式 $HgSO_4$

相对分子质量 296.65

性质 为无色正交晶系结晶或白色粉末。相对密度 6.47。加热时先变为黄色,继而变为棕色,冷却后又变回白色。在较高温度下分解为 Hg、SO_2 及 O_2。不溶于乙醇、丙酮及氨水,溶于盐酸、热稀硫酸及浓氯化钠溶液。与水反应生成白色结晶水合物 $HgSO_4 \cdot H_2O$。遇大量水,尤其在加热情况下,会分解成不溶性黄色碱式硫酸盐及游离硫酸。

质量规格

产品性状	指标(化学纯)	产品性状	指标(化学纯)
硫酸汞($HgSO_4$),%	≥99.0	铁(Fe),%	≤0.001
灼烧残渣,%	≤0.06	亚汞盐(Hg_2^{2+}),%	≤0.20
氯化物(Cl^-),%	≤0.004	硫酸溶解试验	合格
硝酸盐(NO_3^-),%	≤0.01		

用途 用作乙烯水合制乙醛、甲醛液相聚合等有机合成催化剂,也用作定氮用催化剂。用于制药等。

安全事项 有毒!

简要制法 由汞或氧化汞与硫酸反应制得。

6. 硝酸汞 Mercuric Nitrate

别名 硝酸高汞

化学式 $Hg(NO_3)_2$

相对分子质量 324.60

性质 为带0.5个或1个分子结晶水。无色或淡黄色结晶,有硝酸气味。相对密度4.3,熔点79℃。沸点180℃(分解)。不溶于乙醇,溶于氨水、丙酮及硝酸,与水发生水解反应,生成氧化汞和硝酸。在水中加热可生成$Hg(NO_3)_2 \cdot 2H_2O$沉淀。见光分解。

质量规格

产品性状	指标(化学纯)	产品性状	指标(化学纯)
硝酸汞,%	≥97.0	硫酸盐(SO_4^{2-}),%	≤0.05
灼烧残渣,%	≤0.05	盐基性汞盐(HgO),%	≤5.0
铁(Fe),%	≤0.001	亚汞盐	合格
氯化物(Cl^-),%	≤0.005		

用途 用作甲醛聚合及芳烃硝化等有机合成催化剂、核燃料(铀—钴—铝合金)溶解促进剂。用于制备汞盐、医药制剂、米隆氏试剂等,也用于卤化物和氰化物的测定。

安全事项 高毒!为强糜烂剂。误服或吸入粉尘会中毒。受热分解出有毒的汞蒸气。是较弱的氧化剂。与有机物、还原剂、磷、氯等混合易着火燃烧。

简要制法　可由汞与过量的硝酸反应制得，或先由 N_2O_4 与 HgO 反应生成 $Hg(NO_3)_2 \cdot N_2O_4$，再在真空中加热除去 N_2O_4 而得。

7. 磷酸汞　Mercuric Phosphate

化学式　$Hg_3(PO_4)_2$

相对分子质量　791.71

性质　为白色至浅黄色粉末。不溶于水、乙醇，溶于酸。受热时分解。

用途　用作低聚及烷基化等有机合成催化剂，用于制药。

安全事项　有毒！

简要制法　由硝酸汞溶液与磷酸或磷酸氢二钠反应制得。

8. 乙酸汞　Mercuric Acetate

别名　醋酸汞、乙酸高汞

化学式　$C_4H_6HgO_4$

相对分子质量　318.68

结构式　$(CH_3COO)_2Hg$

性质　为白色结晶或结晶性粉末，微有乙酸气味。相对密度 3.27，熔点 178~180℃，高于 180℃ 分解。溶于水、乙酸、乙醇。对光敏感。水溶液久置时会析出黄色沉淀。

质量规格

产品性状	指　　标	
	分析纯	化学纯
乙酸汞,%	98.0	97.0
水不溶物,%	0.005	0.01
灼烧残渣,%	0.02	0.04
氯化物(Cl^-),%	0.01	0.03
硫酸盐(SO_4^{2-}),%	0.005	0.01
铁(Fe),%	0.0005	0.002
亚汞盐(Hg),%	0.40	0.60

用途 用作乙酸乙烯酯与有机酸酯的酯交换反应、乙炔加成反应等有机合成催化剂及定氮催化剂,也用作乙烯吸收剂。用于制造医药及有机化合物的汞化等。

安全事项 可燃。高毒!加热分解产生汞蒸气及可燃烟雾,对皮肤、眼睛及黏膜有强刺激性及腐蚀性。

简要制法 由乙酸与黄色氧化汞反应制得。

9. 乙酸苯汞　Phenyl Mercuric Acetate

别名 醋酸苯汞、苯基乙酸汞、赛力散

化学式 $C_8H_8HgO_2$

相对分子质量 336.73

结构式 　〇—Hg—OCOCH$_3$

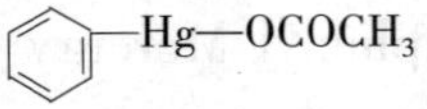

性质 为白色菱形或针状结晶。味略涩。相对密度2.58,熔点149℃。闪点(闭杯)37.8℃。蒸气压(25℃)0.016Pa。加热至150℃时升华分解,微溶于水,溶于乙醇、乙醚、苯、氯仿、丙酮等溶剂。常温下有轻微挥发性。含汞率59.5%。

质量规格

产品性状	指　标
外观	白色至微黄色结晶性粉末
乙酸苯汞含量,%	≥88
熔点范围,℃	149~153

用途 用作聚氨酯催化剂,可催化异氰酸酯—羟基的反应,而对异氰酸酯—水几乎无催化活性。不会因微量水而使其产生气泡。主要用于聚氨酯弹性塑胶跑道施工。乙酸苯汞是一种高毒杀菌剂,农业上用于拌种,但残留毒性较高。医药上用作制造避孕药的原料及外科用的局部消毒剂。

安全事项 剧毒!

简要制法 由氧化汞、苯及乙酸反应制得。或由苯与乙酸汞反应而得。

10. 二乙基汞　Diethyl Mercury

化学式 $C_4H_{10}Hg$

相对分子质量 258.71

结构式 $(C_2H_5)_2Hg$

性质 为无色液体。相对密度2.43，沸点159℃，折射率1.5410。不溶于水，微溶于乙醇，溶于乙醚。见光缓慢分解出汞滴。与盐酸反应生成乙基氯化汞和乙烷，120℃下与乙酸反应生成乙酸乙基汞，与溴反应生成乙基溴化汞，与镁反应生成二乙基镁和汞，与锌反应生成二乙基锌和汞。

用途 用作甲基丙烯酸甲酯、丙烯酸甲酯及丙烯腈等聚合催化剂，也用于有机合成及制造合成纤维。

安全事项 剧毒！易经皮肤吸收中毒。受热分解产生有毒汞蒸气，接触酸及酸雾也能产生有毒汞蒸气。遇明火能燃烧。

11. 二苯基汞 Diphenyl Mercury

化学式 $C_{12}H_{10}Hg$

相对分子质量 354.80

结构式 〔苯环〕—Hg—〔苯环〕

性质 为无色至白色针状透明结晶。相对密度(25℃)2.318，熔点123.5~126℃，沸点(1.39kPa)204℃。高于306℃分解。不溶于水，溶于苯、二硫化碳、氯仿，微溶于热的乙醇及乙醚。受光变为黄色。与盐酸反应生成氯化汞及苯，与氯化汞反应生成苯基氯化汞，与锌反应生成二苯基锌，与镁反应生成二苯基镁，与Cl_2O及SO_3剧烈反应。

质量规格

产品性状	指标(化学纯)	产品性状	指标(化学纯)
二苯基汞含量,%	≥99.0	灼烧残渣,%	≤0.05
熔点,℃	123.5~126	二硫化碳溶解试验	合格

用途 用作甲醛聚合等有机合成催化剂。用于制造金属有机化合物及杀虫剂。

安全事项 高毒！

简要制法 在二甲苯中由钠汞齐与溴苯反应制得。在铜粉存在下由苯基氯化汞与苯反应而得。

(二十五)非晶态合金　Amorphous Alloy

别名　金属玻璃、玻璃态合金、无定形合金

性质　一般情况下，金属及合金都呈结晶状态；而在特定条件下，某些金属及合金可以获得类似于普通玻璃样的非晶态结构，这样制得的材料就称为非晶态合金。通常晶态合金的原子排列是长程有序，而非晶态合金的原子排列是长程无序而短程有序。后者的原子处于热力学的亚稳态，与相应结晶相比具有较高的内能，在低于结晶转变温度之下也会发生原子重排，引起原子的电子组态、配位数等变化，从而使电、磁、热、光等性质发生变化，使得某些非晶态合金具有较高的电阻率、具有半导及超导的特性，有良好的抗腐蚀性和抗辐射性能等。此外，从整体上来看，非晶态合金有点像均匀的玻璃体，因而它不存在晶态合金所具有的、会对催化作用造成严重影响的缺陷。如不完整的晶面，不同晶面的晶阶、晶界、棱边和结点空位上的偏析及位错等。而从局部来看，非晶态合金的每一个长程无序区又都可以认为是一种特殊的缺陷，而这种缺陷又有可能成为某种催化作用的活性中心。

非晶态合金大致可分为两类：一类是Ⅷ族过渡金属和类金属的合金，如 Ni-P、Ni-B、Mo-Si、Co-B-Si 等；另一类是金属与金属的合金，如 Ni-Zr、Ni-Ti、Cu-Zr、Pd-Rh。非晶态合金还可以加入适量稀土元素(如 Ce、Y 等)使之改性，或将非晶态合金负载在某些载体上制成负载型非晶态合金。

用途　用作加氢、脱氢、异构化及电极催化等反应的催化剂，如用于烯烃加氢、环戊二烯加氢、一氧化碳加氢、苯加氢、葡萄糖加氢等反应。由于非晶态合金具有半导体或超导体性质，因此也用作良好的电催化剂，如 Fe、Co、Ni 等系非晶态合金，可用作甲醇燃料电池的电极催化剂。此外，非晶态合金还可用于传感器、太阳能电池、核技术、海底电缆、火箭外壳及变压器等的制造领域。

简要制法　制备非晶态合金的方法有熔体急冷法、离子注入法、化学气相沉积法、原子蒸发等，而常用方法是熔体急冷法。其制备原理：将熔融的合金液体冷却到某一特定的温度即开始结晶，形成晶状结构，其原子呈某种有序的排列。如果将熔融的合金液体以足够快的速度冷却(10^6℃/s 以上)，就有可能越过结晶温度而快速凝固，使合金被迅速"冻结"起来，从而在某种程度上保持液态合金的微观结构，制得具有特殊组成及特殊微

观结构的非晶态合金。其粒径为 5~15nm。多数用作催化材料的非晶态合金都是由过渡金属和某些类金属元素(如 B、C、P、Si 等)构成。一般合金中含有 20%(原子)类金属。当构成合金的原子半径差大于 10% 时,所制得的非晶态合金的稳定性较强。由于非晶态合金在一定温度下会逐渐晶化而转化为稳定状态,因此,限定了它的使用温度不得高于其晶化温度。

九、稀土元素及其化合物

稀土元素是指元素周期表中第 3 列（ⅢB 族）的钪（Sc）、钇（Y）、镥（Lu）及镧系共 17 个元素。它们在自然界中共同存在，性质十分相近。由于这些元素发现较晚，又难以分离成高纯状态，初始得到的是它们的氧化物，外观似土，故称为稀土元素。稀土元素在地幔中含量极少，但在地壳中的分布却很广，从它们在地壳中的含量（丰度）看，其中的某些元素并不稀少。例如，铈（Ce）、镧（La）、钕（Nd）的丰度比常见的铅（Pb）、镍（Ni）、钴（Co）的丰度还大。

稀土元素大多以离子化合物形式赋存在矿物晶格中，呈配位多面体形式。稀土离子是亲氧性较强的过渡型离子，大部分矿物以各种氧化物及含氧酸盐的形式出现。其氧离子配位数一般为 6~12。自然界中含稀土的矿物有 200 余种，其中有工业价值的只有 50 多种，而工业上实际利用的稀土矿物主要为表 9-1 所列出的 9 种。

表 9-1 主要稀土矿物及其性质

矿物名称		化学式	颜色	稀土含量,%	晶型	相对密度	硬度
中文名	英文名						
氟碳铈矿	Bastnaesite	$(Ce、La)(CO_3)F$	黄、浅绿、赤褐	74.77	六方	4.72~5.12	4~5.2
独居石	Monazite	$(Ce、La、Nd、Th)PO_4$	黄、黄棕、黄绿、褐	65.13	单斜	4.9~5.5	5~5.5
磷钇矿	Xenotime	$(Y、Ce、Er)PO_4$	浅黄、黄褐	61.40	正方	4.37~4.83	4~5
褐钇铌矿	Fergusonite	$YNbO_4$	黑、黄褐、黑褐	39.94	单斜	4.5~5.76	4.5~6.5
氟钙钠钇石	Gaggarinite	$NaCaYF_6$	黄、玫瑰色	56.75	（粒状）	4.18~4.21	4.5

续表

矿物名称		化学式	颜色	稀土含量,%	晶型	相对密度	硬度
中文名	英文名						
硅铍钇矿	Gadolinite	$YFeBeSi_2O_{10}$	黑绿、褐绿	51.51	单斜	4~4.5	6.5~7
黑稀金矿	Euxenite	(Y,Ce,Ca,U,Th) $(Nb,Ta,Ti)_2O_6$	浅绿、黄褐、黑色	20.82	(粒状、板状)	4.3~5.87	5.5~6.5
钇萤石	Yttrian Fluorit	$(CaY)F_2$	浅黄、绿	17.50	(粒状)	3.5	4.5
兴安矿	Xingganite	$(YCe)BeSiO_4(OH)$	白、浅绿色	54.57	(短柱状)	5~5.5	4.42

根据稀土元素在自然界矿石中赋存情况及提取分离的工艺过程,可将稀土元素分为轻稀土元素(铈组稀土)和重组稀土,也可将它们划分为轻、中、重三组,如表9-2所示。

表9-2 稀土元素的分组

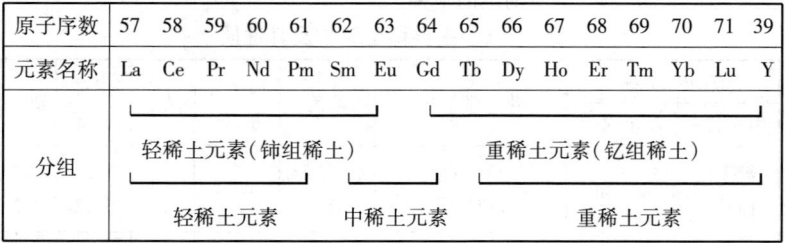

稀土元素具有独特的4f电子结构、大的原子磁矩、很强的自旋耦合等特性,彼此间性质十分相似而又有一些差别,这些都是由于它们原子和离子的电子结构,以及在外场作用下电子云的分布和电子在能级间的跃迁规律所决定的。表9-3示出了稀土元素的一些基本性质。

稀土元素是具有高电荷和高氧化能的大离子,能与碳形成强键,并易获得和失去电子,促进化学反应。此外,由于稀土氧化物具有表面碱性、晶格氧可迁移性、阳离子可变价态等特性,因此,许多稀土材料具有较高的催化活性。无论对于多相或均相反应,与传统催化材料比较,稀土催化材料具有催化活性高、选择性及稳定性好等特点。与具有外层d电子结构的过渡元素相比较,稀土元素总的催化活性要低,但各稀土元素间的催化性能差别比较小,而 d 型结构的过渡元素之间却具有显著的选择性差异。

表 9-3 稀土元素的基本性质

原子序数	元素名称	元素符号	晶体结构	价层电子结构	原子半径, nm	熔点 ℃	沸点 ℃	电负性 χ	主要化合价
21	钪	Sc	密排六方	$3d^14s^2$	1.641	1539	2730	1.28	+3
39	钇	Y	密排六方	$4d^15s^2$	1.801	1510	2930	1.22	+3
57	镧	La	双密排六方	$5d^16s^2$	1.879	920	3470	1.1	+3
58	铈	Ce	面心立方	$4f^15d^16s^2$	1.825	798	3426	1.12	+2、+3、+4
59	镨	Pr	双密排六方	$4f^36s^2$	1.828	935	3130	1.13	+3、+4
60	钕	Nd	双密排六方	$4f^46s^2$	1.821	1024	3030	1.14	+2、+3、+4
61	钷	Pm	双密排六方	$4f^56s^2$	1.811	1042	(3000)	—	+3
62	钐	Sm	菱形	$4f^66s^2$	1.804	1072	1900	1.17	+2、+3
63	铕	Eu	体心立方	$4f^76s^2$	2.042	826	1440	—	+2、+3
64	钆	Gd	密排六方	$4f^75d^16s^2$	1.801	1312	3000	1.20	+3
65	铽	Tb	密排六方	$4f^96s^2$	1.783	1356	2800	—	+3、+4
66	镝	Dy	密排六方	$4f^{10}6s^2$	1.774	1407	2600	1.22	+3、+4
67	钬	Ho	密排六方	$4f^{11}6s^2$	1.766	1461	2600	1.23	+3
68	铒	Er	密排六方	$4f^{12}6s^2$	1.757	1497	2900	1.24	+3
69	铥	Tm	密排六方	$4f^{13}6s^2$	1.746	1545	1730	1.25	+2、+3
70	镱	Yb	面心立方	$4f^{14}6s^2$	1.939	824	1430	—	+2、+3
71	镥	Lu	密排六方	$4f^{14}5d^16s^2$	1.735	1652	3330	1.27	+3

稀土催化剂广泛用于氧化、加氢、脱氢、酯化、脱水等有机合成反应。在现行稀土催化剂中,稀土元素一般以氧化物、盐类、金属间化合物的形式使用。由于稀土元素和其他元素之间有很大的互换性,因此它既可用作主催化剂(催化剂的主要成分),也可用作助催化剂(催化剂的次要成分),还可用作载体对活性组分起着稳定及分散作用。

我国是世界上稀土资源最丰富的国家，储量是国外稀土总储量的约2.2倍，且具有分布广、类型多、矿种全等特点。而我国贵金属资源比较贫乏，因此，在汽车尾气催化净化等使用贵金属催化剂较多的领域，开发含少量贵金属的稀土催化剂，进一步降低贵金属用量，是一项带有战略意义的工作。

1. 金属钪 Metallic Scandium

元素符号 Sc

相对原子质量 44.95

性质 纯金属钪为银白色而微带黄色的晶体，具金属光泽，质柔软。有两种晶型：常压及常温下，是密排六方结构的 α 相，加热至1337℃则转变成体心立方结构的 β 相，其中，α 相是稳定的晶体状态。金属钪相对密度(25℃)2.99，熔点1539℃，沸点2730℃。化合价+3。化学性质与铝、钇、镧相似。裸露的钪十分活泼，易与空气中的氧、二氧化碳及水等化合。在空气中颜色易变暗。不溶于碱，易与酸反应，但不与硝酸(1∶1)和氢氟酸(48%)的混合酸反应。可与卤素反应。在稍高温度下可与氮、磷、砷等气体或蒸气反应，而与碳、硅、硼、氢的反应则需在高温下进行。在稀土离子中，钪的离子半径较小，形成配合物的能力较强，常见配位数为6，可形成稳定的配位草酸盐、氟配合物。钪在自然界中没有游离的单质，全以化合物的形式存在，分布极为分散，是典型的稀散亲氧元素，其中90%~95%赋存于铝土矿、磷块岩及铁钛矿中，少部分赋存于铀、钍、铝、锡等矿石中。我国是钪资源十分丰富的国家，其中以铝土矿、磷块岩矿床占优势。钪的常见化合物有氧化钪、氢氧化钪、硫酸钪、磷酸钪、碳酸钪及氯化钪等。

用途 钪及其氧化物、氢化物可用作醇类脱水、一氧化碳氧化、合成氨等有机合成用及石油化工用催化剂。钪在周期表中与Al、Ti近邻，曾被称为"类铝"。钪的熔点比Al高2.5倍，而密度则相近，可用于制造Sc-Ti、Al-Li-Sc等高比强轻质合金。钪的复合氧化物可用于制造负热膨胀材料、导电耐火材料，制造大功率金属卤素灯、太阳能蓄电池等，也用于制作中子过滤器。

简要制法 高纯金属钪可选用钙热还原无水氟化钪制得的粗钪，再经真空蒸馏提纯制得，或由电解氯化钪制得。

2. 氧化钪 Scandium Oxide

别名 三氧化二钪
化学式 Sc_2O_3
相对分子质量 137.91
性质 为白色至微黄色立方晶系结晶或粉末。相对密度3.864，熔点约2300℃。不溶于水，溶于热无机酸，呈弱碱性。是一种轻质耐火氧化物，当用火焰喷涂到各种物体的表面上时，其耐热性与冲击性比氧化锆、氧化铝及氧化镁好。

质量规格

	产品牌号		161055	161050	161040	161035	161030
	REO		≥99	≥99	≥99	≥99	≥99
	Sc_2O_3/REO		≥99.9995	≥99.999	≥99.99	≥99.95	≥99.9
化学成分, %	杂质含量	稀土杂质 $(La+Ce+Pr+Nd+Sm+Eu+Gd+Tb+Dy+Ho+Er+Tm+Yb+Lu+Y)_xO_y$/REO	≤0.0005	≤0.001	≤0.01	≤0.05	≤0.15
		非稀土杂质 SiO_2	≤0.0010	≤0.0015	≤0.0020	≤0.010	≤0.020
		Fe_2O_3	≤0.00050	≤0.0005	≤0.0010	≤0.0050	≤0.020
		CaO	≤0.0010	≤0.0015	≤0.003	≤0.015	≤0.030
		ZrO_2	≤0.00050	≤0.0015	≤0.0030	≤0.030	≤0.10
		Al_2O_3	≤0.00050	≤0.00050	≤0.0010	≤0.0030	≤0.050
		TiO_2	≤0.0010	≤0.0030	≤0.0050	≤0.010	≤0.050
		CuO	≤0.00050	≤0.0020	≤0.0050	≤0.020	—
		V_2O_5	≤0.00050	≤0.00050	≤0.00050	≤0.0020	—
		MgO	≤0.00050	≤0.00050	≤0.00050	—	—
		Na_2O	≤0.00050	≤0.00050	≤0.0010	—	—
		NiO	≤0.00050	≤0.00050	≤0.00050	—	—
灼烧减量, %			≤1.0	≤1.0	≤1.0	≤1.0	≤1.0

注：表中数据摘自 GB/T 13219—2010。

用途 用于制造醇类脱水、一氧化碳及 N_2O 氧化等石油化工催化剂，也用于制造金属钪、特种玻璃、激光晶体、超导及电光源材料等。

简要制法 先分离钴矿石、镍矿石取得粗氧化钪，再将氧化钪制成氢氧化钪，然后经焙烧而得。或从钛白粉生产的水解母液中经萃取、草酸沉淀、干燥、灼烧而得。

3. 氧化钇　Yttrium Oxide

别名 钇氧、三氧化二钇、钇土

化学式 Y_2O_3

相对分子质量 225.81

性质 为白色至淡黄色立方晶系结晶或粉末。相对密度 5.01，熔点 2410~2439℃，沸点 4300℃。不溶于水、碱溶液，溶于无机酸（H_3PO_4 及 HF 除外），并生成相应的盐，在空气中会吸收 CO_2 而生成碱式碳酸盐，也易从空气中吸收氨及从铵盐中置换氨。

质量规格

产品牌号	字符牌号	Y_2O_3-5N5	Y_2O_3-5N	Y_2O_3-4N5	Y_2O_3-4N	Y_2O_3-3NA	Y_2O_3-3NB	Y_2O_3-3NC
	对应原数字牌号	171055	171050	171045	171040	171030A	171030B	171030C
化学成分,%	REO	≥99.0	≥99.0	≥99.0	≥99.0	≥99.0	≥99.0	≥99.0
	Y_2O_3/REO	≥99.9995	≥99.999	≥99.995	≥99.99	≥99.9	≥99.9	≥99.9
灼烧减量和水分,%		≤1.0	≤1.0	≤1.0	≤1.0	≤1.0	≤1.0	≤1.0

注：① 表内所有化学成分检测均为去除水分后灼烧减量前测定。
② 171030A—光学玻璃用；171030B—人造宝石用；171030C—普通型。
③ 表中数据摘自 GB/T 3503—2015。

用途 用于制造醇类脱水及合成橡胶催化剂，也用于制造贮氢材料、超导材料、人造宝石、电视荧光粉、耐辐射光学玻璃等。

简要制法 以处理独居石分组的富钇稀土为原料，配制成氯化稀土溶液，再经溶剂萃取、草酸沉淀、干燥、灼烧制得。也可将硝酸钇高温灼烧制得。

4. 氧化镧 Lanthanum Oxide

化学式 La_2O_3

相对分子质量 325.80

性质 为白色六方晶系结晶或无定形粉末。镧原子四周有 6 个氧原子按八面体配位，另有一个氧原子通过八面体的一个面与其配位，因而共有 7 个氧原子配位。相对密度 6.51，熔点 2315℃，沸点 4200℃，折射率(25℃)6.514。微溶于水，溶解度随 pH 值增大而减少。不溶于碱溶液。与无机酸（H_3PO_4 及 HF 除外）而生成相应的盐类。露置于空气中易吸收二氧化碳及水，逐渐变成碳酸镧薄层。

质量规格

产品性状		指 标				
		La_2O_3-04A	La_2O_3-04B	La_2O_3-2	La_2O_3-3	La_2O_3-4
氧化镧(La_2O_3),%		≥99.99	≥99.99	≥99.90	≥99.50	≥99.00
稀土杂质	Ce_2O_3,%	≤0.002	≤0.002	≤0.10	≤0.50	1.00
	Pr_6O_{11},%	≤0.002	≤0.002	—	—	—
	Nd_2O_3,%	≤0.001	≤0.001	—	—	—
	Sm_2O_3,%	≤0.001	≤0.001	—	—	—
	Y_2O_3,%	≤0.001	≤0.001	—	—	—
非稀土杂质	Fe_2O_3,%	≤0.0005	≤0.0005	≤0.001	≤0.005	≤0.05
	SiO_2,%	≤0.005	—	≤0.01	≤0.05	≤0.05
	CaO,%	≤0.005	—	≤0.05	≤0.10	≤0.15
	CuO,%	≤0.0005	≤0.0005	—	—	—
	NiO,%	≤0.001	≤0.001	—	—	—
	PbO_2,%	≤0.005	≤0.005	—	—	—

用途 用于制造汽车尾气净化催化剂、石油化工催化剂。掺入 CdO 可催化 CO 氧化反应；掺入 Pd 可催化 CO 与 H_2 反应制甲醇。还用作多种催化反应的助催化剂，也用于制造人造宝石、光学玻璃、陶瓷电容器、特种合金、光导纤维、耐火材料等。

简要制法 由氢氧化镧或镧的硝酸盐、碳酸盐、草酸盐经高温灼烧制得。

5. 氯化镧 Lanthanum Chloride

别名 三氯化镧

化学式 $LaCl_3 \cdot 6H_2O$

相对分子质量 353.20

性质 为白色带微绿色六方晶系结晶。熔点70℃。空气中易潮解。易溶于水,并稍有水解,水溶液呈酸性,溶于乙醇、甲酸及磷酸三丁酯,稍溶于乙醚、四氢呋喃及二氧六环。加热时部分水解,生成氯氧化镧LaOCl,500℃以上时生成氧化镧,在NH_4Cl存在下于150℃左右脱水,制得无水氯化镧。无水氯化镧($LaCl_3$)的相对密度3.84,熔点860℃,沸点1000℃,易潮解。氯化镧存在七水合物($LaCl_3 \cdot 7H_2O$),为白色三斜晶系结晶。熔点91℃(分解)。在氯化氢中加热即生成无水氯化镧。溶于水、醇及酸。

质量规格

产品性状	指标	产品性状	指标
稀土氯化物,%	≥48	氧化钡,%	0.8
氯化镧(占稀土氯化物),%	≥40	硫酸盐,%	0.03
氧化铁,%	≤0.07	磷酸盐,%	0.01
氧化钍,%	≤0.03	硝酸盐,%	0.05
氯化铵,%	1.5~4.0	水溶解试验	澄清

用途 用于制造石油裂化稀土Y型分子筛催化剂、汽车尾气净化催化剂、有机合成催化剂、金属镧、贮氢合金材料等。民药上也用作抗血凝及抗动脉硬化药物。

简要制法 以提取铈后的混合轻稀土溶液为原料,以甲基膦酸二甲庚酯—磺化煤油溶液为萃取剂,经萃取镧后,萃余液经氨中和、盐酸溶解、浓缩、结晶、干燥即可制得本品。

6. 硝酸镧 Lanthanum Nitrate

化学式 $La(NO_3)_3 \cdot 6H_2O$

相对分子质量 433.04

性质 为白色粒状结晶。熔点约40℃（分解），沸点126℃。易溶于水、乙醇。稍加热即可得无水盐，继续加热至熔点以上时形成碱式盐，然后生成氧化物。可与Na^+、K^+、Mg^{2+}、Cu^{2+}、Ni^{2+}、Fe^{2+}、NH_4^+等生成复盐。易潮解。有氧化性，能与易氧化物剧烈反应，引起着火或爆炸。硝酸镧也存在四水、五水合物，而以六水合物为常见。

质量规格

产品性状	指 标	
	分析纯	化学纯
硝酸镧,%	≥98.0	≥97.0
氯化物(Cl^-),%	≤0.01	≤0.02
硫酸盐(SO_4^{2-}),%	≤0.02	≤0.03
铁(Fe),%	≤0.005	≤0.01
重金属(以Pb计),%	≤0.005	≤0.01
铈盐(以CeO_2计),%	≤0.2	≤0.5

用途 用于制造石油精制催化剂及含镧催化剂，也用于制造荧光粉、光学玻璃等。用作防腐剂。

安全事项 有毒！

简要制法 由氧化镧与硝酸反应制得。

7. 金属铈　Metallic Cerium

元素符号 Ce

相对原子质量 140.12

性质 为一种稀土元素，铁灰色金属，有α及β两种同素异形体。α-Ce为六方晶格，相对密度6.7；β-Ce为面心立方晶格，相对密度6.9。熔点798℃，沸点3257～3426℃。延展性良好，硬度似锡。有顺磁性，在-268.78℃时有超导性。化合价有+2、+3、+4价。三价盐无色，四价盐为橙色。化学性质活泼，有强反应性。溶于酸，不溶于碱。能与卤素、硫、磷等非金属元素化合，可将Co、Zn、Fe等两性金属从它们的化合物中置换出来。与热水反应生成氢气。铈粉在空气中会自燃。着火点为

165℃。常温下遇潮湿空气易被氧化。为遇湿易燃物品，应保存于液状石蜡或苯中。与卤素、磷接触会剧烈反应。铈属于亲氧元素，自然界中无单质存在，以氧化物的形式蕴藏在含氧的氟碳铈镧矿、黑稀金矿、铈硅石等矿物中。

用途 用于制造合成氨生产及有机合成用的催化剂，也用于生产铈化合物、铈合金以及制造特种玻璃等。用作照相发光剂、真空管吸气剂、钚核燃料稀释剂。铈的氧化物可用作助催化剂及催化剂载体。铈离子也可用作液相氧化催化剂及聚合催化剂。

简要制法 由熔融电解氯化铈或用镁粉还原氧化铈制得。

8. 氧化铈　Ceric Oxide

别名 二氧化铈、氧化高铈

化学式 CeO_2

相对分子质量 172.114

性质 为白色至浅黄色立方晶系结晶或粉末。加热时呈柠檬黄色。相对密度(23℃)7.13，熔点2400℃。不溶于水、稀酸及碱液，溶于浓硫酸，难溶于盐酸、硝酸。如在盐酸中加入盐酸羟胺，或在硝酸中加入过氧化氢等还原剂，则可使氧化铈溶解，并生成三价铈的溶液。有吸湿性，可吸收空气中的CO_2生成碱式碳酸盐。

质量规格

产品牌号		021050	021045	021040A	021040B	021035	021030	021025	021020
化学成分,%	REO	≥99.0	≥99.0	≥99.0	≥99.0	≥99.0	≥99.0	≥98.0	≥98.0
	CeO_2/REO	≥99.999	≥99.995	≥99.99	≥99.99	≥99.95	≥99.9	≥99.5	≥99.0
灼烧减量,%		≤1.0	≤1.0	≤1.0	≤1.0	≤1.0	≤1.0	≤1.0	≤1.0

注：表中数据摘自 GB/T 4155—2012。

用途 用于制造汽车尾气净化催化剂、催化裂化催化剂、加氢精制催化剂、合成橡胶催化剂等，也用作助催化剂及载体，还用于制造光学玻璃、X射线用荧光屏、贮氢材料、陶瓷釉料，以及用作板玻璃抛光剂等。

简要制法 由高温灼烧草酸铈或硝酸铈制得，或由混合稀土原料经提纯、分离、焙烧而得。

9. 氯化铈　Cerous Chloride

别名　三氯化铈、氯化亚铈
化学式　$CeCl_3 \cdot 6H_2O$
相对分子质量　354.57

性质　为白色至淡黄色六方晶系结晶。熔点96℃。易潮解，易溶于水，水溶液呈酸性，并有少量水解发生。溶于乙醇、甲酸、磷酸三丁酯，稍溶于乙醚、四氢呋喃、二氧六环。加热至220℃时成无水物（$CeCl_3$）。无水氯化铈的相对密度3.92，熔点848℃，沸点1727℃。氯化铈也存在七水合物（$CeCl_3 \cdot 7H_2O$），为无色柱状结晶或粉末。具吸湿性。易溶于水、乙醇，溶于丙酮。加热脱水成无水氯化铈。

质量规格

产品性状	指　标	产品性状	指　标
稀土氯化物,%	≥48	氯化铵,%	1.5~4.0
氯化铈(占稀土氯化物),%	≥98	硝酸盐,%	≤0.05
氧化铁,%	≤0.07	硫酸盐,%	≤0.03
氧化钡,%	≤0.8	磷酸盐,%	≤0.01
氧化钍,%	≤0.03	水溶解试验	澄清

用途　用于制造石油裂化催化剂、有机合成催化剂、铈化合物及金属铈等，以及制造医治糖尿病的药物等，也用作织物染色展开剂、皮革助鞣剂及助染剂。

简要制法　将粗氢氧化铈用硝酸溶解后，先用磷酸三丁酯—液体石蜡萃取，再经酸溶、浓缩、结晶、干燥制得。

10. 氢氧化铈　Ceric Hydroxide

别名　水合氧化铈
化学式　$Ce(OH)_4$ 或 $CeO_2 \cdot 2H_2O$
相对分子质量　208.14

性质　为白色至淡黄色粉末。为水合氧化物，含85%~95%的氧化铈。不溶于水、碱，溶于浓酸生成相应的盐，也溶于碳酸铵溶液。暴露于空气中会吸收CO_2而生成碳酸铈。

质量规格

产品性状	分析纯	化学纯
硝酸不溶物,%	≤0.02	≤0.05
其他稀土,%	≤0.50	≤2.0
重金属(以 Pb 计),%	≤0.005	≤0.01
铁(Fe),%	≤0.005	≤0.01

用途 用于制造汽车尾气净化催化剂及其他含铈催化剂、铈盐,也用作聚氯乙烯稳定剂、玻璃脱色剂及澄清剂、球墨铸铁球化剂等。

简要制法 由混合型轻稀土矿石经碳酸钠焙烧、酸浸、溶剂萃取、碱转化等过程制得。

11. 硝酸铈 Cerous Nitrate

化学式 $Ce(NO_3)_3 \cdot 6H_2O$

相对分子质量 434.22

性质 为无色三斜晶系粒状结晶。当有微量镧、镨及钕存在时呈红色。相对密度(25℃)4.377,熔点96℃。加热至150℃时失去3个分子结晶水,200℃开始分解,450℃时分解成 CeO_2。在空气中易潮解。易溶于水、无水胺、乙醇、丙酮、乙醚等。水溶液呈酸性。在水溶液中与碱金属、碱土金属等的硝酸盐生成复盐。与草酸反应生成难溶于水和酸的草酸铈。用五氧化二磷干燥,控制适当的温度,可得到无水硝酸铈[$Ce(NO_3)_3$]。除六水合物外,硝酸铈也存在四水合物、五水合物、七水合物,但不如六水合物较为常用。

质量规格

产品性状	一级品	二级品	产品性状	一级品	二级品
硝酸铈,%	≥99.0	≥98.0	硫酸盐,%	≤0.05	≤0.05
三氧化二铁,%	≤0.002	≤0.005	氯化物,%	≤0.002	≤0.005
磷酸盐,%	≤0.005	≤0.005	水溶解试验	澄清	澄清

用途 用于制造氨氧化法生产硝酸用的催化剂、汽车尾气净化催化剂、石油化工用催化剂,也用于制造光学玻璃等。也用作荧光灯发光材料。

安全事项 与易氧化物剧烈反应,能引起着火或爆炸。有毒!影响肝肾功能。

简要制法 由氢氧化铈与硝酸反应制得,或由硫酸铈与硝酸钙反应而得。

12. 碳酸铈　Cerous Carbonate

化学式　$Ce_2(CO_3)_3 \cdot nH_2O$

性质　为白色斜方晶系结晶。与酸生成相应的盐并放出 CO_2。难溶于水。加热其水悬浮液，水解生成碱式碳酸盐。在碱金属碳酸盐溶液中生成难溶性的碳酸复盐。微溶于碳酸铈溶液。加热分解，320～550℃时生成 $Ce_2O(CO_3)_2$，800～905℃时分解为 $Ce_2O_2CO_3$，最后成为 CeO_2。

质量规格

产品性状	指标	产品性状	指标
二氧化铈（占稀土氧化物），%	≥99.0	二氧化硅（SiO_2），%	≤0.01
稀土氧化物，%	≤40.0	氧化钙（CaO），%	≤0.02
氧化铁（Fe_2O_3），%	≤0.01	稀土杂质，%	≤1.0

用途　用于制造汽车尾气净化催化剂及含铈催化剂，也用于制造稀土发光材料、颜料及抛光材料等。

简要制法　以氢氧化铈为原料，经溶剂萃取及碳酸氢铵沉淀反应制得。

13. 氧化镨　Praseodymium Oxide

化学式　Pr_6O_{11}

相对分子质量　1021.44

性质　为棕褐色至黑色单斜晶系结晶或致密性粉末。相对密度6.88，熔点2042～2203℃。是镨的高价氧化物。不水及碱溶液，与无机酸（HF 及 H_3PO_4 除外）生成相应的盐类。具吸湿性，在空气中能吸收 CO_2 和水并生成碱式盐。灼烧硝酸镨或草酸镨只能获得 Pr_6O_{11}，而在加压的氧气氛中加热或与氯酸钠共熔，可得到黑色 PrO_2。若在氢气中加热，则得到淡绿色的 Pr_2O_3。Pr_2O_3 为六方晶系结晶，相对密度7.07。Pr_6O_{11} 有良好的导电性，600℃时导电性是 Pr_2O_3 的108倍。

质量规格

产品性状	指标			
	Pr_6O_{11}-2	Pr_6O_{11}-3	Pr_6O_{11}-4	Pr_6O_{11}-7
氧化镨，%	≥99.9	≥99.5	≥99	≥96
稀土杂质，%	≤0.1	≤0.5	≤1.0	≤4.0

续表

产品性状	指标			
	Pr_6O_{11}-2	Pr_6O_{11}-3	Pr_6O_{11}-4	Pr_6O_{11}-7
三氧化二铁,%	≤0.005	≤0.010	≤0.010	≤0.010
二氧化硅,%	≤0.010	≤0.010	≤0.010	—
氧化钙,%	≤0.020	≤0.050	≤0.050	—

用途 用于制造汽车尾气净化催化剂、石油催化裂化催化剂、合成橡胶催化剂,也用于制造人造宝石、稀土永磁材料、金属镨。也用作玻璃着色剂。

简要制法 由独居石精矿经碱溶、酸浸,先制得氯化稀土溶液,再经溶剂萃取、草酸盐沉淀、干燥、灼烧制得。

14. 氧化钕 Neodymium Oxide

化学式 Nd_2O_3

相对分子质量 336.47

性质 为淡紫色或浅蓝色六方晶系结晶或粉末。相对密度7.24,熔点2211~2320℃,沸点3760℃。不溶于水及碱溶液。与无机酸(H_3PO_4及HF除外)生成相应的盐。易吸湿,在空气中会吸收CO_2及水生成相应的碱式碳酸盐。在空气中加热能部分生成钕的高价氧化物。

质量规格

化学成分%		产品牌号	041040	041035	041030	041020
		REO	≥99.0	≥99.0	≥99.0	≥99.0
		Nd_2O_3/REO	≥99.99	≥99.95	≥99.9	≥99.0
	稀土杂质REO	La_2O_3	≤0.001	≤0.005	≤0.01	合量≤1.0
		CeO_2	≤0.003	≤0.01	≤0.01	
杂质含量		Pr_6O_{11}	≤0.003	≤0.02	≤0.05	
		Sm_2O_3	≤0.001	≤0.01	≤0.01	
		Y_2O_3	≤0.002	≤0.005	≤0.01	
	非稀土杂质	Fe_2O_3	≤0.0005	≤0.001	≤0.005	≤0.01
		SiO_2	≤0.005	≤0.01	≤0.01	≤0.05
		CaO	≤0.01	≤0.03	≤0.03	≤0.05
		Al_2O_3	≤0.03	≤0.05	≤0.10	≤0.10
		Cl^-	≤0.03	≤0.03	≤0.03	≤0.05
		SO_4^{2-}	≤0.01	≤0.01	≤0.01	≤0.05
灼烧减量,%			≤1.0	≤1.0	≤1.0	≤1.0

注:表中数据摘自 GB/T 5240—2006。

用途 用于制造汽车尾气净化催化剂、酸类酯化催化剂、合成橡胶催化剂、石油化工催化剂等,也用于制造人造宝石、贮氢材料、彩电屏荧光粉、钕合金、钕玻璃及金属钕等。也用作玻璃及搪瓷着色剂。

简要制法 以氯化稀土溶液为原料,经溶剂萃取、草酸沉淀、干燥及灼烧制得。

15. 氧化钐 Samarium Oxide

别名 钐氧

化学式 Sm_2O_3

相对分子质量 348.72

性质 为浅黄色立方晶系(α-体)或单斜晶系(β-体)结晶。相对密度8.347,熔点2270℃,沸点3780℃。不溶于水、碱溶液。与无机酸(H_3PO_4及HF除外)生成相应的盐。有吸湿性,在空气中会吸收CO_2及水生成碱式碳酸盐。

质量规格

化学成分%	产品牌号			061040	061030	061025	061020
	REO			≥99	≥99	≥99	≥99
	Sm_2O_3/REO			≥99.99	≥99.9	≥99.5	≥99
	杂质含量	稀土杂质/REO	Pr_6O_{11}	≤0.0025	合量≤0.1	合量≤0.5	合量≤1
			Nd_2O_3	≤0.0035			
			Eu_2O_3	≤0.0010			
			Gd_2O_3	≤0.0010			
			Y_2O_3	≤0.0010			
			其他稀土杂质	合量≤0.0010			
		非稀土杂质	Fe_2O_3	≤0.0005	≤0.001	≤0.001	≤0.005
			SiO_2	≤0.005	≤0.005	≤0.01	≤0.05
			CaO	≤0.005	≤0.01	≤0.05	≤0.05
			Al_2O_3	≤0.01	≤0.02	≤0.03	≤0.04
			Cl^-	≤0.01	≤0.01	≤0.02	≤0.03
灼烧减量,%				≤1.0	≤1.0	≤1.0	≤1.0

注:表中数据摘自 GB/T 2969—2008。

用途 用于制造醇脱氢、脱水及酸类酯化等石油化工催化剂、中子吸收剂、钐钴永磁材料、防中子辐射玻璃、钐盐、金属钐等。

简要制法 以氯化稀土溶液为原料,经溶剂萃取、草酸沉淀、干燥及灼烧制得。或以金属钆的硝酸盐、碳酸盐为原料,经高温灼烧制得。

16. 氧化钆 Gadolinium Oxide

化学式 Gd_2O_3

相对分子质量 362.50

性质 为白色至淡黄色无定形粉末。相对密度(15℃)7.407,熔点2310℃,沸点3900℃。极微溶于水、碱溶液。与无机酸(H_3PO_4 及 HF 除外)生成相应的盐。有吸湿性,在空气中吸收 CO_2 及水生成相应的碱式碳酸盐。与氨作用,能从盐溶液中沉淀出钆的水合物。

质量规格

产品牌号			081050	081040	081035	081030
REO			≥99	≥99	≥99	≥99
Gd_2O_3/REO			≥99.999	≥99.99	≥99.95	≥99.9
化学成分%	杂质含量	稀土杂质/REO La_2O_3	≤0.0001	合量 ≤0.0040	合量≤0.05 (Sm_2O_3 + Eu_2O_3 + Tb_4O_7 + Dy_2O_3 + Y_2O_3)	合量≤0.1 (Sm_2O_3 + Eu_2O_3 + Tb_4O_7 + Dy_2O_3 + Y_2O_3)
		CeO_2	≤0.00005			
		Pr_6O_{11}	≤0.00005			
		Nd_2O_3	≤0.0001			
		Ho_2O_3	≤0.00005			
		Er_2O_3	≤0.00005			
		Tm_2O_3	≤0.00005			
		Yb_2O_3	≤0.00005			
		Lu_2O_3	≤0.00005			
		Sm_2O_3	≤0.00005	≤0.0010		
		Eu_2O_3	≤0.0001	≤0.0015		
		Tb_4O_7	≤0.0001	≤0.0015		
		Dy_2O_3	≤0.0001	≤0.0010		
		Y_2O_3	≤0.0001	≤0.0010		
	非稀土杂质	Fe_2O_3	≤0.0002	≤0.0005	≤0.002	≤0.003
		SiO_2	≤0.003	≤0.005	≤0.005	≤0.006
		CaO	≤0.0005	≤0.003	≤0.005	≤0.005
		CuO	≤0.0002	≤0.0005	≤0.001	—
		PbO	≤0.0003	≤0.001	≤0.001	—
		NiO	≤0.0005	≤0.001	≤0.001	—
		Al_2O_3	≤0.001	≤0.01	≤0.03	≤0.04
		Cl^-	≤0.01	≤0.02	≤0.03	≤0.05
灼烧减量,%			≤1.0	≤1.0	≤1.0	≤1.0

注:表中数据摘自 GB/T 2526—2008。

用途 用于制造丁二烯聚合等合成橡胶催化剂、甲醇转化为低级烯烃催化剂,也用于制造特种玻璃、荧光材料、灯丝涂料、激光材料、金属钆。也用作中子屏蔽剂。

简要制法 以氯化稀土溶液为原料,经溶剂萃取、草酸沉淀、干燥及灼烧制得。或以金属钆的硝酸盐、碳酸盐为原料,经高温灼烧而得。

17. 氧化铽 Terbium Oxide

别名 过氧化铽
化学式 Tb_4O_7
相对分子质量 747.70
性质 为暗棕色或黑色无定形固体或粉末。为非化学计量的化合物。其中,Tb^{3+}及Tb^{4+}等量存在。相对密度8.33,熔点2337℃。不溶于水、碱溶液。与无机酸(H_3PO_4除外)生成相应的盐。有吸湿性,在空气中吸收CO_2及水生成碱式碳酸盐。氢氧化铽和硝酸盐、碳酸盐、草酸盐等,在空气中加热时,分解生成Tb_4O_7。它在加压的氧气氛中加热可转变为Tb_6O_{11}。如在其中同时加入Y_2O_3,则可得到组成约为TbO_2的氧化物,经还原可得到Tb_2O_3。

质量规格

产品牌号			091050	091045	091040	091035	091030	091025
REO			≥99.0	≥99.0	≥99.0	≥99.0	≥99.0	≥99.0
Tb_2O_3/REO			≥99.999	≥99.995	≥99.99	≥99.95	≥99.9	≥99.5
化学成分%	杂质含量	稀土杂质/REO La_2O_3	≤0.00005	其余合量 ≤0.001	其余合量 ≤0.002	≤0.05 (Eu_2O_3+ Gd_2O_3+ Dy_2O_3+ Ho_2O_3+ Y_2O_3) 合量	≤0.1 (Eu_2O_3+ Gd_2O_3+ Dy_2O_3+ Ho_2O_3+ Y_2O_3) 合量	≤0.5 (Eu_2O_3+ Gd_2O_3+ Dy_2O_3+ Ho_2O_3+ Y_2O_3) 合量
		CeO_2	≤0.00005					
		Pr_6O_{11}	≤0.00005					
		Nd_2O_3	≤0.00005					
		Sm_2O_3	≤0.00005					
		Er_2O_3	≤0.00005					
		Tm_2O_3	≤0.00005					
		Yb_2O_3	≤0.00005					
		Lu_2O_3	≤0.00005					
		Eu_2O_3	≤0.00005	≤0.001	≤0.002			
		Gd_4O_7	≤0.0001	≤0.001	≤0.002			
		Dy_2O_3	≤0.0002	≤0.001	≤0.002			
		Ho_2O_3	≤0.00005	≤0.0005	≤0.001			
		Y_2O_3	≤0.00005	≤0.0005	≤0.001			
	非稀土杂质	Fe_2O_3	≤0.0003	≤0.0003	≤0.0005	≤0.002	≤0.003	≤0.005
		CaO	≤0.001	≤0.001	≤0.002	≤0.005	≤0.005	≤0.01
		SiO_2	≤0.003	≤0.003	≤0.003	≤0.01	≤0.01	≤0.02
		Cl^-	≤0.01	≤0.01	≤0.02	≤0.04	—	—
灼烧减量,%			≤1.0	≤1.0	≤1.0	≤1.0	≤1.0	≤1.0

注:表中数据摘自 GB/T 12144—2009。

用途 用于制造丁二烯及异戊二烯聚合等合成橡胶催化剂,也用于制造磁性材料、荧光材料、稀土旋光玻璃。也用作磷光体激活剂。

简要制法 由氯化稀土溶液经溶剂萃取、草酸沉淀、干燥及灼烧制得,或由硝酸铽、硫酸铽高温灼烧而得。

18. 氧化镝 Dysprosium Oxide

别名 三氧化镝

化学式 Dy_2O_3

相对分子质量 372.99

性质 为白色至淡黄色六方晶系结晶或粉末。相对密度(27℃)7.81,熔点 2330~2352℃,沸点 3900℃。不溶于水、碱溶液。与无机酸(H_3PO_4 及 HF 除外)生成相应的盐。也溶于乙醇。有吸湿性,露置于空气中会吸收 CO_2 及水生成碱式碳酸盐。有强磁性,其磁性比氧化高铁强数倍。

质量规格

产品牌号	化学成分,%												灼烧减量 %
	Dy_2O_3 /REO	杂质含量											
		稀土杂质/REO						非稀土杂质					
	REO	Gd_2O_3	Tb_4O_7	Ho_2O_3	Er_2O_3	Y_2O_3	其他稀土杂质	Fe_2O_3	SiO_2	CaO	Al_2O_3	Cl^-	
101040	≥99	≥99.99	≤0.001	≤0.003	≤0.002	≤0.001	≤0.002	≤0.001	≤0.0005	≤0.005	≤0.005	≤0.01	≤0.01	≤1.0
101035	≥99	≥99.95	合量≤0.05						≤0.001	≤0.005	≤0.005	≤0.02	≤0.02	≤1.0
101030	≥99	≥99.9	合量≤0.10						≤0.002	≤0.01	≤0.01	≤0.03	≤0.02	≤1.0
101025	≥99	≥99.5	合量≤0.5						≤0.003	≤0.01	≤0.02	≤0.04	≤0.04	≤1.0
101020	≥99	≥99.0	合量≤1.0						≤0.005	≤0.02	≤0.03	≤0.05	≤0.05	≤1.0

注:表中数据摘自 GB/T 13558—2008。

用途 用于制造合成橡胶催化剂、稀土旋光玻璃、镝灯、金属镝等，也用作核反应堆控制材料、发光材料钇铝石榴石的添加剂、石英玻璃光导纤维的添加剂等。

简要制法 由氯化稀土溶液经溶剂萃取、草酸沉淀、干燥、灼烧制得。或由灼烧金属镝的硝酸盐、碳酸盐或氢氧化物而得。

19. 氧化铒　Erbium Oxide

别名 铒氧

化学式 Er_2O_3

相对分子质量 382.51

性质 为淡红色粉末。有顺磁性。相对密度8.64，熔点2387~2418℃，沸点3920℃。加热至1300℃时转变为立方晶体。难溶于水。与无机酸（H_3PO_4及HF除外）生成相应的盐。有吸湿性，露置于空气中，会吸收CO_2及水生成碱式碳酸盐。

质量规格

产品牌号		121040	121035	121030	121025	121020
化学成分,%	REO	≥99	≥99	≥99	≥99	≥99
	Er_2O_3/REO	≥99.99	≥99.95	≥99.9	≥99.5	≥99
灼烧减量,%		≤1.0	≤1.0	≤1.0	≤1.0	≤1.0

注：表中数据摘自GB/T 15678—2010。

用途 用于制造水解、酯化等石油化工催化剂、特种发光玻璃、陶瓷颜料，也用作核反应堆控制材料、磷光体激活剂、激光材料钇铝石榴石的添加剂等。

简要制法 由氯化稀土溶液经溶剂萃取、草酸沉淀、干燥及灼烧制得。或由金属铒的氢氧化物及碱式盐加热分解而得。

20. 氧化铥　Thulium Oxide

别名 铥氧、三氧化铥

化学式 Tm_2O_3

相对分子质量 385.87

性质 为白色略带浅绿色立方晶系结晶或粉末。加热后转变成有光泽的红色，长时间加热又可变为黄白色。相对密度8.6，熔点2341~2425℃，沸点3945℃。不溶于水、碱溶液。缓慢与无机酸（H_3PO_4及HF除外）生成相应的盐。有轻微吸湿性，能吸收空气中二氧化碳及水生成碱式碳酸盐。

质量规格

产品性状	指标					
	Tm_2O_3-04	Tm_2O_3-1	Tm_2O_3-2	Tm_2O_3-3	Tm_2O_3-4	Tm_2O_3-8
氧化铥,%	≥99.99	≥99.95	≥99.9	≥99.5	≥99.0	≥95.0
稀土杂质,%	≤0.01	≤0.05	≤0.10	≤0.50	≤1.0	≤5.0
三氧化二铁,%	≤0.001	≤0.003	≤0.003	≤0.005	≤0.005	≤0.01
二氧化硅,%	≤0.005	≤0.005	≤0.01	≤0.01	≤0.03	≤0.03
氧化钙,%	≤0.005	≤0.01	≤0.03	≤0.03	≤0.05	≤0.05
灼烧减量(≤1000℃,1h),%	≤1.0	≤1.0	≤1.0	≤1.0	≤1.0	≤1.0

用途 用于制造苯氧化制顺酐、环己烷脱氢等石油化工催化剂，以及用于制造荧光材料、激光材料等，也用作磷光体活化剂、核反应堆控制材料。

简要制法 可以含铥的富集物为原料，经溶剂萃取、草酸沉淀、干燥、灼烧制得。或由金属铥的氢氧化物及含氧酸的盐经高温分解而得。

21. 氧化镱 Ytterbium Oxide

化学式 Yb_2O_3

相对分子质量 394.07

性质 纯品为无色立方晶系结晶或粉末。含氧化铥时为淡棕色或黄色。相对密度9.20，熔点2346℃，沸点4070℃。不溶于水和碱溶液。与无机酸（H_3PO_4及HF除外）生成相应的盐。有微吸湿性，能从空气中吸收CO_2及水生成碱式碳酸盐。

质量规格

产品性状	指标					
	Yb_2O_3-04	Yb_2O_3-1	Yb_2O_3-2	Yb_2O_3-3	Yb_2O_3-4	Yb_2O_3-8
氧化镱,%	≥99.99	≥99.95	≥99.9	≥99.5	≥99.0	≥95.0
稀土杂质,%	≤0.01	≤0.05	≤0.1	≤0.5	≤1.0	≤5.0
三氧化二铁,%	≤0.001	≤0.003	≤0.003	≤0.005	≤0.005	≤0.01

续表

产品性状	指标					
	Yb_2O_3-04	Yb_2O_3-1	Yb_2O_3-2	Yb_2O_3-3	Yb_2O_3-4	Yb_2O_3-8
二氧化硅,%	≤0.005	≤0.005	≤0.01	≤0.01	≤0.03	≤0.03
氧化钙,%	≤0.005	≤0.01	≤0.03	≤0.03	≤0.05	≤0.05
灼烧减量(1000℃,1h),%	≤1.0	≤1.0	≤1.0	≤1.0	≤1.0	≤1.0

用途 用于制造石油化工催化剂、计算机磁泡材料、特殊合金、陶瓷电介质、工业发光碳棒及光学玻璃等。

简要制法 以含镱稀土富集物为原料,先用溶剂萃取法或离子交换法分离出镱,再经草酸沉淀、干燥、灼烧制得本品。

22. 氧化镥　Lutetium Oxide

化学式 Lu_2O_3

相对分子质量 397.98

性质 为白色立方晶系结晶或粉末。相对密度9.42,熔点2467~2490℃,沸点3980℃。不溶于水、碱溶液,与无机酸(H_3PO_4及HF除外)生成相应的盐。有轻微吸湿性,在空气中会吸收CO_2及水生成碱式碳酸盐。

质量规格

产品性状	指标					
	Lu_2O_3-04	Lu_2O_3-1	Lu_2O_3-2	Lu_2O_3-3	Lu_2O_3-4	Lu_2O_3-8
氧化镥,%	≥99.99	≥99.95	≥99.9	≥99.5	≥99.0	≥95.0
稀土杂质,%	≤0.01	≤0.05	≤0.10	≤0.50	≤1.0	≤5.0
三氧化二铁,%	≤0.001	≤0.003	≤0.003	≤0.005	≤0.005	≤0.01
二氧化硅,%	≤0.005	≤0.005	≤0.01	≤0.01	≤0.031	≤0.03
氧化钙,%	≤0.005	≤0.01	≤0.03	≤0.03	≤0.05	≤0.05
灼烧减量(1000℃,1h),%	≤1.0	≤1.0	≤1.0	≤1.0	≤1.0	≤1.0

用途 用于甲醇转化为低碳烯烃等石油化工催化剂、特殊合金、磁性材料。用作磷光体活化剂、阴极材料敏化剂等。

简要制法 以褐钇铌矿提取氧化钇后的铥镱、镥钇富集物为原料,经溶剂萃取、草酸沉淀、干燥及灼烧制得。或由金属镥的硝酸盐、硫酸盐及氢氧化物经高温分解而得。

十、配位化合物

配位化合物简称配合物,以前曾称其为络合物,是一类组成比较复杂的化合物。它的存在十分普遍,很多无机化合物都具有配位化合物的结构。一些常见的化合物,如 NH_3、H_2O、HCl、$AgCl$、$CuSO_4$ 等,它们的形成都符合经典化合物理论,即在这些化合物的分子中,原子间都有确定的简单整数比。如在 NH_3 分子中,一个 N 原子只能与三个 H 原子结合,这些化合物也称为简单化合物。但它们之间还可进一步形成复杂的化合物,如 $[Cu(NH_3)_4]SO_4$、$[Ag(NH_3)_2]Cl$ 等。它们在形成过程中,既没有电子得失而形成的离子键,也没有由两个原子相互提供单电子配对而形成的共价键。但这些化合物都含有复杂离子(用方括号标出)。这些复杂离子在溶液中较难离解,可以像一个简单离子一样参加反应,在溶液和晶体中都能稳定地存在。这种复杂离子称为配离子。如 $[Cu(NH_3)_4]^{2+}$ 称为铜氨配离子,它是由 NH_3 分子内 N 原子上的孤对电子对($:NH_3$)进入 Cu^{2+} 的空轨道,以 4 个配位键结合而成的:

$$\begin{bmatrix} & NH_3 & \\ H_3N : & \ddot{C}u^{2+} & : NH_3 \\ & NH_3 & \end{bmatrix} 或 \begin{bmatrix} & NH_3 & \\ & \downarrow & \\ H_3N \rightarrow & Cu^{2+} & \leftarrow NH_3 \\ & \uparrow & \\ & NH_3 & \end{bmatrix}$$

凡含有配离子的化合物均称配位化合物,简称配合物。习惯上也将配离子称为配合物。配离子是配合物的特征组分,它的性质和结构与一般离子不同。因此常将配离子用方括号括起来,方括号内是配合物的内层(或称内界),不在内层的其他离子是配合物的外层(或称外界)。配合物的内层又由中心离子、配位体组成:

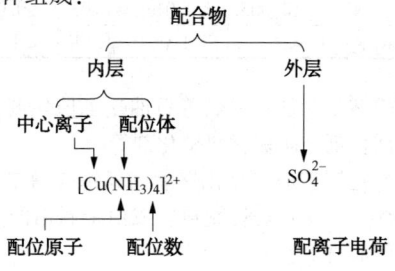

可以看出,中心离子是配合物的形成体,它位于配位个体的中心。中心离子一般是金属离子,常见的大多是过渡金属离子,如 Fe^{2+}、Fe^{3+}、Cr^{3+}、Co^{2+}、Co^{3+}、Ni^{2+}、Cu^{2+}、Cu^+、Ag^+、Zn^{2+}、Hg^{2+} 等。它们的半径小,电荷多,是较强的配合物形成体。但也有金属原子作为配合物形成体的,如 $[Ni(CO)_4]$ 和 $[Fe(CO)_5]$ 中 Ni 和 Fe 都是中性原子,这类配合物没有外层。

在配离子内与中心离子结合的负离子或中性分子称为配位体(简称配体)。具有孤对电子的极性分子或负离子都可作配位体。能提供配位体的物质称为配位剂。配位体中具有孤对电子对的直接与中心离子结合的原子称为配位原子。配位体的种类虽然很多,但能作为配位原子的元素主要是 N、O、C、S 及卤素等。只含有一个配位原子的配位体称为单齿配体,含有两个或两个以上可以与中心离子结合的配位原子的配位体,均称多齿配体。许多有机配体都是多齿配体,如草酸根、乙酰丙酮根等。

在配离子中与中心离子直接结合的配位原子的数目即为中心离子的配位数,如 $[Cu(NH_3)_4]^{2+}$ 中,Cu^{2+} 离子的配位数为 4。中心离子配位数的多少与中心离子和配位体的性质(电荷、核外电子排布、离子半径)及形成配合物的条件有关。

中心离子与配位体反应生成配合物的反应属于配位反应;而配离子与另一种配体结合,生成含两种配体的三元配合物,则属于加合反应;配离子中的配体被其他配体所取代,属于取代反应。由于配合物大都在溶液中生成,所以,在溶液中生成配合物的反应,常为两种物质的加合反应及配体的取代反应。

在有机合成反应中,利用形成配合物所起的催化作用称为配位催化反应。配位催化反应活性高、选择性好,不需要高温高压,在有机合成高分子聚合中极为重要。例如,在常温常压下乙烯经 $PdCl_2$ 催化剂氧化成为乙醛,就是通过 Pd^{2+} 离子与乙烯形成配离子 $[Pd(C_2H_4)Cl_3]^-$ 来实现的。一些过渡金属的烷基配合物、过渡金属烯烃配合物、过渡金属二烯类配合物、过渡金属炔烃配合物及金属羰基配合物等都是有机合成及石油化工中多种反应的催化剂。

生物体内有许多酶也是通过起配位催化作用而发挥其功能的。在已知的 1000 多种酶中,约有 1/3 是配合物,如在植物生长中起光合作用的叶绿素是 Mg^{2+} 的复杂配位物。此外,太阳能分解水制氢、人工固氮等的实现都有于赖于配位催化。

1. 三氟化硼—乙醚配合物
Boron Trifluoride-Ethyl Ether Complex

别名 三氟化硼乙醚、三氟化硼乙酰溶液

化学式 $(C_2H_5)_2O \cdot BF_3$

相对分子质量 141.94

结构式
$$\begin{matrix} & F & C_2H_5 \\ & | & \\ F\!&\!\!-\!B\!:\!O & \\ & | & \\ & F & C_2H_5 \end{matrix}$$

性质 为无色或暗褐色液体，有特殊臭味。相对密度(25℃)1.125，熔点 -60.4℃，沸点 125.7℃，闪点 22℃，折射率 1.348，蒸气压 5.999kPa，蒸气相对密度 1.1。易水解，在湿空气中冒烟，受光照逐渐变色。

质量规格

产品性状	指标	产品性状	指标
三氟化硼(BF_3),%	46.8～47.8	沸程,℃	125～128
水分,%	≤ 0.3		

用途 在顺丁橡胶、聚甲醛、石油树脂及医药等制造过程中，用作烃化及缩合反应等的催化剂。有机合成中用作烷基化、乙酰化、脱水等反应催化剂。用作环氧树脂固化剂，以及用作制造硼烷或提取同位素硼的基本原料。

安全事项 有毒，易燃。对皮肤、织物均有腐蚀性。本品蒸气与空气能形成爆炸性混合物，遇热源有着火及爆炸危险。燃烧时会分解产生有毒气体。着火时应采用干粉或二氧化碳灭火。吸入高浓度蒸气会产生肺气肿，严重者可致死亡。

简要制法 将硼酸、发烟硫酸及萤石粉混合加热，所生成的三氟化硼气体经乙醚吸收、减压精馏后制得。

2. 三氟化硼—丁醚配合物
Boron Trifluoride-Butyl Ether Complex

别名 三氟化硼丁醚溶液

化学式 $(C_4H_9)_2O \cdot BF_3$

相对分子质量 197.83

结构式 $C_4H_9—O—C_4H_9:B\begin{matrix}F\\—F\\F\end{matrix}$

性质 为淡黄色透明液体，有特殊臭味。相对密度1.1，沸点73~75℃(4.38kPa)，遇光及热易分解。在潮湿空气中会吸收水分产生白色烟雾。

质量规格

产品性状	指标
三氟化硼(BF_3)含量,%	33~35

用途 有机合成中用作醇醛缩合、烯醛缩合、聚合及羰基加成等反应的催化剂，也用作实验室试剂。

安全事项 参见"三氟化硼—乙酸配合物"条目。

简要制法 将硼酸、发烟硫酸及萤石粉混合加热，所生成的三氟化硼气体经丁醚吸收、减压蒸馏后制得。

3. 三氟化硼—乙酸配合物
Boron Trifluoride-Acetic Acid Complex

别名 三氟化硼乙酸

化学式 $C_4H_8BF_3O_4$

相对分子质量 187.93

结构式 $2CH_3COOH \cdot BF_3$

性质 为白色结晶状固体或液体。商品常含三氟化硼约40%，为灰黄色至棕色液体。相对密度1.36，熔点23℃，沸点142~145℃，折射率1.3691。能与硫酸混溶。遇水分解。在潮湿空气中冒烟，受热分解释出三氟化硼。

质量规格

产品性状	指标	产品性状	指标
三氟化硼(BF_3),%	≥40	沸程,℃	142~145
水分,%	≤0.3		

用途 用作烷基化、酰化、聚合等有机合成催化剂,也用作实验试剂。

安全事项 受热或遇水分解并释出有毒气体。对多数金属有腐蚀性,对皮肤、眼睛及黏膜有强腐蚀性及刺激性。误服会中毒。可燃。失火时应用沙土、干粉、水泥及二氧化碳等灭火。

简要制法 将硼酸、发烟硫酸及萤石粉混合加热,所生成的三氟化硼气体经乙酸吸收、精馏后制得。

4. 三氟化硼哌啶 Boron Trifluoride Piperidine

化学式 $C_5H_{11}BF_3N$

相对分子质量 152.80

结构式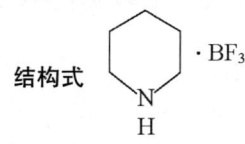

性质 为一种与含氮化合物组成的配位化合物,比与含氧化合物组成的配位化合物更为稳定。白色或淡黄色结晶。熔点66℃,沸点135℃(开始分解)。溶于苯及热乙醇中,遇水分解。有腐蚀性。

质量规格

产品性状	指标
三氟化硼哌啶含量,%	≥43

安全事项 有毒!

用途 可用作合成树脂的聚合反应催化剂,也用作实验试剂。

5. 二茂基二苯基钛
Bis(cyclopentadienyl) Diphenyl Titanium

别名 双(环戊二烯基)二苯基钛

化学式 $(C_5H_5)_2Ti(C_6H_5)_2$

相对分子质量 332.28

结构式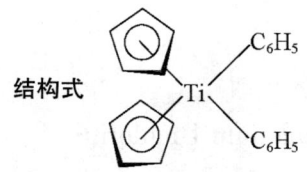

性质 为一种茂金属配合物。橙黄色晶体。熔点 146~148℃。不溶于水,溶于乙醚、丙酮、氯仿、四氯化碳、苯等多数有机溶剂。与醇类反应生成二茂基钛及苯。与氯化汞反应生成二茂基二氯化钛及苯基氯化汞。

用途 与烷基铝化合物或金属卤化物配位后用作烯烃聚合催化剂。用作镀钛原料。

简要制法 先将四氯化钛经苯基锂(1:4)在 -70℃的乙醚溶液中处理,再与环戊二烯反应制得,或由二茂基三氯化钛与二苯基汞或苯基锂反应而得。

6. 二茂基二氯化钛
Bis(cyclopentadieny) Titanium Dichloride

别名 双(环戊二烯基)二氯化钛

结构式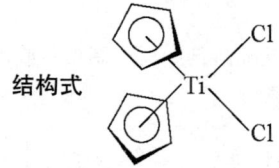

化学式 $(C_5H_5)_2TiCl_2$
相对分子质量 248.98

性质 为一种茂金属配合物。亮红色针状晶体(在甲苯中析出)。相对密度1.60,熔点287~289℃。在真空中于170℃时升华。微溶于水、乙醚、苯、四氯化碳、二硫化碳,溶于氯仿、乙醇、甲苯等溶剂。固态下在干燥空气中稳定,在潮湿空气中缓慢水解。与苯基锂反应生成 $(C_5H_5)_2Ti(C_6H_5)_2$。

用途 用作齐格勒—纳塔聚合催化剂的组分,也可用作硫化促进剂、石油燃烧促进剂、抗爆燃剂。用于镀钛等。

简要制法 在四氢呋喃或乙二醇二甲醚溶剂中由四氯化钛与茂基溴化

镁或茂基钠反应制得。

7. 二茂基二氯化钒
Bis(cyclopentadienyl) Vanadium Dichloride

别名 双(环戊二烯基)二氯化钒
化学式 $(C_5H_5)_2VCl_2$
相对分子质量 252.04

结构式

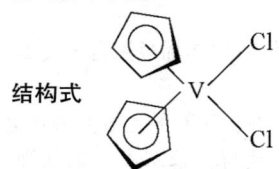

性质 为一种茂金属配合物。暗绿色结晶(在 $CHCl_3$ 中析出)。相对密度1.60，熔点250℃(分解)。具顺磁性。溶于醇类、氯仿、水。遇碱溶液分解。在氯仿中与氯作用生成 $(C_5H_5)VCl_3$。在四氢呋喃中与氢化锂铝作用生成二茂钒。

用途 与有机铝形成的配合物可用作乙烯基单体及乙烯聚合的催化剂，也用作橡胶硫化促进剂。

安全事项 有毒！

简要制法 由三氯化钒与茂基钠在四氢呋喃溶剂中反应制得，或由四氯化钒与茂基钠在乙二醇二甲醚溶剂中反应制得。

8. 二茂基二氯化锆
Bis(cyclopentadienyl) Zirconium Dichloride

别名 双(环戊二烯基)二氯化锆
化学式 $(C_5H_5)_2ZrCl_2$
相对分子质量 292.32

结构式

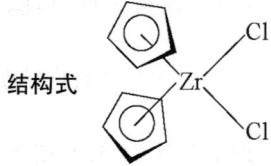

性质 为一种茂金属配合物。无色或白色针状晶体。熔点 242～245℃。不溶于水,溶于极性有机溶剂。在干燥空气中稳定,在潮湿空气中缓慢水解。

用途 用作乙烯基单体聚合催化剂组分,或与丁基锂、二乙基镁、三乙基铝、戊基钠一起用作乙烯聚合催化剂。也用作硫化促进剂、有机硅防水材料固化剂,以及用作镀锆原料等。

简要制法 在四氢呋喃中由四氯化锆与茂基锂或茂基钠反应制得。或在溶剂苯中由四氯化锆与茂基氯化镁反应而得。

9. 二茂基二甲基钛
Bis(cyclopentadienyl) Dimethyl Titanium

别名 双(环戊二烯基)二甲基钛

化学式 $(C_5H_5)_2Ti(CH_3)_2$

相对分子质量 208.14

结构式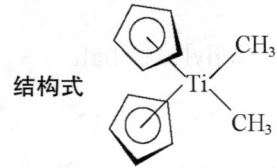

性质 为一种茂金属配合物。橙黄色针状晶体。熔点97℃(分解)。不溶于水,溶于乙醇、乙醚、苯、四氯化碳等多数有机溶剂。与氢气作用生成甲烷及二茂基钛。

用途 用作丙烯聚合的催化剂组分。

简要制法 在四氢呋喃中由二茂基二氯化钛与甲基碘化镁或甲基锂反应制得。

10. 二茂镍　Bis(cyclopentadienyl) Nickel

别名 双环戊二烯基镍,简称镍茂

化学式 $(C_5H_5)_2Ni$

相对分子质量 188.88

结构式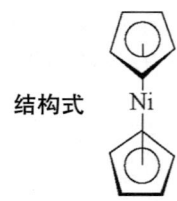

性质 为一种茂金属配合物。深绿至暗绿色针状晶体(由石油醚析出)。相对密度1.47,熔点171~173℃(分解)。遇空气缓慢氧化。不溶于水,溶于有机溶剂。溶液对空气较敏感,在空气中会氧化为较不稳定的黄橙色阳离子$[(C_5H_5)_2Ni]^+$,因此,在惰性气体中贮存。在无水乙醇中可被钠汞齐还原为二环戊二烯合镍($C_5H_5NiC_5H_7$)。

用途 用作烃类精制催化剂、加氢催化剂、交叉偶联反应催化剂、自由基聚合反应抑制剂、硫化促进剂、燃料抗爆燃剂等,也用于制造高纯镍及镀镍。

安全事项 有毒!

简要制法 由氯化镍与茂基钾在液氨中或与茂基钠在乙醚中反应制得。

11. 二茂钴 Bis(cyclopentadienyl) Cobalt

别名 双环戊二烯基钴、茂钴

化学式 $(C_5H_5)_2Co$

相对分子质量 189.12

结构式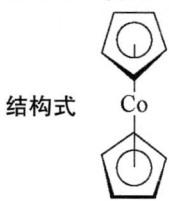

性质 为一种茂金属配合物。紫黑色结晶。相对密度1.49,熔点173~174℃。在真空中(13Pa)40℃升华。溶于烃类溶剂,溶液呈深紫色。遇水反应生成二茂钴阳离子及氢气。对氧气敏感,易氧化成稳定的$[(C_5H_5)_2Co]^+$阳离子。在空气中能自燃,一般放在芳烃溶剂中保存。与一氧化碳反应可生成$(C_5H_5)Co(CO)_2$。

用途 用作炔烃与腈反应合成吡啶类化合物的催化剂,也用作硫化促进剂、烯烃聚合反应抑制剂、氧气解吸剂及油漆催干剂等。

12. 二茂钒　Bis(cyclopentadienyl) Vanadium

别名　双(环戊二烯基)钒、钒茂
化学式　$(C_5H_5)_2V$
相对分子质量　181.13

结构式

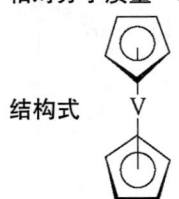

性质　为一种茂金属配合物。紫红色结晶。有顺磁性。熔点167~168℃。对空气敏感。遇空气立即氧化并燃烧。溶于液氨及有机溶剂。在高压下与一氧化碳反应生成$(C_5H_5)V(CO)_4$。

用途　用作乙炔聚合催化剂，也用作镀钒原料。

安全事项　有毒！

简要制法　由三氯化钒或四氯化钒与茂基钠在四氢呋喃、二噁烷等溶剂中反应制得，或由二茂基二氯化钒与氢化锂铝在四氢呋喃中反应而得。

13. 二茂锰　Bic(cyclopentadienyl) Manganese

别名　双环戊二烯基锰、锰茂
化学式　$(C_5H_5)_2Mn$
相对分子质量　185.13

结构式

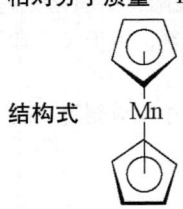

性质　为一种茂金属配合物。暗褐色晶体。熔点173℃。真空中100~135℃时升华。在氮气氛中加热至159~160℃时，晶体由暗褐色变为浅红白色；继续加热至173℃时熔融。不溶于烃类等非极性有机溶剂，溶于液氨、吡啶、四氢呋喃，略溶于苯。溶液能导电。遇水和酸分解，并伴随有特征的破裂声。与一氧化碳反应生成稳定的三羰基茂基锰$(C_5H_5)Mn(CO)_3$。

用途　用作烯烃聚合催化剂的组分，也用作硫化促进剂、燃料油和润滑油添加剂。也用于镀锰。

简要制法　先用茂基钠与二溴化锰在沸热的四氢呋喃中反应制得粗品，再在真空中经 100～130℃ 升华提纯。

14. 二茂铁　Bis(cyclopentadienyl) Iron

别名　双(环戊二烯基)铁

化学式　$(C_5H_5)_2Fe$ 或 $C_{10}H_{10}Fe$

相对分子质量　186.04

结构式

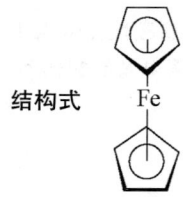

性质　为一种茂金属配合物，是亚铁与环戊二烯反应生成的配合物。为夹心金属化合物，橙黄色晶体(在乙醇水溶液中析出)，晶体中两个环戊二烯环呈交错结构。熔点 173～174℃，沸点 249℃。有类似樟脑的气味，能升华。溶于乙醚、苯、石油醚，不溶于水。具有芳香族化合物的特性，易进行磺化等亲核取代反应，而难发生加成和氧化反应。在煮沸的碱液或盐酸中不溶也不分解，加热至 400℃ 以上仍稳定。耐紫外光作用，在空气中稳定。

用途　用作有机合成催化剂、紫外线吸收剂、聚酯树脂固化促进剂、硅橡胶硫化剂、火箭燃料添加剂，也用作汽油抗爆燃剂，用于替代有公害的四乙基铅。

简要制法　由环戊二烯钠与氯化亚铁在四氢呋喃中反应制得。或在氮气流中由环戊二烯与还原铁在高温下反应而得。

15. 二苯合钒　Bis(benzene) Vanadium

化学式　$(C_6H_5)_2V$

相对分子质量　204.9

结构式

性质 为二个苯以大π键与零价钒配位生成的夹心式结构。红黑色晶体(升华制得)。熔点 277～278℃，真空中 120～150℃升华。高于 300℃分解为金属钒。有顺磁性。不溶于水、四氯化碳，微溶于甲醇，溶于乙醚、丙酮、苯、吡啶及石油醚等有机溶剂。在空气中迅速氧化为红褐色阳离子 $[(C_6H_6)_2V]^+$。

用途 用作丁二烯聚合等有机合成催化剂。

简要制法 先用苯、四氯化钒在铝粉、三氯化铝存在下回流加热得粗产物，再用连二亚硫酸钠还原制得。

16. 二苯合铬 Bis(benzene) Chromium

化学式 $(C_6H_5)_2Cr$

相对分子质量 206.0

结构式

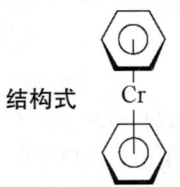

性质 为二个苯以大π键与零价铬配位生成的夹心式结构。深褐色或棕黑色晶体。相对密度 1.519，熔点(氮气中)284～285℃。真空中 160℃升华。加热至 300℃时分解为金属铬。不溶于水，微溶于乙醚、石油醚，稍溶于苯。在有水存在时，其苯溶液与氧接触则氧化生成黄色阳离子 $[(C_6H_6)_2Cr]^+$；无水分存在时，则只发生缓慢氧化。在空气中不稳定，也会发生氧化分解。在高压加热下，与 CO 反应生成六羰基铬及三羰基苯合铬。

用途 用作乙烯聚合催化剂，对于丙烯腈聚合反应也呈催化活性。也用于合成其他有机中间体。

简要制法 先由苯、三氯化铬、三氯化铝及铝粉的混合物在玻璃封管内加热至 150℃进行反应，反应物经甲醇及水处理后再用连二亚硫酸钠还原制得。

17. 四(三苯基膦)合钯
Tetrakis(triphenylphosphine)Palladium

化学式 $[(C_6H_5)_3P]_4Pd$

相对分子质量 1154.4

性质 为黄色晶体。熔点 100~105℃，115℃分解。不溶于水，微溶于丙酮、乙腈、四氢呋喃，溶于二氯甲烷、乙醇、氯仿，易溶于苯、甲苯。其苯溶液能迅速吸收氧，并生成不溶的绿色含氧配合物。在空气中短时间内稳定，但不久会变成橙色。

用途 用作三苯基膦及异腈类物质氧化为膦氧化物及异氰酰反应、烯烃加成及低聚反应、有机卤化物缩合及偶联反应、有机硅烷和锡烷的羰基化反应、氢化硅烷化反应等有机合成催化剂。

简要制法 在二甲亚砜中先由二氯化钯和三苯基膦反应，再用水合肼还原制得。

18. 四(三苯基膦)合镍
Tetrakis(triphenylphosphine)Nickel

化学式 $[(C_6H_5)_3P]_4Ni$

相对分子质量 1106.85

性质 为红棕色晶体(在苯/庚烷中析出)。熔点 122~124℃。不溶于水，难溶于乙醇、正庚烷，微溶于乙醚，易溶于苯、甲苯、二甲苯、四氢呋喃。晶体或其溶液露置于空气中会迅速分解。

用途 用作丁二烯低聚制环十二碳三烯、氢化硅烷化及交叉偶联反应等有机合成催化剂。

简要制法 由双(2,4-戊二酮基)合镍、三苯基膦及三乙基铝反应制得。

19. 四(三苯基膦)合铂
Tetrakis(triphenylphosphine)Platinum

化学式 $[(C_6H_5)_3P]_4Pt$

相对分子质量 1243.10

性质 为淡黄色粉末。加热至 118~120℃ 时分解成红色液体,在真空中加热至 159~160℃ 时熔化成黄色液体。不溶于水,溶于苯并离解为三(三苯基膦)合铂。当将其苯溶液曝置于空气中时,由于氧及 CO_2 的作用,会缓慢地析出白色粉状碳酸双(三苯基膦)合铂。与四氯化碳反应可生成顺式二氯双(三苯基膦)合铂。也能与 O_2、CO、CS_2、H_2S、SO_2、酸类、氯代烯烃、碘代甲烷等反应,生成各种铂(Ⅱ)或铂(0)的配合物或化合物。在空气中不稳定。

用途 用作烯烃的氢化硅烷化、烯烃异构化、羰基化、氢化、有机汞化合物氧化等有机合成反应的催化剂,也用于制造其他铂化合物。

简要制法 在氢氧化钾乙醇溶液中,用联氨还原四氯合铂(Ⅱ)酸钾的三苯基膦化合物而得。或先由 $(Pb_3P)_2PtCl_2$ 与三苯基膦在乙醇溶液中反应,再用水合肼还原制得。

20. 三苯基膦·二(丙烯腈)合镍
Triphenylphosphine Di(acrylonitrile)Nickel

结构式 $(CH_2=CHCN)_2Ni[P(C_6H_5)_3]$

相对分子质量 427.10

性质 为黄色固体。加热至 180℃ 时分解为镍,丙烯腈及三苯基膦。不溶于水,微溶于乙醚、苯、丙酮等有机溶剂。

用途 用作乙炔环化制苯等有机合成催化剂。其催化活性远高于二(丙烯腈)合镍,而且反应产物主要为苯。

简要制法 在乙醚中由三苯基膦与新制取的二(丙烯腈)合镍经回流反应制得。

21. 二羰基双(三苯基膦)合镍
Dicarbonyl Bis(triphenylphosphine)Nickel

化学式 $[(C_6H_5)_3P]_2Ni(CO)_2$

相对分子质量 639.27

性质 为淡黄色晶体。熔点 212℃(分解)。在空气中稳定。不溶于水,溶于乙醚、苯、丙酮等有机溶剂。

用途 用作乙炔环化制苯、乙炔与丙烯腈合成庚三烯腈、丁二烯聚制乙烯基环己烯及环辛二烯等有机合成催化剂。

简要制法 在乙醚溶液中先由三苯基膦与羰基镍反应,冷却后析出的结晶再用苯进行重结晶制得。

22. 二羰基双(亚磷酸三苯酯)合镍
Dicarbonyl Bis(triphenylphosphite) Nickel

化学式 $[(C_6H_5O)_3P]_2Ni(CO)_2$

相对分子质量 734.7

性质 为无色针状结晶。熔点(由石油醚进行再结晶)95℃。不溶于水,溶于乙醚、苯、丙酮及石油醚等有机溶剂。

用途 用作丁二烯环化合成乙烯基环己烯及环辛二烯等有机合成催化剂。

简要制法 由 1mol $Ni(CO)_4$ 与 2mol $(PbO)_3P$ 在乙醚溶液中反应制得。反应物经干燥后保存于 $-10℃$ 的氮气中。

23. 三羰基三苯基膦合镍
Tricarbonyl Triphenylphosphine Nickel

化学式 $[(C_6H_5)_3P]Ni(CO)_3$

相对分子质量 404.7

性质 为淡黄绿色晶体。熔点126℃。不溶于水,溶于乙醇、乙醚、苯等有机溶剂。

用途 用作乙炔聚合、乙炔环化、丁二烯聚合等有机合成催化剂。

简要制法 由三苯基膦与羰基镍在无水乙醇中反应制得。反应析出的结晶,用苯进行重结晶。

24. 三羰基双(三苯基膦)合铁
Tricarbonyl Bis(triphenylphosphine) Iron

化学式 $[(C_6H_5)_3P]_2Fe(CO)_3$

相对分子质量 664.66

性质 为金黄色晶体(苯/石油醚中析出)。熔点272℃(分解)。不溶于水,易溶于乙醚、苯、石油醚、己烷等多数有机溶剂。与碱的热醇溶液及浓酸都不发生反应。对光、空气都稳定,在沸热的二噁烷中会被钾缓慢裂解,生成二苯基膦钾$(C_6H_5)_2PK$。

用途 用作硝基化合物加氢生成胺等有机合成催化剂。

简要制法 在环己醇中由五羰基铁与三苯基膦反应制得。

25. 三羰基茂基锰
Tricarbonylcyclopentadienyl Manganese

化学式 $C_5H_5Mn(CO)_3$

相对分子质量 204.06

结构式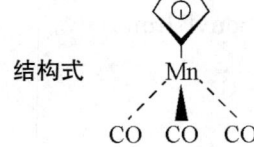

性质 为一种茂金属配合物。具樟脑气味的浅黄色晶体。熔点77℃。不溶于水,溶于乙醚、丙酮、苯等多数有机溶剂。溶液呈黄色。遇硫酸、硝酸会立即分解,并释出一氧化碳。露置于空气中会缓慢氧化,可进行亲电子取代反应。

用途 用作羰基合成及烃类精制催化剂、汽油抗爆燃剂,也用作自由基聚合的引发剂组分。

简要制法 在高温高压下由二茂基锰与一氧化碳反应制得。

26. 四羰基镍 Tetracarbonyl Nickel

化学式 $Ni(CO)_4$

相对分子质量 170.73

结构式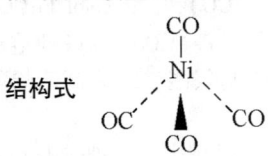

性质 为无色易挥发性液体。相对密度(17℃)1.318,熔点-25℃,沸点43℃。自燃温度480℃。临界温度200℃,临界压力3MPa。不溶于水,溶于乙醇、丙酮、苯、氯仿及四氯化碳等溶剂。在空气中易氧化。在约50℃时放出一氧化碳而开始分解;在120~200℃条件下使它通过管道时,分解而生成镍镜。其蒸气与空气可形成爆炸性混合物。在常温下,浓蒸气与灼热的物体表面接触,可引起着火或小爆炸,并冒出黑烟。

用途 用作丙烯酸酯及其衍生物合成催化剂,也用于制造其他镍配合物。

简要制法 可由一氧化碳与镍粉在加压或常压下反应制得。或在还原剂(如连二亚硫酸钠)存在下,由碱性镍盐溶液与一氧化碳反应而得。

27. 五羰基铁 Pentacarbonyl Iron

化学式 $Fe(CO)_5$

相对分子质量 195.90

性质 为黄色至深红色黏稠液体。相对密度1.453,熔点-20~-19.5℃,沸点102.8℃。闪点15℃。蒸气相对密度6.74,蒸气压(130.3℃)5.332kPa。加热至180℃分解为Fe和CO。在空气中能自燃,并生成Fe_2O_3。在暗处稳定,遇光分解成$Fe_2(CO)_9$及CO。在波长低于410nm的光线照射下生成多羰基铁。几乎不溶于水、液氨,易溶于苯、乙醚、丙酮等有机溶剂。与浓硝酸和浓硫酸作用分别生成三价和二价铁盐;与适量氯水或溴水反应可生成$Fe(CO)_4X_2$(X=Cl或Br);与烯烃、胂、睇、膦等反应时,羰基被取代而得到一系列衍生物。在五羰基铁的化学性质中,与催化作用相关联的是五羰基铁和碱试剂间的反应。即将$Fe(CO)_5$加至浓苛性钠溶液中,在隔绝空气下振动,则呈油状分散的$Fe(CO)_5$逐渐减少,最后获得淡黄色均匀溶液。这是由于$Fe(CO)_5$与碱反应生成羰基阴离子所致。所生成的阴离子种类为1mol $Fe(CO)_5$与3mol NaOH反应生成$[HFe(CO)_4]^-$;1mol $Fe(CO)_5$与4mol以上的NaOH反应生成$[Fe(CO)_4]^{2-}$。$Fe(CO)_5$的碱性溶液可用于硝基苯制苯胺、轻质汽油制苯偶姻、醌制氢醌、乙炔制乙烯等还原反应。

用途 用作羰基化反应、异构化反应、不饱和脂肪酸酯加氢反应及聚合反应等有机合成催化剂,以及用作汽油抗爆燃剂。也用于制造高纯铁粉、磁带、磨蚀材料。

简要制法 由铁粉与一氧化碳在高温高压下反应或在催化剂存在下

反应制得。也可在二价铁盐的含氨溶液中通入一氧化碳在高压下反应而得。

28. 六羰基钼　Hexacarbonyl Molybdenum

化学式　$Mo(CO)_6$

相对分子质量　264.00

性质　为白色无气味晶体。相对密度1.96。不溶于水,微溶于乙醚,溶于丙酮、苯、石油醚等溶剂。在空气中稳定,加热至150℃时分解为钼及一氧化碳。易升华。有抗磁性。与乙酸反应生成二乙酸盐,与苯甲酸在160℃下反应生成二苯甲酸钼,与溴反应生成四溴化钼。

用途　用作氢化等有机合成催化剂,也用于制取钼有机化合物、高纯金属钼及热解镀钼等。

简要制法　可在乙基溴化镁的乙醚-苯溶液中由五氯化钼与一氧化碳(约10.13MPa)反应制得。

29. 六羰基铬　Hexacarbonyl Chromium

化学式　$Cr(CO)_6$

相对分子质量　220.06

性质　为无色正交晶系结晶。易潮解,遇光变为棕色粉末。相对密度1.77。常温下在空气中稳定,加热至110℃时分解。在空气中加热至210℃会爆炸。可升华。不溶于水、乙醇,溶于丙酮、乙醚、氯仿。比一般金属羰基化物稳定,不与水、溴、碘、冷或热的浓硝酸反应,而与发烟硝酸及氯气反应。可被有机羧酸氧化。光照可加速其分解。和环戊二烯配体反应可生成环戊二烯化铬。在液氨中,能被Na、Ca、Li或Ba还原$[Cr(CO)_5]^{2-}$。

用途　用作烯烃聚合、氢化、异构化、芳烃烷基化等有机合成催化剂。用于制备高纯金属铬。

安全事项　高毒!

简要制法　在Al或$LiAlH_4$还原剂存在下,由一氧化碳与悬浮于苯—乙醚混合溶剂中的卤化铬反应制得。

30. 六羰基钨 Hexacarbonyl Tungsten

化学式 $W(CO)_6$

相对分子质量 351.91

性质 为白色结晶。相对密度2.65。在空气中稳定,在真空中于60~70℃时升华,在日光下稍有分解。加热至150℃左右时迅速分解为钨及一氧化碳。不溶于水,溶于发烟硝酸,微溶于乙醇、乙醚、己烷、苯等有机溶剂。

用途 用作乙烯聚合等有机合成催化剂,也用于制陶瓷或金属镀钨。

简要制法 可由六氯化钨、一氧化碳及铝粉在压热釜内加热至100℃反应制得。

31. 八羰基二钴 Octacarbonyl Dicobalt

化学式 $Co_2(CO)_8$

相对分子质量 341.95

结构式

$$\begin{array}{c} \quad\quad\quad O \\ OC\quad C\quad CO \\ \;\;\;\backslash\;|\;/ \\ OC—Co———Co—CO \\ \;\;\;/\;|\;\backslash \\ OC\quad C\quad CO \\ \quad\quad\quad O \end{array}$$

性质 为橙红色至棕黑色结晶粉末。相对密度1.87,熔点51℃。高于52℃时开始分解为$[Co(CO_3)]_4$及CO,但分解不完全;在60℃下需经两天才能完全分解。生成的$[Co(CO)_3]_4$难溶于苯,在苯溶剂中再结晶时可得到黑色晶体。八羰基二钴不溶于水,溶于乙醇、乙醚、苯、石脑油及四氯化碳等。暴露于空气中分解成碱式碳酸钴。一种由桥键羰基组成的二聚体结构,反应能力很强。与卤素反应分解成二价钴卤化物及一氧化碳。在液氨中可被金属钠还原成四羰基合钴酸钠$[NaCo(CO)_4]$。

安全事项 高毒!

用途 用作羰基合成醇和醛的重要催化剂。也用作高分子聚合催化剂、汽油抗爆燃剂,也用于制备高纯钴盐等。

简要制法 由金属钴粉与一氧化碳在高温高压下反应制得。或由碳酸钴与 CO、H_2 在高温高压下反应而得。

32. 十二羰基三铁　Dodecacarbonyl Triiron

化学式　$Fe_3(CO)_{12}$

相对分子质量　503.67

结构式

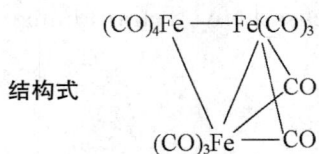

性质　为墨绿色至黑色晶体。相对密度(18℃)1.996，熔点140℃(分解)。不溶于水，微溶于乙醚、丙酮、苯、石油醚等有机溶剂，易溶于四羰基镍、五羰基铁。有一定挥发性，长期暴露于空气中会缓慢氧化成棕色三氧化二铁。受热高于60℃时会分解生成一种金属铁的镜面。可被金属钠还原生成 $Na_2Fe(CO)_4$。具有比 $Fe(CO)_5$ 更强的反应能力。

用途　用作炔烃三聚反应催化剂、NO_2 基团的还原剂。用于制造各种有机铁配合物，也用于考察 $Fe(CO)_5$ 的催化反应机理。

简要制法　将五羰基铁的三乙胺溶液用二氧化锰氧化制得。也可加热 $Fe_2(CO)_9$ 而得，或将 $HFe(CO)_4^-$ 阴离子用各种氧化剂氧化而得。

33. 十二羰基四钴　Dodecacarbonyl Tetracobalt

化学式　$Co_4(CO)_{12}$

相对分子质量　571.86

结构式

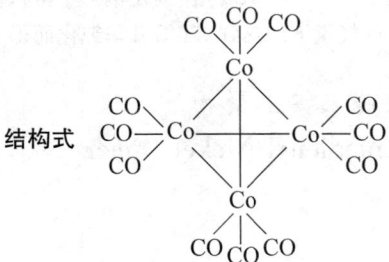

性质 为紫黑色至黑色正交晶系晶体。在90℃(13.3Pa)下升华,并部分分解。不溶于水,微溶于苯、丙酮、乙醚等有机溶剂。溶液呈褐色,暴露于空气中,缓慢氧化为紫色氧化钴或碳酸钴。

用途 用作一氧化碳甲烷化、烯烃加氢甲酰化、加氢酯化等有机合成反应催化剂。

简要制法 由八羰基钴于60℃下加热分解制得。

34. 十二羰基四铱 Dodecacarbonyl Tetrairidium

化学式 Ir$_4$(CO)$_{12}$

相对分子质量 1105.00

结构式

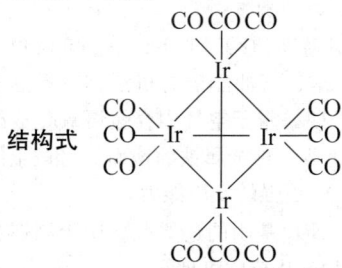

性质 为金黄色晶体。在CO气流中加热至120℃左右时缓慢升华。约170℃时开始分解。不溶于水,微溶于乙醚、苯、丙酮等多数有机溶剂。对空气及水均显惰性。在甲醇或乙醇悬浮液中,与碱金属氢氧化物或碱金属氰化物能迅速发生反应。在四氢呋喃中可与金属钠反应,生成一系列多核羰基铱酸盐。

用途 用作加氢甲酰化反应、水—气相转移反应及氢化反应等有机合成催化剂。

简要制法 先由六氯合铱(Ⅲ)酸钠(Na$_3$IrCl$_6$)在碘化钠—甲醇水溶液中直接通入CO制得粗品,再在CO气氛下加热到120℃升华纯化而得。

35. 羰基茂基镍二聚物
Carbonyl Cyclopentadienyl Nickel Dimer

化学式 [C$_5$H$_5$NiCO]$_2$

相对分子质量 303.59

性质 深红色晶体。熔点136℃(分解)。不溶于水,易溶于乙醚、苯、四氯化碳、丙酮等有机溶剂。溶液呈血红色,在空气中会缓慢氧化。与碘作用生成 $C_5H_5Ni(CO)I$。

用途 与四氯化碳并用,用作烯烃聚合催化剂。

简要制法 由二茂镍与四羰基镍在苯中加热反应而得。

36. 乙酰丙酮钴(Ⅱ)　Cobalt(Ⅱ) Acetylacetonate

别名 二乙酰丙酮钴、二(2,4-戊二酮)钴

化学式 $C_{10}H_{14}CoO_4$

相对分子质量 257.02

结构式

$$\left[\begin{array}{c}\diagup\diagdown\!\!\diagup\!\!\diagdown\text{O}\\\diagdown\!\!\diagup\!\!\diagdown\!\!\diagup\text{O}\end{array}\!\!\!\!\!\text{Co}\right]_2$$

性质 为有光泽的红宝石色晶体。加热不熔融而变成红色的蒸气升华。溶于水、冰乙酸及其他有机溶剂,不溶于石油醚、吡啶。

用途 用作有机合成催化剂,也用作油漆催干剂,也用于制造颜料。

简要制法 由2mol 乙酰丙酮与1mol 氢氧化钴反应制得。

37. 乙酰丙酮钴(Ⅲ)　Cobalt(Ⅲ) Acetylacetonate

别名 三乙酰丙酮钴、三(2,4-戊二酮)钴

化学式 $C_{15}H_{21}CoO_6$

相对分子质量 356.26

结构式

$$\left[\begin{array}{c}\diagup\diagdown\!\!\diagup\!\!\diagdown\text{O}\\\diagdown\!\!\diagup\!\!\diagdown\!\!\diagup\text{O}\end{array}\!\!\!\!\!\text{Co}\right]_3$$

性质 为暗绿色至黑色结晶。相对密度1.43,熔点240~241℃。不溶于水(除挥发油外),可溶于大多数有机溶剂。

用途 用作有机合成催化剂,也用作油漆催干剂、油漆颜料。也用于蒸汽镀钴。

简要制法 由3价钴氧化物与乙酰丙酮反应制得,或在乙酰丙酮存在下,由次氯酸离子氧化二价钴盐而得。

38. 乙酰丙酮镍　Nickel Acetylacetone

别名 二乙醚丙酮镍、二(2,4-戊二酮)镍

化学式 $C_{10}H_{14}NiO_4$

相对分子质量 256.93

结构式

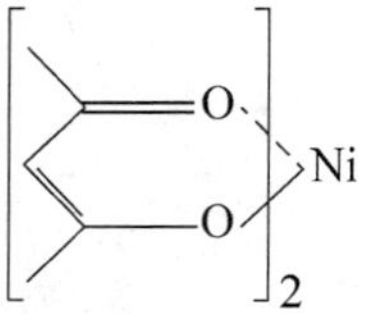

性质 为翠绿色结晶或粉末。熔点229~230℃,沸点220~235℃,难溶于水。溶于氨水及乙醇、乙醚、苯等有机溶剂。

质量规格

产品性状	指标
乙酰丙酮镍含量,%	≥97

用途 用作丁二烯聚合制1,4-聚丁二烯催化剂,具有较高定向能力。用作实验试剂。

简要制法 由$NiCl_2$的水溶液与乙酰丙酮的甲醇溶液反应制得。

39. 乙酰丙酮铝　Aluminium Acetylacetonate

别名 三乙酰丙酮铝、三(2,4-戊二酮)铝

化学式 $C_{15}H_{21}AlO_6$

相对分子质量 324.31

结构式

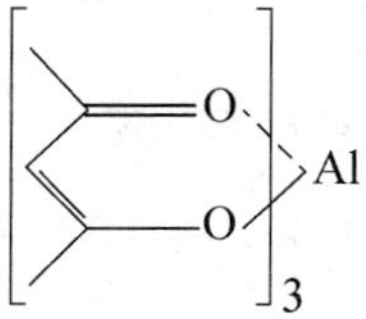

性质 为白色结晶性粉末。熔点 194.6℃,沸点 314~315.6℃。难溶于水,溶于乙醇、乙醚,不溶于石油醚。在 0.133kPa、100℃时缓慢升华,156℃时快速升华。

质量规格

产品性状	指标
乙酰丙酮铝含量,%	≥97

用途 用作聚合催化剂及实验试剂。

简要制法 由硝酸铝与乙酰丙酮反应制得。

40. 二氯四羰基二铑 Dichlorotetracarbonyl Dirhodium

别名 氯化羰基铑

化学式 $Rh_2(CO)_4Cl_2$

相对分子质量 388.76

结构式

$$\begin{array}{c} OC \\ \diagdown \\ Rh \\ \diagup \\ OC \end{array} \begin{array}{c} Cl \\ \diagdown \\ \\ \diagup \\ Cl \end{array} \begin{array}{c} CO \\ \diagup \\ Rh \\ \diagdown \\ CO \end{array}$$

性质 为橙红色针状结晶。熔点 124~127℃。易挥发,生成红色晶状的升华体。干燥空气中稳定,对潮气敏感。易溶于大多数有机溶剂(脂肪烃除外),溶液呈橙色,露置于空气中会分解生成不溶的棕色物。与环戊二烯基钠反应生成二羰基茂基铑 $[C_5H_5Rh(CO)_2]$,与盐酸反应生成二氯二羰基铑阴离子,在碱存在下与 β-二酮反应生成 β-二酮基羰基铑,也易与肼、脎、膦及亚磷酸酯等配体反应生成单核配合物。

用途 用作加氢催化剂、烃类重排及烯烃加氢甲酰化反应催化剂,也用于制造铑催化剂及铑化合物。

简要制法 在 100℃ 条件下,由 $RhCl_3 \cdot 3H_2O$ 与一氧化碳饱和的甲醇溶液反应制得,或在高温高压下由 $RhCl_3$ 与 CO 反应而得。

41. 二(丙烯腈)合镍 Di(acrylonitrile) Nickel

化学式 $(CH_2=CHCN)_2Ni$

相对分子质量 164.81

结构式

$$\begin{array}{c} \quad\quad\quad\quad\quad C \equiv N \\ \quad\quad\quad CH_2\!-\!CH \\ \quad\quad\quad\quad\; \diagdown\;\; \diagup \\ \quad\quad\quad\quad\quad Ni \\ \quad\quad\quad\quad\; \diagup\;\; \diagdown \\ \quad\quad\; CH\!-\!CH_2 \\ N \equiv C \end{array}$$

性质 为红色晶体。加热至 100℃ 时分解为镍及丙烯腈。接触空气会引起燃烧。不溶于水，微溶于乙醚、丙酮、苯等多数有机溶剂。在腈类与金属配位时，一般是氮的孤对电子进行配位。但在本品中则是以碳—碳的双键部分与金属镍进行配位。由于镍的配位不足，所以本品中镍还可与 1~2 个三苯基膦(Ph_3P)分子进行配位，形成$(CH_2\!=\!CHCN)_2Ni(PPh_3)_{1\sim2}$。

用途 用作乙炔环化制环辛四烯等有机合成催化剂。

简要制法 可由羰基镍与丙烯腈(加入氢醌)经回流反应、结晶制得。

42. 四(三氯化磷)合镍
Tetra(phosphorus trichloride)Nickel

化学式 $(PCl_3)_4Ni$

相对分子质量 608.01

性质 为淡黄色晶体。低于 120℃ 时不分解，加热至高于 120℃ 以上时分解，并游离出三氯化磷。无升华性，但有受热变色性。冷却至 -30℃ 时，转变成无色。不溶于水，易溶于不含空气的苯、四氯化碳、戊烷、环己烷等溶剂。与氨水、热的稀酸能迅速反应，与苛性钾、冷的稀酸则缓慢地发生反应。

用途 $(PCl_3)_4Ni$ 与 $Ni(CO)_4$ 有相似的反应活性，可用于丙烯酸酯环化制环辛四烯衍生物等有机合成催化剂。

简要制法 $(PCl_3)_4Ni$ 很容易通过羰基镍与三氯化磷的配位体交换反应制得，可在搅拌下将过量的三氯化磷滴入羰基镍中，再将反应液回流、冷却、结晶即可制得本品。

43. 四(亚磷酸三乙酯)合镍
Tetra(triethylphosphite)Nickel

化学式 $[(C_2H_5O)_3P]_4Ni$

相对分子质量 723.33

性质　白色结晶。熔点 107℃。不溶于水，溶于乙醇、乙醚、丙酮、苯及石油醚等有机溶剂。

用途　用作丙烯酸酯环化等有机合成催化剂。

简要制法　在 180℃下，先将过量的亚磷酸三乙酯与四羰基镍回流反应，再将冷却析出的晶体用乙醇进行重结晶制得本品。

十一、工业矿物原料

矿物是指由地质作用所形成的天然单质或化合物。目前已发现的矿物总数达数千种。其中，绝大多数矿物是固态的无机物，如黄铁矿（FeS_2）、方解石（$CaCO_3$）等。但也有很少数液态矿物（如自然汞）及有机矿物（如琥珀），它们在分布上及工业价值上都不占重要地位。在固态矿物中，绝大多数是晶体，即内部质点呈规则排列且具有一定结构的晶质矿物。但也有很少部分固态矿物属于非晶质矿物，即内部结构中质点（原子或离子）成不规则排列的凝固态矿物。

根据化学组成的变异情况，矿物可分为化学组成基本固定的和化学组成不固定的两类。化学组成基本固定的矿物，其化学组成可由确定的化学式来表示，如金刚石（C）、重晶石（$BaSO_4$）、赤铁矿（Fe_2O_3）等；化学组成不固定的矿物，其化学组成可在一定范围内变化。矿物又可分为固溶体、含沸石水或层间水的矿物、胶体矿物等三种类型。固溶体基本上是类质同象混晶，其化学组成也可由一定形式表示，如橄榄石（Mg、Fe）$_2$[SiO_4]、铁闪锌矿（Zn、Fe）S 等；含沸石水或层间水的矿物有沸石族矿物、蒙脱石等；胶体矿物主要指水凝胶体矿物，例如，MnO_2 胶体选择性地吸附 Li^+、Na^+、Mg^{2+}、Co^{2+}、Ba^{2+} 等，当吸附的离子达到一定程度时，就可形成工业矿物。工业矿物，是指化学成分或技术物理性能可供工业利用而又具经济价值的一些矿物。其中的一些工业矿物，由于其特殊的晶体结构、化学组成、晶格缺陷以及压电性、磁性等，也是良好的催化剂载体或催化材料。本章所介绍的主要是这一类工业矿物。

1. 石墨　Graphite

别名　黑铅

化学式　C

性质　为一种晶态单质碳的变体，为金刚石的同素异形体，为六方晶系层状晶体。不透明，质软且有滑腻感，可污染手指成灰黑色。具金属光泽。相对密度 2.25，硬度 0.5~1.5。熔点大于 3500℃，软化点 2500~2600℃，沸点 4200℃。能导电。不溶于水。化学性质不活泼，与酸、碱不易反应。有耐腐蚀性，但易被氧化，特别是易被强氧化剂（硝酸、硫酸等）氧化。在空气或氧气中受强热会缓慢燃烧，变成二氧化碳。理论上，石墨晶体具有层状结构，碳原子组成六方网层，层内原子呈六方环状排列。层间距 0.355nm，层内原子间距 0.142nm。每个碳原子以一个 s 电子和两个 p 电子与其周围三个碳原子形成共价键，而另一个具有活动性的 p 电子则形成离域大 π 键，从而使晶体具有一定的金属性。同一层的两个方向性能像金属，而层与层之间的第三方向性能却像陶瓷。因此，定向好的片状石墨或其他多晶石墨晶体，其导热性和导电性在两个方向高而在第三方向则低。但也有些石墨由不规则晶体组成，因而其性能接近于各向同性。石墨的导电率约为一般非金属的 100 倍，碳钢的 2 倍。石墨具有良好的润滑性、可加工性及吸热性，其摩擦系数在润滑介质中小于 0.1。可展成 $0.2\mu m$ 的透光透气薄片。除天然石墨外，石墨也可人工合成。合成石墨用沥青加黏合剂压紧后经高温处理而得，并采用连续浸渍以降低孔隙率，最后的石墨化温度为 $2870\sim3270℃$。石墨也能与一些元素或化合物反应生成石墨夹层化合物。它保留了石墨晶体的层状结构，反应位于石墨的夹层中，或以分子态插入石墨晶格中，如碱金属-石墨夹层化合物、卤素-石墨夹层化合物等，这类石墨夹层化合物具有适宜的比表面积及适合催化反应的几何结构。合成石墨的密度一般比纯微晶石墨要低。

用途 适当细度的石墨，无论是天然石墨还是合成石墨都可用作催化剂载体。也常用于考察催化反应机理及催化剂活性模型。碱金属—石墨夹层化合物在芳烃加氢、环己烷脱氢、单烯烃及双烯烃的双键异构化、烯烃聚合等反应中都显示出较高的催化活性。石墨也广泛用于制造石墨坩埚、电极、电刷、电碳棒、铅笔芯、密封材料，还用作橡胶、塑料、涂料等的导电、导热填充剂。

2. 钙钛矿石 Perovskite

化学式 $A_2B_2O_6$（A 为 Ca、Na、Ce，B 为 Ti、Nb，有时还含有 Fe、Th）

性质 典型矿物为 $CaTiO_3$。理论组成：CaO 占 41.24%，TiO_2 占 58.76%。外观为褐色至灰黑色，条痕为白色至灰黄色，透明至不透明，金刚光泽至半金刚光泽。相对密度 $3.97\sim4.04$，硬度 $5.6\sim6.0$。含铌、稀土时，颜色加深，光泽增强，密度增大。高温时为假立方体形，低温时转变为正交晶系的同质多象变体。在晶体结构中，钙离子位于假立方晶胞的中心，被 12 个氧离子包围成立方八面体，配位数为 12；钛离子位于假立方晶胞的角顶,被6个氧离子包围成八面体,配位数为6;氧离子位于晶胞棱的中点,被四个钙和二个钛的离子所围绕。合成的钙钛矿型氧化物的结构通式为 ABO_3。其中 A 是 Na^+、K^+、Ca^{2+}、Ag^+、Rb^+、Ba^{2+}、Pb^{2+}、La^{3+}、Ce^{3+} 等低电荷的大阳离子;B 是 Ti^{3+}、Cr^{3+}、V^{3+}、Mn^{3+}、Co^{3+}、Ni^{3+}、Fe^{3+}、Rh^{3+}、Pt^{4+}、Nb^{5+}、Ta^{5+} 等高电荷的小阳离子。

用途 具有超导性、热电性、电磁性、光催化性,用于制造光催化材料及催化燃烧催化剂。钙钛矿石结构的氧化物也用作一氧化碳氧化、氨氧化、氧化氮还原、烃类氧化、烟气脱硫、汽车尾气催化净化等反应的催化剂。也用作稀土催化转化材料的活性组分晶相结构,也经常制成钙钛矿物结构。也用于制造燃料电池组件、双功能氧电极等。

3. 白钨矿石 Scheelite

别名 钨酸钙矿石、钙钨矿石

化学式 $CaWO_4$

性质 理论组成:CaO 19.47%、WO_3 80.53%。其中 W 与 Mo 成完全类质同象,形成白钨矿—钼钨矿系数,Mo:W 可达 1:1.4。部分 Ca 可被 Cu 替代,含 CuO 较高者(达7%)称含铜白钨矿。白钨矿氧化物中的阳离子还有 Li、Na、K、Rb、Cs、Ag、Sr、Ba、Cd、Pd、Th、Ce、Zr 等。外观各为灰白色、灰色、白色、略带浅黄色、浅紫色、浅褐色、红色或绿色。断口呈油脂光泽或金刚光泽。透明至半透明。性脆。四方晶系,晶体常为四方双锥。集合体成粒状、白鳞片状、致密块状。相对密度6.08~6.12,硬度4.5~5.0。具发光性,在紫外光照射下发出浅蓝色至黄色荧光。熔点高于2000℃。可被盐酸或硝酸分解,生成钨酸。也可被熔融纯碱分解,生成钨酸钠。白钨矿结构氧化物的通式为 AMX_4(A、M 均为金属阳离子,X 为 O、H、F 等),具有以下类型:$A^+M^{7+}O_4$ 型(如 $KReO_4$、$KCrO_3F$)、$A^{2+}M^{6+}O_4$ 型(如 $PbMoO_4$)、$A^{3+}M^{5+}O_4$ 型[如 $BiVO_4$、$La_2(TiO_4)(WO_4)$、$Bi_3(FeO_4)(MoO_4)_2$]。

用途 白钨矿石具有特殊的晶体结构。多种阳离子表现出不同的氧化态、电磁性及存在着阳离子空位、阴离子空位及间隙阳离子等结构缺陷,是考察晶格缺陷和电子结构与催化性能关系的理想结构。用白钨矿石考察催化性能的反应有:丙烯氧化生成丙烯醛、丙烯氨氧化生成丙烯腈、1-丁烯氧化脱氢生成丁二烯等。可为烯烃选择氧化阐明催化作用机理。白钨矿也用于制造荧光涂料、日光灯、摄影用荧光屏管,以及用于制造钨化合物和钨制品。

4. 软锰矿石　Pyrolusite

化学式　$\beta\text{-}MnO_2$

性质　MnO_2 有 α、β、γ 三种变体，软锰矿石为 $\beta\text{-}MnO_2$。理论组成为锰含量 63.19%、氧含量 36.81%。细粒和隐晶质块体常含有 Fe_2O_3、SiO_2、H_2O 等杂质。四方晶系。晶体呈柱状或近似等轴状，但较少见。有时呈针状、棒状、放射状或烟灰状的集合体。呈钢灰色、灰黑色或黑色，表面常带浅蓝的金属锖色。条痕为蓝黑色或黑色。半金属光泽，不透明，性脆。相对密度 4.7~5.0。硬度变化大，晶体硬度 5~6，土状疏松多孔集合体的硬度 2~2.5。缓慢溶于盐酸并放出氯气，使溶液呈淡绿色；与过氧化氢作用剧烈起泡并放出大量氧气。

用途　用作氧化及脱氢催化剂，用于制造硫酸锰、硝酸锰等锰盐及其他锰化合物。还可用于烟气脱硫，吸收工业废气中的 NO_x 及 SO_2，如用作加压、鲁奇炉褐煤气化所得煤气、焦化干气及焦炉气的粗脱硫催化剂。

5. 菱锰矿石　Rhodochrosite

化学式　$MnCO_3$

性质　理论组成：MnO 61.71%，CO_2 38.29%。常含有 Fe、Mg、Ca 以及 Zn、Co 等。三方晶系，晶体呈菱面形状，晶面弯曲，不常见。热液成因者多呈现晶质、粒状或柱状集合体。沉积成因者则多呈隐晶质，块状、土状或肾状等集合体。晶体各呈蔷薇花红色、玫瑰红色、紫红色、深红色、褐黄色或褐色等。具有玻璃光泽或珍珠光泽。条痕呈灰白色。性脆，相对密度 3.6~3.7，硬度 3.5~4.5，加热易分解，易溶于热盐酸，并放出气泡。在冷盐酸中缓慢溶解。长时间暴露于空气中，会逐渐失去原先颜色，表面生成氧化物斑点。常与其他含锰矿物共生。

用途　用于制造脱硫催化剂、磷化处理剂、清漆催干剂、电焊条敷料、瓷釉着色剂等，也用于制取二氧化锰及其他含锰化合物。

6. 硅藻土　Diatomite

化学式　$SiO_2 \cdot nH_2O$

性质 为一种粉状硅质沉积岩石。是海洋或湖泊中生长的硅藻类生物的残骸在水底沉积，经自然环境作用而逐渐形成的一种非金属矿物。它的主要成分是半无定形的 SiO_2，SiO_2 含量可高达 94%，并含有少量的 Fe_2O_3、CaO、MgO、Al_2O_3 及有机物。纯硅藻土为白色，一般因含杂质而呈浅灰色、灰白色、浅黄色、浅褐色或褐色等，质轻而软，易研成粉末。具特殊多孔结构，呈圆筛状、直链状、环状等。孔隙率可达 65%~90%，密度 0.4~0.9g/mL，熔点 1400~1600℃。吸附能力很强，可吸附自身质量 1.5~4.0 倍的水。化学稳定性好，除氢氟酸外，不溶于其他酸及水，但易溶于碱。硅藻土为固体酸，呈微弱的酸性，可与弱碱反应。硅藻土的这些性质与其表面结构有关。硅藻土表面为大量硅羟基所覆盖，并有氢键存在，OH 基团也分布在其细孔内表面，其结构为 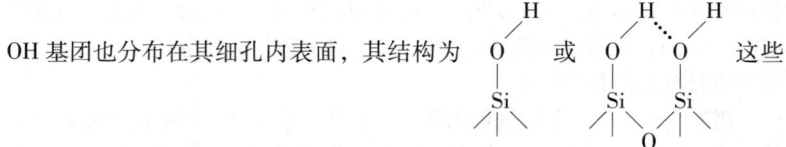 这些 OH 基团使硅藻土具有酸性、表面活性及吸附性。在水溶液中，硅藻土表面部分离解为 H^+ 和 $\equiv Si—O^-$。其表面离解的 H^+ 越多，粒子的表面酸强度也越高。硅藻土经酸处理后可溶解掉 Fe_2O_3、Al_2O_3 等杂质，使其孔结构得到改善。此外，经焙烧后，硅藻土的比表面积、孔结构及酸强度等也会发生变化。来自不同矿源的硅藻土其化学组成及物化性质也有所不同（见下表）。

不同产地的硅藻土的化学组成及物化性质

产品性状	产地							
	山东临朐县		吉林长白县		吉林海龙县		吉林桦甸市	吉林抚松县
	原土	精土	原土	精土	原土	精土	原土	原土
外观	白色片状		白、灰白色块状		灰、灰褐色块状		—	白色块状
SiO_2,%	74.56	86.53	92.75	93.56	75.91	88.47	73.07	90.30
Fe_2O_3,%	3.94	0.10	0.50	0.17	3.13	0.34	5.15	0.62
Al_2O_3,%	9.04	2.08	2.57	1.38	11.06	3.23	11.40	3.27
CaO,%	1.37	—	0.24	0.13	0.70	—	0.85	0.27
MgO,%	0.83	—	0.19	0.17	1.0	—	1.0	0.29

续表

产品性状	产地							
	山东临朐县		吉林长白县		吉林海龙县		吉林桦甸市	吉林抚松县
	原土	精土	原土	精土	原土	精土	原土	原土
灼烧失重(800℃),%	5.66	—	2.89	3.3	6.92	6.45	5.75	3.69
堆密度,g/mL	0.43	0.29	0.32	—	0.34	0.23	0.54	—
孔体积,mL/g	0.87	1.40	0.45	1.0	0.98	—	—	—
比表面积,m^2/g	64.9	65.1	19.1	21.8	46.0	—	58.0	21.7
主要孔半径,nm	50~500	50~800	100~800	50~700	50~500	—	—	50~700

用途 主要成分是 SiO_2，因此可用作催化剂的活性促进剂。硅藻土良好的多孔性结构及耐热耐酸等特性，故用作催化剂载体，广泛用于氧化、加氢、脱氢、水合及还原等反应。尤其是二氧化硫催化氧化的钒催化剂，使用精制硅藻土为载体，其 SiO_2 对活性组分 V_2O_5 具有稳定作用，有利于提高催化剂的活性及选择性。也用作吸附剂。也用作橡胶、塑料、油漆、造纸等的填充剂，化肥防结块剂，钻井液添加剂，助滤剂，饲料添加剂等。用作催化剂或载体的硅藻土常需用酸精制处理，以除去酸溶性杂质，提高 SiO_2 含量，增大比表面积、孔体积和主孔半径。经酸处理后的硅藻土在一定温度下焙烧还能进一步调节产品的比表面积及孔结构。

简要制法 先将天然硅藻土（简称原土）经热水除去泥沙等杂质，然后用稀硫酸处理除去 Fe_2O_3、Al_2O_3 及 MgO 等杂质，再经过滤、洗涤、干燥即制成精制硅藻土。

7. 天然沸石 Zeolite

化学式 $A_m B_q O_{2q} \cdot nH_2O$

结构式 $A_{mq}[(AlO_2)_x(SiO_2)_y] \cdot nH_2O$ 式中 A 为 Na、Ca、K、Ba、Sr 等阳离子，B 为 Al 和 Si，q 为阳离子电价，m 为阳离子数，n 为水分子数，x 为 Al 原子数，y 为 Si 原子数，y/x 通常在 1~5 之间，$(x+y)$ 是单位晶胞中四面体（指硅氧四面体及铝氧四面体）的个数。

性质 沸石是沸石族矿物的总称，是一种含水的碱或碱土金属的铝硅酸盐矿物。一般为浅色，相对密度 2.2~2.4，硬度为 3.5~5.5。将其在吹管焰中强加热,能冒泡,似沸腾状,故称沸石。它是由硅氧四面体及硅铝四面体组成的架状硅酸盐。在铝氧四面体中,氧原子有一价未得到中和,整个铝氧四面体带有负电,而由附近带正电荷的 K、Na、Ca、Mg 等碱或碱土金属离子来补偿平衡,如图所示:

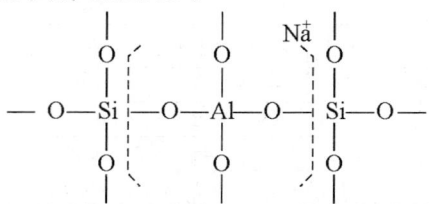

目前已发现的天然沸石有 80 多种,它们的构造都是三维的。根据晶体形态特征,可将天然沸石分为四种类型:①三维架状构造,具有三方面的均匀结合力,如方沸石、菱沸石、丝光沸石等;②片状构造,具有弱结合的链状构造,如柱沸石、片沸石、辉沸石等;③纤维构造,为横向弱结合的链状构造,如钡沸石、钠沸石、钙沸石等;④未分类的构造,如八面沸石、锶沸石、浊沸石、水钙沸石等。

在沸石晶体内部,由晶穴和晶孔形成无数通道,或称孔道。它存在三种孔道体系:①一维体系,孔道彼此不连通,如方沸石、浊沸石等;②二维体系,孔道在平面方向彼此连通,如钠沸石、钙沸石、丝光沸石、斜发沸石、锶沸石、柱沸石等;③三锥体系,孔道彼此连通,如菱沸石、八面沸石、毛沸石等。

沸石内部的孔穴和孔道,具有精确而固定的直径。各种不同的沸石其孔径也不同,为 0.3~1.1nm。小于此孔径的物质能被吸附,而大于此孔径的物质则被排除在外。沸石具有较大的静电吸引力,对具有偶极矩或四极矩分子的物质(如 H_2O、N_2)以及具有可极化分子的物质(如 CO_2、不饱和烃)显示出很大的亲和力。沸石具有很大的比表面积(500~1000m^2/g),因而能产生较大的扩散力,成为优良的吸附剂。沸石具有较高的热稳定性及耐酸性。如菱沸石的耐热温度为 600~865℃,丝光沸石可达 800~1000℃。丝光沸石经一定浓度的盐酸处理 2h,其结构仍可保持完整而不破坏。沸石还具有优良的离子交换性及选择交换性,如斜发沸石选择交换阳离子的能力可以当作离子筛,它可从含 K、Na、Ca、Mg 的混合盐水中选择交换 K 离子。人工合成的沸石常称为分子筛。

用途 沸石可用作特殊的干燥剂,其特点是:第一,在气体水分含量低时,沸石能比其他吸附剂吸收更大容量的水分;第二,随温度升高,对水的吸附能力不会像其他吸附剂那样明显减小；第三，对不同物质有选择吸收性，如斜发沸石能有效地同时吸收天然气中的水分及CO_2；第四，具有筛分性，可作为分子筛对气体、液体进行分离、净化和提纯。如丝光沸石可清除空气中的SO_2，毛沸石、菱沸石能清除气流中的氧和氮，斜发沸石可分离空气中的氧和氮以制取富氧或富氮气体，菱沸石及毛沸石可消除有用气体中的CO_2、H_2S 及除去碳氢化合物中的 HCl、H_2SO_4 等。

沸石具有高的比表面积，作酸催化剂、择形催化剂及催化剂载体，能促使化学反应在其表面进行。其作用的发挥可以采用以下三种形式：①将天然沸石改型，以加速碳离子的反应；②在天然沸石上负载有催化作用的活性金属；③将天然沸石与合成分子筛、活性氧化铝等混用，以增强某种催化作用。如用作石油催化裂化催化剂、有机废气净化催化剂、芳烃异构化催化剂等。

沸石还广泛用作化肥载体、饲料添加剂、土壤改良剂、纸张及塑料填充剂、废水处理剂。用于海水提钾、硬水软化、放射性废物处理等。

产地 浙江缙云县沸石矿、山东潍县沸石矿、河北张家口地区沸石矿、浙江宁海县矿业建材公司沸石矿、河南省信阳市上天梯斜发沸石矿、辽宁省彰武县罗锅丝光沸石矿、山东莱阳县白藤口丝光沸石矿等。

8. 丝光沸石 Mordenite

化学式 $Na_8[Al_8Si_{40}O_{96}]\cdot 24H_2O$

性质 为白色或带浅黄色或粉红色的斜方晶系晶体。相对密度 2.12～2.15，硬度 3～4。晶体结构属 T_8O_{16} 型。结构中四面体形成五元环，每个四面体可属于某一个五元环，也可同属于几个五元环。由于结构中五元环很多，又交叉相连，因此丝光沸石呈针状、纤维状、板条状或扇形集合体。丝光沸石中的 Si 与 Al 的比例在 4.17～5 之间，是沸石中最高者，阳离子以 Na 为主，也可有 K、Ca 存在，通常 Ca＞K。丝光沸石具有较好的阳离子交换性能，其交换顺序为 $Cs^+>Rb^+>K^+>Na^+>Li^+$，$Ba^{2+}>Sr^{2+}>Ca^{2+}>Mg^{2+}$。阳离子吸附容量为 223mmol/100g。丝光沸石具有二维孔道体系：一组垂直 c 轴分布，孔径为 0.67nm×0.7nm，另一组垂直 b 轴分布，孔径为 0.29nm×0.57nm。较小的分子在脱水的丝光沸石中扩散时，两种通道均可利用；而较大的分子在丝光沸石中扩散时，只有平行 c 轴的孔道可被利用。丝光沸石完全水化时和完全脱水时，晶格很稳定，孔径也无变化，并具有较高的热稳定性、抗水蒸气性能及耐酸性等。丝光沸石是很好的分子筛原料。由于天然丝光沸石纯度不够高,现在已有许多人工合成的丝光沸石产品。

用途 用作干燥剂、吸附分离剂、催化剂载体等。在丝光沸石上负载 Ni、Co、Bi、Ag、Cu 等金属可用作烷基化、异构化、歧化等催化剂;丝光沸石对 SO_2 有较高吸附能力,可用于清除工厂排气中的 SO_2,防止环境污染;丝光沸石对含 Ca^{2+}、Mg^{2+} 离子的废水,能高选择性地提取氨态氮(NH_3-N),降低废水中氨态氮的含量;经离子交换处理后,用次氯酸钠将带 Pb^{2+} 离子的丝光沸石氧化成 Pb^{3+},可制成具有多种用途的氧化还原试剂,而且还可再生利用。丝光沸石还广泛用于农业、轻工、塑料及橡胶等行业。

产地 参见"天然沸石"条目。

9. 斜发沸石 Clinoptilolite

化学式 $Na_6[Al_6Si_{30}O_{72}]\cdot 24H_2O$

性质 为白色或无色,或带黄色、桃红色、灰色、褐色的单斜晶系晶体。相对密度 2.16,硬度 3.5~4。解理面上呈珍珠光泽,其他晶面上呈玻璃光泽。晶体结构属 $T_{10}O_{20}$ 型,由 4 个五元环与 2 个四元环彼此相连,每个四面体的顶角彼此交叉连接,因此斜发沸石呈板状、片状。Si 与 Al 的比例在 4.25~5.25 之间。阳离子以 Na、K 为主,Ca 次之。在斜发沸石上,阳离子的交换选择性顺序为:$Cs^+ > Rb^+ > NH_4^+ > Na^+ > Li^+$;$Ba^{2+} > Sr^{2+} > Ca^{2+} > Mg^{2+}$。阳离子吸附容量为 218mmol/100g。

斜发沸石具有二维孔道体系,一组为十元环,孔径为 0.79nm × 0.35nm;另一组为八元环,孔径为 0.44nm × 0.3nm。结构比较稳定,加热脱水不变形,脱水后能吸附 CO_2 及 H_2O,有些还能吸附 CO_2 及 N_2。耐热性较好,受热 750℃ 时结构不破坏。具有较强的耐酸、耐辐射性能。

用途 用作干燥剂、吸附分离剂、催化剂及催化剂载体等,用作分子筛可过滤个体较大的阳离子,尤其对 NH_4^+ 的选择能力特强,优于其他沸石。

产地 参见"天然沸石"条目。

10. 菱沸石 Chabasite

化学式 $Ca_2[Al_4Si_8O_{24}]\cdot 13H_2O$

性质 为无色或白色、浅黄色，或浅红色的三方晶系晶体。相对密度 2.05~2.10，硬度 4~5。单晶体常呈近似立方体的菱面体，集合体呈致密块状、晶簇或分泌体。菱沸石的 Si 与 Al 的比例在 1.6~3 之间，沉积作用形成者 Si 与 Al 的比例为 3.2~3.8。阳离子以 Ca 为主，一般情况是 K > Na，也有部分是 Na > K。晶体结构可以看成是由双层六元环构成的柱体，以 ABCABC…的方式借歪斜的四元环连接而成。结构中的笼形似椭球，空隙很大，有 6 个八元环形成的六个出口。脱水后的菱沸石形成三维孔道体系。笼的大小 $0.67nm \times 1nm$，八元环的自由孔径 $0.37nm \times 0.42nm$。上下还有六元环，其自由孔径为 0.26nm。Ca 与 4 个水分子相结合，位于笼内。脱水后的菱沸石，晶格稍有变形，有效孔径变成 $0.31nm \times 0.44nm$。碱金属中除 Cs 以外，均可置换含 Na 菱沸石中的 Na，交换率可达 84%。对二价离子的交换反应要慢些，菱沸石对阳离子的选择交换顺序为 $K^+ > Ag^+ > NH_4^+ > Pb^{2+} > Na^+ \geqslant Ba_2^+ > Sr^{2+} > Ca^{2+} > Li^+$。菱沸石具有很高的耐热性及耐酸性，受热至 700℃时结构不变。

用途 用作干燥剂、吸附分离剂及催化剂载体等。菱沸石具有较粗的三维通道，允许一定的分子扩散进去，是有效的分子筛。氩和甲烷（直径分别为 0.384、0.425nm）可以迅速渗过，吸附很快；丙烷（直径 0.49nm）及正丁烷因个体稍大，吸附缓慢；个体特大的异丁烷（直径 0.56nm）则不能被吸附。菱沸石也可让普通石蜡分子通过，但不能让含有支链的石蜡分子通过。菱沸石还可用来分离醇、醛、酮的混合物；对氧化氘有较强吸附能力，因而可用来富集重水。

产地 参见"天然沸石"条目。

11. 镁碱沸石 Ferrierite

化学式 $Na_{1.5}Mg_2[Al_{5.5}Si_{30.5}O_{72}] \cdot 18H_2O$（阳离子主要为 Mg、Na、K）

性质 为斜方晶系，晶胞参数 $a = 1.92nm$，$b = 1.41nm$，$c = 0.75nm$。晶体常为长板形、针状。相对密度 2.14~2.21，折射率 1.479，硬度 3~3.25。天然镁碱沸石的硅铝摩尔比常为 12 左右。结构中的五元氧环通过十元氧环及六元氧环相连，再围成十元及八元氧环开孔的直筒形孔道。它属于双孔道体系沸石，由十元氧环椭圆开孔（$0.43nm \times 0.55nm$）组成的孔道平行于 c 轴；由八元氧环椭圆开孔（$0.34nm \times 0.48nm$）组成的孔道平行于 b 轴。两类孔道相互垂直，形成二维孔道空间体系。孔道交接处自由直径为 0.6~0.7nm。镁碱沸石吸附的最大分子为乙烯。

用途 用作催化脱蜡催化剂、丁烯异构化催化剂及催化剂载体等。
产地 参见"天然沸石"条目。

12. 氟碳铈矿石 Bastnaesite

别名 氟碳铈镧矿

化学式 $(Ce、La)(CO_3)F$

性质 为最重要的稀土工业矿物之一。稀土含量 74.77%。六方晶系，晶体呈板状，通常呈细粒状集合体。颜色呈黄色或浅绿色及赤褐色。条痕为黄白色。玻璃光泽或油脂光泽。相对密度 4.72~5.12，硬度 4~5.2。具有放射性及弱磁性。主要产于基性岩，常与萤石、重晶石、独居石等共生，中国包头的白云鄂博矿是世界上大的氟碳铈矿之一。中国几处氟碳铈矿的主要化学成分见下表。

中国几处氟碳铈矿的主要化学成分　　　　　单位：%

化学成分	包头白云鄂博矿			姑婆山矿	广东阳春矿
	东1592-1	B100	主体矿		
CeO_2	70.24	33.74	27.16	68.84	63.0
$(La、Nd\cdots)_2O_3$	—	32.55	47.10	$1.56(Y_2O_3)$	—
CO_2	22.12	17.82	16.18	10.39	18.11
F	9.76	6.42	7.31	8.17	7.79
ThO_2	1.34	0.02	0.11	1.52	2.65
$SiO_2(P_2O_3)$	—	0.98	0.11	0.25	1.20
Fe_2O_3	0.25	0.84	0.49	0.95	3.14
Al_2O_3	0.01	0.64	0.47	0.73	1.34
CaO	0.17	1.46	0.69	1.18	2.81

用途 用于提取铈、镧等稀土元素及稀土化合物，广泛用作稀土催化材料。氟碳铈精矿粉还可经焙烧、细磨，直接制成抛光粉。

产地 内蒙古自治区包头市白云鄂博稀土铁矿、山东省微山县稀土矿、四川省牦牛坪稀土矿等。

13. 堇青石 Cordierite

别名 二色石

化学式 $(Mg、Fe)_2Al_3[AlSi_5O_{18}]$

性质 为正交晶系块状结晶,常见者为微带蓝色或紫蓝色,也有呈深蓝色或灰色。经风化后颜色变浅,呈黄白色或褐色。有玻璃光泽。从某一方向看去,往往像木槿花样的深蓝色(堇青色)。若从与此直交的方向看去,则呈现灰色或黄色。故又称其为二色石。相对密度 2.53~2.78,硬度 7~7.5。性脆。微溶于酸。堇青石的晶体结构与绿柱石有些相似,由 $[SiO_4]$ 四面体组成的六方环为基本构造单元,环间以 Al^{3+} 及 Mg^{2+} 连接。其组成成分中,含量变化最大的是 Mg 和 Fe,通常以 Mg 为主,含 Fe 为主者较少,还含有少量 Ti。在结构通道中可有 H_2O、Na、K 等存在。堇青石的化学组成示例见下表:

堇青石的化学组成示例 单位:%

组成	例一	例二	组成	例一	例二
SiO_2	50.3	49.2	TiO_2	0.17	0.43
Al_2O_3	34.9	35.2	Na_2O	0.13	0.18
MgO	13.9	14.6	K_2O	0.10	0.05
Fe_2O_3	0.34	0.37			

用途 用作陶瓷原料、催化剂载体、低温热辐射材料、电子封装材料等,是至今发现的最适于燃烧应用的多孔陶瓷材料。堇青石陶瓷基体已有世界标准,大部分用于汽车尾气催化转化器中。汽车尾气净化催化剂所用的载体即为堇青石结构的蜂窝状陶瓷。堇青石是一种具有低热膨胀系数的材料,有高度各向异性的结晶相,伴随高热膨胀各向异性。而在挤出成型后,制品各向同性,具有低的膨胀系数,使用温度可达 1200℃。在频繁的高温度变化下稳定,热冲击性能好,熔融温度高达 1465℃。此外,堇青石陶瓷基体也有适合于提高催化剂涂层与载体结合强度的孔结构,而且化学稳定性好,不会与催化剂涂层发生固相反应。

14. 海泡石　Sepiolite

性质　为一种纤维形态的多孔性含水镁质硅酸盐。理论结构式为 $Si_{12}Mg_8O_{30}(OH)_4(OH_2)_4 \cdot 8H_2O(OH_2$ 为结晶水，H_2O 为沸石水)

海泡石各呈白色、灰色、绿白色、黄色、蓝色、玫瑰红色。新鲜面为珍珠光泽，风化后为土状光泽，斜方晶系。常成软性致密的白土状或黏土状，有时成纤维状，具有滑感和涩感。相对密度 1~2，体质较轻浮，干燥矿石可浮于水面上，故得名。硬度 2~2.5。理论组成：SiO_2 55.68%，MgO 24.85%，H_2O 19.7%，分子中含有 4 个结晶水，其余为沸石水。由于产地不同，海泡石原生纤维的长度相差甚远。海泡石的比表面积随纤维细度的减少而增加。其外表面积可达 $200m^2/g$，内表面积可达 $250m^2/g$。加热至 100~150℃ 时，吸附水及沸石水析出，表面积增大。温度超过 300℃ 时，失去配位水，结构发生折曲，表面积急剧减少。海泡石具有阳离子交换性，其阳离子交换容量可达 20~45mmol/100g。也能吸附超过自身质量 2~2.5 倍的水。吸附水分子、气体分子及有机分子后，经加热解吸可反复使用。在 pH 值为 8~8.5 时，海泡石悬浮液具有最好的流变性，黏度也相对稳定，并具有缓冲水介质的特性。当 pH 值大于 9 时，其黏度急剧下降；当 pH 值小于 4 时，其结构开始解体，悬浮液的稳定性及黏度逐渐消失。海泡石可在盐酸中胶凝。

用途　表面存在着 Si—OH 基，对有机分子有强的亲和力。其表面特征及微孔结构，有利于有机反应中的正碳离子化反应，并具有酸碱协同催化及分子筛择形催化作用，可用作催化剂及催化剂载体。如用作加氢脱硫、加氢裂化、乙醇脱水、加氢精制等反应的催化剂或载体。尤其是经过加热活化、酸碱活化及有机活化处理过的海泡石，可使比表面积增大、孔结构改善、强度提高，更适合用作多相催化的催化剂载体。海泡石也广泛用于橡胶、塑料、食品、制药、环保、建材等领域，用作填充剂、增稠剂、饲料黏合剂、脱色剂、除臭剂、过滤剂、悬浮剂等。

产地　江西省乐平市乐平海泡石黏土矿、河南省卢氏县海泡石黏土矿、湖北省广济县海泡石黏土矿。

15. 坡缕石　Palygorskite

别名　凹凸棒石

化学式 $Mg_5[Si_4O_{10}]_2(OH)_2 \cdot 4H_2O$

性质 为一种层链状结构的含水富镁砷酸盐黏土矿物。工业上用的坡缕石多为沉积、风化成因，外观与海泡石相似，呈土状、致密块状。各有白色、浅黄色、浅灰色、浅红色、橄榄色，偶有蓝色、褐色。干燥时能浮在水面上，单斜晶系，晶体为针状、纤维状、棒状，有弱丝绢光泽。土质细腻，有滑腻感。质轻，性脆。断口呈贝壳状或凸凹状。具黏性及可塑性。内部多孔道，表面多沟槽。外表面与内表面均发达，可让阳离子、水分子及一定大小的有机分子进入。干燥后收缩小，在水中不膨胀或膨胀性很小。相对密度 2.05~2.30。结构中存在很大的表面能，有强吸附力及脱色力，阳离子交换容量可达 5~20mmol/100g。加热至 90~150℃，失去吸附水及沸石水；加热至 240~300℃，失去结晶水；加热至 450~520℃，失去晶格水；加热至 700℃ 以上，结构开始破坏。

用途 与海泡石的性能及应用领域有些相似。它们具有满足多相催化作用所需的微孔结构及表面纹理特征，有产生酸碱协同催化及类似分子筛的择形催化作用，表面都存在 Si—OH 基，对有机分子有很强的亲和力，可与有机反应物直接作用生成相应的有机衍生物。因此可用作催化剂及 Pt、Ni、Cu 等的催化剂载体。经超细粉碎或经活化处理的坡缕石，可以降低纤维细度，提高比表面积、改善吸附性及流变性，从而提高催化性能。坡缕石也广泛用于橡胶、塑料、造纸、环保、轻工、建材等领域，用作填充剂、增稠剂、脱色剂、悬浮剂、除臭剂、过滤剂，以及用作农药载体等。

产地 安徽省嘉山市明光凹凸棒石黏土矿、江苏省六合市小盘山凹凸棒石黏土矿、江苏省盱眙县右牛山盱眙凹凸棒石黏土矿等。

16. 莫来石 Mullite

别名 富铝红柱石

化学式 $3Al_2O_3 \cdot 2SiO_2$

性质 为一种链状结构硅酸盐。无色，含杂质时带玫瑰红色或蓝色。斜方晶系，晶体呈柱状或针状。结构中的 $[SiO_4]$ 及 $[AlO_4]$ 四面体呈无序排列，Al 与 Si 的比例在 1.5~2:1 的范围内变化。相对密度 3.156~3.158，硬度 6~7。软化温度 1650℃。熔点 1920℃，熔融时分解为刚玉及液态二氧化硅。耐高温，热膨胀系数小，导热性中等，在很宽温度范围内具有抗氧化性。不溶于水，溶于酸。自然界中天然莫来石比较罕见，所用的莫来石一般是由化学组成上相似的矿物原料——红柱石、蓝晶石转化而来，或来自炉渣、陶瓷坯体。红柱石及蓝晶石分别于1380℃及1350℃分解变为莫来石及二氧化硅。不同来源的莫来石化学组成示例见下表。

不同来源的莫来石化学组成 单位:%

来源	SiO_2	Al_2O_3	刚玉	TiO_2	K_2O、Na_2O	Fe_2O_3
理论组成	28.20	71.80	—	—	—	—
来自红柱石转化	31.98	68.02	1.50	1.77	—	—
来自蓝晶石转化	36.37	62.63	1.39	—	—	—
来自电炉渣	22.00	77.00	痕量	0.05	0.12	0.35

莫来石也可人工合成。它是由适当比例的氧化铝与高岭土混合物,或由含合适比例 Al_2O_3 与 SiO_2 的铝土矿石煅烧而得。是黏土砖、高铝砖、瓷器及陶瓷蜂窝状载体的主要组分。人工合成的莫来石的化学组成示例见下表。

人工合成的莫来石的化学组成 单位:%

组成	SiO_2	Al_2O_3	TiO_2	Fe_2O_3	MgO	CaO	K_2O、Na_2O
含量	23.0~23.6	71.7~76.2	0.12~3.0	0.12~1.18	0.05~0.07	0.04~0.07	0.05~0.45

用途 用作耐高温催化剂载体。如用于汽车尾气净化催化剂及烟气脱硝催化剂等。纳米莫来石粉也可用作蒽醌法生产双氧水的加氢催化剂。掺杂稀土元素 Tb^{3+} 的莫来石具有发光性质,可用作发光材料,莫来石也是硅酸盐陶瓷的主晶相,工业上用于制作高温测量管、化学陶瓷制品、火花塞瓷体、实验室器皿、电真空器件等。

17. 金红石 Rutile

化学式 TiO_2

性质 具有三种同质多象变体,即金红石、锐钛矿、板钛矿。这三种变体都由[TiO_6]的八面体结构组成。所不同的是,在这三种变体中,[TiO_6]的八面体结构分别为共两棱、共三棱和共四棱。当配位多面体共棱、共面时会降低结构的稳定性。因此,三种变体中以金红石分布最广。金红石为四方晶系,常具有完好的四方柱状或针状晶形,集合体呈粒状或致密块状。常见为暗红色或褐红色，黄色及橘黄色较稀见，富铁者为黑色。条痕呈浅黄色、浅揭色。金刚光泽，铁金红石呈半金属光泽。性脆。相对密度 4.18~4.25，含铁者为 4.3~4.6，含钽、铌者为 5.6。硬度 6~6.5。熔点 1830~1850℃，不溶于水及酸，但溶于硫酸、热磷酸及强碱。

用途 主要成分是 TiO_2，是一种 N 型半导体。已经发现，TiO_2 具有水的光电催化分解作用。其光催化机理：在紫外光的照射作用下，TiO_2 可在 10^{-2}s 内由化合价键释放一个电子给传导键，并在化合价键处产生一个价带空穴。在 TiO_2 的表面，价带空穴在几微秒的极短时间内与水或羟基反应而形成有极强反应活性的自由羟基官能团($\cdot OH$)。它是一种极强的氧化剂，易与吸附在 TiO_2 催化剂表面的有机分子发生氧化反应，形成有机官能团阳离子，并进一步将其分解为小分子。因此，TiO_2 可作为光催化剂处理含卤代芳烃、有机酸、酚类等废水及空气中的有机污染物。利用金红石的光催化活性，可制成光催化材料，金红石也用于制造钛白粉、海绵钛、钛合金、人造金红石、四氯化钛、硫酸氧钛、隔热材料等。还可用作陶瓷坯体和瓷釉的着色剂。

产地 湖北省枣阳市金红石矿、广东阳江电白南山海、湖南省万宁市北坡区乌场钛矿、江苏东海砂矿等。

18. 锐钛矿石 Anatase

化学式 TiO_2

性质 为四方晶系。外观有褐、黄、浅紫、浅绿、灰黑等颜色，偶见近于无色。条痕呈无色至淡黄色。金刚光泽。相对密度 3.82~3.97，硬度 5.5~6.5。锐钛矿石的形成条件与金红石相似，但没有金红石稳定，故在自然界中的存量远比金红石少。在光催化活性上，锐钛矿石具有比金红石更好的性能。其原因：①锐钛矿石的禁带宽度为 3.2eV，金红石的禁带宽度为 3.0eV。较高的禁带宽度使锐钛矿石的电子空穴具有更正或更负的电位，因而具有更高的氧化能力。②锐钛矿石表面吸附 O_2、H_2O 及 OH 的能力较强，较强的吸附能力促使其光催化活性较高。③锐钛矿石通常具有较小的晶粒尺寸及较大的比表面积，因而有利于光催化反应。尽管如此，采用金红石及锐钛矿石两种矿物组成的混合晶型比单一晶体呈现更高的催化活性，其中，尤以 30% 金红石及 70% 锐钛矿石组成的混合晶型的光催化活性最高。其原因是，混晶的协同作用影响着晶粒的表面性质及电子—空穴的分布情况。

用途 用作光催化材料。用纳米 TiO_2 制成的光催化剂具有很强的氧化还原能力,能分解有机废水中的卤代脂肪烃、酚类、硝基芳烃,取代苯胺以及空气中的甲醛、丙酮等有害污染物。也用于制造无机抗菌材料。

产地 湖南省文昌市清澜钛矿、广西苍梧新地砂矿、东海沙老砂矿。

19. 尖晶石 Spinel

化学式 AB_2O_4 (A 可以是 Mg^{2+}、Mn^{2+}、Ni^{2+}、Zn^{2+}、Fe^{2+}、Co^{2+}、Cd^{2+}、Cu^{2+} 及 Li^+ 等一、二价离子;B 为 Al^{3+}、Cr^{3+}、Fe^{3+}、Ga^{3+}、In^{3+}、V^{3+} 等三价离子)

性质 为一种复杂配位型的氧化物矿物,属立方晶系。颜色随成分不同而变,各有无色及红、蓝、黄、粉红等颜色。玻璃光泽。密度随配位离子不同而不同。几种常见配位离子组成的尖晶石的相对密度各为 3.55(镁尖晶石)、4.04(锰尖晶石)、4.0~4.6(锌尖晶石)、4.39(铁尖晶石)。熔点 2115~2155℃。硬度 7.5~8。折射率也随配位离子的不同而不同。几种配位离子组成的尖晶石的折射率各为 1.719(镁尖晶石 $MgAl_2O_4$)、1.92(锰尖晶石 $MnAl_2O_4$)、1.78~1.82(锌尖晶石 $ZnAl_2O_4$)、1.835(铁尖晶石 $FeAl_2O_4$)。在尖晶石晶体结构中,每个单位晶胞中含 8 个 AB_2O_4 分子,即包含 8 个小立方体。在 8 个小立方体中,氧离子的位置都相同,即位于立方体对角线中点至顶点的中心,也就是立方体对角线的四分之三处,金属离子填充在紧密堆积的氧离子空隙中。在一个晶胞中共有 32 个氧原子和 24 个金属离子,结构中的空隙并未被金属离子全部填满。天然形成的尖晶石矿物的成分及性质相差很大。红色尖晶石与红宝石相似。尖晶石除天然形成的矿物外,也可按照化学计量的质量配比在高温下合成获得。迄今已知具有尖晶石结构的化合物超过 100 种。其中,大多数是氧化物(AB_2O_4),少部分是硫化物(AB_2S_4)和硒化物(AB_2Se_4)及碲化物(AB_2Te_4),还有极少数是卤化物(AB_2X_4)。天然尖晶石与人造尖晶石的区别在于人造尖晶石颜色较浓艳、均一、包裹体较少,偶尔见到伞状气泡。

用途 用作规整催化剂载体,尤其用于催化燃烧反应。也用作催化剂活性组分,大量用作耐火材料的原料以及搪瓷和釉的着色剂。镁尖晶石是镁质耐火材料的主要结合相,也是尖晶石质耐火材料的主要物相。高纯、超细尖晶石粉体用于制备透明多晶材料,具有优异的光学性能及机械强度。透明而色泽艳丽的尖晶石矿物也用作高档宝石材料。

20. 蒙脱石 Montmorillonite

性质 为属单斜晶系。硬度 1~2，相对密度 2~3。晶体粒径 0.02~0.2μm。为层状结构的硅酸盐矿物，以蒙脱石为主要矿物成分的黏土称为膨润土。外观为白色，有时为浅灰或粉红、浅绿等颜色。有滑腻感。蒙脱石的晶体结构大致有两种：一种是由 Si—O 构成的四面体结构，另一种是由 Al—(O、OH) 构成的八面体层状结构。每一层由上、下两片硅氧四面体和中间一片铝氧八面体组成。如果硅氧四面体的四价硅被三价铝所代替，或铝氧八面体内的三价铝被二价的镁、铁所代替，便产生过量的负电荷。这一负电荷是一永久负电荷，不受外界(pH 值)的影响。所以，蒙脱石晶层间对阳离子的吸附作用，使层间可能有 K^+、Na^+、Ca^{2+}、Mg^{2+}、Al^{3+}、H^+、Li^+、Cs^+ 等交换阳离子存在。所以，蒙脱石属于天然无机阳离子交换剂类，其最大阳离子交换量约为人工合成有机阳离子交换剂的四分之一。按层间阳离子性质分类，蒙脱石大量的是钙(基)蒙脱石及钠(基)蒙脱石。除阳离子交换性外，蒙脱石具有膨胀性、吸附性、黏结性、悬浮性、触变性、热稳定性及化学稳定性（参见膨润土有关说明）。

用途 经改性的交联蒙脱石可用于制造催化裂化用分子筛。无机柱撑蒙脱石可用于催化领域。其中，钛柱撑蒙脱石具有优良的光催化特性，可用作有机污染物的光催化降解材料。因具有优良的理化性能及催化性，因而广泛用作黏料、悬浮剂、增稠剂、絮凝剂、稳定剂、填充剂、脱色剂，可用于造纸、印染、食品、石油净化等领域。通过有机插层—聚合，可制备各种蒙脱石/聚合物复合材料。通过层间负载金属离子(如 Ag^+)，蒙脱石可用于制成无机抗菌材料。

产地 湖北省襄阳市膨润土矿、江西省广丰市膨润土矿、江苏省句容县甲山陶土矿、吉林省九台市膨润土矿。

21. 膨润土 Bentonite

别名 斑脱岩、搬土、浆土、观音土、皂土

性质 为一种含水合硅酸铝的天然黏土矿物。一般为灰白色或淡黄色，因含杂质不同，又呈浅灰或淡绿、粉红、褐红、灰黑等颜色。具蜡状、土状或油脂的光泽。由于它不是一种纯物质，因此没有固定的化学组成和化学式，其中，膨润土是最重要的赋性组分。常把高纯膨润土称为蒙

脱石(参见"蒙脱石"条目),也把纯蒙脱石称为高纯膨润土。蒙脱石属单斜晶系。硬度 1~2,相对密度 2~3。为层状结构的硅酸盐矿物,不含层间水和可交换性阳离子。根据膨润土中蒙脱石的可交换性阳离子的种类和数量,膨润土又可分为钙基、钠基和氢基膨润土。蒙脱石的理论组成是 SiO_2 66.71%,Al_2O_3 28.39%,H_2O 5.0%。而 Al_2O_3/SiO_2 0.4241。国产膨润土的物化性质见下表。

国产膨润土的物化性质

膨润土产地	阳离子交换容量 mmol/100g					碱性系数 K	膨润土属性
	可交换性阳离子总量	E_{Na+}	E_{K+}	E_{Ca2+}	E_{Mg2+}		
辽宁黑山	53.0	2.30	2.30	32.0	9.68	0.11	钙基
山东潍坊	56.07	1.62	0.51	47.93	2.64	0.042	钙基
内蒙古兴和	68.3	2.90	1.30	32.40	22.2	0.077	钙基
浙江临安	53.74	40.66	1.53	21.4	2.64	1.75	钠基

膨润土产地	化学组成,%							水悬浊液 pH 值	Al_2O_3/SiO_2 比值
	蒙脱石	SiO_2	Al_2O_3	TiO_2	Fe_2O_3	MgO	CaO		
辽宁黑山	40.50	65.70	12.87	0.18	1.86	1.0	0.92	7.5	0.196
山东潍坊	54.13	66.80	12.49	0.17	2.36	1.81	1.30	8.0	0.187
内蒙古兴和	51.01	71.04	13.85	0.14	1.66	1.73	0.80	7.3	0.194
浙江临安	38.92	67.86	13.40	0.14	1.64	1.12	1.76	10.2	0.197

膨润土具有以下特性:①有强的吸湿性及膨胀性,可吸附 8~15 倍于自身体积的水量,体积膨胀可达数倍至 30 倍;②在一定条件下能与溶液中其他金属离子进行交换,每 100g 干高纯膨润土阳离子交换容量可达 14~74mmol;③具有很大的比表面积及孔体积,从而对气体、水分及溶液中某些色素有机化合物具有强吸附脱除性;④在水介质中能分散成悬浮状或胶凝状,有一定黏结性及润滑性,在一定浓度范围内还有优良的触变性,即在有外力搅动时悬浮液表现为流动性很好的溶胶液,当停止外加搅动时,又会自行排列成具有立体网状结构凝胶;⑤有良好的热稳定性,加热至 140℃时逸出自由水和吸附水,300℃时逸出层间水,500℃时失去结

晶水；⑥有良好的化学稳定性，基本上不溶于水，微溶于强酸强碱，也不溶于有机溶剂。

用途 经处理的膨润土由于具有较大的比表面积及较强的吸附性和离子交换性，故用作催化剂载体。负载杂多酸的催化剂可用于甲醇氧化、丙酮氧化等反应。在精细合成中可替代硫酸作催化剂。膨润土也广泛用作铸造型砂黏料、油漆防沉剂、沥青乳化剂、釉浆悬浮剂、杀虫药剂载体、废水处理剂、填充剂等。

22. 交联黏土　Cross-link Clay

别名 交联蒙脱土、层柱黏土

性质 天然黏土是一种水合硅铝酸盐，具有层状结构，曾经是重要的催化材料。如蒙脱土类黏土曾被用作石油裂化催化剂，后因其层间距小、孔分布不均、耐热性差及呈酸性等缺点而被淘汰。但交联黏土具有类分子筛的层状结构，是一种具有二维平面层状或层链状结构的硅铝酸盐。它由四面体和八面体组成的平面网状结构相间排列而成。如蒙脱土的通式为

$$(Si_8)^{IV}(Al_{14})^{VI}(O_{20})(OH)_4$$

式中 IV 代表 Si_8 的配位数是 4，VI 代表 Al_{14} 的配位数是 6。蒙脱土具有类似三明治的层状结构，通常被称为 2:1 结构，即二层平行的四面体中夹一层八面。四面体层以 SiO_2 四面体为主，八面体层以铝氧八面体为主，而八面体层中的六配位 Al^{3+}（或 Mg^{2+}）可分别被 Fe^{3+}、Fe^{2+} 或 Li^+ 等离子同晶取代，使黏土矿物带有负电荷。黏土层间的金属阳离子平衡了这些负电荷，其中部分阳离子具有可交换性。利用这种交换性，可将大的有机或无机阳离子交联剂引入黏土的层间。这些阳离子交换剂像柱子一样撑开黏土的层结构，并将其牢固地黏接起来。通过采用不同的交换剂和天然黏土，可以调节出不同催化物性的交联黏土，以适应不同化学反应中所需的活性和选择性。

交联黏土具有较多的孔隙，含有二维孔道，其层间距可控制在 0.9～4.0nm，并可制备出约为 176×10^{-10}m 的大孔。因此，能允许一些大于分子筛孔径的大分子进入这些通道，而且一些交联剂具有控制催化剂烧结和表面结炭的作用，减少反应时产生孔口堵塞。此外，经 250℃ 低温干燥的铝-交联蒙脱土上，同时存在 B 酸中心和 L 酸中心，而又以 L 酸中心的比例较高。经 300～500℃ 焙烧后，其比表面积可达 180～380m^2/g。

用途 用作催化剂、催化剂载体及吸附剂等，例如，当交联黏土用作

重质油催化裂解催化剂,对1-异丙基萘和十二氢三亚苯基烯等大分子裂解时,显示出比分子筛有更高的活性,这是由于这些大分子可以进到交联黏土的孔道内进行反应所致。也用作重质油催化加工、甲醇催化转化、乙醇酯化等反应的催化剂。由于交联黏土可通过交联方式将不同阳离子引入晶体,以取代其中的Si及Al,进行扩孔及改性,所以以交联方式负载的金属组分,其分散度更高,催化剂的活性更好,并可节约贵金属组分的用量。例如,以交联黏土为载体负载Pd的催化剂,用于加氢裂化反应时,可将精制柴油转化为汽油。此外,由于交联黏土的催化活性中心往往暴露在晶体边缘的晶棱上,因此更有利于在分子增大的反应中使用,如叠合、烷基化等反应。

简要制法 可采用离子交换法、浸渍法、物理吸附法等。采用的原土有蒙脱土、累托石、斑脱石、拜来石、水辉石等有序混层黏土。使用的交联剂有无机和有机两类。无机交联剂主要是金属的羟基配离子,或称聚羟基金属离子。它们是金属(Al、Zr、Co、Ni、Fe、La等)离子水解过程的产物,如锆羟合配离子是四聚的,其化学式为$[Zr_4(OH)_8 \cdot (H_2O)_{16}]^{8+}$。用无机交联剂所制备的交联黏土的热稳定性较高,分解温度可达600℃,而用有机交联剂所制得的交联黏土的分解温度往往低于300℃。当黏土的层间电荷密度一定时,使用的交联剂体积越大,层间距离就越大;而交联剂的电荷越高,柱间距就越大,这样就有利于制得大孔结构的交联黏土。

十二、离子交换树脂

离子交换过程是一种特殊的吸附过程,即溶液中的离子与离子交换剂上的离子进行交换的过程。以 H 型阳离子交换树脂 HR 和溶液中 Na^+ 离子的交换反应过程为例,当溶液中的 Na^+ 离子浓度较大时,就可将树脂上的氢离子(H^+)交换下来,交换反应如下:

$$HR + Na^+ \rightleftharpoons NaR + H^+$$

式中,R 表示离子交换树脂的交换基团。

在上述交换过程中,溶液中的阳离子(Na^+)被转移到树脂上,而离子交换树脂上的一个 H^+ 转到溶液中。

离子交换树脂是一类带有功能基的网状结构的高分子聚合物,主要由三部分组成:不溶性的三维空间网状骨架、连接在骨架上的功能基团和功能基团所带的相反电荷的可交换离子。根据树脂所带的可交换离子的性质,通常将离子交换树脂区分为阳离子交换树脂及阴离子交换树脂两类。

阳离子交换树脂是一类骨架上结合有磺酸基($—SO_3H$)和羧酸基($—COOH$)等酸性功能基的聚合物。如将其浸泡于水中,交换基部分可像普通酸那样发生电离:

$$RSO_3H \longrightarrow RSO_3^- + H^+$$
$$RCOOH \longrightarrow ROOO^- + H^+$$

式中,R 表示树脂的骨架部分。

RSO_3H 型树脂易电离,具有相当于盐酸或硫酸的强酸性,故称为强酸性阳离子交换树脂;而 RCOOH 型树脂较难电离,类似于有机酸,具有弱酸性质,故称为弱酸性阳离子交换树脂。

阴离子交换树脂是一类骨架上结合有季氨基、伯氨基、仲氨基及叔氨基的聚合物。其中,以季氨基上的羟基为交换基的树脂具有强碱性,称为强碱性阴离子交换树脂。它在水中产生如下电离:

$$RN^+ + (CH_3)_3OH^- \longrightarrow RN^+(CH_3)_3 + OH^-$$

具有伯氨基、仲氨基、叔氨基的阴离子交换树脂的碱性较弱,称为弱碱性阴离子交换树脂。在工业上,离子交换树脂中用量最大的是阳离子及阴离子交换树脂。所以,习惯上离子交换树脂的类型可以表示为

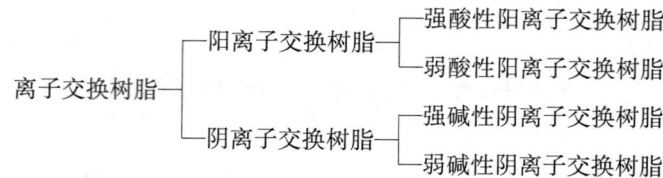

离子交换树脂按聚合物的单体分类,则可分为苯乙烯类、丙烯酸类、酚醛类、环氧类、乙烯吡啶类、脲醛类及氯乙烯类等。因制造工艺、原料配方、聚合温度、交联剂等不同,其性质也有所区别。

决定离子交换树脂化学性质的主要指标有离子交换性、酸碱性、选择性及交换容量。其中选择性表示离子交换树脂对各种离子吸附能力的差别。在含盐量不太高的水溶液中,常见离子的选择性顺序为

① 对于强酸性阳离子交换树脂:

$$Fe^{3+} > Al^{3+} > Ca^{2+} > Mg^{2+} > K^+ \approx NH_4^+ > Na^+ > H^+ > Li^+$$

② 对于强碱性阴离子交换树脂:

$$SO_4^{2-} > NO_3^- > Cl^- > HCO_3^- > HSiO_3^- > OH^- > F^-$$

③ 对于弱酸性阳离子交换树脂:

$$H^+ > Fe^{3+} > Al^{3+} > Ca^{2+} > Mg^{2+} > K^+ > Na^+ > Li^+$$

④ 对于弱碱性阴离子交换树脂:

$$OH^- > SO_4^{2-} > NO_3^- > PO_4^{3-} > Cl^- > HCO_3^- > HSiO_3^-$$

离子交换树脂可看作不溶于水或有机溶剂的固体酸或固体碱,因而凡是用酸或碱做催化剂的有机合成反应,如酯化、水解、烷基化、重排、加成、异构化、低聚及缩合等反应,原则上都可使用离子交换树脂作催化剂,它与传统的酸、碱催化反应不同的是,离子交换树脂所催化的反应为非均相反应,反应发生在凝胶结构树脂内部。使用离子交换树脂作催化剂具有以下优点:

① 催化剂可以反复使用,易于实现连续化生产。

② 可简化反应的后处理操作,通过简单的过滤分离就可实现催化剂和反应物的完全分离,而不必像传统的酸、碱催化剂那样,还需要进行中和、水洗、干燥等复杂操作,从而使工艺及设备大大简化。

③ 由于小分子能在树脂球中自由出入,而大分子的出入则受到一定限制,因此催化剂的选择性高,可使副反应限制在较低的限度,提高目的产物的纯度及收率。

④ 腐蚀性小,对设备材质要求不高,使操作及设备简化,降低设备投资。

⑤ 反应过程中产生的三废少，减轻对环境的污染。

使用离子交换树脂催化剂也有一些缺点：

① 对反应温度有一定限制。因各种树脂均具有一定耐热性，使用中对温度有一定界限，过高或过低都会严重影响树脂的交换容量及机械强度。温度过低(如低于0℃)，树脂易冻结，使强度降低并发生破碎；温度过高，会引起树脂热分解。阳离子树脂的耐热性一般比阴离子树脂好。一般情况下阳离子树脂可耐 100~110℃，阴离子树脂（强碱性）只能耐 50~60℃。而弱碱性阴离子树脂的耐热性能要比强碱性阴离子树脂好，一般可耐 80~90℃。所以反应温度要有严格的控制。

② 离子交换树脂的氧化能力通常较差，一般不能用于含氧化过程的反应。

③ 离子交换树脂的价格较高。

因此，离子交换树脂主要用于可以反复使用的及特殊目的的催化过程。

1. 凝胶型强酸性苯乙烯系阳离子交换树脂
Gel Srongthly Acidic Styrene Type Cation Exchange Resin

商品名 001×7

曾用名 732、732-2、强酸1号、强酸2号、强酸3号、强酸4号

结构式

$$\left[\begin{array}{c} -CH-CH_2- \\ | \\ \bigcirc \\ | \\ SO_3Na \end{array} \right]_n \begin{array}{c} -CH-CH_2- \\ | \\ \bigcirc \\ | \\ -CH-CH_2- \end{array}$$

性质 为棕黄色至棕褐色透明或半透明珠粒状颗粒。不溶于水、酸、碱及各种有机溶剂，但不同的类型或在不同介质中其体积会有不同程度的膨胀或收缩。相对密度 1.2~1.3，粒度 0.3~1.25mm 不等，树脂含水量 45%~50%。在水溶液中呈强酸性，可以交换水中或盐溶液中的阳离子。珠粒状颗粒的孔眼是由高分子链和交联剂相键合形成的。这些孔眼不是其原有的，而是由于将其浸入水中，活性基团发生水解显现出来的。孔眼的直径为 1.0~2.0nm。在稀溶液中，这类树脂对金属离子的选择性，随金属离子的价数增大而变大。对同价金属离子，优先交换原子序数高的金属离子。可在 pH 值为 1~14 的范围内使用。最高使用温度：H 型为 100℃，Na 型为 120℃。具有 pH 值适用性宽、耐温性好、交换速度快、

机械强度高等特点。

质量规格

项　　目	001×7	001×7FC	001×7MB
全交换容量 mmol/g	≥4.5		
体积交换容量 mmol/mL	≥1.90		≥1.80
含水量 %	45~50		
湿视密度 g/mL	0.78~0.88		
湿真密度 g/mL	1.25~1.29		
有效粒径[①] mm	0.40~0.70	0.50~1.0	0.55~0.90
均一系数[①]	≤1.6		≤1.4
范围粒度[①] %	(0.315mm~1.250mm) ≥95	(0.450mm~1.250mm) ≥95	(0.500mm~1.250mm) ≥95
下限粒度[①] %	(<0.315mm) ≤1.0	(<0.450mm) ≤1.0	(<0.500mm) ≤1.0
磨后圆球率[②] %	≥90.0		

注：表中数据摘自 GB/T 13659—2008。

① 有效粒径、均一系数和范围粒度、下限粒度测定用钠型。

② 磨后圆球率测定用原样树脂。

用途　用作酯化、酰基化、水解、醇解、烷基化、环化等有机合成反应的酸性催化剂及催化剂载体。也用于水处理、抗生素提纯、重金属提取、稀有元素分离及医药化工等。由于树脂合成中常含有一些过剩溶剂及反应不完全而生成的低聚物，还可能吸着某些金属离子。因此，新树脂使用前一般要进行预处理。经预处理后，可以提高树脂稳定性，并使其得到活化，提高工作交换容量。预处理尽量用除盐水或软化水。树脂失效后可用食盐或酸进行再生。

安全事项 无毒。可燃。

简要制法 先将苯乙烯及二乙烯苯单体混合,并在过氧化苯甲酰引发剂作用下于一定温度进行悬浮共聚,然后将所得共聚珠体用浓硫酸或氯磺酸进行磺化制得。

2. 大孔强酸性苯乙烯系阳离子交换树脂
Macroporous Strongthly Acidic Styrene Type Cation Exchange Resin

商品名 D001
曾用名 D72

结构式

$$\left[-CH-CH_2-CH-CH_2-\right]_n$$
（带有 SO_3Na 基的苯环，及—CH—CH_2—支链）

性质 为乳白色至淡黄色珠粒状物质。属于大孔径离子交换树脂。粒径 0.3~1.25mm 不等。相对密度 1.2~1.3,含水量 40%~60%,树脂含固量 35%~60%。在水溶液中呈强酸性。树脂内部的毛细孔结构呈非均相凝胶结构,孔体积为 0.5mL/g 左右。具有较大的比表面积及孔径。比表面积可从几十至几百平方米每克,孔径从几纳米至几千纳米。由于其交联度比凝胶型树脂大,使树脂抗氧化性及机械强度大大提高。被交换的离子很容易达到活性基团表面,离子交换速度更快,抗沾染力更强,适宜交换吸附分子尺寸较大的物质。也具有很好的化学稳定性。但体积交换容量稍低于凝胶型树脂。可在 100℃ 以下使用。

质量规格

产品性状	指标	产品性状	指标
全交换容量,mmol/g	≥4.35	粒度(0.315~1.25mm),%	≥95.0
体积交换容量,mmol/mL	≥1.75	粒度(小于0.315mm),%	≤1.0
含水率,%	45~55	均一系数	≤1.70
湿视密度,g/mL	0.75~0.85	磨后圆球率,%	≤90
湿真密度,g/mL	1.23~1.28		

用途 用作酯化、缩合、水解、醇解、缩醛化、烷基化、醚化等有机合成反应的酸性催化剂。也用于水处理、重金属提取、抗生素分离纯化、有机物富集等,既可用于水介质中无机离子交换,也可用于非水体系中有机物的交换。通常在使用前应预处理,失效后可以再生。

安全事项 可燃。

简要制法 先在苯乙烯及二乙烯苯单体混合物中加入一种可与单体互溶而又不参加聚合反应的惰性物质,并在引发剂作用下于一定温度范围内进行悬浮共聚制得珠体,然后再用浓硫酸磺化制得。

3. 凝胶型强碱性 I 型苯乙烯系阴离子交换树脂
Gel Strongthly Basic Type I Styrene Anion Exchange Resin

商品名 201×7、201×7 强碱 I 型

曾用名 717、214、707、强碱 201 号、强碱 2 号、强碱 4 号

结构式

$$\left[-CH-CH_2- \underset{\underset{Cl}{\overset{|}{CH_2N(CH_3)_3}}}{\underset{|}{C_6H_4}} -CH-CH_2- \underset{|}{C_6H_4} -CH-CH_2- \right]_n$$

性质 为淡黄色至金黄色球状颗粒。产品有氯型、氢氧型等类型。不溶于水、酸、碱及各种有机溶剂,但不同类型或在不同介质中其体积有不同程度的膨胀或收缩。相对密度 1.0~1.15,粒径 0.3~1.25mm,树脂含固量 40%~60%,含水量 40%~60%。在水溶液中呈强碱性,在酸性、中性甚至碱性介质中都可进行离子交换,既可交换一般无机酸根离子,也可交换吸附硅酸、乙酸等弱酸根。对水中阴离子的选择性为 SO_4^{2-} > Cl^- > OH^- > HCO_3^- > $HSiO_3^-$。一般以氯型出售。可在 pH 值为 0~14 范围内使用。氯型允许使用温度≤80℃,氢氧型允许使用温度≤60℃。氯型转变为氢氧型($Cl^- \longrightarrow OH^-$)的膨胀率≤25%。

质量规格

项　目	201×7	201×7FC	201×7MB	201×7SC
强型基团容量 mmol/g	≥3.5			
体积交换容量 mmol/mL	≥1.30			
含水量 %	42~48			
湿视密度 g/mL	0.67~0.75			
湿真密度 g/mL	1.07~1.15			
有效粒径① mm	0.40~0.70	0.50~1.0	0.50~0.80	0.63~1.0
均一系数①	≤1.6		≤1.4	
上限粒度① %	—	—	(>0.9mm) ≤1.0	—
范围粒度① %	(0.315mm~ 1.250mm) ≥95	(0.450mm~ 1.250mm) ≥95	(0.400mm~ 0.900mm) ≥95	(0.630mm~ 1.250mm) ≥95
下限粒度① %	(<0.315mm) ≤1.0	(<0.450mm) ≤1.0	—	(<0.630mm) ≤1.0
磨后圆球率② %	≥90.0			

注：表中数据摘自 GB/T 13660—2008。

① 有效粒径，均一系数和范围粒度、上限粒度及下限粒度测定用氯型。
② 磨后圆球率测定用原样树脂。

用途　用作丙烯腈水合、乙酸异戊酯水解、醇醛缩合等有机合成反应的碱性催化剂，也用于水处理、制高纯水、糖的精制及脱色、生化制品提取、重金属分离等。

安全事项 无毒。可燃。

简要制法 先将苯乙烯及二乙烯苯单体混合,并在引发剂存在下于一定温度范围内进行悬浮共聚,然后将所得共聚珠体用氯甲醚进行氯甲基化制得。

4. 大孔强碱性 I 型苯乙烯系阴离子交换树脂
Macroporous Strongthly Basic Type I Styrene Anion Exchange Resin

商品名 D201

曾用名 DK251、290

结构式

$$-[-CH-CH_2-\underset{\underset{Cl^-}{\underset{|}{CH_2N^+(CH_3)_3}}}{\overset{\overset{C_6H_3}{|}}{}}-CH-CH_2-\overset{\overset{C_6H_4}{|}}{}-CH-CH_2-]_n-$$

性质 为乳白色至淡黄色不透明球状颗粒。相对密度 1.0~1.1,粒径 0.3~1.25mm,树脂含固量 35%~60%,含水量 40%~60%。不溶于水、酸、碱及各种有机溶剂,但不同类型或在不同介质中其体积有一定程度的变化(膨胀或收缩)。一般以氯型出售。在水溶液中呈强碱性。适于在 pH 值为 0~14 的范围内使用。可交换一般无机酸根离子,也可交换弱酸根阴离子。对一般氧化剂、还原剂较稳定。能交换及吸附尺寸较大的物质,并可在非水介质中使用。氯型树脂可在 60~80℃下使用,氢氧型树脂可在 40~60℃下长期使用。

质量规格

产品性状	指 标	产品性状	指 标
全交换容量,mmol/g	≥3.8	粒度(0.315~1.2mm),%	≥95
羟基含量,mmol/g	≥3.6	粒度(小于0.315mm),%	≤1
体积交换容量,mmol/mL	0.90~1.15	有效粒径,mm	0.4~0.7
含水率,%	50~60	均一系数	≤1.60
湿视密度,g/mL	0.63~0.72	磨后圆球率,%	≥90
湿真密度,g/mL	1.05~1.08		

用途 用作醇醛缩合、硝基醇合成、水解等有机合成反应的碱性催化剂，也用于制纯水、高纯水，也用于糖类脱盐及脱色、重金属分离回收等。

安全事项 无毒。可燃。

简要制法 先在苯乙烯及二乙烯苯单体混合物中加入一种可与单体互溶又不参加聚合反应的惰性物质，并在引发剂作用下于一定温度进行悬浮共聚制得珠体，然后与氯甲醚进行氯甲基化反应，氯甲基化珠体再与三甲胺进行胺化反应后即制得。

5. 大孔强碱性Ⅱ型苯乙烯系阴离子交换树脂
Macroporous Strongthly Basic Type Ⅱ Styrene Anion Exchange Resin

商品名 D202

曾用名 763、Ⅱ型多孔树脂

结构式

$$\left[\begin{array}{c} -CH-CH_2-\cdots-CH-CH_2- \\ | \qquad\qquad\qquad | \\ C_6H_4 \qquad\qquad C_6H_4 \\ | \qquad\qquad\qquad | \\ CH_2N^+(CH_3)_2C_2H_4OH \quad -CH-CH_2- \\ Cl^- \end{array}\right]_n$$

性质 为乳白色至淡黄色不透明球状颗粒。不溶于水、酸、碱及各种有机溶剂，但不同类型或在不同介质中其体积有一定程度的变化（膨胀和收缩）。一般以氯型出售。其碱性及化学稳定性稍低于 D201 树脂，但交换容量大、再生效率高、抗有机物沾染能力强。pH 值使用范围为 0~14，允许使用温度≤40℃。

质量规格

产品性状	指标	产品性状	指标
含水量，%	45~55	湿真密度，g/cm³	1.05~1.10
质量全交换容量，mmol/g	≥3.5	粒度范围，mm	0.315~1.25
湿视密度，g/cm³	0.65~0.75		

用途 用作有机合成反应的碱性催化剂、催化剂载体。用于制纯水及高纯水，也用于糖类脱盐及脱水等。

安全事项 无毒。可燃。

简要制法 其制备方法与 D201 树脂基本相同，只是氯甲基珠体胺化时用二甲基乙醇胺替代三乙胺。

6. 大孔弱碱性苯乙烯系阴离子交换树脂
Macroporous Styrene Type Weakly Basic Anion Exchange Resin

商品名 D301

曾用名 D351、370、710A、710B、750B、多孔弱碱树脂

结构式

$$\left[\begin{array}{c} -CH-CH_2- \\ | \\ \bigcirc \\ | \\ CH_2N(CH_3)_2 \end{array} \begin{array}{c} -CH-CH_2- \\ | \\ \bigcirc \\ | \\ -CH-CH_2- \end{array} \right]_n$$

性质 为淡黄色至金黄色球状颗粒，是一种在苯乙烯及二乙烯苯共聚体上带有叔氨基的大孔结构的阴离子交换树脂。其碱性较弱，在水溶液中呈弱碱性。能在酸性、近中性介质中有效地交换强酸根，但对硅酸等弱酸几乎无交换能力。具有交换容量大、再生效率高、抗有机沾染能力强、机械强度高、化学性质稳定等特点，pH 值使用范围为 0~9，允许使用温度 ≤100℃。

质量规格

产品性状	指标		
	优级品	一级品	合格品
全交换容量，mmol/g	≥4.80	≥4.60	≥4.20
体积交换容量，mmol/mL	≥1.5	≥1.4	≥1.3
含水率，%	50~60	50~60	45~65
湿视密度，g/mL	0.65~0.72	0.65~0.72	0.65~0.72
湿真密度，g/mL	1.03~1.07	1.03~1.07	1.03~1.07
粒度(0.315~1.25mm)，%	≥95	≥95	≥90
粒度(小于 0.315mm)，%	≤1.0	≤1.0	≤1.0
有效粒径，mm	0.45~0.70	0.45~0.70	0.45~0.70
均一系数	≤1.60	≤1.70	≤1.70
磨后圆球率，%	≥95	≥90	≥85

用途 用作有机合成反应碱性催化剂、催化剂载体。用于制高纯水，也用于含铬废水处理、稀有元素提炼、抗生素等药物提取。

安全事项 无毒。可燃。

简要制法 可由苯乙烯、二乙烯苯在引发剂存在下进行悬浮共聚(需加入致孔剂)，聚合后除去致孔剂，再经氯甲基化、用二甲胺胺化制得。

7. 全氟磺酸树脂　Perfluorinated Sulfonic Acid Resin

商品名　Nafion

结构式
$$\left[CF_2-CF_2\right]_x\left[\begin{array}{c}CF-CF_2\\|\\O\left[CF_2-CF_2\right]_zCF_2-O\left[CF_2\right]_nSO_3H\end{array}\right]_y$$

(x=3~10, y=0~1, z=0~2, n=2~5)

性质 为一种带磺酸基的全氟碳聚合物。是在20世纪60年代末由美国杜邦(Du Pont)公司所开发。商品为全氟碳聚合物钾盐，用作催化剂的品种有 Nafion-H、Nafion-XR、Nafion-425、Nafion-500、Nafion-501 五种，总称 Nafion 树脂。商品树脂多以钾盐出厂。用作催化剂时，一般都需用强无机酸把钾盐转化为 H 型，即 Nafion-H。其相对分子质量为 1000~50000。由于 Nafion-H 树脂中引入了电负性极强的氟原子，产生强烈的场效应和诱导效应，从而导致分子内-SO_3H 中的 H^+ 极易解离，使该树脂呈现很强的酸性。它的哈密特(Hammett)酸性函数值 H_0 = -12~-10(100%浓硫酸的 H_0 为 -12.3，40%浓硫酸的 H_0 为 -2.4)。由于 H_0 可表示各种浓度酸的水溶液酸性，因此 Nafion-H 可以代替传统无机强酸而用作催化剂。例如，在缩二丙酮或六甲基苯溶剂中，Nafion-H 的酸度相当于 85% 的 H_2SO_4，而 001×7 强酸性树脂的酸度比 60% 的 H_2SO_4 还要弱得多。Nafiotr-H 用作酸性催化剂还具有不腐蚀反应器、产品易分离、工艺简化、减少三废污染等特点，而且催化剂可以重复使用。

Nafion-H 是一种固体超强酸。结构无孔，比表面积约 $0.5m^2/g$。最高使用温度 180~190℃。

用途 用作各种有机反应，如醇脱水、酯化、烷基化、异构化、酰基化、开环、重排、羰基化、聚合反应等的催化剂。例如，使用 Nafion-H 催化剂，可催化四苯基乙二醇重排制得三苯基苯乙酮；也可催化异丁烯水合生成叔丁醇，催化丙酮与苯酚缩合生成双酚 A，催化环氧乙烷水合生成乙二醇，催化乙二醇聚合生成聚乙二醇，催化高级烯烃（$C_{10} \sim C_{32}$）聚合等。Nafion-H 还可用作固体酸催化剂，在光照下可使反式肉桂酸乙酯光异构化，生成 73% 的顺式异构体及 27% 的反式异构体。

简要制法　先由全氟（乙二醇）二乙烯基醚与氯磺酸反应引入磺酸基后，再与四氟乙烯共聚制得。

8. 吸附树脂　Absorbent Resin

商品名　Amberlite XAD-1、XAD-2、XAD-3、D3520、D4006、XDA-1、XDA-4、XDA-7 等

结构式

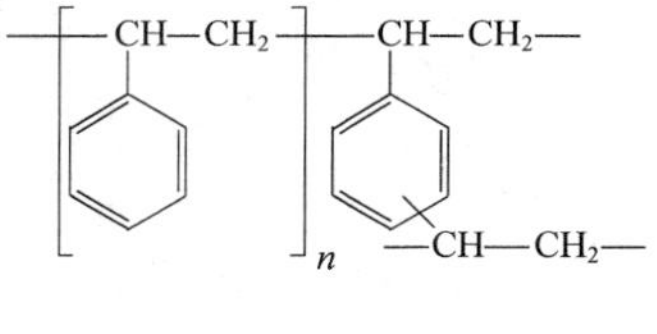

(1) 苯乙烯系

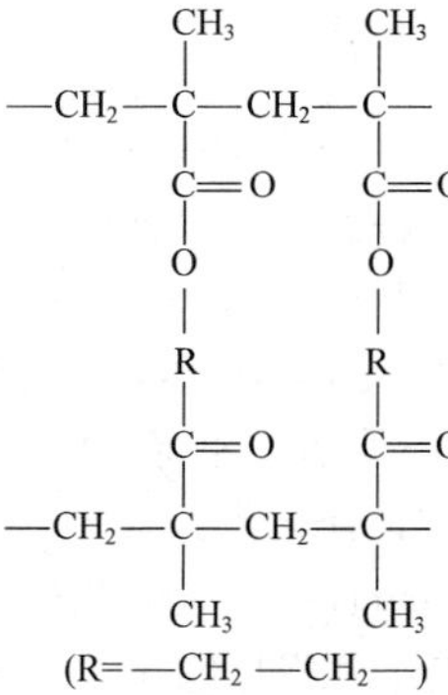

(2) 丙烯酸系 （R= —CH_2—CH_2—）

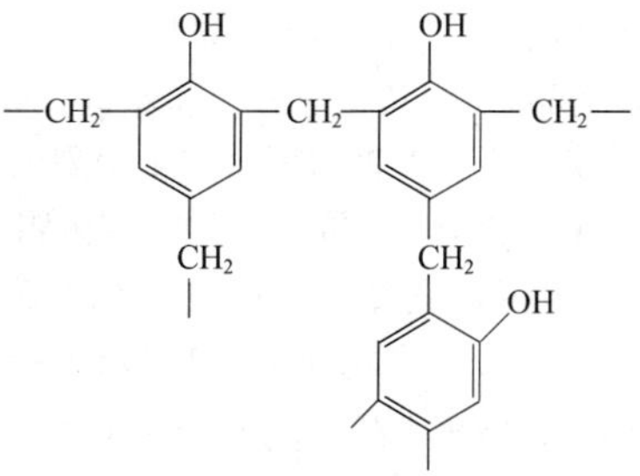

(3) 酚醛系

性质　吸附树脂是一种人工合成的孔性高分子聚合物吸附剂。为白色不透明球状颗粒。是在离子交换树脂的基础上发展起来的。与一般离子交换树脂的区别在于，吸附树脂一般不含离子交换基团，其内部具有丰富的分子大小通道或孔洞，并具有几十至几百平方米每克的比表面积。吸附树脂的骨架主要有苯乙烯系、丙烯酸系、酚醛系三大类。它们又可分为非极性、中等极性及强极性等不同类型。其制备方法与大孔离子交换树脂的制备方法相似，只是在单体聚合时要加入致孔剂，以获得孔性结构的产物。控制合成工艺条件可制得不同的产品。吸附树脂的作用与活性炭、硅胶有些相似，有吸附性，也可以再生。非极性吸附树脂主要用于从极性溶剂中

吸附非极性溶质；极性及强极性吸附树脂则用于从非极性溶剂中吸附极性溶质。影响树脂吸附性能的因素：吸附树脂本身的结构性能（比表面积、孔径、表面基团性质等）、吸附质的结构及性能（相对分子质量大小、分子极性、取代基性质等）、溶剂性质及操作温度等。

质量规格

产品性状	指 标		
	Amberlite XAD-2	Amberlite XAD-4	Amberlite XAD-7
平均粒径，mm	0.4	0.35~0.45	0.30~0.45
孔度（干树脂），cm^3（孔）$/cm^3$	0.42	0.50	0.50~0.55
平均孔径，nm	9	4~6	8
比表面积，m^2/g	300	800	450
湿视密度，g/L	640	700	656
湿真密度，g/cm^3	1.02	1.03~1.04	1.05
骨架密度，g/cm^3	1.07	1.08~1.09	1.24

用途 用作催化剂载体、色谱载体。用于实验室试剂纯化、药物提取、糖类脱色、生物制剂的分离及提纯、放射性元素的浓缩、吸附分离酶及蛋白质，也用于有机合成中各种水溶性产物的回收及浓缩、废水处理等。吸附树脂的使用方法与一般离子交换树脂相同，即可分为动态法及静态法。使用之前必须进行预处理，使用后可以再生。通常应浸于液体中湿态保存。

简要制法 ① 苯乙烯系及丙烯酸系吸附树脂可先由单体（苯乙烯、甲基苯乙烯、丙烯酸甲酯、丙烯腈等）、交联剂（二乙烯苯、三乙烯苯、二丙烯酸乙二醇酯等）及致孔剂悬浮共聚，再除去致孔剂制得。

② 酚醛系吸附树脂可在催化剂存在下，由苯酚与甲醛经缩聚反应制得。

十三、酶及酶制剂

酶是生物体活细胞产生的具有催化活性的蛋白质，是一类生物催化剂。它参与了生物体所有的生命活动及生命过程。生物体内的化学反应绝大多数是由酶催化的。自然界中每一种生物物质的形成和消失都是在相应的酶的作用下完成的。没有酶就没有新陈代谢及生命现象。

酶具有催化剂的共性。工业上用酶替代化学催化剂进行化学反应有以下优点：

① 催化效率极高。只要有少量酶存在，即可大大加快反应速度。酶催化的反应速度比非酶催化的反应速度快 $10^6 \sim 10^{12}$ 倍，而酶催化剂的用量要少得多。一般化学催化剂的用量是（摩尔比）$0.001 \sim 0.01$，而酶催化反应中酶的用量可少到（摩尔比）$10^{-6} \sim 10^{-5}$。如在过氧化氢分解的反应中，采用铁离子作催化剂，反应速率为 $6 \times 10^{-4} \text{mol/s}$，而用过氧化氢酶催化，反应速率为 $6 \times 10^5 \text{mol/s}$。而且酶可在常温常压的温和条件下操作，pH 值的使用范围为 $5 \sim 8$，使用温度为 $20 \sim 40 ℃$，不需要高温高压及强烈的酸碱度。因此设备可以简化，投资可以减少。

② 反应专一性强。酶对底物及催化反应有严格的选择性，一种酶只能催化一种物质或与一类物质发生化学反应，而对其他物质不具活性，蛋白酶只能水解蛋白质，而对淀粉、脂肪不起作用；脲酶只作用于尿素。因此可以利用酶的这种专一性，或从复杂的原料中提取某一成分为产品，或者从某种原料中去除不要的成分。

③ 反应进程容易调节。酶本身为蛋白质，无臭、无味、无毒。它对化学品、pH 值及温度都十分敏感，催化活性极易受到环境条件的影响。故可用控制温度、pH 值等简单的方法来调节反应进程，用添加化学品的方法终止酶反应等。酶原激活、抑制剂调节、金属离子和小分子化合物调节、解聚及聚合等机制在酶的催化反应中都可得到应用。

④ 来源广泛。一些动植物器官及微生物都可以作为酶的来源，如从动物胰脏可以提取胰蛋白酶、脂肪酶，从木瓜中可提取蛋白酶等。

酶的化学本质是蛋白质，它和其他蛋白质一样，都是由氨基酸组成的，也具有蛋白质的一级、二级、三级及四级结构。但酶是大分子蛋白质，而反应物是小分子物质，因此酶与反应物的结合不是整个酶分子与其结合，进行催化反应的也不是整个酶分子，而是局限在酶的大分子的一定区域，这个区域常称为酶的活性中心。对于不需要辅酶的单成分酶来说，它的活性中心是由一些氨基酸残基的侧链基团组成的。而对结合酶来说，除了上述氨基酸残基的侧链基团外，辅酶或辅基上的某一部分结构也是活性中心的结合部分。

酶催化的全过程包括酶与底物结合及催化底物转化两部分，因此，活性中心又可分为结合部位及催化部位两部分，结合部位与底物分子直接结合。结合方式可以是静电方式，也可以是疏水键或配位键的方式。结合部位往往由几个氨基酸残基组成，有时也包含一些金属离子。结合部位使底物分子处于被催化的最优位置。催化部位一般由几个催化基团组成。催化基团既可以是氨基酸侧链基团，也可以是辅酶和金属离子。催化基团能使底物分子中的敏感键变形，易于断键，从而容易对底物分子进行酸碱催化。

到目前为止，已发现能起催化作用的酶有 2500 余种。其中，约有 200 种已将其结晶分离提纯，用于工业生产的有 60 多种。按照它们的作用可分为以下 6 类：

① 氧化还原酶类。这类酶能催化氧化还原反应，反应时需要电子的供体和受体，而不是基团的加成或者去除，其反应通式为：

$$A \cdot 2H + B \rightleftharpoons A + B \cdot 2H$$

其中 $A \cdot 2H$ 为供氢体，B 为受氢体，根据供氢体的性质，一般可分为氧化酶类及脱氢酶类。此外，氧化物酶及加氢酶也属于这类酶。

② 转移酶类。这类酶能催化一种分子上的基团转移到另一种分子上。如催化醛、酮、酰基、磷酰基等基团的转移或转化。反应通式为：

$$AR + C \rightleftharpoons A + RC$$

其中 R 为被转移基团。例如，氨基转移酶催化 α-氨基酸的氨基转移到 α-酮酸上，使前者变为 α-酮酸，后者生成一种新氨基酸，但大部分转移酶需要辅酶的参与。

③ 水解酶类。这类酶可催化将大分子物质(加)水(分)解成为小分子物质。如酯、酰胺、肽、酸酐及糖苷等的水解，反应通式为：

$$A + B + H_2O \rightleftharpoons AOH + BH$$

反应需要水参与，一般不需要辅助因子。这类酶大多属于细胞外酶，分布广而数量多。目前在工业生产上已经应用的酶中大多数为水解酶类，如蛋白酶、淀粉酶、脂肪酶、核糖核酸酶、纤维素酶及果胶酶等。

④ 裂合酶类。也称裂酶，是一类能催化某基团从底物中移出而形成

双键，或使某基团加入一双键中而形成单键反应的酶。例如，柠檬酸裂合酶：

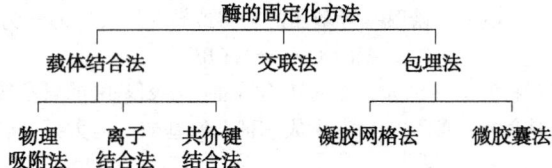

这类酶包括醛缩酶、水化酶及脱氢酶等。

⑤ 异构酶类。这类酶能催化底物的分子内重排反应。即催化同分异构化合物之间的相互转化，包括消旋化反应、双键的转移及顺反异构化等。其通式为：

$$A \rightleftharpoons B$$

如6-磷酸葡萄糖异构酶催化葡萄糖-6-磷酸和果糖-6-磷酸的相互转变。

⑥ 连接酶类。又称合成酶类，这类酶能催化双分子合成单分子。反应时由ATP(腺苷三磷酸)或其他高能的核苷三磷酸供给反应所需的能量，其通式为：

$$A + B + ATP \rightleftharpoons AB + ADP + 无机磷酸$$

连接酶能催化 C—O、C—N、C—C 及 C—S 等化学键的合成。

虽然酶具有催化作用的高效性，但其稳定性差，在温度、pH 值及无机离子等因素的影响下容易失去活性。而且，反应后的酶分离再利用比较困难。酶的固定化是用固体材料将酶束缚或限制于一定区域内的一类技术。固定化酶既能进行特定的催化反应，又可回收及重复使用。酶的固定化方法有载体结合法、交联法及包埋法等，如下图所示：

```
              酶的固定化方法
      ┌───────────┼───────────┐
   载体结合法      交联法        包埋法
   ┌───┼───┐              ┌────┴────┐
物理  离子  共价键        凝胶网格法  微胶囊法
吸附法 结合法 结合法
```

载体结合法是将酶与不溶性载体(如多孔玻璃、氧化铝、硅胶、离子交换树脂、纤维素、尼龙等)通过吸附或共价键相结合；交联法是采用双功能或多功能试剂使酶发生分子内的交联；包埋法是将酶分子定位于凝胶内部微孔中，或将酶分子定位于半透性的聚合体膜内制成微胶囊。

与游离酶相比较，固定化酶的优点是：和底物及产物容易分离，酶的稳定性提高，酶反应可从严格控制并适于进行多酶反应，增加产物收率并简化提纯工艺，使生产成本降低。而固定化酶的主要缺点是：酶在固定化时活力有损失，吸附法酶容易脱落，操作稳定性还不够好，使用的载体及试剂价格较高，使用范围只适于可溶性底物，而且对大分子底物的效用较低。

将酶从生物组织或细胞以及发酵液中提取出来，加工成具有一定纯度的生化制品，称为酶制剂。从形态上，酶制剂可分为固体酶制剂及液体酶制剂两类。固体酶制剂体积小、比较稳定。所以，大多数商品酶制剂为固体形式。其主要缺点是杂质含量高、酶的活性较低。液体酶制剂生产较简单、使用方便，但稳定性较差。为了保证酶制剂的稳定性，往往需要加入适当的稳定剂及保护剂。此外，液体酶制剂的保存及运输都较固体酶制剂困难。

按来源不同，酶制剂可分为动物酶制剂、植物酶制剂及微生物酶制剂。按其应用领域不同，可分为用作催化剂的工业酶制剂，用于食品加工的食品酶制剂，用于化学分析的酶分析制剂，用于洗涤剂的洗涤酶制剂，用作药物的药物酶制剂等。而按酶制剂中所含酶种类的多少又可分为单一酶制剂及复合酶制剂。复合酶制剂可利用多种酶的协同作用，降解各种底物，更大限度地发挥酶制剂的作用。

酶不仅可以在生物体内催化天然有机物的转化，也能在生物体外促进天然的或人工合成的有机化合物的各种转化反应。目前，酶法或多酶系统催化反应已用于食品添加剂、药物等的生产合成，而应用酶催化有机合成反应也已获很大进展。如酶催化水解及酯交换反应、酶催化氧化—还原反应、酶催化取代反应、酶催化加成与消除反应、酶催化聚合反应、酶催化合成表面活性剂等。

人的左右手互为镜像但不能叠合，这种现象称为手性。当一个物体不能与其镜像叠合，该物体就被称为手性物体。构成生物体系的生物大分子绝大多数是手性分子，而酶是其中一类重要的手性生物大分子。它能识别手性分子并催化其发生反应或将非手性底物转化为手性产物。因此酶在有机合成中的一个重要贡献是不对称合成或拆分醇、醛、酮、维生素及抗病毒药物等手性化合物及药物。酶催化的手性合成在医药、农药、食品及特种材料的研制与生产方面具有广阔的应用前景。而酶也和一般的化学催化剂一样，只能改变化学反应的速度，但不能改变化学反应平衡。酶能够稳定底物形成的过渡状态，降低反应的活化能，从而加速反应进行。因此，一般的化学催化理论和规律，同样适用于生物催化体系。

1. 淀粉酶　Amylase

性质　为催化淀粉和糖原中的糖苷水解成糊精、麦芽糖和葡萄糖等的一类酶。它广泛存在于动物(唾液、胰脏)、植物(大豆、山芋、谷芽)及微生物中。根据来源不同，淀粉酶可分为植物淀粉酶(如麦芽淀粉酶)及微生物淀粉酶(如细菌淀粉酶)两类；根据作用方式不同又可分为 α-淀粉酶、β-淀粉酶、淀粉葡萄糖苷酶、解枝酶、环状麦芽糊精葡萄糖基转移酶、麦芽寡糖生成酶等。其中又以前五种酶在工业上应用最广。

① α-淀粉酶。又名 α-1,4-葡聚糖-4-葡萄糖水解酶、液化淀粉酶、糊精化酶等，是一种内切酶。它作用于淀粉时，可从分子内部切开 α-1,4-糖苷键(但不能切开 α-1,6 糖苷键)，而使淀粉液化并生成低相对分子质量的糊精及还原糖(单糖及低聚糖)。因其产物末端葡萄糖第一位碳原子的光学性质呈 α-型，故称 α-淀粉酶。一般为淡黄色非结晶粉末或半透明鳞片，微臭。其水溶液呈浑浊状态，在乙醇中几乎不溶，含水 5%~8%。pH 值在 5~10 范围内稳定，在 4.0 以下失活，最适反应 pH 值为 6 左右。α-淀粉酶广泛存在于唾液、胰脏、麦芽及微生物中。工业生产中，α-淀粉酶就是从猪胰脏、麦芽和解淀粉芽孢杆菌、地衣芽孢杆菌、米曲霉等的培养物中提取的，尤以细菌淀粉的产量最大。主要 α-淀粉酶的一般性质如下表所列。

主要 α-淀粉酶的一般性质

来源	淀粉水解率,%	主要淀粉水解产物	最适反应温度 ℃	热稳定性 (15min) ℃	最适 pH 值	pH 值稳定范围 (30℃ 24h)	生淀粉吸附性
麦芽	40	G_2	60	<70	5.3	4.8~8.0	−
唾液(人)	40	G_2		—	6.9	4.8~11.0	+
胰脏(人)	40	G_2		—	6.9	4.8~11.0	+
枯草杆菌(糖化型)	70	G, G_2		55~70	4.8~5.2	4~9.5	−
解淀粉芽孢杆菌(液化型)	35	G_2, G_3, G_4, G_6	70	65~80	5.4~6.0	4.8~10.5	+
地衣芽孢杆菌	35	G_2, G_5	90	95~110	5.5~6.0	5~11.0	+

续表

来源	淀粉水解率,%	主要淀粉水解产物	最适反应温度 ℃	热稳定性（15min）℃	最适pH值	pH值稳定范围（30℃ 24h）	生淀粉吸附性
米曲霉	48	G_2(50%)	50	55~70	4.9~5.2	4.7~9.5	−
黑曲霉	48	G_2(50%)	50	55~70	4.9~5.2	4.7~9.5	−
根霉	48	G_2(50%)	—	50~60	3.6	5.4~7.0	−
拟内孢霉	96	G(90%)	35~50		5.4	6.5~7.5	+

注：①G、G_2…表示葡萄糖的聚合度。

②"+"表示吸附，"−"表示不吸附。

各种 α-淀粉酶的热稳定性：地衣芽孢杆菌的酶最强，90℃下加热 1h 尚不失活；解淀粉芽孢杆菌 α-淀粉酶次之，在 70℃ 左右时稳定；霉菌 α-淀粉酶最差，失活温度为 55℃ 左右。

② β-淀粉酶。又名 α-1, 4-葡聚糖麦芽糖水解酶、糖化淀粉酶。它作用于淀粉时，可从淀粉分子的非还原性末端顺次水解 α-1, 4 糖苷键而切下麦芽糖单体，将直链淀粉分解成麦芽糖或水解淀粉成 β-极限糊精。当酶在水解 α-1, 4 链时，使葡萄糖分子构型转变为 β 型，故称 β-淀粉酶，一般为类白色粉末。溶于水和稀缓冲溶液，几乎不溶于乙醇。β-淀粉酶广泛存在于大麦、小麦、豆类、山芋及蔬菜中。商品主要从大豆及麦芽中提取，从细菌中提取 β-淀粉酶的还不多。植物来源的 β-淀粉酶其最适反应 pH 值为 5~6。细菌来源的 β-淀粉酶最适反应 pH 值为 6~7。其热稳定性比 α-淀粉酶要差，大麦及山芋 β-淀粉酶最适反应温度为 50~55℃。大豆及一般细菌 β-淀粉酶的最适反应温度分别为 60~65℃ 及 50℃。

③ 淀粉葡萄糖苷酶。俗称糖化酶，也曾称 γ-淀粉酶。是一种外切型淀粉酶，能从淀粉分子非还原端依次水解 α-1, 4 键切下葡萄糖单位，它也缓慢水解麦芽糖和支链淀粉支点的 α-1, 6 键。糖化酶是一种糖蛋白，只存于微生物界。工业生产所用菌种是根霉、黑曲霉及拟内孢霉等真菌。糖化酶的相对分子质量为 5×10^4~11.2×10^4。最适反应 pH 值为 3.4~7，最适应反应温度为 40~60℃，其催化键为 α-1, 4、α-1, 6 糖苷键，底物为直链淀粉、支链淀粉、糊精、糖原及麦芽糖。

④ 解枝酶。是一类切开支链淀粉或糖原的分支点 α-1, 6 键的酶。它能专一地水解支链淀粉或糖原的 α-1, 6 糖苷键，将整个侧枝切下而形成长

短不一的直链糊精。广泛存在于植物及微生物中。其中,应用价值较高的有普鲁兰酶及异淀粉酶。它们主要用于淀粉加工,可提高淀粉水解率,制造麦芽糖及直链淀粉等。

⑤ 环状麦芽糊精葡萄糖基转移酶。这种酶通过分子内葡萄糖基转移反应(环化反应)催化淀粉而生成环糊精。当有适当的受体存在时,也能催化分子间的葡萄糖基转移反应,而将葡萄糖基从一个 α-葡聚糖或环糊精转移到受体上(歧化反应或偶联反应)。而且它还能水解 α-1,4 葡聚糖及环糊精,这种酶的催化反应主要有分子内部葡萄糖基转移反应、分子间葡萄糖基转移反应及水解反应。它主要用于制造环糊精及偶联糖等。

用途 用于淀粉降解、液化、糖化,广泛用于医药、化工、食品、纺织、酿造等工业。也用作生物催化剂,也用于水解酯键、糖苷键、肽键,以制取多种化工产品。也用于生产洗涤剂,可使淀粉类污垢易于清除。

简要制法 由黑曲霉、米曲霉、木霉等变种细菌、霉菌在适当条件下培养,将其母液浓缩、干燥后即为成品。

2. 蛋白酶 Protease

别名 肽酶

性质 为能催化蛋白质水解成肽和氨基酸一类酶的总称。产物为胨、陈等不同聚合度的肽及个别氨基酸。不同来源的蛋白酶,其性质不同,用途也不同。如胶原蛋白酶只能分解胶原蛋白,而不能分解弹性蛋白。蛋白酶品种很多,按来源不同,可分为动物蛋白酶、植物蛋白酶、微生物蛋白酶、真菌蛋白酶等;按酶反应最适 pH 值可分为碱性、中性及酸性蛋白酶;按其对蛋白质作用位置不同,可分为内肽酶及外肽酶;按其起作用的活性中心不同,可分为丝氨酸蛋白酶(活性中心含丝氨酸,如胰蛋白酶、糜白酶、微生物碱性蛋白酶等)、巯基蛋白酶(活性中心含巯基—SH,如植物中性蛋白酶、微生物中酵母及金黄色葡萄球菌蛋白酶等)、金属蛋白酶(活性中心含 Zn^{2+}、Ca^{2+} 等金属离子,如枯草杆菌及分解淀粉芽孢杆菌的中性蛋白酶、动物的氨肽酶及羧肽酶等)、羧基蛋白酶(活性中含天门冬氨酸等酸性氨基酸,大多数酸性蛋白酶均属于此类,如动物胃蛋白酶、黑曲霉蛋白酶等)。

蛋白酶是最重要的一种工业酶制剂。外观为白色、棕黄色或褐色无定形粉末或液体。溶于水,几乎不溶于乙醇、乙醚及氯仿。

用途 用作生物催化剂,也用于各种有机合成反应,如多羟基化合物选择性酯化、催化酯氨解合成酰胺、催化合成手性化合物、催化某些杂环化合物水解、合成多肽、制造蛋白水解物。也广泛用于制造加酶洗涤剂，是洗涤剂中的常用酶，能除去一般方法难以去除的人体上的污垢及蛋白质污垢。还用于医药、食品、毛纺、皮革、酿造等工业。

简要制法 在受控条件下，先将黑曲霉、米曲霉等变种细菌或林霉德氏链霉菌于液体或固体培养基中培养繁殖，再用硫酸铵进行盐析，并用乙醇或丙酮沉淀精制而得。

3. 脂肪酶 Lipase

别名 甘油酯水解酶

性质 为催化水解脂肪分子中甘油酯键的一类酶的总称，是一种糖蛋白，糖含量2%~15%，主要成分是甘露糖。相对分子质量因菌种而异，一般为 $2×10^4 ~ 8×10^4$。存在于动物胰脏、油料作物种子及各种微生物中。由于酶的底物脂肪与水不互溶，故酶反应是在油—水界面进行的，其反应速度受油—水界面积支配。表面活性剂对脂肪酶的作用有影响，即其作用因底物及水乳化状态而异。因而，能够对油—水界面状态产生影响的一些因素(如温度、pH值、Ca^{2+} 及 Fe^{3+} 等金属离子、表面活性剂性质等)也会对脂肪酶的作用产生影响。脂肪酶分解酯键的方式：先分解各个分子中的 $α$-酯键，再依次分解 $β$-酯键及 $γ$-酯键。或是将一个分子的酯键全分解后，再分解其他分子中的酯键。脂肪酶的催化反应式如下：

$$甘油三酯 + 水 \xrightleftharpoons{脂肪酶} 甘油二酯 + 脂肪酸$$

上述催化反应是一种可逆反应。在有水情况下它催化脂肪水解成甘油二酯和脂肪酸，脂肪酸随着水分增加而水解。越趋于完全反应，反应体系中脂肪酸累积越多，则逆反应越趋于优势。只有将体系中的脂肪酸不断除去，水解反应才会趋向完全。在有机溶剂中，脂肪酶还催化脂肪的合成反应。

根据脂肪酶的来源，可分为胰脏脂肪酶、植物脂肪酶及微生物脂肪酶等。其中，使用得较多的是微生物脂肪酶。其相对分子质量因菌种不同而异，一般为 $2×10^4 ~ 6×10^4$。易溶于水，不溶于乙醇。最适反应pH值为3.5~7.5，最适反应温度为38~45℃。

用途 用作生物催化剂，广泛用于各种有机合成反应，如催化顺、反立体异构体拆分制造手性化合物，催化酰基转移反应，催化醛与氰的加成反应制氰醇，多羟基化合物选择性酯化，催化合成大环内酯及环状二酯，催化某些杂环化合物水解制造氨基酸等。固定化脂肪酶还可用于以菜籽油或豆油为原料生产生物柴油。也用于生产加酶洗衣粉及液体洗涤剂,可去除含脂肪的污渍。工业上还用于皮革脱脂以及油脂水解制脂肪酸。

简要制法 常用的产生脂肪酶的菌有霉菌、酵母菌、细菌及放线菌等。工业上使用的菌株大多为柱状假丝酵母,将其培养、发酵、盐化、沉淀、透析、结晶制得脂肪酶。

4. 纤维素酶 Cellulase

性质 为能将纤维素水解成葡萄糖的一组酶的总称,主要有三个组分,即内切葡聚糖酶、纤维二糖水解酶及 β-葡萄糖苷酶。在适当的条件下,它们协同作用,将天然纤维素水解成葡萄糖。由不同的菌种产生的纤维素酶,在相对分子质量、含糖量、等电点、最适反应 pH 值及最适反应温度等性质会有所不同。纤维素酶的作用机制:由内切葡聚糖酶作用于微纤维的非结晶区,使其露出许多末端供外切型酶作用;纤维二糖水解酶从非还原性末端依次分解,产生纤维二糖;部分降解的纤维素被内切葡聚糖酶和纤维二糖水解酶进一步协同作用,分解生成纤维二糖、三糖等低聚糖;最后由 β-葡萄糖苷酶作用分解成葡萄糖。纤维素酶为灰白色无定形粉末或液体。相对分子质量一般在 $4.5 \times 10^4 \sim 7.5 \times 10^4$。最适反应 pH 值为 4.5~5.5,最适反应温度在 50℃左右。对热较稳定,即使在 100℃下持续 10min 仍可保持原活性的 20%。溶于水,几乎不溶于乙醇、乙醚及氯仿。

用途 广泛用于饲料、食品、酿造、纺织、石油开采及污水处理等行业。用作饲料添加剂,可将纤维中的 β-1,4-葡萄糖苷键水解,生成可溶性的聚合物及 D-葡萄糖。在石油开采中,可破坏封井、封阀中的胶质和强力纤维。为此,封井、封阀后不要突然起封,以免原油瞬间喷出造成失控或火灾。也用于废纸脱墨,可提高油墨去除率及提高纸浆的白度。

简要制法 先将黑曲霉或李氏木霉菌进行培养,然后将发酵液用盐析法使之沉淀并精制而得。

5. 脱氢酶 Dehydrogenase

性质 将从有机化合物中脱去氢的反应称为脱氢反应。生物氧化主要是通过代谢物的脱氢反应实现的。脱氢酶是在氧化还原酶中催化脱氢的一类酶。它可分为两类:①需氧脱氢酶,种类较多,均以黄素衍生物黄素腺嘌呤二核苷酸(FAD)和黄素单核苷酸(FMN)作为辅酶。因其呈现黄色,故称为黄素蛋白,也称为黄酶。如 D-氨基酸氧化酶等,这类酶直接将脱下的氢转移给分子氧。②不需氧脱氢酶。按其辅酶的不同,又分为两小类:一类以烟酰胺腺嘌呤二核苷酸(NAD)、烟酰胺腺嘌呤二核苷酸磷酸(NADP)为辅酶;另一类以 FAD 为辅酶。前者数量较多,已发现的有 150 种之多。主要催化—CHOH—基团脱氢,脱下的氢为 NAD 及 NADP 所接受,然后经过呼吸链,将氢交给分子氧。乳酸脱氢酶即属这一类酶。以 FAD 为辅酶的不需氧脱氢酶的数量较少。酶蛋白与辅基结合牢固,主要对有机物—CH_2—CH_2—基团脱氢。脱下的氢为辅基 FAD 所接受,再经呼吸链将氢转给分子氧。琥珀酸脱氢酶即属此类。在生物催化中常用的脱氢酶:甲酸脱氢酶、葡萄糖脱氢酶、酵母醇脱氢酶、谷氨酸脱氢酶、乳酸脱氢酶、马肝醇脱氢酶、羟基甾体脱氢酶、爪哇毛霉醇脱氢酶、假单胞菌属脱氯酶、6-磷酸葡萄糖脱氢酶等。

用途 脱氢酶能立体地选择性地将酮催化还原为手性仲醇。因此,脱氢酶广泛用于醛或酮羰基以及烯烃碳-碳双键的还原,可使潜手性底物转化为手性产物。如酵母菌脱氢酶及马肝醇脱氢酶能催化酮不对称还原,其还原产物仲醇的对映体收率接近 100%;甲酸脱氢酶能使甲酸氧化生成二氧化碳;6-磷酸葡萄糖脱氢酶可将 6-磷酸葡萄糖氧化为 6-磷酸葡萄糖酸内酯,后者再自发转变为 6-磷酸葡萄糖酸;谷氨酸脱氢酶能将 α-酮戊二酸还原生成 L-谷氨酸。

6. 醛缩酶 Aldolase

别名 二磷酸酮糖裂合酶、二磷酸果糖醇醛缩合酶

性质 为裂合酶的一种。用于催化 1,6-二磷酸果糖生成磷酸二羟丙酮和 3-碑酸甘油醛。即这种酶能催化不对称 C—C 键的形成,并能使醛分子延长 2~3 个碳单位。是糖代谢过程中很重要的一种酶,对有机合成也十分有用。根据醛缩酶的来源及作用机制又可分为 I 型及 II 型两类。其中 I 型缩醛酶来源于高等植物及哺乳动物,它不需要金属离子作为辅酶;II 型醛缩酶来源于细菌及真菌,需要金属离子(一般为 Zn^{2+})为辅酶。醛缩酶一般以酮为供体,醛为受体。一般对供体底物(亲核试剂)结构要求很高,而对受体底物(亲电试剂)的结构特异性要求不高。

用途 常用于糖的合成,如氨基糖、硫代糖、醛糖及二糖类似物的合成。也能催化醛醇缩合反应。

简要制法 广泛存在于动物及高等植物组织、酿酒酵母中。通常由啤酒酵母中提取，也可由动物肝脏中提取。

7. 转氨酶　Aminotransferase

别名　氨基(酸)转移酶

性质　为转移酶的一种。能催化 L-氨基酸的氨基转移到 α-酮酸的酮基位置上。是一类常见的生物催化剂，催化的底物有氨基酸、酮酸、核苷酸及糖等化合物。催化反应是可逆的。大多数转氨酶需要 α-酮戊二酸作为氨基的受体。通常，转氨酶是以磷酸吡哆醛为辅酶，将 L-氨基酸上的氨基转移给 α-酮酸，使 α-酮酸变为相应的 L-氨基酸，而原来的氨基酸脱去氨基变为相应的 α-酮酸。如在谷丙转氨酶和磷酸吡哆醛作用下，谷氨酸和丙酮酸生成 α-酮戊二酸和丙二酸。在生物体内，除苏氨酸和赖氨酸外，其他氨基酸都能在转氨酶作用下进行转氨基反应。转氨基反应是一种重要的生物化学反应，是沟通蛋白质和糖代谢的桥梁，形成非必需氨基酸。生物催化合成中常用的转氨酶有分支链氨基转移酶、天冬氨酸氨基转移酶、酪氨酸氨基转移酶等。

用途　用于制备非天然氨基酸。也用作多种手性药物合成的前体。例如，D-苯丙氨酸用于制备凝血酶制剂，防止血栓形成；L-高苯丙氨酸可用于合成血管紧张肽转移酶(ACE)抑制剂，用于治疗高血压。谷丙转氨酶(GPT)及谷氨酸—草酰乙酸转氨酶(GOT)也用作具有临床诊断意义的工具酶。

8. 卤化酶　Halogenase

别名　卤素过氧化物酶

性质　为能催化多种卤化反应的一类酶。其催化反应通式为

$$底物 + H_2O_2 + X^- + H^- \xrightarrow{卤化酶} 卤化物 + 2H_2O$$

式中 X 代表卤素离子，如 Cl^-、Br^-、I^- 等，但不包括 F^-。因此，卤化酶分别有氯、溴、碘的过氧化物酶，但没有相应的氟过氧化物酶。其中氯过氧化物酶来自霉菌，溴过氧化物酶来自藻类、细菌及链霉菌。这类酶对底物的专一性不高，反应的选择性较低。实际应用得较多的是氯过氧化物酶。

用途 用于催化炔烃转化为 α-卤化酮。当反应中存在一种或多种卤素离子时，可以产生相同或杂合的二卤化物。也用于催化次卤酸与烯烃加成，生成 α、β-卤代醇。反应过程是，先由卤素与烯烃经催化氧化形成卤离子中间体，再与其他亲核性试剂反应生成相应的产物。卤素过氧化物酶也用于催化富电性芳香化合物和杂环芳香化合物发生卤化反应，尤其是富电性酚类、苯胺类化合物及它们的 O- 或 N- 取代衍生物的卤化反应。

9. 脱卤酶 Dehalogenase

别名 卤素水解酶

性质 为催化卤族元素取代化合物解卤反应的一类酶。卤素取代物在这类酶的作用下生成卤离子和醇酸。其催化机理为 OH^- 亲核取代卤素。由这类酶催化的水解脱卤反应既不需要辅酶，也不需要金属离子。不同来源的酶，其催化反应机理也有所不同，有的使产物的构型保留，有的使产物的构型转化。常用的脱卤酶有卤代烷基脱卤酶、卤代芳烃脱卤酶、α-卤代酸脱卤酶等。卤代酶具有与其对映体的专一性，因而有可能立体地选择性地水解 α-卤代酸而得到相应的 α-羟基酸。能产生脱卤酶的有假单胞菌和枯草杆菌等。

用途 用于含卤化合物废水处理。

10. 环氧化物水解酶 Epoxide Hydrolase

别名 环氧酯、环氧化物水化酶

性质 为催化各种环氧化物和芳烃氧化物的一类酶。其作用是催化醚水解，专一作用于醚键。肝细胞中已确定存在两种环氧化物水解酶：微粒体环氧化物水解酶（MEH）及胞质环氧化物水解酶（CEH）。两者对底物的选择性不同，一般常用 MEH 做生物催化剂。它对非天然环氧化物有较高的反应活性和选择性。MEH 水解环氧化物的催化机制是，通过反式—反迫（扭转角 180°）方式，将其加到环氧化物或芳烃氧化物中生成连二醇产物。反应式：环氧化物 + 水 ══ 乙二醇。反应涉及环氧乙烷中碳原子的构型转化，但反应不需要辅酶或金属离子。由于肝环氧化物水解酶的制备较困难，用于生物催化反应的常是来源于微生物的环氧化物水解酶。

用途 用于生物拆分法立体地选择性地制取所需构型的环氧化物，既能催化末端（或非末端）环氧化物的水解，也能催化环状环氧化物水解。如既能催化外消旋体顺式 2,3-环氧戊烷水解生成 2,3-戊二醇,也能催化内消旋顺式 1,2-环氧戊烷不对称水解生成反式环烷连二醇等。

11. 模拟酶 Mimic Enzyme

别名 人工酶、酶模型

性质 酶是高效催化剂,但由于其对热、酸、碱不稳定,难溶于有机溶剂,来源有限,而限制了其规模开发及利用。模拟酶则是根据酶的作用原理,用有机化学及生物化学等方法设计和合成的一类较天然酶简单的非蛋白质或蛋白质分子。这些分子作为模型模拟酶的形状、大小、微环境等结构特征,使其具有酶的活性中心和催化机制,从而制备出结构简单并具有酶功能的高效高选择性催化剂。目前较为理想的小分子仿酶体系有环糊精、冠醚、环芳烃及卟啉等大环化合物;大分子仿酶体系有聚合物酶模型、分子印迹酶模型、胶束酶模型等。

模拟酶分三种类型:①单纯酶模型,即以化学方法通过模拟天然酶活性来重建和改造酶活性;②机理酶模型,即通过对酶作用机制的识别来指导酶模型的设计和合成;③单纯合成的酶样化合物,即一些化学合成的具有酶样催化活性的简单分子。根据模拟酶的属性,模拟酶可以分为环糊精酶模型、胶束酶模型、肽酶、抗体酶、分子及生物印迹酶、半合成酶等。

酶的模拟工作分为合成有类似酶活性的简单配合物、进行酶活性中心模拟及整体模拟三种类型。目前的模拟工作,主要是通过对天然或人工合成的化合物引入某些活性基团,使其具有酶的作用。如利用 β-环糊精的空穴作为底物的结合部位,将羧基、咪唑基连接在环糊精侧链上,与环糊精自身的一个羟基共同构成催化中心,制成胰凝乳蛋白酶的模型酶。

用途 用于考察模型酶催化能力与天然胰凝乳蛋白酶的差别。利用简单的分子模型构建酶的特征可以观察与酶的催化作用相关的各种因素,如催化基团的组成、活性中心的空间结构特征、酶催化反应动力等。

12. 抗体酶 Abzyme

性质 为用化学与免疫学相结合的方法生成的催化抗体。即经免疫、诱导产生的,既具有高度专一性的抗底物激态(或反应的过渡态或活化复合物),又具有酶的催化活性的抗体。抗体酶的化学本质是蛋白质,与其他蛋白质酶有一定相似性——能稳定反应过渡态,并遵循普通酸碱催化、亲核与亲电催化等化学反应的催化机理。

机体内的抗体是一种免疫球蛋白。抗体和相应的抗原在机体内结合后,能够被吞噬、排泄,而将抗原清除,或使抗原失去致病能力。在某些病理状态下,体内的抗体也具有酶的催化功能。抗体只能与特定的抗原结合,抗体的催化反应也具立体选择性。据此原理,考察化学反应的过渡态,设计过渡态类似物,并用适宜的方法制备出抗体,也即抗体酶。它具有酶催化反应的基本特征,并显示有底物专一性及立体专一性。所以,抗体酶结合了抗体和催化剂的优点而具立体专一性及选择性。

用途 用于有机合成中天然酶所不能催化的立体专一反应、区分动力学上的外消旋混合物,也用于催化内消旋底物合成相同手性产物。还用于催化水解、缩合、酯化、消除、重排、氧化还原、异构化等多种化学反应;在医疗上,既能用于标记抗原靶目标,又能执行一定的催化功能;通过设计既可以使抗体酶杀死特殊的病原体,也可用抗体酶活化处于靶部位的药物前体,降低药物毒性。

简要制法 构建抗体酶的主要途径:①利用类似于反应过渡态的、稳定的半抗原基团作为免疫原,获得与过渡态类似物结合并且催化有关反应的抗体酶;②利用抗体的专一性与亲和性使两种底物在反应构象上结合与定向;③对抗体进行化学修饰使抗体具有催化基团。合成单克隆抗体酶的有效途径:①利用细胞培养技术大量繁殖合成单克隆抗体酶的杂交瘤细胞株,并从杂交瘤细胞培养液中提取抗体酶;②将合成单克隆抗体酶的杂交瘤细胞株接种到动物腹腔内,再从动物腹水中提取单克隆抗体酶。

13. 印迹酶 Imprinted Enzyme

性质 印迹酶是利用酶与配体的相互作用、诱导,改变酶的构象,制备出具有结合该配体及其类似物能力的"新酶"。印迹酶可分为分子印迹酶及生物印迹酶。分子印迹酶是通过分子印迹技术生成类似酶的活性中心的空腔,对底物产生有效的结合作用。利用这种技术可以在结合部位的空穴内诱导产生催化基团,并与底物定向排列。所选择的印迹分子有底物、底物类似物、酶抑制剂、过渡态类似物等。生物印迹酶是分子印迹的一种形式。它是指在天然的生物材料(如蛋白质及糖类物质)上进行分子印迹,使印迹分子生成有特异性识别空腔的过程。应用生物印迹技术制备的人工模拟酶,称为生物印迹酶。如在天然蛋白质上可以生成谷胱甘肽(GSH)结合部位，再在结合部位引入催化基团就能产生具有 GSH 活力的人工酶。如以卵清蛋白为原料，以 GSH 修饰物为模板分子，利用生物印迹技术，可制造出对 GSH 具有特异性结合能力的印迹蛋白质。然后利用二步诱变法将催化基团引入印迹蛋白质 GSH 结合部位，就可生成具有谷胱甘肽过氧化物酶活力的人工模拟酶。

应用生物印迹技术可成功模拟许多酶，如酯水解酶、葡萄糖异构酶、胰凝乳蛋白酶等。有些已达到天然酶的催化效率。

用途 用 N-乙酰氨基酸印迹的一系列 α-胰凝乳蛋白酶中，D 型及 L 型印迹酶可用作合成 N-乙酰-D-氨基酸乙酯（在环己烷中）的催化剂。

十四、催化剂及载体成型用助剂

对一种工业催化剂来说,必须具备以下几方面性能:活性好、选择性高、使用寿命长、有适宜的形状及必要的机械强度、有适宜的物化性能(比表面积、孔体积、孔径等)。而上述各项性能,都与催化剂成型方法有不同程度的关系。例如,根据反应动力学理论,可以确定反应的最佳孔结构。对于缓慢进行的反应,细孔结构是有利的,孔的最小限度是由反应物和反应产物扩散的可能性决定,一般在 $10^{-7} \sim 10^{-6}$ cm。对于快速反应孔的结构是由扩散速度决定的,最佳结构相当于孔径接近于反应分子的平均自由程。常压下约为 10^{-5} cm,30MPa 时约为 10^{-7} cm。而催化剂的孔隙率及孔结构与成型方法及成型用助剂性质密切相关。所以,成型是工业催化剂制备工序的重要步骤之一。而对气—固反应用的固体催化剂来说,有球状、条状、三叶草状、齿球状及其他特殊形状,因而成型操作更是必要的制备步骤。同样的物料由于成型方法和工艺不同,所制得催化剂的孔结构、比表面积和表面纹理结构有显著差别。在催化剂成型主料决定以后,选用不同成型助剂对产品物性也有很大影响。氧化铝、活性炭、分子筛等常用载体及其他催化剂成型时,通常也要根据成型主料的物性,添加适量的成型助剂,以改善产品性能及成型工艺性能。

催化剂及载体成型用助剂可分为黏合剂、润滑剂及孔结构改性剂等。

(一)黏合剂

黏合剂或称黏合剂,系通过黏附作用,能使成型用各种物料通过物理或化学方式结合在一起。它又可分为基体黏合剂、薄膜黏合剂及化学黏合剂三种类型。

用作基体黏合剂的物料有沥青、水泥、棕榈蜡、石蜡、黏土、干淀粉、树脂、聚乙烯醇、甲基纤维素等。这类黏合剂常用于压缩成型或挤出成型,成型前将少量黏合剂与主料充分混合,黏合剂填充于成型物空隙中。一般情况下,成型物的空隙占 2%~10%,黏合剂用量应占满这种空隙,这样在成型时,足以包围粉粒表面不平处,增大可塑性,提高粒子间结合强度,同时还兼有稀释及润滑作用,减少内摩擦。

用作薄膜黏合剂的物料有动物胶、淀粉糊、皂土、树胶、糊精、糖蜜、乙醇等有机溶剂。这类黏合剂多数是液体，黏合剂呈薄膜状覆盖在原料粉体粒子的表面上，成型后经干燥而增加成型物强度。黏合剂用量主要根据粉体的孔隙率、粒度分布及比表面积等因素确定，特别是比表面积的因素更为重要。对多数粉体来说，0.5%~2.0%的用量就可使物料表面达到满意的湿度。对于低堆密度、高比表面积的粉体（如炭粉），成型时黏合剂用量可超过30%。

用作化学黏合剂的物料有硝酸、铝溶胶、硅溶剂、水玻璃 + $CaCl_2$ 等。化学黏合剂的作用是黏合剂组分之间发生化学反应或黏合剂与物料之间发生化学反应。如氧化镁成型时加入氯化镁溶液，颗粒间生成氯氧化物，使产品有很好强度。在氧化铝载体成型时，使用稀硝酸作黏合剂，硝酸对氧化铝具有胶溶作用，从而增加氧化铝粒子的黏合强度。

（二）润滑剂

在催化剂成型时，尤其在压缩成型时，为了使粉体层所承受压力能很好传递、成型压力均匀及产品容易脱模，也为了使壁和壁之间摩擦系数变小，而需添加极少量润滑剂。成型过程中，如果润滑剂在物料之间起润滑作用，称为内润滑作用；如果用于润滑模板表面，则称为外润滑作用。用于内润滑时，润滑剂用量一般为0.5%~2%；用于外润滑时，润滑剂用量可更少一些。常用成型润滑剂可分为液体润滑剂及固体润滑剂两类，经常使用的液体润滑剂有水、润滑油、甘油、可溶性油及硅油、硅树脂、聚丙烯酰胺等；经常使用的固体润滑剂有滑石粉、石墨、硬脂酸、二硫化钼、硬脂酸镁或其他硬脂酸盐、干淀粉、田菁粉及石蜡等。固体润滑剂可用于较高压力成型。挤出成型广泛使用的助挤剂（如田菁粉、柠檬酸、酒石酸、草酸等）也是润滑剂的一种类型。助挤剂的作用：一是减少小料团与螺杆及缸壁之间的摩擦；二是使压力均匀地传递到整个物料上，避免物料产生"抱杆"或"打滑"现象；三是使高固含量物料能顺利连续地被挤出；四是可调整或控制产品孔结构，使其与黏合剂选择相匹配，在选用润滑剂时，应考虑到最终成型产品不受润滑剂污染，加入的润滑剂或助挤剂在产品焙烧时能除去。

（三）孔结构改性剂

为了改进催化剂或载体的孔结构，有时，在成型过程中加入少量孔结构改性剂。从某种意义上来讲，这种添加剂也起着黏合剂或润滑剂的作用。例如，在氧化铝成型时，先在水凝胶中加入一定量干（凝）胶，再挤压成型，比不加干胶，孔体积可以从 0.45mL/g 增加到 0.61mL/g；又如，先在水合氧化铝凝胶中加入微细炭粉，成型后再经干燥及焙烧烧掉炭，就可获得有一定孔结构的氧化铝。孔结构改性剂也可对氧化铝、分子筛等载体进行扩孔，制取具有大孔结构的载体。因此，孔结构改性剂有时也称扩孔剂或造孔剂。常用的孔结构改性剂有炭黑、纤维素、聚乙烯醇、聚丙烯酰胺、聚乙二醇等。

表面活性剂也是一种很好的孔结构改性剂，不同类型的表面活性剂具有不同的性质及调节孔结构的功能。表面活性剂分子中含有亲水和憎水两个部分，在液体中趋向集中于该液体和另一相的界面，形成薄分子膜而降低张力，从而发生润湿、乳化、分散、起泡等作用。表面活性部分为阳离子型、阴离子型、非离子型和两性型等。

适宜做催化剂及载体成型用的阳离子型表面活性剂有长链的一级、二级、三级胺的盐类；适用的阴离子型表面活性剂有脂肪酸衍生物磺酸钠；适用的非离子型表面活性剂有脂肪族链烷醇酰胺；适用的两性表面活性剂有烷基氧化胺等。

1. 二甲基硅油　Polydimethyl Siloxane Fluid

别名　二甲基硅氧烷、聚二甲基硅醚、二甲基聚硅氧烷

结构式　$H_3C-\underset{\underset{CH_3}{|}}{\overset{\overset{CH_3}{|}}{Si}}-O-[\underset{\underset{CH_3}{|}}{\overset{\overset{CH_3}{|}}{Si}}-O]_n\underset{\underset{CH_3}{|}}{\overset{\overset{CH_3}{|}}{Si}}-CH_3$　　$(n=3\sim650)$

性质　为一种以硅氧烷为骨架的直链状聚合物。无色透明油状液体，无毒、无味。随聚合度 n 不同，相对分子质量的大小不同，其黏度、相对密度、熔点、闪点、折射率等也有所不同。相对密度在 0.761～0.977 之间。不溶于水、甲醇、乙醇、乙二醇，溶于苯、甲苯、二甲苯、乙醚、石油醚、汽油及煤油等溶剂。有优良的耐热性，长期使用温度 -60～170℃，加热至 200℃时氧化生成甲醛、甲酸、二氧化碳和水，同时黏度上升并逐渐转变为凝胶。有卓越的电绝缘性及疏水性，能在各种物体表面形成防水膜，并具有低表面张力及高表面活性，因而使其具有优良的消泡抗泡性能、润滑性能及与其他物体的隔离性能。本品还具有生理惰性，对皮肤无刺激，不引起过敏，能在皮肤表面形成均匀而防水的透气性保护膜。

质量规格

产品性状	指标(201 甲基硅油)						
	201-10	201-20	201-50	201-100	201-350	201-500	201-1000
外观	无色透明油状液体						
运动黏度(25℃) mm^2/s	10±1	20±2	50±5	100±10	350±35	500±50	1000±100
折射率(25℃)	1.390~1.40	1.395~1.405	1.40~1.410	1.40~1.410	1.40~1.410	1.40~1.410	1.40~1.410
闪点(开杯),℃	≥155	≥260	≥265	≥300	≥300	≥300	≥300
相对密度(25℃)	0.93~0.94	0.95~0.96	0.955~0.965	0.965~0.97	0.965~0.97	0.965~0.97	0.965~0.97
熔点,℃	-65	-60	-55	-55	-50	-50	-50
黏温系数	0.56~0.58	0.58~0.60	0.58~0.60	0.59~0.61	0.61~0.62	0.61~0.62	0.61~0.62

用途 用作催化剂载体成型的润滑剂,尤适于压片成型。制品有良好的光洁度,并能减少模具磨损。也用作橡胶及塑料加工的脱模剂、洗涤剂的消泡剂、化工热载体、汽车仪表减震液、防水剂、油墨及涂料添加剂等。

简要制法 以八甲基环四硅氧烷为止链剂,在浓硫酸存在下将六甲基二硅氧烷催化调聚可制得各种黏度的二甲基硅油。

2. 石蜡 Paraffin Wax

别名 矿蜡、固体石蜡

性质 为一种矿物蜡。是从轻质润滑油馏分冷榨或溶剂脱蜡所得蜡膏,经发汗或溶剂脱油后得到的固体蜡。主要成分是 $C_{18} \sim C_{30}$ 直链烷烃,并含有异构烷烃、环烷烃及少量芳烃。呈片状结晶,未精制的为黄色,精制脱色后为白色。无臭、无味。相对分子质量在 360~540,熔点 50~70℃,沸点 300~550℃,可燃。不溶于水,微溶于醇及酮,易溶于乙醚、苯、氯仿、四氯化碳、石油醚、二硫化碳及矿物油和多数植物油。化学性质较稳定，不易与无机酸、碱类及卤素发生作用。遇热熔化，遇高热则燃烧分解。按加工深度不同，石蜡又可分为粗石蜡（黄石蜡）、半精炼石蜡（白石蜡）、全精炼石蜡（精白蜡）、食品用石蜡及皂用蜡等。

质量规格

产品性状	指 标（粗石蜡）					
	50号	52号	54号	56号	58号	60号
熔点,℃	50~52	52~54	54~56	56~58	58~60	60~62
含油量,%	≤2.0	≤2.0	≤2.0	≤2.0	≤2.0	≤2.0
色度，号	≥-10	≥-10	≥-10	≥-10	≥-10	≥-10
臭味，号	≤3	≤3	≤3	≤3	≤3	≤3
机械杂质及水分	无	无	无	无	无	无

用途 用作氧化铝等载体成型的基体黏合剂。受热时具有塑性，冷却时又会固结。在高于150℃时可挥发脱蜡而不影响成型后的焙烧工序，用量应以充满载体粉末的空隙为宜。石蜡也用于制得橡胶制品、蜡笔、热熔胶、火柴及用作其他化工原料。

简要制法 以含油蜡为原料，经发汗或溶剂脱油，再经白土或加氢精制成（其中粗石蜡不经白土或加氢精制）。

3. 淀粉 Starch

化学式 $(C_6H_{10}O_5)_n$

性质 为由葡萄糖组成的高分子多糖化合物。以颗粒状态存在，具有结晶结构，为无色无臭的白色粉末。相对密度1.499~1.513。有吸湿性。由直链淀粉和支链淀粉两部分组成。直链淀粉是由葡萄糖以α-1,4-糖苷链结合而成的链化合物。聚合度一般为200~2000，能被淀粉酶水解为麦芽糖。淀粉中含量为10%~30%。能溶于热水而不成糊状。遇碘呈蓝色。支链淀粉中，葡萄糖分子之间除有α-1,4-糖苷链外，还有以 α-1,6-糖苷键结合的支链。聚合度$(1000\sim300)\times10^4$。在冷水中不溶，与热水作用则膨胀而成糊状。遇碘呈紫色或红紫色。淀粉的植物来源不同，其直链淀粉和支链淀粉的含量有很大差异。淀粉溶液很不稳定，放置中逐渐变混浊，胶黏性降低，最后出现白色沉淀。其原因是直链淀粉分子之间经羟基氢链缔合成胶束结构，减弱了对水的亲和性，分子相互凝结成较大颗粒而产生"凝沉"。凝沉的淀粉为结晶结构，不溶于水。而凝沉性与直链淀粉的含量多少有关，也受溶液的pH值、浓度、温度及盐类等因素影响。淀粉容易水解，在强酸作用下更易水解。与稀酸共热，则糖化而成糊精；与浓碱相混时，变为黏力很强的白色胶体物。工业淀粉主要以玉米、马铃薯、小麦、木薯等为原料。其中玉米淀粉占淀粉总产量的80%以上。

用途 用作催化剂载体成型的基体黏合剂，尤其适用于压缩成型。当成型物干燥、高温焙烧时，淀粉分解并产生一定比例的细孔结构。淀粉也广泛用作水溶性胶黏性、上浆剂、施胶剂。也用于制造糊精、葡萄糖、草酸等。

简要制法 将玉米、甘薯、马铃薯等含淀粉物质经清洗、粉碎、分离、精制、脱水、干燥等制成。

4. 糊精 Dextrin

别名 热解糊精、焙烧糊精、合成胶粉

化学式 $(C_6H_{10}O_5)_n$ （n—聚合度）

性质 淀粉经不同方法降解的产物统称为糊精，都是脱水葡萄糖的聚合物。有麦芽糊精、环糊精及热解糊精三大类。用加热或炒制制成的糊精，一般称为热解糊精，又分为白糊精、黄糊精及英国胶三种。一般所讲的糊精即指这一类产品。白糊精及黄糊精是加酸于淀粉中加热而得。前者的加热温度较低，颜色为白色，在冷水中溶解度接近90%；后者的加热温度较高，颜色为黄色，在冷水中的溶解度在99%以上。英国胶（又称不列颠胶）是淀粉不加酸、加热到更高温度时的产物，颜色为棕色，在冷水中的溶解为70%~100%。英国胶的稳定性低于黄糊精而高于白糊精。黏度则以英国胶为最高。糊精是无定形粉末，稍溶于冷水，易溶于热水，不溶于乙醇、乙醚。

质量规格

名称	水分 %	矿物质 %	糊精 %	葡萄糖 %	可溶性淀粉,%	细度	色泽	气味	无机酸
白糊精	12.86	0.41	29.0	1.20	56.53	100目筛全通过	白色	无酸臭味	痕迹
黄糊精	12.58	0.36	83.1	1.73	0.22	100目筛全通过	黄色	无酸臭味	痕迹

用途 用作催化剂载体成型用薄膜黏合剂，也广泛用于纺织、食品、造纸、铸造等行业。也用作胶黏剂、表面施胶剂、上浆剂等。当用作胶黏剂时，可添加适量增韧剂、润滑剂以改善胶膜性质。常用增韧剂有尿素、甲醛、水杨酸等。

简要制法 可于干燥淀粉中加适量浓硝酸或盐酸，经混匀、干燥，在110~140℃下加热煅烧制得。或将干燥淀粉直接在190~230℃下加热而得。

5. 石墨粉 Graphite Powder

别名 黑铅粉

性质 为由天然石墨制得的铁黑色至深钢灰色粉末。石墨是晶态单质碳的一种变体，为金刚石的同素异形体，是六方晶系层状晶体。不透明，质软而有滑腻感。可污染手指成灰黑色。具有金属光泽。相对密度2.25，莫氏硬度1.5，熔点大于3500℃，软化点2500~2600℃，沸点4200℃。不溶于水。化学性质不活泼，与酸、碱不易起作用。有耐腐蚀性，但易被氧化，特别是易被强氧化剂(硝酸、硫酸等)氧化。在空气或氧气中加强热会缓慢燃烧，变成二氧化碳。在700℃时可被氟直接氟化，生成四氟化碳。具有良好的润滑性、导热性、导电性、可塑性及热稳定性。在真空条件下润滑性下降。

质量规格

产品性状		指标					
		F-00	F-0	F-1	F-2	F-特2	F-3
外观		带金属光泽的灰黑色粉末					
粒度	1.5μm,%	≥95	—	—	—	—	—

续表

产品性状		指标					
		F-00	F-0	F-1	F-2	F-特2	F-3
粒度	2.3μm,%	—	≥90	—	—	—	—
	4.0μm,%	—	—	≥90	—	—	—
	15μm,%	—	—	—	≥90	—	—
	20μm,%	—	—	—	—	≥90	—
	30μm,%	—	—	—	—	—	≥90
灰分,%		≤1.0	≤1.0	≤1.0	≤1.5	≤1.5	≤1.5
水分,%		≤0.5	≤0.5	≤0.5	≤0.5	≤0.5	≤0.5
纯度,%		≥99.0	≥99.0	≥99.0	≥98.5	≥98.5	≥98.0
pH值		6~7	6~7	6~7	6~7	6~7	6~7

用途 用作片状催化剂或催化剂载体成型用润滑剂,尤适用于压片成型。也用作催化剂载体、橡胶及导电涂料等的导电、导热填充剂,也用于制造电刷、铅笔芯、反应器内衬、密封圈等。

简要制法 先将鳞片状石墨加盐酸、氢氟酸纯化,再经离心分离、干燥、粉碎、筛分制成高分散性且不粘连的粉末。

6. 滑石粉 Talcum Powder

别名 含水硅酸镁

化学式 $Mg_3Si_4O_{10}(OH)_2$ 或 $3MgO \cdot 4SiO_2 \cdot H_2O$

性质 为白色、浅灰色或浅黄色粉末,质地柔软而有滑腻感。相对密度2.7~2.8。微溶于稀无机酸,不溶于水、乙醇。化学性质稳定,有较好的耐酸碱性、耐火性、绝缘性。结构破坏温度约970℃,在900℃以上由脱羟反应引起显著热失重。耐火温度达1490~1510℃。1350℃时收缩率约4.5%。有很大的比表面积及分散性、润滑性,并具良好的吸附性及覆盖能力。吸油量可达49%~51%。具有亲油疏水性,易黏附于皮肤上。

质量规格

产品性状		指标（橡胶用）		
		一级品	二级品	三级品
细度	磨细滑石粉	明示粒径相应试验筛通过率≥98.0%		
	微细滑石粉和超细滑石粉	小于明示粒径的含量≥90.0%		
水分，%		≤0.50		≤1.00
烧失量（1000℃），%		≤7.00	≤9.00	≤18.00
水萃取液pH值		8.0~10.0		
酸溶物，%		≤6.0	≤15.0	≤20.0
酸溶性铁（以Fe_2O_3计），%		≤1.00	≤2.00	≤3.00
铜，mg/kg		≤50		
锰，mg/kg		≤500		

注：表中数据摘自GB/T 15342—2012。

用途 用作催化剂载体成型用润滑剂，尤适用于压片成型。滑石粉与有机黏合剂一起使用，可显著改善成型制品的性能，提高黏接效力。也广泛用作塑料、橡胶、纸张、油墨、化妆品等的填充剂及润滑剂。还用作生产化肥、农药的载体。

简要制法 将滑石（一种富镁质层状的含水硅酸盐矿物）选矿、粗碎、中碎、细碎后可制得44μm级的粉状产品。对于小于5μm产品可再经微细磨、分级后制得。

7. 硬脂酸 Stearic Acid

别名 十八酸、十八烷酸、脂蜡酸

化学式 $C_{18}H_{36}O_2$

相对分子质量 284.46

结构式 $CH_3(CH_2)_{16}COOH$

性质 为一种高级饱和脂肪酸。纯品为带有光泽的白色柔软小片。相对密度（20℃）0.9408，熔点69~71℃，沸点383℃，折射率（80℃）1.4299。工业品为白色或微黄色颗粒状，为硬脂酸与棕榈酸的混合物，并含有少量油酸。微有牛油样气味。极微溶于冷水，易溶于苯、甲苯、氯仿、四氯化碳及二硫化碳等溶剂。与碱作用生成硬脂酸钠(一种肥皂)。

质量规格

产品性状	指标						橡塑级
	1840 型		1850 型		1865 型		
	一等品	合格品	一等品	合格品	一等品	合格品	
C_{18} 含量[①], %	38~42	35~45	48~55	46~58	62~68	60~70	
皂化值, mg KOH/g	206~212	203~215	206~211	203~212	202~210	200~210	190~225
酸值, mg KOH/g	205~211	202~214	205~210	202~211	201~209	200~209	190~224
碘值, g I_2/100g	≤1.0	≤2.0	≤1.0	≤2.0	≤1.0	≤2.0	≤8.0
色泽, Hazen	≤100	≤400	≤100	≤400	≤100	≤400	≤400[②]
凝固点, ℃	53.0~57.0		54.0~58.0		57.0~62.0		≥52.0
水分,%	≤0.1						≤0.2

注：表中数据摘自 GB/T 9103—2013。
① C_{18} 含量是指十八烷酸的含量。
② 样品配制成 15% 的无水乙醇溶液。

用途 用作催化剂成型的固体润滑剂，尤适用于压片成型，在橡胶工业中用作硫化活性剂及软化剂，塑料加工中用作润滑剂、增塑剂及稳定剂等。也用于制造硬脂酸盐、脱模剂、抛光膏、防水剂及油漆平光剂等。

简要制法 在分解剂存在下，将由棉籽油、棕榈油等氢化制得的硬化油或牛脂、羊脂水解，再经蒸馏、压榨、酸洗、脱色后制得。

8. 甘油 Glycerol

别名 丙三醇、1，2，3-三羟基丙烷
化学式 $C_3H_8O_3$
相对分子质量 92.09

结构式
$$\begin{array}{c} CH_2OH \\ | \\ CHOH \\ | \\ CH_2OH \end{array}$$

性质 为无色无臭而有甜味的黏稠状液体。甜度约为蔗糖的 0.48 倍。相对密度 1.2613,熔点 18.18℃,沸点 290℃(分解),闪点(开杯)177℃,折射率 1.4746,黏度 1499mPa·s。与水、乙醇、酚类、胺类、吡啶及喹啉混溶,水溶液呈中性。不溶于苯、氯仿、四氯化碳及石油醚,微溶于乙醇,溶于丙酮和三氯乙烯。与金属或金属氧化物反应可形成盐。氧化时生成甘油醛和甘油酸。与酸发生酯化反应。吸湿性很强,能自空气中吸收水分。

质量规格

产品性状	指标		
	优级品	一级品	二级品
外观	透明无悬浮物		
气味	无异味		
甘油含量,%	≥99.5	≥98.0	≥95.0
色泽(Hazen)	≤20	≤30	≤30
密度(20℃),g/mL	1.2598	1.2559	1.2481
氯化物含量(以 HCl 计),%	≤0.001	≤0.01	—
硫酸化灰分,%	≤0.01	≤0.01	≤0.05
酸度或碱度,mmol/100g	≤0.050	≤0.10	≤0.30
皂化当量,mmol/100g	≤0.40	≤1.0	≤3.0
砷含量(以 As 计),mg/kg	≤2	≤2	—
重金属含量(以 Pb 计),mg/kg	≤5	≤5	—
还原性物质	无沉淀或银镜		

注:表中数据摘自 GB 13206—2011。

用途 用作催化剂成型的液体润滑剂,尤适用于压片成型。甘油是重要的有机化工原料,广泛用于化工、轻工、日用化工、涂料、医药、制革、橡胶等行业。也用作润湿剂、渗透剂、防冻剂、溶剂、吸湿剂、润滑剂、展色剂、保湿剂等,还用于制造聚酯树脂、醇酸树脂等。

简要制法 由环氧氯丙烷在氢氧化钠碱性溶液中水解制得,或将椰子油或棕榈油水解而得。

9. 田菁胶 Sesbania Gum

别名 豆胶、咸菁胶、田菁粉

性质 为由 D-半乳糖和 D-甘露糖两种单糖构成的多糖。两者的比例为 1:2.1。甘露糖以 α-(1,6)键连接构成主链,主链上每隔一个甘露糖连接一个半乳糖。相对分子质量 20600~39100。外观为奶油色松散粉末。溶于水,不溶于醇、酮、醚等有机溶剂。常温下分散于冷水中,形成高黏度的水溶胶溶液。其黏度比一般天然植物胶、海藻酸钠、淀粉高 5~10 倍。在 pH 值 6~11 范围内稳定。pH 值为 7 时黏度最高,pH 值为 3.5 时黏度最低。其溶液属假塑性非牛顿型流体,黏度随剪切率增加而降低,显示出完好的剪切稀释性能。能与配合物中的过渡金属离子形成具有三维网状结构的高黏度弹性胶冻,其黏度比原胶液高 10~50 倍。具有良好的抗盐性能。

质量规格

产品性状	指标	产品性状	指标
黏度(1%水溶液),mPa·s	1500~3000	砷(As),%	≤0.00025
水分,%	≤12.0	重金属(以 Pb 计),%	≤0.0015
灰分,%	≤1.2	粒度,目	≤150
pH 值	6.5		

用途 用作催化剂载体成型的黏合剂、润滑剂、孔结构改性剂。尤适用于氧化铝载体的挤出成型,可提高挤出速度并改进载体物理化学性能。但只添加田菁胶时,挤出物的表面结构粗糙。常与柠檬酸、酒石酸等多元羧酸并用,可提高挤出物表面光洁性及机械强度,改善载体孔结构性能。也用于食品、轻工等领域,用作增稠剂、黏合剂、稳定剂、悬浊剂等。

简要制法 将豆科植物田菁种子的胚乳经粉碎、过筛制得。

10. 炭黑 Carbon Black

性质 由烃类物质(固态、液态或气态)经不完全燃烧或裂解生成的黑色粉状物质。其组成主要是碳(90%~99%),并含有少量氧、氢、硫、氮。其微晶具有准石墨结构,且呈同心取向。其粒子是近乎球形的胶体粒子,而这些粒子大多熔结成聚集体。未处理炭黑的密度为 2.04~2.11g/cm^3。炭黑有多种生产方法,其生产方法分类见下表。

炭黑生产方法分类

制 造 方 法		主 要 原 料
不完全燃烧法	接触法(槽法、滚筒法、圆盘法)	天然气、煤层气、焦炉煤气、芳烃油
	油炉法	芳烃油
不完全燃烧法	气炉法	天然气、煤层气
	灯烟法	矿物油、植物油
热分解法	热解法	天然气
	乙炔热分解法	乙炔

按照用途,炭黑分为橡胶用炭黑及非橡胶用炭黑(包括色素炭黑、导电炭黑、塑料用炭黑及各种专用炭黑等)两类。

炭黑具有很大的比表面积($13\sim50m^2/g$),平均粒径$10\sim300nm$。在炭黑粒子表面上生成的含氧基团是最重要的表面基团。它影响着炭黑的理化性能,如湿润性、电化学性能及催化性能。这些含氧基团又可分为酸性氧化物、碱性氧化物及中性氧化物三类。此外,炭黑表面还存有碳氢基团。氢以化学吸附水、部分羟基、酚基及氢醌基团的形式存在于炭黑中。炭黑也是一种半导体材料,有导电性,但导热性较差,其导热性能几乎与静止的空气相同。各种炭黑的着火温度不同,炉黑的着火温度为$350\sim380℃$,槽黑的着火温度为$290℃$左右。多数炭黑表面是光滑无孔的(如炉法炭黑及热裂法炭黑),而槽法炭黑、氧化后处理炭黑,则存在较多孔隙。炭黑中的孔可分为开口孔及封闭孔。对于开口孔,较小的吸附质可以进入。炭黑表面孔隙性直接影响其使用性能。炭黑都含有少量不纯物,主要是颗粒状杂质、水分、溶剂抽出物和无机盐等非碳成分。

用途 利用其有较大的比表面积,含不纯物少,对无机或有机物质有化学稳定性,故用作催化剂载体。例如,将负载钯的炭黑催化剂调制成油墨印刷在食品保鲜袋内面,当袋中水果或蔬菜放出乙烯时,能将乙烯吸收转化,避免水果或蔬菜受乙烯催熟作用影响,延长保鲜期。也可用作催化剂载体的造孔剂。将炭黑、氢氧化铝干粉及助剂一起捏合、造粒,再经干燥、焙烧,炭黑受热分解产生CO_2及水蒸气,并在载体内部形成大量孔隙,即可获得大孔结构的载体。还广泛用于橡胶、塑料、涂料、油墨、皮革、电池、静电复印等领域,用作补强剂、着色剂、紫外线屏蔽剂、导电剂等。

简要制法 以天然气、煤层气、芳烃油、乙炔等为原料,经热氧化分解法(不完全燃烧)或热裂解法(无氧条件下烃类热裂解)制得。

11. 聚乙二醇 Polyethylene Glycol

别名 聚二醇、聚甘二醇、聚乙二醇醚、氧化石蜡、PEG

化学式 $HO(CH_2CH_2O)_nH$

结构式 $HO\!\!-\!\![CH_2-CH_2-O]_n\!\!-\!\!H$

性质 为平均分子量为200~20000的乙二醇高聚物的总称。根据相对分子质量大小不同,可从无色透明黏稠液体(相对分子质量200~700)到白色脂状半固体(相对分子质量1000~2000)直至坚硬的蜡状固体(相对分子质量3000~20000)。相对密度1.124~1.150,工业品因平均相对分子质量不同而有各种牌号。不同相对分子质量的聚乙二醇,其物理性质也有所不同。聚乙二醇具有水溶、润滑、稳定、难挥发、低毒等性质。液体聚乙二醇可以任何比例与水混溶;固体聚乙二醇在水中的溶解度随温度升高而增大,当温度高于60℃时也能与水以任何比例混溶,但当温度接近水的沸点时溶解度会下降而产生沉淀。可溶于乙腈、氯仿、二氯乙烷等溶剂和热的苯和甲苯,不溶于脂肪烃、乙二醇、甘油、苯、甲苯、矿物油、菜籽油。常温下稳定,加热至120℃以上会与空气中的氧发生氧化反应,300℃以上时链节断裂,发生热裂解。

质量规格

产品性状	指标					
	PEG 200	PEG 400	PEG 600	PEG 1000	PEG1540	PEG 2000
外观	无色至黄色透明液体	无色至黄色透明液体	无色至白色透明液体,冬天呈白色固体	白色至浅黄色蜡状固体	白色至浅黄色蜡状固体	白色至浅黄色蜡状固体
平均相对分子质量	185~215	370~460	570~630	950~1050	1300~1650	1800~2000
色度(Pt-Co),号	≤50	≤50	≤50	≤50	≤50	≤50
羟值,mg KOH/g	552~606	244~303	178~196	107~118	76~90	51~62
pH值(5%水溶液)	4~7	4~7	4~7	4~7	4~7	4~7

用途 用作催化剂载体的孔结构改性剂及成型黏合剂。可以水溶液状态加入氧化铝水凝胶中，经成型、干燥、焙烧可制得具有一定孔结构的氧化铝载体。还用作酶的修饰剂、高分子负载催化剂的载体、药物合成用催化剂及相转移催化剂。也广泛用于轻工、日用化工、橡胶、纺织等行业，也用作润滑剂、保湿剂、增溶剂、软化剂、赋形剂及乳化剂等。

简要制法 在催化剂存在下，由环氧乙烷与水或乙二醇经逐步加成反应制得。

12. 聚乙烯醇　Polyvinyl Alcohol

结构式 $\text{+CH}_2\text{CHOH+}_n$

性质 为一种不由单体聚合而通过聚乙酸乙烯酯部分或完全醇解制得的水溶性聚合物。白色粉末状、絮状或片状固体。相对密度 1.21~1.31，熔融温度 228~256℃，玻璃化转变温度 60~85℃。聚乙烯醇的聚合度分为超高聚合度（相对分子质量 25×10^4~30×10^4）、高聚合度（相对分子质量 17×10^4~22×10^4）、中聚合度（相对分子质量 12×10^4~15×10^4）及低聚合度（相对分子质量 2.5×10^4~3.5×10^4）。醇解度分别为 78%、88% 及 98%。产品牌号中，常将平均聚合度的千位和百位数放在前面，将醇解度的百分数放在后面。如"17-88"，即表示聚乙烯醇的聚合度为 17×10^4，醇解度为 88%。聚乙烯醇溶于热水，不溶于汽油、苯、甲醇、丙酮等一般有机溶剂，可溶于热的含羟基的有机溶剂（如二元醇、丙三醇、苯酚等）。常温下可溶于液氨和二甲基亚砜。聚乙烯醇上的羟基具有一般醇的性能，可进行酯化、醚化、磺化、缩醛化等反应。加热至 130~140℃ 时性质基本不变，仅色泽渐变为黄色；160℃ 下长时间加热色泽加深；在 200℃ 时发生分子内脱水而失重；约 300℃ 时会分解成水、乙酸、乙醛及巴豆醛等。浓度为 1%~5% 的聚乙烯醇溶液，常温下长时间放置或长时间加热，黏度不下降，也无解聚现象。但对硼酸、硼砂很敏感，易发生凝胶化。

质量规格

产品性状	17-99S(L)	17-99S(H)	17-99(B)	17-97	17-95	17-92	17-88
醇解度(mol/mol),%	99.8~100	99.8~100	99.8~100	96~98	94~96	90~94	86~94
黏度(14%)，mPa·s	21~31	20~32	20~30	21~30	20~30	20~30	20~26
乙酸钠含量,%	≤2.5	≤7.0	≤7.0	≤2.0	≤2.0	≤2.0	≤1.5

续表

产品性状	17-99S(L)	17-99S(H)	17-99(B)	17-97	17-95	17-92	17-88
挥发分,%	≤10	≤9	≤10	≤10	≤10	≤10	≤10
灰分,%	≤1.5	≤3	≤3	≤1.5	≤1	≤1	≤1
pH 值	—	7~10	7~10	5~8	5~7.5	5~7.5	5~7
透明度,%	—	—	90	—	—	—	—
着色度,%	—	—	86	—	—	—	—
平均聚合度	—	—	1750±70	—	—	—	—

用途 用作催化剂载体的孔结构改性剂及黏合剂。可以水溶液的形式与载体粉料互相混合加入，也可配成聚乙烯醇浓溶液掺入氧化铝水凝胶中，经混合、成型、干燥、焙烧，即可制得具有一定细孔结构的载体。而聚乙烯醇在焙烧后易于气化除去，不留杂质。也广泛用于纺织、造纸、化工、轻工、日用化工、胶黏剂、涂料等行业，用作黏合剂、表面施胶剂、稳定剂、乳化剂、分散剂、增厚剂、脱模剂、药物缓释剂交联黏土改性剂等。也用于制造维尼纶。

简要制法 以聚乙酸乙烯酯为原料，在碱的作用下与甲醇反应制得。醇解过程又可分为高碱法及低碱法两种。

13. 聚丙烯酰胺 Polyacrylamide

化学式 $(C_3H_5NO)_n$

结构式 $\mathrm{+CH_2-CH+_n}$
             $\qquad\quad |$
             $\quad\;\;\;\mathrm{CONH_2}$

性质 为由丙烯酰胺单体聚合得到的线型聚合物。常温下为坚硬的玻璃态固体。由于制备方法不同，产品有白色粉末、胶液、胶乳、半透明珠粒和薄片等，粉末产品常在制造时添加少量无机盐及表面活性剂，以防止结团并有助溶解。固体产品的相对密度(23℃)1.302，玻璃化温度153℃，软化温度210℃。在210~300℃时酰氨基分解生成氨和水，500℃时成为只有原质量40%的黑色薄片。能溶于水，水溶液为均匀透明的液体，具有与明胶和白蛋白等天然胶体相似的亲水性，可作为黏接材料和阿拉伯胶的代用品，其水溶液黏度随聚合物相对分子质量的增加而提高。长期存放时可因聚合物缓慢降解而使黏度下降。添加硫氰酸钠、硫脲、亚硝酸钠等少量稳定剂可使水溶液保持稳定。除溶于乙酸、丙烯酸、甘油、乙二醇、氯乙酸及甲酰胺等少数极性溶剂外，一般不溶于有机溶剂。聚丙烯酰胺因分子链上功能基的不同，又可分为阳离子型、阴离子型及非离子型。阳离子型聚丙烯酰胺是高分子电解质，带有正电荷（活性基），对悬浮的有机胶体和有机化合物可有效地凝聚；阴离子型聚丙烯酰胺在中性和碱性介质中呈高聚物电解的特征，对盐类电解质敏感，与高价金属离子能交联成不溶性凝胶体；非离子型聚丙烯酰胺的大分子链上不含离子基团，但酰胺基能吸附黏土、纤维素等物质而絮凝。

质量规格

产品性状	阳离子型		阴离子型		非离子型	
	液态	固态	液态	固态	液态	固态
外观	透明胶体	白色粉末	透明胶体	白色粉末	透明液体	白色粉末
含固量,%	8～15	≥90	8～15	≥90	8～15	≥90
离子度,%	5～30	5～30	10～50（可调）	10～100（可调）	<1.0	<1.0
溶解性	水中易溶	水中易溶	水中易溶	水中易溶	水中易溶	水中易溶
相对分子质量,10^4	100～400	200～500	>700	>700	<100	<100
游离单体,%	≤0.5	≤0.5	≤0.5	≤0.5	≤0.5	≤0.5

用途 用作催化剂载体孔结构改性剂及黏合剂。可以水溶液形式加入氧化铝水凝胶或沉淀物中，经成型、干燥、焙烧可制得有一定孔结构的氧化铝载体，或改善氧化铝的孔结构特征。而聚丙烯酰胺在焙烧后易于气化除去，不留杂质。也广泛用于轻工、日用化工、涂料、油墨、造纸、油田开采、医药等行业，用于增稠、絮凝、黏结、减阻、阻垢、成膜等方面，是目前应用最广、效能最高的高分子絮凝剂。也用于处理工业废水及城市污水。

简要制法 在过硫酸铵引发剂存在下，先用单体丙烯酰胺聚合制得非离子型聚丙烯酰胺，再用非离子型聚丙烯酰胺胶体与甲醛及二甲胺反应制得阳离子型聚丙烯酰胺，也可将非离子型聚丙烯酰胺在碱的作用下水解制得阴离子型聚丙烯酰胺。

14. 聚氧化乙烯 Polyethylene Oxide

别名 聚环氧丙烷

结构式 $+CH_2CH_2O+_n$ ($n>300$)

性质 为由环氧乙烷开环聚合而得到的线型高相对分子质量均聚物。相对分子质量 $>3.5\times10^6$。外观为易流动白色粉末。相对密度 1.21。熔点 63~67℃。脆性温度 -50℃,热分解温度 420~425℃。可与水混溶,也溶于氯仿、甲醇、甲乙酮及二氯乙烷等溶剂。浓度小于 10% 的水溶液黏而有弹性。当浓度大于 20% 时,呈非黏性不可逆弹性凝胶。水溶液呈中性或弱碱性。可与聚丙烯酸、脲、明胶、沥青等形成缔合络合物,与其他合成树脂相容性好。有较好的化学稳定性,耐酸、耐碱。耐细菌侵蚀,不会腐败。

质量规格

产品性状	指 标	产品性状	指 标
外观	白色粉末	灰分(以 CaO 计),%	0.3~0.8
聚氧化乙烯,%	≥99.5	粒径(过40目筛),%	≥90
水分,%	≤2.5		

用途 用作催化剂载体成型用黏合剂及造孔剂。在用沉淀法制造氧化铝载体时,在沉淀过程中加入聚氧化乙烯,也可在氢氧化铝干粉成型时,与其他助剂一起加入。再经捏合、成型、干燥及焙烧的载体可显著提高孔体积及比表面积,而聚氧化乙烯在焙烧后易于气化除去,不留杂质。也用于涂料、日化、造纸、纺织、医药等行业,用作增稠剂、分散剂、黏合剂、润滑剂、胶凝剂、悬浮剂及抗静电剂等。

安全事项 毒性极低,对皮肤无腐蚀性。

简要制法 由环氧乙烷经催化开环聚合制得。

15. 甲基纤维素 Methyl Cellulose

别名 纤维素甲醚

结构式

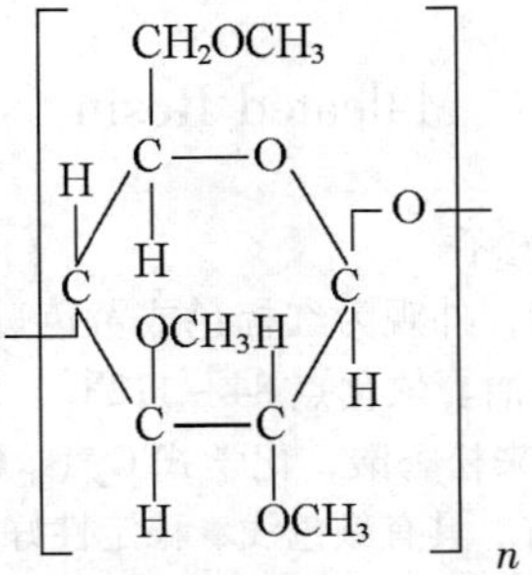

（n—聚合度）

性质 为白色颗粒或粉末。无臭、无味。相对密度 1.26～1.31。是构成纤维素的葡萄糖中三个羟基中的氢全部或部分被甲基取代(醚化)后的产物，取代度越高，溶解性越差。其中以中取代度 1.6～2.0 的产品应用最广，一般意义的甲基纤维素即指中取代度的甲基纤维素。溶于冷水，不溶于热水及一般有机溶剂。其溶液呈中性。不带电荷，为非离子型。具有优良的润湿性能和分散性能，在 200℃下不分解，常温下不变质。其水溶液长期贮存也很稳定，并能抗霉菌生长。碳化温度 280～300℃。与各种水溶液、多元醇、淀粉、糊精等有良好的混合性。

质量规格

产品性状	指标	产品性状	指标
外观	白色纤维状疏松固体	凝胶温度(2%水溶液),℃	≥55
甲氧基,%	26～33	不溶物,%	≤0.72
黏度(2%水溶液),mPa·s	20～40	透光率(2%水溶液),%	≥80

用途 用作催化剂载体的孔结构改性剂及黏合剂。可直接分散添加于氧化铝水凝胶中，经混合、成型、干燥、焙烧，可获得具有一定细孔结构的载体，而甲基纤维素在焙烧后易于气化除去，不留杂质。甲基纤维素也广泛用于食品、纺织、医药、油墨、化妆品、涂料及建筑等行业，用作分散剂、乳化剂、增稠剂、稳定剂、赋形剂、悬浮剂及保水剂等。

简要制法 先将纤维素浆粕用碱液浸渍，使其溶胀制成碱纤维素，然后与醚化剂氯甲烷反应制得。

16. 马来松香 Maleated Rosin

别名 马来酸酐加成物、强化松香

性质 为一种无定形固体树脂,外观为红棕色或黄色透明片状固体。不溶于水,溶于矿物油、天然干性油。软化点 84~112℃。是一种多组分的混合物。其中,加合物主要是马来松香酸,化学式 $C_{24}H_{32}O_5$,未反应的松香酸占 35%,中性物占 10% 左右。具有颜色浅、稳定性好、不结晶、耐氧化、软化点及酸值较高等特点。普通松香的松香酸中只含一个羧基,而马来松香中含三个羧基,使羧基活性增强,可与许多化合物反应而生成一系列衍生物。乳化后,在乳液中分散颗粒要比普通松香小。

质量规格

产品性状		指　标	
		115 马来松香	103 马来松香
外观		透明固体	
颜色	色泽	红棕	黄红
	不深于"中国松香颜色分级标准"	—	五级
软化点(环球法),℃		≥106.0	≥84.0
酸值,mg KOH/g		≥220.0	≥178.0
皂化值,mg KOH/g		≥280.0	≥192.0
马来酸酐加合物含量,%		≥47.0	≥10.0
乙醇不溶物含量,%		≤0.060	≤0.050

注:表中数据摘自 GB/T 14021—2009。

用途 用作催化剂载体造孔剂,可以乳化液的形式加至成型粉料中,经与其他助剂一起捏合后成型。也可用 0.1~0.2μm 的粉状马来松香与载体粉末及其他助剂混合,经捏合、造粒而制得载体,采用适当的工艺条件,可制得具有大孔结构的催化剂载体。马来松香也广泛用于涂料、油墨、造纸、建筑、合成橡胶及胶黏剂等领域,也用作施胶剂、疏水剂、增塑剂、起泡剂等。

简要制法 可由顺丁烯二酸酐与天然松香按一定比例反应制得。

17. 甲酸 Formic Acid

别名 蚁酸
化学式 CH_2O_2
相对分子质量 46.03
结构式 HCOOH

性质 为最简单的脂肪酸。因少量存在于赤蚁体内及某些毛虫的分泌物中,故别名蚁酸。也存在于植物的叶根及一些水果中。无色而有刺激气味的液体,发烟,易燃。相对密度(20℃)1.220,熔点 8.6℃,沸点100.8℃,闪点(开杯)68.9℃,自燃点601℃,折射率1.3714,黏度(20℃)1.784mPa·s。表面张力(20℃)37.58mN/m。溶于水、乙醇、乙醚、甘油,微溶于苯,不溶于烃类。易氧化生成水及 CO_2,与硫酸共热分解成水及 CO,有腐蚀性。含量为80%~90%的甲酸在寒冷天气下易结冰。

质量规格

产品性状	指标								
	94%			90%			85%		
	优等品	一等品	合格品	优等品	一等品	合格品	优等品	一等品	合格品
外观	无色透明液体,无悬浮物								
甲酸,%	≥94.0			≥90.0			≥85.0		
色度,Hazen 单位(Pt-Co 色号)	≤10	≤20		≤10	≤20		≤10	≤20	≤30
稀释试验(样品+水=1+3)	不浑浊		通过试验	不浑浊		通过试验	不浑浊		通过试验
氯化物(以 Cl^- 计),%	≤0.0005	≤0.001	≤0.002	≤0.0005	≤0.002		≤0.002	≤0.004	≤0.006
硫酸盐(以 SO_4^{2-} 计),%	≤0.0005	≤0.001	≤0.005	≤0.0005	≤0.001	≤0.005	≤0.001	≤0.002	≤0.020
铁(Fe^{2+} 计),%	≤0.0001	≤0.0004	≤0.0006	≤0.0001	≤0.0004	≤0.0006	≤0.0001	≤0.0004	≤0.0006
蒸发残渣,%	≤0.006	≤0.015	≤0.020	≤0.006	≤0.015	≤0.020	≤0.006	≤0.020	≤0.060

注:表中数据摘自 GB/T 2093—2011。

用途 用作催化剂挤出成型用助挤剂及氢氧化铝干胶的胶溶剂,可明显提高成型制品的强度及改善孔结构。可与柠檬酸等复配制成复合助挤剂。也用作配制金属浸渍液的竞争吸附剂。也用作基本有机原料用于合成甲酸盐、甲酸酯、甲酰胺及农药、医药等。也广泛用作防腐剂、消毒剂、pH 值调节剂、水泥促凝剂、橡胶凝聚剂、染色助剂等。

简要制法 可由甲酸钠经硫酸酸化制得;或由甲醇(或甲醛)在一定条件下氧化制得。

18. 乙酸 Acetic Acid

别名 醋酸
化学式 $C_2H_4O_2$
相对分子质量 60.05
结构式 CH_3COOH

性质 为无色透明液体。一种典型的脂肪酸,是食醋的重要成分。有刺激性酸味。无水物的相对密度1.049,沸点118℃,熔点16.604℃,闪点(开杯)57℃,自燃温度427℃,折射率1.3716。浓度为98%~100%的乙酸在16℃时成冰状物(称为冰乙酸),16℃以上为无色透明液体,16℃以下为吸湿性针状晶体。乙酸是弱酸,但能与碱起中和反应,生成乙酸盐;也能与醇类起酯化反应,生成各种酯类。可与水、乙醇、乙醚、甘油及苯混溶,不溶于二硫化碳。6%水溶液的 pH 值2.4。乙酸蒸气极易着火,与空气混合的爆炸极限为4%~17%。溶解能力很强,可溶解脂肪、油、色素、树脂等,也能溶解硫、磷。普通乙酸浓度约为36%。

质量规格

产品性状	指标		
	优等品	一等品	合格品
外观	透明液体,无悬浮物和机械杂质		
色度(Pt-Co),号	≤10	≤20	≤30
乙酸含量,%	≥99.8	≥99.5	≥98.5
甲酸含量,%	≤0.05	≤0.10	≤0.30
乙醛含量,%	≤0.03	≤0.05	≤0.10
蒸发残渣,%	≤0.01	≤0.02	≤0.03
铁(Fe)含量,%	≤0.00004	≤0.0002	≤0.0004
高锰酸钾氧化时间,min	≥30	≥5	—

注:表中数据摘自 GB/T 1628—2008。

用途 用作重要的有机化工原料及溶剂。用作催化剂载体挤出成型助挤剂、氢氧化铝干胶的胶溶剂,可明显提高产品强度,改善孔结构。也用作酚醛树脂合成的液体酸催化剂,沉淀法制备催化剂时的沉淀剂等。还用作消毒剂及杀菌剂等。也用于合成乙酸乙烯酯、乙酸酯、乙酸盐、巯基乙酸及染料、医药、农药等。

安全事项 低浓度时无毒,高浓度时有强腐蚀性。

简要制法 在催化剂存在下由乙醛与空气或氧气经液相氧化制得,或在催化剂存在下由甲醇与一氧化碳制得。

19. 丙二酸 Malenic Acid

别名 胡萝卜酸、甜菜酸、缩苹果酸、甲烷二羧酸
化学式 $C_3H_4O_4$
相对分子质量 104.06
结构式 $HOOCCH_2COOH$

性质 为无色无味晶体,易吸湿,是在分离苹果酸的氧化产品时首先发现的,故俗名缩苹果酸。在自然界中极少以游离态存在。在常温时有三种晶形,但在94℃以上时仅一种单斜晶形存在。相对密度(16℃)1.619。熔点135.6℃(少量升华),沸点140℃(分解)。易溶于水、乙醇、甲醇、异丙醇,溶于吡啶、醚,微溶于苯,水溶液呈酸性。可与多种金属生成复盐或络盐,加热易脱羧而分解成乙酸和CO_2。是一种强酸,对皮肤及黏膜有强烈刺激作用,但不如草酸严重。

质量规格

产品性状	指 标	产品性状	指 标
丙二酸含量,%	≥98.5	溶解性	在甲醇和水中溶解
凝固点,℃	≥135	颜色(APHA)	≤25

用途 用作催化剂载体挤出成型用助挤剂,也用作氢氧化铝干胶粉的胶溶剂。与柠檬酸、酒石酸、乙酸等并用,可显著提高挤出成型制品的强度,并改善孔结构性能。也用作配制金属浸渍液的竞争吸附剂,还用作铝制品表面处理剂、泡沫塑料发泡剂、热焊接助熔剂等。也用于制造香料、医药、杀菌剂、胶黏剂等。

安全事项 低毒!

简要制法 由氯乙酸钠与氰化钠经取代、水解等反应制得。

20. 柠檬酸 Citric Acid

别名 枸橼酸、2-羟基-1,2,3-丙烷三羧酸、β-羟基丙三羧酸
化学式 $C_6H_8O_7$
相对分子质量 192.12

结构式
$$\begin{array}{c} CH_2COOH \\ | \\ HO-C-COOH \\ | \\ CH_2COOH \end{array}$$

性质 为生物体内糖、脂肪和蛋白代谢过程的产物之一。广泛存在于植物中,也存在于动物的组织里。有两种形式:一种是从热的浓水溶液中析出的半透明无色晶体,是无水物。熔点153℃,相对密度(18℃)1.665,折射率(20℃)1.493~1.509。另一种是从冷水溶液中析出的半透明无色晶体,是一水物。相对密度(18℃)1.542。熔点100℃。在75℃时开始软化;加热至40~50℃开始脱水而成无水物;继续加热则熔融,并产生刺激性气味;进一步加热则炭化。溶于水、乙醇、乙醚,不溶于氯仿、苯、四氯化碳等溶剂。水溶液呈酸性,遇强氧化剂(如高锰酸钾)可被氧化生成草酸,与氢氧化钾熔融时,分解为草酸及乙酸。是一种强有机酸,对碳钢有强腐蚀性,但对不锈钢无腐蚀性。

质量规格

产品性状	无水柠檬酸		一水柠檬酸		
	优级	一级	优级	一级	二级
鉴别试验	符合试验		符合试验		
柠檬酸含量,%	99.5~100.5		99.5~100.5		≥99.0
透光率,%	≥98.0	≥96.0	≥98.0	≥95.0	—
水分,%	≤0.5		7.5~9.0		
易炭化物	≤1.0		≤1.0		
硫酸灰分,%	≤0.05		≤0.05		≤0.1
氯化物,%	≤0.005		≤0.005		≤0.01
硫酸盐,%	≤0.01		≤0.015		≤0.05
草酸盐,%	≤0.01		≤0.01		—

续表

产品性状	无水柠檬酸		一水柠檬酸		
	优级	一级	优级	一级	二级
钙盐,%	≤0.02		≤0.02		
铁,%	≤0.0005		≤0.0005		
砷盐,%	≤0.0001		≤0.0001		
重金属(以 Pb 计),%	≤0.0005		≤0.0005		
水不溶物	滤膜基本不变色,目视可见杂色颗粒不超过3个		滤膜基本不变色,目视可见杂色颗粒不超过3个		—

注：表中数据摘自 GB/T 8269—2006。

用途 用作催化剂挤出成型助挤剂及孔结构改性剂。常与田菁粉并用，可改善田菁粉成型载体的表面粗糙状态，并提高挤出速度，改进载体物理性能。也用作贵金属铂等浸渍时的竞争吸附剂。还广泛用于食品、医药、纺织、造纸、轻工等行业，用作酸味剂、螯合剂、分散剂、抗氧化剂、收敛剂、缓凝剂、pH 值调节剂、二氧化硫吸收剂等。

安全事项 无毒。

简要制法 可从植物原料中提取，也可由糖进行柠檬酸发酵制得。

21. 酒石酸 Tartaric Acid

别名 2,3-二羟基丁二酸、二羟基琥珀酸、葡萄酸

化学式 $C_4H_6O_6$

相对分子质量 150.08

结构式 $HOOC(CHOH)_2COOH$

性质 有三种光学异构体及一种外消旋体：①左旋酒石酸或 D-酒石酸。无色单斜系晶体。相对密度 1.7598，熔点 168~170℃，旋光度(20g 溶于 100g 水中)-12.0。易溶于水、乙醇、乙醚、丙酮，不溶于苯、氯仿。②右旋酒石酸或 L-酒石酸。无色单斜系晶体。相对密度 1.7598。熔点 168~170℃，旋光度(20g 溶于 100g 水中)+12.0。易溶于水、乙醇、乙醚、丙酮，不溶于苯、氯仿。③内消旋酒石酸或 $meso$-体。无色三斜晶系片状结晶。相对密度 1.666。熔点 140℃。在自然界中不存在，通常由右旋酒石酸

和碱加热制得。易溶于水，溶于乙醇，微溶于乙醚。外消旋体即外消旋酒石酸或 DL-酒石酸。无色单斜晶系结晶或结晶性粉末，通常为水合物。相对密度 1.697。熔点（无水物）206℃，水合物在 110℃ 脱水。溶于水、乙醇，微溶于乙醚，不溶于苯。天然酒石酸是右旋酒石酸，存在于多种果汁中。商品主要是外消旋酒石酸。具有较强吸湿性及还原性。遇强氧化剂可变成乙二酸，加热至熔点以上时分解成焦性酒石酸及焦性葡萄糖。

质量规格

产品性状	指　标	
	结晶品	无水品
DL-酒石酸含量(以干基计),%	≥99.5	≥99.5
熔点范围,℃	200~206	200~206
硫酸盐含量(以 SO_4^{2-} 计),%	≤0.04	≤0.04
重金属含量(以 Pb 计),%	≤0.001	≤0.001
砷含量(以 As 计),%	≤0.0002	≤0.0002
易氧化物试验	合格	合格
干燥失重,%	≤11.5	≤0.5
灼烧残渣,%	≤0.10	≤0.10

注：表中数据摘自 GB 15358—2008。

用途　用作催化剂挤出成型用助挤剂，氢氧化铝干胶粉的胶溶剂、分子筛成型黏合剂。可明显提高载体强度，改善孔结构性能。也用作浸渍法制备铂催化剂的竞争吸附剂。L-酒石酸可作不对称催化环加成反应用手性路易斯酸催化剂的手性配体。广泛用于食品、医药、化工、皮革、印染等行业，用作金属离子螯合剂、酸味剂、媒染剂、制革鞣剂等。

简要制法　可由顺丁烯二酸酐经双氧水氧化而得，或由酒石酸钙用硫酸酸化制得。

22. 三氯乙酸　Trichloroacetic Acid

别名　三氯醋酸
化学式　$C_2HCl_3O_2$
相对分子质量　163.40
结构式　Cl_3CCOOH
性质　为无色菱形六面体结晶。易潮解，有特殊气味。相对密度（25℃）

1.629，沸点(101.3kPa)197.6℃，折射率(65℃)1.459。有两种晶形：一种为 α-型，熔点 58℃；另一种为 β-型，熔点 49.6℃。易溶于水及甲醇、乙醇、乙醚、丙酮、苯、己烷等溶剂。水溶液呈酸性(0.1mol 水溶液的 pH 值为 1.2)。当其水溶液加热至沸点时，即发生脱羧反应，分解为氯仿及 CO_2，与多种无机碱、有机碱生成盐。对皮肤及黏膜有腐蚀性。

质量规格

产品性状	指标	产品性状	指标
三氯乙酸含量，%	≥97	凝固点，℃	55～58

用途 用作催化剂挤出成型助挤剂及孔结构改性剂，可与柠檬酸、酒石酸等复配使用。也用于有机合成及制造农药，是优良的除莠草剂、助染剂、金属表面处理剂。

简要制法 可由乙酸完全氯化，或由三氯乙醛氧化而制得。

23. 乳酸 Lactic Acid

别名 2-羟基丙酸、丙醇酸
化学式 $C_3H_6O_3$
相对分子质量 90.077
结构式 $CH_3CHOHCOOH$

性质 为一种羟基酸，最早是由酸牛奶中获得，故名乳酸。因分子中有一个不对称原子，所以有两种旋光异构体及一种外消旋体。无论是用发酵法制得还是用合成法制得，市售品均为外消旋体 DL-乳酸。为无色或白色结晶或浅黄色糖浆状。有吸湿性，无臭，有酸味。相对密度(25℃)1.2060，熔点 18℃，沸点(2kPa)122℃，折射率 1.4392。溶于水、乙醇，微溶于乙醚，不溶于氯仿、二硫化碳和石油醚。受热则脱水变成乳酸酐。缓慢氧化，可生成丙酮酸。加热至 250℃ 以上时生成乙醛，放出 CO_2 及水。

质量规格

产品性状	指标	
	L(+)乳酸	DL-乳酸
L(+)乳酸占总酸的含量，%	≥95	—
色度(APHA)	≤50	≤150

续表

产品性状	指标	
	$L(+)$乳酸	DL-乳酸
乳酸含量,%	80~90	
氯化物(以 Cl^- 计),%	≤0.002	
硫酸盐(以 SO_4^{2-} 计),%	≤0.005	
铁盐(以 Fe 计),%	≤0.001	
灼烧残渣,%	≤0.1	
砷(以 As 计),%	≤0.0001	
重金属(以 Pb 计),%	≤0.001	
钙盐	合格	
易碳化合物	合格	—
醚中溶解度	合格	
柠檬酸、草酸、磷酸、酒石酸	合格	
还原糖	合格	
甲醇,%	≤0.2	—
氰化物,%	≤5	

注：表中数据摘自 GB 2023—2003。

用途 用作浸渍法制备贵金属催化剂时的竞争吸附剂。竞争吸附剂的参与，可使载体表面的一部分被竞争吸附剂占据，另一部分吸附活性组分。既可使少量活性组分分布在颗粒外部，也能渗透到颗粒内部，使活性组分达到均匀分布，如氯铂酸与氧化铝载体作用较强，铂集中吸附在小球的外表面，加入乳酸、柠檬酸或盐酸等竞争吸附剂时，可实现均匀分布。也用作有机合成原料，用于制造乳酸酯、乳酸盐、增塑剂等。

简要制法 可由淀粉、牛乳、葡萄糖溶液等发酵制得，或由硫酸盐纸浆废液制得。

24. 尿素 Urea

别名 脲、碳酰胺、碳酰二胺

化学式 CH_4N_2O

相对分子质量 60.06

结构式
$$H_2N-\underset{\underset{}{}}{\overset{\overset{O}{\|}}{C}}-NH_2$$

性质 为四方晶系白色棱柱状结晶。无臭、无味。存在于人及哺乳动物尿中。因工业品中含有杂质,故略带微红色。相对密度1.335,晶状粉末尿素视密度$0.63\sim0.71g/cm^3$,粒状尿素视密度$0.75g/cm^3$。熔点132.7℃。加热温度超过熔点时即分解。在真空中,在120~130℃时升华而不分解。溶于水、乙醇、苯及液氨,稍溶于乙醚及醚类。溶解度随温度升高而增加。水溶液呈中性,具吸湿性,能发生水解、热分解等反应。

质量规格

产品性状	指标		
	优级品	一级品	合格品
外观	白色		
总氮含量(干基),%	≥46.3	≥46.3	≥46.3
缩二脲,%	≤0.5	≤0.9	≤1.0
水分,%	≤0.3	≤0.5	≤0.7
铁(Fe)含量,%	≤0.0005	≤0.0005	≤0.001
碱度(以NH_3计),%	≤0.01	≤0.02	≤0.03
水不溶物,%	≤0.005	≤0.010	≤0.040
粒度(ϕ0.85~2.80mm),%	≥90	≥90	≥90
硫酸盐(以SO_4^{2-}计),%	≤0.005	≤0.010	≤0.020

注:表中数据摘自 GB 2440—2001。

用途 用作催化剂载体扩孔剂。可在沉淀法制造氧化铝载体时在沉淀过程中加入,也可在氢氧化铝干粉成型时与其他助剂一起加入,并一起捏合、成型,在焙烧时将其烧除,可增加载体孔隙率。也用作陶瓷蜂窝状载体涂层的扩孔剂。还用作沉淀法制备载体的沉淀剂。尿素除用作肥料外,也用作橡胶活化剂、石油精炼过程的脱蜡剂、炸药稳定剂、液体洗涤剂增溶剂、纤维制品软化剂、氮氧化物尾气净化剂、发泡助剂等。

安全事项 无毒。

简要制法 由氨和二氧化碳在高温高压下反应制得。

中篇　催化剂制备

中篇　清代的捕蛇者

十五、催化剂的相关知识

（一）催化剂的基本特征

人类最早利用催化过程是从天然生物酶发酵酿酒和制醋开始的。1746年发明了利用催化过程的铅室法制备硫酸。1836年瑞典化学家Berzelius首先提出"催化"这一名称，他认为催化剂通过"催化力"发生催化作用。1894年，德国化学家Ostwald认为催化剂是一种可以改变化学反应速度，而本身又不存在于产物中的物质。以后，"催化"作为一门学科，无论在理论上及实际应用上都在不断更新和发展，特别是石油炼制工业及石油化工的迅速发展，对催化剂的品种及用量都提出了更高的要求，同时也推动了催化作用的基础研究，并深化对催化剂本质的认识。一般认为，催化剂具有以下基本特征。

① 催化剂只能加速热力学上可进行的反应，却不能加速热力学上无法进行的反应。

也即催化剂只能加速一个或几个热力学上可进行的化学反应，它既不能实现热力学上不可行的反应，也不可改变化学反应热力学平衡位置。因此，在选择或开发某一反应的催化剂时，首先应根据热力学原则，估测此反应在该条件下是否能发生，如在常温常压及无其他外加功的作用下，水不能变成氢和氧，因此也不存在能加快这一反应的催化剂。

② 催化剂只能改变化学反应的速率，而不能改变化学平衡的位置。

即在一定外界条件下，某化学反应产物的最高平衡浓度，受热力学变量的限制，催化剂只能改变达到这一极限值所需要的时间，而不能改变这一极限值的大小。换言之，催化剂在提高正反应速率的同时，也必然以相同的程度提高逆反应速率。例如，以Pt或Ni为催化剂时，在180℃下可将苯加氢为环己烷；而在400℃时，也可将环己烷脱氢为苯。根据这一现象，有人也利用甲醇的常压分解反应来初步筛选CO和H_2在高压下合成甲醇的催化剂。在利用这种方法时，必须注意使逆反应与正反应在相同的温度和压力等反应条件下进行，否则就会得到不可靠的结果。

③ 催化剂能降低反应的活化能，加快反应速率。

活化能是指化学反应中反应物转化为产物的途径上必须克服的能垒，

也即反应物分子变为活化分子所需的最低能量,或反应物分子经过渡态转变为产物分子,过渡态较反应物分子所高出的能量称为活化能。催化剂能加快反应速率就在于它能降低反应的活化能,而且催化作用使每一步需要的反应活化能都比原来无催化剂参与时的反应活化能小,从而加快了反应速率。由于催化剂性能不同,反应物分子克服的能垒也不同,因而即使是同一反应,催化剂不同,活化能的数值也不同。通常,催化剂对所催化反应要求的活化能越小,表明该催化剂的活性越好。

④ 催化剂对反应具有选择性。

当某一化学反应在热力学上可能有一个以上的不同反应方向,并导致产生不同的产物时,催化剂可以使其中的某一方向发生显著的加速作用。也即对同一个反应,选择不同的催化剂可使反应向着所需要的方向进行,从而获得需要的反应产物。催化剂所具有的选择性特性,可使人们能对复杂的反应系统从动力学上加以控制,使反应沿着特定的方向进行,使用某种特定催化剂加速所希望的反应。此外,催化剂选择性也与反应原料单耗高低及反应产物分离处理难易密切相关,当原料昂贵或反应产物分离困难时,就应使用高选择性的催化剂。

⑤ 催化剂有一定的使用寿命。

催化剂是一种化学物质,它借助于反应物作用生成不稳定的中间配合物,它能加速化学反应速率,而本身并不进入反应产物中,在理想状况下不为反应所改变。在完成催化的一次反应后,又恢复到原来的化学状态。因此,一定量的催化剂可以使大量反应物转化为需要的产物,而在实际反应过程中,由于长期受热及毒物的作用,产生晶相变化、组分挥发、熔融及中毒等,导致催化剂活性下降。每种催化剂都有不同的使用寿命。

(二)催化剂的分类

催化剂曾称触媒,是一类能改变化学反应速度而在反应中自身并不消耗的物质。有机过氧化物受热时,过氧键发生均裂分解成两个自由基,能引发单体进行自由基聚合,但最终进入聚合物分子链中而被消耗。严格地讲,它不是催化剂而是引发剂。催化剂通过若干个基元步骤不间断地重复循环,参加并加速热力学可行反应的速率,不能改变该反应的平衡常数,而在循环的最终步骤恢复为其初始状态。催化剂不仅能加速具有重要经济价值但反应速率极慢的反应(如由氮及氢直接合成氨),还能选择性地加速所希望产物的生成反应(如乙烯氧氯化反应时只生成二氯乙烷)。多数具有重要工业意义的化学转化过程都是在催化剂作用下进行的,生物体内的化学转化(新陈代谢过程)也是生物催化剂(酶)或有机体作为催化剂来实现的。

目前工业上应用的催化剂达数千种之多,而且其品种及牌号还在不断增加。由于同一种催化剂可以催化出不同的反应产物,而不同的催化剂也可催化出相同的反应产物,因此很难对催化剂进行严格分类,而是从不同的研究或应用角度进行大致分类。

1. 按催化反应的物相体系分类

根据催化剂作用状况,催化作用可分为均相催化及非均相催化(或称多相催化)两类。

(1) 均相催化剂

均相反应又称单相反应,是在同一相中进行的化学反应,如气相反应及液相反应,均相催化剂是指反应过程中与反应物分子分散于同一相中的催化剂,相应的催化反应称为均相催化反应,也包括气相均相催化反应和液相均相催化反应。例如:

$$SO_2 + \frac{1}{2}O_2 \xrightarrow{NO} SO_3 \quad (气相均相催化反应)$$

$$C_2H_5OH + CH_3COOH \xrightarrow{H_2SO_4} CH_3COOC_2H_5 \quad (液相均相催化反应)$$

上述 NO 是气相均相催化剂,它与反应物均为气态;H_2SO_4 是液相均相催化剂,它与反应物均为液相。

除上述气相催化反应及液相催化反应外,非水溶液的配位催化也是近期发展很快的一类均相催化,如由羰基钴或铑膦配合物催化烯烃和一氧化碳及氢转化成醛的羰基合成反应:

$$RCH=CH_2 + CO + H_2 \xrightarrow{催化剂} \underset{正构}{RCH_2CH_2CHO} + \underset{异构}{RCHCH_3\overset{|}{\underset{}{CHO}}}$$

配位催化所使用的催化剂是可溶的有机金属化合物。这类催化剂具有高活性、高选择性,有明确设计的结构,易于研究从始态到终态的反应全过程等特点。

均相催化剂在催化体系中是以独立的分子形态而分散的,其活性中心也是以独立的分子形态存在,因此易于用现代谱仪手段获得原位反应过程中的信息,可对反应机理作出较确切的描述,但均相催化剂与产物难以分离,催化剂回收困难,有些催化剂对设备腐蚀严重,因而均相催化剂的应用不如多相催化剂那样广泛。

(2) 多相催化剂

多相催化剂是指反应过程中与反应物分子分散于不同相中的催化剂，它与反应物之间存在相界面，反应一般在两相间的界面上进行。相应的催化反应称为多相催化反应，包括气—液相催化反应、气—固相催化反应、液—固相催化反应及气—液—固相催化反应。多相催化中应用最广的是固体催化剂体系，即催化剂是固体，反应物是气体或液体。多相催化剂由于使用寿命长，容易活化、再生，便于工业应用，产品质量高。所以，大多数重要的工业催化过程都使用这类催化剂。本书所述的催化剂制备，主要是工业用固体催化剂的制备。

(3) 酶

酶是由生物细胞产生的、具有催化化学反应功能的催化剂。生物体内存在两类生物催化剂。一类以蛋白质为主要成分的生物催化剂称为酶，另一类是以核糖核酸为主要成分的生物催化剂称为核酶。酶主要催化生物体内糖、蛋白质、核酸和酯类等物质的合成与分解代谢；核酶则主要催化核糖核酸的剪接反应。酶既有一般催化剂的共性，又有催化效率高、高度专一性、活性受多种因素调节控制、作用条件温和及不稳定等特点。生物体内发生的化学反应主要是在酶的作用下进行。通常酶是以亲液胶体形式存在，酶分子大小为 $3 \sim 100 nm$，酶催化可归属为介于均相与多相之间的微多相催化，但习惯上将其单列为酶催化。1961 年，国际酶学委员会按酶催化反应的类型将酶分为六个大类：

① 氧化还原酶。如乳酸脱氢酶，该类酶催化底物的氢原子转移、电子转移、加氧或引入羟基的反应，包括氧化酶、脱氢酶、还原酶、加氧酶及羟化酶等。

② 转移酶。如转氨酶，该类酶可将某些原子团由一种底物转移至另一底物上，被转移的基团有氨基、羧基、酰基、磷酸基及甲基等。

③ 水解酶。如淀粉酶，该类酶催化底物分子产生水解反应，水解的键有糖苷键、酯键、肽键及醚键等。

④ 裂合酶。如碳酸酐酶，该类酶催化底物中化学基团的移去和加入的反应，包括双键形成及其加成反应。

⑤ 异构酶。如磷酸葡萄糖异构酶，该类酶催化底物分子的空间异构化反应。

⑥ 连接酶。如谷氨酰胺合成酶，该类酶催化腺苷 5′-三磷酸及其他高能磷酸键断裂的同时，使另外两种物质分子产生缩合作用，又称为合成酶。

2. 按催化剂的作用机理分类

催化剂的作用主要是降低反应所需的活化能,以至于相同的能量能使更多的分子活化,从而加速反应进行。从反应物分子活化的起因可将催化剂分为以下几类:

(1) 酸—碱型催化剂

酸—碱型催化剂是指因催化物质的酸碱性质而起催化作用的催化剂。催化作用的起因是因催化剂和反应物分子间因电子对的转移而配位或发生强烈的极化,出现化学键的非均裂,从而形成高活性物种。其酸碱性质包括酸碱的种类、浓度及强度三个方面。有液体酸—碱催化剂及固体酸—碱催化剂。按酸碱的种类可分为质子酸—碱催化剂和路易斯酸—碱催化剂。前者也称为布朗斯台德酸—碱,简称 B 酸、B 碱催化剂;后者简称 L 酸、L 碱催化剂。

早期的酸—碱催化剂主要是一些无机酸,如硫酸、盐酸、三氯化铝及氢氧化钠等,如水溶液中硫酸催化的乙烯水合成乙醇,由氢氧化钠催化的羟醛缩合等,它们是均相操作且腐蚀严重,以后逐渐出现了固体酸及固体碱催化剂。固体酸催化剂如负载型硫酸、氧化铝、沸石等;固体碱催化剂如负载型氢氧化钠、硅酸镁等。它们广泛应用于烯烃水合、醇类脱水、烯烃异构化、烷基转移、聚合等反应。

(2) 氧化—还原型催化剂

氧化—还原反应是涉及电子转移的化学反应,失去电子是氧化,得到电子是还原。过渡金属氧化物中的过渡金属离子容易改变原子价态,即容易氧化还原,对于氧具有化学吸附的亲和力,适于用作各种氧化反应的催化剂。氧化—还原型催化剂是工业上广为应用的一类催化剂,其主要活性组分为过渡金属及其化合物。通过催化剂与反应物分子间发生电子转移而形成催化物种,由两种以上的过渡金属氧化物可以组合成许多具有工业应用价值的催化剂,如用于催化氧化的 Mo-O、V-O、Cu-O 等催化剂,用于催化脱氢的 Cr-O 催化剂。一些过渡金属硫化物催化如 Mo、S、Ni-S、W-S 等也是常用的催化加氢催化剂。

(3) 配位催化剂

配位催化又称络合催化、配位络合催化,通过与金属,特别是过渡金属化合物催化剂进行配位(或络合)而得到活化的反应物(分子、离子或自由基)并进一步在催化剂上进行反应,直到最后解络为反应产物的催化作用。其特征是在反应过程中催化剂活性中心与反应体系始终保持着化学结合(配位),并通过在配位空间内的空间效应和电子效应以及其他因素对反应过程、速率及产物等起选择调变作用。配合物催化剂含有一个或一个以上过渡金属原子以及若干个有机或无机配位体。根据配位体性质,金属原子可能是零价、正价或负价。通常催化剂和反应物共溶于溶剂故属均相催化,如用于由乙烯氧化合成乙醛的钯配合物,甲醇羰基化合成己酸的铑配合物等,配位催化过程可在低压低温下操作,配合物催化剂具有活性高、选择性好等特点,已广泛用于烯烃聚合、羰基合成、加氢、异构化、歧化及烯烃氧化等反应过程。

(4) 双功能催化剂

双功能催化剂是指含有两种具有不同催化性能的活性组分的催化剂。一种活性组分催化反应的某些步骤,而另一种活性组分则催化反应的另一些步骤。如催化重整及加氢裂化催化剂,既含金属组分又含酸性组分,其中的 Pt、Mo、W 等金属活性组分起催化加氢、脱氢等作用,而 Al_2O_3、Al_2O_3-SiO_2 分子筛等酸性组分则起催化异构化、裂化等作用。通常,兼具氧化还原反应(氧化、加氢、脱氢)及酸碱反应(如异构化、歧化、环化、水合、脱水等)活性的催化剂为双功能催化剂或多功能催化剂。而有些催化剂其催化的两种反应虽同属氧化还原反应或酸碱反应,也可称作双功能催化剂,如 Bi_2O_3-MoO_3 催化剂的 Bi 和 Mo 活性中心分别具有丙烯选择氧化及氨氧化两种催化功能,也是双功能催化剂。

3. 按活性组分的化学物种分类

催化剂活性组分的化学物种是在反应过程中起催化作用的原子、离子或化合物。按化学物种的区别,可将催化剂分为金属催化剂(如用于加氢反应的 Ni、Pd、Pt 等催化剂)、氧化物或硫化物催化剂(如用于催化氧化的 V-O、Cu-U 等催化剂,用于催化脱氢的 Cr-O 催化剂,用于催化加氢的 W-S、Mo-S、Ni-S 等催化剂)、酸、碱、盐催化剂(如 H_2SO_4、HF、KOH、$CuSO_4$ 等)、金属有机化合物[如烯烃聚合的 $Al(C_2H_5)_3$、羰基合成的 $CO_2(CO)_8$ 等催化剂]。

需要注意的是,制备的催化剂与经活化处理后实际起催化作用的活性物种可能有很大差别,如合成氨用 Fe_3O_4 催化剂,其活性物种是 α-Fe,又如丙烯选择氧化用 SnO_2-Sb_2O_3 催化剂,丙烯酸生成的活性物种是 Sb^{3+}、Sn^{5+}、Sn^{2+}。

4. 按催化单元反应的类型分类

催化单元是催化剂作用的一个完整催化反应过程,如催化异构化过程。按催化单元反应的不同，可分为加氢催化剂、脱氢催化剂、氧化催化剂、羰基化催化剂、烷基化催化剂、甲烷化催化剂、聚合催化剂等。

5. 按催化剂工业应用分类

催化剂按工业应用分类，目前并无严格的分类方法。按我国工业催化过程的发展，大致可分为石油炼制、石油化工(基本有机原料)、高分子化工、精细化工、化肥(无机化工)、环保及其他催化剂等类别。而每一类型的催化剂又可按所催化的单元反应分成若干分类：

① 石油炼制催化剂。包括催化裂化、催化重整、加氢精制、加氢裂化、异构化、烷基化、叠合等用催化剂。

② 石油化工(基本有机原料)催化剂。包括氧化、加氢、脱氢、氧氯化、氨氧化、歧化及烷基转移、卤化、羰基化、烯烃反应等用催化剂。

③ 精细化工催化剂。包括氧化、还原、酸碱催化(固体酸、水合、缩合、环合、酯化、醚化、氨化等)、相转移、不对称催化等用催化剂。

④ 高分子合成催化剂。包括聚乙烯、聚丙烯、聚烯烃、聚合(加聚、缩聚等)等用催化剂。

⑤ 化肥(无机化工)催化剂。包括脱毒(脱硫、脱氯、脱砷、脱氧)、烃类转化、制氢、甲烷化、CO变换(高温变换、低温变换)、氨合成、合成甲醇、制酸(硫酸、硝酸)等用催化剂。

⑥ 环境保护催化剂。包括汽车尾气净化、工业排放气净化、室内空气净化及其他工业环保催化剂等用催化剂。

⑦ 其他催化剂。包括制氮、纯化(脱微量氧、脱微量氢)等用催化剂。

(三) 催化剂的组成

催化剂可以是单组分物质，也可能是多组分物质。前者为纯物质，后者含有多种成分。工业上使用最多的催化剂形式可分为固体催化剂及液体催化剂两种类型。

1. 固体催化剂

固体催化剂属非均相催化剂，是对气态或液态反应物起催化作用的一类物质。特别是反应物为气相，催化剂为固相的气—固多相催化反应是工业上应用最广的催化过程。固体催化剂一般不是单一物质,而是由多种单质或化合物组成的混合体。按各组分在催化剂中的作用可分为两类。

(1) 活性组分

活性组分又称主催化剂或催化剂主体,是起催化作用的最重要的成分。没有活化组分,催化剂就显示不出催化活性或难以进行所需要的催化反应。如乙烯氧化制环氧乙烷反应中,将 Ag 负载于 Al_2O_3 上制得的催化剂是最有效的催化剂,没有 Ag,只有 Al_2O_3,乙烯氧化为环氧乙烷的反应并不进行,因此,Ag 是活性组分。

有时,一种催化剂需要两种活性组分共存时才有催化活性,如烃类脱氢用 MoO_3-Al_2O_3 催化剂,单独的 MoO_3 及 Al_2O_3 都只有很小的催化活性,而当两者组合使用时,催化脱氢活性很高,MoO_3 及 Al_2O_3 互称为共催化剂。

在设计和开发某种反应的催化剂时,选择活性组分也是首要步骤。催化技术的发展以往主要是实验技术应用的结果,目前完全靠理论进行活性组分的选择还不是十分有效的,但理论也开始起着越来越重要的作用,利用已积累的知识和理论提供的指导可显著缩短催化剂开发时间。用作固体催化剂的活性组分主要分为金属、过渡金属氧化物及硫化物、非过渡元素氧化物等类型。如用于加氢、脱氢、加氢裂化、选择性氧化等反应的金属活性组分有 Ni、Pd、Pt、Fe、Ag、Cu、Co、W 等;用于选择性加氢及脱氢、氧化、环化、还原、脱硫、聚合等反应的过渡金属氧化物或硫化物活性组分有 NiO、ZnO、Cr_2O_3、Fe_2O_3、CuO、MoS_2、WS_2 等;用于裂化、异构化、脱水、聚合等反应的非过渡元素氧化物活性组分有 Al_2O_3、SiO_2、SiO_2-Al_2O_3 及分子筛等。表 15-1 示出了一些用作活性组分的物质及其催化反应。

表 15-1 一些用作活性组分的物质及其催化反应

主 催 化 剂	催化反应示例
Li	聚合△
其他锂化物	聚合○
Na	聚合△
NaCl	聚合△
其他钠化物	聚合○、酯基转移○
K_2O	脱氢
其他锂化物	聚合○、氧化△
Be	裂化△
BeO	催化重整△、脱氢△
$BeCl_2$	苯甲酰化△
Mg	合成○
MgO	裂化○、合成○、加氢○
$MgCl_2$	硫化△

续表

主催化剂	催化反应示例
Ca	氧化△
CaO	Fischer 反应△
CaCl$_2$	合成△
其他钙化物	合成△、聚合△
Ba	氧化△
BaO	氧化△
BaCl$_2$	分解△
其他钡化物	合成△、分解△
BCl$_3$	聚合⊙
B$_2$Cl$_3$	裂化△、催化重整△
其他硼化物	聚合○
C	脱氢△
Al	聚合○、加氢○
Al$_2$O$_3$	裂化⊙、脱氢○、催化重整○、异构化○
AlCl$_3$	聚合⊙、异构化○
其他铝化物	聚合◎、裂化△
Si	合成△
SiO$_2$	裂化⊙、聚合△、催化重整○
其他硅化物	裂化○、异构化△
Sn	加氢△、氧化△
SnO	氧化○
SnCl$_2$	聚合◎、缩合△
其他锡化物	聚合△、加氢△
Pb	氧化○、聚合△、酯类转移△
PbO	合成△、氧化△、酯化△
其他铅化物	氧化○、聚合○
P$_2$O$_5$	氧化△
其他磷化物	聚合⊙、烷基化○
Sb	合成△
SbO	聚合△
SbCl$_2$	卤化○、聚合△
其他锑化物	酯基转移△
Bi	合成△
其他铋化物	氧化△
Se	氧化△
SeO	氧化△
其他硒化物	氧化
Te	卤化△
TeO	氧化△
Ti	聚合△

续表

主催化剂	催化反应示例
TiO$_2$	合成△、还原△、氧化△、水合△
TiCl$_3$	聚合⊙、异构化○
其他钛化物	聚合○
ZrO	催化重整△、合成△
ZrCl$_2$	聚合△
其他锆化物	聚合△
V	氧化△、合成○
V$_2$O$_5$	氧化⊙、合成○、其他○
VCl$_3$	聚合○
其他钒化物	氧化○
Cr	加氢⊙、合成○、脱氢○、氧化○
CrO$_3$	脱氢⊙、合成◎、催化重整◎、加氢◎
其他铬化物	氧化○、聚合○
Mo	加氢◎、脱硫○
MoO$_3$	催化重整◎、脱硫◎、加氢◎、氧化◎
其他钼化物	加氢◎、脱硫◎、催化重整○
W	加氢◎、合成△、水合△
WO	合成○、水合△、羟基化△
其他钨化物	加氢◎、脱氢○、合成△
Fe	Fischer反应⊙、合成◎、氧化○、加氢○
FeO	合成◎、Fischer反应◎、脱硫○、脱氢○、加氢△、氧化△
FeCl$_3$	卤化○、聚合△
其他铁化物	聚合○、Fischer反应○、加氢○
Ru	加氢○、合成△、Fischer反应△
RuC	加氢△
Co	加氢⊙、合成◎、氧化○、Fischer反应◎
CoO	脱硫◎、加氢○、合成○
CoCl$_2$	卤化△
其他钴化物	氧化⊙、脱硫○、加氢○、羰基化○
Rh	加氢○、合成△、羰基化◎
Ir	加氢△、合成△
Ni	加氢⊙、脱氢○、裂化○、Fischer反应○
NiO	加氢○、脱硫○、聚合○
NiCl$_2$	合成○、聚合△
其他镍化物	加氢⊙、合成○、聚合○、脱硫○

续表

主催化剂	催化反应示例
Pd	加氢⊙、催化重整◎、氧化⊙、还原○、脱氢○
PdO	加氢○
PdCl$_2$	氧化○、加氢△
其他钯化物	加氢△
Pt	催化重整⊙、加氢⊙、异构化○、合成○、氧化◎、重氢交换○
PtO	加氢○
其他铂化物	加氢△
Cu	加氢⊙、氧化⊙、脱氢◎、合成◎、分解◎、Fischer 反应◎
CuO	氧化○、加氢○、脱氢○、合成○
CuCl$_2$	氧氯化⊙、合成○
其他铜化物	氧化○、加氢○、合成○、分解○
Ag	氧化⊙、分解○、合成△
Ag$_2$O	氧化○
AgCl	卤化△
其他银化物	氧化○、聚合△
Au	脱氢○、氧化△、分解△
AuCl	分解△
Zn	还原△、氧化△、加氢△
ZnO	合成◎、加氢○、分解○、脱氢○、Fischer 反应○
ZnCl$_2$	合成○、乙酰化○、聚合○
其他锌化物	聚合○、合成○
Cd	合成△、加氢△
CdO	合成○
CdCl$_2$	合成△
其他镉化物	聚合△、合成△
Hg	合成△、聚合△、加氢△、氧化△、卤化△
HgO	烷基化△、水合△
HgCl$_2$	合成○
其他汞化物	水合○、氧化○
Ca	水解△、合成△
Ce	水解○、合成△
Th	合成△、Fischer 反应△
ThO	合成○、Fischer 反应○

注：⊙—使用最多；◎—常用；○——一般；△—少用。

(2) 助催化剂

助催化剂又称助剂或催化促进剂，是加到催化剂中的少量物质（一般<10%），本身没有催化活性或活性很小，但加入后能提高催化剂的活性、

选择性或稳定性。它可以单质形式或化合物状态加入，也可以只加入一种或多种。按作用机理不同，常用的助催化剂有以下几类。

① 结构性助催化剂。指能使主催化剂的表面积增大、晶粒变小、增强结构稳定、改善热稳定性的物质。例如，一氧化碳中温变换催化剂大多是以氧化铁为主要活性组分、以氧化铬为主要助剂的铁铬系催化剂。氧化铁和氧化铬生成固溶体，氧化铬的加入使还原后的氧化铁分散度增加，催化剂的表面积增大，孔径变小，晶粒由无氧化铬的110nm减少到25~30nm。因此，氧化铬是一种结构性助催化剂。

② 调变性助催化剂，是指可以调变主催化剂的化学组成、电子状态、表面性质或晶型结构，从而提高催化剂活性及选择性的物质。如乙烯氧化制环氧乙烷的银催化剂，使用纯银虽具有将乙烯氧化为环氧乙烷的催化活性，但金属Ag还需进行一系列调变才能成为可工业应用的催化剂。如加入少量碱金属Cs或碱土金属Ba作为助催化剂，可以调变Ag的电子性质，使其与O_2作用时，给出电子的能力不要过强，以避免形成原子态的吸附氧而降低催化活性。

③ 选择性助催化剂，又称为毒化性助催化剂，是利用某些强吸附组分，与催化剂中有害的活性中心作用，选择性地屏蔽能引起副反应的活性中心，从而提高目的反应的选择性。如使用Pd或Ni催化剂进行选择加氢除去烯烃中的少量炔烃及共轭二烯烃时，加入适量Pb以毒化加氢活性高的活性中心，可达到抑制烯烃加氢的目的。又如分子筛中加入大分子碱，覆盖孔口的酸性，可以抑制积炭堵孔现象的产生。

助催化剂的添加量及添加方法对催化剂性能影响很大，是催化剂制备的一个重要环节，同一种助催化剂在不同反应中所起的作用不一定都相同，而同一种反应也可以使用不同的助催化剂。有些反应使用的主催化剂往往比较明确，但常因改变助催化剂的类型来申请新的专利。表15-2示出了对一些反应的主催化剂可选用的助催化剂种类。

15-2 对一些反应的主催化剂可选用的助催化剂

主催化剂	加氢反应	脱氢反应	氧化反应（脱水反应）	费托反应（裂化反应）
镍(Ni)	Cu^m、Fe^m、Pt^m、Pd^m、Cr^o、Th^o、Si^o、Mg^o、Be^o、Na^o、MnO_2、KI、K_2CO_3、$RhCl_2$	Cu^m、Fe^m、W^m、Zr^o、Th^o、Al^o、K^o	$Fe^m(Fe^m)$	Th^o、Mg^o、Al^o、MnO_2

续表

主催化剂	加氢反应	脱氢反应	氧化反应（脱水反应）	费托反应（裂化反应）
铜(Cu)	Cr^o	K^m、Na^m、Ca^m、Mg^m、Ni^m、Co^m、Al^o、Ce^o、Cr^o、Fe^o、Zn^o、TiO_2、$Ba(NO_3)_2$	Cr^o、Pb^o	—
铁(Fe)	Cr^o、Al^o	Cu^o、Cr^o、K^o、Na^o、Mn^o、Be^o、Zr^o、Al^o、Ti^o、KF、CaF_2、K_2CrO_4	—	Cu^m、Cu^o、Al^o、Mg^o、B^o、K^o、KF、KBF_4、K_2CO_3、$Na_2Si_2O_5$
铬(Cr)	—	Rb^m、K^m、Na^m、Si^o、Ce^o、Cr^o、Tm^o、Sn^o、Be^o、Mg^o、Ca^o、K^o、Sb_2O_3、$AlPO_4$	—	—
氧化铝(Al_2O_3)	—	Mg^o、Ca^o、Ba^o、K^o、Cr^o、Mo^o、V^o、Ce^o	—	(Fe^o、K^o)
硅铝催化剂 硅镁催化剂	—	Th^o	(Zr^o、Th^o、Cu^o、Na^o、MnO_2)	[Fe^o、Zn^o、Bi^o、Be^o、Zr^o、Th^o、Mg^o、Ca^o、Ba^o、MnO_2、HF、H_3PO_4、$(NH_4)_3PO_4$]
银(Ag)	—	—	Au^m、Cu^m、Fe^m、Mn^m、Cr^o、Co^o、Sn^o、Cd^o、V^o、Ba^o、Rh_2O_3、$CaCO_3$	—

续表

主催化剂	加氢反应	脱氢反应	氧化反应 （脱水反应）	费托反应 （裂化反应）
钒（V）	—	Na^o	Rb^m、Tl^m、 Ca^m、K^m、 Ag^m、Mo^o、 Sn^o、Ce^o、Ba^o、 K^o、KCl、 $SnCl_2$、H_3PO_4	—

注：元素符号上角 m 表示为单质，上角 o 表示为该金属的氧化物或氢氧化物。

(3) 载体

催化剂载体又称作催化剂担体，是指固体催化剂中负载活性组分及助催化剂的物质。一般情况下，载体本身没有催化活性，它在催化剂中的含量远比助催化剂多，有时载体也起着共催化剂和助催化剂的角色。对于一些催化剂，活性组分确定以后，载体的种类及性质不同会对催化剂的活性及选择性产生很大影响。载体的作用是多方面的：①增加催化剂有效表面和提供合适的孔结构。采用适宜的载体及相应的制备方法，可使负载催化剂具有较大的有效表面积及适宜的细孔结构；②提高催化剂的机械强度；③提高催化剂的热稳定性；④使催化剂具有一定的形状、粒径；⑤减少活性组分用量，降低催化剂生产成本；⑥在起着分散、支撑等作用中，也起着化学作用，如与活性组分作用，形成新的化合物或固溶体，与负载金属发生强相互作用而诱发特有的催化活性及化学吸附性；⑦均相催化剂在固体载体上可以固相化。

载体的种类很多，如果所用载体与活性组分没有相互作用，只起到惰性支撑的作用，这种载体常称为惰性载体；如载体与活性组分有一定的相互作用，对催化剂的活性及选择性有一定影响，这种载体则称为活性载体。实际上，工业催化剂的载体大多采用活性载体。

可以用作载体的材料很多，可以是天然物，也可以是合成物，也可以是多孔或无孔性物质，如图 15-1 所示。

虽然载体材料很多，但工业上使用最多的是氧化铝、活性炭、硅胶，其中氧化铝几乎占工业催化剂载体的 50% 以上。

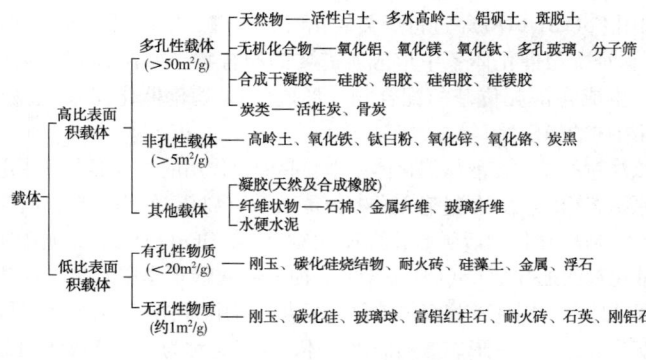

图 15-1 可用作催化剂载体的物质

2. 液体催化剂

液体催化剂包括本身为液态的单组元物质,如盐酸、氢氧化钠等,也包括以固体、液体或气体活性催化物质作为溶质与液态分散介质所形成的多组元催化液体。分散介质可以是惰性的,仅作为溶媒使用;也可能是用反应物原料(液态)作为分散介质。液体催化剂可能是均一相,即真溶液;也可能是非均一相,如胶体溶液。而从催化活性组分的数目来看,有些是单组元系统,如 H_2SO_4 或 NaOH 的水溶液,它们是酸碱型液体催化体系。又如 Co、Mn 等金属的乙酸盐、环烷酸盐的乙酸溶液常用作氧化还原型液化体系;有些是多组元系统,如 $AlCl_3 + HCl$ 或 $BF_3 + HF$ 的烃溶液是重要的酸碱型液体催化体系;$CuCl_2 + PdCl_2$ 的水溶液是乙烯氧化制乙醛的液体催化体系。

对于 NaOH 溶液及 H_2SO_4 溶液等单组元液体催化剂的构成较为简单,只需确定该组元的浓度即可。而多组元液体催化剂的组成较为复杂,按各组元在催化剂中的功能大致可分为以下几类:

① 活性组分。如上述单组元或多组元活性组分。

② 溶剂。除对活性组分、反应物、产物起着溶解作用外,有的溶剂对催化反应体系的动力学性能会产生显著影响。有些液态反应物原料本身也可用作溶剂。

③ 助催化剂。具有促进催化性能的物质,如在甲醇羰基化合成乙酸的催化体系中,使用碘化物作助催化剂。

④ 其他添加剂。常用的有酸碱性调节剂(调节催化液的酸碱性)、引

发剂(如用 Co(CH$_3$COO)$_2$ 进行烃类氧化时,用醛、酮作引发剂)、配位基调节剂(保证配位催化体系中形成所需要的配合物,如在 RhCl$_3$ 中加入磷化合物,生成含磷配位基的配合物,形成氢-羰基化催化体系)、稳定剂(提高相结构的稳定性)等。

应该注意的是,在液体催化体系中,起催化作用的组分形态不一定与配方时的原始态相同。如在羰基合成中,是以 Co$_2$(CO)$_8$ 作为原料,但催化剂的活性形态是与 H 作用后所形成的 HCo(CO)$_4$ 或 HCo(CO)$_3$。又如在烃类氧化中,催化剂的配方是 Co(CH$_3$COO)$_2$,而实际起催化作用的是二价钴与三价钴共存的体系。因此常将液体催化剂配方中所用的形态称为母体。母体经历一定变化后,以另一形态参加催化循环,该形态称为活性体或活性态。

(四)催化剂的宏观物性

固体催化剂大多为非均相物质,表现上为一定外形或大小的颗粒。这种颗粒由大量的一次粒子及二次粒子聚集而成,由于晶粒聚集的方式不同,可形成不同粗糙度的外表面,在颗粒的内部也将形成复杂的孔隙结构。所以,催化剂的物理性状可分为微观性状及宏观性状两个层次;而微观性状的考察较为复杂,主要是为了阐明催化作用机理而进行的研究,它包括催化剂本体及表面的化学组成、物相结构、晶粒大小、分散度、活性表面、价态、氧化还原性,各个组分的分布及能量分布等,特别是活性中心的组成、结构、配位环境与能量状态;催化剂的宏观结构和性能主要包括几何形状和尺寸、密度、孔结构(孔体积、孔径、孔径分布、孔隙率)、比表面积、机械强度、导热系数及扩散系数等。由于催化剂的宏观物性与催化剂在工业装置上的应用性能密切相关,而且宏观物性的测定及表征也相对容易。所以,多数工业催化剂商品中会列出其宏观物性。

1. 几何形状

工业用固体催化剂,根据催化反应条件不同,具有各种不同形状。常见的催化剂形状是球状、圆柱状、条状、三叶草状、片状、齿球状,还有网状、粉末状、微球状、纤维状、蜂窝状及无规颗粒等,几何尺寸有小到几微米,大到几十毫米不等。催化剂的几何形状一般是根据催化剂的原料性质及工业生产所用反应器要求确定的。固定床反应器常采用球状、圆柱状、三叶草状及片状催化剂;移动床反应器采用 2~4mm 或更大直径的球形催化剂；流化床反应器常采用直径 20~150μm 或更大粒径的微球催化剂；悬浮床反应器则要求颗粒在流体中易悬浮循环流动，也常采用微米级颗粒催化剂。

选择工业催化剂的几何形状及尺寸时，不但要考虑到催化剂的表面利用率，而且还应从催化剂颗粒形状的制造难易、反应床层阻力大小、反应器形式及动力消耗等综合加以考虑。

2. 粒度、粒径及粒径分布

粒度又称颗粒度、颗粒尺寸。通常球体颗粒的粒度用直径来表示，称为粒径；立方体颗粒的粒度用长边表示；对不规则的颗粒，粒径常用"当量直径"或"等效球直径"来表示。

工业固体催化剂常是具有不同粒径颗粒的混合体。表示不同粒径的颗粒有多少量即为粒度分布或粒径分布。表示粒度分布的最简单方法是直方图，即测量颗粒体系最小至最大粒径范围，划分为若干个逐渐增大的粒径分级（粒级），再将它们与对应尺寸颗粒出现的频率作图，频率内容可表示为颗粒数目、体积、质量或面积等（图 15-2）。如果将各粒级再细分为更小的粒级，则随级数增至无限多，级宽则趋近于零，于是不再由两个粒径 d_i 和 d_{i+1} 定义一个粒级，而是由一个"点"的粒径代表无限小的分级范围，直方图变为颗粒频率图的一级微商，描绘出颗粒数（或体积、质量、面积）随粒径的变化趋势。

催化剂的粒度大小既与反应器的结构及单元设备的生产能力有关，还

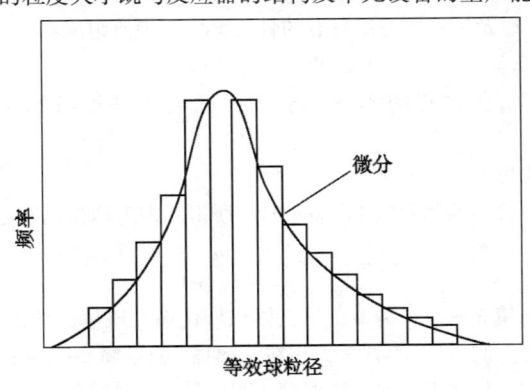

图 15-2　粒径分布直方图与微分图

取决于催化反应的宏观动力学。例如,管式反应器为降低反应床的阻力降,可采用粒度较大的环状催化剂。当反应速度受内扩散控制时,一般就选择粒度较小的催化剂,以提高内表面的利用率。工业用球形催化剂以 1~20mm 居多,其中以大于 3mm 的应用较广。条状催化剂的尺寸常为直径 1~6mm,长度 5~20mm。圆柱状催化剂常为直径 2~25mm,高与直径大体相同。圆片状催化剂颗粒直径常为 2~10mm,无规则颗粒常为 8~14 目至 2~4 目(相当于 1.17~9.5mm)。流化床用催化剂颗粒一般小于 100μm 的微球。颗粒过大,则流化性能较差,颗粒过细易由反应床层中的内旋风分离器中跑出。此外,粒径分布也是新流化床催化剂使用性能的重要因素。

3. 密度

催化剂的密度是催化剂的主要使用性能指标,是指单位体积内含有的催化剂质量:

$$\gamma = \frac{m}{V} \tag{15-1}$$

式中 γ——密度;

m——催化剂质量;

V——催化剂体积。

固体催化剂大多为多孔性颗粒,这种多孔性颗粒的外观堆积体积 $V_{堆}$ 实际上是由堆积时颗粒的空隙体积(自由空间体积)$V_{空}$、颗粒内部实际所占的体积 $V_{孔}$ 以及颗粒本身所具有的骨架 $V_{骨架}$ 三项所组成:

$$V_{堆} = V_{空} + V_{孔} + V_{骨架} \tag{15-2}$$

所以,根据 $V_{堆}$ 所含有的不同内容,催化剂的密度有以下几种表示方式:

(1) 堆密度 γ_b

当(15-1)式中的体积以 $V_{堆}$ 表示时,所得的密度称为堆密度 γ_b:

$$\gamma_b = \frac{m}{V_{堆}} = \frac{m}{V_{空} + V_{孔} + V_{骨架}} \tag{15-3}$$

堆密度又是称填充密度,为单位填充体积催化剂的质量,是催化剂床层填充的重要性质。测量 γ_b 的方法,是在一容器(如量筒)中,按自由落体方式加入一定体积催化剂,然后称取催化剂质量,经计算即得其 γ_b。γ_b 与催化剂的颗粒大小、形状、粒度等因素有关,它是计算反应器床层装填量的重要数据,也是计算催化剂价格的基准。

(2) 颗粒密度 γ_p

当式(15-1)中的体积用($V_{孔} + V_{骨架}$)表示时,所得密度为颗粒密度,或称假密度,即

$$\gamma_p = \frac{m}{V_{孔} + V_{骨架}} \qquad (15-4)$$

实际测定时先测出 $V_{空}$,再从 $V_{堆}$ 减去 $V_{空}$。$V_{空}$ 是用汞置换法测定。因为常压下汞只能充满颗粒之间的空隙和进入颗粒孔半径大于 5×10^3 nm 的孔中,从 $V_{堆}$ 中减去汞置换体积 $V_{空}$ 以后的体积,就代表孔半径小于 5×10^3 nm 的孔体积和催化剂骨架的体积。由此得到的密度也称作汞置换密度。

(3) 骨架密度 γ_t

当式(15-1)中的体积用 $V_{骨架}$ 表示时,所得的密度称为骨架密度,或称真密度:

$$\gamma_t = \frac{m}{V_{骨架}} \qquad (15-5)$$

测量时,也是先测出 $V_{空} + V_{孔}$,然后从 $V_{堆}$ 中减去 $V_{空} + V_{孔}$,就得到 $V_{骨架}$。因为氦气可以进入并充满颗粒之间的空隙,也可以进入并充满颗粒内部的孔,所以可测得 $V_{空} + V_{孔}$。这样得到的密度一般也称作氦置换密度。

(4) 视密度

如果用溶剂(苯、煤油及水等)去充满催化剂中骨架之外的各种空间,然后计算出 $V_{骨架}$,这样得到的密度就称作视密度,或称溶剂置换密度。因为溶剂分子难以完全进入并充满骨架之外的所有空间,因此所测得的 $V_{骨架}$ 是一种近似值。如溶剂选择适当,使溶剂分子几乎完全充满骨架之外的所有空间,视密度也就相当于骨架密度,这时也可用视密度作为骨架密度。

显然,上述几种密度存在以下关系:

$$\gamma_b < \gamma_p < \gamma_t$$

4. 孔结构

固体催化剂多数是多孔性颗粒,是由微小晶粒或胶粒聚集而成,内部含有许多大小不等、形状各异的微孔,催化剂的孔结构与其催化性能密切相关,涉及催化剂吸附分子的大小、吸附的可逆性、吸附与脱附的动力学、催化剂的选择性、机械强度和耐热性及使用寿命等。描述孔结构的参数有孔体积、孔隙率、平均孔半径及孔径分布等。

(1) 孔体积

1g 催化剂颗粒内部所有孔的体积总和称为比孔体积或比孔容积，简称孔体积或孔容，以 V_g 表示，单位为 mL/g。

孔体积常由测得的颗粒密度与骨架密度按下式计算：

$$V_g = \frac{1}{\gamma_p} - \frac{1}{\gamma_t} \tag{15-6}$$

式中 $\frac{1}{\gamma_p}$——1g 催化剂内所有含有孔的颗粒所占的体积；

$\frac{1}{\gamma_t}$——1g 催化剂骨架所占的体积，两者之差即为 1g 催化剂内孔的纯体积。

催化剂孔体积常用四氯化碳法测定，其基本原理是在一定的四氯化碳蒸气压力，四氯化碳会在催化剂的孔中凝聚并将孔充满，凝聚了的四氯化碳体积就是催化剂内孔体积。为了考察反应物在催化过程中的扩散行为和催化剂内表面的有效利用率，常需要测定催化剂的孔体积。

(2) 孔隙率

孔隙率是催化剂颗粒内孔隙占据的体积 $V_{孔}$ 在颗粒体积（不包括颗粒间的空隙）中所占据的分率：

$$\theta = \frac{\left(\frac{1}{\gamma_p} - \frac{1}{\gamma_t}\right)}{\frac{1}{\gamma_p}} = 1 - \frac{\gamma_p}{\gamma_t} = \gamma_g \gamma_p \tag{15-7}$$

孔隙率的大小决定着孔径和比表面积的大小。一般情况下，催化剂活性会随孔隙率的增大而升高，但机械强度随之下降，所以要根据具体情况选择孔隙率的大小。

(3) 平均孔半径

由于催化剂的真实孔结构十分复杂，有关其孔半径的计算也十分困难。为了能够考察孔中的扩散速度和反应速率，需要有一个能反映出一般孔结构的基本考量，并能以实验量表示的孔的简化模型。把实际孔简化，常采取以下方法：假设一个颗粒有 N 个孔，其大小相同，并呈圆柱状，自颗粒表面深入至颗粒内部。以 $\bar{L}$ 表示圆柱形孔的平均长度，以 $\bar{r}$ 表示圆柱形孔的平均孔半径，由这样的简化模型出发，就可列出孔所具有的面积和体积的数学式。

设每一颗粒的外表面积为 S_o，每单位外表面上的孔口数为 n，则每一颗粒的总开口数为 nS。则圆柱形颗粒的内表面积应为 $nS_o 2\pi\bar{r}\bar{L}$。设 V_p 是每个颗粒的体积，γ_p 代表颗粒密度，$V_p\gamma_p$ 就代表一个颗粒的质量，S_g 是比表面积，催化剂的 γ_p 和 S_g 可由实验测得，故从实验数据可以算出每个颗粒的总表面积为 $V_p\gamma_p S_g$，因多孔性催化剂颗粒的内表面积的值远大于外表面积 S_o，在忽略颗粒的外表面积后，则

$$nS_o 2\pi \bar{r}\bar{L} = V_p\gamma_p S_g \qquad (15-8)$$

同理，可以将一个颗粒内部孔的体积写为 $nS_o\pi \bar{r}^2\bar{L}$；一个颗粒的总体积为 $V_p\gamma_p V_g$。V_g 是催化剂的比孔体积，可由实验测得，则

$$nS_o\pi \bar{r}^2\bar{L} = V_p\gamma_p V_g \qquad (15-9)$$

由以上两式相除得到

$$\bar{r} = \frac{2V_g}{S_g} \qquad (15-10)$$

上述平均孔半径 $\bar{r}$ 是从简化模型得到的，$\bar{r}$ 与比孔体积成正比，而与比表面积成反比。因此可从实验测得的 S_g 和 V_g 算出催化剂的 $\bar{r}$ 值，并将它作为描述孔结构的一个平均指标。在讨论同一个催化剂由于孔结构不同而对反应活性或选择性的影响时，常常是比较催化剂的平均孔半径 $\bar{r}$ 的大小。

(4) 孔径分布

为了考察催化剂颗粒内孔对反应速率的影响，只知道孔的总体积和平均孔半径两个参数是不够的，还必须知道其各种孔所占的体积分数。孔径分布或称孔(隙)分布即是孔体积随孔径小的关系。

通常将孔半径小于 $0.01\mu m$ (10nm) 的孔称为细孔；$0.01 \sim 0.2\mu m$ 的孔称为过渡孔，孔半径大于 $0.2\mu m$ (200nm) 的孔称为大孔。1972 年国际纯粹与应用化学联合会(IUPAC)按孔宽度将孔尺寸划分为三类：小于 2nm 的称为微孔，$2 \sim 50nm$ 的称为介孔(或中孔)，大于 50nm 的称为大孔。为方便起见，常将催化剂的内孔大小分为细孔(孔径小于 10nm)及粗孔(孔径大于 10nm)两类。

催化剂的孔径分布测定可分为细孔半径及其分布和粗孔半径及其分布两种测定方法。细孔半径及其分布测定一般采用气体吸附法，它是以毛细管凝聚现象为基础，并通过开尔文方程计算而得。只需实验测定不同相对压力 p/p_o 下的吸附量，通过开尔文公式计算出相应吸附相对压力下的孔半径 r_k，以 r_k 对吸附量作图可得到孔结构曲线。在孔结构曲线上用作图法求求取当孔半径增加 dr 时液体吸附量的增加体积 dV(即孔体积增加值)，然后以 dV/dr 对 r 作图，即可得到催化剂的孔径分布曲线。

催化剂的粗孔半径及其分布常用压汞法测定。压汞法又称汞孔度计法。测定是在特别的汞孔度计中进行。将样品放在样品管中后，用汞把样

品浸没，然后加压将汞压入孔中。根据实验测得的压入汞体积与相应压力下计算孔半径的关系式所算出的孔半径，可求出对应尺寸的孔体积，以孔体积对孔半径作图，即可得到催化剂粗孔的孔径分布曲线。

5. 比表面积

单位质量催化剂的总表面积称为比表面积，单位为 m^2/g。而单位质量活性组分具有的表面积称为活性组分比表面积。催化剂的表面可分为内表面与外表面两种，对于非孔性催化剂，它的表面可看成是外表面，而对多孔性催化剂，它的表面有内、外的区别。内表面是指它的细孔内壁，其余部分为外表面。孔径越小，孔数量越多时，比表面积越大。在这种情况下，内表面积很大，总表面积主要由内表面提供，外表面可忽略不计。

测定催化剂比表面积的方法很多，如气体吸附法、X 射线小角衍射法、电子显微镜法等，它们各有优缺点，不同的样品可采用不同的方法测定。它又可分为物理吸附法及化学吸附法。物理吸附法是通过吸附质对多孔物质进行非选择性吸附来测定比表面积，它又可分为 BET 法及气相色谱法。其中 BET 法是根据 Brunauer、Emmett 及 Teller 三人于 1938 年提出的多分子模型，并导出与之相应的吸附等温方程，称为 BET 公式，用于比表面积的测定，是目前用于测定多孔固体比表面积的常用方法。

用 BET 法测定的是催化剂的总表面积。通常催化剂的总表面积中只有一部分是活性表面积。对于无载体的催化剂（如金属粉末或金属氧化物），用 BET 法测得的表面积就是活性表面积，而对负载于载体上的多组分金属催化剂，只有暴露的金属表面是有催化活性的，这种活性表面积可用化学吸附法测定，其依据是各种气体（主要是 H_2、O_2、CO）在体系中各组分上的吸附只发生在催化剂的活性组分上，而载体对这类气体的吸附可以忽略不计。因此，在一定条件下测定催化剂表面某组分化学吸附气体的体积，就可计算出活性表面积或活性组分比表面积。

比表面积是表征催化剂性质的重要指标之一，对其测定及表征不仅对催化剂研究有重要意义，而且还可根据测得的比表面积判别催化剂失活、使用寿命及与载体的作用等相关信息。

6. 机械强度

固体催化剂的机械强度是指催化剂受力时抵抗破坏能力的强度。它也是催化剂的一个重要性能。一种固体催化剂应有足够的强度来承受下述不同形式的受力：①应经得住催化剂在干燥、焙烧、活化等制备过程及包装、运输中引起的碰撞及磨损；②能承受催化剂往反应器装填时所产生的碰撞及冲击；③能经受催化剂使用时由于相变及反应介质的作用所发生的化学变化；④能承受催化剂自身质量、压力降及热循环所产生的外应力；⑤流化床用微球催化剂应能经受催化剂颗粒之间及颗粒与器壁之间的摩擦及碰撞。按催化剂外形及抵抗外力形式的不同，表征催化剂机械强度的方法，又可分为压碎强度、磨损强度、冲击强度、抗相变或化学变化所引起内应力变化的强度、衡量微球催化剂耐磨性的磨损指数等。

（1）压碎强度

催化剂压碎强度是指均匀施加压力到成型催化剂颗粒碎裂前所承受的最大负荷。此强度表示出催化剂颗粒抵抗反应流体产生的冲击力、摩擦力、经受上层催化剂的质量负荷，以及抵抗温度、相变应力等作用的能力。

测定压碎强度多采用单颗粒压碎试验法及堆积压碎法。单颗粒压碎试验要求测试大小均匀的足够数量的颗粒（不少于 50 粒），以它的平均值作为测定结果，常用测试方法有正、侧试验法和刀刃试验法，而以正、侧试验法较为常用。测定时将代表性的单颗粒催化剂以正向（轴向）或侧向（径向）或任意方向（球形颗粒）放置在两平直表面间使其受压缩负荷，测量颗粒被压碎时所加的外力作为强度值。片剂可用轴向压碎强度（MPa）或径向压碎强度（N/cm）来表示。条形、圆柱体、环形、轮辐形颗粒等均用径向压缩强度（N/cm）来表示。而球形、齿球形催化剂用点压碎强度（N/颗）来表示。

对于细颗粒催化剂，若干单粒催化剂的平均压碎强度并不重要，有时可能有百分之几的破碎就会造成催化剂床层压力猛增而被迫停车。所以对于小颗粒催化剂可采用堆积压碎强度试验，将一定量催化剂堆放于堆积压碎仪的油压活塞下，在不同的固定压力下测量催化剂的破碎率，并以此表示堆积压碎强度的测试结果。

(2) 磨损强度

磨损强度定义为一定时间内磨损前后样品质量的比值。催化剂在搬运、装填或操作时，因ান向磨损，微粒会从摩擦表面不断脱落和分离，因而用磨损强度表征催化剂的抗磨损能力。

$$磨损强度 = \frac{W_1}{W_2} \times 100\% \qquad (15-11)$$

式中　W_1——t 时间内未被磨损脱落的试样质量，kg；
　　　W_2——原始试样质量，kg。

测定磨损强度的实验装置是基于工业用的球磨机、振动磨、离心磨的设计建立的。如将一定质量的催化剂颗粒封入规定的容器内，以规定的速度正、倒转或回旋转动容器，经过一定时间以规定网目的筛分，测定未被磨损脱落的试样质量。显然，测得的磨损强度值越大，催化剂的抗磨能力也越强。

(3) 磨损指数

流化床用微球催化剂在流化床、输送管道及再生器等操作过程中，催化剂颗粒之间以及颗粒与器壁之间经常发生激烈碰撞，为避免催化剂的过度粉碎，以保证良好的流化质量及减少磨损，要求微球催化剂具有一定的机械强度及耐磨性。为此采用磨损指数来评价微球催化剂的耐磨损强度。

测定磨损指数常使用高速喷射试验法，使被测样品在空气流的喷射作用下呈流化态，测量微球间互相摩擦生成的细粉量，由此计算磨损指数，例如将一定量的微球催化剂放在特制的容器中，用高速气流冲击 4h，称量所产生的小于 $15\mu m$(或 $20\mu m$) 的细粉占试样品大于 $15\mu m$(或 $20\mu m$) 催化剂的质量分数即为微球催化剂的磨损指数。催化裂化催化剂的磨损指数测定方法有鹅颈管法和直管法两种，通常用直管法测得的数据要大于鹅颈管法。

(五) 催化剂的基本性能要求

一种优良的工业催化剂，必须在催化反应所需的温度、压力、流速及停留时间等工艺条件下能长期正常运转，有良好的机械强度以及抵抗气流冲刷而不粉化，有良好的耐热、抗毒稳定性而保持良好的活性及选择性。也即在催化剂的化学组成及宏观结构后，衡量该催化剂质量最直观和最重要的参数是催化剂的活性、选择性及稳定性等指标。

1. 活性

催化剂的活性是指催化剂加快反应速率的一种量度。它表示催化反应速率与非催化反应速率之差。由于非催化反应速率很低而可忽略不计,因此催化剂的活性即相当于催化反应速率。在给定的反应条件(温度、压力、空速等)下,高活性催化剂可以使生产强度增加。因而在研制开发新催化剂时,大量的试验工作是围绕催化剂活性进行的。为衡量催化剂的活性,有多种表示方法,常用的有以下几种方法。

(1) 用反应速率常数 r 表示

反应速率常数又称比速,是指单位浓度反应物的反应速率。反应速率方程的一般表示式:

$$r = kC_A^a C_B^b \qquad (15-12)$$

式中　k——反应速率常数;
　　　C_A、C_B——反应物 A、B 的浓度;
　　　a、b——反应物 A、B 的反应级数。

用反应速率常数表示催化剂的活性时又可分为以下两种方法:

① 用单位表面积催化剂上的反应速率常数表示,称为表面比活性(或表面比速率常数):

$$k_s = \frac{k}{S} \qquad (15-13)$$

式中　k_s——表面比活性;
　　　k——反应速率常数;
　　　S——催化剂表面积。

也即表面比活性可通过测定的催化反应速率常数与催化剂表面积之比来表示。

② 用单位体积催化剂上的反应速率常数表示,称为体积比活性(或体积比速率常数):

$$k_v = \frac{k}{V} \qquad (15-14)$$

式中　k_v——体积比活性;
　　　V——催化剂体积。

即体积比活性可通过测定的反应速率常数与催化剂体积之比来表示。

用反应速率常数比较活性时,要求温度相同,而不要求反应物浓度及催化剂用量相同,但在不同催化剂上进行同一反应时,只有在所测催化剂上有相同的反应速率方程时,用速率常数比较活性大小才有意义。

(2) 用时空收率表示

时空收率是指单位时间内以空间速度 v_o 流过催化剂的原料气可生成某一产物的质量。常以单位时间内每单位体积(或质量)催化剂所获得的目的产物量来表示。有时也称时空得率或产率。

如对于反应 $aA \rightarrow bB$,产物 B 的时空产率为

$$Y_B = \frac{N_B}{V \times t} \quad (15-15)$$

式中　Y_B——时空产率,$g/(mL \cdot h)$ 或 $t/(m^3 \cdot d)$;
　　　N_B——目的产物 B 的质量,g 或 t;
　　　V——催化剂体积,mL 或 m^3;
　　　t——反应时间,h 或 d。

用时空收率表示催化剂活性具有简单直观的特点,但因时空收率不仅与反应速率有关,还与工艺操作条件有关。如空速增大,可使反应物在催化剂床层中的平均停留时间减少,使转化率下降,但时空收率则不一定下降,有时还会增大。而此时催化剂的活性并未发生变化。所以,用时空收率来表示催化剂活性,有时并不十分确切。

(3) 用反应速率表示

化学反应时物质的量一定发生改变,反应速率又称反应速度,一般以单位时间(t)内反应物消失的速率或产物生成的速率来表示。但采取的基准不同时,表示的形式不同,一般采用以下几种形式。

① 以催化剂装填体积为基准时:

$$r_V = -\frac{1}{V}\frac{dN_A}{dt} = \frac{1}{V}\frac{dN_B}{dt} \quad (15-16)$$

式中　V——催化剂装填体积;
　　　dN_A——在 dt 时间内反应物的减少量;
　　　dN_B——在 dt 时间内反应产物的增加量。

② 以催化剂的质量为基准时:

$$r_M = -\frac{1}{m}\frac{dN_A}{dt} = \frac{1}{m}\frac{dN_B}{dt} \quad (15-17)$$

式中　m——催化剂装填质量(或重量)。

③ 以催化剂的表面积为基准时:

$$r_S = -\frac{1}{S}\frac{dV_A}{dt} = \frac{1}{S}\frac{dN_B}{dt} \quad (15-18)$$

式中 S——催化剂的表面积。

用反应速率比较催化剂的活性时,应保持反应条件相同,即必须保持反应的温度、压力及反应物组成相同。工业催化剂的装填通常以体积或质量为基准。虽然用表面积为基准更能表征催化剂的催化活性,但因催化剂表面不是所有部位都有催化活性,即使两种催化剂的化学组成及比表面积都相同,但其表面上的活性中心数也不一定都相同,需要考察表面上的活性中心浓度,故以表面积为基准的方法一般不常用。

(4) 用转化率表示

转化率又称反应率,是指在一定反应条件下,已转化掉的反应物的量占进料时反应物总量的质量分数。设 A 为主要反应物,B 为目的产物,则反应物 A 的转化率 X_A 可写成:

$$X_A = \frac{N_t - N_A}{N_t} \times 100\% \qquad (15-19)$$

式中 N_A——反应后反应物 A 剩余的摩尔数;

N_t——反应物 A 总的摩尔数。

在用转化率比较催化剂活性时,要求反应温度、压力、原料气浓度和反应物在催化剂床层的停留时间相同。而对一级反应,由于转化率与反应物质浓度无关,则并不要求原料气浓度相同。如果反应物不是一种时,按不同反应物计算所得的转化率也不相同,而通常关心的主要是关键组分的转化率,是工业上表征催化活性的主要方法。

2. 选择性

催化剂并不是对热力学允许的所有化学反应都能起作用,而是特别有效地加速平行反应或连串反应中的一个反应。催化剂对这类复杂反应有选择地发生催化作用的性能就称为催化剂的选择性,通常用目的产物的产率来量度。用公式表示时,选择性 S 可表示为

$$S = \frac{\text{转化为目的产物的某一反应物的量}}{\text{已转化的某一反应物的量}} \times 100\% \qquad (15-20)$$

工业催化过程中,除主反应外,常伴有某种程度的副反应,因而选择性总是小于 100%。催化剂的选择性也反映出相关原料价格的高低及反应产物分离处理的难易。如果反应原料昂贵或产物与副产物很难分离,最好选用高选择性催化剂。反之,如原料价廉且原料与产物易于分离,则宜采用高活性(即高转化率)的催化剂。

3. 稳定性

催化剂的稳定性是指催化剂在使用过程中的活性及选择性随反应时间变化的情况。测定某种催化剂的活性及选择性较为容易，但要考察其使用稳定性既费时又较复杂。影响催化剂的稳定性因素很多，通常包括以下几个方面。

(1) 化学稳定性

指催化剂在使用过程中保持活性组分及助催化剂有稳定的化学组成及化合状态，不因气流作用发生挥发、流失或因高温而发生半熔结、熔结或其他化学变化，保持催化剂有效的活性及选择性。

(2) 耐热稳定性

催化剂的耐热稳定性一般可用耐热性来表示，即从使用温度开始逐渐升温，看它能耐受多高的温度和多长的反应时间而保持活性不变。耐热温度越高，时间越长，则催化剂热稳定性越好。

(3) 抗毒稳定性

指催化剂对有害杂质的抵制能力，对于毒物有足够的抵抗力，有较长的使用周期。催化剂中毒本质上多为催化剂表面活性中心吸附了毒物，或进一步转化为稳定的表面化合物，钝化了活性中心，从而降低催化剂的活性及选择性。

衡量催化剂抗毒性能的方法大致可分为以下几种：①在反应原料气中加入一定量的有关毒物，使催化剂发生中毒后，再用纯净的原料进行测试，以观察其活性和选择性能否恢复或恢复的程度如何；②在反应原料气中配入有毒物质，至活性及选择性维持在给定的水平上，观察毒物的最高允许浓度；③将中毒后的催化剂经一定方法再生处理后，观察其活性及选择性能否恢复或恢复至什么程度。

(4) 机械稳定性

固体催化剂颗粒抵抗摩擦、冲击、重力、温度及相变等引起各种应力的程度统称为机械稳定性。且工业实用价值的催化剂应有以下特性：①能经得起在包装及运输过程中引起的碰撞及磨损；②能承受住往反应器装填时所产生的冲击及碰撞；③能经受使用时由于相变及反应介质的作用所发生的化学变化；④能承受催化剂自身质量、压力降及热循环所产生的外压力。

催化剂因制法不同而产生的孔隙结构、晶格缺陷、载体性质、活性组分及助催化剂的组成、成型助剂及成型方法等因素都会影响催化剂的稳定性。

4. 使用寿命

催化剂使用寿命是指催化剂在反应运转条件下，在活性及选择性不变的状态下能连续使用的时间（单程寿命），或指每次活性下降后经再生处理而使活性又恢复的累计使用时间（总寿命）。常用年、月、日或小时等来计量。工业催化剂的使用寿命各不相同，寿命长的可用十几年，寿命短的只能用十几天；而同一种催化剂，因操作条件不同，其使用寿命也会有差异。一般只有在相同的操作条件下比较催化剂使用寿命才会有实际意义。工业上常用单位时间单位催化剂（每立方米、每吨或每千克）能生产出多少吨（或千克）产品（称为催化剂时空产量）。或用其倒数，即单位产品消耗多少数量催化剂来表示催化剂的使用寿命。通常，催化剂的使用寿命可以表示其稳定的程度。

催化剂在使用过程中会因多种因素而失活，不论何种催化剂都不能永久使用。根据作用机理，影响催化剂使用寿命的主要因素有以下一些：①催化剂中毒，是指活性和选择性因受某些微量毒物的影响而明显下降甚至完全消失的现象。按照毒物的作用特性可分为可逆性中毒（又称暂时中毒）和不可逆中毒（又称永久性中毒）两种。前者通过适当的处理可使丧失的活性，至少是部分活性能得以恢复；而后者催化剂丧失的活性无法再恢复。②发生半熔，指催化剂在高温气氛下运行时，催化剂比表面积减少，并随着易形成活性中心的晶格组织不完整部分发生减少或消失的现象。半熔又可分为量半熔及质半熔两种类型，前者是由于受热，催化剂活性物质的晶粒变大（比表面积减小，细孔直径增大）、活性点减少的现象；后者是由于受热，易形成活性中心的晶格组织不完整部分减少、活性点强度减少的现象，这时催化剂活性物质的比表面积基本不变。③化合形态及化学组成发生变化，即催化剂在使用过程中因原料或反应物混入杂质，或是反应生成物本身与催化剂发生作用，造成催化剂的化合形态发生变化。此外，催化剂受热或周围气氛也会使催化剂表面组成发生变化。④催化剂形状结构发生变化，指因催化剂受急冷、急热、机械力等因素使催化剂外观形状、粒度分布、活性组分负载状态及机械强度等发生变化。

实际上，影响催化剂使用寿命的因素很多，而且往往是多种因素综合作用的结果。

5. 再生性

催化剂长期使用时，其活性必然会下降。因此，在开发一种工业催化剂时，必须要考虑到再生的可能性。也即当催化剂的活性和选择性逐渐丧失，不能再继续使用时，就需通过适当的方法进行再生处理，使催化剂全部或者大部分回复到原有的催化性能。再生虽然是一种消极的方法，但却常用于工业上，尤其对烃类裂解、脱氢等易发生结炭的反应应用更广。

通常将活性下降甚至失活后的催化剂进行一次或多次处理，使催化剂的活性得以部分乃至完全恢复的特性称作催化剂的再生性。衡量催化剂再生性能的一个重要的标志是催化剂的再生周期，可用下式表示：

$$催化剂再生周期(h) = \frac{末期温度(℃) - 初期温度(℃)}{催化剂失活速率(℃/h)} \quad (15\text{-}21)$$

催化剂可在反应过程中连续进行再生，也可反应后再生。而催化剂的可再生性既与催化剂的组成配方、孔结构、比表面积及机械强度等特性有关，也与催化剂的实际操作工况有关。

十六、工业催化剂制备的一般特点及质量控制

(一) 工业催化剂制备的一般特点

催化剂与只要符合一定规格就有市场的其他大规模生产的化工产品不同，它必须在实际操作条件下长时期运转中保持优异催化性能才有工业应用的价值。所以，即使实验室评价考核的各种结果都很好的催化剂，也并不意味着工业催化剂的完成。如表 16-1 所示，用于实验室研制的催化剂所应满足的要求可以完全同于工业生产用的催化剂，也即实验室考核的催化剂可以用各种不适用于大规模生产的方法来制备，制备方法的选择决定于希望最终的化学组成、物化特性、所需要的催化功能等。制备方法可以是简单的，而如需要对给定的反应具有最大的催化活性和选择性，也可以采用特殊的工艺及操作方法进行制备。然而，即使实验室的各种结果显示良好的催化剂，也并不意味着工业催化剂的完成。与一般化工产品相比较，工业催化剂产生具有以下特点。

表 16-1 实验室催化剂及工业催化剂的要求区别

参　　数	实验室催化剂	工业催化剂
数量	以 g 或 mL 计量	以 kg 或 t 计量
运转时间	以小时、日计	以月、年计
操作状况	稳定可控制	不稳定有时会很严重
反应性	反应机理	反应控制步骤
选择性	主要产物多少	副产物多少
性能表示	反应速率大小	转化率及收率
关心着眼点	过程及数据	产品质量及经济效益

(1) 满足用户对催化剂的性能要求

一种工业催化剂，通常是由生产厂与用户签订正式协议后，生产厂才

开始组织生产。催化剂用户对催化剂的性能要求如下：①良好催化活性；②选择性高；③使用寿命长；④机械强度适中，稳定性好；⑤有高度耐中毒能力，可再生复活等。

要做到满足上述要求取决于以下条件：①有适宜的比表面积及孔体积大小；②有适宜的孔径分布；③良好的机械强度；④具有合理流体力学特性的外观形状；⑤基质上活性组分的最佳浓度及分布；⑥要求的晶格大小及相组成等参数。

（2）达到良好的制备重复性

催化剂生产中由于原料来源改变或操作控制中的细小变化都会引起产品性质的很大变化。制备重复性问题在实验室研制阶段就应引起重视。当几种制备技术都能达到同样的性能要求时，应尽量选择操作可变性较大的制备方法。在催化剂工业放大制备初期阶段，有时会出现产品性能重复性不好的现象。这时可从两方面找原因：第一个原因与制备工艺选择无关，主要是由于产品质量检测及控制不完善或由于操作人员不熟练等原因所造成。这时，只要加强质量检测工作，提高操作水平就可以得到改进；第二个原因是选择的工艺条件及单元操作设备不当所引起。一般说来，所选择的工艺参数范围越窄，制备的产品质量越高，重复性就越好；反之，则重复性差。但是，选择的工艺参数范围越窄，会使工艺过程和设备复杂化，控制精度提高，生产投资费及操作费用增加。此外，催化剂所用原料纯度及规格的变化也是影响产品性能重复性的一个原因。

（3）生产装置有较大的适应性

除大型炼油及石化装置使用的催化剂外，许多化工及精细化工催化剂的吨位数一般不是太大，但产品品种却较多，为了适应品种多、灵活性大的特点，催化剂生产厂常将各类生产设备装配成几条生产线，将使用相同单元操作的几种催化剂按需要量和生产周期的长短安排于同一生产线上生产。这样可以提高设备利用率，降低产品成本，并生产出不同组成及形状的各种催化剂。

（4）生产操作人员技术要求高

催化剂生产厂由于交替生产不同牌号的催化剂，因此，所用原材料、工艺配方、原材料及产品分析方法、生产流程及设备类型都会随时发生变化。生产操作人员应具备较好的化工基础知识，熟练掌握多品种生产方法，防止因操作失误造成质量事故或安全事故。

（5）要重视三废处理，减少环境污染

催化剂生产所用原材料品种多、组成复杂，生产过程会产生不同类型的有毒有害气体、废液及废渣。因此，生产装置必须认真考虑三废处理，以免污染环境。

（二）原料的选择及使用

制造催化剂的化工原料种类繁多，选择和使用好原料是一项细致而重要的工作，正确选择原料不仅在技术和经济上有重要作用，而且对产品质量有重要影响。

1. 原料的采购及科学管理

实验室制备催化剂，通常用试剂级的纯化学品作原料，这是因为制备的催化剂量少，用试剂级化学品作原料所增加的费用有限，而排除原料杂质干扰所带来的好处却很大。而在放大制备或工艺生产中，由于原料用量大，为了降低成本，原料价格必须越低越好，但催化剂毕竟不是普通化工商品，首先要在保证催化剂质量的前提下，选用或采取代用原料。需要注意的是，在放大制备或大批量生产时不要贸然换用一种质量规格相差极大的原料，这等于将原料选择的试验推到放大制备中进行，一旦出现催化剂质量问题，由于原料及设备放大等问题相互交错，反而会造成经济上或时间上的损失。因而，在工业生产前，应对催化剂所用各种原料进行仔细综合分析，并结合其他催化剂制备经验，哪些原料必须保证其质量规格。同时先用化学试剂之类原料作小批量试验或生产，在逐步认识基础上，并结合催化剂物性检测及评价试验，再从经济上或原料供应上考虑，选择低价原料作重复试验，最终决定所用原料质量规格及供应商。

原材料的采购是科学管理的重要环节，催化剂生产厂应把物资采购作为全面质量管理工作的一项重要内容予以重视。应将生产所需的原材料的质量标准作为采购依据，特别对于稀有及重要的原料，应对供方生产能力、产品质量、数量、价格、保证能力进行综合分析评价。对进厂的原料应及时到现场检查外观、包装、数量情况。有条件的企业可按质量标准规定的方法取样、检验，对检测记录、质量报告要妥善保存，以便查用。

2. 贵金属资源

贵金属一般是指金、银、铂、钯、铑、铱、锇及钌，共8种金属。除金和银以外的6种金属称为铂族金属或铂族元素。铂族元素除因资源缺少而价格昂贵以外，还因为其具有良好的化学稳定性以及独特的催化活性。贵金属(特别是铂族金属)用于催化反应的历史很久，尤其是在加氢反应及脱氢反应中的应用更为广泛。这是由于铂族金属的电子结构及化学吸附能力的特殊性所造成的。铂族金属对于除二氧化碳和氮以外的气体，都是不可逆的化学吸附。铂族金属在与氢有关的反应常显示出高的催化活性。

除在催化领域外，铂族金属在国防工业、微电子工业、新能源工业及环保等行业的消费量逐年增大。鉴于贵金属特别是铂族金属的特殊性及价格昂贵，而且我国使用的铂族金属中很大一部分要依赖进口，在使用或选用铂族金属作催化剂活性组分时应注意以下几点：①要反复试验确定贵金属比例，在不影响催化剂活性及选择性的前提下，减少铂族金属用量；②必须使用铂族金属作活性组分时，要认真选择制备方法及单元操作，提高铂族金属的分散度及利用率，减少活性组分负载量；③失活的废催化剂中的铂族金属应回收精制，催化剂用户缺乏回收技术及装置时，应送有回收能力的专业厂进行回收；④有长期而稳定的铂族金属货源供应。

3. 稀土元素及其化合物

稀土元素是指元素周期表中第3列(ⅢB族)的钪(Sc)、钇(Y)及镧系共17个元素，它们在自然界中共同存在，性质十分相似。具有独特的4号电子结构，大的原子磁矩，很强的自旋耦合等特性。稀土元素也是具有高电荷和高氧化能力的大离子，能与碳形成强键，并易获得和失去电子，促进化学反应。许多稀土材料具有较高的催化活性。无论对于多相或均相反应，与传统催化材料比较，稀土催化材料具有催化活性高、选择性及稳定性好等特点，可广泛用于氧化、加氢、脱氢、酯化、脱水等反应。

我国是世界上稀土资源最丰富的国家，储量是国外稀土总量的约2.2倍，具有分布广、矿种全、品种优等特点。目前，用作催化材料时，一般是以氧化物、盐类、金属间化合物的形式使用。由于稀土元素和其他元素之间有很大的互换性，因此它既可用作主催化剂作为催化剂的主要成分，也可用作助催化剂而作为催化剂的次要成分，还可用作载体对活性组分起着稳定及分散作用。如在催化裂化过程中，由于稀土原子具有可变的配位数，稀土离子能稳定X型及Y型分子筛结构，其催化活性优于不含稀土的分子筛催化剂。所以，目前常用的催化裂化分子筛催化剂，大都含有稀土氧化物。我国贵金属资源比较贫乏，因此，在使用贵金属催化剂较多的领域(如汽车尾气净化、氨氧化等),使用含少量贵金属的催化剂,降低贵金属用量,是一项具有战略意义的工作。除此以外,在有机合成、烃类氧化、水煤气转化、脱氢等催化反应中,也可采用稀土替代部分铬、钼、钨、钒等催化材料。

4. 大宗化学品

催化剂生产过程会使用大量酸、碱、盐等大宗化学品,这些化学品大多具有腐蚀性。因此,要认真选用这类原料的储罐及管件材料。要预防这些原料因储存、转运、输送所产生的腐蚀物、沉淀物或杂质进入催化剂或载体中,影响催化剂产品质量。

(三)催化剂生产中的质量控制

催化剂生产需要的化工原料种类繁多,所用原料的质量好坏会直接影响成品催化剂的质量。在催化剂生产的各个单元操作过程中,对原料、工作溶液、半成品及成品常都明确了质量控制项目。为确保生产的催化剂达到性能指标要求,并有好的重复性,在催化剂质量控制上应注意以下几个方面。

1. 化工原料的入厂检验

对已定型生产的催化剂,其所用原材料都有严格的规格要求。原料进厂时应严格按所要求的产品技术标准进行验收。质检部门在接到供应部门进货通知后,应及时到现场检查外观、包装、数量情况,然后按标准规定的方法进行取样、检测,尽快将准确的检测数据报告给供应及有关生产部门。对检测记录应妥善保存。对经质量检测不合格的化工原料,应立即填写质量异常反馈单,将结论和意见及时反馈给供应及生产等有关部门,以便采取相应措施。对质量不合格的化工原料,特别是关键原料或主要质量指标不合格的原料不允许投入生产。

对质量合格的原料,企业应制定严格的仓库管理制度,实行标准化管理。对一般化工原料与易燃、易爆、剧毒等原料应按原料的性质及要求分别存储。

2. 化学组成分析

固体催化剂的生产原料，主要是各种无机酸、碱、金属盐类及载体材料。它们大都是一些无机化合物，对原料、工作溶液、半成品的分析主要是无机分析。在选择分析方法时应从以下几个方面考虑。

① 所选用的方法在满足测定准确度之一前提下，应能在较短时间内获得测定数据，也即分析要起到催化剂生产的眼睛作用，分析必须快速而准确，特别对关键项目的分析要快而准，以确保催化剂产品质量和指导生产有序进行。

② 从大量的原料、工作溶液、半成品及成品中取样时，取得的样应有代表性，以便分析结果更符合物料的真实组成。对于气体、液体、金属及某些较为均匀的原料或产品，可以任意采取一部分稍加混合后取出一部分即可成为具有代表性的样品；对一些颗粒大小不匀，成分混杂不齐，组成不均匀的物料，为取得具有代表性的均匀试样，应按照一定顺序，自物料的各个不同部位，分别取出一定数量大小不同的颗粒，经破碎、过筛、混匀、缩分等步骤制备可供分析化验用的具有代表性的均匀试样。常用的手工缩分法是"四分法"，即先将已破碎的样品充分混匀，堆成圆锥形，将它压成圆饼状，通过中心按十字形切为四等分，弃去任意对角的两份，将剩余两份取出进一步破碎，过筛后混合均匀堆成一堆，再按如上所述进一步缩分，直至达到需要的细度和数量为止。

③ 根据被测组分含量的多少来选用适当的分析方法。按被测组分的含量不同，可粗略地分为常量组分(大于1%)，微量组分(0.01%~1%)和痕量组分(小于0.01%)的分析。不同含量的组分各有适用的方法。

常量组分常采用重量分析法和滴定分析法。由于滴定法简便快捷，对两种方法都能适用的分析，一般选用滴定法。但滴定法需要配制标准溶液，当需要测定某一组分，而测定次数不多时，则还是用重量法为好。

对微量组分的测定可以选用灵敏度较高的其他分析方法，如光电比色法、分光光度法等。

由于大部分金属离子能与EDTA形成稳定的配合物，因此大多可选用配位滴定法来测定金属离子。

催化剂大多是由许多元素混杂的化合物组成的，因此不能采用简单的纯物质的鉴定法来进行组成分析。在考虑被测组分的同时，还应考虑共存组分对于测定的影响，这时就应选用特效的方法，否则应设法分离或掩蔽共存的干扰组分来保证测定的顺利进行。

在催化剂生产过程中,要保持不同批次催化剂的质量均匀,不仅在成品阶段,而且对半成品或中间步骤都应进行化学组成分析。无论是半成品或最终产品,其杂质含量都应保持在所要求的极限以下。

3. 相组成分析

除化学组成外,催化剂的相组成基本上决定其表面性质及表观性能,并对催化剂的活性、选择性及稳定性产生很大影响,如对烃类水蒸气转化用镍催化剂的使用条件较苛刻,要经受高温、高压、高流速气速的冲刷,催化剂不但要有良好的催化活性及选择性,还需具备良好的机械强度及稳定性。通过对镍催化剂制备过程的相组成分析,发现铝酸镍尖晶石还原时比镍以氧化物存在得到较细的镍颗粒,细颗粒镍表面利用率高,具有较好的催化活性。而当催化剂中存在尖晶石结构的化合物时,催化剂在操作条件下难以粉碎而保持较好的机械强度。

催化剂载体的相组成对催化剂的结构性质及机械强度起着重要作用。也以烃类水蒸气转代的镍催化剂为例,催化剂的活性组分化合物为 $Ni(NO_3)_2$,助催化剂为 MgO,载体为 Al_2O_3、$CaAlO_2$ 等。制备催化剂的方法可以是沉淀法、浸渍法或混合法等。这三种方法都需经过高温焙烧,使活性组分、助催化剂及载体之间进行固相反应。如 Ni 与 Al_2O_3 生成铝酸镍尖晶石,NiO 与 MgO 生成固溶体等。而经相组成分析表明,在同样处理条件下,镍-氧化铝体系中的镍微晶增大,而镍—氧化铝—氧化钙体系中的镍微晶则保持不变。显示载体相组成对活性组分镍的分散性及其稳定性有较大影响。

氧化铝是固体催化剂最常用的载体,广泛用于制造加氢、脱氢、氧化等催化剂,而氧化铝具有 α-、β-、γ-、δ-、κ-、θ-、ρ-、η-、α -Al_2O_3 等晶型。而在用氧化铝作催化剂载体时,仅知道其化学组成是远远不够的,只有知道其晶相,才能更了解其作用及性质。

催化剂或载体相组成的测定主要采用 X 射线衍射技术。每种结晶物质都有自己的特征粉末衍射图谱,据此和标准衍射谱对照就可对它进行测定。标准图谱已汇编成粉末衍射卡片集,每张卡片都列出卡片编号、样品的化学名称及分子式、矿物学名称及结构式、样品的化学性质、物性数据、晶体学数据、实验条件等。利用这种数据库可对已知化合物的相组成进行鉴定,也可对已知化合物的混合物进行鉴定。

4. 物化性质分析

催化剂物化性质分析的目的是通过对半成品及成品等的物化性质测试，为生产提供该产品理化性质，从而能在生产过程中随时掌握和控制催化剂的质量。生产过程检测的物化性质一般包括吸水性、堆密度、真密度、粒度、筛分组成、比表面积、孔体积、孔半径、孔径分布及机械组成等。不同种类或用途的催化剂，对物化性能的要求也有所差别。所以，应根据不同品种及用途、不同生产阶段，灵活进行物化性质分析。由于催化剂生产的单元操作及生产步骤较多，当某一中间步骤所得半成品的物性出现偏差或达不到质量要求时，要及时查找原因，调整制备方法，切忌在原因不明的情况下继续生产，否则会造成更大的损失。

5. 活性评价

催化剂活性评价大致可分为流动法和静态法两类。前者的反应系统是开放的，供料连续；后者的反应系统是不开放的，供料不连续。流动法与工业生产的实际流程接近，测定装置相对简单，大型炼油及石化装置用催化剂大多采用流动法测定催化活性。但催化剂活性的标准评价方法，主要为催化裂化等少数几个催化剂才有。多数评价方法是随催化剂的品种而异。有时评价测试方法的某些细节也是不轻易公开的技术秘密。对不同类型的催化剂，评价装置有固定床、流化床、高压釜及一些其他专用设备等。

对于一些贵金属催化剂及大吨位工业催化剂，在生产过程中，为了达到质量控制的目的，通常在常规基础上尽可能模拟操作工艺条件，在实验室反应器中进行催化剂的初始活性评价，并选定适当批数在小试验或中试规模的反应器中进行长时间的寿命评价试验，有的则可能通过工业反应器的侧线进行长时间考核。

十七、固体催化剂制备方法

可以用来制备催化剂的材料很多，如以无机材质为主的固体催化剂，可采用的原料有酸、碱、盐、金属、金属氧化物、硫化物，以及白土、硅藻土、高岭土等天然物料。由于催化剂的制备工艺随催化剂的使用目的而异，即使采用同种化工原料并有同样化学组成的催化剂也因具体要求不同而有多种多样的制备及控制步骤，如以无载体混合氧化物催化剂的制备为例，它有如图 17-1 所示的 8 种制法，都可制得活性催化剂：图中方法①是共沉淀法，系将催化剂两个或两个以上的组分同时沉淀的一种方法。主要用于各组分盐的溶液在沉淀时的 pH 值一致的场合；图中方法②是多金属配合物结晶法，它能形成极均匀的氧化物前体，但此法只有在微晶结构的化学当量与催化剂需要的最佳组成相适应时才能使用；图中方法③是胶凝法，此法的主要缺点是原料盐在复分解反应时生成的挥发性或易分解的盐类易包藏于水凝胶中，从而使产品洗涤困难并引起催化剂组成的波动，而杂质的存在会对催化剂的活性及选择性产生不利影响；图中方法④是混合法，也存在类似③法的缺点；图中方法⑤滴状冷凝法，是当饱和蒸气与低于饱和温度的壁面相接触时，放出潜热并冷凝成液体。它仅适用

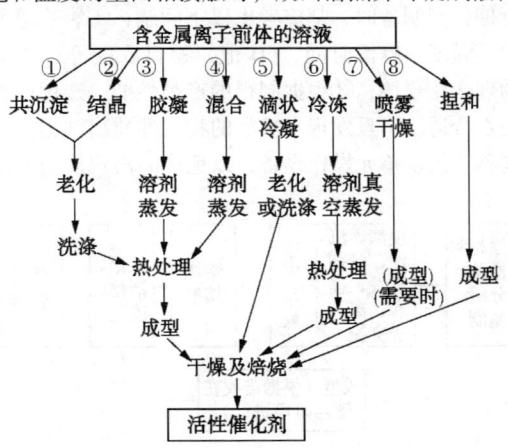

图 17-1　混合氧化物催化剂的各种制备方法

于亲液性的活性组分前体；图中方法⑥是冷冻或低温干燥法，它是将原料盐溶液喷入 $-80 \sim -50$℃ 的 $C_4 \sim C_6$ 脂肪烃中而快速凝结成固体，在这种状态下形成的固体不会发生破坏产品均一性的区域熔融现象，各种有尖晶石型结构的铝酸盐、铁酸盐等可按这种方法制备；图中方法⑦是喷雾干燥法，主要用于制造微球状催化剂或载体；图中方法⑧是捏和法或混浆法，是将一种粉状氧化物与另一活性组分溶液捏合成糊状后成型、干燥和焙烧而制成催化剂。此法虽然简单，但需要较高的最终焙烧温度以完成固相反应并改善催化剂前体分布的均匀性。

从上述例子看出，对于同一种基本原料，由于催化反应不同而需要不同的催化剂时，可以采用不同的制备方法。对于多数固体催化剂而言，催化作用是发生于表面或界面上的表面现象。为了使催化剂具有更多的活性位，应尽可能有更大的表面积，特别是增大催化剂的内表面积，这就需要提高催化剂的多孔性。

目前，无论从催化剂不同用途的要求出发，或是从催化剂多孔性的要求出发，固体催化剂的制备过程可以分为一些连续的基本阶段或单元操作，如沉淀、结晶、老化、干燥、成型、焙烧等。虽然某种催化剂的制备工艺要求不同，但可将某些单元操作的两种或几种按一定方式组合起来形成一条具体的生产工艺路线。

固体催化剂的一般制备过程如图 17-2 所示，在对某种催化剂，可以按其制备性质的需要采用其中一种或多种单元操作过程，而不论选用哪个单元操作进行催化剂制备时，都应考虑以下问题：①影响单元操作的各种因素，如压力、温度、停留时间、pH 值、物料浓度等；②制备过程中发生的化学或物理变化规律；③根据制得的产品性能，选用的设备类型及操作工艺条件是否合适。一旦发现半成品的物化性质出现偏差或质量不合格时，应及时调整工艺及单元操作设备，以免产品出现质量问题而产生大量废催化剂。

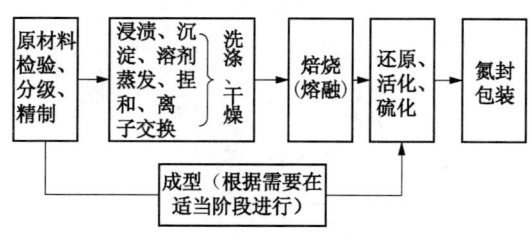

图 17-2　固体催化剂的一般制备过程

十七、固体催化剂制备方法

目前,固体催化剂制备方法有沉淀法、浸渍法、滚涂及喷涂法、溶胶凝胶法、离子交换法、水热法与溶剂法、微波法、混合法、沥滤法、熔融法、冷冻干燥法、微乳液法和膜催化剂等 13 种制备方法,现逐一加以介绍。

(一) 沉淀法制备催化剂

沉淀法是以沉淀操作为制备催化剂的关键和特殊步骤的工艺。工业上几乎所有固体催化剂在制备时都离不开沉淀操作,它们大都是在金属盐的水溶液中加入沉淀剂,从而制成水合氧化物或难溶、微溶的金属盐类的结晶或凝胶,从溶液中沉淀、分离,再经洗涤、干燥、焙烧等工序处理后制成。即使是用浸渍法制备的负载型催化剂,在其生产过程中也会使用沉淀操作。随着催化剂制备技术的发展,沉淀法已由单组分沉淀法发展到多组分共沉淀法、均匀沉淀法、沉积沉淀法、导晶沉淀法及起均匀共沉淀法等多种工艺。而按沉淀物分类又有晶形沉淀法和无定形沉淀法。沉淀法是制备固体催化剂最常用的方法之一。广泛用于制取活性组分含量较高的非贵金属催化剂、金属氧化物催化剂、金属盐催化剂及氧化铝载体等。

1. 沉淀法制备催化剂的基本原理

所谓沉淀是指一种化学反应过程。在过程进行中参加反应的离子或分子彼此结合,生成沉淀物从溶液中分离出来。沉淀法制备催化剂即是在搅拌下将沉淀剂加入某些金属盐类的水溶液中,在一定条件下生成不溶性氢氧化物,或碳酸盐、硫酸盐及有机盐等沉淀物,再经过滤、干燥、热分解等过程制得催化剂或载体。

沉淀的形成是一个复杂的过程,并有许多副反应发生。一般情况下,其形成会经过晶核形成和晶核长大两个过程,可表示为

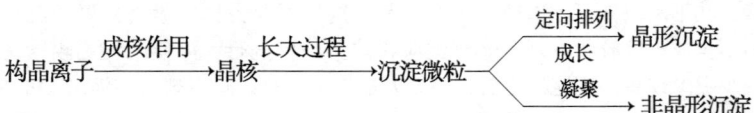

晶形沉淀与非晶形沉淀的最大差别在于颗粒大小不同。晶形沉淀(如 $BaSO_4$)的颗粒直径为 $0.1\sim1\mu m$,具有明显的晶面;非晶形沉淀无明显的晶面,它又可分为无定形沉淀(如 $Fe_2O_3\cdot xH_2O$),颗粒直径仅为

$0.02\mu m$，以及凝乳状沉淀（如 AgCl），颗粒大小介于晶形沉淀及无定形沉淀两者之间。

生成沉淀是晶形还是非晶形，决定于沉淀过程的聚集速率及定向速率的大小。前者是指溶液中加入沉淀剂而使离子浓度乘积超过溶度积时，离子聚集起来生成微小晶核的速率，其大小与溶液的相对过饱和度成正比；后者是离子按一定晶格排列在晶核上形成晶体的速度，它取决于沉淀物的本性。如果聚集速率大，定向速度小，即离子势必很快地聚集起来生成大量沉淀颗粒，却来不及进行晶格排列，则得到的是非晶形沉淀。反之，如果定向速率大，而聚集速率小，即离子较缓慢地聚集成沉淀，并有足够的时间进行定向晶格排列，则得到的是晶形沉淀。

实际上，晶形沉淀和非晶形沉淀的条件在许多方面是不同的。根据催化剂表面结构、杂质含量、机械强度等不同，有些参数要通过晶形沉淀来达到，而有些参数只有通过非晶形沉淀才能满足。因此，在制备催化剂时，应根据催化剂性能对结构的不同要求，控制沉淀物晶型类别及晶粒大小。

一般来说，要获得晶形沉淀有如下条件：①沉淀作用在适当的稀溶液中进行，这样使沉淀作用开始时溶液的过饱和度不至于过大，可以使晶核生成速度降低，有利于晶体长大，但溶液也不宜太稀，以免增加沉淀物的损失。②沉淀剂应在不断搅拌下缓慢地加入，使沉淀作用开始时过饱和度不大而又能维持适当的过饱和，避免发生局部过浓而生成过量晶核。③沉淀应在热溶液中进行，这样可使沉淀的溶解度增大，过饱和度相对降低，有利于晶体成长。此外，温度越高，吸附杂质越小，沉淀也可以更纯净。④沉淀作用结束后经过老化。沉淀在其形成之后发生的一切不可逆变化称为沉淀的老化。老化作用可使微小的晶体溶解，粗大的晶体长大。经老化后沉淀不但变得颗粒粗大易于过滤，而且使表面吸附现象减少，沉淀物中的杂质容易洗脱，结晶形态变得更完善。

要想获得非晶形沉淀有如下条件：①沉淀作用应在较浓的溶液中进行，在不断搅拌下，迅速加入沉淀剂，这样可获得比较紧密凝聚的沉淀，而不至成为乳胶状溶液。②沉淀应在热溶液中进行，可使沉淀比较紧密，减少吸附现象。沉淀析出后，用较大量热水稀释，减少杂质在溶液中的浓度，使部分被吸附的杂质转入溶液。③为防止生成胶体溶液，应在溶液中加入适当的电解质。④沉淀结束后一般不宜老化，而应立即过滤，以防沉淀进一步凝聚，使原沉淀在表面上的杂质更不易洗掉。但有些产品也可加热水放置老化，以制取特殊结构的沉淀，如生产活性氧化铝时，先制取无定形沉淀,再根据需要选择不同老化条件生成不同类型的水合氧化铝。

2. 沉淀剂的选择

所谓沉淀剂是使要制备的催化物质从溶液中以沉淀形式分离出来所用的化学品,制备工业催化剂时,采用什么沉淀反应和选择什么样的沉淀剂,首先应该使沉淀反应完全,所需物质都能沉淀出来,同时还应保证催化剂性能指标及满足技术经济要求。在选择沉淀时应考虑以下几个方面。

① 尽可能选用易分解并含易挥发成分的物质作沉淀剂。常用的沉淀剂有碱类(氢氧化钠、氢氧化钾等)、尿素、氨水、铵盐(碳酸铵、碳酸氢铵、草酸铵、硫酸铵等)、碳酸盐(碳酸钠、碳酸氢钠、碳酸钾等)及二氧化碳。这些沉淀剂的各个成分,在沉淀反应结束后,经过洗涤、干燥或焙烧时,有的可以被洗去。其中,氢氧化钠、碳酸钠是较通用的沉淀剂,可以提供 OH^- 与 CO_3^{2-} 离子。Na^+ 可以经洗涤除去,CO_3^{2-} 可转化为 CO_2 气体而逸出。表 17-1 示出了一些沉淀剂释放的离子类型及相应的沉淀剂母体。

表 17-1 沉淀法常用沉淀剂类型

沉淀剂类型	沉淀剂母体	沉淀剂类型	沉淀剂母体
OH^-	氢氧化钠、氢氧化钾	SO_4^{2-}	磺酸铵
OH^-	尿素、氨水	S^{2-}	硫代乙酰胺
CO_3^{2-}	碳酸钠、碳酸氢钠	S^{2-}	硫脲
PO_4^{3-}	磷酸三甲酯	CrO_4^{2-}	尿素与 $HCrO_4^-$
$C_2O_4^{2-}$	尿素与草酸二甲酯或草酸	Cl^-	盐酸
SO_4^{2-}	硫酸二甲酯		

② 在保证催化剂活性的基础上,形成的沉淀物必须便于过滤和洗涤。粗晶形沉淀带入的杂质少,便于过滤和洗涤。如用 OH^- 沉淀 Fe^{2+} 时,生成的 $Fe(OH)_2$ 颗粒细,可使催化剂活性提高,但颗粒过细,就难以过滤及洗涤,产品损失大;而用 CO_3^{2-} 沉淀 Fe^{2+} 时,所得 $FeCO_3$ 颗粒粗,便于过滤洗涤,但制得的催化剂活性却有所下降。

③ 沉淀剂本身溶解度要大,这样可以提高阴离子浓度,使金属离子沉淀完全。溶解度大的沉淀剂,可能被沉淀物吸附的量较少,也容易被

洗脱。

④ 沉淀物的溶解度要小，使原料得以充分利用，这对镍、银等价格较高的金属更显重要。而且沉淀物溶解度越小，沉淀反应越安全。

⑤ 尽可能不带入不溶性杂质，以减少后处理工序。

⑥ 沉淀剂应该无毒，避免造成环境污染。

3. 沉淀法的类型

① 单组分沉淀法。是利用沉淀剂与一种待定溶液作用，制备单一组分沉淀物的方法。此法可用于制取非贵金属的单组分催化剂或载体。由于沉淀物只含一种组分，操作相对比较简单，是催化剂制备的最常用方法之一。如制备活性氧化铝载体时，以酸（如 HNO_3、HCl 等）为沉淀剂，可在偏铝酸盐溶液中沉淀水合氧化铝：

$$AlO_2^- + H_3O^+ \longrightarrow Al_2O_3 \cdot nH_2O$$

② 共沉淀法。或称多组分共沉淀法，是将催化剂所需的两个或两个以上的组分同时沉淀的一种方法。其特点是一次操作可以同时得到几个组分，而且各组分的分布较为均匀，常用于制备高含量的多组分催化剂或载体，如乙烯氧氯化制二氯乙烷催化剂，采用共沉淀法可制得铜含量可高达 10%~13% 的 $CuCl_2$-Al_2O_3 双组分催化剂。又如低压合成甲醇的 CuO-ZnO-Al_2O_3 三组分催化剂，通过给定比例的 $Cu(NO_3)_2$、$Zn(NO_3)_2$、$Al(NO_3)_3$ 混合盐溶液，以 Na_2CO_3 为沉淀剂，给共沉淀反应制得。采用共沉淀法制备催化剂时，为了避免各个组分的分步沉淀，各金属组分盐及沉淀剂的浓度、反应介质的 pH 值，以及其他沉淀条件（如温度、停留时间）必须同时满足各个组分一起沉淀的要求。

③ 均匀沉淀法。在单组分沉淀法及共沉淀法操作中，存在沉淀剂与待沉淀组分混合不均匀、溶液中有局部过饱和、沉淀颗粒粗细不匀、杂质夹带量大等缺点。均匀沉淀法则能克服上述缺点。均匀沉淀法不是直接将沉淀剂加入待沉淀溶液中，也不是加沉淀剂后溶液立即产生沉淀，而是先将待沉淀金属盐溶液与沉淀剂母体充分混合，预先形成一种十分均匀的反应体系。然后通过调节温度、逐渐提高 pH 值及控制反应时间，或者在体系中逐渐生成沉淀剂等方式，创造形成沉淀的条件，使沉淀过程缓慢进行，以制得颗粒均匀而且较纯净的沉淀物。如在制取氧化铝水合物沉淀时，可在铝盐溶液中加入尿素，混合均匀后升温至 90~100℃，这时溶液中尿素快速水解，释出大量 OH^- 离子，从而在整个体系内均匀

地形成氧化铝水合物沉淀,由于尿素水解速度与温度有关,调节温度可以控制沉淀反应在所需的 OH^- 离子浓度下进行。除使用尿素外,均匀沉淀法还使用硫酸二甲酯、磷酸三甲酯、硫酰胺、硫脲等酯类及有机物作为沉淀剂母体。

④ 沉积沉淀法。即先浸渍而后沉淀的一种催化剂制备方法。操作时先将载体放入所需要的含活性组分金属盐溶液中进行浸渍,然后加入沉淀剂母体(如尿素),由于室温下沉淀剂母体分解沉淀剂(尿素分解为 OH^-)很慢,从而使液相成为含有金属盐及沉淀剂母体(尿素)的均匀溶液。随着系统温度升高,沉淀剂母体(尿素)分解加快,液相的 pH 值也增大。在一定温度及 pH 值达到某一数值时即开始沉淀。因沉淀是在浸渍液中的载体表面上进行,故又称浸渍沉淀法,是一种特殊沉淀法。制得的催化剂孔隙分布较为均匀,有利于提高催化剂的活性及稳定性。

⑤ 导晶沉淀法。是借助晶化导向剂(晶种)引导非晶型沉淀转化为晶型沉淀的方法。如以水玻璃、偏铝酸钠等为原料,可制备包括 X 型、Y 型及丝光沸石等分子筛。晶化导向剂是起晶种导向作用的一种物质,能起定向晶化作用,能显著缩短分子筛晶化诱导期,提高晶化速率。

⑥ 超均匀沉淀法。为克服沉淀法及共沉淀法因逐渐投料导致沉淀形成时产生浓度差、时间差、不同 pH 值及温度等现象而造成沉淀粒子粒度大、组分分布不均匀的缺点,从而发展了超均匀共沉淀法。此法的基本原理是,将沉淀操作分为两步:先制成盐溶液的悬浮层,再将该悬浮层(一般为 2~3 层)立即瞬间混合成为过饱和的均匀溶液;然后由过饱和溶液得到超均匀的沉淀物。两步操作之间所需时间也是沉淀的引发期,其长短随溶液的组分及浓度而异,可以是几秒钟或几分钟,少数可长达几小时,在此期间,所得超饱和溶液处于不稳定状态,直至形成沉淀的晶核为止。瞬间快速混合是本法的关键操作,它可防止形成不均匀的沉淀。

例如,用超均匀沉淀法硅酸镍催化剂时,先在混合器底部放入密度为 1.3g/mL 的硅酸钠溶液,再将 20% 硝酸钠溶液(1.2g/mL)放入硅酸钠溶液的上部。最后将含硝酸镍和硝酸的混合溶液(1.1g/mL)缓慢地加至前两种液层上,形成三个溶液层。立即搅拌,使之形成过饱和溶液,经放置几分钟至数小时,最终形成均匀的水凝胶或冻胶。经过滤、水洗、干燥、焙烧可制得硅酸镍催化剂。由此制得的催化剂用于苯选择加氢制环己烷反应时,其催化活性及选择性均优于用氢氧化镍和水合硅胶经机械混合制得的催化剂。

4. 沉淀法制备催化剂的工艺过程

沉淀法的关键设备是沉淀槽(或称成胶罐),其结构类似于一般的带搅拌的釜式反应器。可以是无顶盖开式沉淀槽,或是带顶盖的密闭式沉淀槽。沉淀槽的设计应满足工艺需要(如容量、搅拌及加料方式、物料停留时间),加热方便,便于控制,同时可随时用肉眼观察沉淀过程中溶液颜色及胶体稠度的变化,方便测量溶液的 pH 值。

沉淀法的一般工艺过程如图 17 - 3 所示,它是将沉淀剂(如碱类)加至金属盐类溶液中,再将生成的沉淀物经老化、洗涤、过滤、干燥、焙烧、粉碎、混合、成型、热处理等过程制成催化剂。对于不同类型及性质的催化剂,可根据要求对图中所示单元操作进行相应的组合或增减。

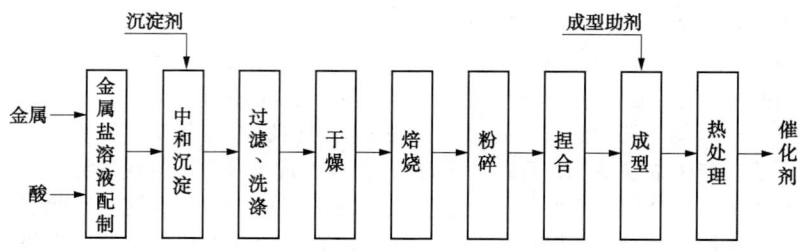

图 17 - 3　沉淀法制备催化剂的一般工艺过程

5. 沉淀条件对催化剂性能的影响

沉淀的生成过程实质上是晶核形成和成长的过程,沉淀条件,金属盐类溶液的性质及浓度、加料顺序、温度、pH 值及搅拌强度等对制得的催化剂结构或化学组成均有显著影响。这些条件是否选择适当,都会不同程度影响最终产品的性能。

(1) 金属盐类的性质及浓度

沉淀法制备催化剂用的金属盐有硫酸盐、碳酸盐、硝酸盐、卤化物及铝酸盐等。硫酸盐价格较低,但硫酸根易被催化剂溶液中的沉淀物及盐类吸附而不易洗净,会引起某些催化剂的不可逆中毒。卤化物除用于特殊用途催化剂外,大部分催化剂都不应含 Cl^- 等卤素离子。而硝酸盐易溶于水,并且在后工序中,硝酸根离子容易洗脱,不影响催化剂质量,所以多用硝酸溶解配制金属盐溶液。而铝酸盐(如铝酸钠)则是制备氧化铝载体及分子筛的常用原料。

配制金属盐类溶液时要掌握好溶液的浓度。若浓度过稀,则有些沉淀物溶解于水的量就会增加,而且生产设备的体积相应增大,经济上不合理。溶液浓度高有利于晶核生成,但浓度过高,不但会增加杂质的吸附,不易洗净,而且也会影响催化剂的活性。此外,尽量减少金属盐溶液中杂质离子的含量,对提高成品催化剂的纯度也至关重要。

作为例子,图17-4示出了生产活性氧化铝载体用的铝酸钠溶液的具体工艺条件。

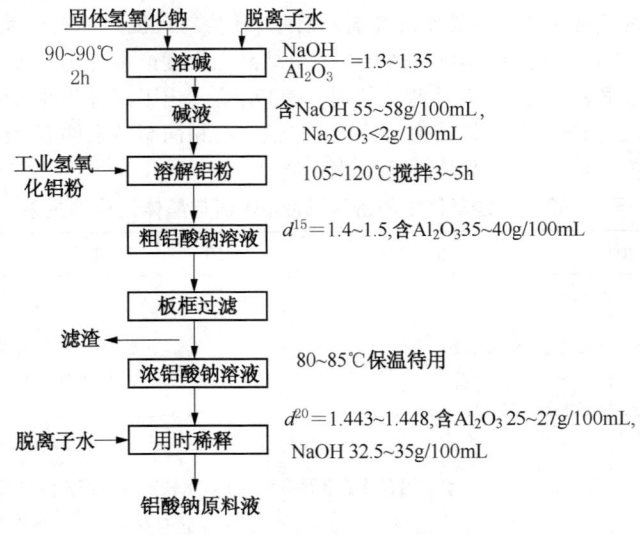

图17-4 铝酸钠溶液配制工艺条件

(2) 加料方式

在沉淀槽中进行的中和沉淀是沉淀法制造催化剂的重要单元操作过程,沉淀的温度、pH值、物料停留时间及搅拌速度等对成品催化剂的性质有很大影响。

催化剂生产采用的主要沉淀技术:①沉淀剂加入金属盐(待沉淀组分)溶液的直接沉淀法;②金属盐溶液加入沉淀剂中的逆沉淀法;③两种或多种溶液同时混合在一起使之快速沉淀的超均相共沉淀法等。根据中和沉淀时的加料顺序,可分为顺加法、逆加法及并加法三种。将沉淀剂加入金属盐溶液中的操作称为顺加法;将金属盐溶液加入沉淀剂中的操作称为逆加法；将沉淀剂及金属盐溶液按比例同时加入沉淀槽中的操作称为并加法。

顺加法又称正加法，操作过程中溶液 pH 值由低到高，沉淀物是在 pH 值逐渐增加的酸性介质中被沉淀出来；逆加法又称反加法，其溶液 pH 值由高到低，沉淀物是在 pH 值逐渐减少的碱性介质中被沉淀出来。所以，无论是顺加法或逆加法，在整个沉淀过程中 pH 值是一变值。而并加法（或称并流法）可使整个沉淀过程中 pH 值保持一定值，操作比较稳定，产品质量比较均匀。

（3）沉淀 pH 值

沉淀法常用碱性物质作沉淀剂，因此 pH 值对沉淀过程有较大影响。pH 值的改变可使晶粒大小与排列方式及结晶完全度产生变化，从而使产品的比表面积及孔结构产生很大差别。表 17-2 示出了制备活性氧化铝载体时，沉淀 pH 值与晶体结构的关系。显然，在相同制备条件下，由于沉淀 pH 值不同，所得产品的晶相差别很大。

表 17-2 活性氧化铝制备时沉淀 pH 值与晶体结构的关系

沉淀 pH 值	7	8	9	10	11	12
不老化	无定形→	↓ 纯假一水软铝石	→	↓	↓ 主要为假一水软铝石及部分湃铝石	
在水中老化	无定形→	↓ 假一水软铝石及微量湃铝石→	↓ 假一水软铝石及 25%湃铝石→		↓ 湃铝石及 25%假一水软铝石	
在母液中老化		↓ 准无定形→	↓ 假一水软铝石及湃铝石→	↓ 纯湃铝石→		↓ 纯湃铝石及湃铝石

此外，各种碱性物质沉淀时所需的 pH 值并不相同，表 17-3 示出了一些金属氢氧化物沉淀的理论 pH 值。从表中看出，利用共沉淀法制备催化剂的过程中，各种氢氧化物不是同时沉淀的，应选择与沉淀 pH 值相近的氢氧化物，尽可能消除因 pH 值不同引起的沉淀时间差，以获得较为均匀的沉淀物。

表17-3 形成氢氧化物沉淀所需的pH值

氢氧化物	形成沉淀的pH值	氢氧化物	形成沉淀的pH值
$Mg(OH)_2$	10.5	$Be(OH)_2$	5.7
$AgOH$	9.5	$Fe(OH)_2$	5.5
$Mn(OH)_2$	8.5~8.8	$Cu(OH)_2$	5.3
$La(OH)_3$	8.4	$Cr(OH)_3$	5.3
$Ce(OH)_3$	7.4	$Zn(OH)_2$	5.2
$Hg(OH)_2$	7.3	$Al(OH)_3$	4.1
$Pr(OH)_3$	7.1	$Th(OH)_4$	3.5
$Nd(OH)_2$	7.0	$Sn(OH)_2$	2.0
$Co(OH)_2$	6.8	$Zr(OH)_4$	2.0
$Ni(OH)_2$	6.7	$Fe(OH)_3$	2.0
$Pd(OH)_2$	6.0		

(4) 沉淀速度

沉淀过程中,当生成晶核的速度大于晶核长大速度时,常会生成胶体粒子或微细的沉淀粒子。对于沉淀速度快的冷沉淀,所得沉淀物的粒子密度大,成型后产品的机械强度高。此外,沉淀速度也会对沉淀物的纯度产生影响,表17-4示出了用碳化法进行氢氧化铝沉淀时,沉淀速度对产品中钠含量的影响,可以看出,沉淀速度慢时,杂质钠含量增大。

表17-4 不同沉淀速度对氢氧化铝中钠含量的影响

序号	沉淀速度(以沉淀反应时间计)	滤饼含水率,%	滤饼中的Na_2O含量,%
1	3h	88	9.0
2	2h	88	6.0
3	1.5h	81	4.7
4	20min	79	3.1
5	10min	75	2.8
6	5min	60	2.4

(5) 沉淀温度

溶液的过饱和度与晶核的生成和长大直接相关,而溶液的过饱和度又与温度有关。当溶液中溶质数量一定时,温度高,则过饱和度下降,从而使晶核的生成速度减小;而当温度低时,由于溶液的过饱和度增大,使晶核的生长速度加快。这时,晶核生成最快时的温度比晶核最快长大所需温度要低得多。因此低温沉淀并增加过饱和度有利于晶核生成,这时会形成极细的沉淀,所得产品粒子的堆密度大,成型后机械强度高。通常为使得到的沉淀物结合稳定而且均匀,常在加温(50~60℃)下进行沉淀。沉淀温度高时,可以降低料液黏度,所得沉淀物容易过滤及洗涤。但受溶液中水的沸点限制,沉淀温度一般不超过80℃。

(6) 搅拌速度

沉淀时提高搅拌速度,可增强溶液湍动,增大扩散系数,有利于晶粒生成及晶粒长大。搅拌的动能能供应形成新相所需的能量,促进晶核成长。但搅拌速度达到某一极大值时,搅拌速度再继续提高,晶核长大速度基本保持不变。这表明,在此时的控制步骤由扩散控制转变为表面反应控制。

对于晶形沉淀,开始沉淀时,应在不断搅拌下将沉淀剂缓慢而均匀地加入,以免发生局部过浓现象,同时又能维持一定的过饱和度;而对非晶形沉淀,宜在不断搅拌下快速加入沉淀剂,使其尽快分散到全部溶液中,以便迅速析出沉淀。

(7) 沉淀物老化

沉淀反应结束后,沉淀物与母液在一定条件下还需接触一定时间,沉淀物的性质在这期间会随时间而发生变化,它所发生的不可逆结构变化称为老化(或称陈化或熟化)。老化过程从形式沉淀直到过滤、洗涤以至除去水分为止。老化期间发生的变化:①初生沉淀颗粒进行再结晶,形成结构更完整的晶体;②发生晶形转变。

老化期间,老化时间、温度及pH值对老化过程都会有影响。适当提高温度,可以加速老化过程,时间越长,老化越完全。但对容易形成后沉淀的体系,加热和延长老化时间是不利的。

多数非晶形沉淀,在沉淀形成后不进行老化操作,而是待沉淀物析出后,加入热水稀释,以减少杂质在溶液中的浓度,同时使部分被吸附的杂质转入溶液。有时会制取特殊结构的沉淀;也可将沉淀加热水放置老化,如对氢氧化铝、氢氧化铁之类多晶态沉淀物,通过控制无定形沉淀物的老化条件,制得不同晶态的物质:

无定形氢氧化铝沉淀老化
- 室温, pH = 7 → 假一水软铝石(α'-AlOOH)
- 室温, pH > 10 → 三水铝石($Al_2O_3 \cdot 3H_2O$)
- 室温, pH = 9 → 一水软铝石(α-AlOOH)

(8) 沉淀的过滤及洗涤

沉淀法制备催化剂时,中和、沉淀及老化之后就是过滤及洗涤。过滤是一种固液分离技术,过滤可使沉淀物与水分离,同时除去硝酸根(NO_3^-)、硫酸根(SO_4^{2-})、氯离子(Cl^-)、铵(NH_4^+)及钠离子(Na^+)、钾离子(K^+)。酸根与沉淀剂中的Na^+、K^+、NH_4^+离子生成的盐类都溶于水,过滤后大部分被除去,但因滤饼中仍含有60%~90%的水分,且这些水分仍含部分盐类。因此,过滤后的滤饼还必须进行洗涤。

洗涤是用洗涤液(如脱离子水)将过滤产生的滤饼中滞留的母液置换出来的过程。洗涤不仅可除去沉淀中夹带的母液及表面吸附的部分杂质,而且也是老化过程的继续(尤其在老化不充分的状况更为明显)。洗涤看起来简单,但由于影响洗涤过程的因素很多,洗涤方式、水量、水温、pH 值、洗涤剂种类及洗涤次数等都会影响催化剂或载体的性能,所以也不容忽视。

常用洗涤方式有以下几种:

①再浆化式。是用洗涤液将滤饼重新浆化后,再过滤,并可反复多次进行,直至滤饼中杂质含量符合指标。此法洗涤液用量多、劳动强度大,也影响产品收率,仅适合对滤饼质量要求高、有害杂质含量低的场合。

②置换式。是用洗涤液冲洗滤饼表面并穿过滤饼层进行置换和传质,并可分为逆流洗涤及并流洗涤等方式。此法不易洗去沉淀中的杂质,主要适用于对滤饼质量要求不高的场合。

③逐级稀释洗涤。如在浓缩过滤机中,将首次脱去母液的浆状滤饼用洗涤液稀释后,再浓缩过滤,并重复多次直至达标。此法也适用于对滤饼要求严格的情况。

(9) 热处理(干燥、焙烧及活化)

经洗涤、过滤的滤饼,含水率一般为60%~90%,需加热或干燥进行脱水,脱水过程中水分从沉淀物内部借扩散作用到达表面,再从表面借热能汽化而脱除掉。催化剂或载体的部分孔结构也就在这时候形成。干燥一般在80~200℃下进行。

焙烧的主要目的:①通过物料的热分解,除去化学结合水及易挥发性物质(如CO_2、NO_2、NH_3),使之转化为所需的化学成分;②借助固态反应、互溶与再结晶,获得一定的晶型、晶粒大小和孔结构;③通过微晶适度烧结,形成稳定的结构,提高产品的机械强度。

沉淀物干燥后既不是催化剂所需的化学状态,也不具备合适的物理结构，也没有所要求的催化活性。这时可称为催化剂的纯态（前体）。将纯态催化剂经一定方法转变为活泼催化剂的过程，称作催化剂的活化。有些催化剂经焙烧后就具备催化活性，也有许多催化剂焙烧后还不具备催化活性，必须用氢气或其他还原性气体还原成活泼的金属或低价金属氧化物时才具催化活性。这一操作也称为还原或活化。此外，一些催化剂的活化状态是氧化态、硫化态或其他非金属状态，相应的氧化、预硫化等热处理过程也称为催化剂的活化。

6. 沉淀法制备活性氧化铝

活性氧化铝是催化领域应用最广的一类催化剂载体，它可采用硝酸法、碳化法、硫酸铝法等多种制备工艺。下面示出了硝酸法制备活性氧化铝的具体工艺过程，所用原料主要为硝酸、铝酸钠及脱离子水。铝酸钠溶液配制工艺过程及工艺条件见图 17-4。硝酸采用工业硝酸。硝酸法制备活性氧化铝的工艺条件如图 17-5 所示。

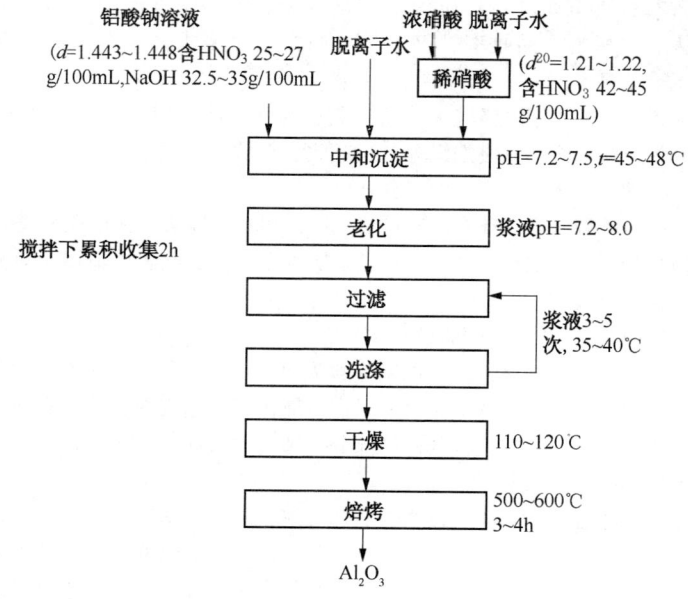

图 17-5 活性氧化铝制备工艺条件

由上述工艺条件制得的氧化铝主要为薄水铝石,孔体积 0.30 ~ 0.40mL/g,比表面积 200 ~ 250m²/g,粉末堆密度 0.7 ~ 0.8g/mL。根据洗涤次数不同,Na_2O 可控制在 0.08% ~ 0.1% 范围,Fe 含量为 0.015% ~ 0.15%。干燥后的粉末,选择不同的焙烧温度,可制得 $\gamma\text{-}Al_2O_3$ 或 $\theta\text{-}Al_2O_3$ 载体,用于制取相应需求的催化剂。

(二)浸渍法制备催化剂

1. 浸渍法制备催化剂的一般过程

将预先制备或选定的载体浸没在含有活性组分的溶液中,待浸渍平衡后,把剩余的液体滤除,再经干燥、焙烧、活化等步骤,使活性组分均匀地分布在载体上,这种制备催化剂的方法称作浸渍法。有时,借助浸渍化合物的挥发性,以蒸气相的形式负载在载体上,就称为蒸气相浸法。与沉淀法制备催化剂相比较,浸渍法具有以下特点。

① 可利用商品或专门订制的催化剂载体,无须进行催化剂成型操作,可使催化剂制备过程简化,减少许多载体制备的单元操作,节省投资。

② 载体物化性质预先知道,或根据特定的技术指标订购得载体。只要使用的载体质量合格,不会发生沉淀法制备时,一旦制得的载体性质不合格而使整批催化剂报废的情况。

③ 载体可预先在设定温度下进行焙烧处理,获得所需的孔结构及机械强度,有利于提高催化剂的使用稳定性。

④ 可根据需要,调节催化剂颗粒中活性组分的分布状态,从而降低催化剂制造成本,而且也能将一种或几种活性组分负载在载体上。

⑤ 只要改变浸渍液种类或浸渍方式,就可制成各种类型的催化剂,生产灵活性好。

浸渍法制备催化剂的一般过程及影响参数如图 17-6 所示。催化剂经焙烧或活化处理后就得到成品催化剂,作为例子,表 17-5 示出了浸渍法制备催化剂时一些浸渍液的化学形态变化。

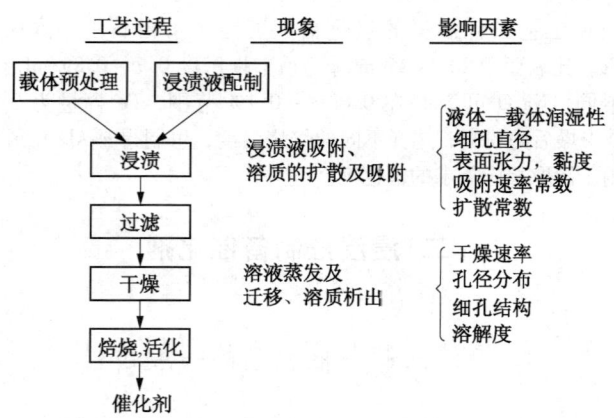

图 17-6 浸渍法制备催化剂的一般过程及影响参数

表 17-5 浸渍法制备催化剂时浸渍液的化学形态变化

浸渍液热处理过程中的化学形态变化
硝酸铜(溶液) $\xrightarrow{\text{干燥}}$ $Cu(NO_3)_2 \cdot 3H_2O$ $\xrightarrow{110 \sim 120℃}$ $Cu(NO_3)_2 \cdot 3CuO \cdot nH_2O$ $\xrightarrow{170 \sim 400℃}$ CuO
乙酸铜(溶液) $\xrightarrow{\text{干燥}}$ $(CH_3COO)_2Cu \cdot H_2O$ $\xrightarrow{100℃}$ $Cu(CH_3COO)_2$ $\xrightarrow{240℃}$ CuO
碳酸铜(溶液) $\xrightarrow{\text{干燥}}$ $CuCO_3$ $\xrightarrow{200℃}$ CuO
硝酸银(溶液) $\xrightarrow{\text{干燥}}$ $AgNO_3$ $\xrightarrow{444℃}$ Ag
碳酸银(溶液) $\xrightarrow{\text{干燥}}$ Ag_2CO_3 $\xrightarrow{218℃}$ Ag_2O
氯金酸(溶液) $\xrightarrow{\text{干燥}}$ $H[AuCl_4] \cdot nH_2O$ $\xrightarrow{120℃}$ $AuCl_3$ $\xrightarrow{\text{加热}}$ $AuCl$ $\xrightarrow{\text{加热}}$ Au

由于浸渍法可以使用成型尺寸的载体，浸渍制备工艺简单，因此广泛用于制造加氢、脱氢、氧化、氧氯化、重整、汽车尾气净化及脱硫催化剂等负载型催化剂，尤其适用于制备稀有贵金属催化剂、活性组分含量较低的催化剂，以及需要高机械强度的催化剂。

浸渍法存在的主要缺点：①浸渍时由于活性组分迁移速率不同及竞争吸附的存在，会引起活性组分布不匀；②有时一次浸渍达不到所需要的活性组分含量，需要二次或多次浸渍；③干燥时，一些活性组分会向颗粒外表面迁移，使内表面活性组分浓度下降，造成活性组分分布不匀；④焙烧时因盐类分解产生有害气体，不经处理会污染环境。

2. 浸渍法的基本原理

采用浸渍法制备催化剂时，一般不直接使用含活性组分的溶液来与载体接触，而是用这种活性组分的易溶于溶剂的盐类或其他化合物的溶液。这些盐类或化合物负载在载体表面上以后，加热时就分解得到所需的活性组分。所以，浸渍法所用溶液中含活性组分的物质，应具有溶解度大、结构稳定且在焙烧时可以分解成稳定性化合物的特性。常用硝酸盐、乙酸盐、草酸盐或铵盐等可分解的盐类来配制浸渍液。

当浸渍液与载体接触时，液体对固体表面的吸引力大于液体本身的吸引力时，液体会迅速铺展在固体表面上，这种现象称为润湿；而当液体只是以液滴形式汇聚在固体表面上时，这一现象即为不润湿。凡是能被水润湿的载体称为亲水性载体，否则为憎水性载体，因而用作催化剂载体的物质大多是亲水性的。

用亲水性载体制备催化剂的浸渍法主要过程包括：①浸渍过程，即将预先制成的干或湿的载体与溶有活性组分的浸渍液接触；②干燥过程，即在一定温度下将浸渍好的催化剂中的溶剂通过加热使其挥发掉；③焙烧及活化过程，即在一定温度下经高温焙烧或用氢气等还原剂使催化剂活化，此过程虽然对催化剂形成活性十分重要，但对活性组分在载体上的宏观分布则并不起多大作用。所以浸渍和干燥过程是用浸渍法制备催化剂的决定性步骤。在这两个过程中又可发生以下现象：①毛细管浸渍，即当多孔载体浸没入浸渍液中时，由于毛细管作用，浸渍液被吸入载体的细孔中，这时，溶解于溶剂中的活性组分(溶质)由于毛细管吸力造成对流而从外部进入催化剂颗粒内部；②扩散浸渍，即当浸渍液进入颗粒孔中心后，上述对流作用就停止，这时溶质的活性组分则是依靠扩散及吸附作用进入颗粒孔道内部；③干燥固定，即在浸渍过程中，溶质的活性组分并未固定在颗粒孔道内部，而是在加热干燥过程中随着溶剂的蒸发及转移，活性组分会随之再分布，并最后在孔道中析出及固定。

在毛细管浸渍时，如果忽略重力影响，则浸渍液在毛细管中移动的推动力等于毛细管压力，这时液体渗透到微孔中心所需时间 t_L 可用下式计算：

$$t_L = \frac{2\eta\gamma^2}{\sigma\ r} \qquad (17-1)$$

式中 η——浸渍液黏度；

　　　y——浸渍液深度(或毛细管长度)；

　　　σ——液体表面张力；

　　　$\bar{r}$——载体的细孔平均孔半径。

由于载体颗粒的微孔不是直线形，有效长度大于直管长度，所以应用上式计算可以加入一个弯曲系数$\sqrt{2}$进行修正。用这种方法计算结果，通常载体的渗透时间为半分钟至几分钟。例如，比表面积为$350m^2/g$的硅铝小球，按上式计算渗透2mm长微孔长度所需时间为105s，而实测为100s左右。

3. 活性组分的不均匀分布

在浸渍实际操作过程中，由于存在着溶质迁移、扩散及竞争吸附等现象，结果使得载体上的活性组分分布会产生不同的状态。以球形载体浸渍为例，可产生如图17-7所示的4种分布形态。

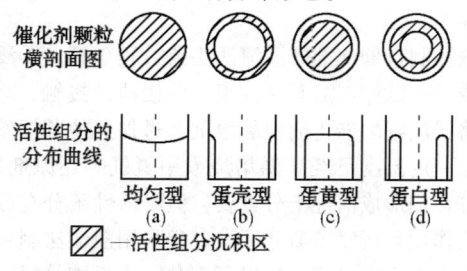

图17-7 活性组分的分布形态

① 均匀型分布，如图17-7(a)所示。活性组分在颗粒内部呈均匀分布。这是一种理想制备的催化剂，因为催化剂的内表面也得到利用。当催化反应是由动力学控制时，或要求催化剂活性不太高时，这种分布更为有利，它无扩散限制，此外，由于催化反应是表面化学反应，表面积越大，活性中心越多，催化活性也相应提高。而且活性组分均匀分布还有利于提高催化剂的抗烧结性能，即在高温下反应和再生时，活性组分也不易发生凝聚。

② "蛋壳"型分布，如图17-7(b)所示。活性组分主要浓集在颗粒的外表层上。由于活性组分分布在颗粒外表面及外表面的浅处，反应物分子易到达并相接触，因此呈现出高催化反应活性。尤对外扩散控制的催化反

应有利,也即有利于快反应和提高反应的选择性。

③ "蛋黄"型分布,如图17-7(c)所示。活性组分集中在载体颗粒中心,当所用载体的孔隙足够大,催化剂又可能接触有毒物质或受强烈腐蚀时,其外层的载体可以起到毒物"过滤器"的作用,防止催化剂发生中毒,从而延长催化剂使用寿命。

④ "蛋白"型分布,如图17-7(d)所示。活性组分集中于载体颗粒中心和外表面的某一区域中。其分布介于"蛋壳"型分布和"蛋黄"型分布之间。当向颗粒中心的扩散受到限制和外表面处于有毒的环境中或受到腐蚀时,可以采用这种形式的分布。

通常将"蛋壳""蛋黄"及"蛋白"型分布三种分布情况称为活性组分的不均匀分布;而将由"蛋黄"型及"蛋白"型分布方法制成的催化剂称作隐匿型催化剂。

对于某些催化反应,有时并不需要催化剂活性物质均匀分散在全部内表面上,只需要表面和近表面层有较多的活性物质。浸渍法是制备活性组分不均匀分布催化剂的主要方法,但对不同的活性物质及不同的载体要制成各种不均匀分布状态都有其特殊的制备方法。

4. 浸渍法制备催化剂的影响因素

(1) 浸渍液性质的影响

① 金属盐类。

浸渍法制备催化剂所用浸渍液是由各种金属盐类的水溶液或配合物所组成,当所用盐类或配合物不同时,浸渍后催化剂颗粒中的活性组分浓度分布是不同的。表17-6示出了一些贵金属配合物在氧化铝载体上的吸附量及分布深度。产生这种差别的原因是由于这些配合物与氧化铝浸渍时所产生的配位基置换反应的机理不同所致。

表17-6 贵金属配合物在氧化铝上的吸附量及渗透深度

配 合 物	60min后所吸附金属的质量分数,%	金属渗透度,μm
H_2PtBr_6	96.7	224 ± 16
$(NH_4)_2PtCl_6$	83.9	205 ± 46
$(NH_4)_2PdCl_6$	96.7	227 ± 35

续表

配 合 物	60min 后所吸附金属的质量分数，%	金属渗透度，μm
$(NH_4)_3RhCl_6$	75.0	189 ± 35
NH_4AuCl_4	97.0	—
$(NH_4)_4RuCl_6$	63.8	—

② 浸渍液所用溶剂。

浸渍液所用溶剂多数采用去离子水，但当载体成分在水溶液中容易洗提出来时，或者是要负载的金属盐类或化合物难溶于水时，就需使用醇类或烃类溶剂。这时不仅要注意溶剂的易燃性及毒性，而且溶剂对活性组分在载体上分布的影响会随载体性质的不同而有较大的差别。例如，用活性炭及 γ-Al_2O_3 作为载体浸渍氯铂酸溶液时，当用水为溶剂时，铂在活性炭上呈"蛋壳"型分布，而在 γ-Al_2O_3 上呈均匀分布；而当采用丙酮时作溶剂时，所得结果正好相反。这是由于活性炭为疏水性载体，有机溶剂丙酮可与氯铂酸进行竞争吸附，使铂在活性炭上呈均匀分布；γ-Al_2O_3 为亲水性载体，用上述两种不同的溶剂就会得到相反的结果。又如，用丙酮等极性较低的有机溶剂溶解的金属盐，经不同载体浸渍及干燥、焙烧后，所得活性组分在载体上的分布情况如表 17-7 所示。从表中看出，使用不同的溶剂和载体可以获得 Pt 的不同分布形态及表层深度。

表 17-7　活性组分 Pt 的分布深度　　　　单位：μm

溶　剂	H_2PtCl_6/γ-Al_2O_3	H_2PtCl_6/SiO_2-Al_2O_3
丙酮	45	60
异丁醇	35	30
正己烷—甲醇	30	25
甲醇	B	B
水	A	A

注：A—活性组分分布到内部；
　　B—表层活性组分较多，也有一部分浸入内部。

③ 浸渍液浓度。

从动力学角度考虑，活性组分的总负载量及所浸渍载体孔道内的分布取决于浸渍液的浓度。当浸渍液浓度较低时,活性组分在孔道内分布均匀,这是由于动力学因素使得浸渍液浸入载体时的浓度梯度较少;而当浸渍液浓度较高时,当浸渍液接触颗粒孔道时,载体吸附溶质较多而且速率较快,造成孔壁上与浸渍液中溶质浓度差较大,而且在孔道中前部浸渍液浓度与后部浸渍液浓度相差较大,以致后部浸渍液中溶质快速扩散到前部而被吸附。因此,较稀的浸渍液与较长的浸渍时间,有利于活性组分在孔道内的均匀分布。此外,浓度过高,会导致毛细管中形成较大的浓度梯度,扩散阻力会加大。

对于溶质的活性组分不吸附于载体上的浸渍情况,而溶质分子却能进入载体颗粒的细孔时,浸渍液的组成可认为是相同的。浸渍液的浓度也就取决于催化剂中活性组分的含量。

此外,由于配制浸渍液的盐类溶解度大,配制方便,可以长时间存放而不出现沉淀和结晶现象,从而有利于活性组分在载体上均匀分布及多次浸渍。再浸渍液的黏度小、流动性好,也有利于浸渍均匀,从而缩短达到吸附平衡的时间,提高浸渍效率。

(2) 载体性质的影响

用于浸渍法制备催化剂的载体应具有足够的机械强度、合适的孔道及孔径分布、良好的热稳定性。载体的吸附性质、孔结构及与活性组分前体间的作用性质都会直接影响催化剂的催化功能。

① 载体的吸附性质。

载体对于活性组分的溶质都有一定的吸附能力,所以浸渍过程伴随着吸附。不同载体对于活性组分的吸附能力是不同的。各种载体的孔体积及比表面积相差很大,因此对同一种活性组分的吸附能力也不一样。这时,可根据吸附等温线找出载体对某些溶质的饱和吸附值,选取适宜的浸渍条件实现要求的分布。对吸附作用较强的物系,由于溶质的吸附速率远大于溶质在孔道中的渗透速率,从而当浸渍量低于饱和吸附量并当浸渍液浓度高于其吸附量所对应的平衡浓度时,溶质分布呈不均匀状态,因此活性组分主要集中于外层。但也可以通过改变载体吸附容量的方法来改变活性物质的渗透深度,如在浸渍液中加入竞争吸附剂或将载体先经预处理改变其吸附量。

考虑载体的吸附性质时,既要考虑吸附平衡,又要考虑吸附速率这两方面的问题,在实际上是颇为复杂的。这时,也可用下述实验方法来判别浸渍液对某种载体的吸附特性。如图 17-8 所示,将要浸渍的某种载体颗粒或粉末放入一玻璃管内,然后将此管垂直插入浸渍液中,稍待片刻,观

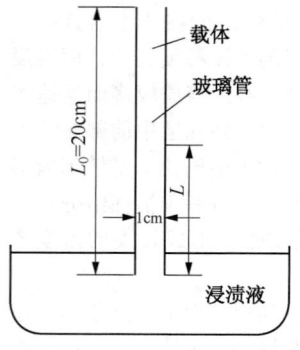

图 17-8 浸渍液吸附特性试验柱

察载体料层中上升的浸渍液浓度分布。根据浸渍液性质及载体的吸附性能不同，可能会产生图 17-9 所示的几种现象。根据所产生的某种现象的观察及分析，就可大致推断所制备催化剂中活性组分的分布状态。

② 载体的物性及孔结构。

载体的结构致密，堆密度大时，较难浸渍；反之，结构较松，堆密度较小时则易于浸渍。孔体积及孔半径大的载体，有利于浸渍液从表面扩散至内层，缩短达到吸附平衡所需时间。载体的比表面积越大，可容纳的活性组分越多。

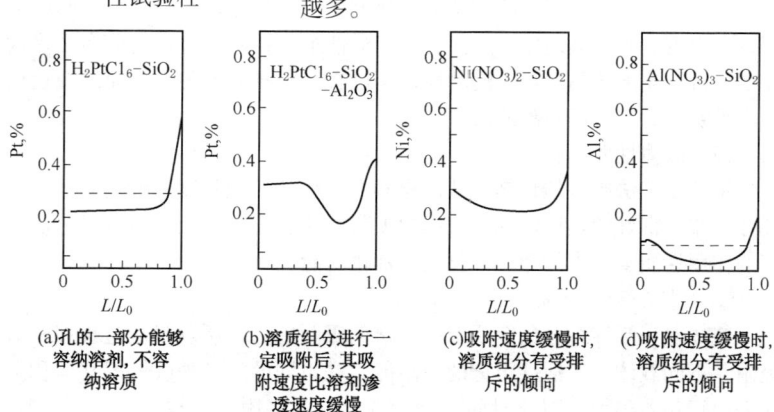

(a) 孔的一部分能够容纳溶剂，不容纳溶质
(b) 溶质组分进行一定吸附后，其吸附速度比溶剂渗透速度缓慢
(c) 吸附速度缓慢时，溶质组分有受排斥的倾向
(d) 吸附速度缓慢时，溶剂组分有受排斥的倾向

图 17-9 浸渍液的吸附特性——溶质吸附不产生排斥的情形

③ 载体的初始状态及预处理。

载体在浸渍前是干燥或是润湿的初始状态，对活性组分的负载量及分布存在一定影响。由浸渍过程可知，浸渍时溶液需要润湿载体表面，因此，载体湿浸比干浸更容易造成活性组分的不均匀分布。此外，湿载体还可能稀释浸渍液，因而会降低活性组分的负载量，这在浸渍时间短的情况下影响更为严重。但对孔体积特别大，也即吸水量很大的载体，如对载体进行预先浸湿，则在一定程度上可以提高活性组分的分布均匀性。

多孔性载体常会吸附空气中的水蒸气，如在浸渍前对载体先进行抽真空处理，则可以提高吸附容量，保证活性组分在载体上的负载量。如制备重整催化剂 Pt-Re/Al_2O_3 时，浸渍前常先将氧化铝载体抽真空处理。

根据不同催化剂的制备要求,有些载体在浸渍前常用水蒸气进行热处理或用其他方法进行化学改性处理,以改善载体的表面化学性质(如酸性、碱性、氧化性等)及晶型结构,以提高活性组分的稳定性和提高催化活性。

(3) 竞争吸附的影响

在用浸渍法制备固体催化剂时,常于浸渍液中加入一种吸附强度与催化剂前体组分相似或更强的第二种组分,通过该组分与催化剂前体组分竞争载体上的吸附中心,从而达到活性组分按要求分布在载体上的目的。这种与催化剂前体组分作竞争吸附的物质称作竞争吸附剂或中心屏蔽剂。

竞争吸附剂的作用原理可简示如下:

$$S-O-A^+ + B + (竞争吸附剂) \longrightarrow S-O-B^+ + A^+$$
$$S-OH_2^+ A^- + B^- (竞争吸附剂) \longrightarrow S-OH_2^+ B^- + A^-$$

S 表示载体物质;A^+、A^- 分别代表金属离子。

当溶液中有竞争吸附剂 B^+ 或 B^- 存在时,反应可以向右进行,使部分金属离子 A^+ 或 A^- 被替换下来,随着吸附前沿的 A^+ 或 A^- 的浓度增大,A^+ 或 A^- 向颗粒内部的扩散动力也随之增加。当竞争吸附剂和金属离子与氧化物表面的相互作用强弱相当时,可以使金属离子均匀分布在颗粒孔道中。

无机酸(如 HCl、HNO_3、HF 等)、有机酸[如结构式为 $HO-\overset{O}{\underset{\|}{C}}-\left(\overset{R}{\underset{R}{\underset{|}{C}}}\right)_n-\overset{O}{\underset{\|}{C}}-OH$ 的二元酸或多元酸]及其衍生物(如草酸、己二酸、庚二酸、柠檬酸、酒石酸等)、一些表面活性剂及氨水均可用作竞争吸附剂。

竞争吸附剂的选择主要依据体系的固有特性及活性组分分布的要求而定,如对于 $\gamma\text{-}Al_2O_3$、H_2PtCl_6 体系宜用酸或酸式盐作竞争吸附剂;对 $SiO_2\text{-}Pt(NH_3)_4Cl_2$ 则可用氨作竞争吸附剂。竞争吸附剂的性质不同,活性组分在载体上的分布状况也会有所不同。

① 竞争吸附剂的分子大小。选用的竞争吸附剂的分子直径大于浸渍载体的孔径时,竞争吸附剂也就不能进入载体的内孔,当然也就失去竞争吸附的作用。如果竞争吸附剂分子直径小于载体的孔径,但它吸附取向不是吸附在孔壁上,而是集中在孔道上,这时就会阻挡活性组分分子的正常扩散,从而造成活性组分上量不够或分布不均。因此,选用的竞争吸附剂的分子大小应该尽量与载体内孔的几何形状及孔分布相适应。

② 竞争吸附剂的吸附平衡常数。用浸渍法制备催化剂时，存在着吸附及脱附的动态平衡。知道活性组分与竞争吸附剂的吸附平衡常数对了解活性组分的分布趋势是有益的。如果活性组分的脱附速度大于竞争吸附时，则最终活性组分会全部解吸出来；而当竞争吸附剂的量较大时，其位置会被竞争吸附剂所占据，结果活性组分会浸不上去或上量很少；反之，当竞争吸附剂的脱附速度大于活性组分时，竞争吸附剂的作用就很弱，也就难以制得活性组分均匀分布的催化剂。

③ 竞争吸附剂的扩散性能。当载体浸入浸渍液时，如果竞争吸附剂的扩散速度大于活性组分的扩散速度，竞争吸附剂就会比活性组分优先到达载体表面，并首先吸附在载体外表面及其细孔内表面的浅层，这就迫使后续扩散到载体的活性组分进到未被吸附的空白表面上，从而形成"蛋白"型或"蛋黄"型分布。反之，如果活性组分的扩散速度大于竞争吸附剂的扩散速度，活性组分将先行扩散至载体表面并占据吸附位，竞争吸附剂也就失去竞争吸附的作用，从而导致活性组分富集在载体外表面或其浅层附近，形成活性组分的"蛋壳"型分布。

④ 竞争吸附剂的化学作用。使用竞争吸附法制备催化剂时，如竞争吸附剂选择不当，所选择的竞争吸附剂与活性组分或载体有化学作用时，则有可能破坏或减弱催化剂的活性。这时，即使活性组分在载体上分布十分均匀，因其活性很差，也就失去了催化剂的使用价值。所以，选用的竞争吸附剂务必避免在催化剂中带入毒物。

下面以重整催化剂为例，说明竞争吸附剂对活性组分分布的影响作用。

重整催化剂的活性组分主要为高度分散在 Al_2O_3 载体上的 Pt（还原态），催化剂的非金属组分主要是氯，合适的氯含量可与 Al_2O_3 结合形成酸催化中心，成为重整反应中异构化反应的活性中心。在催化剂制备过程中，一般是氯铂酸（H_2PtCl_6）浸渍吸附到 Al_2O_3 表面上，由于氯铂酸用量很少，用一般的浸渍不能使氯铂酸均匀吸附在 Al_2O_3 表面上。由于 $[PtCl_6]^{2-}$ 与 Al_2O_3 颗粒表面的相互作用较强，内扩散是控制步骤。为了获得 Pt 沿颗粒径向分布均匀的催化剂，在浸渍时必须加入酸或盐类等竞争吸附剂，以缓冲对氯铂酸的吸附。重整催化剂制备常用 HCl 作竞争吸附剂，因 HCl 除作竞争吸附剂外，还可以同时调节催化剂的酸性，HCl 中的 Cl^- 可以与 $[PtCl_6]^{2-}$ 在颗粒表面发生下述交换反应：

$$[PtCl_6]^{2-}_{Al} + 2Cl^-_{aq} \longrightarrow [PtCl_6]^{2-}_{aq} + 2Cl^-_{Al}$$

溶液中的 Cl^-_{aq} 被载体吸附（Cl^-_{Al}），并将吸附于 Al_2O_3 表面的 $[PtCl_6]^{2-}_{Al}$ 置换

下来,进入载体表面附近的溶液中,导致 Al_2O_3 载体吸附前沿的 $[PtCl_6]^{2-}_{aq}$ 浓度增大,从而使 $[PtCl_6]^{2-}$ 离子有足够的扩散动力扩散至载体颗粒的中心,达到均匀分布。尽管如此,竞争吸附剂的浓度对 Pt、Cl 在 Al_2O_3 表面上的分布仍有很大影响。在 Pt 负载量为 0.20%~0.60%、HCl 浓度为 0.6mol/L 时,Pt、Cl 在 Al_2O_3 表面上的分布可以很均匀;而当 HCl 的浓度低于 0.6mol/L 时,Pt、Cl 在 Al_2O_3 表面上的分布则不均匀。因此,当 Pt 负载量一定时,需调节竞争吸附剂的浓度,以达到 Pt、Cl 在 Al_2O_3 表面均匀分布。

(4) 浸渍条件的影响

① 浸渍时间。

当干燥载体浸没于浸渍液时,首先由于毛细管的作用,浸渍液被吸入载体的细孔中称为毛细管浸渍。这时,溶解于溶剂中的活性组分在毛细管吸力下造成对流,从外部渗透到颗粒内部。当浸渍液进入孔中心后,这种对流也就停止。以后溶质的活性组分进入颗粒内部是依靠扩散及呼吸作用,此时称为扩散浸渍。在毛细管浸渍时,浸渍液达到颗粒中心的时间 t_L,或是液体渗透到微孔内部所需时间可用式(17-1)计算而得。

当毛细管浸渍的时间超过浸渍液达到颗粒中心的时间 t_L 或将预先浸过溶剂的载体投入浸渍液中,此时就进行扩散浸渍,所用浸渍时间 t_d 可用下述经验式来表示。

$$t_d = \frac{R^2(1+\rho)}{D} \tag{17-2}$$

式中 R——载体颗粒半径;

ρ——载体中吸附了的组分和孔溶液中的组分的比例;

D——扩散系数。

浸渍所需要的时间可由参数 a 来决定:

$$a = \frac{t_d}{t_L} \tag{17-3}$$

当 $a \leq 1.0$ 时,活性组分分布取决于毛细管作用;而当 $a > 1.0$ 时,分布取决于扩散过程中的选择性吸附。

因此,无论是毛细管浸渍或是扩散浸渍都可用浸渍时间来控制活性组分的分布状态。如对毛细管浸渍,使浸渍时间 t 远小于 t_L,对扩散浸渍使 t 远小于 t_d,都可得到"蛋壳"型分布状态。而在不发生不可逆吸附反应的情况下,则在 t 远大于 t_L 或 t 远大于 t_d 的条件下浸渍,一般可获得均匀分布的形态。而由式(17-1)可知,细孔半径 $\bar{r}$ 对 t_L 有很大影响,改变平均孔径为影响活性组分的分布形态。

为方便起见,实际生产中,浸渍时间的选定常以实验室制备为依据,实际考察浸渍时间与载体上活性组分负载量及浓度分布的关系,最后以所制催化剂的活性达标时的浸渍时间为放大依据。浸渍操作时,适当延长浸渍时间一般都可以提高活性组分的负载量,对制备分布均匀的催化剂也有益,也比较适于外扩散控制的反应和以贵金属为活性组分的催化剂制备。但当浸渍达到饱和后,再延长浸渍时间,对提升催化剂的性能影响不大。

② 浸渍液的 pH 值。

浸渍液的 pH 值对保证浸渍液不会产生沉淀或结晶有重要作用,而且对载体的吸附性能有较大影响。对同一种载体,浸渍液的 pH 值不同,会产生不同的活性组分分布状况。如在制备 Pd-SiO$_2$ 催化剂时,所用载体为 ϕ5~6mm 的小球,浸渍液为 PdCl$_2$ 的盐酸溶液,通过改变盐酸浓度调节浸渍液的 pH 值,按硅胶小球测定的吸水孔体积进行等体积浸渍后,在 80~100℃下进行干燥,再经还原后其活性组分的分布形态如表 17-8 所示。可以看出,当 pH<1 时,一般可得到"蛋壳"型分布;当 pH>1 时,一般可得到"蛋白"型分布。对于"蛋壳"型分布,Pd 处于载体球粒的外层,催化剂在使用时,其活性组分容易磨损或脱落。

表 17-8　浸渍液 pH 值对活性组分分布的影响

浸渍液 pH 值	硅胶小球剖面上 Pd 分布形态	备注
0.2	"蛋壳"型分布。外层为黑色;内层为白色	白色即硅胶本身的颜色;黑色指还原后的金属 Pd 层
0.5	"蛋壳"型分布。外层为黑色;内层为白色	
1.0	"蛋白"型分布。外层为灰色,极薄;中层为黑色;内层为白色	
1.5	"蛋白"型分布。外层为灰色,极薄;中层为黑色;内层为白色	
5.2	"蛋白"型分布。外层为灰色,较厚;中层为黑色;内层为灰色	

③ 浸渍液温度。

吸附是放热反应,通常在浸渍时可观察到因吸附放热而使浸渍温度上升的现象。所以,浸渍液的温度高不利于活性组分的吸附。因此,可采用载体预处理的方法来事先取走部分吸附热,如载体用水泡或抽真空脱气净化载体表面。但浸渍液温度过低会使活性组分析出,甚至难以进行喷浸操作。因此,提高的温度必须适当才可以缩短吸附平衡所需时间,使活性组分负载量增加。

④ 浸渍顺序。

对于含多组分的固体催化剂,每种组分的作用不同。这些组分的浸渍方式和顺序对催化剂活性及选择性有重要影响。用浸渍法制备多组分催化剂时,采用的方法有依次分别浸渍法及混合同时浸渍法。当采用依次分别浸渍工艺时,浸渍顺序是重要的考虑因素。

浸渍顺序对催化剂性能的影响较为复杂,其主要影响因素有:a. 结构因素,适宜的结构会使某种活性组分在表面分散度增加;b. 电子因素,金属活性组分之间存在着电子转移、d 轨道充满程度变化等;c. 反应因素,如某些活性组分与载体可形成新化合物。鉴于这些复杂因素,制备多组分催化剂的各种活性组分的浸渍顺序常由实验确定,浸渍顺序不同,制得的催化剂反应活性会有很大差别。

⑤ 干燥过程的影响。

载体浸渍了活性组分后就成为催化剂产品。由于浸渍液多为稀溶液,浸渍后大多需要进行干燥以除去不属于催化剂组成的水或溶剂。

在浸渍过程中,一部分活性组分是沉降吸附在载体颗粒细孔壁表面,另一部分活性组分仍存留在细孔体积的溶液中,有时甚至全部活性组分存留于细孔体积的溶液中。在干燥过程中,随着大量水或溶剂的蒸发,不可避免地携带着溶质分子(活性组分)从载体内孔深入慢慢移到表面或表层以内的深处,使原来均匀分布的溶质进行再分布。所以,干燥过程对活性组分的最终分布形态有重要影响。

干燥过程中,干燥速率的快或慢可由气液界面的水汽蒸发速率 v_e 和毛细孔中的溶液流动速率 v_c 之比来决定,当 $\dfrac{v_e}{v_c}$ 远小于 1 时,为快速干燥;当 $\dfrac{v_e}{v_c} \geqslant 1$ 时,为慢速干燥。

在慢速干燥时,热量从颗粒的外表面传递到颗粒的内部,产生一个温度梯度。而水分或液体通过颗粒内的沟通体系从粗孔到细孔进行毛细管流动,这一流动作用可使大孔蒸发区中的浓度不均性有效地均匀化。水分的蒸发则先在颗粒外表面上进行,并在孔口形成一新月形液面,从小孔蒸发的水分由于毛细管作用从大孔得到补充,从外部供给的热量和水分蒸发散失的热量,在靠近颗粒外表面的孔口处建立一种稳态的平衡。随着水分的不断蒸发,活性组分在此处不断积累,结果形成活性组分在孔口处的沉积,形成"蛋壳"形的分布状态。

在快速干燥时,载体中形成蒸发面,而且水分的蒸发速度大于毛细管内的流动速度,孔内新月形的液面在干燥过程中不断下降。随着时间的增加,蒸发面不断向颗粒内部转移,当活性组分的浓度达到饱和浓度时,活性组分开始析出,并沉积在孔壁或扩散到剩余的溶液中。随着蒸发面的不断收缩,在载体上形成细密的分散相。因此,快速干燥的结果,活性组分有形成均匀分布或向颗粒中心富集出现"蛋黄"型分布的倾向。

实际上,由于控制活性组分布的问题会涉及许多因素,仅仅通过控制干燥速度来实现特定的分布还存在着许多困难。例如,制造 $Pt-Al_2O_3$ 催化剂时用竞争吸附法进行浸渍,然后在干燥时控制干燥速度,既可获得均匀型或"蛋白"型分布,还可获得"蛋壳"型分布。在不同报道中往往有相互不同的解释。其原因在于不同试验所用载体的细孔结构的特性是不同的,而且干燥方式也不同,也会影响结果的差异。这也说明了催化剂制备的复杂性。

催化剂在干燥后,其活性组分一般仍处于盐类状态,当它长时间与水接触或浸泡于水中时,活性组分仍可因溶解而发生流失。为防止催化剂在使用、储存等过程中不致产生活性组分流失或发生再分布现象,多数载体在干燥后需进行焙烧或还原活化等过程,使活性组分由盐类状态转变成氧化物状态。通过焙烧过程中的热分解反应除去催化剂中的易挥发组分及化学结合水,并通过焙烧时发生的再结晶过程,使催化剂中的金属元素获得一定的晶型、晶粒大小和稳定的孔结构。

5. 浸渍法常用制备工艺

(1) 过量浸渍法

过量浸渍法又称过量溶液浸渍法、浸没法或湿法,是将已经干燥后的载体放入不锈钢或搪瓷等容器中,然后加入已调好酸碱度的浸渍液(浸渍液体积应超过载体可吸收的体积)。这时载体细孔内的空气,依靠液体的毛细管压力而被逐出,一般不必预先抽空。待吸附平衡后,过剩的溶液用过滤、沥析或离心分离的方法除去。浸渍后经干燥、焙烧或活化等工序制得催化剂成品,多余的浸渍液一般不加处理或略加处理后再次使用。

这种浸渍法常用于颗粒状载体的浸渍,或用于活性组分负载量较高的多组分催化剂的分段浸渍。通常是借助调节浸渍液的浓度和体积控制负载量。负载的活性组分量可用两种方法粗略计算。一种方法是以载体为基准,假设载体对某一活性组分的比吸附量为 W(载体如对活性组分有吸附时,每克载体吸附量),由于载体颗粒的孔径大小不一,设活性组分只能进入大于某一孔径的孔隙中,以 V 代表这部分孔隙的孔体积,并设 C 为活性组分在溶液中的浓度,则吸附平衡后载体对该活性组分的负载量 W_1 可由下式计算:

$$W_1 = VC + W \qquad (17-4)$$

如果比吸附量 W 很少,则

$$W_1 = V \cdot C \qquad (17-5)$$

另一种计算方法是从浸渍液考虑,活性组分的负载量等于浸渍前溶液的体积与浓度之乘积,减去浸渍后溶液的体积与浓度之乘积。

显然,上述计算方法的准确性与孔隙体积及浓度的分析准确性有很大关系。

过量浸渍法的间歇操作可在桶或盘中进行,连续生产时可采用带式浸渍机或螺旋式浸渍机,带式浸渍机是在不断循环运转的运输带上悬挂着由耐蚀材料制成的网篮。干燥的载体装在网篮中,随着运输带移动,网蓝随之浸没于盛有浸渍液的槽中。经一定停留时间提起网篮时,多余溶液就从网孔中流出,然后再由输送带直接送至隧道式干燥炉中进行干燥处理。过量的浸渍液在严格控制浓度恒定和防止载体污染的前提下可多次循环使用。但此法会因载体掉粉而生成泥浆状物质,而且催化剂上活性组分的浓度也不易精确控制。

(2) 等体积浸渍法

等体积浸渍法又称等体积溶液浸渍法、无过剩溶液润湿浸渍法、孔体积浸渍法、喷洒法或干法等。它是将载体与它正好可吸附体积的浸渍液相混合,由于浸渍液体积与载体的微孔体积相当,只要充分混合,浸渍液恰好完全被液体吸收而无过剩。这种方法容易控制催化剂中活性组分的含量,又可避免多余浸渍液的过滤操作。此法生产的关键是所配制的浸渍液质量(或体积)应等于载体完全润湿所需的溶液质量(或体积)。这一液—固比可先用去离子水测定载体的饱和吸水率,然后按饱和吸水率配制含活性组分前体(常为金属有机酸或硝酸盐等)的水溶液,使载体可全部吸收该溶液。浸渍操作时间决定于载体结构、浸渍液的温度及浓度等条件,通常为 30~90min。浸渍后不宜洗涤。

就活性组分在载体上的均匀分布而言,本法不如过量溶液浸渍法。如希望活性组分在载体上获得均匀分布时,可在浸渍前对载体进行真空处理,抽出载体细孔内吸附的气体,或同时提高浸渍液温度,以增加浸渍深度。实际操作时,常用喷雾法,先将干燥载体放在转动的容器或捏合机中,然后将预先配制好的浸渍液通过喷枪不断喷洒到翻滚着的载体上进行浸渍,工业上广泛使用的转鼓如图 17-10 所示。

采用本法制备催化剂时,要特别重视浸渍液的制备,所配制浸渍液的金属盐类溶解度好、结构稳定,不易出现结晶或沉淀,从而可避免堵塞喷枪的喷嘴及影响浸渍操作的正常进行。同时浸渍液的黏度不要太大,因为流动性好,有利于浸渍均匀和缩短达到吸附平衡的时间。

图 17-10 转鼓外形图

对于多种活性组分的浸渍,可先浸渍一种活性组分的溶液,经干燥(或再焙烧)后,再浸渍另一种组分或者直接含几种活性组分的混合溶液。但因两种活性组分会发生相互影响,会改变另一物质在载体上的分布,这时需加入某种特定物质,以获得需要的活性组分分布状态。

(3) 多次浸渍法

为了制备活性组分含量高的催化剂,可通过多次浸渍、干燥或焙烧操作,以达到载体负载活性组分含量的要求。

采用多次浸渍的原因:①配制的金属盐类或化合物的溶解度小,一次浸渍时载体负载量小,需重复多次浸渍。②载体的孔体积小,一次负载量过多时,易造成活性组分分布不均。③多组分溶液浸渍时,由于各活性组分在载体上的吸附能力不同,吸附能力强的组分易富集于孔口;而吸附能力弱的组分则分布在孔内,也会造成分布不均。采用多次浸渍法时,第一次浸渍后将载体干燥(或再经焙烧),使吸附的活性组分固定下来而成为不可溶性的物质,从而防止第二次浸渍时又将第一次浸渍的组分溶解下来,既可提高活性组分负载量,又提高其负载均匀性。例如,用于裂解汽油加氢的 $Mo\text{-}Co\text{-}Ni/Al_2O_3$ 催化剂,Mo、Co、Ni 等活性组分含量(以氧化物计)高达23%。氧化铝载体孔体积为 0.3mL/g 左右,如采用一次浸渍,难以达到所要求的活性组分含量。这时如通过多次浸渍法则可制得活性组分负载量达到要求的催化剂。

多次浸渍法的主要缺点是工艺过程复杂,生产周期长、成本高,损耗率增大。若不是特别需要,应尽量少用这种工艺。此外,还应注意,随着浸渍次数增加,每次的负载量会递减,浸渍液的浓度应适时调整。

(4) 流化床浸渍法

实际上这也是一种喷洒浸渍法或等体积浸渍法。它是将预先配制好的浸渍液直接喷洒到流化床中处于流化状态的载体上,它可以催化剂制备条件,减少浸渍组分分解产生的有害气体对人体健康的危害,提高工效。

流化床浸渍法制备催化剂系在流化床内依次完成浸渍、干燥、分解和活化过程。操作时先在流化床内放置一定量的多孔载体颗粒,通入气体使载体流化,再通过喷嘴将浸渍液向下或切向喷入床层,溶液即被载体吸附。当浸渍液喷完后,再用热空气或烟道气对浸好的载体进行流化干燥,然后升高床温使沉积在载体上的盐类分解,逸出不起催化作用的成分。最后,用高温烟道气活化催化剂,活化后通入冷空气进行降温冷却,然后卸出催化剂产品。例如用此法制备的丁烯氧化脱氢及烯醛一步法合成异戊二烯催化剂,所得催化剂产品性能指标与过量溶液浸渍法基本相同,但它显示出流程简单、操作方便、周期短及劳动条件好等特点。但此法一般适用于耐磨强度较好的多孔载体的浸渍,无孔载体在流化浸渍时会使表面催化物质磨落。

(5) 溶剂蒸发法

在制备多组分催化剂时,如果其中某一组分的原料难以制成可溶性溶液时,这时可将该组分悬浮于可溶性组分的溶液中,制成悬浮液。然后用多孔载体浸渍,浸渍后通过加热除去溶剂,使难溶性活性组分负载于载体上。上述是将所有活性组分均溶于溶剂,待溶剂加热蒸发后活性组分也就负载在载体上的方法。为与之区别,这种溶剂蒸发法也称作悬浮蒸发法。Mo、W、Sb 等难溶性盐类都可使用这种浸渍方法,浸渍后经蒸发、干燥、焙烧制成催化剂。表 17-9 示出了用这种方法制备的催化剂例子。

表 17-9　用溶剂蒸发法制备的催化剂示例

活性组分	制 备 原 料	焙烧温度,℃	催化反应
Ni-Sb	$Ni(NO_3)_2$、Sb_2O_3(粉)	400	正丁烯氧化
Ni-Si	$Ni(NO_3)_2$、$NiSiO_3$(粉)	400	正丁烯氧化

续表

活性组分	制备原料	焙烧温度,℃	催化反应
Fe-Sb	$Fe(NO_3)_3$、Sb_2O_3(粉)	750	丙烯氧化
Mo-Sb	钼酸铵、Sb_2O_3(粉)	400	丙烯氧化
Co-Bi-Mo	硝酸铋、硝酸钴、钼酸	320~420	丙烯氧化
Pb-Bi-Mo	硝酸铋、硝酸铅、钼酸	—	丙烯氧化
Fe-Sb	$Fe(NO_3)_3$、Sb_2O_3(粉)	900	烯烃氧化
Ni-Cr[①]	$Ni(NO_3)_2$、$Cr(NO_3)_3$、NH_4OH	500	正丁烯氧化
Ni-P[①]	$Ni(NO_3)_2$、$(NH_4)H_2PO_4$、H_3PO_4	420	正丁烯氧化

注:先制成沉淀,然后再将悬浮体系加热除去溶剂。

(6)蒸气相浸渍法

这是借助浸渍化合物的挥发性,以气态形式负载在载体上。如制备正丁烷异构化催化剂 $AlCl_3$/铁钒土时,可预先在反应器内装入铁钒土,然后用热的正丁烷气流将活性组分 $AlCl_3$ 气化并引入反应器中,当铁钒土负载足够量 $AlCl_3$ 时,便可进行异构化反应;又如制备乙烯聚合用 CrO_2/SiO_2 催化剂时,可先将 SiO_2 进行真空处理(1.33×10^{-3} Pa,470℃,8h),然后通入 CrO_2Cl_2 蒸气使其吸附(440℃,12h),吸附结束后排除体系内残留气体,再使吸附物进行水解(N_2 + 水蒸气,440℃,12h),即可制得具有下述分子态活性中心分布的催化剂:

$$\equiv Si-OH + CrO_2Cl_2 \longrightarrow \equiv SiO-CrO_2Cl + HCl(吸附)$$

$$\equiv SiO-CrO_2Cl + H_2O \longrightarrow \equiv SiO-CrO_2OH + HCl(水解)$$

当表面烃基浓度大时,吸附形态为

$$\begin{matrix}\equiv Si-OH \\ \equiv Si-OH\end{matrix} + CrO_2Cl_2 \longrightarrow \begin{matrix}\equiv SiO \\ \equiv SiO\end{matrix} CrO_2 + 2HCl$$

Te 的蒸气压高,因此可采用本法来制备催化剂,如将 Na-BX 载体与 Te 粉一起放入球磨机中粉碎均匀,再在干燥 H_2 中加热(500℃,3h),Te 就以气相负载在载体上。由此制得的催化剂可用于石蜡烃的脱氢环化反应。用类似方法将 Te 以气相负载在 MgO 上,所制得的 Te/MgO 具有很强的给电子性能,可用作乙苯脱氢催化剂。

采用蒸气相浸渍法制备催化剂可省去沉淀、干燥、热处理等操作,但催化剂使用过程中活性组分容易发生流失。

(7) 孔内沉淀法

使用竞争吸附法制备浸渍催化剂时,活性组分在浸渍后仍会以原有化合物形态均匀分布于载体细孔孔道中。如按常规方法浸渍后干燥,在干燥过程中因溶质的活性组分迁移,会使分布破坏而造成活性组分不均匀分布。为避免这种溶质迁移现象,一般采用改变干燥和还原条件或顺序的方法,使活性组分在干燥前进行固定。所谓孔内沉淀法就是为消除上述缺陷而采用的方法,它又可分为浸渍沉淀法及浸渍还原法两种类型。

浸渍沉淀法是先将载体放入活性组分溶液中浸渍,达到吸附饱和后,再以碱性物质(如碱金属氢氧化物、碳酸盐或硅酸盐等)为沉淀剂,使充满于载体孔内的液体因生成沉淀而逐渐发生溶质的浓度耗尽而产生一种反向浓度梯度,导致溶质从孔的内部向外部迁移并在孔的外部形成"蛋壳"型分布;浸渍还原法则是对已浸渍好的载体在干燥前,先进行还原操作,使活性组分还原为金属而沉淀在颗粒的一定部分。孔内沉淀法常用于制造贵金属型催化剂,并获得"蛋壳"型或"蛋白"型分布形态。

6. 浸渍法制备催化剂示例

在炼油及石化行业,广泛使用加氢精制、加氢处理催化剂,通过预加氢以除去硫、氧、砷、铅等杂质来避免主催化剂中毒。加氢催化剂大量使用 Ni、Co、W、Mo 等活性组分,而且多数为两种活性组分以上的多组分催化剂。下面示出的是用浸渍法制造 Mo-Co/Al_2O_3 双组分催化剂的具体工艺条件,所用载体为活性氧化铝,Mo 及 Co 两种活性组分通过二次浸渍分别负载在载体上。图 17-11 示出了 Mo-Co/Al_2O_3 催化剂的制备工艺过程及所采用的工艺条件。所用载体为 γ-Al_2O_3,可用图 17-5 的方法制得,其主要物性为粉体堆密度 0.70~0.75g/mL,比表面积 250~270m^2/g,孔体积 0.38~0.42mL/g,Na_2O 含量 0.035%~0.1%,Fe 含量 0.01%~0.18%。载体先用浸钼液浸渍后制得含钼的湿半成品,经干燥及焙烧等热处理后制得含钼半成品,然后再用浸钴液二次浸渍,经干燥、焙烧热处理后制得成品催化剂。

用上述工艺条件制得的 Mo-Co/Al_2O_3 催化剂含 MoO_3 11.5%~15%,含 CoO 1.7%~2.3%,比表面积 250~270m^2/g,孔体积 0.28~0.35mL/g。

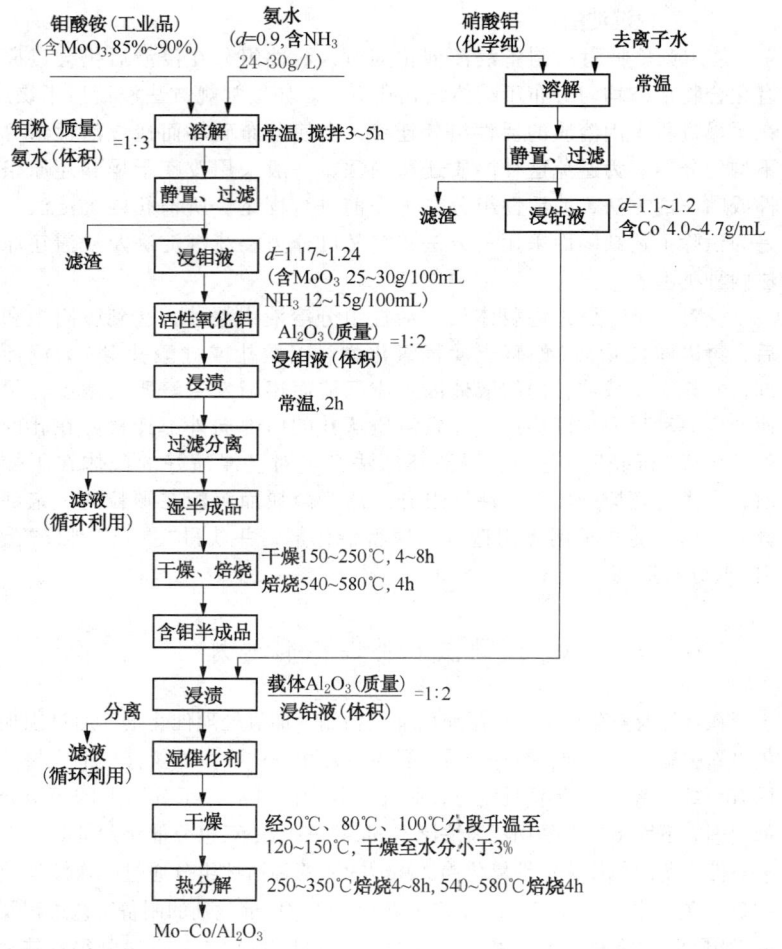

图 17-11 Mo-Co/Al$_2$O$_3$ 催化剂制备工艺过程

(三) 滚涂法及喷涂法制备催化剂

许多氧化反应中，为了防止反应物深度氧化，在用浸渍法制备催化剂时，不使活性组分浸到载体所有可以达到的内孔上，而是尽量利用载体的外表面。这时虽然可以选用孔体积及比表面积小的载体来制备，但考虑传热等其他因素而不得不采用多孔性、比表面积大的载体时,也可采用滚涂法或喷涂法将活性组分负载于多孔载体上。

滚涂法的操作类似于制药厂制造糖衣片的外层包衣的操作。它是将活性组分先放在一个可滚转的容器中,常见的容器形状有荸荠形及莲蓬形,片状载体包衣时以采用荸荠形较适宜,球形载体包衣时则采用莲蓬形为好。放入载体后转动容器,活性组分就逐渐黏附在载体表面上,有时还可添加一定的黏合剂来提高滚涂效果。然后加热、鼓风使其干燥。

喷涂法可以看作是由浸渍法派生出来的一种操作。其操作与滚涂法类似,不同的是活性组分不与载体混在一起,而是利用喷枪或其他手段喷洒于载体上。操作时将球状或条柱状低表面积颗粒载体先用一定量液体进行部分润湿(亲水性活性组分常用水作润湿剂,憎水性活性组分常用石油醚等作润湿剂),然后在一定温度及喷洒速度下将活性组分喷涂于滚动载体的表面上。通过喷涂可负载多种活性组分,形成呈"蛋壳"型分布的催化剂。该法具有活性组分分布均匀、厚度易于控制等特点,常用于强放热氧化反应,如 C_4 烃氧化制顺酐、邻二甲苯氧化制苯酐、烃或醇类的氧化脱氢等反应的催化剂制备。下面给出的是用喷涂法制备苯酐催化剂的示例。

苯酐又称邻苯二甲酸酐,是一种大吨位的有机化工产品。生产苯酐的原料路线很多,如四氢化萘、十氢化萘及萘的衍生物等,但较多的是以萘和邻二甲苯为原料,以 V_2O_5 为催化剂进行催化氧化制苯酐。以邻二甲苯为原料生产苯酐大多采用固定床气相氧化法,依据所用催化剂的不同,有"60 克工艺""80 克工艺""90 克工艺"和"100 克工艺"技术。国内研制的苯酐催化剂是以钒和钛为主要活性组分,以 Sb、P、Cs、Nb、Zn、Ag、K 等氧化物为助催化剂,采用喷涂法在滑石环载体上负载活性组分及相关助剂。

(1) 滑石环载体的制备

选用矿原稳定的滑石粉为骨架粒子,烧结范围宽、黏性好、K 及 Na 含量少的黏土为黏合剂,以含 Ca、Mg 的矿物为助熔剂,经混合、挤环成型、干燥、焙烧制得滑石环载体。载体主要技术指标:外观为表面平整的环形;外径 7~8mm,内径 4.8~5.0mm,高 5.8~6.0mm;堆密度约 0.9kg/L;径向压强 >7kg/粒,轴向压强 >20kg/粒。

(2) 催化剂制备

① 将粉碎的锐钛矿粉与浓度为 80% 的硫酸充分反应后用水稀释得到硫酸氧钛。然后加入铁片将其中的铁元素还原为亚铁离子,经冷却后硫酸亚铁形成沉淀并将其分出。所得溶液于 150℃下形成含水的钛氧化物,用

水洗涤多次后，经120℃干燥、800℃焙烧、粉碎，制成锐钛矿型 TiO_2，其平均粒径为0.5μm，比表面积约 $22m^2/g$。

② 在带搅拌的配制釜中加入60L脱离子水，再加入2kg草酸搅拌溶解。然后加入0.45kg偏钒酸铵、58g磷酸二氢铵、185g氯化铌、78g硫酸铯、48g五氧化二锑，维持温度 50~75℃，搅拌得到溶液，冷却至室温后再加入适量二甲基甲酰胺及18kg锐钛矿型 TiO_2，用乳化器搅拌成淤浆。

③ 在外带加热的旋转炉（或转鼓、滚筒）中加入滑石环载体，并维持载体温度 200~250℃，将以上制得的活性组分淤浆用喷枪喷到滚动的载体上。活性组分在载体的喷涂量控制在 5%~20%。

④ 将喷涂完的催化剂放入干燥箱中于 200℃下保温2h，然后再在 450~500℃下焙烧 2~4h，即制得成品催化剂。

（四）溶胶凝胶法制备催化剂

溶胶凝胶法又称胶体化学法，其历史可以追溯到19世纪中叶。当时发现正硅酸乙酯水解时形成的 SiO_2 呈玻璃状，而 SiO_2 凝胶中的水可以被有机溶剂所置换，这些现象引起了材料科学界的重视。以后历经数十年的发展，这种方法已成为一种制备新材料的湿化学方法，广泛用于制备氧化物膜、功能陶瓷材料、催化剂及催化剂载体及纳米催化材料。

1. 溶胶、凝胶及胶溶作用

溶胶又称胶体溶液，是指有肉眼看不到的胶体颗粒分散悬浮其中的液体。根据分散介质不同来分，分散介质为任何一种液体时称为液溶胶或简称溶胶，分散介质为水时称为水溶胶，分散介质为气体或气体混合物时气溶胶，分散介质为结晶物质时称为晶溶胶，分散介质分别为固体、熔体及玻璃质时，则分别称为固溶胶、高温溶胶及玻璃溶胶等。其中又以液溶胶为普遍。溶胶中的固体粒子大小常为 1~5nm。

溶胶是高度分散的不均匀的多相体系，这体系的分散相粒子是由许多分子或原子聚集而成。由于分散粒子小、表面积大，故其有独特光学、电学、动力学等性质，如光散射现象、电泳、布朗运动等。

溶解在聚沉过程中，在某些情况下，胶体粒子互相黏结成连续的网状结构。这种网状结构包住了全部液体，使胶体体系逐渐变得黏滞，失去流动性，最后形成半固体的所谓凝胶。这就是胶凝作用，也称胶凝化作用或絮凝作用，新形成的凝胶都含有大量液体，其液体含量有时可高达99.5%。所含液体为水的凝胶称为水凝胶。

根据凝胶的性质，它可分为弹性凝胶及非弹性凝胶。弹性凝胶是由柔性的线型大分子物质（如明胶、琼脂等）形成的凝胶属于弹性凝胶，它在干燥时体积虽然缩小很多，但并不发脆，且仍保持弹性；非源性凝胶又称刚性凝胶，由刚性质点（如 Al_2O_3、SiO_2、TiO_2 等）溶胶所形成的凝胶属于非弹性凝胶。这类凝胶脱水干燥后再置水中加热时不会回复成原来的溶胶，故又称不可逆凝胶。在催化材料或载体制备中使用的主要是一类非源性凝胶。

使沉淀物或凝胶重新分散成胶体颗粒，再转变成溶胶的过程称为胶溶作用，它是聚沉作用的逆过程。$Al(OH)_3$、$SiO_2 \cdot nH_2O$ 等凝胶脱水后，变成脆性，即使再浸入介质中，也难以恢复原状，即为上述不可逆凝胶。能引起胶溶作用的物质称为胶溶剂，它们通常也都是电解质。

2. 溶胶凝胶法的基本原理

溶胶凝胶法的基本过程：易于水解的金属化合物（无机盐或金属醇盐或酯）作前驱体，在液相下将这些原料均匀混合，并进行水解、缩合（或缩聚）反应，在溶液中形成稳定的透明溶胶体系。溶胶经过一定时间老化或干燥处理，胶粒间缓慢聚集，形成连续的三维空间网络结构，网格间充满了失去流动性的溶剂，形成凝胶。凝胶由固体骨架和连续相组成，经干燥除去液相后收缩为干凝胶，干凝胶经焙烧后即制得所需材料。

(1) 常用原料及其作用

溶胶凝胶法主要原料是金属化合物，其他还会用到溶剂、水、催化剂及添加剂等。金属化合物一般是易水解的金属化合物，它又可分为金属有机化合物、金属无机化合物及金属氧化物等三类。而金属有机化合物又可分为金属醇盐、金属乙酰丙酮盐和金属有机酸盐等三种。其中金属醇盐是溶胶凝胶法最为合适的前驱物或母体材料。

金属醇盐又称金属烷氧基化合物或金属酸酯，可用一般式 $M(OR)_n$（M 是价态为 n 的金属，R 为烷基）表示。它是有机醇—OH 上的 H 为金属所取代的有机化合物，与一般金属有机化合物的差别在于金属醇盐是以 M—O—C 键的形式结合，金属有机化合物则是以 M—C 键结合。金属醇盐的称呼是取对应的醇名称的词干，如 $M(OC_2H_5)$，称为乙氧基金属 M。所以，金属醇盐可以看成是醇类的衍生物，也可看成是金属氢氧化物 $M(OH)_n$ 中的氢被烷基所取代的产物。因此，金属醇盐的性质是由金属原子的性质及烷基的结构形式所决定。

金属醇盐具有共价化合物的特征，还具有易用蒸馏、重结晶技术提纯，可溶于一般有机溶剂及易水解等特性。水解形成聚合物、氧化物或氢氧化物时，只存在易挥发的醇类产品，不产生杂质污染，而且还具有利于反应的性质。所以，金属醇盐成为溶胶凝胶法制备材料广为使用的最好金属起始原料。金属醇盐可通过金属与醇直接反应、金属氢氧化物或氧化物与醇反应、金属卤化物与醇和碱金属醇盐反应、金属有机盐与碱金属醇盐的反应以及金属二烷基胺盐与醇反应等方法合成而得。金属醇盐种类很多，表17-10示出了催化剂制备所常用的金属醇盐。

表17-10 常用金属醇盐

金属元素	金 属 醇 盐
Si	$Si(OCH_3)_4$、$Si(OC_2H_5)_4$、$Si(iso\text{-}OC_3H_7)_4$、$Si(iso\text{-}OC_4H_9)_4$
Al	$Al(OCH_3)_3$、$Al(OC_2H_5)_3$、$Al(iso\text{-}OC_3H_7)_3$、$Ai(iso\text{-}OC_4H_9)_3$
Ti	$Ti(OCH_3)_4$、$Ti(OC_2H_5)_4$、$Ti(iso\text{-}OC_3H_7)_4$、$Ti(iso\text{-}OC_4H_7)_4$
Zr	$Zr(OCH_3)_4$、$Zr(OC_2H_5)_4$、$Zr(iso\text{-}OC_3H_7)_4$、$Zr(iso\text{-}OC_4H_7)_4$

除金属醇类作原料外，其他可用的金属无机化合物有硝酸盐、氯化物或氧氯化物等可溶性盐。其他原料中，水是为了发生金属化合物的水解反应；溶剂的加入是为了溶解金属化合物及调制均匀溶胶，常用的溶剂有甲醇、乙醇、丙醇、乙二醇、丁醇、三乙醇胺及二甲苯等；使用催化剂可促进金属化合物的水解作用，常用的有酸（如盐酸、硫酸、硝酸及乙酸等）及碱（如氨水、氢氧化钠等）两类；所用添加剂有分散剂（如聚乙烯醇）、水解控制剂（如乙酰丙酮等）及凝胶防开裂剂（如甲酰胺、二甲基甲酰胺、草酸等）。

(2) 溶胶凝胶过程的主要反应

利用溶胶凝胶法制备催化剂是一种需要精确控制的湿化学过程。根据起始原料和得到溶胶的方法不同，可分为胶体凝胶法及聚合凝胶法。前者又称为胶凝法或胶体工艺，后者又称为分子聚合法或聚合工艺。

胶体凝胶法的前体是金属无机盐，利用盐溶液的水解，经化学反应产生金属水合氧化物胶体沉淀，再利用胶溶剂（酸或碱）的胶溶作用使沉淀转化为溶胶，并通过控制溶液的pH值、温度来控制胶粒的大小，然后通过使溶胶中的电解质脱水或改变溶胶的浓度，致溶胶凝结转成三维网络凝胶。胶粒间的相互作用力是静电力(包括氢键)及范德华力。

聚合凝胶法的前体是金属醇盐。将醇盐溶解在有机溶剂中,加入适量水控制醇盐水解,在金属上引入羟基,水解后的羟基化合物继续发生缩聚反应,靠化学键形成网络,转变成凝胶。将凝胶干燥、焙烧除去有机成分,最后获得金属氧化物。利用金属醇盐为前体,通过图 17 – 12 所示过程,控制相应的工艺条件可制取催化剂、氧化物载体、气凝胶、干凝胶、晶须、透光膜、晶形陶瓷等各种材料。

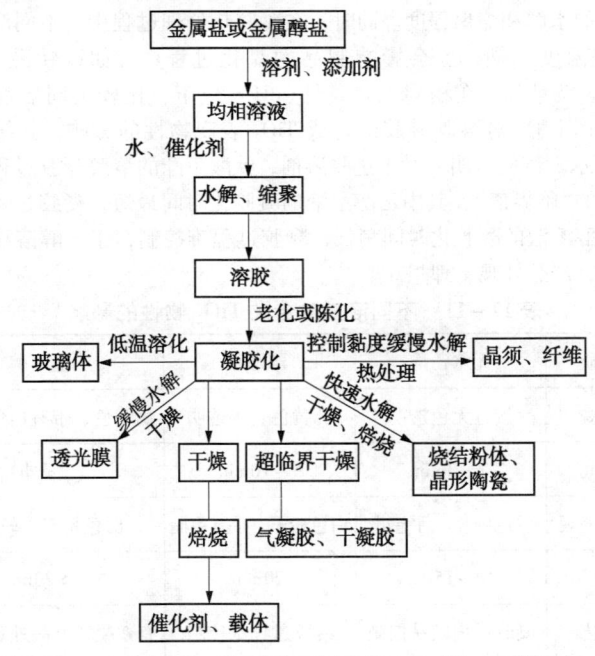

图 17 – 12 溶胶凝胶法合成各种材料的过程示意

3. 溶胶凝胶法制备催化剂的主要操作控制

用溶胶凝胶法制备催化剂或载体的主要操作包括金属盐类水解、胶溶、老化胶凝、干燥焙烧等步骤。

(1) 制取包含金属醇盐和水的均相溶液

以金属醇盐为前体时,先要制取一种包含金属醇盐和水的均相溶液。由于金属醇盐在水中溶解度不大,故选用可与醇盐及水互溶的醇体溶剂。

通常是将醇盐溶解于母醇中,如异丙醇铝用异丙醇作溶剂,仲丁醇铝以仲丁醇为溶剂。起始溶液中的醇盐浓度必须保持适当,作溶剂的醇加入量过多时,将导致醇盐浓度的下降,使已水解的醇盐分子之间的碰撞概率下降,将会延长凝胶的胶凝时间;但醇的加入量过少,则醇盐浓度过高,水解缩聚产物浓度过高,容易引起粒子的聚集或沉淀。

溶剂对溶胶凝胶合成过程的影响是通过烷基的取代反应或其他基团的取代配位反应等产生的,通过烷基的斥电性、位阻效应及配位能力来影响金属醇盐的水解和缩聚程度。同时,在凝胶热处理过程中,不同溶剂的分解及燃烧温度不同,也会影响制品的晶化过程中。如以钛酸丁酯[Ti(OC$_4$H$_9$)$_4$]为前体,在相同工艺条件(pH=3)下,比较不同溶剂(乙醇、异丙醇、正丁醇)对溶胶凝胶法合成 TiO$_2$ 表观物性的影响,其结果如表 17-11 所示。试验表明,对于这些溶剂,钛酸丁酯的溶胶凝胶过程都有一个凝胶化的"临界值",其中乙醇溶液的凝胶化时间最短,凝胶过程较易控制;异丙醇溶液的凝胶化时间稍长,凝胶过程难控制;正丁醇溶液的凝胶时间最长,产品外观不理想。

表 17-11　不同溶剂对合成 TiO$_2$ 物性的影响

物理性质	无水乙醇	异丙醇	正丁醇
溶胶外观	接近无色透明	乳黄色、半透明	浅黄色、带有白色絮凝物
凝胶时间	2~3min	5~10min	<1h
产品粒子外观	白色细粉,手感滑	白色粉末,手感粗糙	白色粉末,较粗糙
平均粒径	10~15nm	20nm	>20nm
过程变化	凝胶过程较易控制	凝胶过程难控制	有絮凝,产品外观不理想

(2) 水解

金属醇盐在水中完全水解后生成金属氧化物或水合金属氧化物的沉淀。水解过程中存在着水解及聚合反应,反应生成物是不同大小和结构的溶胶胶体粒子。影响水解反应的主要因素是水的加入量、水解温度及 pH 值等。

水的加入量习惯上是以水与醇盐物质的量比计量,由于水也是一种反应物,水的加入量对溶胶的黏度、溶胶向凝胶的转化及胶凝作用的时间均有影响。如在用溶胶凝胶法制备钛酸钡(BaTiO$_3$)时,以氢氧化钡及钛酸丁酯为前体,加水量与所得制品物性的关系如表17-12所示。加水量用物质的量之比 $Q=[H_2O]:[M(OR)]$ 表示。由于所加水量都超过化学计量水量,随着 Q 的增加,则胶体的浓度随之下降,胶凝时间也随之延长。粉体的晶粒尺寸也随加水量的增多而增大,而比表面积在 $Q=40$ 处有一极大值。

表17-12 加水量对钛酸钡物性的影响

序 号	1	2	3	4	5
$[H_2O]:[Ti(OC_4H_9)_4]$	10	20	40	60	100
晶粒尺寸,nm	11	13	19	25	33
比表面积,m^2/g	15.85	17.28	18.43	10.65	8.53

水解温度的影响。提高水解温度有利于提高醇类水解速率。特别对水解活性差的醇盐,常在加温下操作以缩短水解时间,从而明显缩短溶胶制备时间及胶凝时间。

为控制水解速率而调整溶胶值所加入的酸或碱实际上起着催化剂的作用。加酸或加碱所起的催化机理不同,因而对不同一种醇盐的水解、缩聚会产生结构形态不同的水解产物,以正硅酸乙酯 $Si(OC_2H_5)_4$ 为例,用酸催化时,醇盐水解是由 H_3O^+ 的亲电机理所引起,水解速度快,缩聚产物的交联度低,易形成一维链状结构;在用碱催化时,水解是由—OH 的亲核取代所引起,水解速度较酸催化要慢,容易生成高交联度的粒子沉淀。所以用硅醇盐制备纤维状产品时需采用酸催化剂,而制备粉状产品时应在碱催化下进行。

催化剂不仅会影响水解—缩聚反应,而且对产品的结构也会有影响。如以钛酸丁酯为前体制取 TiO_2 时,在用盐酸催化下,600℃焙烧时就可发生锐钛矿相向金红石相的转变;而用乙酸催化则可使锐钛矿相稳定到800℃;如用草酸催化时,在900℃时还可保持完整的锐钛矿相结构。

为了控制水解速率有时需要加入添加剂或抑制剂。不同抑制剂对产品粒子外观及性能产生影响。如由钛酸丁酯为前体制造 TiO_2 粉体时,使用乙酰丙酮及冰乙酸为抑制剂时,对 TiO_2 的影响如表17-13所示。两者所产生的差别是由于不同抑制剂对溶胶状态及凝胶时间会产生不同影响所致。

表 17 – 13　抑制剂对 TiO_2 物性的影响

物性	冰乙酸抑制剂	乙酰丙酮抑制剂
溶胶外观	浅黄透明	橙色透明
凝胶时间	3h	45d
产品粒子外观	白色粉末，较细	白色粉末，较细
操作控制	凝胶过程易于控制	凝胶过程难于控制

（3）胶溶

向水解产物中加入一定量的酸或碱，使形成的沉淀分散为大小在胶体范围内的粒子，形成金属氧化物或水合氧化物溶胶。这个过程称为胶溶或解胶，所加入的酸或碱则称为胶溶剂。胶溶是胶体凝胶法制备催化剂的必经步骤，只有加入胶溶剂才能使生成的沉淀呈胶体颗粒并被稳定下来。胶溶作用是静电相互作用的结果。在向水解产物中加入胶溶剂酸或碱时，H^+ 或 OH^- 吸附在沉淀物粒子表面，反应离子在液相中重新分布，从而在粒子表面形成双电层。双电层的存在使粒子间产生相互排斥作用，当排斥力大于粒子间的吸引力时，聚集的粒子便分散为小粒子而形成溶胶。

在溶胶凝胶法制备催化剂或载体时，最终产品的结构及性能在溶胶中已初步形成，而且在后续制备工艺与溶胶性质有直接关系。特别在制取一些要求粒径小且粒径分布均匀的产品时，溶胶制备的质量尤为重要。此外，多孔性材料可能形成的最小孔径也取决于溶胶一次粒子的大小，而孔径分布及孔的形状与胶粒的形状及粒度分布有关，这些也与胶溶剂的种类及加入量有关。

酸是常用的胶溶剂，无机盐（硝酸、盐酸等）及有机酸（乙酸、柠檬酸等）均能使体系胶溶，但硫酸、氢氟酸则不起胶溶作用。酸的种类及加入量对胶粒大小、溶胶黏度及流变性都有影响。胶溶剂有一最佳加入量，加入量过低时会造成粒子沉淀；而加入量过高则会引起粒子团聚，只有加入量适当时才能获得稳定的溶胶。

（4）老化、胶凝

从溶胶变为凝胶的胶凝作用是一种不完全的絮凝，故胶凝产物中分子聚集得比较松散，包含了所有的液体介质。所以凝胶不是平衡体系。老化或称陈化，是以一定方式向溶胶体系提供能量，使胶粒的分散与聚集尽快地达到相对稳定的平衡，从而使胶体具有单一的粒度分布。老化过程包括将金属醇盐水解生成的醇（如异丙醇、仲丁醇）全部蒸出，然后在搅拌下，保持在一定温度及回流条件下进行老化。影响老化结果的主要因素是老化时间及老化温度。老化时间过短，颗粒尺寸颁布不均匀；时间过长，粒子长大、团聚，也就不易形成超细结构，提高温度可加速胶凝，可以形成大胶球粒子的堆积，从而获得大孔径的产品；但温度过高，也可能使缩聚的凝胶解聚。

（5）凝胶干燥

凝胶经干燥脱去包含在凝胶骨架中的液体后，就形成具有多孔结构的干凝胶，或称干胶。原先被液体所占有的地方就形成干凝胶的孔穴或空腔。胶体粒子组成的网状骨架就成了干凝胶的壁。所以，SiO_2、TiO_2 等凝胶具有三维的网状结构。干凝胶的孔结构就是在干燥过程中形成的，网络骨架是由组成溶胶的基本胶粒无序排列而成，它宛如葡萄串一般，构成巨大的比表面积及适宜的孔结构。采用不同的凝胶条件及选择合适的后处理条件，就可制得在孔结构、比表面积及其他物性方面有相当大变化范围的产品。

凝胶干燥时除了受到毛细管力作用使凝胶骨架收缩外，随着骨架的收缩和脱液，其强度不断提高，从而逐渐增强抵抗毛细管力的能力。这两种相反的力达到平衡时，凝胶的收缩就开始停止。干凝胶的孔结构也就最后固定下来。如果凝胶骨架的弹性较大，则易于收缩，因而得到较细的孔结构；反之，当凝胶骨架强度较大时，就得到较粗的孔结构。假如凝胶的弹性和强度都不足以抵抗毛细管力的作用，则凝胶在干燥过程中发生龟裂或粉碎，使凝胶的粒度较小或降低产品的完整率。

由于一般干燥方法难于阻止凝胶中微粒间的接触、挤压与聚集作用，因而也就难以制得具有结构稳定的介孔催化材料或分散性好的纳米级超微材料。这时可采取以下措施来减少结构破坏的驱动力和增强凝胶网络的机械抵抗力：①减少液相的表面张力，如使用低表面张力的溶剂或加入表面活性剂；②通过改变凝胶的制备条件或加入适量的添加剂等措施增大凝胶的孔径；③改变老化条件或加入活性硅等方法增强凝胶机械强度；④使凝胶表面疏水，如加入有机溶剂；⑤采用起临界干燥技术，利用物质在临界温度和压力条件下液体无液—气界面的原理，在临界条件下对凝胶干燥，可消除界面张力对结构的作用，也可减少粒子发生团聚；⑥采用冷冻干燥法蒸发溶剂，与超临界干燥法相反，冷冻干燥是在低温低压下将液—气界面转化为气—固界面，可减少粒子在干燥过程中发生团聚；⑦采用共沸蒸馏法，将沉淀物中的水分以共沸物的形式脱除来防止形成硬团聚的方法，如正丁醇与水在 93℃ 形成的共沸物中水量达 44.5%，能有效地脱除胶体间的多余水分子。

(6) 焙烧

焙烧是溶胶凝胶法制备催化剂时的热处理过程之一。根据制备材料及焙烧条件不同,会发生热分解、再结晶、烧结及固相反应等现象。焙烧条件的控制,对制品的粒径大小、粒度分布及骨架与孔结构都有很大影响。其中有些过程是可逆的,有些是不可逆的。有关焙烧的机理可参见"催化剂焙烧"有关章节。

4. 溶胶凝胶法制备催化材料的主要优缺点

溶胶凝胶法是一种湿化学制备催化材料的方法。它主要利用液体化学试剂(或将粉状原料溶于溶剂中)或溶胶为原料,而不是用粉状物体。反应物在液相中均匀混合并进行反应。反应生成物是稳定的溶胶体系,经放置或采用一定的方法转变为凝胶。凝胶中含有大量液相,借助蒸发而不是机械脱水除去液体介质,再经热处理可制得高分散、高比表面积和良好孔结构的催化材料。相对于传统的催化剂制备方法,溶胶凝胶法具有以下特点:①制备的材料组分均匀,产品纯度高,不带难以洗涤的杂质,尤其是多组分体系的产物均匀性有保证;②反应过程易于控制,虽然影响溶胶凝胶过程的因素很多,包括原料性质、溶剂、水量、反应工艺条件、后处理方式等,但可通过这些因素的调节,制取有一定微观结构及不同性质的凝胶;③可制取比表面积很大的催化剂或载体,而且焙烧温度低,催化剂活性好;④通过在反应体系中加入一些表面活性剂或模板剂,使其按一定方向缩聚,形成具有特定孔结构的金属氧化物纳米粒子,制取纳米级催化材料;⑤从同一原料出发,通过改变反应工艺条件可获得不同的制品。最终产物的形式,除粉体外,还可制取块状、纤维状、棒状及薄膜状等产品。鉴于以上特点,溶胶凝胶法广泛用于制备 SiO_2、TiO_2、Al_2O_3 及 ZrO_2 等催化材料及催化剂载体。

但是,溶胶凝胶法也存在某些缺点:①所用原料有些是有机化合物,成本相对较高,而且有些有机化合物对人体及环境有害。②工艺过程较长,反应涉及的操作变量较多,如温度、浓度、pH 值,对过程机理难以完全掌握,因而也会影响制品的功能性。③凝胶后处理条件对制品影响较大,如干燥条件调节不好,所得半成品易产生开裂;焙烧不完善,制品细孔中因残留羟基或 C,会使产品变黑色。

5. 溶胶凝胶法制备二氧化钛

二氧化钛(TiO_2)有金红石、锐钛矿及板钛矿三种晶格变体。金红石型和锐钛矿型结晶同属正方晶系,前者属四方密堆积,后者属菱形斜方晶系。TiO_2化学性质稳定,常温下几乎不与其他化合物作用。可用作催化剂及载体,其酸性比SiO_2还弱,如用作缓和的异构化催化剂、脱水及水合催化剂、氧化及裂化催化剂等。用作催化剂载体时,可与活性组分金属产生强相互作用,是构成固体酸催化剂的一种重要组分。TiO_2最突出的特征是它具有光敏导电性,是一种N型半导体、广为使用的光催化剂,尤以锐钛矿型TiO_2的活性较好。TiO_2可用气相法、水热法、液相沉淀法等多种方法制造,而溶胶凝胶法具有反应温度低、设备简单、不需过滤洗涤、不产生大量废液等特点,可制取粒径分布窄的纳米TiO_2。溶胶凝胶法制备光催化材料TiO_2的工艺过程如图17-13所示。它以钛酸丁酯$Ti(OC_4H_9)_4$为前体,乙醇为溶剂,乙酰丙酮为抑制剂,盐酸为催化剂。反应时先将钛酸丁酯与总乙醇量的2/3混合制成A液,剩余1/3乙醇与水为B液,在不断搅拌下按一定流速将A液加入B液中。这时产生的水解—缩聚反应如下:

水解:$Ti(OC_4H_9)_4 + 3H_2O \longrightarrow TiOC_4H_9(OH)_3 + 3C_4H_9OH$

缩聚:$TiOC_4H_9(OH)_3 \longrightarrow TiO_2 \cdot xH_2O + (3-x)H_2O + C_4H_9OH$

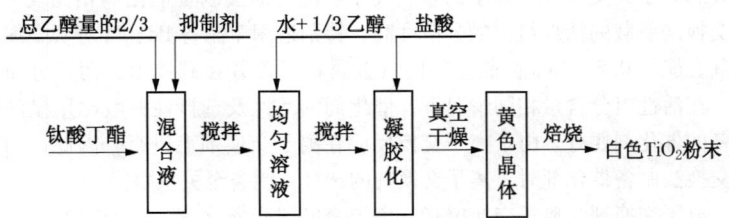

图17-13 溶胶凝胶法制造纳米TiO_2工艺过程

水解温度为33℃,反应物适宜的配比(摩尔比):

$$TiO(C_4H_9)_4 : C_2H_5OH : H_2O : HCl = 1 : 9 : 3 : 0.28$$

缩聚反应生成的$TiO_2 \cdot xH_2O$具有线形结构,并通过氢键与溶剂醇形成网状结构,经凝胶化生成凝胶体。上述两步反应是不可逆的。所得TiO_2粒子的大小主要取决于溶液中$TiO_2 \cdot xH_2O$的过饱和度。要使TiO_2晶体粒径达到可能的最小粒径,必须溶液中$TiO_2 \cdot xH_2O$有足够大的过饱和度,而要使晶体粒径均一,则应使反应器内构晶粒子的过饱和度各处相等。

凝胶经真空干燥后进行焙烧。焙烧温度550℃得到锐钛矿型TiO_2，焙烧温度为800℃时则得到金红石型TiO_2。粉体外观为球形，平均粒径为8~25nm。

用溶胶凝胶化制取超细粒子时，粒径可在1~100nm范围，其每个微粒所含原子或分子数一般为10^2~10^5个，如粒子细到10nm以下，即进入纳米级，则每个微粒将成为含约30个原子的原子簇。纳米粒子表面原子或分子的化学环境和体相内部不同，表面原子缺少相邻原子，存在许多悬空的键，具有不饱和性质，因而易于与其他原子相结合，呈现出较大化学活性，此外，超细粒子因具有高密度表面晶格缺陷及高比表面积，因而呈现极高的催化活性。

（五）离子交换法制备催化剂

离子交换是一种特殊吸附过程，是溶液和离子交换剂间交换离子的过程，利用离子交换反应作为制备催化剂主要工序的方法称为离子交换法。其基本原理是采用离子交换剂作载体，引入阳离子活性组分，制备高分散度、大表面积、均匀分布的负载型金属或金属离子催化剂。如分子筛为晶体硅铝酸盐，它具有均匀窄小、相互贯通的孔道网状骨架的晶体结构，为了获得特定的催化性能，常在保持原有晶体基本结构的基础上，将溶液中的金属离子去交换分子筛中的金属离子。与浸渍法制备催化剂相比较，离子交换法所载的活性组分的分散度高，特别适用于制备Pd、Pt等贵金属催化剂，能将0.5~3nm微晶直径的贵金属粒子负载在载体上，而且分布均匀。在活性组分含量相同情况下，催化剂的活性及选择性一般比用浸渍法制备的催化剂要好。由于离子交换反应在离子交换剂上进行，因此，用离子交换法制备催化剂时，离子交换剂的选择及制备至关重要。

离子交换剂、离子交换树脂、离子交换树脂催化剂、离子交换法制造分子筛和甲苯歧化丝光沸石催化剂的制备等介绍如下。

1. 离子交换剂

离子交换剂是指能与溶剂中的阳离子或阴离子进行交换的物质。它与低分子酸、碱、盐的区别在于离子化基团电离结果形成的氢离子或羟基不能向溶液中自由扩散，因为它处于不能游动的阳离子（或阴离子）基团的静电引力作用下。离子交换过程可以看作是两种电解质的作用，而其中之一则是含有实际上不能游动的阳离子(或阴离子)的复合体。离子交换过程一般由以下四个作用组成：①已溶电解质的离子向离子交换剂颗粒表面的扩散作用；②已溶电解质离子在离子交换剂孔道内的扩散作用；③离子交换剂游动离子脱离离子交换剂阳离子(或阴离子)基团作用力的取代作用；④从离子交换剂中取代出的游动离子向溶液的扩散作用。而离子交换过程的难易程度与以下因素有关：进行交换的离子的电荷，连接离子到晶体上的引力的性质，进行交换的离子浓度，两种交换离子的大小，晶格可接近的程度，溶解度效应。

显然，离子交换剂内离子化基团是其主要特性指标。据此，离子交换剂可区分为阳离子交换剂及阴离子交换剂。但离子交换剂的更多性质是由与离子化基团连接在一起的"骨架"部分所决定的。因此，离子交换剂可分为无机离子交换剂及有机离子交换剂。

(1) 无机离子交换剂

具有阳离子交换作用的无机离子交换剂可分为天然的及合成的两大类。天然无机离子交换剂主要是一些天然硅铝酸盐，如黏土、漂白土、沸石、斑脱石及海泡石等；合成的无机离子交换剂有人造沸石、磷酸锆、碱性硅胶、有阳离子交换作用的氧化铝等。

① 天然沸石。

天然沸石是一族架状构造的含水铝硅酸盐矿物，化学组成复杂，一般化学组成：$Na_2O \cdot CaO \cdot Al_2O_3 \cdot nSiO_2 \cdot mH_2O$。种类很多，分布最广的有方沸石、斜发沸石、片沸石、浊沸石、菱沸石、丝光沸石及钠沸石等。沸石这类矿物晶体具有很开旷的硅氧骨架，在晶体内部形成许多孔径均匀的孔道和内表面很大的空穴，从而具有独特的吸附、筛分、离子交换及催化等性能。而沸石的重要性能之一是可以进行可逆的阳离子交换。离子交换一般是在水溶液中进行，交换反应可用下式表示：

$$Na(Z) + M(I) \longrightarrow M(Z) + Na(I)$$

式中，Z 表示沸石相，I 表示溶液相，M 是溶液中取代沸石钠离子的交换离子。如斜发沸石、丝光沸石的理论交换容量分别为 213mmol/100g 及 233mmol/100g。

沸石的离子交换性能主要与沸石结构中的硅铝比、孔穴大小及阳离子位置的性质等有关。其中，孔穴的大小直接影响离子交换的进行，如 A 型沸石主要孔道直径约 0.42nm，因此凡直径小于 0.42nm 的阳离子都可以取代 Na^+，碱金属 K^+、Rb^+、Li^+、Cs^+、碱土金属 Ca^{2+}、Sr^{2+}、Ba^{2+} 以及 Ag^+ 直径都小于 0.42nm，故都可交换 Na^+。

沸石的阳离子交换作用也与阳离子的性质有关,在斜发沸石上,一些阳离子的交换选择性顺序为

$$Cs^+ > Rb^+ > K^+ > NH_4^+ > Pb^{2+} > Ag^+ > Ba^{2+} > Na^+ > Sr^{2+} > Ca^{2+} > Li^+ > Cd^{2+} > Cu^{2+} > Zn^{2+}$$

斜发沸石内部各阳离子与溶液中的 NH_4^+ 发生交换的顺序为

$$Ca^{2+} > Na^+ > NH_4^+ > K^+$$

即 Ca^{2+} 最容易与溶液中的 NH_4^+ 进行交换。

② 合成沸石。

合成沸石又称分子筛、沸石分子筛。由于天然沸石矿资源有限,所含杂质较多。所以,市场上的沸石产品主要通过人工合成方法制得。沸石的人工合成是在模拟成矿的条件下进行的,最早合成出的是丝光沸石、方沸石及钡沸石,随着分子筛合成技术的进展,用人工合成方法不仅能制造出各种天然沸石,还能开发出许多自然界未见到的新型结构分子筛。

合成沸石所用原料有硅源(如水玻璃、硅溶胶、正硅酸钠等)及铝源(如偏铝酸钠、硫酸铝等)等。根据 Na_2O、SiO_2、Al_2O_3 三者的数量比例不同,可制成不同类型的分子筛。而按晶型和组成中硅铝比不同,将分子筛分为 A 型、X 型、Y 型、L 型及 ZSM 等多种类型;而按分子筛的孔径大小不同,又可分为 3A(孔径为 0.3nm 左右)、4A 及 5A(分子筛)。表 17 – 14 示出了常见合成沸石的化学组成及孔径大小。

表 17 – 14　常见合成沸石的化学组成及孔径大小

名称	化学组成	孔径,nm
3A 分子筛	$K_2O \cdot Al_2O_3 \cdot 2SiO_2 \cdot 4.5H_2O$	0.30
4A 分子筛	$Na_2O \cdot Al_2O_3 \cdot 2SiO_2 \cdot 4.5H_2O$	0.40
5A 分子筛	$0.66CaO \cdot 0.33Na_2O \cdot Al_2O_3 \cdot 2SiO_2 \cdot 6H_2O$	0.50
X 型分子筛	$Na_2O \cdot Al_2O_3 \cdot 2.5SiO_2 \cdot 6H_2O$	0.80
Y 型分子筛	$Na_2O \cdot Al_2O_3 \cdot (3 \sim 6)SiO_2 \cdot (\sim 9)H_2O$	0.80
合成丝光沸石	$Na_2O \cdot Al_2O_3 \cdot (10 \sim 12)SiO_2 \cdot (6 \sim 7)H_2O$	—
ZSM-5	$Na_2O \cdot Al_2O_3 \cdot (5 \sim 50)SiO_2(失水物)$	—

分子筛与某种盐的水溶液相接触时,溶液中的金属阳离子可以进入分子筛中,而分子筛中的阳离子可被交换下来进入溶液中。所以,为了适应分子筛的各种不同用途,特别是用作催化剂时,常将表中常见的 Na 型分

子筛中的 Na^+ 离子用离子交换的方法将其交换成其他阳离子；而交换速率与交换程度则与交换离子的类型、大小、电荷、温度、pH 值、硅铝比及结构特性等因素有关。在离子交换过程中，不同的阳离子交换到分子筛上的难易程度也不同。一般情况下，一价阳离子比二价或多价阳离子容易交换。一些分子筛的离子交换顺序如下

A 型分子筛：$Ag^+ > Tl^{3+} > K^+ > NH_4^+ > Rb^+ > Li^+ > Cs^+ > Zn^{2+} > Sr^{2+} > Ba^{2+} > Ca^{2+} > Co^{2+} > Ni^{2+} > Cd^{2+} > Hg^{2+}、Mg^{2+}$

4A 分子筛：$Ag^+ > Cu^{2+} > Ti^{4+} > Al^{3+} > Zn^{2+} > Sr^{2+} > Ba^{2+} > Ca^{2+} > Co^{2+} > Au^{2+} > K^+ > Na^+ > Ni^{2+} > NH_4^+ > Cd^{2+} > Hg^{2+} > Li^+ > Mg^{2+}$

X 型分子筛：$Ag^+ > Tl^{2+} > Cs^+ > K^+ > Li^+$

BX 分子筛：$Ag^+ > Cu^{2+} > H^+ > Ba^{2+} > Al^{3+} > Ti^{4+} > Sr^{2+} > Hg^{2+} > Cd^{2+} > Zn^{2+} > Ni^{2+} > Ca^{2+} > Co^{2+} > NH_4^+ > K^+ > Au^{2+} > Na^+ > Mg^{2+} > Li^+$

Y 型分子筛：$Tl^{3+} > Ag^+ > Cs^+ > Rb^+ > NH_4^+ > K^+ > Li^+$

X、Y 型分子筛上稀土阳离子的交换顺序为：$La^{3+} > Ce^{3+} > Pr^{3+} > Nd^{3+} > Sm^{3+}$

③ 磷酸锆。

化学式 $ZrO(H_2PO_4)$，白色无定形粉末。一种具有强酸性离子基团的合成无机阳离子交换剂，由锆盐溶液和磷酸混合沉淀出磷酸锆再经烘干制得。这种交换剂在 200℃ 下也不会改变自身的离子交换性质，而且还明显地表现出对单电荷离子的选择性。磷酸锆在 500℃ 焙烧时，可获得较高的酸度和比表面积，是一种路易斯酸催化剂。

④ 氢氧化锆。

化学式 $Zr(OH)_4$，白色重质无定形粉末，是一种耐水两性电解质及无机阴离子交换剂，由氯化锆在氨水中再结晶，经 300℃ 烘干而制得。它是一种网状结构的不溶化合物，对酸、碱、氧化剂溶液具有很高的稳定性。可在酸性溶液中参与同氯、溴等阴离子的交换反应，且它的吸附能力随介质酸性的增高而增大。在 pH > 7 时，还可用作无机阳离子交换剂。

⑤ 海泡石。

一种纤维形态的多孔性含水镁质硅酸盐，理论结构式：$Si_{12}Mg_8O_{30}(OH)_4(OH_2)_4 \cdot 8H_2O$（$OH_2$ 为结晶水，H_2O 为沸石水），呈白色、灰色、黄色、蓝色等。常成软性致密的白土状或黏土状，体质较轻浮，干燥矿石可浮于水面上，故得名海泡石。它的比表面积随纤维细度的减少而增加，其外表面积可达 $200m^2/g$，内表面积可达 $250m^2/g$，加热至 $100 \sim 150℃$ 时，吸附水及沸石水析出，表面积增大。海泡石具有阳离子交换性，其阳离子

交换容量可达 20~45mmol/100g。可经离子交换改性增加其表面酸性(或碱性)，还可用酸改性提高其表面积。具有类分子筛的特性。海泡石表面存在着 Si—OH 基，对有机分子有强的亲和力，其表面特征及微孔结构有利于有机反应中的正碳离子反应，并具有酸碱协同催化及分子筛择形催化作用，可用作催化剂及催化剂载体。

(2) 有机离子交换剂

有机离子交换剂可分为碳质和有机合成离子交换剂两种。碳质离子交换剂主要是磺化煤，它是煤经发烟硫酸处理，再经洗涤、干燥而制得。煤的磺化使其结构中富含酸性基团—SO_3H，基团中的氢具有很高的离解度，从而提供了阳离子交换过程在强酸介质中进行的可行性，并大大提高了交换剂的交换能力，交换能力的数值随进入煤中磺酸基数目的增加而增大。磺化煤的交换能量(以 $CaCl_2$ 溶液中交换钙离子计)为 20~30mg/g 或 350~400mg/L。磺化煤制造工艺简单、原料易得，交换能力比天然无机离子交换剂大。但因具有不耐热、机械强度低、化学稳定性差、交换能力低等缺点，使磺化煤的应用受到限制。

离子交换树脂是有机离子交换剂中最重要、应用最广泛的一种，它几乎克服了以往离子交换剂的缺点，为离子交换技术的发展奠定了基础，并广泛用于有机合成工业。

2. 离子交换树脂

(1) 离子交换树脂的组成

离子交换树脂是一类带有功能基的网状结构高分子化合物，主要由三部分构成：不溶性的三维空间网状骨架、连接在骨架上的功能基团和所带的相反电荷的可交换离子。根据树脂所带的可交换离子的性质，离子交换树脂大体上可区分为阳离子交换树脂及阴离子交换树脂。

阳离子交换树脂是一类骨架上结合有磺酸基(—SO_3H)及羧酸基(—COOH)等酸性功能基的聚合物。将此树脂浸于水中时，交换基部分可如同普通酸那样发生电离。以 R 表示树脂的骨架部分，阳离子交换树脂 R—SO_3H 或 R—COOH 在水中时的电离如下：

$$RSO_3H \longrightarrow RSO_3^- + H^+$$
$$RCOOH \longrightarrow RCOO^- + H^+$$

R—SO_3H 型的树脂易电离，具有相当于盐酸或硫酸的强酸性，称为强酸性阳离子交换树脂；R—COOH 型树脂类似有机酸，较难电离，具有弱酸性质,称为弱酸性阳离子交换树脂。

阴离子交换树脂是一类骨架上结合有季氨基、伯氨基、叔氨基的聚合物,其中以季氨基上的羟基为交换基的树脂具有强碱性,称为强碱性阴离子交换树脂。用 R 表示树脂中的聚合物骨架时,强碱树脂在水中发生如下电离:

$$R-N^+(CH_3)_3OH^- \longrightarrow R-N^+(CH_3)_3 + OH^-$$

具有伯氨、肿氨、叔氨基的阴离子交换树脂碱性较弱,称为弱碱性阴离子交换树脂。

离子交换树脂按功能基的性质可分为强酸、强碱、弱酸、弱碱、螯合、两性及氧化还原等 7 类。表 17-15 示出了这些离子交换树脂的功能基类型。

表 17-15 离子交换树脂的功能基类型

名称	功能基
强酸	磺酸基($-SO_3H$)
弱酸	羧酸基($-COOH$)、膦酸基($-PO_3H_2$)等
强碱	季氨基($-N^+(CH_3)_3$,$-N^+(CH_3)_2$ 等),$\mid$,CH_2CH_2OH
弱碱	伯、仲、叔氨基($-NH_2$、$=NH$、$\equiv N$ 等)
螯合	胺羧基($-CH_2-N-CH_2COOH$,$-CH_2-N-C_6H_8(OH)_5$),$\mid$ CH_2COOH,$\mid$ CH_3
两性	强碱—弱酸($-N^+(CH_3)_3$,$-COOH$) 弱碱—弱酸($-NH_2$,$-COOH$)
氧化还原	硫醇基($-CH_2SH$)、对苯二酚基(HO—⌬—OH 等)

离子交换树脂按骨架不同,可分为多孔型及凝胶型,多孔型树脂由于内部孔的存在而呈乳白色,不透明;凝胶型树脂在干态下由于聚合物链的收缩作用而没有孔存在,一般是透明的。按骨架材料不同,离子交换树脂可分为苯乙烯系、丙烯酸系、酚醛系、环氧系、乙烯吡啶系、脲醛系及氯乙烯系等。

(2) 离子交换树脂的交换作用

离子交换树脂最重要的性能是离子交换作用。这种交换作用可用图

17-14 进行描述。首先，离子交换树脂含有合成母体的固定中性层和与之有化学结合的固定阴离子层(a)或固定阳离子层(b)。为使得这些固定离子层保持电的中性，相反电荷的可动阳离子层或可动的阴离子层与固定离子层形成了离子复合层。当将树脂放入电解质溶液中时，可动离子层的离子，由于热运动的原因而向溶解扩散，但由于树脂中存在着相反离子的静电引力，使可动离子在溶液内不能扩散，而只能在树脂内部自由运动。只有当溶液中的相同电荷的离子靠近树脂取代了可动离子时，这个可动离子才能脱离树脂中相反离子的吸引而向溶液内扩散，从而发生了离子交换现象。

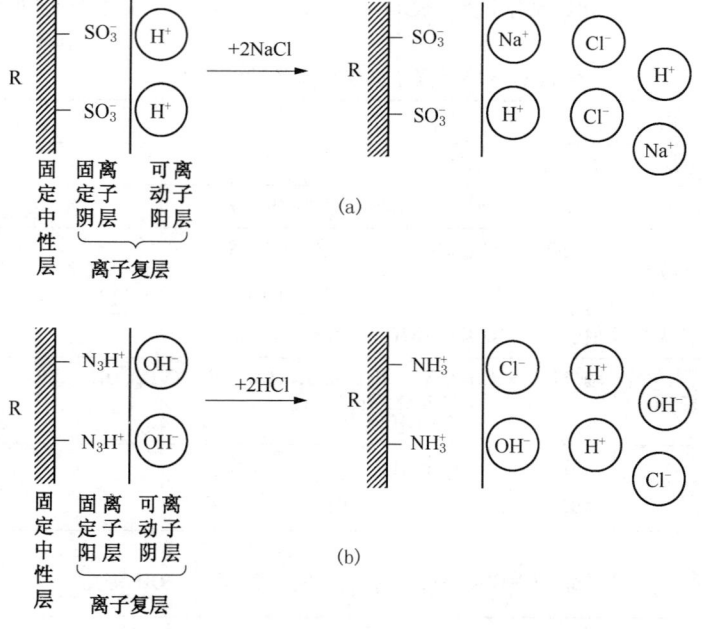

图 17-14　离子交换树脂的交换作用

离子交换树脂的离子交换反应是可逆的，但这种可逆反应并不是在均相溶液中进行，而是在固态的树脂和溶液界面间发生的，在水溶液中，连接在离子交换树脂中的固定不变的骨架(如苯乙烯—二乙烯苯共聚物)上的功能基(如—$SO_3^-H^+$)能离解出可交换离子 H^+，它可在较大范围内自由移动并能扩散到溶液中。同时，溶液中的同类型离子(如 Na^+)也能扩散到整个树脂结构内部，这两种离子之间的浓度差推动着它们之间的交换。其浓度差越大，交换速度越快；而当这种交换反应进行到一定程度时，就建立了离子交换平衡状态，结果离子交换树脂上和溶液中同时含有 Na^+ 和 H^+ 两种离子。

(3) 离子交换容量

离子交换容量是离子交换树脂的重要质量指标之一，其定义为一定质量(g 或 mg)的离子交换树脂所带有的可交换离子的数量。一般用 1g (或 1mg)树脂所含的可交换离子的毫克当量或每千克树脂的克当量数来表示，也可用摩尔数来表示可交换离子的量。工业上常用单位体积树脂所含的可交换基团(或离子)的当量数来表示。因此离子交换容量可分为质量交换量及体积交换量两种。根据测量方法不同，离子交换容量还可用总交换量、表观交换量、工作交换量、弱酸及弱碱交换量、碱盐交换量等方式表示。

(4) 离子交换的选择性

离子交换的选择性是指树脂对不同离子所表现出的不同吸附性能及交换系数。一个离子交换平衡反应是否有实际意义，在很大程度上依赖于树脂的选择性。树脂对不同离子的交换能力差异可用选择系数来表示，其数值等于树脂和溶液相中交换的 A 和 B 离子对的摩尔分数或浓度。在以浓度为基准表示时：

$$K_A^B = \frac{[R_B]^a[A]^b}{[R_A]^b[B]^a} \tag{17-4}$$

式中 K_A^B——树脂对 B 离子的选择系数；

$[R_A]$，$[R_B]$——离子交换平衡时树脂相中 A 离子和 B 离子的浓度；

$[A]$，$[B]$——溶液中 A 离子和 B 离子的浓度；

a，b——A 离子和 B 离子的离子价。

当选择系数 K_A^B 越大时，离子交换树脂对 B 离子的选择性越大(相对于 A 离子)；反之，K_A^B 越小时，树脂对 A 离子的选择性大。因此 K_A^B 可定性地衡量离子交换剂的选择性，也称 K_A^B 为分配系数或交换势。由此可知，树脂对不同离子亲合能力的差别表现在选择系数的大小。

离子交换树脂不同的离子的选择性不同，而且总是选择高价的反离子。也即离子交换树脂对价数较高的离子的选择性较大，如对二价的离子比一价离子的选择性高。对于同价离子，原子序数较大的离子的水合半径小，因此对其选择性高，在含盐量不太高的水溶液中，一些常用离子交换树脂对一些离子的选择性顺序如下。

苯乙烯系强酸性阳离子交换树脂：

$$Th^{4+} > Fe^{3+} > Al^{3+} > Ca^{2+} > Na^+$$
$$Tl^+ > Ag^+ > Cs^+ > Rh^+ > K^+ > NH_4^+ > Na^+ > H^+ > Li^+$$
$$Ba^{2+} > Pb^{2+} > Sr^{2+} > Ca^{2+} > Ni^{2+} > Cd^{2+} > Cu^{2+} > Co^{2+} > Zn^{2+} > Hg^{2+} > Mn^{2+}$$

丙烯酸系弱酸性阳离子交换树脂：
$$H^+ > Fe^{3+} > Al^{3+} > Ca^{2+} > Mg^{2+} > K^+ > Na^+$$

苯乙烯系强碱性阴离子交换树脂：
$$SO_4^{2-} > NO_3^- > Cl^- > OH^- > F^- > HCO_3^- > HSiO_3^-$$

苯乙烯系弱碱性阴离子交换树脂：
$$OH^- > SO_4^{2-} > NO_3^- > Cl^- > HCO_3^- > HSiO_3^-$$

稀土元素在阳离子交换树脂上的交换顺序是原子序数越小，交换作用越强：
$$Ls^{3+} > Ce^{3+} > Pr^{3+} > Nd^{3+} > Pm^{3+} > Tb^{3+} > Dy^{3+} > Ho^{3+}$$

浓度、温度及溶剂等因素对离子交换的选择性有一定影响。在低浓度电解液中，树脂对不同离子的选择性大；在高浓度电解质溶液中，离子交换的选择性有减小的趋势，所以，离子交换一般以使用较稀溶液为宜。

温度升高，水合倾向大的离子容易交换吸附，而且离子的活度系数也随温度升高而增大，也即温度上升，交换速度会加快。但温度对不同树脂的影响是不同的。如在低浓度时，温度对强酸性阳离子交换树脂的选择性影响很小；但对弱酸性阳离子交换树脂，H^+ 交换或配位结合的阳离子的交换作用受温度影响很大。

阳离子交换也因溶剂的种类而受到影响，在极性小的溶剂中，选择性减小，但这种情况下碱金属阳离子的交联量有所增大。

(5) 离子交换速度

离子交换速度一般都很快，如无机阳离子的交换作用在几分钟或稍长一点时间就能完成，交换速度一般受温度、颗粒大小、离子电荷、离子大小、交联程度、交换基种类、浓度及搅拌速度等因素影响，如颗粒越小或温度越高，则离子交换速度也越大，这是由于交换速度受离子在树脂颗粒内部的扩散所支配。

磺酸型阳离子交换树脂中酸型、盐型树脂都是强电解质，它们的胶体密度无很大差别，从而使阳离子的交换速度相差不多。而对于羧酸型阳离子交换树脂，离子的种类对阳离子交换速度有很大影响，如 $R-COO^-H^+ + Me^+ \longrightarrow R-COO^-M^+ + H^+$ 的交换中达到交换平衡需一周左右时间，而 $R-COO^-Me_1^+ + Me_2^+ \longrightarrow R-COO^-Me_2^+ + Me_1^+$ 的交换中达到平衡只需几分钟。这是因为羧酸型阳离子交换树脂是弱电解质，它的胶体密度比强电解质盐类树脂大，结果使羧酸型的交换速度比其盐型树脂小了很多。

对于电离常数小的阴离子交换树脂(如 OH 型的弱碱性阴离子交换树脂)，除了大的表面积或微粒状者外，一般阴离子交换速度是较慢的；反之，电离常数大的阴离子交换树脂(如强碱性阴离子交换树脂或盐型树脂)的阴离子交换速度则较快。

(6) 离子交换树脂的催化作用

离子交换树脂最重要的性质是离子交换作用，由于它们是不溶的多价酸或多价碱，因此又具有催化作用。

阳离子交换树脂在水中离解时产生 H^+，阴离子交换树脂在水中离解产生 OH^-。因此，酸性阳离子交换树脂具有盐酸、硫酸及磷酸等的催化作用；阴离子交换树脂有相同于 KOH、$Ba(OH)_2$、$Ca(OH)_2$、KCN 等碱的催化作用。所以，离子交换树脂可作为固体酸碱催化剂用于有机合成。

① 阳离子交换树脂的催化作用。

作为催化剂的阳离子交换树脂，主要是磺酸型的交联苯乙烯树脂，其催化的反应有水解、水合、脱水、缩合、酯化、醚化、异构化、环氧化、烷基化及聚合等反应。

酯的水解反应：

$$CH_3COOCH_3 + H_2O \xrightarrow{R-H} CH_3COOH + CH_3OH$$
$$\text{乙酸乙酯} \qquad\qquad \text{乙酸} \quad\text{甲醇}$$

酯化反应：

$$C_8H_{17}-CH=CH-C_7H_{14}-COOH + C_3H_7OH \xrightarrow{R-H}$$
$$\text{油酸} \qquad\qquad\qquad \text{丙醇}$$
$$C_8H_{17}-CH=CH-C_7H_{14}-COOC_3H_7 + H_2O$$
$$\text{油酸丁酯}$$

醇的脱水反应(分子内脱水)：

$$CH_3-\underset{\underset{CH_3}{|}}{CH}-CH_2-OH \xrightarrow{R-H} CH_3-\underset{\underset{CH_3}{|}}{C}=CH_2 + H_2O$$
$$\text{异丁醇} \qquad\qquad \text{二甲基乙烯}$$

以上反应式中 R—H 表示游离的酸型阳离子交换树脂。

② 阴离子交换树脂的催化作用。

阴离子交换树脂依据其所带氨基的性质可分为伯氨（—NH_2）、仲氨（＝NH）、叔氨（≡N）和季氨（≡N^+X）型，其中伯、仲、叔氨型树脂为弱碱型树脂，季氨型树脂为强碱型树脂。由于这些胺基不同，碱性差别较大，因而催化性能也各不相同。如强碱型离子交换树脂，当它的反离子是羟基时，可以解离出强碱性的羟基负离子呈普通碱的催化作用，而带其他氨基的弱碱性树脂只能起到普通碱的作用，示例如下：

醇醛缩合反应：

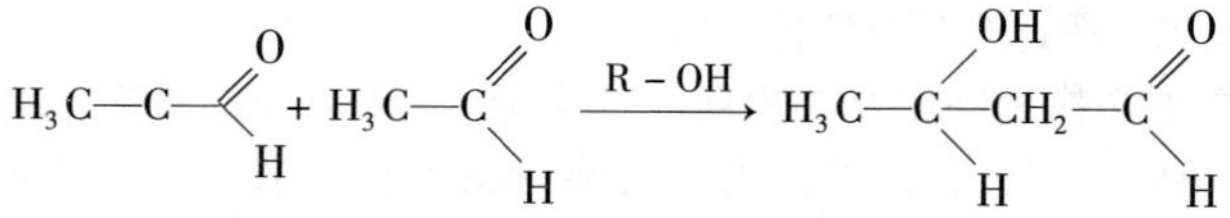

$$H_3C-\underset{H}{\overset{O}{\overset{\|}{C}}}-H + H_3C-\underset{H}{\overset{O}{\overset{\|}{C}}}-H \xrightarrow{R-OH} H_3C-\underset{H}{\overset{OH}{\overset{|}{C}}}-CH_2-\underset{H}{\overset{O}{\overset{\|}{C}}}-H$$

　　乙醛　　　乙醛　　　　　　　　　　3-羟丁醛

氰乙基化反应：

$$CH_2=CH-CN + C_2H_5OH \xrightarrow{R-OH} C_2H_5O-CH_2-CH_2-CN$$

　　丙烯腈　　　　乙醇　　　　　　乙氧基丙腈

③ 使用离子交换树脂作催化剂的优点。

离子交换树脂作为固体酸碱催化剂用于催化反应时具有以下优点：a. 反应后的催化剂容易用过滤方法分离；b. 催化剂可采用动态操作方式连续使用；c. 催化剂可再生后反复使用，而且生成物纯度高；d. 可用于易于树脂化的反应系统中；e. 可避免无机酸对设备的腐蚀及对环境的污染。

（7）离子交换树脂的选用

离子交换树脂品种多、应用广泛，一般选用原则如下：

① 在分离、精制、萃取及催化剂制备等用途时，如果交换物质是无机阳离子或有机碱时，宜选用阳离子交换树脂；如果交换物质是无机阴离子或有机酸性，则宜用阴离子交换树脂。用于酸或碱催化作用的离子交换树脂应尽可能选用耐热性高、对有机溶剂不溶的多孔性树脂。尽管小颗粒树脂对反应速度有利，但在动态交换反应中压降大，应以粒度合适的强酸型与强碱型的苯乙烯树脂为宜。

② 当决定用阳离子或阴离子交换树脂后，必须决定交换基的种类与形式。它可分为四类，每类又分为游离型与盐型两种：

a. 强酸性阳离子交换树脂
（交换基：—SO$_3$Me、—CH$_2$SO$_3$Me）$\begin{cases}$游离酸型$\\$盐型$\end{cases}$

b. 强碱性阴离子交换树脂
（交换基：≡NX）$\begin{cases}$游离碱型$\\$盐型$\end{cases}$

c. 弱酸性阳离子交换树脂 $\begin{cases}$游离酸型$\\$盐型$\end{cases}$
（交换基：—COOMe）

d. 弱碱性阴离子交换树脂
（交换基：—NH$_2$、=NH、≡N）$\begin{cases}$游离碱型$\\$盐型$\end{cases}$

对这几类离子交换树脂，按以下原则选用：

对交换性强的离子，应采用弱酸或强碱性离子交换树脂；对交换性弱的离子，则应采用强酸或强碱性离子交换树脂。

在构成盐的离子交换反应中，用盐型树脂；进行碱、酸的离子交换时，分别用酸型、碱型树脂。

如用于完全脱盐过程，可将强酸性离子交换树脂与强碱性离子交换树脂配合使用。

对于特殊用途，应按交换要求选用树脂，如与配合物进行交换作用时，所用的树脂多为弱碱性离子交换树脂的伯、仲、叔胺型离子交换树脂。

3. 离子交换树脂催化剂

如上所述，凡是原来用酸或碱作催化剂的有机反应，原则上也可以改用离子交换树脂作催化剂。以甲醇和异丁烯合成甲基叔丁基醚（MTBE）为例。早期的 MTBE 生产工艺大多采用无机酸（如硫酸、盐酸、氢氟酸等）作催化剂，异丁烯的转化率一般可达 90%，选择性达 95%，生产工艺也很成熟。但由于无机酸对设备腐蚀性大，废酸处理困难，废水量大，严重污染环境，加上产物较难分离，所以这类催化剂逐渐被其他新型催化剂所取代。

阳离子交换树脂则是目前合成 MTBE 最常用的催化剂，它是以苯乙烯和二乙烯基苯的聚合物为载体，经磺化反应后制得的大孔强酸性阳离子交换树脂。由于树脂骨架上的功能基（—SO$_3$H）在溶胀状态下有近似无机酸的性质，故可用作醚化反应的催化剂，而且还可在这种单功能催化剂上，经特殊化学处理工艺，负载上一定的金属活性组分，如 Pd 及Ⅷ族的金属元素，制成多功能催化剂，进一步提高催化剂活性及产品性能。

又如使用 0001-7 型氢阳离子交换树脂与氯化钯溶液进行离子交换，所制得的钯催化剂可用于纯净水的催化加氢脱氧；通过 732 型阳离子交换树脂与硫酸镧溶液进行离子交换，所制得的负载型镧催化剂可用于催化合成乙酸异戊酯等。

4. 离子交换法制造分子筛

传统的分子筛合成方法按原料不同大致可分为水热合成法及碱处理法两类。水热合成法是在适当温度下，以含硅化合物、含铝化合物、碱性物质与水按一定比例配制成均匀的反应混合物，于密闭容器中加热一定时间，生成分子筛晶品；碱处理法也称水热转化法，是在过量碱存在下，将固体铝硅酸盐水热转化成分子筛的方法，操作工序与水热合成法基本相同，差别是反应原料、原料配比与晶化条件不同。所合成的各种分子筛中多数是以碱金属（主要是 Na 和 K）铝硅酸盐为主，有些合成品种的组成中含有烷基铵离子。至于其他各种阳离子的分子筛，大多不直接合成，而是用离子交换法制备。

（1）分子筛的离子交换法

利用分子筛的可逆离子交换能力，可调节分子筛晶体内的电场及表面酸性，从而改变分子筛的吸附及催化性能，分子筛的离子交换法有水溶液交换法、非水溶液交换法、熔盐交换法、蒸气交换法、固相离子交换法及接触诱导交换法等。

① 水溶液交换法。

为一种常用离子的交换法。这种方法要求高，换上去的金属离子在水溶液中以阳离子（简单的或配位的）状态存在，水溶液的 pH 值范围不会导致分子筛晶体结构的破坏。当分子筛与某种金属盐的水溶液接触时，其离子交换过程可用下述通式表示：

$$A^+Z^- + B^+ \rightleftharpoons B^+Z^- + A^+$$

式中　Z^-——分子筛的阴离子骨架；

　　　A^+——交换前分子筛所含的阳离子（常为 Na 离子）；

　　　B^+——水溶液中的金属阳离子。

交换溶液的浓度、pH 值及阳离子类型等因素都会影响交换过程进行。

水溶液交换法又可分为间歇的多次交换法及连续交换法。间歇的多次交换法是分子筛经过一次交换后进行过滤、洗涤，然后再进行第二次交换以至多次重复交换，直到交换度达到所需的要求。对于多次交换，离子交换和高温焙烧交替进行，可以提高交换度和交换率，也可将多种阳离子同时交换到分子筛中，使交换后的分子筛具有更优良的性能。为了较好地控制各阳离子交换量的比例，除用混合溶液进行外，也可根据各种阳离子交换选择性的强弱，逐次交换。先交换选择性大的阳离子，再交换第二种阳离子。如制备含 Ag 及其他阳离子的 X 型分子筛时，可先在硝酸银溶液中与 NaX 型分子筛进行交换，达到所要求的 Ag 交换度后，再与第二种阳离子(Mg^{2+}、Ba^{2+}、Cu^{2+}等)进行交换，使达到所需交换度。在第二次交换时，第一次交换上去的 Ag^+ 几乎没有损失。

对于 A 型、4A 型、X 型、Y 型分子筛的离子交换选择性参见前述"合成沸石"条目。

连续交换法是将分子筛装在填充柱内，使金属盐溶液连续通过交换，直至交换度达到要求。该法具有设备紧凑、系统简化、再生剂、冲洗水消耗降低等特点。由于是在非间断操作下连续运行，产品的浓度、成分保持基本稳定，具有较好的操作弹性。

② 非水溶液交换法。

当所需要交换的金属离子处于阴离子溶液中，或者金属离子是阳离子，且它的盐不溶于水，或者虽然溶于水(如 $AlCl_3$)，但溶液呈强酸性，容易破坏分子筛骨架结构等情况下，这时可采用非水溶液中离子交换方法。一般常使用二甲基亚砜、乙腈等有机溶剂配制成交换溶液。如将 2g WCl_6 溶于 100mL 乙腈中，再加入混有 12g NaY 型分子筛的 100mL 乙腈，在不断搅拌下于室温下交换 7d。然后过滤，再用 50mL 乙腈洗涤三次后，用水洗涤一次。经 110℃ 干燥，343℃ 焙烧 3h，所得产品含 W 为 13.8%。

③ 熔盐交换法。

碱金属的卤化物、硝酸盐或硫酸盐等高离子化的熔盐可用作提供阳离子交换的熔盐溶液，但形成熔盐的温度必须低于分子筛结构的破坏温度。利用熔盐进行离子交换时，除在熔盐溶液中进行阳离子交换反应外，还有一部分盐类包藏在分子筛笼内，因此可能形成有特殊性能的分子筛。

如将 Li、K、Cs、Ag 等金属的硝酸盐与硝酸钠混合，加热至 330℃ 与 NaH 型分子筛进行交换时，其中 Li、Ag 及 Cs 的硝酸盐可包藏至 β 笼中，因此可将分子筛中的 Na^+ 全部交换。

稀土金属离子也可用类似方法交换到分子筛上去。如 Nd 盐和低熔点

的 $NaNO_3 + KNO_3$ 可形成熔盐溶液,用高浓度的 Nd 盐熔盐溶液和 A 型或 X 型分子筛交换后,可制得有高分散度的高 Nd 含量分子筛。

④ 蒸气交换法。

某些盐类在较低温度下就能升华为气态,分子筛可以在这种气态环境中进行离子交换,如氯化铵在 300℃ 即升华为气态,分子筛中的钠离子可和氯化铵蒸气进行离子交换;又如氯化亚铜在 300℃ 以上也可升华,分子筛的非骨架阳离子可与其在此温度下进行交换反应,克服其不溶于水及在水溶液中不稳定,难以交换的缺陷。

尽管分子筛的离子交换有多种方法,但非水溶液交换、熔盐交换、蒸气交换及固相离子交换、接触诱导交换等方法在催化剂制备中应用不多,使用最多的主要是水溶液交换法。

(2) 离子交换过程的影响因素

分子筛的离子交换过程中,常用离子交换度(简称交换度,即交换下来的 Na^+ 量占分子筛中原有 Na^+ 总量的百分数)、离子交换容量(简称交换容量,以 mmol/g 树脂表示)、残钠量[分子筛中未被交换下来的氧化钠(或钠)的质量分数]等表示离子交换反应的结果;用交换效率(溶液中的阳离子交换到分子筛上的质量分数)表示溶液中金属阳离子的利用效率。

进行离子交换时,通常虽将金属盐(常用氯化物、硝酸盐、硫酸盐及乙酸盐等)配制成一定浓度的水溶液,然后用热压釜或柱式交换器进行交换。用釜式可以进行多次交换,每次交换后,滤去母液,再加入新鲜的盐溶液继续交换,经反复多次直至达到预定的交换度。釜式交换的优点是容易控制交换度,并可用分子筛晶粉直接进行交换,缺点是手续较烦琐;柱式交换是将已成型好的分子筛颗粒装入交换柱中,然后连续通入金属盐溶液进行连续交换。此法操作简便,不易损坏分子筛颗粒,但有时易造成交换柱上下端的交换度不一致。

交换过程中影响离子交换质量的主要因素有交换溶液的浓度及用量、交换温度、交换溶液的 pH 值、交换的金属盐类阴离子性质,以及是否焙烧等。

离子交换的交换溶液浓度不宜过大,否则会影响阳离子在溶液中的解离度、淌度等,不利于交换反应进行。对于强酸性盐类,溶液浓度过高,还会引起分子筛晶体结构的破坏,如用 $FeSO_4$ 溶液交换 NaY 型分子筛时,用稀溶液多次交换,可提高 Fe^{2+} 的交换度,但如用浓溶液交换,则会使分子筛晶格发生破坏。交换溶液的浓度固定后,溶液用量对交换度也有影响。溶液用量常用交换摩尔比(溶液中阳离子摩尔数与分子筛中 Na^+ 摩尔数之比)表示。开始交换时,交换度会随交换摩尔比的增大而增大,在接近等摩尔时(交换摩尔比为1.0)其增大速度就很有限。所以,溶液用量控制在交换摩尔数1.0以下即可。

离子交换的温度一般采用室温~100℃的范围,也可在压力下于更高的温度下进行交换。在制备分子筛催化剂时,常在较高的温度进行交换。对不同的分子筛及不同的金属阳离子,温度影响也有所不同。如Ba^{2+}或La^{3+}在室温下仅能部分地交换X型或Y型分子筛中的Na^+,而在温度升到50℃时,分子筛中的Na^+可全部被Ba^{2+}交换,L_a^{3+}的交换度也可提高。

交换溶液pH值的选择要考虑所交换分子筛的抗酸能力。如对低硅分子筛(如A型、X型分子筛),pH值太低就有可能使分子筛的晶体结构遭到破坏。离子交换法制造分子筛时的交换溶液pH值一般为4~12。溶液的pH值变化对交换度会产生影响。如用Ca^{2+}交换NaA型分子筛时,如在中性溶液中进行,交换度为70%~80%,而当溶液的pH值提高到11~12时,交换度可达90%以上。

在离子交换过程中,交换的金属盐类阴离子对交换度也有影响。如用Mg^{2+}交换NaY型分子筛中的Na^+时,用浓度1%的$Mg(NO_3)_2$溶液,在70℃的温度下交换6次,可使分子筛中的Na_2O降至2.5%;而用浓度1.2%的$MgSO_4$溶液,在同样交换条件下,分子筛中的Na_2O含量还剩46%,这表明盐类中的阴离子对交换度产生一定影响。

此时,离子交换和高温焙烧交替进行可以提高交换度及交换效率。如将含Na_2O为10%的Y型分子筛用硝酸铵水溶液于100℃交换20次(每次交换1h),才能使Na_2O含量降至0.3%。如先将分子筛于350℃处理3h,然后与NH_4^+交换二次,再经550℃焙烧,进行第三次NH_4^+交换,就可使分子筛中的Na_2O降至0.3%以下。中间焙烧还可以减少已交换到分子筛上的阳离子再被其他阳离子顶替下来的机会。如NaY型分子筛与混合氯化稀土溶液在90℃交换0.5h后再与硫酸铵溶液进行交换时,未经中间焙烧的样品含Re_2O_3为11.7%,而中间经754℃焙烧的样品含Re_2O_3为16.5%,这是由于分子筛内部的阳离子在焙烧过程中发生了迁移,Re^{3+}一旦进入β笼和六方柱笼之后不易被顶替出来。

5. 甲苯歧化丝光沸石催化剂的制备

四苯歧化是指在芳烃转化过程中,将产量相对过剩的甲苯和价值相对较低的C_9芳烃转化为苯和二甲苯的甲苯歧化和烷基转移工艺。已工业化的甲苯歧化催化剂有采用 Y 型分子筛、ZSM-5 分子筛及丝光沸石等多种分子筛，国内生产的催化剂主要有 ZA 系列，都以丝光沸石为活性组分。由于沸石分子筛黏结性能差，为了成型并达到足够的强度，常加入氧化铝或氧化硅作黏结剂。催化剂主要生产工艺包括丝光沸石合成、离子交换、催化剂成型、焙烧与活化等。图 17 – 15 示出甲苯歧化丝光沸石催化剂的生产工艺过程。

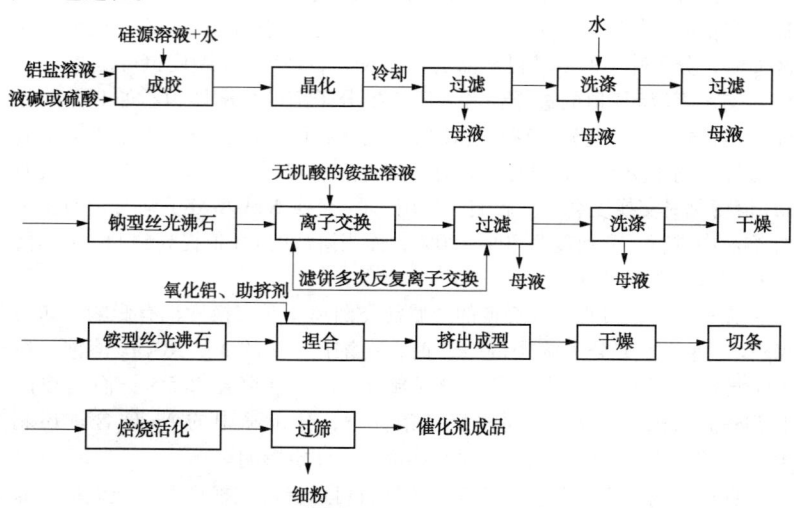

图 17 – 15　甲苯歧化丝光沸石催化剂生产工艺过程

甲苯歧化丝光沸石催化剂生产主要单元操作过程如下：

① 钠型丝光沸石（NaM）合成。将铝盐溶液、硅源溶液、液碱或硫酸、水等原料按一定配比在成胶釜中进行成胶，接着在晶化釜中于一定温度下恒温若干小时，在自生压力下生热合成钠型丝光沸石，经冷却、过滤、水洗得到 NaM 滤饼，其 SiO_2/Al_2O_3 摩尔比为 15~30。

② 丝光沸石的离子交换。在交换釜中加入 NaM 滤饼及离子交换溶液，在不断搅拌下升温至 80~100℃，恒温数小时进行离子交换。经过滤后，将滤饼再反复交换多次。再经过滤、水洗、干燥制得 Na^+ 低于 0.2% 的铵型丝光沸石（NH_4M）。其离子交换反应如下：

$$NaM + NH_4Cl \longrightarrow NH_4M + NaCl$$

③ 挤出成型。将 NH_4M、黏结剂氧化铝、助挤剂、水等加入捏合机中充分捏合后，用挤条机进行挤出成型，并在 100~120℃ 温度下切条。

④ 焙烧与活化。将切条后的催化剂送至焙烧活化炉中，于 450~600℃

下焙烧 2~10h，将 NH_4M 转变为氢型丝光沸石 $(HM):NH_4M \xrightarrow{加热} HM + NH_3$。

（六）水热法与溶剂热法制备催化剂

水热合成与溶剂热合成是指在一定温度及压强下利用溶液中的物质化学反应所进行的合成。水热合成反应是在水溶液中进行，溶剂热合成是在非水有机溶剂热条件下的合成。水热与溶剂热是一种无机合成方法，可用于合成沸石分子筛、介孔分子筛、纳米催化材料及水晶单晶等新型材料。

1. 水热法

"水热"原本用于地质学中描述地壳中的水在温度和压力联合作用下的自然过程。所以，早期的水热合成主要是模拟地质条件下的矿物合成，并合成出沸石分子筛及相关的中孔和微孔物质。

水热法是在特殊的密闭反应器中，用水溶液作为反应介质，通过对反应器进行加热，创造一种热、压反应环境，使得难溶或不溶的物质溶解并发生晶化或转晶反应。按处理对象及目的不同，水热法可分为水热合成、水热反应、水热处理、水热晶体生长及水热烧结等，分别用于生长各种单晶、制备超细、无团聚或少团聚、结晶完好的粉体催化材料及其他功能材料。水热法又可分为普通水热法及特殊水热洗，后者是在水热条件反应体系上再增加其他作用力场（如直流电场、磁场、微波场等）的方法，水热合成是合成分子筛的重要方法，可制得通常条件下难以获得的几纳米到几十纳米的粉体晶粒。

（1）水热条件下的特性

在水热条件下，作为反应介质的水具有不同于常温、常压的性质，特别是与水热反应有关的参数（如黏度、介电常数、膨胀系数等）发生了较大变化。当水被压缩成稠密状态时，水的黏度会随温度的升高而降低，如与常压下水的黏度 $3 \times 10^{-4} Pa \cdot s$ 相比较，在 $300 \sim 500℃$ 的水的黏度可降低2个数量级；在水热条件下，水的介电常数也会随温度升高而下降，而水的介电常数下降会对水作为溶剂的能力和行为产生影响，如电解质就不能在水中更有效地分解。表17-16 及表 17-17 分别示出了水热法条件下水的压缩因子及热扩散系数。可以看出，在不同温度及压力下，水的压缩因子及热扩散系数都会发生变化。

表 17-16 水热法常选用的温度、压力范围内水的压缩因子

温度,℃	压力, 10^5 Pa	压缩因子 β
300	1750	0.068
400	1750	0.16
300	703	0.16
25	常压	0.045

表 17-17 水热法常选用的温度、压力范围内水的扩散系数

温度,℃	压力, 10^5 Pa	热扩散系数
350	1750	1.2
450	1750	1.9
25	常压	1.25

(2) 化合物在水热溶液中的溶解度

化合物在水热溶液中的溶解度是采用水热法进行合成、单晶生长时必须考虑的因素。它在水热溶液中的溶解度可用一定的温度、压力下其在溶液中的平衡度来表示。绝大多数固体的溶解度会随温度升高而增大，但个别也有减小的。由于水热法涉及的化合物在水中的溶解度都较小，因而常在体系中引入称之为矿化剂的物质。它是一类在水中的溶解度随温度升高而持续增大的化合物，如一些低熔点的盐、酸、碱等。矿化剂不仅可以提高溶质在水热溶液中的溶解度，还可改变溶解度随温度的变化状态。如 $CaMnO_4$ 在纯水中的溶解度在 100~400℃ 温度范围内是随温度的升高而减少；但在体系中加入高溶解度的盐（如 NaCl、KCl 等），$CaMnO_4$ 的溶解度不仅提高了一个数量级而且随温度升高而增大。此外，有些物质的溶解度随温度的变化状态还与矿化剂种类及在溶液中矿化剂的浓度有关。

(3) 水热反应形成机理

水热法的实质是一个前驱物在水热介质中溶解，进而成核、生长，最终形成具有一定粒度和结晶形态晶粒的过程，而水热反应形成机理却是颇有争议的课题。根据经典的晶体生长理论，水热条件下晶体生长包括以下步骤：①前驱物在水热介质中溶解，以离子、分子团的形式进入溶液（溶解阶段）；②由于体系存在十分有效的热对流以及溶解区和生长区之间的浓度差，将这些离子、分子或离子团输送到生长区（输送阶段）；③离子、分子或离子团在生长界面上的吸附、分解或脱附；④吸附生物质在界面上

的运动;⑤产生结晶(③、④、⑤统称为结晶阶段)。

由于用经典晶体生长理论难以解释许多实验现象,如为什么同种晶体在不同的水热生长条件下会产生不同的结晶形貌,至今仍无答案。因此在许多实验基础上产生了"生长基元"理论模型。该理论认为,在上述输送阶段,溶解进入溶液的离子、分子或离子团之间发生反应,形成具有一定几何结构的聚合体——生长基元(其大小和结构与水热反应条件有关)。在一个水热反应体系中,同时存在着多种形式的生长基元,它们之间建立起动态平衡。某种生长基元越稳定,其在体系中出现的概率也就越大。在界面上叠合的生长基元必须满足晶面取向的要求,而生长基元在界面上的叠合难易程度也就决定了该面簇的生长速率。从结晶学观点考虑,生长基元中的正离子与满足一定配位要求的负离子相联结,因此又进一步被称为"负离子配位多面体生长基元"。生长基元模型将晶体的结晶形貌、晶体的结构和生长条件有机地统一起来,较好地解释了许多实验现象。

2. 溶剂热法

溶剂热法是在水热法基础上发展的一种新型纳米催化材料制备方法。其基本原理与水热法相同,只是改用有机溶剂替代水作为热液法中的溶剂。常用的溶剂有甲醇、乙醇、乙二醇、二乙胺、三乙胺、苯、甲苯、二甲苯、苯酚、吡啶、四氯化碳及甲酸等。如以一定配比的铝源、磷酸等为原料,用二醇和醇类化合物为溶剂,采用溶剂热法可合成出不同孔径的磷酸铝分子筛。溶剂法的反应条件比较温和,可以稳定亚稳相,制取新物质。有时也可与水热法混合使用。

在溶剂热反应中,溶剂作为一种化学组分参与反应,既作溶剂,又作矿化剂的促进剂,同时又是压力的传递媒介。在反应时,一种或几种前驱物溶解在非水溶剂中,在液相超临界条件下,反应物在溶液及热环境中更为活泼,诱发反应发生,产物缓慢生成,使过程变得简单而易于控制,从而在密闭操作体系中可以有效地防止有毒物质的挥发。此外,物相的形成、粒径大小及形态也能有效控制,产物的分散性也更好。溶剂不仅为反应提供一个场所,而且会使反应物溶解或部分溶解而生成溶剂化物。溶剂化过程对化学反应速率有一定影响。因此,在溶剂热法中,对溶剂的选择也很重要。其中反映溶剂的溶剂化性质的主要参数有溶剂极性、氢键、色散力及电荷传递力等。

3. 水热合成与溶剂热合成的特点

水热法与前述溶胶凝胶法、共沉淀法等其他湿化学方法的主要区别在于温度和压力，水热法操作的温度范围在水的沸点和临界点（374℃）之间，常用的温度范围是130~250℃，相应的水蒸气压力为0.3~0.4MPa，而特殊的高温、高压、水热合成湿度可高达1000℃，压强可高达0.3GPa。在用水热法合成沸石分子筛时，通常将水热反应温度在25~150℃之间的称为低温水热合成反应；而将反应温度在150℃以上的，称为高温水热合成反应。

水热与溶剂热合成化学侧重于水和其他溶剂热条件下特定化合物材料的制备、合成与组装，它与固相合成反应的差别在于"反应性"的不同。这种"反应性"的不同主要反映在反应机理上。水热与溶剂热反应主要以液相中化学个体间的反应为其特点，而固相反应机理主要以固相扩散为其特点。因此，水热与溶剂热合成化学有如下特点：①由于在水热与溶剂热条件下，反应物反应性能将发生改变。活性的提高，使得水热与溶剂热合成方法有可能替代固相反应以及难于进行的合成反应，产生一系列新的合成方法；②在水热与溶剂热的条件下，有利于生长缺陷少、取向好的完美晶体，而且产物的结晶度好、晶体的粒度大小易于控制；③在水热与溶剂热条件下，易于生成某些特殊的氧化还原中间态、介稳相及某些特殊物相，从而能合成出一系列有特殊介稳定结构及聚集态的新材料；④易于调节水热与溶剂热条件下的环境气氛，有利于低价态、中间价态及特殊价态化合物的生成；⑤能够使低熔点、高蒸气压且不能在熔体中生成的物质在水热与溶剂热条件下晶化形成。

4. 水热与溶剂热合的一般合成程序

水热与溶剂热合成是在一定温度和压力下利用溶液中的物质化学反应所进行的合成。在高温、高压条件下，水或溶剂处于亚临界或超临界状态，反应活性很高。反应混合物占密闭反应器空间的体积分数称为填充度或充满度。它与反应安全性有关，操作时既要保持反应物处于液相传质的反应状态，又要防止填充度过高而使反应系统的压力超出安全范围。一般填充度在60%~80%之间。压力的作用是通过分子间碰撞的机会而加快反应速度，并促进晶相转变。

水热法与溶剂热法制备粉状产品的一般工艺过程如图 17-16 所示。先将金属的无机盐或有机盐原料按所需配比称量后放入搅拌釜中,加入一定量的介质(如去离子水)及促进剂(如表面活性剂或沉淀促进剂等),经充分溶解搅拌均匀。再将混合液移至耐压的反应釜中,密封后在一定温度及压力下热处理。反应原料在高温且密闭的水或溶剂中进行各种化学反应。

5. 水热与溶剂热合成装置

水热与溶剂热合成技术包括反应釜等反应容器、反应控制系统、水热与溶剂热合成程序以及合成与原位表征技术等。反应釜的性能优劣对水热与溶剂热的合成起决定性作用。要求它耐高温高压、密封性好、机械强度大、耐腐蚀、易于安装和清洗、结构简单等。反应控制系统的作用对生产安全性的保证,并为合成操作提供安全稳定的环境。

反应釜的形式很多:①按密封方式,分为自紧式高压釜及外紧式高压釜;②按压强产生方式,分为内压釜及外压釜;③按密封的机械结构,分为法兰盘式、内螺塞式、大螺帽式、杠杆压机式;④按加热条件,分为外热式及内热式;⑤按试验反应体系,分为高压釜(用于封闭体系的试验)及流动反应器和扩散反应器(用于开放体系的试验,能在高温高压下使溶液缓慢地连续通过反应器,并可随时取出反应液)。

6. 水热及溶剂热法合成沸石分子筛

(1) 沸石分子筛合成的主要原材料

水热合成是分子筛及微孔化合物的最常用合成方法。水热合成条件提高了水的溶剂化能力,提高了反应物溶解度和反应活性。常规沸石分子筛(如 A 型、X 型及 Y 型分子筛)的水热合成反应大多在 $25 \sim 150$℃ 之间,称为低温水热合成反应,较低的反应温度有利于使较多的水结合到分子筛中,从而可获得孔径较大的分子筛。在低温水热合成反应中得到的分子筛,大多是处于非平衡状态的介稳相,因此可合成出自然界中不存在的沸石品种。另外,由于反应温度较低,也有利于大规模生产。

合成分子筛的原料主要有含硅化合物、含铝化合物、碱、水及模板剂等。

含硅化合物(或称硅源)可以使用硅酸钠(水玻璃)、硅胶、硅溶胶、偏硅酸钠、石英玻璃或各种规格的微细粉状 SiO_2 及硅酸酯类(正硅酸乙酯、正硅酸甲酯等)。其中以水玻璃最为常用。沸石分子筛的生成与所使用的硅源类型密切相关。硅源不同时,硅酸根阴离子的状态也不同。溶液中硅酸根离子的存在状态、结构和分布主要受体系的 pH 值和 SiO_2 浓度影响,也与阳离子的种类和性质有关。在不同的 SiO_2 和碱浓度下,硅酸根离子的聚合状态和分布有较大的差异。如在水玻璃溶液中,SiO_2 浓度越低,碱浓度越大,低聚合态硅酸根离子越多;而 SiO_2 浓度越高,碱浓度越小,高聚合态硅酸根离子越多。

含铝化合物(或称铝源)可以使用氢氧化铝、活性氧化铝、硝酸铝、金属铝溶液、异丙醇铝及铝酸钠等。通常是用氢氧化铝与氢氧化钠反应所配制成的铝酸钠作为含铝原料。含铝化合物与含硅化合物均匀混合后,在分子筛合成的条件下,铝酸根与硅酸根之间发生复杂的聚合反应,溶液变为凝胶。

多数沸石分子筛是在碱性条件下合成的,碱是有效的矿化剂,可以提高铝盐、硅酸盐在水热溶液中的溶解度。除了碱以外,氟化物也可用作矿化剂,采用氟化物作矿化剂时,有时可使得到的沸石分子筛晶体晶型更完美。

水在沸石分子筛合成中的主要作用:①有利于各反应组分间的混合;②控制碱度、组分的重排及晶体成核与生长;③使反应体系中的各种离子发生羟基化作用,形成水合离子或羟基化离子,促进水热反应进行;④水与阳离子有共存关系,水的存在能使沸石分子筛合成时形成多孔性骨架。

在沸石分子筛合成时,无机阳离子如 Na^+、K^+ 和 NH_4^+ 等主要用于平衡沸石分子筛骨架的负电荷,电硅酸盐溶胶、硅铝酸铝凝胶具有稳定作用。如用 H^+ 或其他阳离子替代碱金属阳离子,凝胶会发生脱稳化而导致沉淀或固化。此外,碱金属阳离子还有结构导向作用并缩短晶化时间,阳离子对硅酸根的聚合态及硅铝酸盐的胶体化学有很大影响。

模板剂又称结构导向剂、导向剂,是沸石分子筛合成时起晶种导向的一类物质。它可以显著缩短沸石分子筛晶化诱导期,加快晶化过程,提高产品稳定性。一些含氮和氧、磷的有机物,如胺、二胺、醇胺、季铵碱、醇、二醇、膦、季鳞碱、乙缩醛、表面活性剂、有机金属复合物(如冠醚)等都被用作模板剂。

模板剂在沸石分子筛合成中的作用:①模板作用,机分子和无机物骨架之间存在着紧凑的配合;模板剂在分子筛孔道或笼中只有一种取向,不能自主运动,在无机物骨架结构与有机分子的几何和电子构型完全匹配时产生模板作用；②在形成无机物骨架过程中作为填充剂，对骨架起支撑、稳定作用；③电荷匹配原理，可以平衡骨架电荷，满足与无机骨架之间的静电匹配，达到电荷平衡；④结构导向作用，即自组装能力，对一些小的结构单元、笼和孔道的形成产生导向作用，从而影响整体骨架的生成；⑤起配位作用，提高金属离子的溶解度。

在需要合成某种沸石分子筛时，必须先配制具有一定配比的反应混合物，反应混合物配比不同，所得沸石分子筛品种不同。如在合成沸石分子筛的 $Na_2O\text{-}Al_2O_3\text{-}SiO_2\text{-}H_2O$ 的体系中，由于所用 SiO_2 原料及反应配料比不同，可合成出 A、X、Y、P、R 型等沸石分子筛。

(2) 水热法合成 A 型分子筛

A 型分子筛是一类人工合成沸石分子筛，在自然界不存在，其化学组成通式：$Na_2O \cdot Al_2O_3 \cdot 2SiO_2 \cdot 5H_2O$。硅铝比为 2，有 3A、4A 及 5A 分子筛，即孔径分别为 0.3nm、0.4nm、0.5nm 的钾型、钠型及钙型分子筛。合成 A 型分子筛常用原料是水玻璃、铝酸钠、氢氧化钠及水，其制备过程大致如下。

① 原料溶液配制。

a. 将模数(SiO_2/Na_2O)为 2.5 左右的工业水玻璃(硅酸钠)用水稀释至相对密度为 1.20~1.25，然后加热至沸腾约 0.5h，再静置使杂质沉降，取上部清液(其中 SiO_2 含量为 2.5~30mol/L，Na_2O 含量为 1.0~1.2mol/L)备用。

b. 配制铝酸钠溶液。先将含 Na_2O 为 6~8mol/L 的氢氧化钠溶液加热至沸腾，再在苛性比(Na_2O/Al_2O_3)为 1.8~2.0 的条件下，缓慢加入工业氢氧化铝粉，在搅拌下至氢氧化铝全部溶解后，停止加热。然后加水稀释至铝酸钠溶液中含 Na_2O 为 2.0~2.7mol/L，含 Al_2O_3 为 1.0~1.1mol/L，经过滤滤去杂质后取清液备用。

c. 将固体氢氧化钠或液碱，配制成含 Na_2O 为 3.0~4.0mol/L 的氢氧化钠溶液备用。

② 反应混合物配制。

按照 $3Na_2O \cdot Al_2O_3 \cdot 2SiO_2 \cdot 185H_2O$ 的配比配制好反应混合物，其中各组分的浓度为：Na_2O 0.9mol/L，Al_2O_3 0.3 mol/L，SiO_2 0.6mol/L。

将上述"a、b、c"溶液及净水分别加入计量罐中，然后先将铝酸钠溶液、氢氧化钠溶液及净水加入混胶釜中，在搅拌下将釜内溶液预热至 30℃ 左右，再将上述"a"水玻璃溶液加速加入釜内，继续搅拌 30min 左右，使成均匀的凝胶。

③ 水热反应。

将上述混合物加入合成反应釜(也可将混胶釜同时用作反应釜)中,在搅拌下加热升温至$(100 \pm 5℃)$,然后停止搅拌,并维持此温度,使其在静态下晶化6h。升温时间控制在20~40min,时间过长会影响产品质量。

晶化开始后,需5~6h晶化完全,产品沉于反应釜下部,经采样用显微镜观察晶型,当完全为清晰的正方形晶体而无模糊的胶体时表示晶化已经完全。

④ 晶化结束后将料液用板框压滤机过滤出滤液,再用水洗涤至pH 9~10。将结晶物于100℃的干燥箱中干燥,干燥即为4A(Na-A型)分子筛原料,制备过程如图17-16所示。如欲制备5A分子筛,可将4A分子筛不经干燥,而经离子交换、水洗、压滤、干燥后制图。

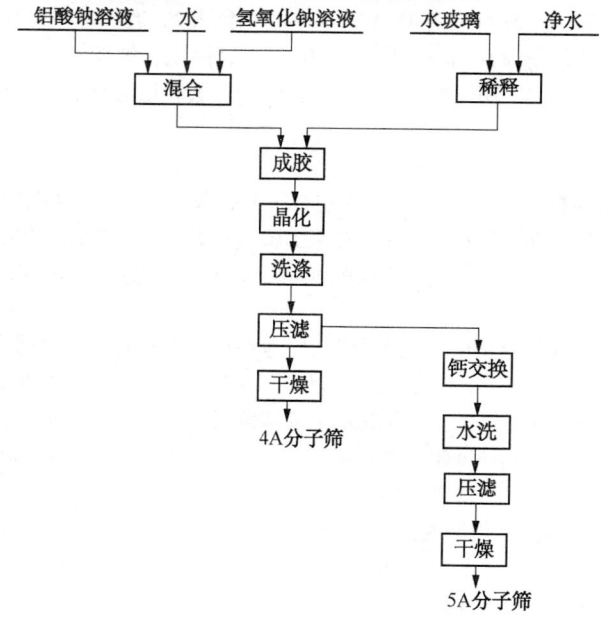

图17-16 A型分子筛制备工艺过程

生产过程中影响分子筛质量的主要因素有硅铝比、碱度、温度、晶化时间、搅拌速度、交换温度及交换液浓度等。如A型分子筛的投料硅铝比为2.0~2.05,低于1.8时将不能结晶;在其他条件不变时,碱度(晶化反应时,反应液中碱的浓度)越大,则晶化速度越快,产品的硅铝比越低。

在 A 型分子筛生产中，通常碱过量为 200%～300%；分子筛的晶化温度范围较宽，晶化温度低，晶化时间就长。如在室温下，晶化反应需 6d 左右，即 100℃ 晶化则需 3～6h 就可以；晶化时间与晶化温度密切相关，在一定晶化温度下，晶化时间过短，晶形成长不完全。晶化时间过长会产生其他类型分子筛的结晶或杂晶，如晶化时间超过 115h，就出现了 B 型分子筛。此外，晶化反应时的搅拌速度、洗涤时的水温、离子交换时的交换温度及交换液浓度都会对生成分子筛的质量产生影响。

（3）水热法合成 ZSM-5 分子筛

ZSM(Zeolite Socony Mobil)沸石分子筛是由美国 Mobil 公司研究和发展的一系列高硅沸石分子筛。由 ZSM-1-l 开始，已生产出数十种 ZSM 沸石。其中 ZSM-5 沸石分子筛是 Mobil 公司 20 世纪 60 年代合成的一种含有机铵阳离子的新型结晶硅铝酸盐沸石，以氧化物摩尔比表示的化学组成如下：

$$0.9 \pm 0.2 M_{2/n} \cdot Al_2O_3 \cdot (5 \sim 100)SiO_2 \cdot (0 \sim 40)H_2O$$

（M 为 Na^+ 和有机铵离子，n 为阳离子价数）

ZSM-5 沸石分子筛具有二维十元环孔道，其一为十元环直孔道，另一为具有锯形的十元环孔道。它具有较高的硅铝比(>5，甚至达 3000 以上)和阴离子骨架密度，晶体结构十分稳定，耐酸性、耐热性及耐水蒸气稳定性都很好。是第二代分子筛的代表。采用水玻璃和硫酸铝为原料，以有机胺为模板剂在一定温度和压力下水热而成，有时也称"氮沸石"，广泛用于石油化工、煤化工及精细化工领域，如用于催化裂化、烷基化、甲苯歧化、二甲苯异构化、甲醇催化制烯烃及合成气制汽油等。下面为用乙二胺为模板剂，用水热法合成 ZSM-5 沸石分子筛的例子。

先将原料水玻璃、硫酸、硫酸铝及乙二胺按配料比配制成一定浓度的甲、乙两溶液。甲溶液由水玻璃、乙二胺及水组成；乙溶液由硫酸铝、硫酸及水组成。两种溶液的含水量相等。反应物配比为 Na_2O：乙二胺：Al_2O_3：SiO_2：H_2O = 8.3：36.7：1：93.5：3877。制备时先在 200L 不锈钢釜内于搅拌下配制好乙溶液；用在 500L 高压釜内于搅拌下配制好甲溶液。然后在搅拌下，于常压下将乙溶液慢慢加到甲熔液中进行成胶。加完后将釜密封。升温至 105℃，静置 12h，再升温至 150℃ 进行晶化，在转速为 80r/min 的条件下连续搅拌 25h，然后冷却、将得到的固体进行过滤、洗涤至 pH 值为 8～9。过滤后将滤饼在 110℃ 烘干，即制得钠型 ZSM-5 粉体。如再通过焙烧除去模板剂，经离子交换及干燥和焙烧则可制得 H-ZSM-5 型沸石分子筛。

(七)微波法制备催化剂

1. 微波法的特点

微波是指波长 1mm～1m 范围的电磁波,频率范围是 300MHz～300GHz。通信和雷达设备中应用微波的频率占据了大部分。为防止微波功率对无线电讯、电视、广播及雷达等造成干扰,国际上规定科研、医学、工业及民用的微波频率为 2450MHz 及 915MHz(图 17-17)。

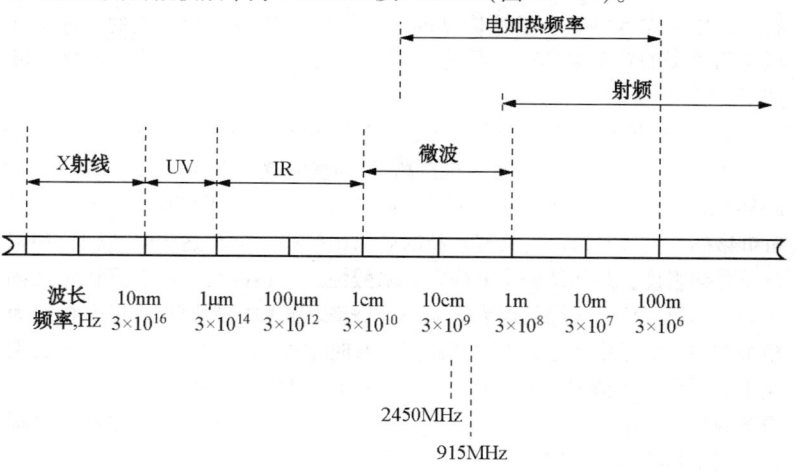

图 17-17　微波在电磁波谱中的位置

微波可穿透玻璃、陶瓷、四氟乙烯等材料,因而这些材料可用于制作微波炉的炊具、窗口材料及支架等。微波也可被水、食品、木材、橡胶等介质材料所吸收,因而微波也可作为一个能源用于工业及科研等领域。微波作为一种安全能源,可以使某些无机物在短时间内急剧升温至 1800℃,所以可用于微波化学合成,如用于合成沸石分子筛、超导材料及制造超微粉体等。这些合成方法也称为微波法,它具有以下特点:①加热速度快。由于微波能深入物质内部,而不是依靠物质本身的热传导,因而只需常规加热方法的 1/100～1/10 的时间就可完成加热过程。②热能利用率高。由于升温快、加热时间短,因而可节省能源,而且劳动条件好。③控制方便。电热、蒸汽加热等常规加热方法,都需有一定加热时间才能达到所需温度；而微波加热只需调整微波输出功率，就可方便地加热，而且便于控制。④加热均匀、里外一致，因此合成出的产品均匀、质量好。

2. 微波加热机理

微波加热是指在工作频率范围内对物体的加热，是材料在电磁场中由介质损耗而产生的加热。一般认为微波存在以下两种机理：①离子传导机理。当对同样量的去离子水与自来水分别在微波场中进行加热时（加热功率及加热时间相同），结果是自来水的温度肯定比去离子水要高。由此推断，加热是由于离子传导的结果。溶液中的离子都带有一定的电荷，在微波电磁场频率作用下，促使离子间相互碰撞而将功能转变为热能；②偶极转动机理。当分子中正、负电荷的重心因某种原因不重合时，空间的两个大小相等、符号相反的点电荷便构成一个电偶极子，电量与距离的乘积为偶极矩。极性分子的负电荷中心与正电荷中心不重合（如 H^+Cl^- 等），当极性分子处于微波能的电场，且电场增强时，能使极性分子具有一定取向；而在电场减弱时，则重新恢复运动的无序状态，由于分子的热运动和相邻分子的相互作用，使电偶极子随外场的改变而作规则摆动时受到干扰和阻碍，就产生了类似摩擦的作用，使分子获得能量而以热的形式表现出来。因此，微波对物质的加热是从物质分子中出发的，故又称为"内加热"，与传统的热辐射传导加热有本质上的不同。这种热能是从分子水平上产生的，能够被分子有效地吸收，从而可促进分子之间发生化学反应。

3. 微波合成机理

微波与物质相互作用存在反射、吸收及穿透等特性。这些特性与材料的介电常数、介电损耗因子、含水量多少、比热容及形状大小等性质有关。因此，不是所有物质都能与微波产生热效应，而只有极性分子才能被微波极化而产生热效应，这也是微波对物质加热的选择性效应。

微波对介质的穿透性会直接影响到微波加热的均匀性。对于一般吸收性介质，微波穿透深度大致和微波波长为同一数量级。以 915MHz（波长 $\lambda = 33cm$）及 2450MHz（$\lambda = 12.2cm$）常用微波加热频率而言，穿透厚度为几厘米到几十厘米的范围，故除特大物体外，大致可使物体表里均匀加热。

自微波技术用于催化领域后,微波技术不但可以提高化学反应速度并提高产率,有的反应最大可以促进一千多倍。尽管如此,对微波合成机理仍存在着不同的观点。一种观点认为,虽然微波是一种内加热,具有加热速度快、加热均匀、无温度梯度等特点,但微波应用于化学合成只是一种加热手段,对于特定反应而言,无论是微波加热或是常规加热方式,在反应物、催化剂及产物不变的状况下,反应动力学并不发生变化,并与加热方式无关。而且微波用于化学反应的频率为 2450MHz,属于非电离辐射,在与分子的化学键发生共振时尚不能引起学键断裂,也不能使分子激发到更高的振动或转动能级。所以,微波辐射与传统的加热并无动力学上的区别。微波对化学反应的加速主要由于对极性物质的选择加热,也即微波的致热效应。

另一种观点则认为,微波对化学反应的作用存在着多种复杂因素。微波合成时,一方面,反应物分子吸收了微波能量,提高了分子运动速度,致使分子运动变得杂乱无章,从而使熵增加;另一方面,微波对极性分子的作用迫使其按照电磁场作用方式运动,每秒变化达 2.45×10^9 次,导致熵的减少。所以微波可以催化反应进行,降低了反应的活化能,也即改变了反应动力学。

尽管不能确定上述两种理论哪一种正确,但微波技术在催化领域中的应用已显示出其独特的性能,为催化剂制备及活化提供了新途径,突破了传统方法,无论在理论上还是应用上均有重要意义。

4. 微波合成装置

微波加热系统一般是由电源、变压器、整流器、波导管、微波反应腔等组成。对于常压间隙式合成反应,可采用图 17-18 所示的带回流微波反应体系。反应溶液装在圆底烧瓶反应器内,反应器置于微波腔体内,并通过玻璃管连接外部的回流冷凝装置。这是由于传统的回流装置不能放在微波加热体系内,因回流水也会被微波加热而失去回流冷却作用。而图示的回流系统可以防止反应溶液在加热过程中喷出反应器,同时还可保持反应组分浓度不变。采用这种回流方式,可使反应体系的温度保持在一定范围内。

对于加压或高压合成反应,由于温度及压力与微波能的大小、反应溶液的介电损失、溶液的挥发性、溶液占反应器体积比及反应体系等是否会产生气体等因素有关,故微波合成装置应专门设计,并应有很好的温度及压力控制装置,以确保安全。

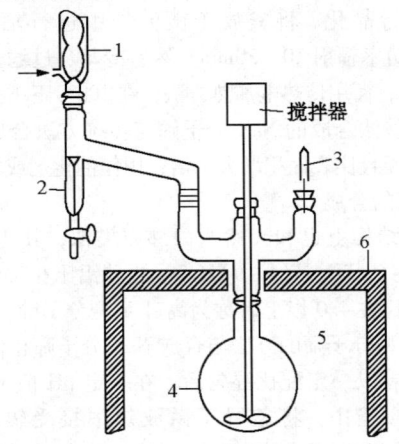

图 17-18 微波反应体系
1—冷凝管;2—混合器;3—滴管;4—反应器;
5—微波腔体;6—微波炉壁

5. 微波法制备催化剂

(1) 分子筛合成

自从 Mobil Oil 公司报道微波可用于分子筛合成后,许多研究相继报道用微波技术合成出 A 型、X 型、Y 型、ZSM-5 型分子筛、中孔 MCM-41 分子筛以及 CoAPO-44、CoAPO-5、AlPO$_4$ 等分子筛。微波辐射在分子筛合成过程中主要应用于其晶化阶段,与传统加热方法比较,具有节约能源、节省合成时间、制品均匀性好等特点。

① NaX 分子筛的合成。

NaX 分子筛在结构上与天然八面沸石相似,其化学组成通式为 $Na_2O \cdot Al_2O_3 \cdot 2.5SiO_2 \cdot 6H_2O$。合成 NaX 型分子筛的混合物组成范围较窄,一般只有在以下配比范围内可以合成纯的分子筛:

$$SiO_2/Al_2O_3 = 3 \sim 5$$
$$Na_2O/SiO_2 = 1 \sim 1.5$$
$$H_2O/Na_2O = 35 \sim 60$$

合成时以工业水玻璃为硅源、铝酸钠作铝源,用氢氧化钠调节反应的碱度。在一定配比下将上述混合物混匀。经在一定 pH 值下成胶后封在聚四氟乙烯反应釜中进行晶化。将釜放于微波炉中进行辐射，微波频率为 2450MHz，以一定功率辐射 10~30min。然后冷却、过滤、水洗、干燥，制得 NaX 分子筛原粉；而用传热电加热方法，在 100℃下需晶化 17h 才能制得 NaX 分子筛。用微波法合成的 NaX 分子筛与传统方法合成的产品相比，不仅粒度细而均匀，而且比表面积增大一倍，用作催化剂或载体时更具优势。

② Y 型分子筛的合成。

Y 型分子筛在结构上也和天然八面沸石类似，其化学组成的通式为 $Na_2O \cdot Al_2O_3 \cdot (3~6)SiO_2 \cdot (1~9)H_2O$。当硅铝比在 3.9 以下时称为低硅 Y 型分子筛；硅铝比在 4.0 以上时称为高硅 Y 型分子筛。

微波法合成 Y 型分子筛的方法与合成 NaX 分子筛相似。将硅源、铝酸钠、氢氧化钠等原料以一定配比混匀后，在一定 pH 值下成胶、老化后放入聚四氟乙烯反应釜中，将釜置于微波炉中接受辐射，微波频率为 2450MHz，在 100~120℃下加热 10min，然后冷却、过滤、水洗、干燥，制得具有以下组成的 Y 型分子筛：

$$xSiO_2 \cdot Al_2O_3 \cdot yNa_2O \cdot 40yH_2O$$

其中，$x=5~30$，$y=3~10$。所得产品颗粒均匀，最大粒径为 $0.5\mu m$。

③ 中孔 MCM-41 分子筛的合成。

MCM-41 分子筛由美国 Mobil 公司于 1992 年首次合成，其孔径可在 1.5~30nm 范围内调节，比表面积可达 $1200m^2/g$ 以上，颗粒形貌有空心管状、贝壳形、环状、车轮状、实心纤维状等形态。具有弱酸和中强酸性，几乎无强酸中心，其骨架组成除硅铝酸盐外，还可以是磷酸盐、过度金属氧化物。它利用一定浓度的有机模板剂与无机物种相互作用形成六方有序排列的孔道结构，被称为是第四代分子筛的代表。适用作裂化烃类大分子的催化剂，可望用于渣油的裂化中多产馏分油，也是可用于大有机分子（如苯乙烯、甲基丙烯酸甲酯）的聚合及用作负载酶的载体。

MCM-41 分子筛的微波法合成是以硅溶胶为硅源，以溴代十六烷基吡啶为模板剂。操作时先配制 40mL pH 值约为 12 的氢氧化钠水溶液，在搅拌下将一定量的溴代十六烷基吡啶及铝酸钠溶于氢氧化钠水溶液中，再将 5mL 硅溶胶滴加至上述物系中进行成胶。成胶结束后继续搅拌 1h，将此分子筛前体转移到微波反应釜中进行晶化，反应釜置于微波炉中接受微波辐射。微波反应釜压力 0.2MPa，并通过控制反应釜的自生压力来控制温度。晶化反应时间为 2h。晶化结束后冷却，生成物脱离子水反复洗涤多次。经 100℃干燥，制得 MCM-41 原粉。将原粉经 200℃焙烧 2h，再升温至 550℃

焙烧4h，制得MCM-41分子筛成品。在溴化十六烷基吡啶/Si比为0.1~0.5、反应压力0.2MPa、晶化时间2h的条件下，所得MCM-41分子筛产品的晶形以球状为主，晶粒大小为$0.5~2.0\mu m$。如采用同样配比的反应混合物，如采用传统的电烘箱加热晶化方法，在80℃下晶化需72h。可见采用微波法可大幅地节约晶化时间及能耗。

(2) 在催化剂载体上负载活性组分

工业上广为使用的多相催化剂大多是以负载的金属催化剂为基础的。浸渍法、离子交换法等是在载体上负载金属活性组分的常用方法。如催化裂化用稀土Y型分子筛催化剂，工业上采用的制备方法是将稀土盐与NaY分子筛在水溶液中进行多次交换。如采用微波辐射条件下进行交换，不仅交换度可提高20%以上，而且交换时间可大大缩短（表17-18）。

表17-18 活性组分在Y型分子筛上的不同负载方法

交换条件	$La(NO_3)_3$溶液浓度，mol/L	固液比	交换温度，℃	交换时间，min	交换度，%
常规离子交换	1.0	1.10	373	60	62.32
微波辐射	1.0	1.10	373	20	82.50

与传统活性组分负载方法相比。采用微波辐射将无机金属盐于负载载体上的制法有以下特点：①活性组分负载量高且分散度高；②处理时间短，生产效率高；③样品或原料处理过程简单，可采用固相反应法处理；④无机金属盐易于分散在多孔分子筛上。

（八）混合法制备催化剂

混合法制备催化剂是以混合操作步骤为制备催化剂的一种关键步骤的方法，也是制造多组分固体催化剂最简便的方法。该法是将两种或两种以上的活性组分，以粉状细粒子形态在球磨机或碾压机上经机械混合后，再经成型、干燥、焙烧和还原等操作制得产品。传统的合成氨和合成硫酸催化剂就是用这种方法生产的。

混合操作是混合法制备催化剂的关键操作之一。混合操作的一个目的是保证催化剂各组分充分混合均匀，以使各组分能发挥各自的功能；另一个目的是通过混合增加催化剂的机械强度。这对用碾压机混合时作用更明显。根据被混合物料相态的不同。混合法又可分为干混法及湿混法两种工艺。

1. 干混法

又称机械混合法，它是将活性组分、助催化剂、载体及黏合剂等组分加入混合器、碾压机或研磨机等进行机械混合。图 17-19 示出了用干混法制备一氧化碳中温变换催化剂的工艺过程。

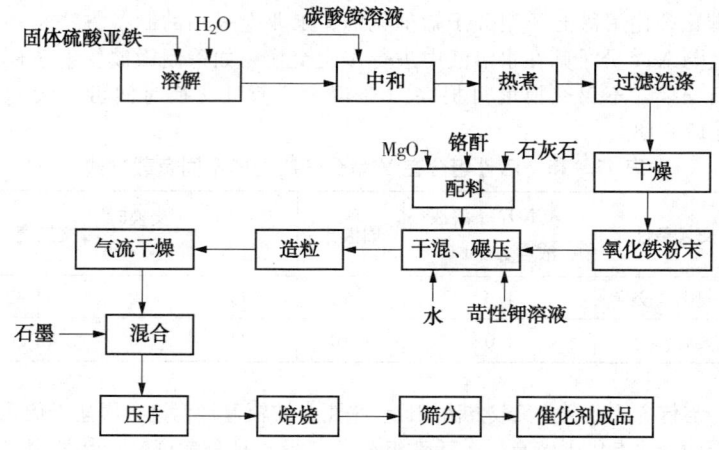

图 17-19　干混法制备一氧化碳中温变换催化剂的工艺过程

一氧化碳中温变换催化剂是用于合成氨厂和制氢装置原料气中的 CO 与水蒸气变换为 CO_2 和氢气的反应，其工业操作温度为 300~530℃，催化剂品种较多，按化学成分，可分为铁铬系、铁镁系、铜锌系等。其中以铁铬系使用较广。其主要活性组分为氧化铁，助催化剂有 Cr_2O_3、K_2O、MgO 等。用干混法制备催化剂时先将硫酸亚铁用水溶解后，经与碳酸铵中和、热煮、过滤、洗涤、干燥等工序先制得活性组分氧化铁。然后将氧化铁与助催化剂 Cr_2O_3、MgO 等干混后，再经造粒、气流干燥、压片、焙烧制得催化剂成品。制备过程中混合操作是控制催化剂粒度分布、机械强度及催化活性的重要步骤。压片操作中加入石墨主要起润滑剂作用。本法制备催化剂的特点是方法简单、操作容易、处理量大，所制得催化剂的活性及强度都好。缺点是碾料时粉尘大，特别是 6 价铬会对人体产生毒害。

机械混合法也可以用来制取纳米催化材料，它是将金属氧化物或无机金属盐按一定比例充分混合、研磨后进行高温焙烧,发生固相反应后,直接或再研磨而制得超微粒子的催化材料;也可将碳酸盐、草酸盐混合后通过热分解反应,再经研磨,制得无机非金属氧化物纳米粒子。这种制备超细催化材料的方法也称作固相合成法。它主要是利用高性能球磨设备对需混合的宏观尺寸的物体进行研磨,以达到物料尺寸减小化的目的,形成混合物或合金。虽然具有工艺简单、产量高等特点,但要制备出分布均匀的超细粉体也不是件易事。球磨过程中还会产生介质的表面和界面沾染问题,空气气氛中的氧、氮对球磨粉体的化学反应、掺杂等会影响产品应用性能。

2. 湿混法

湿混法也称混浆法,是将一种固态组分与其他几种活性组分的溶液捏和后,再经成型、干燥、筛分、焙烧等工艺制得成品。图17-20示出了硫酸生产用钒催化剂的制备工艺过程。生产钒催化剂的原料有五氧化二钒、苛性钾、硫黄粉、无水硫酸钠等。催化剂主活性组分为 V_2O_5,助催化剂为 K_2SO_4,载体为硅藻土。将预先制备好的 $V_2O_5 + K_2SO_4$ 混合浆液与已精制的硅藻土加入适量水及硫黄粉,在轮碾机中经充分碾压成可塑性物料,然后加入螺旋挤条机中成型为 $\phi 5mm$ 的圆柱体,先干燥、过筛后送入高温窑中焙烧,最后经过筛、包装即得成品。

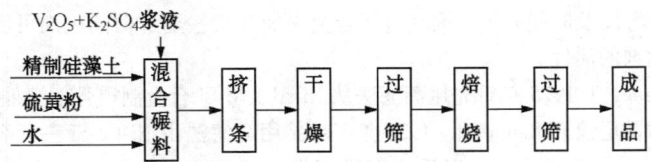

图17-20 硫酸生产用钒催化剂制造工艺示意图

在钒催化剂制造过程中,焙烧工艺条件的控制十分重要。一般焙烧温度为 $500 \sim 550℃$,焙烧时间为 $90min$。通过焙烧,可以除去造孔剂硫黄和杂质有机物,并形成良好的孔结构,使 V_2O_5 与 K_2SO_4 共熔并在载体上重新分配,同时提高催化剂的机械强度。

在用混合法制备催化剂时,都需经过热分解或焙烧工序。固体的热分解是吸热和体积增大的反应,提高温度及降低压力都有利于热分解反应的进行,而影响热分解的因素很多,如对多价氧化物,分解温度不同,所得到的氧化物价态也会有所区别。如 CrO_3 热分解时,铬有 +2、+3、+4、

+5、+6 多种氧化值。CrO_3 的热分解温度为 434~511℃。而在低于这一温度时就会生成其他价态的氧化物：

$$CrO_3 \longrightarrow Cr_2O_8 \longrightarrow Cr_2O_5 \longrightarrow CrO_2 \longrightarrow Cr_2O_3$$

所以，用混合法生产金属氧化物催化剂时，由于焙烧温度不同，有些金属化合物可能生成多种金属氧化物。因此，制备催化剂时，要特别注意焙烧温度及气氛对产品性能的影响。

用混合法制备催化剂的过程简单、操作方便、产品化学组成稳定。但此法毕竟是一个物理混合过程。所以催化剂组分间的分散度不如沉淀法及浸渍法。

（九）沥滤法制备催化剂

1. 骨架催化剂

沥滤法是为制备骨架催化剂而创立的方法。这种方法是将具有催化活性的金属（如 Ni、Co、Cr、Cu 等）与能溶于碱的金属（如 Al、Si）熔融制成合金，再粉碎成粉末，然后用碱沥滤出不需要的非活性金属组分，经洗涤后即得到有微孔结构的有骨架结构的金属。这种金属呈现很高的加氢、脱氢等催化活性，特称为骨架催化剂。在此法中催化剂的活性与碱沥滤时的用量、温度及时间有关，而在金属合金中加入某些金属助催化剂可明显提高催化剂的活性。

Raney 于 1925 年首先用沥滤法从 Ni-Al、Ni-Si 合金制得骨架镍催化剂，故又称雷尼镍或 Raney 镍。1934 年 Fisher 用沥滤法由 Ni-Co-Si 三元合金制得 Ni、Co 骨架催化剂，以后许多骨架催化剂，如 Co、Cu、Fe、Mn、Cr、Ru 及 Ni-Cu、Ni-W、Ni-Mo、Ni-Fe 等都是采用沥滤法制造，而工业上应用最多的是骨架镍催化剂，其次是骨架钴催化剂。

（1）骨架镍催化剂

骨架镍催化剂又称 Raney 镍催化剂，是发明和应用最早的一种骨架催化剂。最早是用 NaOH 溶液处理 Ni-Si 合金制得，现多用 Ni-Al 合金制得。采用小颗粒合金，Ni 含量控制在 42%~50% 可望获得较好的活性。典型骨架镍的比表面积为 80~100m^2/g，平均孔径为 2.6~12.8nm。骨架镍催化剂可用于不饱和烃加氢、芳香族化合物加氢、杂环化合物加氢、羰基化合物加氢、腈加氢及油脂加氢等，也可用于脱氢、脱卤、脱硫及脱水等反应。如粗己内酰胺加氢精制用 Raney 镍催化剂外观为灰黑色，Al 含量（质量分数）约 2%，含水悬浮液 pH 值为 9~11。堆密度约 0.5kg Ni/kg 悬浮液。颗粒度 <75μm。活性：吸 500mL H/(gr Ni·h)。失活催化剂可用去离子水多次清洗后，再在一定温度下用 NaOH 溶液浸泡，然后再用去离子水洗涤、酒精浸泡、洗涤等方法而恢复活性。

（2）骨架钴催化剂

骨架钴催化剂又称 Roney 钴催化剂，是用 NaOH 溶液处理 Co-Al 合金制得。其性质与骨架镍相近，因钴的价格高于镍，除特殊情况外，一般可用骨架镍代之。骨架钴催化剂可用于加氢、脱氢、脱硫等反应。近来也发现，它在费托合成及精细化学品的合成中也表现出广阔应用前景。如由 30%~95% 的 Co、0.5%~30% Al 和 0.5%~40% 的至少一种过渡金属组分所组成的骨架钴催化剂，用于费托合成反应具有很高的转化率。

（3）骨架铜催化剂

骨架铜催化剂是一种呈三维网状结构或管束状结构的金属铜催化剂，具有较大的比表面积。其制备方法和原理与骨架镍催化剂类似。使用最多的骨架铜，其合金的化学成分为 50%，Al 50%；也有 Cu 40%、Al 60% 及 Cu 55%、Al 45% 等比例组成。有时需要加入 P、B、Fe、Co、Ni、Mo、Cr、W、Ce 或 La 中的至少一种助催化剂，以在催化剂中形成稳定的氧化铜物相，提高催化剂的电子传递能力。骨架铜可用于脱氢、水合、脱硫、氧化脱卤等反应，工业上应用最早的是用作丙烯腈水合制丙烯酰胺反应的催化剂。

（4）漆原催化剂

漆原催化剂不同于传统骨架合金催化剂制备方法，它相当于骨架合金的一种催化剂。用 Zn 或 Al 作为镍盐（最好是乙酸盐或氯化物）的还原剂制得的沉淀镍，再用酸（如盐酸）或碱（10% NaOH）水溶液处理，可制得具有加氢催化活性的漆原镍催化剂；用锌粉与氯化钴反应制得的沉淀钴，再用酸或碱（10% NaOH 溶液）处理制得的漆原钴催化剂与骨架钴催化剂有相似的作用。漆原镍催化剂可用于不饱和烃加氢、脱氢、水合等反应。

骨架催化剂的制备一般可分为合金制取、合金粉碎及合金溶解等几个步骤。

2. 合金的制备

合金是一种金属与另一种金属所组成的具有金属通性的物质。合金的制备常在电阻炉、电弧炉、感应炉或其他熔炉中进行。制备骨架催化剂的合金一般是将活性组分的金属和不活泼的金属在高温下混合熔融后制成,溶出金属以 Al 用得最多,因为它和其他金属制成合金时,会产生大量的反应热,这样容易制成合金。例如制备 Ni-Al 合金时,镍的熔点虽为 1452℃,但无须将它单独熔融,可先将铝(熔点为 650℃)加热至 400~1200℃,然后加入镍粒,由于反应放出热量,温度上升到 1500℃左右,合金就很容易制成。当然,除合金配方外,熔融温度、熔炼次数、气氛、熔浆冷却速率等因素对制得的合金性能均会产生影响。

制备骨架催化剂时,合金组成中各组分的比例、合金的物理性质(如结晶状态、硬度、脆性、粒度及分散性能等)对所制得催化剂的活性影响很大。表 17-19 示出了骨架催化剂常用合金种类。如制造 Ni-Al 合金时,可以有 $NiAl_3$、Ni_2Al_3、Ni_2Al、$NiAl_2$ 及 NiAl 等多种化合物,当用含 Ni 质量分数为 30%~50% 的合金(富含 $NiAl_3$),可制得活性较高的催化剂。而当含 Ni 量超过 50% 时,所得催化剂的活性反而与 Ni 含量成反比例而降低。在 Ni 含量达到 65%~70% 时,即成为 NiAl 组成的稳定金属化合物,用碱处理也不发生分解,因而也就不能制得有催化活性的 Ni 催化剂。

表 17-19 骨架催化剂常用合金种类

二元合金	活性金属	Ni、Fe、Co、Cr、Mn、Ag
	溶出金属	Al、Ni、Zn、Mo 等
三元合金	活性金属 (二元)	Fe-Ni、Ni-Cu、Fe-Co、Ni-Co、Ni-W、Ni-Mo、Ni-Ag 等
	溶出金属 (一种)	Al、Si、Sn 等
	活性金属 (一元)	Ni
	溶出金属 (二种)	Al-Si、Al-Zn 等

在用熔融法制取合金时,合金冷却速度会影响合金的显微组织,只有在缓慢冷却时,合金才能形成完好的晶格,如果冷却速度过快,合金会产生较大的内部应力,造成晶格不完整。

3. 合金的粉碎

制得的合金直接用碱处理时会影响碱溶效果,所以需先进行粉碎。合金粉碎的难易程度主要取决于组成。如含 Ni 及 Al 各为 50% 的合金,其性脆易于粉碎;而随着含 Al 量的增加,合金会变得非常坚硬,甚至将其粉碎为大块也会有困难。为了制备小颗粒的合金,也可用镟床将其镟成碎片。

4. 合金的溶解

为了制备有催化活性的催化剂,需要将合金中无催化活性的物质(如 Al、Si 等)溶出,这一步操作称为沥滤或称为"展开"。最常用的沥滤方法是用氢氧化钠溶液将非活性物质溶出,使催化剂产生多孔结构。

氢氧化钠用量为所处理合金质量的 2%~5%,溶液浓度为 20%、25%、30% 等。沥滤过程中,氢氧化钠用量与合金中 Al 含量的关系。理论上可由下述反应式推算出:

$$2Al + 2NaOH + 2H_2O \longrightarrow 2NaAlO_2 + 3H_2$$

而实际用碱量应为计算值的 140%~190%。

在溶解的初始阶段,溶解伴随着氢气和大量热的放出,因此需要外加冷却系统。而在溶解最后阶段,为了将合金中的铝完全溶出而需要加热,溶解的温度对催化剂活性有很大影响。温度低可以使催化剂含氢量大,而催化剂表面含氢量大时,其催化活性就增高。另外,沥滤过程中碱浓度对骨架镍的晶粒大小会产生影响。例如,用 20% 浓度的碱液处理时,所得到催化剂的晶粒会比 10% 浓度液碱处理时晶粒要大些。

5. 骨架催化剂的储存

用碱处理过的合金,有的将铝合金全部溶出,也有的未完全除去,这需视对骨架催化剂的要求而定。通常经碱处理后的骨架催化剂上的活性组分十分活泼。在干燥状态下,与空气接触时会极易与氧发生反应甚至燃烧,但这并不是金属本身燃烧,而是吸附氢的燃烧。所以应采取措施,将氢部分除掉或除净。用水煮可使吸附氢除去，这种处理过程称为钝化。即使钝化后的骨架催化剂仍很活泼，还不能曝露于空气中放置，最好放在酒精、甲基环己烷、植物油等液体中，而且在使用催化剂时应在潮湿的状态下放入反应器中。此外，催化剂长时间储存时，其活性会逐渐下降，因此采取有效的技术措施减缓催化剂的氧化速度，尽量保持其活性，也是骨架催化剂的储存关键。催化剂在不同保存溶剂中活性降低的速度顺序：苯 > 水 > 乙醇 > NaOH。

6. 苯加氢制环己烷用骨架镍催化剂制法

环己烷是重要的石油化工中间体，大部分用于制造己二酸、己内酰胺及己二胺，少量用于制造环己胺及用作树脂、蜡类及沥青等的溶剂。工业上大多数环己烷是通过苯加氢的方法制得。而苯加氢制环己烷的方法也很多，其区别在于催化剂性质、操作条件、反应器类型及反应热移出方式的不同。其方法通常又分为液相法及气相法两大类，其中由法国石油研究院（IFP）开发的悬浮液相加氢法（IFP法），是用骨架镍催化剂生产高纯环己烷，其反应式为：

$$\text{C}_6\text{H}_6 + 3\text{H}_2 \longrightarrow \text{C}_6\text{H}_{12}$$

苯与氢在 2.5～3.0MPa、220℃的工艺条件下，经钝化型骨架镍催化剂作用生成环己烷。该催化剂的生产工艺过程如图 17-21 所示。将金属原料以 Al∶Ni=1.03∶1 的比例送入焦炭炉进行熔炼，制成 Ni-Al 合金。冷却后用铁制球磨机粉碎，经过筛后，用20%浓度的氢氧化钠，在100℃下处理1h。处

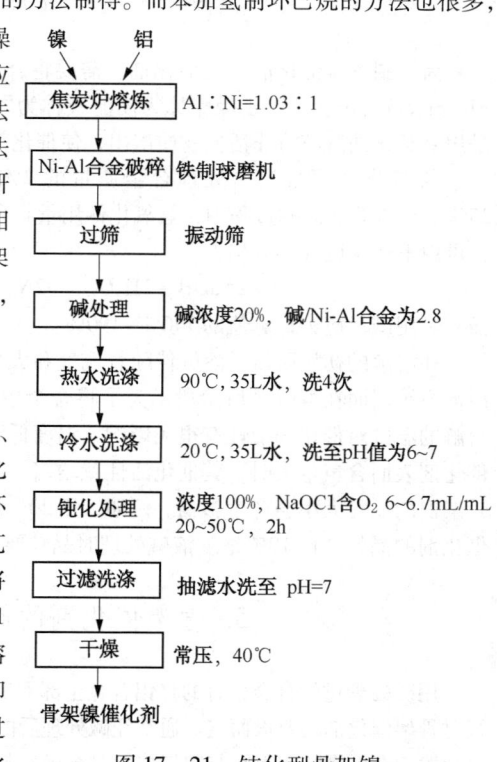

图 17-21　钝化型骨架镍催化剂制造工艺过程

理后的合金先用热水洗涤 4 次，再用冷水洗至 pH 值为 6~7。制得的骨架镍经 NaOCl 钝化后，经过滤、水洗、干燥即制得钝化型骨架镍催化剂成品。

（十）熔融法制备催化剂

熔融法是用高温条件将催化剂组分进行熔合，使其成为氧化物固溶体、合金固溶体等均匀的混合体。在熔融温度下，金属或金属氧化物呈流体状态均匀混合或发生晶相转变，并使各种助催化剂组分分布于主活性相上，冷却后形成混晶或固溶体。此法主要用于制备氨合成熔铁催化剂及氨分解熔铁催化剂，也用于制造氨氧化用的 Rh-Pt-Pd 合金网催化剂、甲醇氧化用 Zn-Ga-Al 合金催化剂、非晶态合金催化剂等。此外，上述沥滤法制造催化剂时，熔融制合金也是十分重要的一个步骤。

熔融法在催化剂制备中虽然应用较少，但却是一类很重要的方法，它适用于不得不经熔融过程才能制备的催化剂。由于催化剂是在远高于使用温度的条件下熔炼制备，所以催化剂具有高强度、高活性、高热稳定性及使用寿命长等特点。下面以氨合成催化剂为例，说明熔融法制造催化剂的工艺过程。

氨合成催化剂是指氢气和氮气直接合成氨所采用的催化剂。它主要以金属铁为主要成分。工业用铁系氨合成催化剂一般都是用熔融法制取，所得产品也称为熔铁催化剂。熔融操作可在电阻炉、电弧炉及感应炉中进行，工业上以采用电阻炉较为普遍，熔融温度一般为 1500~1600℃。

氨合成催化剂是由具有一定 Fe^{2+}/Fe^{3+} 值的铁氧化物和少量助催化剂所组成。但铁氧化物均需用 H_2-N_2 混合气还原成 α-Fe 才有催化活性，也即氨合成的主催化剂是 α-Fe。由纯铁氧化物还原而得到的催化剂在合成氨过程中很容易失活，而少量以催化剂形式加入的 Al_2O_3、K_2O、MgO、SiO_2、CaO 等难熔金属氧化物，虽然对氨合成不具催化活性，但对最终催化剂的性能有重大作用。它们可以改善 α-Fe 的催化活性，增强催化剂的耐热性及抗毒能力，防止活性铁的微晶在还原时及使用过程中长大，延长催化剂使用寿命。

熔铁催化剂制造工艺过程如图 17-22 所示，虽然不同型号的熔铁催化剂的化学组成及物性有所不同，但其制造过程大致分为以下几个步骤。

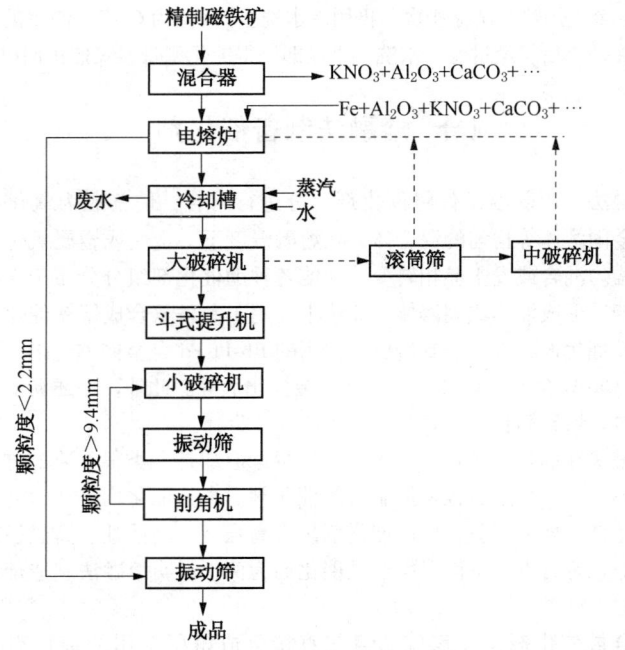

图 17-22 熔融法制造熔铁催化剂的工艺过程示意图

1. 原材料精制

熔铁催化剂所用原料主要为天然磁铁矿，用作助催化剂的原料有 KNO_3（或 K_2CO_3）、$CaCO_3$、Al_2O_3、MgO 及 $Ce(NO_3)_3$ 等。天然磁铁矿通过球磨机、分级机、磁选机和干燥器组成的磁选系统达到精制目的，精制后可使 SiO_2 含量降至 0.4% 以下。精制磁铁矿是催化剂中占 90%~95% 的主要原料，也是有害杂质（如硫）的主要来源，需对硫严加控制。除精制磁铁矿外，其他工业原料也需严格控制 Cl、S、P 及 Pd、Cd、As 等重金属的含量，其中 Cl、S、P 含量一般应少于 0.01%。

2. 原材料的配比与混合

无论是用电阻炉、电弧炉或感应炉制造熔铁催化剂都采用间歇式分批操作。炉内熔融的物料由三部分组成：①由精制磁铁矿与助催化剂原料混合配制成的新料；②熔块破碎后粒度小于产品要求（一般小于2.2mm）而返重新炼制的碎料；③熔融物倒出后残留在炉内的炉渣和经轧碎的皮料。

新料的混合在混合器中进行，精制磁铁矿与助催化剂的配比应严格按照配方的要求配制。要求尽量混合均匀。各物料的粒度越均匀、密度差越小，则越易混合均匀。为此，在混合以前，应将各原材料先进行破碎、过筛，使各原料的粒度大小尽可能一致。

3. 物料的熔融

经典的 Fe_3O_4 基催化剂，熔融温度一般为 1500～1600℃（磁铁矿熔点为 1597℃）。熔融温度高时，熔浆黏度小，有利于催化剂各组分之间的扩散和反应，促进熔融物料迅速均匀分布并脱去催化剂毒物。为了达到催化剂制备质量，必须认真调节熔融温度和持续时间，以达到下述要求：①铁的氧化度，使 FeO 和 Fe_2O_3 的比例接近磁铁矿或使铁与磁铁矿反应生成 $Fe_{1-x}O$ 的反应完全（对 $Fe_{1-x}O$ 基催化剂）；②使熔体中各助催化剂组分分布均匀；③降低熔铁催化剂中挥发性毒物的浓度。

4. 熔料的排出和冷却

达到熔融时间的熔融物一般是成批倒入带有水夹套冷却的钢槽或带转盘的平模上进行冷却。冷却速率会间接影响催化剂的机械性能和催化活性。如熔料较薄，冷却速度过快，会使氧化物熔料发脆，破碎时会产生较多粉尘；熔料较厚，冷却过慢则会使催化剂产生不均匀性，而且较难破碎。

5. 筛分

冷却后的熔料经颚式破碎机破碎后，经多级振动筛筛分成不同粒级的不规则形颗粒（如 1.5～3.0mm、2.2～3.3mm、3.3～4.7mm、4.7～6.7mm、6.7～9.4mm）。小于 2.2mm 或 1.5mm 的小颗粒则返回送至电熔炉中进行再熔炼。

6. 还原(制备预还原催化剂)

熔铁催化剂一般是密封在铁桶中包装出厂，储存期最好不超过6个月。合成氨厂使用催化剂时通常是在合成塔中直接还原，但这种活化方式不仅还原时间长、还原过程中会产生大量稀氨水，而且催化剂还原质量难以保证。为了克服上述缺点，逐渐出现了预还原催化剂。

所谓预还原催化剂，是催化剂生产厂将催化剂经预先还原并经过钝化处理后出售，工厂将催化剂装入合成塔后经简单再还原就可投入使用。

预还原催化剂制备过程包含三个步骤：

① 氧化态催化剂制备：

$$Fe_2O_3 + Fe \longrightarrow Fe_3O_4$$
$$Fe_3O_4 + Fe \longrightarrow 4FeO$$

② 氧化态催化剂用氢气还原：

$$Fe_3O_4 + 4H_2 \longrightarrow 3Fe + 4H_2O$$
$$FeO + H_2 \longrightarrow Fe + H_2O$$

③ 还原态催化剂进行钝化处理：

$$Fe + \frac{1}{2}O_2 \longrightarrow FeO(氧化膜)$$

上述步骤①即为图17-22所示的制备过程；步骤②则是在催化剂生产厂专门建造的预还原装置上进行的。还原用氢气可以是由氨裂解制得，也可由合成氨厂的新鲜合成气。还原在常压至1.0MPa的压力下进行，将催化剂在还原炉中以高空速及适宜温度下进行还原，直至还原炉出口气体中水蒸气含量小于$1g/m^3$，甚至低到$0.5g/m^3$。步骤③是制备预还原催化剂的关键步骤。因还原后的炼铁催化剂是本征活性很高的活性铁，不能与空气接触，否则会因剧烈氧化而燃烧，为此需经钝化处理。钝作操作在预还原炉上原位进行，先将已还原好的熔铁催化剂冷却到略高于室温，再通入含少量空气的惰性气体(氮气或氢氮混合气)进行循环。钝化操作温度为室温~100℃，空速$1000~5000h^{-1}$，钝化分为多个阶段，控制O_2量从0.01%逐步增加到21%。使还原后的催化剂颗粒的α-Fe微晶粒表面生成一层氧化膜。钝化前进行的氮化是为钝化过程起缓冲作用，以改善催化剂的性能。钝化生成的氧化膜会将颗粒内部的活性α-Fe与空气隔绝，以有利于催化剂后续的包装、储存、运输及装填等操作。但钝化处理的预还原催化剂装填时应在氮气保护下进行。

(十一) 冷冻干燥法制备催化剂

冷冻干燥法是 20 世纪初发展起来的,开始用于保存生物样品,以后用于药品及食品生产。由于冷冻干燥法可以直接从溶液中提取细小、分散均匀、不团聚的超细粉(包括纳米粉末),因此此技术在冶金、陶瓷材料科学中用来制取极细的粉状金属、合金及氧化物。以后,冷冻干燥法又逐渐应用于催化领域,用来制造高比表面积的催化剂,如 Ni-Co 氧化物催化剂、汽车尾气净化用的稀土复合氧化物催化剂、介孔碳及 SiO_2 气凝胶等。

1. 冷冻干燥原理

物质有固、液、气三种聚集态,每一种聚集态只可能在一定的外界条件下,即在一定的温度、压强范围内存在。当想从某种溶液中提取某种以颗粒状存在的物质时,简单的方法之一是直接把水分除去,剩余的即为所需的无水物,如将盐水晒干或煮干可得到盐等。这种方法的特点是将水分从溶液中蒸发掉;但直接蒸发除去水分时,所得产物往往是团聚板结的块状物质。这是由于粒子在聚沉过程中为降低表面能,表面还吸附大量分散介质(水),相应地产生大量的毛细管。在干燥过程中由于表面张力及表面能的作用使粒子收缩聚结,从而发生颗粒间的团聚。因此,采用常规的由液态蒸发变为固态的干燥方法所制取的粉体一般都团聚严重,需再经过粉碎或球磨等工艺再分散成细小颗粒。

冷冻干燥法的特点是利用水的三相点,将水分通过升华除去。常规水分干燥工艺实质上是液体→气体的过程,而冷冻干燥过程是液体→固体→气体的过程。

图 17-23 为水的相平衡图。图中,OL、OK 及 OS 三条曲线将相图分为液相、气相及固相三个区域。OL 曲线为液—固两相平衡共存的状态;OK 曲线为气—液两相平衡共存的状态,OS 曲线为气—固两相平衡共存的状态(这时的水蒸气压强为水的饱和蒸气压)。三条曲线将图面分为三个区,分别称为液相气、气相区及固相区。K 为水的临界点。K 点温度为 374℃,压力为 $2.11 \times 10^7 Pa$,在此点液态水不存在;O 点为三条曲线的交点,即三相点。三相点的温度为 0.01℃,压力为 610.5Pa,是水的三相平衡共存的状态,对于一定的物质,三相点是不变的,即存在一定的温度及压强。

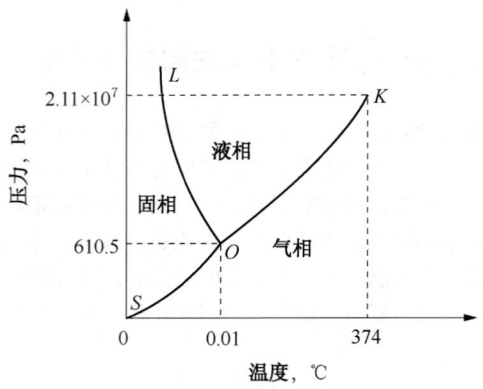

图 17-23　水的相平衡图

升华是物质从固态不经液态而直接转变为气态的现象，从图 17-23 可知，只有压力低于三相点压力以下，升华才有可能发生，当压力高于三相点压力时，固态转变为气态必须经过液态方能达到。

溶液冷冻时一般不是在某一固定温度完全凝结成固体，而是在某一温度下开始析出晶体。随着温度下降，晶体数量不断增多，直至全部凝结。因此，溶液并不是在某一固定温度时凝结，而是在某一温度范围内凝结。当冷却时开始析出晶体的温度称为溶液的冰点，而溶液全部凝结的温度称为溶液的凝固点。因为凝固点就是融化的开始点（熔点），对于溶液来说也就是溶剂和溶质共同熔化的开始点，故称作共熔点。在此温度以下，有关组分均呈固相，所以以此温度也称作低共熔点。

因此，用冷冻干燥法制备催化剂的技术关键：①必须在共熔点 Q（图 17-24）以下升温，因为 Q 点以上会出现液相，熔化会使粒子长大，产生溶质分离，从而使产品不均匀；②溶液必须骤冷，这样可使溶质离子快速被冰晶固定，使盐浓度变化减到最小，以保证冷冻物的均匀性，从而使最终产物粒子既细又均匀；③过程中要避免由于相变和粒子生长引起产物组成分离。

这样，按所需组成配制的一种或几种可溶性金属盐（硝酸盐、硫酸盐、碳酸盐等）溶液，自图 17-24 中由 Ⅰ 骤冷到 Ⅱ（使成冰冻状态），再由 Ⅱ 减压到低于 Q 点的 Ⅲ，最后在减压下缓慢由 Ⅲ 升温到 Ⅳ。此时冰升华，留下多孔的金属盐颗粒，最后将冷冻干燥产物热分解、焙烧成金属复合氧化物。

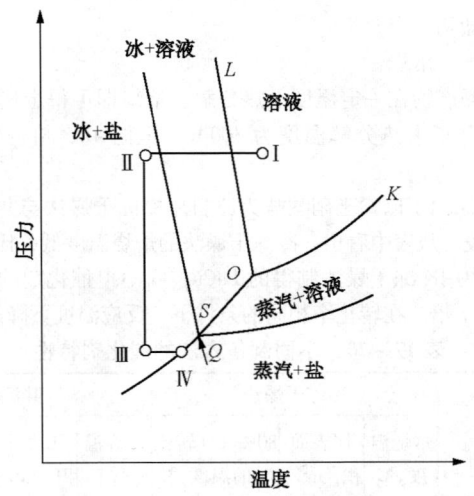

图 17-24 冷冻干燥法制催化剂原理示意图

2. 冷冻干燥法制备催化剂的主要步骤

(1) 原料配制

按所期望制得的微粉或催化剂配制前驱体溶液(通常为可溶性无机金属盐溶液)或胶体。例如配制浓度为 2mol/L 的各种硝酸盐溶液,按所需比例计量混合,配成总阳离子浓度为 1mol/L 的混合溶液。

(2) 冷冻

冷冻的方法有两种,一种方法是利用雾化装置将溶液或溶胶喷吹雾化,雾化后的微小液滴直接进入液氮、干冰等低温物质中,被急冻成溶液的固体小颗粒;另一种方法是将溶液或胶体直接置于冷冻室内冷冻成固体。

(3) 升华

将冷冻所得到的固体在减压条件下进行冷冻干燥,使溶剂升华,溶质析出。先将冷冻物与液氮分离,移入已用液氮冷却的样品瓶中,样品瓶连入真空系统,然后抽气,抽气的水汽用液氮冷阱捕集。样品温度依次由 $-190℃ \rightarrow -80℃ \rightarrow -50℃$。在 $-50℃$ 恒温下抽气,直至样品变松变干,待体系压力下降到 0.667Pa 时,再将样品逐渐升至室温。最后慢慢升温到 60℃。至压力小于 0.133Pa 后,在 60℃ 恒温下再抽气 1h,即可制得蓬松多孔的干燥硝酸盐均匀混合物。

(4) 热分解、焙烧

将升华干燥产物在一定温度下热分解、焙烧即可得金属氧化物微粉或催化剂。实验例子中热分解温度为300℃，恒温4h，焙烧温度为700℃，恒温2h。

表17-20示出了以稀土硝酸盐为原料用冷冻干燥法与共沉淀法制得的催化剂特性比较。从表中看出，冷冻干燥法的焙烧温度低，比表面积大，催化活性高，其中用冷冻干燥法制得的$LaCu_{0.5}M_{0.5}O_3$催化剂的比表面积比共沉淀法提高约17倍。在转化率相同的条件下，反应温度下降约130℃。

表17-20　不同制备方法的催化剂特性

催化剂组成	冷冻干燥法			共沉淀法		
	焙烧温度,℃	比表面积,m^2/g	80% CO 转化时的温度,℃	焙烧温度,℃	比表面积,m^2/g	80% CO 转化时的温度,℃
$La_{0.5}Sr_{0.5}MnO_2$	700	25.90	167.8	1100	4.14	215.9
$Pr_{0.7}Sr_{0.3}MnO_3$	700	46.86	119.6	1600	3.31	160.5
$LaCu_{0.5}Mn_{0.5}O_3$	700	26.35	113.7	1100	1.56	240.5

3. 冷冻干燥法的优缺点

综上所述，用冷冻干燥法制备催化剂具有以下优点：①能制备粒子大小在10~500nm的极细粉催化材料。②产品组成十分均匀，最终产品与初始溶液的均匀性相同，可达分子程度。③产品质量可由所用试剂纯度精确控制，由于不需要人工或机器研磨，可避免产生污染。④制得的产品比表面积大。在用常规法制取氧化物催化剂时，为了保证充分的离子间相互扩散，需采用高温焙烧工序，从而使比表面积下降。而冷冻干燥法因冰升华时留下细孔，在焙烧前已是均匀的多孔极细颗粒，故无须高温即可达到要求。由于焙烧温度降低，催化剂比表面积也就增大。⑤冷冻干燥技术设备简单、操作方便、技术要求不高。

冷冻干燥技术制备催化剂存在的不足之处：①目前，利用冷冻干燥技术制备催化材料的工作，无论在理论上或工艺上还存不少要解决的问题，如关于喷雾冷冻造粒过程中的气—液两相流动雾化理论、雾滴喷入液氮时的急冷炸裂理论、冰珠超急速传热时应力的产生及分布理论等还需进一步扩展。②在制备工艺上，由于不同材料性质和要求上的差别，适合于工业化生产的冷冻干燥过程的加热方式、防止粉体飞散的方法等问题还需进一步解决。③多数研究工作及制备方法目前还主要限于小规模试验阶段，存在着成本高、效率低的缺点。

(十二) 微乳液法制备催化剂

1. 微乳液的基本特性

一般将颗粒大小在 $0.2 \sim 50 \mu m$ 之间、呈乳白色、不透明的液状体系称为"宏乳状液"，简称乳状液。1943年，Schulman 等人往乳状液中滴加醇，制得透明或半透明、均匀并长期稳定的体系，这种体系中分散颗粒很小，常在 $0.01 \sim 0.20 \mu m$ 之间，称为微乳液。

微乳液是由水、油、表面活性剂及助表面活性剂等组分在适当配比下自发生成的一种外观透明、低黏度的热力学稳定体系。

微乳液的结构有三种：水包油型（O/W）、油包水型（W/O）及油水双连续型（图17-25）。W/O型微状液是由油连续相、水核及界面膜三相组成，如图17-25(a)所示，水核内含有少量助表面活性剂，油连续相内含有一些助表面活性剂与少量水，界面膜由表面活性剂与助表面活性剂组成，且体系中的表面活性剂仅存在于界面膜上。界面膜上表面活性剂与助表面活性剂基团朝向水核，两者分子数之比为1:2。

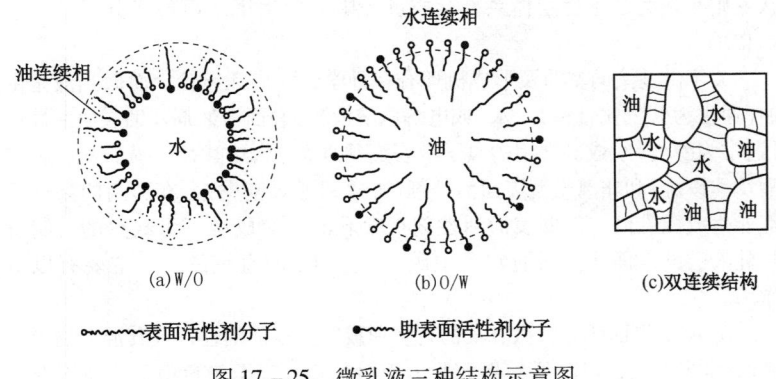

图17-25 微乳液三种结构示意图

O/W 型微乳液由水连续相、油核及界面膜组成，界面膜上表面活性剂与助表面活性剂的极向基团朝向水连续相，如图 17-25(b) 所示。油、水双连续结构中，油与水同时为连续相。体系中任一部分油在形成油液滴被水连续相包围的同时，与其他部分的油液滴一起组成了油连续相，将介于液滴之间的水包围，最终形成油、水双连续结构。双连续结构具有 W/O、O/W 两种结构的综合特性。但其中水液滴、油液滴已不呈球状，而是类似于水管在油基体中所形成的网络，如图 17-25(c) 所示。

微乳液具有以下特性：①有超低的表面张力。油/水界面张力通常为 70mN/m，加入表面活性剂后能降低至 20mN/m，而在微乳液体系中，油/水界面张力可降至超低值 10^{-3} mN/m。②有很大的增溶量。O/W 型胶束对油的增溶量一般为 5% 左右，而 W/O 型微乳液对油的增溶量可高达 60% 左右。③粒径小。胶束的大小一般为 1~10nm，而微乳液液滴的大小一般为 10~100nm，介于胶束与宏观乳状液之间。④有良好的热力学稳定性。微乳液十分稳定，长时间放置也不会分层和破乳。如将它放置在超速离心机中旋转 5min 也不会分层，而宏观乳状液在这种条件下就会分层。

2. 微乳液形成机理

微乳液与普通乳状液在分散类型方面，虽然都有 W/O 型及 O/W 型，但微乳液与普通乳状液的根本不同：①微乳液的形成是自发的，不需要外界提供能量，而普通乳状液的形成一般需要外界提供能量，如用搅拌、胶体磨处理等。②微乳液是热力学稳定体系，不会发生聚结，而普通乳状液则是热力学不稳定体系，存放过程中会发生聚结而最终分成油、水两相。

关于微乳液的本质及形成机理有多种学说而尚无定论。而微乳液是由油(通常为碳氢化合物)、水(或电解质溶液)、表面活性剂及助表面活性剂(通常为醇类)组成。常用的离子型表面活性剂(如羧酸盐、磺酸盐、硫酸酯及季铵盐)和非离子型表面活性剂(如聚氧乙烯基类)，在适当的条件下都能生成微乳液。但助表面活性剂在微乳液的形成是不可缺少的。制备微乳液的助表面活性剂通常是中碳链 C_4~C_8 的直链醇，它主要有以下作用。

① 降低界面张力。微乳液的自发形成需要表面活性剂或其混合物吸附在油/水界面上，以降低其界面张力至最低值，甚至为负值。而使用单一表面活性剂时，常在界面张力降低至零值以前就已达到临界胶束浓度或受

到溶解度的限制。适量加入助表面活性剂可使界面张力进一步降低至负值。这时,界面扩展生成了完好的被分散相的液滴,引起更多的表面活性剂及助表面活性剂在界面上吸附,使得本体溶液中表面活性剂、助表面活性剂的浓度充分降低,界面张力重新成为正值,生成微乳液。

② 提高界面流动性。微乳液的液滴生成时,界面要弯曲,需要对界面张力和界面应力做功,由大液滴分散为小液滴时,需要界面变形、重组,这些都需要有界面弯曲能。助表面活性剂的加入,降低了界面的刚性,提高了界面的流动性,减少了微乳液生成时所需的弯曲能,从而使微乳液能自发形成。

③ 制备微乳液时,为使表面活性剂在 O/W 界面上具有强的吸附,需使用有合适的 HLB 值的表面活性剂,当 HLB 值不合适时,可用助表面活性剂调整至适用的范围。

显然,表面活性剂是形成微乳液所必需的物质。其作用主要是降低界面张力和形成吸附膜,促进微乳液形成,而表面活性剂的选择则决定于所形成微乳液的特性及使用的目的。如 HLB 值为 4~7 的表面活性剂可形成 W/O 型微乳液,而 HLB 值为 9~20 的表面活性剂可形成 O/W 型微乳液。

3. 微乳液法制备催化剂

微乳液有 W/O 型、O/W 型及双连续结构微乳液。其中 W/O 型微乳液常用于制备负载型金属纳米催化剂、金属氧化物纳米催化剂及复合氧化物纳米催化剂等。这是因为在 W/O 型微乳液中,其水核被表面活性剂和助表面活性剂所组成的界面所包围,其大小可控制在几纳米至几十纳米之间,且彼此分离,是理想的反应介质,故可将水核看作是一个"微型反应器"(或称作纳米反应器)。当微乳液体系确定以后,超细粉的制备就是通过混合两种不同的反应而实现的。

根据上述原理,用微乳液制备催化剂粒子的一般方法是将催化剂的反应物溶解于微乳液的水核中,在快速搅拌下使另一反应物进入水核发生反应(如氧化还原、沉淀等),产生催化剂的前体或催化剂的晶粒,待水核内的粒子长到最终尺寸时,表面活性剂就会吸附在粒子表面,使粒子保持稳定并防止其进一步长大。微乳液中反应完成后,通过超离子或加入水和冰混合物的方法,使超细颗粒与微乳液分离,再用有机溶剂(丙酮、四氢呋喃等)洗涤,以除去附着在粒子表面的油和表面活性剂,最后在一定温度下干燥、焙烧制得纳米或超细催化剂。

为此,用微乳液制备超细粒子催化剂时,需注意的事项:①确定所需催化剂的组成及制备超细粒子所适合的化学反应,选择能增溶反应所用试剂的微乳体系,并确定构成微乳体系的各个组分(如油烟、表面活性剂、助表面活性剂等)。②确定适宜的沉淀条件,以制得分散性好、粒度均匀的超细粒子。沉淀条件包括表面活性剂、助表面活性剂及反应物的浓度、表面活性剂与水的相对比值等。③确定适宜的后处理条件(如洗涤、干燥、焙烧等操作条件),以保证所得产品有良好的分散性及均匀性。下面是用微乳液法制备燃料电池用催化剂的示例。

燃料电池是一种无排放污染的化学电源。其中直接甲醇燃料电池是一种以液体甲醇为燃料的质子交换膜燃料电池,具有比功率高、可低温启动及清洁环保等特点。其中催化剂是该电池的重要组件。下面是以硝酸镍、硝酸锆为原料,以聚苯胺为载体,OP-10[辛基酚聚氧乙烯(10)醚]为表面活性剂,正戊醇为助表面活性剂,环己烷为油相,采用W/O型微乳法制得的Ni-Zr/聚苯胺催化剂。在Ni和Zr原子比为1:1时,所得催化剂具有球形非晶态结构,在常温2mol/L的甲醇硫酸溶液中,催化剂呈现良好的电催化氧化性能,其氧化电位为1.046V,氧化电流密度为4.44mA/cm^2,用于甲醇燃料电池时,具有成本低廉及催化性能好的特点。该催化剂的制备方法如下:

先配制硝酸镍、硝酸锆的浓度为0.1472mol/L,肼浓度为1.5mol/L。将13.8g OP-10、41mL 环己烷、1.5mL 硝酸镍、1.5mL 硝酸锆加入烧杯中混合搅匀。然后在搅拌下滴加适量的正戊醇,至体系澄清形成微乳液体系。再将微乳液转移至三口烧杯中并不断搅拌。同样称取10.5g OP-10加入2.4mL肼溶液,物质的量约为反应物的10倍。将制得的溶液慢慢加入上述微乳液体系中,约1h内加完,继续搅拌3h;加入定量的聚苯胺,搅拌12h;用丙酮在超声条件下破乳,高速离心分离;用大量丙酮、乙醇和去离子水清洗样品3次,滤干后在40℃真空干燥即制得负载型Ni-Zr/聚苯胺催化剂。

(十三)膜催化剂的制法

1. 膜催化的特点

膜是将两种流体相分隔开的一种薄层材料,其主要用途是流体的分离。当用薄膜将两种流体相分隔开,利用膜的选择透过性使一相中某些物质从膜一侧转移到另一侧,以达到物质分离的目的。膜催化则是将催化作用与膜的选择通过性能相结合的一种技术,而将具有选择分离功能的膜组件与催化反应相结合起来的反应装置称作膜催化反应器。

膜催化反应器中膜与催化剂一般有以下几种组合形式:①膜与反应器是两个分离的部分;②催化剂装在膜反应器中;③膜材料作为催化剂的载体;④膜材料本身具有催化作用。

其中③、④两种形式专称为催化膜或膜催化剂。它是将催化剂覆盖在膜表面或分散在膜内,使膜成为反应区,利用膜的分离、催化作用等功能,使其成为具有分离、催化双重功能的组件。

膜催化具有以下特点:①将催化反应与分离组或一个单元过程,可使反应产物之一离开反应体系,促使反应更加完全,减少副反应的发生,从而提高反应选择性和目的产物收率;②对可逆反应,能突破热力学平衡限制,通过膜的分离作用,将产物从系统中分离出去,从而显著提高反应转化率;③可在膜的两侧进行不同热效应的反应,各自促进吸热及放热反应,或在膜的两侧分别进行加氢及脱氢反应;④反应物分子通过膜内吸附、扩散等过程得到活化,从而促进反应进行,提高目的产物的收率;⑤简化工艺流程,减少废料产生,开辟了连续制造高纯物质的途径,减少催化剂(特别是贵金属催化剂)的流失。

2. 膜催化剂的类型

膜可以由多种材料制成,但多数由无机材料制得。膜催化剂也多种多样。按外观形状,有管状、薄板状、中空管状、螺旋状及其他形状;按制作材质划分,或分为无机膜、有机离子膜(包括生物膜)、复合膜等。其中无机膜又可分为金属膜、金属合金膜、玻璃膜、陶瓷膜、炭膜、分子筛膜等;按结构性状区分,可分为多孔膜、微孔膜、超微孔膜、致密膜、渗透膜、功能膜等。

虽然膜的类型很多,组成膜催化反应器与膜催化剂的膜大多数为无机膜。无机膜催化剂具有机械性能好、热稳定性高、结构稳定、抗化学腐蚀及微生物腐蚀性好、再生容易等特点。通常无机膜很薄,单独使用强度不够,可采用负载于基质膜(支撑体)上,制成复合膜使用。常用的无机膜催化剂有以下几种。

(1) 多孔膜

这类膜材料比致密膜材料可透过的化合物多。它可由金属、陶瓷、玻璃、氧化铝等无机材料制得。表征多孔膜的结构参数有孔形态、孔径大小、孔径分布、孔隙率等。分子透过这类膜的机理颇为复杂，它与温度、压力、孔隙尺寸及透过分子自身性质有关：①当膜材料平均孔径大于分子平均自由程时，分子间碰撞的频率大于分子与孔壁碰撞的频率，透过机理为黏性扩散。②当膜材料平均孔径变小或分子平均自由程变大时，分子与孔壁碰撞的频率大于分子之间碰撞的频率，透过机理为努森(Knudsen)扩散，分子要经过多次与壁碰撞后才得以通过，越轻的分子越易通过。③当分子流经孔隙时，其中一种分子被物理或化学吸附在孔壁上，其他分子可通过被吸附的分子表面扩散透过；当一种分子与孔壁表面扩散强烈，为多层吸附时，其他分子可通过多层分子扩散透过；一些分子不能扩散通过膜孔隙，而某种分子可以在膜孔隙毛细管内凝聚通过。这三种过程(单层吸附、多层吸附及毛细管凝聚)都可能相继发生。④膜材料孔隙特别小，只允许个别直径小的分子通过，膜孔隙如同分子筛一样起选择性透过作用。分子筛膜就是根据其窗口尺寸对分子进行择形分离和催化。

(2) 金属合金膜

或称合金膜，是由一种金属与另一种(或几种)金属所组成的具有金属通性的材料，如钯—金、钯—镍、钯—银等制成的合金膜。最常用的是钯合金膜，它可使 H_2 完全选择性地透过。由于 H_2 分子极易解离吸附在钯合金膜上，然后以 H 原子形式扩散到膜的另一侧，再复合成 H_2 分子而脱附到气相中；而银合金膜可以选择性地透过氧气，其通过机理与钯合金膜相似。

钯合金膜可用于加氢及脱氢等催化反应，如将 Pd-Ru 合金膜催化剂(Pd 含量为 92%~97%)用于硝基苯加氢制苯胺时。由此类膜制成的膜催化反应器，不经过分离处理，就可制得较纯的产物，其加氢效率可比传统催化剂提高近 100 倍。

又如，将 Pd-W-Ru(质量比为 94:5:1)膜催化剂用于烃类脱氢制烯烃和芳烃催化反应时，在 440℃下，能将 2-甲基-1-丁烯脱氢制异戊二烯，反应收率为 28%；用于庚烷脱氢环化制甲苯反应时，590℃下的收率为 55%；用于甲苯加氢脱烷基成苯的反应时，670℃下的收率为 22%。

金属合金膜可以是结构单一均匀的对称膜，也可以是 Pd 合金负载于氧化铝或陶瓷多孔体的复合非对称膜。为了增强膜的机械强度，节省贵金属 Pd 合金，常采用 $\alpha\text{-}Al_2O_3$ 为载体。

(3) 固体电解质膜

这是由固体电解质制成的无机膜,是质子交换膜的一种。如氧化锆膜、复合固体氧化物膜等。ZrO_2 膜、ThO_2 与 CeO_2 氧化物复合膜,可使 H_2 与 O_2 产生选择性透过。其气体透过机理:两种分子先解离吸附在膜的一侧,原子态的吸附物种在膜上离子化(H 原子失去电子,O 原子获得电子),然后迁移到电解质膜的另一侧,再以原子形式结合成分子态,从另一侧脱附下来。此外还有可使 F、S、N 等选择性透过的固体电解质膜及可使 Na^+ 透过的 $\beta\text{-}Al_2O_3$ 膜。固体电解质膜具有良好的高温稳定性,可在 600℃ 以上温度使用。

除了上述常用膜催化剂外,无机膜还有许多其他品种,图 17-26 示出了无机膜的分类及品种。

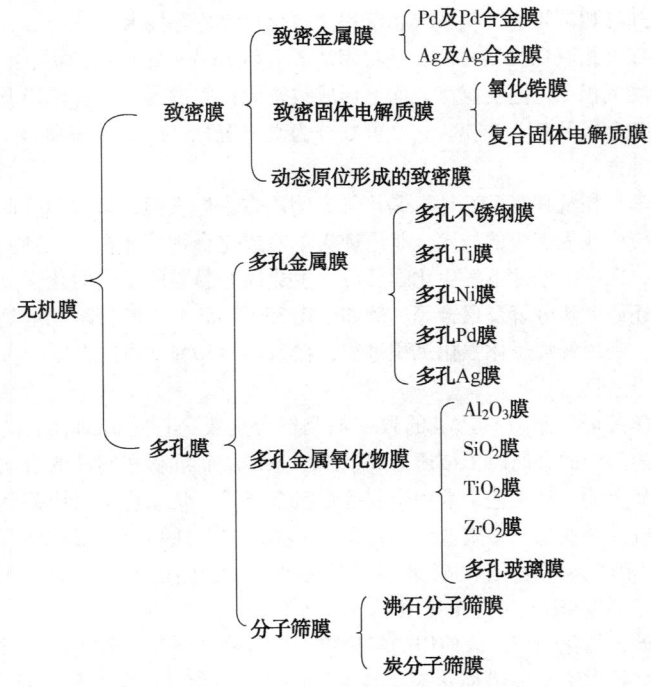

图 17-26 无机膜的分类及品种

致密膜是由金属、合金及固体电解质制成,气体的渗透是通过溶解扩散或者离子(原子)传递进行的,如 ZrO_2 膜只能透过 $O(O^{2-}$ 传递);多孔膜根据孔结构可以进一步区分成对称的和非对称的。前者整块膜显均匀孔径，如分子筛膜、玻璃膜；后者孔结构随膜层而变化，一般由多层结构构成，即顶层(微孔)、过滤层(中孔、多层)、底层或称基层膜(大孔)，如 Al_2O_3 膜、TiO_2 膜等。有时顶层为致密膜，这种膜称为复合膜。

3. 膜催化剂的制备

膜的种类很多，不同结构类型的膜催化剂的制备方法是不同的。对于不具有催化活性的惰性膜材料，可通过吸附、浸渍、喷溅、包埋、电泳沉积、涂渍等技术将催化剂的活性组分固定在膜上；也可以利用膜的载体功能，将活性组分固定在膜表面或膜内，使其成为具有催化活性的膜。

例如，制备钯、银金属膜及钯、银合金膜催化剂，可采用传统的冷轧法、物理气相沉积法、化学气相沉积法及化学镀法等技术。

物理气相沉积(PVD)法，是将固体金属(如 Pd、Ag)在高真空下蒸发，然后冷凝沉积在低温支撑体表面上形成致密无机膜的工艺过程。PVD 法常用于制备金属及其合金膜。它又可细分为真空沉积、溅射沉积和粒子束沉积等三种方法。

化学气相沉积(CVD)法，是用气态物质在基体表面或近表面空间进行化学反应生成固态膜的技术。其原理为单质或化合物气体被输运到基体表面附近，在一定条件下发生化学反应，生成固态膜。所发生的化学反应有氧化、还原、热分解及聚合等，例如，在 350~450℃下热分解乙酸钯可制取钯膜；利用等离子体强化沉积过程，在 300~470℃下可制得厚度为 10~300nm 的钯膜。

化学镀可以制得只透氢的致密钯及钯合金膜，它是借助合适的还原剂，使溶液中的金属离子被还原成金属状态，从而沉积在制件的表面上或凹深部分上的一种工艺，常用于制备致密金属膜。其原理是利用控制自催化分解或降解亚稳态金属盐配合物在支撑体(如陶瓷膜管)上形成薄膜。常用的降解剂为联氨或次磷酸钠。使用的金属盐配合物有 $Pd(NH_3)_4(NO_3)_2$、$Pd(NH_3)_4Br_2$、$Pd(NH_3)_4Cl_2$ 等。

此外，催化领域广为使用的氧化铝、沸石分子筛及二氧化钛等材料也可使用多种方法制成膜催化剂。制备方法有热分解法、化学气相沉积法、液相沉积法、溶胶—凝胶法、阳极氧化法、磁控溅射法等。有些方法还可以借鉴陶瓷工业的成熟技术，而有些方法已在前面做了详细叙述。

十八、固体催化剂及载体成型

(一) 固体催化剂的形状分类

目前,工业上常用的催化反应器有4种类型:固定床反应器、流化床反应器、移动床反应器、悬浮床反应器。

1. 固定床反应器

气流经固定不动的催化剂床层进行催化反应的装置称为固定床反应器。它主要用于气固催化反应,具有结构简单、操作稳定、便于控制、易实现大型化和连续化生产等特点,是工业上大规模的催化反应广为使用的一类反应器。固定床所用催化剂的强度、粒度允许范围较广,可以在较宽的界限为操作。早期用的催化剂是将块状催化剂敲碎,通过适当筛分变成小粒状催化剂。由于这样制得的催化剂形状不一,气体通过不匀。以后逐渐使用经一定方法成型制得的球状、圆柱状、汽状及三叶草等成型催化剂。一般颗粒尺寸1~2mm,以避免床层压力降过大。通常使用直径在3mm以上的颗粒催化剂。此外,催化剂的形状也很重要,因为它会影响催化剂床层的空隙率 ε。大小均匀的球体堆积空隙率为0.35~0.40之间,如颗粒不均匀,则空隙率会显著降低,圆柱状颗粒空隙率在0.30~0.35之间。

2. 流化床反应器

流化床反应器又称沸腾床反应器,指由于受反应物料的推动,床内催化剂颗粒始终处于流化状态的反应器。这类反应器的最大优点是传热面积大、传热系数高和传热效果好。流态化较好的流化床,床内各点温度相差一般不超过5℃,可以防止局部过热。流化床反应器的缺点是,反应器内催化剂及物料返混大、粒子磨损严重、内构件比较复杂,通常要有催化剂回收和集尘装置。所以,为保持床层稳定的流化状态,催化剂应具有类似流体的良好流动性，并具有良好的耐磨耗性能。流化床反应器常使用直径为 20~150μm 或更大的微球形颗粒。

3. 移动床反应器

这是固体催化剂与流体(反应体系)连续接触的一种催化床层。催化剂粒子不断地从床层上部加入，靠本身重力向下移动，并从底部排出，而床层的总固体维持不变，流体与催化剂的接触可以是并流或逆流。与固定床反应器相比，催化剂及流体可实现连续操作，催化剂可进行连续再生；与流化床反应器相比，催化剂颗粒和粒径不受限制，催化剂颗粒间磨损较少，催化剂与气体的逆向混合较弱，固体与气体的流量比可在较大范围内变化，但床层温度不均匀。移动反应器所使用的催化剂为颗粒或小球状，常用直径为 3~6mm 或更大一些。由于催化剂连续再生，再生后的催化剂再送回反应器顶部，形成循环，催化剂需要不断移动，对强度要求较高。

4. 悬浮床反应器

这种反应器应用并不广，如重油催化脱硫采用这种反应器。为了在反应时使催化剂颗粒在流动中易悬浮循环流动，通常用微米级至毫米级的球形颗粒。

由上所述，催化过程所使用的反应器型式不同，所用催化剂也具有不同的形状要求及颗粒大小。颗粒的大小或尺寸也称为颗粒度，它是在反应器实际操作条件下不可再人为分开的最小基本单位，是反应器中实际存在的催化剂形状和大小，也是催化剂的某些物理特性(如堆积密度、形状系数、床层空隙率)的测定和计算基本单元。目前，工业上常用的催化剂颗粒主要有以下一些形状。

① 粒状(无定形)。是将块状催化剂经机械破碎后经适当筛分制成。由于形状不定，气体流通阻力不均匀，且大量筛下的小颗粒难以利用，工业上应用较少。但因制法简便，有时强度也较高，工业上仍有沿用，如合成氨熔铁催化剂、天然白土、浮石、硅胶及其他难以用机械成型的催化剂。

② 圆柱状。这种催化剂还包括空心圆柱形、多孔圆柱形及片状催化剂。规则而表面光滑的圆柱体在填充催化剂床层时容易移动，因而填充均

匀、具有较均匀的自由空间分布、均匀的流体流动性能及良好的流体分布等。它也是工业催化剂应用最广的一种类型。

③ 球形。这种形状催化剂包括小球及微球催化剂、齿球形催化剂等。球形颗粒具有充填均匀、流体阻力均匀而稳定的特点。当反应器的一定容积内希望充填尽量多催化剂时，球形是最适宜的形状。球形颗粒耐磨性能也较佳，其工业应用也日趋广泛。

微球形催化剂具有类似流体的良好流动性能，是流化床反应器常用的颗粒形状。与固定床反应器比较，流化床所用催化剂的粒子细小，有利于物质扩散，提高催化过程总速度，也便于传热及控制反应温度，可使反应温度接近于最适温度范围内进行。

④ 三叶草形。自1977年美国氰胺公司开始出售三叶草催化剂以后，三叶草或四叶草催化剂在国际上迅速推广。三叶草形催化剂床层空隙率高、压降小、比圆柱形或小球催化剂有更多的外表面可以利用。在反应器压降相同的条件下，三叶草形比圆柱形可多60%的外表面，比球状多50%外表面。而且由于三叶草形催化剂上有小槽，在气液相的滴流床中使物料流向不断改变，从而可使反应器中持液量多，提高催化剂的利用率，故在多种馏分油加氢处理过程中应用日益广泛。

⑤ 其他形状。蜂窝状是一种具有无序细微孔和有序轴向通道的结构，它的外形和轴向通道可以制成多种几何形状。有些通道形状为六角形，具有类似蜂窝的形状。蜂窝状载体主要用于汽车尾气净化催化剂、有机废气燃烧催化剂及废水处理用催化剂等。目前，汽车尾气催化转化催化剂的90%采用陶瓷蜂窝状载体，近10%采用金属基蜂窝状整体式块状载体。

由无机材料制成的纤维状催化剂是近期引起的催化材料。吸附测定结果表明，纤维状催化剂物理性质接近于同材料的颗粒状催化剂，但纤维状催化剂的传质效果优于颗粒状催化剂。这是由于纤维状催化剂直径小（约几微米），内孔长度很短，因此可消除或减少内扩散阻力的影响，提高表面利用率。对于快速反应，纤维状催化剂还可提高反应速度。

（二）催化剂成型目的及成型方法

所谓催化剂成型是根据催化反应类型、操作方式及所采用催化反应器的要求，利用各种成型设备及技术，将催化剂物料形成某种催化剂颗粒形状和机械强度的过程。对一种工业用固体催化剂而言，必须具备以下几个方面性能：①活性好；②选择性高；③活性稳定，使用寿命长；④具有适宜的物化性能(如比表面积、孔体积、孔径分布等);⑤具备适宜的几何形状及必要的强度(压碎强度、磨损强度)。而上述各项催化剂使用性能,都与催化剂成型方法有不同的关系。表18-1示出了大量用于制造载体的拟薄水铝石粉在挤出成型前后的物性变化。可以看出,成型前的粉体与实验室挤条、工业挤出机挤条,在孔体积、比表面积、堆密度及孔径分布等物性均产生不同程度的变化。拟薄水铝石粉经挤出成型后,孔体积及比表面积显著减少,堆密度增大;而且不同挤出条件及所用设备不同,所得产品性质也有所不同。

在本书第十七部分所述各种方法制得的催化剂或所使用载体的前体,经洗涤、干燥后,绝大多数都是粉状固体,当用于各类气—固催化反应时,都需加工成一定的形状和大小才能投入工业反应器中使用。此外,同样的粉体物料由于成型加工工艺及所使用设备的不同,所制得催化剂的孔结构、比表面积、强度及表面纹理结构等会产生显著差别,从而产生不同的使用效果。

表18-1 拟薄水铝石粉挤出成型前后的物性变化

试样	孔体积 mL/g	比表面积 m²/g	堆密度 g/mL	孔径分布,%						
				1.5~2.5 nm	2.5~3.0 nm	3~4 nm	4~5 nm	5~10 nm	10~20 nm	20~25 nm
拟薄水铝石粉	0.45	297	0.75	40.91	31.29	12.47	2.71	2.52	0.80	
实验室挤出的圆条	0.41~0.44	240~290	0.78~0.85	5.50	8.70	55.78	26.22	5.80	0.53	
工业挤出机挤出的圆条	0.37~0.39	230~280	0.80~0.89	2.78	5.50	81.21	25.03	2.14	0.37	

各种固体催化剂颗粒形状有球状、圆柱条、片状、三叶草形、细粒状、纤维状等,近来还出现许多特殊形状的催化剂如蜂窝状、车轮状、碗状、齿球状等。各种用途及使用对象的催化剂,其成型方法也会不同。总的来说,催化剂成型的主要目的:①将催化剂制成理想的结构和形状;②适应不同催化反应器的要求,制备相应的催化剂颗粒大小及外观形状;③提高催化剂的压缩及磨耗等机械强度;④提高催化剂热稳定性;⑤改善催化剂孔结构(如孔体积、比表面积、孔分布等);⑥提高催化剂原材料利

用率，减少浪费等。

催化剂或载体成型方法很多，主要有以下几种成型方式：①压缩成型。用于制取片状、圆柱状、拉西环等颗粒形状；②挤出成型。用于制取圆柱条、三叶草或四叶草形、齿轮状及蝶形等异形颗粒。③转动成型。主要用于制造球形颗粒。④喷雾干燥成型。主要用于制造微球形颗粒。⑤油中成型。采用油柱成球或油氨柱成球制造小球形颗粒。⑥其他成型方法。包括喷动成粒、冷却成粒、蜂窝状整体式载体成型及异形载体成型等。

（三）催化剂或载体成型用助剂

催化剂成型是将粉体物料制成具有一定形状、大小及机械强度的固体颗粒的单元操作过程。成型方法虽然很多。选择采用哪种成型工艺及设备，主要从两个方面考虑，一是成型前粉体物料或基质的理化性质，如粉体粒子的形状、粒径、粒度分布、流动性、孔结构、附着性、密度及化学性质等；二是成型后对催化剂或载体物性的要求，如颗粒形状、大小、堆密度、孔结构、比表面积及机械强度等。为了获得满意的成型效果，除了有适宜的催化剂或载体的配方外，也要认真了解成型粉料的流变性能，如某些物料能成球而不能挤出，有些物料能用环滚筒处理而不能用螺旋挤出机，在某些情况下，当物料难以成型时，调整成型方法或设备，适当添加某些成型助剂，也能使难成型或不能成型的物料得以成型。

所谓成型助剂是指在催化剂或载体成型操作中为满足工艺要求及产品性能要求所添加的各种添加剂的总称。成型助剂具有改善粉体的分散性、凝集性、黏结性及流变性等作用。它可以提高成型生产效率、减少成型设备机械磨损、制得所需颗粒形状及外观光滑的制品。成型助剂品种很多，其作用各异，但应注意的是，所选用的助剂不能影响催化剂的活性、选择性及稳定性。

催化剂形状很多，不同使用场合对催化剂的物性要求也有所不同。因此，成型工艺及所用助剂应根据催化剂使用要求及所用粉体的物性来选定。一般来说，催化剂或载体成型时所使用的成型助剂主要有黏合剂、润滑剂及孔结构改性剂等类别。

1. 黏合剂

松散的粉体物料经一定方法成型时，粉粒聚集形成球形、条状或其他形状大颗粒制品所产生的结合力大致有以下一些。

① 粉体粒子间的吸引力。当固体粒子间距离足够短时，则分子间力、静电作用力等可导致粉粒黏附在一起。

② 流动性液体的架桥作用。由粒子间的水或液体的毛细管吸力及表面张力所产生的结合力也可使粉体颗粒黏附在一起。

③ 非流动性液体产生的黏结力。如成型时加入的黏合剂（如淀粉、石蜡、树胶等）的吸附作用所产生的结合力。

④ 机械啮合力。由于粉体受搅拌、碾压、挤压、压缩时，使粉粒间啮合而结合在一起的结合力。

⑤ 因压力或摩擦而产生的局部熔融液的固化、化学反应而使一个颗粒的分子向另一个颗粒扩散而引起的结合力。

⑥ 粉体粒子间溶液经干燥后析出的结晶及粒子间的黏结剂固化等所形成的结合力。

显然，由某种松散的粉体制成具有一定形状及机械强度的颗粒状制品时，上述各种结合力都会起着一定的作用。而对某些瘠性物料，或本身黏性很差的难成型的物料，成型时必须加入一定量的黏合剂才能获得有较高强度的颗粒制品。

黏合剂或称黏结剂，系通过黏附作用，能使成型用各种粉料通过物理或化学方式结合在一起。根据作用不同，它又可分为基体黏合剂、薄膜黏合剂及化学黏合剂等类型（表18-2）。

表18-2 黏合剂的分类及示例

基体黏合剂	薄膜黏合剂	化学黏合剂
沥青	水	$Ca(OH)_2 + CO_2$
水泥	水玻璃	$Ca(OH)_2$ + 糖蜜
棕榈蜡	合成树脂（聚苯乙烯、聚乙烯等）	$MgO + MgCl_2$
石蜡	动物胶	水玻璃 + $CaCl_2$
微晶蜡	淀粉糊	水玻璃 + CO_2
黏土	树胶	硝酸
干淀粉	皂土	铝溶胶
树胶	糊精	硅溶胶
聚乙烯醇	糖蜜	

续表

基体黏合剂	薄膜黏合剂	化学黏合剂
甲基纤维素	乙醇	
羧甲基纤维素	丙酮	
聚乙酸乙烯酯	四氯化碳	
木质磺酸钠		
煤焦油		
羟丙基纤维素		
聚乙烯醇缩丁醛		
纸浆废液		
聚氨酯		

(1) 基体黏合剂

这类黏合剂主要用于压缩成型及挤出成型。成型前将少量黏合剂与主料充分混合，黏合剂填充于成型物空隙中，以这些黏合剂为基体，将粉体粒子均匀地混合在其中制成复合颗粒。一般情况下，成型物的空隙占2%~10%，黏合剂用量应能均匀地占满这些空隙。这样在成型时，足以包围粉料表面不平处，增大可塑性，提高粒子间结合强度，同时还兼有稀释及润滑作用，减少内摩擦作用。

如制造煤基活性炭圆柱条时，需将煤粉与一定数量的黏合剂及水在一定温度下进行捏合，使煤粉在黏合剂及水存在下产生界面化学凝聚或膏状物料后，再经挤出成型制成圆柱条颗粒。加入黏合剂的作用：一是使原料煤粉与黏合剂均匀混合后，使物料具有塑性并易于成型；二是容易在炭化时形成活性炭条所要的强度。因此，黏合剂不仅要求与煤粉有很好的相容性，而且需要含有较高温度下不易挥发及分解的组分，以使黏合剂在活性炭炭化及活化过程中能成为活性炭的骨架，使产品具有足够的机械强度。可用作煤基活性炭的黏合剂有煤焦油、木质磺酸钠、淀粉及纸浆废液等。其中以煤焦油与煤粉的相容性最好，其分子能以单分子层的形式将煤粉黏结在一起，而填充在煤粉粒子空隙间的煤焦油在炭化时所形成的沥青焦能起到活性炭中煤粉粒子的骨架作用，保证制品有足够的强度及发达的孔隙结构，可用作氧化、卤化、脱氢、裂解等反应的催化剂载体。

又如催化领域中广为使用的分子筛是一种瘠性物料，成型性能较差。

工业上常用的分子筛成型方法是在分子筛中加入基体黏合剂进行成型。所用黏合剂分为无机类及有机类两种。无机类黏合剂如黏土、高岭土、水合氧化铝、硅溶胶、水玻璃、硅铝胶、铝溶胶等;有机黏合剂为各种合成树脂、聚氨酯及一些表面活性剂等,但通常多与无机类黏合剂混合使用。其成型方法一般是将分子筛粉末与黏合剂混匀后,再加入适量水,经捏合、成型、干燥、焙烧,制得分子筛颗粒制品。采用这种成型方法,黏合剂加入量通常需加至分子筛质量的10%以上,甚至达到20%~30%,因而会影响分子筛的纯度及应用性能。随着成型技术的进展,出现了一些新的分子筛成型方法,如采用有机黏合剂及添加金属氧化物的成型方法。

所谓采用有机黏合剂的方法是指添加一种或多种含有两个以上羧基(—COOH)的羧酸(如草酸)作为黏合剂的分子筛成型技术。所用羧酸为含10个碳以下的多元羧酸、脂肪族或芳香族多元羧酸等,羧酸加入量为1%~10%,并添加适量水。使用这种黏合剂时,成型制品经焙烧后可使有机酸完全分解而除去,不影响分子筛的基本特征。

添加金属氧化物的成型方法是将分子筛粉末与一定量金属性较强的金属氧化物混合后再加入硅酸盐溶液及水,经捏合后挤出成型,成型制品再经碱交换、干燥、300~400℃焙烧而制得最终产品。所用金属氧化物有氧化镁、氧化镍、氧化铬、氧化钛等,加入量为10%以上。所用硅酸盐大多为硅酸胍,也可使用水玻璃,加入量以 SiO_2 计,也应在10%以上。添加金属氧化物不仅可提高分子筛的机械强度,还可增强其吸附能力。

(2) 薄膜黏合剂

这类黏合剂多数是液体,最常用的是水,乙醇、丙酮、四氯化碳等有机溶剂也可用作黏合剂。使用时,黏合剂呈薄膜状覆盖在原料粉体的粒子表面上,水或液体蒸发,或黏合剂固化后在微粉界面上形成一层吸附牢固的固化膜,制成以原料粉体为基体的颗粒。这类黏合剂用量主要决定于粉体的孔隙率、粒度分布及比表面积。对多数粉体,0.5%~2%的用量就可使物料表面达到满意的湿度;对很细的粉体,用量要多些,有的要达到10%;微细或亚微细粉末的用量会更多;对于低堆密度、高比表面积的粉体,如木炭粉成型时,黏合剂用量可超过10%。

单独使用水作黏合剂时,如粉料有可溶性,水能使结晶的粒子表面发生溶解,当蒸发时,会产生越过粒子界面的重结晶,如物料为有机物,由于范德华力的作用,水可以促进结合,从而增加粒子的实际接触面积,使用薄膜黏合剂时,湿成型的强度可能较低,但干燥后强度会有所提高。

(3) 化学黏合剂

催化剂或载体成型用化学黏合剂如上表分类所示。这类黏合剂的作用是使黏合剂与粉体粒子表面发生化学反应或因黏合剂组分之间发生化学反应而黏合固化，从而提高粉体粒子间界面的结合强度。如对氧化镁成型时，加入氯化镁溶液作黏合剂时，因粒子间生成氯氧化物而使制品有很好的机械强度。在氢氧化铝粉成型时，常用水、稀硝酸、铝溶胶作黏合剂。如只用水作黏合剂，产品强度往往较差，如加入适量稀硝酸作黏合剂时，由于硝酸对氢氧化铝有胶溶作用，从而增加粉体粒子的黏合强度，而且还可改变硝酸的浓度，在一定范围内调节成型制品的强度及细孔结构。但要注意酸浓度有一适宜调节范围。硝酸浓度过低，会影响氢氧化铝粉体粒子间的胶溶能力，使得到的制品强度较低；然而硝酸浓度过大，胶溶作用会渗透到氢氧化铝粒子的深层，使初级粒子的堆积状态受到破坏，大孔变少，细孔剧增，从而使颗粒内应力加大，反而会降低成型制品的强度。

硝酸是生产氧化铝载体时常用的一种化学黏合剂。但氢氧化铝粉加入硝酸成型时，常会产生一种触变现象，即氢氧化铝溶胶在外力作用下（如搅拌、振动）能获得较大的流动性（稀化现象）；而在外力解除后，又会重新稠化，这种现象称作触变性。由于这一原因，氢氧化铝粉在加硝酸捏合后，外观看起来很干硬，而成型时却变得很稀薄。

触变原因可由胶体粒子双电层中的扩散层水分子排列有规则、H^+ 与 OH^- 排列定向、有一定结合力来解释：当施加外力、振动破坏这种结合，就使其容易流动。这一现象与离子种类、浓度、τ 电位及扩散层厚度等因素有关。成型时控制触变的方法是适当掺入旧料、控制一定的酸性（如加入草酸、氨水）等。

选用成型用黏合剂时应考虑的因素：黏合剂与原料粉体的匹配性及产品颗粒的潮解问题；黏合剂能否湿润原始粉粒的表面，并有足够的湿强度；黏合剂是否会造成产品污染问题，也即应选择在干燥、焙烧过程中可以挥发或分解的物质；黏合剂的加入是否会影响催化剂或载体的使用性能；黏合剂的成本及来源问题。通常可在选择几种可行的黏合剂后，根据试验及产品性能分析，以确定最好的黏合剂种类、添加方式及添加量。

2. 润滑剂

润滑剂是用以润滑、冷却和密封机械的摩擦部位的一类物质。在催化剂或载体成型时，特别是采用压缩或挤出成型时，为了使粉体层所承受压力能很好地传递、成型压力均匀及产品容易脱模,以及使和壁之间的摩擦系数变小,而需添加极少量润滑剂。表 18-3 示出了常用成型润滑剂类型。

表 18-3　常用成型润滑剂

液体润滑剂	固体润滑剂
水	滑石粉
甘油	石墨
润滑油	硬脂酸及硬脂酸酯
可溶性油及水	硬脂酸镁及其他硬脂酸盐
硅油、硅树脂	二硫化钼
聚丙烯酰胺	油酸酰胺
矿物油	干淀粉
聚乙醇醚	田菁粉
	石蜡、微晶石蜡

　　成型过程中,润滑剂在物料之间起润滑作用,称为内润滑作用;如果用于润滑模板表面,就称为外润滑作用。用于内润滑时,润滑剂用量一般为 0.5%~2%;用于外润滑时,润滑剂用量可更少一些。内润滑剂与成型物料有一定的相容性,加入后可减少粉体分子间的内聚力,削弱粉体间的内摩擦。一般常用的内润滑剂如水、甘油、田菁粉、油酸酰胺及硬脂酸等;外润滑剂与粉体有很小的相容性,在成型过程中易从内部析出至表面而黏附于设备的接触表面,形成一个润滑剂层,降低了粉体与接触表面的摩擦,防止对物料对设备的黏附,属于这类的润滑剂有石蜡、硅油及硬脂酸等。

　　水常可起到黏合剂和润滑剂的双重作用,其他液体也可用作润滑剂。虽然任何液体在成型过程中都可以形成或多或少的薄膜,从而减少粉粒间的摩擦,不过大多数液体形成薄膜的强度低于成型过程的压力。

　　固体润滑剂可用于较高压力成型,石墨是常用的固体润滑剂,常用于压缩成型。淀粉、硬脂酸等有机物润滑剂除起着润滑作用外,它还具有调节催化剂或载体孔结构的作用。

　　挤出成型时广为使用的助挤剂(如田菁粉)也是润滑剂的一种类型。助挤剂具有减少小料团与螺杆与缸壁之间的摩擦作用,使压力能均匀地传递到整个物料上,避免物料"抱杆"或"打滑"作用,使高固含量物料能顺利地挤出,同时还可起着调整或控制产品孔结构的作用。

在挤出成型中，有时采用单一助挤时，产品不能达到满意的性能，如生产直径2mm圆柱形含磷氧化铝载体时，采用单一田菁粉助挤剂时，所得条状产品中，弯条现象十分严重，并易断条出粉，造成催化剂机械强度差，如采用加入柠檬酸、酒石酸、草酸等多元羧酸的复合助挤剂时，不仅可提高制品光滑度及机械强度，还可改善制品的孔结构。

与黏合剂选择相同，在选用润滑剂时，也应考虑到最终成型产品不受润滑剂污染，加入的润滑剂在产品焙烧时，能挥发除去。此外，润滑剂的加入不应影响催化剂或载体的使用性能。

3. 孔结构改性剂

孔结构改性剂是指在催化剂或载体成型过程中为了改善其孔结构而加入的少量造孔物质，又称造孔剂。固体催化剂的孔结构主要指孔体积、孔隙率、孔径大小及孔径分布等，它与催化剂性能密切相关，涉及催化剂能吸附分子的大小、吸附的可逆性、润湿、渗透、转化率、选择性、机械强度及失活行为等。调节及控制催化剂或载体孔结构的方法有多种，在催化剂或载体成型时加入孔结构改性剂也是一种方便而又有效的孔结构改性方法。常用的孔结构改性剂主要可分为有机溶剂、无机或有机固体物质、表面活性剂三类。

用作造孔剂的溶剂有乙醇、丙醇、乙二醇、丁醇及硅酸四乙酯等。例如，在制备氧化铝载体时，将氢氧化铝粉与硝酸、水经捏合、挤出成型、干燥、焙烧所得的条状产品，与同样配比条件下加有适量乙醇造孔剂所得制品相比较，后者的比表面积及孔体积会明显增大。这是由于有机溶剂在干燥等热处理过程中，因挥发、分解产生细孔所致。

无机或有机固体物质造孔剂有炭黑、松香皂、聚乙烯醇、聚乙二醇、聚丙烯酰胺、羧甲基纤维素、硬脂酸盐、碳酸盐、铵盐、硫黄、环氧树脂、酚醛树脂等。例如，硫酸生产用钒催化剂制造时加入少量硫黄粉作造孔剂；活性炭载体生产时加入酚醛树脂作造孔剂、生产双重孔径分布的氧化铝载体时，使用炭黑粉及孔结构改性剂等。

表面活性剂是在很低浓度下能显著降低水的表面张力的两性有机物质，所有表面活性剂都是双亲化合物，分子一般由极性基及非极性基两部分组成，具有不对称性。极性基易溶于水，具有亲水性，称作亲水基；非极性基难溶于水而易溶于油，具有亲油性，称作亲油基或疏水基。亲水基及亲油基均位于分子的两端，造成分子的不对称，分子中的亲油基团一般是烃基,而亲水基团种类很多。不同表面活性剂在性质上的差异除与烃基大小、形状有关外,主要与亲水基的不同有关。因此,表面活性剂的分类通常是以其亲水基团的结构为依据,即按表面活性剂溶于水时的离子类型来分类。通常可分为离子型及非离子型两大类,其中离子型又可分为阳离子、阴离子及两性离子型表面活性剂三类。除此以外,还有一些特殊型表面活性剂,如氟表面活性剂、有机硅表面活性剂、高分子表面活性剂等。

表面活性剂有两个基本功能:一是在表面或界面上吸附,形成吸附膜(常为单分子膜);二是在溶液内部自聚,形成多种类型的分子有序组合体。从这两种功能出发,衍生出表面活性剂具有分散、乳化、起泡、破乳、润湿、渗透、铺展、润滑、消泡、抗静电、杀菌等各种功能。所以,表面活性的用途极广,几乎已渗透到各个工业领域。表面活性剂品种也极多,也各有其功能特点。

固体催化剂或载体成型时加入表面活性剂除起着润湿粉体、促进粉体粒子分散及防止粉体团聚外,还可作为孔结构改性剂对载体进行改性。例如,在氢氧化铝粉成型前的捏合过程中加入少量表面活性剂(约1%),经挤出成型、干燥及焙烧后所得制品,其孔结构及比表面积会与不添加表面活性剂而有相当大的变化。所用表面活性剂品种很多,如十七胺盐、十八胺盐、羟乙基磺酸钠的油酸酯、脂肪族链烷醇酰胺、脂肪醇聚氧乙烯醚、高分子季铵盐类等都可用作孔结构改性剂;但所使用的表面活性剂不同,成型后热处理条件不同,其孔结构变化也会有所差别。

(四)粉体的混合及捏合操作

1. 粉体混合机理

粉体的混合是指混合两种或两种以上粉体的操作。用于催化剂成型的粉体可以是由干法制得(如机械破碎、球磨等),也可以采用湿法制得(如沉淀法、溶胶-凝胶法制得的浆,经干燥、粉碎制得)。催化剂成型时,混合目的大致有以下几种:①同一成分而粒度大小不同的粉体的混合;②不同品种成分的粉末相混合;③为调节产品的比表面积、孔体积、孔径分布而添加某些粉末进行共混(如为制取双重孔氧化铝载体时,在氢氧化铝粉中混入适量炭黑粉);④添加各种粉状成型助剂进行的混合等。

由于不同粉体粒子的形态变化很大，粒子的表面粗糙度、粒径、密度等有所不同，因此在进行压片、挤条、滚球等成型操作前，都离不开对原料粉体先进行混合。通过混合使各组分的分布均匀。如果粉体混合不匀，不仅会给成型操作带来困难，也会影响产品的均匀度。因此，选择合适的混合操作对保证成型顺利进行和保证产品质量都是十分重要的。

混合操作是利用混合设备中的构件，使各种粉体粒子之间不断产生相对运动，不断改变其相对位置，不断克服由于粉体粒子性质差异导致的物料分层的趋势。依粉体粒子在混合机内的混合运动状态，介绍粉体混合操作的机理：

① 对流混合。由于混合机外壳或混合机内的叶轮、螺带等内部构件的旋转运动，促使粒子群大幅度地移动位置形成循环流动同时进行的混合。

② 剪切混合。由于粒子群内有速度分布，各粒子相互滑动或碰撞，又由于搅拌叶轮尖端和机壳壁面、底面间的间隙较小，对粉体凝聚团作用的压缩力、剪切力，促使不同区域厚度减薄而破坏粒子群聚集状态所进行的局部混合。

③ 扩散混合。是相邻粒子相互改变位置所引起的局部混合，与对流混合相比，混合速度显著降低，但由于扩散混合最终可达到完全均匀混合。

上述三种混合方式在实际操作过程中间同时产生，只不过所表现的程度因混合器的类型、混合力场的种类及作用形式、粉体性质、操作条件等不同而存在差异。

2. 常用混合机

混合机的种类及型式很多。按操作方式分为连续式及间歇式两类。按工作原理分为重力式及强制式两类：重力式混合机是物料在水平轴转动的容器内，通过重力作用产生复杂运动而相互混合；强制式混合机是通过旋转桨叶的强制作用或在气流作用下，使物料产生复杂运动而强行混合。按外形可分为圆筒式、鼓式、双锥式及V形等。按混合设备的容器是否转动可分为旋转容器式及固定容器式两类：旋转容器式的主要特点是混合容器为旋转的转鼓形状，有圆筒式、双锥式及V形等；固定容器式的特点是机壳不转动，通过器内搅拌叶片或螺杆的旋转对物料进行混合，混合速度较高，可获得较好的混合均匀度。按混合方式可分为机械混合及气力混合机两类。作为参考，图18-1示出了常用混合机的一些类型。

图18-1(a)为双锥式混合机，是由短圆筒两端各一个锥形圆筒结合而

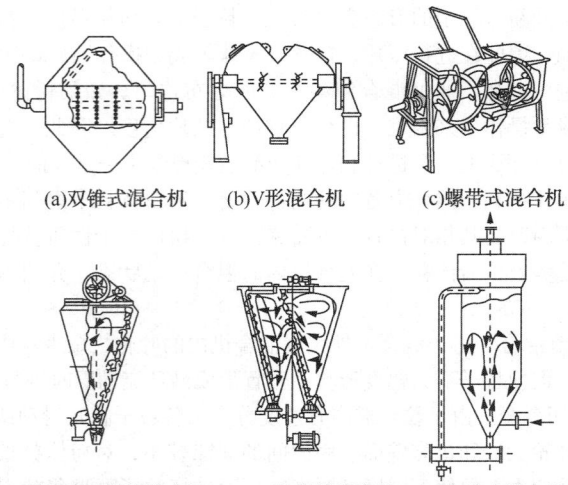

(a)双锥式混合机　(b)V形混合机　(c)螺带式混合机

(d)单锥行星螺旋混合机　(e)双锥螺旋混合机　(f)气流式混合机

图 18-1　常用混合机型式

成，旋转轴与容器中心线垂直。混合机内的粒子运动状态以对流混合为主，混合速度快，对粒状物料的破坏作用小，机内可加装挡板或加液装置，机内容积较大，也易于清洗，适用于几种细粉轻度混合。

图 18-1(b)为 V 形混合机，是由两个圆筒成 V 形交叉结合而成，交叉角度为 80°~81°。直径与长度比为 0.8~0.9。当混合机以正 V 形旋转成倒 V 形时，机内物料在器内被分成两部分，回落时再使这两部分物料重新混合在一起，以此反复循环，可使物料在较短时间内混匀，是应用较广的一种混合机。操作时最适宜转速可取临界转速的 30%~40%，最适宜的填充量为 30%。它主要适用于密度相近且粒度分布较窄的物料混合。

图 18-1(c)为螺带式混合机，主要结构为一固定卧式容器，机内有一转轴，轴上有螺带。轴转动时，物料被螺带驱动，既有轴向运动，又有径向运动而使物料混合，混合速度较高；但容器内较难清理，螺带磨损较大，主要适用于密度相接近的粉体混合。

图 18-1(d)及图 18-1(e)为螺旋混合机，主要由一倒锥筒体、驱动横臂、电机及螺旋桨所组成，其中图 18-1(d)为单锥式，图 18-1(e)为双锥式。螺旋桨在容器内既有自转又有公转。在操作时，物料在机内有三种运动：一是以螺旋桨轴心为中心的自转；二是受驱动横臂带动绕设备中

心的公转；三是物料随螺旋桨上升到一定高度，受自重力作用而散落下来的运动。通过这些运动，不断改变物料的空间位置及相互位置而达到充分混合。这类混合机可使物料在短时间内混合均匀，一般仅需 7~8min 就可使物料达到最大程度的混合。但在混合某些物料时可能会产生分离作用，采用非对称双锥螺旋混合机时可减少这种分离作用。

图 18-1(f) 为气流式混合机，是以空气作为推动力，利用气流的能量带动粉体实现混合。操作时，空气流从设备下部高速进入，带动物料上、下湍动，物料随空气到达设备上部时，气速减慢，物料沿器壁下降，物料不断在设备内循环、运动以达到混合目的。具有结构简单、混合速度快的特点，但不适合对黏性物料的混合。

在用混合机械对粉体进行混合时，一般在混合开始阶段混合进行得很快，这是因为开始阶段对流混合与剪切混合起主导作用，随着扩散混合的作用增强，达到一定混合程度后，混合与分离过程呈现动态平衡状态。如果各物料的物性差别较大时，混合时间的延长反而会增强粒子的分离趋势，因此要避免混合时间过长引起的逆混合分离现象。

粉体混合看起来简单，实际上固体粒子混合操作还是十分复杂的。许多因素都会影响混合操作。如粉体的性质，包括粒子形状、粒径及粒径分布、密度、流动性、含水量、黏结性及安息角等参数都会影响粉体混合效果；而所用混合机的形式及尺寸大小、所用搅拌部件的几何形状及尺寸、表面加工质量、搅拌速度等不同，也都会不同程度影响混合效果。特别当混合设备大型化时，粉体物料的压缩性、流动性、离析、偏流、磨耗、结块等现象都会发生较大变化，采用相似放大的方法并不十分可靠。所以，为了保证混合质量，应在小型装置上用尝试误差法进行试验，测定某种混合机的操作性能，再依据试验数据选用大型混合机。

3. 粉体的捏合

在固体粉末中加入少量液体(水或其他液态物料)，将液体均匀润湿粉末的内部和表面，以制得糊状、黏稠或具有塑性的操作称为捏合，或称捏和、掺和。其操作与混合基本相同，所不同的是通过粉体与少量液体混合，并靠液体的黏合作用成球或成粒。捏合是催化剂或载体成型过程的重要操作之一，它与后续成型操作是否顺利及制品性质有很大的影响。

(1) 固液混合特性

催化剂或载体成型时,通常需在成型粉体中加入水、胶溶剂、扩孔剂或液态成型助剂进行预先捏合。当在固体粉末中加入少量液体进行混合时,在短时间内,所加液体不会全部均匀地分散在固体粉末中,有一部分会集中在一起形成糊团,即使加入量很少也会引起结团现象,如将液体一次性集中加入,则会在粉末的局部结成大团,对物料均匀混合造成很大不利。因此,应分次加入,如能采用喷洒方式加入翻腾的粉料中,则不仅可提高混合速率也能提高捏合均匀性。

图18-2示出了加液过程的捏合能量变化。A区表示捏合开始时,先加入库少量液体时的状态,这时一部分粒子形成小糊团,干燥的粉体粒子与湿的糊团共存,捏合所需能量系随液体量的增大而增大;B区是当液体量继续增大时,随着糊团的形成增多,糊团在运动中破碎形成小团粒,因而捏合所需能量有所下降;C区是液体量再增大时,小团粒因相互黏附形成一个外观均匀的大料团,这时捏合阻力上升很大,如对团块缓慢地施以外力则可引起变形;D区是当液体量再继续增大时,料团就形成糯糊状,捏合所需能量则急剧下降。所以,在捏合操作过程中,准确掌握液体加入量十分重要,它对后续成型操作有很大影响。如果加入液体量过少,则粒子结合力弱,不易成型或成型制品强度很差,易粉化;而在液体量加入过多时,则会形成糊状物而黏性过大,这时也难以成型或使成型制品会自发黏结在一起;只有当液体量加入适当时,不仅后续成型操作顺利,而且所得制品外观光滑,相互间不易黏结,也有利于下一步干燥。

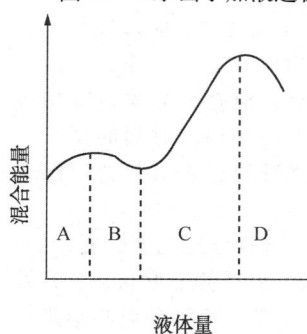

图18-2 固—液混合能量变化曲线示意图

(2) 捏合设备

捏合操作要求将原料粉末与适量成型助剂(如润滑剂、黏合剂、胶溶剂等)有效而均匀地混合在一起。捏合操作设备有锥形垂直混合机、搅拌槽混合机等,而在催化剂制备中应用较多的是捏合机。图18-3示出了常用捏合机的结构。在机内两端轴上安装两个Z形桨形的转子,通过传动装置可使两转子在槽内以相反的方向旋转,盛料槽的底部制成半圆形。操作时,由一个桨叶卷起的物料立即被另一桨叶卷下,经反复捏合而使物料达到混合均匀的目的。对有些难以挤条或压片成型的物料,为提高捏合料的密实性及混合均匀性,有时将经捏合机捏合好的物料再经轮碾机碾压,或不用捏合机,直接采用轮碾机进行混合及碾压。

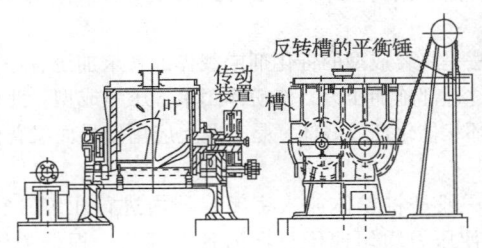

图 18-3 捏合机结构示意图

轮碾机是利用碾轮和碾盘之间的相对运动和碾轮的重力作用使碾盘上的物料受到碾压和碾磨共同作用的混合机械。碾机中的物料由于碾轮的压力及碾轮转动的研磨作用将物料进行混合,在混合过程中对物料有碾揉及拌和作用,有利于改善成型物料的工艺性能。

轮碾机有两种结构类型:盘转式及轮转式,如图 18-4 所示。两者的主要构成部件是碾轮、碾盘、刮板机构及动力驱动装置。图 18-4(a)为盘转式,碾轮的轴固定,碾盘旋转,碾轮由于摩擦力作用只绕本身的不平轴旋转;图 18-4(b)为轮碾式,碾盘固定,碾轮除供垂直主轴旋转外,还绕自身的水平轴转动。碾轮的材料有不锈钢、铸铁或石轮等。盘转式轮碾机操作平稳、安全,但设备结构复杂,主轴轴承的负荷较大,安装及维修比较复

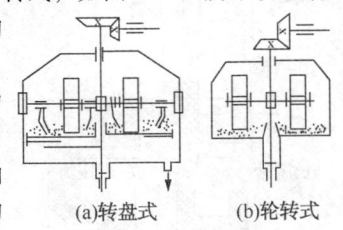

图 18-4 轮碾机的两种基本结构形式

杂。同时,由于结构的原因,一般只用于干法混碾;轮转式轮碾机结构简单,主轴轴承的载荷较小,安装及维修方便,常用于成型物料的混合及碾压。

轮碾机具有碾揉和拌和的操作特点,粉料与成型助剂的混合性好,有利于后续的成型加工。其缺点是单位产品能量消耗大且生产能力低,加料时粉尘飞扬较严重。

(五)压缩成型法制备催化剂

1. 压缩成型法制备催化剂的工作原理

压缩成型法是将要成型的催化剂或载体的粉末加至有一定形状、封闭的模具中。通过外部施加压力,使粉体团聚、压缩成型。此法适用于压制图片状、拉西环状催化剂或载体,是工业上应用较早而又普遍应用的成型方法之一。

压缩成型一般是将粉体放入密闭容器内进行压缩,它不像液体或气体那样,能使压力均匀地传至器内各个部位。根据粉体性质、容器形状、压力施加方式等不同,其传递状态也不同,对于由冲头和冲模所构成的压片机进行压缩成型时,一般经历图18-5所示的几个阶段。

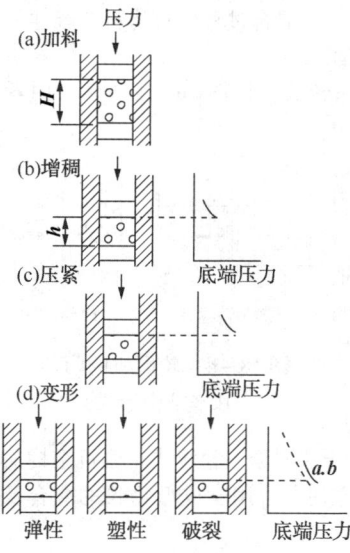

图18-5 压缩成型过程

① 加料阶段。压片机是通过上下冲头在冲模的上下运动而对粉料进行压缩成型的。当压片机的机头以一定速度旋转时,位于冲模上的加料器将粉料充填至空模内[图18-5(a)]。加至空模内的粉体体积决定地固体粉末的密度及所需片剂成品的几何尺寸。通常,充填前的粉体已对粉体各成分及添加剂进行充分混合。

② 增稠阶段。随着压片机的冲头向下移动,粉体体积减小,空隙随之减少、密度增大。由上冲头所施加的压力大部分为粉末粒子所吸收,传至底端的压力增加较慢[图18-5(b)]。

③ 压紧阶段。成型压力进一步增加,粉体粒子的架桥现象破坏,粒子压紧而形成黏结键,键的强度决定于粉体水含量及粒子大小和形状[图18-5(c)]。

④ 变形或损坏阶段。这时粉体发生弹性或塑性变形,引起粉体致密化

及孔隙闭合。某些粉体原子通过压扁的孔隙内表面扩散会发生化学键合。随着底部压力持续上升，如粉体发生损坏，则压力偏离原曲线[图18-5(d)]。

⑤ 出汽阶段。当上冲头到达死点时（位置决定于压缩比），压力突然下降，上冲头上升。下冲头向上推移，将成型好的片剂顶出。这时，根据粉体性质及压缩变形情况，也会产生微小的弹性膨胀，即所谓弹性后效。在少数情况下，这种弹性膨胀也会引起成型片剂破裂。

在实际操作过程中，上述阶段并不能明显加以区分，有些阶段几乎是同时发生。

2. 常用压缩成型机械

压缩成型法主要用于生产片状催化剂或载体制品，常用压片机有以下一些类型。

（1）单冲压片机

单冲压片机又称单一压片机，是一种早期使用的压片机，它只有一副冲模，利用偏心轮及凸轮机构等的作用，在其旋转一周即完成充填、压片及出片三个程序。其外形结构如图18-6所示，工作原理如图18-7所示。上下冲头通过偏心曲轴的作用而上下运动，其工作过程可分解成下面几个步骤。

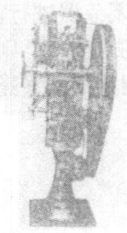

图18-6 单冲压片机的外形结构

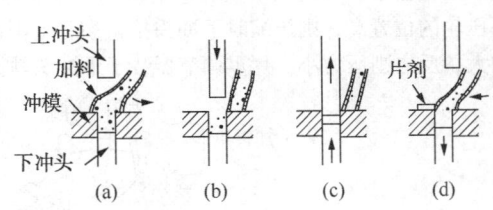

图18-7 单冲压片机的工作过程

① 下部冲头下落到最低位置，粉料进料器的下料口则向左移动到冲模上口，在冲模上填充一定量粉料后，进料器下料口从冲模上口向右平移，冲模中填充好所需成型的粉料；

② 上冲头向下移动，接着下冲头也向上移动而进行压缩成型；

③ 上下冲头同时向上移动，下冲头将成型物顶至冲模上口；

④ 下冲头又开始向下移动，进料器下料口又开始向左移到冲模上口，

它在填充粉料的同时又将成型好的压片推至机外。

单冲压片机的特点是，即使少量粉料也可压片，成型片剂的直径可根据模具大小变化，根据需要可在较高压力下进行成型。

这类压片机的偏心轮转速一般低于100r/min。由于一次只能压片一个，产量为100片/min，适用于小批量、多品种生产。此外，这种压片机生产的压片，是由于采用上冲头冲压而成，压片受力不匀，上面的压力大于下面的压力，压片中心的压力较小，使片剂内部的密度及硬度会不一致，片的表面也易出现裂纹。

（2）旋转式多冲压片机

又称旋转式压片机，其结构简图如图18-8所示。压片机主要由动力部分、传动部分及工作部分组成。工作部分中有绕轴而旋转的机台。机台分为三层，上层装着上冲头，中层装模圈，下层装着下冲头；另有固定不动的上压轮、下压轮、压力调节器、片重调节器、料斗、推片调节器、刮粉器等。机台装于机器的中轴上绕轴转动时，机台上层的上冲头随机头转动并沿固定的轨道有规律地上下运动，同时下冲头也会随机台转动并沿固定轨道作上下运动；在上冲头上面及下冲头下面的适当位置上装有上压轮及下压轮。在上冲头和下冲头转动并经过各自的压轮时，被压轮推动使上冲头向上、下冲头向下运动并施加压力。机台中层之上有一位置固定不动的刮粉器，固定位置的加料器的出口对准刮粉器，粉体物料可源源不断地流入刮粉器中，由此流入模孔。下压轮的高度可由压力调节器进行调节：下压轮的位置高，则压缩时下冲头抬得高；上下冲头间的距离小，则压力增大；反之则压力小。片重调节器装于下冲头轨道上，调节下冲头经过刮

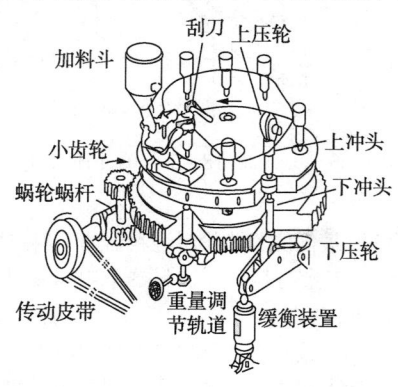

图18-8　旋转式多冲压片机结构简图

板时的高度则可以调节模孔的容积。

旋转式压片机的压片过程如图18-9所示。当下冲头转到给粉器之下时,其位置较低,粉体流满模孔;下冲头转到片重调节器时,再上升到适宜高度,经刮粉器刮去多余的粉体。当上冲头及下冲头转到两个压轮之间时,两个冲头之间的距离最小,将粉体压制成片;而当上、下冲头继续转动到推片调节器时,下冲头抬起并与机台中层的上缘相平,所压片剂被刮粉器推开而移出。

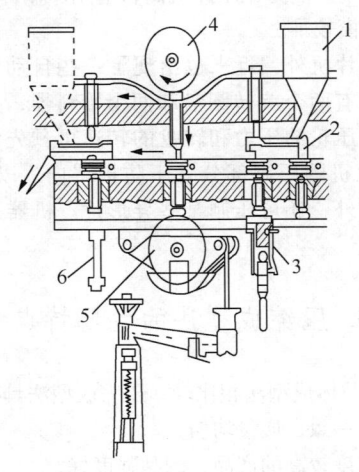

图18-9 旋转式多冲压片机的压片流程
1—加料斗;2—刮粉器;3—片重调节器;
4—上压轮;5—下压轮;6—出片调节器

旋转式压片机按冲数(转盘上模孔数目)可分为16冲、19冲、27冲、33冲、55冲等多种型号。压片时转盘速度、粉料充填深度、压片厚度均可调节。所用冲头类型很多,其形状决定于所需压片的形状,常用冲头的形状有凹形(圆形)、平面形、圆柱形等,压制异形片的冲和模有三角形及椭圆形等。

(3) 对辊式压块机

这类压块机的主要部件是一地轧辊,两辊直径相同,彼此留有一定间隙,两者以相同的转速作反向旋转,轧辊表面上有规则地排列着许多形状、大小相同的穴孔(图18-10)。两轧辊呈水平位置。成型粉料以两轧辊上方连续均匀地加入,靠自重或强制喂料进

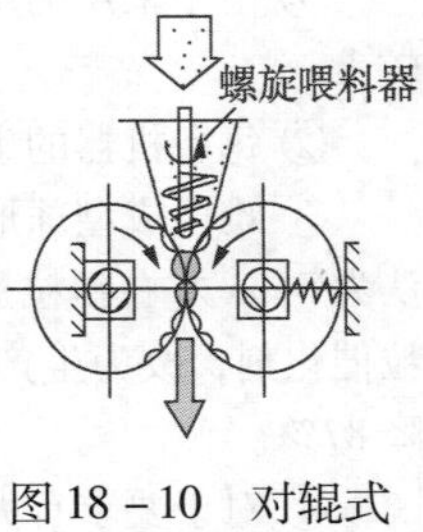

图18-10 对辊式压块机简图

入两轧辊之间。物料先是作自由流动，从轧辊表面的某点失去其自由流动的性质，被轧辊咬入。随着轧辊的连续旋转，物料占有的空间逐渐减少，因而逐渐被压缩，并达到成型压力最大值，随后则压力逐渐降低。所压得团块（或称作型球）因弹性回复而产生尺寸增大，团块与穴孔壁的贴合受到破坏，加上其本身的质量而顺利地脱落。

这类压块机属于干式加压成型，只需添加少量水或黏合剂就可成型。成型制的强度较高，生产能力比压片机高，适用压制卵球形颗粒，压制球形颗粒时，成型物脱模较难。

除了上述几种压片机外，近来也出现了一些自动化水平较高的高速压片机。每台压片机有两个旋转圆盘和两个给料器，并采用自动给料装置，而且片剂质量、压轮的压力和转盘的转速可预先调节，压力过载时也可自动卸压。压片机的压制部分置于防护罩内，以防外界粉尘入内。除压制常用的圆形片外，还可压制某些异形片。机器采用微电脑装置监测及控制。

3. 压缩成型法的主要特点

与其他催化剂或载体成型法相比较，压缩成型法具有以下特点：

① 成型产物粒径一致，质量均匀；

② 可以获得堆密度较高的产品，制品强度好；

③ 催化剂或载体颗粒的表面较光滑；

④ 可以采用干法成型，或添加少量水及黏料成型，因此可以省去或减少干燥动力消耗，并避免催化剂组分蒸发损失；

⑤ 工艺简单、操作方便，可以实现连续生产。

压缩成型法的缺点：

① 由于采用加压成型，即使加入润滑剂，压片机的冲头及冲磨磨损仍较大；

② 每台机器的生产能力低，尤其是生产小颗粒催化剂时更甚；

③ 难以成型球形颗粒及粒度小于 $3mm \times 3mm$ 的催化剂或载体。一般认为 5mm 左右颗粒是压片机的经济成型下限。如生产 $6.4mm \times 6.4mm$ 颗粒催化剂，改为生产 $3.2mm \times 3.2mm$ 颗粒催化剂时，设备生产能力会下降 87%。

④ 对于要求有大的孔体积，特别是要求有显著数量大孔的催化剂或载体时，采用压缩成型法会产生负面作用。

4. 压缩成型的影响因素

（1）成型压力

成型时加于粉料上的压力主要消耗在克服粉体的阻力及克服粉粒粒子与模壁间的外摩擦力上。它是影响压制片剂质量的重要因素之一。成型压力不够，则片剂密度低、强度小、收缩率大，并会产生成型物变形、开裂及规格不准等缺陷。采用多大压力应根据粉料含水量、流动性、片剂形状大小等因素而定。此外，成型时加压速度不能过快，开始加压时不能过大。否则，由于粉料中的气体没有充分的时间排出，易造成片剂开裂。

（2）粉体的流动性

具有良好流动性的粉体，能在自动成型条件下，快速充填到模具内。避免架桥和死角形成，对获得均匀制品尤为重要。

（3）粉体的压缩性

粉体的压缩性是指对不同种类的粉体施加压力时的不同压缩度，是以一定压力下的空隙率作为评价指标。粉体的压缩性随粉体性质而异、对初始充填时容积减少率越大的粉体，一般成型较难。压片时冲头压流速度要慢，如压缩速度过快，易夹带较多的空气，但压缩速率慢又会降低生产能力。这时，可将要成型的粉体先在储料罐中脱气后再进行压片，就可提高成型速度。

（4）粉体的粒度分布

粒度分布是指粉料中不同粒级所占的质量分数，具有适当比例粗、中、细粒子的粉体，可减少粉料堆积时的空隙率，提高自由堆积密度，有利于提高成型时粉料的初始密度及制品的致密度。

（5）成型助剂

选择合适的黏结剂及润滑剂有助于降低模壁与粉体以及粉体之间的摩擦，从而使制品密度保持均匀，也降低冲头和冲模的磨损。如黏合剂加入量过多，会造成粉末流动性变差、填充量减少、成型困难；黏合剂加入量过少时，则会使产品表面不光滑，有时会形成鳞片状。

5. 压缩成型条件对催化剂性能的影响

（1）对催化剂强度的影响

影响催化剂机械强度的因素有成型压力、粉体粒度及粒度分布、黏结剂性质及加入量等因素有关。压缩成型时，粉体之间主要靠范德华力结合；有水存在时，毛细管压力也增加黏结能力。如粉体粒子越细小，成型制品拉伸强度越大；成型压力越大，粉体粒子间距越小，拉伸强度 σ_2 也越大。一般常用压碎强度 σ_D 来衡量催化剂的机械强度，成型时，σ_D 随 σ_2 增大而增大。当 σ_D 与 σ_2 增加到某一定值之前，σ_2/σ_D 比值变化不大，约为0.5；而在超过一定数值后，σ_2 虽增加，但 σ_D 值变化不大。由此可知，压缩成型时，如成型压力过小，制品不能达到所要求的强度；但压力过大，对 σ_D 提高无用，在经济上反而不利。

（2）对催化剂孔结构的影响

催化剂或载体在压缩成型时，其孔结构会发生一定变化，影响程度与粉体性质、助剂种类及成型压力等因素有关。特别对孔体积较大的粉体，使用成型压力较高时，其粗孔结构会产生严重破坏。而同一催化剂在不同成型压力下所获得的孔结构也会有所不同。表18-4示出了合成甲醇用 ZnO-Cr_2O_3-CuO 催化剂压片成型时，成型压力及成型时间对催化剂孔结构的影响。可以看出催化剂的平均孔半径及孔体积随成型压力和成型时间不同而发生了变化。它是催化剂在98～400MPa成型压力下所得的结果。细孔半径及孔体积随成型压力增高而减少，而且成型时间长短也会产生类似影响。

表18-4 成型压力及成型时间对催化剂孔结构的影响

成型压力 MPa	孔体积，mL/g			
	成型时间 2min	成型时间 10min	成型时间 2min	成型时间 10min
98	0.297	0.295	6.039	5.990
294	0.250	0.230	5.046	4.570
490	0.210	0.214	4.303	4.252

（3）对化学组成的影响

催化剂压缩成型一般在98～980MPa的压力下进行。在这种高压下，活性组分的化学组成也会引起变化。例如，Bi_2O_3 上施加490MPa的压力时，就会发生下述变化：

$$BiO_2 \longrightarrow 2Bi + \frac{3}{2}O_2$$

压缩成型时引起的化学变化，以脱水反应更引人注目。如带结晶水的硫酸盐在加压时会发生下述脱水反应：

$$CaSO_4 \cdot 2H_2O \longrightarrow CaSO_4 \cdot H_2O + H_2O$$

而且，许多硫酸盐在压缩时，其表面酸性也会有所增加。

(4) 对催化剂活性的影响

催化剂不同，压缩成型条件对催化活性的影响也各不相同。例如，将碱式碳酸锌或草酸锌在 50~500MPa 压力下压缩成型后，再在 300~400℃下进行热处理。对这种多孔性催化剂测定其甲醇分解活性，其结果如表18-5所示。可以看出，催化剂的表观密度随成型压力增加而增大，单位体积催化剂的活性也随之增大；反之，单位质量催化剂的活性却随成型压力增高而减少，由于压缩成型压力对催化剂的堆密度和孔结构性质有影响，使催化剂装填量和催化活性也发生了变化。

表18-5 氧化锌催化剂压缩成型时的甲醇分解活性

压力，MPa	表观密度 mL/mol	活性，mL CH_3OH/ (0.1mol ZnO·h)	活性，mL CH_3OH/ (100mL ZnO·h)
5	45	9.0	200
10	32	8.2	256.25
15	28	7.6	271.4
20	25	6.3	252.0
50	20	6.03	301.25
100	14	6.3	440.05
200	12	4.75	455.8
300	10	4.1	455.5
400	9	4.25	472.15
500	9	4.3	550.0

注：表中以 0.1mol ZnO 表观体积表示。

（六）挤出成型法制备催化剂

挤出成型法制备催化剂或载体，是将原料粉体和适量水分或成型助剂（黏合剂、助挤剂及孔结构改性剂等）充分混合或捏合成湿料团后，送入挤条机中，在外部挤压力作用下，料团通过一定直径和形状的模具孔板挤出成型后，再经适当切粒制成一定长度的条状产品。经干燥、焙烧即制成催化剂或载体。该法是广为使用的催化剂或载体成型方法。

1. 挤出成型过程

常用挤出成型机有两种类型：连续螺旋挤条机及活塞式挤条机，前者应用较广。但无论是哪一种类型挤条剂，其成型过程大致可分为原料输送、压缩、挤出、切条四个步骤。图18-11示出了螺旋挤条机的大致结构及挤出成型过程。

(1) 输送过程

将要成型的物料或经过捏合、碾压好的料团经进料口送入挤条机机筒后，经旋转螺杆将料物向前推动，其推进速度取决于螺杆转速、螺杆叶片的轴向推力和粉体与螺旋片间的摩擦力大小。在输送段机筒内压力较低且较均匀。

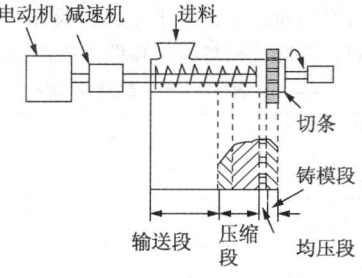

图18-11 挤条机结构及挤出过程

(2) 压缩过程

随着粉体物料向前推进，螺旋叶片对粉体产生很强的压缩力。这种压缩力可剪切和推动物料。剪切应力一方面在物料和螺杆间展开，另一方面又在粉体和机筒之间扩大，且后者作用大于前者，致使物料受到压缩，紧密度增加，这样物料就以低于或相当于螺杆本身的速度向前推进，且机筒内压力逐渐增大。另外，由于出料孔眼截面比机筒和螺杆之间空隙截面小得多，物料在出口模板的背面受阻形成压力。随着螺杆的旋转，物料在机筒内受到高压和剪切力的作用下，最后通过模板孔眼挤出。为了保证模头四周挤出速度与中心处挤出速度相近，并得到长度和密度均匀的制品，在螺杆及筒体结构上应使物料的压力在模头前有大致相等的均压段。

(3) 挤出过程

物料经压缩、推进到模头时，受螺杆与机筒间形成的强烈挤压及剪切作用，通过多孔板挤出成条状，这时的物料压力迅速下降并产生少量径向膨胀。

(4) 切条过程

从模头挤出的条状催化剂或载体，常选用特别的切条装置将其切成一定长度的条柱状产品，切条装置的切具刀口旋转平面与模板端面平行。通过调整刀具的旋转速度和产品挤出速度间的关系来获得所需产品的长度，对于产品长度无严格要求的挤条产品，也可在产品干燥后通过自燃断条以获得一定长度范围的产品。

2. 挤出成型技术的特点

挤出成型属于压力成型技术，它通过压力、剪切力、摩擦力等作用将物料挤出成所需形状及长度的制品，与其他催化剂或载体成型技术相比较，它具有以下特点：

① 可连续化生产。粉体物料经捏合或碾压等预处理后，可通过挤条机连续生产出一定形状及长度的制品。

② 生产工艺简单，生产流水线短。原料粉体捏合（或碾压）、挤出成型可布置于同一处，便于操作及制品质量调整。

③ 生产能力大，能耗较低。生产能力可在较大范围内调整，既可大批量生产，也可间歇性小批量生产，设备投资较少。

④ 制品形状多。催化剂或载体有多种形状。通过简单地更换不同型孔的模板，可制得圆柱状、三叶草、空心圆柱状、齿轮状等制品。

挤出成型法的主要缺点是助剂用量较多、模板磨损严重，仅适用于黏性物料加工。挤出制品的机械强度比压缩成型法要低，但比转动成型法制得的产品的强度要高。

由于以上特点，挤出成型法是目前制造固体催化剂应用最多的成型方法。

3. 螺杆挤条机

挤出成型的设备有多种类型，而螺杆挤条机则是目前广为使用的挤出设备，它一般由下列各部分组成。

(1) 喂料装置

对于连续化生产的挤出成型装置，一般都设有喂料装置，它用于将储存于料斗的原料定量、均匀、连续地喂入挤条机中。常用的喂料装置有称重或喂料器、振动喂料器、螺旋喂料器等。对于间歇生产或小批量生产的挤条机，也可将混合或捏合好的物料用人工加至挤条机料斗中进行挤出成型。

(2) 传动装置

传动装置的作用是驱动螺杆，保证其在操作过程中所需要的扭矩和转速。可采用由可控硅整流的直流电动机、变频调速器控制的交流电动机、减压马达、机械式变速器等来控制螺杆转速。

(3) 冷却装置

对于大型挤条机，为防止机筒及螺杆过热，采用水冷却装置对机筒或螺干进行冷却,以调节其温升。

(4) 挤压装置

由螺杆(单螺杆和双螺杆)和机筒组成,是直接进行挤压加工的部件,为整个挤条机的核心部分。

单螺杆挤条机配置一根挤压螺杆,是一种最为普通的螺杆挤条机,结构简单、设计制造容易、工作可靠、易于操作、维修方便、价格较低,但物料混合能力差、作用强度低、生产能力也较小。

双螺杆挤条机配置有两根螺杆,挤压作业由两根螺杆配合完成。根据两螺杆的相对位置又分为全啮合型、部分啮合型及非啮合型。根据螺杆转动方向分为同向旋转和异向旋转(向内和向外)。主流机型为同向旋转、完全啮合、梯形螺槽。双螺杆挤条机与单螺杆挤条机的功能相似,但在工作强度上,双螺杆挤条机具有强制输送、强烈混合的特点。它不仅生产能力大,而且挤出制品强度好、质地均匀。但双螺杆挤条机本身的挤压过程因螺杆结构、配置关系及运动参数等差异而大不相同。

机筒在挤条机中是仅次于螺杆的重要部件。其结构形式关系到热量传递的均匀性和稳定性,影响整个挤条机的工作性能,而加料输送段处的结构形式则会影响物料输送效率。常见的机筒有整体式和分段式两种结构形式。前者为整体加工而成,加工要求比较高,机筒内表面磨损后难以修复;后者是在分段加工后用法兰或其他形式连接而成。加工比整体式容易,容易改变长径比,但难以保证各段的对中。

为了提高耐腐蚀性,也有用两种金属制成的双金属机筒。其中内层为耐腐蚀、硬度高、耐磨损的优质金属,外层为碳素钢结构,这种机筒能在满足抗腐蚀、抗磨损的同时,节省贵金属材料,而且衬套磨损后可以更换,但制造工艺较复杂。

(5) 成型装置(机头)

成型装置又称挤压成型机头。机头上装有能使物料从挤条机挤出时成型的模板。模板上开有型孔,通过型孔使挤出的物料具有要求的截面及密度。更换不同型孔的模板就可调整挤出条的直径及形状。挤出条的形状从圆柱状最多,也有三叶草状、空心圆柱状等。

模板又称孔板、多孔板或筛板,是挤条机的关键零部件之一。安装在挤条机挤出机筒的终端。当物料由加料口进入挤出机筒后,通过双螺杆强制输送至模板时,经型孔挤压成有一定形状和尺寸的产品。模板的设计制造主要考虑模板的材质、形状、厚度、孔眼的形状、分布、尺寸大小及结构等。它是影响挤出压力和生产能力大小的重要部件。挤出的催化剂产品在粗糙度、致密度、机械强度等方面均会受模板的影响。

(6) 切割装置

如果由挤条机挤出的条状产品靠自然断裂,则生产出的催化剂会长短不匀,影响装填效果及使用效率。切割装置是用来将连续挤出的条状物切割成一定长度的制品。常用的切割装置是一种高速旋转的刀具,刀具刃口旋转平面与模板端面平行,通过调整切割刀具的旋转速度和产品挤出速度间的关系来获得所需产品的长度。对于直径≤1.6mm 的细条,由于在干燥及输送过程会自然断裂,也可不用切割装置。

4. 柱塞式挤条机

柱塞式挤条机又称活塞式挤条机,是利用柱塞或活塞在缸内或模槽中的往复运动,使柱塞与缸壁形成的容积改变,将物料向前推进、压实,最后从前端模板型孔中挤压出圆柱形或其他形状的条状物。在机头端部也同样设置切条装置,将条切割成一定长度。

柱塞或挤条机可分为立式及水平式两种类型。立式挤条机是以液压机作为驱动机构,机头装有孔板,向下挤出条状产品;水平式挤条机是由曲轴连杆机构推动多个柱塞或冲头,有双模、三模及四模等结构。

活塞式挤条机与螺杆挤条机的不同之处,在于物料是用柱塞推进而不是螺旋推进,物料在压力作用下,强制穿过一个或数个带孔的模板。活塞的推进速度与机头的切割装置的速度可以根据要求设计。可以制得长短十分均匀的产品,特别适合生产环状催化剂或载体。而且对物料性质的选择不像螺杆挤条机那样严格。如果设计时充分考虑设备强度,它可用于难成型的活性炭粉末挤出成型。这类挤条机的主要缺点是间歇加入物料,间歇操作,生产能力较低。

5. 其他类型挤条机

(1) 自成型式挤出机

自成型式挤出机可分为齿轮式自成型挤出机(图 18-12)及滚筒式自成型挤出机(各见图 18-13)。齿轮式自成型挤出机有两个互相啮合的旋转齿轮,齿轮的齿底钻有所需成型形状的很多小孔。当物料从上部送到两个齿轮辊子上后,由于齿轮的啮合力而通过一个齿轮的齿顶将物料从另一个齿轮的齿底小孔挤出。齿轮既起辊子挤压作用,又起模头作用,故称作自成型式挤出机。在齿轮内侧装有刀具，可将挤出的成型产品切割成一定长度的制品，所得产品强度也较好。一般可用于生产直径为 3~10mm 的圆柱状产品，长度一般为 3~20mm。对容易挤出成型的物料，也可生产直径为 1~3mm 的产品。

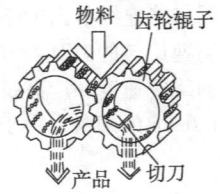

图 18-12　齿轮式自成型挤出机示意图

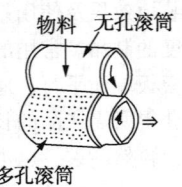

图 18-13　滚筒式自成型挤出机示意图

滚筒式自成型挤出机的工作原理与齿轮式相似，它是利用两个相对转动的滚筒来代替齿轮，其中一个滚筒上钻有无数型孔。物料通过滚筒的挤压作用从带孔滚筒的内侧挤出，再由滚筒内侧的刀具将其切割成一定长度。适用于直径为 1~6mm 的催化剂或载体挤条，但产品强度不如齿轮式挤出机。

(2) 环滚筒式挤出机

环滚筒式挤出机的工作原理如图 18-14 所示。它的基本结构是一个转动的圆筒形模子，在模子上钻有许多给定大小的型孔。模子内部有多个压滚，进料落在有压滚的位置，每当压滚转动时物料被压进模子的型孔。由于物料通过型孔的摩擦作用提供了粉体压实所需要的阻力，由模子外边挤出圆柱形条状物。通过与模子表面保持固定距离的刀片切断挤出的条。改变刀片的位置可以调节制品的长度。模子型孔直径一般为 2~20mm 之间。这类挤出机又可分为水平式及垂直式两种。前者是物料由螺旋输送机送至水平式环滚筒挤出机进行挤出成型；后者是物料由旋转叶轮送至由垂直轴带动的圆筒形模子内进行挤出成型。

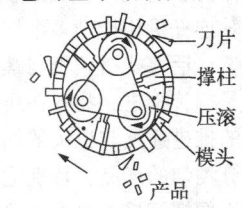

图 18-14　环滚筒式挤出机工作原理

6. 影响挤出成型的因素

挤出成型对塑性好或黏结性强的物料是一种方便而实用的方法，现已广泛用于制造各种类型的固体催化剂或载体。挤出成型操作虽然简单，但影响成型产品质量的因素也很多。图 18-15 示出了固体催化剂或载体挤出成型过程的主要工序及其影响因素。

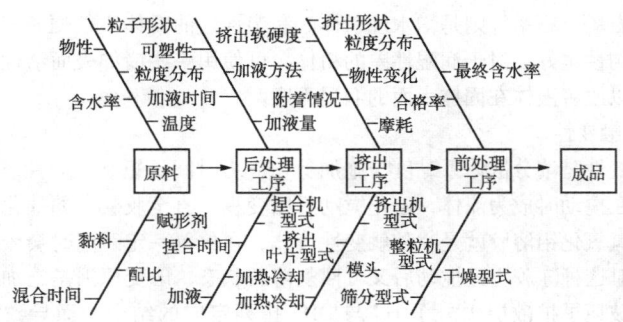

图18-15 挤出成型过程的主要工序及其影响因素

(1) 原料的影响

① 粒度大小。

与转动成型等方法相比,原料粉体粒度大小对挤出产品性能的影响并不明显突出。一般来说,粉体粒子直径大于型化的孔径就难以挤出。粒度细的粉体容易挤出成型,而且有利于强度提高。这是由于粒度较小的粉体胶溶效果好,形成产品时粉体颗粒间的接触点更多,有利于提高制品强度。挤出成型所用粉体粒度以 $100 \sim 200 \mu m$ 或更细时为宜。粒度均匀的粉体,经捏合后润湿为均一的泥状物容易成型。

② 粉体流动性。

粉体的流动性是指粉体在重力、摩擦力等外力作用下具有改变原先稳定趋势的一种性质。也是粉体的特性之一。它与液体的流动性不同,也与固体的塑性变形不同。粉体流动性也是影响挤出成型产品性能的因素之一。粉末流动时的阻力是由于粉体粒子相互间直接和间接接触而妨碍其他粒子自由运动所引起的。粒子间暂时黏结或聚合在一起,从而妨碍相互运动。粉末流动时的阻力与粉体种类、粒度大小及其分布、形状、所吸收水分等因素有关。流动性差的粉体不仅混合均匀性差,也会使挤出制品失去均一性。

③ 粉体的润湿性。

润湿又称浸润,是液体与固体接触时,接触面能扩大而相互黏附的现象,也即液体在固体表面铺展开的现象。液体能否润湿固体,由它们之间的黏附作用和液体内聚作用的相对大小而定。如黏附作用大于内聚作用,则液体能润湿固体;反之,则不能。粉体的润湿对粉体在液体中的分散性、混合性及液体对多孔物质的渗透性等都有重要作用。通常将能破液体所润湿的粉体称为亲液性粉体;不被液体所润湿的粉体则称为增液性粉体。常见的极性液体是水,氧化铝粉、石英粉、硫酸盐等都是亲水的粉体；而石墨、石蜡等则是憎水性粉体。润湿性好的粉体不仅便于成型，制品的均匀性也好。对于润湿性差的粉体，可使用一些诸如表面活性剂之类的物质以改善液体在固体表面的润湿程度。

④ 触变性。

触变性是浓分散体系黏度与施加剪切应力时间长短有关的性质。如有的体系在搅动时成为流体，停止搅动后则变稠，直至胶凝。如催化领域中常见的氢氧化铝溶胶就是一种触变性流体，在放置一定时间时会胶凝成冻胶，但对这种冻胶再经搅动后又可回复溶胶状态。触变原因是施加的外力或振动破坏了扩散层水分子 H^+ 与 OH^- 排列定向的结合力而导致易于流动，外力撤除静置后又恢复定向排列。具有触变性的物质[如 $Al(OH)_3$、$Fe(OH)_3$]挤出成型往往较困难。为了便于挤出成型，常需加入一些成型助剂(如有机膨润土、凹凸棒土、白炭黑等)，以改善成型性质。在催化剂成型时，适当掺入旧料，控制物料的 pH 值(如加入氨水、草酸)等措施，也是控制触变的有效方法。

⑤ 加热变性。

成型物料受挤压及从模板挤出时，由于摩擦而发热，因此挤出成型物料在受热状态下应保持良好的黏合性。对热敏性物料挤出成型时，应在螺杆部分用夹套通冷却水冷却。

(2) 前处理工序

催化剂或载体挤出成型常采用湿法成型，即粉体原料按配方混合后先加入水或黏合剂、助挤剂等助剂，再经捏合机捏合或碾压机碾压后，送至挤条机进行挤出成型，在这种前处理工序中，水粉比及使用助剂的种类等都可能对产品性能产生影响。

① 水—粉比。

挤出成型时，水分兼有润滑剂及黏合剂的作用。混合时的水—粉比(水量上原料粉的质量比)对挤出速度及制品强度都有一定影响。每种粉体物料都有一最佳水—粉比。水—粉比过低，挤出物不形成圆柱状，表面粗糙，挤出压力剧增，挤出速度及生产能力较低；水—粉比过高，则使物料严重抱杆、打滑，挤出困难，挤出物不仅易变形，还会发黏而彼此团聚，影响机械强度。

② 黏合剂。

与压缩成型相比较，挤出成型时粉料所受挤出压力要比压缩成型时的压力小得多。为使挤出制品获得所需要的强度，黏合剂的选择也十分重要。表 18-6 示出了催化剂或载体挤出成型的常用黏合剂。黏合剂过量过多时，挤出制品易重新黏聚在一起，并使产量下降；黏合剂用量过少时，则不能制成规整的产品并易成团粉状。适宜的黏合剂用量是只使黏合剂在粉体粒子间起到架桥作用。对于不同的配方，黏合剂的种类及用量是不同的，有时则需要用经验来判断。

表18-6 挤出成型的常用黏合剂

序号	名称	物性			使用形式	使用目的
		结合力	溶剂	吸湿性		
1	水	弱	—	—	液体	普通黏合剂
2	羟丙基纤维素	强	水、甲醇	有	液体、固体	增黏
3	甘油	无	水、甲醇	有	液体	增黏
4	淀粉	中	水	无	液体、固体	增黏、增量
5	甲基纤维素	中	水	有	液体、固体	增黏
6	聚乙烯醇	中	水	有	液体、固体	增黏
7	微晶纤维素	无	水	无	固体	增黏、可塑
8	铝溶胶	中	水	无	液体	增黏
9	水玻璃	中	水	无	液体	增黏

③ 助挤剂。

在固体催化剂或载体挤出成型时，加入助挤剂可使成型物料有较好的塑性及滑腻感而易于挤出，同时又能改善制品的孔结构及强度，如田菁粉、多元羧酸(草酸、酒石酸、柠檬酸等)及二者的复合物可用作氧化铝、分子筛等的助挤剂，乙醇胺可用作二氧化钛载体成型时的助挤剂。

田菁粉是一种天然豆科植物田菁的种子加工制成的奶油色松散粉末，将其溶于水形成的黏稠状水溶性胶称为田菁胶。其黏度比天然植物胶、淀粉及海藻酸钠等高5~10倍。黏度随剪切率增加而降低，显示出良好的剪切稀释性能。pH值为7时的黏度最高，pH值为3.5时的黏度最低。田菁胶常用作催化剂或载体挤出成型用助挤剂，还可作扩孔剂及分子筛成型用黏合剂。

田菁粉常用作氧化铝载体的助挤剂，可增加成型物料的弹性及滑腻感，有助于挤出成型。但只添加田菁粉作助挤时，所得产品表面粗糙而疏松。因此，常与柠檬酸、酒石酸等多元羧酸并用，可提高挤出物表面光洁性及机械强度，改善氧化铝载体孔结构性能。表18-7示出的是用田菁粉作助挤时所得氧化铝载体的物化性能，同时还列出用草酸、柠檬酸等多元羧酸作助挤时的挤出结果,以作相互比较。表18-8示出了复合助挤剂中各组分用量对挤出产品物化性能的影响。可以看出,多元羧酸与田菁粉助挤剂并用时,可改善氧化铝制品的表面粗糙状态、消除大孔、提高挤出速度及载体的压碎强度。但因粉体原料及成型性质有所不同,使用多元羧酸的品种及用量也要按具体情况而定。例如,多元羧酸用量不合适时,所得制品在用水浸泡时有炸裂玻璃的趋向,所以,在选用复合助挤剂时,要仔细控制各组分的比例,以保证成型产品的质量。

表18-7 由田菁粉及草酸等多元羧酸助挤剂制得的氧化铝载体物化性能的比较

助挤剂种类	比表面积 m^2/g	孔体积 mL/g	可几孔半径,nm	孔径分布,%			压碎强度 kg/cm^2	磨损率 %
				3~4nm	4~5nm	5~20nm		
田菁粉	228	0.54	3.5	49.3	44.4	6.5	12.7	0.39
草酸	190	0.46	3.7	86.8	10.8	2.4	19.6	1.17
酒石酸	222	0.50	3.7	67.5	27.7	4.7	16.8	1.73
柠檬酸	208	0.48	3.5	95.0	2.1	2.9	19.7	1.41

表18-8 复合助挤剂中各组分用量对产品物化性能的影响

柠檬酸 %	田菁粉 %	比表面积 m^2/g	孔体积 mL/g	可几孔半径 nm	孔径分布,%				压碎强度 kg/cm^2
					<3nm	3~4nm	4~5nm	5~20nm	
1.0	2.5	209	0.48	34	0	55.6	35.4	9.0	8.4
3.0	2.5	260	0.52	36	2.3	65.4	27.6	4.7	13.1
5.0	2.5	235	0.45	31	28.5	65.4	5.6	0.5	24.7
5.0	5.0	212	0.46	37	0	84.2	11.3	4.5	20.5

④ 胶溶剂。

在以氢氧化铝粉为原料制催化剂载体时,在挤出成型过程中常需加入酸性胶溶剂,其目的是使捏合过程中少量氢氧化铝干胶与胶溶剂反应生成假铝溶胶,使干胶黏结起来,便于成型。可用作氢氧化铝干胶胶溶剂的有硝酸、盐酸、甲酸、乙酸、柠檬酸、丙二酸及三氯乙酸等。其中又以使用硝酸较多。

表18-9是对同一氢氧化铝干胶粉，使用不同酸性胶溶剂对成型产品性能的影响。可以看出，加入胶溶剂可明显提高产品的机械强度，并改善孔结构。无机酸因离解氢离子的浓度高于有机酸，故具有较强的胶溶能力。例如，硝酸、盐酸的胶溶不仅速度快，而且大幅度改善成型产品的孔结构及机械强度。

表18-9　不同酸性胶溶剂对氧化铝产品性能的影响

胶溶剂	比表面积 m^2/g	孔体积 mL/g	可几孔半径 nm	孔径分布,%			压碎强度 kg/cm^2	磨损率 %
				6~8nm	8~10nm	10~40nm		
水	122	0.54	6.8	46.0	30.3	22.9	8.5	—
硝酸	208	0.48	7.4	95.0	2.1	2.9	19.7	1.41
盐酸	222	0.48	7.4	96.0	1.8	1.2	19.6	1.03
乙酸	243	0.5	5.8	70.2	25.0	4.9	13.3	1.51
甲酸	233	0.54	7.6	70.3	22.9	6.9	13.0	4.98
柠檬酸	231	0.50	6.8	68.8	24.4	6.8	10.3	13.60
三氯乙酸	252	0.50	7.6	88.0	7.5	4.6	18.4	0.93

除胶溶剂种类外，胶溶剂用量对挤出制品性能也有较大影响。酸用量过少，则胶溶作用较弱，会使产品强度下降；酸用量过多，会使胶溶作用渗透到粉料粒子内层，使粒子结构破坏，微孔增多，产品内应力增加，致使强度明显降低，使用性能变差。

⑤孔结构改性剂。

孔结构改性剂是在催化剂或载体挤出成型过程中为了改善孔结构性能而加入的少量助剂。加入的种类及用量随所成型物料性质而异。如制造氧化铝载体时，在氢氧化铝干胶粉中加入少量纤维素，或淀粉、木屑及炭黑等物质，在挤出型、干燥、焙烧后使有机质或炭黑等挥发，所留下空穴位可产生部分大孔。选择合适种类的炭黑粉及用量可制备出具有双重孔径分布的氧化铝载体。

又如活性炭具有较发达的孔隙结构，也是常用的催化剂载体及吸附剂。由于其孔径分布范围较广，能吸附分子大小不同的多种物质，但其选择性吸附性较差。为了调整活性炭的孔隙结构，使其具有分子筛的性质，在挤出成型中可适当加入少量烃类物质，在后续热处理过程中通过分解析出的炭沉积在活性炭孔隙中,以缩小孔径。

⑥ 混捏。

挤出成型产品的质量均匀性及机械强度与混捏情况有很大关系,混捏常在混合机或轮碾机中进行,其作用是使干粉与水及助剂充分混匀。混捏不匀时,有些干粉中加入的助剂量过多,也有部分干粉中助剂含量过少,结果会影响挤出产品的均匀性,有时还会对挤条操作造成困难。

一般情况下,挤出物的机械强度会随原料捏合周期的增加而增大;但如混捏时间过长,则有可能使物料难以挤出。因此,对每一种物料有一个最佳捏合周期。此外,对相同原料及助剂配比,采用捏合机轮碾机的混碾效果会有所差别。由于轮碾机的碾压强度及剪切力较大,会使挤出产品的孔体积减小、堆密度增加,需要有大孔结构的产品时,应慎用轮碾机进行混捏,特别是碾压时间不可过长。

(3) 挤出工序

催化剂品种很多,所用原料性质各异。因此要根据产品所要求的性质及形状要求来选择适用的成型机械。对于同一类型的挤出机而言,影响挤出效果的主要因素是原料因素及机械因素。原料因素已如前面所述,应注意水粉比、助挤种类及用量、混捏均匀性等。

机械因素主要是指挤出成型机的结构配置。以螺杆挤条机为例,螺杆及模板是螺旋挤条机中影响制品质量的关键部件。螺杆起着对成型物料起着输送及压实作用。螺杆的长径比是一项重要技术参数。增大长径比能改善产品的外观和内在质量,提高机械强度,但长径比增加会对螺杆的制造和装配带来困难,对塑性差的物料还会增加摩擦发热;螺槽深度对成型产品的质量及产量也有影响。螺槽深度浅,挤出量均匀。对流动性好的物料采用浅螺槽螺杆为好,而对热稳定性差的物料适用深螺槽螺杆。

螺杆转速增大,挤出量增多,但转速过快会因摩擦生热而使产品表面粗糙,呈现波纹状。螺杆冷却可以减少内摩擦,使产品表面光滑,同时增大挤出量。因为过高的摩擦热会使物料温度升高、黏度改变,从而影响产品质量及外观形状。模板使挤出物料由螺旋运动变为直线运动,同时产生必要的成型压力,保证产品密实性。因此模板表面要光滑、无伤痕。

(七) 转动成型法制备催化剂

转动成型法是将催化剂或载体粉料和适量水及助剂送至转动的容器中,通过摩擦力和离心力的作用,容器中的物料时而被升举到容器上方,时而又滚落到容器下方，经反复不断滚动作用，润湿的物料互相黏合起来，由细粒子逐渐长大为球形颗粒。根据成型时所用的容器及转动方式不同，又有不同类型的转动成型机。转动成型法也是催化剂或载体常用成型法之一，可生产 2~8mm 的球形颗粒。

1. 常用转动成型机械

(1) 转盘式成球机

转盘式成球机的结构如图 18-16 所示，它是在倾斜的圆形转盘中加入粉体原料，同时在盘的上方通过喷嘴喷入适量水分(或黏合剂等助剂)，或者向转盘中投入含适量水(或黏合剂等助剂)的物料。操作时，转盘中的粉料由于摩擦力及离心力的作用，被升举到转盘上方，然后又借重力作用而滚落到转盘下方。通过圆盘不断转动，粉料反复滚动粉体粒子互相黏合长大，产生一种滚雪球效应，最后成长为球形颗粒。当球长到一定尺寸大小，就从盘边溢出成为成品。

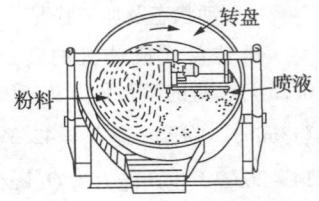

图 18-16 转盘式成球机

图 18-17 示出了粉体在转盘式成球机中的运动状态及加料状况。原料粉体一般由 A 处或 C 处加入(大型转盘成球机常设在 C 处)，B 处为喷洒液体区。其成球过程可分为 α、β、γ 三部分(图 18-18)。在 γ 部位，粉体的含水率低，其中一部分和成长的球粒相结合，另一部分由于局部喷入过量水分(或助剂)而和附近的粉体结合。它就成为球粒成长的核(或称作种子)。在这一部位，球的成长速度快，一般是用以制作种子。除非有特殊情况，一般不宜在这部位喷水(或黏合剂等助剂)，而粉体最好在这一部位加入；在呈月牙形的 β 部位喷入水(或黏合剂)时得到最稳定状态。由于粉体—液体的表面张力及负压吸引力作用，粉体直接附着在润湿的球表面上，使球不断长大。而由于旋转运动，球不断进行固结，将水分本身挤到球体表面，使粉体互相压紧。如在这一部位连续(或自动地)加入粉料时，就一边长种子，一边出料，成为连续生产的最佳位置；在 α 部位，由于球表面压力及负压液柱作用，使干粉黏结在表面含有水分的球体上，并促使球体内部水分不断减少，球体进一步固结。当球体成长到一定大小时，由于分级作用，而将大粒从转盘边缘抛出而成为成品。这一部位的球因表面较湿，有时会产生互相聚结现象，而呈不稳定状态。

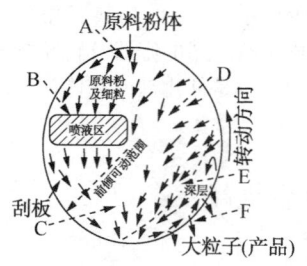

图 18-17 盘内粉体运动状态及加料状况

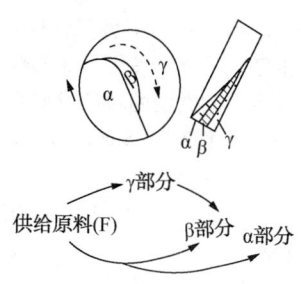

图 18-18 转盘成型机理

设转盘式成球机的转盘直径为 $D(m)$，盘的深度为 H（取 $0.1 \sim 0.25D$），盘的倾斜角为 $\theta = 30° \sim 70°$（常采用 $45° \sim 56°$），转盘的转速为 N（r/min），临界转速 $N_c = 42.3\sqrt{\sin\theta}/D$（r/min），在 $\theta = 45° \sim 56°$ 范围，$N = 14 \sim 26\sqrt{D}$，生产能力为 Q（kg/h）。作为参考，不同直径及盘高的转盘成型机的设备参数如表 18-10 所示。

表 18-10 一些转盘成球机的设备参数

序号	直径 D × 盘高 H mm	倾斜角 θ	N/N_c	$Q_o^{①}$ kg/h	$P/Q^{②}$ kW/(kg/h)
1	φ2200 × 300 ~ 560	30° ~ 60°	0.56	316	4.4
2	φ3600 × 700	30° ~ 60°	0.4 ~ 0.58	114	2
3	φ2800 × 500	55°(40° ~ 75°)	0.60	350	1.15
4	φ2800 × 480 ~ 710	57°(30° ~ 60°)	0.50(0.3 ~ 0.6)	164	2.5
5	φ4000 × 600 ~ 900	40° ~ 70°	0.54	205	1.4
6	φ5000 × 750 ~ 1120	45° ~ 60°	0.4 ~ 0.6	196	0.82
7	φ3200 × 800	50°(30° ~ 60°)	0.48	172	2.2
8	φ3600 × 500 ~ 800	45° ~ 60°	0.51 ~ 0.75	114	3.7
9	φ3600 × 425 ~ 700	52°(30° ~ 60°)	0.55	114	2.2
10	φ2800 × 375 ~ 710	50°(45° ~ 60°)	0.63	280 ~ 410	1 ~ 1.5
11	φ4500 × 530 ~ 1000	51°(40° ~ 60°)	0.40	41.6	13.75

续表

序号	直径 D × 盘高 H mm	倾斜角 θ	N/N_c	Q_o① kg/h	P/Q② kW/(kg/h)
12	$\phi5000 \times 700 \sim 900$	49°(45°～60°)	0.42	79	3.0
13	$\phi5400 \times 700 \sim 1100$	56°(45°～60°)	0.48	48.3	3.3
14	$\phi2000 \times 260 \sim 460$	46°(35°～60°)	0.59	254	1.8
15	$\phi5500 \times 700 \sim 900$	48°(40°～55°)	0.51	103	2.5

注：①Q_o——生产能力指数，$Q_o = Q/D^{3.5}$。
②P/Q——单位生产能力下的设备功率消耗。

转盘式成球机的主要特点：
① 操作直观，操作者可以直接观察成球状况，根据需要调节参数；
② 生产能力较大，产品球形度好，外观较光滑，强度也较高，是生产球形催化剂或载体的主要方法；
③ 成型产品依靠分级作用出料，所得产品的粒度也比较均匀；
④ 设备占地面积小。

这种成型机也有以下一些缺点：
① 操作时粉尘较大，操作条件较差；
② 操作者的操作经验对产品质量有一定影响，特别是黏合剂的最佳喷液位置，粉料加入位置需要根据球成长情况加以调节；
③ 与挤出成型法相比较，所得产品强度不如挤条产品高。

(2) 转筒式成球机

转筒式成球机的结构如图 18-19 所示。其主要部件是一个长的圆形筒体。圆筒的全部重量支承于托轮上。筒体轴线常与水平线成一个很小的角度。欲成型的粉体物料由较高一端的加料槽中加入筒内，筒内物料连续不断地被筒壁带上和翻下，并与以雾化方式喷入的黏合剂接触，粉料借圆筒的回转而不断前进，粒子不断长大，最后以较大的球形粒子从较低的一端排出。图 18-20 示出了粉体在回转圆筒内的运动状态。筒内的粉体由于受转筒的离心力及粉体重力作用而被挤至筒的内

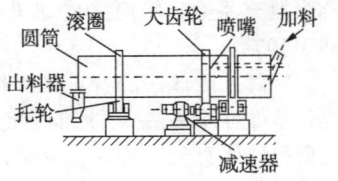

图 18-19 转筒式成球机结构

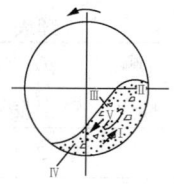

图18-20 转筒截面上的粉体运动状态

壁,因筒壁摩擦作用而发生上升运动(Ⅰ),上升的粉体在重力大于离心力的区域(Ⅱ)发生转向运动,粉体表层以一定自然倾角发生雪崩式下落运动(Ⅲ),粉体下落至区域(Ⅳ)后又发生下一个循环。在循环轨迹中心还存在一个相对静止区域(Ⅴ)。粉体粒子的长大成球是在区域(Ⅲ)发生,黏合剂雾化液喷洒在(Ⅲ)的表面上,由于粉体-液体的表面张力及负压吸引力作用,粉体直接附着在润湿的球表面上,使球不断增长。随着旋转运动,球不断进行固结,在转筒内经历一定停留时间后,从筒体较低端出料。所得颗粒大小除与原料粉体性质及黏合剂等有关外,也与转筒直径、转速、转筒倾角及转速等因素有关。

根据实践经验,转筒式成球机的主要参数为长径比:$L/D = 2 \sim 5$;倾角:$2° \sim 6°$;停留时间:$2 \sim 10$min;回转速度:临界转速N_c的$30\% \sim 60\%$,而N_c为$42.3\sqrt{D}$。

停留时间也可用下式计算:

$$t = \frac{1.77\sqrt{\beta}L}{\theta DN} \tag{18-1}$$

式中 t——粉体停留时间,min;
　　　β——粉体安息角,(°);
　　　L——转筒长度,m;
　　　D——转筒内径,m;
　　　θ——转筒倾角,(°);
　　　N——转筒转速,r/min。

被粉体物料占有的截面对转筒全部横截面之比称为填充系数,转筒式成球机的填充系数一般取$5\% \sim 10\%$。

转筒式成球法的特点是操作方便、生产连续、操作条件容易调整,生产能力也较大。其主要缺点是所得球体直径不均一,表面光洁度及强度较差,需要得到较均一直径的颗粒需进行筛分处理。

(3)转鼓式成球机

转鼓式成球机的结构如图18-21所示。其主要组成部件是荸荠形或莲蓬形的转鼓。它类似于喷浸法制备催化剂时所用的转鼓,通常由不锈钢或紫铜

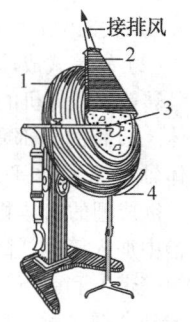

图18-21 转鼓式成球机结构
1—转鼓;2—吸粉罩;3—喷枪;4—加热器

等性质稳定并有良好导热性的材料制成。其大小及形状可根据生产规模加以设计制造。常用转鼓直径为100cm，深度为55cm。转鼓安装在轴上，由动力系统带动轴一起转动。为了使物料在转鼓中既能随转鼓的转动方向滚动，又有沿轴方向的运动，该鼓常与水平呈30°~40°角倾斜。轴的转速可根据转鼓直径、粉体性质以及不同成球阶段加以调节，常用转速范围为12~40r/min。加热器4主要对鼓内物料表面进行加热，以加速成球时水分或黏合剂中溶剂的挥发，常用的方法是电热板或煤气加热，并根据成球过程调节温度。同时，采用排风装置吸除湿气及粉尘。

进行成球操作时，将原料粉体与预先加工的种子（或母粒）加到转鼓中，然后开动转鼓，在转鼓转动的同时由喷枪供给适量水分（或黏合剂）。转鼓中的粉体及种子由于受到离心力及摩擦力的作用被带到上部，然后在重力作用下又使其下落，运动情况与图18-20类似。利用这种反复上下转动作用将细粉黏合或由种子逐渐黏合细粉而长大成为一定尺寸的球形颗粒。

转鼓成球时，粉料及黏合剂有时用勺子分次加入，但这种操作方法加料不匀。为了提高加料均匀性，粉料可通过加料器逐渐加入，黏合剂可采用无气喷雾或空气喷雾方式加入。无气喷雾是利用柱塞泵或计量泵使黏合剂达到一定压力后再通过喷嘴小孔雾化喷出。采用这种方法黏合剂的挥发不受雾化过程的影响，但黏合剂的喷出量一般较大，主要适用于大规模生产；空气喷雾方式是通过压缩空气将黏合剂雾化后喷至粉料上，故少量黏合剂就能达到理想的雾化程度，常用于小规模及间歇性生产。

此外，为了改善粉体物料在转鼓内的运动状态，也可在转鼓内设置挡板。挡板的形状及位置可根据成球大小、形状及破裂性进行设计及调整。由于挡板对滚动小球的阻挡，可克服成球过程中转鼓内的死角，提高成球阀均匀性及缩短成球时间。

这种成球机的特点是操作直观，操作者可以直接观察成球情况，设备价格便宜，占地面积小，操作灵活方便，对操作人员的技术要求也不像转盘式成球那样严格，而且操作时粉尘也小。转鼓成球的主要缺点是成球产品的强度及尺寸均匀性不如转盘成型法好。一般需预先制好种子（也可用本设备制造）以便在成球时使用。

(4) 双滚筒式轧球机

双滚筒式轧球机的结构如图18-22所示。主要构造是由两个半圆形切球槽的不锈钢制滚筒所组成。切球槽直径与所需加工球的直径相

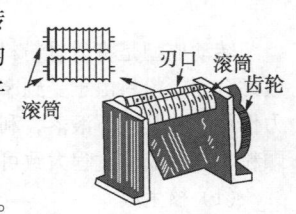

图18-22 双滚筒式轧球机结构

同。装配时两滚筒切球槽的刃口相吻合。操作时两滚筒以不同的速度作同一方向旋转,转速一快一慢,可通过减速机进行调节。已预先切成与滚筒长度相近的圆条由传送带落入两滚筒切球槽的刃口上,滚筒转筒时将圆条切成许多小段,并经滚筒将其搓圆后,小球由滚筒下方落至滑板或接收器中。如能按所需成球尺寸连续进行挤条、切条、输送至滚筒刃口上,就能连续进行轧球。

采用这种轧球机成球时,粉体物料混捏后料团的塑化程度对成球效果影响很大。若料团太黏,则小球很难脱模;料团太干,则成球困难而且表面粗糙。所以,水—粉比及黏合剂加入量比例要恰当。

(5) 离心式成球机

离心式成球机又称离心式造粒机,其结构如图 18-23 所示。它是由离心机、给粉机、喷液系统、抽风系统等所组成。其工作原理是依靠高速旋转的离心机转子使产生的离心力和摩擦力,将粉体粒子制成结实的球形颗粒。成球操作时,可以通过给粉机直接将一定粒径的粉料加入,通过转子转动而制得微球;也可以在机内放入粉料,通过对粉体表面喷洒雾化的黏合剂,使料互相聚结滚动成为微球(母粒或种子),然后再按一定比例对成球机内的母粒喷洒雾化浆液及粉料,使定子与转子之间的过渡曲面上形成涡旋回转的粒子流,而使母粒逐渐长大成为符合一定尺寸的小球。采用这种成球机可制得比喷动成型法制出球形度更高、大小更均匀的小球。

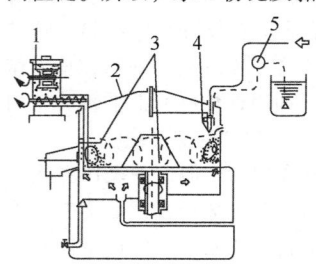

图 18-23 离心式成球机结构示意图
1—给粉机;2—定子盖;3—定子与转子;4—喷枪;5—定量泵

2. 转动成型机理

转动成型是将适量粉料加到转动的容器中,同时由喷枪供给适量水分或黏合剂,粉料由于受到摩擦力和离心力的作用而被带到上部,然后在重力作用下使其向下滚落,利用这种转动作用将细粉互相黏合长大成为球形颗粒。这种成球过程大致可分为以下几个阶段。

(1) 核生成

在转动容器中粉体粒子与喷洒液体相接触时,液体在一些粉体粒子的接触点四周形成不连续的凹透镜样架桥,促使局部粒子黏结成松散的聚集体，称为核[图 18-24(a)]。随着容器转动，粒子互相压紧而空隙减少。随着聚集体进一步与喷洒液体及粉体粒子接触，逐渐生成更大的聚集体[图 18-24(b)]。这种初始聚集体有时也称作"种子"或母粒，这种长"种子"阶段也称为核生成阶段。由此形成的"种子"就成为下阶段小球生长的核心。在催化剂或载体生产时，有时也采用挤出造粒再经球形整粒法整形而造成细小的"种子"。这样制得的种子，其强度要比转动成型机械自身制取的种子要高得多。

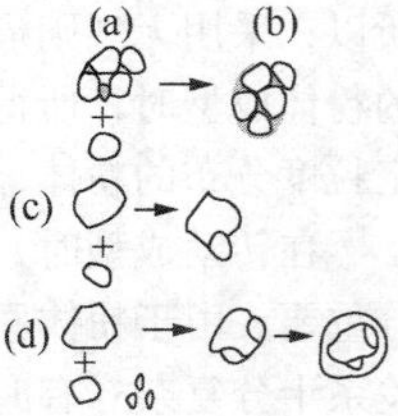

图 18-24 核形成及长大

(2) 小球长大

生成的"种子"中，如粒子间隙的液体量分布均匀，就具有可塑性，由于液体表面张力及负压吸引作用，粉体直接附着在转动的"种子"润湿表面上，使"种子"不断长大成小球[图 18-24(c)]。同时，由于旋转运动及生成小球的压实作用，使成型的一边长大，一边压得更密集，并成长为球形颗粒[图 18-24(d)]。这一阶段就是小球长大阶段，也是转动成型的主要过程。为了在转动成型过程中制得高质量产品，应在这一过程认真控制操作参数。

(3) 生长停止

生长的圆球，随着球体直径变大，摩擦系数随之减少，在转动过程中逐渐浮在表面。在转盘成球过程中，符合粒径要求的小球，便能自动从圆盘的下边沿抛出，成为所需产品。这一阶段就称为成球终止阶段。

3. 影响转动成型产品质量的主要因素

转动成型法的主要特点是可以制造球形催化剂或载体，但与压缩成型法及挤出成型法相比较，转动成型制得的产品的强度较差，而且在成型时要加入大量水或其他溶液作黏合剂，因而单位产品的除水量较挤出成型及压缩成型的除水量要多些。为了使转动成型产品获得较好的机械强度及形态保存性，操作条件更为严格细致，以避免最终产品产生分层脱皮等现象。

(1) 粉体原料的影响

影响因素主要有粉体的粒子形状及粒度分布、粉体含水率等。

粉体粒子为球形或接近球形粒子时，在成型的互相压实过程中，由于粒子间空隙率较高，因此，颗粒成长速度慢，难以获得高强度成型产品。

所以，采用无规则形状的粉碎粉料有利于转动成型。而粒度大小较为一致的粉体成型时，所得产品的强度也较差。如采用较大比例的细粉，且有一定粒度分布的粉体，不仅容易成型，而且制品强度较好。

在转动成型时，粉体适宜的水分含量范围比较窄，因而水分的调节十分重要。由于粉体原料本身含有水分，成型操作时还需供给水分，其平衡关系十分复杂。有时，在操作过程中加入保水性能较好的助剂，如淀粉、甲基纤维素等，也是为了提高水含量的适用范围，以便于转动成型。

(2) 黏合剂的影响

转动成型使用的黏合剂可以是固体粉末或液体。粉末黏合剂一般是预先混入成型用粉体原料中，液体黏合剂则是直接喷洒在转动粉体上。黏合剂用量与粉体的比表面积及孔体积等有关。加入黏合剂的作用：①填充粉体粒子的空隙，起到基质的作用，提高成型产品的强度；②在粉体粒子四周形成液膜，兼有黏合及润滑作用；③与粉体反应生成另一种物质，如氧化镁粉体中加入氯化镁溶液。

在转动成型操作时，存在着黏合剂最适宜加入量，其量值多少决定于粉体性质及操作条件。黏合剂加入量不足时难以成球，即使勉强制成球状，而在离开成型机时又会发生碎裂；黏合剂加入量过多时，产品变软发黏，表面凹凸不平，而且颗粒间还会黏在一起。

(3) 操作条件的影响

① 操作条件对球的孔隙率 ε 的影响。

转动成型制得的球形产品要求具有一定强度及形状保持性。因为球的孔隙率越小，粒子间黏合剂的毛细管作用就越强，所以球的强度也越好。孔隙率小，黏合剂用量相应减少，这有利于成球产品缩短干燥时间及能源消耗。但孔隙率过小，则在快速加热干燥时，析出气体受到抑制，容易使产品发生龟裂。

影响孔隙率的因素，除了粉体原料的粒度分布及比表面积等性质以外，成型时的停留时间及转盘倾角等操作条件也影响很大。成型机的转盘直径越大，由于转动时下落距离变长，球的动能变大，有利于球的压实，球的孔隙率也就变小。

直径相同的转盘，盘的倾角小时，球转动时的落差随之减少，因此球的压实程度变差，ε 也相应增大；另外，倾角变小，停留时间加长，则有利于球压实，从而孔隙率变小。虽然通过调节倾角可以调节 ε，但可调节的幅度不是太大，而有一定限度。操作时应依据粉体性质及产品要求进行适当调节。

② 操作条件对成球大小的影响。

转动成型产品的球形度较好，而成球大小则受黏合剂加入量、停留时间等因素影响。停留时间越长，则球的尺寸越大，而停留时间则与转盘的倾角有关。一般来说，倾角加大时，球的尺寸相应减小。

实际上，转盘成型时成球大小与处理量、停留时间、黏合剂用量及粉体含水量等多种因素有关，影响较为复杂。通常，球的大小随处理量增大而减小，随停留时间加长而增大，并随含水率增大而减少。也可用下述经验式来估算：

$$\phi = \frac{CH^k}{N^m \theta^n} \tag{18-2}$$

式中　ϕ——球形成型产品的直径，mm；
　　　H——转盘深度，m；
　　　N——转盘转速，r/min；
　　　θ——转盘的倾角，(°)；
　　　C，k，m，n——与粉体原料性质等有关的常数。

4. 球形整粒法

对于单组分物料或虽然是多组分但各组分的密度相近的物料，采用转盘成球是一种较好的成球方法；而对各组分间密度相差较大的多组分物料，由于存在离心力的差异，就很难用转盘成球法成型，也难以获得组分均匀的产品。对这种难以采用转盘成球的物料，可先经捏合机混碾后，用挤出机挤条和切粒，然后将挤出的断面有棱角的小颗粒圆柱体放在球形整粒机中经整形成球，这种方法就称为球形整粒法。由于挤出成型产品的强度高于转动成型的产品，因此采用球形整粒法可制得高强度球形产品。

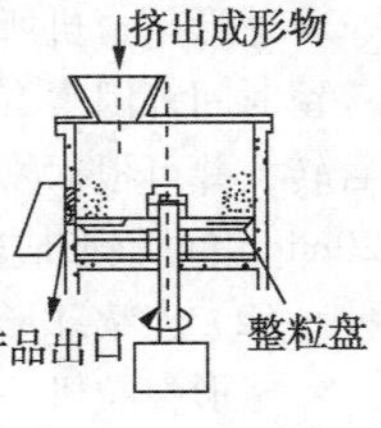

(1) 球形整粒原理

球形整粒是在整粒机中进行，其结构如图18-25所示。它是在一固定圆筒容器底部装有一个凸凹面的高速旋转圆盘。其整粒原理是通过圆盘转动所产生的离心力及摩擦力，使物料之间及物料与圆盘凸凹面之间产生相互摩擦，圆条被搓成长度均匀的小球，并滚圆成球形颗粒。

图18-25　球形整粒机结构

物粒在整粒机中的运动状态如图18-26所示，经预干燥处理后并含适量水分的圆柱形挤出条,经切粒后投入到高速旋转的圆盘上,如图 18-26(a)所示。物料因受旋转力与离心力的作用,而沿着合力作用方向移动[图 18-26(b)],有时被外壁碰回,有时又被驱使向外。于是物料靠内壁作环状旋转,并沿着类似一条被扭转的绳子那样的轨迹反复运动[图 18-26(c)]。条状颗粒在运动过程中,首先与整形板的沟槽冲击而被剪断成长度与直径相近的圆柱体。如果只需整理长短,这时就可出料为成品。进一步操作时,圆柱体逐渐被搓成球形,成球直径大致和挤出颗粒直径相当,粒径分布很窄。图 18-27 示出了球形整粒过程中不同时间阶段下的整粒形状。显然,在整粒过程中,开始由球状端的圆柱体逐步按哑铃形、椭圆形、有凹槽的球形顺序转变,最终呈球形粒,而过程中间产物是通过物料之间的碰撞以及与转盘和整粒机内壁的摩擦而形成的。

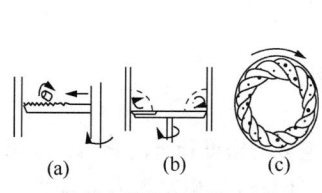

图 18-26 物料在整粒机中的运动状态

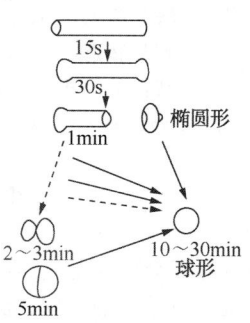

图 18-27 不同时间段的整粒形状

球形整粒机所得球径大小与挤条直径大小、物料固含量、转盘转速及停留时间等因素有关。球形整机的转速比转盘成球快得多,每分钟可达几百转,并可根据物料的性质及整粒情况进行调节。对圆柱形的颗粒经 2~20min 就可整形成较好的球形。

(2)连续球形整粒装置

球形整粒机一般是间歇生产,产量也较大。如连续生产时,则将几台串联起来,图 18-28 是连续球形整粒装置流程示意图。物料混合均匀后,经斗式提升机送入缓冲罐,经定量加料器进入捏合机,捏合后送入挤条机,挤出的条经预干燥机干燥到一定含水率后,用皮带输送机送到球形整粒机,再经切条和整形成小球,然后送到连续流动床干燥机进一步干燥后用斗式提升机送到振动筛,过筛后即得到成球产品。

十八、固体催化剂及载体成型

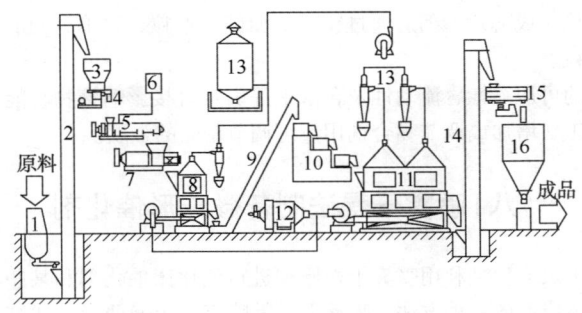

图 18-28　连续球形整粒装置流程示意图
1—搅拌机；2—提升机；3—缓冲罐；4—加料器；5—捏合机；6—加液装置；
7—挤条机；8—预干燥机；9—皮带输送机；10—球形整粒机；11—流动干燥机；
12—热风发生器；13—集尘器；14—提升机；15—振动筛；16—料罐

5. 干法制粒机

对于球形度要求不是很严格的催化剂或载体等小颗粒制品，也可采用干法制粒机进行制取。干法制粒机的工作原理如图 18-29 所示，是一种机械挤压制粒原理。先用压轮将加有适量水分或黏合剂的干粉状或微晶体

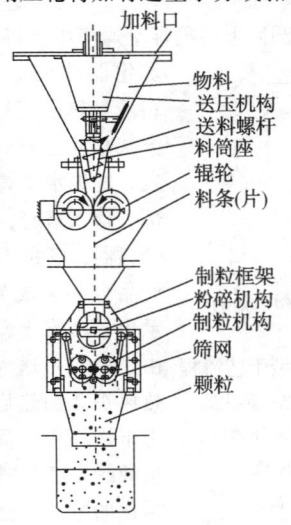

图 18-29　干法制粒机的制粒工作原理

状的原料挤压成薄片,随后通过粉碎机粉碎、整粒、过筛、制成规定大小的均匀颗粒。

物料的可压缩性、流动性及含水率等因素直接影响该物料能否进行干法制粒加工,增加或调节黏合剂用量可调节制品的强度。

(八)喷雾干燥法制备微球形催化剂

喷雾干燥成型是利用喷雾干燥原理进行流化床催化剂和某些小粒度催化剂或载体成型的一种方法。喷雾干燥是喷雾与干燥两者密切结合的工艺过程。所谓喷雾,是将原料浆液通过雾化器的作用喷洒成极细小的雾状液滴;干燥,则是通过热空气与雾滴均匀混合后经快速热量交换和质量交换使水分蒸发的过程。喷雾干燥技术广泛用于染料、食品、医药、合成洗涤剂等工业来制取粉末状或颗粒状制品。

在催化领域中,喷雾干燥法已广泛用于制造丙烯氨氧化制丙烯腈、乙烯氧氯化制二氯乙烷、正丁烷氧化制顺酐、苯氧化制苯酐及流化催化裂化等反应的流化床催化剂,也用于制造氧化铝、硅胶等微球形载体。

1. 喷雾干燥成型基本原理

喷雾干燥成型是在圆筒形的喷雾干燥塔中,将制备催化剂的料液通过雾化器喷成雾状,分散在热气流中,料液与热空气以并流、逆流或混流等方式相互接触,使料液的水分迅速蒸发,经失水干燥的物料以细颗粒形式部分落入塔底,部分由抽风机吸入旋风分离器,塔底产品与旋风分离器收集的产品合并后成为最终产品。图18-30示出了喷雾干燥成型的一般工艺流程。由送风机1送入的空气经燃油或燃气热风炉2加热后作为干燥介质进入喷雾干燥塔中,需要干燥成型的料液由浆液罐8经送料泵9送至雾化器3,经雾化的浆液与送入塔4中的热风接触

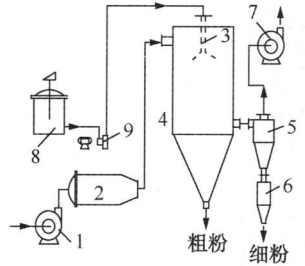

图18-30 喷雾干燥成型工艺流程
1—送风机;2—热风炉;3—雾化器;
4—喷雾成型塔;5—旋风分离器;
6—集料斗;7—排风机;
8—浆液罐;9—送料泵

后水分快速蒸发，经失水干燥后形成粉状或细颗粒产品下落至塔底，较细的成品则随废气进入旋风分离器 5 中得到分离，废气由排风机排至室外。由塔底收集的粗粉与旋风分离器收集的细粉合并混匀后作为最终产品。

2. 喷雾干燥成型的主要优缺点

喷雾干燥成型法用于制备微球或小颗粒催化剂及载体时具有以下优点：

① 喷雾干燥成型时，送入塔内的热风温度可达 300～500℃，而经雾化器雾化的料液，其表面积瞬间增大很多，在与高温热空气的接触面积加大，传热及传质速率大为加快，仅几秒至几十秒时间就可蒸发掉 90%～95% 的水分，可快速成型为微球或细颗粒产品。

② 改变雾化方式及热风走向等操作条件，容易调节或控制催化剂的颗粒直径、粒度分布及最终湿含量，所得产品具有良好的分散性及流动性。这也是目前制备流化床微球催化剂的主要方法。

③ 工艺流程简化，在成型塔内可直接将料液或浆液经瞬间干燥制成微球状产品，省略掉其他催化剂成型方法所必需的工序（如过滤、干燥、粉碎等），简化了生产流程。

④ 操作可在密闭系统中进行，以防止混入杂质，保证产品纯度，减轻粉尘飞扬及有害气体逸出，保护环境。

⑤ 生产控制方便，系统可实现自动化操作，产品质量稳定。

喷雾干燥成型的主要缺点：

① 热效率低。喷雾干燥成型时，以废气形式排出的气体温度仍很高；而当热风温度低于 150℃ 时，热容量系数低，蒸发强度较小，需要的设备体积很大。在低温操作时空气消耗量大，因而动力消耗也随之增大。在热风温度不高时，热效率为 30%～40%。

② 对黏稠的膏糊状物料，由于用泵输送困难，雾化很难，也易堵塞喷嘴。故需要将物料稀释后才能进行输送及雾化，这样也就增大了塔的负荷。

③ 对气—固分离的要求较高。对于微细的粉状产品或价格较高的产品，要选择可靠的气—固分离装置，以免产品随尾气夹带而损失。

④ 塔设备庞大，装置占地面积及空间较大，一次性投资及运转费用也较高。

3. 喷雾干燥成型的分类

(1) 按生产流程分类

喷雾干燥成型按生产流程可分为开式及闭式两种工艺。开式工艺是热空气在系统中只通过一次，不再循环使用。空气由送风机送至热风炉，经换热升温后进入喷雾干燥塔，经失水干燥后与蒸发的水蒸气和粉状产品一起进行气固分离，高温低温气体排入大气。这种系统的优点是流程简单，设备投资少；缺点是空气消耗量多，能耗较大。由于制备催化剂或载体时所挥发成分主要是水，所以这种流程也是最常用的工艺方法。

闭式工艺的特点是系统组成一个封闭的回路，干燥介质或载热体可以循环使用。它主要适用于料液中含有有机溶剂或产品是易燃、易爆的物料，所用干燥介质或载热体大都使用氮气或 CO_2 等惰性气体。由于运转费用很高，很少用于催化剂或载体的制备。

(2) 按雾化器形式分类

喷雾干燥成型是采用雾化器将料液强制分散成雾滴，并用高温热空气将雾滴快速干燥后成型为微球状或小颗粒状产品。雾化器的型式及雾化效果直接关系到喷雾干燥成型方案的选择、产品质量及技术经济指标等。料液雾化不好，粗大粒子可能黏壁，而细小粒子又可能过度干燥，甚至受热而被破坏。因此，雾化器是喷雾干燥成型的关键部件之一。根据料液不同雾化方式可将喷雾干燥成型分为以下几种类型。

① 压力式喷雾干燥成型。

压力式喷雾干燥成型配置的雾化器为压力式雾化器(又称作机械式雾化器、压力式喷嘴)，它有多种形式，其中常见的是切线旋涡式雾化器(图18-31)及离心式雾化器(图18-32)。雾化器可以安装在喷雾干燥塔的上部、中部或下部。大型装置也可安装多个雾化器，料液输送主要采用高压泵，使料液具有很高压力(2~20MPa)并以一定速度沿切线方向进入雾化器的旋转室，或经有旋转槽的离心式雾化器进入喷嘴，形成绕空气旋流心旋转的环形薄膜，然后再从喷嘴口喷出，生成空心圆锥形的

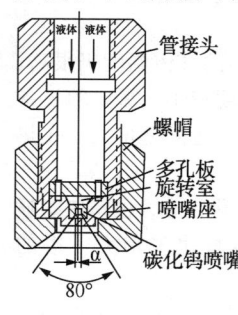

图18-31 切线旋涡式雾化器

液雾层。雾化程度受下列因素影响：

  a. 操作压力增加，雾滴直径变小，滴径分布均匀；

  b. 喷嘴孔越小，雾滴直径越小；

  c. 料液黏度越大，平均雾滴直径越大，黏度过高时，料液很难雾化；

  d. 料液表面张力增加，雾滴变大。

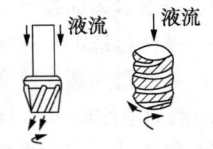

(a)斜槽插头　(b)螺旋槽插头

由于压力式雾化器的喷嘴孔很小（有的孔径为0.6～1.0mm），故用于雾化的料液需经过滤，且过滤后的物料输送需用不锈钢管道，以防止产生铁锈，堵塞喷嘴。

图18-32　离心式雾化器

② 离心式喷雾干燥成型。

离心式喷雾干燥成型所用雾化器是高速离心雾化器（又称旋转式雾化器），它是一种高速旋转的分散盘，图18-33、图18-34及图18-35是三种常用的分散盘。操作时，用泵将料液送到高速旋转的分散盘上，由于液体受离心力作用而在旋转面上被拉成薄膜，并以不断增长的速度由分散盘的边缘甩出而形成雾滴。它与压力式雾化器不同之处，是料液的压力小，但具有很高的喷射速度。

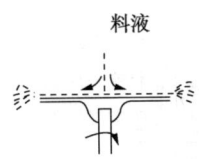 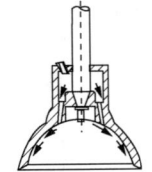 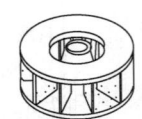

图18-33　旋转平板式分散盘　　图18-34　旋转碗式分散盘　　图18-35　矩形通道分散盘

一般情况下，料液在分散盘表面上的液滴形成状态与许多条件有关（如料液黏度、表面张力、分散盘转速等）。在料液量大、转速高时料液的雾化主要靠料液与空气的摩擦来形成，这时称作速度雾化；在料液量少、转速低时，料液的雾化主要靠离心力的作用来形成，这时称作离心雾化。实际操作时，这两种雾化会同时存在。在工业生产中，大都采用高速旋转分散盘大液量操作，液体的雾化以速度雾化为主。

在进料量一定时，液滴雾化均匀性会受下列因素影响：

a. 分散盘的转速越高雾化越均匀。

b. 分散盘表面越平滑雾化越均匀。

c. 进料越稳定及分配越均匀，雾化也越均匀。

d. 分散盘的圆盘速度小于 50m/s 时，雾化很不均匀。通常操作时，分散盘的圆周速度取 90~140m/s 为宜。

③ 气流式喷雾干燥成型。

气流式喷雾干燥成型的雾化器是气流式雾化器（又称气流式喷嘴）。它是利用速度为 200~300m/s 的高速压缩气流对速度不超过 2m/s 的料液流的摩擦分裂作用，达到雾化料液的目的。雾化用压缩空气的压力一般为 203~709kPa。

雾化器结构分类：

a. 内混式。气体和液体在喷嘴内部混合后再从喷嘴喷出，由于操作温度高，喷嘴易被未干粉团堵塞；

b. 外混式。液体在喷嘴出口处与气体混合而被雾化，操作相对稳定。

内混式或外混式雾化器都称为二流式雾化器（图 18-36）。

c. 三流式。料液先与二次空气在喷嘴内部混合，然后在喷嘴出口处再与一次空气混合而被雾化（图 18-37）。这种结构特别适用于高黏度料液及膏糊状物料的雾化。与二流式雾化器相比较，在相同的压缩空气用量状况下，可增加雾化量，提高雾液均匀性。

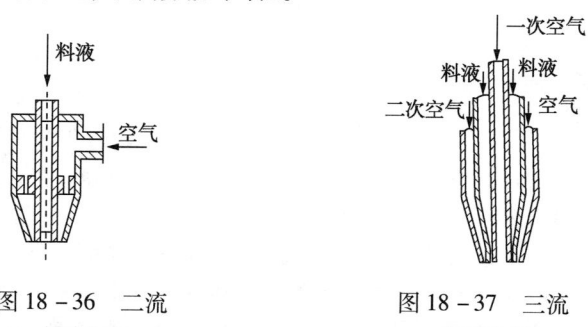

图 18-36　二流式雾化器　　　图 18-37　三流式雾化器

使用气流式雾化器时，雾化分散度与气流喷射速度、料液和气体的物理性质、气液比及雾化器结构等因素有关。气液流向相对速度越大，产生的雾滴越细。气液质量比越大，雾滴越均匀。料液黏度越高，越不易获得粉状产品而得到絮状产品。

采用上述三种雾化器进行喷雾干燥成型时的主要优缺点如表 18-11

所示。

表 18-11　三种雾化器喷雾干燥成型时的主要优缺点

优缺点	压力式雾化器	离心式雾化器	气流式雾化器
优点	①雾化器价格便宜；②大型塔可同时使用几个雾化器；③适于气液逆流操作；④适于制造颗粒较大的微球催化剂或载体，并可获得有一定粒度分布的产品	①操作简单，对不同物料适应性强操作弹性也大；②产品粒度分布均匀，颗粒较细；③操作压力低；④操作时不易堵塞	①能处理黏度较高的物料，生产弹性大；②可制取小于5μm的细颗粒产品；③适于小型或实验室设备
缺点	①操作弹性小，供液量随操作压力而变化；②喷嘴易磨损、堵塞，影响雾化效果；③需使用高压泵，对腐蚀性物料，需使用特殊材料；④制备细颗粒产品有一定下限	①塔径较大；②雾化器加工安装精度要求高，动力机械价格高；③不适于气液逆流操作；④制备大颗粒催化剂或载体有一定上限	①动力消耗大；②不适用于大型设备；③由于细粉产品较多；较少用于制备工业催化剂或载体

4. 喷雾干燥法制备微球硅胶

硅胶又称氧化硅胶、硅酸凝胶，呈透明或半透明玻璃状，一般合成的含水二氧化硅，在 150~200℃ 脱去结晶水。硅胶具有较弱的酸性，直接用作催化剂的情况并不太多。硅胶广泛用作催化剂载体，用于氧化、加氢、脱氢、水合、脱水、氯化、歧化及聚合等反应。微球硅胶可用作气相法聚乙烯、流化催化裂化及丙烯氨氧化等催化剂的载体。

微球硅胶的生产工艺流程如图 18-38 所示。原料水玻璃用泵抽到沉降槽，经用水稀释至 SiO_2 为一定浓度后，用泵抽到配制槽中备用。进行中和成胶操作时，先在成胶釜中加入调配好的水玻璃溶液，升至一定温度后逐渐加入浓度为40%的硫酸溶液,直至出现白色凝胶,待pH值达到中性后停止加酸。凝胶经老化后加氨水氨化。然后将氨化好的水凝胶料浆用泵送入喷雾干燥成型塔中进行成型,制得微球硅胶。再经酸洗、水洗、干燥而制得成品。成品微球硅胶物性与中和成胶工艺条件、溶液中SiO_2含量、老化时间及酸化pH值等因素有关。

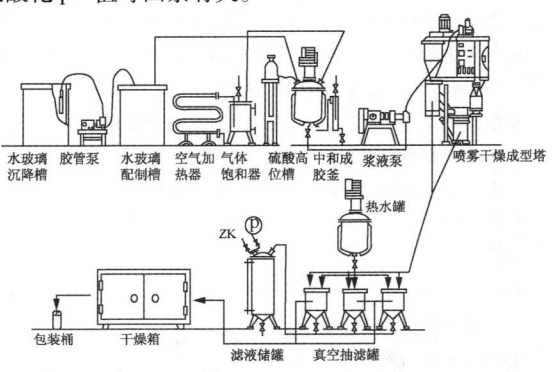

图18-38 微球硅胶生产工艺流程

喷雾干燥成型采用离心式雾化器,用泵送入塔内的料浆经高速旋转的分散盘拉成薄膜,并从盘的边缘甩出而形成雾滴,经热风干燥后生成微球颗粒。表18-12示出了离心式雾化器的分散盘转速对微球硅胶粒度分布的影响。表18-13示出了料浆固含量对微球硅胶粒径及粒度分布的影响。

表18-12 分散盘转速对微球硅胶粒度分布的影响

筛分目数	粒径,μm	分散盘转速,r/min		
		24000	21400	15500
60~100	>154	0.54	5.52	5.39
>150	>100	1.64	22.60	24.82
>200	>71	2.66	31.30	40.65
>260	>56	40.74	19.68	14.91
>320	>45	41.04	13.39	6.43
>320	<42	12.32	1.68	2.80
平均粒径$\bar{d}$,μm	—	50.82	73.78	78.66

表 18-13 料浆固含量对微球硅胶粒径及粒度分布的影响

筛分目数	粒径，μm	料浆固含量，%		
		9.6	11.2	12.2
60~100	>154	2.45	6.65	6.66
>150	>100	4.03	3.02	46.15
>200	>71	21.77	46.03	31.17
>260	>56	30.0	6.72	10.73
>320	>45	33.91	7.74	3.95
<320	<42	4.14	2.66	2.34
平均粒径 $\overline{d}_p$，μm	—	50.60	81.48	87.31

(九) 油中成型法制备球形催化剂载体

油中成型法是利用溶胶(如铝胶、硅铝胶、二氧化硅等)在适当的 pH 值和浓度下凝胶化的特性，将溶胶以小滴的形式滴入煤油等介质中时，由于表面张力作用而形成球滴，球滴凝胶化形成小球。将此凝胶小球老化后，再经洗涤、干燥、焙烧等过程可制得球形载体。这种方法特别适用于具有凝胶性质的一类物质，如氧化铝、硅胶等的成型。由于成型时不需要添加黏合剂，用于沸石分子筛成型时，可充分显示出本身的晶型结构特性。

油中成型法制得的球体圆度均匀，球径 1~3.0mm，不仅可以获得孔体积较大、强度比转动成型法好的产品，还可制得孔径大于几百纳米的大孔产品。所得球形载体，既可用于固定床，也可用于移动床催化裂化等反应装置。

油中成型法又可分为烃—氨柱成型法及油柱成型法等工艺。

1. 烃—氨柱成型法

烃—氨柱成型法又称油—氨柱成型法。用这种方法制备球形氧化铝载体的原理如图 18-39 所示。操作时将先预制的水合氧化铝假溶胶从加料器的细孔流入成型柱中，成型柱的上层是煤油 A(或是烃类)、下层是氨水层 B，故称这种方法为烃-氨柱成型。当假溶胶液滴入煤油层中时，由于表面张力而收缩成球状，穿过油—氨水界面，进入氨水层发生固化(胶凝)后，

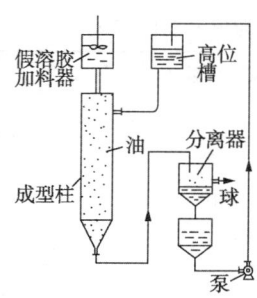

图 18-39 烃—氨柱成型原理

依靠位差而随氨水一起流入分离器，经筛网而使湿球与氨水分离，氨水再用泵送入高位槽又回收到成型塔中。筛网上的湿球定期取出后经洗涤、干燥、焙烧而制得球形氧化铝成品。

由烃—氨柱成型法制得的氧化铝载体形状与油层及氨水层的性质、表面活性剂用量及性质、操作条件等因素密切相关。

(1) "油"层

烃—氨柱成型法中"油"的作用是成型，假溶胶液滴进入油层后是靠液体的表面张力收缩成型。所得球形粒子的大小与加料方式、假溶胶的黏度和分散方法以及假溶胶—油之间的表面张力等因素有关。可用"油"的种类很多，如汽油、煤油、润滑油、机油、变压器油、乙醚、石油醚、己烷、苯、醇、酮、卤代烃、联苯与联苯醚混合物等。它们可以单独使用，也可混合使用。选用"油"时，应满足以下要求：

① 密度应小于氨水及假溶胶，并与水不互溶。

② 与假溶胶间的界面张力要足够大，以保证产品形成球形，而与水间的界面张力要保证湿球有油—水界面上不停留或受冲击时不发生变形。即油—水界面张力应小于 25×10^{-5} N/cm，最好低于 15×10^{-5} N/cm。

③ 氨在油中的溶解度不应使假溶胶在成型前发生胶凝，且油本身对假溶胶也无任何作用。

④ 杂质含量要低，以避免成型过程中被吸附而导致催化剂中毒。

(2) 氨水层

氨水层使从油层中下落的球状溶胶在电解质(NH_4OH)作用下发生胶凝，使小球固化到足够硬度。此外，也可选用($NH_3)_2SO_4$、NH_4Cl 等其他电解质。使用氨水的优点是催化剂焙烧处理时不会残留有害杂质。

氨水浓度可选用 1%～30%，而常用的是 15% 浓度的氨水。氨水层高度决定于溶胶球固化和进一步老化所需时间。有时还在氨水中添加一些惰性亲水性物质，如甘油、乙二醇等来调节氨水密度，也可加入氨的硫化物或多硫化物等作为胶凝胶或活性组分的分散剂或稳定剂。

(3) 表面活性剂

表面活性剂是在很低浓度能显著降低水的表面张力的两性有机物质。加入表面活性剂是为降低"油"—水界面上的表面张力，使溶胶在"油"中成球以后能够顺利地通过此界面，不致因界面张力过大而发生停留或引起溶胶球变形，同时还可防止产品干燥后发生破碎或干裂。所使用的表面活性剂应具有以下特点：

① 其表面张力小于溶剂的表面张力；
② 有较小的溶解度，不会对催化剂有害物质；
③ 在其分子上存在双重性基团，即一个分子上存在着极性基及非极性基；
④ 有较小的溶解度。

常选用的表面活性剂有 $C_{12}\sim C_{18}$ 脂肪醇聚氧乙烯醚、渗透剂 T、净洗剂 LS 等。表面活性剂加入量要适当，加入量过少，会发生黏球、连球及出现扁球等现象；加入量过多，会使氨水易挥发并乳化，还会呈油膜状浮在表面上。一般使用浓度为 0.1g/L 氨水。

(4) 假溶胶制备

为使油中成型能平稳地进行，必须使溶胶有适宜的稳定性及流动性以顺利地进行滴球操作。如制备水合氧化铝假溶胶时，胶溶时酸的用量及假溶胶的固含量对所得球体形状及强度都有一定关联。此外，浆液稳定性及滴球时间也与加酸量有关。

(5) 滴头直径

油中成型操作所采用的滴头有多种规格，如 $\phi 2.0\text{mm}\times 0.2\text{mm}$、$\phi 1.6\text{mm}\times 0.2\text{mm}$、$\phi 1.2\text{mm}\times 0.2\text{mm}$ 等。使用这些滴头可制得一定尺寸的小球产品，原料浆液的黏度也要适当。浆液黏度小时，所得小球易呈扁球状；反之，所得的球较圆。故在不影响成球速度与成球筛分率合格的情况下，以采用黏度稍大的浆液为宜。

此外，在烃—氨柱成型操作一定时间后，需适当补充或更换新鲜的烃、氨，以防止因长时间操作致使烃介质变重、氨水浓度下降而引起的产品质量下降。

2. 油柱成型法

它是以高纯金属铝与盐酸制备的铝溶胶，与乌洛托品（六亚甲基四胺）的水溶液在室温下混匀后，用滴头滴入 95~95℃ 的热油柱内，固化成小湿球。乌洛托品水解时释放出氨中和铝溶胶的酸性铝盐，使铝溶胶迅速胶凝，而由于油的作用收缩成球。再在一定温度的热氨水罐中老化一定时间，经淋洗、干燥、焙烧即制成 Al_2O_3 小球。其强度可优于烃—氨柱成型制得的产品。

成型用油可使用白润滑油、润滑油与脂肪烃的混合物、中性溶剂油等，油温为 50~105℃，常采用 90~95℃。在油柱成型时，由于胶凝剂在球成型前就与铝溶胶相混,因而可避免上述烃—氨柱成型时胶凝剂从介质向球内扩散所造成的性质上非均一性,而且操作简单,劳动强度小。

3. 油中成型法制备高纯氧化铝小球

油中成型法可用于生产高纯氧化铝小球、硅酸铝小球及硅胶小球等。图18-40示出了油中成型法制备含SiO_2的氧化铝小球的工艺过程,该制备过程大致可分为以下几个工序:

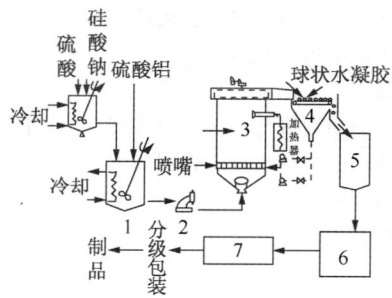

图18-40 油中成型法制备氧化铝工艺过程
1—混合槽;2—定量泵;3—油中成型塔;
4—分离机;5—洗净槽;6—干燥机;7—焙烧炉

① 将硫酸铝溶液在不断搅拌下逐渐加入碳酸钙粉末制成碱式硫酸铝:

$$Al_2(SO_4)_3 + 2CaCO_3 + H_2O \longrightarrow Al_2O_3 \cdot SO_3(溶胶) + 2CaSO_4 \cdot 2H_2O + 2CO_2$$

所制得的溶胶在室温下即使放置数十天也不发生凝胶化而十分稳定。

② 在不断搅拌下,将硅酸钠溶液逐渐加至冷硫酸溶液中,制取pH值为1~3的硅溶胶:

$$H_2SO_4 + Na_2O \cdot 3SiO_2 \longrightarrow 3SiO_2(溶胶) + Na_2SO_4 + H_2O$$

将上述溶胶在室温下放置几天进行凝胶化。

③ 取100份碱式硫酸铝溶胶与2~15份(体积)硅溶胶进行充分混合后,将此混合溶胶从成型塔上部滴到加热的"油"层中,选用的"油"可以是有机溶剂。溶胶可以滴入有机溶剂中,也可以浮在有机溶剂层上。溶胶由于界面张力而收缩成球状,经受热后发生凝胶化。

④ 将凝胶进行水洗除去硫酸根及钠离子后,经干燥、焙烧即制得氧化铝小球。

用上述方法制得的含 SiO_2 约 10% 的氧化铝小球,其平均粒径为 1~5mm,粒度分布见表 18-14。

表 18-14 粒度分布表

粒度	占比	粒度	占比
>4.76mm	1.4%	3.36~4.76mm	79.4%
2.38~3.36mm	18.8%	<2.38mm	0.4%

所得氧化铝小球的部分物性值见表 18-15。

表 18-15 物性数据表

物性	数值	物性	数值
松密度	0.588g/mL	平均孔径	10nm
表面积	$280m^2/g$	孔体积	0.79mL/g
压缩强度	129.4N/粒		

(十)喷动(床)成型法

喷动(床)成型又称喷动(床)造粒,是由喷雾和流态化干燥组合而成的成型技术,也是流态化干燥技术基础上发展起来的一种催化剂成型方法。操作时,料液经喷嘴分散成雾滴与热空气一起射入造粒床锥底,使床中物料如喷泉一样进行循环,床中心稀相的颗粒被冲到顶部后失去动能,从外周落下至密相床中又被冲起。料液在循环运动的粒子上沉积、包层。颗粒一边上升,一边干燥,反复循环逐渐长大,生成的大球在设置的排料口排出。根据喷动床工作原理,喷动成型有以下两种方式。

1. 溶液在晶种颗粒喷动床中的成球过程

图 18-41 示出了喷动床造粒工艺流程。首次运行时,需在喷动成球塔中先加入部分晶种或母粒。喷动热空气及热液体由床层底部喷入。在晶种颗粒穿过喷雾区时,颗粒表面便会沉积一层液体薄膜。以后颗粒继而在"喷泉"区上升,继而在环形区下降,由于和热空气相接触,液膜得到干燥。这样,当颗粒在床层中循环时,便逐渐长大,生成的大

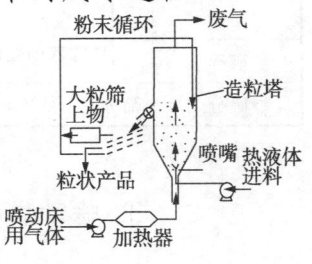

图 18-41 喷动床造粒工艺流程图

球沉至下部。一定时间可由造粒塔侧部的出料口排出。部分强度较差的大球在不断碰撞过程中被破碎成细粒或碎片，形成新的晶种或母粒。此外，随成品排出的小颗粒，经粉碎后也可循环回送到塔中作为晶种。这种成型过程也可在流化床中进行，但在喷动床中进行时，能制得粒径为 3~10mm 的球形颗粒。

2. 在惰性颗粒喷动床中的成型过程

这种方法的基本原理与上述喷动成型过程相似，只是床层由石英砂之类惰性颗粒组成，溶液经喷嘴雾化后与热空气一起由底部喷入而涂敷在惰性颗粒上，当颗粒在床层内循环运动时，涂层逐渐变脆，最终因惰性粒子间相互碰撞而从颗粒表面上剥落下来，形成粉状物料。它适用于溶液干燥的最终形态是粉末状的场合。

与压缩成型、挤出成型及转动成型等方法比较，喷动成型的成型及干燥都在密闭装置中进行，故生产工艺简化、设备减少。表 18-16 示出了喷动成型与其他一些成型方法的比较结果。

表 18-16　喷动成型法与其他成型法的比较

工艺过程		单元设备	
其他成型法	喷动成型法	其他成型法	喷动成型法
混合	向单一容器投料	混合机	喷动成型装置
加水		捏合机	
搅拌捏合	流化混合 喷雾成型 流化干燥　在同一容器内进行	成型机	
成型		干燥机	
干燥		破碎机	
破碎	从容器中卸料		
筛分	筛分	筛分机	筛分机

3. 喷动成型法制备球形钒催化剂

使 SO_2 氧化为 SO_3 的接触法制造硫酸工艺中，钒催化剂是目前唯一的催化剂。它是以 V_2O_5 为主活性组分，以硫酸钾、硫酸钠等为助剂、以硅藻土或硅胶为载体的催化剂。生产球形钒催化剂有多种工艺。图18-42示出了采用喷动成型法制备球形钒催化剂的工艺过程。

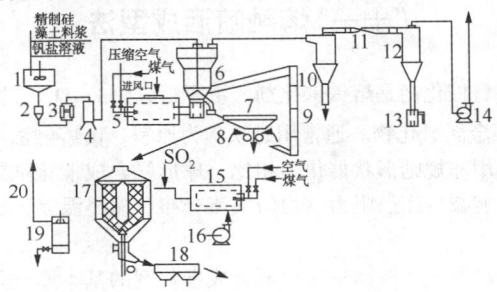

图18-42　球形钒催化剂生产工艺流程示意图

1—打浆桶；2—过滤器；3—双缸泥浆泵；4—缓冲器；5—燃烧室；6—喷动塔；7—双层振动筛；8—破碎机；9—斗式提升机；10—旋风分离器；11—文丘里洗涤器；12—旋风除沫器；13—水封；14—抽风机；15—燃烧室；16—风机；17—焙烧活化炉；18—滚筒筛；19—吸收塔；20—烟道

操作时，将计量的精制硅藻土、KOH 及 KVO_3 的混合溶液、硫黄粉等，放入带有搅拌器的打浆桶1中进行打浆，使其形成均匀的悬浮液。悬浮经过滤器滤去粗渣后，由活塞式双缸泥浆泵3经缓冲器4送入喷动塔6。悬浮液由喷动塔内的压力式喷嘴分散成液滴，以一定的锥度向下喷洒。煤气和空气在燃烧炉中燃烧所产生的烟道气由喷动塔底部进入，通过筛板时使筛板上的催化剂球形成喷动状态。在首次开工时，喷动塔先加入部分晶种或母粒（小于$\phi 4mm$的小球），以后即进入连续操作。晶种逐渐黏附长大形成球形颗粒。经双层振动筛7筛去大颗粒及小粒子（小粒子作为晶种返回喷动塔，大颗粒经破碎后也可用作晶种）。颗粒度符合要求的球粒（$\phi 5 \sim \phi 8mm$）经转炉干燥及初步焙烧后，送至焙烧活化炉17进行高温焙烧及活化。最后经滚筒筛18过筛后得到成品催化剂。由喷动塔顶部排出的废气经旋风分离器10回收带出的粉粒后，经文丘里洗涤器11及旋风除沫器12进一步净化后由排风机排至大气中。而由焙烧活化炉排出的废气经吸收塔19除去其中的SO_2及SO_3后排放至大气中。

在上述制备工艺中，影响球形钒催化剂质量的主要影响因素有悬浮液性质、喷动床温度、喷雾压力、喷嘴孔直径及喷嘴插入床层深度等。

球形钒催化剂也可采用喷雾干燥、转盘成球工艺制得，使用时具有床层阻力低的特点，但其缺点是使用过程中会产生表皮脱落，从而使床层气阻逐渐升高。采用喷动成球工艺制得的球形钒催化剂则可以克服上述缺点。

(十一) 熔融喷洒成型法

传统合成氨催化剂是熔铁催化剂,主要组分为 Fe_3O_4,助催化剂有 Al、K、Mg、Ca 等金属氧化物。通常用磁铁矿为原料,由熔融法制取,为不规则形状。与使用非规则形状催化剂相比,球形氨合成催化剂颗粒规整、表面光滑,从而能减少床层阻力、均匀气流分布、缩小温差,提高合成塔生产能力。

使用熔融喷洒成球法制备球形氨合成催化剂的基本原理是,先将催化剂原料置于电熔融炉中高温熔融,熔融的物料由熔融炉出料口流入位于其下方的特制喷头中,通过喷头上的喷孔将催化剂熔浆均匀地喷洒成多股细流。细流在重心力或离心力的作用下很快撕裂成液滴,并依赖于其自身凝聚力收缩成球。球体颗粒则在造粒塔内由一定流速(小于悬浮速度)的逆向气流按螺旋线轨迹下落,被气流冷却时,输送到分级筛分或直接落入冷却池中的水或其他溶液中快速冷却,将所得小球与溶液分离后,经热处理、分级,就可制得不同粒度等级的球形催化剂。根据特制喷头的不同设计,它又可分为固定造粒喷头成球法及旋转造料喷头成球法两种类型。

熔融喷洒成球法实质上是前述熔融法制备催化剂工艺与喷雾成球法相结合的一种球形催化剂或载体的制备方法,它具有工艺简单、成球率高、产品机械强度好及操作安全等特点,可用于制备球形非晶态合金催化剂、球形骨架镍催化剂,尤适用于制造球形氨合成催化剂。

(十二) 特殊形状催化剂或载体的成型

1. 蜂窝形催化剂或载体的成型

蜂窝形催化剂或载体是一种规整结构的催化剂或载体,其孔道截面示意图如图 18-43 所示。这类催化剂最早应用于汽车尾气净化,以后又用于催化燃烧法处理有毒有害工业废气。

早期的蜂窝状载体采用浇铸法制造,即将原料氧化物与过量水研磨成的黏稠状悬浮液,倾入成型模具中经浇铸、干燥及焙烧制成。

规整式载体也可采用波纹法制造,即先将粒度为 $1\sim50\mu m$ 的初始原料

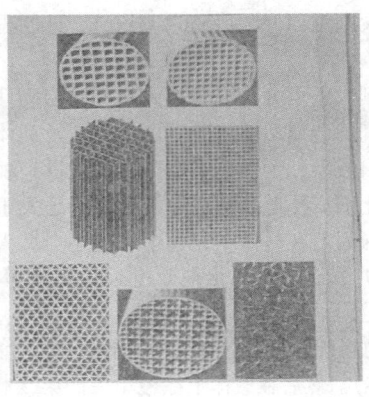

图 18-43　规整结构载体孔道截面示意图

与有机黏合剂、增塑剂一起混匀，放入球磨机中研磨数小时，再将黏性浆液涂在纸板上，将纸板叠成波纹板，然后一层波纹层和一层平板层交替卷成卷并交叉排列，最后经高温烧尽纸板，制得具有波纹状孔隙的规整式载体；但这样制得的载体孔壁不均匀，机械强度也较差。

目前，规整式载体大多采用挤出成型法制造。大量用于汽车尾气催化转化的陶瓷蜂窝状载体的制造过程如图 18-44 所示。第一步是原料粉的充分混合，所用原料粉体是粒度极细的无机金属氧化物及非金属矿物，如堇青石、莫来石、氧化锆等，尤以堇青石广为使用。堇青石的化学组成为 $2MgO \cdot 2Al_2O_3 \cdot 5SiO_2$，各组成的质量分数分别为 12%~15% MgO、32%~40% Al_2O_3、45%~55% SiO_2。制备堇青石的主要原料是高岭土（$Al_2O_3 \cdot 2SiO_2 \cdot 2H_2O$）、氧化铝及滑石（$3MgO \cdot 4SiO_2 \cdot H_2O$）等。第二步是塑化，加入水、溶剂、黏合剂或增塑剂等经充分混合形成可塑造泥料。

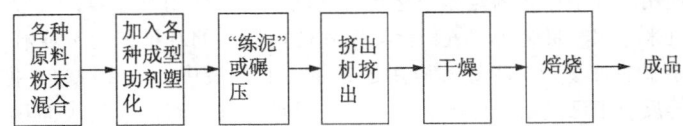

图 18-44　陶瓷蜂窝型规整结构载体制造过程

塑化后进行湿法"练泥"或捏合碾压，使各种物料混合均匀，避免出现夹生现象，并通过水量调节控制适合的挤出成型条件。

"练泥"或碾压后的可塑泥料送至装有特殊模板的挤出机进行挤出成型，成型物为长度 500~1000mm 的湿坯体，然后根据要求切割成一定尺寸的小块，再经干燥及高温(1350~1550℃)焙烧，即制得蜂窝状陶瓷规整结构载体。

规整结构催化剂大致可分为混合掺入型和涂层型两类。混合掺入型催化剂是将构成催化剂的金属活性组分、助催化剂及载体材料等直接掺入黏合剂混匀后，经挤出成型、干燥、焙烧等工序制得有规整孔道结构的催化剂。这样制得的催化剂，孔道壁的活性组分含量远大于涂覆方法。但由于金属活性组分被深深固定在载体中，其中有些还会埋入闭孔中，因此会延长金属活性中心的扩散途径，催化剂效率远低于涂覆法制得的同类型催化剂。

涂层型催化剂的制备先制取有特定孔道形状及尺寸的规整结构整体(如上述蜂窝状陶瓷载体)。然后在载体上涂覆单一的第二载体，接着用金属活性组分负载第二载体。也可先在第二载体上负载金属活性组分，再将已负载的第二载体涂覆在规整结构载体上。最后经干燥、焙烧等热处理将金属活性组分前驱体转变为活性物种。在其制备过程中，十分重要的一个步骤是第二载体被涂到初始载体上的过程。所用涂覆材料有胶体溶液、浆液、溶胶、凝胶、聚合物等。利用涂覆技术制备的催化剂由于活性中心的扩散距离短，催化剂有效利用率提高，广泛用于制造汽车尾气催化转化催化剂。

2. 纤维催化剂的制法

工业上，为了提高催化剂的利用效率，常使用小颗粒催化剂，但同时也带来催化剂床层压力降的增加。纤维催化剂是一种结构催化剂，它既能满足小颗粒催化剂的要求，又可避免小颗粒催化剂带来的技术问题。据测定，气体或液体流过纤维束时有远比粉状或颗粒催化剂低的压力降。最早使用的纤维催化剂是铂—铑金属丝网，但因使用贵金属，其应用受限。近来，用非贵金属、氧化铝、碳和玻璃制成的纤维催化剂或载体也同样用于多种场合。尽管其应用还处于不断发展中，但在脱氧、加氢、氧化等反应中已显示出优异的性能。纤维催化剂具有高几何表面积、容易放大和设有床层进口处的不均匀液体分布。在反应要求扩散进入纤维内部时，细直径的纤维不会使扩散成为速率控制步骤。纤维催化剂的主要缺点是活性组分如金属的沉积量受限制，而且其力学性能也存在一定缺陷。

纤维催化剂可分为两种：一种是微粒状纤维，表面上与粒状相同；另一种是一般纤维催化剂，通常所指的就是这种催化剂，常见的纤维载体有碳纤维、氧化铝纤维、活性炭纤维、玻璃纤维及硅酸铝纤维等。金属纤维既可用作催化剂，也可用作催化剂载体。纤维催化剂的制备包括纤维载体制备及活性组分负载两步。也可将熔融和炭化处理的树脂与活性金属组分先混合后，经熔融喷丝成型直接制成纤维状催化剂。

(1) 碳纤维的制法

已工业生产的碳纤维有缕丝状、线状、编织网状等多种形状，其具有高比强度、高比模量、耐高温、耐腐蚀、导热导电和膨胀系数小等优异性能。它可以黏胶纤维基、酚醛树脂基、聚丙烯腈基、沥青基、聚乙烯醇基等为原料生产。图18-45示出了以沥青基为原料制造碳纤维及活性炭纤维的大致工艺过程。在以黏胶纤维基、酚醛树脂基、聚丙烯腈基及聚乙烯醇基等为原料时，采用类似的过程也可制得碳纤维或活性炭纤维。将碳纤维转化为活性炭纤维的关键过程是活化工艺，它是在特定温度下将纤维暴露于氧化介质中进行处理。可分为物理活化及化学活化。影响活化产品性质的主要因素有活化剂种类、活化剂浓度、活化温度及活化时间等。活性炭纤维表面含有一系列官能团，如羟基、羧基、内酯基等，它们具有良好的催化氧化还原性能和固体酸、碱的催化作用。活性炭纤维孔径小而且分布均匀，是一种典型的微孔炭，有发达的比表面，用作催化剂载体不仅有利于对金属的吸附和分散，而且本身具有活性吸附的作用。

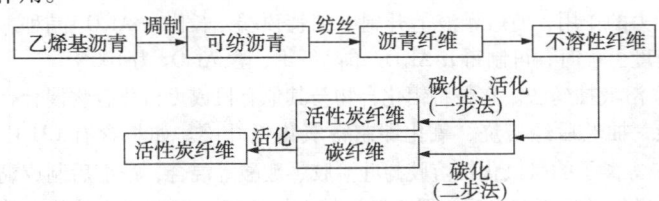

图18-45 沥青基原料制造碳纤维及活性炭纤维工艺过程

在制备碳纤维或活性炭纤维时，采用原料不同，所得纤维性质也有相当差别。表18-17示出了不同原料基生产活性炭纤维的工艺特点。

表18-17 不同原料基生产活性炭纤维的工艺特点

原料	化学式	理论碳收率,%	工艺特点
聚丙烯腈基	$(C_3H_3N)_n$	67.9	比表面积在1500m^2/g以下，结构中含氮为4%~8%，工艺较简单，是主要生产原料

续表

原料	化学式	理论碳收率,%	工艺特点
沥青基	$(C_{124}H_{80}NO)_n$	93.1	原料价低碳收率高,比表面积在 $1800m^2/g$ 左右,制品强度低、杂质多
酚醛树脂基	$(C_{63}H_{55}O_{11})_n$	76.6	原料价较低,碳收率也较高,比表面积可达 $3000m^2/g$,工艺简单,但产品较软
黏胶纤维基	$(C_6H_{10}O_5)_n$	44.4	原料价低是最早工业化的产品,比表面积在 $1600m^2/g$ 以下,生产工艺复杂,收率低,产品强度差
聚乙烯醇基	$(C_2H_4O)_n$	54.5	原料价低,比表面积在 $2500m^2/g$ 以下,生产工艺复杂,但产品强度较高

(2) 氧化铝纤维的制法

与碳纤维及玻璃纤维相比较,氧化铝纤维具有更高的强度及弹性率,也是耐高温的优良催化剂载体。如在内燃机排烟催化转化中,用氧化铝纤维作载体的铂催化剂,可将 CO 高效地转化成 CO_2。

按原料、工艺及产品结构等不同,氧化铝纤维也有多种制造方法。

① 熔融法。它是将氧化铝放入钼坩埚中熔融后,插入钼制细管,通过毛细管力的作用,使熔融液上升到毛细管顶端,长出 $\alpha\text{-}Al_2O_3$ 晶种,而以一定速度引申时,可制得 $\alpha\text{-}Al_2O_3$ 单晶纤维,含 Al_2O_3 为 100%。

② 溶液抽丝法。它是将铝化合物与其他有机或无机化合物混合,制成纺丝液,抽丝后经焙烧、氧化即制得氧化铝纤维。如将含有 CH_3COO^-、$HCOO^-$ 等离子的氢氧化铝溶胶与硅溶胶、硼酸等混合,浓缩后制成黏性纺丝液,经纺丝喷嘴挤出后,置于输送带上,在高于 1000℃ 下焙烧,然后将纤维束一端切断,再焙烧制得氧化铝纤维,它含 Al_2O_3 75%、SiO_2 约 25%,以及少量 B_2O_3。

③ 浸渍法。它是将有特种性能的有机聚合物纤维织品或成型物用铝化合物浸渍,再经加热制得氧化铝纤维。如将一定量人造丝轮胎帘子线在水中浸泡一定时间吸水后,再放入 $AlCl_3$ 溶液中浸泡 1~2h,然后先在空气中加热至 400℃ 制得氧化铝纱,再经 800℃ 焙烧除去所含的碳,即制成氧化铝纤维。

表 18-18 示出了用溶液抽丝法制得的氧化铝纤维部分性质。

表 18-18　溶液中抽丝法氧化铝纤维的性质

项目	指标	项目	指标
化学组成	Al_2O_3 85%，SiO_2 15%	横截面	圆形、直径 $9\mu m$
外观	白色透明	单纤维长度	连续
密度	3.2g/mL	拉伸强度	$196N/mm^2$
晶体结构	$\gamma\text{-}Al_2O_3$ 型或尖晶石型	热膨胀系数	$8.8 \times 10^{-6}/℃$
折射率(n_D^{20})	1.65	韦氏硬度	1810~1930
最高使用温度	1250℃		

3. 齿球形载体的成型

目前，工业上常用的催化剂或载体是球形、圆柱形、三叶草形及片状等。齿球形载体具有球形载体的装填性能，又有三叶草或四叶草等载体的较大外表面积，已广泛用于制造加氢精制及渣油加氢等催化剂。

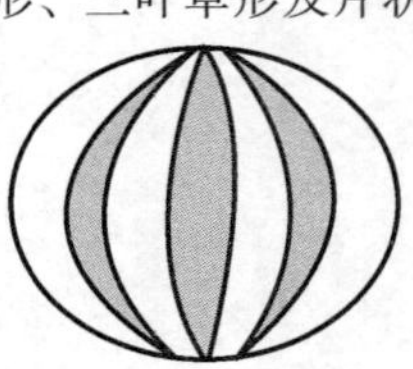

齿球形载体的外形如图 18-46 所示。齿球形氧化铝载体的制备过程如图 18-47 所示，其制备过程如下：

① 先将称量好的氢氧化铝干粉（由碳化法、硫酸铝法或硝酸法制得）先加入捏合机中，然后按配方加入水、稀硝酸、田菁粉及其他助剂，开动捏合机进行充分捏混。

图 18-46　齿球形载体示意图

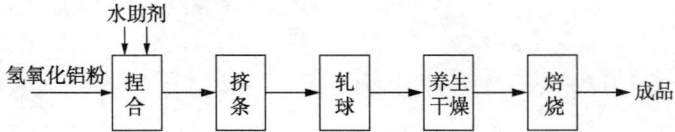

图 18-47　齿球形氧化铝载体制备工艺过程

② 将捏合好的湿料送至柱塞式或螺杆式挤条机进行挤条。通过预制的模板上齿形型孔挤出一定直径的齿形长条，经切条机切成一定长度的短条。

③ 通过皮带输送机将切好的条送至滚筒式轧球机的上方，通过自由落体送入双滚筒接口上方，再通过滚筒轧制将下落的长条轧制成多个齿球。

随着滚筒旋转,轧制的齿球下落至受槽,或由传送带送至养生室。

④ 齿球经养生后先经带式干燥机干燥后,再送入高温焙烧炉燃烧,经冷却制成一定直径的齿球形氧化铝。所得球的质量与产品配方、物料捏合好坏、挤出条形状及质量、滚筒光洁度等因素有关。

十九、催化剂及载体的干燥

在催化剂或载体生产中,用沉淀法或溶胶—凝胶法所得到的沉淀物(如水凝胶)、各种成型方法制得的载体、用浸渍法制备的催化剂,都含有不同含量的水分、助剂及金属活性组分等,在催化剂活化或焙烧前都需要先进行干燥。对于催化剂或载体的干燥,除了脱水以外,尚存在着金属活性组分的再分配、细孔结构的收缩及聚集等过程,所以,干燥也是催化剂制备的一个重要操作步骤。

(一) 干燥方式

在实验室制备中,催化剂或载体干燥常是一种简单的操作,即在空气存在下,在100℃左右的电烘箱中进行。但在催化剂放大制备或工业生产中,由于干燥方式及干燥条件的变化,也会对催化剂最终物性产生某些影响。

工业上,根据加热方式或热能传给湿物料的方式不同,干燥可分为以下几类:

① 传导干燥。这是热源将热能以热传导的方式通过器壁传给湿物料,又称间接加热干燥。这种干燥方式的能源利用率较高,但热敏性物料常因过热而变质。

② 对流干燥。热量通过干燥介质(或某种热气流)以对流方式传给湿物料。干燥过程中,干燥介质与湿物料直接接触,干燥介质供给湿物料汽化所需要的热量,并带走汽化后的湿分蒸气。故干燥介质在干燥过程中既是载热体又是载湿体。这种干燥方式,温度容易调节,物料不会过热,但干燥介质在离开干燥器时,会将相当大的一部分热能带走,热能利用程度比传导干燥要差。

③ 辐射干燥。热能以电磁波形式由辐射器发射至湿物料表面,经湿物料吸收后再转变为热能将湿物料中的湿分汽化并除去。辐射器可分为电能的及热能的两种。电能的辐射器如专供发射红外线的灯泡;热能的辐射器是用金属辐射板或陶瓷辐射板产生红外线。辐射干燥生产强度大,产品洁净且干燥均匀,但能耗大。

④ 介电加热干燥。是将湿物料置于高频电磁场内，在高频电磁场作用下，物料吸收电磁能量，在内部转化为热量，用于蒸发湿分而达到干燥的目的。电场频率在 300MHz 以下的称为高频加热；频率在 300MHz 至 300GHz 之间的超高频称为微波加热，这种加热方式加热速度快、加热均匀，能选择性加热，能量利用率高，但操作费用较高。

在上述四种干燥方式中，以对流干燥用于催化剂干燥最为普遍。图 19-1 为对流干燥流程。空气经预热器加热至一定温度后送入干燥器。当热空气与湿物料直接接触时，热能就以对流方式由热空气传给湿物料表面，同时物料表面上的湿分升温气化，并通过表面处的气膜向空气中扩散，而热空气温度沿其行程下降，但所含湿分增加，最后由干燥器另一端排出。

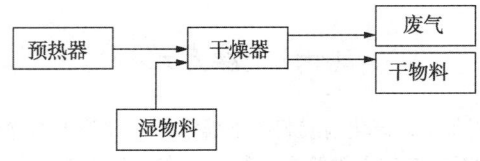

图 19-1　对流干燥流程示意图

按操作压力来分，干燥可分为常压干燥及真空干燥。真空干燥主要用于易氧化、热敏性及要求干燥后含水量极低的物料。

按操作方式分类，干燥可分为连续式干燥及间歇式干燥。连续式干燥的特点是生产能力大，热效率高，产品质量及劳动条件好，但设备投资大；间歇式干燥的特点是干燥品种多，操作控制方便，设备投资少，但干燥时间长，劳动条件差，适用于小批量物料的干燥。

（二）干燥设备

根据催化剂及载体等物料的性质、达到干燥的程度以及生产能力的不同，可选用多种类型的设备。而按上述 4 种加热方式区分，干燥设备的类型：①传导干燥器。如盘架式真空干燥器、圆筒干燥器、圆盘干燥器、转鼓式干燥器、间接加热回转干燥器、冷冻干燥器等。②对流干燥器。如盘架式干燥器、带式干燥器、隧道式干燥器、气流干燥器、流化床干燥器、喷雾干燥器等。③辐射干燥器。如远红外带式干燥器。④介电加热干燥器。如微波干燥器。下面简要介绍催化剂或载体生产厂的一些干燥设备。

十九、催化剂及载体的干燥

1. 厢式干燥器

厢式干燥器是一种外壁绝热、外形像箱子的干燥器。小型的常称为烘箱，大型的称为烘房。这类干燥器适用性强，对大多数物料都能进行干燥。尤适用于小批量、多品种物料的干燥，故在实验室、中试厂及工厂都会使用大小不同的这类干燥器。

厢式干燥器主要由一个或多个室或格组成，其内部构件包括：逐层存放物料的盘子（或可移动的盘架、小车等）、框架、裸露电热元件加热器或蒸汽加热翅片管。采用一个或多个风机来输送热空气，使盘上湿物料干燥。热空气在干燥器内的流动方式有平行流式及穿流式两种。平行流式的热风流动方向与物料平行，风速范围为 $0.5 \sim 3 m/s$，物料在料盘上的堆积厚度为 $2 \sim 3 cm$；穿流式的热风是从穿流方式通过料层，干燥物料应以颗粒状、条状及片状等为主，通过料层的风速为 $0.6 \sim 1.2 m/s$，料层厚度一般为 $3 \sim 10 cm$，其干燥速度可达平行流式的 $3 \sim 10$ 倍，但其动力消耗较大。

厢式干燥器大多为间歇操作，其优点是设备结构简单、投资少、料盘易清洗，对不同干燥物料的适应性强，较适用于小批量或经常更换产品品种的物料干燥。其主要缺点是物料不能进行分散、干燥时间长、已生条件差、劳动强度大、热效率低（一般为 40% 左右）、产品质量不稳定。

2. 带式干燥器

带式干燥器是利用流动的热风对输送带上的物料进行干燥，使物料中的水汽化，并随热风一起带走，达到干燥物料的目的。其工作原理与厢式干燥器相似，只是将物料的放置和装卸方式进行了改进，可以连续进行干燥。湿物料由进料端送入，经加料装置均匀地分布在输送带上，热空气自上而下（或自下而上）通过物料层，干燥好的物料由干燥器出料端落入受槽中。输送带由钢丝网或金属多孔薄板制成，其移动速度可通过变速箱调节。带式干燥机有单级、多级、多层等形式。

对挤出成型的条状催化剂或载体进行干燥时，可将挤出物自动地送至带式干燥器的网带上，热空气通过物料层进行连续干燥。干燥好的条在网带出口处自由落下进入受槽后，断裂在不同长度的条状产品。

带式干燥器结构简单、可连续操作、劳动强度小、适应性强、热效率也相对较高，其缺点是附属设备较多、设备投资相对较高、占地面积也较大，且设备维护难度也较高。但因其生产量大、产品质量稳定，在生产中应用逐渐增多。

3. 转筒干燥器

又称回转圆筒干燥器，其主体部分是一个与水平线略成倾斜（一般为 $5°\sim6°$）的旋转圆筒。圆筒支承在滚轮上，筒身由齿轮带动而回转（外形参见图18-19）。干燥器的转速一般为 $1\sim8r/min$。湿物料从圆筒较高的一端的加料口加入，随圆筒的回转不断前进。经干燥后从较低一端排出。筒体内壁上装有抄板，抄板可将物料抄起又洒下，使物料与热风的接触表面加大，以提高干燥速度并促进物料向前移动。干燥所用热介质可以是热空气、烟道气或水蒸气等。如果干燥介质直接与物料接触，则经干燥然后用旋风分离器将气体中夹带的细粒物料捕集后再排出。

根据干燥介质与湿物料的接触方式不同，转筒干燥可分为直接加热式、间接加热式及复合加热式等。直接加热式是热风与被干燥物料直接接触，以对流传热方式进行干燥。按热风与物料之间的流动方向又可分为并流式及逆流式。前者是热风与物料轴向移动方向相同，后者是热风流动方向与物料移动方向相反。

间接式转筒干燥器中，干燥介质不直接与干燥物料接触，热量是通过筒壁传给被干燥物料，通常是整个干燥器砌在炉内，外壳用烟道气加热。汽化的水分可由风机排除。

复合加热式转筒干燥器是所需热量的一部分由热空气通过筒壁以热传导的方式传给湿物料；而另一部分则通过热风与物料直接接触，以对流传热方式传给湿物料。这样可提高热量利用率，提高干燥速度。

工业用转筒干燥，直径 $0.6\sim2.5m$，长度 $2\sim30m$，所处理物料原始水分 $3\%\sim50\%$，最终水分可降到 0.5% 甚至更低。物料在干燥器内停留时间可调。

转筒干燥器的自动化程度较高，生产能力较大，对物料适应性强，操作方便，产品干燥的均匀性好，操作费用也较低。其主要缺点是设备庞大,一次性投资较高,转动部件需要经常维修,而且热效率较低(一般为50%左右,如使用高湿热风,可提高至80%)。

4. 振动流化床干燥器

在一台干燥设备中,将颗粒物料堆放在气流分布板上,气体从设备下部通入床层。随着气流速度加大到某一程度时,固体颗粒在床层内就会产生形似沸的状态,这种现象就称为流化现象,这种床层称为流化床。采用流化床进行的物料干燥就称为流化床干燥。

振动流化床干燥器是在一般流化床上增加了床层的振动功能,使物料在床层振动产生振幅和在热风作用下达到低床层流化的效果,使物料在动态下得到干燥。图19-2示出了振动流化床干燥器的结构。利用安装在机体两侧的振动电机产生直线振动,振动电机安装相位角决定振动方向,更换固定偏心块或改变偏心块之间的夹角可调节激振力大小。由于振动,强化了物料的流态化及输送,明显地减少了物料流化所需的热空气用量(为一般流化床用量的20%~30%),热空气主要用于传热与传质,并带走湿分。

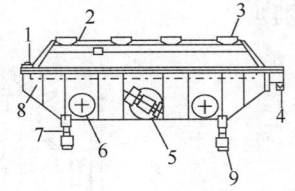

图19-2 振动流化床干燥器结构示意图
1—进料口;2—上盖;3—空气出口;
4—出料口;5—振动电动机;
6—空气入口;7—隔振簧;
8—流化床;9—底座

振动流化床干燥器的主要特点:①物料流化状态及停留时间易控制,床层的振幅可调,操作灵活;②借助于床层的振动,可分散团块物料,有利于传热传质,提高工效;③通过物料使物料流化,可减少风压及风量,降低能耗;④低床层流化颗粒的破碎磨损小;⑤设备占地面积小,维修方便。

振动流化床干燥器能适用于各种类型催化剂或载体的干燥,也可用于湿滤饼的干燥。现在,在催化剂制备中已广泛应用。其主要缺点是噪声较大;同时,由于振动频率通常高于固有频率,在启动和停车过程中,频率经过固有频率时会发生共振,机体产生较大振幅。尤其在停车时,剧烈的摇晃会产生较大冲击力,需采用适当措施减轻这一现象。另外,它对黏性物料的干燥效果不是太理想。

5. 气流干燥器

气流干燥器是一种在常压条件下的连续、高速流态化的干燥设备。其基本原理是利用高速的热气流将细粉或颗粒状物料分散于气流中，并和热气流作并流流动。在此过程中物料受热而被干燥。使用的干燥介质可以是不饱和热空气、烟道气或过热蒸汽。

图 19-3 示出了气流干燥基本流程。操作时，将湿物料用螺旋加料器加入干燥管中，由送风机送入的热空气与物料在干燥管中接触，并使物料悬浮于流体中，干燥后的物料经旋风分离器及袋式除尘器回收，废气经引风机排出。

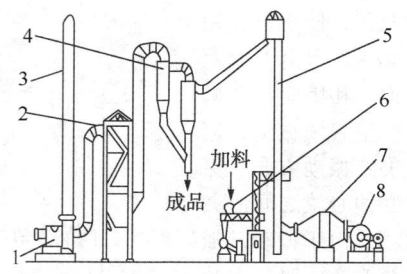

图 19-3 气流干燥基本流程
1—引风机；2—袋式除尘器；3—排风管；4—旋风除尘器；
5—干燥管；6—螺旋加料器；7—加热器；8—送风机

气流干燥具有干燥强度大、热效率高、干燥时间短、适用范围广及装置结构简单等。其缺点是，在较高的气速时，系统的流动阻力较大，一般为 3000~4000Pa，必须选用高压或中压风机，从而动力消耗大，噪声也大。由于气固悬浮并流操作，气速高、流量大，需选用较大尺寸的旋风分离器及袋式除尘器；要求湿物料的水分以非结合水为主；而对于有结合水的物料，干燥后物料的湿分可能会大于 2%。此外，这类干燥器也不适用于易产生静电或干燥时会放出有毒、易燃、易爆气体的物料。

6. 喷雾干燥器

喷雾干燥是在圆筒形的喷雾塔中，物料通过雾化器喷成雾状，分散在热气流中，物料与热空气以并流、逆流或混流的方式相互接触，使水分快速蒸发而达到干燥的目的,喷雾干燥器的工艺过程可参见图 18-30,它主要由供料系统、雾化器、喷雾干燥塔、产品回收系统及热风系统等组成。其基本原理及雾化器的结构可阅十八(八)。

喷雾干燥所用料液可以是溶液、乳浊液、悬浊液、铝溶胶及膏糊液等,干燥产品可根据需要制成粉体、颗粒、空心球或团粒。在催化剂或载体生产中常用于生产微球氧化铝、硅胶及分子筛等材料。

喷雾干燥的特点是干燥速度快,一般干燥时间只需十几秒,特别适合热敏性物料的干燥,热效率高,可实现连续化生产,还适合用于制得微球形干燥产品。

喷雾干燥器的缺点是投资高、占地面积大;操作时对浆液中机械杂质含量要求较高,否则会造成雾化器堵塞而影响生产;雾化部分,如高压泵、雾化器等在使用中故障率较高,维护工作量较大。

7. 红外线干燥器

红外线干燥器属于电磁辐射干燥器的一种。红外线辐射干燥是将电能或热能转变成红外辐射能,从而实现高效加热或干燥,其干燥方式是从物料外部、内部同时加热,因而具有干燥时间短、干燥产品质量好等特点。

根据供热方式不同,红外线干燥器有直热式及旁热式两种类型。

① 直热式辐射加热器。它是指电热辐射元件既是发热元件又是热辐射体。通常是将远红外辐射涂料直接涂在电阻线、电阻片、硅碳棒或金属氧化物电热层上,型式上制成板式、灯式、管式及其他形状的发热元件。这类加热器升温快、重量轻,多用于快速供热及中低温加热干燥,使用寿命长,维修方便。

② 旁热式辐射加热器。它是由外部供热给辐射体而产生红外辐射,其能源可借助电、煤气、燃气及蒸汽等。如板式远红外辐射加热器是将电阻线夹在碳化硅板的沟槽中间,在碳化硅板外表面涂覆一层红外涂料,当电阻线通电加热至一定温度后,即能在板表面发出远红外辐射,具有热传导性好、省电等特点。如乙烯氧氯化制二氯乙烷的微球催化剂,活性组分为氯化铜,载体为 $\gamma\text{-}Al_2O_3$,平均粒度 $30\sim80\mu m$。制备该催化剂时,将经喷雾干燥法制得的微球氧化铝浸渍氯化铜溶液后,采用带式红外线辐射干燥器进行干燥。与采用厢式干燥器比较,它具有干燥速度快、催化剂色泽均匀、能耗低、劳动条件好等特点,这种红外线带式干燥器的结构与带式干燥器相类似,只是加热元件由红外线辐射器组成而已。

(三) 干燥条件对催化剂或载体性能的影响

干燥工艺的合理与否直接关系到干燥周期的长短及产品的干燥质量，干燥的工艺参数主要有干燥介质的温度、湿度、流量、流速及升温速度等，这些参数的确定又取决于干燥物料的性质、组成、形状及含水量等。

1. 干燥对多孔性物料孔结构的影响

硅胶、硅铝胶、铝胶等湿凝胶，它们都含有丰富的孔道及复杂的网状结构，这类物质干燥时，水分最初是因毛细管作用向表面移动，并维持表面完全润湿，在大孔中的水分由于蒸气压较大，先开始蒸发；而当较小孔中水分蒸发时，由于毛细管作用，所减少的水分从较大孔中吸附过来而得到补充。干燥过程中，大孔的水分总是先减少，大孔中没有水分时，较小孔中可能还会存在水分。此时如采用快速干燥，常会导致产生很大的毛细压力，导致凝胶发生龟裂及破碎，破坏其孔结构。要防止凝胶在干燥过程中发生开裂，可采用以下措施。

① 干燥温度不宜太高，干燥速度不宜太快。采用传统的干燥方法，开裂常是由于干燥速度过快所引起。因此，采用慢升温、阶段式升温、干燥过程中保持适当的环境湿度，最好将湿物料不断进行翻动等措施可减少或防止开裂。

② 由于传统干燥方法难于阻止凝胶中微粒间的接触及挤压作用，可采用更有效的干燥技术，如使用超临界干燥技术，可使得毛细管压力所产生的破坏力降至为零。也可采用先冻结凝胶体再气化干燥的冷冻干燥法等。

③ 减少液相表面张力、增大凝胶孔径有利于增强凝胶网络的抗力来维持凝胶的结构。这时可采用加入添加剂进行干燥的方法提高产品的孔隙率，如向水合凝胶中添加适量聚乙二醇、甲基纤维素等水溶性有机聚合物，在低温下脱水干燥，直到无机结构凝固成型，最后用焙烧方法除去有机聚合物而形成细孔结构。

2. 干燥方式对活性组分分布的影响

用浸渍法制备的催化剂大多数是具有不同细孔结构的多孔性物质。浸渍操作结束后，常需对催化剂进行干燥。由于去溶剂的干燥过程中常伴随

十九、催化剂及载体的干燥

着溶质的迁移现象，使活性组分分布不均，大部分沉积于催化剂颗粒的外表面，严重时甚至会使催化剂颗粒黏成大粒或大块，干燥后破碎为细粉而剥落损耗。这种溶质迁移现象在载体对浸渍液中的溶质无吸附能力时尤为严重，这时，干燥操作甚至成为比浸渍更为重要的关键步骤。

在慢速干燥时，热量从颗粒外部传递到其内部，产生一个温度梯度，靠近颗粒外表面毛细孔中的溶剂总是先蒸发，在孔口形成一个弯月形液面，随着颗粒外部溶剂蒸发，内部溶质随同溶剂一起向颗粒外部迁移。当溶液达到饱和浓度时，溶质开始从颗粒外部或孔口处沉淀出来。随着干燥过程不断进行，使得颗粒表面上活性组分含量高于颗粒内部，引起活性组分分布不均匀；如果快速干燥，溶液蒸发速率大于毛细管内迁移速率，孔内弯月形液面在干燥过程中不断下降。当活性组分浓度达到饱和时，活性组分就会沉积在孔壁或扩散到剩余的溶液中，形成均匀分布。

当在载体上发生溶质组分的吸附时，其情况会变得更为复杂。在加热干燥时，细孔内溶液的 pH 值等因素发生了变化。如果同时产生载体组成的溶离，随着干燥时溶剂的减少，载体组分的析出，则会使活性组分的分布更为复杂化。所以，在强吸附时，活性组分的分布主要由浸渍过程所决定。

干燥条件及干燥方式除了对催化剂的孔结构及活性组分分布产生影响外，还会对催化剂的晶粒形貌及比表面积等产生影响。

二十、催化剂及载体焙烧

经干燥后的固体催化剂，活性组分常是以硝酸盐、碳酸盐、铵盐、草酸盐或氢氧化物、氧化物等形式存在。这些化合物形态一般不是催化剂所需要的化学形态，也未形成一定数量的活性中心和合适催化剂载体的孔结构。焙烧是成型后已经干燥的催化剂或载体在加热炉内按一定升温速度进行加热的热处理过程。焙烧的目的：①通过热分解反应除去催化剂或载体中易挥发组分及化学结合水，使之转化为需要的化学组成，形成稳定的结构；②通过焙烧时发生的固相反应、互熔及再结晶过程，使催化剂或载体获得一定的晶型、晶粒大小、孔结构及比表面积；③通过微晶烧结提高机械强度。

在焙烧过程中，催化剂内部发生较复杂的物理化学变化，并可概括为热分解、固相反应、晶相变化、再结晶及烧结等过程，而这些变化过程，与催化剂组成、焙烧温度、升温速度及焙烧气氛等因素有关。由于不同金属活性组分具有不同的热分解及晶型转变温度，因此对不同催化剂常会采用不同的焙烧温度。通常将 300℃以下称为低温焙烧，300~700℃为中温焙烧，700℃以上为高温焙烧。

（一）常用焙烧设备

在实验室里，催化剂焙烧常采用马弗炉，它具有升温、降温方便、温度可自动调节控制等特点，但催化剂装量很少。工艺生产催化剂时，焙烧是在专用焙烧设备中进行。焙烧设备结构型式较多，按操作方式可分为间歇式及连续式；按热源可分电加热、烟道气加热及天然气加热等；按加热温度可分为低温焙烧窑、中温焙烧窑及高温焙烧窑；按结构可分为厢式、网带式、回转式及隧道式等。下面是催化剂或载体常用的一些焙烧设备。

1. 立式焙烧窑

这是一种一定尺寸的圆筒形竖窑。经干燥的催化剂或载体由储斗分批加至窑内，用直接烟道气或燃气加热。经升温、保温一个周期的焙烧，催化剂由活动炉篦落入料斗，再进行下一批催化剂的焙烧。其特点是生产能力大、设备投资少、操作简单，设备的容积率可达 90%。这种窑的主要缺点是，由于它是一个绝热炉，焙烧过程不能配入二次空气。如用空气配气，则空气中的氧会与催化剂中的有机物在高温下发生燃烧反应，而使窑温猛升，若操作不当会将催化剂烧坏。因此，二次气体必须配入 N_2 或 CO_2 等惰性气体，在没有廉价惰性气体来源时，采用这种窑难以保证催化剂质量。

2. 厢式焙烧炉

这是一种外壳由钢板制成，内衬耐火砖的方形或长形窑，炉膛为长方形。焙烧的催化剂或载体放在不锈钢或网制成的料盘上，数排料盘堆放在铁制小车上，小车由炉内的轨道进出。炉膛采用电加热，尾部没有自然通风管，这种焙烧窑控温方便，结构简单，设备投资少；但间歇操作，劳动强度大，窑内上下有一定温差，因此上下层催化剂质量有一定偏差。

3. 连续回转式焙烧窑

这种焙烧窑的外形与转筒干燥器相似，其主体部分是一个与水平线略成倾斜的旋转圆筒。圆筒支承在滚轮上，筒身由齿轮带动而回转，转速由电动机调速控制。用烟道气或煤气、天然气直接加热。催化剂从圆筒较高的一端加入，随圆筒的回转不断前进，焙烧气则与催化剂逆向流动，高温段可达 650℃，低温段（物料进口）约 400℃。这种设备的优点是能自动进出料、连续操作、窑温可调、生产能力大。其主要缺点是由于物料进窑时立即与 350~400℃ 的高温燃气接触，会因分解过快而影响催化剂质量。此外，这种设备的焙烧时间有一定限制。对于要求焙烧时间较长的物料不太适用。

4. 间接加热式回转窑

其结构与连续回转式焙烧窑相似，物料也在转筒内受热焙烧，但催化剂不与烟道气或燃气直接接触，也可采用外部电加热。物料所接触的气体组分可由一个小管引入，因而是可以控制的。催化剂进入焙烧段焙烧后，经冷却段从尾部出料。经焙烧释放出的湿气及分解气体由头部烟囱自然拔风排出。其优点是温度调节方便，可以由低温逐渐升温到高温，焙烧时间可以调节，与催化剂接触的气体数量及组分也可调节，对物料的适应性强，焙烧过的催化剂质量高。根据产量要求，圆筒直径可大可小，圆筒长度也可根据需要增长或缩短。圆筒一般由不锈钢制作，使用优质耐热不锈钢时，最高焙烧温度可达900℃。但由于采用间接加热，热能的利用要比直接加热式低。此外，需要焙烧性质不同的催化剂或载体时，圆筒内壁的清洗较为困难。由于生产处理量大、可连续操作，广泛用于催化剂或载体焙烧。

5. 立式管式焙烧炉

炉体为由不锈钢板卷制的圆筒，筒外有保温层。催化剂或载体从顶部加料口加入，通过电热器加热的热风也从顶部通入，热气体由上而下通过催化剂，经焙烧释出的湿气及分解气体随焙烧气从下部引出管排出。通常是将催化剂装满一炉后，然后升温—保温—降温完成一个焙烧周期。由于是间歇操作，生产能力不高、劳动条件较差，适用于小批量催化剂的焙烧处理。

6. 网带窑

又称网带式焙烧窑。图20-1为这种窑的外形图。它是由直径为1~1.5mm不锈钢丝编成的网带及电加热隧道两部分组成。网带由滚筒带动，滚筒则由可控硅调速电动机或无级变速电动机经链轮带动。网带速度在5~20m/h内可调。网带宽度在800~1200mm之间，窑长可在15~40m之间选择。焙烧炉的隧道加热部分内衬耐火砖，外壳为钢板。热源为电热或烟道气。催化剂

图20-1 网带窑外形图

或载体可直接加至网带上，也可放入特制不锈钢制匣钵上再由网带传送。整个窑炉可分为预热段、焙烧段、降温段。催化剂通过网带传动依次经过预热、焙烧、冷却后从窑尾排出。焙烧产生的高温气体由窑炉上部的烟囱或引风机排出。这种窑的温度调节方便、窑内温度分布均匀且稳定，生产连续好，产品质量好，催化剂产生细粉少。因此广泛用于各种催化剂及载体的焙烧。由于网带为不锈钢制成，焙烧温度不能超过700℃。对于网带

较长的网带窑，操作时容易发生网带跑偏现象，需要经常调整。

7. 隧道窑

该窑窑体由钢板制作，内衬高铝耐火砖。用刚玉异形砖筑成两条轨道。一定数量的窑车带滑盘嵌在刚玉轨道上。硅钢棒或硅钼棒电热元件安装在隧道两侧。图20-2为隧道窑的剖面图。装有催化剂的窑车在轨道上推移构成了可活动的窑底面。操作时，窑车可由电动机带动的顶进机构推进，按一定时间经过窑的预热段、焙烧段及冷却段，并在与气流逆向运行的过程中经过预热、焙烧及冷却三个过程，完成一系列物理化学变化。焙烧过程产生的高温烟气在隧道窑前端烟囱或引风机的作用下，沿着窑头方向流动，同时逐步地预热进入窑内的物料。采用硅碳棒加热的隧道窑，最高温度可达1300℃，而采用硅钼棒加热时，焙烧温度可达1500~1600℃。

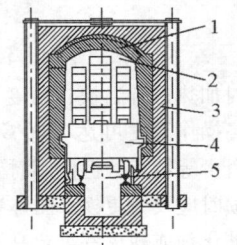

图20-2　隧道窑的剖面图
1—窑拱；2—隧道；3—窑墙；
4—窑车台面；5—窑车

隧道窑的特点是生产连续化、窑内温度相对稳定，主要适用于高温焙烧。其主要缺点是建筑费用高、匣钵使用寿命短、废气温度高、能耗大，对于匣钵层数为2层或更多层时，上下温差较大。催化剂或载体的高温焙烧，早期大多这种型式的高温窑，现在已逐渐为辊道窑所替代。

8. 辊道窑

辊道窑又称辊底窑。图20-3是全自动高温焙烧辊道窑的外形图。这种窑的窑底是由许多耐高温圆棒形瓷管作为辊子以一定间歇排列而成。辊子一侧由调速电动机通过链轮带动。物料装在耐高温匣钵中，匣钵平放在辊子上。通过辊子的传动，依靠辊子与匣钵底面的摩擦力将匣钵向前移动，依次通过窑的预热段、焙烧段及冷却段完成焙烧过程。焙烧产生的高温气体由窑炉上部的烟囱或引风机排出。

辊道窑是一种小截面的隧道窑，具有许多普通隧道窑所没有的优点。它的通道截面呈扁口形，故又称扁口或缝式辊道窑。可以在辊道的上下部

图 20-3 全自动高温焙烧辊道窑外形图

同时加热，升温快、温度分布均匀，便于控制。用硅碳棒加热的辊道窑，最高操作温度可达 1300℃，上下温度不超过 ±5℃，并具有占地面积小、投资少等特点；但使用时要注意辊子及匣钵的维护，辊子及匣钵有裂缝及破损时应及时更换。匣钵装料不宜过满，以免物料溢出影响辊子转动。有些催化剂或载体都需要高温焙烧。以前多采用隧道窑，由于上下层匣钵温差较大，影响催化剂质量，故很多催化剂生产厂，已采用辊道窑替代隧道窑来焙烧催化剂或载体。

(二) 催化剂在焙烧过程中的物理化学变化

焙烧是催化剂在不同温度下发生物理变化和化学变化交错进行的过程，对催化剂的最终形态及催化性能有重要影响。在此过程所发生的物理化学变化主要有以下一些。

1. 热分解

热分解是化合物受热时分解为新的几种化合物的反应，如硝酸银加热分解成银、二氧化氮和氧。焙烧过程的热分解反应可用下面的通式来表示：

$$A(固体) \xrightarrow{\triangle} B(固体) + C(气体)$$

固体 B 一般是焙烧后的微细粒子聚集体，其性质决定于起始物固体 A 的化学性质及焙烧条件（如焙烧温度、时间、气氛等）。

用浸渍、沉淀等方法制得的催化剂，经干燥后含有硝酸盐、碳酸盐、铵盐、草酸盐等易分解的化合物，当在一定温度下加热一定时间后，即可分解除去化学结合水及一些挥发性成分，转化成所需的化学态。表 20-1

示出了用浸渍法及沉淀法制造 Cu、Ag、Au 催化剂时，经干燥后的金属盐类的热分解过程及其化学形态变化。

表 20-1 Cu、Ag、Au 催化剂在焙烧过程中的化学形态变化

浸渍法制备	① 硝酸铜 $\xrightarrow{干燥}$ Cu(NO$_3$)$_2$·3H$_2$O $\xrightarrow{110\sim120℃}$ Cu(NO$_3$)$_2$·3CuO·nH$_2$O $\xrightarrow{170\sim400℃}$ CuO + NO$_2$ + H$_2$O ② 乙酸铜 $\xrightarrow{干燥}$ (CH$_3$COO)$_2$Cu·H$_2$O $\xrightarrow{干燥}$ (CH$_3$COO)$_2$Cu + H$_2$O $\xrightarrow{240℃}$ CuO + CO$_2$ ③ 碳酸铜 $\xrightarrow{干燥}$ CuCO$_3$ $\xrightarrow{200℃}$ CuO + CO$_2$ ④ 硝酸银 $\xrightarrow{干燥}$ AgNO$_3$ $\xrightarrow{444℃}$ Ag + NO$_2$ + O$_2$ ⑤ 碳酸银 $\xrightarrow{干燥}$ Ag$_2$CO$_3$ $\xrightarrow{218℃}$ Ag$_2$O + CO$_2$ ⑥ 氯金酸 $\xrightarrow{干燥}$ H[AuCl$_4$]·nH$_2$O $\xrightarrow{加热}$ AuCl$_2$ + H$_2$O + Cl$_2$ $\xrightarrow{加热}$ AuCl + Cl$_2$ $\xrightarrow{加热}$ Au + Cl$_2$
沉淀法制备	① 硝酸铜 $\xrightarrow{(碱)}$ Cu(OH)$_2$ + (NaNO$_3$) $\xrightarrow{100℃}$ 4CuO·H$_2$O $\longrightarrow$ CuO ② 硝酸银 $\xrightarrow{碱金属碳酸盐}$ Ag$_2$CO$_3$ $\xrightarrow{218℃}$ Ag$_2$O $\longrightarrow$ Ag ③ 氯金酸 $\xrightarrow{Mg(OH)_2或碱}$ Au$_2$O$_3$·7H$_2$O $\xrightarrow{加热}$ HAuO$_2$ $\longrightarrow$ Au ④ 硝酸银 $\xrightarrow{(碱)}$ AgOH $\xrightarrow{加热}$ Ag

注：以上反应式的原子数未配平，只是定性地表示催化剂活性组分在热处理过程中的化学形态变化。

热分解一般为吸热反应，提高温度有利于热分解进行，但焙烧温度应不低于该化合物的热分解温度，以使物料尽可能分解完全。

2. 固相反应

固相反应又称固态反应，是指有固态物质参加并有固相产物生成的反应。固体催化剂是由金属活性组分、助催化剂及载体等多种成分所组成，在焙烧过程中，有可能发生固相反应而生成新相。如 MgO/Al$_2$O$_3$ 催化剂在高温焙烧时可发生 MgO + Al$_2$O$_3$ $\longrightarrow$ MgAl$_2$O$_4$ 反应，生成尖晶石结构，有

利于催化剂结构稳定及提高催化剂活性；又如用于乙苯脱氢制苯乙烯的 ZnO/Al_2O_3 催化剂，在焙烧过程中可能生成 $ZnAl_2O_4$ 的结构，但 $ZnAl_2O_4$ 对反应并无活性，应避免生成这种结构。

尖晶石是一种含有两种阳离子的氧化物离子型晶体，其化学通式为 AB_2O_4（A 为 Mg^{2+}、Mn^{2+}、Zn^{2+}、Fe^{2+}、Co^{2+} 等。B 为 Al^{3+}、Cr^{3+}、Fe^{3+}、V^{3+} 等）。合成尖晶石可作催化剂载体或作催化剂的活性组分。催化剂焙烧时是否形成尖晶石结构与金属氧化物酸碱性、金属离子大及焙烧温度等因素有关。

3. 晶相变化

相变是物质状态的质的变化。当温度、压力或电磁场等条件变动时，固体的特性或结构在一定的关节点上发生突变，从而产生固体的相变。其中温度及压力是影响相变的主要因素。

一些催化剂或载体在高温焙烧时会发生晶相转变，如丙烯氧氯化催化剂的主要活性组分 $Bi_2O_3 \cdot nMoO_3$ 存在三种晶相：当 $n=3$ 时为 α 相，这种晶相十分稳定（熔点为700℃）；当 $n=2$ 时为 β 相，这种相只在 550～670℃ 的温度范围内稳定，温度低于550℃时缓慢分解为 α 相和 γ 相，而高于670℃时又迅速分解为 α 相及 γ 相，当 $n=1$ 时形成 γ 相，它在低于550℃下稳定。

在催化领域中应用很广的氧化铝载体是由水合氧化铝加热失水制得，表 20-2 示出了一些水合氧化铝在不同焙烧温度及焙烧气氛中加热时其晶相转变过程。可以看出，所有其他氧化铝变体加热至1200℃以上时都转变为 $\alpha\text{-}Al_2O_3$，其他氧化铝都为过渡形态，终态为 $\alpha\text{-}Al_2O_3$（刚玉）。

表 20-2　水合氧化铝加热时晶相转变过程

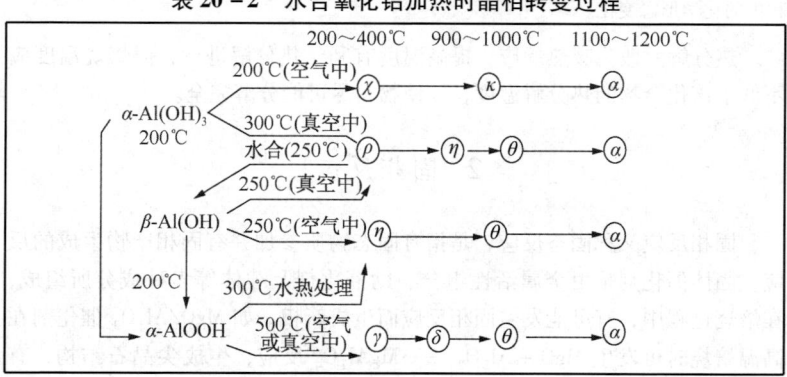

4. 再结晶

催化剂焙烧过程中发生的再结晶现象可由固溶体的形成来解释。所谓固溶体是一种容许可变组成的结晶相。催化剂的一些性质往往会因形成固溶体的途径改变而发生变化。简单的固溶体系按其结构特点可分为填隙固溶体及取代固溶体两类。如果加入的离子或原子并未取代母体结构中的任何离子或原子,而是占据了晶体结构中正常的空位,则称为填隙固溶体;如果加入的离子或原子直接取代了母体结构中具有相同电荷的离子或原子,便称为取代固溶体。在焙烧过程中,许多金属组分能形成填隙固溶体,其中一些小原子,如 B、C、N 等能进入金属立体结构内空着的间歇位置。在催化剂焙烧过程中,各种金属盐类形成固溶体的现象是颇为普遍的,只是其形成机理颇为复杂。

5. 烧结

烧结是指固体加热到低于其熔点的温度时,固体颗粒黏结成聚集体而使固体的比表面积减少的现象。烧结机理一般有两种:①由于微晶迁移后经碰撞聚集而产生烧结;②由于原子或分子物种自小的微晶迁移至大的微晶而产生烧结。烧结与上述再结晶过程难以截然区分,在再结晶发生时多少也会产生烧结现象,只是程度不同而已。通常焙烧温度低于塔曼(Tamman)温度(固体熔点温度的 2/3 以上)时,再结晶过程占优势;而在高于塔曼温度时,烧结现象就显得突出。

影响烧结的因素主要是焙烧温度,但焙烧时间及气氛也有重要影响。此外,催化剂中的杂质对烧结也有一定影响,杂质的作用是通过改变熔点的高低而影响烧结。通常,混入像 F、Cl、Br 等阴离子杂质常会使烧结温度降低;反之,如果加入耐高温的稳定剂,它对易烧结组分起着隔离作用,防止微晶相互接触,从而提高烧结温度。有时加入某些结构性助催化剂,也起着这种作用。

一般情况下,催化剂的烧结会使微晶长大、孔径增大、比表面积及孔体积减小、机械强度提高。对有些催化剂,其活性要求并不太高,而机械强度却要求高时,也可在焙烧过程中有意使催化剂发生部分烧结,以提高它的机械强度。

6. 活性组分的再分配

对某些催化剂，焙烧还会使金属活性组分在载体上产生重新分配。如生产硫酸用钒催化剂的活性组分是 V_2O_5，载体是硅藻土。催化剂的成型和干燥是在喷动塔中完成的，但这样制得的催化剂在未焙烧之前，活性组分的分布是不够均匀的。只有在焙烧温度达到一定后，才能使活性组分熔融为液相，从而使活性组分在载体再次重分配，达到均匀负载的目的。

（三）焙烧温度的控制

在固体催化剂制备中，焙烧也是控制或调节催化剂结构及物性的重要手段之一。焙烧温度、时间及气氛等都会对催化剂的化学组成、微晶大小、晶形变化、孔结构、比表面积及机械强度等产生不同程度的影响；而焙烧温度则是焙烧过程最重要的控制条件。从待焙烧的催化剂或载体入窑，到进入预热段至高温焙烧段都是一个加热过程。在这个过程一般都按照一定的温度曲线升温。根据焙烧温度不同，焙烧过程大致可分为以下几个阶段。

（1）低温阶段

这一阶段的温度大致是室温至 300℃，其作用是将物料中的机械水及吸附水排除。实质上还是起着干燥设备的作用。在这一阶段，主要是物理变化，较少有化学变化，也有一些结晶水在这一阶段被脱除，这一阶段的升温应保持均匀、平稳，不宜过快过猛，并要尽量降低物料入窑水分。入窑水分过高、升温过快，会因催化剂颗粒内形成过大的蒸气压而导致颗粒产生开裂、掉皮。

（2）氧化分解阶段

这一阶段一般以 300℃ 开始，主要发生活性组分的氧化、分解、晶相转变及脱结晶水等过程，如一水软铝石（α-AlOOH）的热转化：

$$\alpha\text{-AlOOH} \xrightarrow{450℃} \gamma\text{-Al}_2\text{O}_3 \xrightarrow{600℃} \delta\text{-Al}_2\text{O}_3$$

这一阶段还会发生比表面积及孔体积增大、机械强度增加等现象。操作时应保持良好的空气流动状态，减少室内上下、水平温差，以使氧化分解顺利进行。这一阶段的温度要根据催化剂负载的金属盐类性质而定，升温要适当慢一些。

(3) 保温阶段

保温阶段或称恒温阶段。这一阶段是在保持高温焙烧温度的条件下进行的。高温保温的作用是拉平窑内上下、水平温度，使催化剂或载体的不同部位、同一部位的表层与内部的温度均匀，保证结构趋于均一。在表观上，使焙烧后的催化剂颜色均匀。在这一阶段，恒温时间要适当，时间过长会引起烧结严重，时间过短则会使焙烧不完全，产品质量及颜色不均一。二者都会影响催化剂的催化活性。

(4) 冷却阶段

恒温阶段结束后，物料过入冷却阶段进行冷却。这时应根据所焙烧物料的性质控制冷却速率。对于高温焙烧的情况，由最高温度至700℃，属于冷却段的急冷阶段。在这一阶段会存在一定的液相，快速冷却会使物料产生碎裂、变形等缺陷；700~400℃时液相已经凝固，但仍需注意物料内外温差及晶相转变时所产生的应力对催化剂结构的不利影响，因此冷却速度必须缓慢；400℃以后，由于热应力变小，冷却速度可以加快。

在焙烧设备结构一定时，对于不同的催化剂品种及不同的焙烧温度要求，其对预热、焙烧、愠温及冷却的速率也有所不同。因此要通过不同升温速度所得到催化剂产品的性能分析，制定适宜的温度曲线，以此作为温度控制的依据。

二十一、催化剂还原及硫化

多数固体催化剂在使用前或与实际反应原料接触之前,要经过预处理使其物理、化学性质发生变化,进入具有催化活性的状态。活化方法有氧化、还原、加热、预硫化、酸碱处理、烃基化等。活化处理的目的是使催化剂的活性稳定化,提高目的产物的选择性和收率。活化方法虽然很多,大致可分为以下两类:①热活化。是将基体加热处理使之进入活性状态,以改变其化学组成及物理形态。如基体中的氢氧化物、硝酸盐、有机酸盐及氨盐等发生热分解,生成相应的金属氧化物;又如 Ni^{2+}、Zn^{2+} 等氧化物与 Al^{3+}、Cr^{3+} 等发生高温固化反应,形成尖晶石型化合物;水合氧化铝转变为 γ、η 型等活性氧化铝。这时除发生分解、化合等变化外,基体的孔结构、比表面积等也常发生变化。这种热活化也是前述催化剂制备中焙烧工艺的伴随过程。②化学活化。是通过氧化、还原、预硫化等化学过程,使金属处于一定的活性状态,如 $NiO \xrightarrow{H_2} Ni + H_2O$;$WO_3 \xrightarrow{H_2S} WS_x (x=2,3)$ 等反应。如苯氧化制苯酐用催化剂需将 V_2O_4 氧化成 V_2O_5 才有催化活性;氨合成催化剂需将 Fe_3O_4 还原成 $\alpha\text{-Fe}$ 才有活性;加氢脱硫催化剂需将金属氧化态硫化为硫化态才有催化活性等,所以有些催化剂的活化是在制备过程中进行的,有些催化剂的活化则是在使用过程中进行的。

(一)催化剂还原

1. 催化剂预还原目的

催化剂在反应状态要求有高活性及高选择性,而在运输、储存过程为了稳定和安全,要求呈非活性状态。为此,相当一部分催化剂在出厂时以高价的氧化物形态存在而未呈催化活性。在催化剂装入反应器后,进入使用状态前要用氢气或其他还原性气体还原成活泼的金属或低价氧化物。

有些催化剂或还原时间长(如合成氨用的铁催化剂),或还原条件较为苛刻(如镍催化剂),催化剂生产商往往在出厂前在催化剂还原器内进行预还原,钝化后出厂,以方便催化剂用户。

对于采用流化床或移动床操作的反应器,由于需要不断补充催化剂,有时也设置催化剂还原器,将新鲜催化剂还原后再加入反应器中,以维持反应器连续运转。

2. 还原过程中的化学反应

一些工业上重要的催化剂是通过金属氧化物或金属氯化物经在高温下因氢气还原后制成负载型金属催化剂。其还原时的化学反应式可表示如下:

$$Mo_x(固) + xH_2(气) \rightleftharpoons M(固) + xH_2O(气)$$
$$MCl_x(固) + x/2H_2(气) \rightleftharpoons M(固) + xHCl(气)$$

一些重要工业催化剂的还原如下:

催化过程	催化剂的还原	催化过程	催化剂的还原
烃类蒸汽重整	$NiO \longrightarrow Ni$	CO 低温变换	$CuO \longrightarrow Cu$
催化重整	$PtO_2 \longrightarrow Pt$	氨合成	$Fe_2O_3 \longrightarrow Fe$
CO 中温变换	$Fe_2O_3 \longrightarrow Fe_3O_4$	甲烷化	$NiO \longrightarrow Ni$

还原过程中形成金属微晶的机理:氢气向催化剂表面扩散,氢气在催化剂表面吸附,生成金属晶核,在金属与氧化的界面处反应,还原生成物气体分子的解吸及扩散等。

3. 还原条件对催化剂性能的影响

与其他化学反应相似,催化剂还原既有反应平衡及动力学问题,也有还原方向、程度及速度等问题。因此,还原温度、压力、空速、还原气组成及性质、还原时间等工艺操作参数都会对还原结果产生影响,而且所还原的催化剂不同,其还原条件也有所不同。

(1) 还原温度的影响

温度是催化剂还原的重要控制因素。每一种催化剂都有特定的初始还原温度、最快还原温度及最高允许还原温度。从化学平衡的角度,如果催化剂的还原是一种吸热反应,提高温度有利于催化剂还原。如 Fe_3O_4 用氢气还原的反应是一个可逆吸热反应,提高温度有利于加快反应速率及催化剂彻底还原；反之，如果还原是放热反应，提高温度不利于彻底还原，需要控制温度，如 CO 变换用 CuO-ZnO 催化剂还原时会放出大量的热，而 Cu 又对温度十分敏感，极易引起烧结，这就需要严格控制还原温度。

还原时，升温速度快，会使生成水的速率加快，水汽浓度大，这就会使还原后的催化剂微晶长大，比表面积减小，催化活性下降；如果升温速率太慢，则会使还原时间加长；还会使已还原好的催化剂经受反复氧化还原，从而影响催化剂性能。因此要根据催化剂的组成结构及用途选择适宜的升温速率。

(2) 空速及还原压力的影响

一般来说，采用高空速及较低的还原压力有利于还原反应的进行。还原气的空速越大，即流过催化剂的氢气量也越大，使气相中水汽浓度降低，从而加快还原时生成的水从颗粒内部向外部的扩散速率，把水汽的中毒效应减至最低，也有利于还原反应向右移动和提高还原速率；还原气体的总压提高，氢气分压相应提高，有利于提高还原反应的速率，避免金属微晶的烧结；但还原气体的总压力提高，将会降低还原产物或系统中水汽的扩散系数，造成催化剂微孔中水汽分压上升，从而引起还原的金属晶粒反复氧化，使催化剂活性下降。因此，在可能的条件下，应尽可能采用高的空速及在较低压力下进行还原操作。但工业还原过程中，提高空速受加热炉热量及受还原温度要求所限制。

(3) 还原介质的影响

一些催化剂多采用氢气还原，有些则采用 CO 等其他气体还原。采用不同还原介质时还原效果会有所不同。如用铜箔反复氧化和还原制备的铜催化剂，在分别用 H_2 和 CO 还原氧化铜而制得的两种金属铜，用 H_2 还原的催化剂活性优于用 CO 还原的催化剂活性。原因是氢气的导热率远大于 CO，使用氢气的还原剂比较容易散热，从而减少催化剂因再结晶而引起比表面积下降，又如，铂重整催化剂还原时，采用电解氢还原的催化剂的活性及稳定性均优于重整氢还原的催化剂。

所以，还原过程所用的还原介质(如氢气)纯度对催化剂的还原效果影响是很大的，高纯氢(99.999% 的电解氢)的纯度高、杂质少，因而还原速率快，催化剂还原效果好。但实用中操作麻烦、危险性大、成本高，难以在工厂广泛应用。采用工业氢或重整氢要注意氢气中的杂质含量因为还原介质的任何杂质(如 CO、H_2S、O_2 及烃类等)对催化剂的活性都会产生危害。如对铂催化剂进行还原时，含烃氢气中的微量烃类会与氧化态的铂反应，产生极为稳定的炭而覆盖在铂的表面，从而严重影响催化剂的活性及选择性。

(4) 氧的影响

在催化剂还原过程中，系统中不可避免地会带入微量氧气。这种氧气可以来自催化剂、干燥剂等残存的吸附氧，或是系统氢置换后残存在装置中的氧。这些微量氧在一定温度条件下会与氢反应生成水，增加还原系统的水汽量而影响催化剂的活性及选择性。

减少系统中氧含量的方法是，系统置换时使用含氧量低的合格氢气，并尽量将系统中的氧置换干净，还要认真分析还原氢中的含氧量，不得使用含氧量高的氢气。

(5) 水汽浓度的影响

水汽既是催化剂还原时的反应产物，又是还原催化剂的毒物。催化剂内部在还原过程中所生成的水汽将不可避免地影响外部和已还原好的催化剂。还原气氛中水汽浓度过高，则会抑制还原反应速率，使还原后的催化剂微晶长大并发生氧还原，导致催化剂活性下降。因此，水汽浓度应低一些为好；但水汽浓度过低时，不仅会延长还原时间，也会使反复氧化还原的时间相对延长，从经济上考虑是不利的。

工业还原装置中常用生成水的速度或水汽浓度来表示催化剂的还原速度，并用此来控制操作时的还原速度。

水汽浓度与还原速度间的关系可由下述关系式求得。设催化剂装填量为 $W(t)$、还原后催化剂质量为 $\omega(t)$，还原出水量为 $\omega_{H_2O}(kg)$，则可得到下式：

$$\omega = W - \frac{16}{18}\omega_{H_2O} \qquad (21-1)$$

设还原时间为 $t(h)$，则可得到

$$-\frac{d\omega}{dt} = \frac{16}{18}\frac{d\omega_{H_2O}}{dt} \qquad (21-2)$$

则还原速度可写成

$$r_{H_2O} = \frac{d\omega_{H_2O}}{dt} = V_{in}\theta = S_V V_K \theta \qquad (21-3)$$

或

$$\bar{\theta} = \frac{\omega_{H_2O}}{tV_{in}} = \frac{\omega_{H_2O}}{tS_V V_K} \qquad (21-4)$$

式中　r_{H_2O}——还原速度，$kg\ H_2O/h$；

S_V——还原空速，h^{-1}；

V_K——催化剂装填体积，m^3；
V_{in}——反应器还原气进口流量(标准状态)，m^3/h；
θ——水汽浓度(标准状态)，$10^{-3} kg/m^3$；
$\bar{\theta}$——有效还原时间内的平均水汽浓度(标准状态)，$10^{-3} kg/m^3$。

从式(21-4)可以看出，催化剂的有效还原时间与反应器大小及催化剂装填量没有直接关系，平均水汽浓度则与还原空速及还原时间成反比。因此，工业上一般是通过严格控制水汽浓度来控制还原速度及确保催化剂的还原质量。

还原后的催化剂易与氧接触而产生氧化作用，因此，贮存时，要隔绝空气，并用惰性气体覆盖。氮是最常用的覆盖气体，但要注意其含氧量不能太高。

(二) 催化剂硫化

1. 催化剂预硫化目的

新生产或经再生的加氢精制催化剂基本上是氧化型的，其活性成分多数为 W、Mo、Ni、Co 的氧化态，活性很低，稳定性较差。这类非贵金属催化剂只有将金属氧化物通过硫化变成硫化态后，催化剂才具有更高的加氢活性及稳定性。又如 $Pt\text{-}Ro/Al_2O_3$ 及 $Pt\text{-}Ir/Al_2O_3$ 双金属重整催化剂还原后，具有很高的氢解活性，如不进行硫化，将在进油初期发生强烈氢解反应，使催化剂快速升温，出现超温现象，严重损害催化剂活性及稳定性。而将催化剂硫化后，能在活性中心产生临时性的可控制的硫中毒，从而抑制过度的氢解反应，保护催化剂的活性。

催化剂硫化的目的：催化剂与反应物接触前，先在氢气存在下，与硫化剂(如二硫化碳、二甲基二硫)临氢分解生成的硫化氢反应，使催化剂氧化态转化为相应的金属硫化物。

催化剂硫化过程中的硫化反应极为复杂，对于 Mo、W、Ni、Co 等金属氧化物，其硫化反应可定性地表示为

硫化剂的临氢分解反应：
$$CS_2 + 4H_2 \longrightarrow 2H_2S + CH_4$$
$$或 (CH_3)_2S_2 + 3H_2 \longrightarrow 2H_2S + 2CH_4$$

金属氧化物的硫化反应：

$$MoO_3 + 2H_2S + H_2 \longrightarrow MoS_2 + 3H_2O$$
$$WO_3 + 2H_2S + H_2 \longrightarrow WS_2 + 3H_2O$$
$$3NiO + 2H_2S + H_2 \longrightarrow Ni_3S_2 + 3H_2O$$
$$9CoO + 8H_2S + H_2 \longrightarrow Co_9S_8 + 9H_2O$$

硫化反应是放热反应，并伴有水的生成。基于以上反应，按催化剂组成的金属含量及催化剂实际装填量，就可估测催化剂硫化时需要的理论硫量及生成水量。通常，硫化剂的备用量按理论需要量的 1.25 倍或更多一些考虑。

2. 常用硫化剂及硫化方法

能用于催化剂硫化的硫化剂品种较多，如二硫化碳、二甲基硫醚、二甲基二硫化物、正丁基硫醇、乙基硫醇及叔壬基多硫化物等。选用硫化剂的依据主要从硫含量、分解温度、价格及使用安全等方面考虑。一般选用原则：①在临氢及催化剂存在条件下，硫化剂能在较低反应温度下分解生成 H_2S，以有利于硫化操作顺利进行，提高硫化效果；②硫化剂的硫含量应高，以减少硫化剂用量，并减少其他成分对硫化过程的不良影响；③硫化剂的毒性小，使用安全，价格低廉。

二硫化碳（CS_2）由于硫含量高，分解温度低，价格便宜，在炼油工业的加氢装置上广为使用，其主要缺点是沸点（46.5℃）低、挥发性大、易燃，当空气中含 0.8%~52.6% 的 CS_2 即可引起爆炸。使用时要采取相应的安全防护措施。

二甲基二硫化物的硫含量次之，分解温度也较低，安全性较好，也是使用较多的硫化剂，但重复或长时间接触会刺激皮肤及眼睛，装填时要注意防护。二甲基硫醚的硫含量低，分解温度相对较高，易燃易爆，应用较少。其他硫化剂不如上述三种硫化剂使用多，有些基本不用。

炼油工业的加氢催化剂的硫化分为器内硫化及器外硫化两种类型。器内硫化又可分为干法（气相）硫化及湿法（液相）硫化两种。

3. 器内硫化法

器内硫化法是先将氧化态加氢催化剂装填至加氢反应器中，然后通入氢气和硫化剂，或氢气和含有硫化剂的原料油进行硫化。它又分为干法及湿法硫化两种。

(1) 干法硫化

干法硫化是在氢气存在下,将外加硫化剂直接注入反应系统,由硫化氢临氢分解生成的 H_2S 进行气相硫化。它具有不需要硫化油的优点,但硫化速度较慢,硫化时间较长,适用于含分子筛的加氢裂化催化剂的预硫化。

(2) 湿法硫化

湿法硫化是在氢气存在下,采用含有硫化剂的馏分油或烃类在液相或半液相状态下进行硫化。根据硫的来源,湿法硫化又可分为原料油(或选定的馏分油)中含硫化合物的硫化及硫化物油外加硫化剂的硫化。

湿法硫化的主要优点是在低温进油阶段有一个预湿过程,它可使催化剂颗粒处于润湿状态,防止催化剂床层中产生"干区",并使含硫化油中的硫化物吸附在催化剂上,有利于提高催化剂活性。对于裂化性能较少的馏分油加氢精制催化剂,一般采用湿法硫化。

(3) 催化剂上硫率

衡量催化剂硫化的最主要标志是催化剂上硫率。一般认为上硫率(质量分数)达 7%~8% 就可以为硫化完成。由于催化剂的金属组分含量不同,与其结合的硫量也会不同,高金属含量的催化剂上硫率可能会超过 8%。

催化剂硫化过程中,所注入的硫主要消耗于以下几个方面:①取代催化剂上氧元素所消耗的硫;②系统可能泄漏一部分硫;③高压分离器酸性水中溶解的硫;④残留于反应系统中的硫。为此,计算催化剂上硫率时,先按下式计算出上硫量:

$$上硫量 = 注入硫化剂量 \times 硫化剂分子中的硫含量 - 硫损失 - 酸气和水中的硫量 \quad (21-5)$$

按上式求出上硫量后,可按下式计算上硫率:

$$上硫率 = \frac{催化剂上硫量}{催化剂装填量} \times 100\%$$

(4) 影响催化剂硫化的主要因素

催化剂硫化过程的时间一般较长。在硫化过程中存在着硫化与氢还原的竞争反应。如果硫化剂的金属组元被氢还原则难以被硫化,金属组分也就难以转化为具有高活性和稳定性的硫化态。所以,硫化过程各参数的控制至关重要。

催化剂硫化过程中,影响最终催化剂性能的因素是初始注硫化剂时床层的温度、硫化反应最终温度和压力。对于湿法硫化还与硫化剂携带油性质有关。其他如气/剂比、注硫速度及时间等操作,只是影响硫化反应速度及硫化完全程度;而其中注硫速度主要是从安全角度考虑,以免发生超温事故。

4. 器外硫化法

器内硫化是将催化剂装入反应器后再进行硫化处理，也是目前许多加氢催化剂生产厂所采用的催化剂硫化方法。但器内硫化法存在多种问题，如使用的硫化剂有毒有害；装置需要仅在开工时使用昂贵硫化设施，硫化过程复杂，开工时间漫长；需耗费大量硫化油，后续处理麻烦；开工时装置在高硫化氢浓度下反复，升降温有安全及环保隐患；催化剂装填及反应器内构件安装等因素会影响硫化效果等。器外预硫化作为一种改进方法可以克服上述问题，已成为加氢催化剂预硫化技术的发展趋势。

器外硫化法是将新鲜或再生的氧化态催化剂在加氢反应器外进行预硫化处理，即采用特殊的工艺方法，将硫化剂（单质硫、有机多硫化物、硫＋烃类）充填到催化剂的孔隙中，或以某种硫氧化物的形态结合在催化剂的活性金属组分上，制备成预硫化催化剂的形式。

预硫化催化剂装入反应器后，在加氢装置中用氢气（干法）或用氢气和油（湿法）进行循环升温。在一定温度下，通过催化剂所携带的硫化剂或硫氧化物分解释放出的硫化氢使催化剂硫化，并有不同程度的放热及水的生成。与器内硫化技术相比，具有投资少、装填简便、开工时间短、安全清洁等。表 21-1 示出了器外硫化技术与器内硫化操作的比较。

表 21-1　器外硫化法与器内硫化法的操作比较

器外硫化法	器内硫化法
① 预硫化催化剂含有适量的硫，开工过程现场不需要再准备催化剂硫化所需的化学品，有利于人身安全及保护环境，并节省设备投资； ② 器外预硫化催化剂的活化对设备的损害较小； ③ 硫化好的催化剂形成过渡态金属硫氧化物，不会发生高温氢气还原的问题； ④ 由于原位反应，可靠性好，硫化更充分，装置使用的全部催化剂都得到预硫化处理，提高了活性金属利用率及活性； ⑤ 开工简便，开工条件相对宽松，在操作压力偏低时，仍能达到较好硫化效率； ⑥ 应用于催化剂撇头和部分换剂操作，更能体现开工简便的特点	① 由于使用有毒有害的硫化剂，对企业带来安全生产隐患，并会对设备及装置产生腐蚀； ② 需要反复升降温操作，因热胀冷缩而导致高温高压设备泄漏； ③ 需缓慢升温以避免活性金属被热氢还原，因为一旦被氢还原就很难再硫化，从而使催化剂活性下降； ④ 需要使用硫化设施及硫化剂，硫化效果受催化剂内、外扩散等因素影响； ⑤ 开工操作烦琐，设备故障、流体分布等因素会导致操作不安全，降低催化剂活性

下篇 工业专用催化剂产品

二十二、炼油催化剂

石油炼制(俗称炼油)是以油田开采的天然原油为原料、经加工炼制生产出符合使用标准的各种油品的加工制造过程。常用的油品大体上可分为燃料油品、润滑油、石蜡、沥青、石油焦等。燃料油品是指各种属于动力燃料范畴的油品，包括汽油、煤油、柴油、燃料重油、液化石油气等。石油炼制工艺过程因原油种类和生产油品的品种不同而有不同的选择。就燃料油品生产而言，大体上可分为原油蒸馏、二次加工及油品精制三大部分。原油蒸馏是通过常压和减压蒸馏将原油中固有的各种不同沸点范围的组分分离成轻质馏分、重质油馏分及渣油，并从轻质馏分中获得直馏的汽油、煤油、柴油等油品；由于从原油中直接得到的轻质馏分数量较少，因此大量的重质油馏分及渣油需进一步加工，即原油的二次加工。二次加工是将从原油馏分中得到的大量重质油馏分及渣油，进一步进行轻质化加工，以获得更多的轻质油品。二次加工工艺包括催化裂化、加氢裂化、催化重整及加氢处理等，是石油炼制过程的主体；油品精制是将一次加工和二次加工获得的汽油、柴油进一步处理精制，以获得含硫量及安定性等指标达到产品标准要求的油品。油品精制还包括油品的脱色、脱臭等为提高油品质量的许多加工工艺。

催化裂化是我国石油二次加工的首要工艺，在炼油工业中起着极为关键的作用。催化裂化是指在催化剂的作用下，重质油馏分及渣油通过裂化、异构化、环化、芳烃化等反应，转化成气体、汽油、柴油等轻质油品的过程。我国市场上供应的汽油中，经催化裂化工艺生产的汽油占大部分。但经催化裂化生产的柴油十六烷值低，需经调和或精制才能达到质量标准。催化裂化过程中产生10%~20%的气体，其中含有大量烯烃主要为丙烯。我国普遍采用的催化裂化工艺是流化床催化裂化工艺，也称流化催化裂化工艺。催化裂化使用的原料主要来自常减压的减压馏分油和延迟焦化的焦化馏分油等重质馏分油，也掺入少量减压渣油。

加氢裂化工艺是重质油轻质化的另一种重要工艺。它是在催化剂存在下，在高温及较高的氢分压下，使C—C键断裂的反应，可以使大分子烃类转化为小分子烃类，达到使油品轻质化的目的。加氢裂化不仅可以防止焦炭的产生，还可以将原料中的氧、氮、硫等杂质转化为水、氨、硫化氢易于脱除。它的加工原料范围广,包括直馏石脑油、粗柴油、减压蜡油、焦化柴油、焦化蜡油及脱沥青油等。通常可以直接生产优质液化气、汽油、柴油、喷气燃料等清洁燃料和轻石脑油等优质石油化工原料。加氢裂化装置有多种类型,我国大多采用固定床加氢裂化。加氢裂化工艺设备投资大、耗氢量高,因此,国内炼油厂大多优先采用催化裂化工艺,只有当二次加工原料不适合采用催化裂化工艺时(如馏分过重、含重金属、含硫较高的重质油),才选用加氢裂化工艺。

催化重整也是石油二次加工的重要工艺。它以 $C_6 \sim C_{11}$ 烃的石脑油为原料,在一定温度及催化剂作用下,通过芳构化、异构化及脱氢反应使烃分子结构发生重新排列,将环烷烃和烷烃转化成芳烃或异构烷烃,同时副产部分氢气。催化重整是生产苯、甲苯及二甲苯等低分子石油芳烃的重要手段。芳烃和异构烷烃有很高的辛烷值,因此催化重整也是生产高辛烷值汽油组分的重要工艺,副产的氢气又是加氢精制及加氢裂化等用氢装置重要的氢气来源。催化重整虽然也是二次加工工艺,但其工艺过程不同于催化裂化及加氢裂化。它不是将重质油轻质化,也不是将大分子裂解成较小的分子,而是将烃分子的结构重新调整,直馏汽油(石脑油)主要含正构烷烃及环烷烃,其辛烷值较低,需经催化重整加工。重整的油主要含芳烃或异构烃,它们都有很高的辛烷值,因此,对汽油的辛烷值平衡在数量上起着关键作用。作为调和组分,对车用汽油质量的提高,以及在降烯烃、降硫上起到重要作用。此外,催化重整得到的苯、甲苯、二甲苯等芳烃也是石油化工和有机合成的基本原料。催化重整反应工艺主要可分为固定床半再生重整及移动床连续重整两种类型。

经过一次加工及二次加工所得的油品中,常含有硫、氮、氧等化合物,胶质以及某些影响使用的不饱和烃和芳烃,为使油品达到质量标准,通常还需进一步处理或精制。其中加氢精制是油品精制的重要技术之一。

加氢精制是在氢气及催化剂存在下,将非烃类物质含有的杂原子硫、氮、氧分别转化为硫化氢、氨、水,将有机金属化合物转化为金属硫化物而逐一加以脱除,并将其主体部分生成相应的烃类。各种石油馏分在加氢精制过程中的主要反应有加氢脱硫、加氢脱氮、加氢脱氧、加氢脱金属以及烯烃和芳烃的加氢饱和反应等,同时还发生少量的开环、断链及缩合反应。石油产品需进行加氢精制的主要是催化柴油、焦化汽油及柴油,含硫原油的直馏汽油、煤油、柴油及各种蜡油。尤其是焦化汽油、柴油等含有大量单烯烃、双烯烃等不饱和烃以及硫、氮、氧等化合物,安定性很差,是加氢精制的主要对象。加氢精制对于提升各种油品质量有着不可或缺的作用。它是石油加工中十分重要的技术措施,是公认的环境友好技术。在现代炼油厂及石化联合企业中,几乎无一例外地选用加氢精制技术作为提升石油产品质量的重要技术手段。

在催化裂化、加氢裂化、催化重整及加氢精制等过程中,各种类型的催化剂起着十分关键的作用。

1. 无定形硅铝催化裂化催化剂
Amorphous Si-Al Catalytic Cracking Catalyst

别名 低铝硅酸铝催化剂
工业牌号 LWC-11、CDW-2、2号(裂化催化剂)
主要组成 非结晶结构的硅酸铝。
产品规格

产品性状	指标		
	LWC-11	CDW-2	2号(裂化催化剂)
Al_2O_3,%	≥13.0	≥12.5	≥13.5
Fe_2O_3,%	≤0.05	≤0.06	≤0.10
Na_2O,%	≤0.03	≤0.03	≤0.03
SO_4^{2-},%	≤0.45	≤0.5	≤0.45
灼烧减量,%	≤12.0	≤12.0	≤12.0
孔体积,mL/g	≥0.57	≥0.60	≥0.60
比表面积,m^2/g	≥650	≥580	≥600
磨损指数,%	≤2.0	≤2.2	≤1.7
初活性(500℃,60min),%	≥43	≥40	≥40
蒸汽稳定性(750℃蒸汽老化6h)	≥23	≥23	≥24

用途 用于催化裂化过程,具有强酸性中心,是一种较早使用的催化裂化催化剂。由于活性不太高,稳定性不太好,只适用于流化床催化裂化装置中。也可与其他高活性催化裂化催化剂混合使用。

简要制法 将硅酸钠(水玻璃)及硫酸铝等原料按比例配成溶液,经成胶、老化、喷雾成型、洗涤、干燥等过程制得。

生产厂 中国石化催化剂长岭分公司、中国石油兰州石化公司催化剂厂等。

2. 高铝催化裂化催化剂
High-aluminium Catalytic Cracking Catalyst

主要组成　非结晶结构的硅酸铝。

产品规格

产品性状	指标	产品性状		指标
外观	白色微球	磨损指数,%		≤3.5
Al_2O_3,%	≥20	初活性(500℃,1h),%		≥35
Fe_2O_3,%	≤0.10	蒸汽稳定性		≥23
Na_2O,%	≤0.20	粒度分布,%	$0\sim40\mu m$	≤25
SO_4^{2-},%	≤2.5		$40\sim80\mu m$	≥50
孔体积,mL/g	≥0.50		$>80\mu m$	≤30
比表面积,m^2/g	≥350			

用途　用于流化催化裂化装置,比低铝硅酸铝催化剂机械强度高、稳定性及流化性能好,裂化性能高于天然白土催化剂。

简要制法　先由硅酸钠(水玻璃)与硫酸铝(Ⅰ)进行第一步成胶反应,然后再加入硫酸铝(Ⅱ)进行二步共胶反应。反应后加入氨水。生成的硅铝胶先经打浆、喷雾干燥、成型制得微球,再经洗涤、过滤、气流干燥而制得成品。

生产厂　中国石化巴陵石化公司。

3. 低铝分子筛催化裂化催化剂
Low-aluminium Molecular Sieve Catalytic Cracking Catalyst

工业牌号　CDY-1、LWC-23、Y-9

主要组成　以稀土Y型分子筛为活性组分,以硅酸铝为催化剂载体。

产品规格

产品性状	指标		
	CDY-1	LWC-23	Y-9
Al_2O_3,%	≥13.5	≥13.0	≥14.0
Fe_2O_3,%	≤0.07	≤0.07	≤0.10

续表

产品性状	指标		
	CDY-1	LWC-23	Y-9
Na_2O,%	≤0.13	≤0.12	≤0.07
SO_4^{2-},%	≤0.50	≤0.65	≤0.50
灼烧减量,%	≤13.5	≤14.0	≤13.5
孔体积,mL/g	≥0.59	≥0.60	≥0.58
比表面积,m^2/g	≥600	≥650	≥650
磨损指数,%	≤2.4	≤2.9	≤2.2
微反活性(800℃),%	≥60	≥62	≥60
外观	$\phi 20\sim 100\mu m$ 微球		

用途 用于床层裂化,分子筛含量低,具有中等催化裂化活性。可用于以蜡油或焦化蜡油等为原料的提升管反应器,以生产汽油、煤油、柴油等轻质油品。也可与无定形硅铝催化剂掺混使用,用于流化床反应装置。与单独使用无定形硅铝催化剂相比,可提高汽油收率2%~3%。

简要制法 将稀土分子筛浆液与经共沉淀反应制得的硅酸铝混合均匀,先经喷雾干燥、成型制成微球,再经洗涤、过滤、干燥而制得成品。

生产厂 中国石化催化剂长岭分公司、中国石油兰州石化公司催化剂厂、中国石化催化剂齐鲁分公司等。

4. 高铝分子筛催化裂化催化剂
High-aluminium Molecular Sieve Catalytic Cracking Catalyst

工业牌号 CGY-1、CGY-2、LWC-33、LWC-34、Y-4 等
主要组成 以稀土 Y 型分子筛为活性组分,以硅酸铝为催化剂载体。
产品规格

产品性状	指标				
	CGY-1	CGY-2	LWC-33	LWC-34	Y-4
Al_2O_3,%	≥27.0	≥26.7	≥24.0	≥25.9	≥24.2
Fe_2O_3,%	≤0.17	≤0.11	≤0.08	≤0.06	≤0.09

续表

产品性状	指标				
	CGY-1	CGY-2	LWC-33	LWC-34	Y-4
Na_2O,%	≤0.18	≤0.19	≤0.15	≤0.1	≤0.19
SO_4^{2-},%	≤1.73	≤2.1	≤1.5	≤1.4	≤1.30
灼烧减量,%	≤13.3	≤14.4	≤14.0	≤14.0	≤14.5
孔体积,mL/g	≥0.65	≥0.61	≥0.70	≥0.66	≥0.57
比表面积,m^2/g	≥440	≥400	≥590	≥550	≥590
磨损指数,%	≤4.2	≤3.8	≤4.0	≤3.3	≤2.8
微反活性(800℃,4h),%	≥74	≥62	≥74	≥65	≥71
外观	ϕ20~100μm 微球				

用途 分子筛含量中等,具有较好的催化裂化活性,主要用于提升管反应器的催化裂化装置,生产汽油、煤油、柴油等轻质油品。积炭失活的催化剂可以再生。

简要制法 将分子筛浆液与硅铝胶混合打浆,先经喷雾干燥、成型制得微球,再经洗涤、过滤、干燥而制得成品。

生产厂 中国石化催化剂长岭分公司、中国石油兰州石化公司催化剂厂、中国石化催化剂齐鲁分公司等。

5. 超稳 Y 型分子筛催化裂化催化剂
Superstable Y-type Zeolite Molecular Sieve Cracking Catalyst

工业牌号 ZCM-5、ZCM-7
主要组成 超稳 Y 型分子筛(REUSY)/Al_2O_3-白土。
产品规格

产品性状	指标	
	ZCM-5	ZCM-7
Al_2O_3,%	44.5~46.3	44.1~45.2
Fe_2O_3,%	≤0.54	≤0.41

续表

产品性状	指标	
	ZCM-5	ZCM-7
Na_2O,%	≤0.19	≤0.26
灼烧减量,%	≤12.8	≤12.9
孔体积,mL/g	≥0.30	≥0.60
比表面积,m^2/g	≥187	≥204
磨损指数,%	≤1.4	≤2.3
微反活性(820℃),%	≥76	≥76
外观	ϕ20~100μm 微球	

用途 用于重油催化裂化装置,也可用于以渣油或其他馏分油混合作原料的催化裂化装置。由于催化剂制备时脱除了结构中的部分铝原子,提高了硅铝比,因而具有水热稳定性好、抗污染能力强、焦炭选择性好及轻油产率高等特点。

简要制法 将分子筛浆液与硅铝胶混合打浆及改性处理,先经喷雾干燥、成型制得微球,再经洗涤、过滤、干燥制得成品。

生产厂 中国石油兰州石化公司催化剂厂、中国石化催化剂齐鲁分公司等。

6. 半合成分子筛催化裂化催化剂
Semi-synthetic Molecular Sieve Catalytic Cracking Catalyst

工业牌号 CRC-1、Y-7
主要组成 稀土分子筛(REY)/Al_2O_3-白土。
产品规格

产品性状	指标	
	CRC-1	Y-7
Al_2O_3,%	≥50.0	≥51.0
Fe_2O_3,%	≤0.75	≤0.8

续表

产品性状	指 标	
	CRC-1	Y-7
Na_2O,%	≤0.08	≤0.08
灼烧减量,%	≤13.4	≤13.0
孔体积,mL/g	≥0.24	≥0.23
比表面积,m^2/g	≥225	≥170
磨损指数,%	≤2.0	≤1.5
微反活性(800℃,4h),%	≥76	≥70
外观	ϕ20~100μm 微球	

用途 用于提升管式催化裂化装置中掺渣油的重油裂化。也可与其他催化剂混合使用。催化剂具有抗重金属污染能力较强、焦炭选择性好、催化裂化活性高等特点。催化剂积炭失活后可以再生。

简要制法 将高岭土、一水软铝石等原料混合打浆,经成胶、老化后与稀土Y型分子筛浆液混合。生成的胶液先经喷雾干燥、成型制成微球,再经洗涤、过滤、干燥制得成品。

生产厂 中国石化催化剂齐鲁分公司。

7. 催化裂化催化剂
Catalytic Cracking Catalyst

工业牌号 LB-1、LB-2
主要组成 以超稳型分子筛为主活性组分,以白土为催化剂载体。
产品规格

产品性状	指 标	
	LB-1	LB-2
三氧化二铝(以Al_2O_3计),%	≥45.0	≥35.0
三氧化二铁(以Fe_2O_3计),%	≤1.7	≤1.0
氧化钠(以Na_2O计),%	≤0.45	≤0.50
灼烧减量,%	≤15.0	≤15.0
孔体积,mL/g	≥0.18	≥0.25

续表

产品性状		指标	
		LB-1	LB-2
比表面积,m^2/g		≥190	≥250
磨损指数,%		≤4.0	≤4.0
微反活性(800℃,4h),%		≥60	≥70
粒度分布,%	<45.8μm	≤25.0	≤25.0
	45.8~111μm	≥50.0	≥55.0

用途 LB-1 适用于加工重油及其他劣质油的重油流化催化裂化装置,尤适用于原料中重金属含量高、再生温度超过720℃及要求塔底油浆产率低的重油流化催化裂化装置。具有分子筛晶粒小、与基质结合牢固、中孔丰富等特点,因而催化剂活性高、水热稳定性好、抗重金属污染能力强、对汽油及轻质油选择性好。LB-2 催化剂具有高大的比表面积及孔体积,并具有合理的孔径分布。适用于加工原料中镍、钒及其他重金属含量都很高的重油流化催化裂化装置。具有优良的活性稳定性及抗重金属污染的能力,较好的汽油和轻质油选择性,汽油产率及焦炭选择性优于 LB-1 催化剂,并已用于上海炼油厂。

简要制法 以高岭土为原料,经喷雾干燥、成型及高温焙烧后,在水热晶化条件下,先制备出 NaY 分子筛晶化产物,再经改性处理制得成品。

生产厂 中国石油兰州石化公司催化剂厂。

8. 重油催化裂化催化剂(一)
Heavy Oil Catalytic Cracking Catalyst

工业牌号 CHZ-3、CHZ-4

主要组成 以沉积适量稀土和硅的 SRHY 分子筛为主活性组分,以半合成基质或高岭土为催化剂载体。

产品规格

产品性状	指标	
	CHZ-3	CHZ-4
三氧化二铝(以 Al_2O_3 计),%	≥40.0	≥45.0
三氧化二铁(以 Fe_2O_3 计),%	≤0.40	≤0.50

续表

产品性状	指标	
	CHZ-3	CHZ-4
氧化钠(以 Na_2O 计),%	≤0.30	≤0.30
硫酸根(以 SO_4^{2-} 计),%	≤1.5	≤1.5
灼烧减量,%	≤15	≤15
孔体积,mL/g	≥0.25	—
比表面积,m^2/g	≥200	≥230
磨损指数,%	≤2.5	≤3.5
微反活性(800℃,4h),%	≥58	≥70
表观密度,g/mL	0.64~0.80	0.64~0.75
粒度分布,% 0~40μm	≤28	≤28
粒度分布,% 40~80μm	≥50	≥50

用途 由于原料活性组分中有沉积的稀土和硅,可以增加超稳Y型分子筛结晶的保留量,提高催化剂的水热稳定性,故催化剂具有丰富的二次孔有利于大分子充分裂化,载体具有适宜的比表面积及孔体积,有较强的抗重金属污染能力及较高的机械强度,且重油裂化能力强,焦炭选择性好。用于各种重油催化裂化装置,尤适用于热负荷受限制的重油催化裂化装置。

CHZ-4催化剂为CHZ-3的改进产品。催化剂活性组分中加入抗钒能力很强的富铈氧化稀土,并以具有大比表面积及较强活性的细粒子高岭土作催化剂载体,从而提高抗镍能力及增强重油大分子裂解能力。适用于掺渣比高达40%,并且镍、钒含量较高的重油催化裂化装置。在平衡催化剂镍、钒含量分别高达6000μg/g及4000μg/g时,仍可获得理想的产品分布。

简要制法 将活性组分、载体基质材料按一定比例及顺序进行成胶反应。生成的胶液先经喷雾干燥、成型制得微球,再经洗涤、过滤、气流干燥制得成品。

生产厂 中国石化催化剂长岭分公司。

9. 重油催化裂化催化剂(二)
Heavy Oil Catalytic Cracking Catalyst

别名 渣油催化裂化催化剂

工业牌号 LANET-35、LANET-35BC

主要组成 以稀土氢型分子筛及改进的超稳分子筛为主活性组分，以复合基质为催化剂载体。

产品规格

产品性状		指 标		
		LANET-35	LAENT-35BC	XPYC-01
灼烧减量,%		≤15.0	≤13.0	≤13.0
氧化钠(以 Na_2O 计),%		≤0.40	≤0.40	≤0.35
三氧化二铁(以 Fe_2O_3 计),%		≤1.0	≤1.0	—
氯(以 Cl^- 计),%		≤1.0	≤1.0	≤2.5
磨损指数,%		≤3.0	≤4.0	
微反活性(800℃,4h),%		≥70	≥70	—
孔体积,mL/g		0.31~0.41	>0.31	0.25
比表面积,m^2/g		实测	实测	<280
表观密度,g/mL		0.67~0.80	—	0.7~0.8
粒度分布,%	<45.8μm	≤25	≤25	≤5(0~20μm)
	45.8~111μm	≥50	≥50	≥20(0~40μm)
	>111μm	≤30	≤50	≤92(0~149μm)

用途 催化剂密度适中、强度及抗磨性好，并具有活性高、焦炭选择性好、汽油辛烷值高等特点，在不加金属钝化剂时也能维持较高的活性。LANET-35 催化剂适用于渣油掺炼比较高的重油催化裂化装置，也适用于剂油比不太高的催化裂化装置。LANET-35BC 催化剂是 LANET-35 催化剂的改进型产品。其活性组元中增加了改性择形分子筛，使催化剂具有良好的液化气选择性，可满足对汽油辛烷值的要求。而复合的活性铝

基质可调节催化剂的基质活性和孔分布,使催化剂的渣油转化能力、抗重金属能力显著提高。LANET-35BC 催化剂可用于渣油掺炼比较高的重油流化催化裂化装置,而对液化气和汽油辛烷值要求较高、剂油比又不太高的重油流化催化裂化装置也能使用。XDYC-01 尤适用于加工劣质催化原料。

简要制法　先将活性组分、载体基质材料等混合成胶,再经喷雾干燥、成型、焙烧、改性处理、洗涤及气流干燥制得成品。

生产厂　中国石油兰州石化公司催化剂厂、山东迅达化工公司等。

10. 重油催化裂化催化剂(三)
Heavy Oil Catalytic Cracking Catalyst

别名　高活性渣油催化裂化催化剂

工业牌号　LV-23、LV-23BC

主要组成　以超稳 Y 分子筛为主活性组分,以稀土氧化物为分子筛的抗钒组元,活性氧化铝为基质中的固钒组元。

产品规格

产品性状		指　　标	
		LV-23	LV-23BC
灼烧减量,%		≤13.0	≤13.0
氧化钠(以 Na_2O 计),%		≤0.3	≤0.4
三氧化二铁(以 Fe_2O_3 计),%		实测	实测
磨损指数,%		≤2.8	≤3.5
微反活性(800℃,4h),%		≥75.0	≥75.0
孔体积,mL/g		≥0.35	≥0.30
比表面积,m^2/g		≥220	≥220
粒度分布,%	<45.8μm	≤25	≤25
	45.8~111μm	≥50	≥50
	>111μm	≤30	≤30

用途 LV-23 催化剂适用于加工渣油及难裂化原料，特别是高钒、高钠、高钙、高碱氮污染严重的渣油原料，也适用于要求降低油浆产率的重油流化催化裂化装置。抗钒组分的存在使该催化剂具有优良的抗金属污染能力，良好的水热稳定性和出色的重油转化能力。在茂名石化公司炼油厂重油催化裂化装置上工业应用表明，LV-23 催化剂具有优良的汽油和液化气的选择性，同时汽油的安定性及辛烷值有所提高。LV-23BC 催化剂的适用范围与 LV-23 催化剂相同，由于 LV-23BC 催化剂具有较多的中孔结构和择形分子筛，使该催化剂比 LV-23 催化剂具有更强的抗金属污染能力及重油转化性能，更好的焦炭选择性及液化气选择性。

简要制法 先将活性组分、载体基质等原料按一定比例及顺序进行成胶反应，再将胶液经喷雾干燥、成型、焙烧、改性处理、过滤、洗涤及气流干燥制得成品。

生产厂 中国石油兰州石化公司催化剂厂。

11. 重油催化裂化催化剂(四)
Heavy Oil Catalytic Cracking Catalyst

工业牌号 MLC-500、MLC-597
主要组成 以 Y 型分子筛为活性组分，以改性白土为催化剂载体。
产品规格

产品性状	指标	
	MLC-500	MLC-597
三氧化二铝(以 Al_2O_3 计),%	≥45.0	≥45.0
三氧化二铁(以 Fe_2O_3 计),%	≤0.60	≤0.90
氧化钠(以 N_2O 计),%	≤0.30	≤0.25
灼烧减量,%	≤13.0	≤13.0
孔体积, mL/g	≥0.35	≥0.33
比表面积, m^2/g	≥240	≥200
表观松密度, g/mL	0.62~0.75	0.63~0.78
微反活性(800℃, 4h),%	≥75	≥71
磨损指数,%	≤3.3	≤3.5

续表

产品性状		指标	
		MLC-500	MLC-597
粒度分布,%	0~40μm	≤20.0	≤20.0
	0~149μm	≥92.0	≥92.0
平均粒径,μm		65~78	65~78

用途 MLC 系列催化剂是针对我国柴油供应紧张、流化催化裂化装置柴汽比偏低的状况而开发的多产柴油催化剂,具有重油裂化能力强、柴油产率高、焦炭选择性好、抗污染性能强和水热稳定性高等特点。其中,MLC-500 可在常规条件下使用。如果配合原料组分选择性进料方式加注反应终止剂,可获得更高的柴油产率。

MLC-597 是在 MLC-500 催化剂基础上的改性产品,是一种具有优异抗钙性能的重油裂化催化剂。适用于重金属含量较高的重油转化工艺。它在金属(特别是钙)污染严重、剂量小的情况下,仍能维持良好的轻质油收率。

简要制法 先将活性组分、载体及适量黏结剂混合打浆成胶,再经喷雾干燥、成型制得微球,然后经洗涤、过滤、干燥制得成品。

生产厂 中国石化催化剂齐鲁分公司。

12. 重油催化裂化催化剂(五)
Heavy Oil Catalytic Cracking Catalyst

工业牌号 MLC-2300、MLC-3300

主要组成 以中等晶胞常数、中等程度酸性调质的分子筛为主要活性组分,以高岭土为催化剂载体。

产品规格

产品性状	指标	
	MLC-2300	MLC-3300
三氧化二铝(以 Al_2O_3 计),%	48.8	46.6
氧化钠(以 Na_2O 计),%	0.28	0.38

续表

产品性状		指标	
		MLC-2300	MLC-3300
Re_2O_3,%		0.5~1.0	1.5~2.0
崩塌温度,℃		996	996
微反活性(800℃,4h),%		61	75
磨损指数,%		3.5	3.7
粒度分布,%	0~20μm	0.3	0.7
	0~40μm	5.3	6.8
	0~80μm	55.0	67.6
	0~110μm	79.9	91.1
	0~149μm	91.3	98.4
平均粒径,μm		76	68

用途 为针对我国柴油供应紧张、流化催化裂化装置柴汽比偏低的情况而开发的多产柴油催化剂。MLC-2300 及 MLC-3300 都含有较高质量分数的 Al_2O_3，并对分子筛组分的酸性进行适当调节，以改善柴油选择性。与传统催化剂相比，它们的焦炭产率低、柴油产率高，而 MLC-3300 是在 MLC-2300 基础上的改性产品。MLC-2300 的活性比 MLC-3300 低，但在较高的剂油比下也能裂化较多的重油。

简要制法 将高岭土用土离子水打成浆液，顺次加入一水软铝石、盐酸，经升温老化后，加入分子筛浆液及铝基黏结剂。搅匀后先经喷雾干燥、成型制成微球，再经焙烧、洗涤、干燥制得成品。

生产厂 中国石化石油化工科学研究院。

13. 重油催化裂化催化剂(六)
Heavy Oil Catalytic Cracking Catalyst

工业牌号 ORBIT-3000

主要组成 以改性超稳分子筛为主活性组分，以白土为催化剂载体。

产品规格

产品性状	指标	产品性状		指标
三氧化二铝(以 Al_2O_3 计),%	≥46.0	表观松密度，g/mL		0.65~0.80
三氧化二铁(以 Fe_2O_3 计),%	≤0.80	微反活性(800℃,4h),%		≥72
氧化钠(以 Na_2O),%	≤0.25	磨损指数,%		≤3.5
灼烧减量,%	≤13.0	粒度分布,%	0~40μm	≤20.0
孔体积，mL/g	≥0.33		0~149μm	≥92.0
比表面积，m^2/g	≥180	平均粒径，μm		65~78

用途 用于国内大多数加工重油的催化裂化装置，尤适用于为提高目的产物中汽油及柴油产率的装置。具有重油大分子裂化能力强、裂化活性高、焦炭选择性好等特点。如中国石化济南炼油厂使用本催化剂时，在原料相对密度0.93~0.94和残炭6%~7%、平衡催化剂镍含量9000μg/g的条件下，轻质油收率为78.12%、总液体收率为80.17%、焦炭产率为9.8%。

工业应用情况 用于燕山石化公司、九江石化等重油催化裂化装置。

简要制法 将活性组分、载体及适量黏结剂混合后，先经打浆成胶、喷雾干燥、成型得到微球，再经洗涤、过滤、改性处理、气流干燥制得成品。

生产厂 中国石化催化剂齐鲁分公司。

14. 重油催化裂化催化剂（七）
Heavy Oil Catalytic Cracking Catalyst

工业牌号 ORBIT-3300

主要组成 以改性超稳分子筛为主活性组分，以对复合型活性组元进行调整，以白土为催化剂载体。

产品规格

产品性状	指标	产品性状	指标
三氧化二铝(以 Al_2O_3 计),%	≥45.0	表观松密度,g/mL	0.63~0.78
三氧化二铁(以 Fe_2O_3 计),%	≤0.80	微反活性(800℃,4h),%	≥73
氧化钠(以 NaO 计),%	≤0.35	磨损指数,%	≤3.2
灼烧减量,%	≤13.0	粒度分布,% 0~40μm	≤20.0
孔体积,mL/g	≥0.33	粒度分布,% 0~149μm	≥92.0
比表面积,m^2/g	≥200	平均粒径,μm	65~78

用途 用于加工量较大、剂油比(催化剂循环量与反应器总进料之比)较低的重油催化裂化装置。在较低的剂油比下操作仍可获得较好的产品分布,且汽油辛烷值较高,液化气中丙烯含量也较高。由于催化剂具有大分子裂化活性高、焦炭选择性好、抗重金属污染能力强等特点,还可用于原料性质较差或原料多变的情况。

工业应用情况 用于镇海炼油化工公司重油催化裂化装置。

简要制法 将活性组分,载体及适量黏合剂混合,先经打浆成胶、喷雾干燥、成型得到微球,再经洗涤、过滤、改性处理、气流干燥制得成品。

生产厂 中国石化催化剂齐鲁分公司。

15. 重油催化裂化催化剂(八)
Heavy Oil Catalytic Cracking Catalyst

工业牌号 COMET-400

主要组成 以掺加少量小孔择形分子筛的改性超稳分子筛为活性组分,以白土为催化剂载体。

产品规格

产品性状	指标	产品性状		指标
三氧化二铝(以 Al_2O_3 计),%	≥45.0	表观松密度,g/mL		0.65~0.80
三氧化二铁(以 Fe_2O_3 计),%	≤0.80	微反活性(800℃,4h),%		≥72
氧化钠(以 Na_2O 计),%	≤0.35	磨损指数,%		≤3.2
灼烧减量,%	≤13.0	粒度分布,%	0~40μm	≤20.0
孔体积,mL/g	≥0.30		0~149μm	≥92.0
比表面积,m^2/g	≥200	平均粒径,μm		65~78

用途 具有重油裂化能力强、焦炭选择性能优异、活性稳定性好、汽油产率高、可较大幅度提高液化气及 $C_3^=$、$C_4^=$ 组分产率等特点。用于催化裂化装置加工重质原料油,同时还能满足沿江、沿海地区炼厂多产液化石油气的要求。

工业应用情况 用于广州石油化工总厂重油催化裂化装置。

简要制法 将活性组分、载体及适量黏合剂混合,先经打浆成胶、喷雾干燥、成型制得微球,再经洗涤、过滤、改性处理、气流干燥制得成品。

生产厂 中国石化催化剂齐鲁分公司。

16. 重油催化裂化催化剂(九)
Heavy Oil Catalytic Cracking Catalyst

工业牌号 ORBIT-3600

主要组成 以改性分子筛及适量择形分子筛为主活性组分,以改性白土为催化剂载体,并加入适量抗重金属污染组分。

产品规格

产品性状	指标	产品性状		指标
三氧化二铝(以 Al_2O_3 计),%	≥43.0	表观松密度,g/mL		0.63~0.75
三氧化二铁(以 Fe_2O_3 计),%	≤0.80	微反活性(800℃,4h),%		≥3.5
氧化钠(以 Na_2O 计),%	≤0.35	粒度分布,%	0~40μm	≤20.0
灼烧减量,%	≤13.0		0~149μm	≥92.0
孔体积,mL/g	≥0.33	平均粒径,μm		65~78
比表面积,m^2/g	≥220			

用途 由于催化剂组分中增加了抗重金属污染组分,有效地提高了催化剂抗重金属(尤其是钒)污染的性能。同时催化剂还添加少量择形分子筛成分,可适当提高液态烃产率。适用于不同钒含量的催化裂化装置,加工重金属(特别是钒)含量较高的原油,如加工中东进口高钒原料油。如在大连西太平洋公司 2×10^6 t/a 重油催化裂化装置上,加工加氢处理的沙特阿拉伯轻质原油的常压渣油,在平衡催化剂上 Ni、V 的含量分别为 6000μg/g 及 6400μg/g 的条件下,轻质油收率达 70.18%,总液体收率为 82.61%,焦炭产率为 7.73%。

简要制法 将各种活性组分、载体及适量黏结剂混合,先经打浆成胶、喷雾干燥、成型制得微球,再经洗涤、过滤、改性处理、气流干燥制得成品。

生产厂 中国石化催化剂齐鲁分公司。

17. 重油催化裂化催化剂(十)
Heavy Oil Catalytic Cracking Catalyst

工业牌号 RGD-1

主要组成 以超稳分子筛为主活性组分,以白土为填料,以部分活性氧化铝作为催化剂载体。

产品规格

产品性状	指标	产品性状	指标
三氧化二铝(以 Al_2O_3 计),%	≥44.0	表观松密度,g/mL	0.65~0.75
三氧化二铁(以 Fe_2O_5 计),%	≤0.35	微反活性(300℃,4h),%	≥74
氧化钠(以 Na_2O 计),%	≤0.25	磨损指数,%	≤2.5
灼烧减量,%	≤13.0	粒度分布,% 0~40μm	≤20.0
孔体积,mL/g	≥0.32	粒度分布,% 0~149μm	≥90.0
比表面积,m^2/g	≥220	平均粒径,μm	67~80

用途 用作多产液化气和柴油技术(MGD)工艺配套的专用催化剂,在掺炼重油的条件下配伍使用,可使流化催化裂化装置多产液化气及柴油

本催化剂具有重油裂化能力强、选择性好、活性稳定性高及抗重金属污染性能好等特点。

简要制法 将活性组分、载体及适量黏结剂混合,先经打浆成胶,喷雾干燥、成型制得微球,再经洗涤、过滤、改性处理及气流干燥制得成品。

生产厂 中国石化催化剂齐鲁分公司。

18. 重油催化裂化催化剂(十一)
Heavy Oil Catalytic Cracking Catalyst

工业牌号 RGD-C

主要组成 以改性超稳分子筛为主活性组分,以苏州高岭土为填料,以部分活性氧化铝作为催化剂载体。

产品规格

产品性状	指标	产品性状	指标
三氧化二铝(以 Al_2O_3 计),%	≥51.0	表观松密度,g/mL	0.67
三氧化二铁(以 Fe_2O_3 计),%	≤0.26	微反活性(800℃,4h),%	≥75.6
氧化钠(以 Na_2O 计),%	≤0.23	磨损指数,%	≤2.3
灼烧减量,%	≤12.4	粒度分布,% $0\sim40\mu m$	≤16.6
孔体积,mL/g	≥0.40	粒度分布,% $0\sim149\mu m$	≥92.8
比表面积,m^2/g	≥261	平均粒径,μm	67~80

用途 RGD-C 催化剂对水热法超稳分子筛的强酸位分布进行了改进,即降低超稳分子筛的酸强度,保持其大分子裂化活性,进一步提高柴油选择性,具有重油裂化能力强、活性稳定性高、抗重金属污染性能好等特性。本催化剂配合粗汽油回炼技术,用于以大庆生产的常压渣油为原料的林源重油催化裂化装置上,可明显多产液化气、柴油,并生产低烯烃汽油。

简要制法 参见"RGD-1"条目。

生产厂 中国石化催化剂长岭分公司。

19. 重油催化裂化催化剂(ZC 系列)
Heavy Oil Catalytic Cracking Catalyst(ZC series)

工业牌号　ZC-7000、ZC-7300、ZC-7698
主要组成　以改性分子筛为主活性组分，以改性白土为催化剂载体。
产品规格

产品性状		指　　标		
		ZC-7000	ZC-7300	ZC-7698
三氧化二铝(以 Al_2O_3 计),%		≥45.0	≥45.0	≥45.0
三氧化二铁(以 Fe_2O_3 计),%		≤0.80	≤0.70	≤0.70
氧化钠(以 Na_2O 计),%		≤0.30	≤0.30	≤0.25
灼烧减量,%		≤13.0	≤13.0	≤13.0
孔体积,mL/g		≥0.33	≥0.35	≥0.38
比表面积,m^2/g		≥200	≥220	≥250
表观松密度,g/mL		0.63~0.78	0.60~0.75	0.60~0.72
微反活性(800℃,4h),%		≥73	≥74	≥75
磨损指数,%		≤3.2	≤3.5	≤3.5
粒度分布,%	0~40μm	≤20.0	≤20.0	≤22.0
	0~149μm	≥92.0	≥92.0	≥92.0
平均粒径,μm		65~78	65~78	65~74

用途　用于各种重油催化裂化装置。其中 ZC-7000 适用于以加氢孤岛减三线、胜利减二线、胜利减三线和减压渣油等为原料、大堆比催化剂流化困难的重油裂化装置，在扩大原料来源的同时能提高轻质油收率；ZC-7300 适用于加工以难裂化的孤岛油、减压渣油等为原料的重油裂化装置，对于低剂油比的装置也能获得较理想的产品分布；ZC-7698 具有较低的表观松密度，对于原使用低堆比全合成催化裂化催化剂的装置，不经很大改动就可投入使用。ZC 系列催化剂的制造过程采用了多种改性技术，因而具有活性稳定性高、焦炭选择性好、渣油大分子裂化能力强、抗重金属污染能力好、高价值产品产率高、催化剂单耗低等共同特点。其中 ZC-7300

比 ZC-7000 具有更高的催化活性，而 ZC-7698 是一种中堆比催化裂化催化剂，更有利于流化输送。

简要制法 将活性组分、载体及适量黏结剂混合，先经打浆成胶，喷雾干燥成型制得微球，再经洗涤、过滤、改性处理及气流干燥制得成品。

生产厂 中国石化催化剂齐鲁分公司。

20. 抗钒重油催化裂化催化剂
Vanadium-tolerant Heavy Oil Catalytic Cracking Catalyst

工业牌号 CHV

主要组成 以骨架富硅分子筛（SRY）及稀土超稳分子筛为主活性组分，以大孔氧化铝作黏料的高岭土基质为催化剂载体。

产品规格

产品性状	指标	产品性状	指标
三氧化二铝（以 Al_2O_3 计），%	≥45.0	磨损指数，%	≤3.5
三氧化二铁（以 Fe_2O_3 计），%	≤0.40	表观密度，g/mL	0.64~0.75
氧化钠（以 Na_2O 计），%	≤0.30	微反活性（800℃，4h），%	70
硫酸根（以 SO_4^{2-} 计），%	≤1.50	粒度分布，%　0~40μm	28
灼烧减量，%	≤13.0	40~80μm	50
孔体积，mL/g	≥0.25	比表面积，m^2/g	≥230

用途 用于在正常催化剂损耗时，平衡剂钒含量为 2000~10000μg/g 的重油催化裂化装置。当镍含量超过 6000μg/g 时，与金属钝化剂配合使用效果更好。在洛阳石油化工总厂重油催化裂化装置上应用表明，该催化剂对重油裂化能力强、焦炭选择性好、对直链烷烃有一定选择裂化能力，并具有抗钒及反抗其他金属污染的能力。可提高汽油辛烷值及增加液化气产率。

简要制法 将活性组分及载体基质材料按一定比例及顺序进行成胶反应，胶液先经喷雾干燥制成微球，再经洗涤、过滤、气流干燥制得成品。

生产厂 中国石化催化剂长岭分公司。

21. 渣油催化裂化催化剂
Residual Oil Catalytic Cracking Catalyst

工业牌号 LVR-60

主要组成 以复合超稳 Y 型分子筛为主活性组分,复合铝黏结高岭土基质为催化剂载体。

产品规格

产品性状	指标	产品性状	指标
三氧化二铝(以 Al_2O_3 计),%	≥43	孔体积,mL/g	≥0.36
三氧化二铁(以 Fe_2O_3 计),%	≤1.0	比表面积,m^2/g	≥240
氧化钠(以 Na_2O 计),%	≤0.3	表观密度,g/mL	实测
Re_2O_3 含量,%	实测	粒度分布,% <45.8μm	≤25
灼烧减量,%	≤13.0	粒度分布,% 45.8~111μm	≥50
磨损指数,%	≤3.0	粒度分布,% >111μm	≤30
微反活性(800℃,4h),%	≥75		

用途 由于采用新型分子筛制备技术,催化剂的初始活性高,加之其基质孔体积较大,因而重油转化能力及抗金属污染能力强,同时具有良好的焦炭选择性及液化气选择性。可使低附加值的重油转化为高附加值的轻质油品。适用于加工难裂化的中间基减压渣油为原料的重油流化催化裂化装置,也适用于要求降低油浆产率的重油流化催化裂化装置。

简要制法 将活性组分及载体基质材料以一定比例及投料顺序进行成胶反应,胶液先经喷雾干燥、成型制得微球,再经洗涤、过滤及气流干燥制得成品。

生产厂 中国石油兰州石化公司催化剂厂。

22. 中堆比催化裂化催化剂(一)
Medium Gravity Catalytic Cracking Catalyst

工业牌号 CC-14、CC-15

主要组成 以稀土 Y 型及稀土超稳 Y 型分子筛为主要活性组分,以硅铝胶及高岭土为混合载体。催化剂具有中等堆密度。

产品规格

产品性状		指 标	
		CC-14	CC-15
三氧化二铝(以 Al_2O_3 计),%		19~24	26.0
三氧化二铁(以 Fe_2O_3 计),%		≤0.28	≤0.10
氧化钠(以 Na_2O 计),%		≤0.35	≤0.35
灼烧减量,%		≤13.0	≤15.0
硫酸根(以 SO_4^{2-} 计),%		≤1.5	≤2.5
孔体积,mL/g		0.40~0.55	0.40
比表面积,m^2/g		≥230	≥300
磨损指数,%		≤3.7	≤3.5
表观密度,g/mL		0.56~0.65	0.50~0.70
微反活性(800℃,4h),%		≥70	≥70
粒度分布,%	0~40μm	≤25	≤25
	40~80μm	≥50	≥50

用途 CC-14 催化剂可用于蜡油催化裂化装置,并可掺炼 10% 左右的减压渣油。该催化剂具有双重孔结构,有利于大分子裂化反应,重油裂解能力强,并具备一定抗重金属污染能力。

CC-15 催化剂兼容稀土 Y 型分子筛活性高、汽油选择性好和超稳 Y 型分子筛焦炭选择性好、重油裂化能力强、稳定性好的特点,载体具有中堆密度并具有较高强度,可用于全蜡油进料或减渣掺炼比例低于 15% 的流化催化裂化装置。也可用于全石蜡类原油常压渣油进料的重油催化裂化装置及适量掺炼焦化蜡油、脱沥青油等劣质原料的各类催化裂化装置。

简要制法 将活性组分及载体基质材料以一定比例及投料顺序进行成胶反应,胶液先经喷雾干燥、成型制备成有一定粒度分布的微球,再经洗涤、过滤及气流干燥而制得成品。

生产厂 中国石化催化剂长岭分公司。

23. 中堆比催化裂化催化剂(二)
Medium Gravity Catalytic Cracking Catalyst

工业牌号　LCS-7B、LCS-7C

主要组成　以稀土氢型分子筛为主活性组分，以凝胶黏合高岭土基质为催化剂载体。

产品规格

产品性状		指标	
		LCS-7B	LCS-7C
三氧化二铝(以 Al_2O_3 计),%		≥28.0	≥28.0
三氧化二铁(以 Fe_2O_3 计),%		≤0.5	≤0.5
氧化钠(以 Na_2O 计),%		≤0.35	≤0.35
硫酸根含量(以 SO_4^{2-} 计),%		≤2.5	≤2.5
灼烧减量,%		≤13.0	≤13.0
磨损指数,%		≤4.0	≤4.0
微反活性(800℃,4h),%		≥70	≥70
微反活性(800℃,17h),%		≥48	≥46
孔体积,mL/g		0.4~0.6	0.4~0.6
比表面积,m^2/g		≥220	≥230
粒度分布,%	<45.8μm	≤25	≤25
	45.8~111μm	≥50	≥50
	>111μm	≤30	≤30

用途　LCS-7B 适用于全蜡油进料或掺炼部分渣油、焦化蜡油及溶剂脱沥青油的各类流化催化裂化装置，也可用于较难流化的重油流化催化裂化装置。催化剂具有密度适中、中孔丰富、活性高、选择性好等特点。LCS-7C 是 LCS-7B 的改进型产品。由于 LCS-7C 的组成中增加了适量择形分子筛，除能适用于 LCS-7B 催化剂适用的催化裂化装置外，更适用于要求提高液化气产率和提高汽油辛烷值的催化裂化装置。

简要制法 将活性组分、高岭土基质及适量黏结剂以一定比例和投料顺序进行混合成胶反应，胶液先经喷雾干燥、成型制得微球，再经洗涤、过滤及气流干燥制得成品。

生产厂 中国石油兰州石化公司催化剂厂。

24. 高辛烷值催化裂化催化剂
Octane Enhancement Catalytic Cracking Catalyst

工业牌号 DOCP

主要组成 以含磷的骨架富硅分子筛（PSRY）为主活性组元，并添加少量高活性高稳定性的择形分子筛 ZRP-5，以孔体积及比表面积较大的铝胶黏结高岭土基质为催化剂载体。

产品规格

产品性状	指标	产品性状	指标
三氧化二铝（以 Al_2O_3 计），%	≥45.0	磨损指数，%	≤3.5
三氧化二铁（以 Fe_2O_3 计），%	≤0.40	微反活性（800℃，4h），%	≥72
氧化钠（以 Na_2O 计），%	≤0.30	表观密度，g/mL	0.64~0.75
灼烧减量，%	≤15.0	粒度分布，% 0~40μm	≤28
孔体积，mL/g	≥0.25	粒度分布，% 40~80μm	≥50
比表面积，m^2/g	≥230		

用途 由于催化剂是以含磷的骨架富硅分子筛为活性组元，并加入少量高活性、高稳定性的择形分子筛，故催化剂水热稳定性好、异构化能力强，在增加汽油中的烯烃、芳烃和提高辛烷值的同时，可以降低轻质油的损失，提高重油转化能力，改善焦炭选择性。可用于剂油比较大的重油催化裂化装置，加工石蜡基类原料，直接生产90号汽油。通过调变催化剂所含 PSRY 及 2RP-5 分子筛的比例，还可制得不同分子筛性能组合的系列催化剂。

简要制法 将活性组分及载体基质材料按一定比例及加料顺序进行成胶反应，胶液先经喷雾干燥、成型制得微球，再经洗涤、过滤及气流干燥可制得成品。

生产厂 中国石化催化剂长岭分公司。

25. 高辛烷值重油催化裂化催化剂
Octane Enhancement Heavy Oil Catalytic Cracking Catalyst

工业牌号 DOCR-1

主要组成 以骨架富硅分子筛及稀土超稳 Y 型分子筛等多组分复合分子筛为主活性组分,以氧化铝为黏结剂,以高岭土基质为催化剂载体。

产品规格

产品性状	指标	产品性状		指标
三氧化二铝(以 Al_2O_3 计),%	≥40.0	比表面积, m^2/g		≥200
三氧化二铁(以 Fe_2O_3 计),%	0.40	磨损指数,%		≤2.5
氧化钠(以 Na_2O 计),%	≤0.30	表观密度, g/mL		0.64~0.75
硫酸根(以 SO_4^{2-} 计),%	≤1.50	微反活性,%		≥70
灼烧减量,%	≤15.0	粒度分布,%	0~40μm	≤28
孔体积, mL/g	≥0.25		40~80μm	≥50

用途 由于该催化剂中含骨架富硅分子筛,使其具有渣油裂解能力强、焦炭选择性好的特点;而稀土超稳 Y 型分子筛则有催化活性高、产品选择性好的特点。两者匹配使用,能充分满足重油催化装置的使用要求、提高水热稳定性及 $C_3^=$、$C_4^=$ 选择性,并通过增加烯烃及侧链烃进一步提高汽油辛烷值。主要用于加工辛烷值低的大庆生产的石蜡基原油的重油催化裂化装置,可直接催化生产 90 号汽油,也可用于其他重油催化裂化装置,以增产液化气。

简要制法 将活性组分及载体基质材料按一定比例及顺序投料进行成胶反应,胶液先经喷雾干燥、成型制成微球,再经洗涤、过滤及气流干燥制得成品。

生产厂 中国石化催化剂长岭分公司。

26. 多产柴油催化裂化催化剂
Catalytic Cracking Catalyst for Producing More Diesel Oil

工业牌号 LRC-99、LRC-99BC

主要组成 以超稳分子筛为主活性组分,以复合铝黏结高岭土基质为催化剂载体。

产品规格

产品性状		指 标	
		LRC-99	LRC-99BC
三氧化二铝(以 Al_2O_3 计),%		≥43.0	≥43.0
三氧化二铁(以 Fe_2O_3 计),%		≤1.0	≤1.0
氧化钠(以 Na_2O 计),%		≤0.3	≤0.4
磨损指数,%		≤13.0	≤13.0
微反活性(800℃,4h),%		≥74	≥74
孔体积,mL/g		≥0.36	≥0.35
比表面积,m^2/g		≥240	≥240
表观密度,g/mL		实测	实测
粒度分布,%	<45.8μm	≤25	≤25
	45.8~111μm	≥50	≥50
	>111μm	≤30	≤30

用途 由于在 LRC-99 催化剂制备中改善了基质的孔径分布和活性组分的酸性分布,在提高中间馏分产率的同时,改善了干气和焦炭选择性,使其具有重油裂化能力强、柴油产率高、焦炭选择性好等特点。适用于要求提高柴油收率的各类重油流化催化裂化装置。也适用于要求减少塔底油产率的各类重油流化催化裂化装置。

LRC-99BC 催化剂为 LRC-99 的改进型产品,具有重油裂化能力强、焦炭选择性好、在提高柴油产率同时又可提高液化气产率及汽油辛烷值的特点。适用于要求提高柴油收率,同时满足装置提高液化气收率和汽油辛烷值的重油催化裂化装置。

简要制法 将活性组分及载体材料等按一定比例及投料顺序进行成胶反应，胶浆先经喷雾干燥、成型制得微球，再经洗涤、过滤及气流干燥制得成品。

生产厂 中国石油兰州石化公司催化剂厂。

27. 抗碱氮催化裂化催化剂
Anti-basic Nitrogen Catalytic Cracking Catalyst

工业牌号 LANK-98、LANK-98B/C

主要组成 以复合超稳Y型分子筛为主活性组分，以复合铝黏合高岭土基质为催化剂载体。

产品规格

产品性状		指　　标	
		LANK-98	LANK-98B/C
三氧化二铝(以 Al_2O_3 计),%		≥43.0	≥43.0
三氧化二铁(以 Fe_2O_3 计),%		≤0.5	≤0.5
氧化钠(以 Na_2O 计),%		≤0.3	≤0.4
灼烧减量,%		≤13	≤13
磨损指数,%		≤3.5	≤4.0
微反活性(800℃,4h),%		≥74	≥74
孔体积,mL/g		≤0.35	≤0.30
比表面积,m^2/g		≥180	≥180
粒度分布,%	<45.8μm	≤25	≤25
	45.8~111μm	≥50	≥50
	>111μm	≤30	≤30

用途 LANK-98适用于重油流化催化裂化装置，加工掺炼焦化蜡油或碱金属及碱氮含量较高的原料，适用于剂油比较低的重油流化裂化装置。催化剂具有抗碱性污染物能力强、选择性好及活性稳定性高的特点。而且催化剂还具有适当的氢转移能力，因而生产的汽油中烯

烃含量较低。

LANK-98B/C 为 LANK-98 的改进型产品,活性组分中增加了改性择形分子筛。各种分子筛的协同作用使该催化剂具有特殊的抗碱氮和碱金属能力,并具有高动态活性、高液化气选择性、高汽油辛烷值等特点。特别适用于加工掺炼焦化蜡油以及原料中碱金属和碱氮含量高的重油催化裂化装置。对原料的适应能力较强,在剂油比 4~6 的重油催化裂化装置上使用也可获得较高的活性及选择性。

简要制法　将活性组分、载体材料按一定比例及投料顺序进行成胶反应,胶液先经喷雾干燥、成型制得微球,再经洗涤、过滤及气流干燥制得成品。

生产厂　中国石油兰州石化公司催化剂厂。

28. 降低汽油烯烃含量的催化裂化催化剂
Depress Gasoline Olefin Content Catalytic Cracking Catalyst

工业牌号　GOR-Q、GOR-DQ

主要组成　以磷及稀土改性的 Y 型分子筛为主活性组分,以改性高岭土为催化剂载体。

产品规格

产品性状	指标	
	GOR-Q	GOR-DQ
三氧化二铝(以 Al_2O_3 计),%	≥43.0	≥43.0
三氧化二铁(以 Fe_2O_3 计),%	≤0.80	≤0.40
氧化钠(以 NaO 计),%	≤0.35	≤0.30
硫酸根(以 SO_4^{2-} 计),%	≤1.5	—
灼烧减量,%	≤13.0	≤13.0
孔体积,mL/g	0.32~0.40	0.36
比表面积,m^2/g	≥230	≥250
表观松密度,g/mL	0.62~0.75	0.66~0.72

续表

产品性状		指标	
		GOR-Q	GOR-DQ
微反活性(80℃,4h),%		≥75	≥75
磨损指数,%		≤3.5	≤2.2
粒度分布,%	0~20μm	—	≤4.0
	0~40μm	≤20.0	≤18.0
	0~149μm	≥90.0	≥90.0
平均粒径,μm		65~78	70~80

用途 适用于需要降低催化汽油中烯烃含量的催化裂化装置。GOR-Q 在增加氢转移反应的同时，提高对汽油组分中烯烃的转化能力，从而减少汽油组分中烯烃含量，同时增加液化气产率，适用于掺炼部分减渣的石蜡基原料油的降烯烃工艺。GOR-DQ 催化剂通过调变 Y 型分子筛的酸性分布，有效地控制氢转移活性，使其既有良好的降烯烃效果又保持产品分布合理和汽油辛烷值高等特点。适用于高掺渣比原料油降烯烃工艺。GOR-Q 用于上海高桥石化公司炼油厂，GOR-DQ 用于北京燕山石化公司。

简要制法 将高岭土、一水软铝石、磷酸等混合，进行成胶反应。胶液老化后，加入铝溶胶及分子筛混匀。先经喷雾干燥、成型制成微球，再经洗涤、过滤、改性处理及气流干燥制得成品。

生产厂 中国石化催化剂齐鲁分公司。

29. 大庆全减压渣油裂化催化剂
Da Qing Vacuum Residue Cracking Catalyst

工业牌号 DVR-1
主要组成 以经稀土氧化物改性的超稳分子筛为主活性组分，以改性高岭土为催化剂载体。

产品规格

产品性状	指标	产品性状		指标
三氧化二铝(以 Al_2O_3 计),%	≥43.0	表观松密度,g/mL		0.60~0.75
三氧化二铁(以 Fe_2O_3 计),%	≤0.80	微反活性(800℃,4h),%		≥75
氧化钠(以 NaO 计),%	≤0.25	磨损指数,%		≤3.5
灼烧减量,%	≤13.0	粒度分布,%	0~40μm	≤20.0
孔体积,mL/g	≥0.38		0~149μm	≥92.0
比表面积,m^2/g	≥270	平均粒径,μm		65~78

用途 适用于各种重油催化裂化装置,与加工大庆生产的全减压渣油的流化催化裂化技术配套使用效果更好。与现有的渣油催化裂化原料相比较,大庆生产的减压渣油中大分子烃类含量相对较高。因此,催化剂应具有裂化大分子烃类,满足大分子扩散、吸附及反应需要的功能。DVR-1 催化剂通过活性组分的酸性调变,载体的活化处理及扩孔改性,形成分子筛的二级孔,使大分子通过二级孔的表面完成一次裂化,并由它提供通道使裂化产物在孔道内表面进一步裂化,生成汽油等产物。而载体的孔分布及酸性特征能适当地调节选择性裂化及非选择性裂化的关系,弥补分子筛二级孔的不足,满足大分子烃一次裂化的要求。此外,还在分子筛中引入耐高温的稀土金属,可提高催化剂的水热稳定性,使得催化剂具有重油裂化能力强、选择性好、抗重金属污染能力强及再生烧焦性能好等特点。

简要制法 将活性组分、载体及适量黏结剂混合打浆成胶,先经喷雾干燥制得微球,再经洗涤、过滤、改性处理及气流干燥制得成品。

生产厂 中国石化催化剂齐鲁分公司。

30. 大庆全减压渣油裂化催化剂(改进型)
Da Qing Vacuum Residue Cracking Catalyst Modified

工业牌号 改进型 DVR-1

主要组成 以复合型分子筛为主活性组分,并通过降低酸强度对催化剂载体进行改性处理。

产品规格

产品性状	指标	产品性状		指标
三氧化二铝(以 Al_2O_3 计),%	≥47.0	微反活性(800℃,4h),%		≥79
三氧化二铁(以 Fe_2O_3 计),%	≤0.24	磨损指数,%		≤2.4
氧化钠(以 Na_2O 计),%	≤0.20	粒度分布,%	0~40μm	≤18.4
灼烧减量,%	≤11.3		0~149μm	≥94.1
孔体积,mL/g	≥0.42	平均粒径,μm		65~78
比表面积,m^2/g	≥278			

用途 针对 DVR-1 催化剂在生产中生焦率较高的问题,本催化剂在 DVR-1 基础上对活性组分及载体进行适当改进,主要改进有两个方面:一是活性组分改用复合型分子筛,在制造过程中形成超稳分子筛的梯度活性组元,使其既能满足对重油分子裂化的需要,又不发生深度反应而生成过多的焦炭;二是在保持载体特有的有利于大分子裂化孔分布的同时,通过降低载体的酸强度,以降低催化剂表面对烃类分子的吸附力,有利于一次裂化后产物的脱附,达到降低生焦的目的。本催化剂在中国石化金陵分公司催化裂化装置上使用后表明,液化气、汽油及柴油的质量均能达标,生焦率下降,总液体收率上升。

简要制法 参见"DVR-1"条目。

生产厂 中国石化石油化工科学研究院。

31. 汽油辛烷值增进剂
Gasoline Octane Number Improver

别名 汽油辛烷值助剂
工业牌号 CHO-1、CHO-2、CHO-3、CHO-4
主要组成 以 ZSM-5 分子筛为主活性组分,以白土为催化剂载体。
产品规格

产品性状	指标			
	CHO-1	CHO-2	CHO-3	CHO-4
三氧化二铝(以 Al_2O_3 计),%	≥45.0	≥17.0	≥43.0	≥40.0
三氧化二铁(以 Fe_2O_3 计),%	≤1.0	≤0.20	≤0.80	≤0.50

续表

产品性状		指标			
		CHO-1	CHO-2	CHO-3	CHO-4
氧化钠(以 Na_2O 计),%		≤0.20	≤0.20	≤0.35	≤0.20
灼烧减量,%		≤13.0	≤13.0	≤13.0	≤13.0
孔体积,mL/g		≥0.30	≥0.45	≥0.37	≥0.30
比表面积,m^2/g		≥140	≥350	≥250	≥220
表观松密度,g/mL		—	0.45~0.60	0.60~0.75	0.66~0.76
微反活性(800℃,4h),%		≥60	≥63	≥75	≥71
磨损指数,%		≤3.2	≤3.5	≤3.5	≤3.5
粒度分布,%	0~40μm	≤25.0	≤25.0	≤20.0	≤20.0
	40~80μm	≥52.0	≥50.0	92(0~149μm)	90.0(0~149μm)
	>80μm	≤30.0	≤30.0	65~78(平均粒径)	65~78(平均粒径)

用途 用于流化催化裂化装置,用作催化裂化主催化剂的助剂,添加量为主催化剂的 10%~15%。通过在 ZSM-5 沸石上的择形催化、异构化、抑制氢转移等反应,选择裂化汽油或液化气馏分中的直链、低辛烷值烷烃或烯烃,从而能有效地提高汽油的辛烷值,相应增加液态烃的产率。其中,CHO-1 为大堆密度型助剂,CHO-2 为中堆密度型助剂,CHO-3 及 CHO-4 为活性更高的改进型辛烷值增进剂。CHO 系列汽油辛烷值增进剂于 1986~1993 年,已在天津石化公司、镇海石化总厂等 8 套流化催化裂化装置上获得应用。

简要制法 将活性组分、载体及适量黏结剂打浆成胶,经喷雾干燥制成微球,再经洗涤、过滤、改性处理及气流干燥而制得成品催化剂。

生产厂 中国石化催化剂齐鲁分公司。

32. 多产液化气催化裂化助剂(CA 系列)
Catalytic Cracking Catalyst Promoter for Producing more LPG(CA Series)

工业牌号 CA

主要组成 以稀土磷硅铝分子筛(RPSA)为择形活性组分,并加入适量其他超稳分子筛。

产品规格

产品性状	指标	产品性状	指标
Al_2O_3,%	$\geqslant 45.0$	磨损指数,%	$\leqslant 3.5$
Fe_2O_3,%	$\leqslant 0.40$	表观密度,g/mL	$0.75 \sim 0.85$
Na_2O,%	$\leqslant 0.30$	微反活性(800℃,4h),%	$\geqslant 65$
SO_4^{2-},%	$\leqslant 1.50$	粒度分布,% $0 \sim 40 \mu m$	$\leqslant 28$
孔体积,mL/g	$\geqslant 0.15$	$40 \sim 80 \mu m$	$\geqslant 50$
比表面积,m^2/g	$\geqslant 190$		

用途 用于各种催化裂化装置,可提高液化气收率,同时可提高汽油辛烷值。使用本助剂时可减少同量的主剂用量。加入助剂量一般占系统藏量的10%左右。RPSA 分子筛的硅铝比可调范围宽,从摩尔比 30~100 均可制备。因此,用户可根据对产品分布的期望及用户装置的特点、原料性质,对 CA 裂化助剂进行调整,制备符合用户要求的 CA 系列产品。

简要制法 将 RPSA 分子筛、超稳分子筛及载体基质材料按一定比例及投料顺序进行成胶反应,浆液先经喷雾干燥制成微球,再经洗涤、过滤及气流干燥制得成品。

生产厂 中国石化催化剂长岭分公司。

33. 一氧化碳助燃剂
Carbon Monoxide Combustion Promoter

别名 流化催化裂化再生过程中的 CO 助燃剂

工业牌号 I 系列、CZ、RC、KM、高强度 5 号、COB-1

主要组成 以 Pt 或 Pd 为活性组分，以 Al_2O_3 或 SiO_2-Al_2O_3 为催化剂载体。

产品规格

产品性状		指标			
	I 系列	CZ 系列	RC 系列	KM 系列	高强度5号、COB-1
活性组分种类及含量	含 Pt 0.01% ~ 0.05% 含 Pd 0.05	含 Pt 0.009% ~ 0.046%	含 Pt 0.021% 含 Pd 0.023%	含 Pt 0.005%	含 Pt 0.005%
孔体积，mL/g	0.2 ~ 0.3	0.2 ~ 0.4	0.24	0.2 ~ 0.3	>0.2
比表面积，m^2/g	>50	>100	110	150 ~ 200	>70
粒度分布 %	0 ~ 40μm: ≤30	≤18	≤25	≤20	≤5 ~ 12
	40 ~ 80μm: ≥40	≥50	≥45	≥60	≥50
	>8μm: ≤30	≤35	≤30	≤20	≤35
堆密度，g/mL	0.85 ~ 1.05	>0.8	1.13	0.88	0.9 ~ 1.1
生产厂	中国石化石油化工科学研究院	中国石化催化剂长岭分公司	中国石化石油化工科学研究院、中国石化催化剂长岭分公司	淄博助燃剂厂	中国石化石油化工科学研究院、辽宁海泰科技发展公司

用途 用于一氧化碳氧化的催化。在催化裂化反应过程中，约有6%的原料转化成焦炭而沉积在催化剂上，使催化剂失活。CO 助燃剂是应用最广的流化裂化助剂之一。在催化裂化催化剂再生过程中起到催化一氧化碳氧化的作用，即 CO 经催化燃烧转化为 CO_2，从而使再生烟气中 CO 含量降低，并清除催化剂上的积炭，改善催化剂的活性及选择性。CO 助燃剂是浸渍了贵金属（Pt、Pd 等）的与主催化剂物性相近的 SiO_2-Al_2O_3 微粉。使用时与主催化剂一起流化，少量加入即可促进烧焦完全，并使再生器密相段中的 CO 迅速转化为 CO_2。目前大多数流化催化裂化装置都已使用 CO 助

燃剂，其产品已系列化。助燃剂有多种型号及规格，可根据生产所用原料油的性质和装置特点，选用适当的助燃剂与裂化催化剂匹配使用，以达到理想的使用效果。

简要制法 一般采用浸渍法制备。即将特制的氧化铝载体按一定比例浸渍于活性组分溶液后，再经干燥、焙烧等过程制得成品。

34. 金属钝化剂
Metal Passivator

别名 催化裂化催化剂的金属钝化剂

工业牌号 LMP-1、LMP4、LMP-7、AD-CA-3000、MP-25、N-5005；LMP-3、LMP-5、LMP-6、MP 5007、GMP-218、SD-NSNVI

主要组成 以锑、铋、锡等的有机或无机化合物为活性组分。根据其在催化裂化反应中作用的不同，分为钝镍剂、钝钒剂和复合钝化剂三类。钝镍剂的有效组分以锑基化合物为主，也有铋基、铈基等组分；钝钒剂的有效组分是锡化合物；复合钝化剂为锑基及锡基化合物的复配物。

钝镍剂产品规格

产品性状	LMP-1	LMP-4	LMP-7	AD-CA-3000	MP-25	N-5005
有效组分含量，%	15	25	20	24	24	23
密度(20℃)，kg/m^3	1070	1460	1350	1520(40℃)	1610	1300(40℃)
凝点，℃	—	-3	-25	-10(倾点)	-10(倾点)	-6.7(倾点)
黏度(20℃)，mm^2/s	16.3(100℃)	9.81	9.7	25~55(40℃)	25~53(90℃)	5
溶解性	溶于油	溶于水	溶于水	溶于水	溶于水	溶于油
用途	钝化镍	钝化镍	钝化镍	钝化镍	钝化镍	钝化镍

钝钒剂产品规格

产品性状	LMP-3	LMP-5	LMP-6	MP-5007	GMP-218	SD-NSNVI
有效组分含量，%	10	10	15	23	Sb8.0	Sb14.8, La4.1

续表

产品性状	LMP-3	LMP-5	LMP-6	MP-5007	GMP-218	SD-NSNVI
密度(20℃)，kg/m^3	990	1310	1300	1300(40℃)	1211	1430
凝点，℃	-25	-12	-18	-6.7(倾点)	-9	-10
黏度(20℃)，mm^2/s	47	9.4	12.3	5	3.08(40℃)	15(50℃)
溶解性	溶于柴油	溶于水	溶于水	溶于水	溶于水	溶于水
用途	钝化钒	钝化钒	钝化镍钒	钝化钒	钝化钒	钝化镍、钒、铁
外观			浅棕色		浅黄色	浅黄色

用途 用于防止催化剂被一些金属污染。随着流化催化裂化技术不断改进，裂化原料的渣油掺炼率不断提高，原料的重质化及劣质化会使催化剂发生污染，导致轻质油收率降低。其中，重金属污染是较为突出的问题之一。污染催化剂的金属有Ni、V、Fe、Cu、Na、Ca、Mg、K及Pb等，常见的几种易导致催化剂污染的金属是Ni、V、Fe、Na。其中，又以Ni及V对催化剂的影响最为严重。这些金属以卟啉化合物、环烷酸盐、无机盐等形式存在于原料油中，反应过程中逐渐沉积在催化剂上导致催化剂失活。在催化裂化过程中加入金属钝化剂可以有效地钝化金属对催化剂的影响，提高催化剂抗金属污染能力。使用时随原料一起进入装置内，与催化剂接触并分解为金属氧化物，其大部分沉积在催化剂表面，少部分以小晶粒形式分散在催化剂中。

简要制法 将锑或锡等有机化合物及其他相关组分按比例混合、调配制得。

生产厂 中国石化洛阳石化工程公司、中国石化石油化工科学研究院、广州石油化工总厂等。

35. 硫转移剂
Sulfur Transforming Agent

工业牌号 CE-011、DSA、LRS、RFS-C、LST-1 等

主要组成 氧化镁、氧化铝、镧化合物、尖晶石、分子筛等。

产品性状	指标(固体)			
	CE-011	DSA	LRS	RFS-C
表观密度	0.81	0.72~0.73	0.90	0.82
孔体积，mL/g	≥0.43	0.35~0.36	≥0.41	≥0.48
比表面积，m^2/g	≥90	292~294	≥110	≥114
磨损指数，%	≤4.0	≤2.2	≤4.5	≤6.0

产品性状	LST-1	产品性状	LST-1
密度(20℃)，kg/m^3	1346.8	有效组分含量，%	15
凝点，℃	-28	溶解性	与水混溶
黏度(40℃)，mm^2/s	17.17	腐蚀性(50℃，铜片)	1a

用途 用于降低催化裂化再生烟气中硫化物排放。添加在催化裂化催化剂系统中，用以吸附在再生器中产生的硫氧化物，并将其携带到反应系统中还原成硫化氢。根据硫转移剂物态的不同，可分为固体和液体两类。根据其与裂化催化剂结合方式的不同，可分为两类：一类是催化裂化催化剂本身就含有硫转移活性组分的双功能催化剂；另一类是以添加剂的形式添加到催化裂化催化剂中。它的物理性质(如密度、耐磨性、粒度分布等)与催化裂化催化剂相类似。由于添加型硫转移剂使用方便，并可根据所要求达到的硫氧化物降低量来确定所需加入量，随时可以加入装置中，更适合在进料中硫含量经常变化的装置上使用。上述固体及液体硫转移剂分别在青岛石油化工厂、茂名石化公司、镇海炼化公司等重油催化裂化装置上应用，取得了良好的效果。

简要制法 固体硫转移剂是由特制载体浸渍活性组分后经干燥、焙烧制得。液体硫转移剂是由活性组分与其他相关组分按比例混合调配而得。

生产厂 固体 CE-011、DSA、LRS、RFS-C 分别由中国石化齐鲁石化分公司、中国石化石油化工科学研究院、中国石油兰州石化分公司、中国石化长岭分公司生产。液体 LST-1 由中国石化洛阳石化工程公司生产。

36. 加氢裂化催化剂
Hydrocracking Catalyst

加氢裂化是在一定温度及氢压下，借助催化剂的作用使重质原料油通过裂化、加氢、异构化等反应，转化为轻质油品或润滑油料的二次加工方法。其优点为：①生产灵活性大，原料油范围广，可选择性地生产目的产物；②产品质量高，可以生产优质汽油、低凝柴油、高烟点喷气燃料及高黏度指数润滑油等；③液体产率高、生焦量低。其缺点是，操作压力高，耗氢量大，设备投资及操作费用高。

加氢裂化催化剂具有加氢、脱氢和酸性功能，常称为双功能催化剂。加氢功能通常由贵金属（Pt、Pd）或非贵金属（W、Mo、Ni、Co等）及其氧化物或硫化物提供；酸性功能由无定型硅铝或晶型硅铝载体提供，并具有裂化和异构化活性。

加氢裂化催化剂按金属组分不同，可分为贵金属催化剂及非贵金属催化剂；按酸性载体组分不同，可分为无定形硅铝载体催化剂及晶型分子筛载体催化剂；按操作压力不同，可分为高压加氢裂化催化剂、中压加氢裂化催化剂（包括中压加氢裂化催化剂、缓和加氢裂化催化剂、中压加氢改质催化剂）；按所采用的工艺流程不同，可分为单段催化剂、一段串联的裂化催化剂、两段法中的第二段催化剂、三段法中的第二段催化剂等；按生产目的产品不同，可分为液化气型催化剂、石脑油型（或称轻油型）催化剂、中油型催化剂、高中油型催化剂及重油型催化剂等；而按催化剂形状不同，又可分为固体催化剂、浆液催化剂等。

生产加氢裂化催化剂的方法主要有浸渍法、共沉淀法及混捏法。由于浸渍法的载体制备和催化剂制备可在各自最佳的条件下进行，活性组分分散在催化剂表面，利用率高，是常用的制备方法。

一个加氢裂化装置所用的催化剂主要有（加氢）保护剂、加氢精制催化剂及加氢裂化催化剂。使用（加氢）保护剂的目的是，改善被保护催化剂的进料条件，脱除机械杂质、胶质、沥青质及金属化合物，防止杂质将被保护催化剂孔道堵塞或将活性中心覆盖，延长被保护催化剂运转周期。加氢精制催化剂又可分为前加氢精制及后加氢精制两类。前加氢精制催化剂的作用是，脱除杂原子（主要是硫、氮、氧等原子）化合物、残余的金属有机化合物、饱和多环芳烃，从而延长加氢裂化催化剂的使用寿命；后加氢精制催化剂的作用是，饱和烯烃，脱除硫醇，提高产品质量；而加氢裂化催化剂的作用是，将进料转化成希望的目的产品，并尽量提高目的产品收率及质量。在加氢裂化装置中可能同时使用上述三种催化剂，也可能只使用加氢精制催化剂及加氢裂化催化剂。这时，加氢精制催化剂则兼有保护剂及加氢精制催化剂的双重作用。

加氢裂化催化剂品种繁多，用户可根据不同的工艺过程及工艺条件、所加工原料油的性质、希望得到的目的产品等因素来选择使用不同品种牌号的加氢裂化催化剂。

国内开发生产的加氢裂化催化剂主要品种及性能特点见下表所列。

加氢裂化催化剂主要品种及性能特点

工业牌号	外形	活性组分	载体	加工原料	目的产品	主要特点	生产厂
3924	圆柱条形	Mo-Ni-P	分子筛	VGO、CGO、LCO等	喷气燃料、柴油、部分石脑油	灵活生产中间馏分油和部分石脑油	中国石化抚顺石油化工研究院、中国石油抚顺石化公司催化剂厂
3825	圆柱条形	Ni-Mo	分子筛	VGO、CGO、LCO等	喷气燃料、柴油、化工石脑油、乙烯料	轻馏分油型催化剂	
3882	圆柱条形	Ni-W-P	分子筛	VGO	乙烯料、催化裂化进料、柴油、少量石脑油	缓和加氢裂化催化剂	
3901	圆柱条形	Ni-W	硅铝分子筛	VGO、CGO	最大量柴油、喷气燃料、部分石脑油	最大量生产中间馏分油，柴油产品凝点低	
3903	圆柱条形	Ni-W	硅铝分子筛	VGO、CGO、LCO等	喷气燃料、柴油、部分石脑油	灵活生产中间馏分油和部分石脑油	
3905	圆柱条形	Ni-W	分子筛	VGO、CGO、LCO等	喷气燃料、柴油、化工石脑油、乙烯料	轻馏分油型催化剂、抗氮性好、中压、产气少	
3912	圆柱条形	Ni-W	分子筛	VGO	喷气燃料、柴油、乙烯料、部分石脑油	单段加氢裂化催化剂，具有高灵活性	
3934	三叶草形	Ni-W-Mo	特制	VGO、DAO、溶剂精制油	润滑油料、柴油、部分石脑油	润滑油加氢处理，加氢功能强，活性适中	

续表

工业牌号	外形	活性组分	载体	加工原料	目的产品	主要特点	生产厂
3935	三叶草形	Ni-Mo-W	特制	VGO、DAO、溶剂精制油	润滑油料、柴油、部分石脑油	润滑油加氢处理、加氢功能强，活性提高	中国石化抚顺石油化工研究院、中国石油抚顺石化公司催化剂厂
3955	圆柱条形	Ni-W	分子筛	VCO、CGO、LCO等	化工石脑油、喷气燃料、柴油、乙烯料等	轻馏分油型催化剂，耐氮性强	
3971	圆柱条形	Ni-W	硅铝分子筛	VGO、CGO、LCO等	喷气燃料、柴油、部分石脑油	灵活生产中间馏分油和部分石脑油、有高抗氮性	
3973	圆柱条形	Ni-W	SiO_2-Al_2O_3	VGO	柴油、喷气燃料、部分石脑油及润滑油料	最大量生产柴油及喷气燃料，也可生产润滑油料	
3974	圆柱条形	Ni-W	硅铝分子筛	VGO、CGO、LCO等	喷气燃料、柴油、部分石脑油	最大量生产喷气燃料及柴油，灵活性大	
3976	圆柱条形	Ni-W	硅铝分子筛	VGO、CGO、LCO等	喷气燃料、柴油、石脑油	灵活生产中间馏分油和石脑油，高抗氮性，高活性，高灵活性	
FC-12	圆柱条形	W-Ni	硅铝分子筛	VGO、LCO	柴油、乙烯料、部分石脑油	可按中油型或轻油型方案灵活生产，在中高压下均有优异加氢裂化性能	中国石化抚顺石油化工研究院

续表

工业牌号	外形	活性组分	载体	加工原料	目的产品	主要特点	生产厂
FC-14	圆柱条形	W-Ni	硅铝分子筛	VGO、CGO、LCO 等	柴油、喷气燃料、乙烯料、部分石脑油	单段加氢裂化催化剂,最大量生产中间馏分油	中国石化抚顺石油化工研究院、中国石油抚顺石化公司催化剂厂
FC-16	圆柱条形	W-Ni	硅铝分子筛	VGO、CGO、LCO 等	柴油、喷气燃料、部分石脑油	高活性,多产中间馏分油,尤多产低凝柴油	
FC-18	三叶草形	Ni-W	硅铝分子筛	LCO	柴油、少量石脑油	劣质柴油加氢提高十六烷值	
FC-20	圆柱条形	W-Ni	硅铝分子筛	VGO、CGO	柴油、少量石脑油及喷气燃料	最大量生产中间馏分油、多产低凝柴油、成本低、高中油选择性	中国石化抚顺石油化工研究院
FC-24	圆柱条形	W-Ni	分子筛—助剂	VGO、CGO、LCO、HCO 等	化工石脑油、喷气燃料、柴油、乙烯料	轻馏分型催化剂,液收高,重石脑油选择性好,高容硅能力	中国石化抚顺石油化工研究院、中国石油抚顺石化公司催化剂厂
FC-26	圆柱条形	W-Ni	硅铝分子筛	VGO	喷气燃料、柴油、兼产重石脑油及尾油	最大量生产中间馏分油,催化剂活性高、选择性好	

续表

工业牌号	外形	活性组分	载体	加工原料	目的产品	主要特点	生产厂
ZHC-01	圆柱条形	Ni-W	分子筛、SiO_2-Al_2O_3	VGO	喷气燃料、柴油、乙烯料、部分石脑油	单段加氢裂化催化剂，高灵活性	中国石化抚顺石油化工研究院
ZHC-02	圆柱条形	Ni-W	SiO_2-Al_2O_3	VGO	柴油、喷气燃料、乙烯料、部分石脑油	单段加氢裂化催化剂，高中油选择性	中国石化抚顺石油化工研究院
ZHC-04	圆柱条形	Ni-W	分子筛、SiO_2-Al_2O_3	VGO	柴油、喷气燃料、部分石脑油	单段加氢裂化催化剂，高活性，高中油选择性	中国石油抚顺石化公司催化剂厂
CHC-1	圆柱条形	W-Ni	分子筛、Al_2O_3	VGO	柴油、部分石脑油、尾油	催化剂堆比小、孔体积大、高活性、高中油选择性	中国石油大庆化工研究中心
RCF-1	蝶形条状	Ni-W			柴油	中间馏分油选择性加氢裂化剂，中间馏分油收率高	中国石化石油化工科学研究院
RT-1	条状	W-Ni	Y型分子筛、Al_2O_3	常三减一馏分	汽油、柴油、乙烯蒸汽裂解原料	加氢脱氮能力强，加氢裂化性能适中，活性稳定性好，具抗氮中毒性能	中国石化石油化工科学研究院

续表

工业牌号	外形	活性组分	载体	加工原料	目的产品	主要特点	生产厂
RT-5	条状	W-Ni	同上	常三减一和催化裂化柴油混合油	喷气燃料、优质重整原料、柴油、乙烯料	加氢脱氮和加氢裂化性能好，与 RN-1 催化剂一段串联使用抗氮能力强	中国石化石油化工科学研究院
RHC-1、3、5				焦化蜡油、CGO、VGO、催化柴油	优质化工原料、低硫燃料、优质石脑油	中压加氢裂化、加氢灵活性强、高裂化活性	中国石化石油化工科学研究院
RHC-130				柴油加氢改质	凝点不同的柴油、提高十六烷值	中间馏分油选择性高，可灵活生产 –35 号、–20 号低凝柴油	中国石化石油化工科学研究院
CR-3、4	圆柱条	WNi-F	分子筛	VGO、催化柴油、常三减一混合油	喷气燃料、低凝点柴油、乙烯料、优质柴油、尾油	裂解活性高、稳定性好、选择性及再生性好	中国石化岳阳石化分公司

注：VGO—减压瓦斯油；
CGO—焦化瓦斯油；
LCO—轻循环油；
HCO—重循环油。

中国石化抚顺石油化工研究院（FRIPP）是我国最重要的加氢技术及催化剂研究开发机构，数十年来，一直致力于现代加氢裂化催化剂的研发工作，并形成多个系数数十个牌号的催化剂。我国自行设计的大型加氢裂化装置大多采用 FRIPP 开发的催化剂。下表示出了 FRIPP 研发的 20 个系列 50 多个牌号馏分油加氢裂化及配套催化剂的概况。

FRIPP 的馏分油加氢裂化及配套催化剂

序号	催化剂牌号	主要用途
1	3825、3905、3955、FC-24、FC-52	高压加氢裂化，一段串联和两段工艺，最大量生产石脑油和尾油，尾油芳烃关联指数低且T90、T95点和干点大幅度降低
2	3824、3903、3971、3476、FC-12、FC-32、FC-36、FC-46	高压加氢裂化，一段串联和两段工艺，灵活生产石脑油、中间馏分油和尾油，尾油芳烃关联指数低且T90、T95点和干点大幅度降低
3	3974、FC-26、FC-40、FC-50	高压加氢裂化，一段串联和两段工艺，最大量生产中间馏分油，尾油芳烃关联指数低且T90、T95点和干点大幅度降低
4	3901、FC-20	高压加氢裂化，一段串联和两段工艺，最大量生产低凝柴油、尾油是低凝点的润滑油基础油料
5	FC-16	高压加氢裂化，一段串联和两段工艺，最大量生产中间馏分油，兼顾柴油低温流动性和尾油芳烃关联指数
6	3912、ZHC-01	高压加氢裂化、单段和两段工艺，灵活生产石脑油、中间馏分油和尾油，尾油芳烃关联指数低且T90、T95点和干点大幅度降低
7	3973、ZHC-02、ZHC-04、FC-28、FC-30	高压加氢裂化、单段和两段工艺，最大量生产中间馏分油，尾油芳烃关联指数低且T90、T95点和干点大幅度降低
8	FC-14、FC-34	高压加氢裂化，单段和两段工艺，最大量生产优质低凝柴油，尾油是低凝点的润滑油基础油料
9	FC-22	高压加氢裂化，两段工艺，灵活生产石脑油和中间馏分油，活性组分为贵金属
10	3905、3976、FC-12、FC-32 等	中压加氢裂化和中压加氢改质工艺，生产柴油、石脑油及部分高芳潜的重石脑油

续表

序号	催化剂牌号	主要用途
11	3882	一段串联缓和加氢裂化工艺,催化剂耐氮性能及中间馏分油选择性好
12	FC-18	最大量提高劣质柴油十六烷值,加氢异构活性高,裂化活性低,稳定性好
13	3881（FDW-1）、FDW-3、FDW-4	临氢降凝工艺、加氢降凝工艺生产低凝点柴油
14	FC-14、FC-20	柴油加氢改质异构降凝工艺
15	3934、3935	高压加氢处理,最大量生产尾油润滑油基础油料工艺
16	FDW-1、FHDA-1	加氢裂化尾油择形异构化工艺,活性组分为贵金属
17	FDW-2	加氢裂化尾油择形异构化工艺,活性组分为非贵金属
18	3906、3926、3936、3996、FF-16、FF-20、FF-26、FF-36、FF-46、FF-56	加氢裂化预精制段催化剂,高加氢脱氮活性和高芳烃加氢饱和活性
19	3962、FF-12	加氢裂化后精制段催化剂,加氢饱和脱除微量烯烃,抑制硫醇生成
20	FZC-100、FZC-101、FZC-102、FZC-102A、FZC-102B、FZC-103、FZC-103A、FZC-103B、FZC-204、FZC-204A、FZC-28、FZC-28A、FZC-28B、FZC-27 等	加氢裂化保护剂和脱金属催化剂,脱除原料油中微量金属杂质和易生焦物质,容纳机械垢物,减缓压降上升,延长装置运行周期

37. 催化重整催化剂
Catalytic Reforming Catalyst

催化重整是一种石油二次加工过程,是以含 $C_6 \sim C_{11}$ 烃的石脑油为原料,在一定操作条件及催化剂作用下,原料烃分子结构发生重新排列,使环烷烃和烷烃转化成芳烃或异构烷烃,同时副产部分氢气的加工过程。催化重整产出的低分子石油芳烃(苯、甲苯及二甲苯等),是生产石油化工产品的重要原料。催化重整反应的生成物——芳烃及异构烷烃具有很高的辛烷值,因此催化重整反应又是生产高辛烷值汽油的重要过程。此外,副产氢气是加氢裂化等用氢装置重要的氢气来源。由于生产芳烃与生产汽油的要求不同,催化重整装置可分为生产苯类芳烃的重整装置及生产汽油的重整装置;但不论哪一种重整装置,都需要经过原料预处理过程和重整反应过程。

催化重整过程中发生的反应有正构烷烃的异构化及脱氢环化、环烷烃的异构化及脱氢环化等。由此可以看出,重整催化剂既具有加氢、脱氢活性,又具有异构、环化活性。所以,重整催化剂是一种双功能催化剂——由金属组分及酸性载体组成。金属组分主要是铂以及添加的铼(或锡)、铱、钛、铝、铈等助金属,为反应提供加氢、脱氢活性中心;酸性载体通常为卤素及氧化铝,为反应提供酸性中心,以促进裂化、异构化反应发生。加入一种或多种助金属的主要作用是,抑制铂晶粒长大,提高稳定性,改善选择性,增加容炭能力,使重整装置可以在低压、低氢油比和较高温度下长周期运转。

按照催化剂再生方式的不同,催化重整工艺主要分为连续重整及半再生重整两种。两种重整反应所采用的催化剂也不完全相同。目前,半再生重整催化剂多以铂、铼为主要成分,连续重整催化剂多以铂、锡为主要成分。载体主要为氧化铝,催化剂常采用浸渍法制备。

重整催化剂的品种及牌号很多,选用催化剂时,注意选用反应性能及再生性能好,物理化学性能适宜的。对于半再生重整装置,不仅要选用催化活性好、选择性高的催化剂,而且更要选用稳定性好的催化剂。特别是对操作要求较高时,催化剂稳定性和容炭能力将直接影响装置的运转周期。对于连续重整装置,主要选用活性及选择性优良的催化剂,而对催化剂稳定性的要求并不那么苛刻。不论哪一种装置形式,选择性良好的催化剂,可以提高液体产品的收率,并可副产高纯度氢气供应下游用氢装置。

国内开发的催化重整催化剂主要品种及性能特点见下表所列。

催化重整催化剂主要品种及性能特点

工业牌号	外观	外形尺寸 mm	金属组分 %	Cl含量 %	HF含量 %	载体	堆密度 g/mL	孔体积 mL/g	比表面积 m²/g	适用装置形式
3701	乳黄色小球	φ1.5~3.0	Pt 0.52	1.0	0.31	$\eta\text{-}Al_2O_3$	0.8	—	—	半再生式

续表

工业牌号	外观	外形尺寸 mm	金属组分 %	Cl 含量 %	HF 含量 %	载体	堆密度 g/mL	孔体积 mL/g	比表面积 m^2/g	适用装置形式
3741	乳黄色小球	ϕ1.5~3.0	Pt 0.52; Re 0.32	0.68	0.28	η-Al_2O_3	0.78	—	248	半再生式
3741-Ⅱ	乳黄色小球	ϕ1.5~3.0	Pt 0.36; Re 0.55	1.6	—	γ-Al_2O_3	0.81	—	206	半再生式
3752	乳黄色小球	ϕ1.5~3.0	Pt 0.6; Ir 0.1	1.5	—	η-Al_2O_3	0.76	—	268	半再生式
3861-Ⅰ	球形	ϕ1.4~2.0	Pt 0.37; Sn	—	—	γ-Al_2O_3	0.53~0.59	0.55~0.65	180~220	连续式
3861-Ⅱ	球形	ϕ1.4~2.0	Pi 0.58; Sn	—	—	γ-Al_2O_3	0.53~0.59	0.55~0.65	180~220	连续式
3932	条形	ϕ(1.4~1.6)×3~6	Pt、Re (等铂铼比)	—	—	γ-Al_2O_3	0.76~0.82	0.45~0.55	>180	半再生式
3933	条形	ϕ(1.4~1.6)×3~6	Pt、Re (高铼含量)	—	—	γ-Al_2O_3	0.76~0.82	0.45~0.55	>180	半再生式
3944	圆柱形	ϕ(1.4~1.6)×3~6	—	—	—	γ-Al_2O_3	0.76~0.82	0.45~0.55	>180	半再生式
3961	球形	ϕ1.4~2.0	Pt、Sn	含 Cl	—	γ-Al_2O_3	0.54~0.58	>0.70	180~220	半再生式、连续式均可用
CB-5	乳黄色小球	ϕ1.5~3.0	Pt 0.47; Re 0.30	1.40	—	γ-Al_2O_3	0.81	—	185	半再生式

续表

工业牌号	外观	外形尺寸 mm	金属组分 %	Cl含量 %	HF含量 %	载体	堆密度 g/mL	孔体积 mL/g	比表面积 m^2/g	适用装置形式
CB-5B	淡黄色小球	ϕ1.5~2.5	Pt 0.45~0.50; Re 0.26~0.30	≥1.0	—	γ-Al_2O_3	0.72~0.80	0.48~0.60	>180	半再生式
CB-6	乳黄色小球	ϕ1.5~3.0	Pt 0.28; Re 0.26; Ti 0.14	1.0~1.4	—	γ-Al_2O_3	0.57	—	189	半再生式
CB-7	淡黄色小球	ϕ1.5~2.5	Pt 0.21; Re 0.43; Ti 0.10	1.0~1.2	—	γ-Al_2O_3	0.75	0.5~0.6	>180	半再生式
CB-8	淡黄色小球	ϕ1.5~2.5	Pt 0.15; Re 0.30	1.2	—	γ-Al_2O_3	0.75	0.5~0.6	180	半再生式
CB-9	淡黄色小球	ϕ1.5~2.5	Pt 0.25; Re 0.25	1.0~1.6	—	γ-Al_2O_3	0.78~0.87	0.45~0.55	180~220	半再生式
CB-11	淡黄色小球	ϕ1.5~2.5	Pt≥0.23; Re≥0.36	1.3	—	γ-Al_2O_3	0.73~0.78	0.48~0.60	>180	半再生式
CB-60	圆柱条	ϕ1.4~1.6	Pt 0.25; Re 0.26	1.44		γ-Al_2O_3	0.73	0.46	185	半再生式
CB-70	圆柱条	ϕ1.4~1.6	Pt 0.22; Re 0.48	1.24		γ-Al_2O_3	0.73	0.45	182	半再生式
SPR-8、9	条	ϕ1.4~1.8	Pt、Rt			γ-Al_2O_3	0.75	0.45	180	半再生式
FRT-A	圆柱条	ϕ1.2~1.6	Pt 0.25; Re 0.25			γ-Al_2O_3				半再生式
FRT-B	圆柱条	ϕ1.2~1.6	Pt 0.21; Re 0.48			γ-Al_2O_3				半再生式

续表

工业牌号	外观	外形尺寸 mm	金属组分 %	Cl 含量 %	HF 含量 %	载体	堆密度 g/mL	孔体积 mL/g	比表面积 m^2/g	适用装置形式
FRT-C	圆柱条	φ1.2~1.6	Pt 0.25; Re 0.25	1.30		γ-Al_2O_3	0.71	0.45~0.55	≥180	半再生式
FRT-D	圆柱条	φ1.2~1.6	Pt 0.21; Re 0.46	1.30		γ-Al_2O_3	0.71	0.45~0.55	≥180	半再生式
3961	球形	φ1.4~2.0	Pt 0.29	1.07		γ-Al_2O_3	0.56	0.71	206	连续式
3981	球形	φ1.4~2.0	Pt 0.28			γ-Al_2O_3				连续式
GCR-100	球形	φ1.4~2.0	Pt 0.28; Sn 0.31	1.11		γ-Al_2O_3	0.56	0.71	200	连续式
RC-011	球形	φ1.4~2.0	Pt 0.28; Sn 0.31	1.10		γ-Al_2O_3	0.56	0.71	193	连续式
RC-041	球形	φ1.4~2.0	Pt 0.35; Sn 0.41	1.15		γ-Al_2O_3	0.56	0.71	195	连续式
TNEO TNSO	球形	φ1.4~2.0	Pt、Sn			γ-Al_2O_3	0.54 20.58	0.70	180~220	连续式

生产厂 中国石化催化剂长岭分公司、中国石油抚顺石化催化剂厂、中国石化石油化工科学研究院、辽宁海泰科技公司等。

38. 加氢保护(催化)剂(一)
Protective Catalyst for Hydrogenation

别名 加氢精制催化剂

工业牌号 CH-13(RG-1)、CH-13

主要组成 以 Mo、Ni 为活性组分,以氧化铝为催化剂载体。

产品规格

产品性状	指标			
	CH-13(RG-1)	CH-13	HTP-1	HTP-8R
外观	三叶草形	三叶草形	三叶草形	中空环状
外形尺寸,mm	$\phi 1.6$	$\phi 1.6$	$\phi 1.6$	$\phi 8\times 4\times 8$
孔体积,mL/g	0.6~0.7	$\geqslant 0.6$	$\geqslant 0.6$	$\geqslant 0.45$
比表面积,m^2/g	200~260	$\geqslant 180$	$\geqslant 200$	$\geqslant 200$
压碎强度,N/mm	$\geqslant 12$	$\geqslant 12$	$\geqslant 12$	$\geqslant 40$N/cm
MoO_3,%	$\leqslant 10$	5~7	MoO_3	MoO_3
NiO,%	$\leqslant 5$	1.0~1.5	NiO	NiO

用途 用于含有胶质、沥青质及铁离子的减压瓦斯油或更重馏分的加氢反应器顶部。具有较好的脱金属、脱残炭性能和容纳金属和容炭能力,减少对主催化剂间隙的堵塞,延缓反应器压降的增高,同时还具有保护主催化剂活性和稳定性的作用。

简要制法 将氢氧化铝粉、助挤剂及黏结剂按一定比例混捏、挤条成型,制得氧化铝载体,先浸渍金属活性组分,再经干燥、焙烧制得成品。

生产厂 中国石油抚顺石化公司催化剂厂、中国石化催化剂长岭分公司。

39. 加氢保护(催化)剂(二)
Protective Catalyst for Hydrogenation

工业牌号 FZC-101、FZC-102、FZC-102B、FZC-103、FZC-103A
主要组成 以 Ni 或 Mo-Ni 为主活性组分,以氧化铝为载体。
产品规格

产品性状	指标				
	FZC-101	FZC-102	FZC-102B	FZC-103	FZC-103A
组成	氧化铝	Ni/氧化铝	Mo-Ni/氧化铝	Mo-Ni/氧化铝	Mo-Ni/氧化铝
形状	七孔球	拉西环形	拉西环形	拉西环形	拉西环形
孔体积,mL/g	—	0.6~0.8	0.6~0.8	0.5~0.65	0.5~0.65

续表

产品性状	指标				
	FZC-101	FZC-102	FZC-102B	FZC-103	FZC-103A
比表面积, m^2/g	—	260~320	260~320	150~220	150~220
颗粒直径, mm	16~17, 内孔3~3.5	4.9~5.2, 内孔2.2~2.4	4.9~5.2, 内孔2.2~2.4	3.3~3.6, 内孔1~1.2	3.3~3.6, 内孔1~1.2
颗粒长度, mm	9~12	3~10	3~10	3~8	3~8
压碎强度, N/mm	≥20	2~3	2~3	3~4	3~4

用途 用作常压渣油加氢处理保护剂, 具有高空隙率、高容垢及容杂质能力。其作用是脱除机械杂质、胶质、沥青质及金属化合物, 改善下游催化剂的进料条件, 抑制杂质对下游催化剂孔道堵塞, 防止活性中心被覆盖, 保护下游催化剂的活性及稳定性, 延长下游催化剂的运转寿命。

工业应用情况 用于上海石化公司、镇海炼化公司、WEPEC公司等。

生产厂 中国石化抚顺石油化工研究院。

40. 加氢保护(催化)剂(三)
Protective Catalyst for Hydrogenation

工业牌号 RG-10、RG-10A、RG-10B、RG-10D 等

主要组成 以 Mo、Ni 为主活性组分, 以氧化铝为载体。

产品规格

产品性状	指标			
	RG-10	RG-10A	RG-10B	RG-10D
MoO_3, %	—	—	≥2.5	—
NiO, %	—	≥0.5	≥1.0	—
孔体积, mL/g	—	≥0.55	≥0.55	≥0.6
比表面积, m^2/g	—	≥120	≥120	≥100
压碎强度, N/粒	≥10	≥10	≥10	≥16
外形	七孔球	拉西环形	拉西环形	拉西环形
直径, mm	16	6	3.5	8
长度, mm	—	5	5	8

用途 用作常压渣油加氢处理保护剂,具有一定比例的大孔和特大孔,有较高强度和较高的容金属和容垢能力。保护下游催化剂的活性及稳定性,延长下游催化剂寿命。

简要制法 先将专用氧化铝载体浸渍活性组分,再经干燥、焙烧制得。

生产厂 中国石化催化剂长岭分公司。

41. 加氢保护(催化)剂(四)
Protective Catalyst for Hydrogenation

工业牌号 ATF系列

主要组成 以Mo、Ni为活性组分,以Al_2O_3为载体。

产品规格及工艺条件

产品性状	指标				
	ATF-10	ATF-102	ATF-102A	ATF-103	ATF-103A
外观	白色多孔颗粒	白色拉西环状	白色中孔齿球	淡黄色环状	淡黄色齿球
外形尺寸,mm	$\phi 15\sim 18$ 内孔径$\phi 2.2$	$\phi 15\times 6$ 内孔径>2.5	$\phi 4.8\sim 5.2$ 孔径$\phi 2.2$	$\phi(3.3\sim 3.7)\times 4\sim 5$ 内孔径1.3	$\phi 2.9\sim 3.1$
堆密度,g/mL	≥0.75	0.5~0.55	0.45~0.55	0.56~0.62	0.50~0.60
抗压强度,N/mm	≥150N/粒	≥3.0	≥5.0	≥4.0	≥10
操作温度,℃	360	360	360	360	350
操作压力,MPa	15.2	15.6	15.2	15.6	15.6
空速,h^{-1}	1.2	1.2	1.2	1.2	1.2
组成	Al_2O_3>95%	MoO_3/Al_2O_3	MoO_3/Al_2O_3	$Ni\text{-}MoO_3/Al_2O_3$	$Ni\text{-}MoO_3/Al_2O_3$

用途 ATF-101保护剂用于加氢裂化各种装置中,用作保护剂、支撑剂及缓冲剂。ATF-102、ATF-102A、ATF-103、ATF-103A等保护剂用于加氢裂化预精制、渣油加氢、除垢去杂等工艺过程,以及用作脱金属保护剂,起到延缓反应器压降增高,保护主催化剂活性及稳定性的作用。

简要制法 先用特制异型载体(多孔颗粒、拉西环及中孔齿球等)浸渍钼、镍等活性组分溶液,再经干燥、焙烧制得。

生产厂 江苏姜堰区奥特催化剂载体研究所。

42. 加氢保护(催化)剂(五)
Protective Catalyst for Hydrogenation

工业牌号 FZC-20、FZC-21、FZC-22、FZC-201、FZC-202、FZC-203等

主要组成 以 Ni 或 Mo-Ni 为主活性组分,以氧化铝为载体。

产品规格

产品性状	指标					
	FZC-20	FZC-21	FZC-22	FZC-201	FZC-202	FZC-203
外形	圆柱形	圆柱形	三叶草形	四叶草形	四叶草形	四叶草形
长度,mm	2~8	2~8	3~10	2~8	2~8	2~8
直径,mm	0.8~0.92	0.8~0.9	2~3	1.1~1.4	4.6	4.8
NiO,%	2.5~3.5	2.5~3.5	2.5~3.5	1.5~2.5	>1.5	>1.5
MoO_3,%	—	8.5~10	8.5~10	7~8.5	>7	>7
孔体积,mL/g	0.65~0.72	0.6~0.66	0.52~0.58	0.6~0.7	0.68	0.66
比表面积,m^2/g	135~175	135~175	135~175	135~185	155	138
堆密度,kg/L	0.52~0.57	0.59~0.65	0.56~0.63	0.57~0.63	0.53	0.5
压碎强度,N/mm	≥6	≥6	≥10	≥10	≥16	≥18

用途 用作减压渣油加氢处理保护剂,具有孔体积大、空隙率高、容垢及容杂质能力强等特点,其作用是保护下游催化剂的活性及稳定性,延长催化剂寿命。

工业应用情况 用于齐鲁石化公司、茂名石化公司、盘锦石化总厂等装置。

简要制法 先将专用氧化铝载体浸渍活性组分,再经干燥、焙烧而得。

生产厂 中国石化抚顺石油化工研究院。

43. 加氢精制催化剂
Hydrofining Catalyst

工业牌号 3722、3761、3822、3936、3926 等
主要组成 以 W、Ni、Mo 等为活性组分,以氧化铝为催化剂载体。
产品规格

产品性状	指标				
	3722	3761	3822	3936	3926
外观	片状或条状	片状或条状	三叶草形或圆柱形	三叶草形	三叶草形、圆柱形
外形尺寸, mm	片状:$\phi 4 \times 3 \sim 4$ 条状:$\phi 1.6 \times 3 \sim 8$	片状:$\phi 4 \times 3 \sim 4$ 条状:$\phi 1.6 \times 3 \sim 8$	三叶草形:$\phi 1.2 \times 3 \sim 8$ 圆柱形:$\phi 1.6 \times 3 \sim 8$	$\phi(1.2 \sim 1.4) \times 3 \sim 8$	$\phi(1.3 \sim 1.5) \times 3 \sim 8$
组成	W-Mo-Ni-F/Al_2O_3	Mo-Ni-Co/Al_2O_3	Mo-Ni-P/SiO_2-Al_2O_3	Mo-Ni-P/Al_2O_3	W-Mo-Ni/Al_2O_3
堆密度, g/mL	$0.8 \sim 1.12$	$0.84 \sim 1.08$	$0.7 \sim 0.8$	$0.88 \sim 0.94$	$0.90 \sim 1.05$
孔体积, mL/g	$0.3 \sim 0.35$	—	—	$0.32 \sim 0.38$	$\geqslant 0.3$
比表面积, m^2/g	~ 140	—	—	>160	>110
压缩强度	片状:$\geqslant 275$N/片 条状:$\geqslant 6.9$N/mm	片状:$\geqslant 245$N/片 条状:>15N/mm	$\geqslant 14.7$N/mm	$\geqslant 20$N/mm	>15N/mm
磨损率,%	—	—	1.0	1.0	—

用途 3722 催化剂主要用于二次加工过程生产的汽油、柴油及煤油的加氢精制,在加氢裂化或加氢脱蜡中作为一段精制催化剂使用。也可用作润滑油馏分的加氢降凝催化剂。在中压或高压操作条件下,催化剂对多种原料有很好的适应性,并有较高的催化活性、选择性及稳定性。

3761 催化剂主要用于催化重整原料的预加氢精制,尤适用于双金属催化重整。也可用于汽油、柴油及润滑油的加氢精制。催化剂具有良好的脱

硫、脱砷及脱微量金属的功能，催化活性高，床层压降低。

3822 催化剂可用于高含氮的重质原料油（如减压瓦斯油或减压瓦斯油与焦化瓦斯油的混合油）的加氢精制，使高压加氢裂化装置用原料油的含氮量符合要求。也可在中压加氢裂化装置的一段预精制工艺中用于石蜡加氢以除去氮、硫、氧等杂质，改善油品颜色，提高油品安定性。常与加氢裂化催化剂 3812 或 3824 配合使用，在重质油一段串联加氢裂化工艺中用作加氢脱氮催化剂。

3936 催化剂主要用于重质油加氢裂化的一段加氢精制工艺。其作用是，除去加氢裂化进料馏分油中的含氮化合物，防止加氢裂化催化剂的酸性组分（如分子筛）中毒而引起活性下降。具有较大的比表面积及孔体积，有较好的加氢脱氮活性及稳定性。

3926 催化剂在中压下具有极好的加氢脱氮活性，也具有良好的脱硫活性。适用于高含氮原料的加氢精制。主要用于低压、中压加氢裂化原料的加氢脱氮、脱硫。也可用于处理劣质的二次加工过程副产物（如焦化蜡油），使其成为优质的催化裂化原料油。

简要制法　先将特制的载体浸渍金属活性组分，再经干燥、焙烧制得成品。

生产厂　中国石油抚顺石化公司催化剂厂。

44. 加氢精制催化剂（481 系列）
Hydrofining Catalyst（481 Series）

工业牌号　481-1、481-2、481-3、FH-UDS
主要组成　以 Mo、Ni、Co 等为活性组分，以氧化铝为催化剂载体。
产品规格

产品性状	指标			
	481-1	481-2	481-3	FH-UDS
外观	球形	球形	球形	三叶草形
外形尺寸，mm	$\phi 2 \sim 3$	$\phi 2 \sim 3$	$\phi 1.5 \sim 2.5$	$\phi 1.3 \sim 1.6$
堆密度，g/mL	$\geqslant 0.7$	$0.67 \sim 0.73$	~ 0.7	0.87
孔体积，mL/g	$0.4 \sim 0.6$	$0.5 \sim 0.7$	~ 0.45	0.32
比表面积，m^2/g	200	200	$\geqslant 200$	210

产品性状	指标			
	481-1	481-2	481-3	FH-UDS
NiO,%	3~5	4~5	4.5~5.5	活性组分 W、Mo、Ni
CoO,%	—	—	0.08~0.12	
MoO_3,%	13~16	17.5~20.5	15.5~16.5	
P_2O_3,%	—	1.5~2.5	—	
SiO_2,%	—	5.5~7.5	6~8	

用途 用于石蜡、凡士林的加氢精制,煤油、柴油的深度加氢精制。也可用于直馏及二次加工汽油、煤油及柴油的加氢精制,以提高油品质量及贮存安定性。具有良好的脱硫、脱氮及脱氧能力,尤其是脱氮能力较强。

简要制法 由三氧化铝、水玻璃(硅酸钠)及氨水进行成胶反应,胶液经洗涤、胶溶、油柱成型、焙烧制得球形载体,浸渍活性组分溶液后再经干燥、焙烧制得成品。

生产厂 温州华华集团公司、沈阳三聚凯特催化剂厂等。

45. 加氢精制催化剂(CH 系列 1)
Hydrofining Catalyst(CH Series1)

工业牌号 CH-2、CH-3、CH-4、CH-6
主要组成 以 Mo、Ni、W 等为活性组分,以氧化铝为催化剂载体。
产品规格

产品性状	指标			
	CH-2	CH-3	CH-4	CH-6
外观	圆柱形、三叶草形	圆柱形、三叶草形	圆柱形、三叶草形	三叶草形、异形条
外形尺寸,mm	$\phi 1.8~2.2 \times 4~6$	$\phi 1.8~2.2 \times 4~10$	—	外径1.24
堆密度,g/mL	0.7	0.7	~1.0	~1.07

续表

产品性状	指标			
	CH-2	CH-3	CH-4	CH-6
孔体积,mL/g	0.4	0.35	0.30	0.29
比表面积,m^2/g	180	200	200	188
MoO_3,%	—	17~21	18	12.6
NiO,%	2.5~3.5	3.0	—	1.98
WO_3,%	—	—	—	11.46
P_2O_5,%	—	—	—	1.58

用途 用于重整原料油的加氢精制、二次加工过程生产的汽油或柴油的加氢精制,合成氨原料的加氢精制及高含硫馏分油等的加氢精制等。具有较好的脱氮、脱硫、烯烃饱和及芳烃加氢活性。

简要制法 将氧化铝载体浸渍金属活性组分后,经干燥、焙烧制得。

生产厂 中国石化催化剂长岭分公司。

46. 加氢精制催化剂(CH 系列 2)
Hydrofining Catalyst(CH Series2)

工业牌号 CH-16、CH-18、CH-19、CH-20、CH-25、CH-27、CH-28

主要组成 以 Mo、Ni、W 等为活性组分,以氧化铝为催化剂载体。

产品规格

产品性状	CH-16	CH-18	CH-19	CH-20	CH-25	CH-27	CH-28
NiO,%	2.7~3.3	2.0	1.5	3.6	2.7	14.0	2.5
WO_3,%	27~31	19.0	17.0	22.5	26	—	7.5
MoO_3,%	—	—	6.0	—	—	2.0	—
CoO,%	—	0.04	—	—	—	—	—
P_2O_5,%	—	—	1.1	5.6	—	—	—
助剂,%	4~5	0.7	—	—	2.5	—	0.1

续表

产品性状	CH-16	CH-18	CH-19	CH-20	CH-25	CH-27	CH-28
孔体积，mL/g	≥0.24	≥0.27	≥0.24	≥0.33	≥0.25	≥0.30	≥0.27
比表面积，m^2/g	≥90	≥130	≥110	≥160	≥100	≥170	≥165
径向强度，N/mm	≥16	≥20	≥20	≥18	≥18	≥20	≥20
堆密度，g/mL	—	—	0.9	0.8	—	—	—

用途 CH-16催化剂用于焦化蜡油加氢处理，加氢产物用作催化裂化优质进料。也可用于减压蜡油的加氢处理，加氢产物用作中高压加氢裂化的原料。催化剂对各种原料有广泛适应性，有优良的活性稳定性及再生性能，具有较高的脱硫、脱氮及使部分多环芳烃饱和的能力。

CH-18催化剂适用于直馏汽油或含25%焦化汽油的石脑油的加氢精制，用于生产合格的催化重整原料。催化剂具有优良的机械强度及加氢脱硫、脱氮活性，并具有良好的活性稳定性及再生性能。

CF-19催化剂用于重整预加氢，精制重整原料。也可用于直馏油品及二次加工油品的加氢精制。催化剂具有较高的加氢脱硫、脱氮及脱胶质能力，并具有良好的活性稳定性及机械强度，再生性能优良。

CH-20催化剂适用于焦化蜡油、重油的加氢处理，为流化催化裂化提供优质原料。催化剂具有较高的脱硫、脱氮及脱胶质能力，并有使多环芳烃加氢饱和、使部分多环环烷烃开环的性能，具有较好的活性稳定性和优良的再生性能。

CH-25催化剂适用于直馏馏分油（如汽油、煤油、柴油、重整原料、润滑油等）的加氢精制，也适用于二次加工馏分油（如焦化汽油、焦化柴油、焦化蜡油等）的加氢精制，还可用于中高压加氢裂化或中压加氢改质工艺过程中预精制段的加氢脱硫、加氢脱芳烃等。催化剂对各种原料有广泛的适应性，具有较高的加氢脱硫、脱氮、脱芳烃性能，活性稳定性及机械强度高，再生性能优良，床层压降较低。

CH-27催化剂用于直馏汽油、二次加工过程生产的汽油或乙烯蒸汽裂解原料的临氢脱砷工艺过程中，以保护下游主催化剂的活性稳定性。催化剂具有较高的加氢脱砷活性和容砷能力，并有较高的机械强度及活性稳定性。

CH-28催化剂适用于喷气燃料的临氢脱硫醇工艺过程，以生产优质喷气燃料。催化剂具有较高的脱硫醇性能，并具有一定的脱酸、脱色、脱硫和适当提高烟点的功能。对各种喷气燃料有广泛适应性。催化剂的活性稳定性和机械强度高，再生性能好。

简要制法 先将特制氧化铝载体浸渍金属活性组分及助剂，再经干燥、焙烧制得成品。

生产厂 中国石化催化剂长岭分公司。

47. 加氢精制催化剂（RN 系列）
Hydrofining Catalyst（RN Series）

工业牌号 RN-1(CH-7)、RN-10、RN-100、DEF-1
主要组成 以 W、Ni、Co 等为活性组分，以氧化铝为催化剂载体。
产品规格

产品性状	指标			
	RN-1(CH-7)	RN-10	RN-100	DZF-1
外观	三叶草形	三叶草形	蝶形	三叶草形
外形尺寸，mm	ϕ1.2、1.4、1.8、3.6	ϕ1.2、1.4、1.6、3.6	—	ϕ1.3~1.5
堆密度，g/mL	0.88	0.8	0.8	0.7~0.8
孔体积，mL/g	0.325	0.3	0.3	0.35
比表面积，m^2/g	161	151	150	150
NiO，%	2.51	2.5	2.5	活性组分 Ni、Mo
WO$_3$，%	21.2	20	20	
CoO，%	0.058			

用途 用于重整原料油的加氢精制，也可用于航空煤油脱芳烃改善烟点的精制处理。具有较高的脱硫、脱氮及脱氧能力，脱硫能力更强，还具有较高的烯烃饱和及芳烃加氢活性。

简要制法 先将偏铝酸钠与硝酸中和成胶制得氧化铝载体，再将其浸渍金属活性组分，然后经干燥、焙烧制得成品。

生产厂 中国石化催化剂长岭分公司、北京三聚凯特催化剂厂等。

48. 铁钼加氢精制催化剂
Fe-Mo Hydrofining Catalyst

工业牌号 3733
主要组成 以 Fe、Mo 为催化剂活性组分，以氧化铝为催化剂载体。
产品规格

产品性状	3733	产品性状	3733
外观	淡黄色圆柱体	孔体积，mL/g	0.4
外形尺寸，mm	$\phi 46 \times (4\sim5)$	比表面积，m^2/g	160
堆密度，g/mL	0.7~0.8	压缩强度，N/cm	$\geqslant 120$

用途 用于润滑油加氢精制，也用于焦炉气、城市煤气加氢脱硫。具有良好的加氢脱硫能力及活性稳定性。

简要制法 将氧化铝载体分二次浸渍金属活性组分，经干燥、焙烧制得。

生产厂 中国石油抚顺石化公司催化剂厂、中国石化催化剂长岭分公司、上海吴泾化工厂等。

49. 轻质馏分油加氢精制催化剂
Light Fraction Hydrofining Catalyst

工业牌号 FDS-4A、FH-40A、FH-40B、FH-40C 等
主要组成 Mo、Ni、Co、W 等为主活性组分，氧化铝为载体。
产品规格

产品性状	指标			
	FDS-4A	FH-40A	FH-40B	FH-40C
外观	球形	三叶草形	三叶草形	三叶草形
组成	Mo-Co/含硅氧化铝	Mo-Ni-Co/Al_2O_3	Mo-Ni-Co/Al_2O_3	W-Mo-Ni-Co/Al_2O_3
堆密度，g/mL	0.75~0.85	—	—	0.75~0.85

用途 适用于高硫石脑油、直馏煤油等加氢精制,脱除有机硫、有机氧、有机氮等杂质,以生产重整原料、航空煤油。具有加氢脱硫、脱氮活性高,选择性和再生性能好,机械强度高,装填堆比小及氢耗低等特点。

工业应用情况 用于茂名石化公司、金陵石化公司、镇海炼化公司、齐鲁石化公司等工业装置。

简要制法 先将特制载体浸渍活性组分,再经干燥、焙烧制得。

生产厂 中国石化抚顺石油化工研究院、沈阳三聚凯特催化剂公司等。

50. 重质馏分油加氢精制催化剂
Heavy Distillate Hydrofining Catalyst

工业牌号 3996

主要组成 Mo-Ni-P/氧化铝。

产品规格

产品性状	3996	产品性状	3996
外观	三叶草形	比表面积,m^2/g	≥160
外形尺寸,mm	$\phi(1.1\sim1.3)\times(3\sim8)$	压缩强度,N/mm	≥18
堆密度,g/mL	0.30~0.36		

用途 主要用于重质油加氢裂化一段串联加氢裂化过程的预精制段,也适用于焦化蜡油加氢处理和中压加氢改质等工艺过程。用于除去加氢进料馏分中的含氮化合物,防止加氢裂化催化剂的酸性组分(如分子筛)中毒而引起活性下降。也可用作3936加氢精制催化剂的替代产品。它保持了3936催化剂孔分布集中、异型条成型、金属分布均匀、强度高、孔体积较大等特点,并进一步优化了活性组分组成及催化剂浸渍制备条件,适当提高了催化剂的比表面积及堆密度。经在茂名石化公司、上海石化公司、镇海炼化公司等大型加氢裂化装置上应用表明,其加氢脱氮活性优于3936催化剂,而且稳定性好,已达到国内外同类催化剂的先进水平。

简要制法 先将特制氧化铝载体浸渍Mo-Ni-P溶液,再经干燥、焙烧制得成品。

生产厂 中国石化抚顺石油化工研究院。

51. 加氢裂化预精制催化剂(一)
Hydrocracking Pre-hydrotreating Catalyst

工业牌号 FF-20、FF-26、FF-36
主要组成 以 W、Mo、Ni 等为主活性组分,以氧化铝为载体。
产品规格

产品性状	指 标		
	FF-20	FF-26	FF-36
外形	三叶草形	三叶草形	三叶草形
堆密,g/mL	1.0	1.0	0.8
组成	W-Mo-Ni/Al_2O_3	Mo-Ni/Al_2O_3	Mo-Ni/Al_2O_3

用途 用于加氢裂化预处理段处理减压瓦斯油、焦化瓦斯油、脱沥青油、较质循环油、重循环油等,也可用于馏分油加氢处理及中压加氢改质等工艺。具有孔分布集中、孔体积及比表面积大、堆密度适中、强度高、金属分散性好、脱氮活性及稳定性高等特点。

工业应用情况 用于吉林石化公司、海南炼化公司、扬子石化公司、金陵石化公司、天津石化公司、广州石化公司等的加氢裂化装置。

简要制法 先将特制氧化铝载体浸渍金属活性组分,再经干燥、焙烧制得。

生产厂 中国石化抚顺石油化工研究院、山东公泉化工公司等。

52. 加氢裂化预精制催化剂(二)
Hyrocracking Pre-finishing Catalyst

工业牌号 DZN
主要组成 以 MoO_3、NiO 等为主要活性组分,以氧化铝为催化剂载体。

产品规格及工艺条件

产品性状	DZN	产品性状	DZN
外观	淡黄色三叶草形	反应温度,℃	≤383
外形尺寸,mm	$\phi(1.0\sim1.3)\times(3\sim8)$	反应压力,MPa	15
堆密度,g/mL	0.92~0.97	空速,h^{-1}	1.2
压缩强度,N/mm	≥18	氢油比(体积比)	760
组成	MoO_3-NiO/Al_2O_3		

用途 用于一段法或两段法高压、中压及缓和条件下的加氢裂化预精制,加工轻型、重型减压蜡油及焦化蜡油等各种馏分油。也可用于加工焦化全馏分油或单独加工焦化蜡油,生产催化裂化用或加氢裂化用的进料油。具有良好的加氢脱氮、加氢脱硫及加氢脱芳烃性能,且稳定性好,是一种有广泛适应性的加氢精制催化剂。

简要制法 先将特制氧化铝载体浸渍钼、镍等活性金属溶液,再经干燥、焙烧制得。

生产厂 中国石化抚顺石油化工研究院、北京高新利华化工公司。

53. 加氢裂化后精制催化剂
Hydrocracking Post-hydrotreating Catalyst

工业牌号 3962/FF-12

主要组成 Mo-Ni/Al_2O_3。

产品规格 三叶草形,堆密度0.88。

用途 用于处理加氢裂化生成油,生产低硫醇加氢裂化产品,具有脱硫醇性能好的特点。

工业应用情况 用于金陵石化公司的加氢裂化装置。

简要制法 先将特制载体浸渍金属活性组分,再经干燥、焙烧制得。

生产厂 中国石化抚顺石油化工研究院。

54. 柴油加氢精制催化剂(一)
Diesel Oil Hydrofining Catalyst

工业牌号 FH-5、FH-5A

主要组成 以Mo、Ni、W等为活性组分,以含硅氧化铝为载体。

产品规格

产品性状	指 标	
	FH-5	FH-5A
外观	球形	球形
外形尺寸，mm	$\phi(1.5\sim2.5)$	$\phi(1.5\sim2.5)$
组成	Mo、Ni、W/含硅氧化铝	Mo、Ni、W、B/含硅氧化铝
堆密度，g/mL	1.1~1.2	0.9~1.10
孔体积，mL/g	0.25	0.25
比表面积，m^2/g	≥120	≥120

用途 用于以直馏柴油、催化柴油、焦化柴油及混合柴油等馏分油为原料的加氢精制，生产优级清洁柴油。具有较高的加氢脱硫活性及加氢脱氮活性。

工业应用情况 用于茂名石化公司、荆门石化公司、镇海炼化公司等多套工业装置。

简要制法 先将特制球形含硅氧化铝进行一次、二次浸渍活性组分，再经焙烧制得成品。

生产厂 中国石化抚顺石油化工研究院、温州华华集团公司等。

55. 柴油加氢精制催化剂(二)
Diesel Oil Hydrofining Catalyst

工业牌号 FH-DS、FH-UDS

主要组成 以 W、Mo、Ni、Co 等为活性组分，以氧化铝为催化剂载体。

产品规格

产品性状	指 标	
	FH-DS	FH-UDS
外观	三叶草形	三叶草形
组成	W-Mo-Ni-Co/Al_2O_3	W-Mo-Ni-Co/Al_2O_3
堆密度，g/mL	0.90~1.0	0.87~0.97

用途 用于高硫柴油的加氢精制，生产低硫柴油。具有加氢脱硫和加氢脱氮活性高、机械强度好、装填堆比小及精制油安定性好等特点。

工业应用 用于茂名石化公司、齐鲁石化公司、镇海炼化公司、金陵石化公司等多套大型柴油加氢装置。

简要制法 先将专用氧化铝载体浸渍活性组分，再经干燥、焙烧制得。

生产厂 中国石化抚顺石油化工研究院、沈阳三聚凯特催化剂公司等。

56. 柴油深度加氢脱硫催化剂
Diesel Oil Hydrodesulfurization Catalyst

工业牌号 FH-FS

主要组成 以 W、Mo、Ni 为活性组分。

产品规格

产品性状	FH-FS	产品性状	FH-FS
外观	三叶草形	堆密度，g/mL	1.2～1.4
组成	W-Mo-Ni/特制载体		

用途 用于柴油加氢精制，生产低硫柴油及超低硫柴油。可生产硫含量低于 50μg/g 的低硫柴油和硫含量低于 15μg/g 的超低硫柴油，并可大幅度提高二次加工柴油的十六烷值。

简要制法 先将特制三叶草形载体浸渍活性组分，再经干燥、焙烧制得。

生产厂 中国石化抚顺石油化工研究院。

57. 二次加工汽柴油加氢精制催化剂
Hydrofining Catalyst for Secondary
Processing Gasoline and Diesel Oil

工业牌号 FH-98、FH-98A、FGH-21/31

主要组成 以 W、Mo、Ni 等为活性组分，并添加适量助剂，以氧化铝为载体。

产品规格

产品性状	指 标		
	FH-98	FH-98A	FGH-21/31
外观	三叶草形	三叶草形	条形
组成	W-Mo-Ni/含硅氧化铝	W-Ni/含硅氧化铝	Mo-Co/Al_2O_3
堆密度，g/mL	0.90~1.02	0.90~1.02	0.7~0.8
孔体积，mL/g	≥0.25		≥0.40
比表面积，m^2/g	≥110		≥210

用途 适用于二次加工过程生产的汽油、柴油及焦化全馏分油的加氢精制处理，生产石脑油、柴油。具有加氢脱硫、加氢脱氮活性高、机械强度好、装填堆比小及精制油安定性好等特点。

工业应用情况 用于齐鲁石化公司、扬子石化公司、安庆石化公司等多套工业装置。

简要制法 先将特制的氧化铝载体浸渍金属活性组分，再经干燥、焙烧制得。

生产厂 中国石化抚顺石油化工研究院、沈阳三聚凯特催化剂公司、温州华华集团公司等。

58. 溶剂油深度加氢催化剂
Naphtha Deep Hydrogenation Catalyst

工业牌号 FH-J、FHDA-10
主要组成 以 Ni 或贵金属为活性组分，以氧化铝为催化剂载体。
产品规格

产品性状	指 标	
	FH-J	FHDA-10
外观	片状	圆柱条状
组成	Ni/Al_2O_3	贵金属/氧化铝

用途 用于预加氢低硫溶剂油，以生产低硫低芳烃溶剂油。具有低温氢性能好等特点。已用于荆门石化公司工业装置上。

生产厂 中国石化抚顺石油化工研究院。

59. 石蜡加氢精制催化剂
Paraffin Hydrofining Catalyst

工业牌号 FV-10、FV-20、CH-12、HTW-1
主要组成 以 W、Mo、Ni 等为活性组分,以氧化铝等为催化剂载体。
产品规格

产品性状	指标			
	FV-10	FV-20	CH-12	HTW-1
外观	三叶草形	三叶草形	三叶草形	三叶草形
组成	W-Ni/特制载体	W-Mo-Ni/Al_2O_3	Mo-Ni/Al_2O_3	W-Ni/Al_2O_3
堆密度,g/mL	0.82~0.90	0.9~1.0	1.0	>0.8
孔体积,mL/g	≥0.34	≥0.3	≥0.3	≥0.3
比表面积,m^2/g	≥160	≥150	≥100	>80

用途 FV-10、FV-20 用于全炼蜡、半炼蜡、微晶蜡等加氢精制,以生产精制蜡、白油。具有孔体积大、比表面积高、加氢脱色和芳烃饱和活性好等特点,已用于茂名石化公司、抚顺石化公司等生产装置上。CH-12 催化剂在制备中引入适量助剂来调变催化剂的酸性,使催化剂酸性达到适宜程度,具有良好的脱氮活性及芳烃饱和性能。常与 CH-13 保护剂配合使用,用于石蜡加氢精制,可制得优良的食品级石蜡;HTW-1 用于生产食品级石蜡。

简要制法 先将特制载体浸渍各种金属活性组分及助剂,再经干燥、焙烧制得。

生产厂 中国石化抚顺石油化工研究院、沈阳三聚凯特催化剂公司、中国石化催化剂长岭分公司、辽宁海泰科技发展公司等。

60. 加氢脱砷催化剂
Hydrogenation Dearsenication Catalyst

工业牌号 JNM-2、JT-2、KH-03、3642、3665、SAS-10、HDAS-1

主要组成 以 Ni、Mo 等为活性组分，以氧化铝或 SiO_2-Al_2O_3 为催化剂载体。

产品规格

产品性状	指标					
	JNM-2、HDAS-1	JT-2	KH-03	3642	3665	SAS-10
外观	条状	球状	球状	球状	片状	三叶草形
外形尺寸，mm	$\phi 2\times(4\sim10)$	$\phi(2\sim4)$	$\phi(4\sim6)$	$\phi(2\sim3)$	$\phi 6\times(3\sim4)$	$\phi 1.6$
NiO,%	2.5~3.5	3~4	2~4	4~5	2~3	2~3
MoO_3,%	14~17	10~13	10~14	4~5 ($CuSO_4$)	2~3	5~10
堆密度，g/mL	0.7~0.9	0.75~0.85	0.7~0.9	0.7	—	0.65~0.75
比表面积，m^2/g	160~240	150~250	—	—	283	200
载体	γ-Al_2O_3	Al_2O_3	γ-Al_2O_3	SiO_2-Al_2O_3	Al_2O_3	Al_2O_3

用途 主要用于催化重整装置的临氢预脱砷反应器。在氢气存在及催化剂作用下，将原料中的有机砷化物（如三甲基胂、三乙基胂等）转化为砷化镍、二砷化镍或二砷化五镍等不同价态的金属砷化物并沉积在催化剂上，而将砷脱除，从而避免重整催化剂因砷中毒而失活，延长催化剂使用寿命。此外，催化剂的金属镍活性组分还兼有一定加氢脱硫作用。也可用于液化石油气、丙烯等的脱砷。

简要制法 先将特制催化剂载体浸渍金属活性组分，再经干燥、焙烧制得。

生产厂 扬州催化剂厂、沈阳三聚凯特催化剂厂、江苏昆山精细化工研究所、中国石油抚顺石化公司催化剂厂、辽宁海泰科技开发公司等。

61. 抽余油加氢精制催化剂
Hydrofining Catalyst for Raffinate Oil

工业牌号 NCG、PA-750、JT103

主要活性组成 以 Ni 或贵金属 Pt 为活性组分，以氧化铝为催化剂载体。

产品规格

产品性状	指　标		
	NCG	PA-750	JT103
外观	黑色或灰黑色圆柱体	淡黄色条形	白色或灰色条
外形尺寸，mm	$\phi 5 \times 5$	$\phi 1.8 \times (2 \sim 8)$	$\phi 1.8 \sim 2.2$
组成	$Ni/(Al_2O_3)$	Pt/Al_2O_3	贵金属$/Al_2O_3$
堆密度，g/mL	1.0	0.7	$0.55 \sim 0.75$
孔体积，mL/g	0.32	0.36	—
比表面积，m^2/g	130	150	—
径向压缩强度，N/cm	$\geqslant 138$	—	$\geqslant 60$

用途　加氢法脱除重整抽余油的基本原理是在催化剂作用下，将原料中的烯烃、苯等不饱和烃在氢气存在下，使不饱和烃饱和生成烷烃。本催化剂用于催化重整装置的抽余油加氢精制，使原料中的烯烃及芳烃加氢饱和，制取符合标准的溶剂油。也可用于其他不含硫原料油（如白油）的加氢饱和工艺。催化剂具有使烯烃及芳烃加氢饱和能力强，活性稳定等特点。

简要制法　先将特制的载体浸渍金属活性组分溶液，再经干燥、焙烧制得。

生产厂　南京化学工业公司催化剂厂、中科院山西煤炭化学研究所、山东迅达化工公司等。

62. 加氢脱铁催化剂
Hydrogenation Iron Removing Catalyst

工业牌号　3921、3922、3923

主要组成　以 Mo、Ni、Mg 等为活性组分，以氧化铝为催化剂载体。

产品规格

产品性状	指标		
	3921	3922	3923
外观	七孔环形	拉西环形	拉西环形
外形尺寸(外径×高), mm	$(15.5 \sim 16.5) \times 11$	$(6 \sim 8) \times (3 \sim 8)$	$(3.5 \sim 5.5) \times (3 \sim 8)$
孔径, mm	$2.5 \sim 3.5$	$2.5 \sim 3.5$	$1.0 \sim 2.0$
堆密度, g/mL	$0.65 \sim 0.75$	$0.5 \sim 0.6$	$0.6 \sim 0.7$
压缩强度, N/mm	$\geqslant 20$	$\geqslant 3$	$\geqslant 2.2$

用途 用于脱除油品中溶解的含铁有机化合物及悬浮的无机铁化合物,生产加氢裂化原料。可延长加氢裂化催化剂寿命及装置运转周期。

简要制法 先将特制的氧化铝载体浸渍金属活性组分,再经成型、干燥及焙烧制得。

生产厂 中国石油抚顺石化公司催化剂厂。

63. 催化裂化原料加氢处理催化剂
FCC Feed Pre-hydrotreating Catalyst

工业牌号 FF-14、FF-18、FF-16

主要组成 以 Mo、Ni、Co、W 等为活性组分,有的加入适量助剂 P,以氧化铝为催化剂载体。

产品规格

产品性状	指标		
	FF-14	FF-18	FF-16
外形	三叶草形	三叶草形	三叶草形 $\phi(1.1 \sim 1.3)$
组成	$Mo\text{-}Ni\text{-}Co/Al_2O_3$	$W\text{-}Ni/Al_2O_3$	$Nr\text{-}Mo\text{-}P/Al_2O_3$
堆密度, g/mL	0.94	1.0	>0.64
比表面积, m^2/g	—	—	>290

用途 在减压瓦斯油、焦化瓦斯油、脱沥青油、重循环油等加氢处理中用于生产催化裂化原料。催化剂脱硫活性好,并兼有脱氮性能。其中 FF-16 的加氢脱氮活性更好些。

简要制法 先将特制三叶草形载体浸渍金属活性组分,再经干燥、焙烧制得。

工业应用情况 FF-14、FF-18 分别用于安庆石化公司及镇海炼化公司蜡油生产装置。

生产厂 中国石化抚顺石油化工研究院。

64. 有机硫加氢转化催化剂
Organic Sulfide Hydroconversion Catalyst

工业牌号 NCT 202-2、T 201、T 202

主要组成 以 Co、Mo 为催化剂活性组分,以 TiO_2-Al_2O_3 复合物为催化剂载体。

产品规格

产品性状	指标	产品性状	指标
外观	淡蓝色圆柱体或蓝灰色条	堆密度,g/mL	0.75~0.85
外形尺寸,mm	$\phi 3 \times (4~10)$	孔体积,mL/g	0.3~0.5
组成	CoO-MoO_3/TiO_2-Al_2O_3	比表面积,m^2/g	200

用途 用于轻油、油田气、炼厂气及天然气等各种烃类中有机硫的加氢转化。先使各种有机硫加氢转化为硫化氢,再用氧化锌脱硫剂吸附去除。

简要制法 先由铝盐与无机酸进行中和成胶反应制得氧化铝,再用氧化铝与 TiO_2 混捏、挤条制得圆柱形载体。载体经浸渍活性组分、干燥、焙烧制得成品。

生产厂 南京化学工业公司催化剂厂、沈阳三聚凯特催化剂厂等。

65. 润滑油加氢脱蜡催化剂
Hydrodewaxing Catalyst for Lube Oil

别名 润滑油临氢降凝催化剂

工业牌号 3715、3731、3792、3902、HTLF-1

主要组成 以 W、Mo、Ni 等为金属活性组分,以改性 ZSM-5 分子筛等为催化剂载体及裂化组分。

产品规格

产品性状	指标				
	3715	3731	3792	3902	HTLF-1
外观	片状	片状	片状	圆柱条状	三叶草形
外形尺寸, mm	6×6	4×4	4×4	$\phi 3 \times (3 \sim 8)$	$\phi 1.8$ 或 $\phi 3.2$
活性组分	W、Mo、Ni	Mo、Ni	W、Mo、Ni、Sn、Zn	W、Ni	W、Ni
载体	SiO_2-Al_2O_3-F	高硅大孔沸石	高硅中孔沸石	改性 ZSM-5	Al_2O_3
堆密度, g/cm^3	1.1	0.63	0.77~0.88	0.7~0.8	>0.60

用途 用于润滑油加氢脱蜡。它不同于传统的润滑油溶剂脱蜡工艺，是借助于催化剂及氢气进行择形加氢裂解或临氢异构化，将油中蜡脱除或转化，以达到降低润滑油凝点的目的。所用催化剂都是双功能催化剂。其中，加氢组分为 W、Mo、Ni 等金属，酸性组分为含卤素的氧化铝及氢型沸石。催化剂能选择性地从润滑油馏分混合烃中，将高熔点石蜡（正构石蜡烃及少侧链异构烷烃）或是裂解生成低分子烷烃从原料中除去，或是异构成低凝点异构石蜡烃而使凝点降低。同时，又尽量保留润滑油的理想组分不被破坏。3715 催化剂适用于润滑油料的加氢处理；3731 催化剂适合于在两段法润滑油临氢降凝的第二段使用；3792 催化剂在两段法临氢降凝的第一段或第二段均可使用；3902 催化剂是 3792 催化剂的更新换代产品，具有更高的催化活性及选择性，常用于两段法临氢降凝的第二段。

简要制法 先用特制的载体浸渍金属活性组分，再经干燥、焙烧制得。

生产厂 中国石油抚顺石化公司催化剂厂、辽宁海泰科技发展公司、中国石化催化剂长岭分公司等。

66. 柴油降凝催化剂
Catalyst for Lowering Condensation Point of Diesel Oil

工业牌号 CTL-1、NHDW-1

主要组成 AF-5 沸石及适量铝胶黏料（CTL-1）、ZSM 沸石（NHDW-1）

产品规格

产品性状	指标	产品性状	指标
外观	圆柱形	压碎强度，N/cm	≥980
外形尺寸，mm	$\phi 1.85 \times (1 \sim 10)$	粉化度，%	≤0.1
SiO_2/Al_2O_3（摩尔比）	~60	吸附容量，g/100g	
Na^+，%	≤0.20	正己烷，%	≥9.5
堆密度，g/mL	0.6~0.7	水，%	≥6.5
比表面积，m^2/g	≥200		

用途 用作柴油非临氢降凝催化剂，用于无氢气来源的中小型炼厂处理柴油。催化剂的主要组分 AF-5 沸石是一种有形状选择性的 ZSM-5 型沸石，能使长链正构烷烃和少侧链烷烃发生裂解反应，而保留环烷烃、多侧链烷烃及芳烃不变，使高凝点的重质含蜡油转化为低凝点的轻柴油，从而达到降低馏分油凝点的目的。由于是在不临氢的条件下操作，反应过程中，催化剂积炭可能会比临氢操作严重些。

简要制法 以水玻璃（硅酸钠）、硫酸、硫酸铝为原料，以乙胺为模板剂，先经水热合成、干燥、离子交换制得 AF-5 沸石，再与氧化铝胶经混捏、挤条、干燥、焙烧、水蒸气处理制得成品。

生产厂 上海染料化工七厂、辽宁海泰科技发展公司等。

67. 柴油临氢降凝催化剂
Hydrogenation Catalyst for lowering Condensation Point of Diesel Oil

工业牌号 FDW-1、FDW-2、NDZ-1、HT-3881

主要组成 FDW-1 及 FDW-2 催化剂是以 Ni 为活性组分，以氧化铝-分子筛为催化剂载体；NDZ-1 及 HIDW-1 催化剂的主要成分是 ZSM-5 沸石和一定量的黏合剂，并载有适量金属镍作活性组分。

产品规格

产品性状	指标			
	FDW-1	FDW-3	NDZ-1	HT-3881
外观	圆柱形或三叶草形	圆柱形或三叶草形	圆柱形	圆柱形
外形尺寸，mm	$\phi 1.6 \times (3\sim 8)$	$\phi 1.6 \times (3\sim 8)$	$\phi 1.6 \times (3\sim 5)$	$\phi 1.6 \times (3\sim 8)$
组成	Ni/氧化铝-高硅沸石	Ni/氧化铝-分子筛	Ni/ZSM-5分子筛	WO_3-NiO/Al_2O_3
堆密度，g/mL	—	—	—	$0.65\sim 0.75$
孔体积，mL/g	—	—	—	$\geqslant 0.18$
比表面积，m^2/g	—	—	—	$\geqslant 250$
压缩强度，N/mm	—	—	—	$\geqslant 10$

用途 在柴油、加氢裂化尾油的处理中用于生产低凝点柴油、润滑油基础油。临氢降凝又称加氢催化脱蜡，是通过特殊催化剂的作用，将原料中凝点高的正构烷烃及类正构烷烃选择性地裂解为低相对分子质量的烃类，并维持其他组分不变，从而降低柴油的凝点，并副产汽油及少量液化气。柴油产率因原料油不同而异，降凝幅度为 $20\sim 50℃$。降凝柴油凝点低、馏分宽，可作为宽馏分柴油使用。NDZ-1 催化剂所用分子筛系为有胺法合成，制备过程中存在环境污染问题。FDW-1 及 FDW-3 催化剂系无胺型临氢降凝催化剂，生产时污染小。并先后用于齐鲁石化公司、大连石化公司、乌鲁木齐石化公司等临氢降凝工业装置上。HT-3881 主要用于柴油馏分的异构裂化，制取优质低凝点柴油。

简要制法 FDW-1、FDW-3 催化剂是由高硅沸石与氧化铝凝胶先经捏合、挤条、干燥活化制得载体，再经浸渍镍盐、干燥、焙烧及水蒸气处理而得。NDZ-1 催化剂是由硅胶、季铵碱及铝酸钠先经成胶、晶化、洗涤干燥、焙烧及离子交换制得分子筛，再与金属组分混合、成型、焙烧制得。

生产厂 中国石化抚顺石油化工研究院、中国石化金陵石化分公司南京炼油厂、辽宁海泰科技发展公司等。

68. 临氢异构降凝催化剂
Iso-dewaxing Hydrogenation Catalyst

工业牌号 PIC 802、FIW-1

主要组成 以贵金属 Pt 为活性组分，以氧化铝-分子筛为催化剂载体。

产品规格及工艺条件

产品性状	指标	产品性状	指标
外观	三叶草形	径向压缩强度，N/cm	≥90
外形尺寸，mm	φ1.6	操作压力，MPa	≥8.0
孔体积，mL/g	≥0.10	反应温度，℃	280~410
比表面积，m^2/g	≥180	空速，h^{-1}	0.5~2.0
堆密度，g/mL	0.8~0.9	氢油比(体积比)	350~800

用途 临氢催化脱蜡可分为异构化脱蜡及择形性裂解脱蜡两种工艺。本催化剂用于异构化脱蜡。适用于处理石蜡基减压瓦斯油、加氢裂化尾油、加氢精制蜡油，以生产润滑油基础油、白油及橡胶填充油。该催化剂以贵金属 Pt 为活性组分，具有异构降凝活性高、选择性好、稳定性好等特点。已用于金陵石化公司工业装置。

简要制法 先用催化剂载体浸渍活性组分，再经干燥、焙烧制得。

生产厂 北京三聚环保新材料公司、中国石化抚顺石油化工研究院。

69. 劣质汽柴油加氢精制催化剂
Poor-quality Gasoline-Diesel Hydrofinishing Catalyst

工业牌号 WNZS-1、WMNP-1

主要组成 以 W、M、Ni 等金属氧化物为催化剂活性组分，以氧化铝为催化剂载体。

产品规格及工艺条件

产品性状	指 标	产品性状	指 标
外观	三叶草形	压缩强度，N/cm	≥150
外形尺寸，mm	$\phi(1.2\sim1.5)\times(3\sim8)$	反应温度，℃	340~360
组成	$WO_3\text{-}MoO_3\text{-}NiO/Al_2O_3$	反应压力，MPa	6.5
堆密度，g/mL	0.80~0.85	空速，h^{-1}	2.0
孔体积，mL/g	≥0.30	氢油比(体积比)	300~800
比表面积，m^2/g	≥120		

用途 用于焦化汽柴油、催化柴油及直馏柴油的加氢脱硫及脱氮。具有脱硫、脱氮活性高，空速大等特点。可生产硫及氮含量均很低的优质汽柴油。

简要制法 先由特制氧化铝载体浸渍钨钼镍金属盐溶液，再经干燥、焙烧制得。

生产厂 辽宁海泰科技发展公司。

70. 重整保护催化剂
Catalyst for Reforming Process Safeguard

工业牌号 NCG-5、HTSR-1E

主要组成 NCG-5 以 Ni 为主要活性组分，以氧化铝为催化剂载体。HTSR-1E 除 Ni 外还含 Cu 活性组分。

产品规格

产品性状	指 标	产品性状	指 标
外观	灰黑色圆柱体	比表面积，m^2/g	70~150
外形尺寸，mm	$\phi(4.6\sim5.0)\times(4\sim5.5)$	穿透硫容，%	≥6.0
堆密度，g/mL	0.9~1.3	径向压缩强度，N/cm	≥138
孔体积，mL/g	0.3		

用途 用于脱除重整原料油中的微量硫(包括有机硫化物及硫化氢等)，并脱除微量氯、砷等杂质，以保护重整催化剂的活性。

简要制法 金属镍及铝锭经熔化、沉淀、过滤、干燥、碾压、焙烧、压片，还原等过程制得。

生产厂 南京化学工业公司催化剂厂、辽宁海泰科技发展公司等。

71. 重整油脱硫剂
Sorbent Desulfurization of Feed Oil for Reformer

工业牌号 TL-18H、SR-18
主要组成 氧化铜、氧化铝及适量助剂。
产品规格及工艺条件

产品性状	指 标	产品性状	指 标
外观	灰黑色圆柱体	操作温度，℃	160~220
外形尺寸，mm	φ5×(4~5)	操作压力，MPa	0.1~1.5
堆密度，g/mL	1.1~1.3	气体空速，h^{-1}	100~1000
径向压缩强度，N/cm	≥110	液体空速，h^{-1}	3~8
磨耗率，%	≤8.5		

用途 用作炼油厂催化重整工艺的精脱硫剂，具有脱硫效率高、活性稳定、使用范围广、操作方便等特点。可用于各种重整原料，可脱除无机硫，也可脱除微量有机硫，并对微量氯、砷等有害杂质也有较高脱除能力。也用作贵金属催化重整催化剂的有效保护剂，可延长重整催化剂使用寿命。

简要制法 由活性组分、各种助剂及氢氧化铝粉经混碾、挤条、干燥，焙烧制得成品。

生产厂 西北化工研究院、北京三聚环保新材料公司等。

72. 重整原料油脱硫剂
Reforming Feed Stock Desulfurization Agent

工业牌号 YHS-211、MC-1
主要组成 以过渡金属 Mo、Co 等氧化物为主要活性组分，以 Al_2O_3、SiO_2 为载体。

产品规格及工艺条件

产品性状	指标	产品性状	指标
外观	黑红色条状物或三叶草形	压缩强度，N/cm	≥37
外形尺寸，mm	$\phi(1.5\sim1.8)\times(5\sim15)$	反应温度，℃	100~270
堆密度，g/mL	0.95~1.05	反应压力，MPa	<1.5
比表面积，m^2/g	≥50	液体空速，h^{-1}	8~13

用途 用作催化重整原料油脱硫剂，主要用于低温下脱除重整预加氢蒸发脱水操作后油品中残留的微量硫化物，以保护重整催化剂不被硫毒化，提高重整催化剂使用性能，延长催化剂寿命。本脱硫剂以预还原形式提供，使用时无须进行还原处理，可直接投入使用，具有使用方便、稳定性及脱硫性能好等特点。可将油品硫含量从 1μg/g 脱至 0.5μg/g，或从 0.5μg/g 脱至 0.2μg/g。

简要制法 先将特制载体浸渍活性金属溶液，再经干燥、焙烧而得。

生产厂 江苏汉光集团宜兴市诚信化工厂、辽宁海泰科技发展公司等。

73. 重整生成油后加氢精制催化剂
Post-Hydrofining Catalyst for Reformed Oil

工业牌号 FDO-18、HTO-1
主要组成 以贵金属 Pd 为活性组分，以氧化铝为催化剂载体。
产品规格

产品性状	指标	产品性状	指标
外观	$\phi(1.4\sim1.6)$mm 圆柱条形	孔体积，mL/g	≥0.45
组成	Pd/氧化铝	比表面积，m^2/g	≥170
堆密度，g/mL	0.8~1.2		

用途 适用于半再生及连续重整生成油，如苯、甲苯、二甲苯或全馏分等的加氢精制，以生产苯类及溶剂油产品。催化剂具有较高的选择性及加氢脱烯活性，是换代产品，主要用于取代目前使用的 Mo-Ni 系及 Mo-Co 系常规催化剂成白土吸附精制催化剂。

工业应用情况 2003年用于茂名石化公司的生产装置。

简要制法 先将特制载体浸渍贵金属活性组分,再经干燥、焙烧制得。

生产厂 中国石化抚顺石油化工研究院、辽宁海泰科技发展公司等。

74. 油品脱砷剂
Oil Dearsenic Catalyst

工业牌号 TAS-15、JT-2B、STAS-3、HTAS-AT、HTAS-10

主要组成 以 Cu 或 Ni 为催化剂活性组分,并添加适量促进剂,以活性炭或氧化铝为催化剂载体。

产品规格

产品性状	指 标			
	TAS-15	JT-2B	STAS-3	HTAS-AT
外观	黑色条状物	深灰色球	黑绿色球	黑色球
外形尺寸,mm	$\phi(2.7\sim3.3)$	$\phi(2.5\sim4)$	$\phi(3\sim6)$	$\phi(3\sim5)$
堆密度,g/mL	0.55~0.65	0.70~0.85	0.65~0.75	0.7~0.9
径向压缩强度,N/cm	≥50	—	—	>120
点压强度,N/粒	—	≥50	≥50	—
磨耗率,%	≤3.0	≤5.0		≤5.0

用途 TAS-15 油品脱砷剂是以 Cu 为活性组分,以活性炭为载体,并添加适量助剂制得,用于常温下脱除石脑油、汽油、柴油、煤油、乙烯裂解等原料中的砷化物。具有砷化物脱除率高、适应性强、机械强度好、性能稳定等特点。JT-2B 脱砷剂是以 Ni 为活性组分,以氧化铝为载体,并添加适量促进剂制得,主要用于催化重整、乙烯裂解原料油中砷化物的脱除,也适用于以石脑油为原料的大型合成氨厂的脱砷净化及炼厂油品精制过程的脱砷净化。STAS-3 主要用于石脑油、液态烃等物料中的砷化氢及烷基砷化物的脱除。HTAS-AT 及 HTAS-10 用于石脑油、汽油、乙烯裂解原料油等液态烃类原料中砷化物的脱除。

简要制法 先将特制载体浸渍活性组分及相应的助剂,再经烘干、焙烧制得成品。

工业应用情况 用于辽阳石油石化公司、大连西太平洋石化公司等工业装置。

生产厂 西北化工研究院、北京三聚环保新材料公司、辽宁海泰科技发展公司等。

75. 裂解催化剂
Cracking Catalyst

工业牌号 CHP-1、CRP-1、CIP-1

主要组成 以特殊方法制备的含稀土分子筛或多组分分子筛组合物为催化剂活性组分。

产品规格

产品性状	指标		
	CHP-1	CRP-1	CIP-1
Al_2O_3, %	≥47.0	≥54.0	≥52.0
Na_2O, %	≤0.10	≤0.03	≤0.085
Fe_2O_3, %	≤0.46	—	≤0.40
灼烧减量, %	≤11.0	≤12.0	—
堆密度, g/mL	0.84	0.86	0.80
比表面积, m^2/g	154	160	210
孔体积, mL/g	0.22	0.26	0.30
磨损指数, %	<2.1	≤1.1	≤1.6

用途 用于重质油裂解。催化裂解工艺是以重质馏分油为原料,采用特制的催化裂解催化剂,在特定操作条件下,生产以丙烯为主、丁烯及乙烯为副产品的气体烯烃的技术。可分为Ⅰ型催化裂解及Ⅱ型催化裂解。CHP-1及CRP-1催化剂用于Ⅰ型催化裂解。该工艺采用提升管加密相床反应器,以高温低压、大剂油比、大注水量、低空速为操作条件,最大量生产以丙烯为主的气体烯烃,同时得到高辛烷值汽油馏分和芳烃等化工原料,催化剂具有机械强度好、平衡活性高、烯烃选择性好、重力转化能力强等特点。

CIP-1催化剂用于Ⅱ型催化裂解。其目的是在生产高辛烷值汽油和丙烯的同时,兼顾异丁烯及异戊烯的生产,是一种高活性裂解催化剂,在高温、大注水量、大剂油比的操作条件下有较高的催化活性及水热稳定性。

简要制法 将各种分子筛及基质混合后进行成胶反应，生成的胶液先经喷雾干燥成型制得微球，再经洗涤、气流干燥制得成品。

生产厂 中国石化石油化工科学研究院、中国石化催化剂齐鲁分公司催化剂厂等。

76. 裂解汽油一段加氢催化剂
Catalyst for First Stage Hydrogenation of Pyrolysis Gasoline

工业牌号 NCY105、3801

主要组成 以 MoO_3 等金属氧化物为活性组分，以氧化铝为催化剂载体。

产品规格

产品性状	指　　标	
	NCY105	3801
外观	灰蓝色圆柱条	灰蓝色条状
外形尺寸，mm	$\phi 3.0$	$\phi 1.6 \times (2 \sim 8)$
堆密度，g/mL	0.82~0.86	0.8~0.9
孔体积，mL/g	≥0.34	0.4
比表面积，m^2/g	200	200
压缩强度，N/cm	≥150	≥147
生成油双烯值，g I/100g 油	≤1	≤1

用途 用于裂解汽油一段加氢，在较温和的条件下，使裂解汽油中的双烯化合物加氢饱和，用于生产车用汽油或汽油调和剂。裂解汽油是乙烯工业的重要副产物，是裂解产物中切割出的 $C_6 \sim C_8$ 馏分，其中富含芳烃，是芳烃抽提的重要来源。工业上常采用两段加氢的方法加以处理，即先经一段低温液相加氢选择性地除去高度不饱和烃（如链状共轭双烯、环状共轭双烯及苯乙烯等），再经二段高温气相加氢，除去其中所含硫、氮、氧等有机杂质，并使其余单烯烃加氢后作芳烃抽提原料，制取苯、甲苯及二甲苯等。一段加氢催化剂有贵金属钯催化剂及非钯催化剂。本催化剂是以氧化钼及其他过渡金属氧化物为主活性组分的非贵金属催化剂。

简要制法 先将特制氧化铝载体浸渍金属活性组分，再经干燥、焙烧制得。

生产厂 中国石油抚顺石化公司催化剂厂、南京化学工业公司催化剂厂等。

77. 裂解汽油一段加氢低钯壳层催化剂
Lower Palladium Content Shell-layer Catalyst for the First Stage Hydrogenation of Pyrolysis Gasoline

工业牌号 341、LY-7501、LY-7701、LY-8601、LY-9801、PGH-10
主要组成 以贵金属钯为活性组分，以氧化铝为催化剂载体。
产品规格

产品性状	指标					
	341	LY-7501	LY-7701	LY-8601	LY-9801	PGH-10
外观	淡黄色球	土褐色球	土褐色球	淡褐色圆柱	淡褐色三叶草形	棕色条状
外形尺寸，mm	$\phi(3\sim4)$	$\phi(3\sim4)$	$\phi(3\sim5)$	$\phi4\times4$	$\phi(2.8\sim3.0)\times(3\sim10)$	$\phi(3\sim3.5)$
堆密度，g/mL	—	0.6~0.7	0.6~0.7	0.75~0.85	0.55~0.65	0.6~0.75
孔体积，mL/g	—	0.5~0.6	0.6~0.75	≥0.45	≥0.6	0.7
比表面积，m^2/g	—	<40	100~150	80~120	80~120	80~110
Pd 含量，%	0.05	0.5	0.2	0.3	0.25	0.27
Al$_2$O$_3$ 晶相	γ 型	α 型	δ 型	δ 型	δ 型	—
压缩强度	—	≥50N/粒	≥50N/粒	80~100N/粒	>70N/cm	>50N/粒

用途 用作裂解汽油一段加氢催化剂，具有加氢活性高、负荷大、操作条件温和、双烯加氢选择性好等特点。是一种壳层型钯催化油，其活性优于均匀型钯催化剂。使用前需用氢气进行还原处理，催化剂载体 Al$_2$O$_3$ 采用 γ、δ、α 型或混合晶型，具有适宜的孔结构及比表面积，有利于加氢反应的进行。

简要制法 先将特制的氧化铝载体浸渍金属钯活性组分溶液,再经干燥、高温焙烧制得。

生产厂 中国石油兰州化工研究中心、大连催化剂厂、中国石油抚顺石化公司催化剂厂、中国石油吉林石化公司研究院、辽宁海泰科技开发公司等。

78. 裂解汽油二段加氢催化剂
Catalyst for Second Stage Hydrogenation of Pyrolysis Gasoline

工业牌号 MCN-T、LY-8602、NCY106、3802
主要组成 以 Mo、Ni、Co 等为主活性组分,以氧化铝为催化剂载体。
产品规格

产品性状	指标			
	MCN-T	LY-8602	NCY106	3802
外观	三叶草形	浅黑色圆柱形	蓝色圆柱形	灰蓝色条形
外形尺寸,mm	$\phi(2\sim3)$	$\phi4.8\times(2.4\sim3)$	$\phi1.5$	$\phi1.6\times(2\sim8)$
组成	MoO_3-CoO-NiO/ Al_2O_3	Mo、Ni、Co/ Al_2O_3	Mo、Ni、Co/ Al_2O_3	Mo、Ni、Co/ Al_2O_3
堆密度,g/mL	0.70~0.80	0.7~0.8	0.84~0.90	0.8~0.9
孔体积,mL/g	>0.30	0.40	0.34	0.40
比表面积,m^2/g	140	150	200	200
压缩强度,N/cm	≥120	>18	>18	>18

用途 用于乙烯加氢装置中 $C_6\sim C_8$ 裂解汽油一段加氢后的进一步加氢,并脱除硫、氮、氧等有机化合物,制取芳烃抽提原料或合格的加氢汽油。在各种牌号催化剂中,三叶草形催化剂具有床层压差小、反应温度低、进料量大的特点。

简要制法 先将特制的氧化铝载体浸渍金属活性组分,再经干燥、焙烧制得。

生产厂 辽宁海泰科技发展公司、中国石油兰州化工研究中心、南京化学工业公司催化剂厂、中国石油抚顺石化公司催化剂厂等。

79. 活性支撑剂
Active Support

工业牌号 RP
主要组成 WO_3、NiO、Al_2O_3。
产品规格

产品性状	指 标
外观	三叶草形
外形尺寸，mm	$\phi3.6$
堆密度，g/mL	0.9
孔体积，mL/g	0.3

产品性状	指 标
比表面积，m^2/g	140
压缩强度，N/cm	>300
组成	WO_3 10.6%，NiO 1.2%，其余为 Al_2O_3

用途 用于二次加工油，尤其是热加工汽油、柴油和减压瓦斯油加氢催化裂化反应。放置于加氢反应器顶部瓷球部位，可使烯烃尤其是双烯烃加氢饱和后再与主催化剂接触，防止主催化剂结焦失活及床层阻力增大而延长开工周期。

简要制法 先将特制氧化铝载体浸渍 W、Ni 等活性组分溶液，再经干燥、焙烧制得。

生产厂 中国石化催化剂长岭分公司。

80. 惰性支撑剂
Inert Proppant

工业牌号 J-30、J-45、J-75、J-85、J-95
主要组成 Al_2O_3、SiO_2。
产品规格

产品性状	指 标				
	J-30	J-45	J-75	J-85	J-95
外观	白色球				
外形尺寸，mm	$\geqslant\phi6$	$\geqslant\phi6$	$\geqslant\phi18$	$\geqslant\phi20$	$\geqslant\phi25$
堆密度，g/mL	$\geqslant2.0$	$\geqslant2.1$	$\geqslant2.5$	$\geqslant2.8$	$\geqslant3.1$
耐火度，℃	$\geqslant1500$	$\geqslant1550$	$\geqslant1650$	$\geqslant1700$	$\geqslant1790$
压缩强度，MPa	$\geqslant10$	$\geqslant10$	$\geqslant20$	$\geqslant20$	$\geqslant30$

续表

产品性状		指标				
		J-30	J-45	J-75	J-85	J-95
显气孔率,%		≤25	≤23	≤22	≤21	≤20
组成	Al_2O_3,%	≥30	≥45	≥75	≥85	≥95
	SiO_2,%	65	35~40	18~20	10~13	9
	Fe_2O_3,%	≤0.8	≤0.7	≤0.3	≤0.3	≤0.3

用途 用作石油化工、炼油、精细化工、乙烯、天然气、化肥等工业的加氢裂化装置、催化重整装置、异构化装置中反应器、吸附器等的垫底支撑剂,具有热稳定性及化学稳定性好、机械强度高、介电损耗小等特点。在高温高压条件下及还原性,腐蚀气氛的条件下,均不会与催化剂反应,具有保护催化剂层的作用。

简要制法 由 Al_2O_3 及 SiO_2 经混捏、成型、干燥及高温焙烧制得。

生产厂 江苏姜堰区化工助剂总厂。

81. 脱硫活性支撑剂
Desulfurization Activt Proppant

工业牌号 BDZ-1

产品规格

产品性状	指标	产品性状	指标
外观	灰绿色球或中孔异形球	Al_2O_3 含量,%	≥30
外形尺寸,mm	φ(5~25)	活性组分	CuO
堆密度,g/mL	≤1.30		

用途 用作气相和液相介质脱硫专用材料。

生产厂 沈阳凯特催化剂公司。

82. 固体硫化剂 Solid Sulfurization Agent

工业牌号 GLJ-B

主要组成 多硫化物及添加适量助剂。

产品规格及工艺条件

产品性状	指标	产品性状	指标
外观	灰黄色圆柱体	操作压力,MPa	0.1~1.0
外形尺寸,mm	$\phi 9 \times (6 \sim 9)$	空速,h^{-1}	200~2000
堆密度,g/mL	0.9~1.3	介质	氢氮化气或含氢天然气
径向压缩强度,N/cm	>70	硫化剂出口气中 H_2S,g/m^3	≥50
操作温度,℃	180~300		

用途 为一种替代二硫化碳,用作催化剂硫化的新型固体硫化剂。适用钴钼系、镍钼系、钨钼系等加氢脱硫、加氢脱砷催化剂,宽温域耐硫变换催化剂及油品加工精制催化剂使用前的预硫化。具有使用过程中 H_2S 含量控制方便、贮存及运输安全等特点。

简要制法 将多硫化物及各种助剂经混碾、挤条、干燥、焙烧制得。

生产厂 西北化工研究院。

83. 烯烃加氢饱和催化剂
Catalyst for Olefin Hydrosaturation

工业牌号 OS-1

主要组成 Ni/Al_2O_3。

产品规格及工艺条件

产品性状	指标	产品性状	指标
外观	黑色球状	操作压力,MPa	0.1~3.0
外形尺寸,mm	$\phi 1.5 \sim 2.5$	操作温度,℃	150~250
堆密度,kg/L	0.75~0.85	空速,h^{-1}	8000~20000
压缩强度,N/粒	≥40	原料中烯烃含量,%	≤2.5
磨耗,%	≤3	饱和烯烃比率,%	≥99
Ni 含量,%	≥18		

用途 用于烯烃加氢饱和工艺。它是在加氢条件下将油品中的烯烃转化为烷烃,以改善产品的安定性,或为下游加工提供原料的加工过程。本催化剂是以 Ni 为活性组分,并添加特殊助剂,以氧化铝为载体,具有抗压强度高、磨耗低、低温活性好等特点。

生产厂 辽宁海泰科技开发公司。

84. 航煤脱硫剂
Aviation Kerosene Desulfurizer

工业牌号 JX-7

主要组成 复合金属氧化物。

产品规格及工艺条件

产品性状	指标	产品性状	指标
外观	褐色三叶草形	操作压力，MPa	常压~4.0
外形尺寸，mm	$\phi(4.0 \pm 0.3) \times (5 \sim 20)$	操作温度，℃	0~50
堆密度，kg/L	0.90~1.10	液体空速，h^{-1}	4
径向压缩强度，N/cm	≥120	入口H_2S含量，$\mu g/g$	≤1000
穿透硫容，%	≥20	出口银片腐蚀	合格

用途 用于深度脱除航空煤油中的微量硫化氢等，特别适用于加氢裂化和加氢精制后航煤的精脱硫，可以消除由于微量活性硫造成的航煤"银片腐蚀"不合格的问题，而且对航煤的其他各项技术指标无不良影响。本催化剂具有脱硫精度好、机械强度高、使用方便等特点。

生产厂 沈阳凯特催化剂公司。

85. 汽油精制剂
Gasoline Treating Agent

工业牌号 T319

产品规格及工艺条件

产品性状	指标	产品性状	指标
外观	黑色条状物	操作压力，MPa	常压~3.0
外形尺寸，mm	$\phi 2.7 \sim 3.3$	空速，h^{-1}	≤5
堆密度，g/mL	0.45~0.65	进口油腐蚀性	<4级
径向压缩强度，N/cm	≥40	出口油腐蚀性	<1级
磨耗率，%	≤8	净化容量，体积倍数	≥10000
操作温度，℃	20~50		

用途 用作炼油厂湿法脱硫后，催化降烯烃汽油铜汽腐蚀试验不合格的油品净化剂。在常温下使用，能将汽油中的腐蚀组分脱除到要求的净化度，并具有耐水性好、净化容量高、使用方便及节能等特点。

生产厂 西北化工研究院。

86. 活性瓷球
Active Pearl

工业牌号 XDA-1、2、3

主要组成 氧化铝，过渡金属氧化物。

产品规格及工艺条件

产品性状	指标							
	XDA-1		XDA-2			XDA-3		
外观	黄褐色		淡黄色			浅灰色		
堆密度，g/mL	1.2~1.4		1.1~1.3			1.1~1.3		
孔体积，mL/g	0.15~0.25							
Al_2O_3 含量，%	≥60		≥40			≥40		
活性组分	$NiO-MoO_3$		$NiO-WO_3$			$CoO-MoO_3$		
压缩强度，N/粒	260~3500（按不同规格而异）							
耐温度急变化 ΔT，℃	500	500	600	600	600	600	600	600
操作温度，℃	275	300	300	320	350	300	320	350
氢分压，MPa	3	3	3	3	3	3	3	3
液体空速，h^{-1}	10	10	4.2	4.2	4.2	4.2	4.2	4.2
氢油比（体积比）	600	600	450	450	450	450	450	450
硫含量，%	2.5	2.5	2.5	2.5	2.5	2.5	2.5	2.5
烯烃含量，%	27.5	27.5	27.5	27.5	27.5	27.5	27.5	27.5
脱硫率，%	76	95	40	60	77	36	54	63
烯烃饱和率，%	58	95	10	33	45	7	19	42

用途 本品由在氧化铝瓷球上加入少量过渡金属氧化物制成，既具过滤、分散气液、支撑催化剂的作用，又具一定催化活性，用于烯烃加氢、脱硫、脱氮和苯加氢等工艺过程。

生产厂 山东迅达化工公司。

87. 多孔瓷球
Porous Pearl

别名 过滤瓷球
工业牌号 XDK-1、XDK-2、XDK-3
主要组成 $Al_2O_3 + SiO_2$。
产品规格

产品性状		指　　标		
		XDK-1	XDK-2	XDK-3
化学成分	Al_2O_3,%		20~80	
	$Al_2O_3+SiO_2$,%		>92	
	Fe_2O_3,%		<1	
孔径,μm		0.5~3.5	40~100	110~1000
气孔率,%		20~30	15~25	15~25
透气率,$m^3/(m^2 \cdot h \cdot 10Pa)$		0.2~0.8	1~6	7~50
耐酸度,%		≥98	≥98	≥96
耐碱度,%		≥85	≥85	≥80
耐温度急变性 ΔT,℃		800	800	800
压缩强度,N/粒		100~20000	100~20000	100~20000
堆密度,g/mL		1.2~2.0	1.2~2.0	1.2~2.0

用途 具有覆盖支撑催化剂和分离汽液作用，能过滤油品杂质以保护催化剂使用周期。用户可选用不同孔径和不同孔数的多孔瓷球。直径可分为 $\phi 3mm$、$\phi 6mm$、$\phi 8mm$、$\phi 10mm$、$\phi 13mm$、$\phi 16mm$、$\phi 20mm$、$\phi 25mm$、$\phi 30mm$、$\phi 38mm$、$\phi 50mm$、$\phi 475mm$ 等多个品种。

生产厂 山东迅达化工公司。

二十三、化工及石油化工催化剂

石油按其加工方法及产品用途可分为两大分支：一是石油经过炼制生产各种燃料油、润滑油、石蜡、沥青、焦炭等石油产品；二是将石油分离成原料馏分油进行热裂解，得到基本有机原料，再用于合成生产各种石油化学制品。前一分支是石油炼制工业体系（即炼油体系），后一分支是石油化学工业体系，简称石油化工体系。石油化工大致可分为基本有机化工生产过程、有机化工生产过程、高分子生产过程和精细化工生产过程等四类。基本有机化工生产过程是以石油及石油气（炼厂气、油田气、天然气）为起始原料，经过各种加工方法制得烯烃（乙烯、丙烯、丁烯、二烯烃）、"三苯"（苯、甲苯、二甲苯）、乙炔及萘等基本有机化工原料；有机化工生产过程是在烯烃、三苯、乙炔及萘等产品的基础上，通过各种合成反应制得醇、醛、酮、酸、酯、醚、酚、腈等有机原料或产品；高分子化工生产过程是在各种有机原料的基础上，通过各种聚合等反应制得合成树脂、合成橡胶、合成纤维；精细化工生产过程是利用各种有机原料进行系列反应制得农药、医药、合成洗涤剂等产品。

早期的石油化工属于化学工业的一个分支，从 20 世纪 60 年代以后，石油化工获得空前发展。它的产品品种、产量、产值及其对国民经济的贡献后来居上，超过其他化工。石油化工较之其他化工，除原料上的特点外，在生产技术上也有自己的特色，即大型化（精细化工除外）、综合化的特点更为明显。目前，石油化工是重要的基础化工，它为其他化工及国民经济各部门提供各种各样的原料，并通过下游深加工制得满足人民需要的各种精细化学品和专用化学品。

石油化工的发展离不开催化剂。石油化工涉及的各种化学反应，如加氢、脱氢、氧化、水合、烷基化、异构化、缩合等反应，大多需要在催化剂作用下才能进行。目前，在石油化工上应用最广泛并取得巨大经济效益的是以反应物为气相、催化剂为固相的气—固多相催化体系。它之所以对石油化工发展具有特别的重要意义，主要有两个方面原因：一方面，固体催化剂使用寿命长、容易活化、可再生、可回收，容易与产物分离，便于化工过程自动控制操作和提高操作安全性；另一方面，从化学热力学及化学机理考虑，对一些复杂反应，从气体或液体催化剂出发去设计催化过程及催化剂，一般都比较困难和复杂，而从气—固多相催化体系来设计催化剂则相对要容易得多。

石油化工反应用的固体催化剂大致包括四种类型：①金属，它包括元素周期表中的过渡金属及ⅠB族金属催化剂；②负载在适当载体上的过渡金属盐类、配合物；③半导体型过渡金属氧化物、硫化物；④固体酸、固体碱及绝缘性氧化物等。

1. 苯加氢制环己烷催化剂
Catalyst for Benzene Hydrogenation to Cyclohexane

工业牌号 SCB-1H、HTB-1H、NCG、Pt催化剂

主要组成 SCB-1H、HTB-1H、NCG为镍系催化剂，以Ni为主活性组分，以氧化铝为催化剂载体；Pt催化剂以贵金属Pt为主活性组分，以氧化铝为催化剂载体。

产品规格

产品性状	指标	
	SCB-1H、NCG、HTB-1H	Pt催化剂
外观	黑色或灰黑色圆柱体	浅灰色圆柱体
外形尺寸，mm	$\phi 5 \times (4.5 \sim 5.3)$	$\phi(3 \sim 5) \times 15$
堆密度，g/mL	0.9~1.3	0.9~1.0
孔体积，mL/g	0.2	0.45
比表面积，m^2/g	80~170	150
压缩强度，N/cm	—	≥100(轴向)

用途及工艺条件 环己烷是一种常用溶剂，是制造尼龙6及尼龙66的原料，也用作聚合反应稀释剂、萃取剂等。生产环己烷的方法有苯加氢法及分离回收法等。其中，苯加氢制环己烷是石油化工重要的催化加氢工艺。该工艺又分为液相法及气相法两种，以液相法为主。苯较难加氢，需要有供氢基团的作用才能实现加氢。催化剂的晶粒过小不能形成供氢基团，导致活性氢与要求的加氢反应不适应。所以许多常用加氢催化剂不适合用于苯加氢过程。用作苯加氢制环己烷用催化剂。目前工业上用的苯加氢催化剂主要有两种：非贵金属的镍系催化剂和贵金属Pt催化剂。镍系催

化剂是将 Ni 负载于 $\gamma\text{-}Al_2O_3$ 上形成 $Ni/\gamma\text{-}Al_2O_3$ 催化剂。由于提高了分散度，因此，有较高的活性。当晶粒大于 4nm 时，活性随晶粒变小而增加；当晶粒为 4nm 时活性最好；当晶粒小于 4nm 时，晶粒变小，活性则下降。该催化剂在 130～200℃、常压～2MPa、液体空速 0.2～1.0h^{-1} 的反应条件下，苯转化率大于 99.5%，环己烷收率达 96%。贵金属 Pt 催化剂中 Pt 含量为 0.05%～0.55%，载体为 $\gamma\text{-}Al_2O_3$。其催化活性高、使用寿命长，而且硫中毒后还可再生使用。

简要制法 NCG 是将金属镍与含铝溶液经共沉淀、洗涤、干燥、成型、焙烧制得；Pt 催化剂是将特制氧化铝载体浸渍铂组分，经干燥、焙烧制得。

生产厂 南京化学工业公司催化剂厂、北京三聚环保新材料股份有限公司、辽宁海泰科技发展有限公司等。

2. 苯酚加氢制环己醇催化剂
Catalyst for Phenol Hydrogenation to Cyclohexanol

工业牌号 0501、HTB-45

主要组成 以 Ni 为催化剂活性组分，以氧化铝为催化剂载体。

产品规格

产品性状	指标		
	0501（氧化态）	0501（预还原态）	HTB-45
外观	浅绿色圆柱状	黑色圆柱状	黑色条状
外形尺寸，mm	$\phi5\times(5\sim15)$	$\phi(3.8\sim4.2)\times(4\sim10)$	$\phi1.6\times(3\sim15)$
堆密度，g/mL	1.0	0.85～0.90	0.80～0.90
Ni,%	28～31	42～47	>45
氧化铝,%	18～20	20～30	>30
机械强度	>2.5MPa	>0.5MPa	>80N/cm

用途及工艺条件 环己醇是制造尼龙的中间体，用于制造引发剂、增塑剂、皮革脱脂剂、干洗剂等，生产环己醇的方法有苯酚氢法、环己烷氧化法等，其中以后者发展较快。由于苯环上有取代羟基，因此苯酚加氢比较容易，反应比较平稳，产品纯度较高。用作苯酚加氢制环己醇用催化

剂。本催化剂是一种非贵金属的镍系催化剂,产品分为氧化态及预还原态两种形式。还原前为非易燃易爆品,还原后未经钝化的催化剂,接触空气或其他含氧气体时会产生自燃。在 130~150℃、常压~0.2MPa、氢气/苯酚(摩尔比)为 20~60 条件下,催化剂负荷苯酚 100~200kg/(m^3·h)。

简要制法 先将硝酸镍溶液与偏铝酸钠溶液进行中和反应,再将生成的沉淀物洗涤、干燥、成型制得氧化态产品,然后经还原及钝化过程制得预还原态产品。

生产厂 南京化学工业公司催化剂厂、辽宁海泰科技发展有限公司等。

3. 硝基苯加氢制苯胺催化剂
Catalyst for Nitrobenzene Hydrogenation to Aniline

工业牌号 NC101、NC102

主要组成 NC101 催化剂以 CuO 为活性组分,以 SiO_2 为催化剂载体;NC102 催化剂以 Cu 为主要活性组分,以 Cr_2O_3 为催化剂载体。

产品规格

产品性状	指标	
	NC101	NC102
外观	天蓝色微球形	黑色圆柱体
外形尺寸,mm	$\phi(0.64~1.27)$(占90%以上)	$\phi(4.8~5.2)\times(4~5.5)$
堆密度,g/mL	0.4~0.8	1.1~1.4
孔体积,mL/g	0.6	0.1~0.3
比表面积,m^2/g	350	

用途及工艺条件 一种重要有机化工原料,用于制造二苯基甲烷二异氰酸酯、橡胶防老剂、抗氧剂、发泡剂、杀虫剂、硫化促进剂等。生产苯胺的方法有硝基苯铁粉还原法、硝基苯加氢法及苯酚氨解法等。硝基苯铁粉还原法由于反应中生成大量铁泥而污染环境,已逐渐被淘汰。硝基苯加氢法又分为流化床及固定床两种。用作硝基苯加氢制苯胺用催化剂。NC101 催化剂用于流化床气相催化加氢工艺,反应温度 250~290℃,反应压力为常压~0.2MPa,空速 0.15~0.45h^{-1}。NC102 催化剂用于固定床催化加氢工艺,反应温度 180~270℃,反应压力为常压~0.5MPa,空速

$0.2\sim0.8h^{-1}$。

简要制法 NC101 催化剂是将硅胶经改性处理后,浸渍活性组分铜溶液,再经干燥、成型、焙烧制得。NC102 催化剂是将活性组分混合溶液,经共沉淀、过滤、洗涤、干燥、焙烧、成型制得。

生产厂 南京化学工业公司催化剂厂、中国石油吉林石化公司研究院。

4. 脂肪酸加氢制脂肪醇催化剂
Catalyst for Aliphatic Acid Hydrogenation to Aliphatic Alcohol

工业牌号 NC31-01、NC31-02
主要组成 以氧化铜及铬酸铜的复合物为催化剂活性组分。
产品规格

产品性状	指标	产品性状	指标
外观	灰黑色圆柱体	堆密度,g/mL	$1.2\sim1.6$
外形尺寸,mm	$\phi(5.8\sim6.2)\times(5.5\sim6.5)$		

用途及工艺条件 高级脂肪醇也称高级醇,是指含碳原子 6 个及 6 个以上的高碳醇。本催化剂用于高级脂肪酸或其酯经催化加氢制造高碳醇的工艺,广泛用于制造增塑剂、表面活性剂、抗静电剂、洗涤剂及脂肪胺等。在 $180\sim260$℃、$10\sim25$MPa、空速 $0.05\sim0.3h^{-1}$ 的反应条件下,具有良好的活性、选择性及稳定性。

简要制法 将铜及其他活性组分经溶解、沉淀、洗涤、过滤、干燥、碾混、成型等过程制得催化剂成品。

生产厂 南京化学工业公司催化剂厂。

5. 丁炔二醇加氢制 1,4-丁二醇催化剂
Catalyst for Butynediol Hydrogenation to 1,4-Butanediol

工业牌号 BA-1
主要组成 以氧化镍为主活性组分,并添加适量其他助催化剂。预还

原态的催化剂以金属镍为主。

产品规格

产品性状	指标	产品性状	指标
外观	黑色圆柱形	孔体积,mL/g	0.2~0.3
外形尺寸,mm	$\phi 3.0 \times (2.8~3.5)$	比表面积,m^2/g	100~180
堆密度,g/mL	1.0~1.5	压缩强度,N/粒	40~70(侧压)

用途及工艺条件 1,4-丁二醇用于合成四氢呋喃、γ-丁内酯、聚对苯二甲酸二丁酯及医药等。生产1,4-丁二醇的方法有丁炔二醇加氢法、顺酐加氢法、二氯丁烯水解法及丁二烯乙酰氧基化法等。其中,以丁炔二醇加氢法建立的装置占有主导地位,也是经典的生产方法。用作丁炔二醇加氢制1,4-丁二醇用催化剂。BA-1催化剂使用的工艺操作条件:反应温度100~150℃,反应压力1~5MPa,液体空速0.1~0.5h^{-1},氢/丁炔二醇(摩尔比)>10。

简要制法 将镍盐及其他助剂原料经溶解、沉淀、洗涤、过滤、干燥、造粒制得。预还原态催化剂还需经过还原及钝化过程。

生产厂 南京化学工业公司催化剂厂。

6. 邻硝基甲苯加氢制邻甲基苯胺催化剂
Catalyst for *o*-Nitrotoluene Hydrogenation to *o*-Toluidine

别名 改性铜硅胶催化剂

主要组成 以铜为催化剂主活性组分,以改性硅胶作催化剂载体。

产品规格

产品性状	指标	产品性状	指标
外观	蓝绿色微球状颗粒	比表面积,m^2/g	350~450
外形尺寸,目	30~100	铜,%	15~20
堆密度,g/mL	0.5~0.6	SiO_2,%	80~85
孔体积,mL/g	0.65~0.70		

用途及工艺条件 邻甲基苯胺用于制造合成染料、农药、糖精及硫化促进剂等。生产邻甲基苯胺的方法有铁粉还原法、邻硝基甲苯加氢还原

法、苯胺甲基化法等。本催化剂用于流化床邻硝基甲苯制邻甲苯胺工艺。催化剂具有较大的比表面积及孔体积，在较高温度下反应有良好的催化活性及选择性。在反应温度250~300℃，反应压力常压，氢油比（摩尔比）>9的条件下反应，邻硝基甲苯胺转化率达100%，邻甲苯胺选择性99.5%，收率>98.5%。催化剂失活后，可在400~450℃空气中再生，再生后可继续使用。此外，还可用于硝基苯及其他硝基苯衍生物的加氢反应。

简要制法　先将特制改性硅胶浸渍铜组分，再经干燥、焙烧制得成品。

生产厂　中国石油吉林石化公司研究院。

7. 碳二馏分选择加氢催化剂
Catalyst for Selective Hydrogenation of C_2 Fractions

别名　碳二后加氢催化剂
工业牌号　BC-1-037、BC-2-037
主要组成　以Pd为催化剂主活性组分，以$\alpha\text{-}Al_2O_3$为催化剂载体。
产品规格

产品性状	指　　标			
	BC-1-037	BC-2-037	BC-H-20A	BC-H-20B
外观	土黄色小球			
外形尺寸，mm	$\phi(2.5~5.0)$	$\phi(2.5~5.0)$	$\phi(2.5~5.0)$	$\phi(2.5~5.0)$
堆密度，g/mL	0.74~0.84	0.75~0.90	0.70~0.90	0.70~0.90
比表面积，m^2/g	40~65	40~65	—	—
压缩强度，N/粒	50	50	40	40
吸水率，%	37~48	37~48	—	—
Pd，%	0.033~0.037	0.033~0.037	含Pd及助剂	含Pd及助剂
Ni，%	1.0~2.0	1.0~2.0	—	—
载体晶相	以$\alpha\text{-}Al_2O_3$为主，含35%~50% $\theta\text{-}Al_2O_3$	以$\alpha\text{-}Al_2O_3$为主，含35%~50% $\theta\text{-}Al_2O_3$	以$\alpha\text{-}Al_2O_3$为主	以$\alpha\text{-}Al_2O_3$为主

用途及工艺条件 选择加氢是实现提纯裂解烯烃经济而又有效的方法。它具有投资少、操作费用低、加氢速率易于控制、催化剂使用寿命长等特点。选择加氢只使原料气中的二烯烃及炔烃进行加氢,而目的产物烯烃不被加氢损失。碳二馏分选择加氢分为前加氢及后加氢。前加氢是在气体分离之前先将裂解气脱除 CO_2、H_2S 等酸性气体再加氢,这时加氢反应器入口的气体中除乙烯、丙烯外,还含有甲烷、乙烷、丙烷及大量过剩氢气;后加氢是先将裂解气中的氢、甲烷等轻质馏分分离,再对碳二馏分进行加氢。我国引进的乙烯装置都采用后加氢催化剂。用作碳二馏分选择加氢用催化剂。目前国内大部分乙烯装置更换新催化剂时均采用 BC-1-037 及 BC-2-037 催化剂。在进料温度 25~93℃,单段床反应压力 1.9~2.2MPa,气体空速 2000~3000h^{-1},H_2/C_2H_2(摩尔比)为 1.5~2.5 的反应条件下,炔烃残留率达到 $<2\times10^{-6}$。催化剂使用寿命可达 3~5 年。而新近开发的 BC-H-20A 及 BC-H-20B 催化剂是 BC-2-037 催化剂的改进型,可在高空速(4500~6000h^{-1})下进行反应,而且绿油生成量少,稳定性好。

简要制法 先将采用硝酸法或碳化法制备的氧化铝载体浸渍钯等活性组分金属溶液,再经干燥、焙烧活化制得。

生产厂 中国石化北京化工研究院。

8. 碳三馏分选择加氢催化剂
Catalyst for Selective Hydrogenation of C_3 Fractions

工业牌号 BC-L-80、BC-L-83、HTBC-H-33

主要组成 以贵金属钯为催化剂主活性组分,以氧化铝为催化剂载体。

产品规格

产品性状	指标		
	BC-L-80	BC-L-83	HTBC-H-33
外观	浅土黄色小球		土黄色小球
外形尺寸,mm	$\phi(2.0~4.5)$	$\phi(2.5~5.0)$	$\phi(3~5)$
堆密度,g/mL	0.85~0.98	0.85~0.95	0.75~0.85
孔体积,mL/g	0.32~0.42	0.35~0.45	
比表面积,m^2/g	5~20	10~30	>20

续表

产品性状	指 标		
	BC-L-80	BC-L-83	HTBC-H-33
压缩强度, N/粒	50~95	>40	>60
载体	Al_2O_3	Al_2O_3	Al_2O_3
活性组分	Pd	Pd-助催化剂	Pd

用途及工艺条件 石油烃裂解分离得到的碳三馏分，一般含1.0%~3.5%的丙炔和丙二烯，当采用毫秒炉裂解时，丙炔及丙二烯含量可高达6%~7%。为获得聚合级丙烯，避免炔烃及二烯烃对下游加工催化剂产生影响，需要除去这部分炔烃及二烯烃。由于液相加氢具有生产能力大、反应可在较低温度下进行、能量利用合理、催化剂用量少、反应器体积小、催化剂使用寿命长等特点。用作碳三馏分选择加氢用催化剂。目前新建乙烯装置大多采用液相加氢工艺，使炔烃和二烯烃选择性加氢。其中BC-L-80用于双段床加氢工艺，在入口温度10~20℃(第一段)、10~30℃(第二段)，反应压力0.98~1.57MPa(第一段)、1.96~2.55MPa(第二段)，H_2/C_3H_4(摩尔比)0.9~1.4(第一段)、4~10(第二段)的条件下，产品中丙炔含量$<5\times10^{-6}$，丙二烯含量$<10\times10^{-6}$。BC-L-83用于单段床液相加氢工艺。在入口温度10~45℃、出口温度55~60℃、反应压力1~3MPa，H_2/C_3H_4(摩尔比)1.2~2.5的条件下，产品中丙炔含量$<5\times10^{-6}$，丙二烯含量$<5\times10^{-6}$。本催化剂具有活性高、选择性好、聚合物生成量少、使用寿命长等特点。催化剂用于多套引进工业装置中，替代进口催化剂。

简要制法 先将由硝酸法中和成胶制得的球形氧化铝载体浸渍氯化钯溶液，再经干燥、高温分解活化制得成品。

生产厂 中国石化北京化工研究院、辽宁海泰科技发展有限公司等。

9. 碳四馏分选择加氢催化剂
Catalyst for Selective Hydrogenation of C_4 Fractions

工业牌号 双金属催化剂、多金属催化剂

主要组成 以钯为催化剂主活性组分，以铅、银、铜等为助催化剂，以氧化铝为催化剂载体。

产品规格

产品性状	指标	
	双金属催化剂	多金属催化剂
外观	球形	
活性金属	Pd-Pb	Pd、Ag、Pb、Cu 等
载体	Al_2O_3	Al_2O_3

用途及工艺条件 碳四馏分主要来自石油炼制过程中产的炼厂气和石油裂解制乙烯的副产品。其中,含 40% ~ 50% 的 1,3-丁二烯(是合成橡胶及树脂的重要原料)。聚合级 1,3-丁二烯要求纯度 > 99.7%,炔烃含量小于 2.5×10^{-5}。本催化剂用于选择加氢除去碳四馏分中的炔烃(乙基乙炔、乙烯基乙炔及甲基乙炔等)。双金属催化剂是以 Pd 为主活性组分,并加入第二金属 Pb 为助催化剂。这种催化剂的加氢活性较高,但选择性不太高。多金属催化剂是在双金属催化剂基础上添加第三种或多种金属作助催化剂,使多种金属组分在载体表面高度分散,形成配位键合,从而提高催化剂的选择性及稳定性。在 30 ~ 55℃、0.6 ~ 0.8MPa、液态空速 $4 ~ 6h^{-1}$、氢炔比为 6 时,对碳四馏分加氢后,剩余炔烃含量 $< 1.5 \times 10^{-5}$,丁二烯选择性 > 95%。

简要制法 先将具有一定比表面积的特制氧化铝载体浸渍金属活性组分溶液,再经干燥、焙烧制得。

生产厂 中国石化北京化工研究院。

10. 前脱丙烷前加氢催化剂
Front-end Depropanization Front-end Hydrogenation Catalyst

工业牌号 BC-H-21
主要组成 Pd-助催化剂/Al_2O_3。
产品规格

产品性状	指标	产品性状	指标
外观	土黄色球状或齿球状	堆密度,g/mL	0.7 ~ 0.9
外形尺寸,mm	$\phi(2.5 ~ 5)$	压缩强度,N/粒	≥40

用途及工艺条件　前脱丙烷前加氢指裂解气中碳三以下馏分未经分离甲烷、氢,即进行加氢除炔烃的工艺过程。由于加氢反应在大量氢气条件下进行,对催化剂的选择性及使用稳定性有严格要求。用作前脱丙烷加氢用催化剂,具有加氢选择性好、抗 CO 波动性好、绿油生成量少、操作稳定性高、不易产生飞温现象等特点。反应工艺条件:反应器入口温度 25～100℃,出口温度 65～130℃,反应压力 0.69～2.6MPa,体积空速 3000～6000h^{-1},抗 CO 范围 500～1500。催化剂使用寿命大于 5 年。已用于大庆石化公司乙烯厂工业装置。

简要制法　先将特制的氧化铝载体浸渍钯及其他助剂溶液,再经干燥、高温焙烧制得。

生产厂　中国石化北京化工研究院。

11. 乙苯脱氢制苯乙烯催化剂
Catalyst for Ethyl Benzene Dehydrogenation to Styrene

工业牌号　NCY 系列、GS 系列、XH 系列

主要组成　以 Fe_2O_3 为催化剂主活性组分,添加 K、Ce、Cr、Cu 等为助催化剂,以氧化镁或硅藻土等为催化剂载体。

产品规格

产品性状	指标							
	GS-01	GS-02	GS-05	NCY-103	NCY-315	XH-02	XH-03	XH-04
外观	红棕色圆柱体	红棕色拉西环形	红褐色圆柱体	黑色或黄黑色条状	黑色或黄黑色条状	红棕色圆柱体	红棕色圆柱体	红棕色圆柱体
外形尺寸, mm	$\phi 3 \times$ (3～10)	外径 $\phi 5$,内径 $\phi 1.5～2$ 高 6～8	$\phi 3 \times$ (3～10)	$\phi 3 \times$ (3～10)	$\phi(4～5) \times$ (5～15)	$\phi 4 \times$ (10～15)	$\phi 4 \times$ (10～15)	$\phi 4 \times$ (10～15)
堆密度, g/mL	1.25～1.35	1.25～1.35	1.15～1.25	0.8～1.0	1.0～1.1	1.2	1.2	1.2
孔体积, mL/g	—	—	—	0.3	0.3	0.2	0.2	0.2
比表面积, m^2/g	2～4	2～4	2～4	30	15～20	3.7	3.7	3.7

用途 苯乙烯又名乙烯基苯，是重要的有机合成原料。用于合成丁苯橡胶、聚苯乙烯树脂、聚酯玻璃钢及涂料等。工业生产苯乙烯的方法有乙苯脱氢、乙苯氧化脱氢和苯乙酮共氧化等方法。其中，乙苯脱氢所使用的催化剂主要是铁系催化剂。其组成中的活性组分为氧化铁，以少量的比氧化铁更难还原的金属氧化物（如 Mg、Cr、Ce、Mo、W、Ca 等）作为结构稳定剂，而以少量的碱金属或碱土金属氧化物作为助催化剂（常用为 K_2O）。K_2O 的作用主要是中和催化剂的酸性和减少反应中的炭沉积。用作乙苯脱氢制苯乙烯用催化剂。NCY 系列催化剂对苯乙烯的选择性为 90% ~ 92%。GS 系列催化剂具有催化活性高、选择性好、耐湿性能强、热稳定性好等特点，在水中浸泡后活性基本不变，苯乙烯选择性达到 94% ~ 95%。

简要制法 将含铁组分及其他助剂经溶解、沉淀、水洗、过滤、干燥、成型、焙烧等工序制得。

生产厂 中国石化上海石油化工研究院（GS 系列）、中国石油兰州石化公司（NCY 系列）、厦门大学化工厂（XH 系列）等。

12. 异丙苯催化脱氢催化剂
Catalyst for Cumene Catalytic Dehydrogenation

主要组成 以 Fe_2O_3 为主活性组分，并添加适量 Cr、K 等助催化剂。

产品规格

产品性状	指标	产品性状	指标
外观	圆柱形	比表面积，m^2/g	2 ~ 4
外形尺寸，mm	$\phi(3 \sim 4) \times (5 \sim 15)$	压缩强度，MPa	12.0
堆密度，g/mL	1.2 ~ 1.4		

用途及工艺条件 用于异丙苯催化脱氢制 α-甲基苯乙烯。α-甲基苯乙烯可与多种单体共聚，用于制造合成树脂、合成橡胶及乳化剂等。而采用合适的催化剂是生产 α-甲基苯乙烯工艺过程的关键。用作异丙苯催化脱氢、乙苯脱氢制苯乙烯用催化剂。在反应温度 610 ~ 620℃，空速 1.0 ~ 1.5h^{-1} 的操作条件下，以异丙苯为原料，单程转化率达 75% 左右，选择性为 95% 左右，精馏后 α-甲基苯乙烯纯度可达 99% 以上。

简要制法 将含铁活性组分及其他助剂成分经溶解、沉淀、水洗、过滤、干燥、成型、干燥、焙烧活化制得成品。

生产厂 中国石油大庆化工研究中心、大连化学物理研究所等。

13. 环己醇脱氢催化剂
Catalyst for Dehydrogenation of Cyclohexanol

工业牌号 Zn-Ca 系催化剂(1101 型、1102 型)、Cu-Mg 系催化剂

主要组成 Zn、Ca 系催化剂是以 ZnO、CaO 及 MgO 为催化剂活性组分;Cu-Mg 系催化剂是以 Cu 为活性组分,并加入适量 Pd 金属,以 MgO 为催化剂载体。

产品规格

产品性状	指 标		
	Zn-Ca 系催化剂	Cu-Mg 系催化剂	CHDH-1
外观	灰黑色圆柱体	片状	黑色片状
外形尺寸,mm	$\phi 5 \times (5 \sim 6)$	$\phi(5 \sim 3)$	$\phi 6$
堆密度,g/mL	1.4	1.07	$1.2 \sim 1.4$
孔体积,mL/g	0.2	0.16	0.2
比表面积,m^2/g	80	28	50
组成	CaO、MgO	Cu-Mg,加入适量 Pd、Fe	CuO-ZnO

用途及工艺条件 由环己醇脱氢制环己酮是合成己内酰胺生产中的重要反应。由环己醇制环己酮主要有氧化法及脱氢法两种工艺。脱氢法由于副反应少、收率高、操作安全,是工业生产常用方法。用作环己醇脱氢用催化剂。Zn-Ca 系催化剂是传统的环己醇脱氢催化剂,它的使用温度较高(350~400℃),使用寿命约一年,单程转化率 70%~80%,环己酮选择性 96%。Cu-Mg 系催化剂是以 Cu 为主活性组分,并适量引入 Pd 或其他金属组分以促进 Cu 的分散,从而提高催化剂活性及热稳定性。反应可在 300℃以下操作,在工业操作空速下,环己酮选择性接近 100%。CHDH-1 催化剂具有使用温度低(220~280℃)、低温活性好、选择性高等特点。

简要制法 Zn-Ca 系催化剂的制法是将各种金属盐配制成金属盐溶液,经沉淀、水洗、干燥、碾压、成型、焙烧制得成品。

Cu-Mg 系催化剂的制法是先将 MgO 载体浸渍 Cu(NO_3)$_2$、H_2PdCl_4 或其他金属硝酸盐混合溶液,再经过滤、干燥、压片、焙烧制得。

生产厂 南京化学工业公司催化剂厂(Zn-Ca 系催化剂)、南开大学

（Cu-Mg 系催化剂）、辽宁海泰科技开发公司等。

14. 甲醇脱氢制甲酸甲酯催化剂
Catalyst for Methanol Dehydrogenation to Methyl Formate

工业牌号 NC 35-01

主要组成 以 Cu 为催化剂主活性组分，以 Li、K、Cr 等氧化物为助剂，以氧化铝或硅胶等为催化剂载体。

产品规格

产品性状	指　　标	产品性状	指　　标
外观	黑棕色圆柱体	堆密度，g/mL	1.1~1.5
外形尺寸，mm	$\phi(3.5~4.8) \times (5.2~5.5)$	组成	Cu/Al_2O_3

用途及工艺条件 甲酸甲酯用于制造甲酸、甲酰胺、乙二醇及用作溶剂、杀菌剂等。甲醇脱氢制甲酸甲酯具有工艺单一、设备投资低、无三废产生且可副产氢气等优点。用作甲醇脱氢制甲酸甲酯用催化剂。目前所采用的催化剂，甲酸甲酯的产率很难达到50%。这是因为甲醇脱氢制甲酸甲酯是一个吸热且受到热力学平衡限制的反应，升高反应温度虽可提高甲醇转化率，但由于甲酸甲酯在高温下易发生连续分解反应而导致其选择性显著下降。选用铜为催化剂主活性组分的目的是希望在保持较高甲酸甲酯的选择性的基础上，提高催化剂的活性及稳定性。而催化剂载体应避免选择表面具有较强酸性的载体，以提高催化剂的选择性，催化剂中添加少量Li、K、Cr 等氧化物作为助剂，有助于提高催化剂的活性及选择性。本催化剂可在220~280℃，常压~0.2MPa 的操作条件下使用。

简要制法 将特制载体材料浸渍金属活性组分后经干燥、焙烧制得。

生产厂 南京化学工业公司催化剂厂、西南化工研究院等。

15. 乙烯气相氧化制乙酸乙烯酯催化剂
Catalyst for Ethylene Acetoxylation to Vinyl Acetate

工业牌号 CT-2

主要组成 以 Pd-Au 为催化剂主活性组分，以乙酸钾为助催化剂，以硅胶为催化剂载体。

产品规格

产品性状	指标	产品性状	指标
外观	灰黑色圆球	比表面积, m^2/g	160~190
外形尺寸, mm	$\phi(4.7~5.8)(\geqslant 95\%)$	压缩强度, N/粒	$\geqslant 50$
	$\phi(4~4.7)(<5\%)$	磨损率, %	$\leqslant 2.0$
堆密度, g/mL	0.46~0.51	遇水抗裂量, %（反复浸水三次）	$\leqslant 1.0$
孔体积, mL/g	0.80~0.95		

用途及工艺条件 乙酸乙烯酯又名醋酸乙烯，用于制造聚乙酸乙烯酯、聚乙烯醇、胶黏剂、涂料等。生产乙酸乙烯酯的主要方法有乙炔法及乙烯法。乙炔法是以乙炔、乙酸为原料，以锌盐为催化剂经加成反应制得乙酸乙烯酯；乙烯法是以乙烯、乙酸（气态）及氧气为原料，在催化剂作用下生成乙酸乙烯酯。工业上更多地采用乙烯法。用于在列管式固定床反应器气相合成乙酸乙烯酯。在 140~180℃，0.6~0.8MPa，空速 1800~2000h^{-1} 的反应条件下，乙酸乙烯酯选择性（以乙烯计）$\geqslant 92.5\%$，乙酸乙烯酯时空产率 $\geqslant 7200 kg/(m^3 \cdot d)$，催化剂使用寿命大于二年。

简要制法 先将特殊硅胶载体按一定比例浸渍氯钯酸及氯金酸混合液，经干燥、洗涤、还原处理制得半成品，再浸含钾组分，经干燥制得成品。

生产厂 上海石化科技开发公司催化剂分公司。

16. 乙烯氧化制环氧乙烷银催化剂
Silver Catalyst for Ethylene Oxidation to Epoxyethane

工业牌号 CHC-Ⅰ、SPI-Ⅱ、YS 系列

主要组成 以银为催化剂主活性组分，以钡、钯、铈、钨等为助催化剂，以 $\alpha\text{-}Al_2O_3$ 为催化剂载体。

产品规格

产品性状	指标		
	CHC-Ⅰ	SPI-Ⅱ	YS-4.6
外观	中空圆柱形	环形	环形

续表

产品性状	指 标		
	CHC-I	SPI-II	YS-4.6
外径尺寸, mm		外径 $\phi(6.3\sim6.5)$ 内径 $\phi2.5$ 高 $6.3\sim6.5$	外径 $\phi(6\sim8)$ 内径 $\phi(2\sim3)$ 高 $4\sim8$
堆密度, g/mL	$0.59\sim0.63$	$0.5\sim0.6$	$0.5\sim0.8$
比表面积, m^2/g	$0.3\sim1.0$	$0.3\sim1.0$	~1.0
活性组分	Ag 为主活性组分	银为主活性组分	银为主活性组分
载体	$\alpha\text{-}Al_2O_3$	$\alpha\text{-}Al_2O_3$	$\alpha\text{-}Al_2O_3$

用途及工艺条件 环氧乙烷又名氧化乙烯，是石油化工重要原料之一。用于制造乙二醇、乙醇胺及表面活性剂等。工业上生产环氧乙烷的方法有氯乙醇法及乙烯直接氧化法。前者因使用大量氯气，存在设备腐蚀及环境污染问题而逐渐被淘汰。乙烯直接氧化法是乙烯及氧在催化剂作用下直接气相氧化生成环氧乙烷的工艺。它又分为以纯氧为氧化剂和以空气为氧化剂两种。而以纯氧为氧化剂的氧化法工艺更为先进，生成环氧乙烷的选择性更高。用于氧气氧化法工艺和空气氧化法工艺。催化剂以银为主性组分，以小比表面积的氧化铝为载体。加入适量助催化剂，可以提高银分散度，避免银粒子烧结，提高催化剂选择性，减少副反应发生。在反应温度 $220\sim230℃$、反应压力 $2\sim2.2MPa$ 的操作条件下，环氧乙烷的选择性大于 81%。

简要制法 用特殊制备方法制得 $\alpha\text{-}Al_2O_3$ 载体后，先浸渍银化合物及其他助剂等组分，再经干燥、焙烧制得成品。

生产厂 中国石化北京燕山石化分公司研究院、中国石化上海石油化工研究院等。

17. 丁烯氧化脱氢钼铋催化剂
Mo-Bi Catalyst for Butene Oxidative Dehydrogenation

工业牌号 三元型、六元型

主要组成 三元型：Mo、Bi、P/SiO_2；

六元型：Mo、Bi、P、Fe、Ni、K/SiO$_2$。

产品规格

产品性状	指　　标	
	三元型	六元型
外观	白色至淡黄色球状颗粒	灰黄色至深褐色球状颗粒
外形尺寸，μm	230~800	240~800
堆密度，g/mL	0.8~0.9	0.73~0.76
孔体积，mL/g	0.5	0.5
比表面积，m^2/g	100	80~100
抗磨强度，%	80	85

用途 丁二烯是重要的石油化工基础原料之一。大量用于生产合成橡胶、合成树脂、合成纤维及有机合成产品。目前生产丁二烯的方法主要有以下三种：①从生产乙烯过程中的 C$_4$ 馏分中提取；②从丁烷或丁烯脱氢制取；③由丁烯氧化脱氢制取。其中，脱氢工艺存在转化率低、能耗大、反应积炭严重等缺点，目前已被淘汰。我国合成橡胶所需丁二烯，大部分来自 C$_4$ 馏分抽提法，少部分来自丁烯氧化脱氢法。

用作丁烯氧化脱氢催化剂。其中，Mo 或 Bi-Mo 氧化物是主要活性组分，K、Fe、Ni 等的氧化物主要起提高催化剂活性、选择性及结构稳定性的作用。三元型及六元型催化剂，既可用于流化床丁烯氧化脱氢装置，也可用于固定床丁烯氧化脱氢装置。

简要制法 该催化剂制备采用流化床浸渍法。先将硅小球载体浸渍含 Bi 及 Ni、Fe、K 等的溶液，经干燥、活化分解后制成半成品，再用磷钼酸铵溶液进行二次浸渍，浸渍后的小球经干燥、焙烧制得成品。

生产厂 中国石油兰州化工研究中心。

18. 丁烯氧化脱氢制丁二烯催化剂
Catalyst for Butene Oxidative Dehydrogenation to Butadiene

工业牌号 H-198、W-201、R-109

主要组成　铁系尖晶石型，以 Fe 为主要活性组分，相组成为 $ZnFe_2O_4$ 尖晶石和 $\alpha\text{-}Fe_2O_3$。

产品规格

产品性状	指　　标		
	H-198	W-201	R-109
堆密度，g/mL	1.5~1.7	1.7~1.9	—
比表面积，m^2/g	~10	~17.2	—
磨耗率，%	1.17	0.54	—
相组成	$ZnFe_2O_4$ 尖晶石及 $\alpha\text{-}Fe_2O_3$	$ZnFe_2O_4$ 尖晶石及 $\alpha\text{-}Fe_2O_3$	$ZnFe_2O_4$ 尖晶石及 $\alpha\text{-}Fe_2O_3$

用途及工艺条件　为无铬铁系催化剂，用于丁烯氧化脱氢制丁二烯。采用挡板流化床反应器，已用于数套工业装置，反应操作稳定。其工艺过程：原料碳四馏分经汽化后与空气、水蒸气混合（约140℃），进入流化床反应器；反应温度350~400℃，反应生成气为丁烯、丁二烯馏分；生成气经溶剂抽提及分离可得到成品丁二烯及未反应的丁烯。在氧/烯比（摩尔比）为0.7、水/烯比（摩尔比）为10的反应条件下，丁二烯选择性>90%，丁二烯收率>60%。上述几种催化剂的特点是生成有害的含氧化合物（如醛、酮、酸等）较少，生成丁二烯的选择性较高。特别是 R-109 催化剂，它具有较宽的操作弹性及对非正常操作条件的耐受性。在高温及缺氧条件下，催化剂的活性及选择性会下降，但恢复到正常操作条件后，运行一段时间，催化剂活性又能恢复。

简要制法　将含铁活性组分经溶解、共沉淀、过滤、洗涤、干燥、粉碎、捏合、成型及焙烧等过程制得成品。

生产厂　中国石化锦州石化分公司炼油厂、中科院兰州化物所等。

19. 正丁烷氧化制顺酐催化剂
Catalyst for *n*-Butane Oxidation to Maleic Anhydride

催化剂牌号　VPO 体系
主要组成　以 V、P 氧化物为主要活性组分。

产品规格

产品性状	指标	产品性状	指标
外观	圆柱条形	比表面积，m^2/g	~22
外形尺寸，mm	$\phi 2 \times 5$	磷/钒比(mol)	1.07
堆密度，g/mL	1.16	钒平均氧化态	4.13
孔体积，mL/g	0.21		

用途及工艺条件 顺酐又名顺丁烯二酸酐、马来酐，是一种重要的不饱和酸酐基本原料。用于生产不饱和聚酯、农药及精细化工产品。生产顺酐的方法有苯氧化法、丁烯氧化法及正丁烷氧化法。苯氧化法存在环境污染问题，现在新建的厂一般不采用此法；丁烯氧化法存在丁烯原料较贵问题，也发展较慢。正丁烷氧化法由于正丁烷来源丰富、价格便宜，发展较快。本催化剂用于正丁烷氧化制顺酐工艺。催化剂使用 VPO 体系，载体为 SiO_2。在催化剂结构中，当 V_2O_5 与 P_2O_x 结合形成 $(VO)_2P_2O_7$ 时，结构上缺少一个 O 原子而导致晶体结构变形，并使 V—O 位置发生倒转或调整 V—O 键强度，形成具有高活性的 V—V 键。用作正丁烷氧化制顺酐用催化剂。在反应温度为 390~460℃，空速 1000~3000h^{-1}，丁烷浓度(体积分数)1.0%~1.8% 下连续反应 1500h，丁烷转化率 >70%，顺酐重量收率 >80%。目前该催化剂还处于模拟工业装置试验阶段。

简要制法 采用还原沉淀法制备。将活性组分经沉淀、过滤、干燥、水热处理后，加助剂进行成型、干燥制得成品。

生产厂 天津大学石油化工技术开发中心、山东公泉化工公司等。

20. 丙烯氧化制丙烯醛催化剂
Catalyst for Propylene Oxidation to Acrolein

工业牌号 8001、8201、LY-A-8801

主要组成 以 Mo、Bi 为催化剂主活性组分，以 Fe、Co、Ni、P、W、Sn、Mn 等为助催化剂，以 $\alpha\text{-}Al_2O_3$ 为催化剂载体。

产品规格

产品性状	8001	8201	LY-A-8801
外观	黄褐色圆柱体	灰黑色圆柱体	茶灰色圆柱体
外形尺寸，mm	$\phi3\times3$ 或 $\phi5\times5$	$\phi7\times(7\sim8)$ 或 $\phi15\times(5\sim6)$	$\phi5\times5$ 或 $\phi7\times7$
堆密度，g/mL	1.206~1.236	1.0~1.3	1.0~1.1
孔体积，mL/g	0.24~0.27	~0.3	0.3
比表面积，m^2/g	17~20	7~10	10
压缩强度，MPa	9~12	>4	—

用途及工艺条件 丙烯醛是重要的石油化工原料。用于制造蛋氨酸、烯丙醇、丙烯酸、戊二醛等。生产丙烯醛的方法有甘油脱水法、甲醛—乙醛缩合法、丙烯催化氧化法等。目前丙烯催化氧化法是工业上使用的主要方法。用作丙烯氧化制丙烯醛工艺催化剂。催化剂以Mo-Bi为主活性组分。添加少量Fe、Cb、Ni、W、Sn、Sb、P、Mn等作助催化剂，以提高催化剂的活性及选择性。同时还添加微量碱金属及碱土金属，以适当降低催化剂的酸强度，防止发生过度氧化及产生结炭。在反应温度320~340℃、压力为常压、空速$1500h^{-1}$的条件下反应，三种催化剂的丙烯转化率分别为89%、>93%、>94.5%，丙烯醛收率均为≥78%。

简要制法 将特制的α-氧化铝载体浸渍Mo-Bi及其他助剂后，经干燥、焙烧活化制得。

生产厂 中国石油兰州化工研究中心。

21. 丙烯氧化制丙烯酸催化剂
Catalyst for Propylene Oxidation to Acrylic Acid

工业牌号 一段催化剂、二段催化剂。

主要组成 一段催化剂采用七元组分(Mo、Bi、Fe、Ni、P、Co、K)，以微球硅胶为载体。

二段催化剂采用三元组分(Mo、V、W)，以微球硅胶为载体。

产品规格

产品性状	指标	
	一段催化剂	二段催化剂
外观	土黄色微球	黑绿色微球
外形尺寸, μm	$\phi(800\sim215)$	$\phi(800\sim215)$
堆密度, g/mL	0.67	0.75
孔体积, mL/g	0.40	0.40

用途及工艺条件 丙烯酸是一种重要有机合成单体。用于生产丙烯酸酯类、合成橡胶、乳胶、乳液、胶黏剂等。生产丙烯酸的方法有丙烯腈水解法、改良雷珀(Reppe)法、丙烯氧化法等。其中,丙烯氧化法是工业上最有发展前途的一种方法。它又可分为固定床法及流化床法。本催化剂用于流化床丙烯氧化制丙烯酸工艺。它由两组流化床反应器组成。工艺过程为:将丙烯、空气和水通入第一组流化床反应器后,在一段催化剂作用下生成丙烯醛,然后将丙烯醛通入第二组反应器中,在二段催化剂作用下生成丙烯酸。工艺条件:一段催化剂反应温度为370~390℃,丙烯转化率≥90%,丙烯醛单程收率≥60%;二段催化剂反应温度270~320℃,丙烯酸单程收率≥60%。

简要制法 采用流化床浸渍法制备。先将特制微球硅胶载体浸渍各种活性组分溶液,再经干燥、分解、活化制得成品。

生产厂 中国石油兰州化工研究中心、上海华谊丙烯酸有限公司等。

22. 丙烯醛氧化制丙烯酸催化剂
Catalyst for Acrolein Oxidation to Acrylic Acid

工业牌号 8002、8202、LY-A-8802

主要组成 以 Mo、V、W 为催化剂主活性组分,添加适量 Cu、Sr、Mn、Co 等组分为助催化剂,以 $\alpha\text{-}Al_2O_3$ 为催化剂载体。

产品规格

产品性状	指标		
	8002	8202	LY-A-8802
外观	灰黑色小球	黑绿色小球	黑绿色小球
外形尺寸, mm	$\phi(3\sim5)$	$\phi4$	$\phi5$、$\phi8$

续表

产品性状	指标		
	8002	8202	LY-A-8802
堆密度，g/mL	1.0~1.2	1.1~1.2	1.3~1.4
孔体积，mL/g	0.3	0.3	0.3
比表面积，m^2/g	9~10	4	10
组成	Mo-V-W-Cu-Sr-O/α-Al_2O_3	Mo-V-W-Cu-Sr-O/α-Al_2O_3	—

用途及工艺条件 用于丙烯醛氧化制丙烯酸的固定床反应器，也可用作丙烯氧化制丙烯酸固定床工艺的二段反应催化剂。在275~285℃、常压、空速1600h^{-1}的条件下，丙烯转化率≥95%，丙烯酸收率78%~84%。

简要制法 先将特制的α-Al_2O_3载体用喷淋法浸渍预先配制的活性组分溶液，再经干燥、焙烧活化制得成品。

生产厂 中国石油兰州化工研究中心。

23. 苯氧化制顺酐催化剂
Catalyst for Benzene Oxidation to Maleic Anhydride

工业牌号 BC-116、BC-118、TH-2、HTMAN-1

主要组成 以V_2O_5及MoO_3为主活性组分，添加P、Ni、Er的氧化物为助剂。以刚玉为催化剂载体。

产品规格

产品性状		指标		
		BC-116	BC-118	TH-2、HTMAN-1
外观		黑色或黑绿色空心环状	黑色或黑绿色环状或球状	环状
外形尺寸，mm		$\phi 6 \times 5$	$\phi 6 \times (3 \times 5)$，$\phi 6$	外径6.5，内径3.5，高4.0
堆密度，g/mL		0.95	0.80	0.72~0.78
比表面积，m^2/g		2	2	>0.1
压缩强度，N/粒	横向	40~50	>35	—
	纵向	200~220	—	—

用途及工艺条件 近年来，顺酐生产工艺主要使用丁烷氧化法。原因是丁烷可来自炼厂气、裂解气或油田伴生气，比苯价格低。但国内仍有一些工厂采用苯氧化法制顺酐。苯氧化法根据采用的氧化反应器不同又可分为流化床氧化法和固定床氧化法两类。本催化剂适用于固定床苯氧化制顺酐工艺。BC-116 催化剂在反应温度为 350~360℃、常压、空速为 $2200h^{-1}$ 时，催化剂负荷苯 $82g/(L \cdot h)$；BC-118 催化剂的苯转化率 >97%，顺酐收率 >90%；TH-2 催化剂在反应温度为 345~375℃、常压、空速 2000~$2500h^{-1}$ 时，苯转化率 ≥98.5%，顺酐收率 ≥95%。

简要制法 将预先配制的活性组分溶液，用转鼓喷洒的方法浸渍于特制环形刚玉载体上，再经干燥、焙烧活化而制得成品催化剂。

生产厂 中国石化北京化工研究院、天津天环精细化工研究所、辽宁海泰科技开发公司等。

24. 邻二甲苯氧化制苯酐催化剂
Catalyst for the Oxidation of *o*-Xylene to Phthalic Anhydride

工业牌号 BC-2-25AB、BC-2-28SX、BC-2-38AB、BC-239、BC-249、BC-269

主要组成 以 V_2O_5 及 TiO_2 为催化剂主活性组分，添加适量碱金属及稀土氧化物为助催化剂，以滑石环为催化剂载体。

产品规格

产品性状	BC-2-25AB、BC-2-28SX、BC-2-38AB、BC-239、BC-249、BC-269
外观	环状
外形尺寸，mm	$\phi 8$(外径)×$\phi 5$(内径)×6(高度)
堆密度，g/mL	0.88~0.92
径向压缩强度，N/粒	>70

用途及工艺条件 苯酐又名邻苯二甲酸酐，是重要的有机化工原料。广泛用于生产增塑剂、醇酸树脂、不饱和聚酯、农药、医药等。生产苯酐的方法有邻二甲苯氧化法及萘氧化法等。其中，用邻二甲苯固定床气相氧化技术生产的苯酐占苯酐总生产量的绝大部分。目前，邻二甲苯固定床氧化技术的高负荷、高收率、高选择性及低温、低空烃比的方向发展。催化

剂负荷已达到 200g/(L·h)，进料气相浓度从 60g/m³ 提高到 75~85g/m³，甚至更高。BC-2-25AB、BC-2-28SX 及 BC-2-38AB 三种催化剂，分别用于 60g、70g 及 80g 工艺，即在进料浓度分别为 60g/m³、70g/m³ 及 80g/m³ 的条件下(反应热点温度 450~470℃)，对应使用上述三种催化剂的粗酐收率达到 108%~111%。BC-239、BC-249、BC-269 为改进型催化剂，适用于 80~90g 工艺，可在高空速、高收率下操作。

邻二甲苯制苯酐催化剂，一般是在无孔载体表面涂上 V_2O_5/TiO_2 薄层活性组分，并通过黏合剂将活性组分与载体结合在一起。其中，V_2O_5/TiO_2 的比例是催化剂活性的关键。同时，添加适量碱金属及稀土氧化物作为助催化剂，以提高 TiO_2 的稳定性及降低副产物生成。

简要制法 采用喷涂法将活性组分及助剂负载在特制环状载体上，再经干燥、焙烧而制得成品。

生产厂 中国石化北京化工研究院。

25. 萘氧化制苯酐催化剂
Catalyst for Naphthalene Oxidation to Phthalic Anhydride

主要组成 以 V_2O_5、K 等为活性剂活性组分，以硅胶为催化剂载体。

产品规格

产品性状	指标	产品性状	指标
外观	黄绿色细颗粒	V_2O_5,%	7~9
外形尺寸，μm	48~370	K_2O,%	9.8~12.6
堆密度，g/ml	0.7~0.8	SiO_2,%	60~65
比表面积，m²/g	120~180	游离酸,%	5~7

用途及工艺条件 苯酐又称邻苯二甲酸酐。工业上以萘为原料，经空气催化氧化制得。它又可分为固定床法及流化床法，国内主要采用流化床法。本催化剂用于流化床萘氧化制苯酐工艺。在反应温度 345℃、萘/空气(摩尔比)2.3、空塔线速度 0.08m/s 的条件下反应，催化剂负荷萘 70g/(L·h)，苯酐收率≥80%。

简要制法 用符合粒度的特制硅胶浸渍活性组分溶液，再经干燥、活化制得成品。

生产厂 南京化学工业公司催化剂厂。

26. 丙烯氨氧化制丙烯腈催化剂
Catalyst for Propylene Ammoxidation to Acrylonitrile

工业牌号 MB-82、MB-86、MB-96、MB-98、CTA-6、SAC-2000

主要组成 以 Mo、Bi、P、Fe、Ce 等多种元素为活性组分,以微球硅胶为催化剂载体。

产品规格

产品性状	MB-82	MB-86、MB-96、MB-98	CTA-6、SAC-2000
外观	棕红色微球	棕红色微球	棕红色微球
堆密度,g/mL	0.98~1.02	0.88~1.02	0.88~1.12
孔体积,mL/g	0.2~0.3	0.2~0.3	0.2~0.3
比表面积,m^2/g	25~35	20-40	—
磨损率,%	≤4.0	≤4.0	≤4.0
粒度分布	<800μm,100%; <350μm,25%~45%; <17μm,5%~25%	>90μm,<25%; <44μm,30%~50	>90μm,0~30%; <45μm,30%~50

用途及工艺条件 丙烯腈用于生产腈纶纤维、工程塑料、合成橡胶、丙烯酰胺、丁二腈等。生产丙烯腈的方法有乙炔法、丙烯氨氧化法、丙烷氨氧化法等。其中丙烯氨氧化制丙烯腈是主要的生产方法。用作丙烯氨氧化的催化剂,是一种复杂的组合体:形成催化剂活性组分的二元氧化物(如 Mo、Bi 氧化物)、少量助剂(如 P、Fe、Ce、K 等的氧化物)及硅胶载体。MB-82、MB-86、MB-96、MB-98 等 MB 系列催化剂可用于以丙烯、氨为原料,以空气或氧气为氧化剂合成丙烯腈的流化床反应器。在 400~500℃、氨/烯比(摩尔比)1.15~1.25、内线速度 0.54~0.65m/s 的条件下,三种催化剂的丙烯转化率分别为 97.5%、98.3%、>95%,丙烯腈单程收率分别为 75%、>80%、74%~76%,是国内开发的较为先进的催化剂,各项生产指标均达到国际先进水平。以后又开发出低氧比(TA-6 催化剂)、适合低温、高负荷运转的 SAC-2000 型丙烯腈催化剂。这些催化剂均

可用于使用进口 C-49 催化剂的装置。
简要制法 将特制的微球硅胶载体,按一定顺序浸渍多组分活性组分及助剂后,再经干燥、焙烧而制得。
生产厂 中国石化上海石油化工研究院。

27. 间二甲苯氨氧化制间苯二(甲)腈催化剂
Catalyst for m-Xylene Ammoxidation to m-Dicyanobenzene

工业牌号 M-509
主要组成 以钒系五组分为催化剂活性组分,硅胶为催化剂载体。
产品规格

产品性状	指 标	产品性状	指 标
外观	圆柱体	比表面积,m^2/g	~250
堆密度,g/mL	0.62	载体	SiO_2

用途及工艺条件 间苯二腈用于制造杀菌剂、塑料、尼龙、环氧树脂固化剂等。间苯二(甲)腈可通过间二甲苯氨氧化反应制得。用作间二甲苯氨氧化催化剂在 668℃、氨/二甲苯比 7.5、空气/二甲苯比 50、空速 $450h^{-1}$ 的条件下反应,间二甲苯转化率达到 99.8%,间苯二腈的摩尔产率达到 70.4%。目前催化剂处于工业化试验阶段。
简要制法 先将钒系五组分溶解混匀,再经硅胶浸渍、过滤、干燥、焙烧等过程制得成品。
生产厂 武汉大学化学与分子科学学院。

28. 乙烯氧氯化制 1,2-二氯乙烷催化剂
Catalyst for Ethylene Oxychlorination to 1,2-Dichloroethane

工业牌号 BC-2-001、BC-2-002、BC-2-002A、LH-01、LH-02
主要组成 以 $CuCl_2$ 为催化剂主活性组分,以 γ-Al_2O_3 为催化剂载体。

产品规格

产品性状		BC-2-001、LH-0	BC-2-002、LH-02	BC-2-002A、LH-01
外观		淡黄绿色微球	绿色微球	绿色微球
铜，%		4.5~5.5	12.5~13.5	4~5
Na_2O，%		≤0.1	≤0.1	≤0.1
堆密度，g/mL		0.9~1.1	0.9~1.2	1.0~1.10
比表面积，m^2/g		100~130	~120	130~150
孔体积，mL/g		0.5	0.5	0.5
粒度分布，%	<80μm	85~94	80~94	80~94
	<45μm	30~45	30~45	30~45
	<30μm	5~15	5~15	5~15（>125μm，≤3%）
平均粒度，μm		50~78	50~78	50~78
采用工艺		流化床空气法	流化床氧气法	流化床氧气法

用途及工艺条件 1，2-二氯乙烷是一种有机化工原料，主要用于生产氯乙烯单体，进而生产聚氯乙烯树脂。工业上生产1，2-二氯乙烷的主要方法是乙烯氧氯化法。它以乙烯、氯化氢和空气（或氧气）为原料，氯化铜为催化剂，三氧化二铝为载体，在流化床进行反应制得。它又可分为以空气为原料的空气法和以氧气为原料的氧气法。用作乙烯氧氯化制1，2-二氯乙烷用催化剂。BC-2-001、LH-0型催化剂用于空气法乙烯氧氯化工艺，在反应压力0.3MPa、反应温度225℃下的操作条件下，氯化氢转化率>99.7%，1，2-二氯乙烷纯度>99%。BC-2-002、LH-02及BC-2-002A型催化剂均用于氧气法乙烯氧氯化工艺。其中，BC-2-002型为单组分高铜催化剂；BC-2-002A、LH-01型除铜外，还加有适量其他助剂，以改善催化剂流化性能。氧气法乙烯氧氯化工艺操作条件为反应压力0.2MPa，反应温度225℃。本催化剂已分别用于国内大型引进装置，替代进口催化剂。

简要制法 BC-2-001及LH-01型催化剂采用浸渍法制得。先将特制氧化铝浸渍铜盐溶液，再经干燥、焙烧制得。BC-2-002、LH-02型催化剂采用活性组分与铝盐溶液经共沉淀法制得。

生产厂 江苏省姜堰区化工助剂总厂、中国石化北京化工研究院、北京三聚环保新材料公司、辽宁海泰科技开发公司。

29. 氯化氢中乙炔加氢催化剂
Catalyst for Acetylene Hydrogenation in Hydrogen Chloride

工业牌号 BC-2-003

主要组成 以贵金属钯为活性组分，以 α-Al_2O_3 为催化剂载体。

产品规格

产品性状	BC-2-003	LH-03
外观	淡粉色圆柱状	淡粉红色球
外形尺寸，mm	条状：$\phi 3 \times (3\sim 10)$	$\phi(3\sim 5)$
钯，%	~0.20	0.20 ± 0.01
氧化钠(以 Na_2O 计),%	<0.1	<0.1
堆密度，g/mL	0.9	0.85~0.90
压缩强度，N/粒	100~150(条状)	30~60(球状)
氧化铝晶型	α 型	α-Al_2O_3

用途及工艺条件 本催化剂是流化床乙烯氧氯化制氯乙烯工艺过程的一种原料气精制催化剂。用于将来自氯乙烯精馏单元的氯化氢中的微量乙炔经加氢方法加以除去，除去炔烃的氯化氢再送至氧氯化反应器进行乙烯氧氯化反应。加氢采用固定床反应器，反应温度 123~175℃，反应压力 0.4~0.5MPa。在加氢反应中，氯化氢中的乙炔约 50% 转化为乙烯，其余转化为乙烷。通过对氯化氢气体加氢除乙炔，可提高乙烯氧氯化主催化剂的乙烯转化率及延长催化剂使用寿命。本催化剂已用于国内大型乙烯氧氯化引进装置，不仅替代进口催化剂，而且国产催化剂的使用寿命比进口催化剂更长，除乙炔性能更好。

简要制法 先将符合一定孔结构要求的氧化铝载体浸渍氯化钯溶液，再经干燥、活化分解制得成品。

生产厂 北京三聚环保新材料公司、辽宁海泰科技开发公司、中国石化北京化工研究院等。

30. 甲苯歧化与烷基转移催化剂
Toluene Disproportionation and Transalkylation Catalyst

工业牌号　ZA-2、ZA-3、ZA-92、ZA-94、HAT-095

主要组成　以丝光沸石或氢型丝光沸石并添加适量助剂为催化剂主活性组分，以氧化铝为黏结基质及载体。

产品规格

产品性状	指标				
	ZA-2	ZA-3	ZA-92	ZA-94	HAT-095
外观	白色圆柱体				
外形尺寸，mm	$\phi(1.6\sim1.8)\times(2\sim20)$	$\phi(1.6\sim1.8)\times(2\sim20)$	$\phi(1.6\sim1.8)\times(3\sim10)$	$\phi(1.6\sim1.8)\times(3\sim10)$	$\phi(1.6\sim1.8)\times(3\sim10)$
堆密度，g/mL	0.70~0.80	0.70~0.80	0.65~0.75	0.65~0.75	0.65~0.75
比表面积，m^2/g	100	120	—	—	—
孔体积，mL/g	0.3	0.26	—	—	—
径向压缩强度，N/cm	—	—	≥100	100	100
粉化度，%	—	—	—	≤0.5	≤0.5

用途及工艺条件　甲苯歧化是指两分子甲苯转变为一分子苯和一分子二甲苯的反应，烷基转移则是指两个不同芳烃分子之间的烷基发生转移的过程。本催化剂主要用于甲苯歧化或甲苯与 C_9 芳烃烷基转移反应制苯及二甲苯的工艺过程，甲苯歧化与烷基转移是以固体酸为催化剂的反应，所用催化剂主要是丝光沸石类及具有择形性的 ZSM-5 型分子筛。ZA-2、ZA-3 及 ZA-92 型催化剂均以氢型丝光沸石为活性组分，以氧化铝为黏结剂。将丝光沸石与氧化铝一起成型可获得强度较好的催化剂。ZA-92、ZA-94 型催化剂是在 ZA-2、ZA-3 型的基础上，改进氧化铝的性能，采用以中孔为主的特制氧化铝作黏结剂，提高催化剂的活性及稳定性。HAT-095 型催化剂是在制备中添加了助催化剂，通过调变催化剂的酸性及酸量，提高催化剂

活性及抗结焦能力。在反应温度 360~460℃、反应压力 2.8MPa、原料甲苯与 C_9 芳烃质量分为 70/30~55/45、空速 $1.4h^{-1}$、氢烃摩尔比 $\geqslant 6$ 的条件下，转化率为 45%，选择性为 95%。以后又相继推出 HAT-097、HAT-099 催化剂，并形成 HAT 系列产品。

简要制法　先将水玻璃与偏铝酸钠经成胶、晶化、洗涤、干燥等过程制得丝光沸石，再与氧化铝（或添加其他助剂）混捏、挤条、干燥及活化制得成品。

生产厂　中国石化上海石油化工研究院。

31. 丙烯和苯烷基化制异丙苯催化剂
Catalyst for Propylene and Benzene Alkylation to Isopropylbenzene

工业牌号　FX-01、M-92
主要组成　高硅铝比分子筛。
产品规格

产品性状	指　标	
	FX-01	M-92
外观	白色三叶草形或小球	白色圆柱或三叶草形
外形尺寸，mm	三叶草形：$\phi 2.5 \times (3~6)$；小球：$\phi 2.7$	$\phi 1.6 \times (6~10)$
堆密度，g/mL	三叶草形：0.45；小球：0.56	0.6~0.65
压缩强度	三叶草形：$\geqslant 10$N/粒	$\geqslant 80$N/cm

用途及工艺条件　异丙烯用于生产苯酚、丙酮、α-甲基苯乙烯、过氧化氢异丙苯等。生产异丙苯的方法有固体磷酸催化法、均相三氯化铝络合催化法及分子筛催化法等。近来，由于分子筛催化剂液相烃化技术在抗积炭性能及稳定性方面取得突破，使得分子筛催化剂制取工艺获得很大发展。FX-01 及 M-92 均为采用分子筛技术制得的催化剂。用于丙烯及苯烷基化制异丙苯工艺。其工艺条件：反应温度 140~200℃，反应压力 0.5~3.5MPa，苯/烃（摩尔比）4.0~8.0，采用固定床反应器。其中，FX-01 的烃化反应选择性 $\geqslant 92\%$，烷基转移反应选择性 $\geqslant 94\%$，异丙苯总选择性 $\geqslant 99\%$；M-92 的丙烯转化率为 100%，异丙苯选择性为 99.5%。

简要制法　以硫酸铝、水玻璃等为原料，加入模板剂或导向剂，在一定温度及压力下水热合成，经晶化、水洗、过滤、干燥、焙烧等过程制得。

生产厂 北京服装学院化工研究所、北京东大化工实验厂（FX-01）、中国石化上海石油化工研究院（M-92）。

32. 苯烷基化催化剂
Benzene Alkylation Catalyst

别名 催化裂化干气与苯烃化制乙苯催化剂
工业牌号 3884
主要组成 以氧化铝为催化剂载体，载稀土金属镧含 ZSM-5 分子筛。
产品规格

产品性状	指 标	产品性状	指 标
La，%	1.50～1.80	堆密度，g/mL	0.63～0.66
Na_2O，%	≤0.05	压缩强度，N/cm	≥100
外形及尺寸，mm	条状，$\phi(1.6～1.9)×(3～8)$		

用途及工艺条件 用于由催化裂化干气与苯直接烃化生产乙苯。由于原料直接使用催化裂化干气，不经任何精制过程，从而减少工艺流程，减少环境污染。该催化剂具有良好的初活性、选择性及稳定性，并具有较强的耐硫性能。失活后经烧焦再生，活性可恢复到原来水平。其大致工艺条件：反应温度 375℃，反应压力 0.7MPa，苯/乙烯（摩尔比）为 3，空速 $1.0h^{-1}$。催化裂化干气乙烯转化率＞90%，乙烯生成乙苯的选择性≤80%。

简要制法 将高硅沸石粉碎后与 α-水氧化铝、硝酸等混捏、挤条、干燥，再浸渍稀土金属镧，经干燥、活化、水蒸气处理制得成品。

生产厂 中国石油抚顺石化公司催化剂厂。

33. 间甲酚烷基化制 2，3，6-三甲基苯酚催化剂
Catalyst for *m*-Cresol Alkylation to 2，3，6-Trimethyl Phenol

催化剂型号 MTC-01
主要组成 以铁系氧化物为主活性组分，并加入适量助催化剂。

产品规格

产品性状	指标	产品性状	指标
外观	棕褐色圆柱体	孔体积，mL/g	0.18
外形尺寸，mm	φ5×5	比表面积，m^2/g	70
堆密度，g/mL	1.5		

用途及工艺条件 2,3,6-三甲基苯酚是合成维生素 E 主环 2,3,5-三甲基对苯氢醌的基本原料。合成 2,3,6-三甲基苯酚的方法有丁烯醛法及间甲酚法。间甲酚法在国外应用较广。间甲酚法的工艺过程为以间甲酚为原料、甲醇为甲基化剂，在催化剂作用下，经气固相反应一步合成 2,3,6-三甲基苯酚。使用的催化剂有钒—铁系、镁—铁系及钛—铁系等。本催化剂以铁系复合氧化物为催化剂活性组分，用于间甲酚烷基化制 2,3,6-三甲基苯酚工艺。在反应温度 360℃、反应压力 0.2MPa、空速 $0.8h^{-1}$ 的条件下，间甲酚单程转化率 >99.89%，2,3,6-三甲基苯酚选择性为 90.8% 以上。在我国此工艺目前还处于放大试验阶段。

简要制法 将金属活性组分经溶解、沉淀、过滤、洗涤、干燥、混捏、成型、活化等过程制得。

生产厂 西北化工研究院。

34. 芳烃脱烷基制苯催化剂
Catalyst for Aromatics Dealkylation to Benzene

工业牌号 NCY-102

主要组成 以 Cr_2O_3 为催化剂主活性组分，并添加适量助催化剂，载体为 γ-Al_2O_3。

产品规格

产品性状	指标	产品性状	指标
外观	草绿色圆柱体	比表面积，m^2/g	130
外形尺寸，mm	φ3.2×(5~10)	孔体积，mL/g	0.35
堆密度，g/mL	0.85~1.05		

用途及工艺条件 苯是重要的有机化工原料之一，用于生产乙苯、异

丙苯、苯酚、环己烷、顺酐、苯胺、烷基苯等。苯主要由催化重整、裂解汽油加氢、加氢脱烷基、煤高温炼焦等四种方法获得。用于裂解汽油中 $C_6 \sim C_8$ 高芳烃含量馏分加氢脱烷基制高纯苯工艺。在 500~620℃、5MPa、氢油比（体积比）1000、液体空速 $0.6h^{-1}$ 的条件下，苯、对甲苯收率 >95%。本催化剂也可用于甲苯或其他原料脱烷基制苯工艺。

简要制法 先将特制 γ-Al_2O_3 载体浸渍含铬活性组分溶液，再经干燥、焙烧等过程制得成品。

生产厂 南京化学工业公司。

35. 甲醇气相氨化制甲胺催化剂
Catalyst for Methanol Gas Phase Amination to Methylamine

工业牌号 A-2、A-6、SC-BO2、SC-BO3

主要组成 以丝光沸石及 γ-Al_2O_3 为主要组成。

产品规格

产品性状	指标			
	A-2	A-6	SC-BO2	SC-BO3
外观	白色圆柱体	白色圆柱体	白色三叶草形	白色三叶草形
外形尺寸, mm	$\phi(3\sim3.5)\times(3\sim15)$	$\phi3.5\times(3\sim15)$	$4\times(5\sim20)$	$4\times(5\sim20)$
堆密度, g/mL	0.60~0.70	0.60~0.70	0.65~0.69	0.65~0.69
比表面积, m^2/g	>150	>200	—	—
压缩强度, N/cm	—	—	≥100	≥80

用途及工艺条件 甲胺用于制造染料中间体、农药、医药、硫化促进剂及照相乳剂等。工业上常由甲醇与氨在加压、高温下反应制甲胺。本催化剂用于甲醇与氨气相胺化制甲胺工艺，反应产物有甲胺、二甲胺及三甲胺。其组成接近热力学平衡值。也可用于乙醇与氨气相胺化制乙胺工艺。反应产物有乙胺、二乙胺、三乙胺。当用于甲醇气相胺化制甲胺工艺时，在约 400℃、2~4MPa、氨/甲醇（摩尔比）为 1.5~3.0 条件下，甲醇转化率可达 96%~98%。

简要制法　先以水玻璃(硅酸钠)、硫酸铝等为原料，经中和成胶、晶化、水洗、干燥制得丝光沸石，再加入 $\gamma\text{-}Al_2O_3$，经混捏、挤条、干燥制得成品。

生产厂　中国石化上海石油化工研究院、上海苏鹏实业公司等。

36. 乙炔与甲醛缩合制 1,4-丁炔二醇催化剂
Catalyst for Acetylene and Formaldehyde Condensation to 1,4-Butynediol

别名　铜铋催化剂

主要组成　以 Cu 为活性组分，铋为助催化剂，二氧化硅为载体。

产品规格

产品性状	指标	产品性状	指标
外观	黑色球形	比表面积，m^2/g	80~100
外形尺寸，mm	$\phi(4~6)$	Cu，%	≥16
堆密度，g/mL	0.6	Bi，%	4~5
孔体积，mL/g	0.40~0.50	SiO_2，%	≥75

用途及工艺条件　1,4-丁炔二醇又名 2-丁炔-1,4-二醇，是重要的有机化工原料及溶剂。用于制造 1,4-丁二醇、正丁醇、四氢呋喃、γ-丁内酯、吡咯烷酮等。铜铋催化剂用于乙炔与甲醛缩合制 1,4-丁炔二醇工艺过程。该催化剂的活性组分是铜，在甲醛存在下铜与乙炔反应形成乙炔铜。所以，该催化剂的实际组成是乙炔铜与乙炔形成的配合物 $CuC_2\cdot C_2H_2$，而这种配合物只有在乙炔环境中才是稳定的。由于乙炔铜的高活性，常使乙炔聚合生成聚炔物质，有爆炸危险。所以催化剂中常加入少量铋，作为生成聚炔的抑制剂。用作乙炔与甲醛缩合剂 1,4-丁炔二醇的催化剂。催化剂使用工艺条件：反应温度 180℃，反应压力为常压~0.5MPa，空速 $0.2h^{-1}$。

简要制法　将特制载体浸渍铜及铋活性组分溶液后，经干燥、焙烧制得成品。

生产厂　江苏姜堰区化工助剂总厂。

37. 二甲苯异构化催化剂
Xylene Isomerization Catalyst

工业牌号 3814、3861、3864、3941 及 SKI-200~400、SKI-400、XI-1

主要组成 以铂为加氢脱氢活性组分，以 ZSM-5 型分子筛或氢型丝光沸石为酸性组分，以氧化铝为催化剂载体。

产品规格

产品性状	3814	3861	3864	3941	SKI-300	SKI-400	XI-1
外观	条状						
外形尺寸，mm	$\phi1.6\times$ (1~5)	$\phi1.6\times$ (2~5)	$\phi1.6\times$ (2~5)	$\phi(1.5~1.6)\times(2~5)$	$\phi1.6\times$ (2~5)	$\phi1.6\times$ (2~8)	$\phi1.4\sim\phi1.6$ $\times(3~6)$
堆密度，g/mL	0.7~0.8	0.65~0.75	0.6~0.75	0.68~0.72	0.65~0.75	0.65~0.75	0.70~0.73
孔体积，mL/g	>0.3	>0.3	>0.3	—	—	—	—
比表面积，m²/g	>200	>200	>200	>200	—	—	—
压缩强度，N/cm	>49	>49	>49	>60	>60	>60	>80
活性组分	Pt	Pt	Pt	Pt(含Re)	Pt	Pt 0.38	Pt
载体	Al_2O_3	Al_2O_3	Al_2O_3	Al_2O_3	Al_2O_3	Al_2O_3	沸石-Al_2O_3

用途 工业二甲苯有邻二甲苯、间二甲苯及对二甲苯三种异构体。其中对二甲苯及邻二甲苯是用于生产合成纤维的聚酯及生产塑料增塑剂的基础原料，差不多占工业上所需二甲苯异构体总量的 95% 以上。但它们在二甲苯中的含量却不到 50%。反之，间二甲苯目前在工业中用途不多，而在混合二甲苯中所占比例却接近 50%。为了满足需求，工业上将分离出对二甲苯、邻二甲苯后的 C_8 芳烃非平衡组成物料，采用异构化方法将其中的间二甲苯转化为对二甲苯、邻二甲苯的平衡混合物，同时将其中所含乙苯也转化为二甲苯。本催化剂是含贵金属 Pt 及分子筛的双功能催化剂，用于二甲苯异构化工艺。由于采用分子筛固体酸性组元，具有优良的二甲苯异构化活性及选择性，并可避免催化剂对装置的腐蚀性。

简要制法 先将分子筛与氧化铝混捏、成型、干燥、焙烧制成催化剂载体,经浸渍金属活性组分(有些牌号需先进行氯化铵溶液交换)后,再经干燥及焙烧制得成品。

生产厂 中国石油抚顺石化公司催化剂厂、中国石化石油化工科学研究院(SKI系列)、辽宁海泰科技开发公司等。

38. 乙烯水合制乙醇催化剂
Catalyst for Ethyleno Hydraring to Ethauol

别名 乙烯水合制酒精催化剂

主要组成 以磷酸为催化剂主活性组分,以硅藻土为催化剂载体。

产品规格

产品性状	指 标	产品性状	指 标
外观	球形或圆柱形	Fe_2O_3,%	0.10~0.13
游离磷酸,%	45~50	堆密度,g/mL	0.6~0.9
SiO_2,%	42~47	压缩强度,MPa	>0.39(球形)
Al_2O_3,%	1~1.5		>4.91(圆柱形)

用途及工艺条件 乙醇是重要的有机溶剂及化工原料。乙烯水合制乙醇有间接法和直接法两种工艺。间接法是将乙烯用硫酸吸收后再经水解制取乙醇。由于间接法需消耗大量浓硫酸,且硫酸对设备有强烈腐蚀性,因此,逐渐被直接水合法所取代。直接法以乙烯及水为原料,通过加成反应直接制取乙醇。直接法制乙醇的催化剂有无机酸系(磷酸、硫酸、盐酸等)、氧化物系、杂多酸系及其他体系等四类。用作直接法乙烯水合制乙醇的催化剂。由于乙烯直接水合反应是一种可逆反应,乙烯单程转化率较低,在各类催化剂中,以无机酸系催化剂使用效果较好。其中,又以磷酸为活性组分,以硅藻土为载体所制得的催化剂在工业上应用较多。在反应温度280~300℃、反应压力6.7~8MPa、水/乙烯摩尔比0.6~0.7条件下使用该种催化剂,乙烯单程转化率大于4.5%。

简要制法 将精选天然硅藻土经酸洗、煅烧等处理先制成有合适孔半径及比表面积的载体,再将载体用65%左右的工业磷酸浸渍适当时间,淌干后在105~110℃下烘干即制得成品。

生产厂 大连制碱工业研究所。

39. 丙烯水合制异丙醇催化剂
Catalyst for Propylene Hydration to Iso-propanol

主要组成 磷酸硅藻土法催化剂以磷酸为主要活性组分，以硅藻土为催化剂载体。阳离子交换树脂法以阳离子交换树脂为催化剂。

性能 磷酸硅藻土法催化剂的化学组成：游离磷酸 40%、SiO_2 60%、Al_2O_3 1%、Fe_2O_3 <0.5%。外观为圆柱状。压缩强度 >3.92MPa。

阳离子交换树脂法所用 XP 型树脂催化剂的性能：孔体积 0.07~0.11mL/g，比表面积 14~20m^2/g，颗粒尺寸 0.3~1.2mm，湿密度 0.8~0.9g/mL，交换容量 1.3~1.4md/L。

用途及工艺条件 异丙醇又名 2-丙醇。是一种最简单的仲醇，是重要的基本有机化工原料及溶剂。丙烯水合制异丙醇的方法有两种：间接水合法(或称硫酸水合法)及直接水合法。前者因耗用大量硫酸、对设备腐蚀严重、能耗高、对环境污染严重，已逐渐被淘汰。直接水合法采用高活性催化剂，使丙烯在催化剂作用下经加压水合而制得异丙醇。用作丙烯直接水合法制异丙醇的催化剂。直接水合法采用的催化剂有磷酸硅藻土、阳离子交换树脂、杂多酸等。用磷酸硅藻土作催化剂工艺简单，但丙烯单程转化率低，气体循环量大，适合于用高纯度丙烯作原料。该催化剂在反应温度 190~200℃、反应压力 1~3MPa、水/烯比(摩尔比) 0.65~0.70 条件下操作时，丙烯单程转化率为 5.2%，异丙醇产率 185g/(L·h)。阳离子交换树脂以磺酸型阳离子交换树脂为催化剂，具有良好的活性及耐水性能。可在较低反应温度及较高水/烯摩尔比下进行反应，其丙烯单程转化率可比磷酸硅藻法高 10 倍以上。在反应温度 130~165℃、反应压力 6~9MPa、水/烯比(摩尔比) 10~15 条件下操作，乙烯单程转化率接近 60%。

简要制法 先将精制硅藻土浸渍磷酸溶液，再经干燥制得成品。

生产厂 大连制碱工业研究所(磷酸硅藻土催化剂)、中国石化上海化工研究院(XP 型树脂催化剂)、凯瑞化工股份有限公司等。

40. 甲醇脱水制二甲醚催化剂
Catalyst for Methanol Dehydration to Dimethylether

别名 ZSM-5 分子筛催化剂

主要组成　主要成分为 SiO_2 和 Al_2O_3，其中 SiO_2 含量为 60%~80%，Al_2O_3 含量为 20%~40%。

产品规格

产品性状	指标
外观	白色粉末，或球状、条状、齿球状
外形尺寸，mm	球：φ(3~5)；条：φ(1.5~2)齿球：φ(3~4)；粉末：粒度≥200目
相对结晶度,%	Na 型≥85，H 型≥90
骨架密度，g/mL	1.80（异辛烷法测定）
比表面积，m^2/g	400~600
压缩强度，N/mm	≥10

用途及工艺条件　二甲醚又称甲醚。用作甲基化剂、冷冻剂、发泡剂、萃取剂、麻醉剂，也用作氟里昂气溶胶的代用品，用作气雾推进剂。本催化剂主要用于甲醇催化脱水制二甲醚工艺。在反应温度 160~180℃、反应压力为常压、空速为 $1.05h^{-1}$ 的条件下，甲醇转化率约 80%，二甲醚选择性大于 99%，已用于国内多家生产装置。ZSM-5 型分子筛还可用作烷基化、甲苯歧化、二甲苯异构化及催化裂化催化剂的活性组分。

简要制法　在有机胺或无机氨模板剂存在下，先将硫酸铝及水玻璃水热合成，经洗涤、过滤、干燥、粉碎后，加入适量氧化铝粉，再经成型、干燥、焙烧制得成品。

生产厂　江苏姜堰区奥特催化剂载体研究所。

41. 乙醇脱水制乙烯催化剂
Catalyst for Ethanol Dehydrating to Ethylene

别名　酒精脱水制乙醇催化剂
工业牌号　JT-Ⅱ、NC1301、BC-2-004
主要组成　以活性氧化铝为催化剂主活性组分，并添加适量助剂。

产品规格

产品性状	指 标
外观	白色至微带红色圆柱体或小球
外形尺寸，mm	圆柱体：$\phi(3\sim4)\times(8\sim15)$，小球：$\phi(3\sim5)$
堆密度，g/mL	$0.6\sim0.9$
孔体积，mL/g	$0.2\sim0.4$
氧化铝晶型	γ、δ

用途及工艺条件 用作乙醇脱水制乙烯工艺催化剂。采用固定床反应器，操作简单。在生产规模不大时，此法有一定实用意义。在原料为95%乙醇、反应温度200~400℃、常压等条件下，乙醇转化率大于99.5%，乙烯选择性>97%。主要副产物为乙醚，并含少量乙醛。反应物经精制脱除副产物及水后，可制得高纯度乙烯。

简要制法 先将偏铝酸钠与无机酸进行中和反应，经沉淀、过滤、水洗、干燥、粉碎后制得活性氧化铝，再添加少量助剂，经捏混、成型、干燥、焙烧活化制得成品。

生产厂 中国石化上海石油化工研究院、南京化学工业公司催化剂厂、中国石化北京化工研究院等。

42. 己二醇脱水制己二烯催化剂
Catalyst for Hexanediol Dehydrating to Hexadiene

工业牌号 NC1302

主要组成 氧化铝并添加少量其他助剂。

产品规格

产品性状	指 标	产品性状	指 标
外观	白色至微黄色条或球形颗粒	堆密度 g/mL	条形：$0.5\sim0.8$，球形：$0.7\sim0.9$
外形尺寸 mm	条形：$\phi(3\sim4)\times(4\sim10)$ 球形：$\phi(3\sim4)$，$\phi(4\sim5)$，$\phi(5\sim7)$等	孔体积 mL/g	$0.3\sim0.4$

用途及工艺条件 用于己二醇脱水制己二烯反应。反应温度为200~400℃，反应压力为常压或低压，液体空速为$1\sim3h^{-1}$。

简要制法　先将铝盐与无机酸进行中和反应，经沉淀、过滤、洗涤、干燥、成型，制成活性氧化铝，再浸渍少量助剂后，经干燥、焙烧制得成品。

生产厂　南京化学工业公司催化剂厂。

43. 烯烃叠合催化剂
Olefine Polymerization Catalyst

工业牌号　609 型、Z-4 型

主要组成　609 型主要成分为磷酸和硅藻土；Z-4 型为高硅沸石，主要成分为 SiO_2 及 Al_2O_3。

产品规格

工业牌号	产品性状					
	条状催化剂物性				催化剂活性	
	自由酸 (P_2O_5),%	总磷量 (P_2O_5),%	强度(刀口法)，N/粒	耐水性	油产率 mL/L 废气	转化率 %
609-A	16.0	58.0	118	水中浸泡 3 天不散开	0.54	76
609-B	15.0	60.0	147		0.54	70
609-C	13.0	58.0	147		0.55	80

工业牌号	产品性状					
	外观	外形尺寸 mm	堆密度 g/mL	孔体积 mL/g	比表面积 m^2/g	压缩强度 MPa
Z-4 型	白色条状	$\phi 1.8 \times$ (3.5~10)	0.72	0.35	200~300	1.0

用途及工艺条件　叠合是指在一定反应条件下两个或两个以上相同或不相同烯烃分子进行加成，形成较大烯烃分子的过程。如以炼厂气烯烃为原料，采用非选择性叠合生产叠合汽油；再如用选择性叠合生产丙烯四聚物等。用作叠合反应的催化剂有硫酸、磷酸、硅酸铝、ZSM-5 分子筛、氟化硼等。目前广泛采用磷酸叠合过程。本催化剂用于以热裂化、催化裂化和焦化等装置的副产炼厂气为原料、不经分离直接进行叠合的工艺过程。叠合产物具有较高辛烷值及较好的调和性。但由于它含有较多烯烃，因

此，安定性差。通常可用它作高辛烷值组分，与其他过程生产的汽油馏分调和来生产高辛烷值汽油。609 型催化剂的反应温度为 210℃，反应压力为 3MPa；Z-4 型催化剂的反应温度为 300~380℃，反应压力为 0.1~2MPa。原料 C_3、C_4 烯烃约为 54%，烯烃平均转化率 $\geqslant$ 70%。

简要制法 609 型催化剂的制法是，先将磷酸与硅藻土混合、挤条、干燥、焙烧，再浸渍部分磷酸，经干燥后制得成品。Z-4 型催化剂的制法是，由水玻璃与硫酸铝经成胶、晶化、洗涤、干燥、捏合、成型、焙烧等工艺过程制得。

生产厂 中国石化锦州石化分公司炼油厂、上海染料化工七厂。

44. 丙烯羰基合成催化剂
Propylene Oxo-synthesis Catalyst

别名 羰基合成丁辛醇催化剂

工业牌号 BC-2-007

主要组成 由三苯基膦改性的铑配合物，以铑为活性中心，三苯基膦为配位体。铑催化剂母体称 ROPAC（RO-铑，P-三苯基膦，A-乙酰丙酮，C-CO）。反应过程中起催化作用的催化剂形态为 ROPAC 与一氧化碳及氢接触形成的羰基氢三苯基膦铑复合物。

产品规格

产品性状	指 标	产品性状	指 标
铑(Rh),%	19~21	镍(Ni),%	$\leqslant$0.005
氯(Cl),%	$\leqslant$0.1	钙(Ca),%	<0.005
铁(Fe),%	$\leqslant$0.005	丙酮不溶物,%	<0.25

用途及工艺条件 羰基合成是指一氧化碳、氢与烯烃在催化剂的作用和一定压力下，生成比原来所用烯烃多一个碳原子的脂肪醛的过程。因此，羰基合成又称醛化反应或氢甲酰化反应。本催化剂用于一氧化碳与丙烯合成制丁醇和 2-乙基己醇（包括羰基合成制丁醛），以及丁醛和丁醛缩合产物加氢反应。羰基合成催化剂主要有 Rh 系及 Co 系两种。后者因操作压力高、活性低，其使用受到限制。在羰基合成丁醇、辛醇装置中，铑催化剂的用量很小，其消耗量仅为 $1~3kg/10^6 t$。但因铑的价格很高（目前为 100 万元/kg 以上），所以必须注意回收及循环使用。我国羰基合成丁醇、

辛醇装置中，铑催化剂的一次装载量 600~700kg ROPAC(三苯基膦戊烷-2,4-二酮羰基铑)。使用时将分批制备的铑催化剂溶液及三苯基膦溶液(两者均以无铁丁醛作溶剂)混合后再送入反应器中。在工业装置中，催化剂活性降到一定值时，可将含催化剂的物料卸出，回收其中的铑催化剂。本催化剂在工业反应条件下，反应速率≥1.3mol 醛/(L·h)，产物中正构醛与异构醛之比(摩尔比)≥10:1。催化剂也适用于各类烯烃羰基合成制醛的反应。催化剂需先配制后加入，即预先将 ROPAC 与三苯基膦溶液分批配制，经混匀后加入羰基合成反应器中。

生产厂　中国石化北京化工研究院。

45. 甲基叔丁基醚裂解制异丁烯催化剂
MTBE Cracking Catalyst for Isobutylene

工业牌号　WT-3-1
主要组成　氧化硅/氧化铝。
产品规格

产品性状	指　　标	产品性状	指　　标
外观	条状	孔体积，mL/g	0.42
外形尺寸，mm	$\phi 1.6 \times (5 \sim 10)$	比表面积，m^2/g	233
堆密度，g/mL	0.75	侧压强度，N/cm	>113

用途及工艺条件　用于合成弹性体、聚异丁烯、异戊二烯、甲基丙烯酸甲酯等。异丁烯制法主要有从 C_4 馏分中分离法、异丁烷脱氢法、叔丁醇脱水法、离子交换法及裂解法等。其中，用作甲基叔丁基醚(MTBE)裂解制异丁烯的催化剂。裂解采用列管式固定床反应器，催化剂装于管内，管间用导热油供热。在反应温度 170~178℃、反应压力 0.5MPa、液体空速 $2h^{-1}$ 的操作条件下，MTBE 的转化率>90%，异丁烯选择性接近 100%。催化剂具有活性高、选择性好、稳定性优良等特点，并可在较宽的操作范围内使用。

简要制法　先将特殊载体浸渍活性组分溶液，再经过滤、干燥、焙烧制得。

生产厂　中国石化抚顺石油化工研究院、中国石化北京燕山石化分公司研究院等。

46. 氯甲烷合成催化剂
Chloromethane Synthetic Catalyst

工业牌号 ATB-0638、HTL T303
主要组成 以 NiO、ZnO 为活性组分,以氧化铝为催化剂载体。
产品规格

产品性状	指 标	产品性状	指 标
外观	白色中孔条状颗粒	堆密度,g/mL	0.55~0.60
外形尺寸,mm	$\phi 4 \times (9~11)$ (孔径 $\phi 1.2$)	比表面积,m^2/g	~200
		压缩强度,N/cm	≥250

用途及工艺条件 氯甲烷又名一氯甲烷、甲基氯,是一种有机合成的重要原料。用于合成有机硅化合物、农药、医药等,也用作甲基化剂及冷冻液等。本催化剂用于气相甲醇法制氯甲烷。在反应温度 260~290℃、空速 $0.9h^{-1}$ 条件下,甲醇转化率达到 98.55%,氯甲烷选择性为 99.2%。

简要制法 由氧化镍、氧化锌与氢氧化铝等经混捏、成型、干燥及焙烧制得。

生产厂 江苏姜堰区奥特催化剂载体研究所、辽宁海泰科技开发公司等。

47. 烷基吡嗪合成催化剂
Alkyl Pyrazine Synthetic Catalyst

工业牌号 HB33、XDW
主要组成 以氧化铜、氧化锌为主要活性组分,以氧化铝为催化剂载体。
产品规格

产品性状	指 标 HB33、XDW	产品性状	指 标 HB33、XDW
外观	灰色条状物	堆密度,g/mL	1.0~1.2
外形尺寸,mm	$\phi(3.5~4.5)$	径向压缩强度,N/cm	≥70

用途及工艺条件　2-甲基吡嗪、2,3-二甲基吡嗪及2,3,5-三甲基吡嗪等烷基吡嗪类化合物是一种食用及烟用香料,也是医药及农药中间体。本催化剂用于气相催化合成烷基吡嗪类化合物,在反应温度350~390℃、空速0.8~1.3h^{-1}、常压条件下,2-甲基吡嗪、2,3-二甲基吡嗪、2,3,5-三甲基吡嗪的收率可达70%以上,2,5-二甲基吡嗪及2,6-二甲基吡嗪混合物收率可达60%以上。催化剂磨耗率小于2%。产品经分离提纯后,各烷基吡嗪纯度均可达到99%以上。用于香料厂加工制取烷基吡嗪类合成香料。

简要制法　将活性组分、助剂及载体等材料经混捏、成型、干燥及焙烧制得成品。

生产厂　西北化工研究院、山东迅达化工公司等。

48. 固体磷酸催化剂
Solid Phosphoric Acid Catalyst

工业牌号　T-49、SPA-1

主要组成　主要由聚磷酸、磷酸硼活性组分及硅藻土载体组成。其中总磷含量(以P_2O_5计)为63%~65%,游离磷含量(以P_2O_5计)为12%~18%。

产品规格

产品性状	指　　标	产品性状	指　　标
外观	白色圆柱形	堆密度,g/mL	0.96~1.0
外形尺寸,mm	φ(4.6~4.8)	正向压缩强度,MPa	>4.71

用途及工艺条件　固体酸催化剂是石油化工中重要的一类催化剂,可用于催化裂化、异构化、聚合、水合、水解等反应。采用固体酸替代液体酸的催化工艺,有利于减轻对设备的腐蚀及减少环境污染。T-49是一种具有表面酸性中心的固体磷酸催化剂,主要用于丙烯低聚制壬烯或十二烯以及苯—丙烯烃化制异丙苯,也可用于水合及其他低聚、烃化、叠合等反应。与传统的固体磷酸催化剂相比较,本催化剂的水解速度很低,可在长时间运转下缓慢有序地释放游离磷酸。还具有催化活性高,抗泥化能力强等特点。当用于丙烯低聚反应时,在反应温度160~195℃、反应压力4.5~5.5MPa、空速2~5h^{-1}的条件下,丙烯单程转化率≥76%,壬烯或十二烯选择性≥80%。当用于苯—丙

烯烃化反应时,在反应温度(进口)160~200℃、反应压力2.5~4MPa、空速3~4h^{-1}的条件下,丙烯单程转化率≥80%,异丙苯选择性93%≥95%。

简要制法 由特制硅藻土载体与聚磷酸等活性组分经混捏、成型、干燥、焙烧活化等过程制得。

生产厂 中国石油兰州石化公司、中国石化上海石油化工研究院、辽宁海泰科技开发公司等。

49. 骨架镍催化剂
Skeletal Nickel Catalyst

别名 雷尼(Raney)镍催化剂、阮尼镍催化剂

性质 为一种特殊制法的多孔金属催化剂。系先将催化剂的金属组分(如 Ni、Co、Fe、Cu 等)与一可溶于碱的金属(如 Al 等)制成合金,然后用碱溶液除去无催化活性的金属。余下的金属组分呈分散结构形式,具有多孔和大比表面积。最常用的骨架镍催化剂是由 Raney 用 NaOH 溶液处理 Ni-Si 合金制得,故得名雷尼镍。现多用 Ni-Al 制备合金。此类催化剂与空气接触易着火而失去活性,常贮存于无水乙醇或其他惰性有机溶剂中。

产品规格

产品性状	指 标
外观	活化前为银灰色无定形灰末,在空气中稳定。活化后为黑色粉末
粒度大小,目	20~200,200~300(可按用户要求提供)
堆密度,g/mL	500~4000(由 Ni、Al 配比决定)
Ni 含量,%	通用型为 25~48,其余为 Al;也可根据反应条件加入 Fe、Cr、Mn 等其他元素
Ni、Al 总含量,%	≥95

用途 用作液—固加氢反应的加氢催化剂,广泛用于石油化工、油脂、医药等工业,如烯烃加氢、芳基化合物加氢、油脂加氢、腈加氢制胺、羰基化合物加氢、杂环化合物加氢等,也可用于脱氢、脱硫、脱卤及

脱水等反应。

简要制法 将铝在电熔炉中熔融至1000℃左右,加入镍粉或镍片,升温至1200~1400℃。在不断搅动下保温20~30min。经冷却、粉碎制得镍铝合金。然后在一定温度下用一定浓度的氢氧化钠溶液溶去合金中的铝,再经水洗、醇洗、钝化制得活化的催化剂。

生产厂 南京化学工业公司催化剂厂、大连油脂化学厂、扬州催化剂厂、锦州市催化剂厂等。

50. 高密度聚乙烯 BCH 催化剂
High-density Polyethylene BCH Catalyst

工业牌号 BCH
主要组成 钛、镁、氯及少量挥发组分。
产品规格

产品性状	指标	产品性状	指标
外观	浅黄色粉末	比表面积, m^2/g	140~250
粒径, μm	6~8	钛含量,%	4~6
堆密度, g/mL	0.50~0.60		

用途及性能 聚乙烯(PE)是世界上最重要的合成树脂。各主要生产和消费合成树脂的国家,大多以聚乙烯作为生产量和消费量最大的合成树脂品种。聚乙烯树脂也是一类由多种工艺方法生产的、具有多种结构和特性的系列品种。按生产工艺、树脂结构和特性的不同,大致可分为高压低密度聚乙烯、高密度聚乙烯及线性低密度聚乙烯三大类。BCH催化剂为Ziegler-Natta钛系载体型高效乙烯聚合催化剂,用于釜式淤浆法高密度聚乙烯生产装置,能生产乙烯均聚物、乙烯与其他α-烯烃的共聚物以及注塑、挤塑、吹塑等各种牌号的产品。催化剂具有颗粒形态好、粒径分布窄、细粉少、氢调敏感、活性高(>30kgPE/g cat)、淤浆法间歇聚合,80℃、2h)等特点。所得聚合物熔体指数可在0.03~1000g/10min的范围内调节。本催化剂已用于大庆石化公司、扬子石化公司、北京燕山石化公司等大型聚乙烯装置。

生产厂 中国石化北京化工研究院。

51. 全密度聚乙烯 BCG 催化剂
Per-density Polyethylene BCG Catalyst

工业牌号 BCG
主要组成 硅、钛、镁、铝、氯及少量挥发组分。
产品规格

产品性状	指标	产品性状	指标
外观	深灰绿色微球型粉末	堆密度,g/mL	0.35~0.45
外形尺寸,μm	40~50	比表面积,m^2/g	170~250
钛含量,%	0.75~1.25		

用途及性能 用于 Unipol 工艺的气相流化床生产装置,能生产乙烯均聚物、乙烯与其他 α-烯烃的共聚物,以及生产注塑、挤塑、吹塑等各种牌号的产品。催化剂具有颗粒形态好、流动性强、粒度分布窄、细粉少等特点。氢调敏感,熔体指数在 0.5~120g/10min 之产可调。催化剂活性高:85℃采用淤浆法聚合 2h, 当 H_2/C_2H_4 = 0.28MPa/0.75MPa 时, >800g PE/g cat; 采用气相法,在 10×10^4 t/a 工业装置上 >5000gPE/g cat。乙烯聚合性能好,聚合物表观密度高($\geq$0.35g/mL)。本催化剂已用于广州石化公司、中国石油吉林石化公司等引进 UCC Unipol 气相流化床工艺。

生产厂 中国石化北京化工研究院。

52. 聚乙烯催化剂(一)
Polyethylene Catalyst

工业牌号 BCE、BCE-C、BCE-S
主要组成 齐格勒—纳塔钛系催化剂。
产品规格

产品性状	指标(BCE 型)
外观	浅黄色粉末
催化剂钛含量,%	5~7

续表

产品性状	指标(BCE 型)
催化剂粒度，μm	5~10
催化剂活性，g PE/g cat	≥30000
聚乙烯表观密度，g/mL	≥0.3
氯乙烯(<75μm),%	≤3.0

用途 BCE 催化剂是一种乙烯聚合高效催化剂，属于钛系载体型催化剂，用于生产各种用途的高密度聚乙烯树脂，尤适合于生产 PE80、PE100 等双峰高附加值产品，且适用于淤浆法高密度聚乙烯装置，如日本三井的 CX 工艺。

BCE-C 催化剂是在 BCE 催化剂基础上开发的一种乙烯聚合高效催化剂，也属于钛系载体型催化剂，主要用于生产氯化聚乙烯专用树脂，且用于淤浆法高密度聚乙烯装置，如日本三井的浆液法工艺、Hostalen 淤浆工艺。

BCE-S 催化剂是干粉催化剂的淤浆形态，属于钛系载体高效乙烯聚合催化剂，用于生产各种用途的高密度聚乙烯树脂。尤适合于生产高附加值的聚乙烯产品。适用于淤浆法高密度聚乙烯装置，如三井的 CX 工艺、Hostalen 工艺。

生产厂 中国石化催化剂北京奥达分公司。

53. 聚乙烯催化剂(二)
Polyenthlene Catalyst

工业牌号 BCS-02
主要组成 齐格勒—纳塔钛系催化剂。
产品规格

产品性状	指　标
钛含量,%	2.0~2.5
THF,%	25~30

续表

产品性状	指 标
催化剂活性，g PE/gcat	≥6000
聚乙烯表观密度，g/mL	0.31

用途 本催化剂是一种淤浆进料气相全密度聚乙烯高效催化剂。平均粒径 20~25μm。用于生产注塑、挤塑、吹塑等各种牌号的全密度聚乙烯产品，适用于 Unipol 工艺和 BP 工艺的反应器。

生产厂 中国石化催化剂北京奥达分公司。

54. 聚乙烯催化剂(三)
Polyethylene Catalyst

工业牌号 CM 催化剂(CMC、CMU)
主要组成 齐格勒—纳塔钛系催化剂。
产品规格

产品性状	指 标	
	CMC	CMU
外观	浅黄色或灰白色粉末	
催化剂钛含量，%	3.2~5.0	3.0~5.0
催化剂活性，g PE/gcat	13	13
聚乙烯表观密度，g/mL	0.32~0.42	0.25~0.38

用途 CM 催化剂是一种乙烯聚合高效催化剂，适用于淤浆法高密度聚乙烯装置，作催化剂用于生产超高相对分子质量聚乙烯和氯化聚乙烯专用料。CMC 催化剂适用于淤浆聚合工艺生产氯化聚乙烯；CMU 催化剂适用于间歇和连续法淤浆工艺生产超高相对分子质量聚乙烯。

生产厂 中国石化催化剂北京奥达分公司。

55. 聚乙烯催化剂(四)
Polyethylene Catalyst

工业牌号 SCG 系列、SLH 系列、NTR 系列
主要组成 Z-N 催化剂。

产品规格及使用性能

工业牌号	用　途
SCG系列催化剂	①SCG-1系列催化剂，为一种适用于Unipol工艺的Z-N聚乙烯催化剂，共有三种类型：SCG-1（Ⅰ）适合在干态下操作，用于生产窄相对分子质量分布的线型低密度聚乙烯产品，活性为4000~6000g PE/g cat；SCG（Ⅱ）适合在冷凝态下操作，用于生产窄相对分子质量分布的线型低密度聚乙烯产品，活性为6000~8000g PE/g cat；SCG-1（Ⅲ）适合在冷凝态下操作，专用于生产窄相对分子质量分布的高密度聚乙烯产品，活性为4000~7000g PG/g cat。 ②SCG-3/4/5催化剂，为一种适用于Unipol工艺的铬系催化剂。其中SCG-3用于生产中等相对分子质量分布的高密度聚乙烯产品；SCG-4用于生产中等相对分子质量分布的线型低密度聚乙烯产品；SCG-5用于生产高相对分子质量分布的高密度聚乙烯产品。 ③SLC-B系列催化剂，为一种用于Borstar工艺的复合型干粉状Z-N聚乙烯产品，其中SLC-B(25e)适用于生产管材产品；SLC-B(40e)适用于生产高密度双峰超强薄膜。 ④SLC-G催化剂，为一种以特殊SiO_2为载体，适用于Unipol工艺在冷凝态和超冷凝态下操作的Z-N聚乙烯催化剂，用于生产窄相对分子质量分布的中低密度的产品。 ⑤SLC-I催化剂，为一种Innovent工艺的Z-N聚乙烯催化剂，用于生产窄分子量分布的线型低密度聚乙烯产品，活性为5000~8000g PE/g cat。 ⑥SLC-S催化剂，为一种含一定量固体特殊矿物油之中的淤浆催化剂，属适用于Unipol工艺的Z-N聚乙烯催化剂。在冷凝态下操作，可用于替代传统固体催化剂，以生产窄相对分子质量分布的高、中、低密度聚乙烯
SLH系列催化剂	为一种以特殊SiO_2为载体，适用于Unipol工艺在冷凝态下操作的新型铬系聚乙烯催化剂，能生产中等相对分子质量分布的聚乙烯产品，主要生产高密度薄膜，该系列催化剂包含SLH-311及SLH-511两类
NTR系列催化剂	为一种适合于Phillips淤浆环管工艺的铬系聚乙烯催化剂，其中NTR-971能生产特宽相对分子质量分布的高密度聚乙烯产品，如用于生产管材、薄膜等；NTR-973用于生产宽相对分子质量分布的高密度聚乙烯产品，如用于生产汽车油箱、200L的装运容器等

生产厂 中国石化上海立德催化剂公司。

56. 聚乙烯催化剂(五)
Polyethylene Catalyst

工业牌号 YLH-1、XYH
主要组成 齐格勒—纳塔钛系催化剂
产品规格

产品性状	指标	
	YLH-1	XYH
外观及形状	淡黄色固体粉末	
表观密度,g/mL	0.50~0.55	
钛含量,%	0.45~0.55	
比表面积,m²/g	120~250	
乙氧基含量,%	10~13	
己烷残存量,%	2~6	

性质 催化剂溶于水、乙醇。遇空气会迅速反应并产生有腐蚀性的氯化氢气体。

用途及性能 为一种齐格勒—纳塔系载体型高效聚乙烯,用于釜式淤浆法聚乙烯装置生产高密度聚乙烯。催化剂活性高:采用淤浆聚合法,在 80℃、2h、$H_2/C_2 = 0.25MPa/0.48MPa$ 条件下,效率≥25kg PE/g cat。聚合物密度高:采用淤浆聚合法,在 80℃、2h、$H_2/C_2 = 0.25MPa/0.48MPa$ 条件下,效率≥0.30g/cm³。聚合物熔融指数在 0.03~1000g/min 范围内可调。此外,催化剂具有高氢调敏感性、粒度分布窄、细粉少、共聚性能好等特点,用于生产注塑、挤塑、吹塑等不同牌号的聚乙烯产品。

生产厂 营口市向阳催化剂公司。

57. 丙烯聚合络合Ⅱ型催化剂
Propylene Polymerization Complex Ⅱ Catalyst

工业牌号 络合Ⅱ型催化剂
主要组成 三氯化钛、烷基铝、正丁醚等。

产品规格

产品性状	指　　标
外观	紫色至紫黑色细颗粒
粒度，μm	20～40 占绝大多数
化学组成	三氯化钛、烷基铝、正丁醚等，其中三氯化钛含量以80%计
比表面积，m²/g	100～150

用途及性能　聚丙烯(PP)是由丙烯聚合而成的一种热塑性塑料，工业上也把丙烯与少量乙烯、α-烯烃等共聚所得的共聚物包括在聚丙烯内。聚丙烯也是五大通用热塑性树脂中增长最快的品种。本催化剂是一种钛系丙烯聚合催化剂，主要用于溶剂法、淤浆法及液相本体法生产聚丙烯。催化剂颗粒形态好，基本上接近球形；比表面积大，催化活性为工业常规三氯化钛的3～5倍；定向性高，全等规度可达97%。生产的聚丙烯粉料中，粒度200目的小于1%，并具有高表观密度及良好的流动性。

生产厂　中国石化北京化工研究院。

58. 丙烯聚合 N 催化剂
Propylene Polymerization N Catalyst

工业牌号　N 催化剂系列
主要组成　钛、镁、氯、酯类化合物。

产品规格

	指　标				
	N-Ⅰ	N-Ⅱ	N-Ⅲ	N-Ⅳ	N-Ⅴ
产品性状	N-Ⅰ-01	N-Ⅱ-01	N-Ⅲ	N-Ⅳ-01	N-Ⅴ
	N-Ⅰ-02	N-Ⅱ-02		N-Ⅳ-02	
	N-Ⅰ-03	N-Ⅱ-03			
	N-Ⅰ-04	N-Ⅱ-04			
外观	土黄色、浅紫色的细微颗粒物(随牌号不同而变化)				
组成	钛、镁、氯、酯类化合物及少量挥发组分等				

续表

产品性状	指标				
	N-Ⅰ	N-Ⅱ	N-Ⅲ	N-Ⅳ	N-V
	N-Ⅰ-01 N-Ⅰ-02 N-Ⅰ-03 N-Ⅰ-04	N-Ⅱ-01 N-Ⅱ-02 N-Ⅱ-03 N-Ⅱ-04	N-Ⅲ	N-Ⅳ-01 N-Ⅳ-02	N-V
催化剂平均粒径，μm	16~22	12-16	16~22	8~12	22~28
催化剂活性 kg PP/g cat	>50	>50	>50	>50	>50
聚合物等规度	>96	>96	>96	>96	>96
适用工艺	环管、气相	环管、气相	间歇本体	淤浆法	适合于开发共聚牌号

注：聚合条件为本体聚合、70℃、2h。

用途 是一种钛系丙烯聚合颗粒状高效催化剂，广泛用于浆液法、环管本体法、气相法等各种丙烯聚合工艺。共有五个系列12种牌号，能生产均聚物、无规共聚物及多相共聚物。催化剂具有颗粒形态好、流动性强、催化活性高、氢调敏感、立体定向能力可调性强等特点。所得聚合物熔体指数在0.2~40g/10min的范围内可调，表观密度>0.46g/mL。聚合物粉料耐老化及耐辐射性好、机械性能优良。本催化剂拥有中国、美国、日本、欧洲等多国专利，已用于扬子石化公司、上海石化公司、北京燕山石化公司等多套大型引进装置。

生产厂 中国石化北京化工研究院、中国石化催化剂北京奥达分公司等。

59. 丙烯聚合 DQ 催化剂
Propylene Polymerization DQ Catalyst

工业牌号 DQ 系列

主要组成 钛、镁、氯、酯类化合物。
产品规格

产品性状	指标					
	DQ-I	DQ-II	DQ-III	DQ-IV	DQ-V	DQ-VI
外观	土灰色、黄色、浅紫色接近球形颗粒					
组成	钛、镁、氯、酯类化合物,少量挥发物等					
催化剂平均粒径,μm	≥85	65~85	45~65	30~45	30~50	50~70
催化剂活性,kg PP/g cat	≥50	≥50	≥50	≥50	≥45	≥45
聚合物等规度,%	≥96	≥96	≥97	≥97	≥97	≥97
适用工艺			环管			

注:聚合条件为本体聚合,70℃,2h。

用途 DQ系列催化剂是新一代球形丙烯聚合高效催化剂,用于丙烯的均聚、无规共聚及嵌段共聚,也用于生产高乙烯含量的共聚物。广泛用于釜式及环管连续本体法、气相法等多种聚合工艺。DQ系列催化剂现有六种牌号,能生产多种牌号聚合物产品。催化剂具有颗粒形态好、流动性强、催化活性高、氢调敏感、立体定向能力可调性强等特点,而且活性中心寿命长(>6h),有利于共聚反应进行。所得聚合物熔体指数在0.2~150g/10min的范围内可调,聚合物等规度最高可达99.8%,表观密度>0.45g/mL。本催化剂已用于茂名石化公司、上海石化公司等多套大型引进工业装置。

生产厂 中国石化北京化工研究院、中国石化催化剂北京奥分达公司等。

60. 丙烯聚合 DQC 系列催化剂
Propylene Polymerization DQC Catalyst

工业牌号 DQC 301/302、DQC 401/402、DQC 601/602
主要组成 钛、镁、氯、酯类化合物。

产品规格

产品性状	指 标		
	DQC 301/302	DQC 401/402	DQC 601/602
催化剂粒度 $d(0.5)$，μm	25~40	35~55	45~75
催化剂 Ti 含量,%	1.8~3.0		
催化剂酯含量,%	8~15		
催化剂活性, g PP/g cat	$\geqslant 5.0 \times 10^4$		
聚合物表观密度, g/mL	$\geqslant 0.46$		
聚丙烯等规指数,%	$\geqslant 96$		

用途 DQC 系列催化剂是新一代聚丙烯球形高效催化剂，用于均聚、无规共聚和嵌段共聚，且适用于淤浆法、液相本体法等连续法聚合工艺。其中 DQC-301/302 的粒径小，适合于单环管工艺聚丙烯生产装置，生产均聚聚丙烯产品；DQC 401/402 为通用型球形催化剂，适合于单环管、双环管和外管+气相工艺聚丙烯生产装置，生产均聚聚丙烯无规共聚聚丙烯及冲击共聚聚丙烯；DQC 601/602 专用于冲击共聚聚丙烯及三元共聚聚丙烯的生产。

生产厂 中国石化催化剂北京奥达分公司。

61. 丙烯聚合催化剂（一）
Propylene Polymerization Catalyst

工业牌号 HDC、SAL
主要组成 钛、镁、氯、酯类化合物。
产品规格

产品性状	指 标	
	HDC	SAL
催化剂粒度 $d(0.5)$，μm	25~45	20~32
催化剂 Ti 含量,%	2.0~3.5	2.0~3.2
催化剂酯含量,%	6~15	8~20
催化剂的活性, g PP/g cat	$\geqslant 4.5 \times 10^4$	$\geqslant 5.8 \times 10^4$
聚合物表观密度, g/mL	0.45	0.43
聚合物等规度,%	$\geqslant 96$	$\geqslant 97$

用途 HDC 催化剂是一种高效聚丙烯催化剂,在催化活性高,抗杂质能力强,聚合物成球形,用于单环管、双环管装置生产聚丙烯均聚物及共聚物等;SAL 催化剂外观为浅灰黄色粉末,是一种钛系丙烯聚合颗粒状高效催化剂,用于 Innovene 气相工艺聚丙烯生产装置,生产均聚、共聚聚丙烯产品。

生产厂 中国石化催化剂北京奥达分公司。

62. 丙烯聚合催化剂(二)
Propylene Polymerization Catalyst

工业牌号 NA、NA-Ⅱ、NG
主要组成 钛、镁、酯类化合物。
产品规格

产品性状	指标		
	NA	NA-Ⅱ	NG
催化剂粒度 $d(0.5)$, μm	15~25	16~25	16~25
催化剂钛含量,%	1.5~3.5	2.0~3.0	1.6~3.0
催化剂酯含量,%	6~15	5~15	8~20
催化剂活性,g PP/g cat	4.5×10^4	5.0×10^4	5.5×10^4
聚丙烯等规度,%	96	96	96
聚丙烯表观密度,g/mL	0.43	0.45	0.45

用途 NA 催化剂是新一代钛系颗粒状载体型高效催化剂,具有较好的抗杂质能力,用于液相间歇本体及连续法工艺聚丙烯装置,可生产的聚、冲击共聚和无规共聚等类型的聚丙烯产品;NA-Ⅱ催化剂的等规度可调性好,适用于 Innovene、Hypol 等连续法工艺聚丙烯装置,生产 BOPP 薄膜专用料;NG 催化剂是在 N 催化剂基础上开发的钛系丙烯聚合颗粒状高效催化剂,用于连续气相法工艺聚丙烯装置,如 Innovene、Novolen、Unipol 工艺,可生产均聚、冲击共聚和无规共聚等类型的聚丙烯产品。

生产厂 中国石化催化剂北京奥达分公司。

63. 丙烯聚合催化剂（三）
Propylene Dolymerization Catalyst

工业牌号 BCND、BCNX-A10、BCNX-A20
主要组成 钛、镁、酯类化合物。
产品规格

产品性状	指 标		
	BCND	BCNX-A10	BCNX-A20
催化剂粒度 $d(0.5)$，μm	10~30	7~12	12~25
催化剂钛含量，%	2.0~4.0	1.5~3.0	1.5~3.0
催化剂酯含量，%	5~15	3~15	3~15
催化剂活性，g PP/g cat	$\geq 6.0 \times 10^4$	$\geq 5.0 \times 10^4$	$\geq 5.0 \times 10^4$
聚丙烯等规度，%	≥ 97	—	—
聚合物表观密度，g/mL	≥ 0.45	≥ 0.43	≥ 0.43
聚合物 <150μm 粒子，%	—	≤ 1.0	≤ 0.5

用途 BCND 催化剂是新一代丙烯聚合催化剂，采用新型内给电子技术，生产的聚合物中不含邻苯二甲酸酯类化合物，有 BCND-Ⅰ、BCND-Ⅱ、BCND-Ⅲ等三个牌号产品。牌号不同，氢调敏感性不同。用于连续法聚丙烯生产装置的 Hypol、Novolen、Unipol、Innovene 等工艺，可生产均聚、冲击共聚以及无规共聚等聚丙烯产品；BCNX 是新一代钛系颗粒状载体型高效催化剂，有 BCNX-A10、BCNX-A20 等牌号产品。用于液相间歇本体法、淤浆法、连续气相法等工艺的聚丙烯生产装置，生产均聚、冲击共聚及无规共聚等聚丙烯产品。

64. 丙烯脱砷（催化）剂
Propylene Dearsenic Catalyst

工业牌号 TAS-19、HTAS-10
主要组成 氧化锌、氧化铝、氧化铜等。

产品规格

产品性状	指标	产品性状	指标
外观	灰黑色圆柱体	径向压缩强度，N/cm	≥80
外形尺寸，mm	$\phi 1.8 \times (3 \sim 10)$	磨耗率，%	≤9.0
堆密度，g/mL	$0.95 \sim 1.05$		

用途 用于丙烯原料中微量砷的脱除。丙烯聚合时，对丙烯原料中砷化物的净化要求十分严格。因为微量砷会使聚合催化剂中毒而失活。一般要求砷化物含量在 30×10^{-9} 以下，才不易使聚合催化剂中毒。本催化剂能使丙烯原料中的微量砷化物脱除至后续催化剂所要求的指标，并具有脱砷容量大、机械强度好及使用方便等特点。

简要制法 由氧化锌、氧化铝、氧化铜等组分，经混碾、成型、焙烧而得。

生产厂 沈阳凯特催化剂公司、辽宁海泰科技开发公司等。

65. 负载型贵金属钯催化剂
Loaded Noble-metal Pd Catalyst

工业牌号 SC-AD3、SC-A05

主要组成 以贵金属 Pd 为活性组分，Al_2O_3 为催化剂载体。

产品规格及工艺条件

产品性状	指标	
	SC-A03	SC-A05
外观	棕色球状	棕色三叶草形
外形尺寸，mm	$\phi(2.5 \sim 3.5)$	$3.5 \times (5 \sim 15)$
堆密度，g/mL	$0.57 \sim 0.63$	$0.51 \sim 0.59$
压缩强度，N/粒	≥50	≥50
钯含量，%	$0.28 \sim 0.32$	$0.28 \sim 0.32$
载体	Al_2O_3	Al_2O_3
反应温度，℃	$45 \sim 75$	$45 \sim 75$
反应压力，MPa	$0.1 \sim 0.35$	$0.1 \sim 0.35$
空速，h^{-1}	$5 \sim 12$	$7 \sim 15$
催化活性	≥3.3kg 过氧化氢 (100%)/(kg cat·d)	≥3.8kg 过氧化氢 (100%)/(kg cat·d)

用途 用作蒽醌法生产过氧化氢工艺过程中加氢部分的催化剂。

简要制法 先将氧化铝载体浸渍氯化钯溶液,再经还原、干燥、焙烧制得。

生产厂 上海苏鹏实业公司。

66. 合成吗啉催化剂
Catalyst for Synthetic Morpholine

工业牌号 SC-M、MLS-10

主要组成 以 NiO、CuO 为主要活性组分,以氧化铝为催化剂载体。

产品规格及工艺条件

产品性状	指标	产品性状	指标
外观	三叶草形	比表面积,m^2/g	>200
外形尺寸,mm	$\phi(2\sim3)\times(4\sim15)$	孔体积,mL/g	>0.45
组成	Ni、Cu/Al_2O_3	反应温度,℃	180~260
堆密度,g/mL	≤0.75	反应压力,MPa	1.5~2.0

用途 用于生产橡胶硫化促进剂、抗氧剂、医药、荧光增白剂及甲基吗啉等。生产吗啉的方法有二乙醇胺法及二甘醇法两种。本催化剂主要用于二甘醇法制吗啉,即由二甘醇和氨经催化环化而制得吗啉。单程转化率达到99%,吗啉收率≥70%。

简要制法 先用氧化铝载体浸渍硝酸镍、硝酸铜活性组分溶液,再经干燥、焙烧制得。

生产厂 上海苏鹏实业公司、辽宁海泰科技开发公司等。

67. 乙醇气相胺化制乙胺催化剂
Catalyst for Ethanol Gas Phase Amination to Ethylamine

工业牌号 Bry-07

主要组成 Co/Al_2O_3。

产品规格

产品性状	指标	产品性状	指标
外观	球形	孔体积，mL/g	0.2~0.3
外形尺寸，mm	$\phi(3~6)$	比表面积，m^2/g	150~200
堆密度，g/mL	0.8~0.9		

用途 用于制造橡胶促进剂、抗氧剂、医药、农药、染料及洗涤剂等。生产乙胺的方法有乙醇气相氨化法、氯乙烷法及醛氢化氨法等。本催化剂用于乙醇气相胺化制乙胺。在一定反应条件下，乙醇转化率≥98%，乙胺选择性≥70%。同时可根据实际要求，改变反应条件，调节一乙胺、二乙胺及三乙胺的比例。

简要制法 先用特殊制备的载体经浸渍钴盐等活性组分，再经干燥、焙烧而得。

生产厂 中国石化北京化工研究院。

68. 异丙胺合成催化剂
Isopropylamine Synthetic Catalyst

工业牌号 E-101

主要组成 Ni/Al_2O_3。

产品规格

产品性状	指标	产品性状	指标
外观	条状	孔体积，mL/g	0.4~0.6
外形尺寸，mm	$\phi 3.8\times(4~6)$	比表面积，m^2/g	80~90
堆密度，g/mL	0.9~1.0		

用途 用于制造农药、医药、橡胶硫化促进剂、表面活性剂、洗涤剂等。生产异丙胺的方法有异丙醇法及丙酮法等。本催化剂用于丙酮法制异丙胺工艺。在一定条件下，丙酮、氨和氢气通过催化剂反应可制得异丙胺。丙酮转化率≥99%，异丙胺选择性≥90%。控制原料配比，可调节一异丙胺及二异丙胺的生成量。

简要制法 先用特殊制备的载体浸渍活性组分锋盐溶液，再经干燥、焙烧制得。

生产厂 中国石化北京化工研究院。

69. 苯胺加氢催化剂
Catalyst for Aniline Hydrogenation

工业牌号 HTA-1
主要组成 以钴为活性组分，以钙盐为载体。
产品规格及工艺条件

产品性状	指标	产品性状	指标
外观	黑色条状或片状	操作温度,℃	160~175
外形尺寸,mm	$\phi(3\sim5)\times(5\sim10)$	空速, h^{-1}	0.1
堆密度, kg/L	1.0~1.2	氢气/苯胺(摩尔比)	20:1
径向压缩强度, N/cm	>60	苯胺转化率	≥97%
钴含量, %	>10	环己胺收率	≥90%
操作压力, MPa	常压		

用途 用于制造环己醇、环己酮、橡胶促进剂、杀虫剂及脱硫剂等化工产品，也用作溶剂及酸性气体吸收剂。可由苯胺催化剂加氢制得。本催化剂具有催化活性高、稳定性高、可再生使用、使用寿命长等特点。

生产厂 辽宁海泰科技开发公司。

70. 气相醛加氢催化剂
Catalyst for Gas Phase Adehyde Hydrogenation

工业牌号 HTAH-A、B, VAH-1、2
主要组成 $Cu-Zn/Al_2O_3$。
产品规格及工艺条件

产品性状	指标	产品性状	指标
外观	黑色片状或柱状	径向压缩强度, N/cm	≥200
外形尺寸,mm	$\phi6.5\times0.5$	操作压力, MPa	0.4~0.5
堆密度, kg/L	1.45~1.55	操作温度,℃	160~220
孔体积, mL/g	≥0.15	空速, h^{-1}	≥0.1
比表面积, m^2/g	≥35	氢醛质量比	1.0~1.4

用途 本催化剂用于气相醛加氢。HTAH-A 及 VAH-1 催化剂用于丁醛气相加氢生产丁醇，HTAH-B 及 VAH-2 催化剂用于辛烯醛气相加氢生产辛醇，催化剂具有催化活性高、选择性及稳定性好及抗液能力强的特点。

生产厂 辽宁海泰选择开发公司、北京三聚环保新材料公司等。

71. 硅烷加氢催化剂
Catalyst for Silane Hydrogenation

工业牌号 HTS-45

主要组成 以 Ni 为主要活性组分。

产品规格及工艺条件

产品性状	指标	产品性状	指标
外观	黑色条状	操作压力，MPa	3~4
外形尺寸，mm	$\phi 1.6 \times (3~15)$	操作温度，℃	130~230
堆密度，kg/L	0.8~0.9	空速，h^{-1}	1.0
压缩强度，N/cm	≥80	氢油比	400~500
Ni 含量，%	≥45		

用途 本催化剂主要用于不饱和脂肪烃和芳香烃的加氢反应及有机硫化物脱出液态烷烃，经加氢处理后，芳香烃或不饱和烃可减少到 10^{-6} 级，硫化物的液态烃含量可降至 0.1×10^{-6}。该催化剂已成功应用于多晶硅生产装置。

生产厂 辽宁海泰科技开发公司。

72. 糠醛气相加氢制 2-甲基呋喃催化剂
Catalyst for Furfural Hydrogenation to 2-Methylfuran

工业牌号 HY-01、TMF-95

主要组成 Cu-Cr。

产品规格

产品性状	指标	
	HY-01	TMF-95
外观	黑褐色圆柱体	黑褐色圆柱体
外形尺寸,mm	$\phi 6\times(4\sim5)$	$\phi 6\times(4\sim5)$
堆密度,g/mL	1.1~1.3	≥1.2
CuO 含量,%	45~55	45~49
Cr_2O_3 含量,%	40~50	45~48
径向压缩强度,N/cm	≥180	≥180

用途 本催化剂用于糠醛气相催化加氢制 2-甲基呋喃,具有糠醛转化率高、2-甲基呋喃选择性好的特点。

生产厂 中国石化北京化工研究院、辽宁海泰科技开发公司等。

73. 乙炔法合成氯乙烯催化剂
Catalyst for Synthetic Vinyl Chloride by Acetylene Precess

主要组成 氯化汞/活性炭。

产品规格及工艺条件

产品性状	指标	产品性状	指标
外观	黄色或黑色条	反应温度,℃	130~180
外形尺寸,mm	$\phi 3\times(6\sim9)$	反应压力	常压
氯化汞含量,%	8~15	乙炔/氯化氢(摩尔比)	1:1.05
活性炭含量,%	85~90	乙炔空速,h^{-1}	30~50
表观密度,g/mL	0.6~0.7	乙炔转化率,%	99

用途 用作电石乙炔法生产氯乙烯工艺的催化剂,其活性及选择性都很高,存在的主要缺点:①生产中更换新催化剂后要预养护 7~20d,影响生产;②催化剂热稳定性差,汞升华流失快,生产 1t 氯乙烯需消耗 1.0kg 氯化汞催化剂,且催化剂失活后不能再生;③汞盐高毒,升华流失的汞会

污染大气,反应气水洗中的含汞废水会污染水体。因此,迫切需要开发研究低汞甚至无汞催化剂来替代目前使用的高汞含量催化剂。

生产厂 河南和泓催化剂公司。

74. 糠醛液相加氢制糠醇催化剂
Catalyst for Furfural Hydrogenation to Furfuryl Alcohol

工业牌号 HY-03、HY-04、HTFA

主要组成 Cu/SiO_2 及 Ca-Cr。

产品规格及工艺条件

产品性状	指标		
	HY-03	HY-04	HTFA
外观	草绿色微球形颗粒	草绿色微球形颗粒	翡翠绿色粗孔微球颗粒
外形尺寸(250~350目),%	≥90	≥90	≥90
铜含量,%	55~65	45~55(CuO)	50~60
堆密度,g/mL	0.55~0.65	0.85~1.05	0.32~0.35
孔体积,mL/g	0.9~1.3	0.7~0.9	0.9~1.3
比表面积,m^2/g	500~800	40~80	500~800
反应压力,MPa	6~8	6~8	6~8
反应温度,℃	160~180	160~180	160~180
糠醛转化率,%	≥99	≥99	≥99
糠醇选择性,%	≥99	≥99	≥99

用途 本催化剂主要用于糠醛液相加氢制糠醇,具有糠醛转化率高、糠醇选择性好等特点。

生产厂 中国石化北京化工研究院、辽宁海泰选择开发公司等。

75. 异丁烷脱氢催化剂
Catalyst for Isobutane Dehydrogenation

工业牌号 HTPB-DH
主要组成 Pt/Al_2O_3
产品规格及工艺条件

产品性状	指标	产品性状	指标
外观	球状物	反应温度,℃	590~650
外形尺寸,mm	ϕ1.6	反应压力,MPa	0.04~0.1
堆密度,g/mL	0.55~0.65	空速,h^{-1}	1.5~3.0
孔体积,mL/g	0.4~0.6	异丁烷转化率,%	45~60
比表面积,m^2/g	170~210	丁烯选择性,%	91~96
Pt 含量,%	0.6±0.1	丁烯产率,%	≥44.5
Cl 含量,%	2.0±0.5		

用途 本催化剂用于异丁烷脱氢制丁烯,具有丁烯选择性好的特点。
生产厂 辽宁海泰科技开发公司。

二十四、化肥催化剂

化肥也称化学肥料，是以矿物（如石油、天然气、煤、石灰石、磷矿石、钾矿石等）、水、空气等为原料经过化学及机械加工制成的肥料。按其所含营养元素性质不同，可分为氮肥、磷肥、钾肥、硫肥、钙肥、镁肥和含有硼、锌、锰、铜、钼、钛等元素的微量元素肥料，以及含有两种或两种以上营养元素的复合肥料及混合肥料。化肥催化剂是指在生产化学肥料的前加工工业中所使用的各类催化剂及同体净化剂。所谓化肥生产的前加工工业，即指生产合成氨、硫酸、硝酸、磷酸、甲醇及制氢等重要原料的工业。以合成氨为例，用作合成氨原料的各种气态烃和液态烃，天然气、炼厂气、轻汽油及油田伴生气等都含有或多或少的硫化物，这些硫化物对合成氨过程中的一系列催化剂都有毒害作用。当以烃类为原料生产合成氨时，工艺流程包括烃类加氢脱硫、蒸汽转化或部分氧化、一氧化碳变换、甲烷化及氨合成等多种工序。在每一工序中所发生的化学反应都是在催化剂作用下进行的。化肥催化剂品种繁多，升级换代很快，生产厂也较多，国产化水平很高。目前我国生产的化肥催化剂大致可分为原料气净化催化剂、烃类转化催化剂、一氧化碳变换催化剂、甲烷化催化剂、甲醇合成催化剂、氨合成催化剂、制酸催化剂及其他催化剂等八大类。原料气净化催化剂又分为脱硫剂、脱氯剂、脱砷剂、脱氧剂、脱氢剂、脱HCN剂及分子筛净化剂等；烃类转化剂包括烃类一段转化催化剂、二段转化催化剂、轻油制富甲烷预转化催化剂，一氧化碳变换催化剂包括一氧化碳中温度变换催化剂、低温变换催化剂，宽温变换催化剂，甲烷化催化剂包括合成氨工艺甲烷化催化剂及城市煤气甲烷化催化剂，甲醇合成催化剂包括低压合成甲醇催化剂、中压合成甲醇催化剂及高压合成甲醇催化剂；制酸催化剂又可分为生产硫酸及硝酸用催化剂等。对于具有一定生产规模的合成氨厂而言，由于所用原料不同，工艺流程不同，即使产量相同，其所使用催化剂品种及用量也存在显著差异。即使使用相同的原料，由于所采用的工艺技术不同，所用催化剂品种及数量也会不同。

1. 加氢脱硫催化剂
Hydrodesulfurization Catalyst

别名 加氢转化脱硫（催化）剂

工业牌号 T201、T202A、T203、T204、T205、T206、T207、JT-1、JT-1G、JT-2、NCT201-2、JT-4/4B

产品规格及工艺条件

产品性状	T201	T202A	T203	T204	T205	T206	T207	JT-1	JT-1G	JT-2	NCT201-2	JT-4/4B
外观	浅蓝色条	土黄色片	灰蓝色条	黄色条	浅蓝色条	褐色圆柱	灰蓝色条或球	灰蓝色球	灰蓝色球	浅黄色球	浅蓝色条	灰蓝色三叶草形
外形尺寸, mm	$\phi 3 \times (4\sim10)$	$\phi 6 \times (4\sim7)$	$\phi 3 \times (3\sim8)$	$\phi 3 \times (3\sim8)$	$\phi 3 \times (5\sim10)$	$\phi 6 \times (4\sim6)$	$\phi 3$	$\phi(2\sim4)$	$\phi(2\sim4)$	$\phi(2\sim4)$	$\phi 3 \times (4\sim10)$	$\phi 2.5 \times (4\sim10)$
活性组分	Mo、Co	Mo、Ni	Mo、Co	Mo、Ni	Mo、Co	Mo、Fe	Mo、Co	Mo、Co	Mo、Co、Ni	Ni、Co	Mo、Co	Mo、Co
载体	Al_2O_3	Al_2O_3	Al_2O_3	Al_2O_3	TiO_2	Al_2O_3	$Al_2O_3\text{-}TiO_2$	Al_2O_3	Al_2O_3	Al_2O_3	$Al_2O_3\text{-}TiO_2$	$Al_2O_3\text{-}TiO_2$
堆密度, g/mL	0.6~0.8	0.8~0.9	0.7~0.8	0.7~0.8	0.9~1.10	0.9~1.20	0.7~0.85	0.70~0.85	0.65~0.85	0.65~0.85	0.75~0.85	0.70~0.85
孔体积, mL/g	0.3~0.5	—	—	—	—	—	—	—	—	—	—	—
比表面积, m²/g	150~250	—	170~200	170~200	—	—	—	—	>150	—	>100	>60
侧压强度, N/cm	≥80	18MPa	—	—	>70	>120	>70	—	—	—	—	—
磨耗率, %	≤2	—	≤6	≤6	—	≤5	≤3	≤3	≤3	≤2	≤2	≤3
操作温度, ℃	320~340	350~450	330~380	330~380	250~400	380~420	250~400	200~300	200~300	320~400	300~400	>250
操作压力, MPa	3~4	1.8~2.0	2~5	2~5	0.1~4	0.1~2	2~4	0.1~2	1~4	0.5~4	3~4	1.8~5
氢油比, %	80~100	—	—	—	80~100	—	50~100	—	50~100	—	60~100	60~110

主要组成 以 Mo、Co、Ni、Fe 等的氧化物为催化剂活性组分，以 Al_2O_3 或 $Al_2O_3\text{-}TiO_2$ 等为催化剂载体。

用途 加氢脱硫催化剂通常以 Mo、Ni、Co 等金属氧化物为催化剂活性组分，以氧化铝为催化剂载体，近来也在载体成分中加入少量 TiO_2 及 ZrO_2，以提高催化剂耐热性及分散性，提高催化活性及选择性。为了减少床层阻力，催化剂形状也由片状、圆柱状发展为三叶草形及齿球形。T201、T203、T204、T205、T206、T207 及 NCT201-2 等型催化剂用于天然气、油田气、液化石油气、石脑油等气态、液态烃中的有机硫化物进行加氢转化，适用于合成氨装置、甲醇厂等。如 T01 型催化剂可将原料烃中的有机硫含量降至 0.1×10^{-6} 以下。T207 型催化剂用于低硫原料中有机硫加氢转化。它们广泛用于各大型化肥厂及部分炼油厂。

JT-1、JT-1G 型催化剂适用于水煤气、合成气等气体的加氢转化过程，对气体中的有机硫化物、烯烃和氧有较高的加氢转化能力。也适用于石油馏分、天然气、油田气等原料气的加氢转化。对合成气或水煤气中高达 37% 的 CO，或 10% 的 CO_2 具有较强抗结炭能力。也用于炼油厂、化肥厂等以焦化干气为原料的加氢装置。

JT-2 催化剂是一种新型加氢脱硫、脱砷催化剂，除对原料气中的有机硫化物、烯烃、氧及有机碱性氮有较高加氢转化能力外，还具有较强的脱砷能力。用于大型合成氨厂、炼油厂等原料气或轻油的脱砷及加氢脱硫。

JT-4/4B 催化剂是以 Co-Mo 为活性组分、以钛铝复合物为催化剂载体，并加入适量促进剂，以提高催化剂活性及稳定性。对原料气中的烯烃、有机硫化物具有较高加氢转化能力，既适用于炼厂焦化干气(烯烃含量8%～20%)的等温加氢过程，也适用于炼厂焦化干气(烯烃含量<8%)的绝热加氢过程，还适用于天然气、油田气等原料的加氢精制过程。

简要制法 将氧化铝载体或氧化铝—二氧化钛复合载体浸渍金属活性组分或其他助剂后，经干燥、焙烧制得成品。

生产厂 西北化工研究院、沈阳凯特催化剂厂、辽河催化剂厂、南京化学工业公司催化剂厂等。

2. 羰基硫水解催化剂
Carbonyl Sulfide Hydrolysis Catalyst

工业牌号 T503、T504、T907、T909、TGH-2、TGH-3、SN-4、852、CNS-1、TP-SN4、JX-6B

主要组成　氧化钾、氧化铝等并添加适量助剂。
产品规格及工艺条件

产品性状	指标									
	T503	T504	T907	T909	TGH-2	TGH-3	SN-4	852	CNS-1	TP-SN4
外观	白色球	白色球	白色球	白色条	白色条	白色条	白色球	白色球	白色球	白色球
外形尺寸，mm	$\phi(3\sim4)$	$\phi(2\sim4)$	$\phi(3\sim5)$	$\phi3\times(4\sim10)$	$\phi3\times(5\sim10)$	$\phi3\times(3\sim5)$	$\phi(4\sim5)$	$\phi(3\sim4)$	$\phi3\times4.5$	$\phi(3.5\sim4.5)$
堆密度，g/mL	0.80	$0.7\sim1.0$	$0.8\sim1.0$	$0.8\sim1.0$	$0.5\sim0.6$	$0.5\sim0.6$	0.7	$0.7\sim0.8$	$0.70\sim0.85$	$0.65\sim0.75$
比表面积，m^2/g	>200	—	—	$100\sim150$	~200		>200	~200	—	≥200
点压强度，N/粒	>80	>25	>50	—	—	—	>80	>50	>50	—
侧压强度，N/cm				>150	>198	>180	—	—	—	>80
操作温度，℃	≥10	$30\sim120$	$40\sim100$	$40\sim50$	$100\sim140$	$30\sim50$	$35\sim100$	$10\sim120$	$40\sim150$	$55\sim60$
操作压力，MPa	>1.0	$0.1\sim8.0$	$0.1\sim5.0$	$0.1\sim5.0$	$1.5\sim2.5$	$0.1\sim3.0$	$0.1\sim4.0$	$0.1\sim8.0$	$0.1\sim5.0$	$0.1\sim4.0$
气体空速，h^{-1}	1500	$1000\sim3000$	—	$1000\sim1500$	$300\sim500$	$1000\sim1500$	$800\sim1500$	$1000\sim2000$	$1000\sim3000$	1000
液体空速，h^{-1}	$2\sim5$	—	$3\sim5$	—	—	—	$1\sim5$	—	—	—
入口COS(羰基硫)，μg/g	$1\sim10$	<10	≤10	$3\sim5$	$0.05\sim0.5$	$0.05\sim0.5$	8	$1\sim4$	—	—
出口COS(羰基硫)，μg/g	<0.1	<0.1	<0.2	<0.1	<0.12	<0.1	<0.05	<0.1		
转化率，%	—	>90	≥95	$70\sim95$	>95			>95	>90	>95

用途　羰基硫(COS)广泛存在于石油馏分或由煤制得的炼厂气、水煤气和半水煤气、合成氨和甲醇原料气、煤制纯CO气以及石灰窑气中。它的存在会引起多种催化剂中毒。COS呈中性或弱酸性，难以用一般的湿法或干法等脱硫方法直接脱除。但可用水解方法使其先转化为H_2S，然后用氧化锌等精脱硫剂吸收除去。本催化剂用于促进多种气(液)工业原料中的羰基硫先与水发生水解反应，生成H_2S，然后用氧化锌、活性炭等脱硫剂将H_2S除去，达到精脱硫的目的。

简要制法　先将制成条状或球状的氧化铝载体浸渍碱液，再经干燥、焙烧制得成品。

生产厂 西北化工研究院、湖北省化学研究所、太原工业大学、中国石化上海石油化工研究院、姜堰区天平化工公司、江苏昆山精细化工研究所、北京三聚环保新材料公司等。

3. 脱砷剂
Dearsenifing Agent

产品牌号 TAS-02、TAS-03、YHA-281、STAS-2

主要组成 以 Cu、Ni 或 Mo 等为活性组分，并添加适量助剂以氧化铝或钛铝氧化物为载体。

产品规格及工艺条件

产品性状	指　标		
	TAS-02	TAS-03	YHA-281
外观	灰黑色条状	灰色三叶草形	深灰色球状
外形尺寸，mm	$\phi(4\sim5)$	$\phi(2.2\sim2.8)$	$\phi(3\sim5)$
堆密度，g/mL	0.8~0.9	0.7~0.85	0.65~0.90
径向压缩强度，N/cm	≥120	≥70	≥80
磨耗率，%	≤3.0	≤3.0	≤3.0
操作压力，MPa	1~7	0.5~5.0	0.5~5.0
操作温度，℃	250~350	250~350	250~350
气体空速，h^{-1}	1000~4000	—	—
液体空速，h^{-1}	—	1~6	0.5~5.0
原料气中砷脱除率，%	>95	—	—
出口油中砷化物，10^{-9}	—	<20	1.0

用途 TAM-02 脱砷剂可用于含硫水煤气、半水煤气中较高浓度砷化物的脱除，以保证变换催化剂寿命，不仅用于以煤为原料的气体净化过程，也用于天然气、油田气及以重油为原料的脱砷净化及炼厂油品精制过程的脱砷净化。具有活性高、适应性强、机械强度好、性能稳定等特点，并以耐高水蒸气、耐高压、脱砷剂床层阻力小而获得用户的好评。TAS-03 脱砷剂是在 TAS-02 脱砷剂基础上开发的新型脱砷剂，外观由条状改为三

叶草形，使反应床层阻力减小。用于催化重整、乙烯裂解原料油或汽油等油品中砷化物的脱除，也用于以石脑油为原料的合成氨厂、制氢装置中的脱砷净化及炼厂中油品炼制过程的脱砷净化工艺。YHA-281、STAS-2 脱砷剂主要用于重整、乙烯裂解原料油或汽油等油品中砷化物的脱除，也用于以石脑油为原料的合成氨厂、制氢装置中的净化工艺。具有脱砷效果好、脱砷容量大等特点，并对有机硫有一定转化作用。

其他脱砷剂可参见《炼油催化剂》中有关"加氢脱砷剂"的条目。

简要制法　先将氧化铝或钛—铝氧化铝载体浸渍 Cu、Ni 或 Mo 等活性组分，再经干燥、焙烧制得成品。

生产厂　西北化工研究院、江苏汉光集团宜兴市诚信化工厂、北京三聚环保新材料公司等。

4. 氧化锌脱硫剂（高温型）
Zinc Oxide Desulfurizer for High Temperature

工业牌号　T303、T304、T305、T306、T312、T304-1、CT-304、CT-305、KT-3、NCT-305

主要组成　以 ZnO 为主要组分，也可适量添加 CuO、Al_2O_3、MnO_2 及 MgO 等为促进剂，以矾土水泥或纤维素为黏结剂，并适量加入造孔剂以形成脱硫剂的一定孔结构。

产品规格及工艺条件

产品性状	工业牌号									
	T303	T304	T305	T306	T312	T304-1	CT-304	CT-305	KT-3	NCT-305
外观	条状									
外形尺寸，mm	$\phi4\times$(4~6)	$\phi5\times$(5~15)	$\phi4\times$(4~10)	$\phi4\times$(4~10)	$\phi4\times$(4~10)	$\phi4\times$(4~15)	$\phi4\times$(4~15)	$\phi4\times$(4~12)	$\phi5\times$(5~10)	$\phi4\times$(5~15)
堆密度，g/mL	1.3~1.45	1.15~1.35	1.1~1.3	1~1.3	1~1.3	1.15~1.35	1.1~1.4	1~1.3	1~1.3	1.2~1.3
比表面积，m^2/g	—	—	—	—	—	—	10~20	—	>40	30
侧压强度，N/cm	—	≥25	≥40	≥40	≥40	≥40	≥24.5	≥39	≥50	≥40
磨耗率，%	<11	≤6.0	≤6.0	6.0	≤5					
ZnO 含量，%	>98	>90				>98	>88	>98	>85	>95

续表

产品性状	工业牌号									
	T303	T304	T305	T306	T312	T304-1	CT-304	CT-305	KT-3	NCT-305
MgO 含量,%	—	6~8	—	—	—	—	6~10	—	—	—
烧失量(500℃),%	—	<2	<2	—	<2	2	5	—	—	—
操作温度,℃	200~400	350~380	200~400	180~400	200~400	350~400	350~400	200~400	200~400	200~400
操作压力,MPa	0.1~5	0.1~4	0.1~4	0.1~4	0.1~4	0.1~4	—	0.1~4	0.1~4	0.1~4
气体空速, h^{-1}	—	<3000	1000~3000	1000~3000	1000~3000	<3000	<3000	1000~3000	500~3000	1000~3000
液体空速, h^{-1}	—	1~4	1~6	—	1~6	—	1~4	1~6	1~6	1~6

用途 氧化锌脱硫剂是一种转化吸收型固体脱硫剂,由于所含 ZnO 能与 H_2S 反应生成难于解离的 ZnS,净化气总硫可降到 $0.3\mu g/g$ 以下。它有一定脱除有机硫的能力,但不能脱除噻吩、甲硫醚。使用后不能再生。上述牌号脱硫剂可用于 300~400℃ 的高温。其中 T303、T304、T304-1 等型号脱硫剂可用于天然气、油田气及轻油等的脱硫;T305、T312 型脱硫剂广泛用于制氢、合成氨、合成醇类及合成有机化工产品等工业原料气的脱硫净化;T312 型还用作低温变换及甲烷化催化剂的保护剂;T306 型脱硫剂用于重油裂解气、合成气、变换气及有机合成工业原料气的脱硫净化,可在低温(150~210℃)下脱硫,而在较高温度(350~400℃)下使用效果更好;CT-304、T305 型脱硫剂适用于天然气、合成气等的脱硫净化;KT-3 型脱硫剂适用于炼厂气、焦化干气及轻油等的脱硫净化。

简要制法 分沉淀法及干混法两种制法。沉淀法是先将硫酸锌与碳酸钠经中和、沉淀、洗涤、干燥、焙烧后加入辅料,再经混合、成型、焙烧等过程制得。干混法是将氧化锌与相应的各种辅助成分及黏合剂经混捏、挤条、干燥、焙烧、过筛等过程制得。

生产厂 西北化工研究院、沈阳催化剂厂、盘锦南方化学工业公司辽河催化剂公司、南京化学工业公司催化剂厂、四川化学工业催化剂厂、江苏姜堰区化工助剂总厂、江苏昆山精细化工研究所等。

5. 氧化锌脱硫剂(中、低温型)
Zinc Oxide Desulfurizer for Medium, Low Temperature

工业牌号 T302Q、T307、T308、T-22、CT307、KT310、KT311、NCT310、QTS-01

主要组成 以 ZnO 为主要组分,适量添加 CuO、MgO、MnO$_2$ 及 Al$_2$O$_3$ 等为促进剂,并适量加入造孔剂。

产品规格及工艺条件

产品性状	工业牌号								
	T302Q	T307	T308	TC-22	CT307	KT310	KT311	NCT310	QTS-01
外观	球形	条形	条形	条形	条形	条形	条形	条形	条形
外形尺寸, mm	ϕ(3.5~4.5)	ϕ5×(5~15)	ϕ4×(4~10)	ϕ(3.5~4.5)	ϕ3×(4~10)	ϕ5×(5~15)	ϕ5×(5~15)	ϕ4×(5~10)	ϕ4×(5~10)
堆密度, g/mL	0.8~1.0	0.9~1.1	0.8~1.0	0.9~1.1	1.0~1.1	0.9~1.0	0.9~1.0	~1.0	0.8~0.95
比表面积, m^2/g	35~60	30~50	70	—	~100	70~100	>40	~100	80~100
侧压强度, N/cm	≥20	≥40	≥60	≥40	~40	≥50	≥50	≥50	≥60
磨耗率, %	<6	6	—	6	—	—	—	—	—
ZnO, %	80~85	>90	>80	—	>80	>70	>85	80	—
MgO, %	6~8	—	—	—	—	—	—	—	—
烧失量(500℃), %	<6	—	—	—	—	—	—	—	—
操作温度, ℃	220~350	常温~250	120~300	20~60	200~250	常温	100~400	常温	30~40
操作压力, MPa	>2.0	0.1~4	0.1~3	0.1~3	0.1~3	不限	0.1~4.0	0.1~4.0	0.1~5.0
气体空速, h^{-1}	3000	500~1000(常压)	≤3000	500~1000	≤3000	≤1000	≤3000	1000	≤2000
液体空速, h^{-1}	—	—	—	2~5	1~6	≤3	1~6	1~6	≤5

用途 氧化锌脱硫剂正在向低密度、低温或常温、高强度及兼具有机

硫转化性能的方向发展。用于中温(200~250℃)、低温(80~120℃)及常温下进行脱硫净化。其中T302Q、NCT310用于合成气脱硫，保护低变催化剂；T307、T308可在常温或低温条件下，精脱各种气态和液态原料中的H_2S，可将原料中的硫含量从$(1~5)×10^{-6}$降至$0.1×10^{-6}$以下；TC-22可用于液态丙烯及工业合成气的精脱硫，它不仅能吸收液态和气态中的H_2S，对COS(羰基硫)也有一定转化及吸收能力，经处理后的上述原料，其总硫(H_2S+COS)含量可降至$0.1×10^{-6}$以下；CT-307适用于精脱煤气、甲醇合成气等原料中的H_2S；KT-310、KT311适用于合成气、油田气及液态原料中H_2S的净化。

简要制法 参见"氧化锌脱硫剂(高温型)"条目。

生产厂 西北化工研究院、南京化学工业公司催化剂厂、四川化学工业公司催化剂厂、盘锦南方化学工业公司辽河催化剂公司、江苏昆山精细化工研究所、江苏姜堰区化工助剂总厂、中国石化齐鲁石化分公司研究院等。

6. 氧化锌脱硫剂
Zinc Oxide Desulfurizer

工业牌号 TZS-1、TZS-2、TZS-3、TD-305、TZS-4、YHS-212

主要组成 以 ZnO 为主要活性组分，或适量添加 Al_2O_3 等其他助剂。

产品规格及工艺条件

产品性状	TZS-1	TZS-2、TP-305	TZS-3	TZS-4	YHS-212
外观	浅黄色条状	浅黄色条状	浅灰色条状	白色或灰色球状	灰色条状
外形尺寸，mm	$\phi 4 ×$(4~10)	$\phi 4 ×$(4~10)	$\phi 4 ×$(4~10)	ϕ(3~4)	$\phi 3 ×$(5~15)
堆密度，g/mL	1.15~1.25	1.10~1.20	1.10~1.20	0.7~0.9	0.8~1.0
孔体积，mL/g	0.4	0.4	0.15~0.35	0.26	1.0
比表面积，m^2/g	30	20~40	30	200	≥40
侧压强度，N/cm	40	>50	60	80	≥45

续表

产品性状	TZS-1	TZS-2、TP-305	TZS-3	TZS-4	YHS-212
磨耗率,%	5	5	<5	<1	—
操作温度,℃	220~400	180~400	常温	10~40	<400
操作压力,MPa	0.1~4.0	0.1~4.0	1~10	1.0	0.1~4.0
气体空速,h^{-1}	1000~3000	1000~3000	1000~3000	—	500~3000
液体空速,h^{-1}	1~6	—	2~5	—	3~5
进料中H_2S,10^{-6}	≤100	1~2(mg/m^3)	1~5(mg/m^3)	<30	—
出料中H_2S,10^{-6}	0.1	0.1	0.1	0.1	0.1

用途 TZS-1催化剂用于脱硫及甲烷化、低温变换催化剂、甲醇用铜催化剂的保护剂；TZS-2催化剂用作合成气、油田气、天然气、乙炔气及轻油等的精制脱硫；TZS-3催化剂用于低温条件下脱除各种气态、液态原料中的硫化物，脱除羰基硫(COS)，与水解催化剂串联使用时效果更好；TZS-4催化剂用于催化水解液相丙烯中微量羰基硫、二硫化碳等有机硫，也可用于脱除氯化物、氰化物中的CO_2；TP305适用于石脑油、天然气、合成气、变换气等原料气(油)脱除硫化氢。在200~400℃范围内，保持良好的活性，可用于合成氨、制氢、石油精等行业的精脱硫装置。

简要制法 由氧化锌与各种助剂经混捏、挤条、干燥、焙烧制得。

生产厂 江苏姜堰区化工助剂总厂、江苏汉光集团宜兴市诚信化工厂、姜堰区天平化工公司等。

7. 氧化铁脱硫剂
Iron Oxide Desulfurizer

工业牌号 EF-2、EF-3、LA-1-1、CT-13、SN-2、ST801、SW、T501、T502、TC-15、TG-2~5、TG-F

主要组成 以$Fe_2O_3·H_2O$或Fe_3O_4为活性组分。

产品规格及工艺条件

产品性状	EF-2	EF-3	LA-1-1	CT-13	SN-2	ST801	SW	T501	T502	TC-15	TG-2~5	TG-F
外观	黄色条形	黄色条形	红褐色圆柱	灰黑色条形	棕红色条形	褐色条形	红褐色球形	棕黄色条形	褐色条形	灰黄白色条形	红褐色条形	黑褐色片
外形尺寸	$\phi(3\sim4)\times(3\sim15)$	$\phi(3\sim4)\times(3\sim15)$	$\phi 6\times 5$	$\phi 4.5\times(5\sim15)$	$\phi 4\times(4\sim10)$	$\phi(5\sim6)\times(5\sim15)$	$\phi 2$	$\phi 5\times(5\sim15)$	$\phi 6\times(9\sim15)$	$\phi 4\times(9\sim15)$	$\phi 5\times(5\sim15)$	叶片
堆密度, g/mL	0.6~0.8	0.6~0.8	1.4~1.5	0.7~1.1	0.7~0.8	0.7~0.8	0.7~0.9	0.8~0.85	0.7~0.8	0.8~1.0	0.72~0.85	0.3~0.6
侧压强度, N/cm	>50	>50	>110	>40	>40	>50	—	>35	>50	>40	>40	—
操作温度, ℃	5~100	6~200	250~300	10~15	200~350	20~40	20~30	5~40	20~40	80	20~40, 80~140, 5~50	10~40
操作压力, MPa	0.1~8	0.1~8	0.1~4	0.1~3	0.1~2	0.1~2	0.1	0.1~2	0.1~2	5.4	0.1~3	0.1~2
空速, h^{-1}	1000~3000	800~2000	1000~2000	300~1000	200~350	300~800	200	300~1000	200~300	—	300~1500	50~150
脱硫精度, 10^{-6}	0.03	<0.03	3(COS)	5	3(COS)	1	1	1	1	5	<1	15
再生温度, ℃	—	—	—	—	450~550	—	—	<80	30~60	—	20~60 (或不再生)	20~60

用途 氧化铁脱硫是一种古老的干式脱硫法,早先用于城市煤气净化。随着氧化铁脱硫剂脱硫性能的改善,近期已成为化肥催化剂中用量增长最快的品种。在常温脱除 H_2S 工艺中,它具有节能、降耗、价廉及使用方便等优点。常温(20~40℃)及低温(120~140℃)条件下,氧化铁脱硫剂是以 $Fe_2O_3 \cdot H_2O$ 的形态与 H_2S 反应生成 FeS_2。在有氧存在的条件下,生成的硫化铁发生氧化反应,析出硫黄。中温(250~350℃)条件下脱硫剂为 Fe_2O_3 形态。使用前还原成 Fe_3O_4,吸收 H_2S 后成 FeS 或 FeS_2。另有一类用于 150~180℃ 条件下,其形态为 $Na_2CO_3 \cdot Fe_2O_3$。有机硫被水解后再被氧化,最终被 Na_2CO_3 吸收成不可再生的 Na_2SO_4。在高温(>500℃)条件下,脱硫剂则为负载金属铁或铁酸盐的形态,用活性金属铁进行脱硫。氧化铁脱硫剂广泛用于中小型合成氨厂碳化气脱硫,以降低铜氨液的消耗。也可用于联醇气脱硫以及城市煤气产出企业、石油化工企业等各种含硫气体的脱硫。

简要制法 先将铁盐与液碱(或纯碱)经中和、沉淀、洗涤、干燥、粉碎,加入助剂及黏合剂后再经成型、干燥制得。

生产厂 南化公司催化剂厂、中国石化上海石油化工研究院、太原工业大学、扬州催化剂厂、江苏靖江催化剂厂、四川天然气化工研究所等。

8. 铁锰脱硫剂
Iron-Manganese Desulfurizer

工业牌号 MF-1、MF-2、LS-1、T313

主要组成 以 Fe_2O_3 及 MnO_2 为主要组分,并添加适量 ZnO、MgO 作促进剂。

产品规格及工艺条件

产品性状	MF-1	MF-2	LS-1	T313
外观	黑褐色圆柱体	黑褐色圆柱体	黑褐色圆柱体	灰褐色条或圆柱体
外形尺寸,mm	$\phi 9 \times 5$	$\phi 9 \times 5$	$\phi 9 \times 5$	条:$\phi(3.5~4.5)$;圆柱体:$\phi 9 \times (6~9)$

续表

产品性状	MF-1	MF-2	LS-1	T313
主要组分含量,%	(Mn+Fe+Zn)>35	(Mn+Fe+Zn)>45	(Mn+Fe+Mg+Zn)>35	—
堆密度,g/mL	1.35~1.45	1.20~1.30	1.35~1.45	条:1.1~1.25;圆柱体:1.45~1.75
侧压强度,N/cm	>160	>160	>160	—
磨耗率,%	<11	<11	<11	—
操作温度,℃	350~400	350~400	200~250	280~450
操作压力,MPa	0.1~4	0.1~4	0.1~4	0.1~5
空速,h^{-1}	100~1000	100~1000	100~1000	≤1000
脱硫精度,10^{-6}	0.1	0.1	0.1	0.1

用途 铁锰脱硫剂属于转化吸收型脱硫剂。它可以精脱天然气中除噻吩以外的各种硫化物,脱硫精度达 0.1×10^{-6}。适用于以天然气、炼厂气、焦炉气为原料的合成氨厂、甲醇厂的转化吸收脱硫过程。这类脱硫剂有极强的热分解有机硫的能力。有机硫经脱硫剂热分解后,立即被 Mn_2O_3 及 Fe_2O_3 所吸收,而且反应生成的 MnS 也具有热分解及加氢分解有机硫的能力。在不加 H_2 的条件下,其中的 MnS 可将 RSH、RSSR'、CS_2 等有机硫几乎完全分解成烃类及 H_2S,而 H_2S 则被脱硫剂组分所吸收。

简要制法 以天然锰矿石及天然铁矿石为原料,先将其破碎、烘干及球磨,加入 ZnO、MgO 等助剂及适量水后,再经成型、干燥即制得成品。

生产厂 西南化工研究院、西北化工研究院等。

9. 活性炭脱硫剂
Active Carbon Desulfurizer

工业牌号 TP-SN3、EZX、KC-2、RS-1~3、T101~T103、TL-4、TL-6
主要组成 活性炭或改性活性炭。

产品规格及工艺条件

产品性状	TP-SN3	EZX	KC-2	RS-1	RS-2	RS-3	T101(EAC-1)	T102(EAC-2)	T103(EAC-3)	TL-4	TL-6
外观	黑色条形	黑色条形	黑色颗粒	黑色圆柱状	黑色圆柱状	黑色圆柱状	黑色条形	黑色条形	黑色条形	黑色条形	黑色条形
外形尺寸,mm	$\phi 4 \times (5\sim 8)$	$\phi(3\sim 4) \times (3\sim 15)$	$\phi(3\sim 4) \times (2\sim 5)$	$\phi(3\sim 4) \times (6\sim 15)$	$\phi(3\sim 4) \times (5\sim 12)$	$\phi(3.2\sim 4.5) \times 5$	$\phi(3\sim 4) \times (3\sim 15)$	$\phi(3\sim 4) \times (3\sim 15)$	$\phi(3\sim 4) \times (3\sim 15)$	$\phi(2.7\sim 3.3)$	$\phi(2.2\sim 2.8)$
堆密度,g/mL	0.65~0.70	0.55~0.75	0.55~0.65	0.6~0.7	0.5~0.6	0.4~0.5	0.5~0.7	0.5~0.7	0.5~0.7	0.5~0.7	0.5~0.7
侧压强度,N/cm	>80	>50	>100	>50	>50	>50	>50	>50	>50	>50	>50
磨耗率,%	—	10	10	10	10	10	10	10	10	3	3
操作温度,℃	室温	15~50	15~60	25~55	25~55	25~55	5~40	5~80	5~40	30~40	30~40
操作压力,MPa	0.1~2	0.1~10	0.1~8	0.1~3	0.1~3	0.1~3	0.1~10	0.1~10	0.1~10	0.1~2	0.1~2
气体空速,h^{-1}	—	800~1200	1000~2000	300~500	300~500	300~500	800~2000	800~2000	800~2000	0.5~1.5(液空速)	1~1.5(液空速)
脱硫精度,10^{-6}	0.1	0.03	0.1	<10	<10	<10	0.03	0.03	0.03	<5	—

用途 用活性炭脱硫是一种古老的脱硫方法，活性炭脱硫剂是一种孔隙率大的黑色固体。其主要组分是呈不规则排形的石墨微晶，属无定形炭。其孔隙大小不是均匀一致的。它可以吸附脱附的 H_2S，而对有机硫则可通过吸附、氧化及催化转化加以脱除。吸附脱除对噻吩最有效，CS_2 次之，COS 最难。一般用于天然气或焦炉气脱有机硫。其中，TL-4 型脱硫剂专用于脱除炼油厂液化石油气及 C_4 馏分中的硫化物。它通过活性炭负载多种活性组分，并运用物理的或化学的吸附方法净化硫化物。TL-6 则用于脱除汽油中的硫醇，或用于轻质油品（如溶剂油）的脱臭。活性炭脱硫剂使用一定时间后，会失去脱硫能力。其孔隙中会聚集硫及硫的含氧酸盐等。通过过热蒸汽再生可恢复活性炭的脱硫性能。

简要制法 将原煤破碎、磨粉后加入黏合剂及其他助剂，经混合、成型、干燥、炭化、活化制得成品。

生产厂 湖北化学研究所、姜堰区天平化工公司、北京市北郊活性炭厂、太原新华活性炭厂、西北化工研究院等。

10. 脱氯剂（一）
Dechlorinating Agent

工业牌号 ET-1～3、KT-49、KT405、KT407、NC-2、T406～T409、T410Q、T411Q、JX-5

主要组成 碱或碱土金属氧化物，或易与氯结合的铜为活性组分。

用途 氯来源于工艺用水、二段炉补加空气及原料烃中。它对氨厂烃类转化、低温变换、甲烷化、甲醇合成等催化剂会产生毒害作用。氯与氧化锌中的锌形成氯化锌。其熔点只有 285℃，熔融后覆盖在氧化锌表面，阻碍 H_2S 进入脱硫剂内表面，致使脱硫剂的硫容明显下降并提前更换。氯对氨厂的设备还会造成严重腐蚀。脱氯剂用于天然气、合成气、煤气、氢气、氮气、气态烃及石脑油等工业原料中氯化氢的脱除。如在气体中含有有机氯，则应先经钴钼加氢催化剂使其转化为氯化氢，再用脱氯剂除去。

简要制法 将活性组分与助剂、黏合剂经混捏、成型、干燥及焙烧制得，或将特制载体浸渍活性组分溶液后经干燥、焙烧制得。

生产厂 西北化工研究院、南京化学工业公司催化剂厂、靖江催化剂厂等、北京三聚环保新材料公司、辽宁海泰科技开发公司等。

产品规格及工艺条件

产品性状	ET-1	ET-2	ET-3	KT-49	KT-405	KT-407	NC-2	T406	T407	T408	T409	T410Q	T411Q
外观	黑色或灰色条	黑色或灰色条	黑色或灰色条	灰褐色条	灰褐色条	灰褐色球	灰褐色球	黑色条	灰色条	灰色条	灰白色条	微红色球	灰白色球
外形尺寸，mm	$\phi(3\sim6)\times(4\sim10)$	$\phi(3\sim6)\times(4\sim10)$	$\phi(3\sim6)\times(4\sim10)$	$\phi5\times(10\sim15)$	$\phi5\times(5\sim12)$	$\phi(3\sim4)$	$\phi(3\sim5)$	$\phi3\times(3\sim8)$	$\phi4\times(4\sim10)$	$\phi4\times(4\sim10)$	$\phi4\times(4\sim15)$	$\phi(3\sim5)$	$\phi(4\sim5)$
堆密度，g/mL	$0.5\sim0.7$	$0.5\sim0.8$	$0.5\sim0.8$	$0.9\sim1.1$	$0.7\sim0.8$	$0.7\sim0.8$	>0.68	$0.7\sim0.8$	$0.9\sim1.0$	$0.7\sim0.9$	$0.7\sim0.85$	$0.72\sim0.80$	$0.75\sim0.82$
侧压强度，N/cm	>60	>60	>60	>60	>70	>40	>30	>50	>60	>50	>50	>40	>50
操作温度，℃	$0\sim150$	$250\sim450$	$0\sim250$	$50\sim400$	$250\sim400$	$30\sim50$	$200\sim400$	常温~150	常温~200	$200\sim400$	$4\sim400$	—	$200\sim500$
操作压力，MPa	$0.1\sim10$	$0.1\sim10$	$0.1\sim10$	$0.1\sim8$	$0.1\sim5$	$0.1\sim4$	$0.1\sim5$	$0.1\sim50$	$0.1\sim50$	$0.1\sim50$	$0.1\sim4$	—	—
气体空速，h^{-1}	<3000	<3000	<3000	$1000\sim2000$	$1000\sim2500$	$500\sim2000$	<3000	<3000	<3000	<3000	<3000	—	—
液体空速，h^{-1}	—	—	—	脱氯率 >99%	—	—	—	<5	—	—	—	—	—
脱氯精度，10^{-6}	0.1	0.1	0.1		0.1	0.5	0.5	0.2(气) 0.5(液)	0.2	0.2	0.2	—	—

11. 脱氯剂(二)
Dechlorinating Agent

工业牌号 YHC-231A、YHC-231B、NC-L、NC-H

产品规格及工艺条件

产品性状	YHC-231A	YHC-231B	NC-L	NC-H
外观	乳白色条	白色条	浅红色球	灰色或白色球
外形尺寸, mm	$\phi 3 \times (5\sim15)$	$\phi 3 \times (5\sim15)$	$\phi(3\sim5)$	$\phi(3\sim5)$
堆密度, g/mL	0.7~0.9	0.8~1.0	≥0.80	≥0.75
侧压强度, N/cm	≥70	≥80	30(N/粒)	30(N/粒)
反应温度, ℃	常温~200	200~400	4~100	100~380
反应压力, MPa	0~6	0~6	0~10	0~10
气体空速, h^{-1}	≤2000	≤2000	—	—
液体空速, h^{-1}	≤10	≤13	—	—
脱氯精度, 10^{-6}	≤0.1	≤0.1	—	—

用途 为一种由特殊工艺制成的高效脱氯剂。YHC-231A 及 NC-L 型用于低温脱氯,YHC-231B 及 NC-H 型用于高温脱氯。适用于重整原料油脱氯以及氢气、氮气、合成气、CO 等气相中氯的脱除,也可用作蒸气转化、低温变换及甲烷化等催化剂的保护剂。具有适应性强、选择性好、使用温域宽等特点。

生产厂 江苏汉光集团宜兴市诚信化工厂、姜堰区天平化工公司等。

12. 脱氢催化剂
Dehydrogenation Catalyst

工业牌号 DH-2、HT-1、TH-1、506HO、YHH-236 等

主要组成 以 Pd 或 Pt 为活性组分,以 Si、Al 或 Ca 等的氧化物为催化剂载体。

产品规格及工艺条件

产品性状	DH-2	HT-1	TH-1	506HO	YHH-236
外观	深褐色球	褐色球	灰色球	黑色球	黑色条
外形尺寸, mm	$\phi(2.5\sim3.2)$	$\phi(2\sim5)$	$\phi(2.5\sim3.5)$	$\phi(1\sim6)$	$\phi(1.5\sim2)\times(5\sim15)$
堆密度, g/mL	0.65	0.55~0.85	0.6~0.8	1.15	1.1~1.3
压缩强度, N/粒	>70	>30	>50	>62	>50

续表

产品性状	DH-2	HT-1	TH-1	506HO	YHH-236
操作温度,℃	170~220	10~150	110~220	150	150
操作压力, MPa	0.1~14.7	<10	0.1~15	0.1~3.0	常压
气体空速, h^{-1}	25000~35000 (H_2S 0.5~2mg)	5000~30000	10000~35000	<1000	<3000
脱氢精度, 10^{-6}	50	0.1	10	5	5

用途 用于脱除合成尿素用 CO_2 原料气中所含的氢。在合成尿素的 CO_2 原料气中,一般含有 0.4%~1.5% 的 H_2,为防止设备腐蚀又加入一定量的 O_2。氢和氧经高压洗涤器浓缩后,遇静电摩擦等情况可能引起爆炸,因此必须将 CO_2 气中的 H_2 脱除。脱氢催化剂的活性组分一般为贵金属 Pd 或 Pt,当有硫化物存在时易引起催化剂中毒。因此使用脱氢催化剂时,原料气中总硫含量应小于 $2mg/m^3$。YHH-236 脱氢剂还可用于脱除乙烯、丙烯及氮气中的微量氢。

简要制法 将特制载体浸渍贵金属溶液后经干燥、焙烧制得成品。

生产厂 西北化工研究院、甘肃刘家峡化工总厂催化剂厂、江苏汉光集团宜兴市诚信化工厂等。

13. 脱氧剂(一)
Deoxygen Agent

工业牌号 T201、TO-3、105、T601、TO-01、O_{603-1}、O_{603-2}、O_{603-3}、C15、BH-1、BH-2、BH-5、TO-2

主要组成 贵金属脱氧剂以 Pd 或 Pt 为活性组分,铜系脱氧剂以 CuO 为活性组分,镍系脱氧剂以 NiO 为活性组分。载体用氧化铝、硅胶、氧化镁或分子筛等。

用途 用于脱除工业原料气中氢气、氮气、乙烯、合成气、气态烃等气体中的微量氧,也可脱除液态烃中的微量氧。脱氧反应过程为 O_2 与 H_2 或 CO 在脱氧剂上反应生成 H_2O 或 CO_2。贵金属系脱氧剂是将贵金属 Pd、Pt 等负载在 Al、Si、Ti 等金属氧化物上,经特殊处理后,通过调变催化剂的电子因素和金属—半导体界面性质,使催化剂能脱除各种气体中的微量氧;铜系脱氧剂是由 CuO 负载在氧化铝、氧化镁或硅胶等载体上,使用前需用氢还原;镍系脱氧剂是将 NiO 负载在氧化铝等载体上,其使用温度范围比铜系脱氧剂要宽,但价格亦高于铜系脱氧剂。

简要制法 先用特制氧化铝、硅胶等载体浸渍贵金属或非贵金属溶液,再经干燥、焙烧制得。

产品规格及工艺条件

产品性状	贵金属系					铜系				镍系				
	T201	TO-3	105	T-601	TO-01	O_{603-1}	O_{603-2}	O_{603-3}	C15	BH-1	BH-2	BH-3	BH-5	TO-2
外观	球形	灰色球	球形	球形	球形	片状	片状	片状	球形	片状	条形	条形	片状	圆柱体
外形尺寸,mm	ϕ(3~5)	ϕ(2.5~3.5)	ϕ(2~3)	ϕ(3~5)	ϕ(3~5)	$\phi5\times$(4~6)	$\phi5\times$(4~6)	$\phi5\times$(4~6)	ϕ(3~5)	$\phi5\times$(4~6)	$\phi4\times$(3~7)	$\phi1.5\times$(3~7)	$\phi5\times$(3~5)	$\phi5\times$(4~5)
堆密度,g/mL	0.8~1.1	0.65~0.75	0.8~1.1	0.8~1.0	0.7~1.0	0.9~1.2	0.9~1.2	0.9~1.3	1.03	1.1~1.3	1~1.2	0.9~1.1	1~1.35	1.0~1.3
比表面积,m^2/g	~160	—	~160	—	—	40~60	40~60	50~90	—	130~180	110~160	120~160	50~100	—
孔体积,mL/g	0.3	—	0.3	—	—	0.3~0.4	0.3~0.4	0.3~0.4	—	0.3~0.4	0.3~0.4	0.3~0.4	0.2~0.3	—
侧压强度,N/cm	—	≥40	—	≥30(点压)	≥60	≥40	≥40	≥120	—	—	—	—	—	100
操作温度,℃	120	20~300	120	130~240	200~500	180~240	180~240	180~240	80~150	20~200	20~200	20~200	20~200	20~300
操作压力,MPa	0.1~4	0.1~4	0.1~4	0.1~3	0.1~4	0.1~3	0.1~3	0.1~3	0.1	0.1~0.4	0.1~0.4	0.1~0.4	0.1~10	0.1~3
空速,h^{-1}	1000~5000	1000~10000	1000~5000	1000~3000	≤2000	1000~3000	1000~3000	1000~3000	1000~5000	300~500	300~500	300~500	—	1000~2000
脱氧精度,10^{-6}	1.0	1.0	1.0	<5	10	100	10	5	0.5	2	2	2	<5	5

生产厂 西北化工研究院、中国石化上海石油化工研究院、南京化学工业公司催化剂厂等。

14. 脱氧剂（二）
Deoxygen Agent

工业牌号 YHO-235、SRO-1、HTRO-NE

主要组成 以锰为主要活性组分，以活性氧化铝为载体。

产品规格及工艺条件

产品性状	指标 YHO-235	产品性状	指标 YHO-235
外观	棕黑色条状物	操作温度极限，℃	500
外形尺寸，mm	$\phi(2.5\sim3.5)\times(5\sim15)$	原料中氧含量，10^{-6}	$\leqslant 1000$
堆密度，g/mL	1.10~1.30	脱氧容量，mL/g	$\geqslant 18$
压缩强度，N/cm	$\geqslant 50$	脱净后氧最低残留量，10^{-6}	$\leqslant 0.1$
操作温度，℃	常温~200		

用途 YHO-235、HTRO-RE 脱氧剂以 Mn 为主要活性组分，可用于脱除乙烯、丙烯、氢气、一氧化碳及氮气等气体中的微量氧。具有在常温下不需加氢就具显著脱氧能力，脱氧性能好，操作平稳，不产生飞温等特点。

生产厂 江苏汉光集团宜兴诚信化工厂、辽宁海泰科技开发公司、北京三聚环保新材料公司等。

15. 脱氧催化剂
Deoxidizing Catalyst

工业牌号 GH-802、GH-803、HTO-10

主要组成 以贵金属 Pd 为主要活性组分，以氧化铝为催化剂载体。

产品规格

产品性状	指标		
	GH-802	GH-803	HTO-10
外观	褐黑色球	褐黑色球	黄褐色条
外形尺寸，mm	$\phi(3\sim5)$	$\phi(3\sim5)$	$\phi(1.4\sim1.6)$
堆密度，g/mL	$\geqslant 0.75$	$\geqslant 0.75$	0.7~0.8
压缩强度	$\geqslant 120\text{N/粒}$	$\geqslant 120\text{N/粒}$	$\geqslant 90\text{N/cm}$
Pd 含量，%	0.3	0.5	Pd/Al_2O_3

用途 一种高效脱氧剂,兼有脱硫性能,适用于氢、氮、氩气等多种气体深度净化及脱除有机硫噻吩。常温下,空速 8000～18000h^{-1} 范围内,当原料气中含氧量为 1%～2.5% 时,经一次催化除氧,可使出口气含氧量达到 10^{-6}。

简要制法 由特制氧化铝载体浸渍氯化钯溶液后,再经干燥、活化分解而制得。

生产厂 江苏姜堰区化工助剂总厂、姜堰区天平化工公司、辽宁海泰科技开发公司等。

16. 天然气一段蒸汽转化催化剂
Primary Natural Gas Steam Reforming Catalyst

工业牌号 CN-16、CN-23、Z102、Z103、Z107、Z108、Z108-1、Z109-1Y/2Y、Z110-Y、Z111-Y、Z112-1Q、Z112-2Q、Z412W、Z413W

主要组成 以 NiO 为催化剂主活性组分,并添加适量稀土金属氧化物,以氧化铝为催化剂载体。

用途 天然气、油田气、炼厂气及石脑油(轻油)等烃类化合物均可作为制造氢气、合成氨原料气、城市煤气及一碳化学品合成过程的原料气(即合成气)的初始原料。所谓烃类水蒸气转化过程,即在催化剂存在下,于一定温度及压力下转化成含 H_2、CO、CO_2 等气体的混合气的过程。根据所使用的原料不同,转化催化剂可分为:以甲烷为主的天然气与油田伴生气用的天然气一段转化催化剂;含少量烯烃转化用的炼厂气一段转化催化剂;以石脑油为对象的轻油转化催化剂。本催化剂主要用于以甲烷为主的饱和烃(天然气、油田气、焦炉气中的 CH_4、C_2H_6 等)与水蒸气反应,转化成含 H_2、CO 的气体,以作为制取合成氨、合成甲醇以及其他一碳化学品和工业氢气等的原料气。在正常操作条件下,可使转化后气体中的残余甲烷含量低于或等于 13%。如需进一步降低甲烷含量,则需进行二段转化。

简要制法 以 $Ni(NO_3)_2$ 为活性组分化合物,以 Al_2O_3 为载体并加入适量助剂,不同牌号催化剂可采用沉淀法、浸渍法或混合法等不同方法制备。

生产厂 西南化工研究院、四川化工公司催化剂厂、盘锦南方化学工业公司辽河催化剂公司、中国石化齐鲁石化分公司催化剂厂等。

产品规格及工艺条件

产品性状	CN-16	CN-23	Z102	Z103	Z107	Z108	Z108-1	Z109-1Y、2Y	Z110-Y	Z111-Y	Z112-1Q	Z112-2Q	Z412W、Z413W
外观	七孔圆柱	七孔圆柱	拉西环	拉西环	拉西环	拉西环	七筋车轮	七筋车轮	五筋车轮	五筋车轮	七孔球	三孔球	七筋车轮
外形尺寸, mm	$\phi16\times(3.5\sim8)$	$\phi16\times(3.5\sim8)$	$\phi16/(6\times8)$, $\phi19/(9\times19)$	$\phi16/(6\times16)$	$\phi16/(6\times8)$, $\phi16/(6\times16)$	$\phi16/(6\times8)$, $\phi16/(6\times16)$	$\phi16\times16$, $\phi16\times8$	$\phi16\times16$, $\phi16\times8$	$\phi16\times16$, $\phi16\times8$	$\phi16\times16$	$\phi16\times3$	$\phi10\times3$	$\phi16\times16$, $\phi16\times10$
堆密度, g/mL	1.10	—	$1.1\sim1.2$, $0.9\sim1.1$	$1.1\sim1.2$	$1.23\sim1.20$	$1.15\sim1.20$	$1.1\sim1.25$	$1.0\sim1.1$	$1.22/1.16$	1.12	1.12	$1\sim1.2$	1.15
比表面积, m²/g	6.1	—	—	—	5.1	—	—	3	5.9	—	—	—	2.9
孔体积, mL/g	0.14	—	—	—	0.184	—	—	0.17	0.144	—	0.16	0.126	0.17
孔隙率, %	57	—	—	—	44	—	—	~40	~38	—	39	30	—
侧压强度, N/cm	250	—	—	—	—	≥350	≥350	300/350	340/540	—	≥250	≥200	≥700
NiO 含量, %	≥14	14	$13\sim15$	—	$14\sim16$	>16	≥16	≥12	≥12	≥14	>12.5	14.0	14
ReO 含量, %	—	$5\sim10$	—	—	—	—	—	—	2	$2\sim5$	—	$0.1\sim4$	<4
Al₂O₃ 含量, %	~83	75	~49	—	~84	~84	~84	~85	~85	>80	~85	~85	~80
操作温度, ℃	$400\sim1000$	650	$450\sim900$	$450\sim850$	$420\sim860$	$450\sim850$	$430\sim850$	$450\sim850$	$450\sim850$	$400\sim860$	$400\sim860$	$450\sim840$	$500\sim850$
操作压力, MPa	≤3.5	1.0	≤2.0	≤2.0	≤4.0	≤4.0	$1\sim5$	≤4	≤4	≤4.5	≤4.5	$0.8\sim4$	≤3.5
汽气碳比	≥3.0	$2\sim2.5$	≥3.0	≥3.0	≥3.0	≥3.0	$3\sim5$	$3\sim6$	$3\sim6$	≥25	≥3	≥3	4

17. 轻油蒸汽转化催化剂
Naphtha Steam Reforming Catalyst

工业牌号 CN-14、NPR-1、Z402、Z403H、Z405G、Z409、Z417、Z418、Z419、HTC2-7

主要组成 以 NiO 为活性组分，并加入适量 MgO 助剂，以 Al_2O_3 为催化剂载体。在制备过程中镍与铝的氧化物能形成 $NiAl_2O_4$ 的尖晶石型结构，加入 MgO 可降低 $NiAl_2O_4$ 的酸性，减少结炭产生。

产品规格及工艺条件

产品性状	指标								
	CN-14	NPR-01	Z402	Z403H	Z405G	Z409	Z417	Z418	Z419、HTCZ-7
外观	片状	圆柱体	环状	环状	环状	环状	四孔圆柱体	四孔圆柱体	四孔圆柱体
外形尺寸	$\phi 5\times 5$	$\phi 4\times(3\sim 4)$	$\phi 16/(6\times 7)$	$\phi 15/(6\times 15)$	$\phi 16/(6\times 16)$	$\phi 16/(6\times 6)$	$\phi 16/(4\times 7)$	$\phi 16/(4\times 16)$	$\phi 16/(6\times 6)$
NiO,%	>25	—	17	25	11	22	—	—	—
K_2O,%	—	—	6	—	—	7	—	—	—
MgO,%	—	—	12	64	—	11	—	—	—
CaO,%	—	—	7	—	14	13	—	—	—
SiO_2,%	~30	—	13	—	—	11	—	—	—
Al_2O_3,%	—	—	30	11	Tb	23	—	—	—
堆密度,g/mL	1.0~1.25	0.95~1.2	0.95~1.2	0.9~1.1	0.95~1.1	0.95~1.2	0.9~1.1	0.85~1.0	0.9~1.1
侧压强度,N/粒	≥300	—	>350	轴向>1500	>600	>270	—	—	—
操作温度,℃	420~440	400~500	450~500	450	800	450~500	480	650	450~700
操作压力,MPa	0.1~3	1~6	<4	<4	<4	<4	<4	<4	<4

用途 本催化剂用于促进轻油与水蒸气的转化反应。转化后生成的气体除含有 H_2、CO 及 CO_2 外，还含有 CH_4，因此，需再进行第二段转化除去 CH_4。CN-14 催化剂主要用于轻油转化制富甲烷的气体，可用作干点较高的轻油制富甲烷预转化催化剂或轻油制城市煤气的催化剂，其他催化剂

可用于合成氨厂、炼油厂及甲醇厂的制氢装置。有些催化剂还可组合使用。

简要制法 由硝酸镍、轻质氧化镁、铝酸钠溶液经共沉淀、过滤、洗涤、干燥、成型及焙烧等过程制得。也可用镍盐、镁盐与液碱先经中和沉淀、过滤、洗涤、干燥及焙烧，加入铝酸钙水泥、钾盐等后再经混捏及水蒸气养护制得。

生产厂 西南化工研究院、四川化工公司催化剂厂、辽宁海泰科技开发公司、盘锦南方化学工业公司辽河催化剂公司、中国石化齐鲁石化分公司等。

18. 烃类二段蒸汽转化催化剂
Secondary Hydrocarbon Steam Reforming Catalyst

工业牌号 CN-17、CN-20、CZ-4、CZ-5、Z203、Z203-1、Z204、Z205、Z206、HTZ112

主要组成 以 NiO 为主活性组分，以适量碱金属或碱土金属为助催化剂，以氧化铝为催化剂载体。

产品规格及工艺条件

产品性状	指标								
	CN-17	CN-20	CZ-4	CZ-5	Z203	Z203-1	Z204	Z205	Z206、HTZ112
外观	环状	环状	环状	球状	环状	七筋轮辐	环状	环状	环状
外形尺寸, mm	$\phi19/$ (9×19)	$\phi19/$ (9×19)	$\phi19/$ (9×19)	$\phi18$	$\phi19/$ (9×19)	$\phi19/$ (7×19)	$\phi16/$ (6.5×16)	$\phi25/$ (10×17)	$\phi16/$ (6×16)
NiO,%	>14	>14	>8	C_2O_3>8	>10	>13	>14	5~7	>12
CaO,%	~6	6	1.4	1.4	—	—	~10	~3.5	~3
SiO_2,%	≤0.2	≤0.2	≤0.2	≤0.2	—	≤0.2	≤0.2	≤0.2	≤0.2
$K_2O + Na_2O$,%	<0.2	<0.2	≤0.2	≤0.2	—	≤0.14	≤0.2	≤0.2	≤0.2
Al_2O_3,%	~60	~76	~87	~87	~70	≥85	~55	~90	~83
堆密度, g/mL	0.8	0.75~0.85	1.0~1.1	1.4~1.7	1.1~1.2	<1.2	1.16~1.19	1.10~1.15	1.15
比表面积, m²/g	19	12	—	—	—	—	50	—	3
孔体积, mL/g	0.2	0.384	—	—	—	—	0.2	—	0.2
径向压缩强度, N/cm	>400	398	≥460	—	≥300	>200	>400	>834	>400
操作温度,℃	450~1350	450~1400	450~1350	430~1350	450~1300	<1500	450~1300	450~1350	450~1350

续表

产品性状	指标								
	CN-17	CN-20	CZ-4	CZ-5	Z203	Z203-1	Z204	Z205	Z206、HTZ112
操作压力，MPa	<4.5	<4.5	3.2~3.5	≤4.0	1.0~5.0	1.0~5.0	0.1~4.5	<4.5	3.5
汽/碳比	>2.5	>2.5	>3.0	>3.0	≥3	0.9~1.2	>2.5	>2.5	>2.5

用途 天然气、炼厂气、汽油等烃类经一段转化后，由于在一段出口温度下反应平衡的限制，一段出口气中仍有约10%的甲烷存在。为使其进一步转化为氢，需进行二段水蒸气转化。经二段转化后气体中残余甲烷含量可降至0.5%以下。本催化剂主要用于合成氨厂或制氢厂的二段水蒸气转化。其转化性能与一段转化相近。但由于二段转化过程中，一段转化气与一定量的空气混合并迅速进行氧化燃烧放热反应，使二段转化温升可达 $1000 \sim 1250 ℃$，运转不正常时可达 $1400 ℃$ 以上。因此二段催化剂要比一段催化剂更耐高温。

简要制法 其制法与一段转化催化剂相似。由于需耐更高温度，要求二段催化剂在高温下活性及结构稳定，在 $1300 \sim 1400 ℃$ 范围短期内不熔结、不变形。其制法分为沉淀法和浸渍法两大类。沉淀法是在硝酸镍溶液中加入 $\alpha\text{-}Al_2O_3$ 粉，先与碳酸钾中和、沉淀、干燥及焙烧，然后加入铝酸钙水泥、石墨，再经混捏、成型、干燥制得成品。浸渍法是先用特制 $\alpha\text{-}Al_2O_3$ 浸渍硝酸镍溶液，再经干燥、焙烧分解制得成品。

生产厂 西南化工研究院、四川化工公司催化剂厂、辽宁海泰科技开发公司、盘锦南方化学工业公司辽河催化剂公司等。

19. 一氧化碳中/高温变换催化剂
CO Medium/High Temperature Shift Catalyst

别名 中变催化剂

工业牌号 B110-2、B111、B112、B113、B114、B115、B116、B117、B118、B119、B120、B121、FB122、FB123、BM-1、BX、DGB、HNB-5

主要组成 为以氧化铁为主要活性组分，以 Cr_2O_3 为主要助剂的铁铬系催化剂，用于一氧化碳中/高温变换。为提高催化剂的性能，在某些牌号中还添加了 K_2O、CaO、MgO 或 Al_2O_3 等助剂。为了减少剧毒的 Cr_2O_3 对水质及环境的污染，中温变换催化剂的最新发展方向是研制低铬或无铬催化剂。

产品规格及工艺条件

产品性状	B110-2	B111	B112	B113	B114	B115	B116	B117	B118	B119	B120	B121	FB122	FB123	BM-1	BX	DCB	HNB-5
外观	圆柱	圆柱	圆柱	圆柱	圆柱	圆柱	圆柱	圆柱	圆柱	圆柱	圆柱	圆柱	圆柱	圆柱	片状	片状	片状	圆柱
外形尺寸, mm	$\phi(9.5)\times(5\sim7)$	$\phi(9.5)\times(5\sim7)$	$\phi(9.5)\times(5\sim7)$	$\phi(9.5)\times(5\sim7)$	$\phi(9.5)\times(5\sim7)$	$\phi(9.5)\times(5\sim7)$	$\phi(9.5)\times(5\sim7)$	$\phi(9.5)\times(5\sim7)$	$\phi(9.5)\times(5\sim7)$	$\phi(9.5)\times(5\sim7)$	$\phi(9.5)\times(5\sim7)$	$\phi(9.5)\times(5\sim7)$	$\phi5\times(4\sim5)$	$\phi(9.5)\times(6\sim9)$	$\phi9\times(5\sim7)$	$\phi8\times(5\sim7)$	$\phi9\times(5\sim7)$	$\phi9\times(7\sim9)$
堆密度, g/mL	$1.4\sim1.6$	$1.5\sim1.6$	$1.4\sim1.6$	$1.3\sim1.45$	$1.35\sim1.45$	$1.35\sim1.45$	$1.45\sim1.55$	$1.5\sim1.6$	$1.3\sim1.65$	$1.1\sim1.3$	$1.3\sim1.5$	$1.35\sim1.6$	$1.2\sim1.35$	$1.3\sim1.5$	1.6	$1.3\sim1.4$	$1.4\sim1.6$	$1.4\sim1.6$
孔隙率, %	—	—	—	45	$40\sim50$	—	—	—	—	—	—	—	—	—	—	—	—	—
比表面积, m²/g	35	50	—	74	$80\sim110$	~35	~40	$50\sim60$	74	108	—	—	—	—	—	—	—	50
氧化铁, %	79	65	75	75	$77\sim83$	73	75	$65\sim75$	60	$79\sim83$	$71\sim81$	≤75	$370\sim450$	—	$75\sim85$	$77\sim81$	$65\sim75$	$65\sim75$
氧化铬, %	8	7.6	6	7	$8\sim11$	—	3	$3\sim6$	9	$7\sim10$	3	—	—	—	≥6	~3	$2.5\sim3.5$	$4\sim6$
氧化钾, %	—	—	—	—	$0.3\sim0.4$	—	—	—	—	—	$0.3\sim0.5$	—	—	—	$0.3\sim0.4$	$0.3\sim0.5$	—	—
硫酸根(以S计)含量, %	≤0.06	—	—	≤0.025	—	—	—	—	—	≤0.045	—	—	—	—	—	—	—	—
总钼含量(以MoO₃计), %	—	≥4.5	≥2.2	—	—	—	1	—	—	—	氧化铈$\geq2\%$	—	—	—	2.2	氧化铈$\geq2\%$	—	—
操作温度, ℃	$300\sim500$	$300\sim530$	$290\sim480$	$320\sim370$	—	$340\sim450$	$400\sim470$	$300\sim500$	$330\sim530$	$300\sim460$	—	—	$370\sim450$	$370\sim500$	$296\sim520$	$350\sim500$	$296\sim520$	$300\sim500$
操作压力, MPa	$0.1\sim3.0$	$0.1\sim4.0$	$0.1\sim4.0$	$0.1\sim3.0$	—	$0.1\sim2.0$	$0.1\sim2.0$	$0.1\sim2.0$	$0.1\sim4.0$	$0.1\sim4.0$	—	—	$0.5\sim6.0$	$0.5\sim8.0$	$0.1\sim8.0$	$0.1\sim2.0$	$0.1\sim8.0$	$0.1\sim2.0$
空速, h⁻¹	3000	$500\sim700$	$300\sim1000$	$350\sim2000$	—	—	$400\sim1100$	$400\sim1000$	$700\sim2000$	加压下3000	—	—	$500\sim2500$	$400\sim2500$	$300\sim1200$	—	$300\sim1200$	$500\sim800$
汽/气(体积比)	≥0.6	—	—	$0.6\sim0.8$	—	$0.6\sim0.65$	$0.5\sim0.6$	$0.6\sim0.8$	$0.7\sim0.8$	—	—	—	$0.4\sim0.45$	<0.5	$0.6\sim0.8$	$0.4\sim0.7$	$0.6\sim0.8$	$0.6\sim0.8$

用途 用于合成氨、合成甲醇及石油化工等制氢工艺中的 CO 变换过程。通过变换反应可将大部分 CO 转化成 H_2 及 CO_2，出口气体中 CO 含量为 3% 左右。我国绝大多数中温变换催化剂的操作温度范围均在 300~500℃，超过此范围 CO 转化率及使用效果会受到影响。

简要制法 以硫酸亚铁、铬酐、碳酸铵及其他助剂等为原料。不同形状及不同牌号的产品可采用混合法、共沉淀法、浸渍法及混沉法等不同制备方法制得。

生产厂 南京化学工业公司催化剂厂、四川化工公司催化剂厂、西北化工研究院、盘锦南方化学工业公司辽河催化剂公司、开封开化集团公司、辽宁海泰科技开发公司、衡阳市湖南化工厂等。

20. 一氧化碳低温变换催化剂
CO Low Temperature Shift Catalyst

别名 低变催化剂。

工业牌号 B202、B203、B204、B205、B206、RSB-A、RSB-Q、CB-2、CB-5、HT-CB5

主要组成 Cu-Zn-Al 或 Cu-Zn-Cr。

产品规格及工艺条件

产品性状	B202	B203	B204	B205	B206	RSB-A	RSB-Q	CB-2	CB-5、HT-CB5
外观	黑色圆柱	黑色片状	黑色圆柱	黑色片状	黑色圆柱	灰蓝色球或条形	灰蓝色或浅红色球	黑色圆柱	黑色片状
外形尺寸，mm	$\phi 5 \times$ (4.5~5.5)	$\phi 6 \times$ (3.5~4)	$\phi 5 \times$ (4~5)	$\phi 6 \times$ (3.5~4.5)	$\phi 5 \times$ (4~5)	球：$\phi 3$~5 条：$\phi 2.7$~3.3	$\phi 4$~6	$\phi 5 \times$ (4.5~5)	$\phi 6 \times 3$, $\phi 5 \times 2.5$
堆密度，g/mL	1.4~1.5	≤1.4	1.4~1.6	≤1.4	1.4~1.6	0.8~0.9	0.75~1.0	≤1.3	1.15~1.27
比表面积，m^2/g	60~80	50~70	65~85	60~80	65~85	—	—	—	75~85
径向压缩强度，N/cm	157	≥200	157	≥200	≥250	≥50	≥40	≥196	70~80N/粒
CuO，%	>29	17~19	35~40	28~31	34~42			34~41	38~42
ZnO，%	41~47	28~31	36~41	44~51	34~42			34~41	42~47
Al_2O_3，%	8.4~10	—	8~10	8~10	6.5~10.5			6.5~10.5	8~11

续表

产品性状	B202	B203	B204	B205	B206	RSB-A	RSB-Q	CB-2	CB-5、HT-CB5
Cr_2O_3，%	—	44~48	—	—	—	—	—	—	—
操作温度，℃	180~230	180~240	200~240	200~260	180~260	180~200	180~200	210~300	210~250
操作压力，MPa	≤3.0	1.0~5.0	≤4.0	1~5	<4.2	常压或加压	常压或加压	≤3.0	2~5
空速，h^{-1}	1000~2000	≤4000	1000~2500	1000~4000	2000~3000	1000~2000	1000~2000	1000~2000	3000
汽/气(体积比)	—	≥0.45	—	≥0.4	0.28~0.6	—	—	≥0.35	0.5~1.0

用途 主要用于以天然气或轻油为原料的大型合成氨厂和部分中小型合成氨厂。通常，低温变换催化剂是串联在中(高)温变换催化剂之后使用。经中(高)温变换后的出口气体中仍含 3%~4% 的 CO，经 180~200℃ 的低温变换，可使 CO 含量降至 0.2%~0.4%，从而可提高 H_2 的产率或 NH_3 的产率，减轻后续净化工序的负担，简化工艺流程。现已成为烃类原料制氨的典型工艺。低温变换催化剂的主活性组分是 Cu；但在 200℃ 时 Cu 会向大晶粒转变，产生"半熔"或"烧结"。为此，在低温变换催化剂中常添加 ZnO、Al_2O_3、及 Cr_2O_3 三种物质。它们的熔点都高于 Cu，可促使 Cu 微晶分散并稳定。所以低温变换催化剂分为 Cu-Zn-Cr 及 Cu-Zn-Al 两类三元体系。由于 Cr_2O_3 比 Al_2O_3 价高，且对人体有害，因此，国内开发的低温变换催化剂多数为 Cu-Zn-Al 系。

简要制法 先将铜盐、锌盐与碱液经共沉淀、洗涤，然后在料浆中加入 $Al(OH)_3$，再经过滤、干燥、成型、焙烧分解制得成品催化剂。

生产厂 南化公司催化剂厂、四川化工公司催化剂厂、西北化工研究院、盘锦南方化学工业公司辽河催化剂公司、辽宁海泰科技开发公司、刘家峡化肥厂催化剂分厂等。

21. 一氧化碳宽温(耐硫)变换催化剂
CO Sulfur Resistant Shift Catalyst

别名 宽变催化剂

工业牌号 B301、B301Q、B302Q、B303Q、BS-90、BS-91、CB-5、HB-301、NCBC、NCBC-1、QCS-01、QCS-02、QCS-03、QCS-04、QCS-10。

主要组成 以 Co-Mo-K 或 Co-Mo-Mg 为活性组分，以 γ-Al_2O_3 为催化剂载体。

二十四、化肥催化剂

产品规格及工艺条件

产品性状	B301	B301Q	B302Q	B303Q	BS-90	BS-91	CB-5	HB-301	NCBC	NCBC-1	QCS-01	QCS-02	QCS-03	QCS-04	QCS-10
外观	灰蓝片状	灰蓝球状	墨绿球状	球形	灰绿条	灰绿球	蓝灰球	灰蓝条	蓝灰条	蓝灰球	球状	浅红色球	条形	条形	条形
外形尺寸, mm	$\phi5 \times (4\sim6)$	$\phi(4\sim6)$	$\phi(3\sim6)$	$\phi(3\sim6)$	$\phi4 \times (6\sim10)$	$\phi(3\sim4)$	$\phi(3\sim6)$	$\phi3 \times (5\sim10)$	$\phi3 \times (5\sim10)$	$\phi(3\sim10)$	$\phi(3.6\sim3.8)$	$\phi(3\sim5)$	$\phi4 \times (8\sim12)$	$\phi4 \times (8\sim12)$	$\phi3.5\sim4$
堆密度, g/mL	1.05	$0.8\sim0.85$	$0.9\sim1.1$	$0.9\sim1.1$	$0.7\sim0.8$	$0.7\sim0.9$	—	0.7	0.7	$0.85\sim0.95$	$0.75\sim0.85$	$0.7\sim0.8$	$0.75\sim0.82$	$0.75\sim0.80$	0.75
比表面积, m²/g	>80	—	173	—	>150	>150	—	~200	~200	~180	$113\sim114$	$130\sim150$	≥50	>60	108
压缩强度, N/cm	150	$49\sim98$	>30(点压)	>30(点压)	130	—	≥100	>147	130	—	$150\sim155$	—	≥130	>110	—
CoO, %	$2\sim3$	$2\sim3$	>1	>1	$3\sim4$	$3\sim4$	$1\sim2.5$	$2\sim3$	$2\sim5$	$1.5\sim5$	$3\sim4$	5.5	$1.7\sim2.3$	$~1.8$	14.1
MoO₃, %	$10\sim15$	$10\sim15$	>7	>7	$10\sim13$	$10\sim13$	≥6	$8\sim12$	$8\sim15$	$8\sim15$	$7\sim9$	0.8	$7\sim9$	8.5	7.11
助剂, %	—	—	—	—	—	—	—	—	—	—	含TiO₂	$0.1\sim0.4$	$0.4\sim0.5$	—	—
载体	Al₂O₃	Al₂O₃	Al₂O₃	Al₂O₃	MgAl₂O₄	MgAl₂O₄	Al₂O₃	Al₂O₃	Al₂O₃	Al₂O₃	Al₂O₃	Al₂O₃	Al₂O₃	Al₂O₃	Al₂O₃
操作温度, ℃	$210\sim460$	$170\sim470$	$170\sim470$	$180\sim470$	$200\sim500$	$180\sim270$	$100\sim450$	$180\sim220$	$220\sim450$	$180\sim375$	$200\sim500$	$160\sim450$	$200\sim500$	$200\sim500$	196
操作压力, MPa	$0.1\sim2.0$	$0.15\sim1.4$	$0.1\sim3.0$	$1\sim3$	8.0	8.0	$0.1\sim3.5$	$0.1\sim2$	>0.8	$0.1\sim0.4$	$8\sim9$	$0.1\sim0.4$	9.0	5.0	2.3
空速, h⁻¹	$1500\sim2500$	$1500\sim2500$	$1500\sim2500$	$1500\sim2500$	$500\sim8000$	$4000\sim6000$	$300\sim1000$	$800\sim1500$	$800\sim1500$	$500\sim2500$	~4080	$1000\sim2500$	3500	—	—
汽/气(体积比)	$0.15\sim1.6$	$0.15\sim1.4$	$0.15\sim1.4$	$0.4\sim1.4$	2.0	2.0	—	$0.4\sim0.6$	$0.4\sim0.6$	$0.15\sim0.7$	$1.4\sim1.6$	—	1.8	1.2	—

用途 用于以重油、渣油为原料的大型合成氨厂和制氨装置中的CO变换过程。这些原料的含硫量高，而一般铁铬高温变换催化剂只能耐有限的硫。采用本催化剂可不预先脱硫，而将脱硫过程放到与脱 CO_2 同时进行。不但可简化工艺，还可节省蒸汽。宽变催化剂可分为钴钼钾系及钴钼镁系两类。前者大多用于以重油或煤为原料，变换压力低于3MPa的合成氨厂；后者主要适用于变换压力高于3MPa的合成氨厂。与铁—铬系及铜—锌系变换催化剂相比较，宽变催化剂具有低温活性好(即使在160℃时也有优异的活性)、很宽的活性温区(可在160~500℃范围内使用)、耐硫与抗毒性强(气体中含硫量上限无要求)、强度高、使用寿命长等特点。

简要制法 分混碾法及浸渍法两类。混碾法是将钴、钼和碱金属盐类溶液、氧化铝粉等按配比进行混碾、成型、干燥及焙烧的方法；浸渍法是将 $\gamma\text{-Al}_2O_3$ 载体浸渍钴、钼和碱金属盐类溶液后，经干燥、焙烧的方法。

生产厂 南京化学工业公司催化剂厂、四川化工公司催化剂厂、中国石化上海石油化工研究院、辽宁海泰科技开发公司、靖江催化剂厂、中国石化齐鲁石化分公司研究院、西北化工研究院等。

22. 甲烷化催化剂
Methanation Catalyst

工业牌号 J101、J101Q、J103H、J105、J106、J106Q、J107、J111；J201、J301、JRE、M348-2、RHM-266、SDM、SG-100、3411A

主要组成 工业用甲烷化催化剂一般以 Ni 为主要组分，Ni 含量在 10%~30% 之间，并加入适量助剂。以 $\gamma\text{-Al}_2O_3$ 或 SiO_2、ZrO_2、铝酸钙水泥等为催化剂载体。城市煤气用甲烷化催化剂以 NiO 或 MoS_2、WS_2 为活性组分，并加入适量 MgO、La_2O_3 等助剂。载体为 Al_2O_3 等。

产品规格及工艺条件

工业用甲烷催化剂指标

产品性状	J101	J101Q	J103H	J105	J106	J106Q	J107	J111
外观	片状	球形	条形	片状	条形	球形	片状	圆柱形
外形尺寸, mm	$\phi 5 \times 5$	$\phi(3\sim6)$	$\phi 6\times(5\sim8)$	$\phi 5\times 5$	$\phi 4\times(10\sim20)$	$\phi(5\sim8)$	$\phi 5\times 8$	$\phi 5\times(4\sim5)$

续表

产品性状	J101	J101Q	J103H	J105	J106	J106Q	J107	J111
堆密度，g/mL	0.9~1.2	1.0	0.8~0.9	1.0~1.2	0.8~0.9	0.85~0.95	1.1~1.2	1.25~1.35
比表面积，m^2/g	250	120	130~200	100	150	100~200	—	
孔体积，mL/g	—	—	0.24~0.3	0.37	0.49	0.40~0.45	—	
压缩强度，N/cm	>160	>25 (N/粒)	—	>180	192	150	>150	>80
Ni，%	>21	12~20	12~14	>12	14~15	>12	>5	—
MgO，%	—	—	—	10.5~14.5	0.8	1	—	—
Re_2O_3，%	—	—	—	7.5~10	6.7	2	2	—
Al_2O_3，%	42~46	余量	75~80	余量	余量	余量	含TiO_2	—
操作温度，℃	270~400	270~400	250~500	270~420	270~450	250~430	250~400	270~400
操作压力，MPa	0.1~3.0	0.1~2.0	0.1~5.0	0.1~3	0.1~5	0.5~5	0.1~6	0.8~4
空速，h^{-1}	2000~3000	2000~5000	5000~8000	6000~10000	6000~8000	3000~10000	≤10000	2000~10000

城市煤气用甲烷催化剂指标

产品性状	J201	J301	JRE	M348-2	RHM-266	SDM	SG-100	3411A
外观	片状	片状	球形	球形	圆柱形	片状	片状	片状
外形尺寸，mm	$\phi 5\times 5$	$\phi 5\times 5$	$\phi(2\sim 4)$	$\phi(5\sim 6)$	$\phi 5\times(4\sim 6)$	$\phi 5\times 5$	$\phi 5\times 5$	$\phi 3\times 5$
堆密度，g/mL	1.0	1.0	0.7~0.85	0.8	1.1~1.3	—	1.5	—
侧压强度，N/cm	70	70	≥50	50~70		90	150	113	—
活性组分	Ni	Mo	—	Ni	—	Mo	Mo	Mo
操作温度，℃	300~650	500~650	300~650	350~370	350~650	400~650	380~520	350~400
操作压力，MPa	—	1~5	0.1~2	0.02~0.1	0.1~2	0.65~0.70	0.7~0.75	1~3
空速，h^{-1}	2000~5000	1000~3000	1000~3000	2500~3000	1000~3000	1000~2000	3000	7000~10000

用途 作催化剂用于工业合成氨和制氢过程，也用于城市煤气甲烷化工艺。在工业合成氨和制氢过程中，原料气经中温变换或宽温变换后，绝大部分 CO 已转化。经脱 CO_2 后，原料气中仍含有少量 CO 及 CO_2。而合成氨催化剂一般要求原料气中 CO 及 CO_2 之和要小于 10×10^{-6}。当过量时会使合成氨催化剂迅速中毒，因而必须加以除去。甲烷化是 CO 及 CO_2 在催化剂作用下深度加氢生成 CH_4 及 H_2O 的过程，是脱除碳氧化物的有效方法，生成的 H_2O 可以通过冷凝而脱除。CH_4 对合成氨催化剂是惰性的，无毒害作用。此外，在以煤制造城市煤气的生产过程中 CO 浓度较高，且热值较低，对人体又有害，因此，常通过甲烷化来提高 CH_4 含

量,以提高城市煤气的热值;但城市煤气甲烷化工艺具有原料气CO浓度高、过程放热量大、原料气的H_2/CO低、硫含量较高等特点。因此城市煤气甲烷化催化剂要求具有耐高温、热稳定性好、除硫性能高、抗积炭性能强等特点。

简要制法 有浸渍法和共沉淀法两种制备方法。浸渍法是将特制载体浸渍硝酸镍及硝酸镁混合溶液后经干燥、焙烧的制备方法;共沉淀法是先将镍及镁的硝酸盐与纯碱进行中和、沉淀、干燥后,再与氢氧化铝进行混碾、成型、焙烧的制备方法。

生产厂 南京化学工业公司催化剂厂、四川化工公司催化剂厂、西北化工研究院、辽宁海泰科技开发公司、盘锦南方化学工业公司辽河催化剂公司等。

23. 氨合成催化剂
Ammonia Synthesis Catalyst

工业牌号 A103、A106、A109、A110-1、A110-2、A110-3、A110-4、A110-5Q、A110-6、A201、A202、A203、A301、AC、ACQ、NCA、ZA-5

主要组成 自1913年第一个工业氨合成催化剂问世以来,一直采用熔铁催化剂。起初只添加K_2O及Al_2O_3两种助催化剂,20世纪50年代又增加了CaO,部分催化剂还增添了SiO_2及MgO。但最主要的活性组分仍是Fe_3O_4,而Fe_3O_4只有在还原为α-Fe时方具活性。加入Al_2O_3不但可增大α-Fe的表面积并具有多孔性,还可减缓铁晶粒在高温下增大的趋势。K_2O具有降低催化剂表面的电子逸出功并提高铁表面活性的作用。近十年来,氨合成催化剂的开发有不少进展,甚至突破了铁系催化剂的传统范围。主要表现:①在铁系催化剂中添加铝、钾促进剂的基础上,除加入CaO、MgO、SiO_2外,还加入BaO、CeO_2等,用以提高催化剂活性、降低反应压力及温度;②引入第二活性组分Co,可以提高催化剂活性及降低反应压力;③大幅度提高铁比,改变催化剂基体组成及结构,增强催化剂的耐热性、抗毒性、可还原性,降低反应温度。通过上述改进,氨合成催化的操作温度由原先的500~600℃下降到330~500℃,反应压力由高压下降到中压(15MPa)及低压(8MPa)。

产品规格及工艺条件

产品性状	A103	A106	A109	A110-1	A110-2	A110-3	A110-4	A110-5Q	A110-6	A201	A202	A203	A301	AC	ACQ	NCA	ZA-5
外观	不规则形	不规则形	不规则形	不规则形	不规则形	不规则形	不规则形	球形	不规则形	不规则形	不规则形	不规则形	不规则形	不规则形	球形	不规则形	不规则形
外形尺寸,mm	1.5~12	2.2~9.4	2.2~20	2.2~20	2.2~9.4	2.2~9.4	2.2~9.4	2.2~10	2.2~9.4	2.2~9.4	2.2~9.4	2.2~9.4	1.5~9.4	2.2~13	2.5~9.4	2.2~9.4	2.2~9.4
堆密度,g/mL	2.3~2.8	2.7~3.0	2.7~2.9	2.7~2.9	2.8~3.0	2.5~3.0	2.7~2.9	2.85~2.9	2.8~3.0	2.6~2.9	2.8~3.0	2.7~3.2	2.8~3.2	2.8	2.7~3.2	2.7~3.0	3~3.25
总铁,%	66.5~68	66~69	65~69	66~68	68~69	68~70	67~69	67~70	67~70	67~70	68~72	67~70	72~73	65~70	含CoO	大量	71~72
Fe^{2+}/Fe^{3+}	—	0.55~0.65	0.5~0.6	0.5~0.6	0.5~0.6	0.5~0.6	0.5~0.6	0.55~0.75	0.5~0.6	0.45~0.6	—	0.53~0.57	0.45~0.55	—	—	—	4~9
Al_2O_3,%	2.6~3.1	3.5~4.1	2.6~4.2	2.4~2.8	2.2~2.6	1.8~2.4	2.1~2.5	2.0~2.6	1.9~2.1	1.9~2.6	1.9~2.6	1.3~2.5	2.3~3	—	—	—	定量
K_2O,%	0.58~0.72	1.0~1.4	0.5~0.8	0.5~0.7	0.6~0.8	0.5~0.7	0.6~0.8	0.8~1.2	0.5~0.6	0.65~0.70	0.45~0.7	0.3~1.0	—	0.4~0.8	—	—	定量
CaO,%	2.7~3.1	0.7~1.0	2.8~3.4	1.9~2.3	1.4~1.8	1.0~1.5	1.4~1.8	0.7~1.2	1.3~1.5	1.0~1.8	1.0~1.8	—	1.2~2.0	—	—	—	定量
MgO,%	≤1.3	—	0.25~0.35	—	—	—	—	—	—	1~1.2(CaO)	—	—	—	—	—	1~1.3(CaO)	—
BaO,%	—	—	—	0.3~0.6	—	0.2~0.3	—	—	—	—	—	—	—	—	—	—	—
SiO_2,%	≤1.0	<0.45	0.7~1.1	<0.45	<0.5	—	<0.45	<0.45	<0.4	<0.4	—	—	—	—	—	—	—
操作温度,℃	370~510	395~540	380~550	370~510	360~520	400~500	—	350~520	—	425~500	350~510	350~520	330~500	360~500	370~460	370~460	330~500
操作压力,MPa	10~60	10~35	10~35	10~30	10~35	10~30	—	10~30	—	15~30	15~30	15~30	12~30	15~30	15~30	15~30	12~30
空速,$10^4 h^{-1}$	3~6	3	3	3	3	3	—	3	—	3	3	3	3	3	3	3	3
H_2/N_2	3	3	3	3	3	3	—	3	—	3	3	3	3	3	3	3	3

用途 用于合成氨生产中最后一个过程，即由 H_2 及 N_2 直接合成 NH_3 的工艺。

简要制法 以磁铁矿石为原料，磨细后与助剂混合，再经电熔、冷却、粉碎、筛分制成氧化态催化剂，然后经预还原及钝化制成预还原催化剂。

生产厂 南京化学工业公司催化剂厂、辽宁海泰科技发展公司、盘锦南方化学工业公司辽河催化剂公司、浙江上虞催化剂公司、福州市福建催化剂厂等。

24. 低压合成甲醇催化剂
Low-pressure Methanol Synthesis Catalyst

工业牌号 C301、C301-1、C302、C303、C303-1、CNJ502、LC302、LC308、SC309、MS-1、NC501-1

主要组成 Gu-Zn-Al 系或 Cu-Zn-Cr 系。

产品规格及工艺条件

产品性状	C301	C301-1	C302	C303	C303-1	CNJ502	LC302	LC308、SC309、MS-1	NC501-1
外观	片状	片状	片状	片状	片状	片状	片状	黑色圆柱	片状
外形尺寸，mm	$\phi5 \times (4\sim5)$	$\phi5 \times (4\sim5)$	$\phi5 \times (4\sim5.5)$	$\phi5.5 \times 4.5$	$\phi6 \times (4\sim5)$	—	$\phi5 \times 4.5$	$\phi5 \times (4\sim5)$	$\phi5 \times (4\sim5.5)$
堆密度，g/mL	1.6~1.8	1.4~1.6	1.4~1.6	1.5~1.7	1.25~1.45	—	1.5~1.7	1.4~1.8	1.6
比表面积，m²/g	>45	80~100	43~62	—	60~80	—	—	—	—
孔体积，mL/g	>45	80~100	43~62	—	60~80	—	—	—	—
侧压强度，N/cm	≥160	≥185	≥100	—	≥250	—	≥160	≥200	≥185

续表

产品性状	C301	C301-1	C302	C303	C303-1	CNJ502	LC302	LC308、SC309、MS-1	NC501-1
磨耗率, %	<10	<7	—	≤8	—	—	—	<7	—
CuO, %	45~60	45~55	57	36	≥50	—	45~55	—	≥50
ZnO, %	25~30	25~35	29	37	≥30	—	25~35	—	—
Al_2O_3, %	3~6	2~6	2	Cr_2O_3 20	≥18	—	2~6	—	—
操作温度, ℃	210~290	210~290	210~290	210~290	220~280	215~270	210~270	210~280	220~300
操作压力, MPa	5~30	5~10	5~10	3~15	4~15	6~10	5~26	5~15	3~5
空速, $10^4 h^{-1}$	—	—	—	—	0.6~1.8	1~1.5	0.5~3	0.5~2	0.6~1.2

用途 本催化剂主要用于低压法合成甲醇,早期使用 Cu-Zn-Cr 系催化剂,近来使用较多的是 Cu-Zn-Al 系催化剂。

简要制法 采用共沉淀法制造。先将硝酸铜、硝酸锌混合溶液与碱液混合并进行沉淀、洗涤、干燥,再加入氢氧化铝粉,经碾压、造粒、干燥、焙烧,然后与石墨混合压片成型制得成品催化剂。

生产厂 西南化工研究院、西北化工研究院、南京化工研究院、中国石化齐鲁石化分公司研究院、北京三聚环保新材料公司、辽宁海泰科技开发公司等。

25. 联醇催化剂
Combined Methanol Catalyst

工业牌号 C207、JC21、LC210、NC208、WC-1、WC-2、WC-3、XDJ-2

主要组成 氧化铜、氧化锌、氧化铝及适量助剂。

产品规格及工艺条件

产品性状	C207	JC21	LC210	NC208	WC-1	WC-2	WC-3、XDJ-2
外观	片状	片状	圆柱	片状	片状	片状	圆柱
外形尺寸, mm	$\phi 5 \times (4.8 \sim 5.5)$	$\phi 5 \times (4.7 \sim 5.6)$	$\phi 5 \times (4 \sim 5)$	$\phi 5 \times (4.5 \sim 5.5)$	$\phi 5 \times (4.8 \sim 5.5)$	$\phi 5 \times (4.8 \sim 5.5)$	$\phi 9 \times (8 \sim 10)$
堆密度, g/mL	1.4~1.6	1.4~1.6	1.4~1.6	1.4~1.6	1.4~1.6	1.4~1.6	1.4~1.6
比表面积, m²/g	>70	70~100	—	~70	>70	—	—
孔体积, mL/g	0.17	0.17~0.20	—	0.17	0.17	—	—
侧压强度, N/cm	>140	—	≥180	>176	>140	—	—
CuO, %	38~42	38~42	—	—	38~42	Cu-Zn-Al	Cu-Zn-Al
ZnO, %	38~43	38~43	—	—	38~43	—	—
Al$_2$O$_3$, %	5~6	5~8	—	加入其他助剂	5~6	—	—
操作温度, ℃	220~280	210~290	210~320	220~300	220~300	—	—
操作压力, MPa	10~15	3~25	5~20	10~15	3.5~15	—	—
空速, $10^4 h^{-1}$	1~2	—	0.5~2	~2	1~2	—	—

用途 在20世纪70年代我国开发了用中压联醇装置生产甲醇,广

泛应用于以煤焦为原料的中小型合成氨厂。中型厂的联醇装置设于脱碳之后、铜洗之前，使部分或全气量通过甲醇合成塔；小型厂则根据生产产品的氨醇比不同，可有多种工艺流程。联醇催化剂主要为 Cu-Zn-Al 系。其组成与单独生产甲醇的催化剂相似。其存在问题是不耐硫、热稳定性差、寿命短。因此，新开发的催化剂主要针对上述缺点进行了改进。如 LC210 催化剂在强度、耐热性等方面有很大的改进和提高。

简要制法 参见"低压合成甲醇催化剂"条目。

生产厂 南京化学工业公司催化剂厂、西北化工研究院、温州龙湾化工厂、衡阳市湖南化工厂、山东迅达化工公司等。

26. 二氧化硫氧化催化剂
SO$_2$ Oxidation Catalyst

别名 钒催化剂

工业牌号 S101、S101-2H、S102、S105、S106、S107、S107-1H、S107Q、S108、S109-1、S109-2、FV-1、FV-7

主要组成 以 V_2O_5 为主活性组分，并加入助剂硫酸钾、硫酸钠等，以硅藻土或硅胶为催化剂载体。

用途 作催化剂用于二氧化硫氧化制硫酸。硫酸是重要的基本化工原料之一，它的产量是一个国家化学工业水平的标志。工业生产硫酸有接触法及硝化法，我国硫酸生产全部采用接触法，即把氧气通过以 V_2O_5 为主的催化剂，将 SO_2 氧化成 SO_3，再经浓硫酸吸收制得产品硫酸。钒催化剂的基本组成是 $V_2O_5 \cdot K_2SO_4 \cdot SiO_2$ 体系。其中 K_2SO_4 为助催化剂；K/V（KOH/V_2O_5）的比值对催化剂的活性有很大影响，硅的氧化物（硅藻土或硅胶）能使黏度很大的活性组分的熔体负载在其表面上。在下页表中所列的工业牌号中，FV-1、FV-7 催化剂用于流化床反应器，其他牌号用于固定床反应器。

简要制法 在 KOH 溶液中加入 V_2O_5，配制成一定比例的 K/V（KOH/V_2O_5）混合溶液，先与硫酸进行中和反应，生成的胶体沉淀物再与精制硅藻土进行混捏、成型、干燥、焙烧制得成品。

生产厂 南京化学工业公司催化剂厂、四川化工公司催化剂厂、开封化肥厂催化剂厂、辽宁盖州催化剂厂、山东安丘化工总厂等。

产品规格及工艺条件

产品性状	S101	S101-2H	S102	S105	S106	S107	S107-1H	S107Q	S108	S109-1	S109-2	FV-1	FV-7
外观	深黄色条形	橙红色环形	黄红色环形	黄褐色条形	白色或淡黄色条或环形	橘红色条形	橘红色环形	橘红色球	红棕色条形	橘红色条形	灰黄色条形	黄橙色微球	黄橙色微球
外形尺寸, mm	$\phi 5 \times (5\sim 15)$	$\phi 9 \times (4\sim 10)$	$\phi 5 \times (10\sim 15)$	$\phi 5 \times (10\sim 15)$	$\phi 10 \times (8\sim 16)$	$\phi 5 \times (5\sim 15)$	$\phi 9 \times (4\sim 10)$	$\phi(5\sim 8)$	$\phi 5 \times (5\sim 15)$	$\phi 5 \times (5\sim 15)$	$\phi 5 \times (5\sim 15)$	$\phi(0.54\sim 1.68)$	$\phi(0.54\sim 1.68)$
堆密度, g/mL	0.55~0.65	0.4~0.5	0.45~0.55	0.6~0.7	0.6~0.7	0.5~0.6	0.4~0.5	0.5~0.6	0.65~0.70	0.65~0.70	0.6~0.68	0.7~0.8	0.7~0.8
比表面积, m²/g	10~20	2~10	—	—	2~10	5~10	2~10	5~10	3~6	3~6	4~7	100~180	100~180
孔隙率, %	~50	50	—	—	—	50~60	50	50~60	60~70	60~70	—	0.4 (孔容)	0.4 (孔容)
侧压强度, N/cm	—	—	—	—	—	—	—	20 (点压)	60	62	>50	—	—
V_2O_5, %	7.5~8.5	7.5~8.5	7~8.5	7~9	7~8.6	6.2~6.8	6.2~6.8	6.2~6.8	6.2~6.8	7~8	7.2~7.8	—	—
K_2SO_4, %	19~23	18.3~23	17~23	17~25	17~23.5	16~20	16~20	16~20	16~20.8	18~21	17.9~20.9	—	—
Na_2SO_4, %	—	—	—	6~10	—	9~13	9~13	9~13	13.1~17.0	—	—	—	—
其他助剂, %	—	—	—	—	4.5~5.5	—	—	—	1.5~5	—	适量	—	—
载体	硅藻土	硅藻土	硅藻土	硅藻土	硅藻土	硅藻土	硅藻土	硅藻土	硅藻土	硅藻土	硅藻土	硅胶	硅胶
操作温度, ℃	425~600	400~620	425~600	380~500	440~600	400~580	400~580	400~580	390~600	400~580	400~580	370~530	370~530
操作压力, MPa	常压	常压	常压	常压	常压	常压	常压	常压	常压	常压	常压	常压	常压

27. 氨氧化制硝酸催化剂
Catalyst for Ammonia Oxidation to Nitric Acid

工业牌号 S201、S202

主要组成 有贵金属催化剂和非贵金属催化剂两种组分。其中贵金属催化剂以贵金属 Pt 为主活性组分，并适量添加 Rh 或 Pd 制成金属网；非贵金属催化剂以 Co_3O_4 为主活性组分，并添加少量 Bi、Al、Ni 或 Ce 的氧化物。

产品规格及工艺条件

S201 型铂网催化剂组成

产品性状	指标	产品性状	指标
Pt,%	≥92	Fe, 10^{-6}	150
Pd,%	3.8~4.2	(Ni+Cu+Cr), 10^{-6}	<200
Rh,%	≥3.4	(Sn+Zn), 10^{-6}	<150

S201 型铂网催化剂等级标准

等级品	网径尺寸 mm	网孔，孔/cm^2	接头，个	跳丝，根/网	网病（卧纬、松丝、稀密度），cm^2
一级品	φ3050	992~1056	≤30	≤15	7.0
一级品	φ2875	992~1056	≤25	≤15	6.0
一级品	φ2050	992~1056	≤15	≤10	4.5
一级品	φ1500	992~1056	≤10	≤5	3.0
二级品	φ3050	961~1056	≤45	≤20	10.0
二级品	φ2875	961~1056	≤40	≤20	9.0
二级品	φ2050	961~1056	≤20	≤15	6.0
二级品	φ1500	961~1056	≤15	≤10	4.0

S201 型铂网催化剂使用工艺条件

项目	使用范围
温度,℃	800~850
压力	常压法及综合法为 -5~+50mm H_2O；中压法为 0.30~0.35MPa
氨浓度,%	10.5~11.8,不超过12%(氨气纯度>99%)
气流速度, kg $NH_3/(m^2 \cdot d)$	常压法为 600~800,中压法为 1000~1200

注：气流速度—每平方米活性接触面积每天处理氨量。

S202 型非贵金属催化剂产品规格及工艺条件

产品性状	指标	产品性状	指标
外观	灰黑色圆柱体	径向侧压强度, N/cm	>100
外形尺寸, mm	$\phi 5 \times 5$	操作温度,℃	700~800
堆密度, g/mL	2.0	操作压力, Pa	200~3000
比表面积, m^2/g	3~5	空速, h^{-1}	30000~90000
轴向压缩强度, MPa	>6	氨浓度,%	9.5~10.5

用途 作催化剂用于氨氧化制硝酸。工业生产硝酸的方法是以氨为原料的氨氧化法。即在 Pt 或 Pt-Rh 催化剂作用下，先由空气与氨氧化生成 NO，再进一步氧化成 NO_2 后用水吸收而生成硝酸。我国通用的铂网催化剂型号为 S201 型。它是由 Pt、Pd、Rh 三元合金丝织成的圆形网，有 8 种规格。S201 型催化剂主要用于氨氧化制硝酸，还可用于制取甲醛及氢氰酸等。S202 型为非贵金属氨氧化催化剂。其主要活性组分为 Co_3O_4，用于硝酸生产中氨氧化制备一氧化氮的反应过程。S202 型催化剂价格较低，但催化活性不及 S201 型铂网催化剂，且氨耗高，在经济上无法与铂网催化剂竞争。故使用不广，仅用于小型硝酸厂。

简要制法 贵金属铂网催化剂由 Pt、Pd、Rh 三元合金熔块先经热轧、冷轧、拉丝、退火制成细丝，再用织机编制成网。非贵金属钴催化剂先由硝酸钴与碱液经中和、沉淀、过滤、干燥、成型，再与石墨混合、压片、焙烧制得。

生产厂 太原化肥厂、南京化学工业公司催化剂厂等。

28. 石脑油蒸汽裂解制民用煤气催化剂
Catalyst for Naphtha Steam Cracking to Civil Gas

工业牌号 M348-2、J201、J301、SDM

主要组成 以氧化镍或氧化钼等为活性组分,并添加适量助剂,以氧化铝等为催化剂载体。

产品规格及工艺条件

产品性状	M348-2	J201	J301	SDM
外观	球形	铁灰色片状	黄灰色片状	褐色片状
外形尺寸,mm	$\phi(5\sim6)$	$\phi5\times5$	$\phi5\times5$	$\phi5\times5$
堆密度,g/mL	0.8	1.0	1.0	—
比表面积,m^2/g	150~180	—	—	—
侧压强度,N/cm	50~70	70	70	150
主要活性组分	Ni	Ni	Mo	MoS_2
操作温度,℃	350~370	300~650	500~650	400~650
操作压力,MPa	0.02~0.10	常压或加压	1~5	0.65~0.7
空速,h^{-1}	2000~3500	5000	1000~3000	1000~2000
H_2O/CO	—	—	1.1	2.2
CO 转化率,%	0~80	85	45~50	>58
CH_4 选择性,%	70	100	72~79	~60
反应器形式	固定床	固定床	固定床	固定床
试验规模	工业试验	中试	模试	侧线试验

用途 用于石脑油裂解制民用煤气。

简要制法 先用特制载体浸渍活性组分溶液,再经干燥、焙烧制得。

生产厂 中科院大连化物所、西北化工研究院、北京化学试剂二厂等。

二十五、环保催化剂

人与环境的关系问题,是当今人类共同关心的问题。随着人口快速增加,工农业迅速发展,特别是化学工业、炼油工业、交通运输业、动力生产工业等的迅速发展,大量排放的工业污染物及生活污染物使人类的生存环境迅速恶化。世界上无论是发达国家,还是发展中国家,都不同程度地受到环境污染的危害。所谓环保催化剂是指用催化转化的方法处理有毒、有害的气体、液体或固体废弃物,使之无害化或减量化的催化活性物质。环保催化剂与其他化工工艺用催化剂的区别主要表现在以下两个方面:①环保催化剂所处理的气体或液体的浓度往往很低,而处理量却很大;②被处理物中一般都含有粉尘、重金属、硫、砷、卤化物等使催化剂中毒的物质,因此要求催化剂具有良好的抗毒性、选择性及稳定性。在"三废"污染中,对人类生存威胁最大的是大气污染及水体污染,因此,环保催化剂主要用于解决这两类污染源的污染问题。大气污染源主要来自汽车尾气,其次是火力发电厂及各种工业废气,其污染物质有 CO_2、CO、CH_4、NO_x、SO_x 及挥发性有机物等;水体污染主要源于各种工业废水的排放。污染物种类很多,有无机污染物及有机污染物,其中绝大部分是有机污染物。

目前,按环保催化剂用途,主要分为汽车尾气净化催化剂及工业环保催化剂两大类。前者包括柴油机车尾气净化催化剂和各种机动车尾气净化催化剂;后者包括工厂烟道气脱硫及脱硝用催化剂、挥发性有机化合物催化燃烧用催化剂、硝酸尾气处理催化剂、废水湿式氧化处理催化剂等。其中又以汽车尾气净化催化剂的用量最大。

汽车尾气净化催化技术的主要原理是,利用汽车尾气自身的温度和组成,通过安装在净化器中催化剂的催化作用,使尾气中的主要污染物 CO、NO_2 及碳氢化合物转化为无害的 CO_2、H_2O 和 N_2 后再排出。

SO_2 是危害最严重的大气污染物之一。它主要来自化石燃料的燃烧,是造成酸雨污染的主要污染物。SO_2 或 SO_x 催化治理的主要方法是催化还原法。它是在催化剂的作用下将排放气体中的 SO_x 或 H_2S 还原成硫黄,既消除了污染,又可副产硫。

氮氧化物(NO_x)也是大气中严重的污染物之一。它包括 NO、NO_2、

N_2O、N_2O_3、N_2O_4 及 N_2O_5 等多种。其中污染大气的主要为 NO 及 NO_2，尤以 NO_2 毒性最大。在阳光作用下，NO_2 与烃类作用会发生光化学反应，生成醛类及乙酰硝酸酯等有害物质，还可形成光化学烟雾或酸雨。NO_x 来自天然形成及人为排放。人为排放主要来源于煤、重油、汽油等的高温燃烧过程，由于燃料组成及燃烧条件不同，其含量有很大差别。NO_x 的催化治理方法包括催化分解、催化还原、催化氧化等方法。它是在一定温度及催化剂的作用下，将 NO_x 分解为 N_2 及 O_2，或将 NO_x 还原为无害的 N_2 和 H_2O，或选择性地氧化而生成铵盐。

挥发性有机化合物是指沸点范围为 50~260℃ 之间的一类化合物。按化学结构，挥发性有机化合物可分为烷烃类、烯烃类、芳烃类、卤代烃类、酯类、醛类、酮类及其他化合物等。其中，有些物质具有致癌、致畸、致突变毒性。它们是石油化工、印刷、制药、表面防腐、涂料、印染等行业排放废气中的主要污染物。工业有机废气的催化治理技术是利用催化剂使有机物在燃点以下与氧化合，生成无毒的 H_2O 和 CO_2。这种催化燃烧法具有直接、经济、效率高、适用范围广的特点，其技术核心是选用高效催化剂。但这种方法不太适用于低浓度的有机废气。近来发展的光催化技术也能有效地降解多种挥发性有机化合物，使其转化为 H_2O 及 CO_2。

温室气体 CO_2 及 CH_4 的催化治理技术是将它们催化转化为有用的化工产品。如 CO_2 催化加氢可生成烃、醇、醚、酯等化学品；CO_2 与 CH_4 反应生成合成气，脱氧可生成碳。再如，CH_4 经部分氧化可制合成气，经氧化偶联可制乙烯、汽油等。

近年来，在住宅及办公楼等建筑物内不断出现建筑物综合征及化学物质过敏症等，有些室内空气污染物浓度甚至是室外空气的 5~10 倍。所以，室内空气污染已成为影响人们生活质量、身心状态及工作效率的重要因素。室内空气污染物的来源既有室外污染源，又有室内污染源。所产生的污染物既有生物性污染物（如细菌），又有化学性污染物（如甲醛、氨、苯、CO、CO_2、SO_2、NO_x 等），还有放射性污染物（如氡气）等。当前，室内空气净化催化治理技术研发的热点是光催化技术。光催化过程是通过化学氧化的方法，把有机污染物矿化分解为水、CO_2 及无毒害的无机酸，并有可能直接利用太阳光中的可见光作为激发光源来驱动氧化-还原反应。它与需要在较高温度下进行、操作步骤复杂的其他多相催化氧化法比较，具有广谱性、经济性等特点。光催化技术也是催化氧化水中有机污染物的新型水处理技术。但目前还存在着催化效率较低、工业化成本较高、反应机制缺乏必要验证手段、光催化的评价方法及标准化还不很完善等问题。

1. 贵金属型汽车尾气净化催化剂
Noble Metallic Catalyst for Decontamination of Auto-exhaust

别名 贵金属型汽车排气净化催化剂

工业牌号 NC3401-1、PTX、P470、PC413、PC416

主要组成 汽车尾气净化催化剂主要由载体、涂层及活性组分三部分组成。早期的载体是以活性氧化铝、硅藻土等为原料制得的。其优点是表面积大，使用方便。但也存在压力降及热容大，耐热性差，颗粒易破碎等缺点，且起燃较慢，不能满足汽车快速起燃的要求。因此，颗粒状载体逐渐被蜂窝状整体式载体所取代，它整体装配、壁薄、质轻、开孔率很高。通孔可以是直的、弯曲的或像海绵结构那样扭曲的。这种载体具有排气阻力小、机械强度大、热稳定性及耐腐蚀性好、冲击性能优良等特性，已被广泛用作汽车用催化剂的载体，目前，市售的蜂窝状整体式载体，其基质分为堇青石陶瓷及金属两类。国内生产的陶瓷蜂窝状载体主要产自江苏宜兴。国外以美国康宁公司生产的载体为主，蜂窝状整体堇青石载体通常为$\phi 125mm \times 85mm$的圆柱体或$\phi 145mm \times 80mm \times 128mm$的椭圆柱体。也可与催化转化器壳体的几何形状匹配，制成三角形或四角形等。载体的孔隙度已从早期的46.5孔/cm^2增加到目前的62孔/cm^2，孔壁厚为0.15mm，最薄的可到0.1mm，所以具有很高的反应表面积。金属载体常采用不锈钢或Fe-Cr-Al合金材料制造。它具有起燃温度低、起燃速度快、传热好、机械强度及抗震性好、使用寿命长等特点，常用作摩托车尾气净化催化剂的载体。

由于陶瓷蜂窝状载体孔道表面常呈平滑的玻璃体，而且本身的比表面积也不高，难以固定催化活性组分，因而常在其壁上涂覆一层多孔性物质，以提高载体比表面积及负载活性组分，并使催化剂有适宜的孔结构，提高活性组分的分散性，节省贵金属活性组分的用量。多孔性的涂层物质通常为氧化铝与SiO_2、MgO、CeO_2、ZrO_2、La_2O_3、BaO、CaO等氧化物的复合物。有时也把这种载体涂层称为第二载体。一般采用涂覆两三遍的多次涂覆法工艺。其涂层比表面积可达$25 \sim 40 m^2/g$。

汽车尾气净化用催化剂以铂、铑、钯三种贵金属为主活性组分，以铈、镧等稀土元素作为助剂，有些催化剂中还加入铬、钴、铜、锰等非贵金属组分。铂在催化剂中主要起氧化一氧化碳和烃类的作用，而且抗毒性较强。铑起着催化氮氧化物还原的作用。它还协同铂起到降低一氧化碳起燃温度的作用。钯的主要作用是转化一氧化碳和烃类。在高温下钯还会与铂或铑形成合金,提高催化剂的热稳定性及起燃活性。

氧化铈等稀土氧化物在汽车尾气净化催化剂中的主要作用是贮存及释放氧,提高贵金属组分的分散性,抑制贵金属晶粒与氧化铝形成无活性的固溶体。纯氧化铝载体经1100℃高温焙烧12h后,比表面积可从$250m^2/g$降到$2\sim5m^2/g$。掺入约1%的稀土元素(如La、Nd、Pr等)后,在同样的焙烧温度下,其比表面积可保持在$49\sim63m^2/g$,使净化催化剂具有适宜的比表面积。

产品规格

产品性状	指标				
	NC3401-1	PTX	P470	PC413	PC416
外观	圆形蜂窝状或正方形	蜂窝状或球形	球形	球形	球形
外形尺寸,mm	按用户要求定制	$\phi(2.4\sim4)$	$\phi(2.4\sim4)$	$\phi(2.4\sim4)$	$\phi(2.4\sim4)$
堆密度,g/mL	$0.4\sim0.5$	—	—	—	—
比表面积,m^2/g	$0.2\sim1.0$				
活性组分	Pt	贵金属	贵金属	贵金属	贵金属
载体	堇青石、蜂窝陶瓷	蜂窝陶瓷	氧化铝	氧化铝	氧化铝

用途 用于汽油及柴油机动车尾气处理,可将汽车尾气中的CO、NO_x及碳氢化合物转化为CO_2、N_2及H_2O。将其装在汽车消声器内,当发动机点火、排气温度达到催化剂反应温度时即可起到氧化转化CO和碳氢化合物及还原NO_x的作用。排气反应的催化转化器有多种类型,适用于不同类型的汽油机。其中,三效(元)催化转化器能把碳氢化合物、CO及NO_x高效地进行氧化。

简要制法 汽车尾气净化催化剂主要采用规整结构的催化剂,其制造技术属于各生产企业的核心机密。以整体式陶瓷蜂窝状催化剂为例,其制备方法大致分为两个环节:制备整体式陶瓷载体及负载活性组分。

①制备整体式陶瓷载体。第一种制法:第一步,将粒度为几毫米至数十毫米的氧化铝粉及氧化铍粉,或用堇青石、氧化锆、钛酸钡等与有机黏

接剂及增塑剂混合，在球磨机中研磨几小时后，将悬浮浆液涂在纸板上；第二步，将纸板制成波纹状，一层波纹层和一层平板层交替卷成卷并交叉排列；第三步，经高温烧掉纸板后，则形成具有波纹形孔隙的整体式载体。第二种制法：先将上述起始原料细粉中加入液体造型剂及增塑剂，制成可塑性混合物，然后在特制压模中挤压成块状，经高温烧去有机物后即制得。

②负载活性组分。在已制好的载体的内孔表面涂覆一层比表面积大、多孔的活性水涂层。活性水涂层是在 γ-Al_2O_3 中添加稀土氧化物、氧化锆和部分过渡金属元素的氧化物制成。活性组分 Pt、Rh、Pd 均匀分散在该复合氧化铝溶液中。涂层可分为双层结构和单层结构两种。双层结构包括内外两层，内层的活性组分以 W、Rh 为主，外层的活性组分一般为 Pt。涂覆后再经干燥、焙烧而制成催化剂。

生产厂　南化公司催化剂厂、中科院环境化学研究所、中科院生态环境研究中心等。

2. 部分贵金属型汽车尾气净化催化剂
Noble Metal Containing Catalyst for Decontamination of Auto-exhaust

别名　汽车排气净化催化剂

工业牌号　HR、KS-2、KYQJ/BLJQ、NC3401-2

主要组成　以贵金属及稀土氧化物的混合体为催化剂主要活性组分，加入适量其他助剂，载体为堇青石蜂窝陶瓷。

产品规格

产品性状	指　　标			
	HR	KS-2	KYQJ/BLJQ	NC3401-2
外观	蜂窝状	蜂窝状	蜂窝状、圆柱体或球形	深灰色球
外形尺寸，mm	—	—	圆柱：$\phi145 \times 80 \times 128$ 球：$\phi(3\sim8)$	$\phi(3\sim5)$

续表

产品性状	指标			
	HR	KS-2	KYQJ/BLJQ	NC3401-2
堆密度，g/mL	—	—	—	0.65~0.75
比表面积，m²/g	—	—	—	120~150
活性组分	稀土基并加入少量贵金属	以稀土氧化物为主，添加少量贵金属	稀土非贵金属氧化物及少量Pt、Pd、Rh	非贵金属氧化物及少量Pd
载体	堇青石陶瓷	堇青石陶瓷	堇青石陶瓷或氧化铝	陶瓷或氧化铝

用途 用于汽油及柴油机动车尾气及有机废气的处理。在活性组分中加入非贵金属或稀土金属氧化物是为了减少贵金属的用量，不同牌号的产品要与相应的用途相匹配。这类催化剂在转化率及使用寿命上不如贵金属三效(元)催化剂；但有些产品具有较好的性能，如 KS-2 催化剂可将尾气中 CO、NO_x 及碳氢化合物转化成 CO_2、N_2 及 H_2O，对 CO、NO_x 及碳氢化合物的转化率分别为 $\geqslant 90\%$、$\geqslant 90\%$、$\geqslant 90\%$。

简要制法 参见"贵金属型尾气净化催化剂"条目。

生产厂 中科院生态环境研究中心、南京化学工业公司催化剂厂、中科院大连物化所等。

3. 非贵金属型汽车尾气净化催化剂
Non-noble Metal Catalyst for Decontamination of Auto-exhaust

工业牌号 XLC-1001、KHW、WK-89、RET-1

主要组成 以非贵金属及稀土氧化物为主活性组分，载体主要为蜂窝状陶瓷基堇青石或颗粒状氧化铝。

产品规格

产品性状	指标			
	XLC-1001	KHW	WK-89	RET-1
外观	深褐色球	—	—	棕褐色球
外形尺寸，mm	$\phi(5~7)$	—	—	$\phi(5~7)$
堆密度，g/mL	0.7~0.8	—	—	0.7~0.8

续表

产品性状	指标			
	XLC-1001	KHW	WK-89	RET-1
比表面积，m^2/g	70~90	—	—	—
活性组分	La、Cu、Mn 等的氧化物	Ce、La、Pr 等的氧化物	非贵金属及稀土氧化物	稀土元素
载体	Al_2O_3	蜂窝状陶瓷	蜂窝状陶瓷	Al_2O_3
转化率	—	对CO：86%；对碳氢化合物：≥91%	对CO：77.4%~96.2%；对碳氢化合物：60.3%~91.2%	对CO：>90%

用途 非贵金属型汽车尾气净化催化剂多采用过渡金属氧化物及稀土氧化物的复合形式。我国贵金属资源比较缺乏，而稀土是我国的优势矿物资源，具有储量大、分布广、类型多、矿种全等特点。利用稀土替代贵金属用于制造汽车尾气净化催化剂，具有良好的经济效益及社会效益。按活性组分含量不同，含稀土催化剂可分为稀土等贱金属氧化物和稀土等贱金属氧化物加微量贵金属两种类型。目前，前者在国内应用比较普遍。它对CO及碳氢化合物有良好的催化转化作用，但对NO_x的转化作用较差。用于汽车尾气净化催化剂的常用稀土元素有Ce、La、Pr、Nd、Y及Sm等。其中，以氧化铈（CeO_2）应用最广。在汽车尾气净化催化剂中，稀土元素的含量约为涂层质量的10%~30%。制备的稀土催化剂的晶型结构常为钙钛矿（ABO_3）型结构，如$LaMO_3$（M代表Co、Ni、Mn、Cr、Fe等）。其中，钴型、镍型及锰型催化剂氧化CO的活性较高。非贵金属型汽车尾气净化催化剂除用于汽车尾气净化，也用于工业有机合成的排气处理，对CO及芳烃有较好的净化效果。

简要制法 参见"贵金属型汽车尾气净化催化剂"条目。

生产厂 中科院大连化物所、中科院环境化学研究所、南化公司催化剂厂、华东理工大学、北京海泰科技开发公司等。

4. 活性氧化铝脱硫催化剂
Activated Alumina Desulfurization Catalyst

工业牌号 AA332-1、AA332-2、AA335、GL-H3、RS100、RS103、TZ-01~03、TZ-13、WHA-201A、WHA-201B

主要组成 主要组分为活性氧化铝，有的产品也适当添加Cu、Co、Mo等的氧化物作为促进剂。

产品规格

产品性状	指标											
	AA 332-1	AA 332-2	AA 335	GL-H3	RS-100	RS-103	TZ-01	TZ-02	TZ-03	TZ-13	WHA-201A	WHA-201B
外观	白色球	白色球	白色球	球形	球形	球形	球形	条状	球形	球形	白色球	白色球
外形尺寸,mm	$\phi(5\sim7)$	$\phi(5\sim7)$	$\phi(4\sim6)$	$\phi(4\sim6)$	$\phi(4\sim6)$	$\phi(4\sim6)$	$\phi(3\sim5)$	$\phi3.2\times(3\sim10)$	$\phi(3\sim4)$	$\phi(2\sim3.5)$	$\phi(4\sim6)$	$\phi(4\sim6)$
堆密度,g/mL	—	—	—	$0.75\sim0.76$	—	—	$0.7\sim1.0$	$0.7\sim0.8$	$0.8\sim0.9$	0.50	0.65	$0.65\sim0.74$
孔体积,mL/g	≥0.4	≥0.4	≥0.4	≥0.38	—	—	≥0.42	≥0.42	≥0.45	≥0.70	≥0.40	≥0.45
比表面积,m²/g	≥230	≥200	≥200	$\geq200\sim260$	—	—	$\geq100\sim220$	$\geq100\sim220$	$\geq300\sim600$	—	≥200	≥280
压缩强度,N/粒	—	—	—	—	—	—	$40\sim50$	>80	$60\sim80$	>49	—	—
主要组成	—	—	—	—	Co、Mo-Al₂O₃	Co、Mo-Al₂O₃	γ-Al₂O₃	γ-Al₂O₃	γ-Al₂O₃、η-Al₂O₃	γ-Al₂O₃	—	—

用途 用于石油化工厂克劳斯硫黄回收工艺及含 H_2S 酸性气体处理、电厂烟道气脱硫,是一种催化还原脱硫剂。

简要制法 由铝酸钠与无机酸经中和沉淀、水洗、过滤、干燥、粉碎、成型、焙烧制得活性氧化铝,浸渍适量 Cu、Co、Mo 等盐的溶液后再经干燥、活化制得。

生产厂 江苏姜堰区化工助剂总厂、温州氧化铝厂等。

5. 硫回收催化剂
Sulfur Recovery Catalyst

工业牌号 TSZ-1、NCA-2、NCT-10~12、YHC-221、SRC-T、A918、A958

主要组成 以 Al_2O_3 为主要活性组分,并适当加入 MgO、CuO、NiO、TiO_2 等助剂。

产品规格

产品性状	指 标					
	TSZ-1	NCA-2	NCT-10	NCT-11	NCT-12	YHC-221
外观	球形	球形	白色球形	白色球形	白色球形	红褐色球形
外形尺寸,mm	φ(4~6)	φ(18~22)	φ(5~7)	φ(4~6)	φ(3~5)	φ(4~6)
堆密度,g/mL	0.75~0.85	1.4~1.6	0.65~0.7	0.65~0.75	0.69	0.7~0.9
孔体积,mL/g	0.4	—	0.3~0.4	0.3	0.3	—
比表面积,m^2/g	≥230	—	240~260	180~220	204	≥200
压缩强度,N/粒	—	—	—	—	—	≥150

用途 用作焦炉煤气回收硫的克劳斯反应催化剂,用于石油化工厂含 H_2S 酸性气体处理回收硫黄,也用于焦化厂的尾气脱硫等。

简要制法 由铝酸钠与无机酸经中和成胶、沉淀、水洗、干燥、粉碎、成型、干燥等过程制得。

生产厂 南化公司催化剂厂、温州氧化铝厂、山东迅达化工公司、江苏姜堰区化工助剂厂、辽宁海泰科技开发公司、江苏汉光集团宜兴市诚信化工厂等。

6. 有机硫水解硫黄回收催化剂
Sulfur Recovery Catalyst for Organic Sulfide Hydrolysis

工业牌号 YHC-223、A911、A921、A951

产品规格

产品性状	指标	产品性状	指标
外观	淡黄色小球	磨耗率,%	≤0.5
外形尺寸,mm	$\phi(4\sim6)$	孔体积,mL/g	≥0.30
堆密度,g/mL	0.7~0.8	比表面积,m^2/g	≥200
压缩强度,N/粒	≥200		

用途 用于天然气净化厂、炼厂及其他领域的硫黄回收装置以回收硫黄。具有良好的有机硫水解活性、脱氧性、抗硫酸盐性及活性稳定性。可单独使用,也可与其他硫回收催化剂并用。

生产厂 江苏汉光集团宜兴市诚信化工厂、山东迅达化工公司。

7. 硫黄回收尾气加氢催化剂
Sulfur Recovery Catalyst for Exit Gas Hydrogenation

工业牌号 YHC-222、A999

主要组成 Co、MO/Al_2O_3。

产品规格及工艺条件

产品性状	指标	产品性状	指标
外观	灰蓝色小球	床层进口温度,℃	260~320
外形尺寸,mm	$\phi(4\sim6)$	操作压力,kPa	≤29
压缩强度,N/粒	≥110	空速,h^{-1}	1500
堆密度,g/mL	0.7~0.9	加氢量	应保证加氢尾气中有过量的氢存在
比表面积,m^2/g	≥180		
孔体积(<30nm),mL/g	0.19		

用途 用于克劳斯法脱硫尾气的加氢水解(如斯科特工艺过程)。在钴钼加氢催化剂作用下,将克劳斯法脱硫尾气中残余的 H_2S、SO_2 及其他硫化合物还原成 H_2S,再用醇胺溶液吸收硫化氢,吸收富液经再生释放出 H_2S,返回克劳斯装置回收硫黄。

生产厂 江苏汉光集团宜兴市诚信化工厂、山东迅达化工公司等。

8. 含硫废气净化催化剂
Catalyst for Sulfur Containing Waste Gas Removing

工业牌号 RS-1、V_1、V_2、V_3

主要组成 以 V_2O_5 为主要活性组分,并添加少量过渡金属氧化物为助催化剂,以改性天然丝光沸石或氧化铝为催化剂载体。

产品规格

产品性状	指标			
	RS-1	V_1	V_2	V_3
外观	黄色无定形颗粒	黄色圆柱状	黄色圆柱状	环柱状
外形尺寸,mm	3~5	$\phi 5 \times (5\sim15)$	$\phi 5 \times (5\sim15)$	$\phi 5 \times (5\sim15)$
堆密度,g/mL	0.85	0.6~0.65	0.6~0.65	0.55~0.6
比表面积,m^2/g	100	3~6	3~6	—
孔隙率,%	—	50	50	48
组成	V_2O_3/沸石	V_2O_5	V_2O_5	V_2O_5

用途 RS-1 催化剂用于含硫有机废气净化,可将有机硫化物完全氧化成 SO_x。V_1、V_2、V_3 催化剂用于烟道气脱硫,可将 SO_2 氧化成 SO_3。

简要制法 先用特制载体浸渍含钒及相关助剂溶液,再经干燥、焙烧制得。

生产厂 南京化学工业公司催化剂厂、四川化工公司催化剂厂、杭州大学等。

9. 丙烯精脱硫剂
Propylene Precise Desulfurizing Agent

工业牌号 YHC-228、YHS-218

主要组成 以氧化锌或复合金属氧化物为主要活性组分。

产品规格及工艺条件

产品性状	指　　标	
	YHC-228	YHS-218
外观	白色小球	白色至褐色条
外形尺寸，mm	$\phi(3\sim5)$	$\phi(2.5\sim3.5)\times(5\sim15)$
堆密度，g/mL	0.70~0.95	0.70~0.95
压缩强度，N/粒	≥50	≥50
磨耗率，%	≤1.0	—
操作温度，℃	常温~120	10~200
操作压力，MPa	0.1~8.0	0.1~4.0
液体空速，h^{-1}	3	3
气体空速，h^{-1}	≤1000	≤1500
羰基硫(COS)转化率，%	≥98.5	—

用途 用作丙烯精脱硫剂。YHC-228是一种常温COS水解催化剂，可在常温下将丙烯中的COS水解为H_2S。YHS-218是一种常温氧化锌脱硫剂，可与YHC-228匹配使用以脱除H_2S。其脱硫效率大于99%。YHC-228还适用于合成气、天然气及变换气等各种工艺气体的脱硫处理。YHS-218也适用于天然气、合成气、油田气、炼厂气等原料气中H_2S的净化处理。

简要制法 先用特制载体浸渍活性组分，再经干燥、焙烧制得。

生产厂 江苏汉光集团宜兴市诚信化工厂。

10. 液化气脱硫剂
Liquefied Gas Desulfurizing Agent

工业牌号 YHS-214、YHC-224

主要组成 以复合金属氧化物为主活性组分，并添加适量其他助剂。

产品规格及工艺条件

产品性状	指 标	
	YHS-214	YHC-224
外观	黑褐色条状	白色小球
外形尺寸，mm	$\phi(2.5\sim3.5)\times(5\sim15)$	$\phi(4\sim6)$
堆密度，g/mL	0.85~1.10	0.70~0.90
比表面积，m²/g	≥80	≥200
压缩强度，N/cm	≥45	≥200(N/粒)
操作温度，℃	0~50	40~120
操作压力，MPa	0.1~8.0	0.1~8.0
液体空速，h⁻¹	≤3	≤3
H_2S, 10^{-6}	≤3000	≤5
有机硫，10^{-6}	≤300	—

用途 用于液化气无碱脱硫组合工艺，两种催化剂匹配使用，达到液化气硫醇转化及精脱 H_2S 及 COS 的目的。使用时先由 YHC-224 型催化剂将液化气中的 COS 水解为 H_2S、将硫醇转化为硫化物，然后由 YHS-214 型催化剂将 H_2S 脱除。在进口 H_2S 浓度小于 1×10^{-6} 的条件下，其穿透硫容可达 15%(质量分数)以上。YHS-214 催化剂还具有协同 YHC-224 催化剂将硫醇分子转化为二硫化合物的作用，也可单独用于脱除天然气、合成气、炼厂气等原料中的 H_2S。

简要制法 先用特制载体浸渍活性组分溶液，再经干燥、焙烧制得。
生产厂 江苏汉光集团宜兴市诚信化工厂。

11. 丙烯脱砷剂
Propylene Dearsenifing Agent

工业牌号 TAS-19、YHA-280
产品规格及工艺条件

产品性状	指 标	
	TAS-19	YHA-280
外观	灰黑色圆柱体	灰黑色条状
外形尺寸，mm	$\phi5\times(4\sim5)$	$\phi(2.5\sim3.5)\times(5\sim15)$
堆密度，g/mL	1.4~1.8	1.10~1.40

续表

产品性状	指标	
	TAS-19	YHA-280
径向压缩强度，N/cm	≥80	≥80
磨耗率，%	≤3.0	≤3.0
操作温度，℃	0~60	0~60
操作压力，MPa	0.1~4.0	0.1~4.0
液体空速，h^{-1}	0.5~5	<5
原料丙烯中含砷化合物，10^{-9}	≤1000	≤1000
脱砷后，液相丙烯中砷化物，10^{-9}	≤30	≤30
砷容量，%	2~3	2~3

用途 丙烯原料中含微量砷会引起后续催化剂中毒，因此对砷化物净化有严格要求。一般要求丙烯中的砷化物含量低于 30×10^{-9}。本催化剂用于液相丙烯原料中微量砷的脱除。具有机械强度好、脱砷效率高、脱砷容量大等特点。

简要制法 先用特制载体浸渍活性组分溶液，再经干燥、焙烧制得。

生产厂 西北化工研究院、江苏汉光集团宜兴市诚信化工厂等。

12. 氨精制脱硫剂
Ammonia Purification Desulfuring Agent

工业牌号 YHS-213
主要组成 含铁复合金属氧化物。
产品规格及工艺条件

产品性状	指标	产品性状	指标
外观	黄褐色柱状	操作温度，℃	-10~150
外形尺寸，mm	φ(2.5~3.5)×(5~15)	操作压力，MPa	常压或加压均可使用
堆密度，g/mL	0.75~0.95	空速，h^{-1}	≤1000（常压）；加压时可适当提高
比表面积，m^2/g	≥85	脱硫精度，10^{-6}	≤0.5
压缩强度，N/cm	≥50		

用途 适用于炼厂氨精制系统中高精度地脱除硫化氢。具有操作方便、使用范围广、可用一段法脱硫替代两段法脱硫等特点。

简要制法 先将特制载体浸渍活性组分溶液,再经干燥、焙烧制得。

生产厂 江苏汉光集团宜兴市诚信化工厂。

13. 脱臭催化剂
Deodorizing Catalyst

工业牌号 YHS-217、EP100

主要组成 YHS217是以含铁复合金属氧化物为主要活性组分。EP100是以钙锌复合金属氧化物为主要活性组分。

产品规格及工艺条件

产品性状	指标	产品性状	指标
外观	黑色条状	操作温度,℃	-10~150
外形尺寸,mm	φ3×(5~15)	气体空速,h^{-1}	≤300
堆密度,g/mL	0.8~1.05	硫醇转化率,%	≥95
压缩强度,N/cm	≥100	穿透硫容,%	≥15

用途 用于炼厂轻型及重型污油罐呼吸孔、含硫含氨污水罐、焦化冷焦水罐、碱渣尾气处理装置等部位的恶臭治理。为新型高效脱臭剂。它能吸收硫化氢,并将低分子硫醇转化成二硫化物,从而消除恶臭污染,保护环境。

生产厂 江苏汉光集团宜兴市诚信化工厂、北京三聚环保新材料公司等。

14. 汽油无碱脱臭催化剂
Gasoline Alkali-free Deodorizing Catalyst

工业牌号 YHS-216、M-28、M-28A

产品规格及工艺条件

产品性状	指标	产品性状	指标
外观	黑色条状	操作温度,℃	20~80
外形尺寸,mm	φ2×(5~15)	操作压力,MPa	0.1~2.0
堆密度,g/mL	0.9~1.3	空速,h^{-1}	1~1.5
压缩强度,N/cm	≥50	进口油含硫醇,10^{-6}	15~150
磨耗率,%	≤3	净化后油中含硫醇	博士试验合格

用途　为一种专用于转化汽油中硫醇的催化剂,主要用于总含硫量较低的催化轻汽油无碱脱臭工艺中,代替碱液脱硫醇工艺,实现无碱渣排放。也可用于汽油碱洗后,博士试验(一种检验汽油产品中是否含有硫化氢和硫醇的定性试验方法)仍不合格的汽油净化。在催化剂作用下,可在常温下将硫醇含量不合格的汽油净化成博士试验合格的汽油。具有操作方便、工艺流程简单、生产成本低、对环境友好等特点。

简要制法　以煤质活性炭为载体,负载金属活性组分制成。

生产厂　江苏汉光集团宜兴市诚信化工厂、北京三聚环保新材料公司等。

15. 中高温气体精脱硫剂
Medium-high Temperature Gas Precise Desulfuring Agent

工业牌号　YHS-215

主要组成　以氧化铁、氧化锌复合金属氧化物为主要活性组分,并添加适量其他助剂。

产品规格及工艺条件

产品性状	指　标	产品性状	指　标
外观	黄褐色条状	侧压强度,N/cm	≥45
外形尺寸,mm	$\phi(2.5 \sim 3.0) \times (5 \sim 15)$	操作温度,℃	100~400
堆密度,g/mL	0.95~1.20	操作压力,MPa	0.1~4.0
比表面积,m^2/g	≥40	空速,h^{-1}	500~3000

用途　用于石油化工、合成氨、制氢、煤化工、饮料生产等行业的气体脱硫,也可用于合成气、天然气、油田气、炼厂气等原料气中脱除 H_2S。具有脱硫效率高、使用方便、温域宽等特点。

简要制法　先用特制载体浸渍活性组分溶液,再经干燥、焙烧制得。

生产厂　江苏汉光集团宜兴市诚信化工厂。

16. 氨气脱硫剂　Ammonia Desulfurizing Agent

工业牌号　NT-3、NT-13

主要组成 NT-03 为特制改性活性炭浸渍氧化铁及其他助剂。NT-13 为氧化铁与其他助剂的复合物。

产品规格及工艺条件

产品性状	指 标	
	NT-03	NT-13
外观	黑色条状	红褐色圆柱体或条状
外形尺寸，mm	$\phi(2.7\sim3.3)$	$\phi5\times(4\sim5)$ 或 $\phi4\times(4\sim15)$
堆密度，g/m	$0.6\sim0.7$	—
径向压缩强度，N/cm	$\geqslant60$	$\geqslant100$ 或 $\geqslant40$
磨耗率，%	$\leqslant6.0$	$\leqslant6.0$
操作温度，℃	常温~40	常温~150
操作压力，MPa	$0.1\sim2.0$	$0.1\sim2.0$
空速，h^{-1}	$300\sim500$（常压）$500\sim1000$（加压）	$\leqslant2000$
原料气氨中硫含量，10^{-6}	$\leqslant1000$	$\leqslant1000$
出口气氨中硫含量，10^{-6}	$\leqslant3.5$	$\leqslant1.5$
穿透硫容，%	$\geqslant5$	$\geqslant14$

用途 用于合成气及工业气体的净化处理，尤适用于炼油厂从酸性水蒸气中提取副产氨气的脱硫处理。具有脱硫净化效率高、适应性强、穿透硫容高等特点。NT-13 是 NT-03 的改进型产品，更适用于氨气精脱硫处理。

简要制法 NT-13 脱硫剂的制法是，先用硫酸亚铁及铝盐溶液与氨水进行中和沉淀反应，沉淀物经洗涤、干燥后加入其他助剂，再经成型、焙烧制得成品。

生产厂 西北化工研究院。

17. 乙炔加氢催化剂
Ethyne Hydrotreating Catalyst

工业牌号 JT101、ACH-10

产品规格及工艺条件

产品性状	指标	产品性状	指标
外观	浅红色条状	处理前原料气	
外形尺寸，mm	φ(2.7~3.3)	乙炔，%(体积分数)	≤0.40
		乙烯，%(体积分数)	≤0.41
堆密度，g/mL	0.55~0.70	氧，%(体积分数)	≤0.45
径向压缩强度，N/cm	≥50	硫，10^{-6}	<0.1
磨耗率，%	≤3.0	处理后原料气	
反应温度，℃	100~200	乙炔，10^{-6}	≤5
反应压力，MPa	0.1~4.0	乙烯，10^{-6}	≤1500
空速，h^{-1}	3000~5000	氧，%(体积分数)	≤0.1

用途 JT101广泛用于天然气制乙炔的乙炔尾气、电石炉气和焦炉气等富含一氧化碳工业废气的加氢转化过程。对气体中的乙炔、乙烯和氧等杂质具有较高的加氢转化能力。也可用于氢气、氮气及二氧化碳及各种合成气中氧或氢的深度脱除。催化剂具有加氢净化度高、使用寿命长的特点。ACH-10为含贵金属Pd的灰褐色球状催化剂，主要用于乙炔加氢制乙烯的工业装置中，催化剂使用寿命2~5年。

简要制法 先用特制载体浸渍活性组分溶液，再经干燥、焙烧制得。

生产厂 西北化工研究院、辽宁海泰科技开发公司等。

18. 乙烯加氢催化剂
Ethylene Hydrotreating Catalyst

工业牌号 JT-201

主要组成 氧化铜、氧化铝。

产品规格及工艺条件

产品性状	指标	产品性状	指标
外观	黑色圆柱体	处理前原料气	
外形尺寸，mm	φ5×(4~5)	乙烯，%(体积分数)	≤0.41
		乙炔，10^{-6}	≤5
堆密度，g/mL	1.4~1.7	氧，%(体积分数)	≤45
径向压缩强度，N/cm	≥100	硫，10^{-6}	≤1.0
磨耗率，%	≤9.0	处理后原料气	
操作温度，℃	75~150	乙烯，10^{-6}	≤20
操作压力，MPa	0.1~4.0	氧，%(体积分数)	≤0.1

用途 广泛用于天然气制乙炔的乙炔尾气、电石炉气和焦炉气等富含一氧化碳工业废气的加氢转化过程，对气体中的乙烯及氧等杂质有较高加氢转化能力。也适用于氢气、氮气中氧的脱除。催化剂具有适应性广、净化度高及使用温域宽等特点。

简要制法 将各活性组分经混碾、成型、焙烧制得。

生产厂 西北化工研究院。

19. 氨燃烧制氮催化剂
Catalyst for Ammonia Combustion to Nitrogen

工业牌号 D101Q、D201Q

主要组成 以贵金属为活性组分，以氧化铝为载体。

产品规格及工艺条件

产品性状	指标	
	D101Q	D201Q
外观	灰色小球	
外形尺寸，mm	$\phi(3\sim5)$	
堆密度，g/mL	$0.6\sim0.8$	
径向压缩强度，N/cm	$\geqslant 50$	
300m³/h 氮气发生装置工艺操作条件： 　一段炉：投氨量：30m³/单炉·h； 　　　　　炉壁温度：600~700℃。 　二段炉：炉壁温度：400~700℃。 　脱氧器：炉壁温度：<45℃。 　出口气中氮气组成：$N_2 \geqslant 99.5\%$，$H_2 \leqslant 0.5\%$，$O_2 < 10\times10^{-6}$		

用途 D101Q 型及 D201Q 型催化剂组合用于氨在空气中燃烧制取氮气。其中：DW1Q 型催化剂是一种高效氨燃烧及分解催化剂，在适当的炉壁温度（600~700℃）及氨/空气比（1:2.0~3.5）条件下，氨几乎能全部燃烧及分解；D201Q 型催化剂是一种高效燃烧氢及脱氧剂，它能脱除入口气中高达 7% 的氧，使生成氮气中 H_2 含量$\leqslant 0.5\%$，O_2 含量$< 10\times 10^{-6}$。

简要制法 先用特制氧化铝载体浸渍贵金属溶液，再经干燥、焙烧制得。

生产厂 西北化工研究院。

20. 乙烯脱一氧化碳催化剂
Catalyst for Removing Carbon Monoxide from Ethylene

工业牌号 NCY-107、XDT-1

主要组成 以 CuO、ZnO 为主要活性组分。

产品规格及工艺条件

产品性状	指标	产品性状	指标
外观	黑色或灰黑色圆柱	压缩强度, N/粒	≥78.4
外形尺寸, mm	$\phi(4.8\sim5.2)\times(3.8\sim5.5)$	操作温度,℃	110~140
堆密度, g/mL	1.3~1.7	操作压力, MPa	0.1~3
比表面积, m^2/g	20~35	空速, h^{-1}	1000~3000

用途 用于在聚乙烯装置中脱除乙烯中微量一氧化碳,以确保后续乙烯聚合催化剂的活性。也用于脱除石油气、丙烯及惰性气体中的微量 CO。

简要制法 将铜盐、锌盐溶液经沉淀、洗涤、过滤、干燥、成型、焙烧制得。

生产厂 南京化学工业公司催化剂厂、山东迅达化工公司等。

21. 硝酸尾气净化催化剂
Catalyst for Nitric Acid Exhaust Purification

工业牌号 8209、XW101、RN-302

主要组成 以 CuO、MnO 等为主要活性组分,并添加适量助剂,以氧化铝为催化剂载体。

产品规格及工艺条件

产品性状	指标		
	8209	XW101	RN-302
外观	球形	黄绿色圆柱体	球形
外形尺寸, mm	$\phi(3\sim6)$	$\phi5\times(5\sim7)$	$\phi(3\sim5)$

续表

产品性状	指标		
	8209	XW101	RN-302
堆密度，g/mL	0.8~1.0	0.8~0.9	0.7~0.8
比表面积，m^2/g	—	~60	140~160
孔隙率，%		40	40~50
操作温度，℃	260	280	160~240
操作压力，MPa	0.1~1	常压	常压~0.95MPa
空速，h^{-1}	3000	3000	3000~10000

用途 用于含NO_x废气的净化。8209型及XW101型催化剂用选择性催化还原法对NO_x废气进行净化处理。它是以氨为还原剂，在催化剂作用下，氨可在较低温度下与尾气中的NO_x(包括NO_2、NO等)进行选择性反应，并将它们还原，生成氮和水蒸气。可用于处理硝酸尾气及其他排放气中NO_x的脱除。

简要制法 先用特制氧化铝载体浸渍铜盐等溶液，再经干燥、焙烧制得。

生产厂 大连催化剂厂、四川化工公司催化剂厂、辽宁海泰科技开发公司等。

22. 含苯或含硫有机废气净化催化剂
Catalyst for Benzene or Sulfur Containing Organic Effluent Gas Purification

工业牌号 Q101、RS-1

主要组成 以贵金属Pt或非贵金属氧化物CuO、ZnO等为主活性组分，添加适量其他助剂，以氧化铝或分子筛为催化剂载体。

产品规格及工艺条件

产品性状	指标	
	Q101	RS-1
外观	条状或片状	无定形颗粒
外形尺寸，mm	条：$\phi\times(5\sim10)$ 片：$\phi5\times5$	3~5

续表

产品性状	指 标	
	Q101	RS-1
堆密度, g/mL	0.9~1.4	0.85
孔体积, mL/g	0.2~0.45	—
比表面积, m^2/g	40~120	100
组成	Cu-Zn/Al_2O_3	Pt-V_2O_5/分子筛
操作温度,℃	240~600	260~280
空速, h^{-1}	3000~6000	1000

用途 Q101 型催化剂用于处理含苯有机废气。催化剂的活性组分是 Cu 等过渡金属的复合氧化物。催化剂呈钙钛矿(ABO_3)或尖晶石(AB_2O_4)型结晶。载体为氧化铝,对酮、醛、醇、酯等含氧有机物有较好氧化活性。可用于印刷、自行车、漆包线、缝纫机、家用电器等行业所用烘箱、烘房排放的有机废气进行催化燃烧净化。RS-1 型催化剂是含贵金属 Pt 的催化剂,并以分子筛为载体。它具有低温高活性及起燃温度低等特点,主要用于含硫有机废气的催化燃烧净化。

简要制法 先将特制催化剂载体浸渍活性组分溶液,再经干燥、焙烧制得。

生产厂 南京化学工业公司催化剂厂、中国石油兰州化工研究中心等。

23. 烃类有机废气处理催化剂
Catalyst for Hydrocarbon Effluent Gas Treatment

工业牌号 PCC-1、2314、3188

主要组成 以过渡金属及碱土金属氧化物等复合氧化物为催化剂活性组分,以蜂窝状陶瓷基质为催化剂载体。

产品规格及工艺条件

产品性状	指 标		
	PCC-1	2314	3188
外观	蜂窝状		
外形尺寸, mm	47×47×46 (含 ϕ3mm 孔 188 个)	42×43×43 (含 ϕ3mm 孔 188 个)	47×47×50 (含 ϕ3mm 孔 188 个)

续表

产品性状	指标		
	PCC-1	2314	3188
堆密度，g/mL	0.92	1.16	0.83
比表面积，m^2/g	6	2.5	1.04
孔隙率，%	0.308	0.408	0.4
组成	Ca、Ba、Mg、Fe/Al$_2$O$_3$-SiO$_2$	—	—
操作温度，℃	—	200~250	210
空速，h^{-1}	10000~20000	10000~20000	10000~20000

用途 用作催化燃烧法处理烃类有机废气的催化剂，主要活性组分为过渡金属氧化物的复合氧化物。通过各氧化物之间存在的结构或电子调变作用，达到对烃类有机废气进行深度氧化反应，使其转化为无害物质。可用于油墨印刷、漆包线绝缘层加工、自行车及缝纫机等涂漆、化工涂料生产等生产过程中废气的处理，消除有机溶剂等挥发性气体的污染。

简要制法 先将特制蜂窝状载体浸渍活性组分溶液，再经干燥、焙烧制得。或由不同配比的金属氧化物与氧化铝、硅酸盐等基质经混捏、成型、活化制得。

生产厂 成都电缆厂、成都宏明无线器材厂、杭州大学、华东理工大学等。

24. 焦炉煤气净化分解催化剂
Catalyst for Coke-oven Gas Purification and Decomposition

工业牌号 NCA-1、NCA-2、COG-1
主要组成 以氧化镍为主要活性组分，氧化铝为催化剂载体。

产品规格及工艺条件

产品性状	指 标	产品性状	指 标
外观	灰色或黑灰色车轮状	侧压强度，N/粒	≥350
外形尺寸，mm	$\phi19 \times 15$	操作温度，℃	1000~1150
堆密度，g/mL	1.1~1.2	操作压力，MPa	常压
孔体积，mL/g	0.20~0.22	空速，h^{-1}	500~750
比表面积，m^2/g	5	进口粉尘含量，mg/m^3	≤1

用途 NCA 型用于焦炉煤气净化工艺中氨、氰、苯类气体的催化分解，或氨分解制富氢保护气。其中，NCA-2 催化剂出厂时为氧化态，使用时用干燥的气体升温至 600℃ 时，用空气、煤气继续升温至 1200℃，还原 48h。

COG-1 型为 Mo-Fe-助剂/Al_2O_3 加氢脱硫剂，用于焦炉气中有机硫加氢转化为硫化氢，并将其中所含烯烃进行加氢饱和。

简要制法 NCA 型是由先用特制氧化铝载体浸渍镍盐溶液，再经干燥、焙烧制得；COG-1 型是以 Fe-Mo 为活性组分，以 $\gamma\text{-}Al_2O_3$ 为载体制得。

生产厂 南京化学工业公司催化剂厂、辽宁海泰科技发展公司等。

25. 活性氧化铝脱水干燥剂
Activated Alumina Dewatering Desiccants

工业牌号 GA-300~303、GA-306、GA-308、GA-309
主要组成 主要为活性氧化铝，有些产品也添加适量助剂。
产品规格

产品性状	指 标						
	GA-300	GA-301	GA-302	GA-303	GA-306	GA-308	GA-309
外观	白色球						
外形尺寸，mm	$\phi(3\sim7)$	$\phi(3\sim7)$	$\phi(3\sim7)$	$\phi(3\sim7)$	$\phi(3\sim7)$	$\phi(3\sim7)$	$\phi(3\sim7)$
堆密度，g/mL	≥0.68	≥0.70	≥0.70	≥0.65	≥0.76	≥0.70	≥0.70
孔体积，mL/g	≥0.38	≥0.38	≥0.35	≥0.35	≥0.40	≥0.42	≥0.40
比表面积，m^2/g	≥280	≥280	≥300	≥300	≥300	≥250	≥150

续表

产品性状	指标						
	GA-300	GA-301	GA-302	GA-303	GA-306	GA-308	GA-309
压缩强度，N/粒	≥127.4	≥147	≥156.8	≥120	≥178.4	≥140	≥196
磨耗率，%	≤0.1	≤0.1	≤0.1	≤0.1	≤0.1	≤0.5	≤0.05
静态吸附容量（$RH=60\%$），%	≥16	≥16	≥16	≥17	≥16	吸氟量 ≥2.1mg/g	耐酸时间 48h 以上
Al_2O_3 含量，%	≥86	≥86	≥90	≥90	≥92	≥86	≥90
Na_2O 含量，%	<0.4	≤0.4	≤0.4	≤0.4	≤0.2	≤0.4	≤0.4

用途 GA-300 型催化剂广泛用于石油、化工、纺织、仪表等行业工业气体的脱水干燥；GA-301 型催化剂为空气分离装置专用脱水干燥剂，露点 -41℃以上；GA-302 型催化剂为蒽醌法生产双氧水装置的专用双氧水吸附干燥剂；GA-303 型催化剂主要用于双向径流分子筛流程空气分离装置，为变压吸附专用氧化铝；GA-306 型催化剂主要用于氯乙烯单体脱水干燥；GA-308 型催化剂为饮用水净化专用除氟剂，主要用于高氟地区饮用水除氟；GA-309 型催化剂为绝缘油净化专用净油剂，主要用于绝缘油及类似油品的净化处理。

简要制法 先将氧化铝粉高温快脱结晶水，再经成型、水热处理、干燥制得成品。

生产厂 江苏姜堰区化工助剂总厂、姜堰区天平化工公司等。

26. 分子筛脱水干燥剂
Molecular Sieve Dewatering Desiccants

工业牌号 GA-394~396、GA-398
主要组成 3A、4A、5A 及 13X 等分子筛。
产品规格

产品性状	指标			
	GA-394	GA-395	GA-396	GA-398
外观	球或条形			

续表

产品性状	指标			
	GA-394	GA-395	GA-396	GA-398
外形尺寸, mm	球：$\phi(2\sim3)$, $\phi(3\sim5)$, $\phi(5\sim8)$; 条：$\phi3.5\times(5\sim10)$	球：$\phi(2\sim3)$, $\phi(3\sim5)$, $\phi(5\sim8)$; 条：$\phi3.5\times(5\sim10)$	球：$\phi(2\sim3)$, $\phi(3\sim5)$, $\phi(5\sim8)$; 条：$\phi3.5\times(5\sim10)$	球：$\phi(2\sim3)$, $\phi(3\sim5)$, $\phi(5\sim8)$; 条：$\phi3.5\times(5\sim10)$
堆密度, g/mL	0.65~0.68	0.66~0.68	0.64~0.68	0.64~0.65
压缩强度, N/粒	球：44~60 条：$\geqslant$20N/mm	球：30~80 条：$\geqslant$18N/mm	球：30~67 条：$\geqslant$17N/mm	球：25~80 条：$\geqslant$18N/mm
磨耗率, %	0.4~0.6	0.1~0.4	0.1~0.4	0.1~0.4
静态水吸附量, %	20	20~21	20	23~23.5

用途　GA-394 催化剂主要成分为 3A 分子筛，用于天然气及石油裂解气的脱水干燥，也可用于医药、食品及中空玻璃制造等行业，用作脱水干燥剂。

GA-395 催化剂主要成分为 4A 分子筛，用于密闭状态的气体及液体进行脱水干燥，也可用于饱和烃物料等的脱水干燥，除脱除水分子外，也能脱除甲醇、乙醇、硫化氢、二氧化碳、乙烯及丙烯等分子。

GA-396 催化剂主要成分为 5A 分子筛，可用于异构烷烃分离工艺，能吸附 3A 和 4A 分子筛不能吸附的分子，以及直径小于 5×10^{-10} m 的分子。用于变压吸附系统中，效果更好。

GA-398 催化剂主要成分为 13X 分子筛，能吸附 3A、4A、5A 分子筛所不能吸附的分子，以及吸附芳烃等直径较大的分子。

上述分子筛脱水干燥剂在使用失效后可加热脱附剂进行再生。

简要制法　由铝酸钠、硅酸钠经晶化、过滤、干燥、离子交换、再干燥、成型、活化等工序制得。

生产厂　江苏姜堰区化工助剂总厂。

27. 霍加拉特催化剂
Hopcalite Catalyst

别名 防毒面具用催化剂

工业牌号 DB-75、DB-83、MC-15

主要组成 MnO 60%、CuO 40%及少量钴、银化合物，以具有大孔容量及发达结构的活性炭为载体。

用途 在常温下具有氧化一氧化碳作用，可用于装填防一氧化碳消毒器及通风系统。

简要制法 将由湿法制得的活性二氧化锰在130℃下的氧气中干燥，所得干燥物于冷水中制成悬浊液。先在悬浊液中加入硝酸铜及硝酸银溶液，再加入纯碱，使悬浊液沉淀。将沉淀物于130℃条件下干燥后即制得本品。

生产厂 抚顺市化工一厂。

28. 脱汞剂
Demercury Agent

工业牌号 XDM-1

主要组成 活性炭。

产品规格及工艺条件

产品性状	指标	产品性状	指标
外观	黑色圆柱体颗粒	脱汞率,%	≥95
外形尺寸，mm	$\phi(3\sim5)\times(5\sim8)$	脱水性	不溶于水，水煮不粉化
堆密度，kg/L	0.60~0.70	使用压力，MPa	常压~4.0
侧压强度，N/cm	≥60	使用温度,℃	常温~150
耐磨强度,%	≥95	空速，h^{-1}	1000
比表面积，m^2/g	≥1000	线空速，m/s	0.10~0.30(空塔)
有效脱汞组分,%	≥15		

用途 本品是以具有大孔容量及发达孔结构的活性炭为载体，负载复合化学活性组分进行改性处理。可用于吸附脱除发电、化肥、冶炼、天然气、化工及垃圾焚烧等排放废气中的单质汞及汞离子，并将脱汞组分吸附并沉积在活性炭微孔中，达到净化气体的目的。

生产厂 山东迅达化工公司等。

二十六、催化剂载体

根据催化剂与反应物所处的不同状态,催化作用可分为均相催化及多相催化两种。均相催化是指催化剂与反应物处于相同相的催化作用。均相催化又可分为气相、固相和液相三类,工业上使用较多的是液相催化剂。如乙烯在硫酸作用下水合为乙醇,环氧氯丙烷在碱催化作用下水解为甘油等。多相催化是指催化剂和反应物处于不同的相,在催化剂界面上产生的催化反应。在多相催化中最常用的催化剂为固体,反应物为液相或气相,催化反应在两相间的界面上进行。在炼油、化工、环保、化肥等行业所使用的催化剂中,绝大多数是固体催化剂。例如,催化裂化、加氢裂化、催化重整、加氢精制、氨氧化、芳烃氧化、乙烯氧氯化、汽车尾气净化处理等的催化过程都使用固体催化剂。

固体催化剂一般由活性组分、助催化组分及载体三部分组成,也有部分催化剂只有活性组分及载体两部分。选择活性组分是研制及开发催化剂首先要考虑的问题,它对催化剂的活性及选择性起着决定性作用。而在活性组分确定以后,选择载体则是需要考虑的另一个重要问题。助催化剂与载体的作用有时不太好区分。因为在活性组分中加入少量其他物质(助催化剂)后,催化剂在化学组成、晶体结构、离子价态、酸碱性质、比表面积大小、机械强度及孔结构性质等都可能产生变化,从而影响催化剂的活性及选择性;而载体有时候也能起到这种作用。所以一般将催化剂中含量较少(通常低于总量的1/10)而又起关键性作用的第二组分称为助催化剂。如果第二组分的含量较大,且它所起的作用主要是改进所制备催化剂的物理性能时,则称为载体。载体选择在催化剂制备中具有十分重要的作用:①提高活性组分的分散性,增加有效表面积,并为适合于某反应物分子进入提供合适的细孔结构;②提高催化剂的机械强度,以增强催化剂在使用过程中抵抗摩擦、冲击、压力的能力,以及抵抗由于温度变化、相变等原因引起的各种应力的能力;③提高催化剂的热稳定性,使活性组分颗粒分散负载,防止因受高温熔结或聚集而影响催化剂的活性;④提供反应活性中心,尤其是具有固体酸或固体碱结构的载体常成为双功能催化剂的活性中心之一;⑤减少活性组分用量,尤其是减少贵金属组分的用量,降低催化剂成本;⑥具有分解和吸附毒物的作用,从而提高催化剂抗中毒性能;⑦实现均相催化剂的负载化，克服均相催化剂与反应产物分离困难的缺点。

用作催化剂载体的物质可分为天然物质和合成物质两类。由于天然物质(如浮石、白土、硅藻土、铁钒土及石英等)的性质受产地的影响很大，而且它们所具有的比表面积及细孔结构都有限，不少天然物质还夹带一些杂质，所以，工业催化剂所用载体大部分采用人工合成物质。有时为了降低成本或满足某种性能的需要，也在合成物质中掺入一定量的天然物质。一般来说，用作催化剂的载体应具备以下7个条件：

① 具有能适合反应过程的形状；

② 有足够机械强度，以经受反应过程的机械冲击或热冲击，对流化床用催化剂载体还需有足够的耐磨强度；

③ 有足够的稳定性，以抵抗活性组分、反应物及反应产物的化学侵蚀；

④ 有足够的比表面积及细孔结构，以便能在其表面均匀负载活性组分，为催化反应提供场所；

⑤ 不含有任何可以使催化剂中毒的杂质；

⑥ 堆密度及导热系数适宜；

⑦ 原料易得，制备方便，制备过程中三废排放少。

常用的人工合成催化剂载体有氧化铝载体、硅胶载体、活性炭载体、硅铝及分子筛载体、二氧化钛复合载体、氧化镁载体、硅藻土载体、规整式载体等。

1. 氧化铝载体
Alumina Support

纯品为白色结晶或粉末。通常按所含结晶水数目不同，分为三水氧化铝和一水氧化铝。三水氧化铝的变体主要是三水铝石、拜铝石及诺水铝石三种；一水氧化铝的变体主要是一水硬铝石及一水软铝石。这两种常见氧化铝水合物的晶体结构和性质见下表所列。

常见氧化铝水合物的晶体结构和性质

名称	三水铝石	拜铝石	诺水铝石	一水软铝石	一水硬铝石
晶系	单斜	六角	三斜	正交	正交
空间群	C_{2h}^5	D_{3d}^1	C_1^1	D_{2h}^{17}	D_{2h}^{16}
晶胞中分子数	4	2	4	2	2

续表

名称		三水铝石	湃铝石	诺水铝石	一水软铝石	一水硬铝石
晶胞常数	a 长度，nm	0.862	0.5047	0.8758	1.22	0.440
	b 长度，nm	0.506		0.5069	0.369	0.930
	c 长度，nm	0.970	0.4730	1.0244	0.285	0.284
	夹角 α			109°33′		
	夹角 β	85°26′		97°66′		
	夹角 γ			88°34′		
相对密度		2.42	2.53	2.42	3.01	3.44
硬度					3.5~4	6.5~7
解理性		(001)完			(010)	(010)完
折射率	α	1.568	平均 1.583		1.649	1.702
	β	1.568			1.649	1.722
	γ	1.567			1.665	1.750

氧化铝(Al_2O_3)是催化剂制备中用量最大的一类载体，尽管氧化铝可由铝盐分解而得到，但在催化领域中，各类氧化铝通常系由相应的水合氧化铝加热失水制得。各种氢氧化铝加热分解形成一系列同质异晶体（主要是氧原子和铝原子在空间堆叠方式及含水量不同）。这些同质量晶体，有些呈分散相，有些呈过渡态。当加热温度超过1000℃时，都转变成无水氧化铝（即 $\alpha\text{-}Al_2O_3$）。氧化铝水合物热转化过程如下图所示。

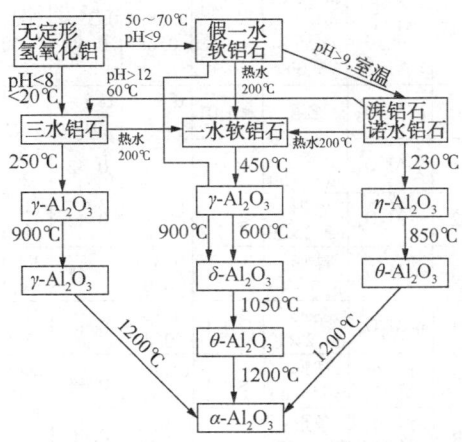

氧化铝水合物的热转化过程

我国部分氧化铝生产企业的产品牌号及技术数据如下表所列。

生产厂	工业牌号	组成及晶相	外形尺寸,mm	Na_2O %	堆密度 g/mL	孔体积 mL/g	比表面积 m^2/g	压缩强度 N/粒	磨耗率 %
姜堰区化工助剂总厂	GA-315	Al_2O_3 ≥90%	粉、条、球形,由用户选择	≤0.2	0.5~0.6	≥0.42	≥180	≥58.8	≤0.5
	GA-324	Al_2O_3 ≥80%	同 GA-315	≤0.2	≥0.65	≥0.45	≥180	≥100	≤0.5
	GA-381	Al_2O_3 ≥72%	同 GA-315	≤0.05	≥0.62	—	—	—	—
	GA-382	Al_2O_3 ≥72%	同 GA-315	≤0.05	≥0.62	—	—	—	—
	GA-385	Al_2O_3 ≥85%	同 GA-315	≤0.05	≥0.72	—	—	≥49	0.5
	GH-801	Al_2O_3	拉西环:$\phi 5\times(5.5\sim 6.5)$	—	0.37~0.40	0.7~0.85	270~320	≥3 (N/mm)	≤1.0
	GH-802	Al_2O_3	拉西环:$\phi 3.3\times(3.5\sim 4.5)$	—	0.51~0.53	0.65~0.75	160~230	≥3 (N/mm)	≤1.0
	GH-803	Al_2O_3	拉西环:$\phi 5.5\times(6.5\sim 6.8)$	—	0.55~0.60	0.38~0.42	180~200	15 (N/mm)	≤1.0
	GH-806	Al_2O_3	拉西环:$\phi 3.5\times(4.5\sim 5.0)$	—	0.65~0.68	0.32~0.40	200~260	20 (N/mm)	≤1.0
	TC-115	$\alpha\text{-}Al_2O_3$	多孔	≤0.01	0.9~1.0	0.7~0.9	5~10	40~60	—
	TZ-01	$\gamma\text{-}Al_2O_3$	球形:$\phi(3\sim 5)$	≤0.1	0.7~1.0	0.42	100~220	>80	—
	TZ-02	$\gamma\text{-}Al_2O_3$	条形:$\phi 3.2\times 10$	≤0.1	0.7~0.8	0.42	110~220	>80	—
	TZ-03	$\eta\text{-}Al_2O_3$	球形:$\phi(3\sim 4)$	≤0.1	0.8~0.9	0.45	300~360	>80	—
	TZ-04	$\eta\text{-}Al_2O_3$	条形:$\phi 3.2\times 10$	<0.1	0.7~0.8	0.46	320~350	>80	—
	TZ-05	$\gamma、\eta\text{-}Al_2O_3$	球形:$\phi(4\sim 6)$	<0.1	0.68~0.72	0.44	200~300	100~147	—
	TZ-06	$\gamma、\eta\text{-}Al_2O_3$	条形:$\phi 4\times 12$	<0.1	0.68~0.76	0.46	200~300	100~147	—
	TZ-07	$\alpha\text{-}Al_2O_3$	球形:$\phi 3$	<0.1	0.9~1.1	0.15	0~20	>110	—

续表

生产厂	工业牌号	组成及晶相	外形尺寸,mm	Na_2O %	堆密度 g/mL	孔体积 mL/g	比表面积 m^2/g	压缩强度 N/粒	磨耗率 %
姜堰区化工助剂总厂	TZ-08	$\alpha\text{-}Al_2O_3$	球形:$\phi 6$	<0.1	0.9~1.0	0.35	0~50	>350	—
	TZ-09	$\alpha\text{-}Al_2O_3 \cdot H_2O$	粉状	<0.08	0.7~1.0	0.47	150~200	—	—
	TZ-10	$\beta\text{-}Al_2O_3 \cdot 3H_2O$	粉状	<0.08	0.55~0.75	0.50	150~300	—	—
	TZ-11	$\alpha\text{-}Al_2O_3 \cdot H_2O$	粉状	<0.08	0.6~0.7	0.60	150~200	—	—
	TZ-12	$\beta\text{-}Al_2O_3 \cdot 3H_2O$	粉状	<0.08	0.7~0.8	0.50	150~200	—	—
	TZ-13	$\gamma\text{-}Al_2O_3$	球形:$\phi(2~3.5)$	<0.1	0.50	0.70	150~200	40~50	—
	TZ-14	$\alpha\text{-}Al_2O_3 \cdot H_2O$	微球:<90μm	<0.08	0.8~1.0	0.30	150~250	—	—
	异型	γ、$\eta\text{-}Al_2O_3$	三叶草形,空心球等	<0.1	0.5~0.8	0.2~0.5	120~200	80~100	—
	微球	$\gamma\text{-}Al_2O_3$	<90μm,79%~90%;<45μm,30%~50%;<30μm,8%~25%	<0.1	0.5~0.9	0.3~0.5	100~200	—	流化床催化剂专用载体,磨耗率<1.2%
姜堰区奥特催化剂载体研究所	OT-LO	$\gamma\text{-}Al_2O_3$	带孔叶状:$\phi 5\times(5~10)$	≤0.03	0.55~0.85	0.5~0.8	100~300	20~60 (N/mm)	—
	OT-Q11	$\gamma\text{-}Al_2O_3$	带孔球:$\phi 6$	≤0.02	0.50~0.60	0.5~0.6	200~260	20~60 (N/mm)	—
	OT-Q12	$\gamma\text{-}Al_2O_3$	圆柱形:$\phi 6\times(6~12)$	≤0.05	0.6~0.8	0.4~0.5	120~260	50~150 (N/mm)	—

续表

生产厂	工业牌号	组成及晶相	外形尺寸,mm	Na_2O %	堆密度 g/mL	孔体积 mL/g	比表面积 m^2/g	压缩强度 N/粒	磨耗率 %
姜堰区奥特催化剂载体研究所	OT-RO-1	$\gamma\text{-}Al_2O_3$	环状:$\phi3\times5$ ~8	≤0.03	0.5~0.6	0.2~0.7	180~260	10~100 (N/mm)	—
	OT-RO-2	$\gamma\text{-}Al_2O_3$	环状:$\phi3.5\times$ (3.5~5)	≤0.01	0.45~0.55	0.6~0.7	180~220	20~100 (N/mm)	—
	OT-RW-1	$\gamma\text{-}Al_2O_3$	齿球:$\phi3$~8	≤0.03	0.6~0.8	0.4~0.6	180~260	30~150 (N/mm)	—
	OT-RW-2	$\gamma\text{-}Al_2O_3$	三叶草形:$\phi3\times$ (3~8)	≤0.03	0.6~0.7	0.3~0.9	100~400	20~60 (N/mm)	—
	OT-RW-3	$\gamma\text{-}Al_2O_3$	轮状:$\phi6\times(6$ ~22)	≤0.03	0.6~1.0	0.1~0.5	10~200	10~300 (N/mm)	—
	OT-RW-4	$\gamma\text{-}Al_2O_3$	带孔球	≤0.01	0.5~0.85	0.4~0.6	150~280	10~50 (N/mm)	—
	OT-RW-5	$\gamma\text{-}Al_2O_3$	齿柱状:$\phi3\times$ (3~10)	≤0.3	0.65~0.75	0.4~0.5	160~280	100~300 (N/mm)	—
	OT-RW-6	$\gamma\text{-}Al_2O_3$	带孔齿球形:$\phi4$ $\times(4~6)$	≤0.02	0.55~0.60	0.4~0.6	100~260	20~80 (N/mm)	—
	OT-RW-7	$\gamma\text{-}Al_2O_3$	带孔叶状:$\phi4\times$ (4~6)	≤0.02	0.55~0.60	0.4~0.6	100~260	20~80 (N/mm)	—
天津化工研究设计院	TC101-1	$\gamma\text{-}Al_2O_3$	条:$\phi(3~5)$	≤0.05	0.5~0.6	0.5~0.6	180~220	100~120	—
	TC101-2	$\gamma\text{-}Al_2O_3$	条:$\phi(3~5)$	≤0.05	0.5~0.6	0.5~0.6	180~220	100~120	—
	TC10Q	$\gamma\text{-}Al_2O_3$	条:$\phi(3~5)$	≤0.05	0.5~0.6	≥0.6	280~300	100~120	—
	TC103-1	$\gamma\text{-}Al_2O_3$	三叶草形:$\phi1.8$ $\times3.2$	≤0.4	0.5~0.6	0.4~0.5	140~180	90~120	—

续表

生产厂	工业牌号	组成及晶相	外形尺寸, mm	Na_2O %	堆密度 g/mL	孔体积 mL/g	比表面积 m^2/g	压缩强度 N/粒	磨耗率 %
天津化工研究设计院	TC103-2	$\gamma\text{-}Al_2O_3$	三叶草形:$\phi8\times3.2$	≤0.1	0.5~0.6	0.4~0.5	140~180	90~120	—
	TC104	$\gamma\text{-}Al_2O_3$	三叶草形:$\phi1.8\times3.2$	≤0.4	0.55~0.65	0.4~0.5	150~200	100~150	—
	TC105	$\gamma\text{-}Al_2O_3$	球:$\phi3.5$	≤0.4	0.7~0.8	0.40~0.45	140~200	100~150	—
	TC106	$\gamma\text{-}Al_2O_3$	球:$\phi(3~5)$	≤0.4	0.6~0.7	0.45~0.50	140~200	80~120	—
	TC107	$\gamma\text{-}Al_2O_3$	球:$\phi(1.2~3.5)$	≤0.01	0.4~0.5	1.0~1.2	160~200	50~80	—
	TC108	$\gamma\text{-}Al_2O_3$	球:$\phi(1.2~3.5)$	≤0.01	0.35~0.4	1.3~1.5	140~180	30~50	—
	TC109	$\gamma\text{-}Al_2O_3$	球:$\phi(1.2~3.5)$	≤0.01	0.3~0.35	1.6~2.0	140~180	10~20	—
	TC110	$\gamma\text{-}Al_2O_3$	球:$\phi1.2~3.5$	≤0.01	≤0.30	≥2.0	140~180	7~10	—
	TC111	$\alpha\text{-}Al_2O_3$	多孔	≤0.01	0.9~1.0	0.7~0.9	0.4~0.6	50~100	—
	TC112	$\alpha\text{-}Al_2O_3$	多孔	≤0.1	0.9~1.0	0.7~0.9	0.6~0.8	50~100	—
	TC113	$\alpha\text{-}Al_2O_3$	多孔	≤0.1	0.9~1.0	0.7~0.9	0.8~1.0	50~80	—
	TC114	$\alpha\text{-}Al_2O_3$	多孔	≤0.1	0.9~1.0	0.7~0.9	1.0~5.0	40~80	—
	TC115	$\alpha\text{-}Al_2O_3$	多孔	≤0.1	0.9~1.0	0.7~0.9	5~10	40~60	—
山东铝业公司研究院	AA311	$\gamma\text{-}Al_2O_3$	球:$\phi(1~3)$,$\phi(2~4)$	≤0.4	<0.9	>0.3	≥250	30~50	—
	AA312	$\gamma\text{-}Al_2O_3$	球:$\phi(1~3)$,$\phi(2~4)$	≤0.5	<0.9	>0.3	≥250	30~50	—

续表

生产厂	工业牌号	组成及晶相	外形尺寸, mm	Na_2O %	堆密度 g/mL	孔体积 mL/g	比表面积 m^2/g	压缩强度 N/粒	磨耗率 %
山东铝业公司研究院	AA313	$\gamma\text{-}Al_2O_3$	球:ϕ(1~3), ϕ(2~4)	≤0.6	<0.9	>0.3	≥200	30~50	—
	AA314-1	$\gamma\text{-}Al_2O_3$	球:ϕ(5~7)	≤0.5	—	≥0.3	≥200	≥150	
	AA314-2	$\gamma\text{-}Al_2O_3$	球:ϕ(5~7)	≤0.6	—	≥0.3	≥160	≥100	
	AA321	$\gamma\text{-}Al_2O_3$	条:$\phi4\times$(3~10)	≤0.3	<0.9	>0.3	≥250	≥100	
	AA322	$\gamma\text{-}Al_2O_3$	条:$\phi4\times$(3~10)	≤0.5	<0.9	>0.25	≥200	≥100	
	AA323	$\gamma\text{-}Al_2O_3$	条:$\phi4\times$(3~10)	≤0.6	<0.9	>0.2	≥100	≥100	
	AA333-1	$\gamma\text{-}Al_2O_3$	球:ϕ(5~7), ϕ(6~8)	≤0.6	—	≥0.3	≥150	≥80	
	AA333-2	$\gamma\text{-}Al_2O_3$	球:ϕ(4~6), ϕ(5~7)	≤0.6	—	0.27~0.33	≥200	≥60	
	AA334	$\gamma\text{-}Al_2O_3$	粉状	≤0.5	<0.8	≥0.3	170~230	—	≤5
	AA334-1	$\gamma\text{-}Al_2O_3$	条:$\phi3\times$(3~8)	≤0.03	—	≥0.4	170~230	≥80	
	AA334-2	$\gamma\text{-}Al_2O_3$	条:$\phi3\times$(3~8)	≤0.07	—	≥0.35	170~230	≥80	
	AA350	$\alpha\text{-}AlOOH$	球:ϕ(4~6)	≤0.1	<0.85	—	≥220	≥60	
	AA253	$\gamma\text{-}Al_2O_3$	条:$\phi1.6\times$(3~10)	≤0.05	0.6~0.70	≥0.4	170~230	≥50	
	AA226	$\gamma\text{-}Al_2O_3$	粉状	≤0.05	—	≤0.3	≥200	—	
	HF161	$\alpha\text{-}AlOOH$	粉状	≤0.1	<0.75	>0.3	≥250		
	HF162	$\alpha\text{-}AlOOH$	粉状	≤0.1	<0.75	>0.3	≥250		
	HF163	$\alpha\text{-}AlOOH$	粉状	≤0.1	<0.75	>0.3	≥250		
	HF164	$\alpha\text{-}AlOOH$	粉末	≤0.3	<0.4	≥0.3	>200	—	
	HF165	$\alpha\text{-}AlOOH$	粉末	≤0.45	0.4	≥0.3	≥200	—	

续表

生产厂	工业牌号	组成及晶相	外形尺寸，mm	Na_2O %	堆密度 g/mL	孔体积 mL/g	比表面积 m^2/g	压缩强度 N/粒	磨耗率 %
温州氧化铝厂	WYA-204	$Al_2O_3 \cdot nH_2O$	球：ϕ(3~4)	<0.20	≥0.68	>0.45	>170	>70	—
	WYA-251	$Al_2O_3 \cdot nH_2O$	条：$\phi3 \times$(4~10)	<0.15	0.5~0.6	>0.50	>150	>100	—
	WYA-252	$Al_2O_3 \cdot nH_2O$	三叶草形：$\phi3 \times$(4~10)	<0.15	0.5~0.6	>0.50	>150	>100	—
	WYA-253	$Al_2O_3 \cdot nH_2O$	条：$\phi3 \times$(4~10)	<0.15	—	0.6~0.8	>200	>90	—
	WYA-254	$Al_2O_3 \cdot nH_2O$	三叶草形：$\phi3 \times$(4~10)	<0.15	—	0.6~0.8	>200	>90	—
上海苏鹏实业公司	SS-101	θ、δ-Al_2O_3	球：ϕ(2.5~3.5)	≤0.15	0.58~0.65	0.4~0.6	90~140	≥50	—
	SS-201	γ-Al_2O_3	球：ϕ(2.5~3.5)	≤0.15	0.58~0.65	0.4~0.6	≥200	≥60	—
	SS-202	γ-Al_2O_3	球：ϕ(3~5)	≤0.15	0.58~0.65	0.4~0.6	≥200	≥100	—
	SS-301	大孔Al_2O_3	球：ϕ(1.6~2.5)	≤0.1	0.23~0.28	1.5~1.8	160~180	≥10	—
	SS-302	γ-Al_2O_3	球：ϕ(1.2~1.6)	—	0.5~0.55	0.9~1.1	≥200	≥40	—
沈阳催化剂厂	STAC-01	γ-Al_2O_3	圆柱或三叶草形：$\phi3$或$\phi1.5$	≤0.07	0.5~0.65	≥0.5	≥200	≥90	—
	STAC-02	γ-Al_2O_3	圆柱或三叶草形：$\phi1.5$	≤0.01	0.5~0.65	≥0.7	≥250	≥100	—
	STAC-03	γ-Al_2O_3	球：ϕ(2~3)	≤0.03	≥0.60	≥0.65	≥300	≥70	—
	活性Al_2O_3	γ-Al_2O_3	球：ϕ(5~7)	≤0.15	≥0.40	0.65~0.75	≥170	≥80	—

续表

生产厂	工业牌号	组成及晶相	外形尺寸,mm	Na_2O %	堆密度 g/mL	孔体积 mL/g	比表面积 m^2/g	压缩强度 N/粒	磨耗率 %
抚顺石化高新技术开发中心	FZD-10	θ、δ-Al_2O_3	椭球:ϕ(3~5.5)	<0.01	0.37~0.41	1.05~1.35	120~165	≥30	—
	FZD-11	γ-Al_2O_3	椭球:ϕ(3.5~5.5)	<0.01	0.37~0.41	1.25~1.42	240~300	≥30	—
	FZD-13	θ、δ-Al_2O_3	球:ϕ(1.3~2.3)	<0.01	0.38~0.42	1.20~1.40	120~165	≥8	—
	FZD-22	θ、δ-Al_2O_3	三叶草形:ϕ(2~3)	<0.01	0.53~0.57	0.64~0.72	130~180	≥8	—
	FZD-201	θ、δ-Al_2O_3	四叶草形:ϕ(1.1~1.4)	<0.01	0.52~0.53	0.70~0.80	145~190	≥12	—
北京绿星特种催化技术公司	GS-Al	γ-Al_2O_3	通孔柱:$\phi5.5\times5$	<0.1	0.50	0.65	200	≥50	—
	GS-Al	δ-Al_2O_3	球:$\phi3$	<0.1	0.65	0.54	75	≥50	—
	GS-Al	α-Al_2O_3	齿轮状:$\phi7\times6$	<0.2	0.58	0.60	1~2	≥50	—
	GS-Al	γ-Al_2O_3	齿球:$\phi(3~7)$	<0.1	0.4~0.6	0.5~0.8	150~250	≥50	—
湖南长岭炼化公司催化剂厂	C13	γ-Al_2O_3	球:ϕ(1~3)	≤0.03	0.78~0.87	0.45~0.55	200	100	—
	CB	γ-Al_2O_3	条:$\phi1.8\times$(3~8)	≤0.03	0.72~0.82	0.45~0.55	200	100	—
	CH	γ-Al_2O_3	三叶草形:ϕ(1~3.6)	≤0.03	0.55~0.70	0.35	200	8~10	—
	RN	γ-Al_2O_3	三叶草形:ϕ(1~3.6)	—	0.55~0.70	0.45~0.55	160~180	20	—
	RT	γ-Al_2O_3	三叶草形:ϕ(1~3.6)	—	0.45~0.55	0.30	300	20	—

续表

生产厂	工业牌号	组成及晶相	外形尺寸，mm	Na_2O %	堆密度 g/mL	孔体积 mL/g	比表面积 m^2/g	压缩强度 N/粒	磨耗率 %
南化公司催化剂厂	NC3201	$\gamma\text{-}Al_2O_3$	圆柱体形：ϕ3.2×(5~15)	≤0.1	0.7	0.45	≥200	120	—
	NC-3302	$Al(OH)_3$	粉末	—	—	—	200	—	—
齐鲁公司一化肥催化剂厂	CZTSD-1	$\gamma\text{-}Al_2O_3$	四叶草形：ϕ1.2×(3~8)	<0.1	0.54	≥0.64	≥240	≥130	
	CZTSY-1	一水铝石	粉末	<0.1	0.19~0.21	0.9~1.05	≥320		
	LHD-2X	$\gamma\text{-}Al_2O_3$	三叶草形：ϕ2×(3~8)	<0.1	0.56~0.62	0.58~0.70	≥270	≥150	
	ZTNY-1	一水铝石	粉末	≤0.1	0.19~0.21	0.80~0.90	300~360		
	ZTSD-2X	$\gamma\text{-}Al_2O_3$	圆柱条：ϕ1.5×(3~8)	<0.1	0.56~0.66	0.6~0.7	≥210	≥130	
	ZTSY-1	一水铝石	粉末	≤0.1	0.19~0.21	0.90~1.05	≥320		
宜兴市太湖载体厂	ML-1	$\theta\text{-}Al_2O_3$	环柱条：ϕ(1.5~4.5)×(3~8)	—	0.6~0.7	≥0.5	≥100	>45	
	ML-2	$\gamma\text{-}Al_2O_3$	环柱条：ϕ3~6×(3~8)	—	0.55~0.6	≥0.6	≥250	>3	
	ML-5	$\theta\text{-}Al_2O_3$	三叶草形：ϕ1.2×(3~8)			≥0.65	≥50	≥20	
	ML-6	$\gamma\text{-}Al_2O_3$	圆柱条：ϕ6×(3~8)	—	<0.4	≥0.65	>30	≥18	
	MLF	$\alpha\text{-}Al_2O_3$	圆柱条：ϕ3×(3~8)		0.7~0.8	—	>45	≥20	—

续表

生产厂	工业牌号	组成及晶相	外形尺寸，mm	Na_2O %	堆密度 g/mL	孔体积 mL/g	比表面积 m^2/g	压缩强度 N/粒	磨耗率 %
贵州铝厂	CL-H8	γ-Al_2O_3	球：ϕ (3~5)	—	0.55~0.65	0.5~0.6	150~200	>60	—
	CL-H9	γ-Al_2O_3	球：ϕ (2~4)	—	0.60~0.65	0.4~0.5	200~250	>60	—
	CL-H10	γ-Al_2O_3	球：ϕ (2~4)	—	0.68~0.72	0.5~0.6	120~150	70~80	—
	CL-H11	γ-Al_2O_3	球：ϕ (4~6)	—	0.65~0.70	0.5~0.55	130~180	>120	—

2. 硅胶载体
Silica Gel Support

我国部分硅胶载体生产企业产品牌号及技术数据如下表所列。

生产厂	工业牌号或名称	组成	外形尺寸，mm	堆密度 g/mL	孔体积 mL/g	比表面积 m^2/g	磨耗率 %	平均孔径 nm
青岛海洋化工厂	粗孔微球	SiO_2	粉状：125~425nm	0.4	0.8~1.1	300~450	10~14	—
	粗孔微球	SiO_2	粉状：300~850nm	0.4	0.8~1.1	300~450	10~14	—
	硅胶	SiO_2	粉状：125~425nm	0.4	0.8~1.1	450~600	10~14	—
	硅胶	SiO_2	粉状：300~850nm	0.4	0.8~1.1	450~600	10~14	—
	粗孔块胶	SiO_2	无定形块状	—	0.8~1.0	300~400	—	5
天津化工研究设计院	TC-201	SiO_2	80~120目微球	0.4~0.6	0.5~0.9	400~600	—	10
	TC-202	SiO_2	80~120目微球	0.4~0.6	0.6~1.0	350~500	—	10
	TC-203	SiO_2	80~120目微球	0.3~0.4	1.5~4.0	300~400	—	15

续表

生产厂	工业牌号或名称	组成	外形尺寸，mm	堆密度 g/mL	孔体积 mL/g	比表面积 m²/g	磨耗率 %	平均孔径 nm
南京无机化工厂	硅球	SiO_2	球：ϕ(2~6)	0.6	0.5	300	—	—
姜堰区奥特催化剂载体研究所	氧化硅载体	SiO_2	球、齿球、圆柱：ϕ(2~5)	0.46~0.60	0.4~0.7	150~360	—	—

3. 活性炭载体
Active Carbon Support

我国部分活性炭生产企业产品牌号及技术参数如下表所列。

生产厂	工业牌号	外形尺寸，mm	堆密度 g/mL	孔体积 mL/g	比表面积 m²/g	耐磨率 %	干燥减量，%	四氯化碳吸附率 %
北京光华晶科活性炭公司	CH-8	条形：2~5	0.35~0.5	~1.0	1000~1300	≥95	≤10	
	GH-13	粉状：180~450μm	0.38~0.45	0.9	1000~1200		≤10	
	CH-16A	条形：1.6~3.2	≤0.38	~0.9	1000~1200	≥92	≤5	
	UH-18	条形：2~5	0.33~0.45	~0.9	1000~1100	≥92	≤8	≥60
	GH-88	粉状：>154μm	—	~0.9	950~1050		≤10	
上海焦化厂活性炭厂	15#	条形：ϕ3×(5~20)	0.45	1.0	850	95	5	
	18#	粒状：ϕ(3~5)	0.45	1.01	1000	95	5	
	20#	粒状：ϕ(3~5)	0.45	1.00	860	—	5	
	44#	条形：ϕ4×(4~12)	—	—	—	95		
	>69	微粒：0.5~2	0.26	0.88	1200		10	
	>81	微粒：0.5~2	0.27	0.88	1200		10	

续表

生产厂	工业牌号	外形尺寸，mm	堆密度 g/mL	孔体积 mL/g	比表面积 m^2/g	耐磨率 %	干燥减量,%	四氯化碳吸附率 %
长葛兴华化工厂	ZZ15	粒状：$\phi2.0$	—	—	—	85	3	60
	ZZ25	粒状：$\phi2.5$	—	—	—	85	3	60
	ZZ30	粒状：$\phi3.0$	—	—	—	90	5	54
	ZZ35	粒状：$\phi3.5$	—	—	—	95	5	50
江阴桐歧化工厂	颗粒蜂窝	$\phi6\times5$	0.4~0.5	0.6~1.0	>300	—	—	—

4. 硅铝及分子筛载体
Silica-alumina and Molecular Sieve Support

我国部分硅铝及分子筛生产企业产品牌号及技术数据如下表所列。

生产厂	工业牌号	组成	外形尺寸，mm	Na_2O %	堆密度 g/mL	孔体积 mL/g	比表面积 m^2/g	压缩强度 N/粒	备注
温州华华集团公司	FH-98	$Si-Al_2O_3$	三叶草形：$\phi1.3\times2$~8	—	0.55~0.70	≥0.55	≥230	>120	
	FV-1	$Si-Al_2O_3$	球：ϕ(1.3~2.6)	<0.03	0.45~0.60	0.75~1.0	300~360	≥30	
	VZC-15/16	$Si-Al_2O_3$	球：ϕ(2.2~3.5)	<0.1	0.5~0.6	≥0.75	310~350	≥40	
	481载体	—	球：ϕ(1.5~2.5)	≤0.03	—	≥0.45	≥245	≥69	
姜堰区奥特催化剂载体研究所	ZSM-5	SiO_2/Al_2O_3	粉末或ϕ(3~5)球	—	0.4~0.6	0.4~0.7	400~600	>10N/mm^2	

续表

生产厂	工业牌号	组成	外形尺寸, mm	Na$_2$O %	堆密度 g/mL	孔体积 mL/g	比表面积 m^2/g	压缩强度 N/粒	备注
姜堰区化工助剂总厂	GA-394	3A分子筛	φ(2~8)球或φ(3.5~5)×10条	—	0.65~0.68	20~23（水吸附量）	—	20~60	主要用作吸附干燥剂
	GA-395	4A分子筛		—	0.66~0.68		—	18~80	
	GA-396	5A分子筛		—	0.64~0.68		—	17~67	
	GA-398	13X分子筛		—	0.64~0.65		—	18~80	

5. 二氧化钛复合载体
Titanium Dioxide Compounded Support

我国部分二氧化钛生产企业产品牌号及技术数据如下表所列。

生产厂	工业牌号	组成	Na$_2$O %	外形尺寸, mm	堆密度 g/mL	孔体积 mL/g	比表面积 m^2/g	压缩强度 N/粒	平均孔径 nm
北京海顺德催化剂公司	DCT-1	TiO$_2$	≤0.1	三叶草形：φ3×(3~8)	0.75~0.85	0.25~0.35	≥100	≥80	—
	DCT-1	TiO$_2$	≤0.1	三叶草形：φ1.4×(3~8)	0.7~0.8	0.25~0.35	≥100	≥80	—
	ZAT-01	TiO$_2$-Al$_2$O$_3$	≤0.1	三叶草形：φ1.4×(3~8)	0.65~0.75	0.6~0.8	≥200	≥80	—
	ZTS-01	TiO$_2$-Al$_2$O$_3$	≤0.1	三叶草形：φ1.4×(3~8)	0.7~0.8	0.4~0.5	≥200	≥80	—

续表

生产厂	工业牌号	组成	Na_2O %	外形尺寸，mm	堆密度 g/mL	孔体积 mL/g	比表面积 m^2/g	压缩强度 N/粒	平均孔径 nm
南化公司催化剂厂	NC3202	TiO_2-Al_2O_3	≤0.05	圆柱条：$\phi(1.6$~$1.8)$×$(6$~$14)$	0.9~1.05	0.5~0.55	210~250	≥18	—
天津化工研究设计院	TC301	TiO_2	≤0.01	条：$\phi(3$~$5)$	0.65~0.75	0.3~0.4	100~150	—	~50
	TC302	TiO_2	—	条：$\phi(3$~$5)$	0.6~0.7	0.45~0.55	140~180	100~120	~100
山东迅达化工公司	T系列	TiO_2	—	白色球、条	0.6~0.7	0.1~0.4	50~350	100~120	—

6. 氧化镁载体
Magnesium Oxide Support

我国部分氧化镁载体生产企业产品牌号及技术数据如下表所列。

生产厂	工业牌号	组成	含量,%	外形	外形尺寸 mm	堆密度 g/mL	压缩强度 N/粒
宜兴市太湖载体厂	MD-1	MgO	≥92	圆柱条	$\phi 20 \times 19$	1.4~1.5	>2500
	MD-2	MgO	≥92	三孔球	$\phi 18$	1.1~1.2	>1600
	MA-1	镁铝尖晶石	23~29	七孔球	$\phi 16.5$	0.7~0.8	>500
	MA-2	镁铝尖晶石	23~29	四孔球	$\phi 16 \times 16$, $\phi 3 \times 4$	0.7~0.8	>6000（轴压）

7. 硅藻土载体
Diatomite Support

我国部分地区生产的硅藻土载体化学组成、产品规格已在上篇"硅藻土"条目中列出，这里仅列出我国其余地区生产的硅藻土载体的化学组成和产品规格。

化学组成

产品性状		浙江省嵊州市		四川省米易县新民村		四川省米易县回汉沟		湖北省随县
外观		灰白色、片状		灰白色		灰白色		灰色片状
		原土	精土	原土	精土	原土	精土	原土
化学组成 %	SiO_2	64.8	86.86	67.68	85.58	70.80	78.90	74.70
	Fe_2O_3	2.91	0.23	1.94	0.002	2.35	0.06	2.74
	Al_2O_3	16.40	4.22	17.06	3.96	13.45	11.21	5.40
	CaO	—	0.33	—	0.41	—	—	—
	MgO	—	0.16	—	0.17	—	—	—
	烧失重(800℃)	—	3.1	5.23	—	5.98	4.55	—

产品规格

产品性状	浙江省嵊州市		四川省米易县新民村		四川省米易县回汉沟		湖北省随县
	原土	精土	原土	精土	原土	精土	原土
堆密度,g/mL	0.57	0.45	0.64	0.50	—	0.52	—
孔体积,mL/g	6.60	1.35	0.60	0.97	0.63	0.76	0.66
比表面积,m^2/g	46.4	57.2	33.0	43.4	37.1	57.5	32.2
主要孔半径,nm	50~800	50~800	50~400	50~550	50~400	50~500	<300

用作催化剂载体的硅藻土是精制硅藻土(精土),呈白色。载体性能的好坏主要取决于孔结构。用作催化剂载体的精制硅藻土以山东省临朐县生产的硅藻土质量最佳。

8. 规整式载体
Regular Structured Support

别名 整体式载体

基本构型 规整式载体有许多小的平行孔道。孔道截面可以是方形、六角形、三角形、环形或者正弦曲线形等。载体截面的直径从几厘米至几十厘米不等,孔道截面的直径为几毫米(一般为1~6mm)。通常将具有六角形孔道的规整式载体称为蜂窝状载体。此外，还有泡沫状（有三维相互连接孔道的海绵结构）和交叉流动状（相邻孔道层相互成十字交叉）规整式载体。根据所制作材料性质的不同，可分为陶瓷规整载体和金属规整载体两种。陶瓷规整载体所用材料有堇青石、氮化硅、氧化铝、莫来石、堇青石—莫来石、氧化铝—氧化硅—氧化锂等；金属规整载体常用材料为耐热不锈钢。

制作规整式载体时需要控制孔道的内边长 D 和孔道壁厚 t，同时控制孔隙的几何形状。这些参数也就决定了规整式载体的孔密度 n、孔隙率 ε 和载体几何表面积 S 及水力直径 D_H。这些参数相互间的关系如下表所示。

孔 隙 形 状	单位面积孔密度 n	孔隙率 ε
六角形	$0.38/(D+t)^2$	$(D+0.42t)^2/(D+t)^2$
方形	$1/(D+t)^2$	$D^2/(D+t)^2$
等边三角形	$2.3/(D+t)^2$	$(D-0.73t)^2/(D+t)^2$
菱形	$1.15(D+t)^2$	$(D+0.42t)^2/(D+t)^2$

水力直径 $D_H = \dfrac{\sqrt{\varepsilon t}}{1-\sqrt{\varepsilon t}}$，单位体积的几何表面积 $S = 4(\sqrt{\varepsilon}-\varepsilon)/t$，典型孔道长 1~100cm。

堇青石由于具有较好的抗热冲击性能和热应力性能，有很低的热膨胀系数，而且耐火性能好，故能在较高的温度下长时间使用，结构稳定，不会发生晶形转变及固相反应等特点。是至今发现最适于催化燃烧应用的多孔陶瓷材料，下表为堇青石陶瓷的典型配方。

原　　料	类型及其配方比例,%	
	A	B
滑石粉（生）	39.24	19.4
高岭土	21.74	40.2
水合氧化铝	17.80	16.9
α-氧化铝	11.23	3.68
氧化硅	9.99	—
滑石粉（煅烧）	—	19.8

康宁公司青石规整陶瓷的典型物性如下表所列。

产品性状	堇青石 9475	堇青石 9482	堇青石 9483	堇青石 EX-68	堇青石 9480 + 莫来石
开孔率,%	33	50	42	0	37
平均孔尺寸,μm	3~4	12	21	—	3.8
热膨胀系数(300~1275K),10^{-7}/K	10	12	12	36	31
轴向压缩强度,MPa	21	10	10.5	—	—
熔融温度,℃	~1725	~1725	~1725	~1725	~1725

用途 用于制备汽车尾气净化催化剂,以除去尾气中的 CO、NO_x 及燃烧的碳氢化合物,也用于制备排放控制及催化燃烧的规整催化剂,通过氧化反应及催化燃烧除去工业排气中的 SO_2、CO 有机物及氮氧化物等污染物。采用规整式载体的催化剂也用于加氢、裂解、甲烷化等催化反应。负载在规整式载体上的钯催化剂可用于分解飞机舱内的臭氧,改善机舱内的空气质量。

简要制法 规整式载体主要采用波纹法及挤压成型法两种方法制作。波纹法的制作工艺是,先将粒度为 1~50μm 的起始原料与有机黏合剂、增塑剂一起混匀,放入球磨机中研磨数小时,再将黏性浆液涂在纸板上,将纸板叠成波纹状,然后一层波纹层和一层平板层交替卷成卷并交叉排列,最后经高温烧尽纸板,即制得具有波纹状孔隙的规整式载体。

挤压成型法的制作工艺是,先将细粉状起始原料与增塑剂、液体赋形剂等混匀并调成可塑性混合物,经脱气后送至特制压模中挤压成整体结构,再经高温焙烧除去有机物,即制成规整式载体。有时也可将催化剂的活性组分预先加到起始原料中,经成型、焙烧后直接制得规整式催化剂。

生产厂 天津化工研究设计院、宜兴非金属材料厂、中科院生态环境研究所、美国康宁公司等。

参 考 文 献

[1] 奚若明，张明国. 中国化工医药产品大全. 北京：科学出版社，1991.
[2] 朱洪法. 实用化工辞典. 北京：金盾出版社，2004.
[3] 《中国化工产品大全》编委会. 中国化工产品大全. 北京：化学工业出版社，1994.
[4] 天津化工研究设计院，等. 无机盐工业手册. 北京：化学工业出版，1996.
[5] 天津化工研究设计院. 无机精细化学品手册. 北京：化学工业出版社，2001.
[6] 周学良. 精细化工产品手册. 北京：化学工业出版社，2002.
[7] 刘炳义. 中国石油化工商品手册. 北京：中国石化出版社，2000.
[8] B. E. 利奇. 工业应用催化（第一卷）. 朱洪法，译. 北京：烃加工出版社，1990.
[9] B. E. 利奇. 工业应用催化（第二卷）. 朱洪法，译. 北京：烃加工出版社，1992.
[10] 朱洪法，刘丽芝. 催化剂制备及应用技术. 北京：中国石化出版社，2011.
[11] 朱洪法. 石油化工催化剂基础知识. 北京：中国石化出版社，1995.
[12] 赵骧. 精细化学品系列丛书——催化剂. 北京：中国物资出版社，2001.
[13] 中国石化股份有限公司炼油事业部. 中国石油化工产品大全. 北京：中国石化出版社，2002.
[14] 朱洪法，朱玉霞. 工业助剂手册. 北京：金盾出版社，2007.
[15] 孙锦宜，林西平. 环保催化材料与应用. 北京：化学工业出版社，2002.
[16] 张玉彬. 生物催化的手性合成. 北京：化学工业出版社，2002.
[17] 刘守新，刘鸿. 光催化及光电催化基础及应用. 北京：化学工业出版社，2006.
[18] 朱文祥. 无机化合物制备手册. 北京：化学工业出版社，2006.
[19] 朱洪法. 精细化学品辞典. 北京：中国石化出版社，2016.
[20] 朱洪法，刘丽芝. 炼油及石油化工"三剂"手册. 北京：中国石化出版社，2015.

中文索引

A

氨	176
氨合成催化剂	1073
氨基磺酸	299
氨基钠	31
氨精制脱硫剂	1096
氨气脱硫剂	1098
氨燃烧制氮催化剂	1101
氨水	178
氨氧化制硝酸催化剂	1080
3A 分子筛	132
4A 分子筛	134
5A 分子筛	134
Ag-X 分子筛	138

B

β-分子筛	145
八羰基二钴	560
白炭黑	124
白钨矿石	570
半合成分子筛催化裂化催化剂	891
苯胺加氢催化剂	1036
苯酚加氢制环己醇催化剂	978
苯磺酸	299
苯加氢制环己烷催化剂	977
苯甲酸锌	434
苯烷基化催化剂	1006
苯氧化制顺酐催化剂	997
苄基三丁基氯化铵	216
苄基三乙基氯化铵	216
丙胺	181
丙二酸	639
丙烯氨氧化制丙烯腈催化剂	1000
丙烯和苯烷基化制异丙苯催化剂	1005
丙烯精脱硫剂	1093
丙烯聚合 DQ 催化剂	1028
丙烯聚合 DQC 系列催化剂	1029
丙烯聚合 N 催化剂	1027
丙烯聚合催化剂（二）	1031
丙烯聚合催化剂（三）	1032
丙烯聚合催化剂（一）	1030
丙烯聚合络合 II 型催化剂	1026
丙烯醛氧化制丙烯酸催化剂	996
丙烯水合制异丙醇催化剂	1012
丙烯羰基合成催化剂	1016
丙烯脱砷（催化）剂	1032
丙烯脱砷剂	1095
丙烯氧化制丙烯醛催化剂	994
丙烯氧化制丙烯酸催化剂	995
铂黑	506

C

Ca-Y 分子筛	139
Cu-X 分子筛	138
草酸	284

草酸钴	394	脂	593
草酸镍	408	大孔弱碱性苯乙烯系阴离子交换树	
草酸锌	433	脂	598
柴油加氢精制催化剂(二)	950	大庆全减压渣油裂化催化剂	915
柴油加氢精制催化剂(一)	949	大庆全减压渣油裂化催化剂(改进	
柴油降凝催化剂	958	型)	916
柴油临氢降凝催化剂	959	单水氢氧化锂	10
柴油深度加氢脱硫催化剂	951	蛋白酶	608
超稳Y型分子筛催化裂化催化剂	890	氮化硅	115
超稳稀土Y型分子筛	142	氮化铁	380
超细金粉	510	氮气	175
超细银粉	467	低铝分子筛催化裂化催化剂	888
重铬酸铵	365	低压合成甲醇催化剂	1075
重铬酸钾	365	碲	307
重铬酸钠	366	碲化镉	476
重整保护催化剂	962	碲化锌	426
重整生成油后加氢精制催化剂	964	碲酸	308
重整油脱硫剂	963	碘	329
重整原料油脱硫剂	963	碘化铵	335
抽余油加氢精制催化剂	954	碘化镉	474
臭氧	257	碘化钾	40
次磷酸	228	碘化铝	95
次磷酸铵	230	碘化镍	402
催化重整催化剂	931	碘化氢	330
催化剂用氢氧化铝	87	碘化锌	426
催化裂化催化剂	892	碘化银	468
催化裂化原料加氢处理催化剂	956	碘甲烷	332
		碘乙烷	333

D

		淀粉	621
大孔强碱性Ⅰ型苯乙烯系阴离子交		淀粉酶	606
换树脂	596	丁胺	185
大孔强碱性Ⅱ型苯乙烯系阴离子交		丁炔二醇加氢制1,4-丁二醇催化	
换树脂	597	剂	980
大孔强酸性苯乙烯系阳离子交换树		丁烯氧化脱氢钼铋催化剂	991

中文索引

丁烯氧化脱氢制丁二烯催化剂	992
对甲苯磺酸	298
对硝基苄基二乙基羟乙基溴化铵	215
多产柴油催化裂化催化剂	912
多产液化气催化裂化助剂（CA 系列）	919
多孔瓷球	975
多磷酸	229
惰性支撑剂	970

E

锇黑	497
1,8-二氮杂二环(5,4,0)-7-十一烯	205
二苯合钒	552
二苯合铬	553
二苯基汞	518
二丙胺	182
二(丙烯腈)合镍	565
二次加工汽柴油加氢精制催化剂	951
二丁基氧化锡	157
二甲氨基乙氧基乙醇	188
二甲苯异构化催化剂	1010
N,N-二甲基苄胺	188
二甲基二硫	302
二甲基镉	480
二甲基硅油	619
N,N-二甲基环己胺	187
二甲基硫醚	301
N,N-二甲基(十六烷基)胺	186
1,4-二甲基哌嗪	206
二甲基乙醇胺	198
二硫化铂	503
二硫化铼	491
二硫化钼	445
二硫化碳	302
二硫化钨	483
二氯二氧化钨	485
二氯化铂	502
二氯化钒	352
二氯化铅	167
二氯化钛	343
二氯化锡	155
二氯四羰基二铑	565
二吗啉二乙基醚	202
二茂钒	551
二茂钴	550
二茂基二苯基钛	546
二茂基二甲基钛	549
二茂基二氯化锆	548
二茂基二氯化钒	548
二茂基二氯化钛	547
二茂锰	551
二茂镍	549
二茂铁	552
二羰基双(三苯基膦)合镍	555
二羰基双(亚磷酸三苯酯)合镍	556
二(十二烷基硫)二丁基锡	157
二氧化铂	501
二氧化锇	495
二氧化钒	350
二氧化锆	435
二氧化铬	357
二氧化硅气凝胶	126
二氧化铼	489
二氧化钌	453
二氧化硫	290
二氧化硫氧化催化剂	1078

二氧化锰	371	氟化锌	424
二氧化钼	444	氟磺酸	315
二氧化铅	165	氟硼酸	82
二氧化钛	340	氟气	311
二氧化钛复合载体	1125	氟钛酸钾	42
二氧化碲	308	氟碳铈矿石	578
二氧化硒	305	氟铁酸	316
二氧化锡	153	负载型贵金属钯催化剂	1033
二氧化铱	498	富勒烯	113
二氧化锗	149		
二乙醇胺	195	**G**	
二乙基镉	481	钙钛矿石	569
二乙基汞	517	甘油	626
二乙基锌	433	高碘酸	334
二乙酸二丁基锡	161	高锇酸钾	496
二月桂酸二丁基锡	161	高铼酸	493
		高铼酸铵	494
F		高铼酸钾	493
发烟硫酸	294	高铝催化裂化催化剂	888
发烟硝酸	220	高铝分子筛催化裂化催化剂	889
芳烃脱烷基制苯催化剂	1007	高氯酸	321
非贵金属型汽车尾气净化催化剂	1088	高氯酸铵	322
分子筛	129	高氯酸钾	36
分子筛脱水干燥剂	1107	高锰酸钾	46
氟硅酸锌	424	高密度聚乙烯 BCH 催化剂	1021
氟化铵	316	高辛烷值催化裂化催化剂	910
氟化镉	472	高辛烷值重油催化裂化催化剂	911
氟化汞	514	铬酸铵	364
氟化钾	38	铬酸酐	357
氟化铝	93	铬酸钾	363
氟化镍	399	铬酸钠	363
氟化氢	312	铬酸锌	427
氟化氢铵	314	汞	511
氟化氢钾	41	骨架镍	410

中文索引

骨架镍催化剂	1020
固体磷酸催化剂	1019
固体硫化剂	971
冠醚	259
规整式载体	1127
硅大球	129
硅胶	120
硅胶载体	1122
硅铝及分子筛载体	1124
硅溶胶	127
硅酸	116
硅酸钾	119
硅酸铝	95
硅酸钠	117
硅烷加氢催化剂	1037
硅钨酸	488
硅藻土	571
硅藻土载体	1126
贵金属型汽车尾气净化催化剂	1085
过硫酸铵	296
过硫酸钾	35
过硫酸钠	25
过氧化二苯甲酰	265
过氧化二丙酰	261
过氧化苯甲酸叔丁酯	277
过氧化(二)丁二酸	262
过氧化(二)癸酰	263
过氧化二(4-氯苯甲酰)	264
过氧化二叔丁基	266
过氧化二碳酸二环己酯	273
过氧化二碳酸二(十四烷基)酯	274
过氧化二碳酸二(2-乙基己基)酯	271
过氧化二碳酸二异丙酯	272
过氧化二碳酸二正丙酯	274
过氧化二碳酸二正丁酯	274
过氧化二碳酸二仲丁酯	275
过氧化二碳酸双(2-苯基乙氧基)酯	276
过氧化二碳酸双十六烷基酯	275
过氧化二乙酰	261
过氧化二异丙苯	264
过氧化(二)异丁酰	262
过氧化(二)异壬酰	263
过氧化(二)正辛酰	262
过氧化环己酮	269
过氧化甲乙酮	269
过氧化马来酸叔丁酯	280
过氧化氢	258
过氧化氢二异丙苯	281
过氧化氢蒎烷	283
过氧化氢叔丁基	283
过氧化氢异丙苯	282
过氧化-3,5,5-三甲基己酸叔丁酯	268
过氧化十二酰	267
过氧化新癸酸叔丁酯	280
过氧化新癸酸异丙基苯酯	279
过氧化新戊酸叔丁酯	278
过氧化新戊酸叔戊酯	279
过氧化乙酸叔丁酯	271
过氧化乙酰磺酰环己烷	270
过氧化异丙基碳酸叔丁酯	277

H

海泡石	580
含苯或含硫有机废气净化催化剂	1103
含硫废气净化催化剂	1093
航煤脱硫剂	973

合成吗啉催化剂	1034	加氢裂化后精制催化剂	949
糊精	622	加氢裂化预精制催化剂（二）	948
滑石粉	624	加氢裂化预精制催化剂（一）	948
环己胺	194	加氢脱硫催化剂	1041
环己醇脱氢催化剂	988	加氢脱砷催化剂	953
环烷酸钴	395	加氢脱铁催化剂	955
环烷酸锰	376	甲苯歧化与烷基转移催化剂	1004
环烷酸镍	409	甲醇钠	29
环氧化物水解酶	613	甲醇气相氨化制甲胺催化剂	1008
活性白土	146	甲醇脱氢制甲酸甲酯催化剂	989
活性瓷球	974	甲醇脱水制二甲醚催化剂	1012
活性炭	105	N-甲基-2-吡咯烷酮	203
活性炭脱硫剂	1053	N-甲基二环己胺	186
活性炭纤维	110	N-甲基二乙醇胺	197
活性炭载体	1123	甲基铝氧烷	101
活性氧化铝	90	N-甲基吗啉	201
活性氧化铝脱硫催化剂	1089	N-甲基咪唑	186
活性氧化铝脱水干燥剂	1106	甲基叔丁基醚裂解制异丁烯催化剂	
活性支撑剂	970		1017
霍加拉特催化剂	1109	甲基纤维素	634
J		甲酸	637
		甲酸钴	393
己二醇脱水制己二烯催化剂	1014	甲酸镍	407
加氢保护（催化）剂（二）	936	甲烷化催化剂	1070
加氢保护（催化）剂（三）	937	甲烷磺酸	297
加氢保护（催化）剂（四）	938	甲烷磺酰氯	325
加氢保护（催化）剂（五）	939	尖晶石	584
加氢保护（催化）剂（一）	935	间二甲苯氨氧化制间苯二(甲)腈催化剂	
加氢精制催化剂	940	化剂	1001
加氢精制催化剂（481 系列）	941	间甲酚烷基化制 2，3，6-三甲基苯	
加氢精制催化剂（CH 系列 1）	942	酚催化剂	1006
加氢精制催化剂（CH 系列 2）	943	碱式碳酸铋	251
加氢精制催化剂（RN 系列）	945	碱式碳酸锆	439
加氢裂化催化剂	923	碱式碳酸铬	367

碱式碳酸钴	392	金属钌	452
碱式碳酸镁	62	金属镁	57
碱式碳酸镍	406	金属锰	368
碱式碳酸锌	429	金属钼	443
降低汽油烯烃含量的催化裂化催化剂	914	金属钠	14
		金属铌	440
交联黏土	587	金属镍	397
胶体钯	465	金属铍	55
胶体铂	506	金属铅	163
胶体锇	496	金属铷	47
胶体铑	459	金属铯	48
胶体铱	500	金属铈	529
焦磷酸	226	金属钛	339
焦炉煤气净化分解催化剂	1105	金属锑	242
结晶氯化铝	93	金属铁	377
介孔分子筛	146	金属铜	411
金红石	582	金属钨	481
金属钯	460	金属锡	151
金属铋	249	金属锌	419
金属铂	500	金属铱	497
金属钝化剂	921	金属银	466
金属锇	494	金属锗	148
金属钒	349	堇青石	579
金属钙	65	酒石酸	641
金属锆	434	酒石酸铜	418
金属镉	471	聚丙烯酰胺	632
金属铬	356	聚氧化乙烯	634
金属钴	385	聚乙二醇	630
金属钾	32	聚乙烯吡咯烷酮	204
金属金	507	聚乙烯醇	631
金属钪	524	聚乙烯催化剂(二)	1023
金属铼	489	聚乙烯催化剂(三)	1024
金属铑	455	聚乙烯催化剂(四)	1024
金属锂	6	聚乙烯催化剂(五)	1026

聚乙烯催化剂(一)	1022	磷酸锆	438
		磷酸镉	479
K		磷酸铬	362
KBaY 分子筛	141	磷酸汞	516
糠醛气相加氢制 2-甲基呋喃		磷酸锂	13
催化剂	1037	磷酸硼	85
糠醛液相加氢制糠醇催化剂	1039	磷酸三钠	26
抗钒重油催化裂化催化剂	906	磷酸三乙酯	235
抗碱氮催化裂化催化剂	913	磷钨酸	487
抗体酶	614	菱沸石	576
颗粒活性白土	147	菱锰矿石	571
块状粗孔硅胶	121	硫	289
块状细孔硅胶	122	硫化镉	475
		硫化金	509
L		硫化镍	403
铑粉	457	硫化铅	167
联醇催化剂	1076	硫化锡	154
钌酸钾	455	硫化亚锡	154
劣质汽柴油加氢精制催化剂	961	硫化氧	295
裂解催化剂	966	硫化锌	423
裂解汽油二段加氢催化剂	969	硫黄回收尾气加氢催化剂	1092
裂解汽油一段加氢催化剂	967	硫回收催化剂	1091
裂解汽油一段加氢低钯壳层		硫酸	292
催化剂	968	硫酸锆	437
邻二甲苯氧化制苯酐催化剂	998	硫酸镉	478
邻硝基甲苯加氢制邻甲基苯胺		硫酸铬	361
催化剂	981	硫酸汞	514
临氢异构降凝催化剂	961	硫酸钴	390
磷	222	硫酸镁	63
磷钼酸	451	硫酸锰	374
磷钼酸铵	452	硫酸镍	404
磷酸	224	硫酸铅	169
磷酸铋	253	硫酸铜	417
磷酸二氢钙	72	硫酸锌	428

硫酸亚铁	383	氯化氢中乙炔加氢催化剂	1003
硫酸亚铁铵	384	氯化铯	49
硫酸氧钒	354	氯化铈	530
硫酸氧钛	343	氯化铜	414
硫转移剂	922	氯化锌	422
六苯基二锡	159	氯化亚金	509
六氟磷酸	229	氯化亚铁	381
六甲基磷酰三胺	237	氯化亚铜	413
六氯化钨	484	氯磺酸	323
六羰基铬	559	氯甲烷	324
六羰基钼	559	氯甲烷合成催化剂	1018
六羰基钨	560	氯金酸	509
卤化酶	612	氯铑酸	459
铝酸钠	24	氯铑酸铵	460
氯钯酸铵	465	氯铑酸钠	460
氯铂酸	504	氯气	318
氯铂酸铵	505	氯酸	320
氯铂酸钾	504	氯亚钯酸铵	465
氯铂酸钠	505	氯氧化锆	436
氯化钯	463	氯铱酸	499
氯化二乙基铝	101	氯铱酸铵	499
氯化钙	69	**M**	
氯化镉	473		
氯化汞	513	马来松香	636
氯化钴	389	马来酸二丁基锡	162
氯化钾	38	吗啉	200
氯化金	508	镁碱沸石	577
氯化镧	528	蒙脱石	585
氯化铝钛	346	模拟酶	614
氯化镁	60	莫来石	581
氯化锰	372	钼酸	447
氯化镍	400	钼酸铵	449
氯化铍	57	钼酸铋	252
氯化氢	319	钼酸锂	12

钼酸钠	448

N

Na-Y 分子筛	140
纳米二氧化钛	342
纳米氧化锌	421
萘氧化制苯酐催化剂	999
尿素	644
柠檬酸	640
凝胶型强碱性Ⅰ型苯乙烯系阴离子交换树脂	594
凝胶型强酸性苯乙烯系阳离子交换树脂	591

O

偶氮二异丁腈	217
偶氮二异庚腈	218

P

硼	76
硼酸	81
硼酸三甲酯	85
膨润土	585
偏钒酸铵	356
偏钒酸钾	355
偏钒酸钠	354
偏磷酸	226
偏钛酸	342
偏钨酸铵	486
坡缕石	580

Q

七硫化二铼	492
七氧化二铼	491
气相白炭黑	125
气相醛加氢催化剂	1036
汽油精制剂	973
汽油无碱脱臭催化剂	1097
汽油辛烷值增进剂	917
前脱丙烷前加氢催化剂	985
轻油蒸汽转化催化剂	1063
轻质馏分油加氢精制催化剂	946
氢碘酸	331
氢氟酸	313
氢化钙	68
氢化锂	8
氢化铝锂	9
氢化钠	16
氢溴酸	327
氢氧化钯	464
氢氧化钡	73
氢氧化高钴	388
氢氧化锆	437
氢氧化铬	360
氢氧化钴	388
氢氧化钾	33
氢氧化铑	459
氢氧化锂	11
氢氧化钌	455
氢氧化铝	86
氢氧化镁	61
氢氧化钠	17
氢氧化镍	402
氢氧化铯	50
氢氧化铈	531
氢氧化铜	416
氢氧化锌	427
氰化钾	40

氰化钠	27	三氟化硼—乙醚配合物	544
球形粗孔硅胶	123	三氟化硼—乙酸配合物	545
球形细孔硅胶	123	三氟乙酸	317
巯基乙酸	300	三甲胺	179
全氟磺酸树脂	599	三甲基苄基氯化铵	210
全密度聚乙烯 BCG 催化剂	1022	三甲基苄基氢氧化铵	211
醛缩酶	611	三甲基铝	98
		三甲基硼	84

R

Re-Y 分子筛	140	三甲基羟乙基丙二胺	199
壬基酚	288	三甲基羟乙基乙二胺	199
溶剂油深度加氢催化剂	952	三甲基睇	247
乳酸	643	三硫化钼	446
软锰矿石	571	三硫化四磷	231
锐钛矿石	583	三氯化铋	251
润滑油加氢脱蜡催化剂	957	三氯化锇	496
		三氯化钒	352

S

		三氯化铑	458
		三氯化钌	454
SAPO 分子筛	144	三氯化磷	231
三($C_{8\sim10}$烷基)甲基氯化铵	212	三氯化硼	79
三($C_{9\sim11}$烷基)甲基氯化铵	212	三氯化钛	344
三苯基睇	249	三氯化锑	245
三苯(基)膦	235	三氯化铁	381
三苯基铋	254	三氯化铱	498
三苯基镓	103	三氯氧钒	353
三苯基膦·二(丙烯腈)合镍	555	三氯氧磷	232
三丙胺	183	三氯氧铌	443
三丁基睇	248	三氯乙酸	642
1,3,5-三(二甲氨基丙基)六氢三嗪	189	三羰基茂基锰	557
		三羰基三苯基膦合镍	556
2,4,6-三(二甲氨基甲基)苯酚	189	三羰基双(三苯基膦)合铁	556
三氟化硼	78	三辛基甲基氯化铵	213
三氟化硼—丁醚配合物	544	三溴化钼	447
三氟化硼哌啶	546	三溴化硼	80

三溴化锑	247	石蜡加氢精制催化剂	953
三亚乙基二胺	193	石墨	568
三氧化二铋	250	石墨粉	623
三氧化二钒	350	石脑油蒸汽裂解制民用煤气	
三氧化二铬	359	催化剂	1082
三氧化二铑	458	N,N-双(二甲氨基丙基)-N-异丙醇	
三氧化二镍	399	胺	200
三氧化二砷	240	双(二甲氨基乙基)醚	194
三氧化二锑	243	双十八烷基二甲基氯化铵	215
三氧化铼	490	丝光沸石	575
三氧化硫	291	四苯基铅	173
三氧化钼	445	四苯基锡	159
三氧化钨	482	四苯基锗	151
三乙胺	180	四丁基氯化铵	214
三乙醇胺	196	四丁基锡	158
三乙基睇	248	四丁基溴化铵	214
三乙基铋	254	四丁氧基锆	440
三乙基镓	102	四甲基丙二胺	190
三乙基铝	99	四甲基己二胺	191
三乙基硼	84	四甲基铅	171
三异丙醇胺	197	四甲基锡	158
三异丁基铝	100	四甲基亚氨基二丙胺	191
三正丁基铝	100	四甲基乙二胺	190
砷	238	四氯化铂	503
砷化氢	239	四氯化钒	353
十八烷基三甲基氯化铵	209	四氯化锆	435
十八烷基三甲基溴化铵	210	四氯化钛	345
十二羰基三铁	561	四氯化钨	483
十二羰基四钴	561	四氯化锡	156
十二羰基四铱	562	四氯化锗	150
十二烷基二甲基苄基氯化铵	207	四氯氧铼	492
十六烷基三甲基氯化铵	206	四(三苯基膦)合钯	554
十六烷基三甲基溴化铵	208	四(三苯基膦)合铂	554
石蜡	620	四(三苯基膦)合镍	554

四(三氯化磷)合镍	566
四羰基镍	557
四(亚磷酸三乙酯)合镍	566
四氧化锇	495
四氧化二锑	244
四氧化钌	453
四氧化三钴	387
四氧化三铅	166
四氧化三铁	379
四乙基铅	171
四乙基锡	158
四乙基锗	151
四乙酸铅	172

T

钛酸四丁酯	348
钛酸四乙酯	346
钛酸四异丙酯	348
钛酸四正丙酯	347
炭分子筛	111
炭黑	628
碳二馏分选择加氢催化剂	982
碳化硅	114
碳三馏分选择加氢催化剂	983
碳四馏分选择加氢催化剂	984
碳酸钙	70
碳酸镉	478
碳酸钴	391
碳酸钾	34
碳酸锂	12
碳酸锰	372
碳酸钠	21
碳酸镍	406
碳酸铷	48
碳酸铈	532
碳酸锌	430
碳酸银	470
羰基硫水解催化剂	1043
羰基茂基镍二聚物	562
锑化氢	243
天然沸石	573
天然气一段蒸汽转化催化剂	1061
田菁胶	628
铁锰脱硫剂	1052
铁钼加氢精制催化剂	946
烃类二段蒸汽转化催化剂	1064
烃类有机废气处理催化剂	1104
脱臭催化剂	1097
脱汞剂	1109
脱硫活性支撑剂	971
脱卤酶	613
脱氯剂(二)	1057
脱氯剂(一)	1055
脱氢催化剂	1057
脱氢酶	610
脱砷剂	1045
脱氧催化剂	1060
脱氧剂(二)	1060
脱氧剂(一)	1058

W

烷基吡嗪合成催化剂	1018
钨酸	485
钨酸铋	252
钨酸钠	22
无定形硅铝催化裂化催化剂	887
无水氯化铝	91
无水溴化铝	94
五甲基二亚丙基三胺	192

五甲基二亚乙基三胺	192		硝酸钾	43
五氯化磷	233		硝酸镧	528
五氯化钼	447		硝酸镁	63
五氯化铌	442		硝酸锰	373
五氯化锑	246		硝酸镍	404
五氯化钨	484		硝酸铅	168
五羰基铁	558		硝酸铈	532
五氧化二钒	351		硝酸铁	384
五氧化二磷	234		硝酸铜	416
五氧化二铌	441		硝酸尾气净化催化剂	1102
五氧化二铌溶胶	441		硝酸锌	428
五氧化二砷	241		硝酸盐	221
五氧化二锑	244		硝酸氧锆	438
戊二酸	285		硝酸银	469
			斜发沸石	576

X

			辛酸钾	45
10X 分子筛	136		辛酸亚锡	160
13X 分子筛	137		溴	325
吸附树脂	600		溴化镉	474
硒	304		溴化钾	39
硒化镉	476		溴化镍	401
硒化锌	431		溴化氢	327
硒酸	306		溴化铜	415
烯烃叠合催化剂	1015		溴化锌	425
烯烃加氢饱和催化剂	972		溴甲烷	328
纤维素酶	610			

Y

硝基苯加氢制苯胺催化剂	979			
硝酸	219		亚磷酸	227
硝酸钯	464		亚磷酸三甲酯	236
硝酸铋	253		亚硫酸	295
硝酸镉	477		亚硫酸钠	20
硝酸铬	361		亚硒酸	306
硝酸汞	515		亚硝酸钠	23
硝酸钴	390		盐酸	319

氧化钯	462	氧化亚铜	412
氧化钡	72	氧化亚锡	152
氧化镝	538	氧化钇	526
氧化铥	539	氧化镱	540
氧化铒	539	氧化银	468
氧化钆	536	氧氯化铬	360
氧化钙	67	氧气	256
氧化高钴	386	液氨	177
氧化镉	471	液化气脱硫剂	1094
氧化汞	512	一氟磷酸	229
氧化钴	386	一氯化碘	330
氧化钾	33	一氯三氧铼	492
氧化钪	525	一溴化碘	331
氧化镧	527	一氧化铅	164
氧化镥	541	一氧化锰	370
氧化铝	88	一氧化镍	398
氧化铝载体	1112	一氧化碳低温变换催化剂	1067
氧化镁	58	一氧化碳宽温(耐硫)变换	
氧化镁载体	1126	催化剂	1068
氧化钕	534	一氧化碳中/高温变换催化剂	1065
氧化硼	77	一氧化碳助燃剂	919
氧化铍	56	乙苯脱氢制苯乙烯催化剂	986
氧化镨	533	乙醇镁	65
氧化钐	535	乙醇钠	30
氧化铈	530	乙醇气相胺化制乙胺催化剂	1034
氧化铽	537	乙醇酸	287
氧化铁	378	乙醇脱水制乙烯催化剂	1013
氧化铁脱硫剂	1050	乙二胺	183
氧化铜	413	乙二胺四乙酸	286
氧化锌	420	2-乙基己酸钴	396
氧化锌脱硫剂	1049	2-乙基己酸铅	170
氧化锌脱硫剂(高温型)	1046	2-乙基己酸锌	432
氧化锌脱硫剂(中、低温型)	1048	N-乙基吗啉	202
氧化亚铁	379	乙硼烷	83

乙炔法合成氯乙烯催化剂	1038	硬脂酸钴	396
乙炔加氢催化剂	1099	硬脂酸锰	376
乙炔与甲醛缩合制1,4-丁炔二醇		硬脂酸镍	409
催化剂	1009	油品脱砷剂	965
乙酸	638	油酸钾	45
乙酸苯汞	517	有机硫加氢转化催化剂	957
乙酸镉	479	有机硫水解硫黄回收催化剂	1092
乙酸铬	368		
乙酸汞	516	**Z**	
乙酸钴	393		
乙酸钾	44	ZSM-5分子筛	143
乙酸锰	375	杂多酸	450
乙酸钠	28	渣油催化裂化催化剂	907
乙酸镍	407	正丁基锂	14
乙酸铅	170	正丁烷氧化制顺酐催化剂	993
乙酸锌	431	脂肪酶	609
乙烯加氢催化剂	1100	脂肪酸加氢制脂肪醇催化剂	980
乙烯气相氧化制乙酸乙烯酯催化剂		中堆比催化裂化催化剂(二)	909
	989	中堆比催化裂化催化剂(一)	907
乙烯水合制乙醇催化剂	1011	中高温气体精脱硫剂	1098
乙烯脱一氧化碳催化剂	1102	中间相炭微球	112
乙烯氧化制环氧乙烷银催化剂	990	仲钨酸铵	486
乙烯氧氯化制1,2-二氯乙烷催化		重油催化裂化催化剂(ZC系列)	905
剂	1001	重油催化裂化催化剂(八)	901
乙酰丙酮钴(Ⅱ)	563	重油催化裂化催化剂(二)	895
乙酰丙酮钴(Ⅲ)	563	重油催化裂化催化剂(九)	902
乙酰丙酮铝	564	重油催化裂化催化剂(六)	899
乙酰丙酮镍	564	重油催化裂化催化剂(七)	900
异丙胺	184	重油催化裂化催化剂(三)	896
异丙胺合成催化剂	1035	重油催化裂化催化剂(十)	903
异丙苯催化脱氢催化剂	987	重油催化裂化催化剂(十一)	904
异丁烷脱氢催化剂	1040	重油催化裂化催化剂(四)	897
印迹酶	615	重油催化裂化催化剂(五)	898
硬脂酸	625	重油催化裂化催化剂(一)	893
		重质馏分油加氢精制催化剂	947
		转氨酶	612

英文索引

A

Absorbent Resin	600
Abzyme	614
Acetic Acid	638
Acetyl Cyclohexane Sulfonyl Peroxide	270
Activated Alumina	90
Activated Alumina Desulfurization Catalyst	1089
Activated Alumina Dewatering Desiccants	1106
Activated Carbon	105
Activated Clay	146
Activated Clay Particle	147
Active Carbon Desulfurizer	1053
Active Carbon Fiber	110
Active Carbon Support	1123
Active Pearl	974
Active Support	970
Aldolase	611
Alkyl Pyrazine Synthetic Catalyst	1018
Alumina	88
Alumina Support	1112
Aluminium Acetylacetonate	564
Aluminium Fluoride	93
Aluminium Hydroxide	86
Aluminium Hydroxide for Catalyst	87
Aluminium Iodide	95
Aluminium Silicate	95
Aminosulfonic Acid	299
Aminotransferase	612
Ammonia	176
Ammonia Desulfurizing Agent	1098
Ammonia Purification Desulfuring Agent	1096
Ammonia Synthesis Catalyst	1073
Ammonia Water	178
Ammonium Bichromate	365
Ammonium Chloroiridate	499
Ammonium Chloropalladate	465
Ammonium Chloroplatinate	505
Ammonium Chlororhodate	460
Ammonium Chromate	364
Ammonium Ferrous Sulfate	384
Ammonium Fluoride	316
Ammonium Hexachloropalladate	465
Ammonium Hydrogen Fluoride	314
Ammonium Hypophosphite	230
Ammonium Iodide	335
Ammonium Metatungstate	486
Ammonium Metavanadate	356
Ammonium Molybdate	449
Ammonium Paratungstate	486
Ammonium Perchlorate	322
Ammonium Perrhenate	494

Ammonium Persulfate	296
Ammonium Phosphomolybdate	452
Amorphous Si-Al Catalytic Cracking Catalyst	887
Amylase	606
tert-Amyl Peroxypivalate	279
Anatase	583
Anhydrous Aluminium Bromide	94
Anhydrous Aluminium Chloride	91
Anti-basic Nitrogen Catalytic Cracking Catalyst	913
Antimony Hydride	243
Antimony Pentachloride	246
Antimony Pentoxide	244
Antimony Tetroxide	244
Antimony Tribromide	247
Antimony Trichloride	245
Antimony Trioxide	243
Arsenic	238
Arsenic Hydride	239
Arsenic Pentoxide	241
Arsenic Trioxide	240
Auric Sulfide	509
Aviation Kerosene Desulfurizer	973
Azobisisobutyronitrile	217
Azobisisoheptonitrile	218

B

Barium Hydroxide	73
Barium Oxide	72
Basic Chromium Carbonate	367
Basic Cobalt Carbonate	392
Basic Magnesium Carbonate	62
Basic Nickel Carbonate	406
Basic Zinc Carbonate	429
Basic Zirconium Carbonate	439
Bastnaesite	578
Bentonite	585
Benzene Alkylation Catalyst	1006
Benzene Sulfonic Acid	299
Benzoyl Peroxide	265
Benzyl Tributyl Ammonium Chloride	216
Benzyl Triethyl Ammonium Chloride	216
Beryllium Chloride	57
Beryllium Oxide	56
Bis(benzene) Chromium	553
Bis(benzene) Vanadium	552
Biscetylperoxydicarbonate	275
Bis(cyclopentadienyl) Cobalt	550
Bis(cyclopentadienyl) Dimethyl Titanium	549
Bis(cyclopentadienyl) Diphenyl Titanium	546
Bis(cyclopentadienyl) Iron	552
Bis(cyclopentadienyl) Manganese	551
Bis(cyclopentadienyl) Nickel	549
Bis(cyclopentadienyl) Titanium Dichloride	547
Bis(cyclopentadienyl) Vanadium Dichloride	548
Bis(cyclopentadienyl) Vanadium	551
Bis(cyclopentadienyl) Zirconium Dichloride	548
Bis(2-dimethylaminoethyl) Ether	194
N,N-Bis(dimethylaminopropyl)-N-isopropanolamine	200
Bismuth Molybdate	252
Bismuth Nitrate	253

Bismuth Phosphate	253
Bismuth Subcarbonate	251
Bismuth Trichloride	251
Bismuth Tungstate	252
Bis(2-phenyl ethoxy) peroxydicarbonate	276
Boric Acid	81
Boroethane	83
Boron	76
Boron Oxide	77
Boron Phosphate	85
Boron Tribromide	80
Boron Trichloride	79
Boron Trifluoride	78
Boron Trifluoride Piperidine	546
Boron Trifluoride-Acetic Acid Complex	545
Boron Trifluoride-Butyl Ether Complex	544
Boron Trifluoride-Ethyl Ether Complex	544
Bromine	325
Bromomethane	328
Butylamine	185
tert-Butyl Hydroperoxide	283
n-Butyllithium	14
tert-Butyl Monoperoxy Meleate	280
tert-Butyl Peroxyacetate	271
tert-Butyl Peroxyhenzoate	277
tert-Butyl Peroxy Isopropyl Carbonate	277
tert-Butyl Peroxyneodecanoate	280
tert-Butyl Peroxypivalate	278
tert-Butyl Peroxy-3, 5, 5-Trimethyl Hexanoate	268
β-Zeolite	145

C

Cadmium Acetate	479
Cadmium Bromide	474
Cadmium Carbonate	478
Cadmium Chloride	473
Cadmium Fluoride	472
Cadmium Iodide	474
Cadmium Nitrate	477
Cadmium Oxide	472
Cadmium Phosphate	479
Cadmium Selenide	476
Cadmium Sulfate	478
Cadmium Sulfide	475
Cadmium Telluride	476
Calcium Carbonate	70
Calcium Chloride	69
Calcium Dihydrogen Phosphate	72
Calcium Hydride	68
Calcium Oxide	67
Carbon Black	628
Carbon Disulfide	302
Carbon Molecular Sieve	111
Carbon Monoxide Combustion Promoter	919
Carbonyl Cyclopentadienyl Nickel Dimer	562
Carbonyl Sulfide Hydrolysis Catalyst	1043
Catalyst for Acetylene and Formaldehyde Condensation to 1, 4-Butynediol	1009

Catalyst for Acetylene Hydrogenation in Hydrogen Chloride　1003
Catalyst for Acrolein Oxidation to Acrylic Acid　996
Catalyst for Aliphatic Acid Hydrogenation to Aliphatic Alcohol　980
Catalyst for Ammonia Combustion to Nitrogen　1101
Catalyst for Ammonia Oxidation to Nitric Acid　1080
Catalyst for Aniline Hydrogenation　1036
Catalyst for Aromatics Dealkylation to Benzene　1007
Catalyst for Benzene Hydrogenation to Cyclohexane　977
Catalyst for Benzene Oxidation to Maleic Anhydride　997
Catalyst for Benzene or Sulfur Containing Organic Effluent Gas Purification　1103
Catalyst for n-Butane Oxidation to Maleic Anhydride　993
Catalyst for Butene Oxidative Dehydrogenation to Butadiene　992
Catalyst for Butynediol Hydrogenation to 1, 4-Butanediol　980
Catalyst for Coke-oven Gas Purification and Decomposition　1105
Catalyst for m-Cresol Alkylation to 2, 3, 6-Trimethyl Phenol　1006
Catalyst for Cumene Catalytic Dehydrogenation　987
Catalyst for Dehydrogenation of Cyclohexanol　988
Catalyst for Ethanol Dehydrating to Ethylene　1013
Catalyst for Ethanol Gas Phase Amination to Ethylamine　1034
Catalyst for Ethyl Benzene Dehydrogenation to Styrene　986
Catalyst for Ethylene Acetoxylation to Vinyl Acetate　989
Catalyst for Ethylene Oxychlorination to 1, 2-Dichloroethane　1001
Catalyst for Ethyleno Hydraring to Ethauol　1011
Catalyst for First Stage Hydrogenation of Pyrolysis Gasoline　967
Catalyst for Furfural Hydrogenation to Furfuryl Alcohol　1039
Catalyst for Furfural Hydrogenation to 2-Methylfuran　1037
Catalyst for Gas Phase Adehyde Hydrogenation　1036
Catalyst for Hexanediol Dehydrating to Hexadiene　1014
Catalyst for Hydrocarbon Effluent Gas Treatment　1104
Catalyst for Isobutane Dehydrogenation　1040
Catalyst for Lowering Condensation Point of Diesel Oil　958
Catalyst for Methanol Dehydration to Dimethylether　1012
Catalyst for Methanol Dehydrogenation to Methyl Formate　989
Catalyst for Methanol Gas Phase Amination to Methylamine　1008

Catalyst for Naphthalene Oxidation to Phthalic Anhydride 999
Catalyst for Naphtha Steam Crackingto Civil Gas 1082
Catalyst for Nitric Acid Exhaust Purification 1102
Catalyst for Nitrobenzene Hydrogenation to Aniline 979
Catalyst for o-Nitrotoluene Hydrogenation to o-Toluidine 981
Catalyst for Olefin Hydrosaturation 972
Catalyst for Phenol Hydrogenation to Cyclohexanol 978
Catalyst for Propylene Ammoxidation to Acrylonitrile 1000
Catalyst for Propylene and Benzene Alkylation to Isopropylbenzene 1005
Catalyst for Propylene Hydration to Iso-propanol 1012
Catalyst for Propylene Oxidation to Acrolein 994
Catalyst for Propylene Oxidation to Acrylic Acid 995
Catalyst for Reforming Process Safeguard 962
Catalyst for Removing Carbon Monoxide from Ethylene 1102
Catalyst for Second Stage Hydrogenation of Pyrolysis Gasoline 969
Catalyst for Selective Hydrogenation of C_2 Fractions 982
Catalyst for Selective Hydrogenation of C_3 Fractions 983
Catalyst for Selective Hydrogenation of C_4 Fractions 984
Catalyst for Silane Hydrogenation 1037
Catalyst for Sulfur Containing Waste Gas Removing 1093
Catalyst for Synthetic Morpholine 1034
Catalyst for Synthetic Vinyl Chloride by Acetylene Precess 1038
Catalyst for the Oxidation of o-Xylene to Phthalic Anhydride 998
Catalyst for m-Xylene Ammoxidation to m-Dicyanobenzene 1001
Catalytic Cracking Catalyst for Producing More Diesel Oil 912
Catalytic Cracking Catalyst Promoter for Producing more LPG (CA Series) 919
Catalytic Reforming Catalyst 931
Cellulase 610
Ceric Hydroxide 531
Ceric Oxide 530
Cerous Carbonate 533
Cerous Chloride 531
Cerous Nitrate 532
Cesium Chloride 49
Cesium Hydroxide 50
Chabasite 576
Chloric Acid 320
Chlorine 318
Chloroauric Acid 509
Chloroiridic Acid 499
Chloromethane 324
Chloromethane Synthetic Catalyst 1018
Chloroplatinic Acid 504
Chlororhodic Acid 459

Chlorosulfonic Acid	323	Colloidal Palladium	465
Chromic Anhydride	357	Colloidal Platinum	506
Chromium Acetate	368	Colloidal Rhodium	459
Chromium Dioxide	357	Combined Methanol Catalyst	1076
Chromium Hydroxide	360	Cordierite	579
Chromium Nitrate	361	Cracking Catalyst	966
Chromium Oxychloride	360	Cross-link Clay	587
Chromium Phosphate	362	Crown Ether	259
Chromium Sulfate	361	Crystalline Aluminium Chloride	93
Citric Acid	640	Cumyl Hydroperoxide	282
Clinoptilolite	576	Cumyl Peroxyneodecanoate	279
CO Low Temperature Shift Catalyst	1067	Cupric Bromide	415
CO Medium/High Temperature Shift Catalyst	1065	Cupric Chloride	414
		Cupric Hydroxide	416
CO Sulfur Resistant Shift Catalyst	1068	Cupric Nitrate	416
		Cupric Oxide	413
Cobalt(Ⅱ) Acetylacetonate	563	Cupric Sulfate	417
Cobalt(Ⅲ) Acetylacetonate	563	Cupric Tartrate	418
Cobalt 2-Ethylhexanoate	396	Cuprous Chloride	413
Cobaltic Hydroxide	388	Cuprous Oxide	412
Cobaltic Oxide	386	Cyclohexylamine	194
Cobalt Naphthenate	395		
Cobaltous Acetate	393	**D**	
Cobaltous Carbonate	391	Da Qing Vacuum Residue Cracking Catalyst	915
Cobaltous Chloride	389		
Cobaltous Formate	393	Da Qing Vacuum Residue Cracking Catalyst Modified	916
Cobaltous Hydroxide	388		
Cobaltous Nitrate	390	Dearsenifing Agent	1045
Cobaltous Oxalate	394	Dehalogenase	613
Cobaltous Oxide	386	Dehydrogenase	610
Cobaltous Stearate	396	Dehydrogenation Catalyst	1057
Cobaltous Sulfate	391	Demercury Agent	1109
Colloidal Iridium	500	Deodorizing Catalyst	1097
Colloidal Osmium	496		

Deoxidizing Catalyst	1060	lyst	951
Deoxygen Agent	1058, 1060	Diethanolamine	195
Depress Gasoline Olefin Content Catalytic Cracking Catalyst	914	Diethylaluminium Chloride	101
		Diethyl Cadmium	480
Desulfurization Activt Proppant	971	Di(2-ethylhexyl)Peroxydi carbonate	271
Dextrin	622	Diethyl Mercury	517
Diacetyl Peroxide	261	Diethyl Zinc	433
Di(acrylonitrile) Nickel	565	Diisobutyryl Peroxide	262
Diatomite	571	Diisopropylbenzene Hydroperoxide	281
Diatomite Support	1126	Diisopropyl Peroxydicarbonate	272
1,8-Diazabicyclo(5,4,0) undec-7-ene	205	Dimethylaminoethoxyethanol	188
		N,N-Dimethylbenzylamine	188
Dibismuth Trioxide	250	Dimethyl Cadmium	480
Di-n-butyl Peroxydicarbonate	274	N,N-Dimethylcyclohexylamine	187
Di-sec-butyl Peroxydicarbonate	275	Dimethyl Disulfide	302
Di-$tert$-butyl Peroxide	266	N,N-Dimethylhexadecylamine	186
Dibutyltin Diacetate	161	Dimethylethanolamine	198
Dibutyltin Dilaurate	161	1,4-Dimethylpiperazine	206
Dibutyltin Dilaurylmercaptide	157	Dimethyl Sulfide	301
Dibutyltin Oxide	157	Dimorpholinodiethylethcr	202
Dibutyltin Maleate	162	Dimyristyl Peroxydicarbonate	273
Dicarbonyl Bis (triphenylphosphine) Nickel	555	Di-octadecyl Dimethyl Ammonium Chloride	215
Dicarbonyl Bis (triphenylphosphite) Nickel	556	Di-n-octanoyl Peroxide	262
		Diphenyl Mercury	518
Di-4-chlorobenzol Peroxide	264	Dipropionyl Peroxide	261
Dichlorotetracarbonyl Dirhodium	565	Dipropylamine	182
Dichromium Trioxide	359	Di-n-propyl Peroxydicarbonate	274
Dicumyl Peroxide	264	Disuccinic Acid Peroxide	262
Dicyclohexyl Peroxydicarbonate	273	Dodecacarbonyl Tetracobalt	561
Didecanonyl Peroxide	263	Dodecacarbonyl Tetrairidium	562
Diesel Oil Hydrodesulfurization Cata-		Dodecacarbonyl Triiron	561

Dodecyl Dimethyl Benzyl Ammonium Chloride 207
Dysprosium Oxide 538

E

Epoxide Hydrolase 613
Erbium Oxide 539
Ethylene Diamine 183
Ethylenediamine Tetraacetic Acid 286
Ethylene Hydrotreating Catalyst 1100
N-Ethylmorpholine 202
Ethyne Hydrotreating Catalyst 1099

F

FCC Feed Pre-hydrotreating Catalyst 956
Fe-Mo Hydrofining Catalyst 946
Ferric Nitrate 384
Ferric Oxide 378
Ferric Trichloride 381
Ferrierite 577
Ferroferric Oxide 379
Ferrous Chloride 381
Ferrous Oxide 379
Ferrous Sulfate 383
Fine-pored Ball Silica Gel 123
Fluorine 311
Fluoroboric Acid 82
Fluorophosphoric Acid 229
Fluorosulfonic Acid 315
Fluorotitanic Acid 316
Formic Acid 637
Front-end Depropanization Front-end Hydrogenation Catalyst 985
Fullerene 113

Fumed Silica 125
Fuming Nitric Acid 220
Fuming Sulfuric Acid 294

G

Gadolinium Oxide 536
Gasoline Alkali-free Deodorizing Catalyst 1097
Gasoline Octane Number Improver 917
Gasoline Treating Agent 973
Gel Srongthly Acidic Styrene Type Cation Exchange Resin 591
Germanium Dioxide 149
Germanium Tetrachloride 150
Glutaric Acid 285
Glycerol 626
Glycolic Acid 287
Gold Chloride 509
Gold Trichloride 508
Graphite 568
Graphite Powder 623

H

Halogenase 612
Heavy Distillate Hydrofining Catalyst 947
Heavy Oil Catalytic Cracking Catalyst (ZC sieries) 905
Heteropoly Acid 450
Hexacarbonyl Chromium 559
Hexacarbonyl Molybdenum 559
Hexacarbonyl Tungsten 560
Hexadecyl Trimethyl Ammonium Chloride 206

Hexafluorophosphoric Acid	229	Condensation Point of Diesel Oil	959
Hexamethyl Phosphoric Triamide	237	Hydrogenation Dearsenication Catalyst	953
Hexaphenylditin	159	Hydrogenation Iron Removing Catalyst	955
High-aluminium Catalytic Cracking Catalyst	888	Hydrogen Bromide	327
High-aluminium Molecular Sieve Catalytic Cracking Catalyst	889	Hydrogen Chloride	319
High-density Polyethylene BCH Catalyst	1021	Hydrogen Fluoride	312
Hopcalite Catalyst	1109	Hydrogen Iodide	330
Hydriodic Acid	331	Hydrogen Peroxide	258
Hydrobromic Acid	327	Hydrogen Sulfide	295
Hydrochloric Acid	319	Hypophosphorous Acid	228

I

Hydrocracking Catalyst	923	Imprinted Enzyme	615
Hydrocracking Post-hydrotreating Catalyst	949	Inert Proppant	970
Hydrocracking Pre-finishing Catalyst	948	Iodine	329
Hydrocracking Pre-hydrotreating Catalyst	948	Iodine Monobromide	331
		Iodine Monochloride	330
Hydrodesulfurization Catalyst	1041	Iodoethane	333
Hydrodewaxing Catalyst for Lube Oil	957	Iodomethane	332
		Iridium Dioxide	498
Hydrofining Catalyst	940	Iridium Trichloride	498
Hydrofining Catalyst for Raffinate Oil	954	Iron Nitride	380
		Iron Oxide Desulfurizer	1050
Hydrofining Catalyst for Secondary Processing Gasoline and Diesel Oil	951	Iron-Manganese Desulfurizer	1052
		Iso-dewaxing Hydrogenation Catalyst	961
		Isononanoyl Peroxide	263
Hydrofining Catalyst(481 Series)	941	Isopropylamine	184
Hydrofining Catalyst(CH Series1)	942	Isopropylamine Synthetic Catalyst	1035
Hydrofining Catalyst(CH Series2)	943		

L

Hydrofining Catalyst(RN Series)	945		
Hydrofluoric Acid	313	Lactic Acid	643
Hydrogenation Catalyst for lowering		Lanthanum Chloride	528

Lanthanum Nitrate	528
Lanthanum Oxide	527
Lauroyl Peroxide	267
Lead Acetate	170
Lead Dichloride	167
Lead Dioxide	165
Lead 2-Ethylhexanoate	170
Lead Monoxide	164
Lead Nitrate	168
Lead Sulfate	169
Lead Sulfide	167
Lead Tetraacetate	172
Lead Tetraoxide	166
Light Fraction Hydrofining Catalyst	946
Lipase	609
Liquefied Gas Desulfurizing Agent	1094
Liquid Ammonia	177
Lithium Aluminium Hydride	9
Lithium Carbonate	12
Lithium Hydride	8
Lithium Hydroxide	11
Lithium Hydroxide Monohydrate	10
Lithium Molybdate	12
Lithium Phosphate	13
Loaded Noble-metal Pd Catalyst	1033
Low-aluminium Molecular Sieve Catalytic Cracking Catalyst	888
Lower Palladium Content Shell-layer Catalyst for the First Stage Hydrogenation of Pyrolysis Gasoline	968
Low-pressure Methanol Synthesis Catalyst	1075
Lutetium Oxide	541

M

Macro-pored Ball Silica Gel	123
Macroporous Strongthly Acidic Styrene Type Cation Exchange Resin	593
Macroporous Strongthly Basic Type I Styrene Anion Exchange Resin	594
Macroporous Strongthly Basic Type II Styrene Anion Exchange Resin	597
Macroporous Styrene Type Weakly Basic Anion Exchange Resin	598
Magnesium Chloride	60
Magnesium Ethylate	65
Magnesium Hydroxide	61
Magnesium Nitrate	63
Magnesium Oxide	58
Magnesium Oxide Support	1126
Magnesium Sulfate	63
Maleated Rosin	636
Malenic Acid	639
Manganese Acetate	375
Manganese Dioxide	371
Manganese Naphthenate	376
Manganese Stearate	376
Manganous Carbonate	372
Manganous Chloride	372
Manganous Nitrate	373
Manganous Oxide	370
Manganous Sulfate	374
Masocarbon Microbeads	112
Medium-high Temperature Gas Precise Desulfuring Agent	1098
p-Menthyl Hydroperoxide	282

Mercaptoacetic Acid	300	Metallic Platinum	500
Mercuric Acetate	516	Metallic Potassium	32
Mercuric Chloride	513	Metallic Rhenium	489
Mercuric Fluoride	514	Metallic Rhodium	455
Mercuric Nitrate	515	Metallic Rubidium	47
Mercuric Oxide	512	Metallic Ruthenium	452
Mercuric Phosphate	516	Metallic Scandium	524
Mercuric Sulfate	514	Metallic Silver	466
Mercury	511	Metallic Sodium	14
Mesospore Molecular Sieve	146	Metallic Tin	151
Metal Passivator	921	Metallic Titanium	339
Metallic Antimony	242	Metallic Tungsten	481
Metallic Beryllium	55	Metallic Vanadium	349
Metallic Bismuth	249	Metallic Zinc	419
Metallic Cadmium	471	Metallic Zirconium	434
Metallic Calcium	65	Meta-phosphoric Acid	226
Metallic Cerium	529	Metatitanic Acid	342
Metallic Cesium	48	Methanation Catalyst	1070
Metallic Chromium	356	Methane Sulfonic Acid	297
Metallic Cobalt	385	Methane Sulfonyl Chloride	325
Metallic Copper	411	Methyl Aluminium Oxane	101
Metallic Germanium	148	Methyl Cellulose	634
Metallic Gold	507	N-Methyldicyclohexylamine	186
Metallic Iridium	497	N-Methyldiethanolamine	197
Metallic Iron	377	Methyl Ethyl Ketone Peroxide	269
Metallic Lead	163	N-Methylimidazole	186
Metallic Lithium	6	N-Methylmorpholine	201
Metallic Magnesium	57	N-Methyl-2-Pyrrolidone	203
Metallic Manganese	368	Methyl Tri ($C_{8\sim10}$ alkyl) ammonium Chloride	212
Metallic Molybdenum	443		
Metallic Nickel	397	Methyl Tri ($C_{9\sim11}$ alkyl) ammonium Chloride	212
Metallic Niobium	440		
Metallic Osmium	494	Mimic Enzyme	614
Metallic Palladium	460	Mo-Bi Catalyst for Butene Oxidative	

Dehydrogenation	991	Neodymium Oxide	534
Molecular Sieve	129	Nickel Acetylacetone	564
Molecular Sieve 3A Type	132	Nickel Carbonate	406
Molecular Sieve 4A Type	134	Nickel Chloride	400
Molecular Sieve 5A Type	134	Nickel Fluoride	399
Molecular Sieve Cu-X Type	138	Nickel Formate	407
Molecular Sieve 10X Type	136	Nickel Hydroxide	402
Molecular Sieve 13X Type	137	Nickel Monoxide	398
Molecular Sieve Ag-X Type	138	Nickel Naphthenate	409
Molecular Sieve Ca-Y Type	139	Nickelous Acetate	407
Molecular Sieve Dewatering Desiccants	1107	Nickelous Bromide	401
		Nickelous Iodide	402
Molecular Sieve KBaY Type	141	Nickelous Nitrate	404
Molecular Sieve Na-Y Type	140	Nickelous Oxalate	408
Molecular Sieve Re-Y Type	140	Nickelous Sufate	404
Molybdenum Dioxide	444	Nickel Sesquioxide	399
Molybdenum Disulfide	445	Nickel Stearate	409
Molybdenum Pentachloride	447	Nickel Sulfide	403
Molybdenum Tribromide	447	Niobium Oxytrichloride	443
Molybdenum Trioxide	445	Niobium Pentachloride	442
Molybdenum Trisulfide	446	Niobium Pentoxide	441
Molybdic Acid	447	Niobium Pentoxide Sol	441
Montmorillonite	585	Nitrate	221
Mordenite	575	Nitric Acid	219
Morpholine	200	p-Nitrobenzyldiethylhydroethyl Ammonium Bromide	215
MTBE Cracking Catalyst for Isobutylene	1017		
		Nitrogen	175
Mullite	581	Noble Metal Containing Catalyst for Decontamination of Auto-exhaust	1087

N

Nanometer Titanium Dioxide	342		
Nanometer Zinc Oxide	421	Noble Metallic Catalyst for Decontamination of Auto-exhaust	1085
Naphtha Deep Hydrogenation Catalyst	952		
		Non-noble Metal Catalyst for Decontamination of Auto-exhaust	1088
Naphtha Steam Reforming Catalyst	1063		

Nonoxo Balls	129
Nonyl Phenol	288

O

Octacarbonyl Dicobalt	560
Octadecyl Trimethyl Ammonium Bromide	210
Octadecyl Trimethyl Ammonium Chloride	209
Octane Enhancement Catalytic Cracking Catalyst	910
Octane Enhancement Heavy Oil Catalytic Cracking Catalyst	911
Oil Dearsenic Catalyst	965
Olefine Polymerization Catalyst	1015
Organic Sulfide Hydroconversion Catalyst	957
Osmium Black	497
Osmium Dioxide	495
Osmium Tetroxide	495
Osmium Trichloride	496
Oxalic Acid	284
Oxygen	256
Ozone	257

P

Palladium Chloride	463
Palladium Hydroxide	464
Palladium Nitrate	464
Palladium Oxide	462
Palmityl Trimethyl Ammonium Bromide	208
Palygorskite	580
Paraffin Hydrofining Catalyst	953
Paraffin Wax	620
Pentacarbonyl Iron	558
Pentamethyldiethylenetriamine	192
Pentamethyldipropylenetriamine	192
Perchloric Acid	321
Per-density Polyethylene BCG Catalyst	1022
Perfluorinated Sulfonic Acid Resin	599
Periodic Acid	334
Perovskite	569
Peroxycyclohexanone	269
Perrhenic Acid	493
Phaspho-tungstic Acid	487
Phenyl Mercuric Acetate	517
Phosphomolybdic Acid	451
Phosphoric Acid	224
Phosphorous Acid	227
Phosphorus	222
Phosphorus Oxychloride	232
Phosphorus Pentachloride	233
Phosphorus Pentoxide	234
Phosphorus Trichloride	231
Pinanyl Hydroperoxide	283
Platinum Black	506
Platinum Dichloride	502
Platinum Dioxide	501
Platinum Disulfide	503
Platinum Tetrachloride	503
Polyacrylamide	632
Polydimethyl Siloxane Fluid	619
Polyethylene Catalyst	1022, 1023, 1024, 1026
Polyethylene Glycol	630
Polyethylene Oxide	634

Polyphosphoric Acid	229
Polyvinyl Alcohol	631
Polyvinylpyrrolidone	204
Poor-quality Gasoline-Diesel Hydrofinishing Catalyst	961
Porous Pearl	975
Post-Hydrofining Catalyst for Reformed Oil	964
Potassium Acetate	44
Potassium Bichromate	365
Potassium Bromide	39
Potassium Carbonate	34
Potassium Chloride	38
Potassium Chloroplatinate	504
Potassium Chromate	363
Potassium Cyanide	40
Potassium Fluoride	38
Potassium Fluorotitanate	42
Potassium Hydrogen Fluoride	41
Potassium Hydroxide	33
Potassium Iodide	40
Potassium Metavanadate	355
Potassium Nitrate	43
Potassium Octonate	45
Potassium Oleate	45
Potassium Oxide	33
Potassium Perchlorate	36
Potassium Permanganate	46
Potassium Perosmate	496
Potassium Perrhenate	493
Potassium Persulfate	35
Potassium Ruthenate	455
Potassium Silicate	119
Praseodymium Oxide	533
Primary Natural Gas Steam Reforming Catalyst	1061
Propylamine	181
Propylene Dearsenic Catalyst	1032
Propylene Dearsenifing Agent	1095
Propylene Oxo-synthesis Catalyst	1016
Propylene Polymerization Catalyst	1030, 1031, 1032
Propylene Polymerization Complex II Catalyst	1026
Propylene Polymerization DQ Catalyst	1028
Propylene Polymerization DQC Catalyst	1029
Propylene Polymerization N Catalyst	1027
Propylene Precise Desulfurizing Agent	1093
Protease	608
Pyrolusite	571
Pyrophosphoric Acid	226

R

Reforming Feed Stock Desulfurization Agent	963
Regular Structured Support	1127
Residual Oil Catalytic Cracking Catalyst	907
Rhenium Dioxide	489
Rhenium Disulfide	491
Rhenium Heptasulfide	492
Rhenium Heptoxide	491
Rhenium Oxytetrachloride	492
Rhenium Trioxide	490

Rhenium Trioxychloride	492	Silica Gel Support	1122
Rhodium Hydroxide	459	Silica Sol	127
Rhodium Powder	457	Silicic Acid	116
Rhodium Sesquioxide	458	Silicon Carbide	114
Rhodium Trichloride	458	Silicon Nitride	115
Rhodochrosite	571	Silicotungstic Acid	488
Rubidium Carbonate	48	Silver Carbonate	470
Ruthenium Dioxide	453	Silver Catalyst for Ethylene Oxidation	
Ruthenium Hydroxide	455	to Epoxyethane	990
Ruthenium Tetroxide	453	Silver Iodide	468
Ruthenium Trichloride	454	Silver Nitrate	469
Rutile	582	Silver Oxide	468
		Skeletal Nickel	410
S		Skeletal Nickel Catalyst	1020
		SO_2 Oxidation Catalyst	1078
Samarium Oxide	535	Sodium Acetate	28
SAPO Zeolite	144	Sodium Aluminate	24
Scandium Oxide	525	Sodium Amide	31
Scheelite	570	Sodium Bichromate	366
Secondary Hydrocarbon Steam Reforming Catalyst	1064	Sodium Carbonate	21
Selenic Acid	306	Sodium Chloroplatinate	505
Selenious Acid	306	Sodium Chlororhodate	460
Selenium	304	Sodium Chromate	363
Selenium Dioxide	305	Sodium Cyanide	27
Semi-synthetic Molecular Sieve Catalytic Cracking Catalyst	891	Sodium Ethylate	30
		Sodium Hydride	16
Sepiolite	580	Sodium Hydroxide	17
Sesbania Gum	628	Sodium Metasilicate	117
Silica Aerogel	126	Sodium Metavanadate	354
Silica-alumina and Molecular Sieve Support	1124	Sodium Methylate	29
		Sodium Molybdate	448
Silica Gel	120	Sodium Nitrite	23
Silica Gel Fine-pored Lump	122	Sodium Persulfate	25
Silica Gel Macro-pored Lump	121	Sodium Sulfite	20

Sodium Tungstate	22	Telluric Acid	308
Solid Phosphoric Acid Catalyst	1019	Tellurium	307
Solid Sulfurization Agent	971	Tellurium Dioxide	308
Sorvent Desulfurization of Feed Oil for Reformer	963	Terbium Oxide	537
		Tetra(triethylphosphite)Nickel	566
Spinel	584	Tetrabutylammonium Bromide	214
Stannic Chloride	156	Tetrabutylammonium Chloride	214
Stannic Oxide	153	Tetrabutyl Tin	158
Stannic Sulfide	154	Tetrabutyl Titanate	348
Stannous Caprylate	160	Tetracarbonyl Nickel	557
Stannous Chloride	155	Tetraethyl Germanium	151
Stannous Oxide	152	Tetraethyl Lead	171
Stannous Sulfide	154	Tetraethyl Tin	158
Starch	621	Tetraethyl Titanate	346
Stearic Acid	625	Tetraisopropyl Titanate	348
Sulfur	289	Tetrakis(triphenylphosphine)Nickel	554
Sulfur Dioxide	290		
Sulfuric Acid	292	Tetrakis(triphenylphosphine)Palladium	554
Sulfurous Acid	295		
Sulfur Recovery Catalyst	1091	Tetrakis(triphenylphosphine)Platinum	554
Sulfur Recovery Catalyst for Exit Gas Hydrogenation	1092		
		Tetramethylethylenediamine	190
Sulfur Recovery Catalyst for Organic Sulfide Hydrolysis	1092	Tetramethylhexanediamine	191
		Tetramethyliminobispropylamine	191
Sulfur Transforming Agent	922	Tetramethyl Lead	171
Sulfur Trioxide	291	Tetramethylpropylenediamine	190
Superfine Gold Powder	510	Tetramethyl Tin	158
Superfine Silver Powder	467	Tetraphenyl Germanium	151
Superstable Y-type Zeolite Molecular Sieve Cracking Catalyst	890	Tetraphenyl Lead	173
		Tetraphenyl Tin	159
		Tetra(phosphorus trichloride)Nickel	566
T			
Talcum Powder	624	Tetraphosphorus Trisulfide	231
Tartaric Acid	641	Tetra-n-propyl Titanate	347

Thulium Oxide	539		Triisobutyl Aluminium	100
Titanium Aluminium Chbride	346		Triisopropanolamine	197
Titanium Dichloride	343		Trimethyl Aluminium	98
Titanium Dioxide	340		Trimethylamine	179
Titanium Dioxide Compounded Support	1125		Trimethylbenzyl Ammonium Chloride	210
Titanium Oxysulfate	343		Trimethylbenzyl Ammonium Hydroxide	211
Titanium Tetrachloride	345		Trimethyl Borane	84
Titanium Trichloride	344		Trimethyl Borate	85
Toluene Disproportionation and Transalkylation Catalyst	1004		Trimethylhydroxyethyl Ethylenediamine	199
p-Toluene Sulfonic Acid	298		Trimethylhydroxyethyl Propylenediamine	199
Tributyl Aluminium	100		Trimethyl Phosphite	236
Tributyl Stibine	248		Trimethyl Stibine	247
Tricarbonyl Bis (triphenylphosphine) Iron	556		Trioctyl Methyl Ammonium Chloride	213
Tricarbonylcyclopentadienyl Manganese	557		Triphenyl Bismuth	254
Tricarbonyl Triphenylphosphine Nickel	556		Triphenyl Gallium	103
			Triphenyl Phosphine	235
Trichloroacetic Acid	642		Triphenyl Stibine	249
Tricobalt Tetraoxide	387		Triphenylphosphine Di (acrylonitrile) Nickel	555
Triethanolamine	196		Tripropylamine	183
Triethyl Aluminium	99		2, 4, 6-Tris (dimethylaminomethyl) phenol	189
Triethylamine	180			
Triethyl Bismuth	254		1, 3, 5-Tris (dimethylaminopropyl) hexahydro-s-triazine	189
Triethyl Borane	84			
Triethylenediamine	193		Trisodium Phosphate	26
Triethyl Gallium	102		Tungsten Disulfide	483
Triethyl Phosphate	235		Tungsten Hexachloride	484
Triethyl Stibine	248		Tungsten Oxydichloridc	485
Trifluoroacetic Acid	317			

Tungsten Pentachloride	484	Zinc Acetate	431
Tungsten Tetrachloride	483	Zinc Benzoate	434
Tungsten Trioxide	482	Zinc Bromide	425
Tungstic Acid	485	Zinc Carbonate	430
		Zinc Chloride	422

U

		Zinc Chromate	427
Ultrastable Rareearth Y-zeolite	142	Zinc 2-Ethylhexanoate	432
Urea	644	Zinc Fluoride	424
		Zinc Fluosilicate	424

V

		Zinc Hydroxide	427
Vanadium Dichloride	352	Zinc Iodide	426
Vanadium Dioxide	350	Zinc Nitrate	428
Vanadium Oxysulfate	354	Zinc Oxalate	433
Vanadium Oxytrichloride	353	Zinc Oxide	420
Vanadium Pentoxide	351	Zinc Oxide Desulfurizer	1049
Vanadium Tetrachloride	353	Zinc Oxide Desulfurizer for High Temperature	1046
Vanadium Trichloride	352		
Vanadium Trioxide	350	Zinc Oxide Desulfurizer for Medium, Low Temperature	1048
Vanadium-tolerant Heavy Oil Catalytic Cracking Catalyst	906		
		Zinc Selenide	431
		Zinc Sulfate	428

W

		Zinc Sulfide	423
White Carbon Black	124	Zinc Telluride	426
		Zirconium Butylate	440

X

		Zirconium Dioxide	435
Xylene Isomerization Catalyst	1010	Zirconium Hydroxide	437
		Zirconium Oxynitrate	438

Y

		Zirconium Phosphate	438
Ytterbium Oxide	540	Zirconium Sulfate	437
Yttrium Oxide	526	Zirconium Tetrachloride	435
		Zirconyl Chloride	436

Z

		ZSM-5 Zeolite	143
Zeolite	573		

元素周期表